国家出版基金项目

北斗地基增强系统

BDS Ground Augmentation System

蔡毅 施闯 欧阳星宇 等著

国防工业出版社
·北京·

图书在版编目(CIP)数据

北斗地基增强系统/蔡毅等著. —北京:国防工业出版社,2020.3
ISBN 978-7-118-12105-6

Ⅰ.①北… Ⅱ.①蔡… Ⅲ.①卫星导航—全球定位系统—研究—中国 Ⅳ.①P228.4

中国版本图书馆 CIP 数据核字(2020)第 044528 号

审图号 GS(2020)2589 号

※

国防工业出版社出版发行

(北京市海淀区紫竹院南路23号 邮政编码100048)
北京龙世杰印刷有限公司印刷
新华书店经售

*

开本 889×1194 1/16 印张 72 字数 1820 千字
2020 年 3 月第 1 版第 1 次印刷 印数 1—1500 册 定价 498.00 元

(本书如有印装错误,我社负责调换)

国防书店:(010)88540777　　发行邮购:(010)88540776
发行传真:(010)88540755　　发行业务:(010)88540717

序

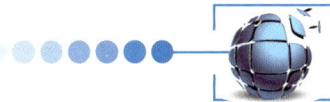

提供定位、导航和授时服务的卫星导航系统是信息体系的基础,是重要的空间信息基础设施,是国防安全、社会经济发展的基本保障,也是大国地位的标志。美国建设了全球定位系统(GPS),苏联/俄罗斯建设了全球卫星导航系统——格洛纳斯(ГЛОНАСС),欧盟建设了伽利略(Galileo)全球卫星导航系统。我国20世纪80年代开始探索北斗卫星导航系统,至2020年已完成北斗一号、北斗二号、北斗三号"三步走"的发展战略,实现了从服务国内、到服务中国与亚太、再到服务全球的跨越。

受卫星在轨运行的空间环境、星上原子钟精度的离散和卫星导航信号传播至地面大气环境等影响,各全球卫星导航系统提供的基本定位服务精度典型值为5~10m(置信度69%)。为用好卫星导航系统,国外先后发展了支持不同应用的卫星导航增强系统,分别对定位精度、完好性等服务性能进行增强。例如:用于交通的导航精度增强至米级的差分定位系统,用于测绘与地理信息的定位精度增强至厘米级的连续运行参考站系统,用于民用航空、增强完好性的星基增强系统。

以前,我国大量引进美国GPS高精度天线、接收机和相关应用软件,建设了若干基于GPS的定位精度增强系统,对社会经济发展起到积极作用。2012年,北斗二号开通服务后,中国卫星导航系统管理办公室随即安排国产高精度天线、接收机和相关应用软件的研制工作,提出"国家主导,企业主体,市场运作,创新发展"的理念,展开北斗地基增强系统建设方案论证。2014年,中国卫星导航系统管理办公室就"北斗地基增强系统的研制建设"进行全国招标,蔡毅博士带领的中国兵器工业集团有限责任公司团队竞标成功,开始研制建设自主可控、国产化的北斗地基增强系统,在一个系统内集成了2米级、1米级、5分米级、5厘米级和后处理5毫米级的增强服务。交通运输部、原国土资源部、教育部、原国家测绘地理信息局、中国气象局、中国地震局、中国科学院参加了北斗地基增强系统研制建设和行业应用示范。

本书总结了北斗地基增强系统研制建设工作，体系化介绍了卫星导航增强系统的原理和组成，特别是北斗地基增强系统研制建设的工程实践。本书的作者均为各领域亲自参与北斗地基增强系统研制建设的专家，从科学原理、系统工程、工程建设、测试验证、应用等多个方面，翔实介绍了北斗地基增强系统、北斗增强站、通信网络系统、数据综合处理系统、高精度服务软件、行业数据处理系统、数据播发系统、高精度位置服务运营平台、服务性能评估测试系统、系统定位精度测试、测试设备与用户应用终端、行业应用案例、其他应用案例、标准体系等，内容丰富，知识系统，阐述权威，创新点多，应用生动，对从事卫星定位、导航、授时相关领域的研发、教学、生产、推广、应用、宣传、国际合作等方面的科研人员、大中学校师生、政府部门公务员等具有重要的参考价值。

2020.3.20

前 言

2012年12月27日,中国宣布北斗卫星导航系统向亚太地区正式提供定位、导航和授时服务。为了进一步提高北斗卫星导航系统的服务性能,提升国际竞争力,我国开展了北斗地基增强系统的研制建设,通过修正导航卫星在轨运行的轨道误差、星上原子钟精度的离散度、卫星导航信号传播至地面接收机过程中受大气环境的不利影响等方法,使北斗卫星导航系统的定位精度得到大幅度提高。

作者团队在承担了北斗地基增强系统的研制建设任务之后,即开展了全面的调研和工程设计。在这个过程中,发现全面、系统地论述全球卫星导航增强系统的专著少,特别是缺乏论述北斗卫星导航增强系统的专著。杨长风总设计师、谢军副总设计师和其他专家建议我把我们团队研制建设北斗地基增强系统的工作总结和提炼出来,形成一本全面、完整论述北斗地基增强系统的专著,既可供从事全球卫星导航领域研发、教学、生产、推广、应用、宣传、国际合作等方面的科研人员、大中学校师生、政府部门公务员等学习和参考,也可作为北斗国际合作交流的参考资料。在北斗领域专家和国防工业出版社的支持下,本书申请并获得国家出版基金资助。之后,我们团队——包括交通运输部、原国土资源部、教育部、原国家测绘地理信息局、中国气象局、中国地震局、中国科学院等部门的专家,在完成北斗地基增强系统建设任务的同时,按专著出版的要求将北斗地基增强系统的设计文件、测试报告等提炼、充实,撰写成书。

本书从全球卫星导航系统的定位精度、完好性、连续性、可用性等概念入手,对全球卫星导航增强系统进行分类并说明介绍其组成;之后,从系统组成、功能、接口协议、工程建设、测试与运行、时空框架的建立与维持、高精度服务、测试设备与用户应用终端、行业应用案例、其他应用案例、标准体系等多个方面进行了系统和翔实的阐述,是北斗地基增强系统研制建设的理论和工程实践的总结。

本书由蔡毅、施闯、欧阳星宇共同策划、确定书稿纲目并对全书统稿。其中,第1章至第3章由蔡毅、施闯、欧阳星宇撰写;第4章、第9章由王清太、徐学永、王锦晨撰写;第5章和第6章由赵永军、张弛、常晓峰撰写;第7章由施闯、楼益栋、赵永军、郑福撰写；第 8 章、第 14 章由李晶、卢红洋、张鹏、张庆兰、游新兆、王阅兵、涂满红、曹云昌、杨清华、温静、成芳、沈朋礼撰写；第 10 章由蔡毅、欧阳星宇、楼浩宇撰写；第 11 章由蔡毅、施闯、楼益栋、徐学永、赵永军、张弛、王清太、王锦晨、郑福撰写；第 12 章由蔡毅、施闯、楼益栋、赵永军撰写；第 13 章由王清太、徐学永、王锦晨、谷瑞军、赵金刚撰写；第 15 章由蔡毅、谷瑞军、赵金刚撰写；第 16 章由麦绿波、蔡毅撰写。

中国卫星导航系统管理办公室对此书的顺利完成和出版给予了极大支持，杨长风总设计师、杨元喜和谢军副总设计师很关心本书的撰写，除向国家出版基金推荐资助本书的出版外，还多次询问书稿写作的进展情况。杨长风总设计师仔细审阅了书稿，给予作者高屋建瓴的指导。国防工业出版社白天明编辑给作者热情的鼓励，对书稿修改提出中肯的意见，为本书出版付出了辛勤的劳动。领导和专家对作者的支持和鼓励，给予作者克服困难的信心和勇气。他们对作者的倾情提掖和鼎力支持，作者铭记在心，并表示由衷的感谢！

在书稿完成过程中，得到了曾毅、宋跃进、李志刚、李麟、何庆成、岑晏青、张燕平、沈兵、秦绪文、卢晓春、杨东朋、赵蓓、李戈杨、王伟平、高亮亮、冯立清、张国林、张莹莹、宋伟伟、唐卫明、辜声峰、徐波、张勤熙、仉鸿印、汪灏、张家宏、王进、韩宇星、冯灿、周叶、袁永强、龚力、严后选、刘正凡、唐大泉、陈晓华、董建国、范磊、李显杰、郭海林、王坦、龚晓鹏、孙唯彬、曹成、张东、戴小蕾、张卫星等人的热情指教和帮助，作者在此一并深表谢意！

由于受作者水平所限，书中不可避免存在漏误和不妥之处，敬请读者批评和指正，以便再版时一并修正。

蔡 毅
2019 年 12 月于北京

目录

第1章 卫星导航增强系统概述

1.1 卫星导航系统性能概述　　2
 1.1.1 定位精度　　3
 1.1.2 完好性　　10
 1.1.3 连续性　　10
 1.1.4 可用性　　12

1.2 卫星导航增强系统的分类　　14
 1.2.1 广域精度增强技术　　14
 1.2.2 广域完好性增强技术　　14
 1.2.3 局域精度增强技术　　15
 1.2.4 局域完好性增强技术　　17
 1.2.5 地基增强系统技术　　17

1.3 卫星导航增强系统的组成　　19
 1.3.1 卫星导航增强站系统　　19
 1.3.2 通信网络系统　　20
 1.3.3 卫星导航数据处理系统　　20
 1.3.4 数据播发系统　　21
 1.3.5 高精度位置服务平台　　21
 1.3.6 用户终端　　21

1.4 卫星导航增强体系　　22
 1.4.1 增强系统发展目标　　22
 1.4.2 增强系统应用需求　　23
 1.4.3 增强体系的组成及其相互关系　　24

参考文献　　25

第2章 国外卫星导航增强系统

2.1 卫星导航增强系统概述　　27

  2.1.1 卫星导航增强技术产生与发展 27
  2.1.2 卫星导航增强系统实质与关键 28
  2.1.3 卫星导航增强技术分类 29
  2.1.4 卫星导航增强技术及特点对比 30
2.2 广域增强系统 31
  2.2.1 系统发展历程 32
  2.2.2 系统现状 32
  2.2.3 系统组成 33
  2.2.4 系统技术特点 35
  2.2.5 系统应用 36
2.3 局域增强系统 38
  2.3.1 系统发展历程 39
  2.3.2 系统组成 40
  2.3.3 系统功能与指标 42
  2.3.4 系统技术特点 43
  2.3.5 系统应用 43
2.4 差分校正与监视系统 44
  2.4.1 系统发展历程 45
  2.4.2 系统组成 45
  2.4.3 系统技术特点 48
  2.4.4 系统应用 48
2.5 欧洲地球静止轨道卫星导航服务系统 51
  2.5.1 系统发展历程 52
  2.5.2 系统组成 52
  2.5.3 系统技术特点 54
  2.5.4 时间位置参考框架 56
  2.5.5 系统信号结构 56
  2.5.6 时间系统 57
  2.5.7 系统性能 57
  2.5.8 系统应用 60
  2.5.9 系统发展前景展望 62
2.6 星基增强系统与准天顶卫星系统 62
  2.6.1 系统发展历程 65
  2.6.2 系统组成 66
  2.6.3 系统技术特点 67
  2.6.4 系统功能与指标 73
  2.6.5 系统服务能力 75

  2.6.6 系统应用 79
2.7 GPS 辅助地球静止轨道卫星增强导航系统 80
  2.7.1 系统发展历程 82
  2.7.2 系统组成 83
  2.7.3 系统技术特点 90
  2.7.4 系统应用 92
2.8 连续运行参考站系统 95
  2.8.1 系统发展历程 95
  2.8.2 系统组成 98
  2.8.3 系统技术特点 99
  2.8.4 系统应用 101
参考文献 103

第3章　北斗地基增强系统设计要求

3.1 北斗地基增强系统的组成 106
3.2 北斗地基增强系统的作用 110
3.3 北斗地基增强系统的时间基准与坐标系统 111
  3.3.1 时间基准 111
  3.3.2 坐标系统 112
  3.3.3 参考框架建立与维持方案 114
3.4 北斗地基增强定位服务的功能特征 117
3.5 北斗地基增强系统标准体系 119
3.6 北斗地基增强系统基准站接口文件协议 120
  3.6.1 接口文件协议编制依据 120
  3.6.2 基准站数据存储协议 120
  3.6.3 基准站数据输出协议 123
3.7 数据播发系统用户终端接口文件协议 125
  3.7.1 接口文件协议编制依据 125
  3.7.2 播发手段 126
  3.7.3 数据格式 133
  3.7.4 数据类型 138
  3.7.5 播发频率 138
3.8 北斗高精度位置服务平台 139
  3.8.1 基本情况 139
  3.8.2 当前进展和前景展望 139

3.9 北斗地基增强系统高精度应用　　141
　3.9.1 交通运输应用　　141
　3.9.2 国土资源行业应用　　142
　3.9.3 智慧城市应用　　142
　3.9.4 无人机植保应用　　143
　3.9.5 无人机巡检应用　　143
　3.9.6 通航安全应用　　144
　3.9.7 地质灾害监测预警应用　　145
　3.9.8 智能驾驶应用　　145
　3.9.9 智慧消防应用　　146
　3.9.10 智慧锥桶应用　　147
参考文献　　147

第4章　北斗增强站系统

4.1 北斗增强站系统功能　　148
　4.1.1 北斗增强站网的功能　　148
　4.1.2 北斗增强站的功能　　149
4.2 北斗增强站系统性能　　150
　4.2.1 北斗增强站网的性能　　150
　4.2.2 北斗增强站的性能　　150
4.3 北斗增强站系统组成　　152
　4.3.1 北斗增强站网组成　　152
　4.3.2 北斗增强站土建设施组成　　152
　4.3.3 北斗增强站设备组成及连接关系　　152
　4.3.4 观测墩设计　　154
　4.3.5 观测室设计　　157
　4.3.6 防雷工程　　158
　4.3.7 观测设备　　158
　4.3.8 一体化机柜设计要求　　161
　4.3.9 防雷设备　　169
　4.3.10 原子钟　　171
　4.3.11 气象仪　　173
　4.3.12 专线数据传输设备　　174
4.4 北斗增强站数据　　175
　4.4.1 北斗增强站数据流程　　175

- 4.4.2 北斗增强站数据类型 … 175
- 4.4.3 北斗增强站数据分类 … 176
- 4.4.4 北斗增强站数据存储 … 177

4.5 北斗增强站可靠性 … 178
- 4.5.1 北斗增强站可靠性模型 … 178
- 4.5.2 北斗增强站可靠性指标 … 179
- 4.5.3 北斗增强站运行可靠性统计 … 181

4.6 北斗增强站环境适应性 … 182
- 4.6.1 北斗增强站设备环境适应性要求 … 182
- 4.6.2 北斗增强站接收机环境适应性 … 183

4.7 北斗增强站建设 … 187
- 4.7.1 北斗增强站选址 … 187
- 4.7.2 北斗增强站土建工程 … 192
- 4.7.3 北斗增强站土建工程质量验收 … 197
- 4.7.4 北斗增强站设备集成 … 203
- 4.7.5 北斗增强站集成安装质量验收 … 206
- 4.7.6 北斗增强站建设状态 … 211
- 4.7.7 北斗增强站集成状态 … 214

4.8 北斗增强站测试 … 215
- 4.8.1 单站设备验收测试 … 215
- 4.8.2 单站入网验收测试 … 217
- 4.8.3 增强站技术状态 … 223

4.9 北斗增强站运维 … 224
- 4.9.1 可维护性设计措施 … 225
- 4.9.2 增强站运维机制 … 225
- 4.9.3 运维服务具体内容 … 226
- 4.9.4 管理方及运营方权责 … 231

4.10 北斗增强站运行情况 … 231
- 4.10.1 增强站正常运行站点 … 232
- 4.10.2 增强站维护升级工作数量统计报告 … 233
- 4.10.3 站点数据质量统计报告 … 234
- 4.10.4 增强站观测墩稳定性情况 … 239

4.11 主要的技术创新点 … 240
- 4.11.1 实现了增强站建设全国一张网 … 240
- 4.11.2 实现了国产高精度增强站接收机大规模使用 … 241

参考文献 … 242

第 5 章 通信网络系统

5.1	系统组成	243
5.2	主要功能	244
	5.2.1 数据传输	244
	5.2.2 网络配置与监控	251
	5.2.3 数据安全	252
5.3	通信网络系统技术	253
	5.3.1 地面参考站-数据中心通信	253
	5.3.2 数据中心-用户设备通信	254
	5.3.3 综合技术指标	256
5.4	接口关系	256
	5.4.1 传输控制协议	256
	5.4.2 网际协议	263
	5.4.3 多生成树协议	265
5.5	通信网络系统设计	266
	5.5.1 通信网络系统设计	266
	5.5.2 通信传输链路设计	268
	5.5.3 通信系统路由规划	269
	5.5.4 系统 IP 地址规划	269
	5.5.5 网络配置与监控管理	273

第 6 章 数据综合处理系统

6.1	系统组成	275
6.2	主要功能及技术指标	277
	6.2.1 主要功能	277
	6.2.2 技术指标	278
6.3	系统工作流程及接口关系	279
	6.3.1 系统工作流程	279
	6.3.2 系统接口设计	281
	6.3.3 系统接口电文及格式	282
6.4	数据接收分发子系统	330
6.5	数据处理子系统	330
	6.5.1 GNSS 广域实时处理	331
	6.5.2 完好性监测	353

6.6 运维监控子系统　362
　　6.6.1 运行状态监控与管理系统　362
　　6.6.2 服务性能监测与评估系统　363
　　6.6.3 运维管理系统　363
　　6.6.4 多媒体综合显示系统　364
6.7 基础支撑平台　364
　　6.7.1 数据处理硬件支撑平台　364
　　6.7.2 数据播发及服务硬件支撑平台　368
6.8 信息安全保护平台　379
　　6.8.1 安全建设要求与内容　379
　　6.8.2 设计原则与依据　380
　　6.8.3 设计方案　380

第7章　高精度服务软件

7.1 概述　389
　　7.1.1 设计原则　390
　　7.1.2 总体目标　390
7.2 软件总体设计　391
　　7.2.1 系统组成　391
　　7.2.2 系统指标　392
7.3 软件工作流程及接口关系　394
　　7.3.1 软件工作流程　394
　　7.3.2 北斗高精度服务软件接口关系　395
7.4 软件架构技术方案　397
　　7.4.1 基准站系统　397
　　7.4.2 通信网络系统　412
　　7.4.3 国家数据综合处理系统　419
　　7.4.4 行业数据处理系统　447
　　7.4.5 数据产品播发系统　450
　　7.4.6 终端　463
　　7.4.7 安全防护体系设计　464
7.5 系统可靠性和可维护性设计　467
　　7.5.1 可靠性设计　467
　　7.5.2 可靠性初步分配　471
　　7.5.3 可维护性设计　472

参考文献　476

第8章 行业数据处理系统

8.1 国土资源行业数据处理系统 478
- 8.1.1 系统概述 478
- 8.1.2 总体建设 482
- 8.1.3 主要功能及技术指标 484
- 8.1.4 系统组成及接口关系、工作流程 485
- 8.1.5 设计及建设方案 490
- 8.1.6 系统二期建设 496
- 8.1.7 关键技术 508
- 8.1.8 集成测试与运维方案 509

8.2 交通运输行业数据处理系统 514
- 8.2.1 系统概述 514
- 8.2.2 行业高精度应用需求分析 516
- 8.2.3 系统一期建设情况概述 520
- 8.2.4 系统二期建设情况概述 526
- 8.2.5 系统二期建设方案 527

参考文献 537

第9章 数据播发系统

9.1 系统功能 539
9.2 系统性能 540
9.3 系统组成 545
- 9.3.1 数据播发处理子系统 547
- 9.3.2 移动通信播发子系统 549
- 9.3.3 数字广播播发子系统 557
- 9.3.4 卫星播发子系统 571

9.4 系统数据 583
- 9.4.1 数据产品的分类 583
- 9.4.2 电文封装 586
- 9.4.3 循环冗余校验算法 587
- 9.4.4 电文内容 588
- 9.4.5 数据类型 619
- 9.4.6 数据字段说明 619

9.5　系统可靠性　633
参考文献　634

第 10 章　高精度位置服务运营平台

10.1　需求分析　635
　　10.1.1　总体要求　635
　　10.1.2　主要需求分解　636
10.2　平台软件研发总体目标　639
10.3　平台软件研发总体原则　641
　　10.3.1　坚持自主可控　641
　　10.3.2　坚持服务为核心　641
　　10.3.3　坚持问题为导向　642
　　10.3.4　坚持统一标准　642
10.4　平台软件研发总体思路　642
10.5　平台软件主要功能和技术指标　644
　　10.5.1　主要功能　644
　　10.5.2　软件主要技术指标　645
10.6　平台软件总体设计　645
　　10.6.1　平台软件架构　645
　　10.6.2　平台软件技术架构　650
10.7　软件设计方案　651
　　10.7.1　软件系统组成结构　651
　　10.7.2　平台对外接口框架与处理流程　663
　　10.7.3　平台数据处理流程与数据接口　663
　　10.7.4　平台可靠性设计方案　664
　　10.7.5　平台可用性设计方案　669
　　10.7.6　平台可移植性设计方案　672
　　10.7.7　平台可维护性设计方案　673
　　10.7.8　平台软硬件环境及部署方案　675
　　10.7.9　平台设计方法与编程语言的选择　675
10.8　平台标准体系方案　676
　　10.8.1　平台标准规范分析　676
　　10.8.2　平台标准规范体系　677
10.9　平台测试与验证方案　681
　　10.9.1　测试方案　681

10.9.2　应用验证　682
10.10　平台关键技术及解决途径　688
　　　10.10.1　兼容多种软件架构与标准　688
　　　10.10.2　连续稳定的高可靠服务技术　689
　　　10.10.3　大规模用户长连接、高并发技术　690
　　　10.10.4　分层并行协同测试技术　691
参考文献　692

第11章　服务性能评估测试系统

11.1　概述　693
11.2　评估测试目标及依据　694
　　　11.2.1　评估测试目标　694
　　　11.2.2　评估测试依据　694
11.3　评估测试要求及内容　696
　　　11.3.1　评估测试要求　696
　　　11.3.2　评估测试内容　696
11.4　评估测试系统的主要技术指标　698
　　　11.4.1　定位精度　698
　　　11.4.2　覆盖范围　700
　　　11.4.3　数据时延　700
11.5　评估测试系统组成　700
　　　11.5.1　广域测试系统组成　700
　　　11.5.2　区域测试系统组成　703
　　　11.5.3　后处理毫米级定位服务性能测试系统　705
11.6　评估测试方案　706
　　　11.6.1　广域测试方案　706
　　　11.6.2　区域测试方案　709
11.7　评估测试数据分析　711
11.8　指标统计方法　712
　　　11.8.1　差分定位精度(95%置信度)　712
　　　11.8.2　网络RTK的精度(RMS)统计方法　713
　　　11.8.3　数据时延　713
11.9　评估测试设备及软件　713
　　　11.9.1　数据产品评估测试软件　713
　　　11.9.2　外场定位评估测试设备、软件选用情况　714

11.9.3　网络 RTK 及后处理毫米级定位评估测试设备及软件　716
11.10　评估测试结果及结论　716
参考文献　718

第12章　系统定位精度测试

12.1　系统时空框架　721
　　　12.1.1　区域增强厘米级定位精度服务时空解算框架　721
　　　12.1.2　后处理毫米级服务定位精度时空解算框架　721
12.2　系统测试方法　721
　　　12.2.1　1200 个北斗导航增强站原始观测数据的测量　722
　　　12.2.2　336 个北斗导航增强站的选择　724
12.3　系统测试设备　727
12.4　系统测试结果　736
　　　12.4.1　局域网系统性能测试　737
　　　12.4.2　系统广域增强定位精度测试　741
　　　12.4.3　静态定位精度测试　753
　　　12.4.4　动态定位精度测试　763
　　　12.4.5　厘米级增强定位精度测试　766
　　　12.4.6　后处理毫米级定位精度测试　770
参考文献　786

第13章　测试设备与用户应用终端

13.1　车载测试设备　787
　　　13.1.1　研究内容　787
　　　13.1.2　研究过程　788
　　　13.1.3　设计方案　788
13.2　手持测试设备　832
　　　13.2.1　LX370 北斗星历无线加载终端　832
　　　13.2.2　BDS 星历无线加载手持机　833
　　　13.2.3　北斗高精度智能手机　835
13.3　北斗高精度应用模块　836
　　　13.3.1　研制内容　836
　　　13.3.2　硬件设计方案　838
　　　13.3.3　软件技术方案　838

13.3.4	硬件详细设计	839
13.3.5	软件详细设计	844
13.3.6	模块六性设计	854
13.3.7	模块介绍	857

13.4 北斗高精度智能手机 873

13.4.1	概述	873
13.4.2	技术要求	874
13.4.3	组成及工作原理	875
13.4.4	设计方案	876

13.5 北斗伴侣 892

13.5.1	产品特点	892
13.5.2	工作原理	893
13.5.3	规格参数	894
13.5.4	关于基准站的要求	895
13.5.5	北斗助手使用指南	896
13.5.6	数据文件及第三方应用如何使用定位	900
13.5.7	对外串口	902
13.5.8	实测场景	903
13.5.9	应用领域	908

第14章 行业应用案例

14.1 交通行业应用案例 912

14.1.1	概述	912
14.1.2	北斗自由流过路收费系统	913
14.1.3	长江南京段北斗高精度水路运输系统	928

14.2 国土资源行业应用案例 935

14.2.1	概述	935
14.2.2	自然资源部门北斗应用现状	936
14.2.3	自然资源主体业务对定位精度的需求	937
14.2.4	自然资源主体业务对北斗导航定位精度的需求	942
14.2.5	土地资源调查与监测业务应用示范	947
14.2.6	地质灾害调查业务应用示范	950
14.2.7	矿山执法监测业务应用示范	954

14.3 地下水环境调查与监测业务应用示范 978

14.3.1	需求	978

14.3.2	业务流程	980
14.3.3	示范区	981
14.3.4	应用情况	984
14.3.5	应用模式总结	993

14.4 测绘行业应用案例 994

14.4.1	概述	994
14.4.2	测绘行业应用情况	995
14.4.3	应用结果	996
14.4.4	应用效益分析	997
14.4.5	问题及建议	998
14.4.6	结论	998

14.5 气象行业应用案例 999

14.5.1	概述	999
14.5.2	气象行业应用情况	999
14.5.3	应用效益分析	1004

14.6 地震行业应用案例 1005

14.6.1	地震行业应用情况	1005
14.6.2	应用效益分析	1017
14.6.3	展望	1018

第15章 其他应用案例

15.1	城市车道级导航	1022
15.2	车辆自动驾驶	1028
15.3	城市共享单车管理	1034
15.4	智能农业	1039
15.5	车辆驾驶培训与考试	1043
15.6	智能机器人	1049
15.7	电力巡线	1055
15.8	老房危房与山体滑坡等形变监测	1058

第16章 标准体系

16.1 标准体系总体 1067

16.1.1	标准化的主要任务	1068
16.1.2	标准体系建立依据	1068

16.1.3　标准体系建立原则　　1068
　　16.1.4　标准体系建设及实施　　1069
16.2　标准体系框架　　1070
16.3　标准体系表　　1070
16.4　制定发布的标准及注意内容　　1084
　　16.4.1　制定发布标准的概述　　1084
　　16.4.2　国家标准 GB/T 37018—2018 的主要内容　　1085
　　16.4.3　国家标准 GB/T 37019.1—2018 的主要内容　　1087
　　16.4.4　重大专项标准 BD 440013—2017 的主要内容　　1106
16.5　数据产品及格式　　1113
　　16.5.1　分类　　1113
　　16.5.2　封装　　1119
　　16.5.3　电文内容　　1119
参考文献　　1130

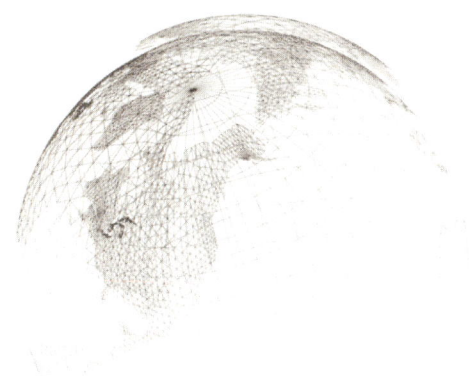

第 1 章

卫星导航增强系统概述

在人类生存、生产和探索未知领域的过程中,定位、导航和时间(Position, Navigation, Timing, PNT,以下简称"定导时")一直扮演着关键的角色,人们不断探究更精确、便捷和先进的定导时方式。1957 年 10 月 4 日,苏联成功发射第一颗人造地球卫星"斯普特尼克"-1(俄文 СПУТНИК-1,英文 SPUTNIK-1),拉开了人类利用卫星进行定导时大规模应用的序幕。从 20 世纪 70 年代美国利用多普勒测量方法进行导航定位的"子午线"卫星系统,再到现今以美国全球定位系统(Global Positioning System, GPS)为代表的全球导航卫星系统(Global Navigation Satellite System, GNSS),卫星导航科学和技术不断完善,服务性能不断提高,已经可以满足大部分用户在户外的使用需求。随着社会经济的发展和人民生活水平的提高,仅依靠卫星导航系统提供的基本定位服务已不能满足不同用户的不同需求,因此,人们发展了多种卫星导航增强系统。

卫星导航系统通过发射加载了时空信息的电磁波信号在地球上建立了统一的时空基准,并通过基本服务的定位和时间精度将地球表面和之上的空间进行了栅格化,用户利用卫星定位接收机/终端即可获得数字化的位置和时间,如果再与用户其他信息关联,即构成时空/位置服务的大数据;而卫星导航增强系统使卫星导航系统提供的基本服务变得更好,包括定位精度、信号的完好性、信号的连续性和信号的可用性等系统性能,并将增强服务作为公共服务提供给全球或区(局)域用户使用,满足特定用户对定导时服务的高精度、高完好性、高连续性和高可用性的需求。从提高定位精度的意义上讲,卫星导航增强系统将其服务覆盖区的空间基本栅格进行了细分,将其变成覆盖米级、分米级、厘米级和毫米级定位精度的栅格,用户使用卫星导航增强系统提供的精度增强服务,即可实现高精度定位。如果用户再与其信息关联,即构成高精度时空/位置服务的大数据。

目前,世界上部分国家和组织(如美国、俄罗斯、加拿大、欧盟、日本、印度等)分别基于不同卫星导航系统研发和运行了多种卫星导航增强系统,如:

(1) 美国广域增强系统(Wide Area Augmentation System,WAAS);

(2) 俄罗斯差分校正与监测系统(System for Differential Corrections and Monitoring,SDCM);

(3) 加拿大广域增强系统(Canada Wide Area Augmentation System,CWAAS);

(4) 欧洲地球静止轨道卫星导航覆盖服务(European Geostationary Navigation Overlay Service,EGNOS)系统;

(5) 日本准天顶卫星系统(Quasi-Zenith Satellite System,QZSS);

(6) 印度 GPS 辅助地球静止轨道卫星增强导航(GPS-Aided GEO Augmented Navigation,GAGAN)系统。

上述卫星导航增强系统已经建成并投入使用,完善和丰富了卫星导航增强系统提供的服务,因而也成为卫星导航系统不可或缺的基础设施。

1.1 卫星导航系统性能概述

卫星导航系统主要作用是为用户提供"定导时"服务。在卫星导航系统发展初期定位模式是以高定位精度、静态观测和后处理过程为特征;而导航模式则是以低定位精度、动态观测和(近)实时处理为特征,这两种模式之间的差异较为明显。随着卫星导航系统的不断发展与完善,两者之间的差异正不断缩小。与定位模式相比,导航模式需要不断获得用户的实时位置信息才能进行对用户运动载体的引导,故导航模式注重确保服务的安全性与可靠性,因此导航用户重点关注导航系统的可用性、连续性、完好性和定位精度。

1993 年美国发布第一版 GPS 性能评估报告,作为第一个评估卫星导航系统性能的正式标准,提出导航系统信号覆盖性(Coverage)、服务可靠性(Reliability)、服务可用性(Availability)与定位精度(Accuracy)的指标。随着全球导航用户范围的扩展,不同用户对导航系统性能的要求越来越高。例如,民用航空领域用户不仅关心在航空器特定阶段(进近着陆阶段)导航系统提供连续可靠的服务能力,更注重卫星(星座)与卫星导航接收机在某些情况下不能提供导航服务时及时为用户提供相应的告警,即更为注重卫星导航系统的完好性。在 2008 年公布的第四版 GPS 性能评估报告中,系统可靠性分解为连续性(Continuity)和完好性(Integrity)两个指标,这两个指标的提出对全球卫星导航系统的发展产生深远影响。例如,在欧盟研发的 Galileo 系统中明确提出完好性和连续性标准。尽管目前不同卫星导航系统中表征服务性能的指标不尽相同,但是总结起来主要有定位精度、完好性、连续性、可用性 4 个方面。这 4 个指标之间的关系如图 1-1 所示。要提升卫星导航系统的服务能力,不论是导航模式还是定位模式首先都要提升定位精度。

高精度定位在现今的国土精密测绘、航空器空中加油、舰载机着舰等领域都有极为广泛的应用，在此基础上提高卫星导航系统完好性，并进一步保障卫星导航系统提供定位导航服务的连续性和可用性。

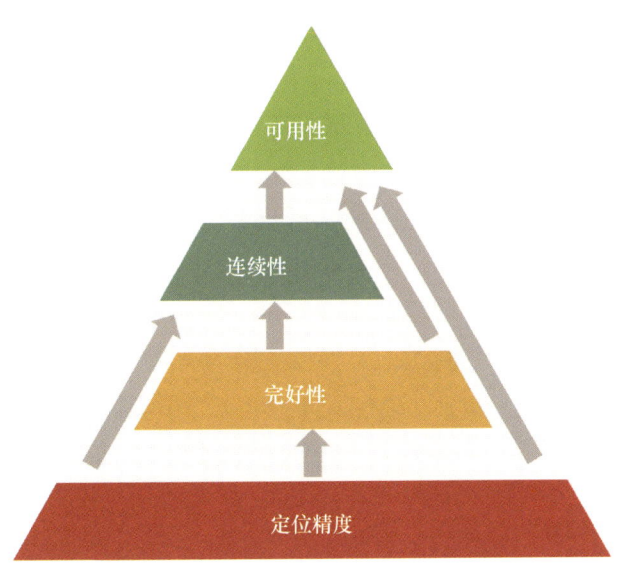

图1-1 卫星导航系统服务性能指标关系

1.1.1 定位精度

由于卫星到用户接收机之间信号会受到空间不同因素的干扰，或由于用户接收机的不精确、用户的主观判断、外界条件的变化等，以及由于计算中有效数字的取舍、不同近似方法和不同模型的选取，这些因素都会对卫星导航系统的定位精度造成严重影响，甚至降低卫星导航系统的服务性能。影响卫星导航系统定位精度的误差主要来源于3个方面：

1. 卫星相关误差

卫星相关误差包括卫星星历误差、卫星原子钟误差、相对论效应、信号在卫星内的时延、卫星天线相位中心误差等。

1）卫星星历误差

卫星在轨道上运行时，会受到空间中各种因素影响（例如太阳的光压等），导致其真实轨道与卫星星历描述的轨道并不完全相同，即存在卫星星历误差或轨道误差，其准确定义是：由卫星星历所给出的卫星在空间的位置及运动速度与卫星的实际位置及运动速度之差。导航卫星的轨道误差是一个矢量，可分解为3个分量：径向分量——地心与卫星连线方向，切向分量——在轨道平面与径向垂直且指向卫星运动方向，横向分量——与轨道平面垂直的方向。在这3个分量中径向分量对伪距定位的影响最大。一般而言卫星轨道三维误差大致为不大于$5m(1\sigma)$。

2) 卫星原子钟误差

虽然目前卫星上使用的原子钟时间精度很高,但是也不可避免地存在误差。这种误差既包含系统误差,如源于每台原子钟必然存在的时间偏差和频率的漂移,而且不同的原子钟、不同卫星上的同一原子钟状态互不相关并随时间变化,如果用户接收机不进行钟差校正就会变成定位误差,将会带来较大的误差;此外也同样包含随机误差。两种误差相比系统误差远比随机误差对系统的影响大。对于卫星原子钟误差,可以通过地面增强系统对导航卫星的连续跟踪与测量,估算和预测每颗卫星原子钟的偏差量,并将该偏差量发送给用户接收机,即可校正原子钟的偏差。在相对定位中,卫星原子钟误差可用对观测量求差(即差分)的方法校正。

3) 相对论效应

相对论效应是指由于卫星原子钟(简称卫星钟)和用户接收机钟所处的状态(运动速度和重力位)不同而引起两台钟之间产生相对钟差的现象,相对论效应分为狭义相对论效应和广义相对论效应。

(1) 狭义相对论效应:当某卫星钟在惯性空间中处于静止状态时频率为 f,当其被安置在速度为 V_s 的运动卫星上时,根据狭义相对论效应,其卫星钟的钟频 f_s 将变为

$$f_s = \left[1 - \left(\frac{V_s}{c}\right)^2\right]^{\frac{1}{2}} \approx f\left(1 - \frac{V_s^2}{2c^2}\right) \quad (1-1)$$

式中:c 为光速。狭义相对论效应引起的钟频变化即为

$$\Delta f_1 = f_s - f = -\frac{V_s^2}{2c^2} \times f \quad (1-2)$$

(2) 广义相对论效应:若卫星所在处的地球引力为 W_s,地面测站处的地球引力为 W_T,将同一台钟放在地面上和放在卫星上两者的频率相差为

$$\Delta f_2 = -\frac{W_s - W_T}{c^2} \times f = \frac{\mu}{c^2}\left(\frac{1}{R} - \frac{1}{r}\right) \times f \quad (1-3)$$

式中:μ 为万有引力常数 G 和地球总质量 M 的乘积,其值在计算中为 $398600.5\text{km}^3/\text{s}^2$;$r$ 为卫星到地心的距离;R 为地面至地心的距离。

综合考虑在两种相对论效应的共同作用下,卫星钟和地面钟的频率相差为

$$\Delta f = \Delta f_1 + \Delta f_2 = \frac{f}{c^2}\left(\frac{\mu}{R} - \frac{\mu}{r} - \frac{V_s^2}{2}\right) \quad (1-4)$$

如果将地球看成一个圆球,把卫星轨道近似看成半径为 a 的圆轨道,式(1-4)可以简化成

$$\Delta f = \frac{\mu}{c^2}\left(\frac{1}{R} - \frac{3}{2a}\right) \times f \quad (1-5)$$

将 $R = 6348\text{km}$,$a = 26560\text{km}$,$\mu = 398600.5\text{km}^3/\text{s}^2$,$c = 299792.458\text{km/s}$ 代入式(1-5),可以得到 $\Delta f = 4.443 \times 10^{-10} f$,即为了解决卫星钟差问题可以在地面生产原子钟时将原子钟的频率降低 $4.443 \times 10^{-10} f$。卫星钟的标称频率为 10.23MHz,因此在生产时应该将其频率调整为

$$f = (1 - 4.443 \times 10^{-10}) \times 10.23\text{MHz} = 10.22999999545\text{MHz}$$

4）信号在卫星内的时延

卫星钟驱动下开始生成测距信号至信号生成并离开发射天线相位中心的时间差为信号在卫星内的时延。

5）卫星天线相位中心误差

导航卫星发射天线电气零相位中心存在制造误差，卫星在轨道上运行时还可能发生变化，但该误差一般在厘米级，在米级、亚米级和分米级精度的定位增强系统中可以忽略，但在星基增强系统厘米级定位技术中就必须考虑。

2. 与信号传播有关的误差

与信号传播有关的误差包括电离层时延误差、对流层时延误差。

1）电离层时延误差

在太阳紫外线、X 射线和宇宙高能粒子的照射下，部分地球高层大气的分子和原子电离产生自由电子和正离子群，这些粒子形成等离子体云即电离层。从距地面 60km 高度以上的整个地球大气层都处于部分电离或完全电离的状态。按电子密度和电离层厚度可以分为 D 层（60～80km）、E 层（100～120km）、F1 层（120～200km）、F2 层（200～900km），详见图 1-2。其中白天的 F1 和 F2 两层在夜间合并为一个 F 层。

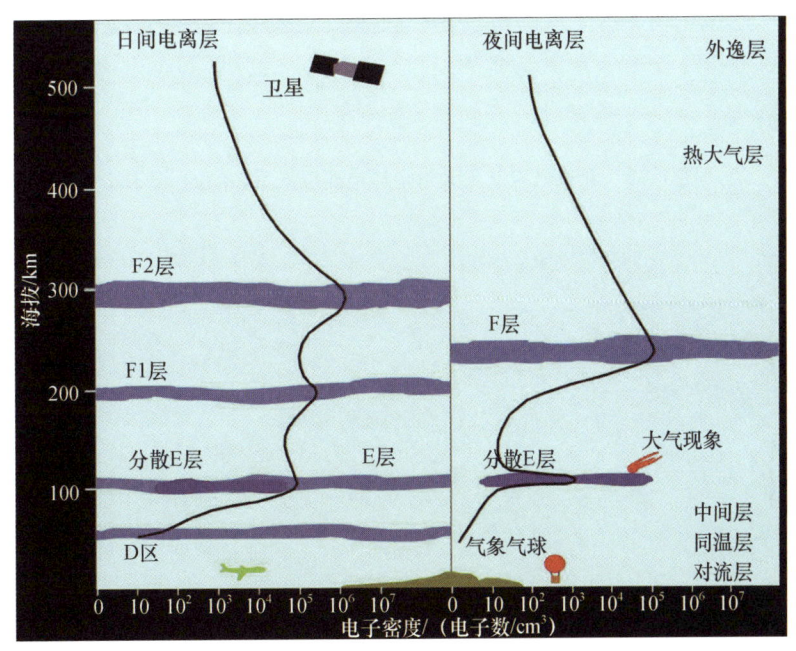

图 1-2　全天电离层结构示意

电离层的产生受太阳辐射和高能宇宙射线的作用，因此电离层会受太阳活动的影响，进而影响卫星与用户接收机之间的无线电波传播。其中 F 层电离层对无线电波传播的影响最大，白天 F 层（F1 层、F2 层）电离层中的电子密度最高，因此对无线电波的反射也最大，而到了夜晚太阳辐射减弱，电离层升高且较为稳定，对于无线电信号的干扰也随之减弱。当太阳黑子爆发时整个电离层发生突变,或电离层突然受到强烈扰动时,将导致卫星导航信号电离层模型失效,进而造成定位计算错误。

正是因为电离层与人类活动有着密切关系,世界上很多研究机构(例如德国宇航中心、中国科学院地质与地球物理研究所、武汉大学、北京航空航天大学等)都在对电离层进行观测和预报其活动情况,并且利用卫星导航增强站网的观测数据,获得对应天域的电离层电子密度及其分布情况,如图1-3～图1-5所示。我国纬度带跨越范围广,上空电离层情况复杂多变,特别是靠近赤道地区即我国南方部分省市,受电离层异常影响对定位导航的影响较为明显。

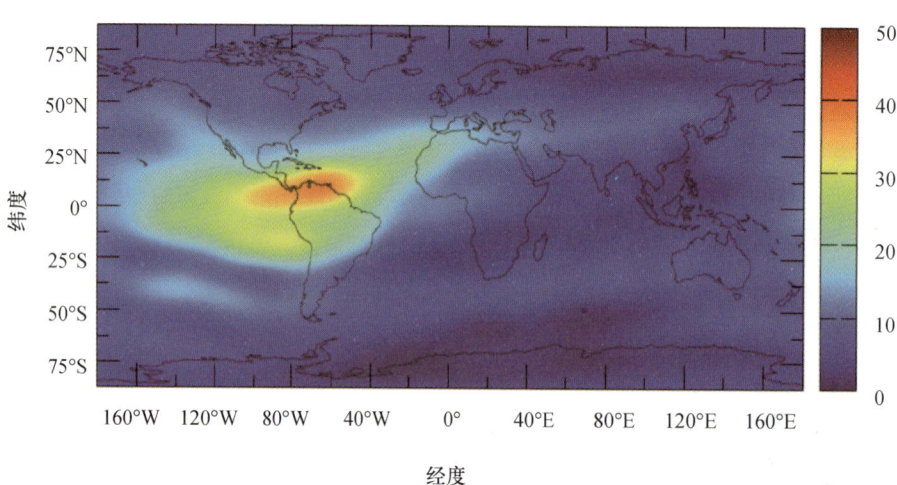

图1-3 北京航空航天大学全球电离层产品(单位:TECU)

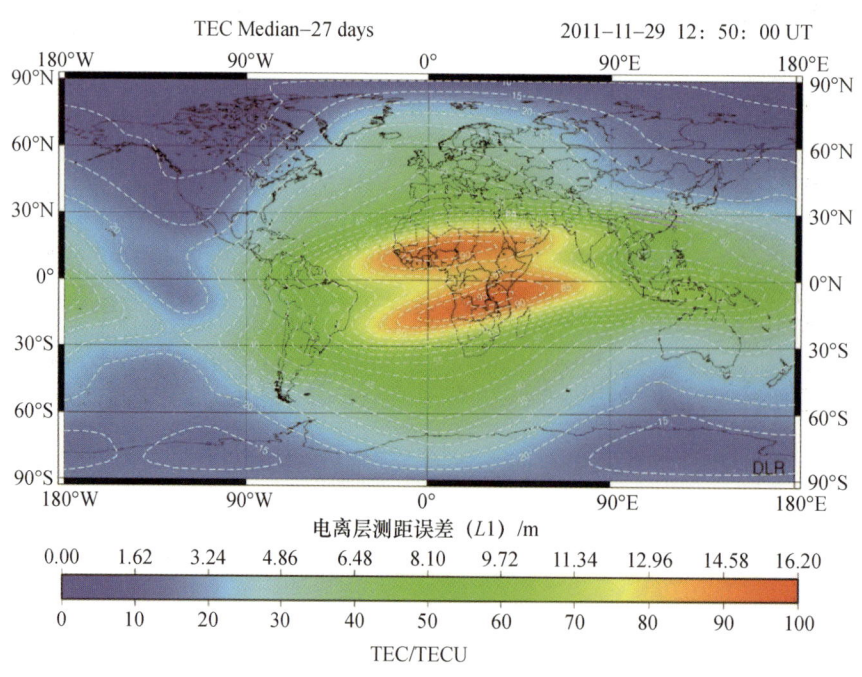

图1-4 德国宇航中心全球电离层产品(单位:TECU)

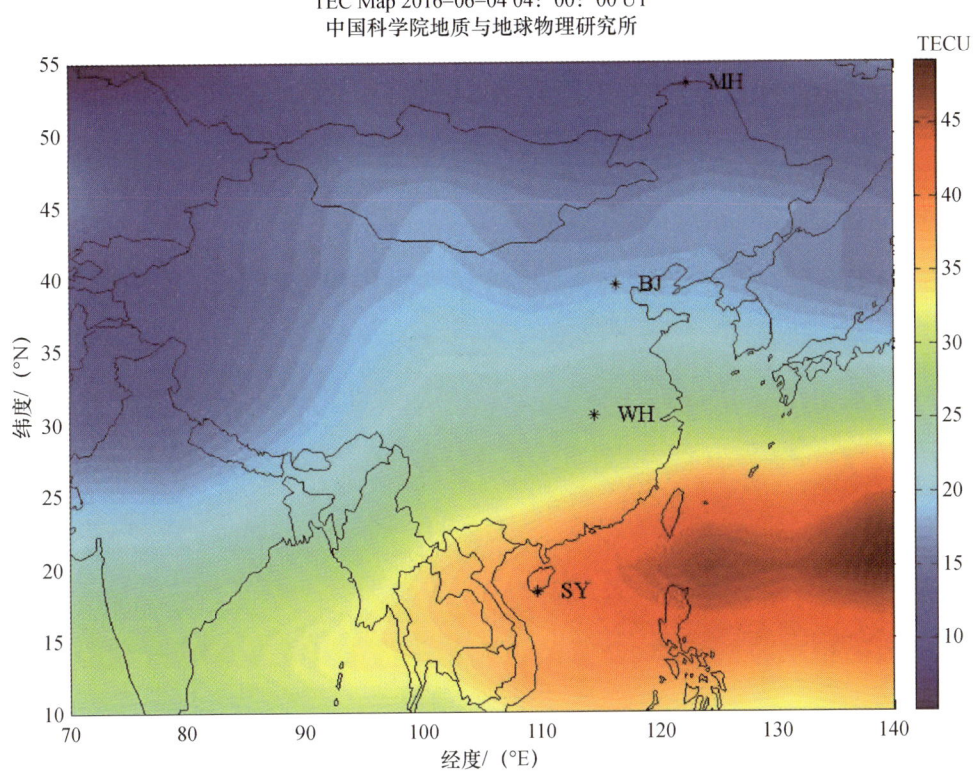

图1-5 中国科学院地质与地球物理研究所发布中国及周边地区的电离层分布情况

由于电离层中的电子密度及其他参数是动态随机的,这会对卫星导航定位精度产生巨大影响(图1-6)。总体上看,赤道附近的大西洋、西太平洋、印度洋、非洲、中东、东南亚、中国南方等区域,由电离层时延产生的定位误差较大。电离层时延产生的影响是否明显除了和当地空域的电子密度有关之外,还和用户接收机与卫星的俯仰角之间有关系,当导航卫星在用户接收机的天顶方向时,电离层对导航信号传播的影响最小;当导航卫星在用户接收机视线接近地平线时,电离层对导航信号传播的影响最大。

在利用卫星导航系统进行导航定位时,常用的减小电离层时延误差的方法:

(1)同步双频观测法。用一台用户接收机同时观测两个频率的卫星导航信号,利用电离层对电磁波的影响是电磁波频率的函数确定修正量,从而改善定位精度。虽然采用同步双频观测法可以较好地消除电离层的影响,但是与此同时也增加接收机的成本,定位收敛时间也比较长(典型值30min),一般用于高端、静态或准静态应用领域。

(2)同步观测求差法。用两台或多台用户接收机同步观测卫星导航系统的导航信号,当卫星导航观测站间的距离较近(例如30km)时,卫星导航信号经过同一片电离层到达各导航增强站的路径大致相同,对同一颗导航卫星的同步观测信号求差可显著减弱电离层对定位精度的影响,一般用于单频用户接收机。

(3)电离层模型修正法。卫星导航增强系统需要依靠地基增强系统的卫星导航增强站网格,通过测量卫星导航信号反演电离层参数,再播发给用户接收机进行电离层修正,特别适合于大众使用的单频用户接收机提高定位精度。地面卫星导航增强站的网格密度大,测量的导航卫星数据多,可以提高电离层的解算精度,有利于提高用户接收机的定位精度,但影响电离层模型准确性的因素较多,不能完全消除电离层的影响,模型仍需要持续改进和完善。

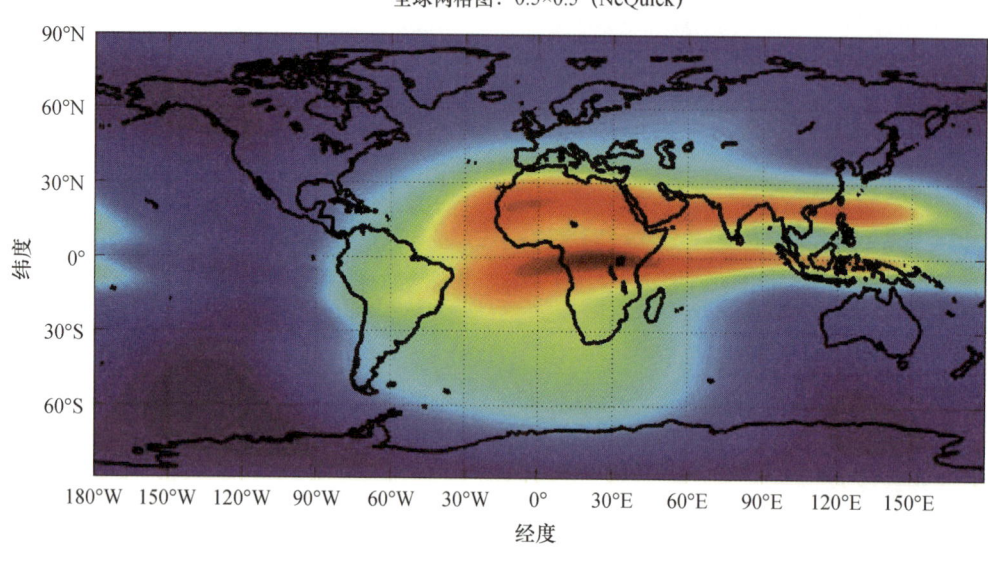

图1-6 电离层对卫星导航定位精度的影响

2) 对流层时延误差

地域、气候、气压、温度、湿度、卫星仰角、卫星导航增强站与用户接收机的距离等因素都对卫星导航信号穿过对流层的时延有影响。

对流层时延可细分为干分量和湿分量,干分量主要与大气的温度、压力相关,可通过地面的大气资料计算出来。此外,对流层时延除了与干湿分量有关外,还与卫星导航增强站和用户接收机的距离有关,两者距离越近,对流层时延误差就越小,反之亦然。当卫星导航增强站与用户接收机的距离较远且两者之间的高程差又较大时,对流层时延误差对用户接收机定位精度的影响较大。

减小对流层时延误差影响的方法:

(1) 对流层模型修正法。卫星导航增强系统需要依靠地基增强系统的卫星导航增强站网格,通过测量卫星导航信号反演对流层时延误差参数,再播发给用户接收机进行对流层修正。同样,影响对流层模型准确性的因素较多,不能完全消除对流层的影响,模型仍需要持续改进和完善。

(2) 同步观测求差法。同时采用两台或多台用户接收机同步观测卫星导航系统的导航信号,当用户接收机间的距离较近(例如30km)时,卫星导航信号经过同一片对流层到达各用户接收机的路径大致相同,对同一颗导航卫星的同步观测信号求差可显著减弱对流层对定位精度的影响。

3. 用户接收机相关的误差

用户接收机相关的误差:多路径误差、接收机钟差、接收机天线相位中心偏差、接收机软件和硬件误差、地球自转影响。

1) 多路径误差

多路径误差是用户接收机天线除直接收到卫星导航信号外,还能收到经天线周围遮蔽物一次或多次反射的卫星导航信号,信号叠加引起测量参考点(相位中心点)位置的变化,使观测量产生误差并最终反映在定位结果上。多路径误差与卫星导航增强站接收天线周围环境反射密切相关,在实际中难以控制。在一般反射环境下,多路径效应对伪距定位的影响可达米级;在高反射环境下,影响显著增大,并会导致卫星导航接收机接收的卫星导航信号失锁和/或导致信号载波相位观测量发生周跳。因此,在高精度定位和导航应用中,需要减小多路径误差的影响。

减小多路径误差影响的方法:

(1) 选择低反射环境安装卫星导航接收机的天线,尤其应远离强反射面(如水面、平坦光滑的地面、平整的建筑物表面等)。

(2) 选择抗多路径性能良好的天线。

(3) 适当延长观测时间,减小多路径误差的周期性影响。

(4) 改善接收机的设计。

2) 用户接收机钟差

一般情况下用户接收机所使用的钟为石英钟,其计时质量较原子钟(铷钟等)差。这就造成石英钟的钟差数值大、变化快,且其变化的规律性也更差。在处理接收机钟差时可以采用三次多项式甚至四次多项式来拟合接收机钟差,但这种方法有时仍然无法满足人们对定位精度的需求。所以在一般情况下会将每个观测历元的接收机钟差当作未知参数,利用伪距观测值,通过单点定位的方法求得接收机钟差,这种方法可以使钟差精度达到 $0.1 \sim 0.2 \mu s$,可以满足计算卫星位置及计算其他各种改正时的要求。

3) 用户接收机天线相位中心偏差

在卫星定位中,观测值以接收机天线相位中心为准,因此要求天线相位中心与其几何中心应保持一致。但实际上,天线相位中心位置随着卫星信号输入的强度和方向不同而有变化,即观测时相位中心的瞬时位置(视相位中心)与理论相位中心位置有所不同,天线相位中心的偏差对相对定位结果有影响,量值为毫米级至厘米级。

4) 接收机软件和硬件误差

在利用卫星导航系统定位时,定位精度还会受到用户接收机的处理软件和硬件影响。减小接收机软件和硬件误差的方法主要是优化算法和软件、提高硬件水平。

5) 地球自转影响

卫星定位采用协议地球固连坐标系。因地球自转导致卫星信号发射瞬间的位置坐标与卫星导航接收机接收到的信号瞬间的位置坐标发生绕 Z 轴的旋转,导致接收到的卫星导航信号有时间延迟。减小地球自转影响的方法主要是优化卫星导航接收机的算法和软件。

1.1.2 完好性

卫星导航系统的完好性是表征在不能用于导航与定位服务时系统及时向用户发出告警能力的参数,它是用户对系统提供信息可信程度的一种度量。卫星导航系统完好性关系到导航用户、特别是航空公司等涉及生命安全用户的安全,是保证用户安全性的重要性能参数,可分为空间信号完好性和服务完好性。

1. 空间信号完好性

空间信号完好性为系统可用性(SIS)提供定位和授时信息正确性的信任度,包括当空间信号不能用于定位或授时时向用户接收机及时发出告警的能力。完好性主要采用以下 4 个参数来描述:

(1)服务失败概率:空间信号瞬时超过阈值而没有发布及时告警的概率。

(2)告警延时:从系统识别到误导空间信号 MSI 开始到包含实时告警信息页所在子帧结尾到达接收机天线的时间间隔。

(3)SIS URE NTE 阈值:健康卫星 SIS 的阈值为该卫星当前的用户测距精度指数对应的上边界值的 ±4.42 倍(对应风险概率为10^{-5})。

(4)告警标志:根据完好性风险以及完好性故障机制的不同,告警亦分为 Alarm 型告警和 Warning 型告警,二者均表示相应的 SIS 已经处于不健康状态,但后者要比前者风险更小。

2. 服务完好性

卫星导航系统建设的最终受益者是用户,因此有必要对用户端的完好性进行监测。用户接收机除了要充分利用系统播发的完好性信息外,应积极采取有效措施将超限的异常情况排除在外。现在已有部分接收机带有接收机自主完好性监测算法的功能,其监测途径主要是利用接收机内部的卫星观测冗余信息,或者载体上其他辅助信息如高度计、惯性导航系统、多普勒导航系统等实现卫星导航故障的识别判断和剔除。

描述 GNSS 提供的服务完好性的主要参数包括:

(1)告警阈值:包括水平告警阈值(Horizontal Alarm Limit,HAL)和垂直告警阈值(Vertical Alarm Limit,VAL)。

(2)告警时间:完好性监测具有一定的时效性,这就对监测结果的响应时间有一定的要求。

(3)完好性风险:完好性监测结果的信任程度不可能做到100%,用户需要面临一定的完好性风险,即导航定位误差超过告警阈值但没有及时发出告警的概率。

1.1.3 连续性

卫星导航系统的连续性是指整个系统在一段时间内,将要执行的导航操作中持续提供服务而不发生非计划中断的能力,它是在满足精度和完好性条件下的概率。连续性性能可分为空间信号连续性和服务连续性,两者的计算方法存在一定的差异。

1. 空间信号连续性

空间信号连续性主要针对轨位(包括扩展轨位)卫星。目前在文档中给出的连续性性能指标都是相对于轨位卫星的,没有给出非轨位卫星的连续性性能指标。通常可以认为非轨位卫星的连续性相比于轨位卫星而言要低,因为大多数非轨位卫星要么快到服役期限,要么发生故障的概率较大。

单位时间内(小时)系统可靠运行的概率为

$$P_c = e^{\frac{1}{MTBF}} \tag{1-6}$$

其连续性风险为

$$P_{cr} = 1 - e^{\frac{1}{MTBF}} \tag{1-7}$$

2. 服务连续性

服务连续性包括定位连续性和完好性连续性两种指标。定位连续性是不发生定位精度超标的概率,完好性连续性是不发生未被监测到的概率或完好性保护限差不超标的两种概率连续性。

1) 定位精度的连续性计算

水平方向定位精度故障的判决条件如下:

$$H_\alpha > H_{AL}$$

垂直方向定位精度故障的判决条件如下:

$$V_\alpha > V_{AL}$$

式中:H_{AL}、V_{AL}分别为水平方向和垂直方向定位精度限值。可用下式进行定位精度的连续性计算:

$$C_{oa} = \frac{\sum_{t=t_{start}, inc=T}^{t_{end}-wind} \{\prod_{u=t, inc=T}^{t_{end}+wind} \text{BOOL}(f(u)) = \text{TRUE}\}}{\sum_{t=t_{start}, inc=T}^{t_{end}-wind} \{\text{BOOL}(f(t)) = \text{TRUE}\}} \tag{1-8}$$

式中:t_{start}、t_{end}分别表示一组测试数据的起始和结束历元时刻;T为数据的采样间隔,通常为秒;wind表示滑动窗口的长度,一般取小时;$f(t)$表示当前时刻的定位结果(水平误差或高程误差)。

2) 完好性的连续性计算

完好性的连续性是假设在开始时系统完好性功能正常的条件下,完好性功能连续工作的概率。完好性故障与误警和漏警有关,其判断条件可以表示为如下事件:

误警事件 = (系统发出告警|实际没有发生故障)

漏警事件 = (系统没有及时告警|实际发生了故障)

其中一种情况发生,即可认为发生了完好性故障,这意味着系统有可能产生完好性连续性的损失。如果系统没有在规定时间内提前通知用户,该完好性故障一定会引起系统完好性连续性的损失,此时该完好性故障可以称为完好性连续性故障。

完好性连续性的计算,需要计算并统计在一定评估时间周期内发生完好性连续性故障的MTBF期望。具体统计方法如下:

$$\mathrm{MTBF} = \frac{1}{N-1}\sum_{i=1}^{N-1}\Delta T_i \tag{1-9}$$

式中：$\Delta T_i(i=1,2,\cdots,N-1)$ 表示第 i 次故障到第 $i+1$ 次故障的持续时间（假设开始评估时系统是无故障的），即

$$\Delta T_i = t_{i+1}(\text{漏警或误警事件}) - t_i(\text{漏警或误警事件}) \tag{1-10}$$

获得 MTBF 之后，可分别按照式(1-6)和式(1-7)计算完好性的连续性概率和连续性风险的概率。

1.1.4 可用性

可用性是面向用户的使用性能指标，是高精度和安全导航服务用户区分某一导航系统作为主要导航工具或仅是辅助性工具的依据。用户体验到的可用性包括两个层面：系统可用性（SIS）和服务可用性。

1. 系统可用性

空间信号可用性包括单颗卫星为单位的可用性和由多颗卫星组成的整体星座的可用性。单星可用性主要依赖于卫星的设计、运行与控制部分对在轨维护处理策略以及对异常问题的响应时间等，而星座可用性主要受到单星可用性、卫星的备份策略以及卫星轨位分布等影响。

影响单星或者整个星座可用性的主要因素为单颗或多颗卫星的故障。其中影响单星可用性的主要故障有 4 类：

(1) 长期计划故障，主要是损耗故障；
(2) 长期非计划故障，主要是长期硬故障；
(3) 短期计划故障，主要是运行维护停工造成的故障；
(4) 短期非计划故障，主要是短期硬故障和软故障。

卫星故障影响可用性的同时会进而影响到系统在完成任务时的各项性能，而且不同类型的故障对可用性的性能指标影响不一样，因此需要对卫星故障概率进行计算。卫星故障概率计算时主要考虑长期故障、短期故障和维护故障 3 种类型。

另外，如果单颗卫星出现长期故障或者卫星寿命到期时按何种标准进行清理以及新卫星的补充政策等会直接影响全星座的可用性。因此，为确保系统星座的可用性，需要指定完善的卫星发射备份策略以满足星座中卫星数量和构成的值，其备份策略按计划发射或按需要发射而定。

1) 单星可用性计算

分析卫星系统卫星的状态和可用性性能时，往往需要知道假定初始状态，以及经过一段时间后卫星可能处于的状态，这就要求建立一个能够反映规律的数学模型。马尔可夫链是利用概率建立一种随机的时序模型，以便可由某一时刻的一步转移概率矩阵推估一定时间间隔的系统状态，再加上描述卫星寿命的概率分布为指数分布，这正好可用于马尔可夫链计算卫星的可用性概率。在较长时间后，马尔可夫过程逐渐处于稳定状态，且与初始状态无关。马尔可夫链达到稳定状态

的概率就是稳定状态概率,也称稳态概率。对给定卫星出现前后两次故障平均间隔时间和出现故障后修复故障的平均修复时间,利用马尔可夫链模型则可知单星稳定可用性概率为

$$PA^S = \frac{\text{MTBF}}{\text{MTBF} + \text{MTTR}} \qquad (1-11)$$

选择对应的 MTBF、MTTR 值便可分析计算长期故障、短期故障、维护停工条件下的单星可用性。

2) 星座可用性计算

星座可用性不仅与单颗卫星的可用性有直接关系,还与卫星的发射补充计划以及卫星的备份与替代策略有关系。下面仅给出同时考虑标称轨位卫星和备份星时的星座可用性概率:

$$PA_i^C = \sum_{j=0}^{j=M} P_{S_j} P(i-j) \qquad (1-12)$$

式中:PA_i^C 为标称轨位卫星数加备份星数共为 i 颗时的可用性概率;$P(i)$ 为标称轨位数为 i 的星座可用性概率;P_{S_j} 为 j 颗备份星的可用性概率。

2. 服务可用性

服务可用性是指导航系统为服务区内用户提供满足要求的服务的时间概率。服务可用性是导航系统可预测的固有特性,它反映了系统预期性能,而不是实际的瞬时行为。此可用性应该考虑卫星星座的几何结构和空间信号精度用户距离误差(User Range Error,URE)的综合影响,即精度可用性。精度可用性进一步分为水平精度可用性和高程精度可用性。评估方法关键在于求取服务可用性门限(Serve Available Threshold,SAT)值。其中,描述水平方向的 SAT 值称为水平服务可用性门限,高程方向的 SAT 值称为垂直服务可用性门限。而计算的关键就是确定满足一定条件的精度因子(Dilution of Precision,DOP)和用户等效距离误差(User Equivalent Range Error,UERE),其基本关系如下:

$$\text{HSAT} = \text{UERE}(\alpha) \times \text{HDOP} \qquad (1-13)$$

$$\text{VSAT} = \text{UERE}(\alpha) \times \text{VDOP} \qquad (1-14)$$

式中:α 为百分数,若取 $\alpha = 0.95$ 则表示 HSAT 和 VSAT 为 UERE 取 95% 分位数对应值;HDOP 和 VDOP 是用户在一定高度截止角条件下与可见卫星形成的几何因子,它的分布随时间变化而变化,不同的观测时段长度统计得到的平均 DOP 值可能不一样。

利用式(1-13)和式(1-14)得到 HSAT 和 VSAT 后,可直接使用下式进行服务可用性判断:
如果

$$\Delta H = \sqrt{\Delta E^2 + \Delta N^2} \leqslant \text{HSAT} \qquad (1-15)$$

且

$$|\Delta V| = \text{VSAT} \qquad (1-16)$$

则认为服务可用,否则不可用。其中,ΔH、ΔV 分别为站心坐标系下的平面位置误差和高程位置误差。

1.2 卫星导航增强系统的分类

卫星导航增强系统按照各种维度有不同的分类方法。例如按照增强的目的分类,可以分为精度、完好性、连续性和可用性增强系统;以增强信号覆盖的范围分类,可分为广域(1000km 量级)和局域(典型值 50km)增强系统两大类;从承载增强技术的角度分类,可分为地基增强系统、星基增强系统、低轨卫星增强系统和局域增强系统等;按照所使用的增强信号类型区分,可以分为基于导航信号伪距观测值的增强系统和基于导航信号载波相位观测值增强模式、实时动态定位(Real Time Kinematic,RTK)、网络实时动态定位、精密非差单点定位(Precise Point Positioning,PPP)、广域非差单点定位、广域-区域融合精密定位等的卫星导航增强系统。

1.2.1 广域精度增强技术

广域精度增强技术是一种依靠在大范围(例如全国、全球)地面网格点上的卫星导航增强站观测导航卫星信号,在数据处理系统解算出导航卫星的钟差、轨道和电离层延迟等参数,经播发手段送达用户接收机,并在用户接收机解算出定位精度的增强技术[5]。采用单频伪距的广域精度增强技术,用户定位精度可提高到 3m;采用单频载波相位的广域精度增强技术,用户定位精度可提高到 1m;采用双频载波相位的广域精度增强技术,用户定位精度可提高到优于 50cm。

为计算精确的导航卫星轨道、钟差和电离层延迟参数,需要在全国乃至全球建设卫星导航增强站网。为提供钟差和轨道、电离层延迟等参数多方式的播发服务,可以利用移动通信、数字广播、通信电台等手段进行播发。由于以上播发服务都是局域化的,因此很容易将上述广域精度增强的服务认为是区域精度增强服务。

为提供尽可能大的服务覆盖范围,轨道、钟差和电离层延迟参数产品可用卫星播发,这种方式很容易与星基增强系统混淆,但两者之间有很大的区别:一是播发的参数不同,广域精度增强系统播发的是定位精度的修正参数,星基增强系统还需要播发导航卫星系统完好性参数;二是用户群不同,广域精度增强系统是面向大众和一般用户,定位精度的置信度一般提高至 2σ(95%)即可,星基增强系统是为民航用户服务,定位精度的置信度要求高达 6σ(99%)。

1.2.2 广域完好性增强技术

广域完好性增强技术是指采用卫星播发导航卫星系统完好性参数的增强技术,由于对播发完好性参数的实时性要求高,采用广域完好性增强技术的完好性增强系统必定是星基增强系统,美国的广域增强系统 WAAS 是一个典型的 GPS 广域完好性增强系统。

国际民航组织(International Civil Aviation Organization,ICAO)将用于增强 GPS 信号精度、完好

性,以便民航飞机依靠 GPS 进行所有阶段飞行的增强系统定义为星基增强系统(Satellite-Based Augmentation System,SBAS)。

目前,国际上星基增强系统还有印度 GPS 辅助地球静止轨道卫星增强导航(GPS Aided Geo Augmented Navigation,GAGAN)系统、日本多功能卫星增强系统(Multi-functional Satellite Augmentation System,MSAS)、欧洲地球静止轨道卫星导航覆盖服务(European Geostationary Navigation Overlay Service,EGNOS)系统等(图 1 – 7)。

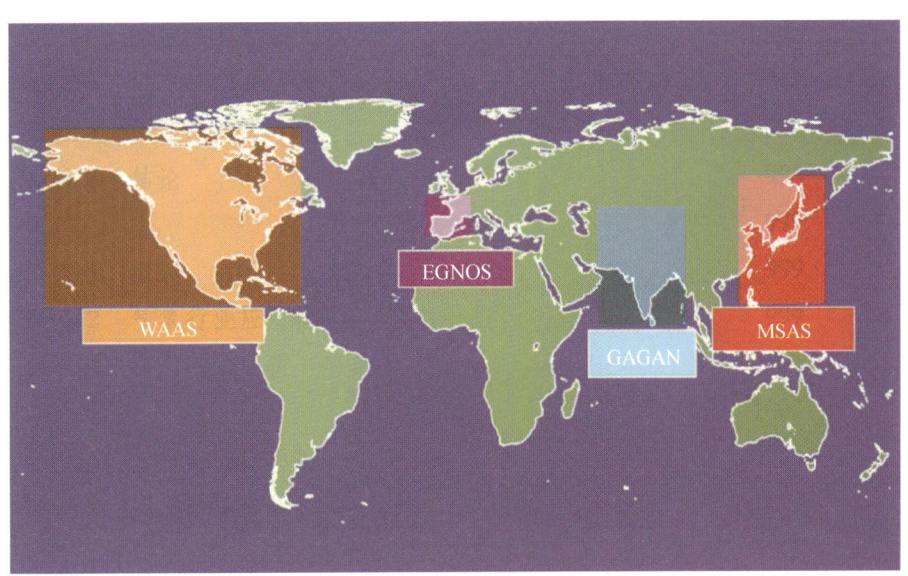

图 1 – 7　国际上星基增强系统及其服务区

1.2.3　局域精度增强技术

局域精度增强系统是一种能够在局部区域内提供高精度定位的导航增强系统。该系统依靠一个已知精密大地坐标的卫星导航增强站或若干个小间距(例如 50km)的卫星导航增强站网,观测覆盖该区域的导航卫星信号,计算出每个卫星导航增强站(可以是虚拟增强站)到导航卫星距离的综合修正数,当用户需要服务时,综合修正数经播发系统(例如广播电台、移动通信)发送给用户接收机,在用户接收机进行定位解算时减去误差量,可获得亚米级至厘米级的定位精度(图 1 – 8、图 1 – 9)。

局域精度增强技术包括实时动态差分(Real Time Differential,RTD)技术、实时动态定位(Real Time Kinematic,RTK)技术,两种增强精度系统的组成相同、工作原理相似,主要区别在以下几点:

(1) RTD 技术是基于导航信号的伪距(例如 GPS C/A 码、P 码的伪距),RTK 技术是基于导航信号的载波相位(例如 GPS L1、L2 信号的载波相位)。

(2) 初次定位的初始化时间不同,RTD 技术可优于秒级,RTK 技术的初始化时间在 10s 量级。

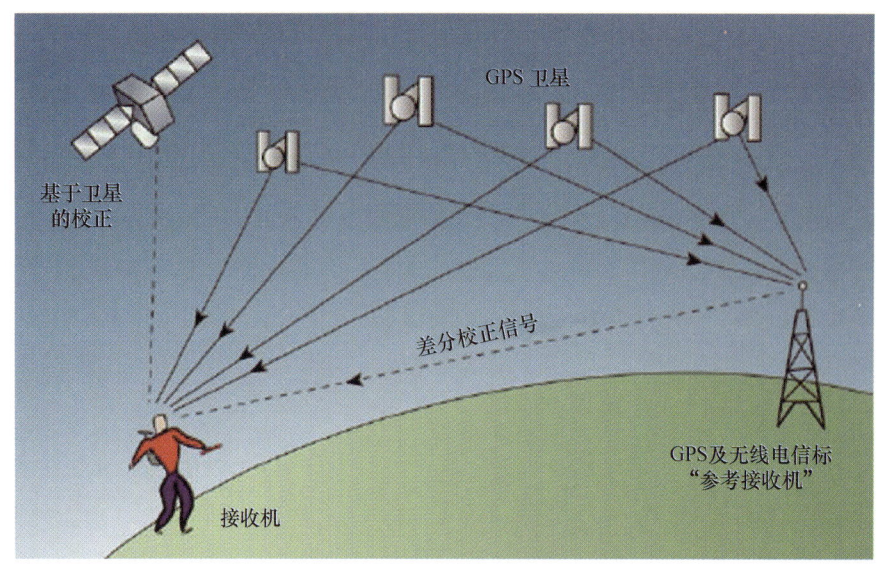

图1-8 单个卫星导航增强站增强卫星导航系统定位精度的工作原理示意图

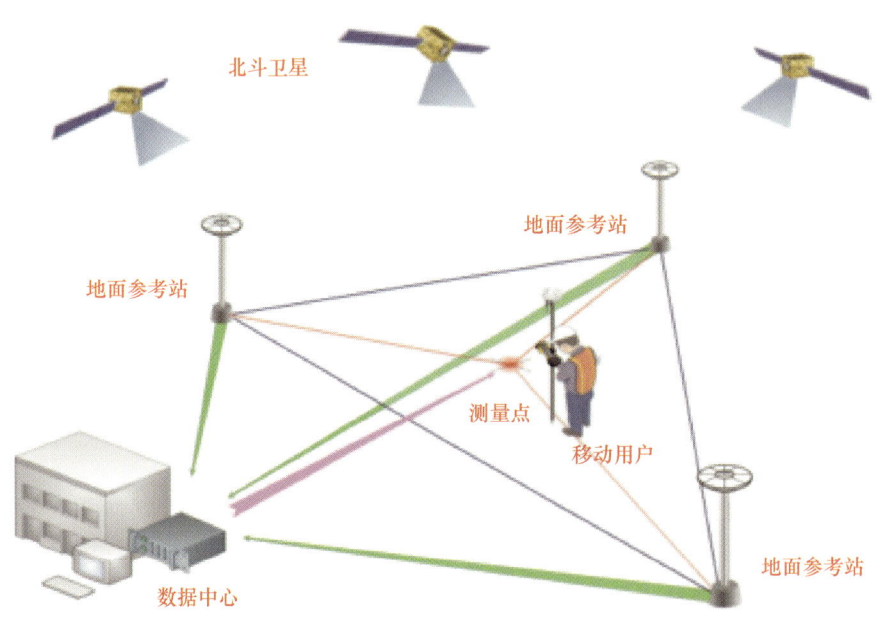

图1-9 多个卫星导航增强站组网的区域精度增强系统工作原理示意图

（3）定位精度和成本不同，RTD技术的定位精度只能达到亚米级，用户接收机的成本较低；RTK技术的定位精度可达到厘米级，但用户接收机的成本较高。

1. RTD技术

在实时动态定位中，最先引入了基于伪距（或码相位）差分RTD技术——也称为常规差分定位技术，即同时用两台卫星定位接收机观测同一组导航卫星发射的信号，因此系统误差量相关。将其中1台卫星定位接收机设置在已知坐标点上，接收导航卫星信号后计算出该点定位值和修正值，再经数据播发系统将修正值发送给另1台卫星定位接收机，在其计算中减去修正值，从而提高定位精度。RTD 技术可获得 1～5m 的定位精度，1 个卫星导航增强站提供的增强服务可达 100km 量级范围，定位精度随距离的增加而降低。

采用 RTD 技术的区域精度增强系统由 4 个分系统组成：

（1）卫星导航增强站（含卫星定位接收机及配套接收天线、端级应用软件等）；

（2）实时数据处理系统（含服务器、系统级应用软件等）；

（3）实时数据播发系统（含修正值处理与数字调制解调器、数据发射机等，频带宽度要满足播发修正数据的要求）；

（4）用户卫星导航接收机（含卫星定位接收机及配套的接收天线、端级应用软件等）。

2. RTK 技术

RTK 技术是基于载波相位的精度增强技术，其系统组成与 RTD 增强系统相同，工作原理相似，主要是卫星导航增强站和用户接收机不同（需要双频接收机）、处理的导航卫星信号不同，RTK 技术处理导航卫星发射的双频、载波相位信号，因此用户接收机的初始化时间需要约 30min。

设置在已知大地精密坐标点上的卫星导航增强站利用导航卫星定位后，两个坐标之差即可获得修正数据，用户接收机经数据播发系统获得修正数据并完成初始化后，便可将自身的定位精度提高至厘米级。RTK 技术对导航卫星的原始观测数据质量要求很苛刻，过程中图像系统传输的数据量大，一旦发生导航卫星信号被遮挡或干扰时，用户接收机就需要重新初始化、重新定位。

在良好的测量环境和条件下，RTK 技术可获得典型值为水平 3cm(1σ)、高程 8cm(1σ)的定位精度，观测条件好时可达到水平 2cm(1σ)、高程 5cm(1σ)。1 个卫星导航增强站提供的增强服务可达 10km 量级范围，定位精度也随距离的增加而降低。采用 RTK 技术对用户接收机的硬件、软件要求高，1 台实时动态定位接收机的价格在几万元人民币到十几万元人民币不等。

1.2.4 局域完好性增强技术

局域完好性增强技术是采用地面通信手段播发完好性参数的增强技术，通过在小范围（例如 10km）地面网格节点上的增强站观察导航卫星信号，在数据处理系统解算出该区域可见导航卫星的完好性参数，经播发手段送达用户接收机接收并在用户接收机解算出定位精度及其高置信度（例如 6σ）。

美国局域增强系统（Local Area Augmentation System，LAAS）是一种采用局域完好性增强技术的典型系统，是一种能够在局部区域内提供高精度定位的定位增强系统。其原理与 WAAS 类似，只是用地面的基准站代替了 WAAS 中的地球同步卫星，通过这些基准站向用户发送测距信号和差分改正信息，因此这些基准站被称为地基伪卫星。LAAS 能够在局部地区提供比 WAAS 精度更高的定位信号，用于机场导航时，可以使飞机仅仅利用 GPS 就可以安全着陆。

1.2.5 地基增强系统技术

地基增强系统（Ground Augmentation System，GAS）是一个为卫星导航系统提供精度差分改正与完好性监测的增强系统。地基增强系统主要服务于地面应用,通过在地面上布设相对广而密的基站,使用局域差分技术。在地面建立参考站通过网络或电台向外实时发送改正数,用户接收到改正数后直接对观测值进行改正,最终能达到厘米级的定位精度。

广义上说,地基增强系统既可以是一个广域精度增强系统,也可以是一个区域精度增强系统,还可以是一个将广域和区域精度增强融合为一体的广-区域精度增强系统,例如北斗地基增强系统。广域的地基增强系统具有发展成精度和完好性增强系统的潜力[4]。

狭义上说,地基增强系统是局域完好性增强系统,一般建设在机场附近,用于保障飞机精密进近和着陆,美国 LAAS 就是一个地基增强系统。

1. 北斗地基增强系统

北斗地基增强系统是国家重大的信息基础设施,用于提供北斗卫星导航系统增强定位精度和完好性服务。北斗地基增强系统由地面北斗增强站系统、通信网络系统、数据综合处理系统、数据播发系统等组成。

北斗地基增强系统通过在地面按一定距离建立的若干固定北斗增强站接收北斗导航卫星发射的导航信号,经通信网络传输至数据综合处理系统,处理后产生北斗导航卫星的精密轨道和钟差、电离层修正数等数据产品,通过卫星、数字广播、移动通信方式等实时播发,并通过互联网提供后处理数据产品的下载服务,满足北斗卫星导航系统服务范围内广域米级和分米级、区域厘米级的实时定位和导航需求,以及后处理毫米级定位服务需求[2]。

2. 完好性增强系统

完好性是当卫星导航系统出现异常、故障或精度不能满足设计指标要求时,系统向用户发出实时"不可用"告警的能力[3],一般用系统不能提供完好性服务的风险概率表示。没有完好性保证的定位、授时和授时服务无法成为用户可以依靠的系统,尤其是那些涉及生命安全相关的应用领域,对卫星导航系统的完好性提出了较高要求,这些要求超出了卫星导航系统自身的服务能力。美国的 GPS、俄罗斯的 GLONASS、中国的北斗(BDS)和欧洲的 Galileo 均能进行系统完好性监测。为了满足民航、高铁、自动驾驶等用户的需求,需建立面向卫星导航系统完好性增强的独立系统,对导航卫星发射的信号进行实时监测与评估,一旦导航卫星不能提供正常服务、出现故障、性能下降或用户定位精度下降时,及时向用户提供"可用"导航卫星的安全信息或"不可用"导航卫星的告警信息。

20 世纪 90 年代开始,美国、欧洲、日本等国家或地区分别建立了 GPS 的地基增强系统和星基增强系统[1],这些增强系统的目的就是利用外部独立的监测手段实现导航系统的完好性保证。具体的方法就是在地面设置监测站,监测 GPS 卫星的状况,当然也包括监测系统本身的故障因素,然后把综合的系统信息发播给用户。该方法最早称为 GPS 完好性通道(GIC),并且基本实现了 GPS 的完好性监测。

目前美国设计和建造的广域增强系统不仅能为美国本土用户提供可视区内 GPS 卫星和导航系统的完好性状况,而且能为用户提供卫星钟差、电离层改正数和卫星星历改正数,这些改正数提高了用户的定位精度。

同时,欧洲也建立了自己的增强系统,即 EGNOS;日本民航局也在开发拥有自主知识产权的 MSAS。这些系统都利用基准站来监测 GPS 卫星,并计算出差分改正数和给出完好性信息。目前完好性增强系统的发展趋势是推动广域地基增强系统向星基增强系统的转变。

1.3 卫星导航增强系统的组成

一般来说,卫星导航增强系统由卫星导航增强站系统、通信网络系统、卫星导航数据处理系统、数据播发系统、高精度位置服务平台、用户终端等组成。

卫星导航增强站系统通过接收卫星观测数据、星历数据等,通过通信网络系统实时传输到国家数据综合处理系统,经过处理后生成观测数据、广域增强数据产品、区域增强数据产品、后处理高精度数据产品等,利用卫星广播、数字广播、移动通信等手段播发至用户终端,满足卫星导航增强系统服务范围内增强精度和完好性的需求。

1.3.1 卫星导航增强站系统

卫星导航增强站系统用于在地面实时接收卫星导航系统发射的信号,并将接收到的卫星导航系统发射的原始观测数据按标准协议处理后,送到通信网络系统传输到数据综合处理系统。通常卫星导航增强站由室外部分(含扼流圈天线、观测墩/观测表及其附属设施、气象仪、射频电缆等)和室内部分(含北斗接收机、原子钟、路由器、UPS 电源、监控单元等)组成。

增强站系统主要为基准监测站或基准监测站网络,基准监测站可分为基准监测站和完善性监测站两类。基准监测站通常配置高性能原子钟和高质量接收机,接收机通过接收视野内卫星导航信号获得原始观测数据,检测出测量参数的误差值。完善性监测站专用于完善性检验,获得的观测值不用来计算精度修正值,而只产生"不能使用"电文向用户终端告警。两类监测站结合起来的监测数据可以进行修正信息,得出完善性结论,发布告警信息。监测站数量多、分布广,可以获得更多不同空间和不同地域分布的测量数据,有利于分析、处理误差数据,提高精度[6]。

北斗基准站网络包括框架网和区域加强密度网两部分。基准站按 155 个设计并视情补充,其大致均匀布设在中国陆地和沿海岛礁,如图 1-10 所示。满足北斗地基增强系统提供广域实时米级、分米级增强服务以及后处理毫米级高精度服务的组网要求。

区域加强密度网基准站以省、直辖市或自治区为区域单位布设,根据各自的面积、地理环境、人口分布、社会经济发展情况进行覆盖,满足北斗地基增强系统提供区域实时厘米级增强服务、后处理毫米级高精度服务所需的组网要求[8]。

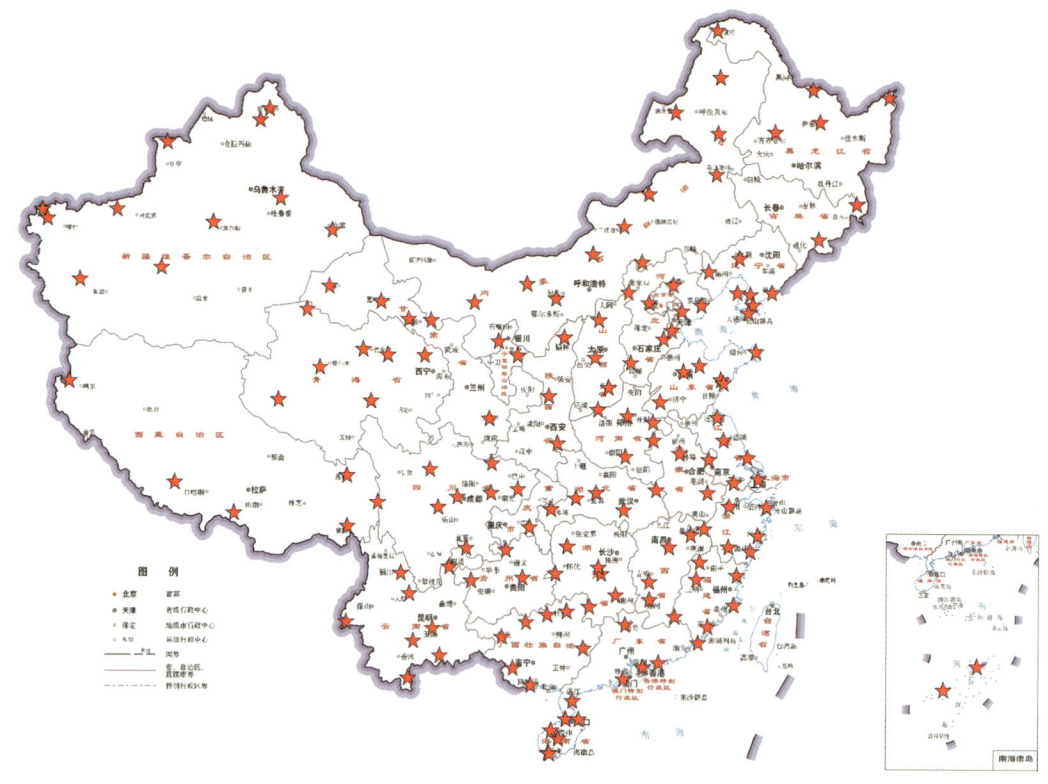

图 1-10　北斗基准站分布示意图

1.3.2　通信网络系统

通信网络系统用于卫星导航增强站与数据处理系统、数据处理系统之间、数据处理系统与数据产品播发平台、数据处理系统与高精度位置服务平台、数据处理系统与用户终端的通信。传输的信息包括卫星导航系统原始观测数据、各种监测数据、增强数据产品、位置服务信息等。通信网络系统由专用光纤通信网络/虚拟专用网络（Virtual Private Network，VPN）、互联网、路由器等组成。通信网络系统将卫星导航增强系统的分系统连成物理和信息层意义上的"一张网"。

1.3.3　卫星导航数据处理系统

根据已知增强站位置和采集到的参数计算分离出卫星轨位、时钟、电离层、对流层时延等误差。数据处理中心对数据进行处理后生成星历、钟差等改正数，电离层时延栅格分布参数，以及完好性等级及告警数据等增强数据，确定被观测卫星信号的完整性、精度、残差等信息，最后把经分析加工后的信息编制成增强电文，广播给用户终端。

卫星导航数据处理系统用于接收、存储、处理来自卫星导航增强站的原始观测数据，一方面形成各种增强数据并推送至数据播发系统；另一方面将原始观测数据和增强数据与其他卫星导航数据处理系统共享。卫星导航数据处理系统由软/硬件基础支撑平台、数据处理子系统、数据分发子系统、运行监控子系统、信息安全防护平台等部分组成。数据处理系统用于基准站卫星导航原始观测数据的接收、存储、质量分析与评估,解算广域、区域、后处理高精度数据产品,对数据产品进行解析和封装、推送到数据播发系统。

北斗地基增强系统的数据处理系统有国家数据综合处理系统和行业数据处理系统。国家数据综合处理系统将接收到的观测数据生成观测数据文件、广域和区域增强数据产品、后处理高精度数据产品等,通过通信系统推送至行业数据处理系统、位置服务运营平台和数据播发系统等。

行业数据处理系统包括交通运输部、国家测绘地理信息局、中国地震局、中国气象局、国土资源部和中国科学院共6个行业数据处理子系统以及国家北斗数据处理备份系统。

1.3.4 数据播发系统

数据播发系统用于接收卫星导航数据处理系统推送的增强数据产品,按国际标准协议进行处理,再推送至卫星、数字广播、移动通信等国家基础设施,封装后成为增强数据产品播发。数据播发系统由服务器和播发软件组成。此外,通过互联网接入可为用户提供后处理毫米级的精密定位服务。数据播发系统利用卫星(L波段、C波段)、无线电广播(CMMB和CDR)、数字广播、移动通信(2G/3G/4G/5G)等方式播发增强数据产品。

数据播发有两种情况,一类为仅广播增强信息,另一类不但传输增强信息,而且还提供"类GPS"的测距码信号,增加测距冗余度,特别当卫星导航系统星座分布不理想时,增强平台将能改善星座的几何精度因子DOP,提高定位精度。

1.3.5 高精度位置服务平台

高精度位置服务平台用于接收卫星导航数据处理系统推送的数据,为用户提供定制化的高精度位置服务。高精度位置服务平台的组成与卫星导航数据处理系统相同,由软、硬件基础支撑平台、数据处理子系统、数据分发子系统、运行监控子系统、信息安全防护平台等部分组成,但面向用户。现国内已有多家公司自主研发了北斗高精度位置服务平台并投入使用。

1.3.6 用户终端

用户终端用于同时接收卫星导航系统的信号、卫星导航增强系统的增强信号、高精度位置服务平台提供的位置服务信息,即可获得卫星导航系统的增强服务。用户终端包括高精度手机、高精度卫星导航仪、高精度卫星导航接收机、高精度卫星导航接收模块等,除具有接收卫星导航系统信号的能力外,还具有接收或卫星播发、或数字广播、或移动通信播发的卫星导航增强系统的增强数据产品,以及高精度位置服务平台位置服务信息的能力。

1.4 卫星导航增强体系

1.4.1 增强系统发展目标

自全球卫星导航系统出现之后,如何提高其定位、授时精度与导航服务性能一直是人们重点关注与研究的问题。由于仅依靠全球卫星导航系统本身的定位精度、完好性、连续性和可用性等关键指标尚不满足所有用户的使用需求,因此在现有全球卫星导航系统的基础上,研究和发展卫星导航增强系统以提升全球卫星导航系统的服务性能,满足用户对导航系统的性能要求就显得尤为重要。

根据全球卫星导航系统不同发展阶段和用户需求,卫星导航增强系统的发展也呈现出多样化,在技术层面上包括广域差分增强技术、全球精密差分定位技术、区域差分增强技术和区域精密定位技术等多种增强技术;在播发链路方面上包括星基增强系统(例如静止地球同步轨道卫星、倾斜地球同步轨道卫星、中轨卫星和低轨卫星)和地基增强系统(例如广播电台、移动通信)等增强服务。但目前各类卫星导航增强系统基本上相互独立存在,缺乏统一的定义和标准,而单个卫星导航增强系统又无法完全满足各行业用户的不同需求。

北斗卫星导航系统建设以来,随着系统自身建设和性能的不断提升,基本系统与增强系统必将产生部分服务重叠,相对独立的二元化设计所带来的基本系统与增强系统的不同步发展将造成重复建设和资源浪费。因此,在北斗全球卫星导航系统建设阶段,通过整体规划实现北斗卫星导航系统与增强系统协同发展,形成统一规范的服务,以提升北斗卫星导航系统全球竞争力。

随着我国经济迅猛发展,卫星导航在人民日常生活和国防建设中的地位越来越重要,对其服务性能和要求也随之增加。与此同时,一方面由于城市化、市政工程建设造成城市楼宇密度和高度不断增加,城市地形的复杂程度不断提升,为城市卫星导航的应用和推广提出了新的挑战;另一方面在人们生产生活中,交通运输工具速度加快、物流和快递业务飞速发展也需要卫星导航系统能够为不同环境中的用户持续不断地提供高性能的定位导航服务;除此之外,自动驾驶等新兴科技的兴起也需要导航系统提供米级精度甚至更高精度的导航服务需求。

目前,卫星导航主要应用的领域,一类是交通运输行业,这类需求要求卫星导航系统能够为用户提供高精度(米级甚至是分米级)、完好性(城市车辆数量多而带来避让区域有限,车辆自动驾驶和航空器进近着陆等对卫星导航的完好性提出新的要求)、应用环境覆盖范围大且无盲区(要解决室内外、水面/下连续服务问题)、连续使用时间长等服务;另一类是物联网行业,此类用户在使用中需要考虑到运输成本、安全和用户数量巨大,更注重导航定位高精度和完好性,主要覆盖范围是经济发达地区(城市地形环境复杂需要解决室内/外和连续服务等问题)。预计未来10年之内,高精度 PNT 应用的规模将超过标准 PNT 应用;未来 20 年之内,高精度 PNT 物联网应用将全面爆发,形成新服务、新应用、新模式、新业态,与之相随的是对卫星导航高性能服务的需求。

随着我国经济发展,不论是新兴行业还是发展较为完善的传统行业对我国北斗卫星导航系统的发展都提出更高的要求。针对卫星导航用户数量大、精度要求高、使用环境复杂等诸多因素,单单依靠卫星导航技术本身为用户提供的标准定位导航服务已经越来越难满足用户的需求。我国自北斗卫星导航系统正式为用户提供服务以来,就积极开展北斗卫星导航增强系统的研发工作,各地地基增强系统的建设在我国陆续开展,多个地区地基增强系统业已完成并对用户提供服务(诸如湖北、江苏、深圳多地北斗地基增强系统业已建成并投入使用)。截至 2018 年 5 月,基本形成可以为用户提供实时米级、分米级和厘米级与后处理毫米级定位精度的能力。

1.4.2 增强系统应用需求

北斗卫星导航增强系统主要由北斗地基增强系统与北斗星基增强系统两部分组成。

北斗地基增强系统秉承"统一规划、统一标准、共建共享"的原则,在整合国内现有地基增强资源的基础上,建立以北斗卫星导航系统为主、兼容其他卫星导航系统的高精度卫星导航服务体系。通过地面增强站网,利用卫星、移动通信、数字广播等播发手段,在服务区域内可以为用户提供米级(1～2m)、分米级和厘米级的实时高精度导航定位服务。

北斗星基增强系统通过地球静止轨道卫星搭载卫星导航增强信号转发器,可以为其覆盖范围内的用户播发星历误差、卫星钟差、电离层时延等多种重要修正信息,实现对原有卫星导航系统定位精度提高和其他服务性能的改善。

北斗卫星导航增强系统旨在构建与北斗卫星导航系统配套的卫星导航增强系统,为中国和世界范围内的用户提供高质量的定位服务,努力实现:

(1)体系领先,体系领先优于技术领先;
(2)技术领先,技术领先创造市场,支持服务领先;
(3)服务领先,服务领先吸引用户;
(4)应用领先,应用领先产生价值。

北斗卫星导航增强系统于 2014 年 9 月正式启动研制建设,并于 2016 年 5 月正式投入运行,截至 2018 年 5 月,北斗地基增强系统已完成基本系统研制建设。增强系统在两阶段的建设过程中融合全国不同地区、不同部门的原有资源,进行多学科、跨专业统筹融合,协调工作,其可行性主要体现在如下几个层面:

(1) 多技术融合(卫星导航、多通信方式、互联网、云计算、大数据、人工智能、多传感器等深度融合等);
(2) 多系统融合(星基增强、地基增强、区/局域增强系统,室内/外导航技术、水面/下导航等系统有机融合,无缝连接等);
(3) 多服务融合(为用户提供不同广域和区域服务,不同精度和完好性等级服务,时段、个性化定制、用户"点餐"服务等);
(4) 跨行业多模式融合(涉及不同领域和行业,诸如测绘、计算机等领域,针对不同用户提供相应模式以供选择）；

（5）多地区多部门融合（国家与各省各地区、涉及交通、农业、林业、渔业、公安等诸多领域）。

通过资源整合，增强系统建设分两个阶段实施：一期为2014年至2016年底，主要完成框架网基准站、区域加强密度网基准站、国家数据综合处理系统，以及国土资源、交通运输、中科院、地震、气象、测绘地理信息等6个行业数据处理中心的建设任务，建成基本系统，在全国范围提供基本服务；二期为2017年至2018年底，主要完成区域加强密度网基准站补充建设，进一步提升系统服务性能和运行连续性、稳定性、可靠性，具备全面服务能力，并能够为用户提供高性能的导航服务。

北斗卫星导航增强体系的要素包括增强系统内涵与定义、增强系统结构框架、增强系统技术体系、配套服务体系、系统应用场景、系统建设法规标准、运营维护管理等要素。

北斗卫星导航增强体系的内容包括北斗卫星导航增强系统的功能界定、增强技术手段、增强数据产品的播发链路、增强服务模式、公共服务、商业服务和安全服务等方面。

北斗卫星导航增强系统针对不同领域不同用户的需求，主要在如下几个方面对原有北斗导航系统的服务性能与能力进行改善：

（1）精度增强体系；

（2）完好性增强体系；

（3）连续性增强体系；

（4）干扰监测体系。

上述4个体系之间的关系：

（1）在北斗卫星导航系统之上或并行建设精度增强体系；

（2）在精度增强体系之上或并行建设完好性增强体系；

（3）在完好性增强体系之上或并行建设连续性增强体系（时间域和空间域）；

（4）在精度增强体系之上或并行建设干扰监测体系。

在北斗卫星导航增强系统的覆盖范围和应用方面，根据国家战略、市场需求，可以建设全球、广域、区域、局域和点增强系统，这些增强系统的关系：

（1）在北斗卫星导航广域增强系统之上，建设北斗卫星导航全球增强系统；

（2）在北斗卫星导航广域增强系统之上，根据市场需求，建设区域、局域增强系统；

（3）根据市场需求建设点对点的点增强系统。

1.4.3 增强体系的组成及其相互关系

北斗卫星导航增强系统其具体组成详见表1-1。

表1-1 北斗卫星导航增强系统体系表

系统	范围	精度	完好性	连续性	可用性
北斗卫星导航系统	全球	基本精度	基本服务	基本服务	基本服务
北斗地基增强系统	中国	高精度	—	—	增强服务

续表

系统	范围	精度	完好性	连续性	可用性
北斗星基增强系统	中国	较高精度	高完好性	—	增强服务
北斗卫星干扰监测系统	中国	—	—	—	增强服务
全球北斗卫星导航增强系统	全球	高精度	—	—	增强服务
全球北斗卫星干扰监测系统	全球	—	—	—	增强服务
低轨星座增强系统(含干扰监测)	全球	较高精度	高完好性	高连续性	增强服务
北斗+5G/XG	中国室内外	高精度	高完好性	高连续性	增强服务扩展服务
商业卫星导航增强系统	全球 中国	高精度	高完好性	高连续性	增强服务增值服务
区/局域北斗卫星导航增强系统	中国 全球	高精度 较高精度	高完好性 较高完好性	—	增强服务增值服务

参考文献

[1] 李亮. 陆基增强系统定位与完好性监测技术研究[D]. 哈尔滨:哈尔滨工程大学,2012.

[2] 谭述森. 北斗卫星导航系统的发展与思考[J]. 宇航学报,2008,29(2):391-396.

[3] 吕小平. 发展我国的GNSS完好性监测系统(一)[J]. 空中交通管理,2004(3):6-10.

[4] 麦绿波,徐晓飞,梁昫,等. 北斗地基增强系统标准体系的构建[J]. 中国标准化,2016(11):118-124.

[5] 徐波,娄和松,邹慧. 北斗地基增强系统研究及精度分析[J]. 资源导刊,2017(12):32-34.

[6] 施浒立,李林. 卫星导航增强系统讨论[J]. 导航定位与授时,2015,2(05):30-36.

[7] 刘天雄. 卫星导航差分系统和增强系统(四)[J]. 卫星与网络,2018,5(05):60-63.

[8] 中国卫星导航系统管理办公室. 北斗地基增强系统服务性能规范(1.0版)[Z]. 2017.

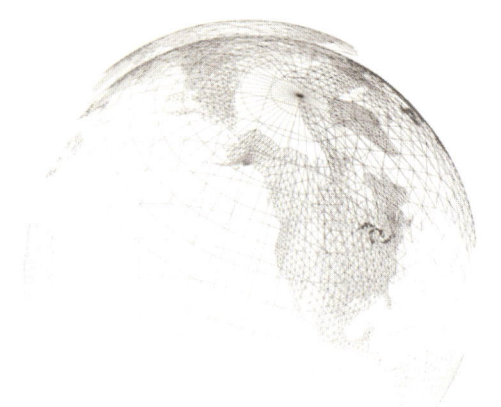

第 2 章

国外卫星导航增强系统

从 1994 年世界上第一个全球卫星导航系统——GPS 正式建成并开始提供服务,到今天卫星导航已经服务人们生活的方方面面。随着卫星导航系统发展不断完善,其与人民生活的关系变得愈加密切,在人民日常生产生活中扮演着更加重要的角色。目前在无遮蔽条件下,四大 GNSS(美国 GPS、俄罗斯 GLONASS、欧洲 Galileo 系统和中国 BDS)单系统均可提供定位精度在 10m 左右的定位导航服务,能基本满足一般用户的定位和导航需求,但无法满足某些高精度领域(如航空、测绘作业、国土勘测、精准农业等)特定用户的需求。同时随着卫星导航应用领域的不断拓展与延伸,一般民众对高性能导航的需求也在不断提高,高性能定位导航服务正逐渐从专业领域扩展到大众应用。

为满足各类用户的不同需求,各种卫星导航增强技术与系统(辅助 GPS、星际增强系统、实时动态载波相位差分技术等)应运而生。在这之中卫星导航增强系统作为一种重要手段,在提升导航系统服务性能以满足用户需求方面的重要性不言而喻,堪称卫星导航系统的"能力倍增器"。现今,世界不同国家和地区已经建成了多个覆盖广域、区/局域的卫星导航增强系统,提供的增强服务也作为公共服务提供给用户使用,极大地满足了用户对高性能导航的需求,极大地推广了卫星导航的应用领域。

2.1 卫星导航增强系统概述

2.1.1 卫星导航增强技术产生与发展

卫星导航增强系统的产生与发展主要和两个因素密切相关。第一个因素是海湾战争之后美国国防部为了防止非授权用户使用P码、C/A码和相位测量值，发布了选择可用性(Selective Availability，SA)政策和防电子欺骗(AntiSpoofing，AS)政策，并于1991年7月在BookⅡ卫星上首次实施了P码的限制性措施，即在卫星时频基准上施加δ技术和在导航电文里增加了ε技术。δ技术就是对卫星时频基准施加了高频抖动噪声；而ε技术，则是人为将卫星星历中轨道参数的精度降低到200m左右，使非授权用户不能正常获取GPS信号，用户定位精度会下降到百米量级。这两项政策的实施极大地降低了卫星导航系统的定位与导航精度，限制了卫星导航的推广与应用。卫星导航增强技术的研发最早也正是为了应对美国GPS降低精度的政策，随着增强技术的出现和发展，促使美国政府在2000年5月1日宣布永久取消SA政策，GPS定位精度恢复到10m量级[1]，但是未能阻止增强系统停止发展。

另外一个重要因素是民航领域用户对完好性的需求，随着卫星导航被广泛应用于飞机巡航、非精密进场和机场终端区后，航空领域对卫星导航技术提出要满足航空用户精密进近和着陆阶段的需求。为此联邦航空局(Federal Aviation Administration，FAA)和多家科研单位与企业进行合作，共同开发卫星导航增强系统以满足不同范围和精度的用户需求，极大地促进了增强系统的又一次发展和升级推广。

这两种因素促使卫星导航增强系统的产生和丰富，为消除由SA政策所带来对定位精度的影响，恢复GPS原有定位精度，国际上提出一种测站间差分处理的技术——差分GPS(Differential GPS，DGPS)，可以消除测站间公共测量误差并大大提升GPS定位精度。但是在实际中，DGPS依赖基准站与用户站之间的几何相似度、差分定位精度随着基准站和用户站之间距离的增加而迅速下降。因此在DGPS基础上，又提出在广域范围内增设多个基准站进行连续观测，并将测量获得的各种卫星误差，模型化处理后再发送至用户，由此消除基准站与用户之间的距离限制，提高定位与导航的精度。据此美国联邦航空局主持研发世界上第一个广域差分全球定位系统WADGPS——广域增强系统WAAS，其也是世界上第一个星基增强系统SBAS。

DGPS技术及WADGPS技术都是以伪距为主要观测量，因而只能实现米级至分米级增强定位精度，难以满足精密测绘等诸多高精度领域厘米级甚至毫米级的要求。因此基于载波相位的相对定位技术及快速模糊度固定技术得到了广泛研究和迅速发展，其中最具代表性的成果即为RTK。RTK突破了以往载波相位静态定位需要长时间后处理的局限，能够在野外实时获取厘米级定位精度，是卫星导航应用中的重大里程碑。基于RTK原理，世界上已有多国建设了连续运行参考站

(Continuously Operating Reference Station,CORS)系统,可为特定行业或地区提供标准化高精度服务,在经济建设中发挥了重要作用。

随着美国 GPS 取消 SA 政策,以 WAAS 为代表的 SBAS 其定位精度可达到 2~3m,已经可以满足航空领域用户的使用需求,民航用户的首要诉求开始由精度转向安全,因此导航系统完好性概念便应运而生[2]。通过完好性增强,能够在卫星和系统异常或故障时及时检测并向用户发出告警,从而保障用户的安全性。出于这样的应用背景以及航空接收机在高动态特性情况下的可靠性考虑,WAAS 等系统一直以伪距为主要定位模式。此外,由于 SBAS 完好性难以达到国际民航组织(International Civil Aviation Organization,ICAO)Ⅱ类及Ⅲ类精密进近(CAT-Ⅱ、CAT-Ⅲ),FAA 又开展了针对机场局域范围提供完好性服务的局域完好性增强系统(Local-Area Augmentation System,LAAS)建设。LAAS 基于 DGPS 基本原理,能够在机场局域范围实现Ⅱ类甚至Ⅲ类精密进近性能。

当今卫星导航技术发展的两个主要方向就是以高精度测绘为代表的高精度需求和民用航空为代表的高完好性与连续性需求。精度增强主要在系统满足基本性能要求的基础上,满足分米、厘米甚至是毫米级高精度用户需求;而完好性则是在卫星系统发生故障和异常时能够及时向航空用户发出告警。这两种需求也不断促进卫星导航系统和配套增强系统的技术不断完善与提高。

2.1.2 卫星导航增强系统实质与关键[2]

卫星导航系统是一个以高空导航卫星为基准的广域广播定位系统,其本质是一个不闭合的开放系统,采用的链路是开口链路。而增强系统的使命则是采用最佳的误差修正方式进一步提高卫星导航系统的定位导航精度,即卫星导航增强系统的实质是采用天地闭合修正误差的办法实现大系统反馈闭环控制。具体而言,卫星导航增强系统的关键性技术可以归纳为如下几个方面。

(1)误差数据监测、分析及剥离技术。卫星导航误差来源主要分为 3 类:第一类为用户接收机共同面临的误差,即卫星钟差、星历误差、电离层时延和对流层时延误差;第二类是不能由用户测量或校正模型所能计算的其他传播时延误差;第三类则是接收机电子线路中的内部噪声、通道延迟以及无确定性的多路径传输误差。利用差分技术,可以完全消除第一类误差;大部分第二类误差也可以消除,但具体取决于基准接收机和用户接收机之间的距离;第三类误差单单依靠差分技术无法消除,比如空间相关性较弱的多路径误差,其本质是变化很快的随机噪声无法利用差分技术进行消除。为了消除前两类误差源,我们可以选择在基准参考站上设置铷钟来提供稳定的标准频率。中心站获得原始测量值,对测量误差进行分析处理时,若采用误差分项分析及剥离方法,则必须建立分项误差模型。如欲提高星历误差的估计精度,就要建立卫星动力学模型,这种动力学方法用载波相位作为测量值,因此必须解决整周模糊度问题。误差改正分标量改正和矢量改正两种。矢量改正数包括卫星钟差、星历误差和电离层时延等,改正效果好;另一种方法是在服务区内分别采集各自站点对卫星的观测数据、气象数据、电离层时延数据,上报主控站处理后,形成栅格结点上的服务能力,把复杂的电离层误差曲面化分割,用户就可以利用内插方式选择电离层时延修正值。

（2）载波相位测量和载波相位平滑伪距技术。卫星导航接收机可以用卫星信号的载波和Gold码来测量时延。单周载波长约19cm，而接收机的测量分辨率可以到单周载波相位的几百分之一（约1mm），之后再求解出整周模糊度，移动接收机就可以计算出其相对固定接收机的距离或位置，这种方法其精度可达厘米级。

（3）伪卫星增强技术。伪卫星可以播发与导航卫星测距信号一样的复制信号。如果伪卫星的发射信号与接收到的导航卫星信号同步，称为同步伪卫星。同步伪卫星可以精确初始化CDGPS导航，可以作为CDGPS导航系统的参考站。通过一组伪卫星为卫星导航提供增强或备份，这样即使卫星星座失效也可以继续提供导航定位服务。

2.1.3 卫星导航增强技术分类

卫星导航增强技术从差分技术衍生而来，差分修正技术也是卫星导航增强技术最基本的原理。增强系统通过对用户伪距、载波相位等测量值误差和卫星轨道、钟差等系统误差以及电离层、对流层等大气时延误差进行差分修正，可有效提高定位精度和性能。

目前差分技术有多种分类方式，可分别从差分改正对象、服务适用范围、信号播发手段等方面进行划分。

1. 按差分改正对象划分

按差分改正对象可分为用户域增强技术和系统域增强技术。前者改正对象为用户伪距、载波相位的观测值；后者则是对卫星轨道、钟差及电离层时延等系统级误差进行分离和建模，以达到对卫星导航系统的增强。

2. 按服务适用范围划分

按服务适用范围可分为局域增强技术与广域增强技术。前者的基准站在布站时，站与站的间隔较为密集，一般约数十千米左右；而后者布站时，站与站的间隔则可达数百至上千千米。

3. 按信号播发手段划分

按信号播发手段可分为星基增强技术与地基增强技术。前者一般通过通信卫星、导航卫星等星基平台播发；后者一般采用地面移动基站、互联网等手段播发。

最早的星基增强系统是由美国提出来的WAAS，首先是应用于航空系统，特别是美国FAA，但当时GPS只是在部分航空应用场合推广，故其成果并不明显。欧洲Galileo系统在星基增强系统方面推出EGNOS之后，俄罗斯、日本、印度也相继开展星基增强系统的研究，使得星际增强系统技术和应用都得到了极大的发展。地基增强系统则是一套完整的局域差分系统，目前最为常用的技术手段是伪距差分和相位平滑伪距差分，定位精度能够提高1.5m，一般作用范围为40km[5]。

根据ICAO《国际民用航空公约》附件10中GNSS SARPs的规定，全球导航卫星系统GNSS的增强系统分为三类：陆基增强系统（Ground Based Augmentation System，GBAS）、星基增强系统（Satellite Based Augmentation System，SBAS）、机载增强系统（Aircraft Based Augmentation System，ABAS）。其中，GBAS包括广域增强系统、局域增强系统；SBAS利用卫星向用户广播GNSS的完好性和修正信息，并提供测距信号来增强GNSS；ABAS则将GNSS组件信息和机载设备信息进行增强及综合,确保用户对空间信号的需求。

2.1.4 卫星导航增强技术及特点对比

各种增强技术与手段之间的组合形成了不同的卫星导航增强系统,它们之间既有区别又存在着十分密切的联系。通过不同的技术手段,可以实现不同范围和性能的精度或完好性增强。现如今,已经出现了各种卫星导航增强系统,除了美国的 WAAS 和 LAAS 之外,其他国家和组织如欧盟、日本、印度、加拿大和澳大利亚等也纷纷建设了各自的卫星导航增强系统,包括欧洲地球静止轨道卫星导航覆盖服务(European Geostationary Navigation Overlay Service,EGNOS)系统、日本的多功能传输卫星(Multi-functional Transport Satellite,MTSAT)增强系统(Multi-functional Satellite Augmentation System,MSAS)和准天顶卫星系统 QZSS,以及印度的 GPS 辅助地球静止轨道卫星增强导航(GPS-Aided GEO Augmented Navigation,GAGAN)系统,加拿大 CWAAS、澳大利亚(CORSnet-NSW)等。各卫星导航增强系统及其主要服务范围如图 2-1 所示。

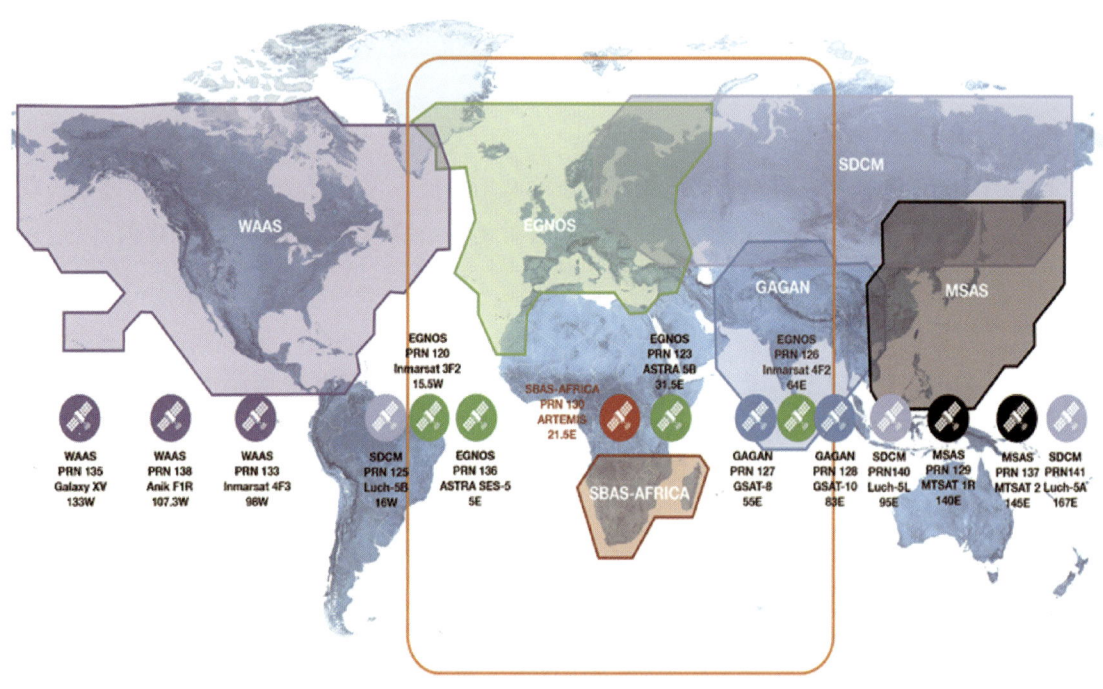

图 2-1 国际主要卫星导航增强系统及其覆盖范围

一般而言,广域差分对应系统级改正,所需地面监测站较少,通常采用星基播发手段;局域差分对应用户级改正,所需地面监测站较密,通常采用地基播发手段。广域精密定位系统覆盖范围广,但需要较长的载波初始化收敛时间;局域精密定位系统收敛速度很快,但覆盖范围受站点布设的限制。虽然精度增强与完好性增强主要功能及面向对象不同,但两者在体系架构、技术手段、接收终端等方面均具有相似性,因此可以统筹设计和建设,具体不同技术之间的对比如表 2-1 所列。

表 2-1 不同卫星导航增强系统技术特点对比

	服务区域	地面站数量	信息播发		增强能力		用户特点	
			播发方式	信息格式	精度	完好性	动态特性	初始化时间
广域精密定位系统	数千千米	数十个参考站	星基播发	自定义协议，信息速率 500～2000bps①	分米/厘米	无	低动态及静态用户	15～30min
局域精密定位系统	数十千米	数个参考站	地基播发（GPRS/互联网/电台等）	RTCM 协议，信息速率 1000～2000bps	分米/厘米/毫米（事后）	无	低动态及静态用户	数秒～1min
广域完好性定位系统	数千千米	数十个参考站	星基播发（国际标准频段）	RTCA 协议，信息速率 250bps	米级/亚米	已实现 APV-I	高动态用户（航空、铁路）	无
局域完好性定位系统	数十千米	数个参考站	地基播发（专用电台等）	RTCM 协议，信息速率 250bps	米级/亚米	已实现 CAT-I		

① bps 是数据传输速率的常用单位，即 bit/s。

2.2 广域增强系统

广域增强系统（WAAS）是由美国 FAA 与雷声公司合作开发建立的一个以卫星导航为基础，主要用于空中导航的增强系统，其可以为航空飞行器各航段提供全天导航服务。WAAS 通过地球静止轨道（GEO）卫星播发 GPS 广域差分数据来增强 GPS 信号的精度，并通过附加测距信号来增强卫星系统的完好性，即可以为用户及时提供卫星故障报警和可用性情况。该系统发展目标是使飞机能依靠 GPS 完成所有阶段的飞行任务，包括在具有任何复杂地形条件下的机场进行精密进近着陆，目前该系统信号覆盖北美全境、加拿大与墨西哥大部分地区和夏威夷以东的广大太平洋海域。

WAAS 利用遍布北美洲和夏威夷的地面参考站（Wide-area Reference Station, WRS）网测量采集 GPS 卫星信号在西半球的偏差，测量得到的数据通过线路送到主控站（Wide-area Master Station, WMS），主控站接收到信息之后进行偏差校正得到差分改正参数（Deviation Correction, DC）并及时（在 6s 或更快的时间内）发送校正信息到 WAAS 的同步卫星，再通过同步卫星向地面用户广播校正信息，民航用户接收校正信息后即可获得 GPS 信号在精度、完好性和可用性方面的增强服务，精确获得自身位置。

国际民航组织将广域增强系统这类可以增强 GPS 信号的精度、完好性和可用性并用于航空器依靠 GPS 进行所有阶段飞行的增强系统定义为星基增强系统。

2.2.1 系统发展历程

WAAS 的发展可以分为 4 个阶段：

第一阶段(1994 年—2003 年)，由美国交通运输部(Department of Transportation, DoT)和 FAA 合作共同开发，具备初始运行能力阶段(IOC)并于 2003 年 7 月 10 日完成，实现 WAAS 信号对 95%的美国领土覆盖，动态定位水平精度可以达到 3~5m，垂直精度可以达到 3~7m。

第二阶段(2003 年—2008 年)与第三阶段(2009 年—2013 年)，WAAS 开始为通用航空领域用户提供增强服务，重点是实现增强系统对航空进场着陆能力的改善，通过 WAAS 可以实现飞机的垂直指引功能定位信标(LPV)和 LPV-200 能力，可以使飞机在不具备仪表着陆系统[又译为仪器降落系统(Instrument Landing System, ILS)，是目前应用最为广泛的飞机精密进近和着陆引导系统，它是由地面发射的两束无线电信号实现航向道和下滑道指引，建立一条由跑道指向空中的虚拟路径，飞机通过机载接收设备，确定自身与该路径的相对位置，使飞机沿正确方向飞向跑道并且平稳下降高度，最终实现安全着陆]的飞机场仍可实现类似于仪表着陆的高安全性着陆。而开通 LPV-200 认证的飞机能够使降落判决最小高度降低至 200 英尺(约 61 米)，从而提高了跑道的可用性。

第四阶段(2014 年—2028 年)，WAAS 将开始推进双频(L1/L5)体制运行，这意味着服务将逐步过渡到 SBAS L1/L5 双频跟踪服务。而 SBAS-L1 单频传统服务将延续到 2028 年，维持一个强大可靠可持续的 LPV-200 能力。在 LPV-200 功能的维护上，特别注重其稳定性和可靠性。为了实现系统的高性能，需要提高严重太阳活动期间的服务。

2015 年 4 月，美国 FAA 与雷声公司签署 1.03 亿美元的合同，由雷声公司承担维护 WAAS。公司将研发新的有效载荷，并将结合新的地球静止轨道卫星和两个相关的地面上行站，以支持美国空域的 WAAS。该 WAAS GEO-6 的有效载荷将装备到 GEO 的商用卫星上托管。GEO-6 的 WAAS 与 GEO-5(2012 年与雷声公司签署的合同)将取代正接近其服务租赁期限的另外两个 WAAS GEO 有效载荷。WAAS GEO-6 有效载荷已在 2017 年第二季度发射，从而实现 WAAS 增强从单频到双频的运作过程，按计划将维持双频 WAAS 的 GEO 直到 2044 年[3]。

2.2.2 系统现状

2003 年 7 月 10 日，FAA 宣布 WAAS 正式投入使用，WAAS 已经具备了 LNAV/VNAV 和部分 LPV 导航能力。FAA 从 2003 年开始对 WAAS 进行一系列操作的扩展，为了扩大 LPV 的服务范围并提高其可用性，陆续新建了 13 个广域监测站(4 个位于美国阿拉斯加州，4 个位于加拿大，5 个在墨西哥)并对广域监测站的接收机及相应软件进行升级，使用新的信号质量监测算法。同时为了改进 WAAS 服务的可靠性，FAA 建设了第三个主控站，可以确保任何情况下至少有两个主控站是可用的；为扩大 GEO 卫星覆盖冗余度，对原有 GEO 卫星进行更新换代。

截至 2014 年 1 月 9 日，WAAS 已经许可如下 WAAS 飞行程序：3889LP/LPVs 组合；3364LPVs 服务

1661 机场;854LPV-200;2262LPVs 至 Non-ILS 跑道;1102LPVs 至 ILS 跑道;1535LPVs 至 Non-ILS 机场;525LPs 服务 381 机场;522LPs 至 Non-ILS 跑道;3LPs 至 ILS 跑道[4]。

2.2.3 系统组成

WAAS 主要由空间段、地面段和用户段三部分组成。

WAAS 的空间段:WAAS 主要依赖位于 98°W、107°W 和 133°W 的 3 颗地球静止轨道卫星在它们覆盖范围内提供相应的广播增强服务。各卫星编号与具体覆盖范围详见表 2-2 和图 2-2。为确保该系统提供垂直定位服务的性能目标,要求能够长期满足双星覆盖,也就是用户接收机可以同时接收到至少两颗地球静止轨道卫星的增强信号。

表 2-2 WAAS 空间段 3 颗卫星信息

增强卫星名称	NMEA/PRN	定点位置
Inmarsat 4F3(AMR)	NMEA#46/PRN #133	98°W
Galaxy 15(CRW)	NMEA#48/PRN #135	133°W
TelesatAnik F1R(CRE)	NMEA#51/PRN #138	107°W

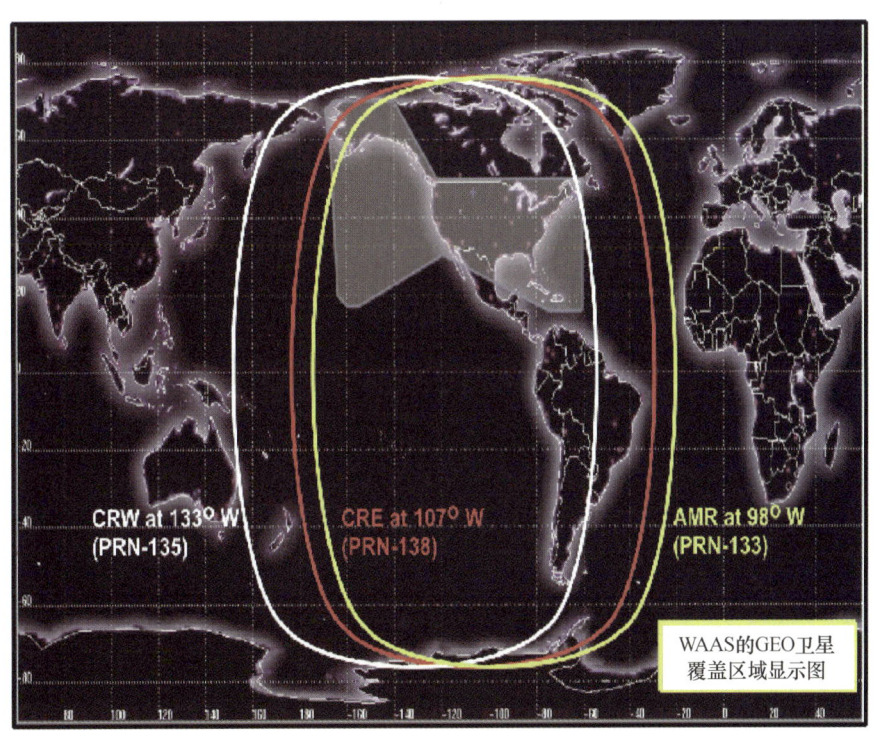

图 2-2 WAAS 的 GEO 卫星覆盖区域

(图来源于 http://www.gnss-world.com/gnss/xingji/218.html)

WAAS 的地面段:WAAS 地面段由 38 个 WAAS 地面参考站(WRS)组成北美广域参考站网,覆盖加拿大、墨西哥和美国,包括阿拉斯加州与夏威夷州以及波多黎各等地区。目前 FAA 计划将广域参考站接收机进行相应升级,使之可以兼容处理 GPS 新增 GPS L5 信号。3 个 WAAS 主控站(WMS),由 WRS 采集到的数据通过地面通信网络转发到 WMS,然后在 WMS 生成为 WAAS 增强消息;4 个地面上行站(GUS),将 WMS 生成的 WAAS 消息传输给地球静止轨道通信卫星导航有效载荷,再用于广播给用户使用;2 个操作控制中心(OCC),用于监视系统的性能,并进行必要的校正和定期维护操作。WAAS 空间段和地面段的组成详见图 2-3。

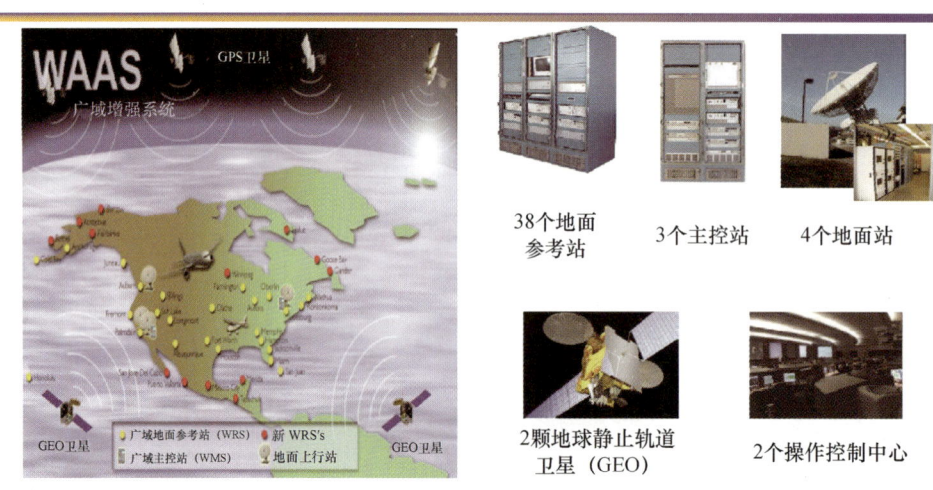

图 2-3 美国广域增强系统(WAAS)组成示意图

WAAS 的用户段:WAAS 用户段由 GNSS 接收机构成,它能够将 GPS 信息与 WAAS GEO 卫星广播的空间信号组合起来。由此可见,用户段不是在 WAAS 服务提供商 FAA 的控制之下,而是由 GNSS 应用市场所驱动。虽然 WAAS 的首要目标是民航用户群体,但是大多数 GPS 接收机现在均可以配置为接收和处理 WAAS 的空间信号(SIS),从而使它们可以从 WAAS 所提供的增强的准确性和/或完好性获益。

航空应用的用户机必须满足一定的标准,并且得到相应机构的认证许可,才能够在飞机上使用。任何 WAAS 飞机用户,必须使用支持 SBAS 标准的 GPS 接收机,并且经过 SBAS 航空电子设备认证批准。WAAS 的用户设备应符合(认证)若干标准,如 RTCA DO MOPS229(见 SBAS 标准)。民航认证的设备是相对于成本最高级别。全球有许多个经过大量认证的接收机制造商。

WAAS 信号:WAAS 提供了由 GEO 卫星发射的测距信号、广域差分改正以及旨在保证 GNSS 用户的完好性等附加参数。其中 GEO 测距是由 GEO 卫星发射类似 GPS 的 L1 信号,以增加提供给用户的可用导航卫星数目;广域差分(WAD)是对现有的 GPS 和 GEO 导航服务进行广域计算出来的差分改正提高服务性能。WAAS 空间信号(Signal In Space,SIS)已被设计为最低标准 GPS 接收机的硬件改进型。信号接口特征包括载波和调制的无线电频率、消息结构、通信协议以及 WAAS

消息的内容。WAAS 信号实际上是发送一个类似于 GPS 的 L1(1574.42MHz)信号,用粗捕获伪随机噪声(PRN)码调制的 3 个 GEO 卫星广播。WAAS L1 射频信号的主要特性如表 2-3 所列。

表 2-3 WAAS L1 射频信号的主要特性

参量	性能描述
调制	双相移频键控(BPSK),由伪随机码(PRN)和 SBAS 数据(模 2 和)合成的 1 比特字符串调制
带宽	L1±30.69MHz,至少有 95% 的广播功率包含在 L1±12MHz 频段内
测距码	码片速率为 1023Kbps、长度为 1ms 的 PRN 码(Gold code)
载波相位噪声	未调制载波的相位噪声谱密度为 10Hz 单边带噪声
SBAS 数据	每秒 500 字符,模 2 和调制(每秒 250 比特有效应)
功率	最小功率 -161dBW(在 5°仰角时),最大功率 -155dBW

2.2.4 系统技术特点

广域增强系统(WAAS)的主要功能:采集 GPS 卫星数据,确定 GPS 信号电离层延迟、GPS 卫星轨道校正参数、GPS 卫星钟校正参数,监测系统完好性,完成数据独立验证,提供 WAAS 广播数据和测距信号,完成 WAAS 维护与操作等[6]。

WAAS 利用观测量进行模型和差分手段,可以消除大部分误差源所带来的影响,增强 GPS 信号的精度、完好性和可用性等服务性能,满足高性能用户对卫星系统的要求。WAAS 利用收集的相关信息,提供两种不同的误差修正数:一是改正 GPS 定位时卫星轨道位置(星历)和时钟误差信息;二是电离层误差改正数。第一种改正数与用户位置无关,它能用于 WAAS 服务区域内所有位置上的用户。第二种改正数专门针对特定区域,这就是说 WAAS 可以提供位于 WAAS 服务区内的不同点位(组成格网图)的电离层改正数。用户接收机计算所接收到的 GPS 信号时其算法中就应用用户所在位置相对应的格网点的值。因而不同点对应于每个卫星是不一样的,因此在用户接受及处理数据时,要考虑 GPS 卫星相对于用户位于天空中不同的位置,考虑两组改正数的组合使用,能加强定位精度和可信性。下面分别描述 WAAS 的技术特点。

1. 精度增强

使用 WAAS 增强精度后,GPS 可以以 95% 的置信度为服务范围内的用户提供约 7.6m 或更高精度的定位服务[6]。在美国与夏威夷部分地区和加拿大大部分地区的实际测量表明:经 WAAS 增强后,卫星可提供水平精度 1m、垂直精度 1.5m 的定位导航服务。这些测量结果表明 WAAS 已经可以达到 I 类精密进近所需的精度(水平 16m、高程 4.0m)要求。

2. 完好性增强

完好性即当增强系统发现导航系统不可用时,能够及时向用户提供告警的能力,避免因无法使用而造成事故。当 WAAS 检测到 GPS 信号发生错误时可以在 6.2s 内通知用户,为满足飞行器在巡航段仪表飞行的安全，ICAO 允许 WAAS 发生完好性风险的概率不超过 $1×10^{-7}$，相当于每年出现不可用数据的时间不超过 3s，这将大大优于接收机自主完好性检测（Receiver Autonomous Integrity Monitoring，RAIM）的性能。WAAS 在 6s 内要完成如下两个动作之一：一是修正用户位置，确保精度保护门限以外的回到保护门限以内来；如果 WAAS 能在 6s 内修正错误信息，则无须 LAPS 的完好性。二是关闭连接，指示用户机不再使用相关卫星发行数据；如果系统在 6s 内不能修正错误的信息，则它变成有害的误导信息（HMI），将不用于导航。

3. 可用性增强

可用性是指导航系统满足精度和完好性需求的概率。GPS 的可用性为 99%，相当于每年出现数据不可用的时间不超过 4 天。而 WAAS 将 GPS 的可用性增强至 99.999%，相当于每年数据不可用时间不超过 5min，极大地提高了卫星导航系统的服务性能。

4. 服务区域内用户不受时空限制

广域差分的技术特点是将 GPS 定位中主要的误差源分别加以计算，并分别向用户提供这些差分信息，它服务范围覆盖比较大，只要导航通信数据链有足够的能力，基准站和用户站之间的服务距离原则上没有限制，在实际中应用范围往往在 1000km 以上。因此，WAAS 克服了 LAAS 中对参考站与用户站之间时空相关性的限制，大大提高了中距离和远距离时用户的定位精度及可靠性。

5. 相同的服务区域硬件投入相对较小

WAAS 采用广域布设参考站模式，一般站间距在 250km 左右布设站即可满足增强系统 5s 的增强精度要求。尤其在服务区域较大时，其硬件投入相对 LAAS 较小，可大大降低增强系统基础设施建设成本。

6. 定位精度改正效果相对较差

WAAS 采取用各种误差的"模型化"改正，虽然通过这种方法可以达到较高的改正精度，但与 LAAS 采用的直接相关改正方法相比，WAAS 无法达到更好的改正效果，但是其增强效果也可以满足大部分用户对高精度导航的需求。

2.2.5 系统应用

WAAS 极大地提高了 GPS 的定位精度，增强后的性能与 GPS 标准服务的对比详见表 2-4。通过 WAAS 增强可以满足航空器 I 类精密进近的性能要求。

表 2-4 WAAS 与 GPS 精度对比

系统准确性	GPS 准确度要求（依据 GPS 性能标准）	GPS 实际性能	WAAS LPV-200 精度要求（依据 WAAS 性能标准）	WAAS LPV-200 实际性能
水平 95%	36m	2.9m	16m	0.7m
垂直 95%	77m	4.3m	4m	1.2m

由表 2-4 可以看出，正因 WAAS 对系统精度特别是完好性和连续性的增强使得其被广泛应

用于民航领域,如今在美国有超过80000名的WAAS航空用户,并且越来越多的用户将WAAS应用于非航空领域。具体而言,使用WAAS增强系统可以辅助航空器在极端恶劣天气情况下进行进近着陆。同时其服务覆盖范围极广,可以为整个美国和加拿大以及墨西哥部分地区提供垂直引导(LPV)服务,图2-4为2019年5月12日WAAS垂直导航服务性能的情况(图片来源:https://www.nstb.tc.faa.gov/RT_VerticalProtectionLevel.htm)WAAS官方网站可以为用户提供间隔为3min的服务性能更新。目前WAAS可以满足美洲地区所需的高性能RNP0.3导航服务,并可实时向用户提供其导航服务覆盖域情况,详见图2-5(图片来源:https://www.nstb.tc.faa.gov/RT_NPACoverage.htm)。

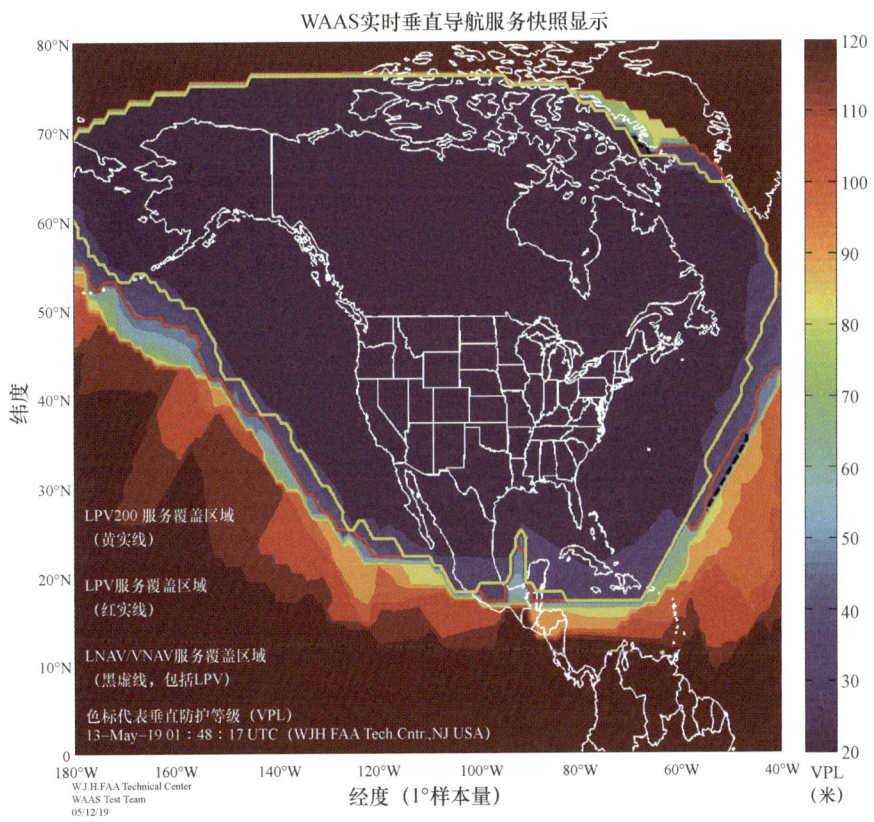

图2-4 WAAS实时垂直导航服务性能

WAAS除了应用于民航领域之外,还广泛应用于非民航领域。比如WAAS被应用于车辆导航,可以将GPS的水平定位精度提高到1~2m,这意味着导航时能够分清道路两边的往返车道,知道在道路的哪一侧,能确定多车道的所在巷道以及其他专门的定位。因此WAAS在车辆应用中变得越来越普遍。事实上公共安全部门,包括警察、消防、救援和交通运输部门都已经或正在使用WAAS。利用WAAS可以开展车辆导航服务,目前美国Onstar公司已将WAAS组合到新型的GM汽车上;Onstar对外宣布在汽车安全气囊弹出的15s之内报告出汽车位置;WAAS除了提高定位精度外,还可以为生命安全救援提供助力,也能实现被盗抢车辆的跟踪和抓获[5]。

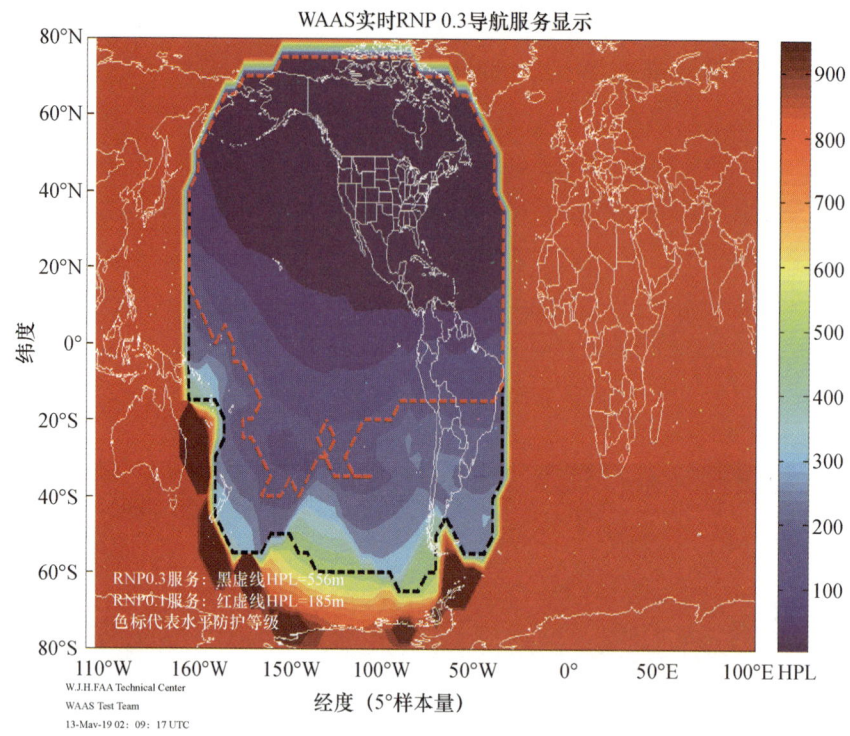

图 2-5　WAAS RNP0.3 导航服务覆盖域

2.3　局域增强系统

局域增强系统(LAAS)的概念是由美国 FAA 的 GBAS 基于 LADGPS、KGLS 和 IBLS(Integrity Beacon Landing System)等技术的基础上提出来的,也是对 WAAS 的补充(图 2-6),能够在局部区域内提高 GPS 定位精度的一种定位增强系统,利用地面基准站(这些基准站被称为地基伪卫星)代替 WAAS 的地球同步卫星向用户播发所需的信息,WAAS 和 LAAS 两者都用于增强 GPS 信号的精度、完好性和可用性,使飞机能依靠 GPS、WAAS 和 LAAS 进行所有阶段的无缝飞行任务,包括在任何机场的精密进近。WAAS 可以满足 I 类精密进近的性能要求,对于难度更大、性能要求更加严格的 II/III 类精密进近可以由 LAAS 来补充,随着近年来 LAAS 的投入使用,航空器在航路导航、终端导航、进近、零能见度自动着陆、跑道滑行 5 个阶段的导航全面实现 GPS 化。

LAAS 概念及相关技术的提出和建立的目的就是为了补充和完善 WAAS 在局域范围内定位导航性能上的不足,其使用更为灵活,在不具备 WAAS 能力的国家与地区,提供精密进近和着陆中高精度的定位导航服务。除了能够提供 II/III 类精密进近和着陆的导航定位服务外,LAAS SIS 还能够为飞机进行仪表离场、低能见度条件下对机场场面运行提供服务和对运行状况进行监测,同时还能够作为自动相关监视(ADS)系统的一个高精度传感器。

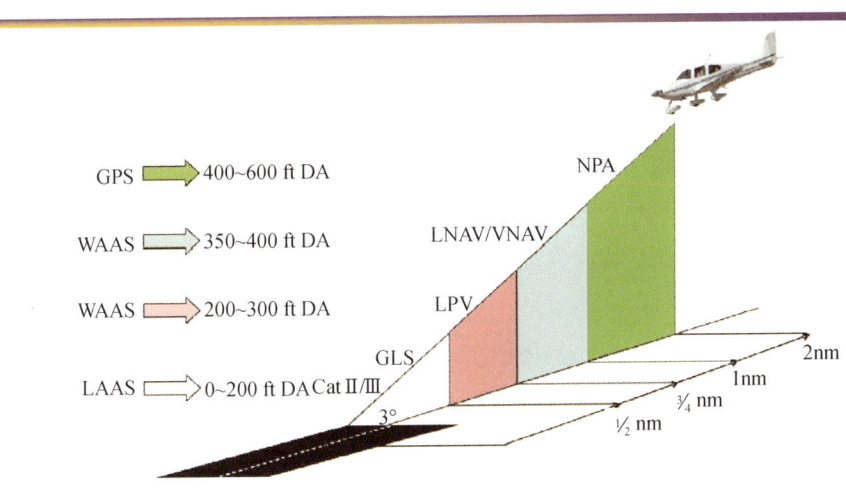

图 2-6 飞行器着陆精密进近阶段的划分

2.3.1 系统发展历程

美国 FAA 实施一项两阶段计划来开发 GPS LAAS,以满足使 GPS 导航信号能够用于精密进近和着陆。第一阶段,工业集团使用自己的资金,研制可提供Ⅰ类精密进近服务的 LAAS 地面站和机载航空电子设备;第二阶段,FAA 计划选择两家集团公司开发具有Ⅱ/Ⅲ类精密进近能力的 LAAS。20 世纪 90 年代初,包括霍尼韦尔、Interstate 电子公司、雷声公司、Wilcox 公司和德国 DASA 等均投资开发具有Ⅰ类精密进近能力的 LAAS 台站。但是由于 LAAS 的最低性能标准尚未确定,这些系统计划将提供私有用户使用,称之为 CAT Ⅰ类(Special Category Ⅰ, SCAT Ⅰ)标准系统。1993 年中期,RTCA 成立了 159 专门委员会(SC-159),为 LAAS 开发最低航空系统性能标准(Minimum Aviation System Performance Standards, MASPS),由于Ⅱ/Ⅲ类精密进近服务在技术上的不确定性,SC-159 将工作重点放在 CAT Ⅰ上。所以在最初由 SC-159 开发的 MASPS 仅包括Ⅰ类服务标准。FAA 在此基础上开展用于Ⅱ/Ⅲ类精密进近能力的 LAAS 研究,通过大量飞行试验证明 LAAS 能够满足Ⅰ类精密进近的性能并具有Ⅱ/Ⅲ类的潜力。

1996 年春季,斯坦福大学开始研制 LAAS。

1996 年 12 月,为制定Ⅱ/Ⅲ类精密进近的最低性能标准,FAA 要求 SC-159 重新进行它们的 MASPS 工作。FAA 制定了最新设计的结构要点,具体包括:

(1) DGPS 校正信号将使用目前用于 VOR(108~118MHz)的波段进行传送,并允许通过现有的 VOR 导航接收机接收这些信号,DGPS 校正将以时分多址(TDMA)模式每秒广播两次。

(2) 机场将安装一个或更多能广播类 GPS 信号的地基"伪卫星",而伪卫星的数量取决于机场跑道分布和 GPS 卫星最小可见数目以及其任意时间的位置。

(3) 用于Ⅰ类工作的每个 LAAS 地面站将配备两部 GPS 接收机,以便相互检测。同时用于 CAT Ⅰ类服务的台站有可能配备 3 部接收机。根据每颗 GPS 卫星获得的单独伪距测量将通过使用载波相位测量来平滑,以校正由接收机噪声引起的瞬时误差。

在 2009 年,霍尼韦尔公司也研发了 LAAS 并开始投入使用。LAAS 也作为一种地基增强系统(GBAS)被国际民航组织列入 FAA 标准版本。

2.3.2 系统组成

LAAS 由地面 GPS 接收机、数据处理站、甚高频无线电发射机和发射天线、机载接收设备等部分组成(图 2-7)。一般 LAAS 包括 3~4 个高性能的 GPS 参考接收机,接收机天线则被安装在机场附近且地理位置已知的固定点上。LAAS 中心站通过处理来自每个 GPS 接收机的实时观测数据计算出可见导航卫星的差分校正值。同时通过实时监测导航卫星信号和地面 GPS 接收机的异常状况,形成卫星导航系统和地面接收机自身的完好性信息,然后把 FAS 数据、校正值和完好性信息通过 VDB 播发给机载用户从而提高系统定位精度与服务性能。为了确保飞行安全,广播数据除了包含差分修正信息外,同时还包含系统完好性消息、地面机场信息、进近路线等相关信息。

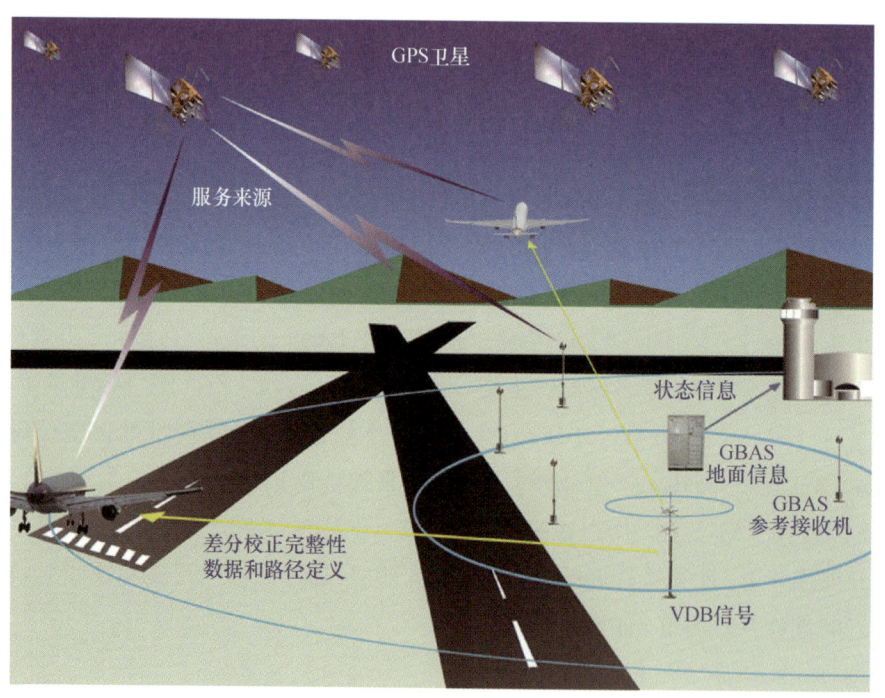

图 2-7 局域增强系统(LAAS)组成示意图

LAAS 用户首先测量自身与 GPS 卫星之间的伪距,然后根据接收到的 LAAS 完好性信息判断哪些卫星可以安全使用,并通过差分修正值纠正他们的测量值。同时用户还利用实时接收到的 LAAS 地面系统播发的误差界限,来计算保护级之后再和相应的垂直告警级与水平告警级进行比对,判断其系统是否能够为用户提供安全的服务。

LAAS 的所有参考站相对距离比较靠近,对于每个卫星只能够形成单一校正,在局域范围内接收机接收到的各伪距,其误差来源都具有一定的近似性,因此经过差分分解后误差几乎可以完全抵消，从而实现亚米级精度定位[10]。相比之下，WAAS 的参考接收机是跨大陆分布架设，其能够为每颗导航卫星形成多个差分值。LAAS 形成标量修正，WAAS 形成矢量修正。矢量修正更适合于提供广域覆盖系统，因为标量修正不能同时包含局部误差和其对应的空间梯度，标量修正在要求非常严苛的局域范围内效果更为良好，因为它能够获得接近基准站区域的几乎全部误差，故接收机之间的基线距离在 100km 范围以内时，LAAS 能够为用户提供更加准确的定位。

LAAS 主要由地面站设备和空间段（机场伪卫星）组成：

LAAS 地面站设备主要是为用户接收机处理数据和广播数据信息，并确保所有广播数据的完善性，具有以下主要功能。

（1）空间信号的接收和解码：它的功能是负责在地面获得伪距和载波相位观测量，对来自 GPS 卫星和机场伪卫星的导航电文进行解码。GPS 接收机应有 0.1m 的伪距精度（载波平滑后），并且需要多径抑制天线减小多径误差。

（2）载波平滑和差分修正计算：LASS 地面站对接收到的空间信号进行差分处理，处理之后的修正数据，将大大提高导航定位精度。

（3）VHF 数据广播：其功能是将数据进行编码并通过广播发送给相应用户。RTCA SC - 159 制定了 VHF 数据广播的报文结构，频率为 108 ~ 117.95MHz，带宽为 25kHz，采用 TDMA 模式，传播速率为 2 帧/s，每帧包含 8 个时间段，调制方法为 31.5Kbps 的八相移键控。

服务于机场精密进近的伪卫星称为机场伪卫星（Airport Pseudo Lite，APL），它是局域差分 GPS 的最主要改进。机场伪卫星基于地面的信号发射器能发射与 GPS 相同的信号。设置机场伪卫星的目的是要提供附加的伪距信号以增强定位解的几何结构，提供导航可用性，同时也增加用户可观察卫星数量，提高系统完善性，满足进场过程中飞机获得垂直精度的要求。RTCA SC - 159 建议 APL 只提供测距能力，并不产生卫星修正数据，因此广播报文的容量小，只包含 APL 身份标识和位置坐标。此外，RTCA 推荐采用一个宽频、低占空比的脉冲编码，它是由 GPS L1 载波频率调制的伪随机序列，码速率为 10.23MHz，这种编码方式与 GPS P 码相似，具有较好的多径抑制功能。

表 2 - 5 是 APL 具体实施的参数设置。为了减少附加接收机的硬件部分和天线的增设，APL 选择 GPS 标准定位服务的中心频率（1575.42MHz）作为信号发送频率，然而由于远近效应的影响，APL 信号会干扰 GPS 信号。为了减小这种干扰，APL 在 2% ~ 5% 的占空比下发送信号。因为参考接收机和用户接受 APL 发送的信号更容易受到多径效应的影响，必须采用两种方法克服：一是采用宽频码抑制多径效应；二是 APL 发射天线采用多径抑制天线。

表 2 - 5　APL 具体实施细节

实施细节	参数设置
运行频率	GPS L1（1575.42MHz）
占空比	2% ~ 5%
调制方式和码速率	BPSK，10.23Mcps
报文发送速率	50bps
码和载波的相干性	1/154

2.3.3 系统功能与指标

1. LAAS 运行的基本条件

（1）LAAS 空间增强系统的可用性和完善性：作为 GNSS 增强系统，LASS 必须具备相应的可用性和完善性运行性能，FAA 对 GPS 可用性要求系统可利用率大于 99.998%。换句话说，在一年中只允许有 631s 的系统中断或不能被利用的时间，所以 LAAS 必须对 GPS 卫星空间星座进行增强。

（2）LAAS 陆基增强系统运行性能：LAAS 陆基系统设备在进行数据传送前，修正值数据完善性监控通过与地面差分基准站发送来的修正量进行比较来完成。航空电子系统必须完成运用标准方程计算垂直和水平定位保护级，该方程的参数是从地面设备以及所需连续性和完善性概率体现出来的误差数据，并且将 VPL 和 PPL 与它们各自对应的告警门限进行比较。在 LAAS 进行差分修正量是基于针对至少两个地面基准站接收机的平均值，以此来提高精度并限制较大的非公共误差。一般情况下为达到Ⅰ类进近水平要求安装 2 个基准站，Ⅱ类则要求 3 个基准站，而Ⅲ类则要求 4 个基准站，这些基准站也必须进行有效隔离以消除基准站之间的相关性和多路径效应的影响。

2. LAAS 运行相关要求

LAAS 相关运行标准如表 2-6 所列。

表 2-6　LAAS 运行相关要求

所需导航性能	判断根据	精密进近和着陆类别		
		Ⅰ类	Ⅱ类	Ⅲ类
精度/m	水平误差(2σ)	±20.73	±7.32	±5.49
	垂直误差(2σ)	±4.57	±1.89	±0.67
完善性	水平报警时间	10s	5s	2s
	垂直报警时间	6s	2s	2s
	水平保护限值	±32.31m	±14.94m	±10.97m
	垂直保护限值	±7.92m	±3.35m	±1.68m
	告警率/进近	4×10^{-8}	4×10^{-8}	1×10^{-9}
	总报警率	1次/年	1次/年	1次/年
	漏检概率	0.5×10^{-9}	0.5×10^{-9}	0.5×10^{-9}
连续性	故障率/进近	1×10^{-5}	1×10^{-5}	1×10^{-7}
可用性	不可用性概率	放宽 5×10^{-10} / 严格 1×10^{-6}	（略）	（略）
	不可靠性概率	短周期 4×10^{-6} / 长周期 5×10^{-5}	（略）	（略）

注：该表是由分析科学会（TASC）给出的，表中的"（略）"是由于最初 TASC 认为 GNSS 无法满足Ⅱ/Ⅲ类的精度要求，故未能给出相应的参数要求。

2.3.4 系统技术特点

LAAS 作为一种地基增强系统,已经被 ICAO 规定为 FAA 标准版本。利用 3 个或更多冗余基准接收机独立地测量 GPS 卫星的伪距和载波相位,并生成差分载波平滑码改正信息,使用地基 108~118MHz 甚高频(VHF)频段发射机的无线电数据链播发 31.5Kbps 修正数据给用户,其中还包含安全和进近的几何因子信息,该信息允许覆盖在 LAAS 地面站 45km 范围内的用户,以 0.5m (95%)的精度来执行基于 GPS 的定位,并实现包括非精密进近在内的所有民用飞行业务,可用性可满足 I 类精密进近所需的 2×10^{-7}、III 类精密进近所需的 1×10^{-9} 概率的要求。飞机降落在装备有 LAAS 的机场可以进行精密进近运行在至少 I 类最低天气标准条件下。

由于机载用户的多模式接收机(MMR)和局域增强系统(LAAS)站的距离很近(小于50km),两者之间的误差有很强的相关性,所以通过这种方法提高了机载用户的定位精度和完好性。

2.3.5 系统应用

目前,单个 LAAS 地面基准站具备可以对机场所有跑道末端提供精密进近的能力(图 2-8)。2009 年 9 月,第一个由 FAA 设计的支持 CAT I(飞机精密进近和着陆的不同要求如表 2-7 所列)精密进近的系统认证通过。LAAS 正在探索平行跑道紧密间隔操作和尾流(Wake turbulence)避免。美国国防部也利用 LAAS 设计和认证的经验来促进联合精密进近和着陆系统(JPALS)的发

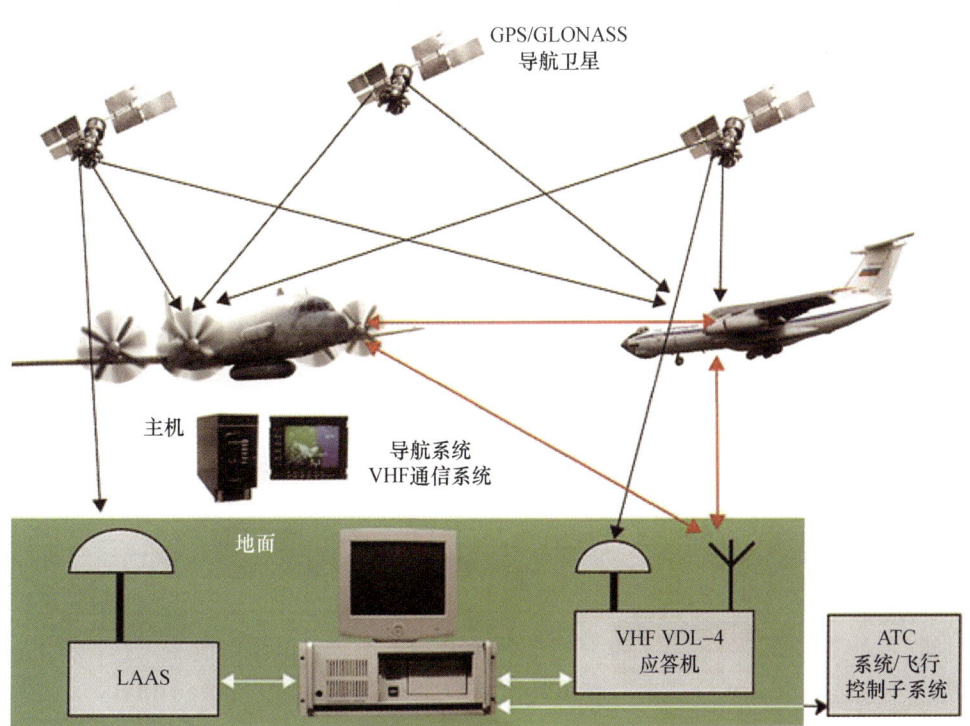

图 2-8 局域增强系统(LAAS)的应用示意图

展,FAA已将LAAS作为下一代空管中飞机引导的核心支撑系统之一和PNT服务路线图的组成部分[6]。FAA的LAAS测试原型地面系统已经过改装,以适应CAT Ⅲ空间信号需求。该测试原型的机载系统中CAT Ⅲ报文接收和处理模块已修改完成。初步的测试结果已用于评估监测算法的误警性能。ICAO的CAT Ⅲ GBAS SARPs修改草案已经完成,并多次经CSG审阅。系统技术验证工作已经开始,修订的机载RTCA MOPS和ICD已经完成并通过最终审核。下一步将开展技术验证的标准草案制定,并验证SARPs需求的可行性。

表2-7 飞机精密进近和着陆要求

飞行阶段	精确(95%)	完好性		报警边界(HAL:垂直;VAL:水平)	连续性	可用性
		警告时间	错误引导率			
APV-1	H:16m;V:20m	10s	2×10^{-7}	H:40m;V:50m	8×10^{-6}	0.99~0.99999
APV-2	H:16m;V:8m	6s	2×10^{-7}	H:40m;V:20m	8×10^{-6}	0.99~0.99999
CAT-Ⅰ	H:16m;V:4~6m(无故障),2m(完好性、连续性条件下)	6s	2×10^{-7}	H:40m;V:10~15m	8×10^{-6}	0.99~0.99999
CAT-Ⅱ	H:6.9m;V:2.0m(无故障),1m(完好性、连续性条件下)	2s	2×10^{-9}	H:17.4m;V:5.3m	$4 \times 10^{-6}/15s$	0.99~0.99999
CAT-Ⅲ	H:6.1m;V:2.0m(无故障),1m(完好性、连续性条件下)	1~2s	2×10^{-9}	H:15.5m;V:5.3m	H:$2 \times 10^{-6}/30s$;V:$2 \times 10^{-6}/15s$	0.99~0.99999

2.4 差分校正与监视系统[7,8]

GLONASS作为高纬度地区的卫星导航系统,因其受到诸多因素的影响,一段时间内该系统可用卫星数量无法满足系统正常使用,后期经过俄罗斯补发卫星,GLONASS可以恢复使用并开始着手建设增强系统。俄罗斯差分校正与监视系统(SDCM)是一套由俄罗斯联邦航天局主导建设,在俄罗斯境内以增强GLONASS等卫星导航系统服务性能且独立的星基增强系统,可以为俄罗斯、中亚、东欧等国的用户提供比GLONASS更高精度的时空服务,并于2018年提供基于L1/L5的双频星基增强服务和基于L1/L3的GLONASS精密单点定位服务。它也是GLONASS现代化的组成部分,目前主要是对GLONASS和GPS的运行质量进行实时和事后评估,实现完好性监测和系统性能的分析。SDCM由分布在俄罗斯境内以及境外的差分站对导航卫星进行监测,获得原始定位数据并送至中央处理设施,经计算后得到各卫星的定位修正信息,并通过上行注入站发送给地球静止卫星(GEO),最后将修正信息播发给广大用户从而达到提高定位精度的目的。SDCM于2006年开始建设,2007年开始试运行,服务区域为俄罗斯联邦境内。SDCM组成示意图如图2-9所示。

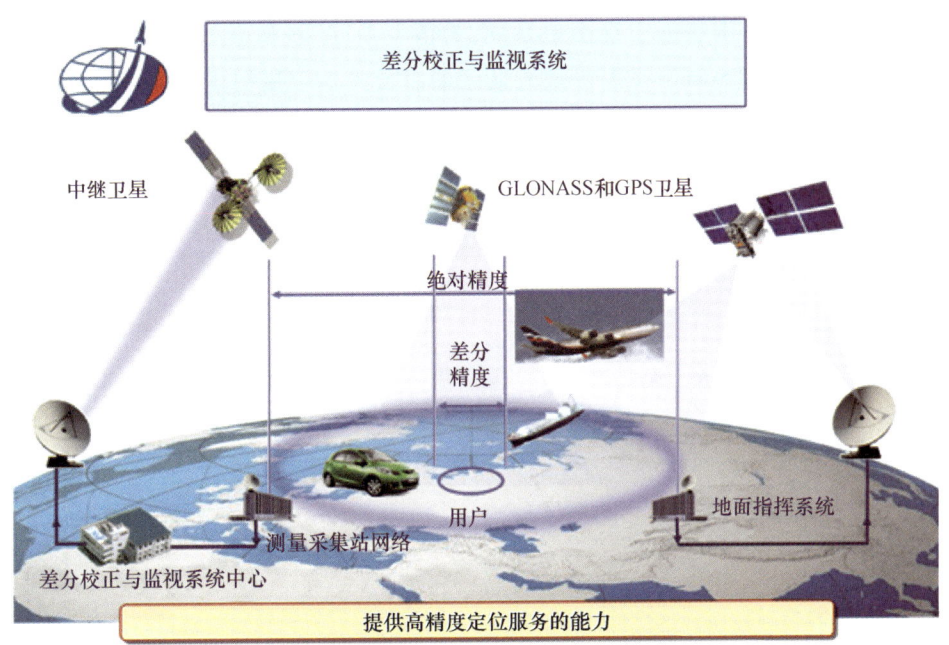

图2-9 差分校正与监视系统(SDCM)示意图

2.4.1 系统发展历程

SDCM 利用"射线"(Luch 或 Loutch)俄罗斯/苏联民用数据中继卫星进行系统增强,主要为俄罗斯/苏联载人航天器以及其他卫星提供数据中继业务,也可用于卫星固定通信业务。

2011 年,第一颗卫星"Luch-5A"发射定点在西经 16°轨道位置。

2012 年,第二颗卫星"Luch-5B"发射定点在东经 95°轨道位置。

2014 年,第三颗卫星"Luch-4"发射定点在东经 167°轨道位置。

截止 2014 年,随着第三颗卫星"Luch-4"发射,SDCM 空间段部署完成。由于 SDCM 地面监测站目前基本分布于俄罗斯国内以及苏联时期加盟国家,在全球范围内分布不均,导致其服务性能与 GPS 的增强系统相比表现较差,这也是制约 GLONASS 精度提高及应用推广的一个重要因素。2020 年前,俄罗斯航天局预计将在世界范围内建成 82 个 SDCM 监测站,其中,俄罗斯境内 29 个,海外 53 个。按照俄罗斯在导航领域最新发展计划,俄罗斯将在全球范围内部署建设 57 个 SDCM 站,可以改善其提供导航服务性能,SDCM 全球站网部署如图 2-10 所示。

2.4.2 系统组成

SDCM 主要由空间段和地面段两部分组成(图 2-11)。

系统空间段由 3 颗 GEO 卫星——"射线"卫星组成,分别为 Luch-5A、Luch-5B 和 Luch-4,3 颗 GEO 卫星的覆盖范围如图 2-11 所示,主要覆盖区域为俄罗斯、苏联时期加盟国和亚洲地区。"射线"卫星是俄罗斯/苏联民用数据中继卫星系列,为俄罗斯/苏联和平号(Mir)空间站、暴风雪号(Buran)航天飞机、联盟号(Soyuz)飞船等载人航天器以及其他卫星提供数据中继业务,此外也用于卫星固定通信业务;同时,这3颗卫星还搭载了SDCM信号转发器,可将SDCM信号从中央处理器设施转发给各用户。

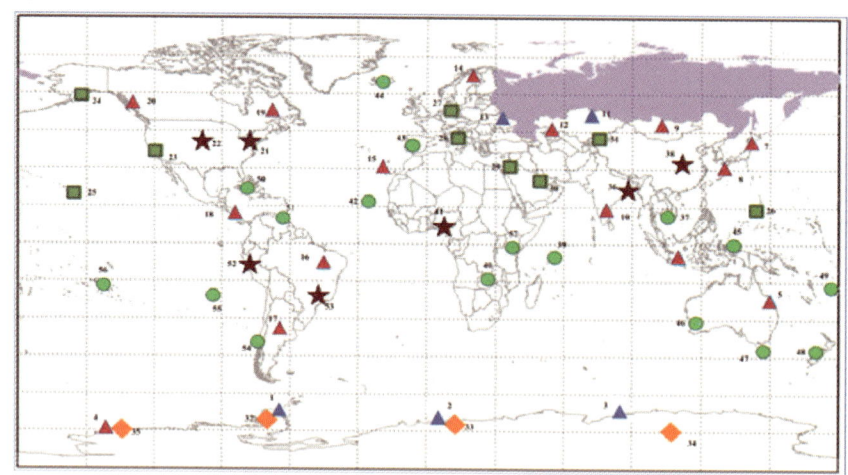

图2-10 SDCM全球站网部署图

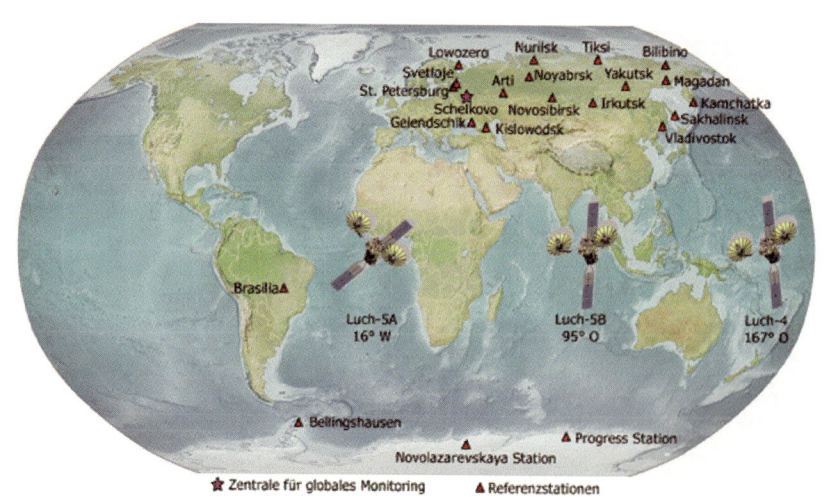

图2-11 SDCM卫星轨道示意图

系统地面段是由地面监测站网络(the Monitoring Point,MP)、全球监测中心(the Center of Global Monitoring,CGM)及通信网络组成。SDCM通过MP实时和非实时地收集GNSS观测数据,并通过通信网络把数据传输至CGM,由CGM对导航观测数据进行处理和分析,产生差分校正和完好性信息。

目前SDCM已经建设了25个监测站,其中19个位于俄罗斯境内(图2-12),6个位于海外(含南极3个),利用这些监测站可以将GLONASS水平和垂直定位精度分别从8.8m、13.2m提高至0.98m、1.7m。2007年,SDCM地面站网络的先期部分进入试运行阶段;2008年,SDCM建成9

个俄罗斯境内地面监测站,分别位于莫斯科、列宁格勒州(普尔科沃)、基斯洛沃茨克、诺里尔斯克、伊尔库茨克、勘察加彼得罗巴甫洛夫斯克、圣彼得堡、新西伯利亚、克拉斯诺达尔边疆(格连吉克);2011年后,又增加了哈萨克斯坦共和国(季克西、雅库茨克)、比例比诺、马加丹、南萨哈林斯克、斯威特勒、洛沃泽罗、海参崴、诺亚布里斯克等10个国内站。

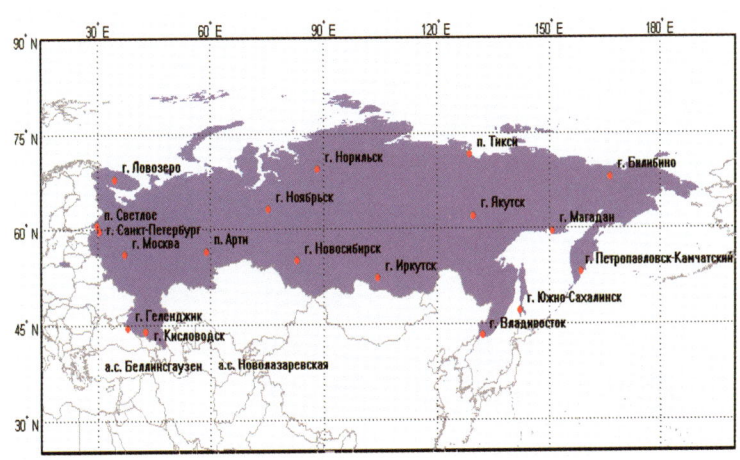

图2-12 俄罗斯境内19个SDCM地面监测站布局图

国外站建设可以改善GLONASS的完好性、精度和可靠性,目前SDCM在国外已建成6个民用监测站,分别位于乌克兰、巴西、哈萨克斯坦和南极(别林斯高晋站、新拉撒路思科站、进步站)。同时,俄罗斯为扩大SDCM全球监测站网络,已向中国、澳大利亚、古巴、越南、斯里兰卡、西班牙等多个国家提出合作建站提议。

如图2-13所示,SDCM地面监测站主要由3个卫星信号接收天线、3个接收机、1个干扰探测器天线以及1个气象传感器、1个观测室组成。3个卫星信号接收天线呈三角形均匀分布在观测室周围,分别距离观测室40~60m;天线之间的距离约70~100m,其中一个用于完好性监测,另两个天线用于轨道和钟差的测量。

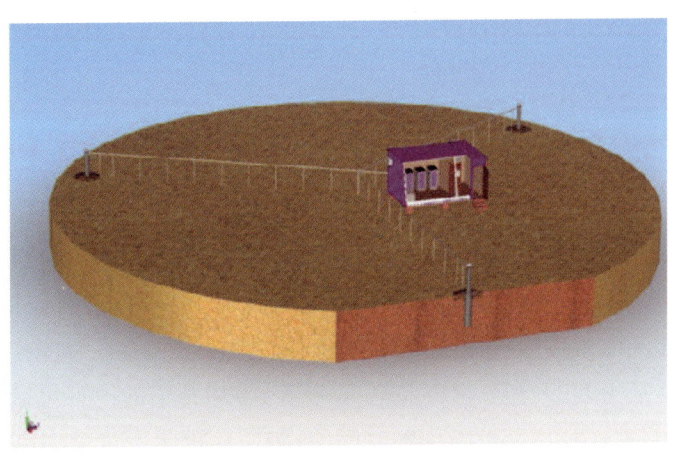

图2-13 SDCM地面监测站布局图

该系统的全球监测中心（CGM）设在莫斯科，该中心包括数据收集部门、导航和测量数据分析部门、硬件/软件支持部门。其主要任务是从监测站收集数据，进行实时和事后监测，以及维护存有监测结果的数据库和服务用户。SDCM 组成如图 2-14 所示。

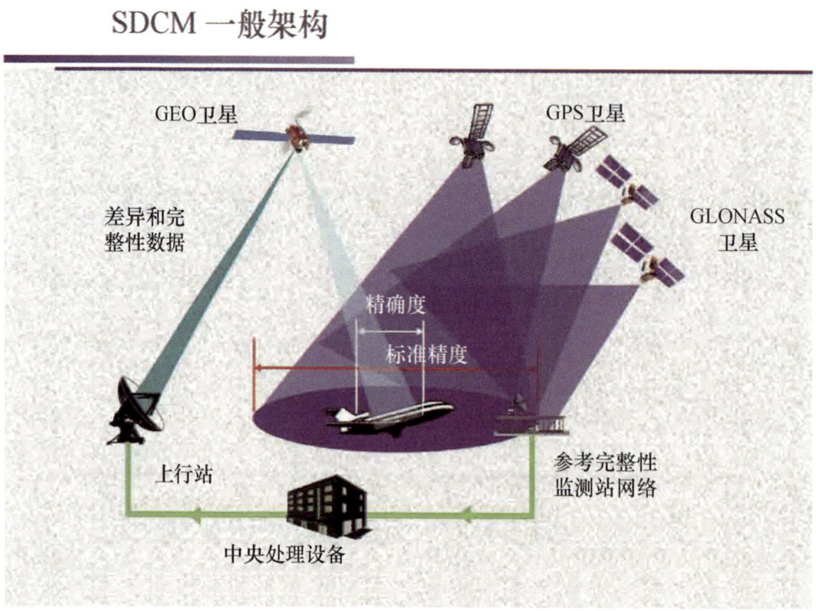

图 2-14　SDCM 的组成示意图

2.4.3　系统技术特点

（1）增强方式：SDCM 现已部署将近 40 个完好性监测站，从现有掌握的数据来看，SDCM 可以为其覆盖域的用户提供广域单频伪距、单频载波相位和双频载波相位（PPP）、完好性增强等服务，可以大大提高 GLONASS 的服务性能。

（2）播发方式：SDCM 通过 GEO 卫星播发的信号频点包括 L1、L3、L5、SiSnet 服务（图 2-15），频点为 1575.42MHz，播发信息速率 250bps。

（3）信号格式：播发差分校正信号的格式为 RTCA。

2.4.4　系统应用

SDCM 可对 GLONASS 和 GPS 的运行质量进行实时监测和事后评估，并将差分校正及完好性信息播发给用户，其中实时监测的内容为 GLONASS 和 GPS 卫星的伪距测量误差，信号测量误差包括由电离层、对流层效应引起的误差、星历误差、时差等；事后评估的内容包括电离层、对流层垂直时延、星历误差、星钟误差、GLONASS 与 GPS 时间差、定位精度等因素。GLONASS 和 GPS 可用性如图 2-16 和图 2-17 所示。

图 2-15　差分校正与监视系统(SDCM)播发方式

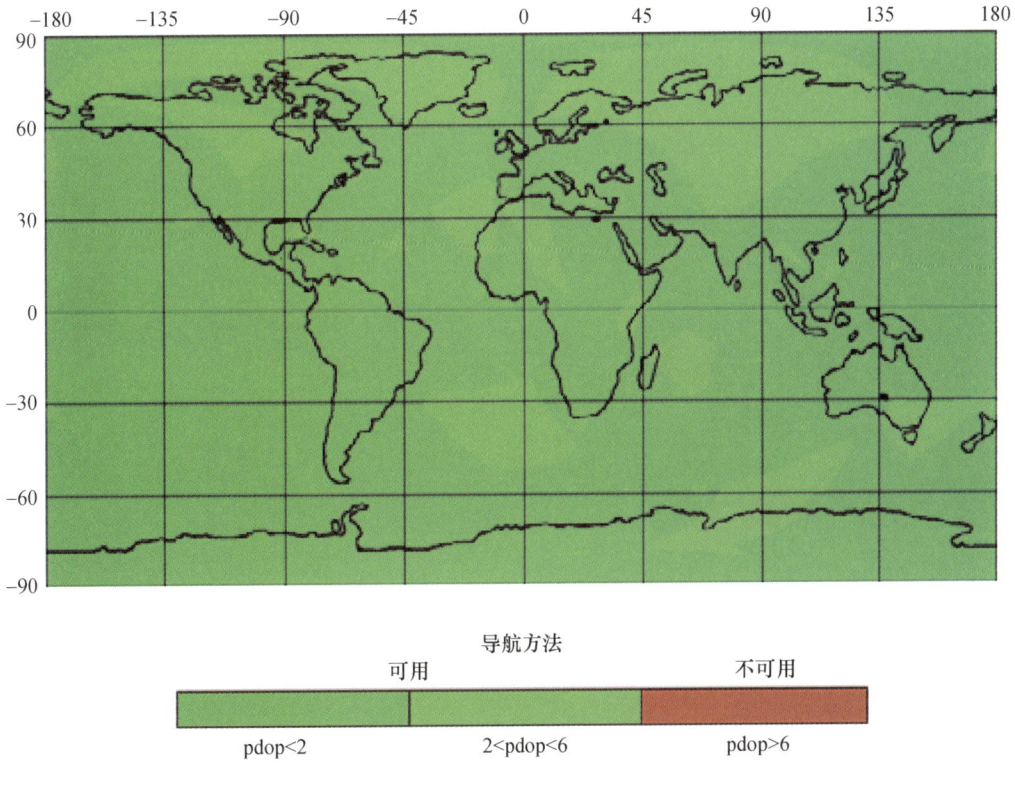

图 2-16　GLONASS 系统可用性

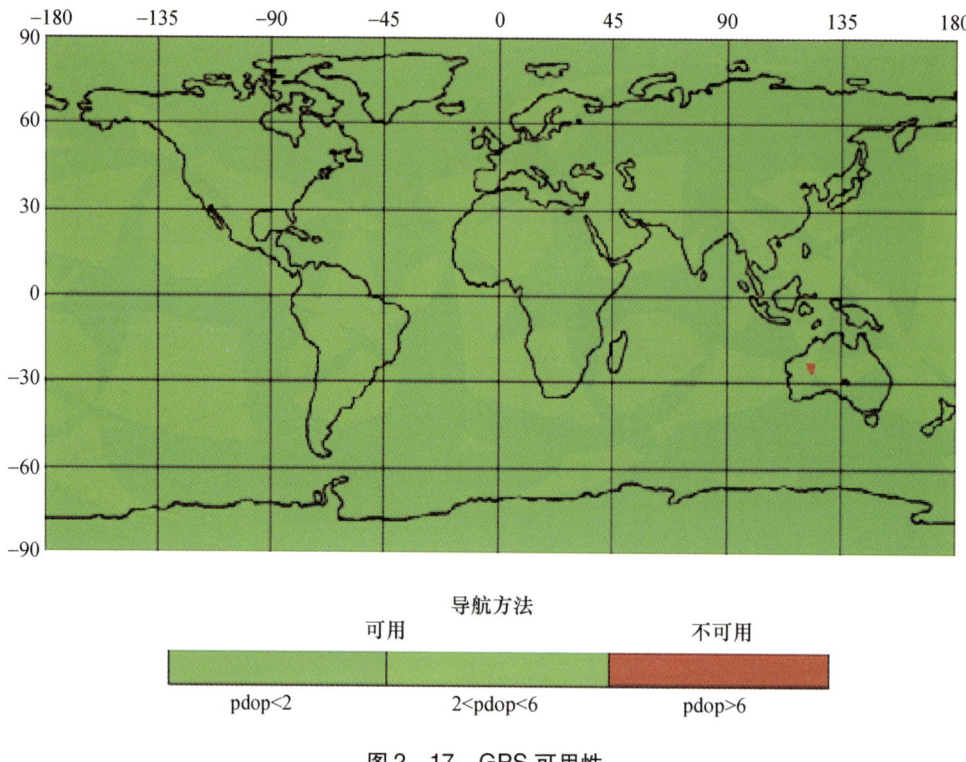

图 2-17 GPS 可用性

SDCM 基于目前已建成的监测站网络,以电离层格网校正精度为例对其布站情况进行分析,如图 2-18 所示。

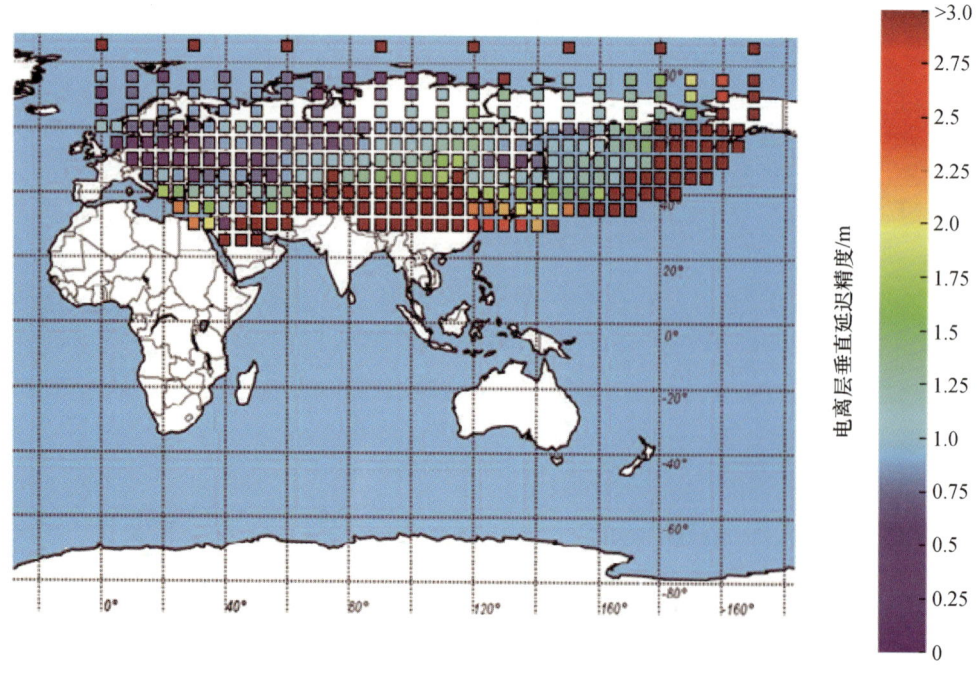

图 2-18 电离层垂直延迟精度

由图 2-18 可以看出,SDCM 在俄罗斯全境电离层格网垂直时延精度数平均小于 1.25m。同时,SDCM 可向用户提供米级和厘米级精度的两种服务,两种服务的技术对比如表 2-8 所列。

表 2-8 SDCM 两种服务的技术对比

序号	项目		米级服务精度	厘米级服务精度
1	服务精度	水平	1.5m	2cm
2		高程	3m	6cm
3	用户需接受信息		卫星轨道钟差校正值	卫星轨道钟差校正值、局域参考站提供的伪距和载波的校正值
4	用户校正算法		采用双频计算电离层时延和对流层模型来校正伪距	采用双频计算电离层时延和对流层模式来校正伪距
5	获得校正值方法		卫通和互联网	卫通和互联网地面参考站的通信链路

由表 2-8 可见,在差分校正方面,在服务区域内可提供米级的实时定位精度,水平方向 1~1.5m,垂直方向 2~3m;在基站周围 200km 范围内可提供厘米级的实时精确定位,水平方向达到 1~2cm,垂直方向达到 4~6cm。

2.5 欧洲地球静止轨道卫星导航服务系统

欧洲地球静止轨道卫星导航覆盖服务(European Geostationary Navigation Overlay Service,EGNOS)系统是欧空局、欧盟和欧洲航空安全组织联合规划和发展的项目,功能类似广域增强系统(WAAS),对 GPS、GLONASS 进行增强。EGNOS 系统是基于卫星的增强系统(SBAS),旨在通过静止轨道卫星广播增强信号来改善全球卫星导航系统性能。基本方案是使用一组监测站接收 GNSS 导航信号,以获得计算提高 GNSS 性能的修正数据,计算出这些修正值后,它们将以"差分修正"的形式通过 GEO 卫星传输。目前 EGNOS 系统除具备 Galileo 系统增强功能外,也支持对 GPS 的增强。除了这些提高精度的修正消息之外,用于卫星的完好性数据也是广播的,增加了卫星导航定位方案的可靠性。

欧空局全面负责 EGNOS 系统的设计、研发和工程建设。该系统用于改善全球导航卫星系统的性能,包括 GPS 和 Galileo 系统。它已开始为欧洲大部分地区的航空、海事和陆地用户提供安全的导航服务。

同其他区域地基增强系统相同,EGNOS 系统可以通过消除电离层等定位误差,改善使用 GPS

或其他 GNSS 的定位效果。此外,EGNOS 系统能够通过检查所接收信息的完好性在位置信息不可靠的情况下提供告警,这对于通过狭窄通道航行的飞机或船只的航行安全等关键安全应用至关重要。

EGNOS 系统使用在欧洲部署的参考站观测得到的 GNSS 测量数据。所有观测的测量误差都被传送到中央计算中心并计算差分校正和完好性消息。然后使用地球静止轨道卫星在覆盖区域上广播这些增强信息,用作原始 GNSS 消息的增强。因此,EGNOS 系统提高了 GNSS 定位信息的准确性和可靠性,同时还提供了关于信号连续性和可用性的关键完整性电文。

2.5.1 系统发展历程

2007 年,EGNOS 系统达到水平方向 1.04m(95%)、垂直方向 1.56m(95%)的定位精度,并且授时精度优于 10ns。

2009 年,EGNOS 系统开始正式提供免费服务,将至少工作 20 年。EGNOS 系统生命安全服务(SOL)于 2011 年 3 月推出,用于民用航空,在 GPS 或 Galileo 系统故障的情况下,6s 内可为用户提供必不可少的告警。当生命可能受到威胁时,这种告警是不可或缺的。

2012 年,EGNOS 数据访问服务(EGNOS Data Access Service,EDAS)开始正式运营,用户可以通过互联网获取访问 EGNOS 信号。由 EGNOS 系统生成的改正信息也可以通过互联网获得,这意味着在卫星信号被阻挡或干扰的情况下,用户接收机仍然可以获取高精度位置信息。这在高密度高楼遮挡 GNSS 信号的城市峡谷环境中尤其重要。

2.5.2 系统组成

EGNOS 系统由 4 部分组成(图 2-19):地面部分、空间部分、用户部分和支持系统。

(1)地面部分(图 2-20)包括 40 个测距与完好性监测站(RIMS)、6 个陆地导航地面站(NLES)和 4 个主控制中心(MCC)。40 个测距与完好性监测站可以观测到 GPS、Galileo 系统以及其他 GNSS 系统的卫星;6 个陆地导航地面站负责处理注入到卫星的准确性与可靠性数据以发送给终端用户使用;4 个主控制中心负责数据的处理和差分改正计算。

(2)空间部分包括 3 颗 GEO 卫星(2 颗是 Inmarsat-3 卫星,1 颗在大西洋东部(AOR-E),1 颗在印度洋 IOR;还有 1 颗是 ESA 在非洲上空的地球同步通信卫星 Artemis。轨道分别为西经 15.5°、东经 65.5°、东经 21.3°),搭载导航增强转发器,播发导航增强信号,向欧洲及周边地区的用户发送 GPS 和 GLONASS 的广域差分改正数和完好性信息(图 2-21)。

(3)用户部分包括用于空间信号性能验证的 EGNOS 接收机,海、空和陆用户专用设备,系统静态和动态测试平台,用于用户接收机验收、系统性能证明、定位误差比较分析。

(4)支持系统包括 EGNOS 广域差分网以及系统开发验证平台、工程详细技术设计、系统性能评价以及问题发现等。

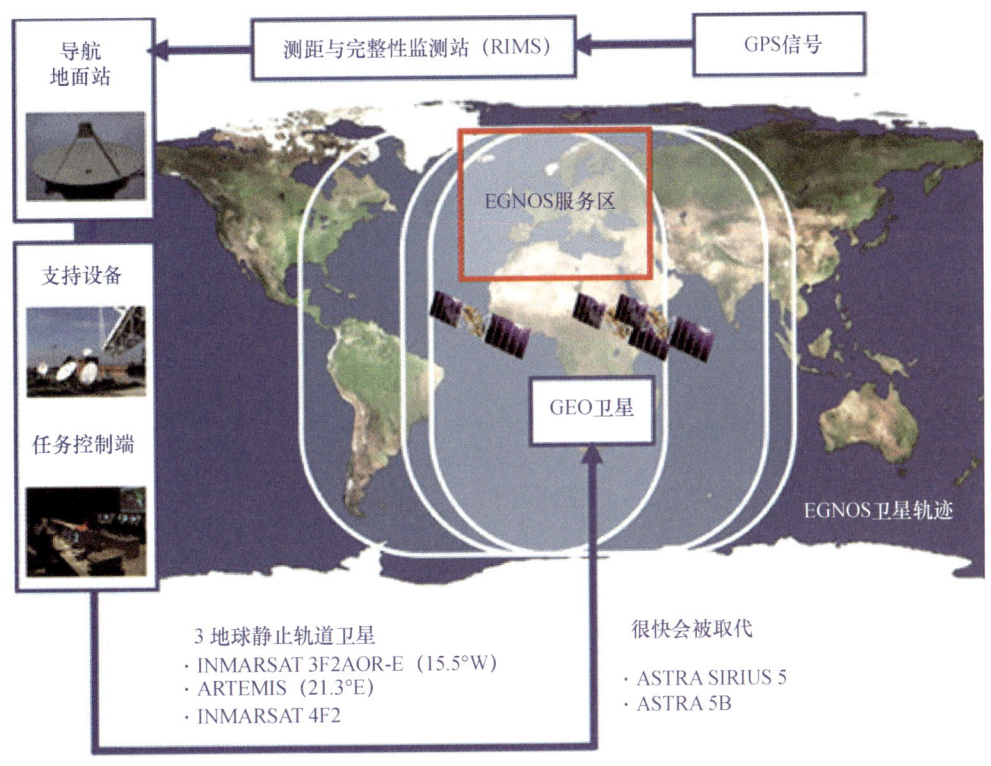

图 2-19　EGNOS 系统组成示意图

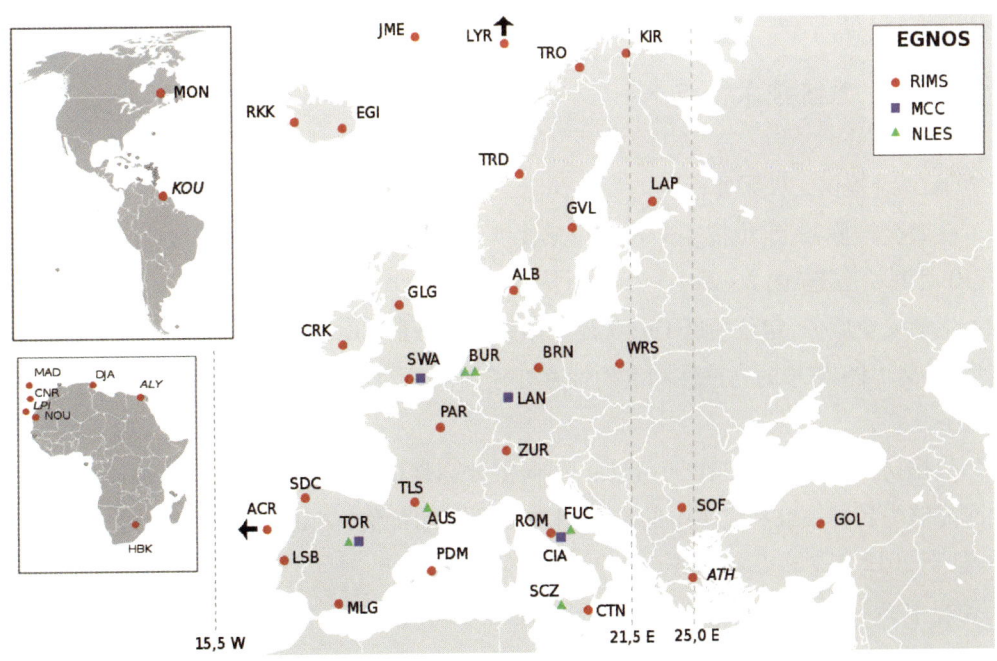

图 2-20　EGNOS 系统分布示意图

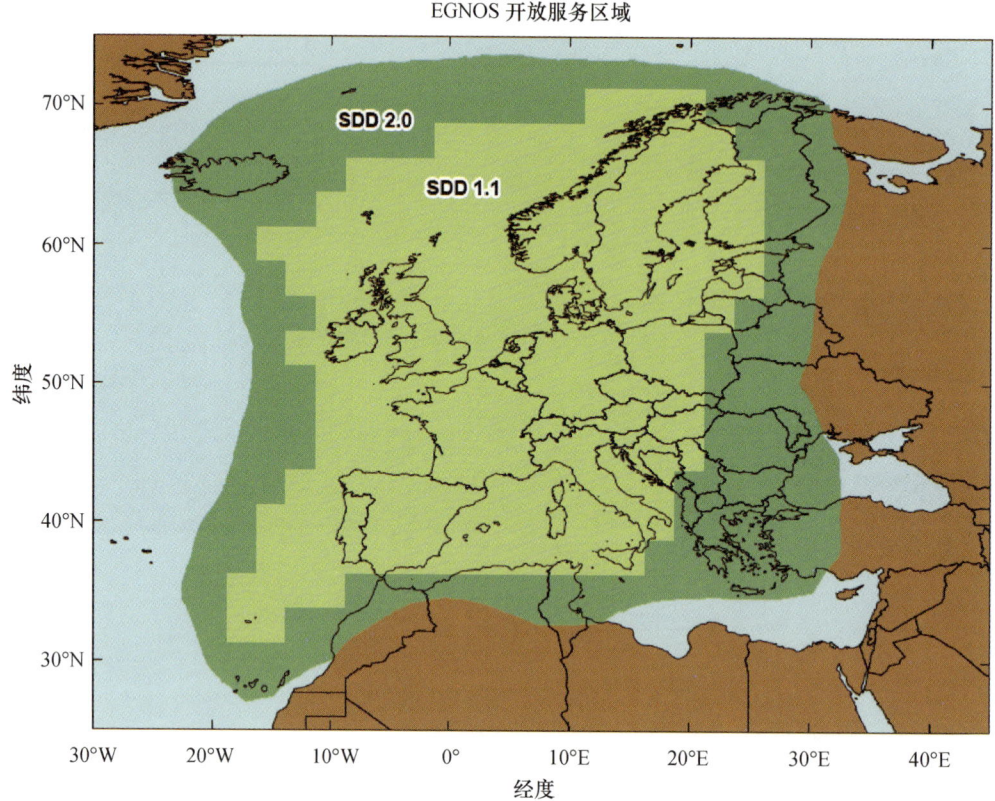

图 2-21 EGNOS 系统服务范围示意图

2.5.3 系统技术特点

EGNOS 系统提供 3 种服务：

（1）免费公开服务，定位精度 1m，免费开放供任何拥有 EGNOS 系统接收机的用户使用，已于 2009 年 10 月开始服务（图 2-22）。

（2）生命安全服务，定位精度 1m，获得民用航空认证的 EGNOS 系统生命安全服务能够向用户发出信息，警告 GPS 信号的完整性和准确性存在任何问题，并且用于飞机精密进近，已于 2011 年 3 月开始服务。

（3）数据访问服务，定位精度小于 1m，面向需要高性能服务的商业和专业地面用户。它使服务提供商能够为各种领域和应用中的最终用户提供附加价值，例如航运、铁路和公路运输以及民用保护，已于 2012 年 7 月开始服务。

EGNOS 系统在欧洲中心的广大地区为 GPS 信号提供校正和完整性信息，并且可与其他现有 SBAS 完全互操作。

EGNOS 系统开放服务的主要目标是通过改正影响 GPS 信号的多个误差源来提高定位精度。EGNOS 系统发送的校正有助于减小钟差、卫星轨道误差和电离层传播有关的测距误差源。其他误差来源如对流层效应以及多径和用户接收机引起的误差是局部效应，无法通过广域增强系统进行校正。最后，EGNOS 系统还可以检测影响 GPS 发送信号的异常，防止用户跟踪不健康或误导信号。

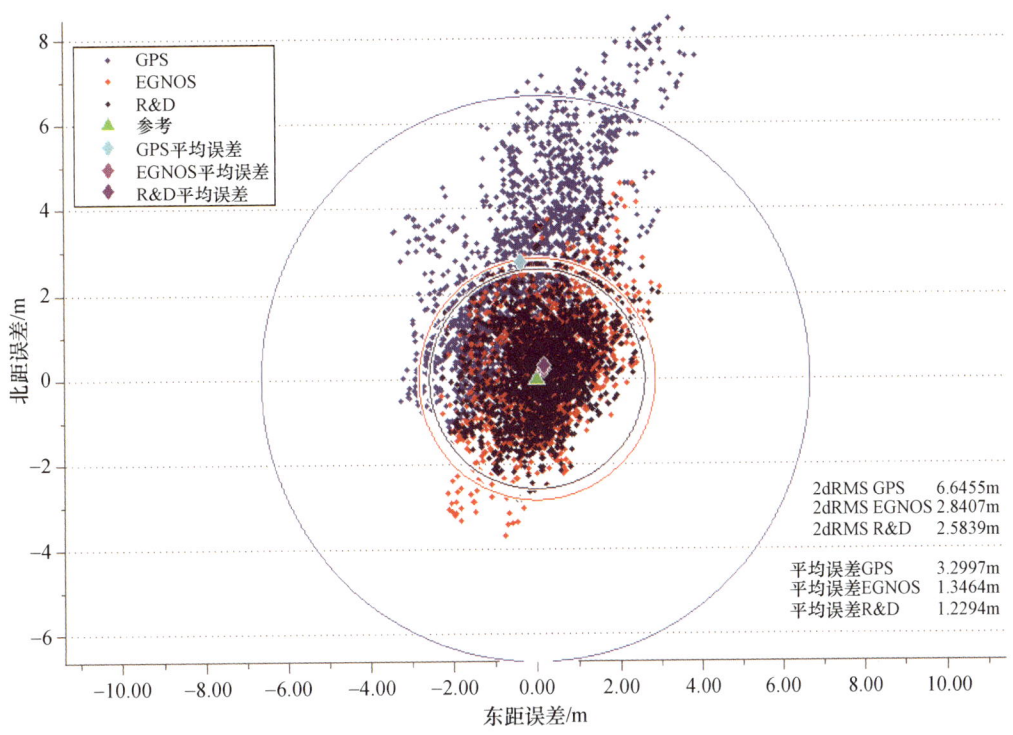

图 2-22 EGNOS 系统的精度水平

EGNOS 系统生命安全服务的主要目标是辅助民用航空运营，改善其卫星导航系统具有的垂直引导（LPV）最小值的性能。在这个阶段，详细的性能表征一直是根据民航所表达的完好性能要求进行管理，同时 EGNOS 生命安全服务未来也可广泛应用在其他领域（例如公路、铁路和航运）。为了提供生命安全服务，EGNOS 系统的设计使 EGNOS 空间信号（SIS）符合国际民航组织关于 SBAS 的 SARPs。

2011 年 3 月首次发行 EGNOS 生命安全服务手册宣布了两个 EGNOS 生命安全服务级别（NPA 和 APV-1），并于 2015 年 9 月通过第三版 EGNOS 生命安全服务手册宣布了另外一个 LPV-200 完好性服务指标，启用了以下基于 SBAS 的业务内容符合国际民航组织规定的要求。非精密进近操作和支持除 RNP APCH 以外的 PBN 导航规范的其他飞行操作，不仅用于进近而且用于其他飞行阶段。采用垂直制导支持的进近着陆，RNP APCH PBN 导航规范低至 250 英尺（1 英尺 = 0.3048 米）的 LPV 最低值。支持 I 类精密进近，垂直警报阈值（VAL）等于 35m，支持 RNP APCH PBN 导航规范，最低可低至 200 英尺的 LPV 最低值。

EDAS 是 EGNOS 系统数据访问服务，它实时提供对 EGNOS 系统数据基于地面的访问，并且还向授权用户提供历史 FTP 存档（例如增值应用程序提供商）。EDAS 是主要分布在欧洲和北非的 EGNOS 系统地面基础设施（RIMS 和 NLES）收集和生成数据的服务访问入口。

2.5.4 时间位置参考框架

严格地说,由支持 EGNOS 系统改正的 SBAS 接收器导出的时间和位置信息不参考 GPS 接口规范中定义的 GPS 时间和 WGS84 参考系统。具体地,位置坐标和时间信息参考由 EGNOS 系统建立的单独参考系统,即 EGNOS 系统网络时间(EGNOS Network Time,ENT)尺度和 EGNOS 系统地面参考框架(EGNOS Terrestrial Reference Frame,ETRF)。然而,这些特定的 EGNOS 参考系统与其 GPS 对应物保持紧密对齐,并且对于绝大多数用户而言,这两个时间地面参考框架之间的差异可以忽略不计。

EGNOS 系统最初设计用于满足 ICAO SBAS SARPs [RD-1] 中规定的航空用户的需求,民航界采纳了[RD-1]建立的以 WGS84 作为地面参考的 GPS 地面参考框架。EGNOS 系统地面参考框架(ETRF)是国际地球参考系统(ITRS)的独立实现,它是一个地心系统,与地球表面相连,其单位距离与国际单位制一致(SI)仪表的定义。ITRS 由国际地球自转和参考系统服务(IERS)维护,是大地测量和地球科学中使用的标准地面参考系统。

国际地面参考系统(International Terrestrial Reference System,ITRS)的实现由国际地球自转服务(International Earth Rotation Service,IERS)产生。为了定义 ETRF,使用基于 GPS 数据的空间大地测量技术来估计 RIMS 天线的 ITRF2000 坐标和速度。国际 GNSS 服务(IGS6)产生的精确 GPS 星历和钟差改正用于过滤在每个 RIMS 站点数天收集的 GPS 数据,并解出天线坐标和速度。每年至少一次周期性地重复该过程,以减轻由两个参考框架之间的相对漂移引起的 ETRF 精度的降低。

ETRF 周期性地与 ITRF2000 对准,以便保持分别在几厘米以下的两个框架中计算的位置之间的差异,WGS84(G1150)也是如此与 ITRF2000 对齐。将 ETRF 数据转换为 WGS84(G1150)是通过将存在于 ETRF 和 ITRF2000 之间的某个时期的偏移应用于 ITRF2000 到 WGS84(G1150)帧而获得的。请注意,目前最后两个参考框架几乎相同(误差小于 2cm)。这意味着,对于绝大多数应用,可以认为 EGNOS 接收机计算的 WGS84 坐标系下位置,并且可以与 WGS84 中的地图或地理数据库一起使用。

2.5.5 系统信号结构

EGNOS 系统的 GEO 卫星在 1575.42MHz 的 L 波段发送右旋圆极化(Right-Handed Circular Polarization,RHCP)信号(L1)。广播信号是组合于 GPS 系列的 PRN 导航代码和 250bps 导航数据消息,其中包含 EGNOS 系统地面部分详细说明的修正和完整性数据。

EGNOS 系统信号结构符合 ICAO 的 SARPs 对 SBAS 所陈述的有关 EGNOS 开放服务定义文献和生命安全的 EGNOS 安全服务定义文件。EGNOS SIS 接口特性包括载波和调制射频、消息结构、协议和 EGNOS 消息。

EGNOS 系统使用与 GPS 相同的频率和测距码,但具有不同的数据信息格式。到目前为止,已经定义了 16 种不同的消息类型来广播完整性数据和广域差分(Wide Area Differential,WAD)校正。信息时间表遵循符合标准的 6s 工作周期。

完整性分为使用或不使用卫星标志和电离层网格点两个级别。

两个参数用户差分测距误差(User Differential Range Error,UDRE)和网格电离层垂直误差(Grid Ionospheric Vertical Error,GIVE)是应用 WAD 校正后卫星和电离层误差的统计估计值。这些用于计算完整性评估中位置解决方案的认证错误界限。

快速和慢速 WAD 校正模拟不同误差源的时间去相关。快速校正模型快速改变误差源,包括卫星时钟误差;慢速校正模型更慢地改变误差源,包括长期卫星时钟漂移和星历误差。在预定义的网格点提供电离层延迟。

在用户级,接收器使用快速和慢速卫星数据消息估计卫星时钟和星历误差的校正。如果错过消息,它必须考虑连续快速校正和性能下降之间的范围速率效应。UDRE 是经星历误差修正和卫星钟差修正后的真实用户级误差。

接收器通过 3 个步骤预测每个范围的电离层延迟,接收机估计从卫星到接收器的视线穿过电离层的位置,后从系统估计的周围网格点插入穿刺点处的垂直延迟,最后将估计的延迟应用于范围测量。GIVE 项应用于范围向量,以统计地表征残留的电离层误差。接收器使用与位置和一年中的日期相关的简单模型消除对流层误差。

2.5.6 时间系统

ENT-GPS 时间一致性 EGNOS 用于执行 RIMS 时钟同步的时间参考是 EGNOS 网络时间(ENT)。ENT 时标是原子时标,这依赖于部署在 EGNOS RIMS 站点的一组原子钟。EGNOS CPF 使用数学模型实时计算 ENT,该数学模型处理从 RIMS 时钟子集收集的定时数据。由 EGNOS 地面段计算并发送到 EGNOS 用户的所有卫星时钟校正都参考 ENT 时间尺度。此外,ENT 和 UTC 之间的偏移在 EGNOS 导航电文消息中广播。在 GPS 测量中应用 EGNOS 校正,获得了参考 ENT 的精确时间和导航解决方案。因此,确定 ENT 和 UTC 之间的时差是时间用户的关键问题。

尽管 ENT 和 GPST 时间尺度之间具有高度一致性,但建议 EGNOS 用户不要将未经校正的 GPS 测量(即参考 GPST 的测量)与使用 EGNOS 参数(即参考 ENT 的参数)校正的 GPS 测量相结合。实际上,这种方法可能会显著降低解决方案的准确性(10~20m)。想要结合参考不同时间尺度的 GPS 测量的 EGNOS 用户,应该考虑与接收器导航模型中由两个时间参考系统之间的时间偏移所带来的相应的未知附加。

2.5.7 系统性能

本节重点介绍测距中的 EGNOS SIS 精度性能。测距中的精度定义为用户进行的距离测量与真实卫星位置和真实用户位置之间的理论距离之间的统计差异。EGNOS 系统已经使用传统模型进行了鉴定,该模型考虑了 EGNOS 系统在详细应用场景众多应用策略的准确性表现为两个参数,分别代表时间和轨道确定过程的性能,以及电离层建模过程。

相关服务区域中,最差用户位置(SREW)的卫星残余误差表示应用 EGNOS 校正后由星历和时钟误差引起的残余范围误差。网格电离层垂直延迟(GIVD)表示由于在 MOPS 中预定义的每个网格点应用EGNOS电离层校正后的电离层延迟。用户/卫星对相关的电离层垂直延迟是卫星信号穿过电离层的地理点的延迟，被称为用户电离层垂直延迟(UIVD)，它是通过插入相邻网格点的GIVD来计算的。

使用支持EGNOS系统的GNSS接收器，用户可以得到以下的增强系统性能：提高定位精度；验证GNSS卫星发射信号的完整性数据；提高可用性、准确性。支持EGNOS系统的接收器可在3m范围内提供定位精度。没有EGNOS系统，标准GPS接收器仅提供17m的精度。此外，EGNOS具有卓越的稳定性，如图2-23中的蓝线所示(蓝线代表GPS和EGNOS系统)。尽管其整体性能令人满意，但GPS的准确度可能会有所不同(见绿线)。但是，通过使用EGNOS系统，可以克服这些变化以及偶然的定位误差。

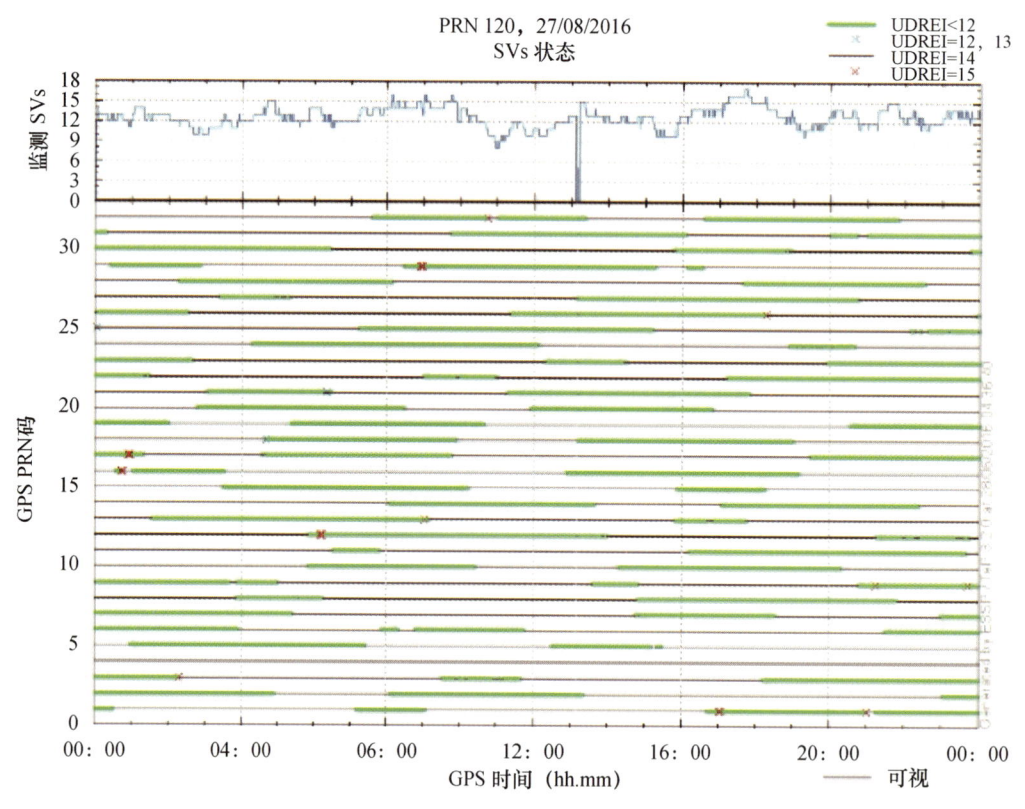

图2-23　EGNOS系统卫星健康状态示意图

尽管GNSS具有极高的准确性，但无法保证GNSS提供数据的可靠性。例如，GNSS卫星上的原子钟故障可能会导致严重的定位错误，这意味着必须谨慎地使用EGNOS系统。然而，EGNOS系统监视GNSS星座以检测卫星故障并为发送给用户的数据分配置信水平。

图2-23显示了EGNOS系统检测GNSS故障的能力，例如2016年1月GPS发生的定时异常。在这种情况下，当许多GNSS卫星广播不正确的通用时间坐标(UTC)校正时，GNSS的用户遇到时序问题参数。在此异常期间，EGNOS系统保持稳定并与UTC正确同步。

EGNOS系统可用性通常根据置信水平低于其阈值的时间百分比来计算。根据指定的警报限制,每种操作类型设置这些值。例如,在称为"垂直引导方法1"(APV-1)的民用航空程序中,EGNOS系统目前可用于SDD中定义的承诺区域,通常超过99%的时间。

EGNOS改正信号由3颗海事卫星广播,其中一颗位于大西洋东部上空,另一颗位于非洲上空,以及同样位于非洲上空的欧洲航天局(ESA)发射的阿蒂米斯卫星。这3颗卫星的轨道位于赤道平面上,有3种不同的经度,允许每个卫星在欧洲各地播放EGNOS系统服务。与GPS卫星一样,每个EGNOS卫星都分配有唯一的伪随机噪声(PRN)码,以便用户识别区分每颗卫星。美国国家海洋电子协会(NMEA)标准规定,由大多数商用接收机用于输出模式,为每个EGNOS卫星分配一个唯一的标识符,如表2-9所列。

表2-9 EGNOS卫星信息

卫星	PRN	ID NMEA	位置
ARTEMIS	124	37	21.5°E
INMARSAT AOR-E	120	33	15.5°W
INMARSAT AOR-W	126	39	25°E

EGNOS系统中3个可用卫星中的两个用于操作以广播EGNOS消息。第3个用于维护、测试和验证。

EGNOS系统数据访问服务(EDAS)是通过互联网的基础上使用地面商业服务提供访问EGNOS系统数据。面向需要增强专业性能服务的用户,EDAS几乎可以实时地为用户提供EGNOS系统卫星(EGNOS消息)相同的数据广播。也就是说使用EDAS,EGNOS系统实现了欧洲第一个以数据网络的方式接收由卫星导航系统收集、生成和提供的改正数据。因此,EDAS为服务提供商提供了向不能始终观测到EGNOS系统卫星(例如城市峡谷)的环境或支持各种其他增值服务、应用和研究计划的用户提供EGNOS系统数据的能力。EGNOS系统服务流程如图2-24所示。

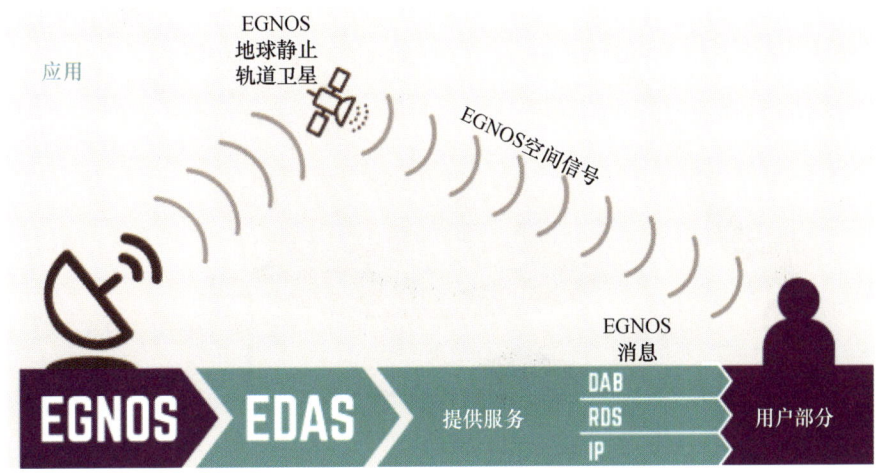

图2-24 EGNOS系统服务流程示意图

EDAS 主要提供以下数据类型：由测距和完整性监测站（RIMS）以及导航陆地站（NLES）整个网络收集的原始 GPS、GLONASS 和 EGNOS 系统地球静止卫星观测和导航数据；EGNOS 系统增强消息，通常由用户通过 EGNOS GEO 卫星接收。注册后向 EDAS 用户提供数据，一旦注册，基本上可以接入 EGNOS 系统并接收其收集和生成的所有数据。

最终用户提供 EGNOS 系统数据的服务提供商对于 EDAS 服务较为重要，因为终端用户并不总是看到 EGNOS 系统卫星（例如城市峡谷）。具体技术特点包括：

（1）可靠性。EGNOS 系统生命安全服务需要高度可靠和灵活的基础设施，是 EDAS 的基础。

（2）数据传输。EGNOS 系统数据通过标准互联网连接或直接固定线路实时提供；EDAS 不仅提供 EGNOS 系统广播数据，还提供 RIMS 的原始数据以及卫星状态信息；EDAS 数据来自 34 个 EGNOS RIMS，从欧洲和北非生成独特的 GNSS 数据集；在未来，EDAS 可以长期提供给服务提供商，并具有可靠的性能水平。

2.5.8 系统应用

Galileo 系统本身无法满足民航当局规定的必要运行要求。自 2011 年起，EGNOS 系统已获得民用航空认证，分布在 20 个欧洲国家的 200 多个机场采用基于 EGNOS 系统的进近着陆程序，而且数量正在增加。进入到较小的区域机场的难度也正在改善。

目前，欧洲具备 EGNOS 系统的用户为海上、陆上和民航（图 2-25、图 2-26），支持 I 类精密进近使用能力的机场超过 50 个，以法国和德国为主，而未来计划配备 EGNOS 系统使用能力的机场还将超过 50 个。

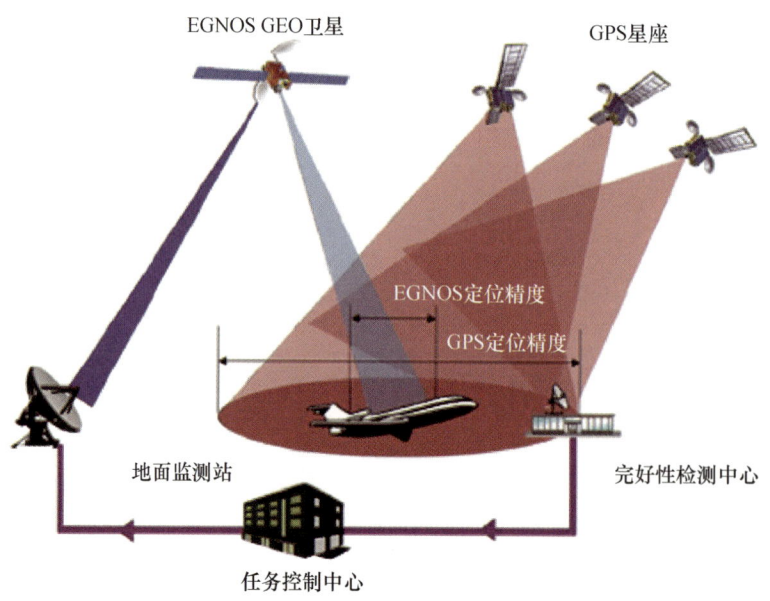

图 2-25　EGNOS 系统为民航提供完好性增强服务

图2-26 欧洲采用EGNOS系统提供完好性增强服务的民航用户

基于EGNOS的精确农业技术被欧洲各地的农民用于减少肥料的使用和降低成本,同时有益于公路或铁路用户可以从支持EGNOS的跟踪系统中受益。本地化的准确性对民用和公共部门使用至关重要:它意味着更节省燃料的行程,更好的后勤管理以及当地社区紧急服务对任何紧急情况的快速反应。

EGNOS系统具有亚米级精度(精度为20~30cm),为精密农业所需的一些现场工作提供了经济实惠的解决方案。EGNOS帮助农民更好地监测他们的收获产量,进行有效的现场数据收集,使用耕作指导,允许农业用户在能见度差的天气条件下工作,提高效率和生产率,降低成本和减少对环境的影响。通过实现精准农业,EGNOS以更高的利润率为社会为农民提供优势,增加粮食供应和实现更环保的农业发展。鉴于这些优势,EGNOS正在成为欧洲、非洲和中东地区可持续精准农业的首选入门级技术。如今,绝大多数农业GNSS设备都支持EGNOS系统,也证实了这一点。

EGNOS能够为港口和海岸警卫队的运营以及海上勘探和渔业管理作业提供多种便利。海事用户可以从港口航行或内陆航行的更高准确度中受益。EGNOS的高效技术有助于改进任何GNSS测量,并提供免费的实时测绘信息和解决方案。EGNOS为海事部门做出了重大贡献,并且已经支持海上和内陆水道的导航和定位应用。总吨位超过500吨的所有客船和货船受到管制并严重依赖全球导航卫星系统进行导航,同时海上导航的全球导航卫星系统也广泛用于商业和娱乐船只。如今,大约75%的船载接收器型号都支持EGNOS系统。当自动识别系统(AIS)设备使用SBAS校正时,EGNOS系统也有助于SBAS的监控操作。EGNOS系统还可以通过提供更精确的位置为搜索和救援行动的最后阶段做出贡献,特别是当信标还包括AIS能力时。

EGNOS提高了基于位置服务LBS中使用的GNSS信号的准确性,主要是通过减少电离层对计算位置的负面影响。这有利于使用更准确的位置信息的消费者应用程序,尤其是在基于网络方法效率较低的偏远地区。

2.5.9 系统发展前景展望

欧洲委员会(EC)打算从其服务之初起就确保EGNOS系统能提供未来至少20年的服务,如果所提供服务规则发生重大变化,则提前6年通知。在这种情况下,应确保预算以保障运行系统并管理系统。此外,目前正在评估主要的EGNOS系统向多频率和多星座配置的演变,目标是在2025年之前使其运行。

2011年—2030年:仅基于GPS L1增强的航路/NPA/APV1/LPV200服务。EGNOS从2011年初开始在区域范围内提供生命安全(SoL)服务,并且根据ICAO SBAS SARPs,这将在2030年之前得到保证。

2020年后:EGNOS计划到2025年进行重大演进,即EGNOS V3,包括履行SBAS L1/L5标准,扩展到双频,以及向多星座概念演进。

为了支持这一发展路线图,EGNOS需要不断发展。这种演变分为当前EGNOS版本EGNOS V2的小更新,以及导致提供新服务EGNOSV3的重大演变。

当前EGNOS版本中的微小变化是以每年更新的大致速度定期执行的,旨在解决基础设施过时问题,支持APV1之外的LPV200服务以及改进系统的运行。

主要的演变需要一个完整的周期,从系统任务的定义与原理开始,高度结合技术可行性分析,并与SBAS标准的演变相协调。

2.6 星基增强系统与准天顶卫星系统

日本星基增强系统(MTSAT Satellite Augmentation System,MSAS)是日本民航局为民用航空应用投资建设的GPS区域增强系统(图2-27),其工作原理与美国广域增强系统(WAAS)类似,并与其兼容,与印度GAGAN系统共同组成几乎覆盖全球的星基增强系统(图2-28),为民航用户提供完好性增强服务。该系统目前由日本国土交通省和日本气象厅共同运营,主要目的是为日本飞行区的飞机提供全程通信和导航服务。系统覆盖范围为日本所有飞行服务区,也可为亚太地区的机动用户播发气象数据信息。

MTSAT卫星是一种地球静止轨道卫星(GEO),定点位置分别在东经140°和145°。采用Ku波段和L波段两个频点。其中,Ku波段频率主要用来播发高速的通信信息和气象数据。L波段频率与GPS的L1频率相同,主要用于导航服务。

MSAS于2007年9月完成了地面系统与2颗MTSAT卫星的集成、卫星覆盖区测试以及MTSAT卫星位置的安全评估和操作评估测试(包括卫星信号功率测试、动静态定位测试和主控站备份切换测试等)。测试结果表明,MSAS能够很好地提高日本偏远岛屿机场的导航服务性能,满足国际民航组织(ICAO)对非精密进近阶段(NPA)和I类垂直引导进近(APV-I)阶段的水平位置误差(HPE),垂直位置误差(VPE)以及相应的报警限值(HLA和VLA)的规定,具备了试运行能力。

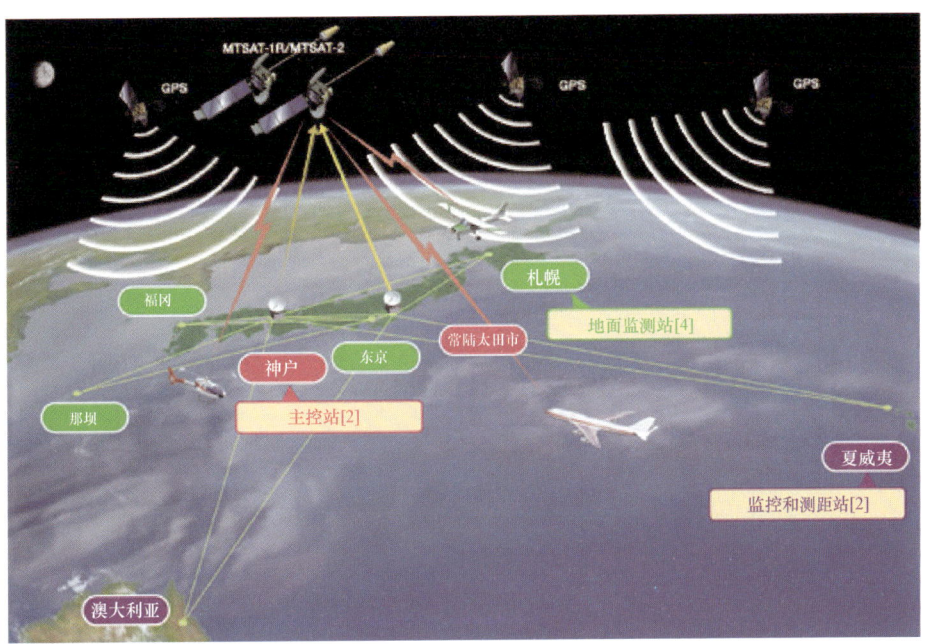

图2-27　日本星基增强系统(MSAS)的组成、信号流向与民航用户关系示意图

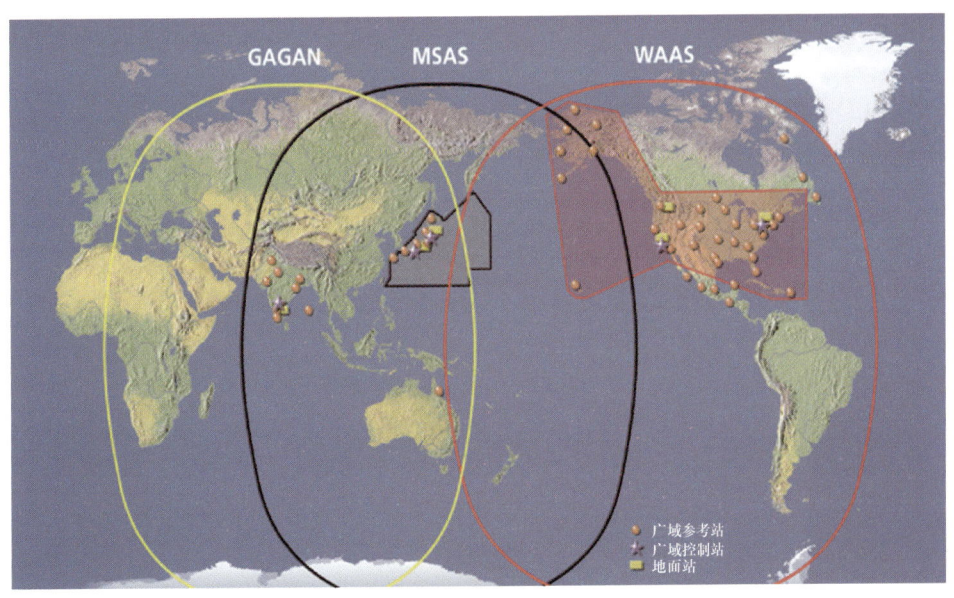

图2-28　星基增强系统覆盖范围示意图

美国通过输出技术和产品,让日本和印度出钱、出地、出人、出卫星,从东到西构建了美国广域增强系统(WAAS)、日本星基增强系统(MSAS)和印度GPS辅助地球静止轨道卫星增强导航

(GAGAN)系统,提供的星基增强服务几乎覆盖全球。其中中国已被日本 MSAS 和印度 GAGAN 系统的增强信号所覆盖。

由于日本属于多山地区,大部分城市位于峡谷地带,而市区高楼林立的狭窄街道上,MSAS 提供的定位服务不能满足城市车载用户的导航定位需求。为了提高空间卫星的几何分布,确保信号遮挡地区的导航定位需求。2006 年 3 月起,日本政府和企业联合开始研发准天顶卫星系统(QZSS)(图 2-29),其主要目的是增加发射 GPS 信号的增强导航卫星,改善在日本本土上空高仰角可用 GPS 卫星的几何分布,从而减少环境对 GPS 卫星信号的遮挡,提高用户使用 GPS 定位导航的体验。既为车载用户提供综合的通信和导航服务,也可为亚太地区用户提供较好的空间卫星几何和差分改正服务。QZSS 对 GPS 的增强包括两方面:一是可用性增强,即提高 GPS 信号可用性;二是定位性能增强,即提高 GPS 信号的精度和可靠性。

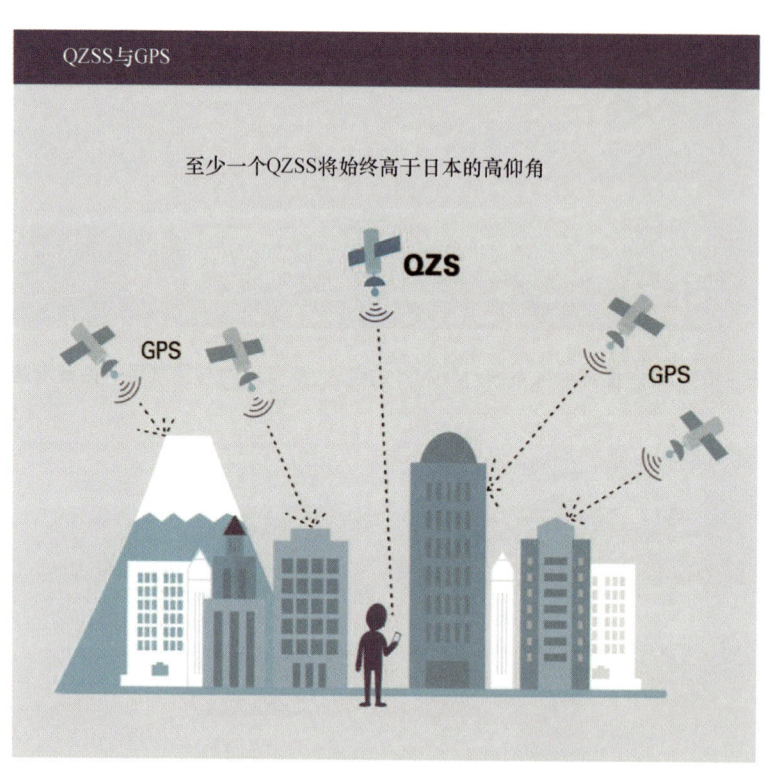

图 2-29 准天顶卫星系统卫星分布示意

2002 年,为建设 QZSS 和分担 2000 亿日元的费用,日本政府联合包括航天、通信、广播、汽车等领域的 43 家民营公司成立先进空间商业公司,由公司承担 QZSS 计划和所需经费中的 1500 亿日元。

QZSS 主要是为日本城市和山区车载移动用户提供可见卫星几何分布较好的通信定位集成服务,整体性能上是对 MSAS 的一种提升。

QZSS 空间星座由位于 3 个高椭圆轨道上的 3 颗 IGSO 卫星组成。IGSO 空间星座的设计,确保在仰角 60°以上的空间至少可以看到 1 颗 IGSO 卫星,这也是 QZSS 之所以称为"准天顶"卫星导航系统的原因。

IGSO 卫星采用 4 个波段作为载波：Ku 波段、C 波段、S 波段和 L 波段。采用 Ku 波段（上行 14.43453GHz，下行 12.30669GHz）进行星地双向时间同步，并采用激光测距进行星地时间同步，C 波段（上行 5000~5010MHz，下行 5010~5030MHz）和 S 波段（上行 2025~2110MHz，下行 2200~2290MHz）用于测控，L 波段频率包括 GPS 的 L1、L2、L5 频率和 QZSS 本身的 L1-SAIF（1575.42MHz）和 LEX（1278.75MHz）频率，远远多于 MSAS 仅采用的 GPS L1 频率，这些频率的选择充分顾及到 QZSS 与 GPS 现代化信号以及欧盟 Galileo 卫星导航系统的兼容和互操作。QZSS 定位精度仿真测试时，单频用户机同时接收 GPS L1 载波上的 C/A 码信号和 QZSS L1 载波上的 C/A 码信号，定位精度 7.02m（95%），双频用户机同时接收 L1 和 L2 载波信号，定位精度 6.11m（95%）。

此外，由于 L1-SAIF 频点可以提供广域差分改正信息和相应的完好性信息，在无大的多路径误差和电离层误差影响时，采用 L1-SAIF 信号测试，用户定位精度优于 1m（68%）。QZSS 已发布了接口规范征求意见稿，并于 2008 年 1 月形成 1.0 版。第一颗 IGSO 卫星已于 2007 年 8 月完成详细设计，一些关键载荷部件已通过验证测试。且与 GPS 关于信号兼容和互用的问题已达成全面协调意见，与 Gallieo 系统和 BDS 的信号协调正在进展中。第一颗卫星于 2009 年发射，进行技术试验和验证，然后将陆续发射其余两颗卫星。

QZSS 通过增加在日本本土上空高仰角导航卫星数量（至少总有 1 颗 QZS），改善在日本本土上空可用 GPS 卫星的几何分布，减少环境对 GPS 卫星信号的遮挡，提高在山区峡谷、城市街道的用户使用 GPS 定位导航的体验。

2.6.1 系统发展历程

2002 年，日本政府授权开发 QZSS，作为 3 卫星区域时间传输系统和基于卫星的增强系统，用于美国运营的 GPS 在日本境内可接收。合同授予先进空间商业公司（ASBC）开始概念开发工作，卫星定位研究和应用工作取得了成功。

2005 年，日本发射第 1 颗"多功能传输卫星"1 号（MTSAT-1）。

2006 年，日本发射第 2 颗"多功能传输卫星"2 号（MTSAT-2）。

同年，日本启动独立的 QZSS 计划，目标是为大众用户提供综合的通信和导航服务，也可为亚太地区用户提供较好的卫星空间几何分布和差分改正服务，其 2015 年至 2023 年的计划如图 2-30 所示。

2007 年，完成 MSAS 的 2 颗多功能传输卫星（MTSAT）与地面系统的集成、卫星覆盖区测试、MTSAT 位置的安全评估和操作评估测试等。MSAS 实现初始运行。

2009 年，MSAS 进入全面运行。

2010 年，QZSS 的第一颗试验卫星发射升空。

第 1 颗卫星"Michibiki"于 2010 年 9 月 11 日发射，2013 年全面提供服务。2013 年 3 月，日本内阁办公室宣布将 QZSS 从 3 颗卫星扩展到 4 颗卫星。与三菱电机合作建造 3 颗卫星于 2017 年底前发射。第 3 颗卫星于 2017 年 8 月 19 日进入轨道，第 4 颗卫星于 2017 年 10 月 10 日发射，基本的 4 卫星系统于 2018 年 11 月 1 日宣布投入使用。

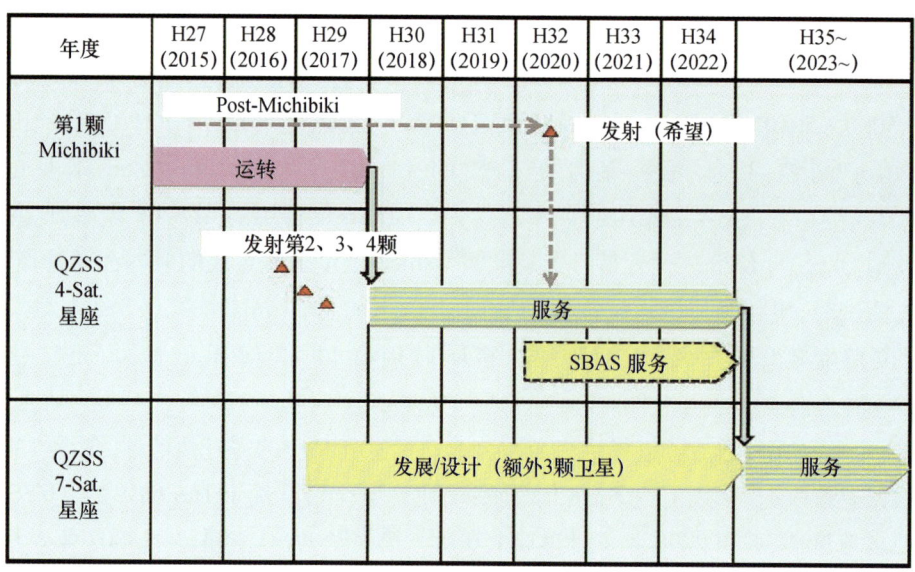

图 2-30 QZSS 2015 年至 2023 年计划时间表

1996 年，日本开始发展由 2 颗多功能传输卫星（MTSAT-1 和 MTSAT-2）、2 个地面基准站和 2 个主控站构成的 MSAS，为民航飞机提供通信和导航服务，范围覆盖日本本土和周边，以后逐步扩大至亚太地区。

日本 QZSS 在 2018 年建成由 4 颗卫星组成的 MASA 并提供服务；QZSS 增强了在日本和亚太地区 GPS 定位导航的可用性，但并不能脱离 GPS 提供独立的定位导航服务，因此在本质上只是一个 GPS 的 MASA。2018 年后，日本的最终目标是建设一个由 7 颗日本导航卫星组成、可以独立运行的区域卫星导航系统，如图 2-31 所示。

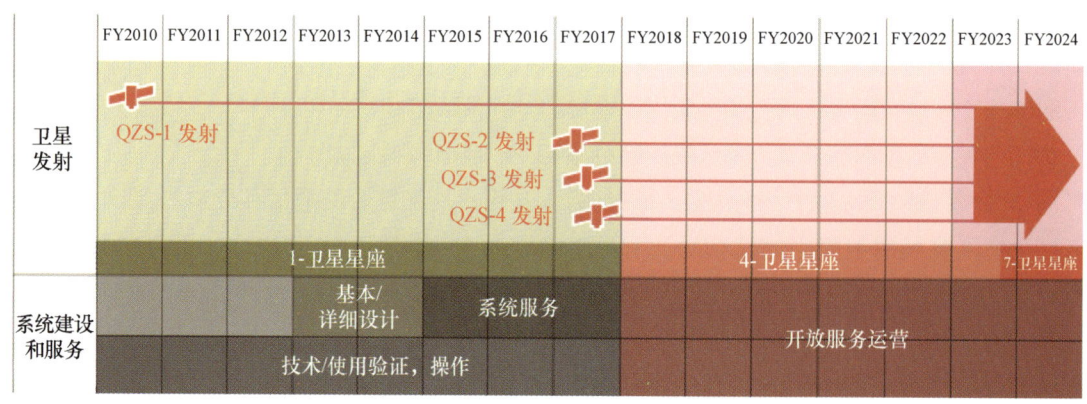

图 2-31 日本 MASA 发展路线图

2.6.2 系统组成

MASA 通过处理由参考站网络观测的 GPS 数据来生成 SBAS 信息，该信息被输入到 GEO。

GEO将这些信息广播给用户接收器,用户接收器计算飞机的位置并通知潜在的告警信息。

MSAS主要由3部分组成:MSAS地面段,MSAS空间段,MSAS用户段,如图2-32所示。

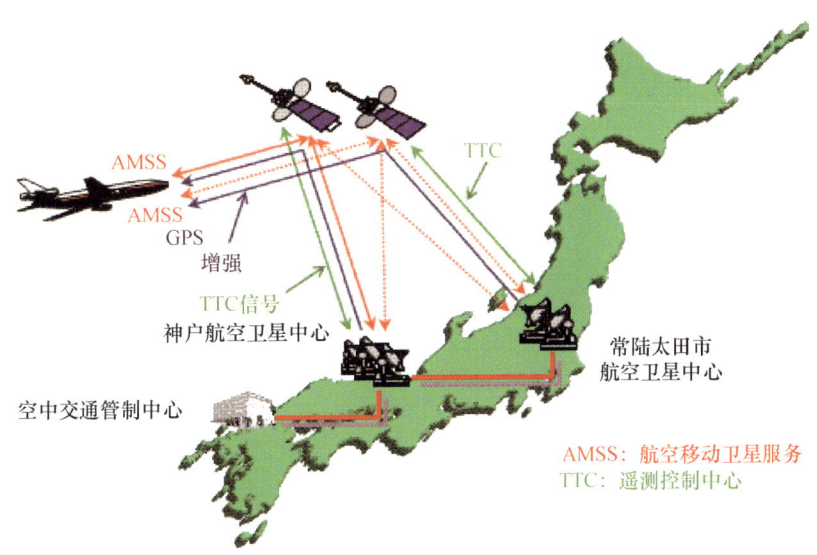

图2-32 MSAS结构示意图

(1) MSAS地面段:MSAS地面段由4个地面监测站(GMS)组成,用于收集有关GPS和MTSAT信号的信息。GMS将其数据发送到Kobe和Hitachiota的两个主控制站(MCS),它们计算精确的差分校正和完整性边界,并将它们发送到MTSAT卫星,以便重新广播到用户段。MSAS地面部分在夏威夷(美国)和堪培拉(澳大利亚)建成了两个监测和测距站(MRS),其目的主要是确定MTSAT的轨道,并且它们也可用作GMS。

(2) MSAS空间段:空间段由两个GEO组成,有固定的服务范围(图2-33)。MTSAT载有Ku波段和L波段的发射机,Ku波段主要用于下传气象数据,L波段频率与GPS的L1波段频率相同。这些卫星也用于气象目的,它们的导航有效载荷负责广播由主控制站产生的校正消息以供用户段接收。

(3) MSAS用户段:MSAS用户段是支持GPS和SBAS的接收器,它使用从GPS卫星广播的信息来确定其位置和当前时间,并从MTSAT卫星接收MSAS校正。MSAS接收器设计与WAAS的接收器设计相同。

2.6.3 系统技术特点

基于多功能卫星的MSAS是由日本气象厅和日本国土交通省组织实施的基于2颗多功能传输卫星(MTSAT)的GPS星基增强系统,类似于美国的WAAS。该系统从1996年开始实施,主要目的是为日本飞行区的飞机提供全程通信和导航服务。系统覆盖范围为日本所有飞行服务区,也可为亚太地区的机动用户播发气象数据信息。

MTSAT是一种地球静止轨道同步卫星(GEOs),定点位置分别在东经140°和145°。采用Ku

波段和 L 波段两个频点。其中,Ku 波段频率主要用来播发高速的通信信息和气象数据,L 波段频率与 GPS 的 L1 波段频率相同,主要用于导航服务。

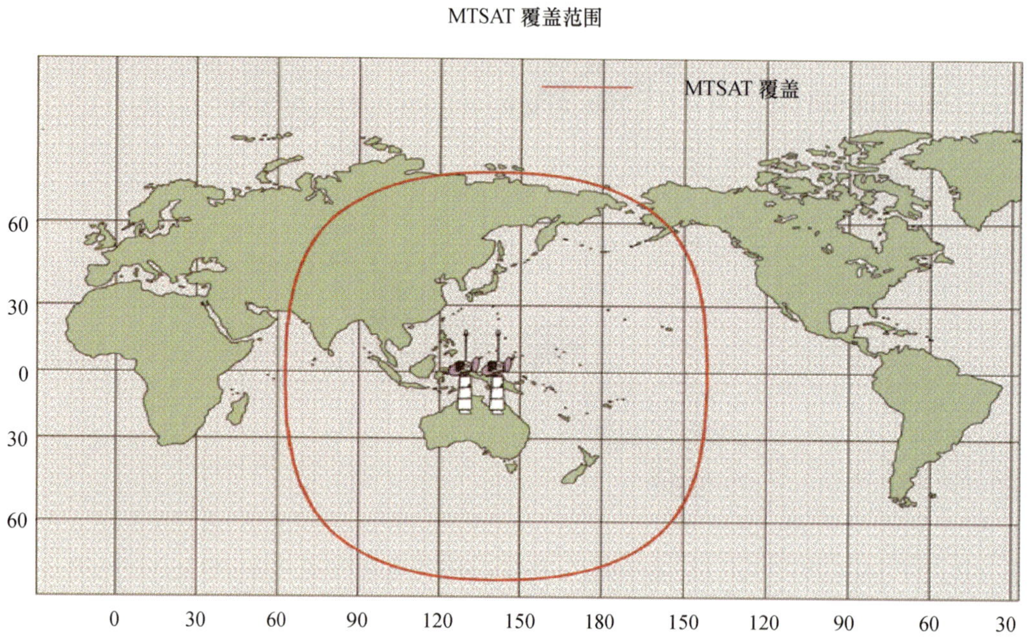

图 2-33　MTSAT 覆盖范围示意图

MSAS 于 2007 年 9 月完成了地面系统与 2 颗 MTSAT 的集成、卫星覆盖区测试以及位置的安全评估和操作评估测试(包括卫星信号功率测试、动静态定位测试和主控站备份切换测试等)(2007 年 ICG-02 会议)。

1. MSAS 的技术特点

信号特征符合 ICAO SARPs:频率 L1 = 1575.42MHz;带宽 L1 ± 2.2MHz;数据速率每秒 500 个符号,1/2 卷积编码,具有前向纠错(FEC)码(每秒 250 个有效位);地面上的信号强度在 5°仰角时大于 -161dBW。MSAS 信号未来的改进路线[6,7]是:L1 的带宽扩展;L5 信号准备双频操作;不同 SBAS 和 GNSS 星座之间的兼容性和互操作性。

(1) 系统参照 WAAS 进行设计,并与其兼容,直接可以沿用 WAAS 的设备和信号体制。

(2) 采用 2 颗地球静止轨道卫星——多功能传输卫星(MTSAT),也是为提高系统的可靠性。

(3) MTSAT 在频点 1575.42MHz 播发 GPS 增强信号,播发数据格式 RTCA,速率 250bps。

(4) 测试结果表明,MSAS 能够提高日本偏远岛屿机场的导航服务性能,满足 ICAO 对非精密进近阶段(NPA)和Ⅰ类垂直引导进近(APV-Ⅰ)阶段的水平位置误差(HPE)、垂直位置误差(VPE)以及相应的报警限值(HLA 和 VLA)的规定,具备运行能力。

2. QZSS 技术特点

QZSS 服务区域覆盖东亚和大洋洲地区,其平台为多星座 GNSS。QZSS 不需要在独立模式下工作,而是与其他 GNSS 卫星的数据一起工作。

QZSS卫星地面轨道是分布在周期性高椭圆轨道(HEO)的3个卫星和在地球静止轨道的1颗卫星。对于HEO中的卫星,近地点高度约为32000km,远地点高度约为40000km,所有这些都将经过相同的地面轨道。QZSS的设计是为了在日本天顶附近存在3颗卫星中的至少1颗卫星。鉴于其轨道,每个卫星大部分时间几乎都在天顶上(即每天超过12h,高度超过70°),准天顶卫星的设计寿命为10年。第一颗卫星Michibiki于2010年9月11日发射,并于当年9月27日注入准天顶轨道。

所述地面部分由主控制站(MCS)、跟踪控制站(TT&C)、激光测距站和监测站组成。监测站网络覆盖东亚和大洋洲地区、日本(冲绳,Sarobetsu,小金井,小笠原)和班加罗尔(印度)、关岛、堪培拉(澳大利亚)、曼谷(泰国)和夏威夷(美国)。MCS负责通过冲绳的TT&C站点上行到准天顶卫星的导航消息生成。

QZSS计划有6个信号:L1-C/A(1575.42MHz)与GNSS结合使用,增加PNT服务的可用性;L1-C(1575.42MHz)与GNSS结合使用,增加PNT服务的可用性;L2C(1227.6MHz)与GNSS结合使用,增加PNT服务的可用性;L5(1176.45MHz)与GNSS结合使用,增加PNT服务的可用性;L1-SAIF(1575.42MHz)亚米级增强,可与GPS-SBAS互操作;LEX(1278.75MHz)用于高精度(3cm电平)服务的QZSS实验信号,兼容Galileo E6信号。

多星座GNSS可互操作信号L1-C/A、L2-C、L5和L1-C将在没有直接用户费用的基础上提供。兼容性是QZSS的强制性要求,在多GNSS中的相同频带中工作而没有有害干扰。

现阶段,QZSS已经具备4颗卫星,只要这4颗卫星运行正常,仅靠QZSS也能提供定位服务。日本计划未来再发射3颗倾斜同步轨道卫星,使QZSS具备7颗卫星,在日本上空,将始终有2颗卫星保持高仰角。到那时,日本QZSS可以说是一个完善的区域卫星导航系统。

QZSS由空间段、地面段和用户段组成(图2-34、图2-35),空间段包括1颗试验卫星+3颗服役导航卫星,地面段包括地面观察站网、全球监视站、增强数据生成中心、卫星信号上行站,用户段包括车、火车、工程车、拖拉机、船、测绘和大众等用户。

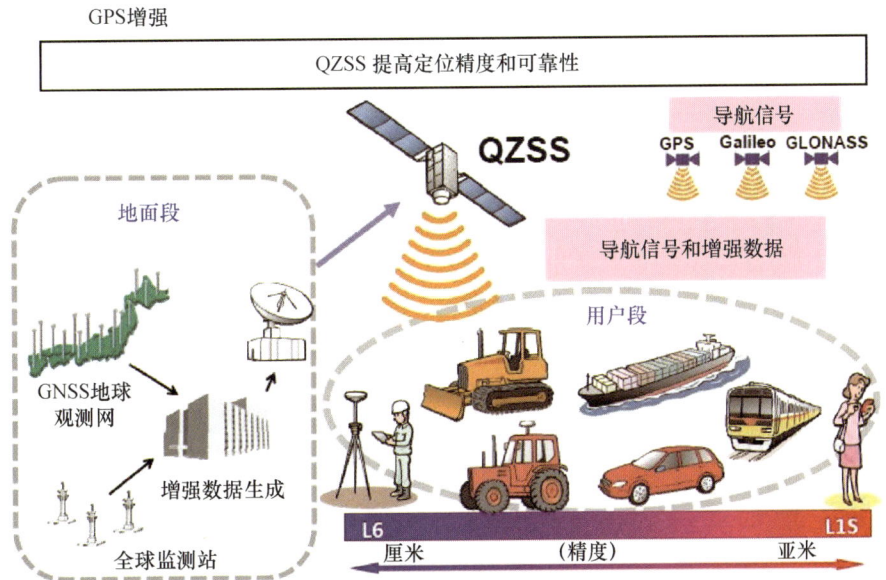

图2-34 QZSS组成

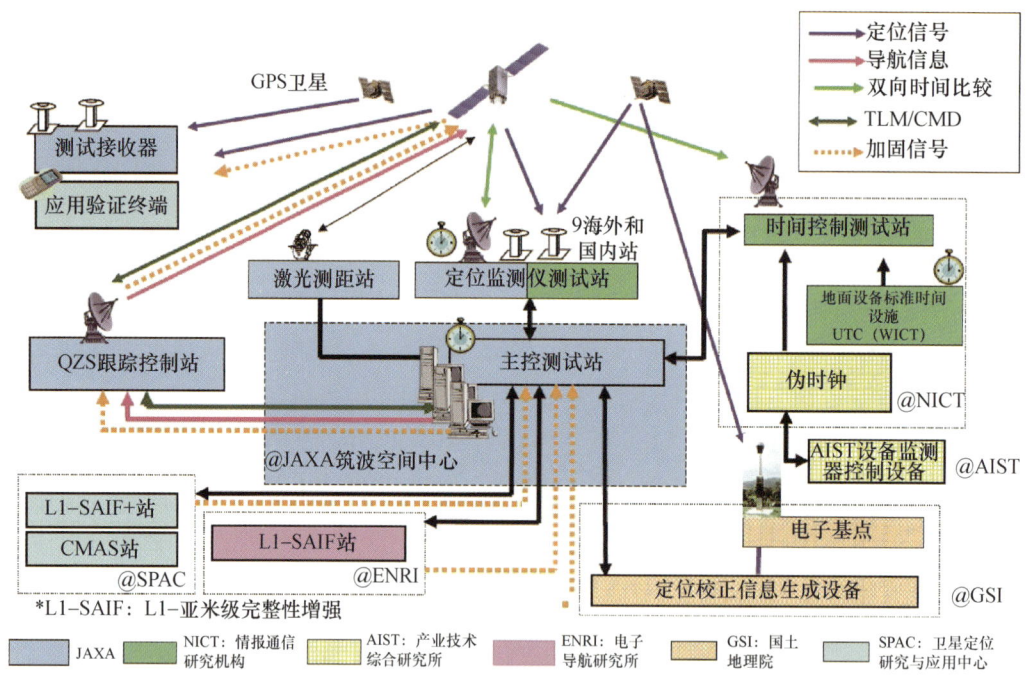

图2-35　QZSS地面段的组成与信息流示意图

空间段采用IGSO星座设计,由位于3个相间120°的椭圆高轨道上的3颗IGSO卫星组成,3个轨道平面半长轴42164km、半短轴31500km,离心率为0.099,倾角为45°,轨道周期23小时56分。其在地球表面轨道投影为8字,发射的无线电信号波束始终覆盖日本和亚太地区。确保日本本土仰角60°以上天空,在任何时候都可以看到1颗IGSO卫星,保证使用GPS定位导航的用户增加1颗可以参加定位导航的可见导航卫星。3颗IGSO空间星座和星下点轨迹如图2-36、图2-37所示。

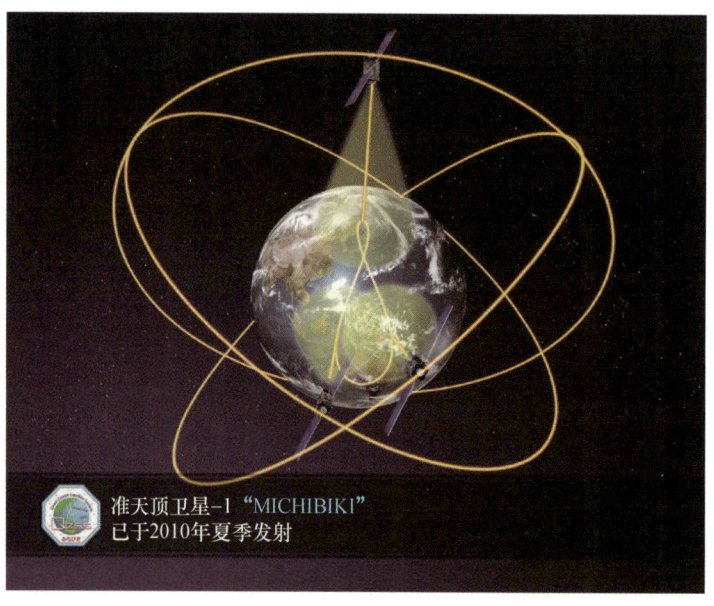

图2-36　QZSS星座设计

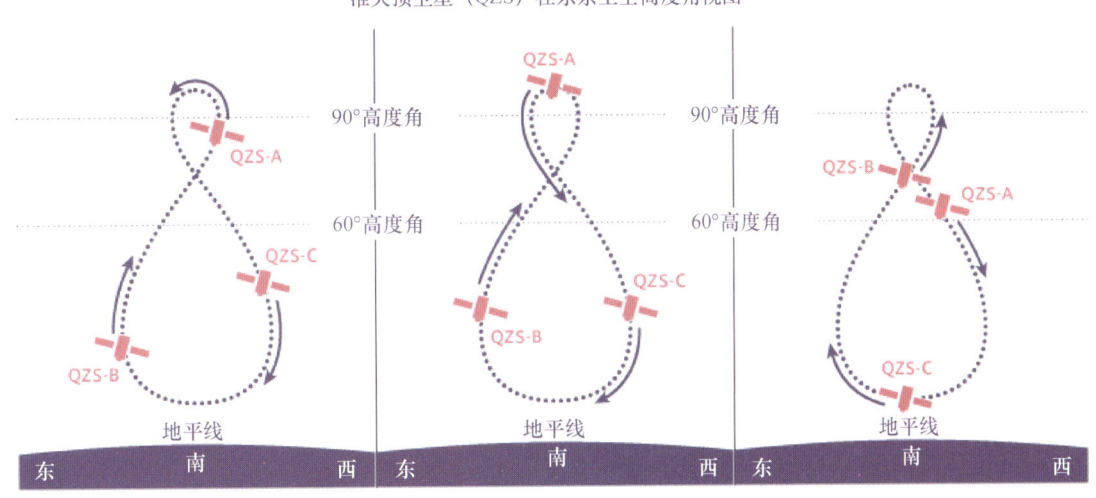

图 2-37 QZSS 轨道示意图

QZSS 卫星——"指路"(MICHIBIKI)导航通信卫星(图 2-38~图 2-39)的有效负载为 Ku、C、S、L 共 4 个波段的无线电发射机。Ku 波段用于星地双向时间同步,上行 14.43453GHz,下行 12.30669GHz,采用激光测距进行星地时间同步;C 波段(上行 5000~5010MHz,下行 5010~5030MHz)和 S 波段(上行 2025~2110MHz,下行 2200~2290MHz)用于测控;L1、L2、L5、L1-SAIF(1575.42MHz)和 LEX(1278.75MHz)用于与 GPS、Galileo 系统的兼容和互操作。"指路"(MICHIBIKI)卫星设计寿命 10 年。

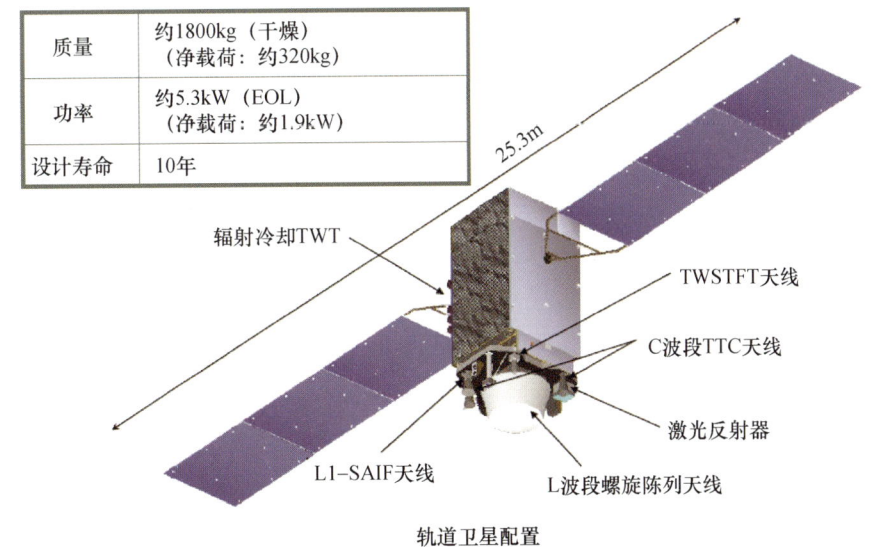

图 2-38 QZSS 卫星示意图

QZSS 3 颗卫星的基本参数和发射天线,具有卫星双向法时间频率传递(TWSTFT)天线、C 波段、L 波段、L1-SAIF 天线,卫星展开长度 25.3m,重量 1800kg,设计寿命 10 年。

图 2-39 组装中的 QZSS 第一颗卫星——"指路"(MICHIBIKI)导航卫星

地面段的地面观察站网和全球监测站(图 2-40)分布在日本和亚太国家,增强数据生成中心和卫星信号上行站建在日本。

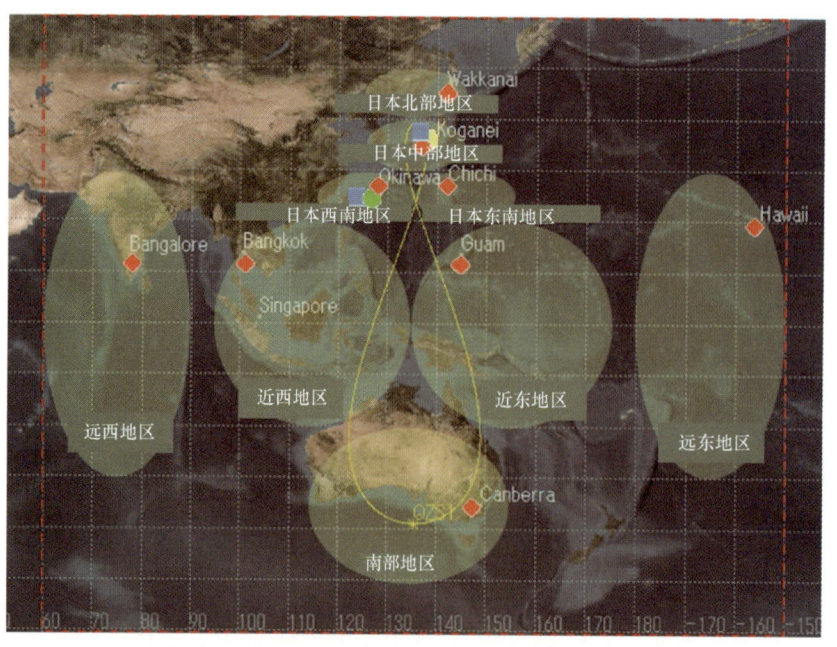

图 2-40 QZSS 地面段的地面观察站网和全球监测站在亚太地区的分布示意图

2.6.4 系统功能与指标

日本 QZSS 除了可以为接收处理本系统自身的卫星信号外,还可以兼容现今已有的 GNSS,并对 GPS 进行服务精度增强。该系统覆盖亚洲和太平洋地区,可以为覆盖范围内的用户提供定位导航的增强服务。该系统使用频点主要包括 L1-C/A、L1-C、L2-C(兼容 GPS 导航信号)、L5、L1-S(L1-SAIF)(可以提供亚米级增强且兼容 GPS-SBAS)和 L6(LEX)(为用户播发高精度数据并兼容 Galileo E6 信号)。上述 QZSS 频点信号具体相关内容详见表 2-12。

QZSS 在增强信号设计上,既与 GPS、Galileo 系统的兼容和互操作,又基于本国应用的需求具有各自特点,具体见表 2-10、表 2-11。在提供标准导航定位服务上,QZSS 的卫星就像 GPS 卫星一样,标准的 GPS 接收机即可接受 QZSS 的标准导航信号。

表 2-10 QZSS 卫星播发的信号及其用途

	频率	说明
L1-C/A	1575.42MHz	提升 GPS 现有和现代化信号兼容与互操作性;提供差分改正、完好性信息以及电离层改正
L1-C		
L2-C	1227.6MHz	
L5	1176.45MHz	
L1-SAIF	1575.42MHz	提升 GPS-SBAS 兼容性
LEX	1278.75MHz	提供更高速率的实验信号与 Galileo E6 频段实现兼容与互操作性

表 2-11 QZSS 的频率与信号设计表

GNSS	QZSS		
服务名称	C/A	L1-C	SAIF
中心频率/MHz	1575.42	1575.42	1575.42
频带	L1	L1	L1
技术体制	CDMA	CDMA	CDMA
扩频调制	BPSK(1)	BOC(1,1)	BPSK(1)
子载波频率/MHz	—	1.023	—
码频/MHz	1.023	1.023	1.023
信号单元	数据	数据	数据
初级 PRN 码长度	1023	1023	1023
码族	Gold	Weil	Gold
二级 PRN 码长度	—	1800	—
数据率/bps	50	50	250
符号率/bps	50	100	500
最小可接受功率/dB·W	-158.5	-157	-161
仰角/(°)	5	5	5

表 2-12 QZSS 的频率、带宽和最小功率设计表

信号	频段	频率	带宽	最小功率
QZS-L1-C	L1CD	1575.42MHz	24MHz	-163.0dBW
	L1CP		24MHz	-158.25dBW
QZS-L1-C/A			24MHz	-158.5dBW
QZS-L2-C		1227.6MHz	24MHz	-160.0dBW
QZS-L5	L-5I	1176.45MHz	25MHz	-157.9dBW
	L-5Q		25MHz	-157.9dBW
QZS-L1-SAIF		1575.42MHz	24MHz	-161.0dBW
QZS-LEX		1278.75MHz	42MHz	-155.7dBW

QZSS 的实时数据产品和电文格式和播发信息见图 2-41 和图 2-42。

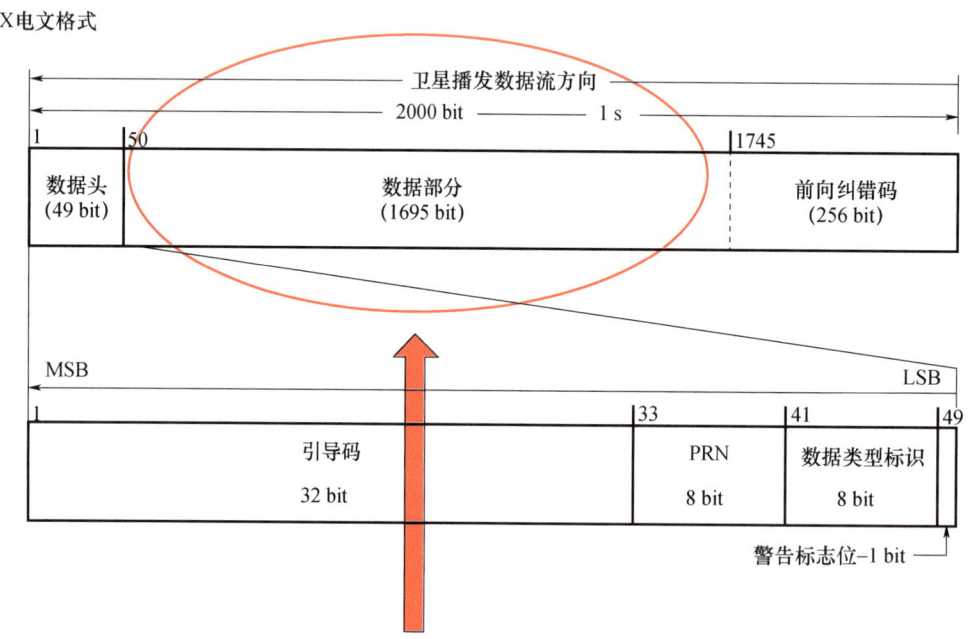

图 2-41 QZSS 的精密电文格式

LEX Type 10&11 播发信息如下：

（1）Type 10 包括 3 颗卫星轨道 + 钟差等信息；

（2）Type 11 包括 2 颗卫星轨道 + 钟差 + 电离层延迟；

LEX Type 10&11 是 JAXA 对 GPS + QZSS 增强信息的特有格式，包括 32 颗 GPS 卫星、3 颗 QZSS 卫星。一条完整的 LEX 信息包括 11 个 Type10 + 1 个 Type11。

QZSS 播发频率及播发信息见表 2-13、表 2-14。

LEX Type 12&RTCM SSR

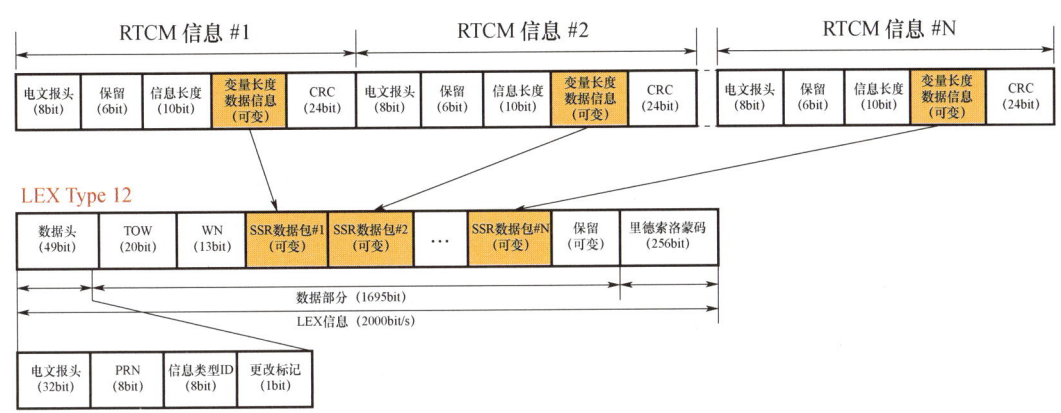

图 2-42 QZSS 的播发 RTCM SSR

表 2-13 QZSS 的播发频率

信息类型	播发间隔/s	更新间隔	有效时间/min
健康标识	1	1s	—
轨道	12	3min	3
钟差	12	3min	3
电离层延迟	12	30min	30

表 2-14 QZSS 的播发信息

信息类型	数据类型	内容	分辨率
10	星历、钟差	POS(x,y,z) VEL(x,y,z) ACC(x,y,z) JERK(x,y,z) A_{f0}/A_{f1}	2^{-6} m 2^{-15} m/s 2^{-24} m/s^2 2^{-32} m/s^3 2^{-35} s/2^{-48} s/s
11	电离层、轨道、钟差	φ_0、λ_0 E_{00}、E_{10}、E_{01}、 E_{10}、E_{11}、E_{21}	0.01m/radian 0.01m/radian^2 0.1m/radian^3

2.6.5 系统服务能力

QZSS 主要是为日本城市和山区车载移动用户提供可见卫星几何分布较好的通信定位集成服

务(图2-44、图2-45),整体性能上是对 MSAS 的一种提升,可将 GPS 在日本的可用性从90% (GPS)提高到98%(GPS+QZSS)(图2-43),QZSS 的每颗卫星每天有8小时40分在日本及其周边上空,保证了至少有1颗卫星在日本上空的设计目标(图2-44)。

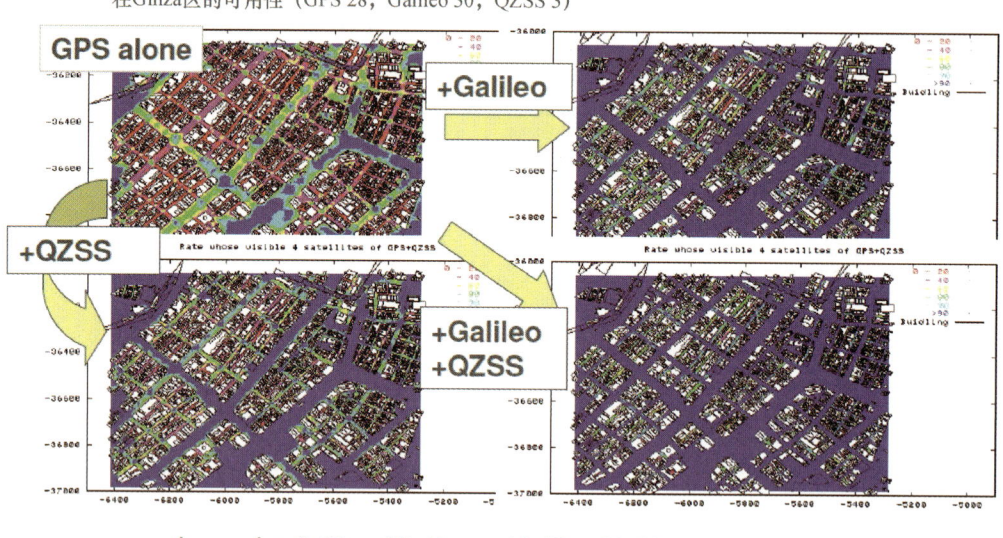

图2-43 在 Ginza 区,GPS、GPS+Galileo、GPS+QZSS、GPS+Galileo+QZSS 时的信号可用性示意图
蓝色区域的信号可用性为90%~100%,紫色区域的信号可用性为20%~40%。

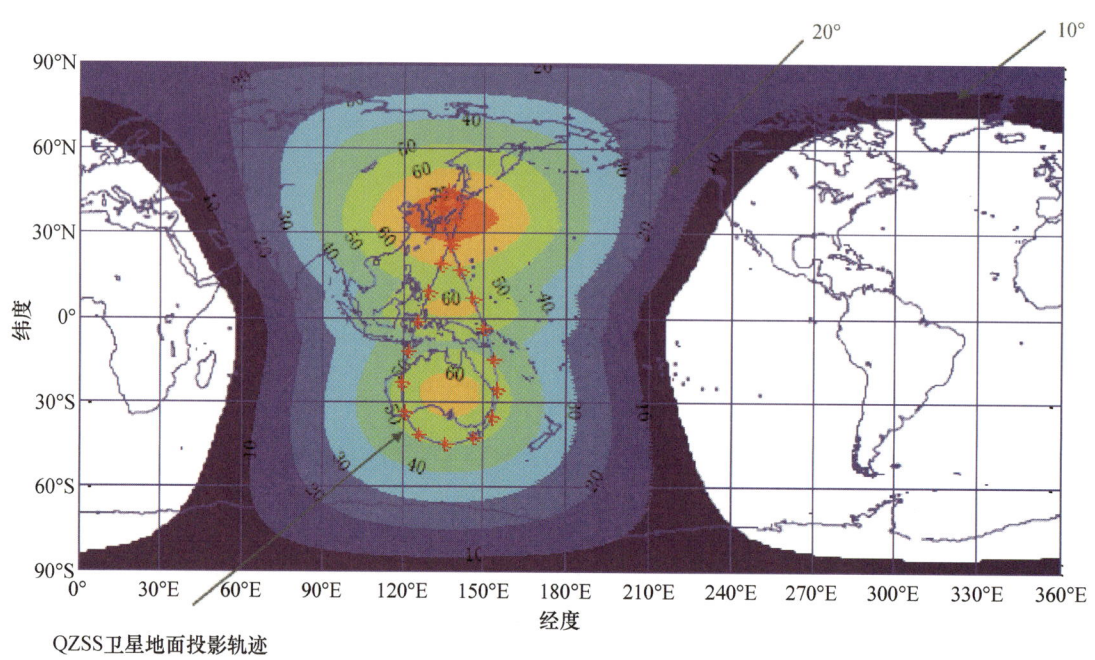

(a) 3颗QZSS卫星2h覆盖亚太地区等最小仰角线分布图

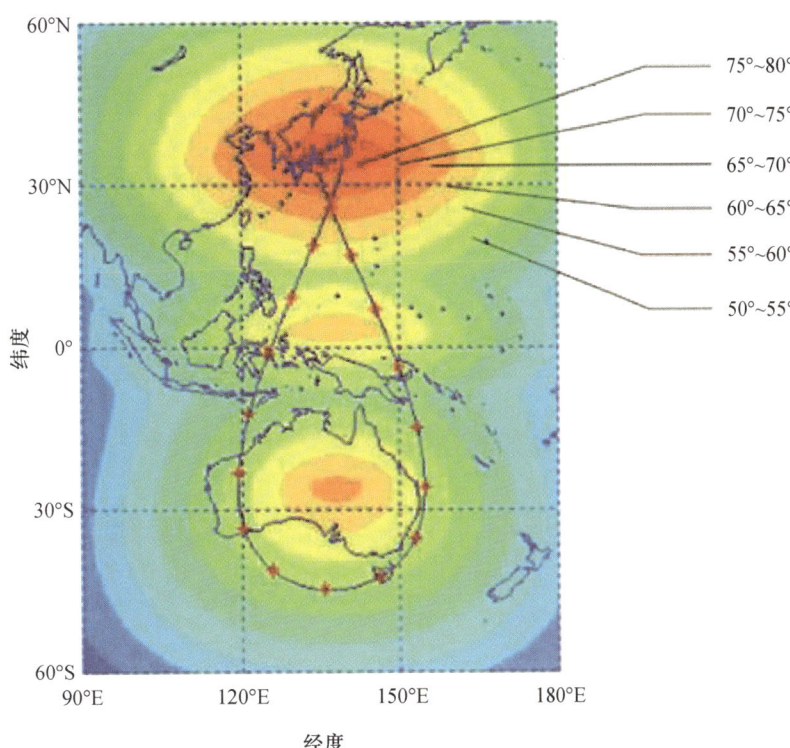

(b) 在亚太服务区QZSS 3颗卫星仰角分布仿真示意图

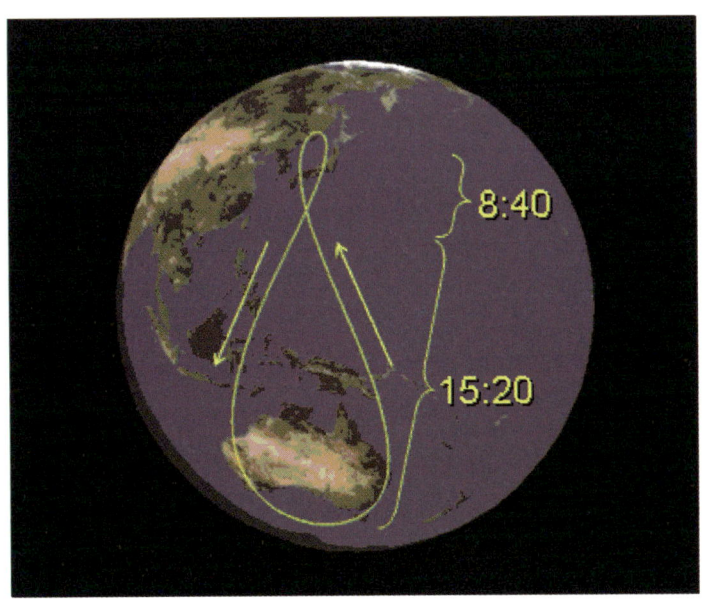

(c) QZSS在地球表面投影区与运行时间的示意图

图2-44 QZSS卫星运行情况

每颗卫星有8小时40分位于日本及其周边上空,保证了至少有1颗卫星在日本上空的设计目标。

QZSS 定位精度仿真测试时,单频用户机同时接收 GPS L1 载波上的 C/A 码信号和 QZSS L1 载波上的 C/A 码信号,双频用户机同时接收 L1 和 L2 载波信号,仿真结果见表 2-15。

表 2-15 QZSS 用户定位精度的仿真结果

	标准服务精度	仿真定位精度
单频 L1-C/A 接收机	21.9m(95%)	7.02m(95%)
双频 L1-C/A 接收机	7.5m(95%)	6.11m(95%)
单频 L1-SAIF 接收机	—	1m(95%)

与独立 GPS 相比,组合系统 GPS + QZSS 将通过子仪表级增强信号 L1-SAIF 和 LEX 提供的校正数据提高定位性能。它还将通过故障监视和系统健康数据通知提高可靠性。规范性能如下:

空间信号(SIS)用户范围误差小于 1.6 m(95%),包括时间和协调偏移误差。

单频用户定位精度(定位精度组合 GPS L1-C/A 和 QZSS L1-C/A)21.9m(95%)。

双频用户(L1-L2)定位精度 7.5m(95%)。

L1-SAIF 信号用户(使用 WDGPS 校正数据)消除多径误差和高强度的电离层扰动后,定位精度可以达到 1m(95%),对于单频用户,在标称条件下,预期性能比指定的性能好 3 倍,即 7.5m(95%)。

最后,QZSS 将提供与定位相关的服务和消息服务,具体如下:

1. 定位相关服务

(1)卫星定位服务:尽管有城市和山区,仍将提供与 GPS 卫星相同的卫星定位服务。

(2)亚米级增强服务:将提供 2~3m 的精确定位。

(3)厘米级增强服务:将提供 10cm 左右的高精度定位。

(4)先进技术验证服务:将为新的定位技术提供应用演示。

2. 消息服务

短信发送服务:将为现场用户提供灾害管理和救援 QZSS 的 L1-SAIF(Submeter-class Augmentation with Integrity Function)服务,也就是能够提供米级别的定位精度增强服务。与美国的广域增强系统 WAAS 一样,QZSS 通过卫星播发一些卫星星历、钟差、电离层校正信息,使得日本境内用户定位精度从只依靠 GPS 时的 10m 提升到 1m 左右。

除米级定位精度的提升服务外,QZSS 还在 1278.75MHz 这个频点播发 L-band Experiment 信号,即 LEX 信号。该信号速率达到 2000bps,而 GPS 信号的信息速率是 50bps,L1-SAIF 信号的信息速率是 250bps。LEX 信号能够提供更多误差校正信息,使得用户的定位精度达到厘米级,可用于无人驾驶、测绘、精准农业等行业。

同时,LEX 信号频点和欧洲 Galileo 系统的 E6 频点重合,也就是说,等到 Galileo 系统正式提供服务,QZSS 也能实现 Galileo 系统的补充。

3. 告警服务

QZSS 在 L1-SAIF 信号上还将提供信息服务,由于日本地震海啸频发,在灾害发生时,通过 QZSS 卫星广播预警信息,让民众注意。除此之外,L1-SAIF 信号还提供 GPS 等卫星健康状况信息,在 GPS 卫星出现异常后及时通知用户不要使用该异常卫星,以免得到错误的定位结果。

2.6.6 系统应用

MSAS 的主要用户是日本国土交通运输省下辖的民航局,提高了日本偏远岛屿机场的导航服务性能,满足 ICAO 对非精密进近阶段(NPA)等方面的要求。

所有在日本和亚太地区的 GPS 用户都是 QZSS 的服务对象,大的应用有智能驾驶支持、自然灾害监测、市政基础设施维护、城市信息控制、滑坡监测、区域监视、铁路运行管理、机动街景采图、高精度导航、公路收费、信息控制等 13 个领域,如图 2-45 所示。

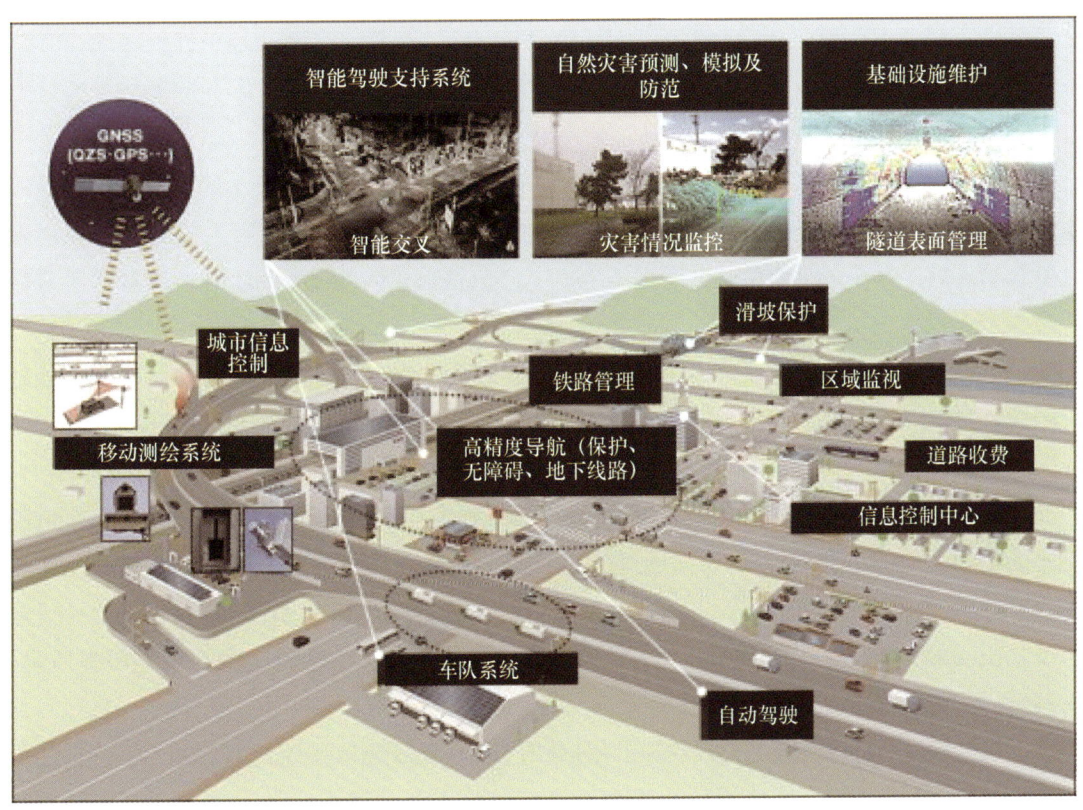

图 2-45 QZSS 服务的 13 个应用领域

日本产业界已经在交通、无人机、农业等领域开始 QZSS 的试验性应用。自动驾驶对车辆高精度定位技术有很高的要求,DENSO 公司从 2014 年开始将 QZSS 应用于车辆高精度定位,定位精度可达到 10cm;"三菱电机"也计划将 QZSS 应用于自动驾驶所需的动态三维地图构建系统中;"日立造船"于 2016 年 11 月开始使用无人机向离岛运输物资,在无人机上同时安装了 GPS 和 QZSS 用于飞行定位;在农业领域,日本总务省于 2014 年应用 QZSS 试验了农业机械的自动驾驶运行,今后还将开展拖拉机自动运行、自动锄草等试验。

MSAS 提高了 GNSS 信号的准确性,并提供了定位信号可靠性的信息。因此,MSAS 在日本的道路使用者收费计划中发挥了重要作用,并有助于在日本国内涉及碰撞或事故车辆的精确定位。日本政府还成功使用 MSAS 跟踪和追踪整个日本的危险货物运输,有助于在紧急情况下有效地作出反应。此外,MSAS 将启用新一代行车记录仪监控运输时间。

MASA 提高了航空运输的准确性和完整性,改善了日本运营商、飞行员和机场的可达性、效率和安全性。MASA 允许在最终进近航段(FAS)期间进行横向和角度垂直引导,而不需要与地面视觉接触,直到决策高度(DH)下降到跑道上方仅 200 英尺(约 61 米)(LPV 最小值低至 200 英尺)。

由于较低的最小值,减少了延误、改道和取消,可能降低飞往这些目的地的运营成本。在 ILS 中断或维护的情况下,增加机场运营的连续性。提高安全水平,因为 LPV-200 程序可以有效地作为 ILS 的备份(如果没有,则作为主要的程序),提高运营效率,降低燃料消耗,减少二氧化碳排放,降低航空对环境的影响。

目前已有超过 460 种支持 MASA 的方法在日本运行,这一数字将推动基于性能导航(PBN)的实施。因此,日本的区域、商业和通用航空运营商越来越多地为其飞机配备支持 MASA 的航空电子设备,使他们能够利用已经开放的程序。

MASA 是一种具有成本效益的解决方案,适用于测绘和测量领域,以最小的投资提供亚米级精度。MASA 正在为实时地图解决方案中越来越多地使用 GNSS 做出贡献,因为 GIS 和许多地图应用亚米级精度就足够了。MASA 通过增强 GNSS 定位免费提供附加值,并且用于映射的大多数设备都是 MASA 就绪的。

MASA 无需复杂和昂贵的设备、软件解决方案以及额外增加对增强服务提供商基础设施的投资。因此,诸如中小城市的专题制图、林业和公园管理、公用事业基础设施的库存和维护(例如电力线、管道、公路信号)等应用可以从 MASA 服务中受益。

通过提供完整性信息和提高定位精度,MASA 可以确定列车位置,同时减少对昂贵的轨道侧基础设施的依赖。目前正在进行调查,以通过使用 GNSS 和 MASA 增强来表征铁路应用的预期性能水平,特别是针对相关安全应用。同时,MASA 适用于支持铁路物流应用,如货物和危险品运输监控。下一版 MASA 将增强 Galileo 信号,这可能进一步提高 MASA 为铁路交通提供的服务质量,并扩大其新应用的潜力。

除了提供乘客信息服务等更为人熟知的用例外,日本 GNSS 还以其他各种方式为铁路部门提供服务。MASA 可提高铁路系统可用性并提高铁路信号等安全关键应用的准确性。由于转向基于 GNSS 的日本列车控制系统(ETCS),铁路将受益于改善的安全性和更低的运营成本,并且日本所有地区将在区域和低密度线路上享受更安全的铁路旅行,减少污染并为铁路客户提供更精确的信息服务。

2.7 GPS 辅助地球静止轨道卫星增强导航系统

GPS 辅助地球静止轨道卫星增强导航(GAGAN)系统是由印度空间研究组织(ISRO)和印度机

场管理局(Airports Authority of India,AAI)联合开发的印度版广域增强系统(WAAS),用于播发GPS导航信号和增强信号,与GPS、日本星基增强系统(MASA)完全兼容可互操作,提供无缝和平稳的导航连接。GAGAN系统的服务范围覆盖整个印度次大陆(图2-46),改善印度民用航空和机场区域GPS的定位精度和完好性,为印度航空航天提供更好的管理服务(图2-47)。此外,印度通过国际合作,在印度境外增建地面监测站,将空间信号(SIS)覆盖区扩展到东南亚和亚太地区。

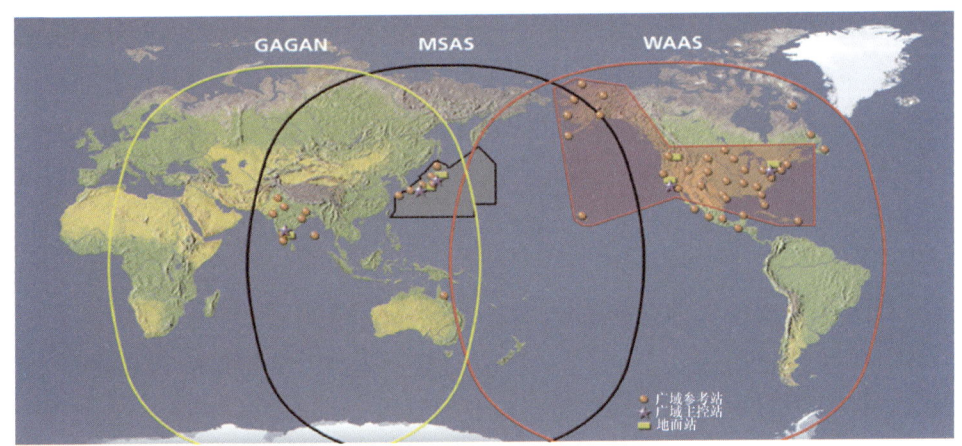

图2-46 印度GAGAN系统与日本MASA

图2-47 GAGAN系统的组成示意图

MASA类似于美国WAAS和欧洲地球静止轨道卫星导航覆盖服务(EGNOS)系统,都是GPS的星基增强系统,3个星基增强系统之间具有兼容和互操作的能力,实现对美洲、亚太、欧洲和非洲大部的无缝隙连接——几乎实现了对全球的覆盖,主要服务于机场和航空领域。

GAGAN 系统提供的民航导航信号与 ICAO 标准和由全球导航卫星系统(GNSS)专家组制定的建议措施(SARPs)相一致。在印度飞行情报区内,该系统提供非精密进近(NPA)服务可精确到 1/10 海里范围(所需导航性能),以及在印度次大陆提供常规状态下的精密进近服务 APV-1.0(具有垂直引导的进近)。

在 GAGAN 系统基础上,印度政府于 2006 年 5 月 9 日正式批准实施印度区域导航卫星系统(Indian Regional Navigational Satellite System,IRNSS)的重大工程,该工程预计耗资 160 亿卢比(约合 3.5 亿美元)。印度空间研究组织(ISRO)负责新计划的实施,ISRO 表示印度区域导航卫星计划将会为印度工商企业带来价值高达 80 亿卢比(约合 1.74 亿美元)的商机。IRNSS 所提供的导航、定位和授时服务不仅是国家的重要基础设施,而且是航空运输公司、长途货运公司、移动电话公司、电力公司、海上航运公司、信息高速公路系统、铁路、石油天然气公司、精准农业、搜索救援、渔业、科研和娱乐休闲等经济社会的重要基础设施。该系统可以覆盖全印度及整个南亚,如果这个系统成功建立,印度的军力将大大提升。

IRNSS 空间部分星座由分别位于东经 34°、83° 和 132° 的 3 颗 GEO 卫星,以及东经 55° 和 111° 的 4 颗倾角为 29° 的 IGSO 卫星组成,设计星座覆盖范围为东经 40°~140° 和纬度 ±40° 之间。在这 7 颗卫星上都配有先进的电子设备,特别是 S 波段的导航信号由星上的相控阵天线发射,在较为狭窄波束内的信号强度较高,可为印度全境及周边 1500km 的范围提供全天候的单频和双频导航信号,误差不超过 20m,实际宣布为在印度次大陆上达到 10m 精度,从陆延伸 1500km 的印度洋区域为 20m,旨在为印度次大陆提供独立的、可以不依靠其他卫星导航系统的区域卫星导航系统。

IRNSS 的特点是相对独立,但技术上仍有差距。IRNSS 不仅能提供 GPS 差分完好性信息,还可提供系统本身的卫星导航定位信息和差分完好性信息,即能为印度本土用户提供独立的导航定位服务。印度规划的 7 颗导航卫星星座方案是实现印度次大陆服务的最低数目,除了星座结构外,IRNSS 在考虑兼容其他导航系统信号的同时,还坚持保留了独特自主的频率和数据类型,降低了印度卫星导航的安全风险性。

2.7.1 系统发展历程

1. GAGAN 系统

该系统的建设分两个阶段:第一阶段——技术演示系统(Technology Demonstration System,TDS);第二阶段——最终服务系统(Final Operation Phase,FOP)。

2007 年,完成 GAGAN 系统的 TDS 建设阶段,测试内容主要是精度指标,不包括完好性信息和生命安全服务(SOL)的测试。

2010 年,完成 GAGAN 系统的 FOP 操作运行阶段,完成系统完好性信息和 SOL 服务论证,采用 3 颗 GEO 卫星对 GPS 进行增强。

2012 年 9 月 29 日,GAGAN 系统的 GSAT-10 GEO 卫星成功发射入轨。

2015 年 11 月 10 日,成功发射 GAGAN 系统的 GSAT-10 GEO 卫星入轨,搭载 12 个 Ku 波段的

发射机、12个扩展C波段的发射机,GAGAN系统信号的波束覆盖印度次大陆。

2. IRNSS

2006年5月,印度正式批准了在GAGAN系统基础上发展IRNSS的计划。

2007年9月,印度公开宣布,将在未来6年内陆续发射7颗导航卫星,在外层空间打造印度版的GPS,为印度领土用户提供独立的导航定位服务。

根据设计,IRNSS卫星提供全时段服务。IRNSS实际部署情况与计划相比在时间上有所延迟。其第1颗卫星IRNSS-1A是在2013年7月成功发射的,印度空间研究组织宣称,首颗卫星IRNSS-1A的重量约为1425kg,设计使用寿命约为10年,是在位于印度安得拉邦的斯里哈科塔岛的萨迪什·达万航天中心由印度国产的PSLV-XL型极轨卫星运载火箭送入轨道的。[12]

2014年4月和10月,印度发射第2颗卫星(IRNSS-1B)和第3颗卫星(IRNSS-1C)。

2015年3月,第4颗卫星(IRNSS-1D)入轨。

2016年1月20日,第5颗卫星(IRNSS-1E)也成功入轨。

2016年3月10日,成功发射第6颗卫星(IRNSS-1F)。

2016年4月28日,印度成功发射第7颗卫星(IRNSS-1G),初步建成了由7颗卫星所组成的导航系统。

2017年1月,官方公布第1颗卫星(IRNSS-1A)上的一个铷原子钟于2016年失效,之后其余两个原子钟也失效,卫星报废。

2017年8月,印度发射第8颗卫星(IRNSS-1H),原本用于替补已失效的IRNSS-1A,但发射失败。整流罩未按原定计划打开,卫星被卡在火箭上半部。

2018年4月,印度成功发射第9颗卫星(IRNSS-1I),替补已失效的IRNSS-1A。

印度星座导航(Navigation with Indian Constellation,NAVIC)的总发射次数是9次,包括7颗在轨的工作卫星,1颗失效,1颗发射失败。印度计划在未来把工作卫星数目增加至11颗。

2.7.2 系统组成

1. GAGAN系统组成

GAGAN系统由3颗GEO卫星、3个上行站、2个控制中心、2个数据通信网、15个地面参考站和用户部分组成(图2-48、图2-49)。

- 印度参考站(INRES)分布在印度各地的15处;
- 印度主控中心(INMCC)在班加罗尔有2个;
- 印度陆地上行站(INLUS)共有3个:2个在班加罗尔,1个在新德里;
- 赤道静止卫星(GSAT 8/GSAT 10)已经在轨道上,1个在轨备用卫星GSAT-15也已经在2015年11月10日发射升空;
- 数据通信子系统包括2条光纤通信(OFC)链路和2个非常小口径终端(VSAT)链路。

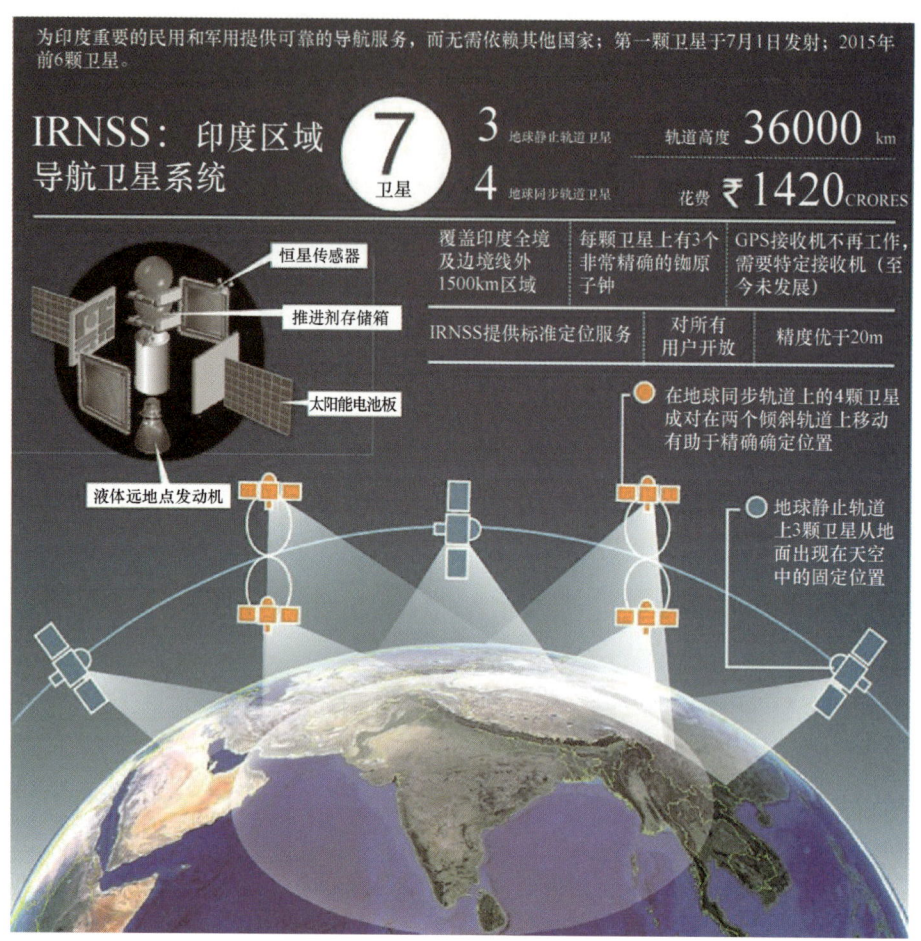

图 2-48 IRNSS 示意图

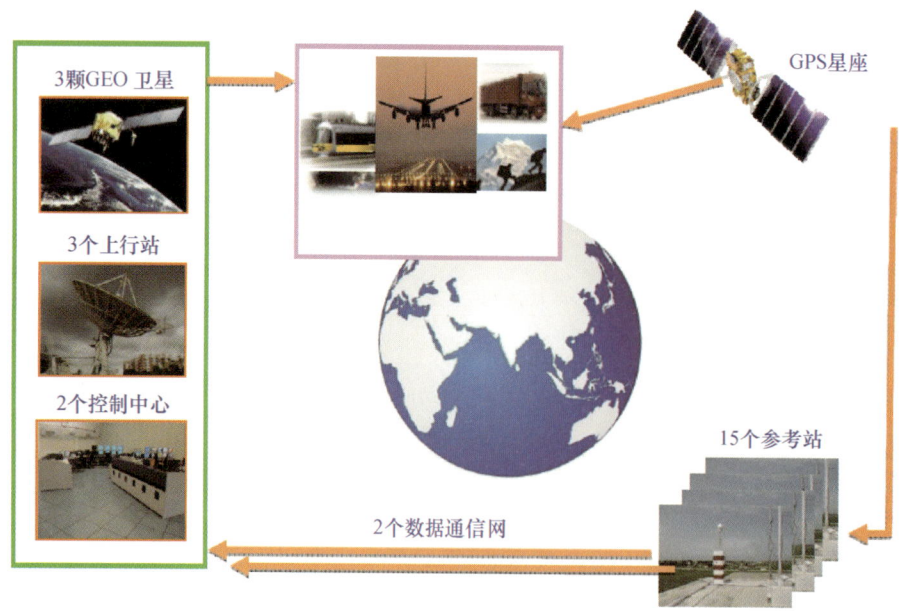

图 2-49 GAGAN 系统组成信息流示意图

由 3 颗 GEO 卫星、3 个上行站、2 个控制中心、2 个数据通信网和 15 个地面参考站组成。

1) GAGAN 系统空间段

印度空间研究组织负责为 GAGAN 计划提供地球同步轨道卫星(GEO,空间段)。GAGAN 系统作为一个业务系统,3 个携带 GAGAN 有效载荷的 GEO 卫星分别由定点于东经 55° GEO 卫星——GAST-8、定点于东经 93.5°GEO 卫星——GSAT-10、GSAT-15 组成。GSAT-8 和 GSAT-10 已经获得的伪随机噪声码编号分别为 PRN127 和 PRN128,并且已经发送 GAGAN SIS(空间信号)。携带 GAGAN 有效载荷的 GSAT-15 分配到的编号为 PRN132,是个在轨备份星。如图 2-50 所示。

空间卫星采用 3 个波段作为载波:C 波段、S 波段(2491.005MHz)和 L 波段(1191.795MHz)。其中,C 波段频率(上行 3400~3425MHz,下行 6700~6725MHz)主要用于测控,S 波段和 L 波段主要为用户提供导航定位服务。标准定位服务(SPS)和精密定位服务(PPS)信息调制在 S 波段和 L 波段的 L5 上。政府特许用户服务(RS)信息仅调制在 L5 波段频率上。

GEO 卫星采用 C 波段和 L 波段频率,其中 C 波段主要用于测控,L 波段频率与 GPS 的 L1(1575.42MHz)和 L5(1176.45MHz)波段频率完全相同。目前,GAGAN 系统的增强信号已经通过 GSAT-8 和 GSAT-10 GEO 卫星搭载的增强载荷进行播发,覆盖整个印度的飞行信息区及以外的区域,为印度境内的 50 多个机场提供增强信号服务,AAI 计划用该项技术代替仪表着陆系统(ILS),为飞机提供更加精准的航线指引,节省时间和燃料成本,同时,只有安装了 SBAS 的飞机才能使用这项技术。

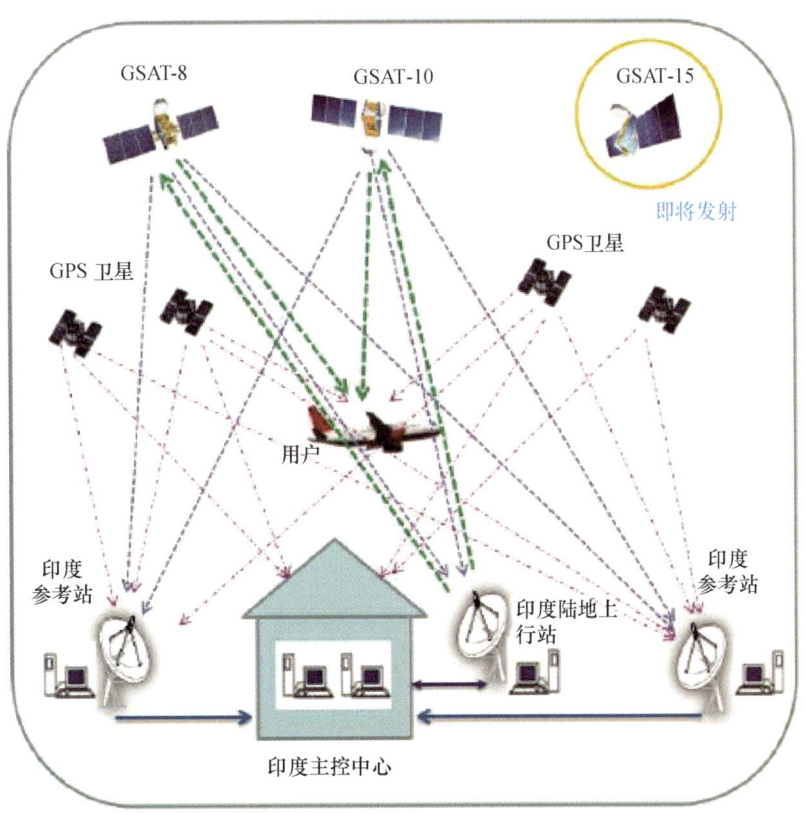

图 2-50 GAGAN 系统各组成部分的信号关系示意图

3 颗 GEO 卫星分别是 GSAT-8、GSAT-10、GSAT-15。

2）GAGAN 系统地面段

以下更加详细地介绍 GAGAN 系统地面段的每个组成部分。

（1）INRES——印度参考站。该 INRES 站网用来收集来自所有可见 GPS 和地球静止轨道卫星的测量数据与广播的消息，并将其转发给 INMCC 作进一步处理。15 个 INRES 站分别建在艾哈迈达巴德、班加罗尔、查谟、高哈蒂、加尔各答、新德里、港布莱尔、特里凡得琅、贾沙梅尔、果阿、博尔本德尔、伽耶、迪不加尔、那格浦尔和布巴内斯瓦尔。

（2）INMCC——印度主控中心。由全国各地的各 INRES 收集的数据，被实时发送到 INMCC，经处理并生成为误差改正数和完好性数据，形成 SBAS 电文消息。然后，所产生的 SBAS 电文消息，被发送到 INLUS 用于进一步处理。

（3）INLUS——印度陆地上行站。该 INLUS，接收从 INMCC 来的 SBAS 电文消息，将其格式化实现 GPS 的兼容性，并通过上行链路传送 SBAS 定位消息至 GEO 卫星，由后者广播给用户和社会。所述的 SBAS 电文消息中，包含允许 SBAS 接收机能够消除 GPS 定位解误差的信息，由此可用于显著增加定位精度与可靠性。利用这一导航电文消息提供给用户，随后就可以计算获得误差改正数、置信度参数（完好性）。这些电文消息均通过 INLUS 的 C 波段上行链路，传送给 GSAT-8/GSAT-10 GEO 卫星，然后通过 L1 波段和 L5 波段下行广播给用户接收机。广播的电文消息由 SBAS 兼容接收机接收，用于 GPS 信号的误差改正，最终计算出用户机所在的精准位置。

2. GAGAN 系统特点

位于低纬度地区的电离层行为特性并不平静，具有如电离层闪烁、等离子体空洞、大尺度能量密度梯度等异常特点，而且特色非常明显。为了确保 GAGAN 系统的最佳工作性能，必须进行电离层不均匀性检测，以利于对统计置信度极限值做出相应调整。为此，需要针对印度这样特定地区的电离层专用模型加以研发和实施，满足 GAGAN 系统性能最适合的应用需要。此外，优先选择的电离层模型算法，不应该要求现有的 SBAS 电文消息结构有所变化，因为在国际民航组织最低运行性能要求（MOPS）的任何更改，都需要 GPS/WAAS 空载装备标准 DO-229 所有会员国之间的协同一致认可。认证 GAGAN 系统要求的任何 MOPS 变化将是一个非常耗时的过程。

在电离层模型建立过程中，网格电离层垂直误差（GIVE）置信度必须绑定的误差不仅包括电离层网格点，而且也包括网格点之间的所有内插区域。此外，绑定的误差必须同时适用于正常和扰动的电离层。为了捕捉大尺度赤道电离层的异常特点，该模型必须提供克服赤道地区的薄壳模型（总电子含量）的不适用性，而且要捕获赤道电离层复杂的三维立体性结构特性。

印度 SBAS 需要地区特定功能的模型。该地区电离层的具体模式必须有如下一些特点：一是可实现性；二是能够演示完好性；三是为高精度用户提供合适的可用性；四是向后兼容性；五是降低建模误差和支持印度地区的精密进近服务；六是定义优良的精度和完好性赤道电离层；七是赢得安全认证，在印度次大陆的 FIR 服务区，能够支持垂直引导可用性的实用化业务化运营。

ISRO GIVE 模式 – 多层数据融合（IGM-MDLF）。在电离层的垂直运动建模中，在两个不同电离层电子壳高度上，IGM-MDLF 模型被设计为捕捉电离层变率，最终在 350km 的壳高度上用加权平均方法为用户提供一个数值。该模型确保广播的 GIVE 具有足够高的完好性水平，使得由用户接收机计算得到的用户电离层垂直误差（UIVE）以非常高的概率落在它们的垂直电离层误差容限之内。GIVE 确保的 UIVE 完好性不仅在网格点上,而且在网格点周围的 4 个网格单元的所有点上。对于用户来说,该算法提供的电离层延迟和置信度值,直接结果是提高了精度和可用性。

该算法已经进行了分析和审查评估,其中的每一项性能都是基于使用 INRES 和在印度地区的总电子数含量(TEC)的数据,进行了详尽的研究审查。而且算法还选择正常和扰动状态下电离层,进行了测试计算、评估验证。通过广泛的审查评估,改进并确定 GAGAN 服务所能达到的精度、可用性、连续性和完好性。该算法的关键功能是计算在各个壳层的延迟和置信度(误差拟合),并在 350km 将它们结合起来,又不要求任何 MOPS 变化[12]。

作为该系统空间转发器的备份,其中 2 个频道专门用于 GAGAN 系统的定位、导航与授时服务,完全覆盖美国 GPS 在印度的服务范围,卫星设计寿命超过 12 年。GAGAN 系统也将覆盖 EGNOS 和日本 MASA 覆盖不到的一些地区(图 2 - 51)。

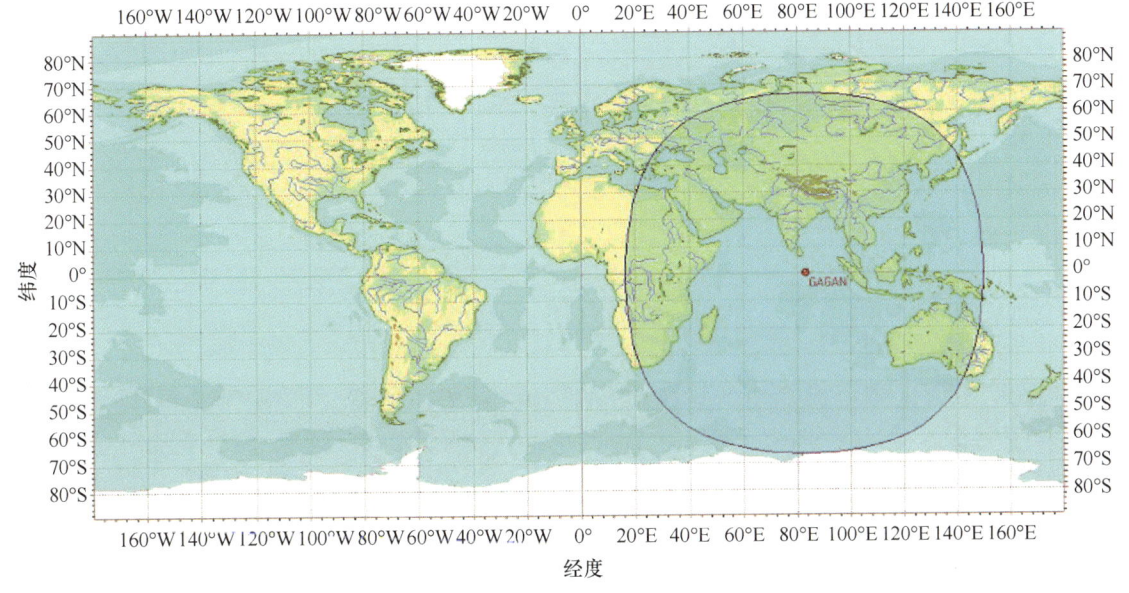

图 2 -51　GAGAN 系统卫星的服务范围

3. IRNSS

IRNSS 主要分为空间段、地面段和用户段(图 2 - 52),由 3 颗 GEO 卫星、4 颗 IGSO 卫星、通信链路以及地面设施组成(图 2 - 53),不仅提供 GPS 的差分增强信息,而且可以提供独立的导航定位服务,并顾及到与 GPS 的兼容和互操作。地面控制段包括控制主控站、系统时间基准中心、监测站、上行信号注入站以及系统数据通信网络组成。用户段是指所有军用和民用接收机,接收机可以安装在导弹、飞机、舰船等武器装备以及士兵的手持仪器中。

IRNSS 空间段由 7 颗位于 GEO 和 GSO 轨道的卫星组成,这 7 颗卫星中,3 颗采用 GEO 轨道,分别定位于东经 34°、83°和 132°,另外 4 颗采用 GSO 轨道,轨道倾角为 29°,其中两颗位于东经 55°,另外两颗位于东经 111°。空间采用 3 个波段作为载波:C 波段、S 波段和 L 波段。其中 C 波段频率主要用于测控,使用 L5 波段和 S 波段发射卫星下行导航信号,中心频点分别为 1176.45MHz、2492.028MHz,SPS 服务采用 BPSK - R(1)调制,RS 服务采用 BOC(5,2)调制,分为导频和数据两个通道。

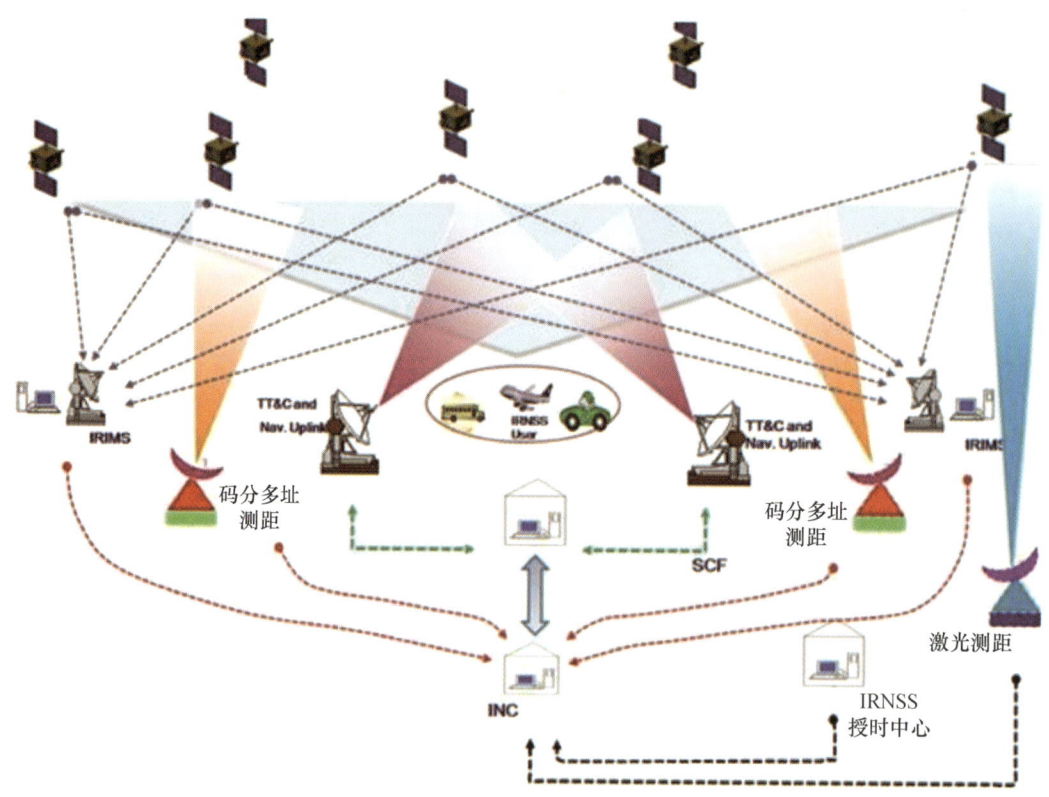

图2-52 IRNSS结构的组成

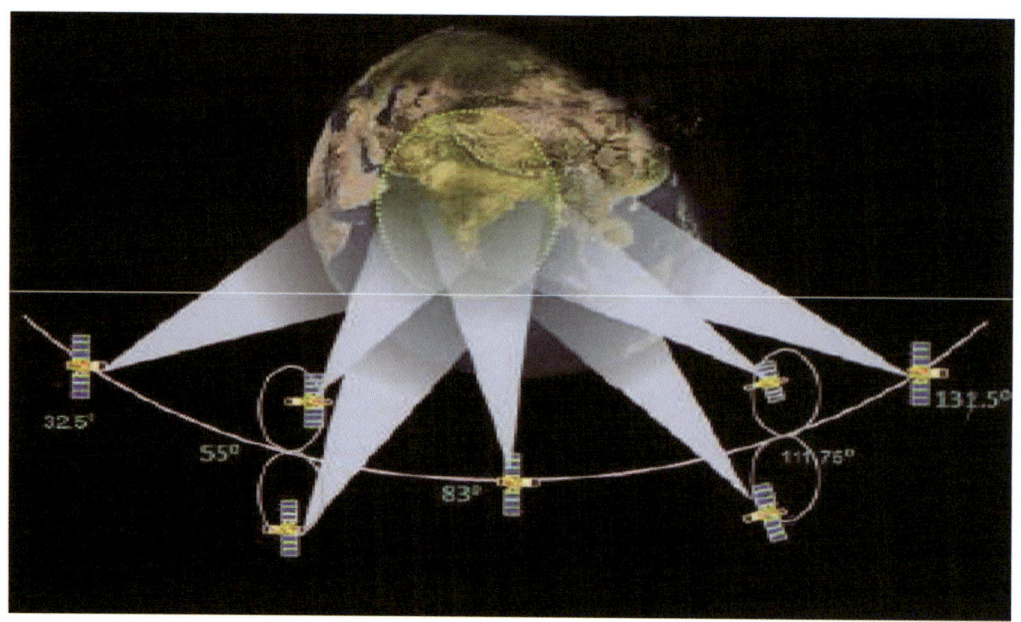

图2-53 印度区域导航卫星系统(IRNSS)的7颗卫星全部位于赤道的同步轨道上

IRNSS系统地面段包括9个卫星控制地球站(IRNSS Satellite Control Earth Stations, SCES)、2个导航中心(Navigation Center, INC)、2个卫星控制中心(Satellite Control Center, SCC)、17个测距与完

好性监测站(Range & Integrity Monitoring Stations,IRIMS)、2个时间中心(Network Timing,IRNWT)、4个CDMA测距站(CDMA Ranging Stations,IRCDRS)、2个数据通信网(Data Communication Network,IRDCN)以及1个激光测距站(Laser Ranging Station,LRS)(图2-54)。其中,2个IRNSS系统导航中心,一个主中心,一个备份中心,主中心位于印度的班加罗尔市;卫星控制设施包括IRNSS卫星控制中心以及遥测、跟踪与上行站等设施,被分置于哈桑和博帕尔2个城市;17个测距与完好性监测站中,印度本土有15个,印度境外有2个,分别位于毛里求斯和比亚克岛[14]。

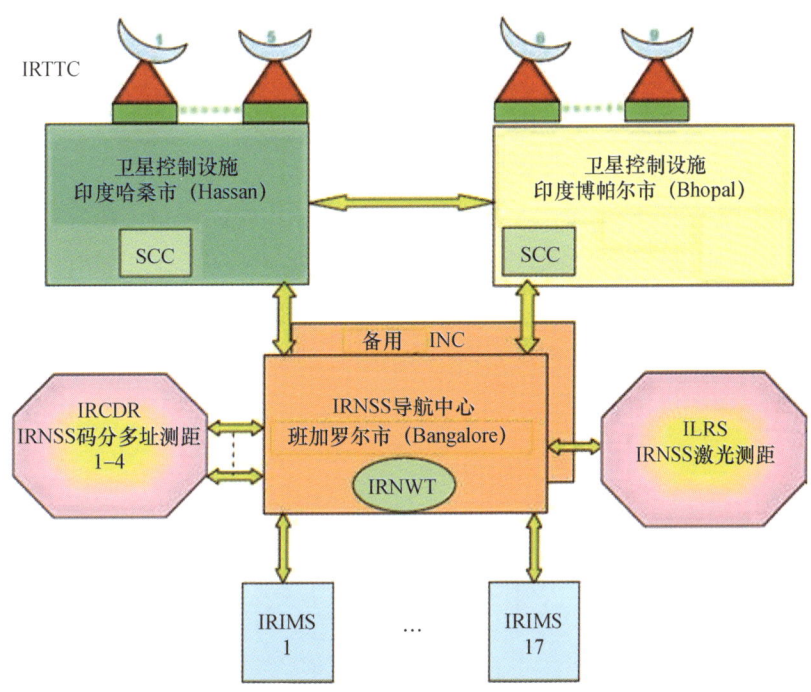

图2-54　IRNSS地面控制段结构

主控中心MCC由卫星控制中心SCC和导航中心INC组成,是地面控制段的核心,负责计算并预估导航卫星的轨道位置,计算系统完好性,修正空间电离层和星载原子钟偏差,运行导航系统软件。飞行控制署MCF/SCF负责控制导航卫星的轨道和姿态,完成卫星的轨道位置保持和相位保持。

17个测距与完好性监测站IRIMS以无线电双向测距为主、激光测距为辅,追踪和估计卫星的轨道,监控星座的完好性,并把所处理的信息传递给主控站。

卫星遥测遥控及导航信息上行注入站IRTTC负责监控卫星的健康状态,接收卫星遥测信号同时上行遥控命令,同时上行注入轨道参数、钟差、电离层及对流层修正系数等导航电文信息。

印度导航中心INC地面钟房的铯原子钟组和氢原子钟组联合产生印度区域导航卫星系统时间(IRNSS Net Time)。IRNWT是原子时,不需要闰秒,并与协调世界时UTC保持一致。IRNSS的每颗导航卫星安装有3台星载铷原子钟,INC监控星载铷原子钟的IRNWT之间的偏差,并通过地面监控站对卫星钟运行状态的连续监测而精确地确定卫星钟差,用二阶多项式表示。二阶多项式的系数由卫星地面监控系统根据前一段时间的卫星跟踪数据和IRNWT推算而得,并通过卫星导航电文提供给用户,确保卫星钟与IRNWT之间的同步差可以保持在20ns之内。

系统测距和完好性监测站中,大部分监测站位于印度境内的机场内,并与印度GEO卫星辅助GPS增强系统GAGAN监测站公用,监控星座的完好性,并把所处理的信息传递给主控站。利用局域增强技术,印度区域导航卫星系统能够获得更高的定位精度。

用户段是指接收IRNSS空间段卫星播发导航信号的接收机,其中单频接收机利用导航电文给出的电离层修正系数提高定位精度,双频接收机则利用实时修正电离层对导航信号的延迟而获得更高的定位精度。

IRNSS用户段主要包括以下几部分:

(1) 单频IRNSS接收机能够接收单L5波段或单S波段的SPS信号。
(2) 双频IRNSS接收机能够接收L5波段和S波段两者的信号。
(3) 能兼容IRNSS和其他GNSS信号的接收机。

IRNSS用户接收机由信号接收天线、低频噪声放大器(RF Front End)、信号相关处理和信号解调器(Correlators/Demodulators)、导航信息处理器(Navigation Processor)以及用户接口(User Interface)等部分组成。

图2-55表示了空间段和用户段的射频接口。每个IRNSS卫星提供L5波段和S波段的SPS信号[12]。

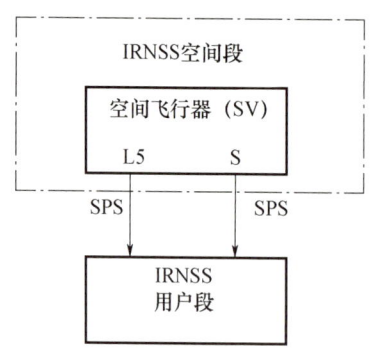

图2-55　IRNSS空间段和用户段界面

2.7.3　系统技术特点

IRNSS卫星采用与印度气象卫星Kalpana-1相似的平台,质量约为1425kg,太阳电池总功率1600W。有效载荷包括2个40W的固态功率放大器、时钟管理与控制单元、频率发生与调制单元、导航处理器、信号发生器和原子钟等。导航频率选用S波段和L波段。系统提供了标准定位服务(Standard Position Service, SPS)和限制/授权(RS)这两项服务。IRNSS卫星采用C波段、S波段和L波段3个载波波段。其中,C波段频率(上行3400~3425MHz,下行6700~6725MHz)主要用于测控,S波段和L波段用于播发导航信号。IRNSS卫星导航信号参数如表2-16所列[13]。

表 2-16 IRNSS 卫星导航信号参数

参数	参数定义		
	L 波段（L5）	S 波段	C 波段
信号频率/MHz	1191.795±12	2491.005±8.25	3400~3425
卫星极化方式	RHCP	RHCP	RHCP/LHCP
EIRP(EOC)/dBw	30.5	35.5	19
G/T/(dB/K)	-27	-27	-12
天线增益(EOC)/dB	15.8	16	16
数据更新率/bps	50	50	—
码速率/Mcps	1.023/10.23	1.023（TBD）	10
调制方式	BPSK/BOC/CDMA	BPSK/CDMA	BPSK/CDMA
载噪比	44.79	44.05	

IRNSS 的主要技术特点：

（1）减小过分依赖 GPS 卫星导航系统可能存在的风险，不仅提供 GPS 差分完好性信息，还提供 IRNSS 自身的导航定位信息和差分完好性信息，可不依靠 GPS 为印度的用户提供独立的导航定位服务。

（2）提供 SPS、PPS 和政府特许用户服务。

（3）导航信号设计既基于本国应用需求，又考虑了与 GPS、Galileo、日本 MSAS 和 QZSS 的兼容和互操作（表 2-17）。

表 2-17 印度 GAGAN、IRNSS 与日本 MSAS、QZSS 导航信号的兼容和互操作表

载波频率	印度		日本	
	GAGAN	IRNSS	MSAS	QZSS
L1（L1-C 和 L1-C/A）	√	—	√	√
L2C	—	—	—	√
L5	√	√	—	√
L1-SAIF	—	—	—	√
LEX	—	—	—	√
S	—	√	—	—

（4）同时采用 S 波段和 L 波段提供导航服务。

（5）在 TDS 阶段测试，采用美国 SBAS 接收机，充分顾及到多种测试场所和动静态环境，并采用国内 18 个机场安装的 TEC 接收机采集的 TEC 数据，对电离层误差进行修正。在地面参考站（INRES）围成的区域内测试结果为：水平和垂直定位精度在 3m（2σ）以内，最大误差为 7.6m

(2σ),差分信息完好性报警时间不大于6.2s。

下面主要介绍 IRNSS 第一颗卫星 IRNSS-1A 的技术特点[12]:

(1) 轨道:倾斜地球同步轨道,轨道倾角29°,升交点赤经东经55°;

(2) 卫星起飞重量1425kg,卫星干重641kg,其中有效载荷重量110kg;

(3) 空间体积:1.58m×1.50m×1.50m;

(4) 能源:两个太阳帆板,输出功率1660W,一组90A·h锂离子蓄电池;有效载荷功率为900W;

(5) 推进系统:一台440N远地点发动机(轨道控制),12个22N推力器(姿态控制);

(6) 控制系统:三轴稳定零动量系统,利用太阳敏感器、星敏感器及陀螺确定卫星方向,利用反作用轮、磁力矩器及推进系统推力器作为姿态控制的执行机构;

(7) 设计寿命:10年。

有效载荷的主要技术特点:

(1) 利用星载原子钟产生时间和频率基准信号;

(2) 导航信号结构与 GPS 信号类似,同样采用 CDMA(Code Division Multiple Access)码分多址形式设计;

(3) 利用相控阵天线播发 S 波段(2492.08MHz)和 L5 波段(1176.45MHz)两种导航信号,通过相控阵天线广播 L 波段及 S 波段信号导航信号;

(4) S 波段和 L5 波段分别包含 SPS 信号、RS 数据信号以及 RS 导频信号等3种信号;

(5) 采用独立的 C 波段转发器播发 CDMA 码分多址精密测距码信号,快速精密测定星地距离;

(6) 利用激光角反射器进一步提高星地测距精度。

卫星有效载荷包括:导航信号生成单元(Navigation Signal Generation Unit,NSGU)、瑞士制造的星载铷原子钟(Rubidium Atomic Unit)、频率生成单元(Frequency Generation Unit)、信号调制单元(Modulation Unit)、行波管放大器(Travelling-Wave Tube Amplifier,TWTA)、功率合成单元(Power Combining Unit)以及导航相控阵天线(Navigation Antenna)。

2.7.4 系统应用

GAGAN 系统提供民航用户使用,IRNSS 还可以独立提供给大众用户使用。GAGAN 系统的实施可以节省燃料,节省设备成本,保证飞行安全,增加空域容量,提高效率,提高可靠性,减少运营商的工作负荷,覆盖空中交通的海洋区域方面为航空业带来诸多益处,高位置准确性等。航空部门的收益数量将取决于这些收益的利用程度。

GAGAN 系统将为民航部门带来的一些好处是[12]:

(1) 安全优势,垂直引导可提高安全性,尤其是在恶劣天气条件下;

(2) 减少盘旋方法;

(3) 环境效益,垂直引导程序的方法将有助于在最终方法中促进更好的能量和下降剖面管理;

(4) 适用于所有飞行阶段的全球无缝导航,包括到达、离开、海洋和途中;

(5) 允许直接航线等多种方法,为航空公司节省大量燃料,并提供机场和空域的能力提升。

除航空业外,GAGAN 系统还可为其他行业带来好处,例如:

(1) 铁路,公路,船舶,航天器的导航和安全增强;

(2) 地理数据收集;

(3) 大气科学研究;

(4) 地球动力学;

(5) 自然资源与土地管理;

(6) 基于位置的服务,移动,旅游等。

IRNSS 将提供两种类型的服务,即提供给所有用户的 SPS 和仅限授权用户提供的加密服务(Restricted Service, RS)。IRNSS 在主要服务区域内的位置精度优于 20m。IRNSS 主要应用于地球观测、卫星通信和灾害管理三大方面。

地理空间技术,遥感,卫星通信和导航系统为有效管理自然资源提供了许多新方法。这使得各种数据和信息产品能够实现社会效益,并帮助规划者和决策者开展独特的以人为本的服务。网络地理和移动技术(Bhuvan Geoportal)是政府用来提供各级信息服务和解决方案的流行平台。政府系统成功地采用了这些技术,造福于广大人民。ISRO 与政府、工业界和学术界密切合作,确保为自然资源的管理提供最佳解决方案,为善政和社会发展提供支持服务。通过协调良好的努力,该系统已经能够提供当今以人为本的多个重要应用。

1. 地球观测

ISRO 的地球观测卫星已经成功地在印度建立了许多业务应用。地球观测、卫星通信和最新的 Navic 星座卫星在国家发展的各个领域提供的社会服务,包括远程教育和远程医疗,都是印度应用导向空间计划的典范。国家和地方各级的遥感应用项目正在通过印度国家自然资源管理系统(NNRMS)的框架下完善并实施。多年来,印度遥感卫星星座在确保许多领域的应用方面取得了巨大进步。其中一些最突出的是农作物清单、水资源信息系统、地下水前景、森林工作计划、生物多样性和珊瑚制图、潜在渔区、海洋状态预测、农村发展、城市发展、冰川湖泊清查和监测/水体、基于位置的服务、使用 Navic 星座、灾害管理支持计划(旋风和洪水绘图和监测、滑坡测绘和监测、农业干旱、森林火灾、地震、极端天气监测和实验预报等)。主要详细介绍以下几点应用:

有关作物统计的信息是规划和决策目的所必需的,例如粮食分配、储存、定价、采购和粮食安全等。遥感数据提供了优于传统方法的许多优点,特别是在及时决策机制、空间描绘和覆盖(包括成本效益)方面。空间数据用于解决许多关键方面的问题,例如作物面积估算、作物产量和产量估算、作物长势、推导基本土壤信息、种植系统研究、实验作物保险等。

卫星遥感提供了天气视图,可以在更长的时间内连续覆盖更大的区域,可以借助地球观测数据评估风能、太阳能和波浪能资源。印度正在开展对地球静止卫星(如 INSAT 3D 和 3DR)的太阳能评估,对来自散射仪数据的海洋风能以及来自高度计数据和数值模型的海浪能量开展研究,可以更好地利用可再生能源满足印度的能源需求。

在森林和环境方面,遥感数据在林业和环境中的各种应用,包括生物多样性表征,湿地、森林和生物量制图,土地退化和荒漠化过程,沿海湿地、珊瑚礁、红树林、冰川、空气和水污染评估等。多分辨率卫星数据(例如 IRSAWiFS,INSAT 和其他)用于历史变化评估,生物量估算,自动监测森林年度变化等。森林火灾通过多时态数据和近实时星数据进行常规监测,并提供给森林调查。

2. 卫星通信

IRNSS 卫星通信的使用已经在印度全国范围内广泛传播,无处不在,用于电视、DTH 广播、DSNG 和 VSAT 等多种应用,以利用其覆盖范围广和外展性能强的独特功能。该技术在过去 30 年中已经成熟,并且在商业基础上大量应用。

(1) INSAT 卫星支持用于提供语音和数据通信的电信应用。卫星链路是连接印度偏远地区之间的主要手段,它们是大陆大量地面连接的备用链路。现代卫星网络 VSAT 可以满足不同用户的流量和应用需求。VSAT 网络旨在支持各种视频、语音和数据的应用。

(2) 远程医疗是空间技术在社会效益方面的独特应用之一。ISRO 远程医疗计划于 2001 年启动,通过印度卫星将远程/农村/医学院医院和移动单元连接到城镇的主要专科医院。ISRO 远程医疗网络覆盖各个州/地区,包括查谟和克什米尔、拉达克、安达曼和尼科巴群岛、Lakshadweep 群岛、东北部各州和其他大陆州。

(3) "EDUSAT"是印度第一个专门用于教育服务的专题卫星,广泛用于互动教育传播模式,如单向电视广播、视频会议、计算机会议、基于网络的指令等。

(4) 在印度工业的参与下,开发了一种与 INSAT 一起用于语音/数据通信的小型便携式卫星终端。该终端对于语音通信非常有用,特别是在其他通信方式发生故障的灾难期间。

(5) 通过 INSAT 的无线电网络(RN)为国家和地区网络提供可靠的高保真节目频道。目前,全印度无线电(AIR)电台已配备接收终端。

3. 灾害管理

印度国内自然灾害频发,如洪水、山体滑坡、台风、森林火灾、地震、干旱等。卫星定期对自然灾害进行天气观测,有助于更好地规划和管理灾害。为了更好地了解这些灾害造成的风险,有必要整合卫星和实地观测,并努力制定降低风险的原则。卫星通信和导航系统在灾害管理方面也发挥着重要作用,并改进了技术选择。在重大自然灾害发生前后,ISRO 为印度中央及地方各级部门提供基于卫星的近实时信息支持。此外,ISRO 还在灾害管理支持中提供空间技术投入的能力建设。

(1) 洪水方面:根据在不同地区的汛期获得的历史卫星数据集的整合,为阿萨姆邦、比哈尔邦、奥里萨邦、安得拉邦、北方邦、西孟加拉邦和整个国家准备了洪水灾害地图图层。利用卫星数字高程模型和地面水文气象输入的水文模型,为选定的河流地区建立了实验性空间洪水预警系统。

(2) 台风方面:使用历史卫星数据和数字表面模型,可以得出卫星图像,了解台风的早期足迹和低洼地区的影响等。ISRO 使用地球同步轨道和低地球轨道卫星提供关于气旋生成、轨道、强度的实验输入。具有频繁成像的 INSAT 系列卫星为近实时分析提供了参数。

(3) 山体滑坡方面:印度空间研究组织为喜马偕尔邦、北阿坎德邦和梅加拉亚邦的朝圣路线制作了山体滑坡危险分区图。此外,印度空间研究组织还定期编制季节性滑坡情况数据库。主要滑坡事件期间定期获得有关山体滑坡的近实时信息,并通过 Bhuvan Geoportal 传播。还使用卫星数据和 DSM 估算滑坡的面积范围。

（4）森林火灾方面：ISRO 使用从卫星数据观察到的历史森林火灾准备森林火灾制度地图。这些地图有助于确定森林火灾普遍存在的关键区域和森林火灾的平均持续时间。ISRO 定期使用卫星数据准备森林火灾警报地图，并提供给 FSI 和其他国家森林部门。通过 Bhuvan Geoportal 和 SMS 警报实现近乎实时的数据传播，帮助森林部门采取快速行动。

2.8 连续运行参考站系统

人类的活动日益遍及地球的每一个角落，必须建立统一的大地测量坐标系，掌握地球形状及其外部重力场及其随时间的变化，测量地壳水平和垂直位移、极移以及海洋水面地形及其变化等。人们发展了几何大地测量、物理大地测量和基于卫星的现代大地测量的科学方法和工程技术，其中利用卫星导航系统进行大地测量就是一个重大进展。基于连续运行参考站（CORS），将先进的卫星导航定位科技和地理信息测绘技术、通信技术和计算机信息处理技术有机结合起来，为几何大地测量建立一个全天候、全天时、全球覆盖、高精度、动态、实时定位系统，将原本复杂、后处理、耗时的几何大地测量变成简单、可视、实时的几何大地测量，并将以前只有专业定位才能掌握的精密定位技术变成大众也可以掌握和使用的普通技能，显著地促进了社会生产力的发展。

CORS 理论源于 20 世纪 80 年代中期加拿大提出的主动控制系统。该理论认为 GPS 主要误差源来自于卫星星历，若能利用一批永久性参考站，可为用户提供高精度的预报星历以提高测量精度。随着之后基准站点概念的提出，这一理论的实用化得到了推进。它的主要理论基础就是在同一批测量的 GPS 站点中选出一些点位可靠、对整个测区具有控制意义的观测站，采取较长时间的连续跟踪观测，通过这些站点组成的网络解算，获取覆盖该地区和该时间段"局域精密星历"及其他改正参数，用测区内其他观测站观测值的精密解算。

CORS 系统能够全年 365 天、每天 24h 连续不断运行，全面取代大规模控制网。用户只需一台 GNSS 接收机即可进行毫米级、厘米级、分米级、米级的实时、准实时的快速定位、事后定位。全天候地支持各种类型的 GNSS 测量、定位、变形监测和放样作业。可满足覆盖区域内的各种地面、空中和水上交通工具的导航、调度、自动识别和安全监控等功能，服务于高精度中短期天气状况的数值预报、变形监测、地震监测、地球动力学等。CORS 系统还可以构成国家的新型大地测量动态框架体系和城市地区新一代动态基准站网体系。

2.8.1 系统发展历程

随着 GNSS、计算机、数据通信和互联网络等技术的不断发展成熟，利用多基准站网络 RTK 技术建立的CORS系统应运而生,很好地解决了大范围区域内厘米级精度的实时定位问题,并在现代社会的发展过程中发挥着越来越重要的作用。近年来,国外不同国家已经陆续建立了一些专业性的卫星定位连续运行网络。

CORS系统是一个由美国国家大地测量局(NGS)负责和管理GPS精度增强的服务系统,由政府、公司、大学、研究机构、民间组织和个人共同参与建设与运维。目前,发达国家都在地面建立或正在建立永久性CORS系统,提供长期、连续、稳定、可靠的高精度定位服务。

美国主要有3个大的CORS系统,分别是国家CORS网络、合作CORS网络和加利福尼亚CORS网络。目前,国家CORS网络有688个站,合作CORS网络有140个站,加利福尼亚CORS网络有350多个站。美国国家大地测量局(NGS)、美国国家海洋和大气管理局(NOAA)的国家海洋服务办公室分别管理国家CORS网络和合作CORS网络。NGS的网站向全球用户提供国家CORS网络基准站坐标和GPS卫星跟踪站观测数据,其中30天内为原始采样间隔的数据,30天后为30s采样间隔的数据,此外NGS网站还提供网上数据处理服务(OPUS)。合作CORS网络的数据可以从美国国家地球物理数据中心下载,并且所有数据向合作组织自由开放[14]。

至2001年5月,美国已建设160余个CORS。NGS还宣布,为了强化CORS系统,以每个月增加3个CORS的速度改善该系统的空间覆盖率。

2004年,美国在其本土和世界各地建设了大量的CORS(图2-56)。

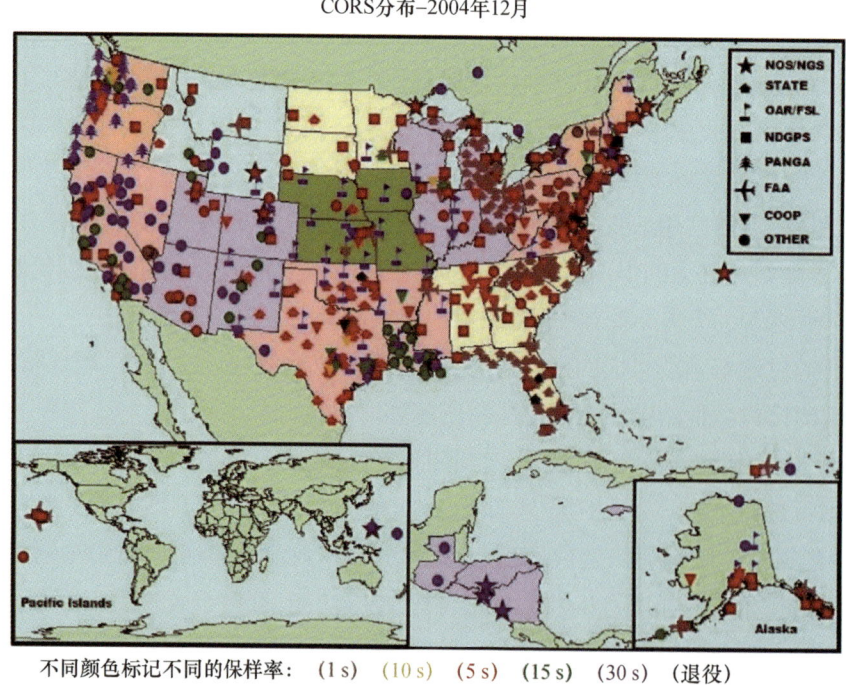

图2-56 2004年,美国在其本土和世界各地建设的CORS及其分布图

2013年,有200多个单位参与建设的CORS规模已超过1900个站,已覆盖美国。

2015年,美国建设的CORS的服务实现了对其本土主要区域全覆盖(图2-57)。

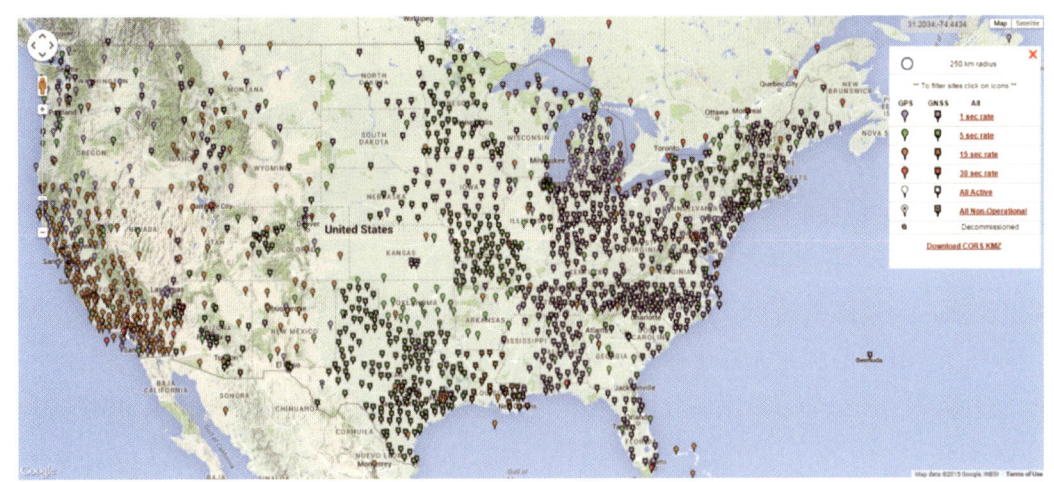

图 2-57　2015 年,美国在本土建设的 CORS 及其分布图

加拿大的主动控制网系统(CACS)目前由加拿大大地测量局和地质测量局负责维护和运行。到 2006 年 5 月,CACS 拥有 14 个永久性跟踪站、12 个西部变形监测站、20 个区域主动控制站。通过分析多个基准站的 GPS 数据,监测 GPS 完好性和定位性能,计算精密的卫星轨道和卫星钟差改正,提供有效的现代空间参考框架和提高 GPS 应用的有效性和精度。利用 CACS 提供的精密卫星星历、精密的卫星钟差改正和基准站的观测值,在加拿大的任何位置使用单台接收机定位可获得一个厘米级或米级的精度定位结果。

澳大利亚悉尼网络 RTK 系统(SyNet)是在 2003 年建立的,CORS 网络所有基准站位于悉尼市区,使用光纤连接到控制中心,数据处理和发布中心位于 Redfem 的澳大利亚技术园(ATP)。用户配备单台 GPS 接收机和无线网络通信设备,就可以获得厘米级的实时定位结果。该系统不仅可以为土地测量控制服务,取代地区的测量控制网,还是一个在通信、用户应用方面进行网络 RTK 技术研究的开放实验室。

德国卫星定位与导航服务系统(SAPOS)是德国国家测量管理部门联合德国测量、运输、建筑、房屋和国防等部门,建立的一个长期连续运行的、覆盖全国的多功能差分 GPS 定位导航服务体系,是德国国家空间数据基础设施。它由 200 个左右的永久性 GPS 跟踪站组成,平均 40km 一个站,其基本服务是提供卫星信号和用户改正数据,使用户得到厘米级精度水平的定位和导航坐标。SAPOS 采用区域改正参数(FKP)的方法来减弱差分 GPS 的误差影响,一般以 10ns 的间隔给出每颗卫星区域改正参数。SAPOS 把德国的差分 GPS 服务按精度、时间和相应目的分成了四个级别:实时定位服务(EPS)、高精度实时定位服务(HEPS)、精密大地定位服务(GPPS)、高精度大地定位服务(GHPS)。与美国的 CORS 系统、加拿大的 CACS 一样,SAPOS 构成了德国国家动态大地测量框架。

日本国家地理院(GSI)从 20 世纪 90 年代初开始,就着手布设地壳应变监测网,并逐步发展成日本 GPS 连续应变监测系统(COMOS)。系统发展最终形成了由 GPS 连续观测站组成的参考网站称为 GEONET,该系统的永久跟踪站平均 30km 一个,最密的地区如关东、东京、京都等地区是 10～15km 一个站,到 2005 年底已经建设 1200 个遍布全日本的 GPS 永久跟踪站。该系统基准站一般为不锈钢塔柱,塔顶放置 GPS 天线,塔柱中部分层放置 GPS 接收机、UPS 和 ISDN 通信调制解调器,数据通过 ISDN 网进入 GSI 数据处理中心,然后进入互联网,在全球共享。COMOS 构成了一个网格式的 GPS 永久站阵列,是日本国家的重要基础设施,其主要任务有:建成超高精度的地壳运动监测网络系统和国家范围内的现代"电子大地控制网点";系统向测量用户提供 GPS 数据,和具有实时动态定位(RTK)能力,完全取代传统的 GPS 静态控制网测量[18]。

欧洲定位系统(European Position Determination System,EUPOS)是在 2002 年的第一届柏林 GNSS 大会上由与会各国的测绘主管部门、地理信息研究机构以及欧空局等单位联合倡导成立的卫星定位地面差分增强系统。EUPOS 的参考坐标系是欧洲大地参考系 1989(ETRS 1989),各会员国也可以使用其各自的国家大地坐标系。EUPOS 的参考站均为永久参考站,各站间距离不小于 100km,这样的参考站分布可以保证对各种类型的流动站的可用性和定位精度要求,在城区参考站的分布密度相应会更高。EUPOS 的参考站将充分利用各国现有的参考站以及 EUREF、IGS 的参考站在边疆地区实现参考站的跨国共用,目前的参考站连续接收 GPS 和 GLONSS 信号并提供相应的差分定位系统,与此同时,EUPOS 也会促进多系统 GNSS 的使用,提高用户导航信号的可用性,这在信号遮挡严重的城区环境下显得尤为重要。所有的参考站网均使用网络连接,以将 GNSS 观测数据传送至相应的网络中心。网络中心对对流层延迟、电离层延迟以及星历误差进行准确建模,生成相应的差分改正数据并分发,从而提高流动站的实时定位精度[14]。

英国结合自身情况建设了约 60 个 GPS CORS 系统,其功能和性能与美国的同类系统相似,只是增加了监测英伦三岛周围海平面相对和绝对变化的内容。

2.8.2　系统组成

CORS 系统由 4 个子系统组成,分别为:参考站子系统、数据中心子系统、数据通信子系统及用户应用子系统。各子系统由数字通信子系统连接成一体,形成一个分布于整个城市的专用网络。

1. 参考站子系统

由控制区域内均匀分布的基准站组成。基准站由 GNSS 设备、计算机、气象设备、通信设备、电源设备及观测场地等构成,具备长期连续跟踪和记录卫星信号的能力,是 CORS 的数据源,用于观测、采集包括导航卫星信号的伪距和相位信息、接收机天线坐标、站址移动速率矢量、GNSS 星历、站址的气象数据等。

2. 数据中心子系统

该系统由计算机、网络和软件系统构成,该系统又可细分为系统控制中心子系统(System Management Center Sub-System)和用户数据中心子系统(User Data Center)。数据处理系统是整个系统的核心,既是通信控制中心,也是数据处理中心。数据处理系统用于将从基准站网接收的数据进行处理,形成我们要用的各类数据产品。它通过通信线(光缆、ISDN、电话线等)与所有基准站通信,通过无线网络(GSM、CDMA、GPRS 等)与移动用户通信。

1)系统控制中心子系统

该系统是 CORS 系统的神经中枢,其主要功能为:数据分流与处理,系统监控,信息服务生成与用户管理等。控制中心是 CORS 的核心单元,是实现高精度实时动态定位的关键所在。中心 24h

连续不间断地根据各基准站所采集的实时观测数据在区域内进行整体建模解算,并通过现有的数据通信网络和无线数据播发网,向各类需要测量和导航的用户以国际通用格式提供码相位/载波相位差分修正信息,以便实时解算出流动站的精确点位。

2) 用户数据中心子系统

该系统提供 CORS 系统服务的下行链路,将控制中心的数据成果传递给用户。其主要功能为管理各播发站、差分信息编码、形成差分信息队列等。数据处理中心利用通信链路播发修正数据,播发系统有单向和双向两种工作方式。在单向方式中,用户从数据处理中心得到一致的修正数据;在双向方式中,用户将自己粗略位置传送给数据处理中心,数据处理中心再将针对性修正数据播发给用户,每个用户可能得到不同的修正数据。应用系统用于将增强数据产品变成具体场景的应用数据。

3. 数据通信子系统(Data Communication Sub – System)

用户很容易通过通信网络从数据处理系统下载 CORS 产生的观测数据。数据通信网络用于将 4 个子系统连成一个有机的整体。该系统由公用或专用的通信网络构成,包括数据传输硬件设备及软件控制模块。该系统的主要功能为把基准站 GNSS 观测数据传输至系统控制中心、把系统差分信息传输至用户等。

4. 用户应用子系统

该系统由接收机、无线通信的解调器及相关的设备组成。主要功能为按照用户需求进行不同精度定位。它包括用户信息接收系统、网络型 RTK 定位系统、快速精密定位系统以及自动式导航系统和监控定位系统等。按照应用的精度不同,用户服务子系统可以分为毫米级、厘米级、分米级、米级用户系统等;按照用户的应用不同,可以分为测绘与工程用户(厘米、分米级)、车辆导航与定位用户(米级)、高精度用户(事后处理)、气象用户等几类。

2.8.3 系统技术特点

CORS 系统的建设和使用灵活方便。建设一个 CORS,采用单站 RTK 载波相位差分技术,配置实时导航卫星状态监控软件、数据存储/处理和播发软件、用户服务与管理软件等,就可以 RTK 技术在一定范围内(例如半径 10km 范围内)提供"1 个参考站 + 1 个用户"或"1 个参考站 + N 个用户"厘米级精度的定位服务。

可在更大范围内建立 N 个 CORS 并组网,采用"N 个参考站 + N 个用户"的模式,通过数据处理中心实时处理导航卫星和用户数据,通过通信系统将误差修正数据等发送给用户,可以在该网络覆盖范围内,提供厘米级精度的定位、后处理毫米级精度的定位服务。CORS 系统运作效率高,基站覆盖地域范围广,而且具有"一次投资长期受益"的优点;目前我国大部分经济发达城市都已建成或在建 CORS 系统,已经成为城市基础设施建设的发展方向。CORS 系统提供高质量的系统数据,提高了业务区域的数据精度;CORS 系统可以提高生产效率,单人测量系统也逐渐成为 GNSS 技术的主要应用方式。CORS 系统采用广播式数据发送方式,不对接入用户数量设限,降低投资。

组建 CORS 系统的关键技术如下[17]：

1）参考站高稳定性高精度定位技术及相应动态坐标框架的建立

参考站为永久跟踪站,可与国家永久跟踪站及国际 IGS（地球动力学服务）跟踪站进行联合解算,确定参考站在全球框架中的位置变化。参考站之间的相对位置变化通过位于基岩上的参考站天线墩的稳定性来监测其他参考站的稳定性,建立永久性动态框架基准。GNSS 卫星定位技术是核心技术。在 CORS 系统组建中,GNSS 参考站软硬件（如参考站接收机、参考站软件等）占了资金投入的大部分。同时 GNSS 参考站软硬件从根本上决定了系统提供服务的性能,比如如果 GNSS 接收天线的相位中心稳定性差于 2mm,将无法为地震系统提供满足需求的服务。

2）CORS 系统构网及 CORS 站址选择

CORS 系统构网及 CORS 站址选择是 CORS 组建的关键环节。CORS 系统应根据各行各业的需求合理布网,既要考虑到 CORS 的一般需求及行业需求,又要考虑到 CORS 的站间距及均匀性,这样才能实现系统的最优性能。另外,在 CORS 站址选择上也要严格把关,站址观测环境对 CORS 系统的性能影响至关重要。

3）快速和动态 GPS 定位技术

当连续运行的卫星定位导航服务系统建成后,用户只用一台单频或双频 GPS 接收机在市内任意位置接收几分钟（快速）或十几秒钟（动态）,在从发播台接收参考站数据后,即可进行厘米级精度定位。关键的技术主要是快速和实时动态定位技术和相应软件的开发与应用技术,其中采用多参考站进行实时定位的网络 RTK 技术将是最为重要的和最具影响的技术。

4）地震与工程形变高精度监测技术

利用参考站发播的 GPS 跟踪数据,在待监测的地址构造工程、建筑体上安置 GPS 型接收机和相应传感器及数据自动记录装置,卸载数据,进行毫米级乃至亚毫米级精度的形变监测和监测数据的形变分析,并对监测物体的安全性进行预报或报警。

5）坐标系转换与高程系统转换技术

由本系统按 GPS 卫星定位确定的位置是 TRF-yy 框架下的坐标系。系统要把在动态地心框架（TRF-yy）下的坐标转换成满足测绘和规划工程的独立坐标系（LCS）中的坐标。因此系统的监控分析中心每年要提供（TRF-yy）到 LCS 的转换参数。该转换参数的精度应满足相对定位精度优于 10^{-6} 左右的定位结果转换后仍不低于这一精度指标。为了获取快速或实时动态定位点的海拔高程,在要求确定出网格分辨率为 2km×2km,网格大地水准面高精度为 ±5cm 的大地水准面模型,从而在采用快速和实时 GPS 定位后用户可直接确定该点大地水准面高,确定大地水准面高的精度应优于 $\pm 10\text{cm}\sqrt{L}$（L 为该定位点值最近网格点以 km 为单位的距离）。

6）系统运行完备性分析与可靠性安全性监测技术

本系统由多个子系统构成,任一子系统中的某个环节发生故障或 GPS 卫星本身发生问题,系统都要能及时监测分析出来。同时,对系统故障进行遥控和修复,尽快使系统恢复正常,或者可向用户发出警告信息。其中几项主要技术为：

（1）GPS 卫星信号故障监测与报警技术。

（2）电离层突发变化监测与报警及预报技术。

（3）系统设备故障监测与故障排除遥控技术及系统运行参数修改设置遥控技术。

7）多功能数据格式产生、分流、处理和服务网络管理技术

本系统为满足定位、导航用户需求，要同时产生满足导航的 RTCM2.1 伪距差分数据和满足 RTK 定位的相位差分数据，还要产生满足精密定位用户的任意时间间隔的 RINEX V2.0 数据。这些数据经过分流要发送给不同的数据发播设备。同时还要进入数据库以备今后查询。

此外，本系统要对系统原始观测数据，系统产品数据，相关国际、国家、省级永久跟踪站和相应卫星定位数据进行管理，形成数据压缩、编码、加密、存储、查询、修改、更新，全面开展公益性和有偿性网络自动服务的功能。因此网络中心的服务方式将是本系统最具影响的关键技术之一。

8）系统可靠及安全正常运行的技术

本系统要求按高标准设计，保证系统正常运转性能，保证用户可用性的要求，保证系统的完好性，其主要技术是通过参考站个数、位置设计的冗余度、关键设备的冗余度、软件的容错能力和系统的监控能力来实现的。

9）通信网络技术

通信网络技术是 CORS 系统运行的后勤保障。没有稳定、可靠的通信，CORS 系统性能将大打折扣。例如 CORS 的观测数据不能实时传回数据中心，或者传回的数据有缺失；系统提供的服务不达要求，或不能及时送抵用户。

2.8.4 系统应用

CORS 系统的基础硬件设施为数量众多的持续工作的 GPS 基准站，这些基准站可以提供 GPS 卫星数据以及国际上普遍使用的基准站站点坐标。在这些 GPS 基准站的帮助下，CORS 系统可以提供快速的实时定位、交通出行导航、全球精确定位等功能，可以满足地质测绘、地籍房产管理、城市建设规划、城乡设施安排、城市环境监测、交通出行监控、自然灾害预防、矿山结构测量等的要求。

无论是区域 CORS 还是大范围洲际 CORS 或 IGS，其目前应用领域主要包括：大地测量学和地球动力学以及其相关交叉学科的研究；区域或全球参考框架的维护；各种等级的工程测量；车辆、飞机和船舶导航；采矿业、林业、教育和环境监测；在发达国家甚至广泛应用于精细农业。如果对 CORS 的应用进行分类综述，并逐一对各类应用范围进行细化，如表 2-18 所列。

表 2-18 CORS 应用领域细节一览表[19]

应用类别	一级细节划分	二级细节划分
科学研究	大地测量学	参考框架的动态维护；卫星定轨（及其相关轨道、钟差产品）；地球自转参数确定
	地球动力学	地壳形变监测和板块运动；地震监测与预报；厘米/毫米级大地水准面的研究
	其他交叉学科	GPS 气象学；研究电离层

续表

应用类别	一级细节划分	二级细节划分
陆地测量	生产建设	城市管线（道路）测量/地籍测量/精密工程测量/工程放线（样）/数字城市的数据采集与地图更新等
	科学管理与防范	城市智能交通；城市公共安全（诸如毒气扩散等突发事件的预警和指挥）；诸如物流管理/公交管理/码头管理等专项管理方面；桥梁建筑物等变形监测/滑坡监测/地表沉陷监测等方面
	生活与娱乐	个人自助导航
海洋测量	生产与国防建设	海岸线测量/近海导航/港口测量/近海水下地形测量
航空航天	管理和调度	机场管理（飞行器起降）
	生产	辅助遥感和航拍的相机空中定位和定姿
其他	农业/水利/自动化控制等	精细农业/工程作业的自动化控制（如废品回收厂的垃圾分拣）

GPS CORS 系统已为美国和发达国家的用户提供实时差分数据服务、原始观测数据和网上数据处理服务，广泛应用于地理信息、工程与科学研究、国土资源、农业等部门、非政府组织及其他机构、个人所需的厘米级精度的实时动态定位、后处理毫米级精度的静态定位解算，主要包括：

（1）支持服务区内的用户方便使用厘米级精度的定位和导航；

（2）促进服务区内的用户利用 CORS 系统发展地理信息系统（GIS）；

（3）用于服务区内地壳形变的监测；

（4）支持与遥感信息的融合应用，为测绘、GIS 用户提供服务；

（5）用于服务区内上空大气中水汽含量及其分布的计算，支持气象预报；

（6）用于服务区上空电离层中自由电子浓度和分布的监测、空间天气研究和地理信息应用等；

（7）用于服务区内工业、农业、交通、工程建设等领域的高精度定位、导航和控制的应用。

尤其是在地理信息系统（GIS）的应用方面，GPS CORS 系统有明显的优势：

（1）显著提高测绘精度、速度与效率，降低测绘劳动强度和成本，省去测量标志的布设、保护与修复的费用，极大地加快国家基础地理信息领域的发展。

（2）可用于建筑物、自然界中的山体等进行实时、有效、长期的变形监测，对灾害进行快速预报。

（3）由此建立城市空间基础设施的三维、动态、地心坐标参考框架，在实时空间位置信息层面实现城市的数字化，由此带来的社会和经济效益不可估量。

CORS 系统的建设在我国已经逐渐开展，和以往的定位技术相比，CORS 有效作业范围大，建设费用较低，能够具备精准的定位功能以及可靠性能力，最为重要的就是利用 CORS 技术能够进行多功能和多用途的定位服务，有效提高 CORS 空间数据的利用效率。

CORS 系统在现代社会的应用主要分为以下几个方面[16]：

1）CORS 替代传统常规测量控制网

通过对 CORS 系统的建设,建立永久性的控制网基准点,取代常规的测量控制网。这不仅实现了从传统的地面控制到无控制网系统的转变,还保证了城市建设等其他因素不受 CORS 系统的影响等。保证了能够准确并且实时快速的对控制点进行检测。保证控制点的投入少,控制时间长等。并且,这样的参考站具有一定的自我完善等优点,能够最终实现全面覆盖等功能。

2）满足地理和环境等领域的需求

CORS 系统的使用能够极大满足现阶段地球物理以及环境监测等领域的需求。比如可以拥有在地球物理领域中和其他地区之间进行数据交换,进而分析研究自身所在板块或者是和周围板块之间关系的一种探索。同样也支持了地震监测部门在进行参考站网服务区内的流动监测点进行检查研究。CORS 系统的使用大大提高了地理和环境研究中的精准度以及工作人员的工作效率,在短期的观察期间内有效降低了施工的成本,并且能够比较均匀地进行精度指标的分析,保证状况的跟踪和趋势的研究。

3）满足水资源以及农业的需求

现阶段我国大部分地区都处于缺水状态,水资源的浪费也非常严重。在 CORS 系统的使用和普及之后,我国农业部门将节约用水以及农业的精密种植列入到了未来农业发展规划当中,逐渐废除了传统的农业耕种浪费水资源的方式。采用地下管道的灌溉技术,根据现阶段的 CORS 技术引导种植机器进行数据的采集和土壤的优化,控制好施肥的数量以及灌溉水的量。另外,高精度的 CORS 能够有效引导机械化的种植,并且能够防止机械对地下灌溉管道的破坏。CORS 的使用进一步实现了我国农业种植的科技化和信息化,也在一定程度上满足了我国水资源的合理使用。

4）实现地面施工机械的自动引导

自从 CORS 系统正式运行应用,一些进行地面施工的机械用户通过引进或者是更新的方式进行 CORS 的结合,连接一些先进的设备,帮助实现生产工艺的彻底改造,转变传统的生产方式,通过 CORS 系统的引入,进入到一个全新的、系动化的、数字化的时代,大大节省了人力和物力,并且显著地改善了生态环境以及城市的建设环境。

5）实现城乡地理信息系统的应用

城乡之间的地理信息系统数据的精确度能够有效提高管理人员以及部分单位的工作精准度,甚至能够提高其决策能力。CORS 在建立之后,能够进行有效的野外考察和勘察等,建立一定的空间数据库,通过系统的一些数据处理,最终把不同类型的地理信息系统数据输入到数据库中,实现数据库的更新。

 参考文献

[1] 蔡昌盛,李征航,张小红. SA 取消前后 GPS 单点定位精度对比分析[J]. 测绘信息与工程,2002,27(03):

24-25.

[2] 施浒立,李林. 卫星导航增强系统讨论[J]. 导航定位与授时,2015,2(05):30-36.

[3] 曹冲. 全球导航卫星系统(GNSS)竞争格局和发展趋势研究[J]. 全球定位系统,2006,31(03):1-3.

[4] 张彦东. 美国星基增强系统发展现状和未来[J]. 现代导航,2014,5(05):379-382.

[5] 曹冲. 北斗与 GNSS 系统概论[M]. 北京:电子工业出版社,2016.

[6] 刘路. GPS 局域增强系统作为精密进近手段的分析[J]. 空中交通管理,2005,(05):26-28.

[7] 卢璐,马银虎,陈海龙. 俄罗斯卫星导航增强系统 SDCM 现状与发展[C]// 第五届中国卫星导航学术年会论文集-S5 卫星导航增强与完好性监测. 2014.

[8] 陈刘成. EGNOS 系统进展情况[J]. 四川测绘,2004,27(04):147-152.

[9] Overview of MSAS [EB/OL]. (2008-05-01)[2019-10-01]. http://www.unoosa.org/documents/pdf/icg/activities/2008/icg3/08-1.pdf.

[10] Aeronautical Telecommunications [EB/OL]. (2007-02-01)[2019-10-01]. http://web.tuke.sk/lf-klp/Durco%20Stanislav/LP%20II/LITERATURA/Annex10_Vol1_2007-org.pdf.

[11] https://www.isro.gov.in.

[12] http://www.beidou.gov.cn.

[13] 过静珺,王丽,张鹏. 国内外连续运行基准站网新进展和应用展望[J]. 全球定位系统,2008,(01):1-10.

[14] 周义高,胡玉芹. 连续运行参考站系统(CORS)应用技术研究[J]. 价值工程,2012,31(15):201-202.

[15] 程志辉. GPS 连续运行参考站系统(CORS)在现代社会的实际应用探讨[J]. 科技视界,2017,(13):36.

[16] 王妍,杨少愚,刘洪瑞. 浅谈连续运行参考站系统(CORS)的关键技术[J]. 测绘与空间地理信息,2013,36(08):89-91.

[17] 汪伟,史廷玉,张志全. CORS 系统的应用发展及展望[J]. 城市勘测,2010,(03):45-47.

[18] 李川章,向才炳,边少锋. 国外连续运行参考站系统发展与启示[J]. 舰船电子工程,2012,32(09):4-7.

第 3 章

北斗地基增强系统设计要求

北斗地基增强系统是由中国卫星导航系统管理办公室组织，交通运输部、原国土资源部、教育部、原国家测绘地理信息局、中国气象局、中国地震局、中国科学院等国家相关单位支持，在现有北斗卫星监测站点基础上，按照"统一规划、统一标准、共建共享"的原则，整合国内地基增强资源，建立的以北斗为主、兼容其他卫星导航系统的高精度卫星导航服务体系。北斗地基增强系统是北斗卫星导航系统的重要组成部分，是专门提升北斗卫星导航系统服务能力的增强系统，也是提供国家高精度位置信息的基础设施。利用北斗/GNSS 高精度接收机，通过地面基准站网，利用卫星、移动通信、数字广播等播发手段，在服务区域内提供米级、分米级和厘米级实时高精度导航定位服务以及后处理毫米级定位增强服务，满足国民经济各行业和人民群众对高精度位置服务的需求。

北斗地基增强系统发展历程如下：

2014 年，北斗地基增强系统正式启动进入研制建设阶段。

2016 年，完成系统第一阶段研制建设任务，提供实时厘米级和后处理毫米级定位服务。

2017 年，发布了北斗地基增强系统服务性能规范 1.0 版。

2018 年，基本完成系统第二阶段研制建设任务，全面进入系统测试。

2019 年，完成北斗地基增强系统建设，新增提供北斗广域实时米级、分米级定位服务。

3.1 北斗地基增强系统的组成

北斗地基增强系统由北斗导航增强站系统、通信网络系统、数据综合处理系统、数据播发系统、位置服务运营平台等以及配套的播发手段(利用国家已有基础设施)、测试设备、标准体系、管理体系等组成,其组成示意图如图3-1所示。

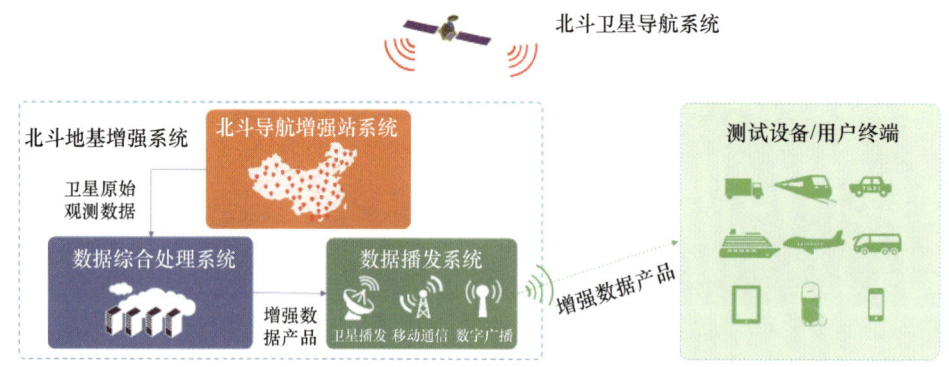

图3-1 北斗地基增强系统组成示意

北斗导航增强站系统在全国分布有1335个北斗地基增强站,由室外部分[含扼流圈天线、观测墩及其附属设施、气象仪(部分增强站有)、射频电缆等]和室内部分[含北斗高精度接收机、原子钟(30个增强站)、路由器、不间断电源等]组成,如图3-2和图3-3所示。用于在全国范围内接收BDS、GPS、GLONASS等卫星导航系统发射的导航信号,通过专用光纤网络系统传送到位于北京的北斗国家数据综合处理系统和位于西安的数据备份系统,形成分布全国的北斗导航增强站系统"一张网",如图3-4所示。

通信网络系统主要由专用光纤通信网络、路由器等组成,连接北斗导航增强站到国家数据综合处理系统和数据备份系统、国家数据综合处理系统到行业数据处理系统,用于北斗导航增强站的原始观测数据、国家数据综合处理系统产生的增强数据产品、各分系统的监控信号等传输,将北斗导航增强站与数据综合处理系统、数据处理系统有机连接起来,国家数据综合处理系统与行业数据处理系统组成如图3-5所示。

北斗国家数据综合处理系统由软硬件基础支撑平台、数据处理子系统、数据播发子系统、运行监控子系统、信息安全防护平台等部分组成,用于接收、存储、处理来自北斗导航增强站的原始观测数据等。一方面将原始观测数据处理成增强数据产品(含导航卫星钟差、轨道、电离层、对流层修正参数)并推送至数据播发子系统;另一方面将原始观测数据和增强数据产品传送至交通运输部、国家测绘地理信息局(原)、中国气象局、中国地震局、国土资源部(原)、中国科学院国家授时中心的行业数据处理系统。各行业数据处理系统结合自身特点对接收的数据和数据产品进行再加工,提供行业北斗/GNSS增强精度定位服务。

图3-2 北斗地基增强站室外部分设备现场

图3-3 北斗地基增强站室内部分设备现场

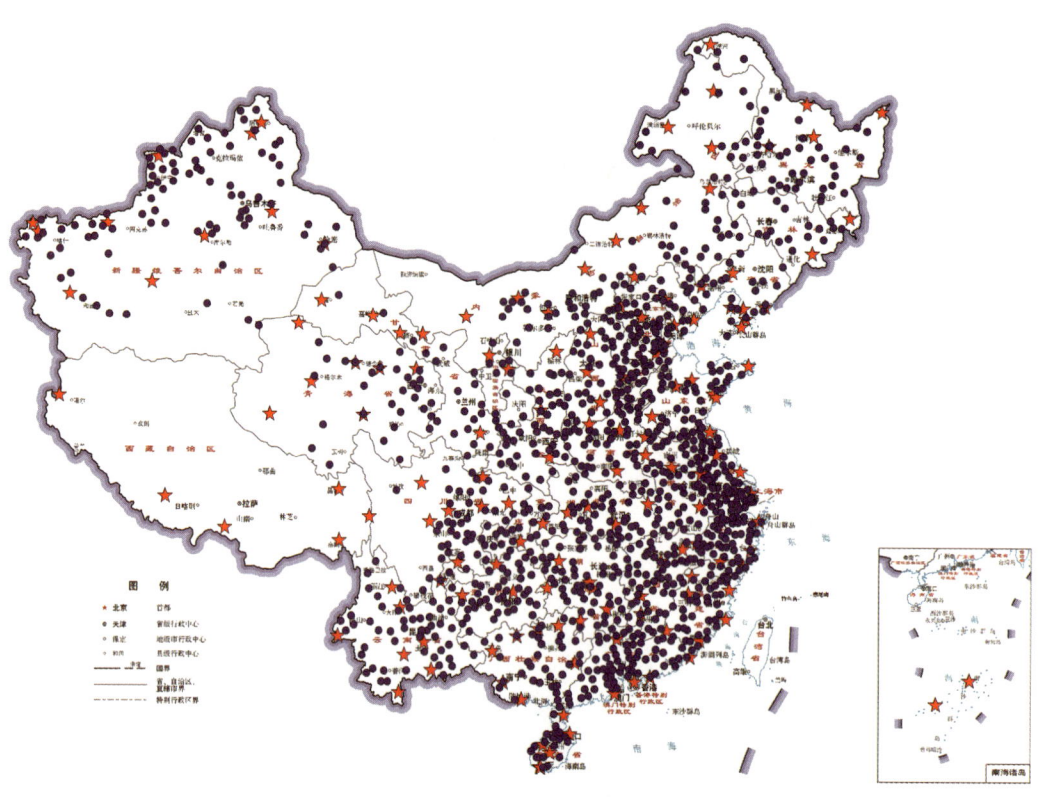

图3-4 分布全国的北斗导航增强站系统"一张网"示意

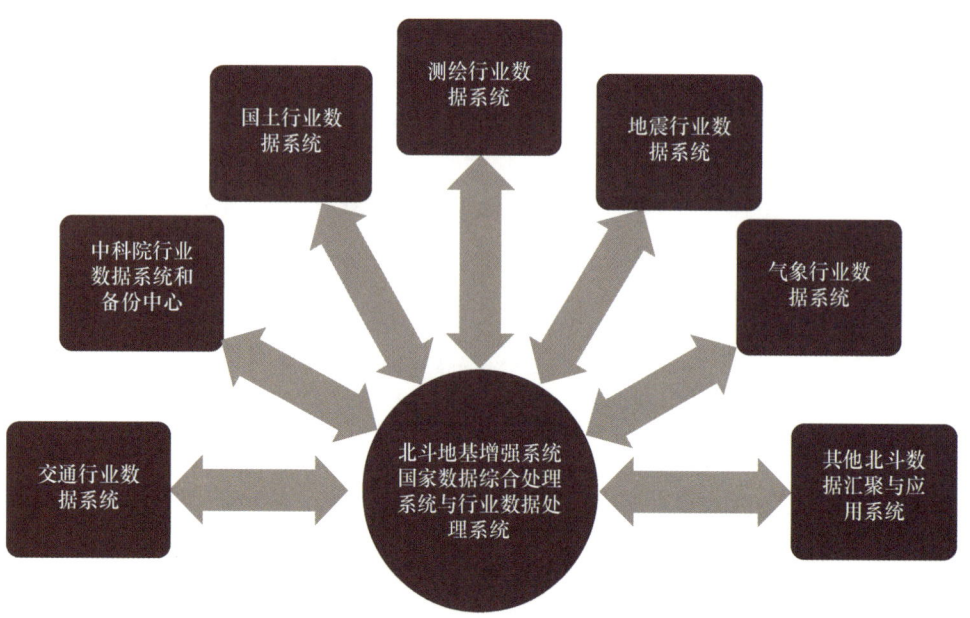

图3-5 国家数据综合处理系统与行业数据处理系统组成示意

数据备份系统与位于中国科学院国家授时中心的数据处理系统共址建设和运行维护。

数据播发子系统主要由服务器和播发软件等组成。数据播发子系统接收国家数据综合处理系统推送的增强数据产品,将其按国际标准协议进行编排、推送,利用现有的卫星播发、数字广播(含中国数据广播CDR、中国移动多媒体广播CMMB)、移动通信(2G/3G/4G/5G)等播发手段进行播发(图3-6)。此外,通过互联网接入可提供后处理毫米级定位服务。

图3-6 北斗增强数据产品播发手段示意图

测试设备主要有用于北斗实时米级、分米级平台型北斗增强数据产品服务性能测试车及车载测试设备,台式北斗增强数据产品服务性能测试终端(图3-7),手持式北斗增强数据产品服务性能测试终端(图3-8)等。这些测试平台和终端除具有接收北斗卫星导航信号的能力外,还具有接收卫星通信、数字广播和无线移动通信播发的北斗增强数据产品的能力,联合解算北斗卫星导航的基本信号和北斗地基增强系统的增强信号,获得北斗实时米级、分米级精确定位值。

图3-7 台式北斗增强数据产品服务性能测试终端

图 3-8　手持式北斗增强数据产品服务性能测试终端

3.2　北斗地基增强系统的作用

从应用层面看,卫星导航系统的应用有两个发展阶段。

第一个发展阶段是对卫星导航系统提供的定位、导航和授时服务的直接应用。例如:用于地理信息行业的数据采集与测量,用于人、车、船、飞机的导航,用于通信、电力、交通、金融等行业的时钟同步,等等。在第一个发展阶段,卫星导航系统已经创造了亿级用户的规模。

第二个发展阶段是对卫星导航系统提供的定位、导航和授时服务的深度应用,主要是用于物联网在高精度时空域的精确控制。例如:用于车辆的自动驾驶、无人驾驶,用于管线的阀门与开关的智能控制,用于智能传感器的数据采集,等等。在第二个发展阶段,卫星导航系统和卫星导航增强系统将创造百亿级和更多的用户规模。

北斗地基增强系统有以下作用:

(1) 采集北斗卫星导航系统的导航数据支持北斗卫星导航系统的建设与运维;

(2) 采集其他卫星导航系统的导航数据对其工作状态进行评估;

（3）多个卫星导航系统、多种模式定位精度增强，形成米级、分米级、厘米级和后处理毫米级的服务精度，完善卫星导航系统的定位服务；

（4）通过米级、分米级、厘米级的定位精度将空间栅格化，为相关信息的位置标签奠定基础；

（5）通过对定位精度的增强，为北斗卫星导航系统的完好性增强创造条件；

（6）利用多种播发手段播发北斗增强数据产品，为北斗高精度大规模应用创造条件；

（7）支撑北斗高精度应用生态的构建，促进北斗高精度的行业和市场化应用；

（8）集成和规模应用北斗高精度的相关产品，提升技术水平和生产能力。

从发展目标看，北斗地基增强系统要解决三大问题：

1. 国家高精度位置与时空信息安全问题

卫星导航增强系统提供的高精度位置服务及其产生的相关信息能精确反映国家社会经济活动，如不能自主掌握上述信息则成为一个重大的安全隐患。因此，北斗地基增强系统要向全国提供高精度位置与时空服务，保障国家高精度位置与时空信息安全。

2. 国民经济关键行业高精度位置与时空服务问题

目前，已经高度信息化的通信、电力、交通、金融是国民经济的关键行业，高度依赖基于卫星导航系统提供的高精度位置与时空服务，一旦高精度位置与时空服务出现问题，后果不堪设想。因此，北斗地基增强系统要向国民经济关键行业提供高精度位置与时空服务，不受制于人。

3. 人民群众便捷生活问题

现在，卫星导航应用已经进入人民群众的生活中，已经产生了车道级导航、智能停车、精准送货等应用需求，并且新的应用需求还在不断创造出来。因此，北斗地基增强系统应向人民群众提供获得触手可及、随心而用的北斗高精度位置服务，有效保护个人高精度位置信息。

3.3 北斗地基增强系统的时间基准与坐标系统

3.3.1 时间基准

光速是光或电磁波的传播速度，是一个非常重要的物理常数。在不同的传播介质中，光的传播速度是不同的。光在真空中传播的速度最快，为299792458m/s。时间和光速的乘积即为光传播的距离。

卫星导航定位中测量导航卫星与用户接收机之间伪距的技术，实际上就是精确测量两者之间光传播所用时间的技术。精确测量导航卫星将导航信号传播至用户接收机的时间，再乘以光速即可得到两者之间的距离。假如测量时间的精度是1ns，则伪距测量误差约为0.30m；假如测量时间的精度是1000ns,则伪距测量误差约为300m。

由以上简要分析可知,时间基准是卫星导航定位系统的核心。GPS的时间基准是采用原子钟建立原子时系统,其秒长是由地面主控站、监控站和导航卫星上所有原子钟通过比对测量,得到一个实时运行和控制的时间值,再与协调世界时(UTC)比对得到时间值。

GPS的建立并向全球提供服务,随之建立了称为GPS时的时间基准。目前,GPS授时已经广泛应用于各种军用和民用领域,是授时精度最高、应用最广泛的授时手段,授时精度最高可达10ns。

我国北斗卫星导航定位系统也建立了北斗时间基准——北斗时,并已经形成服务能力,能够在全球(北斗三号)和区域(北斗二号)范围、全天候播发北斗时,满足国民经济等各领域对时间基准的需求。

北斗时起始时间为2006年1月1日协调世界时00时00分00秒,此刻协调世界时为33s;即在今后的任何时间,北斗时都比协调世界时慢33s。此外,北斗周和GPS周相差1356周,北斗秒和GPS秒相差14s。如果进行两者之间的换算,则在算出GPS时间值时需减去1356周和14s。

北斗地基增强系统的时间基准采用北斗时,但兼容GPS时。

3.3.2 坐标系统

卫星导航定位方法建立在大地坐标系的理论框架之上,要准确描述出用户接收机在地球上任意一个点的位置时,必须用到以参考椭球面为基准面建立起来的大地坐标系。

大家熟悉的美国GPS采用的是WGS-84大地坐标系,即1984年世界大地坐标系。WGS-84大地坐标系是地心空间直角坐标系,其原点为地球质心,Z轴指向国际时间服务机构(BIH)1984.0定义的协议地球极(CTP)方向,X轴指向BIH 1984.0定义的零子午面和CTP赤道的交点,Y轴与Z轴、X轴垂直构成右手坐标系且为一个地心地固坐标系。

WGS-84坐标系的主要参数:长半径 $a = 6378137 \pm 2(\text{m})$;地球引力和地球质量的乘积 $GM = 3986005 \times 10^8 \text{m}^3 \cdot \text{s}^{-2} \pm 0.6 \times 10^8 \text{m}^3 \cdot \text{s}^{-2}$;正常化二阶带谐系数 $C20 = -484.16685 \times 10^{-6} \pm 1.3 \times 10^{-9}$;地球重力场二阶带球谐系数 $J2 = 108263 \times 10^{-8}$;地球自转角速度 $\omega = 7292115 \times 10^{-11} \text{rad} \cdot \text{s}^{-1} \pm 0.150 \times 10^{-11} \text{rad} \cdot \text{s}^{-1}$;扁率 $f = 0.003352810664$。

在新中国成立后的五十余年中,我国一直使用局部大地坐标系——1954年北京大地坐标系和1980年西安大地坐标系,其大地原点(图3-9)偏离地球质心达百米,不能满足我国现在科学技术、经济和社会发展的需求。

我国的国家大地原点点位位于陕西省泾阳县永乐镇石际寺村,是利用高斯平面直角坐标方法建立的1980年西安大地坐标系经纬度的基准点,地理坐标为北纬34°32′27.00″、东经108°55′25.00″,我国所有地理位置标出的坐标均可追溯至该大地原点。图3-9左图为大地原点的立柱和铭牌(来自 www.dy.163.com),右图为大地原点的标志点(来自 https://tounch.traval.qunae.com)。

20世纪70年代至80年代,我国构建了"地心Ⅰ号"和"地心Ⅱ号"两套坐标系之间转换参数,精准度分别提高到15m和5m。

图3-9　中华人民共和国大地原点点位图

20世纪90年代,我国以最新理论和空间技术为基础,创建了最新的国家大地坐标系——2000中国大地坐标系(China Geodetic Coordinate System 2000,CGCS2000),服务于时空基准工程、北斗导航工程、遥感工程、基础设施工程建设、国土测绘等。CGCS2000目前是国际上最先进的大地坐标系之一,大地原点为包括海洋和大气在内的整个地球的质量中心,其Z轴由原点指向历元2000.0的地球参考极方向,Z轴指向从国际时间服务机构(BIH)给定的历元1984.0的初始指向推算,定向时间演化保证相对于地壳不产生残余的全球旋转,X轴由原点指向格林尼治参考子午线与地球赤道面(历元2000.0)的交点,Y轴与Z轴、X轴构成右手正交坐标系(图3-10)。CGCS2000进一步提升了地理坐标的精准度。

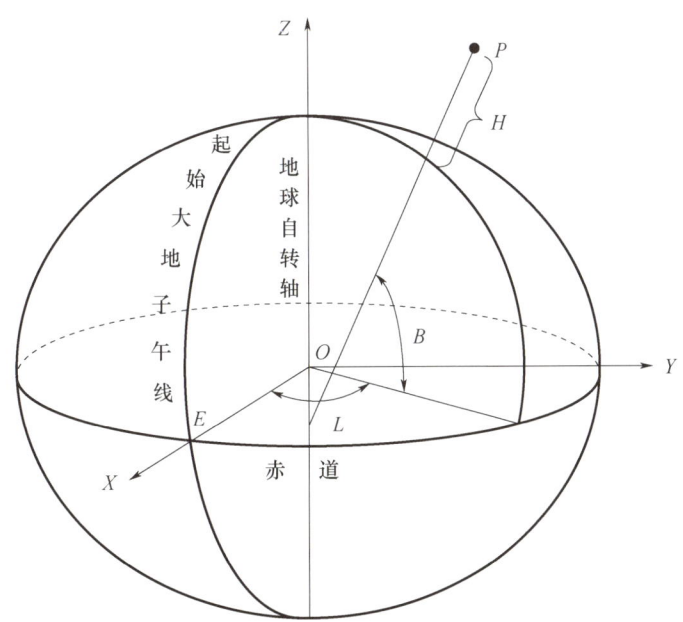

图3-10　地心空间直角坐标系和地心大地坐标系

北斗地基增强系统的坐标系统采用 2000 中国大地坐标系,兼容 WGS-84 大地坐标系。

3.3.3 参考框架建立与维持方案

1. 背景概述

作为北斗卫星导航系统(BDS)的重要组成部分,国家北斗地基增强系统(NBAS)是国家重大的信息基础设施,可在全国范围内面向大众及行业用户提供实时高精度定位导航服务。高精度的位置服务需要高精度的空间基准。而我国现行的 2000 中国大地坐标系属于静态参考框架,大部分测站只有三维坐标信息,无法建立全国区域速度场模型。这对北斗地基增强系统在全国范围内提供高精度位置服务是极为不利的。为满足北斗应用与产业化的需求,为大众及行业用户提供高精度空间坐标,必须建立北斗地基增强系统地球参考系统(以下简称北斗地球参考系统)。

2. 北斗坐标系的定义

北斗地基增强系统的坐标参考系统定义与北斗坐标系(Beidou Coordinate System, BDCS)保持一致。

北斗坐标系的定义与国际地球参考系统(ITRS)的定义保持一致(参见北斗相关 ICD 文件):

(1) 原点:地心,包括海洋和大气的整个地球的质量中心;

(2) 尺度:长度单位是米(m);

(3) 定向:Z 轴从地心指向 BIH 1984.0 定义的 CTP 方向,X 轴从地心指向格林尼治平均子午面与 CTP 赤道的交点,Y 轴与 XOZ 平面垂直构成右手坐标系;

(4) 定向时间演变:定向随时间的演变使得整个地球的水平构造运动无整体旋转。

3. 北斗地基增强系统坐标参考框架实现的总体方案

北斗地基增强系统坐标参考框架(BTRF)是北斗坐标系的一种高精度、高密度、动态实现,由北斗地基增强系统的站坐标和速度来建立和维持,是提供北斗高精度定位导航服务的坐标基准。

BTRF 采用的坐标系统为全球坐标系统,系统定义为 BDCS,并与国际地球参考框架(ITRF)建立联系。为方便北斗地基增强系统向各行业提供位置服务,BTRF 还应与我国现行法定坐标系统 CGCS2000 建立联系。

建立 BTRF 的总体方案如图 3-11 所示。第一步,将 NBAS 框架网基准站(简称 NBAS 框架站)和 ITRF 基准站进行联合网解,平差获取 NBAS 框架站在 ITRF 框架下的地心坐标和速度,将 ITRF 基准引入到 BTRF 中。在第一步精密网解的过程中,还可以加入 CGCS2000 基准站,以建立 BTRF 和 CGCS2000 的联系。第二步,对 NBAS 框架站和 NBAS 区域加强密度网基准站(简称 NBAS 加密站)进行精密单点定位(PPP)解算,将第一步获取的 NBAS 框架站在 ITRF 框架下的坐标和速度作为基准约束,平差得到 NBAS 加密站的坐标和速度。通过以上两个步骤,可以获得 NBAS 基准网所有框架站和加密站的精确位置和速度,建立 BTRF。此时的 BTRF 既采用了 ITRF 高精度的基准,又保持了 BTRF 内部的一致性。

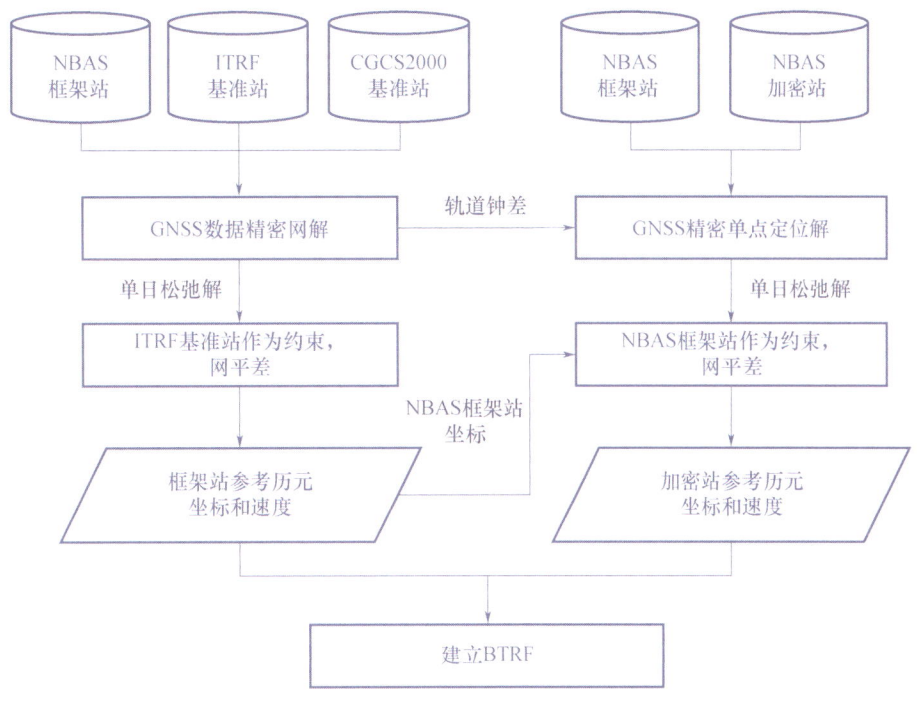

图 3-11 建立 BTRF 的总体方案

4. 北斗地基增强系统坐标参考框架的初步实现

1）测站网和数据源

NBAS 基准站网包括 155 个框架站和 1200 个加密站。其中 155 个框架站自 2015 年 10 月起开始观测，截至 2019 年 10 月，已经累计 4 年观测数据。首先选取 155 个框架站，联合同时段 CGCS2000 框架 27 个中国区域基准站和 ITRF14/IGS14 框架 51 个全球核心站进行 GNSS 数据精密网解。而 NBAS 基准站网中 1200 个加密站将联合 155 个框架站采用精密单点定位（PPP）方法解算。

2）BTRF 实现步骤

（1）站坐标单日松弛解计算。

将 NBAS 基准站网 155 个框架站、CGCS2000 框架 27 个基准站和 ITRF14/IGS14 框架 51 个核心站组成全球 GNSS 网，采用武汉大学自主研发的定位导航数据分析（PANDA）软件进行自由网解，同时估计卫星轨道和钟差。软件采用绝对天线相位中心模型，考虑相位缠绕、相对论效应、地球固体潮、海潮、极潮等误差的影响，对 ITRF14/IGS14 框架 51 个核心站给予 1m 约束，NBAS 框架站和 CGCS2000 基准站给予 10m 约束，输出参数包括站坐标单日松弛解及其协方差矩阵。

利用自由网解生成的精密卫星轨道和钟差，采用 PANDA 软件和相同的数据处理策略，对 155 个框架站和 1200 个加密站进行 PPP 解算，输出站坐标单日松弛解及其协方差矩阵。

（2）参考历元站坐标和速度计算。

监测站坐标单日松弛解是有先验约束的站坐标解。在引入 ITRF 基准之前，需要将先验约束

去除。消除先验约束的方法为

$$\left(\sum\nolimits^{unc}\right)^{-1} = \left(\sum\nolimits^{est}\right)^{-1} - \left(\sum\nolimits^{const}\right)^{-1} \quad (3-1)$$

式中：$\sum^{unc}$ 表示去约束后的坐标协方差阵；$\sum^{est}$ 表示坐标松弛解的协方差阵；$\sum^{const}$ 表示加入的先验约束值。

然后利用 PANDA_ADJ 软件，对 ITRF14/IGS14 框架 51 个核心站附加最小约束，通过天解时间序列堆栈，得到累积解，平差计算 NBAS 的框架站和 CGCS2000 基准站在 2018.0 历元 ITRF14/IGS14 框架下的位置和速度，作为 BTRF 的初始实现（BTRF2018）。

采用相同的方法，对 NBAS 框架站附加最小约束，通过网平差可以得到 NBAS 加密站在 2018.0 历元 BTRF 下的位置和速度。

至此，可以得到 NBAS 框架网 155 个基准站和加密网 12000 个基准站在 2018.0 历元的坐标和速度，建立 BTRF 2018.0 框架。

5. BTRF 与 CGCS2000 之间的转换

在中国区域内，BTRF 与 CGCS2000 之间的差异很小，可以只考虑两者之间站坐标的历元差异。利用 NBAS 2000 个加密站，建立高精度的速度场，利用站速度，即可将 BTRF 框架下的站坐标转换到 CGCS2000 框架的历元时刻。考虑到地壳运动状况和位置服务实际应用情况，按省级行政区域分别建立速度场模型，通过欧拉矢量法可求出中国区域任一点的速度。

假设地面点在框架 BTRF 下参考历元 t_1 的坐标和速度分别为 $X_1^{t_1}$ 和 $\dot{X}_1$，在 CGCS2000 下参考历元 t_2 的坐标为 $X_2^{t_2}$，忽略框架之间的差异，仅考虑历元差异，它们之间的关系如下：

$$X_2^{t_2} = X_1^{t_1} + (t_2 - t_1)\dot{X}_1 \quad (3-2)$$

6. BTRF 与 ITRF 的转换

1）BTRF 与 ITRF2014 的转换

理论上，BTRF 与 ITRF2014 对准，它们之间的转换参数应该为 0。但受观测手段、数据处理策略、计算误差等因素影响，转换参数并不为 0。BTRF 与 ITRF2014 之间站坐标和速度的转换可以通过 14 参数赫尔默特转换实现。这 14 个参数分别是 3 个平移参数（$T1,T2,T3$）、1 个尺度参数（D）、3 个旋转参数（$R1,R2,R3$），及其变化率（$\dot{T}1,\dot{T}2,\dot{T}3,\dot{D},\dot{R}1,\dot{R}2,\dot{R}3$），可利用 BTRF 与 ITRF2014 之间的 51 个公共站计算得到。

假设地面点在框架 BTRF 下参考历元 t_1 的坐标为 $X_1^{t_1}$，速度为 $\dot{X}_1$，在框架 ITRF2014 下参考历元 t_2 的坐标为 $X_2^{t_2}$，转换参数的参考历元为 t_0。它们之间的关系如下：

$$X_2^{t_2} = X_1^{t_1} + (t_2 - t_1)\dot{X}_1 + T + DX_1 + RX_1 + (t_2 - t_0)[\dot{T} + \dot{D}X_1^{t_1} + \dot{R}X_1^{t_1}] \quad (3-3)$$

$$\dot{X}_2 = \dot{X}_1 + \dot{T} + \dot{D}X_1^{t_1} + \dot{R}X_1^{t_1} \quad (3-4)$$

式中：$T = \begin{bmatrix} T1 \\ T2 \\ T3 \end{bmatrix}$；$R = \begin{bmatrix} 0 & -R3 & R2 \\ R3 & 0 & -R1 \\ -R2 & R1 & 0 \end{bmatrix}$。

2) 与 ITRF 其他版本的转换

BTRF 与 ITRF 其他版本的转换可以通过 ITRF2014 传递实现。先采用上面的方法将 BTRF 下的坐标转换到 ITRF2014，再利用官方公布的 ITRF2014 与 ITRF 其他版本之间的转换参数，将坐标转换到 ITRF 其他版本下。

7. BTRF 的维持更新

北斗地基增强系统框架站均配备了 BDS/GPS 双模接收机，截至 2019 年 10 月共累积 4 年观测数据，其中 BDS 主要为北斗 2 号观测数据。由于北斗 2 号为区域系统，目前尚不适合用于建立地球参考框架。因此，先利用 2015 年 10 月—2019 年 10 月期间的 GPS 数据实现 BTRF，发布 BTRF2018［GPS］版本。随着北斗 3 号系统的逐步建设和完善，在适当时机发布 BTRF2018［BDS］版本。此外，为尽量减小 BTRF 与 ITRF 之间的误差，BTRF 更新周期应尽量与 ITRF 同步或稍有滞后。目前，ITRF 最新的框架为 ITRF2014，下一版本预计为 ITRF2020。届时，可以推出 BTRF2020［BDS］版本，BTRF 更新计划路线图如图 3-12 所示。

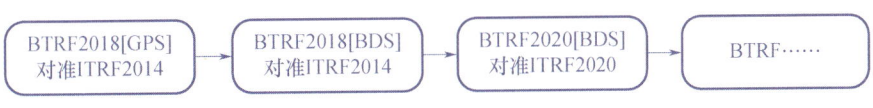

图 3-12 BTRF 更新计划路线图

3.4 北斗地基增强定位服务的功能特征

北斗地基增强定位服务分为北斗广域增强定位服务和北斗区域增强定位服务。

北斗广域增强定位服务是利用北斗导航卫星的轨道、钟差、电离层和对流层的修正参数在用户接收机上进行定位精度修正，与北斗导航增强站的位置坐标无关。

北斗区域增强定位服务是依靠一个已知精密坐标的导航增强站，或小间距（例如间距 50km）导航增强站网观测导航卫星信号，计算出每个北斗导航增强站（或虚拟北斗导航增强站）的综合修正数，可在用户接收机上进行定位精度修正，也可以用户接收机将自身接收的同一组、同一时间导航卫星的原始观测数据传给北斗位置服务系统，解算出北斗高精度定位信息后再传送给用户接收机，但两种方式均与北斗导航增强站（含虚拟北斗导航增强站）的位置坐标直接相关。

北斗广域增强定位服务和区域增强定位服务特征比较如表 3-1 所列。

北斗广域增强定位服务和区域增强定位服务功能对照如表 3-2 所列。

表 3-1　北斗广域增强定位服务和区域增强定位服务特征比较

服务类型	精度	导航增强站形式	播发方式	用户端形式	初始化时间	特征	用户类型及规模
广域单频伪距	米级	框架网导航增强站站间距300km	卫星播发/移动通信/数字广播（单向播发）	智能手机、可穿戴设备、手持/车载/船载终端	无	与北斗导航增强站的坐标无关。普及度最高；支持各种播发方式；对导航增强站间距要求不高	10^8级：车道级导航、智能交通、物流、船舶监管与保障、人文关爱等
广域单频载波相位	米级	框架网导航增强站站间距300km	卫星播发/移动通信/数字广播（单向播发）	手持/车载/船载终端	≤20min	与北斗导航增强站的坐标无关。支持各种播发方式，对导航增强站间距要求不高；有一定的初始化时间	
广域双频载波相位	分米级	框架网导航增强站站间距300km	卫星播发/移动通信/数字广播（单向播发）	手持/车载/船载终端	≤30min	与北斗导航增强站的坐标无关。技术成熟；支持各种播发方式；对导航增强站间距要求不高；受遮挡后需要重新初始化，时间较长	10^6级：测绘行业城市规划管理、海洋资源勘探等
区域网络RTK	厘米级	区域网导航增强站站间距50~100km	移动通信（双向交互）	手持/车载/船载终端	≤60s	与北斗导航增强站的坐标直接相关。技术成熟；对导航增强站间距有较高要求；在实时性要求较高的场景需要与其他定位方式配合使用	10^4级~10^6级：精准农业、港口集装箱作业、施工机械控制、土地确权、测绘工程测量等
后处理毫米级	毫米级	区域网导航增强站站间距50~100km	移动通信/互联网（双向交互）	—	—	与北斗导航增强站的坐标直接相关。技术成熟；对导航增强站间距有较高要求，仅能提供后处理服务	10^4级~10^6级：建筑形变监测、地质灾害监测、高精度大地测量、地壳运动监测等

表3-2 北斗广域增强定位服务和区域增强定位服务功能对照

	广域单频伪距(95%)	广域单频载波相位(95%)	广域双频载波相位(95%)	区域网络RTK(RMS)	后处理毫米级(RMS)
水平精度	≤2m	≤1.2m	≤5dm	≤5cm	≤5mm+1ppm×D(m)
垂直精度	≤3m	≤2m	≤10dm	≤10cm	≤10mm+2ppm×D(m)
播发增强数据	钟差、精密轨道、电离层改正数、对流层改正数			综合改正数	—
播发方式	单向(卫星、数字广播)			—	互联网下载
	双向(移动通信)			—	
服务对象	人、车、物			车、物	形变监测
应用终端	智能手机、穿戴设备、导航仪、平板计算机、手持终端、固定传感器、专业设备等				

3.5 北斗地基增强系统标准体系

通过构建北斗地基增强系统标准体系,明确了体系建立的原则,设计了北斗地基增强系统标准体系框架。通过标准体系框架对标准分类进行顶层设计和分类规划,按照标准体系框架的分类关系建立标准体系表,并纳入经过分析适用的现行标准和需求标准。通过贯彻国家标准化政策,基于已有国家标准、国家军用标准等现行标准,制定有北斗地基增强系统的国家标准、国家军用标准、北斗专业标准、工程标准等,规范北斗地基增强系统的设计、建设、运行、维护、服务和应用等工作。

北斗地基增强系统标准体系是国家卫星导航标准体系的组成部分,北斗地基增强系统标准体系框架与国家卫星导航标准体系框架相协调,紧密结合北斗地基增强系统设计、工程建设、数据交换、产品质量保证、测试可靠、安全运行等方面的实际特点及标准化需求,并充分考虑北斗地基增强系统应用产业化发展需要,统筹规划北斗地基增强系统标准体系的分类和层次。

北斗地基增强系统标准体系框架设计主要包括北斗地基增强系统总体标准、工程建设标准、运维服务标准、数据接口标准、用户终端标准、测试标准和安全保密标准等。

北斗地基增强系统标准体系框架各部分包括的标准类别如下:

1. **系统总体标准**

主要包括基础标准,系统总体规范、文档编制、档案管理等相关标准类别。

2. **工程建设标准**

主要包括基准站建设、数据综合处理中心建设、通信网络建设、增强站设备选型、增强站建设监理等相关标准类别。

3. 运维服务标准

主要包括数据处理中心运维管理和服务标准类别。

4. 数据接口标准

主要包括基准站数据接口、数据处理中心接口、卫星播发接口、中国数字调频（CDR）广播播发接口、数字多媒体广播（CMMB）播发接口、移动通信播发接口等相关标准类别。

5. 用户终端标准

主要包括高精度手持用户终端标准、高精度车载用户终端标准、多系统多频点测量终端标准、高精度定位终端通用标准等相关类别。

6. 测试标准

主要包括联调联试标准、检查验收标准、测试规程、入网测试等相关标准类别。

7. 安全保密标准

主要包括地基增强系统、增强站、综合处理系统等的安全保密管理标准类别。

3.6 北斗地基增强系统基准站接口文件协议

3.6.1 接口文件协议编制依据

接口文件协议依据以下标准编制。

（1）BD 410003—2015《北斗/全球卫星导航系统（GNSS）接收机差分数据格式（二）》；

（2）BD 410001—2015《北斗/全球卫星导航系统（GNSS）接收机数据自主交换格式》；

（3）BD 440017—2017《北斗地基增强系统基准站数据存储和输出要求》；

（4）BD 440018—2017《北斗地基增强系统基于中国移动通信网数据播发接口规范》；

（5）RINEX 3.03 *The Receiver Independent Exchange Format Version* 3.03；

（6）RTCMSTANDARD 10403.2 *DIFFERENTIAL GNSS（GLOBAL NAVIGATION SATELLITE SYSTEMS）SERVICES – VERSION* 3。

3.6.2 基准站数据存储协议

1. 存储文件通信协议

存储文件通信协议采用FTP。

2. 存储内容

1）框架基准站

框架基准站的存储数据主要为：BDS（B1/B2/B3）、GPS（L1/L2/L5）、GLONASS（L1/L2）等导航系统的原始观测数据、站点信息、气象数据。这些数据分别包括：

（1）原始观测数据：包括码伪距、信噪比、载波相位值、多普勒频移、卫星广播星历等；

（2）站点信息：包括站名、坐标、天线信息等；

（3）气象数据：包括气象仪的温度、湿度、气压数据、采集时间等。

2）监测站

存储数据主要为 BDS（B1/B2/B3）、GPS（L1/L2/L5）、GLONASS（L1/L2）等导航系统的原始观测数据、站点信息、定位结果、差分数据产品。这些数据分别包括：

（1）原始观测数据：包括码伪距、信噪比、载波相位值、多普勒频移、卫星广播星历等；

（2）站点信息：包括站名、坐标、天线信息等；

（3）定位结果：包括单频伪距差分、双频载波相位差分、单频载波相位差分定位结果等；

（4）差分数据产品：包括广域增强数据产品、区域差分数据产品等。

3）区域基准站

存储数据主要为 BDS（B1/B2/B3）、GPS（L1/L2/L5）、GLONASS（L1/L2）等导航系统的原始观测数据、站点信息。具体数据内容同上。

3. 存储配置

1）框架基准站

（1）按天存储文件，24h 数据文件的起止时间：北斗时（BDT）0 时 0 分 0 秒—23 时 59 分 59 秒；

（2）卫星高度截止角：不大于 10°；

（3）数据存储能力应大于 30 天；

（4）数据采样率见表 3-3。

表 3-3 数据采样率

数据类型	采样率
原始观测数据	1s
站点信息	一次性记录，变更时更新
气象数据	10s

2）监测站

（1）24h 数据文件的起止时间：北斗时（BDT）0 时 0 分 0 秒—23 时 59 分 59 秒；

（2）数据存储能力应大于 30 天；

(3)数据采样率见表3-4。

表3-4 数据采样率

数据类型	采样率
原始观测数据	1s
站点信息	一次性记录,变更时更新
气象数据	10s
差分数据产品	按接收的差分数据产品频率存储

3)区域基准站

(1)按天存储文件,24h 数据文件的起止时间:北斗时(BDT)0 时 0 分 0 秒—23 时 59 分 59 秒;

(2)卫星高度截止角:不大于10°;

(3)数据存储能力:大于30天;

(4)数据采样率见表3-5。

表3-5 数据采样率

数据类型	采样率
原始观测数据	1s
站点信息	一次性记录,变更时更新

4. 存储格式

(1)框架基准站中的数据文件应按照原始二进制数据或 RINEX、BINEX 格式等进行存储,数据交换采用 RINEX 或 BINEX 格式。

(2)监测站中数据文件宜按照原始二进制数据流进行存储。

(3)区域基准站数据文件应与框架基准站保持一致。

数据存储按照 BD 410001—2015《北斗/全球卫星导航系统(GNSS)接收机数据自主交换格式》执行,应包括3种文件类型:

(1)观测数据文件;

(2)导航数据文件;

(3)气象数据文件。

RINEX 格式文件记录的应用要求见表 3-6。

表 3-6 RINEX 格式文件记录的应用要求

文件类型	记录类型	要求
观测数据文件	RINEX VERSION/TYPE	版本号/M
	PGM/RUN BY/DATE	生成当前文件的程序名/北斗地基增强系统(NBASS)/使用北斗时(BDT)
	MARKER NAME	选用八字符表示,其中第一位表示属性,"K"为框架基准站,"Q"为区域基准站,第二、三位为基准站所在省(直辖市)份区域码,第四、五、六、七位为基准站所在县区域码,最后一位数字为同一区域建站顺序号,如海南琼中框架1号站代码为 K4690301
	MARKER TYPE	JIYANDUN:基岩墩 WUDINGDUN:屋顶墩 TUCENGDUN:土层墩
	SYS/#/OBS TYPES	应至少包含以下4种类型:C表示伪距;L表示载波相位;D表示多普勒;S表示信号强度
	TIME OF FIRST OBS	观测值中包含北斗观测值时,使用BDT;不包含北斗观测值时,使用UTC或其他
导航数据文件	PGM/RUN BY/DATE	生成当前文件的程序名/NBASS/使用BDT
气象数据文件	PGM/RUN BY/DATE	生成当前文件的程序名/NBASS/使用BDT

3.6.3 基准站数据输出协议

1. 数据输出通信协议

框架基准站、监测站及区域基准站实时数据流应采用 TCP/IP、UDP 等协议。

2. 输出内容

基准站的输出数据一般包括接收卫星信号的原始观测数据及接收机状态信息、站点信息、气象仪输出的数据、机柜监控单元的状态信息等。详细见存储内容。

3. 输出频度

(1)框架基准站数据输出频度见表 3-7。

表 3-7 框架基准站数据输出频度

数据类型	输出频度
原始观测数据	1s
卫星广播星历	15s
站点信息	15s
气象数据	10s

（2）监测站数据输出频度见表 3-8。

表 3-8 监测站数据输出频度

数据类型	输出频度
原始观测数据	1s
站点信息	15s
定位结果	1s
差分数据产品	按接收的差分数据产品频度输出

（3）区域基准站数据输出频度见表 3-9。

表 3-9 区域基准站数据输出频度

数据类型	输出频度
观测数据	1s
站点信息	15s
卫星广播星历	15s

4. 输出格式

基准站数据输出格式按照 BD 410003—2015《北斗/全球卫星导航系统（GNSS）接收机差分数据格式（二）》执行。

输出的电文类型见表 3-10。

表 3-10 输出的电文类型

序号	电文号	说明
1	1077	GPS 多信号电文组 7
2	1087	GLONASS 多信号电文组 7
3	1127	BDS 多信号电文组 7
4	1355	带北斗的固定基准站 ARP 及天线高度
5	1019	GPS 星历
6	1020	GLONASS 星历
7	1320	BDS 星历
8	1013	系统参数，发送的电文类型、数量、间隔、是否同步等
9	1033	接收机与天线说明
10	1230	GLONASS L1 与 L2 码相位偏差
11	1302	BDS 码偏差信息
12	1321	气象观测数据

其中气象观测数据按表 3-11 和表 3-12 定义。

表 3-11 气象数据字段说明

数据字段	数据字段名称	数据字段表示范围	比例因子	数据类型	备注
DF550	温度	-70~180℃	0.1℃	int16	—
DF551	湿度	0%~100%	0.1 百分比	uint16	—
DF552	气压	500~1100hPa	0.1hPa	uint16	—

表 3-12 完整的气象电文字段说明

数据字段	数据字段号	数据类型	比特数	备注
电文编号	DF002	uint12	12	
参考站 ID	DF003	uint12	12	
BDS 历元时刻(TOW)	DF519	uint20	20	
温度	DF550	int16	16	—
湿度	DF551	uint16	16	—
气压	DF552	uint16	16	—
预留	DF001	bit(4)	4	
合计			96	—

3.7 数据播发系统用户终端接口文件协议

3.7.1 接口文件协议编制依据

（1）IETF RFC 793 *RFC:793 Transmission Control Protocol Darpa Internet Program Protocol Specification*；

（2）IETF RFC 791 *RFC:791 Internet Protocol Darpa Internet Program Protocol Specification*；

（3）GY/T 220.1—2006《移动多媒体广播 第 1 部分：广播信道帧结构、信道编码和调制》；

（4）GY/T 220.2—2006《移动多媒体广播 第 2 部分：复用》；

（5）GY/T 220.5—2008《移动多媒体广播 第 5 部分：数据广播》；

（6）GY/T 220.6—2008《移动多媒体广播 第 6 部分：条件接收》；

（7）GY/T 220.7—2008《移动多媒体广播 第7部分：接收解码终端技术要求》；

（8）RTCM 3.2《（全球卫星导航系统）RTCM 10403.2 差分数据服务标准——第三版》（*RTCM Standard* 10403.2 *Differential GNSS*（*Global Navigation Satellite Systems*）*Services – Version* 3）。

3.7.2 播发手段

1. 移动通信播发机制

北斗地基增强系统移动通信播发采用双向通信模式，即"请求－响应"的交互方式，用户向移动通信播发平台发起差分数据产品请求，移动通信播发平台向用户发送差分数据产品，移动通信网作为数据传输通道。用户与移动通信播发平台之间的数据传输采用 TCP/IP，TCP 即 IETF RFC 793，IP 即 IETF RFC 791。

1）广域增强数据产品播发流程

当用户请求增强数据产品时，用户提交一次服务申请后，移动通信播发平台向用户提供连续的增强数据产品播发服务，其流程如图 3－13 所示，图中虚线表示仅需交互一次，实线表示可以多次交互。当用户与移动通信播发平台之间的连接断开时，短期时间内重连直接重新发送服务申请信息并按正常服务流程接收即可，否则需重新发送认证申请信息，之后按照正常流程进行交互。

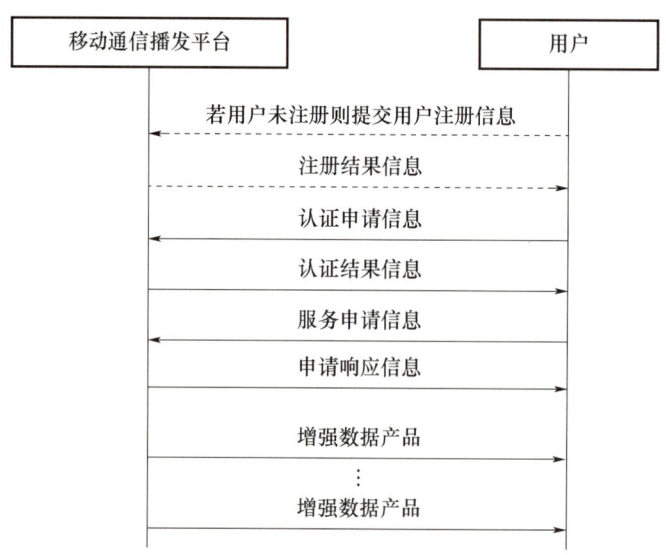

图 3－13 广域增强数据产品双向通信播发流程

2）区域差分数据产品播发流程

当用户请求区域差分数据产品时，用户每提交一次服务申请，移动通信播发平台向用户提供一次区域差分数据产品播发服务，用户每次提交服务申请时，需提交该用户的概略位置信息，区域差分数据产品双向通信播发流程如图 3－14 所示，图中虚线表示仅需交互一次，实线表示需多次交互。当用户与移动通信播发平台之间的连接断开时，短期时间内重连直接重新发送服务申请信息

(含用户概略位置信息)并按正常服务流程接收即可,否则需重新发送认证申请信息,之后按照正常流程进行交互。

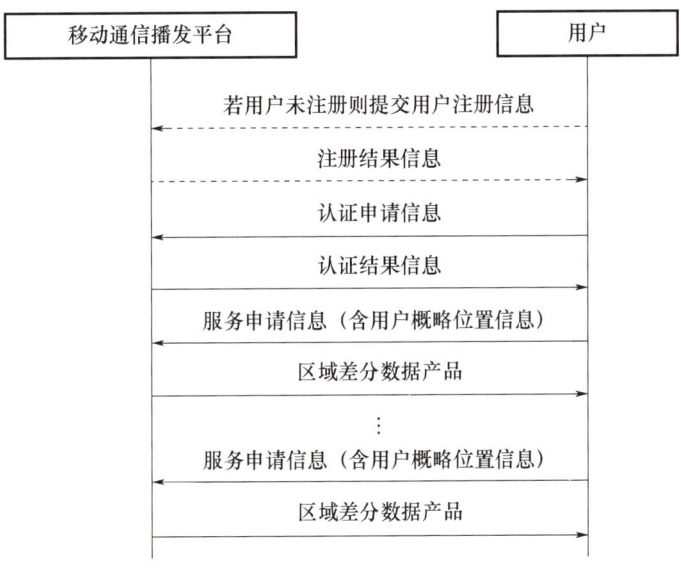

图 3-14　区域增强数据产品双向通信播发流程

3)辅助定位数据播发流程

当用户请求辅助定位数据产品时,用户每提交一次服务申请,移动通信播发平台向用户提供一次辅助定位数据产品播发服务,用户每次提交服务申请时,需提交该用户的概略位置信息,辅助定位数据产品播发流程如图 3-15 所示。

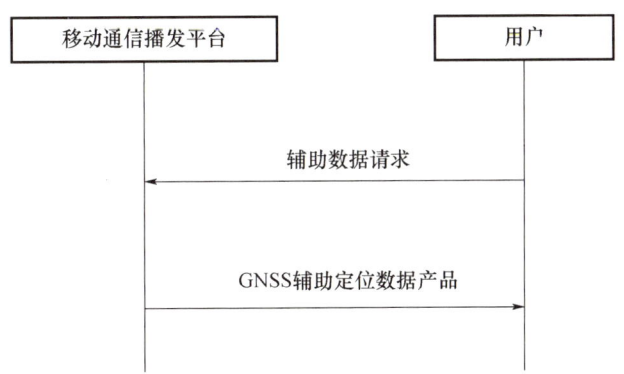

图 3-15　辅助定位数据播发流程

2. 中国移动多媒体数字广播播发

1)物理层逻辑信道及时隙分配

移动多媒体广播信道物理层带宽包括 8MHz 和 2MHz 两种选项。广播信道物理层以物理层逻辑信道的形式向上层业务提供传输速率可配置的传输通道,同时提供一路或多路独立的逻辑信道。物理层逻辑信道支持多种编码和调制方式用以满足不同业务、不同传输环境对信号质量的不同要求。

物理层逻辑信道分为控制逻辑信道(CLCH)和业务逻辑信道(SLCH)。控制逻辑信道用于承载广播系统控制信息,业务逻辑信道用于承载广播业务。物理层只有一个固定的控制逻辑信道,占用系统的第 0 时隙发送。业务逻辑信道由系统配置,每个物理层带宽内业务逻辑信道的数目可以为 1~39 个,每个业务逻辑信道占用整数个时隙,如图 3-16 所示。

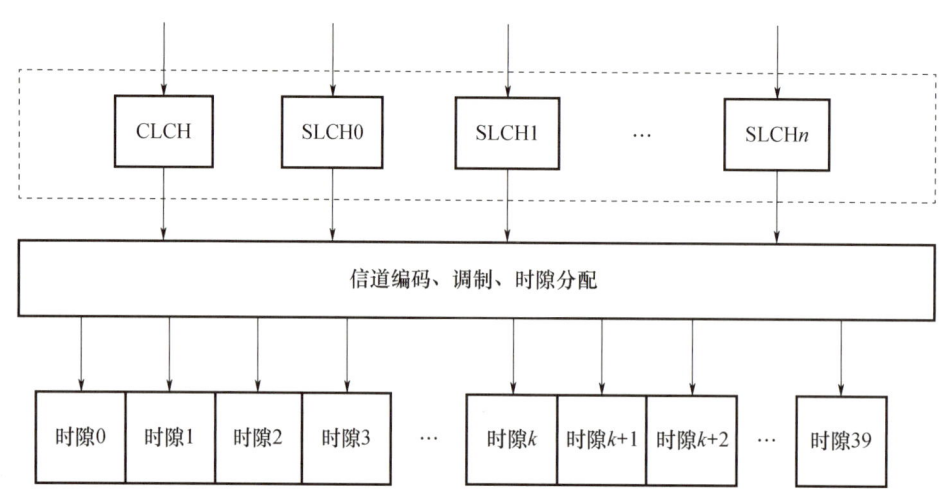

图 3-16　移动多媒体广播系统的物理层逻辑信道

广播信道物理层支持单频网和多频网两种组网模式,可根据应用业务的特性和组网环境选择不同的传输模式和参数。物理层支持多业务的混合模式,达到业务特性与传输模式的匹配,实现业务运营的灵活性和经济性。

2) 移动多媒体广播播发流程

(1) 总体流程。广域差分改正数据经过移动多媒体广播内部的数据广播封装、数据传输网、广播复用、码流传输分配网、信道编码调制、广播信号发射等处理后,传输到用户终端。

北斗地基增强系统基于中国移动多媒体广播的广域差分数据播发系统流程,如图 3-17 所示。

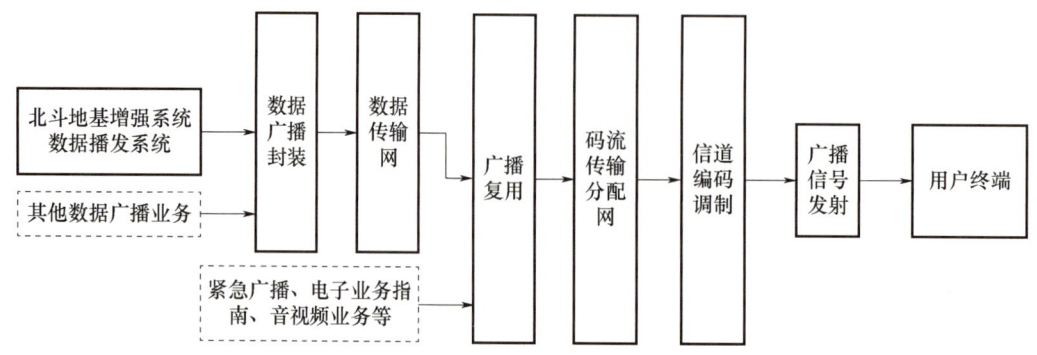

图 3-17　基于中国移动多媒体广播的广域差分数据播发系统流程图

（2）数据广播封装。数据广播协议层次包括数据业务、流模式/文件模式、可扩展协议封装（XPE/XPE-FEC）、复用、广播信道，如图3-18所示。其中广播信道见GY/T 220.1—2006，复用见GY/T 220.2—2006。

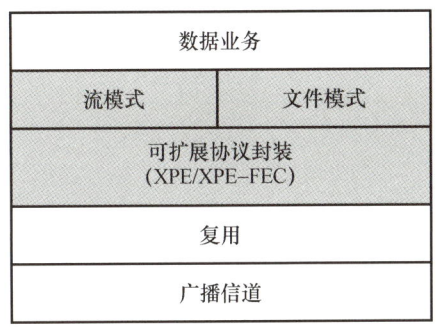

图3-18 数据广播封装

数据业务按流模式和文件模式进行可扩展协议封装，如图3-19所示。流模式直接对数据流进行可扩展协议封装；文件模式先对文件进行分割生成文件模式传输包，再进行可扩展协议封装。

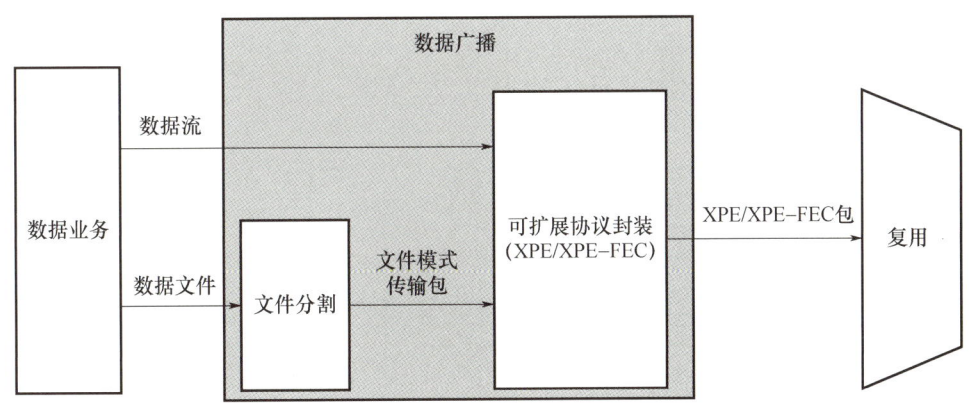

图3-19 数据业务封装流

北斗地基增强系统数据播发对数据传输的时延要求较高，因此，在对北斗地基增强系统广域差分数据封装时优先采用流模式。

可扩展协议封装生成XPE包或XPE-FEC包。XPE/XPE-FEC包适配在复用子帧的数据段中，如图3-20所示。

若数据业务以连续流的方式展现，传输有时间标签指示或数据流内部有同步要求，采用流模式进行处理。流模式数据业务直接进行可扩展协议封装，适配到复用子帧的数据段中，实现透明传输。

若数据业务以离散数据文件的方式展现，通常无时序要求、传输无时间标签指示或同步要求，采用文件模式进行处理。

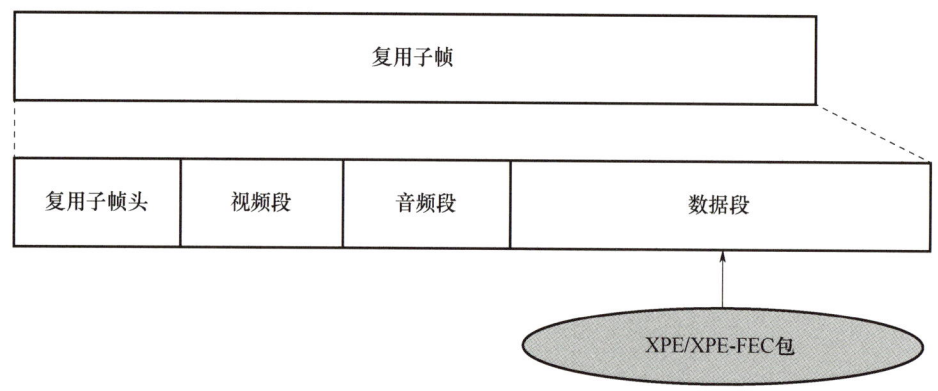

图3-20 可扩展协议封装流程

数据广播封装的详细要求见规范性引用文件:GY/T 220.5—2008。

(3)广播复用。在移动多媒体广播的前端系统中,复用的功能是完成紧急广播、电子业务指南、音视频业务、其他数据广播业务、北斗地基增强系统广域差分数据等信息的封装和排列,使其能够在移动多媒体广播信道上传输,如图3-21所示。音视频业务、北斗地基增强系统广域差分数据、其他数据广播业务、紧急广播、电子业务指南等分别封装在不同的复用子帧中,控制信息封装在专用的复用帧中。其中,北斗地基增强系统广域差分数据复用成一个单独的复用子帧,作为一个独立业务进行传输。复用帧由一个或多个复用子帧构成,多个复用帧(最多40个复用帧)构成一个广播信道帧,具体见规范性引用文件:GY/T 220.2—2006。

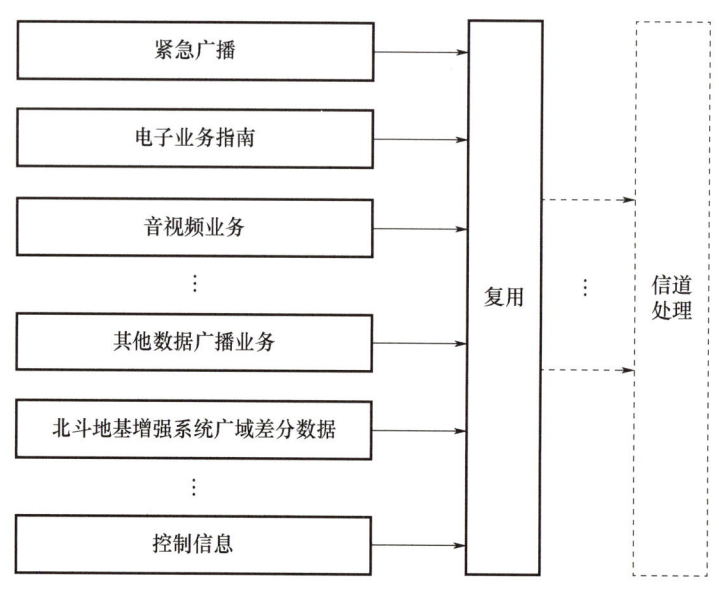

图3-21 移动多媒体广播复用

(4)信道编码调制。物理层对每个物理层逻辑信道进行单独的编码和调制,其中控制逻辑信道采用固定的信道编码和调制模式:RS编码采用RS(240,240),LDPC编码采用1/2码率,星座映射采用BPSK映射,扰码初始值为选项0。来自上层的输入数据流经过前向纠错编码、交织和星座映射后,与离散导频和连续导频复接在一起进行OFDM调制。调制后的信号插入帧头后形成物理层信号帧,再经过基带至射频变换后发射,如图3-22所示。

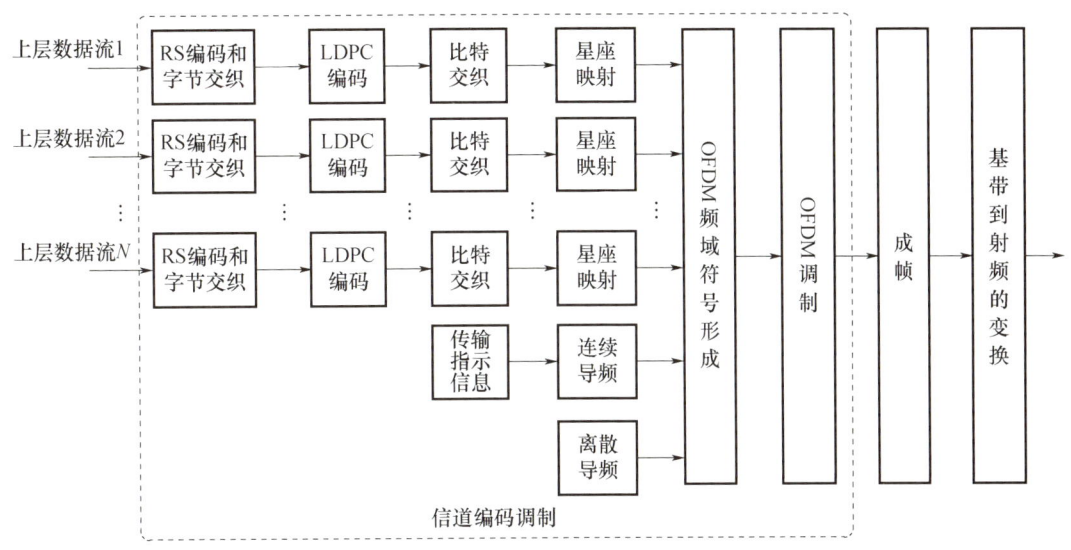

图3-22 移动多媒体广播系统的信道编码调制

业务逻辑信道的编码和调制模式根据系统需求可灵活配置,配置模式通过系统控制信息向终端广播。根据编码和调制参数不同,物理层可提供不同的传输净荷,具体见规范性引用文件:GY/T 220.1—2006。

(5)用户终端。基于移动多媒体广播数据链的北斗地基增强系统用户终端是指具备接收、处理和/或显示基于移动多媒体广播播发的北斗地基增强系统广域差分数据的设备,可以实现广域高精度导航定位功能。

除导航定位功能外,用户终端基于移动多媒体广播通道还可实现不同的业务,如电视广播、声音广播、电子业务指南、紧急广播、数据广播、条件接收等业务。

移动多媒体广播终端的逻辑结构分为信号处理模块、条件接收模块和应用模块,逻辑框图如图3-23所示。信号处理模块负责移动多媒体广播的射频接收、解调制、解复用及相关功能;条件接收模块负责移动多媒体广播的信号解扰、解密、用户授权及相关功能;应用模块负责移动多媒体广播的电视广播、声音广播、电子业务指南、紧急广播和数据广播等业务的处理。具体参见规范性引用文件:GY/T 220.7—2008。

北斗地基增强系统数据首先通过射频接收进入信号处理模块进行解调制、解复用;如果数据为加密数据,则进入条件接收模块负责数据解扰、解密、用户授权及相关功能;数据解复用及解密完成后进入应用模块进行数据解封装解码处理,北斗地基增强系统数据属于数据广播应用中的一种;如果数据为非加密数据,则直接进入应用模块进行数据解封装解码处理;最后还原出北斗地基增强系统原始数据。

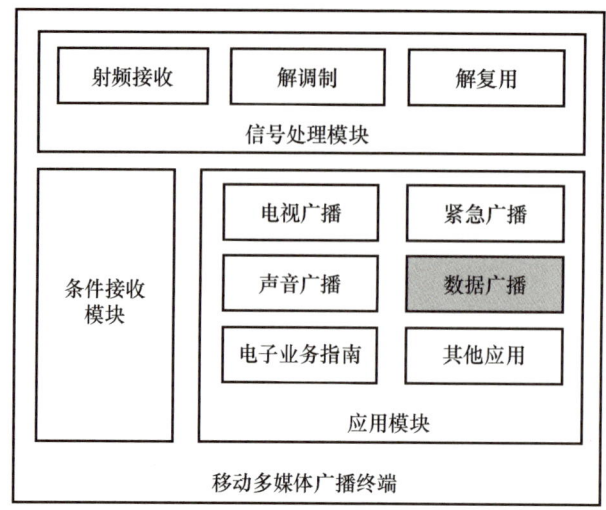

图 3-23 移动多媒体广播终端逻辑框图

3）移动多媒体广播参数要求

（1）广播信道参数。移动多媒体广播终端的信道参数见 GY/T 220.1—2006 和 GY/T 220.7—2008，部分参数如下所示：

① 频率范围:470~798MHz（U 波段）、2635~2660MHz（S 波段）；
② 信号带宽:8MHz、2MHz（北斗地基增强系统优先采用 8MHz 带宽）；
③ 调制参数:BPSK、QPSK、16QAM；
④ 子载波数:4K；
⑤ RS 编码:(240,176)、(240,192)、(240,224)、(240,240)；
⑥ LDPC 编码:1/2、3/4；
⑦ 外交织:必须支持模式 1、模式 2、模式 3；
⑧ 扰码方式:支持所有模式。

（2）接收灵敏度。移动多媒体广播终端接收灵敏度的性能要求包括分别在 BPSK、QPSK 和 16QAM 时的性能指标，参考值如表 3-13 所列。

表 3-13 终端接收灵敏度性能指标参考（BER$\leqslant 3\times 10^{-6}$）

信道配置		灵敏度/dBm
星座映射	LDPC 编码	U 波段
BPSK	1/2	-98
	3/4	-96
QPSK	1/2	-95
	3/4	-92
16QAM	1/2	-90
	3/4	-86

3.7.3 数据格式

1. 数据产品汇总

基于移动多媒体广播播发的数据产品主要用于广域差分定位和 GNSS 辅助定位。广域差分定位服务提供 BDS 广域差分改正、GLONASS 广域差分改正、GPS 广域差分改正、电离层改正等电文集;GNSS 辅助定位提供 BDS、GLONASS、GPS 的卫星星历等电文。

北斗地基增强系统数据播发系统与用户终端之间主要传输的数据产品包括 3 条电文,具体电文名称和编号见表 3-14。移动通信播发及中国移动多媒体数字广播播发的数据产品均为这 3 条电文。

表 3-14 传输数据产品汇总

序号	电文编号	电文名称	电文内容长度[①]/B
1	1060	GPS 组合轨道钟差改正电文	$8.5 + 25.625 Ns$[②]
2	1303	BDS 组合轨道钟差改正电文	$8.5 + 25.625 Ns$
3	1330	电离层球谐模型电文	$8.875 + 4.5 Ni$[③]

①:电文内容长度,指电文封装过程中,电文内容所占的字节数,1B = 8bit,比如 8.5B 为 8.5 × 8 = 68bit;

②:Ns 为 GNSS 系统的卫星数量;

③:Ni 为球谐阶数与球谐次数的乘积,最大不超过 128。

2. 数据产品封装

1) 封装格式

北斗地基增强系统数据播发系统与用户终端之间传输的数据产品按照海事无线电技术委员会(RTCM)3.2 的数据封装格式进行封装。每条电文分别进行封装(电文内容长度不超过 1023B),封装格式如图 3-24 所示。

前导码 (8bit)	保留位 (6bit)	电文长度 (10bit)	电文内容 (≤1023B)	校验位 (24bit)

图 3-24 数据产品封装意图

电文由前导码、保留位、电文长度,以及可变长度的电文内容和循环冗余校验(CRC)位组成,电文封装的内容如表 3-15 所列。

表3-15 电文封装内容

名称	长度	备注
前导码	8bit	固定比特"11010011"
保留位	6bit	保留字段"000000"
电文长度	10bit	值由电文内容长度确定
电文内容	0~1023B	包含电文头和数据内容,长度可变,最大不超过1023字节,内容长度非整字节时在最后的字节处补"0"至整字节
校验位	24bit	采用CRC-24Q校验算法

注:电文内容由各数据字段组成,按比特位进行拼接,若电文内容的有效比特数不为8的整数倍(内容长度非整字节),为保证差分电文内容最后一个字节的完整性,在最后的字节处补"0"至整字节;电文长度按不小于实际电文内容字节数的最小整数计算,如55.125B按照56B计算。

2) CRC校验算法

本标准采用高通CRC-24Q校验算法。CRC校验共24bit,可检测突发性、随机性的错误,漏检概率≤5.96×10^{-8}。

CRC校验是从电文前缀符的第一位开始,到可变长度电文区的随后一位结束,校验初值设定为0。24bit的校验序列$(p_1, p_2, \cdots, p_{24})$是从信息比特序列$(m_1, m_2, \cdots, m_{8N})$中产生的,$N$是电文的字节总数(包含前缀、电文数据体),CRC-24Q的校验多项式为

$$g(X) = \sum_{i=0}^{24} g_i X^i \quad (3-5)$$

$$g_i = \begin{cases} 1 & (i = 0,1,3,4,5,6,7,10,11,14,17,18,23,24) \\ 0 & (i = 其他) \end{cases} \quad (3-6)$$

式中:$g(X)$为CRC-24Q校验多项式,24bit的校验位序列构成的码;g_i为CRC-24Q校验多项式系数,即24bit校验序列码;X为多项式变量;i为CRC-24Q的比特位数($i = 0,1,\cdots,24$)。

$g(X)$的二进制生成多项式如下:

$$g(X) = (1 + X)p(X) \quad (3-7)$$

$$p(X) = X^{23} + X^{17} + X^{13} + X^{12} + X^{11} + X^9 + X^8 + X^7 + X^5 + X^3 + 1 \quad (3-8)$$

式中:$g(X)$为CRC-24Q校验多项式,24bit的校验位序列构成的码;X为多项式变量;$p(X)$为X的初始约束多项式。

待校验的信息序列用如下多项式表示:

$$m(X) = m_k + m_{k-1}X + m_{k-2}X^2 + \cdots + m_1 X^{k-1} \quad (3-9)$$

式中:$m(X)$为信息序列构成的多项式;$m_1, m_2, \cdots, m_{k-1}, m_k$为信息序列的第$1, 2, \cdots, k-1, k$位二进制值;$k$为信息序列中总的比特数;$X$为多项式变量。

$g(X)$除以$m(X)X^{24}$得到的结果为一个阶次数小于24的余数$R(X)$,余数$R(X)$的各阶系数就是信息序列的CRC-24Q校验结果,即$R(X)$中X^{24-i}的系数就是第i($i = 1, 2, \cdots, 24$)位校验码。

CRC-24Q 的计算是以整个数据信息的比特流为方向,数据信息应包括前导码、保留位、电文长度等信息。

CRC-24Q 有以下特点:

① 可以检测出每个码字中所有的单比特错误;

② 可以检测出每个码字所有的双比特位错误组合,因为生成多项式 $g(X)$ 至少有 3 项因子;

③ 可以检测出任何奇数错误,因为 $g(X)$ 包含 $1+X$ 因子;

④ 可以检测出任何长度不大于 24bit 的突发性错误;

⑤ 可以检测出多数长度大于 24bit 的突发性错误。

以上特点可以看出,可以检测出绝大多数长度大于 24bit 的突发性错误;大于 24bit 的未检测出来的概率为:当 $b>25\text{bit}$ 时,为 $2^{-24}=5.96\times10^{-8}$;当 $b=25\text{bit}$ 时,为 $2^{-23}=1.19\times10^{-7}$。

3. 电文内容

1) BDS 组合轨道钟差改正电文

BDS 组合轨道钟差电文将卫星钟差改正和轨道改正组合成一条电文,保证轨道差和钟差改正数据的时间一致性。BDS 组合轨道钟差电文包含电文头和数据内容等两部分,BDS 组合轨道钟差电文的电文头详细情况见表 3-16。

表 3-16 BDS 组合轨道钟差电文的电文头

数据字段	数据字段号	数据类型	比特数	备注
电文编号	DF002	uint12	12	电文编号 1303
BDS 历元时间(TOW)	DF549	uint20	20	—
SSR 更新间隔	DF391	bit(4)	4	—
多电文标识	DF388	bit(1)	1	—
卫星参考基准	DF375	bit(1)	1	—
IOD SSR	DF413	uint4	4	—
SSR 提供者 ID	DF414	uint16	16	—
SSR 解算方案 ID	DF415	uint4	4	—
卫星数量	DF387	uint6	6	—
合计			68	—

BDS 组合轨道钟差电文的数据内容详细情况见表 3-17。

表 3-17　BDS 组合轨道钟差电文的数据内容

数据字段	数据字段号	数据类型	比特数
BDS 卫星号	DF532	uint6	6
BDS IODE	DF541	uint8	8
轨道面径向改正值	DF365	int22	22
轨道面切向改正值	DF366	int20	20
轨道面法向改正值	DF367	int20	20
轨道面径向改正值变化率	DF368	int21	21
轨道面切向改正值变化率	DF369	int19	19
轨道面法向改正值变化率	DF370	int19	19
钟差改正系数 $C0$	DF376	int22	22
钟差改正系数 $C1$	DF377	int21	21
钟差改正系数 $C2$	DF378	int27	27
合计			205

2）GPS 组合轨道钟差改正电文

GPS 组合轨道钟差电文将卫星的钟差改正和轨道改正合成一条电文，保证轨道和钟差改正数据的时间一致性。

GPS 组合轨道钟差电文包含电文头和数据内容等两部分，GPS 组合轨道钟差电文的电文头详细情况见表 3-18。

表 3-18　GPS 组合轨道钟差电文的电文头

数据字段	数据字段号	数据类型	比特数	备注
电文编号	DF002	uint12	12	电文编号 1060
GPS 历元时间（TOW）	DF385	uint20	20	—
SSR 更新间隔	DF391	bit(4)	4	—
多电文标识	DF388	bit(1)	1	—
卫星参考基准	DF375	bit(1)	1	—
IOD SSR	DF413	uint4	4	—
SSR 提供者 ID	DF414	uint16	16	—
SSR 解算方案 ID	DF415	uint4	4	—
卫星数量	DF387	uint6	6	—
合计			68	—

GPS 组合轨道钟差电文的数据内容详细情况见表 3-19。

表 3-19　GPS 组合轨道钟差电文的数据内容

数据字段	数据字段号	数据类型	比特数
GPS 卫星号	DF068	uint6	6
GPS IODE	DF071	uint8	8
轨道面径向改正值	DF365	int22	22
轨道面切向改正值	DF366	int20	20
轨道面法向改正值	DF367	int20	20
轨道面径向改正值变化率	DF368	int21	21
轨道面切向改正值变化率	DF369	int19	19
轨道面法向改正值变化率	DF370	int19	19
钟差改正系数 C_0	DF376	int22	22
钟差改正系数 C_1	DF377	int21	21
钟差改正系数 C_2	DF378	int27	27
合计			205

3）电离层球谐模型电文

电离层球谐模型不依赖于具体使用的卫星导航系统，其数据内容详细情况见表 3-20 及表 3-21。

表 3-20　电离层球谐模型电文的电文头

数据字段	数据字段号	数据类型	比特数	备注
电文编号	DF002	uint12	12	电文编号 1330
历元时间（TOW）	DF385	uint20	20	—
SSR 更新间隔	DF391	bit(4)	4	—
多电文标识	DF388	bit(1)	1	—
IOD SSR	DF413	uint4	4	—
SSR 提供者 ID	DF414	uint16	16	—
SSR 解算方案 ID	DF415	uint4	4	—
电离层高度	DF501	uint7	7	—
球谐阶数	DF502	uint4	4	—
球谐次数	DF503	uint4	4	—
合计			76	—

表 3-21 电离层球谐模型电文的数据内容

数据字段	数据字段号	数据类型	比特数
球谐系数 C	DF504	int18	18
球谐系数 S	DF505	int18	18
合计			36

电离层球谐模型电文的数据内容包含球谐系数 C 和 S,见表 3-19。

对球谐系数 C 和 S 的编码顺序按照如下矩阵(从上到下,从左到右)的顺序进行编码:

$$\begin{matrix} C_{00} & & & & & \\ S_{11} & C_{10} & C_{11} & & & \\ S_{22} & S_{21} & C_{20} & C_{21} & C_{22} & \\ & & \vdots & & & \\ S_{nn} & \cdots & S_{n1} & C_{n0} & C_{n1} & \cdots & C_{nn} \end{matrix} \quad (3-10)$$

式中: c_{ij}、s_{ij} 为第 i 阶 j 次所对应的余弦、正弦系数; n 为球谐模型电文头的球谐阶数。

上述矩阵中默认球谐阶数(设为 n)与球谐次数(设为 m)相同;若 $n>m$,则从第 m 行开始,每一行均为 $2m+1$ 个系数,即系数变成为: $S_{k,m}$, $S_{k,m-1}$, $\cdots$, $S_{k,1}$, $C_{k,0}$, $C_{k,1}$, $\cdots$, $C_{k,m}$ ($m \leq k \leq n$)。

3.7.4 数据类型

数据类型如表 3-22 所列。

表 3-22 数据类型表

数据类型	描述	范围	备注
bit(N)	N 位二进制比特	每比特为 0 或 1	—
int$N$	N 比特的有符号整数,采用二进制补码	$\pm(2^N-1)$	-2^N 表示数据无效($N=8,9,\cdots,38$)
uint$N$	N 比特的无符号整数	$0,1,\cdots,2^N-1$	$N=2,3,\cdots,36$

3.7.5 播发频率

数据播发系统播发数据产品频率如表 3-23 所列。

表 3-23 播发频率表

序号	电文名称	移动通信播发频率	移动多媒体广播播发频率
1	GPS 组合轨道钟差改正电文	1s	1s
2	BDS 组合轨道钟差改正电文	1s	1s
3	电离层球谐模型电文	30s	5s

3.8 北斗高精度位置服务平台

3.8.1 基本情况

我国着眼于把北斗高精度定位能力变成公共服务,致力于打造物联网时代的新时空基础设施,基于国家北斗地基增强系统,采用市场化运作,建设了北斗高精度位置服务平台,构建了北斗高精度位置服务生态圈,如图3-25所示。

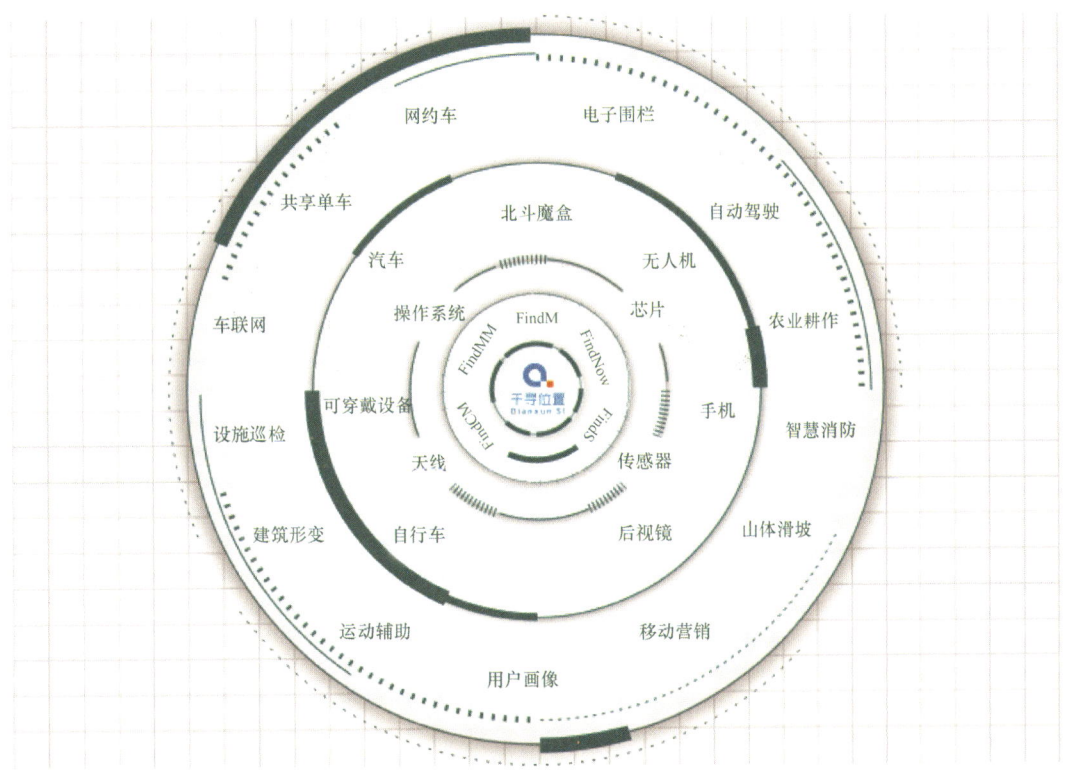

图3-25 北斗高精度位置服务生态圈示意

3.8.2 当前进展和前景展望

北斗高精度位置服务平台基于北斗地基增强系统,它是连接北斗/GNSS与互联网的重要桥梁。该平台是以"互联网+位置(北斗)"为基础,基于云计算和大数据技术,构建的空天一体高精度北斗位置开放服务系统,以满足国家、行业、大众市场对精准位置服务的需求,并致力于将北斗/GNSS 高精度服务推向全球。平台突破新一代网络 RTK 高精度多模组合定位算法、星基增强关键技术、多模多频卫星导航组合定位算法、多传感器融合定位算法、"北斗/GNSS + 人工智能"融合定位技术、AGNSS 加速定位技术等多项关键技术,并相继攻克情景感知智能化判别、海量数据接入和存储、大规模分布式计算、高并发实时处理、安全服务策略及机制等一系列核心技术,形成了全球领先面向 AIoT(人工智能 + 物联网)的北斗/GNSS 精准时空服务能力。北斗高精度位置服务平台正在开启 AIoT 大门,将成为 AIoT 时代新的时空基础设施。

平台开展北斗高精度增值服务商业运营,面向全国提供跬步(米级)、知寸(厘米级)、见微(毫米级)、云踪、优航、A - 北斗等高精度位置服务产品,已在危房监测、铁路应用、精准农业、共享单车、自动驾驶、智能手机、物流监控等领域得到应用,推动了北斗高精度服务能力向公共服务产品的转化,促进形成北斗产业自主创新生态圈。

依托北斗地基增强系统及高精度位置服务平台,自主研发了全球首个"A - 北斗"快速辅助定位系统,大幅提高了北斗卫星导航首次定位时间和定位精度。北斗高精度位置服务平台构成如图 3 - 26 所示。

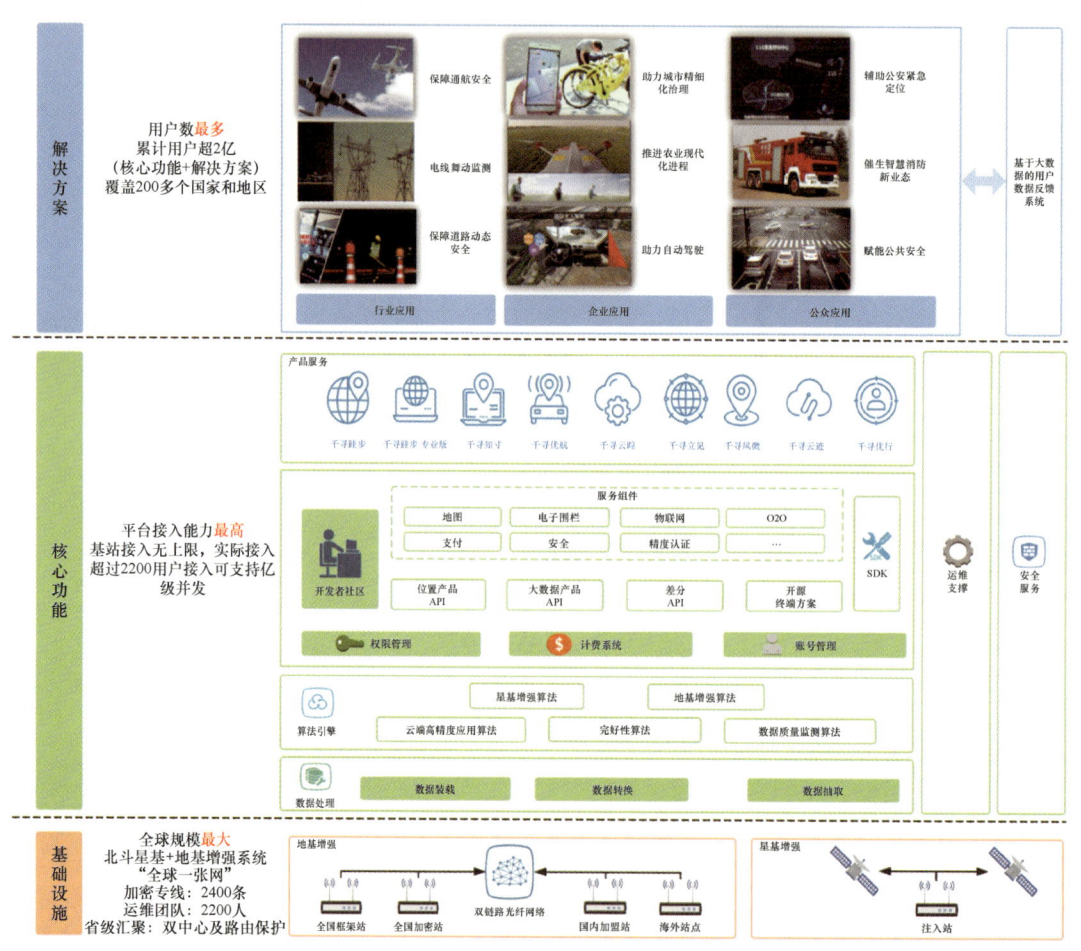

图 3 - 26 北斗高精度位置服务平台构成图

3.9 北斗地基增强系统高精度应用

自北斗地基增强系统建设完成以来,不断推出基于北斗高精度的各种高性能服务和一系列帮助解决行业痛点的创新解决方案,并在电网、通航、农业、消防、铁路、公安、住建、国土等关乎国计民生的重要行业领域发挥作用。

3.9.1 交通运输应用

交通运输通信信息集团有限公司开发了交通行业应用软件和服务测试评估子系统,采集和制作了30km公路高精度车道级导航数据,车道线特征点坐标精度小于20cm,具有监视非法连续并线违章等行为的能力(见图3-27、图3-28)。

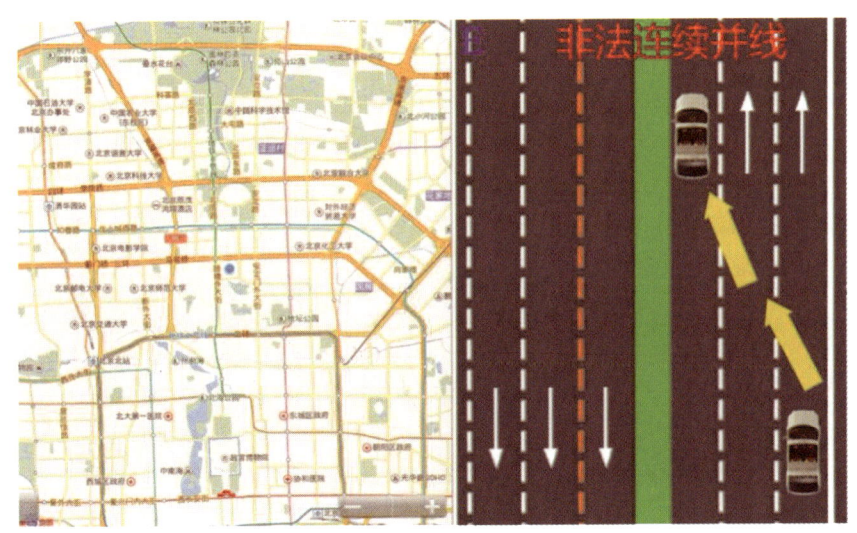

图3-27 车道级导航数据信息

图3-28 车载终端设备

通过对符合 JT/T 794 和 JT/T 808 标准的车载终端改造升级,利用北斗地基增强系统提供的高精度定位服务,支持车道级导航应用。

3.9.2 国土资源行业应用

中国国土资源航空物探遥感中心利用北斗地基增强系统,结合已部署的地质调查工作,在四川乐山和雅安开展了野外导航、位置信息采集、地质体测量等应用。利用北斗地基增强系统的广域增强单频伪距高精度定位,可满足示范区 1∶15 万～1∶25 万野外地质调查工作需求(见图 3-29)。

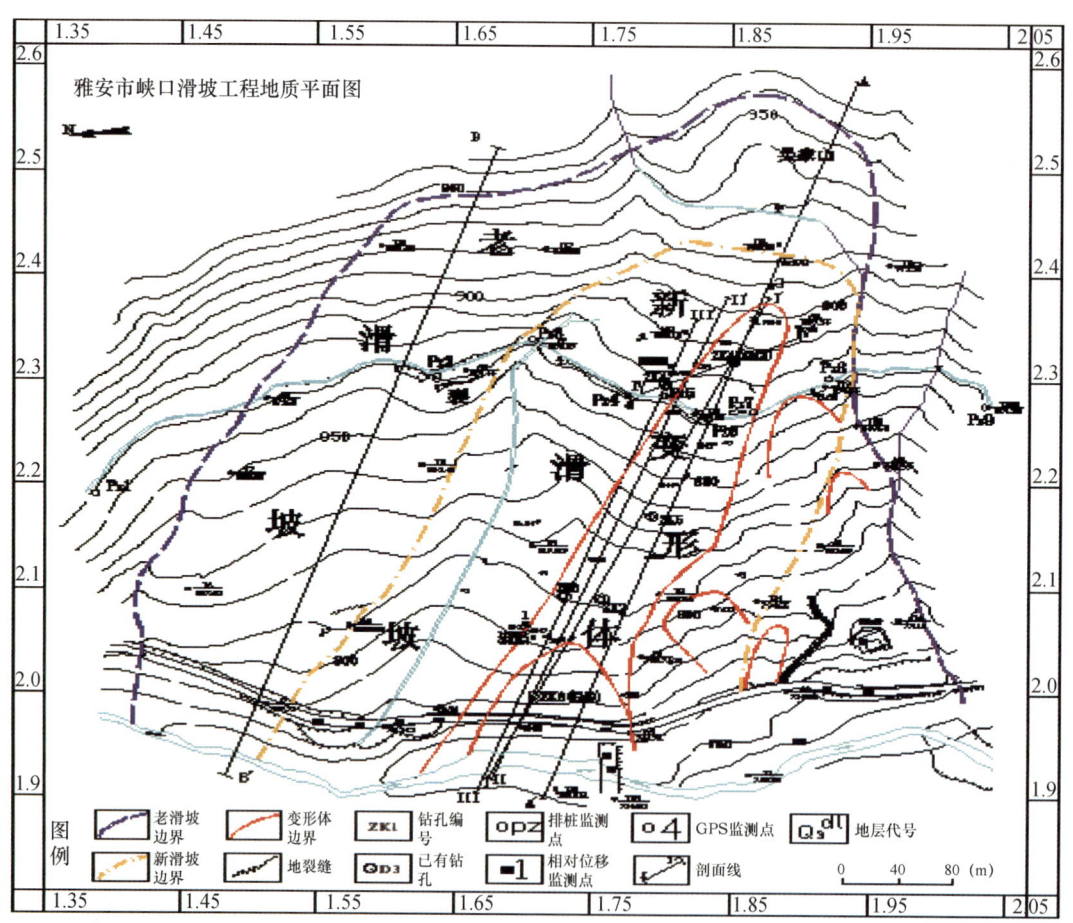

图 3-29 滑坡工程地质平面图

3.9.3 智慧城市应用

北斗地基增强系统服务商基于高精度定位模组"千寻魔方",赋予监控摄像头高精度授时和定位能力,为摄像头的管理、维护工作提供精准的位置和时间信息,可满足机器智能处理海量视频信息时对视频帧的高精度要求,为"城市大脑"的计算提供强有力的支持,推动平安城市和交通管理向着智慧城市、智慧交通方向发展。

北斗地基增强系统服务商与海康威视、大华股份合作研发了基于北斗地基增强高精度定位服务的精准时空摄像头,已于2018年11月在浙江德清投入使用(见图3-30)。

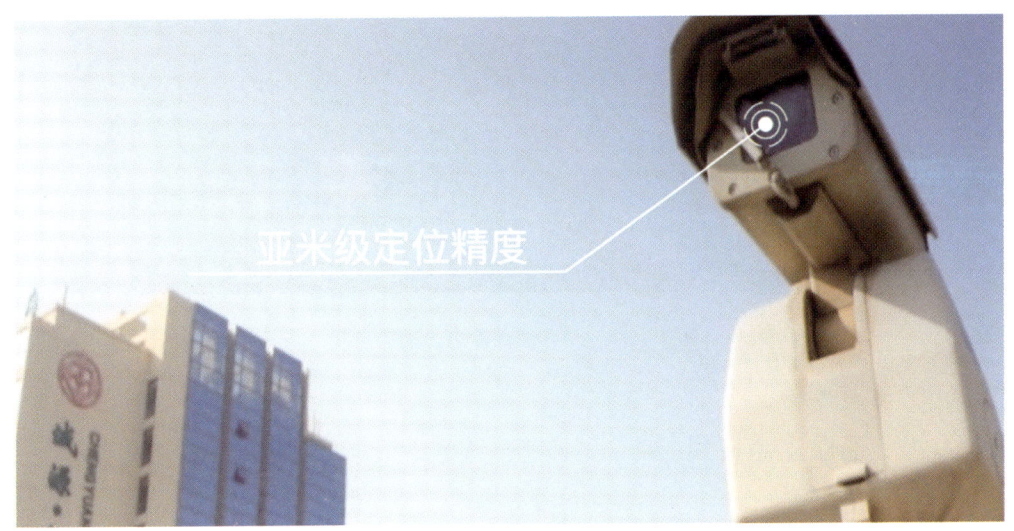

图3-30 北斗高精度智慧城市应用

3.9.4 无人机植保应用

北斗地基增强系统服务商基于全国统一时空基准的动态厘米级高精度定位能力,可为无人机农业植保客户提供精准飞行自主作业服务,并整合飞行控制系统、RTK硬件终端、通信模组等多项关键技术,实现植保无人机标准化自主精准作业,大幅提升作业效率,降低作业门槛。

北斗地基增强系统服务商联合大疆创新科技有限公司等无人机厂商,在全国范围内推广基于北斗高精度的无人机自动农药喷洒。除了农药喷洒,基于北斗高精度服务的农机自动驾驶导航、变量施肥、农业精细化管理等的优势正在逐渐凸显,必将在我国农业现代化的进程中发挥越来越重要的作用。

3.9.5 无人机巡检应用

北斗地基增强系统服务商研发了无人机电力巡检解决方案,为电力行业客户提供基于全国统一时空基准的动态厘米级差分定位服务,通过赋予无人机精准飞行能力,实现全国范围内的自主飞行无人机电力巡检的标准化作业,大幅提升巡检效率。

该方案已在南方电网推广使用。基于北斗高精度的无人机巡线平均每小时作业里程可达50km,而北斗高精度无人机巡塔每天平均可完成超过60个塔的巡检(见图3-31)。

图 3-31　北斗高精度电力巡检应用

3.9.6　通航安全应用

北斗地基增强系统服务商通过北斗卫星差分算法的工程化实施,融合城市增强、情景识别等技术,研发了基于北斗高精度位置数据服务平台及云技术构建无人机监管与服务平台。该平台基于互联网开放平台模式,从建立平台,运营平台,过渡到形成生态,完善生态,最终形成以无人机在时空位置中的精准位置跟踪及管理为核心的监管平台。

该平台已经在浙江地区试运营,通过对空域的明细划分信息,建立不同无人机的适飞区域,让无人机"有道可行"的同时,避免无人机飞入禁飞区或者限飞区,保障无人机及飞控立体空间区域内的安全性,同时推进无人机与监管平台之间的信息联通。无人机监管与服务云平台采用互联网开放平台模式,充分发挥互联网对信息快速联通的作用,推动各类要素资源集聚、开放和共享。推动无人机产业生态的形成和发展(见图 3-32)。

图 3-32　北斗高精度通航安全无人机应用

3.9.7 地质灾害监测预警应用

北斗地基增强系统服务商依托遍布全国的卫星定位地基增强站,云端一体化监测终端,及后处理的高精度定位差分算法,形成监测数据智能采集、及时发送和自动分析的监测预警系统,可实现对山体地表位移、沉降等安全指标进行 7 天 ×24h 的毫米级自动化监控,并连续获得地质灾害大数据,形成科学的预判,为国家防灾减灾提供技术保障。

西安铁路局安康路段的防灾监测系统通过接入服务平台,修正卫星定位误差,对安康路段滑坡位移的监测达到毫米级(见图 3 – 33)。

图 3 – 33　北斗高精度地质灾害监测预警应用

3.9.8 智能驾驶应用

北斗地基增强系统服务商突破了汽车行业对于高精度绝对定位高稳定性、高可靠性和高安全性的产品壁垒,开发出基于北斗星地融合一张网的智能汽车高精度位置感知方案,以网络 RTK 形式播发数据至车载 ECU 端,为自动驾驶汽车客户提供覆盖全国的实时高精度位置解算服务。同时,北斗地基增强系统服务商未来还可以通过星基增强系统方案进一步实现双链路数据的播发,满足未来自动驾驶的冗余度要求。

上汽集团等国内外主流车企和一级汽车零部件供应商已经在智能驾驶领域展开深入合作,能够为用户提供 AR 导航、园区自主泊车和高速公路自动驾驶等多方位的智能驾驶体验(见图 3 – 34)。

图 3-34　北斗高精度智能驾驶应用

3.9.9　智慧消防应用

北斗地基增强系统服务商已与国内众多合作伙伴一道,探索精准定位、室内外一体化、消防地理信息系统等技术在智慧消防中的应用趋势,以北斗高精度定位为基础,结合大数据、云计算、物联网等技术,通过对消防工作智能化升级,为智慧消防研发了一套基于千寻服务的北斗高精度智慧消防解决方案。可以实现对消火栓、水源、取水口、重点单位、消防通道等高精度数据采集,为用户提供精准的消防地理信息数据。

智慧消防应用解决方案集成北斗地基增强系统服务商的末段导航服务,结合移动指挥场景,解决消防最后几百米的导航盲区问题,将消防人员精准引导到消防栓、水源取水口等目标物 1m 左右的范围内,节约了宝贵的救援时间,提高了消防救援效率(见图 3-35)。

图 3-35　北斗高精度消防应用

3.9.10 智慧锥桶应用

因道路施工引起的交通事故时有发生,为实现施工信息与地图数据的实时共享与对接,北斗地基增强系统服务商联合高德地图推出"道路安全物联网解决方案"。该方案通过"道路作业智能设备——智慧锥桶"的合理布设,进行"道路施工、事故等动态高质量数据"的实时采集,并与高德地图 APP 数据平台无缝对接,实现自动化信息发布,从而引导车辆减速避让,在全面提升用户出行效率同时,更保障了道路作业方、行人与车主的出行安全,大大减少了因此产生的城市管理问题(见图 3 – 36)。

图 3 – 36　北斗高精度锥桶应用

参考文献

[1] 杨元喜. 2000 中国大地坐标系[J]. 科学通报,2009,54(16):2271 – 2276.

[2] 顾旦生,张莉,程鹏飞,等. 我国大地坐标系发展目标[J]. 测绘通报,2003,(3):1 – 4.

[3] 魏子卿. 关于建立新一代地心坐标系的意见[C]//地面网与空间网联合平差论文集[三]. 北京:解放军出版社,1999:85 – 90.

[4] 陈俊勇. 改善和更新我国大地坐标系统的思考[J]. 测绘通报,1999,(06):1 – 3.

[5] 中国卫星导航系统管理办公室. 北斗卫星导航系统应用案例[EB/OL]. (2019 – 01 – 15)[2019 – 11 – 28]. http://www.chinabeidou.gov.cn/anli/3264.html.

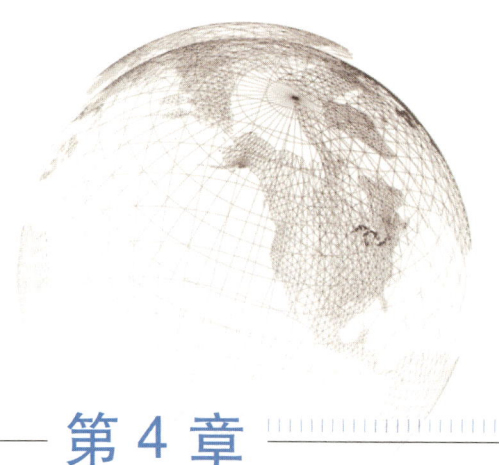

第 4 章

北斗增强站系统

4.1 北斗增强站系统功能

在观测点上架设 GNSS 测量型接收机、通信终端等设备,在一定时间内连续观测、接收导航卫星信号,并将数据传输给北斗地基增强系统国家数据综合处理系统(以下简称国家数据综合处理系统)由其处理后播发差分改正数据的设施,称为增强站。北斗地基增强系统增强站分系统是北斗地基增强系统的核心基础设施。增强站系统主要用于实时获取全部可视卫星的原始观测数据,并利用包括地面移动通信、数字广播以及卫星转发等各种通信手段,将原始观测数据实时上传。增强站系统的建设质量直接关系到北斗地基增强系统的可靠性和稳定性。

4.1.1 北斗增强站网的功能

北斗增强站在全国布局的功能如下。

(1)框架网北斗增强站布设在我国国土和海岛礁,具有合理的分布密度,大致均匀地覆盖全国,满足北斗地基增强系统提供广域实时米级、分米级精度服务所需的组网要求。

(2)区域加密网北斗增强站以省、自治区、直辖市为区域单位布设,根据各自的面积、地理环境、人口分布、社会经济发展情况进行覆盖,满足北斗地基增强系统提供区域实时厘米级、后处理毫米级精度服务所需的组网要求。

4.1.2 北斗增强站的功能

北斗增强站主要用于连续实时获取全部可视卫星的原始观测数据,并通过通信网络,将原始观测数据实时上传。同时北斗增强站需具备导航卫星观测数据存储、运行状态远程被监控、维护保障及安全防护等基本功能。

1)导航卫星观测数据采集

北斗增强站应能够全天候24h连续实时采集BDS(B1/B2/B3)、GPS(L1/L2/L5)、GLONASS(L1/L2)三系统8个频点信号的码伪距、信噪比、载波相位值、多普勒频移、导航电文等数据。根据需要,可以进行扩展。

2)运行状态监测

增强站应能够自动监测增强站接收机、不间断电源、网络等设备的运行状态,监测增强站运行的环境,控制接收机重启、不间断电源切换、数据采集、数据存储及传输等。增强站具备支持国家数据综合处理系统以远程方式对增强站进行设定、控制的功能。能够全天候24h×360天以上自动监测北斗增强站接收机、UPS、网络等设备的运行状态,监测北斗增强站运行的环境状态。

3)北斗增强站环境气象数据采集

框架网北斗增强站能够采集北斗增强站的温度、气压和相对湿度等环境气象数据。

4)时间自主同步

具备时间自主同步功能,能够将北斗增强站接收机的时间同步到BDT。

5)数据本地整理与存储

能够将观测数据按规定的格式进行本地存储。

6)数据传输

增强站应能够按标准规定的数据格式与传输协议传输。传输数据的内容包括观测数据、监测数据、机柜状态监控与告警数据、设备运行状态与告警数据、气象数据等信息。

7)远程管理

能接收数据中心通过远程方式对北斗增强站进行参数设定、控制北斗增强站的运行及检测北斗增强站的状态。

8)原子钟

部分观监站同时具备实时向北斗增强站接收机提供高精度频标的能力。

9)基础保障

增强站应能自主运行,可实现长期无人值守;配备交流不间断后备电源,在市电中断的情况下,应可依靠后备电源连续工作8h以上。增强站应具备基本防尘、防水和防雷能力的观测保障条件。全年运行间断时间应不大于120h。

10)数据存储功能

增强站应具备观测数据本地存储功能。接收机内存中应至少可存储30天的1s采样间隔观测数据。

4.2 北斗增强站系统性能

4.2.1 北斗增强站网的性能

北斗增强站网的性能如下。

(1) 框架网北斗增强站每两个站点之间相隔约 300~1000km,平均在每省、自治区至少布设 3~5 个站,每个直辖市至少布设 1 个站。

(2) 区域加密网北斗增强站根据各省、直辖市和自治区社会经济发展的需要布设站点,北斗增强站每两个站点之间的相隔一般不超过 60km。

4.2.2 北斗增强站的性能

北斗增强站的性能如下。

(1) 增强站应能接收处理 BDS(B1/B2/B3)、GPS(L1/L2/L5)、GLONASS(L1/L2)三系统 8 个频点信号。

(2) 信号接收灵敏度:≤ -133dBm。

(3) 观测量精度指标:

① B1/L1 C/A 码:10cm;B1/L1 载波相位:1mm;

② B2/L2 P(Y)码:10cm;B2/L2 载波相位:1mm;

③ B3/L5:10cm;B3/L5 载波相位:1mm。

(4) 静态测量精度指标:

① 水平:$\pm(2.5 + 1 \times 10^{-6} \times D)$mm,$D$ 为基线距离;

② 垂直:$\pm(5.0 + 1 \times 10^{-6} \times D)$mm,$D$ 为基线距离。

(5) 卫星观测数据采样时间间隔:1.0s。

(6) 卫星观测数据传输间隔:1.0s。

(7) 卫星观测数据推送时延:≤20ms。

(8) 本地时间与北斗时(BDT)的同步精度:≤50ns。

(9) 多路径影响:MP1 < 0.5m,MP2 < 0.65m,MP3 < 0.65m。

(10) 增强站日观测数据可用率:≥95%(在高度截止角为 10°时)。

观测数据可用率为"完整观测值数目"与"可能观测值数目"的比值。完整观测值是指在某个历元时刻对某颗卫星进行观测并获取的观测值,且观测值中伪距观测值和载波相位观测值均没有缺失;完整观测值数目是指在某个观测时段内,完整观测值的数量。可能观测值是指在某个历元时刻,理论上能够对某颗卫星进行观测并获取的观测值;可能观测值数目是指在某个观测时段内,可能观测值的数量。

(11) 卫星观测数据存储能力:

① 观测数据存储能力:≥30天(1.0s采样间隔);

② 告警及故障状态数据存储能力:≥30天。

(12) 气象仪:

① 温度测量范围:$-45 \sim 70℃$,测量准确度:$±0.20℃$;

② 相对湿度测量范围:$0\% \sim 100\% RH$,测量准确度:$±2.0\% RH$;

③ 大气压量程范围:$500 \sim 1100hPa$,测量准确度:$±0.3hPa$。

(13) 原子钟:

① 频率准确度:$<1×10^{12}/$天(北斗锁定状态);$<5×10^{11}/$天(无北斗状态);

② 频率稳定性:$<3×10^{12}/s$;$<2×10^{12}/10s$;$<1×10^{12}/100s$。

(14) 数据传输模式分为数据流模式和文件传输模式两种:

① 数据流模式:观测接收机的观测数据、气象数据、告警及故障信息按要求实时传输,运行状态数据根据需要进行传输。

② 文件传输模式:数据文件本地实时存储,按约定时间间隔或指令要求进行传输。

(15) UPS供电持续时间:≥8h。

(16) 工作环境要求:内陆地区增强站设备环境条件要求见表4-1;海边、海岛增强站设备环境条件见表4-2。

表4-1 内陆环境增强站设备环境条件要求

项目	南方地区		北方地区	
	室外	室内	室外	室内
防腐蚀	—			
工作温度/℃	$-20 \sim +70$	$-10 \sim +55$	$-45 \sim +55$	$-30 \sim +45$
储存温度/℃	$-20 \sim +85$	$-10 \sim +65$	$-45 \sim +65$	$-40 \sim +55$
防潮	≤95%			
抗振动	满足公路、铁路运输振动要求			
防雷	应满足GB 50057、GB 50343的要求			

注:海边地区指大陆海岸线10n mile以内区域;海岛地区指海域范围内岛礁;内陆地区指国土范围除海边、海岛范围外的区域;南方地区指国土范围内淮河、秦岭以南地区;北方地区指国土范围内淮河、秦岭以北地区。

表4-2 海边、海岛增强站设备环境条件要求

项目	南方地区		北方地区	
	室外	室内	室外	室内
防腐蚀	具有防盐雾腐蚀能力			
工作温度/℃	-20 ~ +70	-10 ~ +55	-45 ~ +55	-30 ~ +45
储存温度/℃	-20 ~ +85	-10 ~ +65	-45 ~ +65	-40 ~ +55
防潮	≤95%			
抗振动	满足公路、铁路运输振动要求			
防雷	应满足 GB 50057、GB 50343 的要求			

4.3 北斗增强站系统组成

4.3.1 北斗增强站网组成

依据北斗地基增强系统工程总体目标要求，增强站网包括 175 个框架网增强站、1200 余个区域加密网增强站，分两阶段建设完成。第一阶段完成 175 个国家框架网增强站建设（其中 17 个海岛礁站拟由海军建设、8 个 iGMAS 站待验收后接入，应建设 150 个内陆框架增强站）；完成 300 个区域加密网增强站建设。第二阶段完成 900 个区域加密网增强站建设。

4.3.2 北斗增强站土建设施组成

北斗增强站土建设施由观测墩（可分为土层观测墩、基岩观测墩、屋顶水泥观测墩、屋顶钢标观测墩）、观测室和辅助工程等组成。

4.3.3 北斗增强站设备组成及连接关系

北斗增强站设备一般由观测设备、数据传输设备、供电设备、防雷设备、机柜状态监控设备 5 个部分组成。框架网增强站加装气象仪，部分框架网增强站加装原子钟。

北斗增强站设备组成及连接关系如图 4-1 所示。

根据设备所在位置可将增强站设备分为室外设备和室内设备，设备组成如表 4-3 所列。

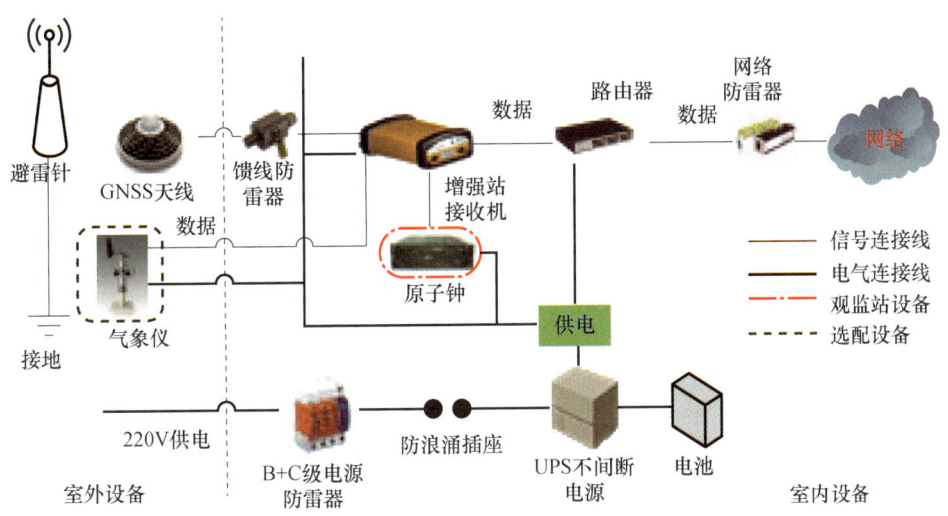

图 4-1　北斗增强站组成及连接关系示意

表 4-3　增强站设备组成

序号	设备名称	数量	框架网增强站	区域站
1	接收机天线	1	●	●
2	接收机	1	●	●
3	原子钟	1	○	—
4	气象仪	1	●	○
5	一体化机柜	1	●	●
6	路由器	1	●	●
7	防浪涌插座	1	●	●
8	不间断电源	1	●	●
9	避雷针	1	●	●
10	网络防雷器	1	●	●
11	B+C级电源防雷器	1	●	●
12	馈线防雷器	1	●	●
13	机柜状态监控设备	1	●	●

注："●"为必配项，"○"为选配项，"—"为不配项。

室外设备一般包括接收机天线和防雷设备，室外设备主要功能是接收卫星射频数据信号，同时保护增强站设备安全。

室内设备主要包括接收机、UPS电源、网络设备、机柜状态监控设备和一体化机柜等。室内设备均集成在一体化机柜内，主要功能包括进行接收机数据处理、状态监测、数据存储与传输、电源配给等。

4.3.4 观测墩设计

观测墩的设计必须保证它建成后能尽可能真实反映它所在地壳的变动;具有足够的强度以抵御自然外力(如地震等)的破坏;有足够的抵御自然环境变化(风化、锈蚀、温度变化等)造成的破坏能力;有足够的工作寿命;有利于减少周边环境及观测墩本身对北斗信号的干扰;施工便利和造价合理。

北斗地基增强系统中,观测墩的设计类型包括基岩观测墩、土层观测墩、屋顶观测墩(钢标)、屋顶观测墩(水泥标),如图4-2~图4-5所示。经论证,以上4种观测墩均满足系统对框架网增强站的精度解算要求。观测墩应高出地面3m,一般不超过5m,屋顶观测墩应高出屋顶面0.8m以上。观测墩基座表面用黑色大理石装饰,在易于观察的侧面蚀刻增强站标志图。观测墩推荐采用统一制作的强制对中标志、水准标志和增强站标志。

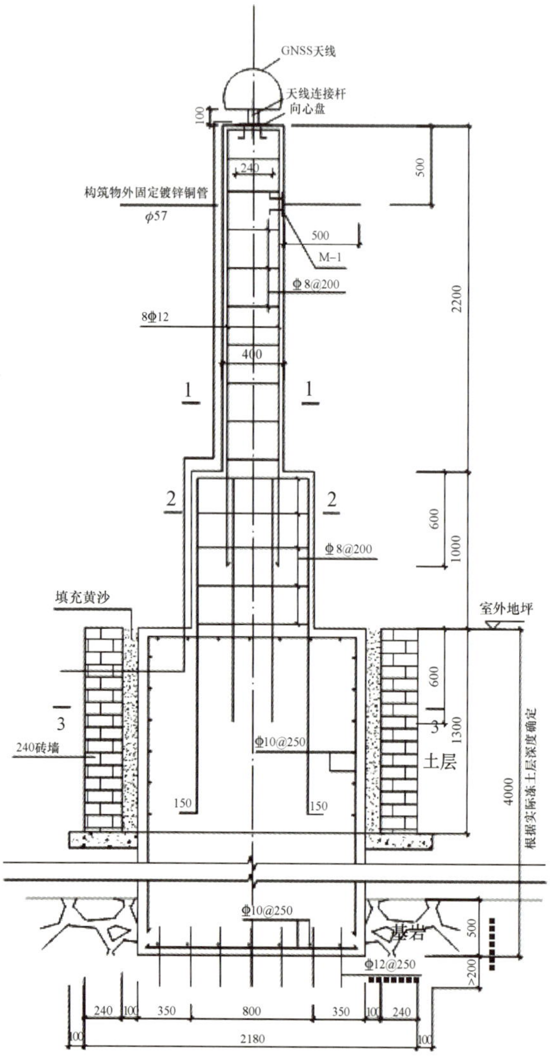

基岩观测墩立面图 1:20

图4-2 基岩观测墩

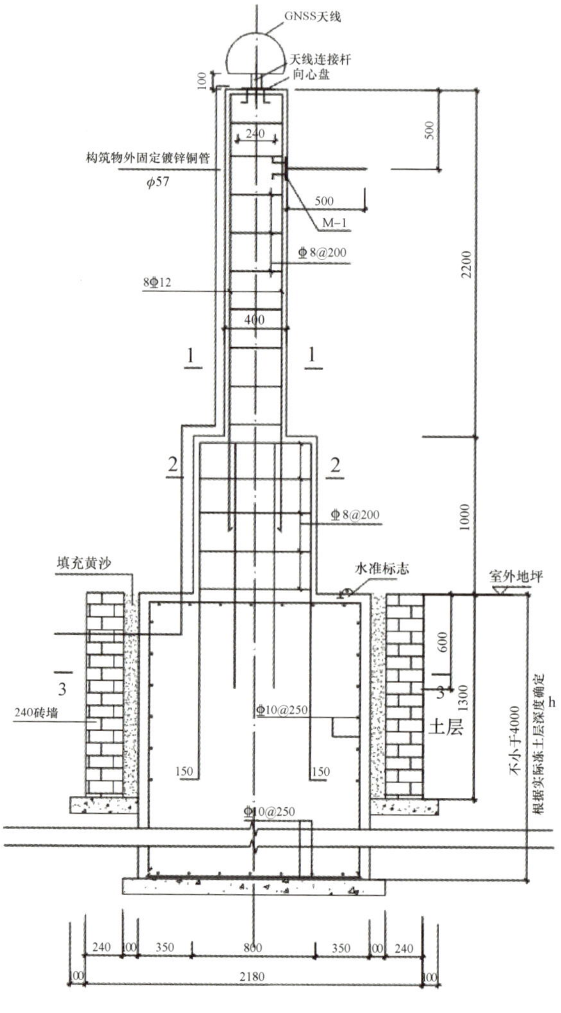

土层观测墩立面图 1:20

图4-3 土层观测墩

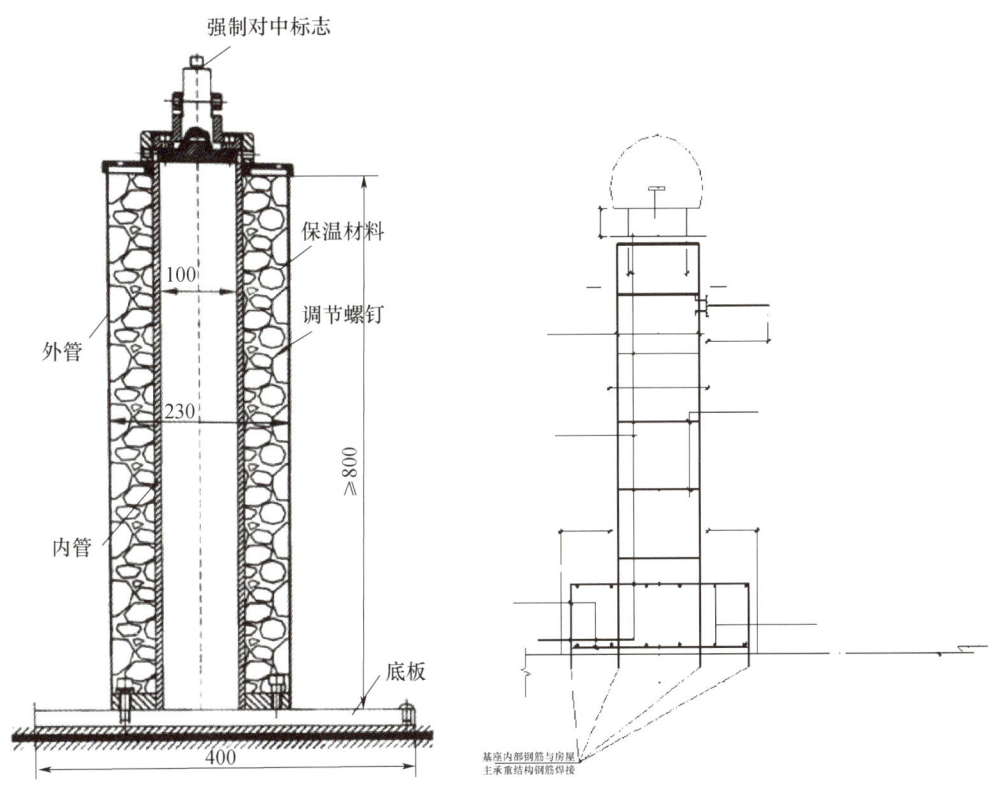

图4-4 屋顶观测墩(钢标)　　　图4-5 屋顶观测墩(水泥标)

1. 基岩观测墩

基岩观测墩建设应符合以下要求：

（1）基岩观测墩应参照图4-2建造；

（2）清理基岩表面的风化层并从完整的基岩面向下开凿0.5m，基岩观测墩钢筋笼下部嵌入坑底不小于0.2m，并紧密浇筑；

（3）基岩观测墩地下墩体应整体满灌浇筑，机械捣固；

（4）基岩观测墩地上墩体应置模板浇筑，其中直径380mm墩体采用统一模板浇筑，机械捣固；

（5）观测墩地下墩体顶面(地坪面)应分别于四角埋设水准标志，便于水准观测；

（6）观测墩与地面接合四周应做宽度不小于50mm，与基岩观测墩地基同深的隔振槽，内填粗沙，避免振动影响；

（7）水泥柱体外部进行保温和防风处理，并用不锈钢钢管装饰，并加装气象仪安装支架；

（8）基岩观测墩到观测室的馈线应用内径不小于50mm不锈钢管套装防护；

（9）基岩观测墩顶面应浇筑安装强制对中标志，其水平偏差应小于30″；

（10）基岩观测墩顶面应采用C25及以上规格强度的混凝土浇筑，必须搅拌均匀，现场浇灌，并用电动振动棒充分捣固，保证固结质量及外部光洁，观测墩外表面不可做二次整饰，同时保证墩体垂直，垂直度不超过5%；

（11）现场搅拌的混凝土应有权威检测单位出具的配合比设计报告及试块检测报告,商用混凝土应出具开盘鉴定报告,水泥规格 P42.5 以上并出具正式证明,钢筋应提供正式的规格证明;

（12）基岩上建设的观测墩至少要经过一个月,方可进行测量;

（13）基岩观测墩的设计施工应考虑防风、防雨雪、防盐雾的要求,接收机天线防护罩的安装应平整、稳固,不增加信号的延迟和多路径效应。

2. 土层观测墩

土层观测墩建设应符合以下要求:

（1）土层观测墩应参照图 4 – 3 建造;

（2）建造时应保证墩体质心位于当地冻土线以下 0.5m,进入良好受力土层的深度不小于 0.5m;

（3）土层观测墩地下墩体顶面(地坪面)应分别于四角埋设水准标志,便于水准观测;

（4）土层观测墩地下墩体应整体满灌浇筑,机械捣固;

（5）土层观测墩地上墩体应置模板浇筑,其中直径 380mm 墩体采用统一模板浇筑,机械捣固;

（6）土层观测墩与地面接合四周应做宽度不小于 50mm,与土层观测墩地基同深的隔振槽,内填粗沙,避免振动带来的影响;

（7）水泥柱体外部进行保温和防风处理,并用不锈钢钢管装饰,并加装气象仪安装支架;

（8）土层观测墩到观测室的馈线应用内径不小于 50mm 不锈钢管套装防护;

（9）土层观测墩顶面应浇筑安装强制对中标志,其水平偏差应小于 30″;

（10）土层观测墩顶面应采用 C25 及以上规格强度的混凝土浇筑,应搅拌均匀,现场浇灌,并用电动振动棒充分捣固,保证固件质量及外部光洁,土层观测墩外表面不可做二次整饰,同时保证墩体垂直,垂直度不超过 5‰;

（11）现场搅拌的混凝土必须有权威检测单位出具的配合比设计报告及试块检测报告,商用混凝土需要出具开盘鉴定报告,水泥规格至少是 P42.5 以上并出具规格证明,钢筋需要提供规格证明;

（12）土层内建设的观测墩,一般地区至少需要经过一个雨季,冻土地区至少还需经过一个冻解期,方可进行观测;

（13）土层观测墩的设计施工应考虑防风、防雨雪、防盐雾的要求,接收机天线防护罩的安装应平整、隐固,不增加信号的延迟和多路径效应。

3. 屋顶钢标观测墩

屋顶钢标观测墩(钢标)建设应符合以下要求:

（1）钢标应参照图 4 – 4 建造;

（2）钢标所在建筑应为钢筋混凝土框架结构,框架基准站建筑物高度不宜超过 5m,区域站建筑物高度不宜超过 30m;

（3）钢标外观应平整、美观,有 10°以上高度角的开阔天空;

（4）开点位所在的水泥板尺寸应约为600mm×600mm，深约100mm，直至露出楼面钢筋；

（5）基座内部钢筋应与房屋主承重结构钢筋焊接，结合部分应不小于0.1m；

（6）需根据BDS信号线设计的走线路线在基座的侧面或后面预埋不锈钢线管（管内直径为50mm，拐弯处用两弯角为135°的接合头拼接成直角弯或用钝角接合头，并在线管内预留装信号线用的牵拉线）；

（7）预埋的避雷针地线与建筑物的地线连接完好，基准站防雷地网接地电阻小于10Ω，电源避雷器和信号避雷器接地电阻应小于4Ω；

（8）主支柱安装完成后，需利用水平仪调整顶部的强制对中器位置，使其水平偏差小于30″；

（9）对钢标基座需进行防水处理并修复原建筑物的防水层，并根据设计对基座进行外装饰；

（10）钢标到观测室的BDS信号线需外套内径不小于50mm的不锈钢保护管；

（11）钢标的设计施工应考虑防风、防雨雪、防盐雾的要求，接收机天线防护罩的安装应平整、稳固，不增加信号的延迟和多路径效应。

4. 屋顶水泥观测墩

屋顶水泥观测墩（水泥标）建造要求如下：

（1）水泥标应参照屋顶水泥标观测墩设计规范建造；

（2）水泥标所在建筑应为钢筋混凝土框架结构，框架基准站建筑物高度不宜超过5m，区域站建筑物高度不宜超过30m；

（3）水泥标外观应平整、美观，有10°以上高度角的开阔天空；

（4）水泥标垂直倾斜小于8′，顶部预埋的强制对中器的水平偏差小于30″；

（5）基座内部钢筋应与房屋主承重结构钢筋焊接，结合部分应不小于0.1m；

（6）对水泥标基座需进行防水处理并修复原建筑物的防水层，并根据设计对基座进行外装饰；

（7）水泥标到观测室的BDS信号线需外套内径不小于50mm的不锈钢保护管；

（8）预埋的避雷针地线与建筑物的地线连接完好，基准站防雷地网接地电阻小于10Ω，电源避雷器和信号避雷器接地电阻应小于4Ω；

（9）水泥标的设计施工应考虑防风、防雨雪、防盐雾的要求，接收机天线防护罩的安装应平整、稳固，不增加信号的延迟和多路径效应。

4.3.5 观测室设计

观测室建设应按GB/T 28588的规定，要求如下：

（1）观测室应具有保温、防雨等功能，满足仪器设备正常运行的要求；

（2）观测室应按照抗当地地震烈度提高1度设计建设，使用年限原则上应大于50年；

（3）观测室用于安置仪器设备，仪器设备应集成安装在机柜中；

（4）观测室面积不宜小于20 m²；

（5）观测室地基应牢固，周围考虑排水设计，顶部采取混凝土结构，结构中应预埋进出两种管

线通道(电力和信号通道),并进行动物保护防护处理;

(6) 观测室屋顶应敷设防水层,并满足排水、防风、防雷等要求,屋顶面还应敷设粗沙或煤渣等材料以达到吸波效果;

(7) 观测墩位于观测室内时,观测室的女儿墙应不高于观测墩顶面,并在女儿墙上架设避雷针和避雷网,避雷针高度保证45°范围覆盖观测墩;

(8) 观测室外或女儿墙外侧应便于架设气象仪器;

(9) 观测室应安装防盗门,窗户应加装防盗网,有条件可加装监控报警设施;

(10) 观测室应接入稳定市电,并加装 B 级电源防雷器和专用配电箱;

(11) 观测室内应设置等电位连接端子,位置便于机柜接地线连接;

(12) 框架网增强站应利用已有的观测室放置室内仪器设备,以有效节省建设成本,观测室应具有良好的保温条件;

(13) 观测室内市电、数据线、射频线应进行防雷设计;

(14) 室外天线与接收机之间需要通过数据电缆线连接,两者间最大距离以 60m 为宜,若两者之间距离超过 60m,应加装低噪声信号放大器以保证信号的稳定传输。

4.3.6 防雷工程

防雷工程施工应符合以下要求:

(1) 防雷工程包括建筑物防雷、供电防雷和等电位连接等工程,应由具备专业资格的工程人员依据 GB 50057 和 GB 50343 标准设计和施工;基准站观测室雷电防护按 GB 50057 中第二类防雷建筑物设计,建筑物内的电子信息系统雷电防护按 GB 50343 中 B 级设计。

(2) 观测室与观测墩分离建设时,应分别进行防雷工程建设,观测墩与观测室分离建设时,应对观测墩建立独立的避雷系统,包括观测墩附近应建设避雷针且观测墩本身应良好接地,接地电阻不高于 4Ω。

(3) 观测室地基应铺设防雷地网与避雷针连接。

(4) 防雷工程完成以后,应有专业检测机构检测合格,并出具证明。

(5) 不间断电源前端加装 B+C 级电源防雷器,即电力线通过防雷器后进入不间断电源。

(6) 防雷工程关键环节需要拍摄 3 张照片,分别为防雷地网完成后、B+C 级电源防雷器安装完成后和等电位连接端子安装完成后的照片。

4.3.7 观测设备

1. 增强站接收机天线要求

1) 功能

接收机天线(观测天线)技术指标应符合以下要求:

(1) 接收多卫星系统 BDS(B1/B2/B3)、GPS(L1/L2/L5)、GLONASS(L1/L2)信号;

（2）抗多路径效应：天线应配备扼流圈及其他抑制多路径信号设计，以便能有效地消除多路径效应，改善接收信号的质量；

（3）相位中心改正模型：应具有第三方机构认证（有资质的独立测试机构）的天线并提供各卫星系统信号的相位中心改正模型；

（4）扼流圈天线相位中心偏差：<1.5mm。

2）性能

（1）扼流圈天线相位中心偏差：<1.5mm；

（2）稳定性：天线的相位中心稳定性优于0.8mm，并有定向标志以满足高精度测量的要求；

（3）阻抗：50Ω；

（4）驻波比：≤1.5；

（5）LNA 增益：≥43dB。

3）电源及功耗

供电：DC 3～12V。

4）尺寸

外形尺寸：≤φ385×320(mm)。

5）接口

安装接口：5/8 螺纹孔，深 18mm；

射频接口：TNC-K。

6）环境适应性

（1）防静电：在接触放电 4kV 和空气放电 8kV 各 5 次的情况下不致损坏。

（2）防水：在降水强度为(400±50)mm/h 环境中应能正常工作。

（3）盐雾：在喷雾时间 2h，喷雾间隔存放时间 22h，循环 3 次的情况下应能正常工作。

（4）工作温度：-40～+80℃。

（5）贮存温度：-55～+85℃。

（6）冲击：在 3 个互相垂直轴上经受频率为 1～30Hz，单振幅为 0.75mm 的冲击试验 50min 后，应能保持结构完好，工作正常；分别在 3 个互相垂直轴上经受频率为 30～55Hz，单振幅为 0.25mm 的冲击试验 25min 后，应能保持结构完好，工作正常。

（7）振动：外置天线在经受加速度为 300m/s²、持续时间为 18ms 的冲击试验 18 次后，应能保持结构完好，工作正常。

7）可靠性

MTBF：≥30000h。

8）认证

具有国际大地测量权威机构认证的天线绝对相位中心改正模型。

2. 增强站接收机要求

观测接收机是增强站的核心设备，它实时获取各 GNSS 全部可视卫星的原始观测数据，将原始观测数据在接收机内部存储，同时通过通信网络实时上传原始观测数据。

1）功能

（1）观测频率：接收多卫星系统 BDS（B1/B2/B3）、GPS（L1/L2/L5）、GLONASS（L1/L2）信号；

（2）观测参数：载噪比、伪距码、各频率全周载波相位、多普勒频移、导航电文等数据。

2）性能

接收机技术指标应符合以下要求：

（1）观测信号：应能接收多卫星系统 BDS（B1/B2/B3）、GPS（L1/L2/L5）、GLONASS（L1/L2）信号。

（2）原始观测数据：应包含伪距、载波相位、多普勒频移、载噪比、导航电文等。

（3）信号通道：≥120 个（并行通道）；观测值测量精度：平面≤3.0m，高程≤5.0m（1σ，PDOP≤3）；伪距观测量精度：≤10.0cm；载波相位观测量精度：≤1.0cm；静态测量精度：水平为 $\pm(2.5+1\times10^{-6}\times D)$mm，垂直为 $\pm(5+1\times10^{-6}\times D)$mm，$D$ 为基线距离。

（4）信号接收灵敏度：≤-133dBm；采样间隔频率：1Hz、5Hz、10Hz、20Hz 可调。

（5）时间精度：≤50ns（接收机输出的 1PPS 与北斗时的同步精度）。

（6）接口：应具备外接频标输入接口（可配 5MHz 或 10MHz 的外接频标）及气象仪设备输入接口。

（7）端口：应至少具备 LAN 口一个、RS232/RS485 串口各一个、电源输入口一个、USB 接口一个、1PPS 输出端口一个、TNC 接口一个（用于天线馈线连接）。

（8）内部数据存储能力：≥30 天（1s 采样间隔）。

（9）远程控制：可远程升级、远程复位、远程参数设置。

（10）防护安全等级：符合 GB 4208 规定的 IP65 等级。

（11）工作环境：符合 6.10 要求。

（12）平均寿命：≥5 年。

（13）MTBF：≥10000h。

（14）电池：应内置高容量电池，保证在 -20～55℃温度下接收机正常工作不小于 8h。

（15）接收机内部噪声水平：≤1mm。

（16）首次定位时间：≤60s（冷启动）。

（17）接收数据可用率：≥98%。

（18）数据传输时延：≤20ms。

（19）BDS 时间同步精度：≤0.10ms。

3）电源及功耗

（1）供电电压：DC 9～18V，AC 100～240V，交流工作频率 50～60Hz。

（2）内置电池：在线充电，保证温度在 -25～+65℃范围正常工作 8h 以上。

（3）整机功耗：≤5W。

4）尺寸

尺寸：≤30 cm×20 cm×8cm（长×宽×高）。

5）接口

（1）网口：以太网端口（RJ45 10/100Mbps），支持 NTRIP，支持 3 个以上同时存在的 TCP/IP 数

据流,包括 Server 和 Client 两种模式,插座型号 RJ45;

(2) RS232/485:RS232/485 串口至少各一个(支持 RTD 数据输出、气象仪输入),Lemo 插座;

(3) 电源输入口:两芯 Lemo 插座;

(4) USB:一个,支持存储数据下载,Lemo 插座;

(5) PPS:一个 PPS 输出接口,插座型号 SMA;

(6) 外部时钟:一个外部时钟输入接口,10MHz,插座型号 TNC;

(7) 天线接口:50Ω,LNA 供电:DC 4.75~5.10V,0~100mA,TNC-K。

6) 环境适应性

(1) 工作温度: -40~+65℃;

(2) 存储温度: -40~+80℃;

(3) 湿度:10%~95%(非凝结);

(4) 防振:抗 1m 自然跌落;

(5) 等级:符合 IP67 标准。

7) 型评

通过国家质量监督局的型式批准,获得相关检验机构出具的型式评价鉴定证书。

3. 观测设备清单

观测设备清单见表 4-4。

表 4-4 观测设备清单

序号	设备名称	数量	备注
1	北斗增强站接收机	1	含馈线
2	北斗增强站接收机天线	1	—
3	功率放大器	1	馈线超过 60m 时

4.3.8 一体化机柜设计要求

一体化机柜为增强站设备提供安全的装配空间,负责为增强站各设备提供符合要求的电源,对设备运行环境进行监控。一体化机柜包含机柜、供电设备、设备状态监控单元。

1. 机柜

1) 机柜技术指标要求

机柜技术指标要求见表 4-5。

表 4-5 机柜技术要求

序号	项目	技术指标
1	尺寸	60cm×100cm×200cm（宽×深×高）
2	承重重量	≥1000kg
3	前后通孔率	≥70%
4	机柜表面附着力	GB/T 9286—1998 标准二级或二级以上
5	机柜硬度	GB/T 6739—1996 标准 2H 或 2H 以上
6	耐冲击性	符合 GB/T 1732—1993 标准
7	机柜表面	满足 GB/T 2423.17—1993 标准，不可见锈斑
8	外形尺寸偏差	符合 JB/T 6753.5—1993 所规定的 A 级要求
9	机柜类型	兼容19"国际标准、公制标准和 ETSI 标准
10	走线方式	兼容上下走线方式

2）机柜清单

机柜清单见表 4-6。

表 4-6 机柜清单

序号	设备名称	数量
1	机柜	1
2	机柜支撑系统	1

2. 供电设备

电源设备技术指标应符合以下要求：

（1）单相市电供电，配备不间断电源（后备电源）；

（2）后备电源单独供电时，在额定功率下可连续工作 8h；

（3）电源线路具备电涌防护能力，电池组应具有抗电、抗浸水能力；

（4）不间断电源主机应具备接入机柜环境监控系统的数据接口，可通过网络进行远程监控；

（5）安装方式：满足机柜安装要求；

（6）工作环境：符合 6.10 要求，电池组应能在 -20 ~ +55℃ 的环境温度条件下使用。

增强站采用 UPS 不间断电源为站内各设备供电。

1）供电设备技术指标要求

增强站负载功率组成如表 4-7 所列。

表4-7 负载功率组成

序号	名称	功耗/W
1	机柜状态监控	100
2	路由器	150
3	北斗增强站接收机	10
4	气象仪	10
5	原子钟	50

供电设备配置 DC 144V 50A·h(或相同容量)的电池组即可提供8h以上不间断供电能力。

特殊站点(高原环境)电池容量要求:电池容量按 GB/T 3859.2—1993《半导体变流器应用导则》附录B(图4-6)降额,故容量配置时需相应增大。例如,海拔3000m时容量配置约需除以0.9。

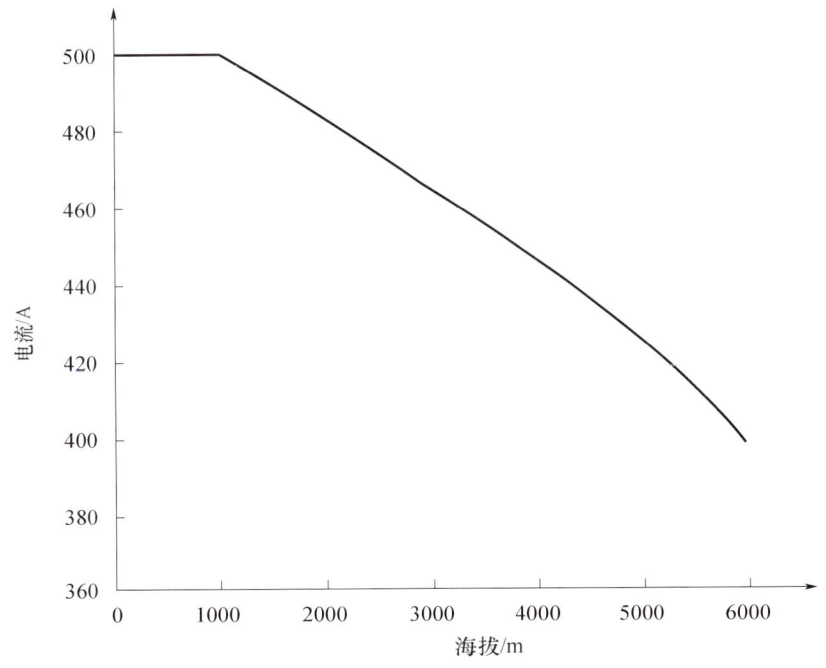

图4-6 在高海拔地区使用时电池容量的修正

特殊站点(低温环境)电池容量要求:按图4-7增大相应容量配置,或在环境温度低于20℃时,电池可自动启动加热功能。

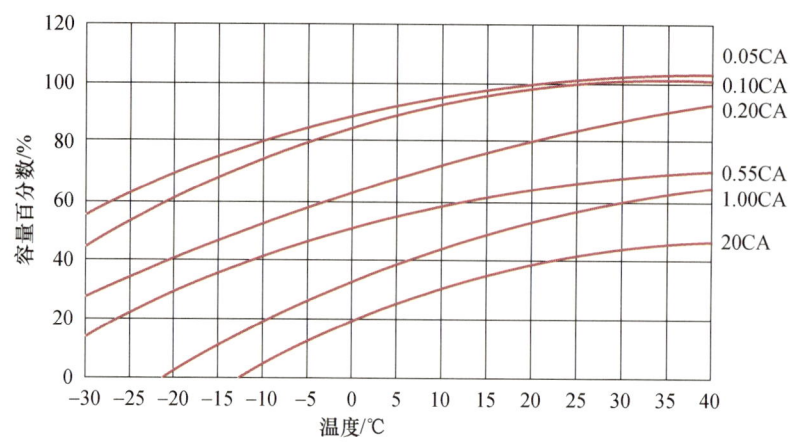

图 4-7 电池放电容量与环境温度的关系曲线

供电各设备技术指标要求如下:

(1) 电池组技术指标要求见表 4-8。

表 4-8 电池组技术指标要求

序号	功能及技术指标	参数要求
1	环境适应性	电池组应能在 -20~55℃ 的环境温度条件下使用
2	安装方式	电池组尺寸:宽度应按照 19 英寸(约 0.48 米)标准设计,支持 19 英寸(约 0.48 米)机架安装 高度要求:不大于电池容量的十分之一
3	容量	电池模块内各单体电池之间容量最大值、最小值与平均值的差值应不超过平均值的 ±1%
4	电池内阻	电池模块内各单体电池之间的内阻最大值与最小值的差值应符合:10mΩ 以下的偏差绝对值不超过 0.5mΩ;10mΩ 以上的不超过平均值的 5%
5	容量保存率	容量不低于额定容量 95%
6	电池组寿命	浮充寿命:不低于 10 年; 循环寿命:电池组按规定进行测试,其循环寿命应不少于 1000 次
7	电池管理	电池需提供 RS485 接口,并提供通信协议,供环境监控系统接入
8	充电方式	电池组应采用智能充电方式进行充电
9	抗电强度	对于金属外壳的电池组,电池组正负极接口分别对电池组金属外壳能够承受 50Hz、有效值为 500V 的交流电压(漏电流 ≤mA)或 710V 的直流电压 1min,应无击穿、无飞弧现象
10	抗浸水	电池组按规定进行测试,不应出现安全问题,如漏液、冒烟、起火、爆炸等

续表

序号	功能及技术指标	参数要求
11	浪涌(冲击)抗扰性	电池组通信端口线对线应满足 GB/T 17626.5—2008 等级 1 的要求,线对地应满足 GB/T 17626.5—2008 等级 2 的要求;试验后,其外观应无明显变形、漏液、冒烟或爆炸,并能正常工作
12	自加热功能	电池组通过内部加热系统使电池维持在正常工作温度环境下,以适应极寒环境
13	后备时间要求	电池组后备时间不得低于8h
14	出厂日期	电池组应为3个月内生产的产品

（2）UPS技术指标要求见表4-9。

表4-9 UPS技术指标要求

序号	功能及技术指标	参数要求
1	工作方式	需采用纯在线式、双变换UPS产品
2	额定功率	2kV·A
3	安装方式	兼容机架式安装(19英寸标准机柜),高度≤3U
4	效率	整机效率在满载情况下需≥90%
5	电压输入范围	AC 120~280V
6	输入电源频率	40~60Hz
7	输出额定电压	AC 220V
8	输出额定频率	50Hz
9	输出频率精度	±0.1%
10	输出过载能力	10min(125%额定负载),60s(150%额定负载)
11	输出功率因数	≥0.9
12	输出负载波峰因数	≥3:1
13	输出市电-电池切换时间	0ms
14	电磁兼容	符合IEC/EN62040-1-1要求
15	噪声	<50dB(距离设备1m处)
16	防护等级	≥IP20
17	遥测监控	具有USB接口,可现场通过该接口监控UPS/市电等

（3）输入配电插框技术指标要求见表4-10。

表4-10　输入配电插框技术指标要求

序号	功能及技术指标	参数要求
1	交流输入	支持 AC 220V/230V，50Hz/60Hz，单相供电，误差±10%
2	防雷功能	机柜输入配电插框应带有防雷、防浪涌功能（应配备C级防雷模块），配电插框应能有效抑制市电引入浪涌对柜体内设备的损害，最高可承受40kA雷电流冲击；动作响应时间小于25ns；电压保护水平2kV；工作环境：-40～+85℃
3	断路器	断路器技术要求满足国家相关行业标准技术要求；主断路器容量：40A；辅断路器：32A 2P

（4）PDU技术指标要求见表4-11。

表4-11　PDU技术指标要求

序号	功能及技术指标	参数要求
1	额定输出电压	200～240V
2	输出额定电流	32A
3	输入接口	压接端子，无输入线缆
4	输出路数	国标多功能12位；配UPS维修旁路开关

2）供电设备连接图

设备的供电连接如图4-8所示。

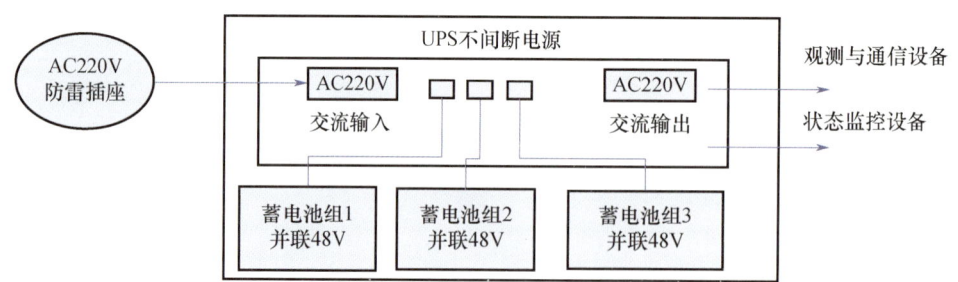

图4-8　设备供电连接图

3）供电设备清单

供电设备清单见表4-12。

表 4-12 供电设备清单

序号	设备名称	规格	数量
1	UPS 主机	—	1
2	输入配电插框	—	1
3	UPS 监控卡	—	1
4	PDU	12 位	1
5	锂电池组(含 BMS)	磷酸铁锂电池	3

3. 设备状态监控单元

1) 设备状态监控功能要求

增强站运转方式设计为"无人值守、有人看管"。作为重要的数据采集系统,对增强站设备的安全监控显得尤为重要。为保证增强站系统安全,增强站应支持国家数据综合处理系统以远程方式对增强站设备进行设置、控制和检测。设置内容包括北斗增强站接收机参数、电源参数。控制内容包括接收机重启、接收机参数的修改。检测内容包括网络状态、接收机状态、一体化机柜状态、UPS 电源状态。

其中,一体化机柜状态监控模块功能及技术指标见表 4-13。

表 4-13 一体化机柜状态监控模块功能及技术指标

序号	功能及技术指标	参数要求
1	输入电压	DC -36~-72V 或 18~36V
2	输入电流	≤1A
3	整机功耗	≤20W
4	可靠性	系统平均无故障时间(MTBF)>10 万 h
5	网络标准	支持 TCP/IP 标准
6	告警事件准确率	100%
7	抗雷击、干抗能力	满足 GB 9254—1998、GB 17625.1—1998 抗浪涌、抗扰度符合 IEC801-5 标准
8	外形尺寸	1U 机箱:433mm(长)×300mm(宽)×44mm(高)
9	安装方式	支持标准 1U 机箱机柜式安装及壁挂式机箱安装
10	AI 接口	7 个 AI 模拟量输入接口,直流电压的测量范围为 0~12V,测量误差≤0.2%
11	DI 接口	12 路 DI 开关量干接点输入通道; 直流电压的输入范围为 0~61V; 高电平阈值电压≥2V; 低电平阈值电压≤0.8V
12	DO 接口	4 路 DO 输出; 1 路 DO 输出用于蜂鸣器; 1~3 路输出的继电器触点容量为 2A/30V

续表

序号	功能及技术指标	参数要求
13	专用输入	专用蓄电池总电压检测通道； 烟雾传感器专用通道，提供正常与告警功能； 水浸传感器专用通道，提供正常与告警功能
14	智能设备接口	6 路 RS232/RS422/RS485 串口监控 4 路以太网智能设备接口，符合 IEEE 802.3 10/100 BASE – T/TX 标准
15	E1 接口	符合 G.703 规范
16	SD 卡接口	支持主流 SD 卡接入，容量大于 2GB
17	整机功耗	≤20W
18	接地电阻	提供保护地接线端子；接地电阻≤4Ω
19	温湿度传感器	供电电压：DC 11 ~ 13V 工作电流：<40mA 输出继电器额定电流：<250mA 工作环境温度：–20 ~ +60℃ 工作环境湿度：5% ~ 95% 无结露 温度回差：1℃ 湿度回差：3% 温度告警门限：0 ~ 59℃ 湿度告警门限：0% ~ 100% 响应速度：超限发生后 500ms 内继电器动作 输出信号：干接点
20	烟感探测器	支持感烟、感温两种探测方式 供电电压：DC 12V 静态电流：≤8mA 报警电流：≤35 mA 工作温度：–10 ~ 50℃ 工作湿度：95% RH 监视面积：20m^2 指示灯：10s 闪一次 输出信号：干接点 灵敏度等级：感烟一级 0.23dB/m
21	水浸传感器	供电电压：DC 24V 输出信号：干接点 探测水深：约 1mm 工作电流：20mA
22	门磁传感器	工作距离：50 ~ 60mm 开关形式：NO – 常开型 工作电流：0.5A

2）设备状态监控设备清单

设备状态监控设备清单见表 4-14。

表 4-14　设备状态监控设备清单

序号	设备名称	数量	备注
1	机柜状态监控采集器	1	—
2	智能电网检测仪	1	干接点输出
3	温湿度传感器	2	干接点输出
4	探测电极	1	干接点输出
5	水浸传感器	1	—
6	烟感传感器	1	—
7	门磁开关	2	—

4.3.9　防雷设备

雷电防护主要指建筑物整体、站内外电子设备的雷电防护。

增强站根据需要加装电力线、通信线、射频线电涌防护设备和建筑物雷电防护设备。

防雷设计依据 GB 50057—2010《建筑物防雷设计规范》和 GB/T 7450—1987《电子设备雷击保护导则》进行。

1. 建筑物避雷设计

增强站观测室都必须安装有良好接地的铜制专用避雷针（或等效产品）和接地地网，地网接地电阻要求小于 4Ω。增强站室外接收天线必须处于现有观测站避雷针的良好保护范围内，具体计算方法用滚球法。

观测墩与观测室分离建设时，需对观测墩建立避雷系统。包括观测墩附近必须安装避雷针以及观测墩本身必须良好接地，接地电阻不大于 4Ω。

室外避雷设备与现有观测站共享。如现有观测站未安装避雷针或避雷针无法良好保护增强站接收天线，则观测站所在单位按技术要求增加避雷针设施。

2. 供电防雷设计

采用市电供电时，为防感应雷及电压不稳，观测室与工作室接入市电时，室内必须安装 B+C 级电源防雷器。B 级防雷器由增强站观测室所在的单位进行建设安装。C 级防雷器由机柜供应厂商在机柜市电入口处进行安装。建设人员到达现场时应该先期查看观测室有无 B 级防雷器，如果没有按要求安装，则要求站点负责人予以安装。

3. 传输线路防雷设计

通信系统、观测系统设备通过路由器以网络方式连接，在外部专线和路由器接入口之间安装网络防雷设备。网络防雷器的接地线应为横截面面积不小于 $4mm^2$ 的铜导线,就近连接于机柜等电位接地点上且尽量避免接地线形成直角或尖角转弯。

4. 观测设备防雷

接收机与接收机天线间安装馈线防雷器进行防雷。馈线防雷器应靠近接收机安装,且接地线应保证截面积不小于 $4mm^2$ 的黄绿双色多股软铜线,就近连接于机柜的等电位接地点上且避免接地线形成直角或尖角转弯。

机柜内各个子设备,含路由器、信号采集器,监控单元、接收机、电池、路由器辅助电源等凡是设备外壳有接地标识的螺栓,一律采用不低于 $4mm^2$ 的黄绿双色多股软铜线就近连接于机柜接地点上。

整体机柜必须用横截面不低于 $6mm^2$、长度不超过 20m 的黄绿双色多股软铜线接地线连接于机房的等电位连接导体上,且保证机房的等电位接地点对地电阻不大于 4Ω,这个值可以用接地电阻仪或摇表测量。

5. 防雷设备图

1)供电防雷图

市电线路室内安装 B+C 级电源防雷器。观测室配置防浪涌插座接入市电,供 UPS 电源使用。B+C 级防雷器可以采用分立 B 级和 C 级防雷器安装。B 级防雷器由增强站观察室安装与机柜外,C 级防雷器由机柜供应商安装于机柜经过 B 级防雷器的单相电入口处,如图 4-9 所示。

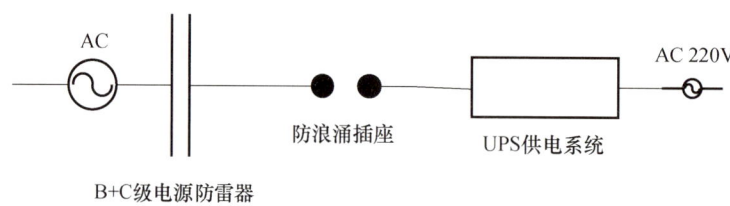

图 4-9 供电防雷图

2)传输线路防雷图

SDH/DDN 专线与接入路由器以网线直接连接,加装网络防雷器,如图 4-10 所示。

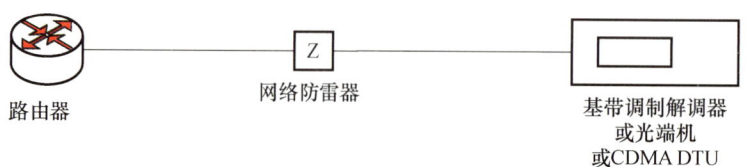

图 4-10 SDH/DDN 专线防雷图

3)观测设备防雷图

观测接收机与接收机天线间安装馈线防雷器进行防雷,如图 4-11 所示。

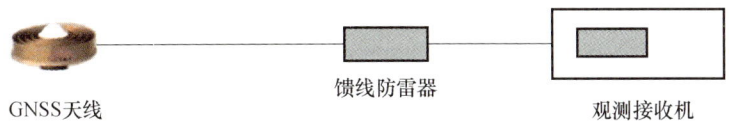

图 4-11 接收机天线防雷图

6. 防雷设备清单

防雷设备清单见表 4-15。

表 4-15 防雷系统设备清单

序号	设备名称	规格要求	数量	备注
1	防浪涌插座	10A,5 个以上插口,浪涌保护及滤波峰值电流通用模式 22kAm/s	1	市电供电
2	馈线防雷器	最大放电电流 20kA,电压保护级别 <120V,响应时间 <100ns,插入损耗 <0.3dB	1	观监站数量为 2 个
3	网络防雷器	RJ45,最大放电电流 5kA,工作电压 <15V,最大工作电流 ≤0.5A,电压保护级别 <20V,响应时间 <10ns	2	—

4.3.10 原子钟

1. 原子钟主要技术要求

原子钟用于为部分增强站接收机提供长期的稳定可靠的频率标准。

原子钟的主要功能及性能要求见表 4-16。

表 4-16 原子钟功能及性能要求

序号	功能性能指标	参数要求
	输出信号(10MHz)	
1	输出频率	10MHz
2	信号波形	正弦波
3	输出路数	≥2 路
4	输出功率	峰值 7~10dBm(50Ω 负载)
5	频率准确度	$<110^{-12}$/天(北斗锁定状态); $<510^{-11}$/天(无北斗状态)
6	频率稳定性	$<310^{-12}$/s; $<210^{-12}$/10s; $<110^{-12}$/100s;

续表

序号	功能性能指标		参数要求
7	漂移率		$<510^{-12}/$天
8	相位噪声		$<-125\text{dBc/Hz}@10\text{Hz}$ $<-145\text{dBc/Hz}@100\text{Hz}$ $<-150\text{dBc/Hz}@1\text{kHz}$ $<-155\text{dBc/Hz}@10\text{kHz}$
9	谐波失真		$<-40\text{dB}$
10	非谐波失真		$<-80\text{dB}$
11	物理接口		BNC
输出信号(1PPS)			
1	电平		$>3\text{V}$
2	输出路数		≥ 2 路
3	极性		正极性
4	脉冲宽度		$10\sim 20\mu\text{s}$
5	上升沿		$<10\text{ns}$
6	同步精度		$<100\text{ns}$(北斗锁定状态)
7	物理接口		BNC
输入信号			
1	射频信号		GPS L1、北斗 B1 频段
2	捕获时间		$<10\text{s}$(热启动);$<60\text{s}$(冷启动)
3	物理接口		BNC 或 TNC
监控管理			
1	物理接口	网口	RJ45,支持 NTP 对时及 SNMP 网络协议,用于上报监控信息
2	状态显示		实时显示状态信息
3	自动检测与告警		支持
物理及环境特性			
1	工作温度		$-20\sim +50\text{°C}$
2	工作湿度		$10\%\sim 80\%$
3	供电电源		$\text{AC }220\times(1\pm10\%)\text{V}$
4	功耗		$<40\text{W}$
5	尺寸		$\leq 3\text{U}$,标准上架机箱
6	质量		$\leq 6\text{kg}$
7	平均无故障工作时间		$\geq 50000\text{h}$

2. 原子钟设备清单

原子钟设备清单见表 4-17。

表 4-17 原子钟设备清单

序号	设备名称	数量	备注
1	原子钟	1	—
2	GPS/北斗接收天线	1	—
3	天线馈线	1	—
4	天线安装支架	1	—
5	天线防雷器	1	—
6	信号线	1	BNC 公头/TNC 公头
7	网络线	1	—
8	串行通信线	1	DB9 公头/母头
9	电源线	1	—

4.3.11 气象仪

气象仪实时测定增强站的气压、温度、湿度数据，并实时传输给增强站接收机，为计算增强站的对流层时延等提供实测数据。

1. 气象仪技术要求

1）功能

气象仪实时测定增强站的气压、温度、湿度数据，并按要求传输给基准站。

2）性能

气象设备技术指标应符合以下要求：

（1）采样频率：≥0.1Hz（可配置采用频率）。

（2）气压测量：

① 范围：500 ~ 1100hPa；

② 分辨率：±0.1hPa；

③ 准确度：±0.3hPa。

（3）相对湿度测量：

① 范围：0% RH ~ 100% RH；

② 分辨率：1% RH；

③ 准确度：±2% RH。

（4）温度测量：

① 范围：-45 ~ 70℃；

② 分辨率：0.1℃；

③ 准确度：优于±0.2℃。

（5）配有防阳光辐射罩和安装支架。

（6）具备可与基准站接收机连接的数据通信接口，可进行实时或定时数据传输。

3）电源及功耗

（1）工作电源：AC 220V；

（2）功耗：<10W。

4）接口

RS485。

5）环境适应性

（1）工作温度：-30~+55℃（安装在室内）或-45~+70℃（安装在室外）。

（2）相对湿度及防腐蚀：0%~95%，具有防海水、盐雾腐蚀能力。

6）其他

配有防辐射罩和安装支架。

2. 气象仪设备清单

气象仪设备清单见表4-18。

表4-18 气象仪设备清单

序号	设备名称	数量	备注
1	大气温度传感器	1	—
2	大气湿度传感器	1	—
3	数字气压传感器	1	—
4	数据采集仪	1	—
5	轻型百叶箱	1	—
6	自动气象站软件	1	—
7	AC 220V 电源适配器	1	配电源线
8	RS485 通信数据线	1	—
9	安装支架	1	—

4.3.12 专线数据传输设备

1. 数据传输要求

专线数据传输技术指标、设备配置及网络地址规划设计详见第5章通信网络系统。

（1）将通信中断后的数据文件在通信恢复后分包传送至国家数据综合处理系统；

(2) 将采样间隔为1s的数据实时传送至国家数据综合处理系统;
(3) 接受国家数据综合处理系统的控制指令,并将控制指令发送至相应设备单元;
(4) 数据传输方式:首选方式为主送(由增强站向远程指定的计算机传送数据),备选方式为主取(国家数据综合处理系统主动获取增强站数据);
(5) 数据通信协议、软件、传输数据类型及数据传输方式由国家数据综合处理系统指定。

2. 专线数据传输设备清单

专线数据传输设备清单见表4-19。

表4-19 专线数据传输系统设备清单

设备名称	规格	单位	备注
路由器	—	1个	—

4.4 北斗增强站数据

4.4.1 北斗增强站数据流程

增强站输出的数据包括:
(1) 气象仪输出数据给接收机,接收机结合本身的观测数据和导航信息,通过路由器输出的数据。
(2) 接收机的状态信息和控制命令交互的数据,通过路由器与数据中心进行数据交互。
(3) 机柜监控单元的状态信息和控制命令交互的数据,通过路由器与数据中心进行数据交互。

框架网增强站数据流程见图4-12。

4.4.2 北斗增强站数据类型

根据增强站设备连接关系、数据流程图、数据传输要求等,制定了《北斗地基增强系统增强站数据存储与输出要求》标准,规定了北斗地基增强系统增强站数据流、接收机数据存储、接收机数据输出、接收机控制协议、机柜监控单元通信协议、气象仪通信协议等内容。

增强站数据类型见表4-20。

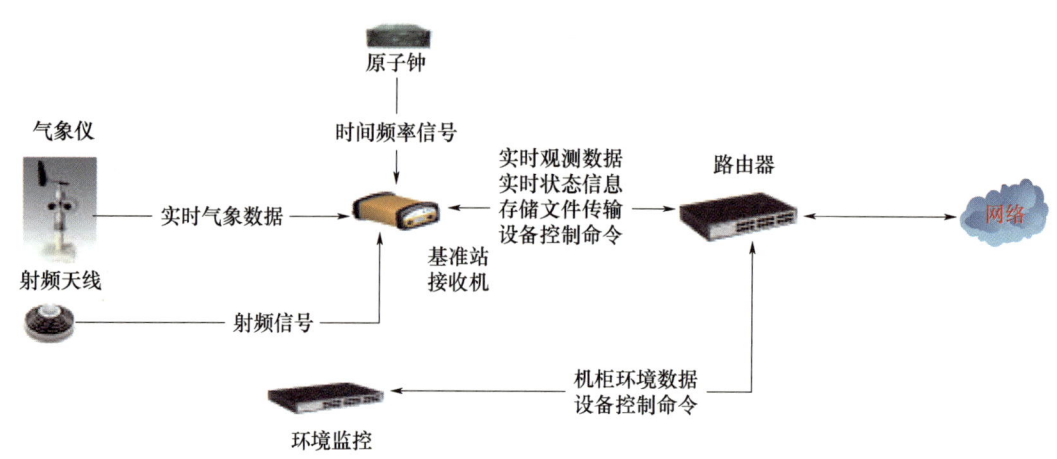

图 4-12 框架网增强站数据流程

表 4-20 增强站数据类型

类别	项目	内容	说明	协议	频度
实时采集数据	观测数据	观测数据	BDS（B1/B2/B3）、GPS（L1/L2/L5）、GLONASS（L1/L2）码伪距、载波相位值、多普勒频移、信噪比、导航电文	《北斗地基增强系统增强站数据存储与输出要求》	1Hz
		定位结果	经度、纬度、高度；PDOP、HDOP、VDOP、卫星数		1Hz
		气象数据	温度、湿度、气压（框架网增强站）		
	机柜状态监控数据	环境数据值	温度、湿度、烟感、水浸		触发
	设备状态数据	接收机工作状态	接收机内存情况，天线状况等		
		UPS 工作状态	输入电压，输出电压，电池剩余容量等		触发
		通信链路状态	通信速率，调制解调器工作状态		
接收的数据	控制指令	参数设置	采样间隔，文件的提取与删除、其他参数设定等		触发
	查询命令	参数查询	参考站各设备状态的查询		

4.4.3 北斗增强站数据分类

1. 存储数据

增强站的存储数据一般包括接收卫星信号的原始观测数据、站点信息、气象数据等。

2. 输出数据

增强站的输出数据一般包括接收卫星信号的原始观测数据及接收机状态信息、站点信息、气象仪输出的数据、机柜监控单元的状态信息等。

4.4.4　北斗增强站数据存储

1. 数据存储内容

1）框架基准站

框架基准站的存储数据主要为 BDS(B1/B2/B3)、GPS(L1/L2/L5)、GLONASS(L1/L2)等导航系统的原始观测数据、站点信息、气象数据。这些数据分别包括：

（1）原始观测数据：码伪距、信噪比、载波相位值、多普勒频移、卫星广播星历等；

（2）站点信息：站名、坐标、天线信息等；

（3）气象数据：气象仪的温度、湿度、气压数据、采集时间等。

2）监测站

监测站的存储数据主要为 BDS(B1/B2/B3)、GPS(L1/L2/L5)、GLONASS(L1/L2)等导航系统的原始观测数据、站点信息、定位结果、差分数据产品。这些数据分别包括：

（1）原始观测数据：码伪距、信噪比、载波相位值、多普勒频移、卫星广播星历等；

（2）信息：站名、坐标、天线信息等；

（3）位结果：单频伪距差分、双频载波相位差分、单频载波相位差分定位结果等；

（4）差分数据产品：广域增强数据产品、区域差分数据产品等。

3）区域基准站

区域基准站的存储数据主要为 BDS(B1/B2/B3)、GPS(L1/L2/L5)、GLONASS(L1/L2)等导航系统的原始观测数据、站点信息。这些数据分别包括：

（1）原始观测数据：码伪距、信噪比、载波相位值、多普勒频移、卫星广播星历等；

（2）站点信息：站名、坐标、天线信息等。

2. 数据存储配置

1）框架基准站

按天存储文件，文件的起止时间为北斗时(BDT)0:0:0—23:59:59。原始观测数据采样率为1s，对于站点信息应在一次性记录后可以实现变更时更新，气象数据记录间隔为10s。数据存储能力应大于30天，数据存储的卫星截止高度角应不大于10°。

2）区域基准站

按天存储文件，文件的起止时间为北斗时(BDT)0:0:0—23:59:59。原始观测数据采样率为1s，对于站点信息应在一次性记录后可以实现变更时更新。数据存储能力应大于30天，数据存储的卫星截止高度角应不大于10°。

3. 数据存储格式

1）文件格式

框架基准站中数据文件应按照原始二进制数据或 RINEX、BINEX 格式等进行存储，数据交换采用 RINEX 或 BINEX 格式。监测站中数据文件宜按照原始二进制数据流进行存储。区域基准站数据文件应与框架基准站保持一致。

2) RINEX 格式

数据存储格式应按 BD 410001 – 2015 执行,包括 3 种文件类型:观测数据文件、导航数据文件、气象数据文件,具体应用要求如表 4 – 21 所列。

表 4 – 21 RINEX 应用要求

文件类型	记录类型	要求
观测数据文件	RINEX VERSION TYP	版本号/M
	PGM/RUNBY/DATE	生成当前文件的程序名/北斗地基增强系统/使用北斗时
	MARKER NAME	选用八字符表示:其中第一位表示属性,"K"为框架基准站,"Q"为区域基准站;第二、三位为基准站所在省(直辖市)份区域码;第四、五、六、七位为基准站所在县区域码;最后一位数字为同一区域建站顺序号。如海南琼中框架 1 号站代码为 K4690301
	MARKER TYPE	JIYANDUN:基岩墩 WUDINGDUN:屋顶墩 TUCENGDUN:土层墩
	SYS/#/OBS TYPES	应至少包含以下 4 种类型:C 表示伪距;L 表示载波相位;D 表示多普勒;S 表示信号强度
	TIME OF FIRST OBS	观测值中包含北斗观测值时,使用北斗时;不包含北斗观测值时,使用 UTC 或其他
导航数据文件	PGM/RUN BY /DATE	生成当前文件的程序名/北斗地基增强系统/使用北斗时
气象数据文件	PGM/RUN BY /DATE	生成当前文件的程序名/北斗地基增强系统/使用北斗时

4.5 北斗增强站可靠性

4.5.1 北斗增强站可靠性模型

在建立北斗增强站可靠性模型时,假设增强站正常运行时其满足如下条件:

(1)北斗增强站系统为可修复系统,系统可靠性参数采用平均无故障工作时间 MTBF(或失效率)和可靠度 R。

(2) 假设系统及其组成系统的各单个系统在工作时,发生故障是随机发生并服从负指数分布。

系统故障发生的概率密度函数:

$$F(t) = \lambda \times e^{-\lambda t} \qquad (4-1)$$

系统可靠度概率密度函数:

$$R(t) = e^{-\lambda t} \qquad (4-2)$$

式中:$\lambda = \dfrac{1}{MTBF}$为常数。

(3) 当导航系统进入正常运行期,即进入稳态工作状态。在这种情况下增强系统只有"正常"和"失效"两种工作状态。

(4) 在系统中的每一个单一子系统都能够完成某一功能,但是只要其中任何一个系统出现故障就可能导致整个系统发生故障。

(5) 系统的单一子系统发生故障彼此相互独立,任何一个系统发生故障都不会导致其他系统出现故障。

(6) 在可靠性系统中所有连接各系统的连线并没有可靠性值,只是用来给各系统提供支出顺序和方向。

(7) 系统可靠性框图完全是针对系统本身而言,不涉及人为因素。

根据以上假设和条件,北斗增强站系统可靠性框图如图4-13所示。

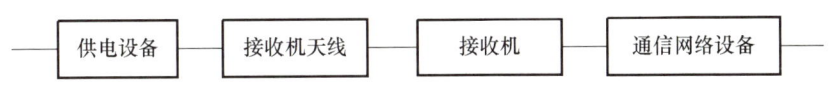

图4-13 北斗增强站系统可靠性框图

在该系统中可靠性的数学模型表达式为

$$R_s = \prod_{i=1}^{n} R_i \qquad (4-3)$$

式中:R_s为增强系统的系统可靠度;R_i为各分系统或单系统的可靠度。

$$\lambda_s = \sum_{i=1}^{n} \lambda_i \qquad (4-4)$$

式中:λ_s为增强系统的系统失效率;λ_i为各分系统或单系统的失效率。

北斗增强系统的系统失效率与平均无故障工作时间的关系为 $MTBF_s = \dfrac{1}{\lambda_s}$。

4.5.2 北斗增强站可靠性指标

北斗增强站可靠性指标要求平均无故障工作时间(MTBF)不小于5000h。而且北斗增强站是一个较为复杂的系统级设备,不但要考虑其结构复杂度和技术水平,而且还必须考虑更多其他因数,例如环境条件、重要度等。故选择了综合因子评定法来进行可靠性指标分配,具体分配步骤为:

(1) 对系统进行分析以确定每个分系统或单系统的等级;
(2) 将每个分系统或单系统的各因数等级相乘,得到每个分系统或单系统的总分配等级;
(3) 求出系统总的分配系数等级;
(4) 求出各分系统或单系统分配系数等级与系统总分配系数等级的比值。

根据北斗增强站系统的具体情况,选取了4种评价系数:

(1) K_1:系统结构复杂度,最简单的情况取1,最复杂的情况取10;
(2) K_2:系统技术水平,最低水平取1,最高水平取10;
(3) K_3:系统要素重要度,重要度最低程度取1,最高程度取10;
(4) K_4:系统环境条件,环境最好情况取1,最严酷情况取10。

根据北斗增强站可靠性框图统计出增强站参加可靠性分配,详见表4-22。

表4-22 北斗增强站可靠性分配表

设备类型	K_{j1}	K_{j2}	K_{j3}	K_{j4}	K_{sj}	K_{sj}/K_s	$\lambda_{sj}/(\times 10^{-6}/h)$	$MTBF_{sj}/h$	取整调整
供电设备	6	6	6	5	1080	0.084467	16.89348	59194	60000
接收机天线	7	7	7	7	2041	0.187784	37.5567	26626	27000
接收机	9	9	9	9	6561	0.513139	102.6279	9743	9800
通信网络设备	7	7	8	7	2744	0.21461	42.91295	23298	24000
增强站系统	—	—	—	—	12786	1	200	—	5000

1. 北斗增强站可靠性预计

北斗增强站的可靠性预计方法采用元器件计数法,依据MIL-HDBK-217E《电子设备可靠性预计手册》和GJB/Z 299C—2006《电子设备可靠性预计手册》,可以得到北斗增强站系统可靠性预计公式:

$$\lambda_s = \sum_{i=1}^{n} N_i \times \lambda_{Pi} \quad (4-5)$$

式中:λ_s为增强系统的总失效率;N_i为第i种元器件的数量;λ_{Pi}为第i种元器件的失效率;n为系统所用元器件种类总数目。

根据式(4-5),增强站各单体可靠性预计见表4-23。

表4-23 北斗增强站系统各单系统可靠性预计

序号	产品名称	失效率	MTBF/h
1	供电设备	1.1415×10^{-5}	87600
2	接收机天线	3.3333×10^{-5}	30000

续表

序号	产品名称	失效率	MTBF/h
3	接收机	1.0×10^{-4}	10000
4	通信网络设备	3.3333×10^{-5}	30000
5	增强站	1.78075×10^{-4}	5615

利用式(4-5)进行预计分析,北斗增强站的平均无故障工作时间达到5615h,可以满足规范要求。

2. 系统可靠性设计保障措施和工作重点

北斗增强站可靠性设计工作的指导思想是:采用数字化、信息化技术,将卫星信号采集、信息综合管理、数据传输等功能进行有机结合,在提高增强站信息化水平和数据传输能力的前提下,充分利用国内现有成熟的技术和成果,注重一体化、模块化、标准化、通用化、小型化设计,控制研制周期、降低研制成本和风险,提高系统的可靠性;充分考虑系统的可靠性、可维修性、可测试性各设备均具备远程检测功能;同时制定完善的运维方案,确保系统设备长期可靠稳定运行。

4.5.3 北斗增强站运行可靠性统计

2016年5月20日纳入运行的北斗增强站数目为132个,对北斗增强站自2016年5月20日至2016年6月18日这期间的运行情况进行可靠性统计,北斗增强站运行发生故障情况如表4-24所列。

表4-24 北斗增强站系统接收机故障情况表(2016年5月20日—2016年6月18日)

序号	站点代号	站点名称	故障时间	恢复日期	故障原因	接收机型号	解决措施
1	DZKR	噶尔	6月1日	6月5日	网络无法连接	UR380	现场检查网络连接
2	CHLH	六合	6月6日	6月9日	网络无法连接	UR380	现场检查网络连接
3	QXAL	阿拉善右旗	6月16日	6月21日	无数据,无法远程重启	M300PRO	现场重启

此时间段内参加测试的站点数目为132个,噶尔站发生故障时间为6月1日,该站点自2016年5月20日起正常工作时长为288h;六合站发生故障时间为6月6日,该站点自2016年5月20日起正常工作时长为358h;阿拉善右旗发生故障时间为6月16日,该站点自2016年5月20日起正常工作时长为598h;其余各站点工作时长为720h。

总试验时间 = 288 + 358 + 598 + (129 × 720) = 94124h。

根据 MIL-HDBK-217E《电子设备可靠性预计手册》,信赖度 95% 且故障数 $r = 3$ 时,T. R = 7.7537。

MTBF = 总试验时间/T. R = 94124/7.7537 = 12139h。

可见在测试期间,北斗增强站可靠性满足设计要求。

4.6 北斗增强站环境适应性

4.6.1 北斗增强站设备环境适应性要求

北斗增强站设备正常运行需要满足相应的环境适用条件,以保证增强站系统的使用与正常运行。内陆地区增强站设备环境条件要求详见表 4-25,内陆最东到黑龙江省抚远市,最西到新疆维吾尔族自治区乌恰市,最南到海南省三亚市,最北为黑龙江省漠河市,海边、海岛等地区增强站设备环境条件详见表 4-26。

表 4-25 内陆增强站设备环境条件要求

环境条件	内陆地区[①]			
	南方地区[②]		北方地区[②]	
	室外	室内	室外	室内
防腐蚀	—			
工作温度/℃	-20 ~ +70	-10 ~ +55	-45 ~ +55	-30 ~ +45
储存温度/℃	-20 ~ +85	-10 ~ +65	-45 ~ +65	-40 ~ +55
防潮/%	≤95	≤95	≤95	≤95
抗振动	满足公路、铁路运输振动要求			
防雷	满足 GB 50057—2000《建筑物防雷设计规范》、GB 50343—2004《建筑物电子信息系统防雷技术规范》要求			

① 海边地区指大陆海岸线 10n mile 以内区域;海岛地区指海域范围内岛礁;内陆地区指国土范围除海边、海岛范围外的区域。
② 南方地区指国土范围内淮河、秦岭以南地区;北方地区指国土范围内淮河、秦岭以北地区。

表 4-26　海边、海岛增强站设备环境条件要求

环境条件	海边、海岛地区[①]			
	南方地区[②]		北方地区[②]	
	室外	室内	室外	室内
防腐蚀	具有防海水、盐雾腐蚀能力			
工作温度/℃	-20 ~ +70	-10 ~ +55	-45 ~ +55	-30 ~ +45
储存温度/℃	-20 ~ +85	-10 ~ +65	-45 ~ +65	-40 ~ +55
防潮/%	≤95	≤95	≤95	≤95
抗振动	满足公路、铁路运输振动要求			
防雷	满足 GB 50057—2000《建筑物防雷设计规范》、GB 50343—2004《建筑物电子信息系统防雷技术规范》要求			

① 海边地区指大陆海岸线 10n mile 以内区域;海岛地区指海域范围内岛礁;内陆地区指国土范围除海边、海岛范围外的区域。
② 南方地区指国土范围内淮河、秦岭以南地区;北方地区指国土范围内淮河、秦岭以北地区。

4.6.2　北斗增强站接收机环境适应性

接收机是北斗增强站系统中最为关键的设备。为了保证系统增强站接收机的性能能够满足增强站使用要求,在框架网和区域网增强站的建设过程中对其进行了多轮招标测试及采购。

招标测试覆盖了环境适应性等多方面的技术要求。参加框架网增强站第一次招标测试的共有 10 家单位,参加框架网增强站第二次招标测试的共有 7 家单位。

测试高低温工作指标时,将接收机置于高低温试验箱内,将试验箱内温度升至 +65℃,保持 2h 后进行内部噪声水平检验,检定方法和要求按照 CH 8016—1995《全球卫星定位系统(GPS)测地型接收机检定规程》附录 B 中的规定进行;用同样方法将试验箱内温度降至 -40℃进行低温下工作性能检验。

接收机第一次招标高温工作内部噪声水平结果如表 4-27 所列,低温工作内部噪声水平结果如表 4-28 所列。6 家单位的接收机在高温下内部噪声水平超限,5 家单位的接收机在低温下内部噪声水平超限。

接收机第二次招标高低温工作内部噪声水平结果如表 4-29 和表 4-30 所列。7 家单位的接收机在高低温下均符合测试指标要求。

表 4-27　第一次招标接收机高温工作内部噪声水平结果

序号	仪器型号	ΔX/mm	ΔY/mm	ΔZ/mm	ΔS/mm
1	接收机 A	7.9	0.2	-3.5	8.7
2	接收机 A	0.6	-0.4	-0.3	0.8
3	接收机 A	15.3	0.8	-6.7	16.7
4	接收机 B	—	—	—	—
5	接收机 B	—	—	—	—
6	接收机 B	—	—	—	—
7	接收机 C	0.1	-0.2	-0.5	1.0
8	接收机 C	0.4	-0.4	-1.4	1.5
9	接收机 C	-0.2	0.1	0.4	0.4
10	接收机 D	—	—	—	—
11	接收机 D	—	—	—	—
12	接收机 D	—	—	—	—
13	接收机 E	—	—	—	—
14	接收机 E	—	—	—	—
15	接收机 E	—	—	—	—
16	接收机 F	0.1	-0.2	-0.2	0.3
17	接收机 F	0.1	-0.2	-0.2	0.3
18	接收机 F	0.0	-0.1	-0.2	0.3
19	接收机 G	-0.1	0.1	0.3	0.5
20	接收机 G	-0.1	0.1	0.8	0.5
21	接收机 G	-0.1	0.1	-0.1	0.2
22	接收机 H	-2.8	8.3	3.9	9.6
23	接收机 H	-0.4	0.7	0.3	0.9
24	接收机 H	-5.2	15.9	7.6	18.3
25	接收机 I	0.1	0.1	0.3	0.3
26	接收机 I	0.1	0.0	0.3	0.3
27	接收机 I	0.1	0.1	0.3	0.3
28	接收机 J	—	—	—	—
29	接收机 J	—	—	—	—
30	接收机 J	—	—	—	—

表 4-28　第一次招标接收机低温工作内部噪声水平结果

序号	仪器型号	ΔX/mm	ΔY/mm	ΔZ/mm	ΔS/mm
1	接收机 A	—	—	—	—
2	接收机 A	0.4	0.1	0.1	0.4
3	接收机 A	0.4	0.1	0.1	0.4
4	接收机 B	—	—	—	—
5	接收机 B	—	—	—	—
6	接收机 B	—	—	—	—
7	接收机 C	0.3	-0.3	-0.2	0.5
8	接收机 C	0.4	-0.4	-0.3	0.6
9	接收机 C	0.1	-0.3	-0.1	0.3
10	接收机 D	—	—	—	—
11	接收机 D	—	—	—	—
12	接收机 D	—	—	—	—
13	接收机 E	—	—	—	—
14	接收机 E	—	—	—	—
15	接收机 E	—	—	—	—
16	接收机 F	0.0	-0.2	-0.1	0.2
17	接收机 F	0.0	-0.3	-0.1	0.3
18	接收机 F	-0.1	0.0	0.0	0.1
19	接收机 G	0.3	-0.2	-0.1	0.6
20	接收机 G	0.6	0.1	0.1	0.6
21	接收机 G	0.1	-0.5	-0.3	0.6
22	接收机 H	-0.1	0.1	0.3	0.3
23	接收机 H	-0.2	0.3	0.4	0.6
24	接收机 H	0.1	0.0	0.1	0.1
25	接收机 I	0.1	-0.1	-0.1	0.1
26	接收机 I	0.1	-0.1	-0.1	0.1
27	接收机 I	0.1	-0.1	-0.1	0.2
28	接收机 J	—	—	—	—
29	接收机 J	—	—	—	—
30	接收机 J	—	—	—	—

表4-29 第二次招标接收机高温工作内部噪声水平结果

序号	仪器型号	$\Delta X/\text{mm}$	$\Delta Y/\text{mm}$	$\Delta Z/\text{mm}$	$\Delta S/\text{mm}$
1	接收机A	0.0	0.0	0.0	0.0
2	接收机A	0.0	0.0	0.0	0.0
3	接收机A	0.0	0.0	0.0	0.0
4	接收机F	-0.3	-0.1	-0.1	0.3
5	接收机F	-0.2	-0.1	-0.1	0.2
6	接收机F	-0.2	-0.1	-0.1	0.2
7	接收机H	0.1	0.0	0.0	0.1
8	接收机H	0.1	0.0	0.1	0.2
9	接收机H	0.1	0.0	0.1	0.2
10	接收机I	0.2	-0.2	0.0	0.3
11	接收机I	-0.1	0.2	0.1	0.2
12	接收机I	0.2	0.0	-0.1	0.2
13	接收机K	-0.1	0.1	0.1	0.2
14	接收机K	0.2	-0.2	-0.1	0.4
15	接收机K	0.0	-0.1	-0.1	0.1
16	接收机L	0.0	-0.1	0.0	0.1
17	接收机L	-0.1	0.0	0.0	0.2
18	接收机L	-0.2	0.1	0.0	0.2
19	接收机M	0.0	-0.3	0.0	0.3
20	接收机M	0.0	-0.1	0.0	0.2
21	接收机M	0.0	-0.2	0.0	0.2

表4-30 第二次招标接收机低温工作内部噪声水平结果

序号	仪器型号	$\Delta X/\text{mm}$	$\Delta Y/\text{mm}$	$\Delta Z/\text{mm}$	$\Delta S/\text{mm}$
1	接收机A	-0.1	0.1	0.0	0.5
2	接收机A	0.2	-0.1	0.0	0.3
3	接收机A	-0.2	0.2	0.0	0.3
4	接收机F	0.0	0.0	0.0	0.1
5	接收机F	0.0	0.0	-0.1	0.1
6	接收机F	0.0	0.0	0.1	0.1

续表

序号	仪器型号	ΔX/mm	ΔY/mm	ΔZ/mm	ΔS/mm
7	接收机 H	0.0	0.2	0.0	0.2
8	接收机 H	0.0	0.2	0.0	0.2
9	接收机 H	0.0	0.1	0.0	0.1
10	接收机 I	0.2	−0.2	0.0	0.3
11	接收机 I	−0.1	0.2	0.1	0.2
12	接收机 I	0.2	0.0	−0.1	0.2
13	接收机 K	0.1	−0.1	−0.1	0.1
14	接收机 K	0.1	−0.5	−0.1	0.5
15	接收机 K	0.1	−0.1	−0.1	0.1
16	接收机 L	0.1	−0.4	−0.3	0.7
17	接收机 L	0.1	−0.9	0.3	1.0
18	接收机 L	0.1	−0.4	0.0	0.8
19	接收机 M	−0.1	0.6	−0.1	0.6
20	接收机 M	−0.1	0.3	−0.1	0.4
21	接收机 M	−0.1	0.3	−0.1	0.4

4.7 北斗增强站建设

北斗增强站建设过程包括北斗增强站选址、北斗增强站土建工程、北斗增强站设备集成等部分。

4.7.1 北斗增强站选址

增强站的选址主要是为确定新建观测墩的位置。选址人员应包括大地测量专业人员和专业地质人员(应持有相关专业职称资格证书),必要时应派出熟悉当地情况的管理人员,以便落实土地使用及供电、供水、通信、交通等基础设施建设支撑条件。

1. 选点准备

在选点工作开始之前,勘选人员应对必要的资料、设备、点位设计、分布情况和所在地区情况进行充分准备,并制定选址工作计划。勘选人员应配备必要的设备和资料。

1）设备

（1）指南针或罗盘；

（2）大地型天线；

（3）GNSS 接收机；

（4）数字照相机；

（5）便携式计算机及相关软件（包括测试数据下载、转换、检查等软件）；

（6）通信器材、生活和安全用品等。

2）资料

（1）站址设计的点位信息（站点、经纬度、基岩或土层）；

（2）空白点标记；

（3）实地勘选站信息标识（站点、基岩或土层）；

（4）所需公函和文件；

（5）所在地区地形图（1∶5万或1∶10万）；

（6）所在地区交通图；

（7）所在地区地质构造图（1∶50万或1∶20万）；

（8）所在地区已有 BDS 或 GNSS 连续运行站情况资料；

（9）有关的交通运输、物质供应、通信、水文、气象、冻土和地下水位等资料；

（10）其他资料。

2. 选点要求

（1）充分利用各行业部门和地方已建成的增强站。

（2）观测墩选点要求选择稳定的地质环境，远离活动断层和密集断裂带 50km 以上，避开地震活动带等不稳定区域。

（3）观测墩位置各方向视线高度角 10°以上应无阻挡物；特殊困难地区经批准可在一定范围内（水平视角不超过 60°）放宽至 15°。

（4）处于无线电台附近、通信基站附近、雷击区及多路径效应严重的地点、距高压线 100m 以内及其他强磁场影响地点以及位于地面微波通信通道上的地点不布设观测墩。

（5）屋顶观测墩所在建筑应为钢筋混凝土框架结构，建筑物高度不超过 30m。

3. 点位设计

（1）在地形图上标明主要地质构造和地震断裂带。

（2）在地形图上标注与设计有关的地震台、人卫站等位置，以及已有的可供利用的 BDS、GNSS、水准等站点位置。

（3）根据布设原则，在图上合理设计点位。

（4）完成设计报告，主要内容应包括任务来源与要求，地质构造和地震活动背景，地壳形变概况，设计的基本情况、理论依据和预期达到的目标，建网、施测的工作量，对建网、施测工作的建议，以及经费估算。

(5) 完成设计网图,图上应标明地质构造、地震活动及台站的站名、编号、概略坐标(B,L,H),以及主要公路、铁路、河流、湖泊、城市等。

4. 选点作业

1) 勘选

(1) 勘选人员应按照选点设计进行实地踏勘,在实地按布设原则选定点位,并在实地加以标定;当利用旧点时,应检查旧点的稳定性、可靠性和完好性,符合要求方可利用。

(2) 确定增强站观测墩建设类型(基岩、土层或屋顶),明确环视条件,确定供电改造、通信线路架设,以及室外工程(围墙、道路、绿化等)改造建设要求、工作量及建设经费。

(3) 供电线路架设距离原则上应小于1km,通信线路架设距离原则上应小于2km,特殊情况需报批。

(4) 勘选时,应同时按要求勘选1个或2个备选观测墩点位,条件最优者,作为最终点位,备选点位情况资料一并提交。

2) 测试

(1) 在选点地址上架设大地型扼流圈天线,并与主机相连。测量点位周围障碍物高度角,绘制站址环视图并详细注明障碍物位置与内心,填入点之记中。

(2) 接收北斗卫星信号状况稳定后,确定站址概略坐标,将概略坐标填入点之记中,测试中应设置卫星截止高度角为0°。

(3) 实地进行观测,以30s采样间隔记录设备运行时间段内的卫星信号观测数据,分析观测卫星星历文件,如果出现卫星颗数少或星历文件不完整,则需要重新选择测试点位。连续测试时间应不小于24h。

(4) 下载测试观测数据并转换为标准文件,采用测试软件对测试观测数据进行处理分析,测试结果中有效观测量应不小于85%,测距观测质量MP1、MP2和MP3应分别小于0.5m、0.65m和0.65m,测试结果填入站址实地测试结果中。

3) 登记

(1) 站址命名原则:原则上以当地县级地名+框架(区域)+一位序号,少数民族地区应使用标准的汉译地名。增强站站点代码选用八字符表示,其中第一位表示属性,"K"为框架网增强站,"Q"为加密网增强站;第二、三位为增强站所在省(直辖市)份区域码;第四～第七位为增强站所在县区域码;最后一位数字为同一区域建站顺序号。如:在北京密云县建设第一个区域加密站,站址命名为"密云区域1号站",站点代码为"Q1102281"。区域码标号遵照《中华人民共和国国家统计局行政区划代码》。

(2) 站址照片拍摄:勘选中需拍摄6张照片,其中面对东、南、西、北方向拍摄4张远景照片(照相机应尽可能与测试天线高度一致,水平拍摄),反映所选增强站的环视条件;拍摄站址近景照片1张,反映所选站信息(点位标识牌),以及场地条件;拍摄站址远景照片1张,综合反映站址建设环境条件。

(3) 按要求的格式,填绘增强站点之记,撰写增强站勘选技术报告。

5. 提交资料

(1) 勘选任务文件。

(2)勘选点之记,格式见表4-31。

(3)勘选站址照片。

(4)站址实地测试结果(观测数据一并提交)。

(5)勘选技术报告。

(6)勘选中收集的其他资料(含地质、交通、水电、通信网络等)。

表4-31 选点之记填写格式

点名		点号		类别		等级	
所在图幅				点位略图			
概略纬度							
概略经度							
概略高程							
所在地				比例尺:1:5000			
最近住所							
供电情况							
电信情况							
地类		土质						
冻土深度		解冻深度		交通路线图			
最近水源							
石子来源							
沙子来源							
交通情况							
地质概要、构造背景				地形地质构造图			

续表

点名		点号		类别		等级	
点位环视图				标石类型			
点位环视图说明				观测墩剖面图			
				便于连测的水准点点名、点号、等级及连测里程			
地质概要、构造背景				地形地质构造图			
落点情况	选点者			埋石情况	埋石者		
	单位				单位		
	地质员						
	单位				埋石时间		
	选点时间				保管人		
对埋石工作的建议				委托保管情况	单位		
					地址		
					邮编		
					电话		
备注							

4.7.2 北斗增强站土建工程

增强站土建工程包括观测墩建设、观测室、防雷工程、辅助工程等部分。建设单位根据《北斗地基增强系统增强站建设技术规范》标准要求及场地条件状况,确定具体站点土建工程的设计方案。建设单位的设计文件在得到总承制方评审确认后,方可开工建设。

1. 观测墩建设

依据建站地理、地质环境,增强站观测墩建设可分为基岩观测墩、土层观测墩、屋顶观测墩(水泥标)和屋顶观测墩(钢标)。

1)基岩观测墩工艺设计

基岩观测墩建设要求如下:

(1)观测墩具体尺寸规格参照设计图;

(2)必须清理基岩表面的风化层并从完整的基岩面向下开凿 0.5m,观测墩钢筋笼下部嵌入坑底不小于 0.2m,并紧密浇筑;

(3)基岩观测墩地下墩体应整体满灌浇筑,机械捣固;

(4)基岩观测墩地上墩体应置模板浇筑,其中直径 380mm 墩体采用统一模板浇筑,机械捣固;

(5)观测墩地下墩体顶面(地坪面)应分别于四角埋设水准标志,水准标志顶面应高出地坪 5mm,并距地下墩体顶面对应的两个外侧边不小于 100mm,距观测墩墩体不小于 100mm;

(6)观测墩与地面接合四周应做宽度 50~100mm、与观测墩地基同深的隔振槽,内填粗沙,避免振动带来的影响;

(7)水泥柱体外部进行保温和防风处理,用不锈钢钢管装饰,并按图加装避雷针、气象仪安装支架;

(8)观测墩到观测室的馈线应用内径不小于 50mm 的不锈钢管套装防护,在条件允许的情况下,尽量从地下走线;

(9)观测墩顶面应浇筑安装强制对中标志,并严格平整;

(10)观测墩顶面应采用 C25 及以上规格强度的混凝土浇筑,必须搅拌均匀,现场浇灌,并用电动振动棒充分捣固,保证固结质量及外部光洁,同时保证墩体垂直,垂直度不超过 5‰;

(11)基岩观测墩地下墩体为正方形,尺寸规格为 1500mm×1500mm;

(12)观测墩墩体纵向钢筋采用 8 根直径 16mm 的钢筋,箍筋为 6mm 的钢筋,间距不大于 300mm;

(13)现场搅拌的混凝土必须有权威检测单位出具的配合比设计报告及试块检测报告,商用混凝土需要出具开盘鉴定报告,水泥规格至少是 P42.5 以上并出具正式证明,钢筋需要提供正式的规格证明;

(14)建造过程照片必须按要求进行现场拍摄,作为隐蔽工程监理证明;

(15)基岩上建设的观测墩至少要经过一个月,方可进行测量。

2）土层观测墩工艺设计

土层观测墩建设要求如下：

（1）观测墩具体尺寸参照设计图；

（2）建造时应保证墩体质心位于当地冻土线以下0.5m，观测墩基坑开挖时如遇软土、流沙、涌水等不良地层时，应继续向下穿过该地层，进入良好受力土层的深度不小于0.5m；

（3）观测墩地下墩体顶面（地坪面）应分别于四角埋设水准标志，水准标志顶面应高出地坪（15±5）mm，并距地下墩体顶面对应的两个外侧边不小于100mm，距观测墩墩体不小于100mm；

（4）观测墩地下墩体应整体满灌浇筑，机械捣固；

（5）观测墩地上墩体应置模板浇筑，其中直径380mm墩体采用统一模板浇筑，机械捣固；

（6）观测墩与地面接合四周应做宽度50～100mm、与观测墩地基同深的隔振槽，内填粗沙，避免振动带来的影响；

（7）水泥柱体外部进行保温和防风处理，并用不锈钢钢管装饰，并按图加装避雷针、气象仪安装支架；

（8）观测墩到观测室的馈线应用内径不小于50mm的不锈钢管套装防护，在条件允许的情况下，尽量从地下走线；

（9）观测墩顶面应浇筑安装强制对中标志，并严格整平；

（10）观测墩顶面应采用C25及以上规格强度的混凝土浇筑，必须搅拌均匀，现场浇灌，并用电动振动棒充分捣固，保证固件质量及外部光洁，观测墩外表面不可做二次整饰，同时保证墩体垂直，垂直度不超过5‰；

（11）土层观测墩地下墩体为正方形，尺寸规格为1500mm×1500mm；

（12）观测墩墩体纵向钢筋采用8根直径16mm的钢筋，箍筋为6mm的钢筋，间距不大于300mm；

（13）现场搅拌的混凝土必须有权威检测单位出具的配合比设计报告及试块检测报告，商用混凝土需要出具开盘鉴定报告，水泥规格至少是P42.5以上并出具正式证明，钢筋需要提供正式的规格证明；

（14）建造过程照片必须按要求现场拍摄，作为隐蔽工程监理证明；

（15）土层内建设的观测墩，一般地区至少需要经过一个雨季，冻土地区至少还需经过一个冻解期，方可进行观测。

3）屋顶观测墩（钢标）工艺设计

屋顶观测墩（钢标）建设要求如下：

（1）屋顶观测墩尺寸参照设计图；

（2）观测墩所在建筑应为钢筋混凝土框架结构，竣工年限3年以上，建筑物高度不宜超过5m，超过5m需经评审通过后实施；

（3）观测墩外观应平整、美观，有10°以上高度角的开阔天空；

（4）观测墩垂直倾斜小于8′；

（5）墩体应位于房屋承重墙、梁上，基座内部钢筋应与房屋主承重结构钢筋焊接，结合部分应不小于0.1m；

(6）观测墩与屋顶结合处要做防水处理；

(7）观测墩到观测室的馈线应用不锈钢管套装防护，在条件允许的情况下，尽量避免悬空走线；

(8）预埋的避雷针地线与建筑物的地线连接完好，增强站防雷地网接地电阻小于4Ω，电源避雷器和信号避雷器接地电阻应小于4Ω，接地电阻测试采用地阻测试仪；

(9）观测墩距高压线、发射台等电磁干扰源的距离满足《工程测量规范》《城市测量规范》等技术规范的要求；

(10）观测墩的设计施工应考虑防风、防雨雪、防盐雾的要求，接收机天线防护罩的安装应平整、稳固，不增加信号的延迟和多路径效应。

4）屋顶观测墩（水泥标）工艺设计

屋顶观测墩（水泥标）建设要求如下：

(1）观测墩尺寸参照设计图；

(2）观测墩所在建筑应为钢筋混凝土框架结构，竣工年限3年以上，建筑物高度不宜超过5m，超过5m需经评审通过后实施；

(3）观测墩外观应平整、美观，有10°以上高度角的开阔天空；

(4）观测墩垂直倾斜小于8′，顶部预埋的强制对中器的水平偏差小于30″；

(5）墩体应位于房屋承重墙、梁上，基座内部钢筋应与房屋主承重结构钢筋焊接，结合部分应不小于0.1m；

(6）观测墩与屋顶结合处要做防水处理；

(7）预埋的避雷针地线与建筑物的地线连接完好，增强站防雷地网接地电阻小于10Ω，电源避雷器和信号避雷器接地电阻应小于4Ω，接地电阻测试采用地阻测试仪；

(8）观测墩距高压线、发射台等电磁干扰源的距离满足《工程测量规范》《城市测量规范》等技术规范的要求；

(9）仪器墩外部进行保温和防风处理，并用不锈钢钢管装饰，顶部安装强制对中装置；

(10）观测墩到观测室的馈线应用内径不小于50mm不锈钢管或波纹管套装防护，在条件允许的情况下，尽量从地下走线；

(11）观测墩的设计施工应考虑防风、防雨雪、防盐雾的要求，接收机天线防护罩的安装应平整、稳固，不增加信号的延迟和多路径效应。

2. 观测室建设

增强站观测室建设应符合以下要求：

(1）观测室应具有保温、防雨等功能，满足仪器设备正常运行的要求；

(2）观测室应按照抗当地地震烈度提高1度设计建设，使用年限原则上应大于50年；

(3）观测室用于安置仪器设备，仪器设备应集成安装在机柜中；

(4）观测室面积宜不少于20m²；

(5）观测室地基应牢固，周围考虑排水设计，顶部采取混凝土结构，结构中应预埋进出两种管线通道（电力和信号通道），并进行动物保护防护处理；

(6）观测室屋顶应敷设防水层，并满足排水、防风、防雷等要求，屋顶面还应敷设粗沙或煤渣等材料以达到吸波效果；

（7）观测墩位于观测室内时，观测室的女儿墙应不高于观测墩顶面，并在女儿墙上架设避雷针和避雷网，避雷针高度保证45°范围覆盖观测墩；

（8）观测室外或女儿墙外侧应便于架设气象仪器；

（9）观测室应安装防盗门，窗户应加装稳固防盗网，以保证设备安全，有条件可加装监控报警设施；

（10）观测室必须接入稳定市电，并加装 B 级电源防雷器和专用配电箱；

（11）观测室内应设置等电位连接端子，位置便于机柜接地线连接。

3. 防雷工程建设

增强站防雷工程建设应符合以下要求：

（1）防雷工程包括建筑物防雷、供电防雷和等电位连接等工程，应由具备专业资格的工程人员依据 GB 50057 和 GB 50343 标准设计和施工。增强站观测室雷电防护按 GB 50057 标准中第二类防雷建筑物设计，建筑物内的电子信息系统雷电防护按 GB 50343 标准中 B 级设计。

（2）观测室与观测墩分离建设时，应分别进行防雷工程建设，单独建设与之配套的防雷工程。包括观测墩附近必须建设避雷针且观测墩本身必须良好接地，接地电阻不高于4Ω。

（3）观测室地基应铺设防雷地网与避雷针连接。

（4）防雷工程完成以后，应有专业检测机构检测合格，并出具证明。

（5）UPS 电源前端加装 B + C 级电源防雷器，即电力线通过防雷器后进入 UPS。

（6）防雷工程关键环节需要拍摄3张照片，分别为防雷地网完成后、B + C 级电源防雷器安装完成后和等电位连接端子安装完成后的照片。

1）室外防雷

避雷针应在俯视45°范围内完全覆盖观测墩、气象仪。避雷针设计参考图如图4 – 14 所示，其中观测墩与避雷针的距离原则上不小于3m。

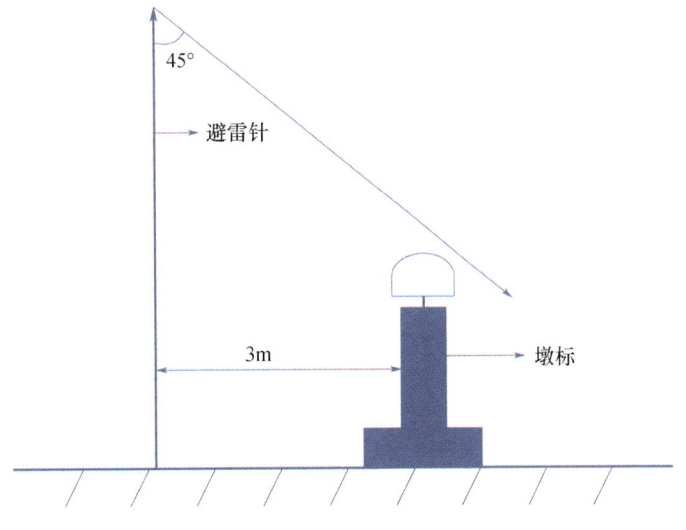

图 4 – 14　室外防雷示意图

2）供电防雷

为防感应雷及电压不稳，观测室与工作室接入市电时，室内必须安装 B + C 级电源防雷器，市电室内 B + C 级电源防雷器应在观测室建造时完成。

3）等电位连接

观测室内增强站各设备应做等电位连接，室内增强站观测设备、供电设备、数据通信设备等互相连接，防止或减少雷击造成的破坏。观测室等电位连接防护工程见图 4 – 15，观测室设备和信号等电位连接防护工程见图 4 – 16。

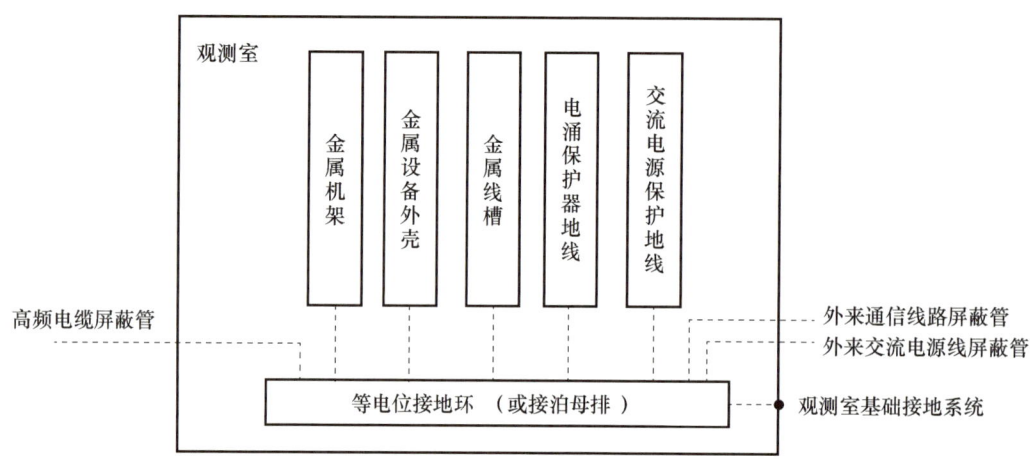

图 4 – 15　观测室等电位连接防护工程

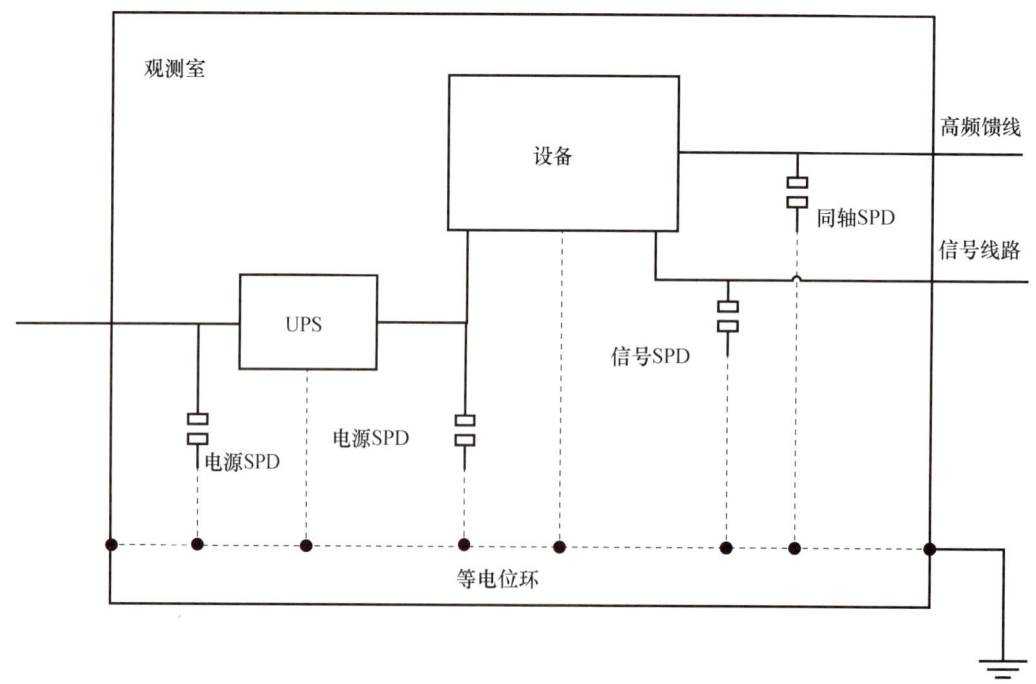

图 4 – 16　观测室设备和信号等电位连接防护工程

4. 增强站命名及编号规则

增强站站址堪选标记应符合以下要求:

(1) 站址命名原则:原则上以当地县级地名+框架(区域)+一位序号,少数民族地区应使用标准的汉译地名。如琼中框架1号站。

(2) 编号规则:增强站站点代码选用八字符表示,其中第一位表示属性,"K"为框架增强站,"Q"为加密增强站;第二、三位为增强站所在省(直辖市)份区域码;第四、五、六、七位为增强站所在县区域码;最后一位数字为同一区域建站顺序号。如海南琼中框架1号站代码为K4690301。

5. 其他要求

增强站土建工程其他要求如下:

(1) 增强站站址选定后,建站如需征地,所占用的土地应征得土地所有者和使用者的同意,并依据相关规定办理征地或用地手续。

(2) 土建工程应按照当地基建要求进行招标或委托具有专业资质的土建和监理单位进行施工和现场监理。

(3) 观测墩和观测室地基建设,应选择少雨的季节完成。

(4) 增强站建成后应委托当地有关人员对增强站加以保管。

(5) 埋设的水准标志应依据 GB 12897—2006 进行二等以上水准联测,水准标志与观测墩强制对中标志间高差测定精度不低于3mm。联测时水准标志应按照顺时针方向顺序编号,首个联测的水准标志编号为"1"。

(6) 全部土建工程完成后,应进行土建质量检查,合格后方可进行设备安装调试及试运行。

4.7.3 北斗增强站土建工程质量验收

1. 验收内容

增强站土建工程质量验收包括增强站土建监理、分承单位质量检查、总承单位质量检查。

1) 土建监理

土建监理由增强站总承单位委托具有乙级及以上监理资质的机构在施工现场进行监理,土建监理单位应按照合同要求对观测墩、观察室、隐蔽工程等施工过程和主要材料进场等进行现场监理和记录。

土建监理单位应提交监理报告、隐蔽工程记录(施工照片审核)、主要材料进场记录。

2) 分承单位质量检查

分承单位应对承建的全部增强站进行100%质量检查,检查内容包括现场质量检查和建站资料质量检查。

(1) 现场质量检查。现场质量检查主要对观测墩、隐蔽工程、观测室、防雷工程、辅助工程等进行检查和现场记录,见表4-32。对发现的问题提出整改方案并及时完成整改。

表 4-32　增强站现场质量检查记录

检查者：　　　　　　　　　　　　　　　　　　　　　　　　检查日期：

检查项目	小项名称		记录	说明
增强站基本情况	站名			
	建站单位			
	建设完成日期			
	坐标(经纬度)			
	详细地址			
观测墩	建筑材料质量证明			钢筋、水泥合格证（复印件需盖销售单位章）
	混凝土 28 天强度报告或混凝土回弹记录			
	观测墩基础(地下)观感情况 (不应有漏振、跑浆、蜂窝孔洞等现象)			回填土已施工完成的建站单位提供照片证明
	墩体周长	上		屋顶墩只检查墩座周长一个尺寸
		中		
		下		
	墩体高度			
	墩体到水准标志距离、墩体到隔振槽的距离	东		
		南		
		西		
		北		
	观测墩垂直度			
	隔振槽的宽度	东		屋顶墩无此要求
		南		屋顶墩无此要求
		西		屋顶墩无此要求
		北		屋顶墩无此要求
	隔振槽的深度			屋顶墩无此要求
	有无露筋现象			
	大于 10mm 气泡个数			
	蜂窝空洞、表面裂缝、碰损掉角(边)情况			
	强制对中标志安装是否牢固			
	墩体直径			
	强制对中标志安置水平情况			

续表

检查项目	小项名称	记录	说明
观测墩	管线布线及防水		
	水平标志安放情况		
	墩外装饰及铭牌		
	观测墩防雷		
	施工现场恢复		
观测室	安全措施是否具备		
	仪器摆放是否合理		
	布线是否安全合理		
	保温条件是否满足要求		
点位勘测	MP1\MP2\MP3		
	数据完整性		
	周跳比		
	观测环境条件		遮挡,墩所在楼面高度,干扰等情况
供配电改造	满足设备承载功率		
	易于一体化机柜取电		
建筑物防雷	材料满足设计要求		
	出具检测报告		
电力防雷	达到 B + C 级防雷标准		

(2) 建站资料质量检查。建站资料质量检查应在现场质量检查完成后进行,主要包括对勘选资料、施工设计资料、施工土建资料、监理资料等,见表4-33。对发现的问题提出整改方案并及时完成整改。

表4-33 增强站建站资料检查记录

序号	大项	分项	要求
(一)	勘选文件	勘选技术报告	封面加盖勘选单位公章
		勘选确定点位的点之记	参照《北斗地基增强系统增强站改造建设要求》有关内容
(二)	施工图设计文件	施工图设计单位资质证书	具有相应资质
		施工图设计方案及评审(含实施方案、实施计划及预算)	—

续表

序号	大项	分项	要求
（三）	施工文件（土建）	用地证明及相关建设许可证	用地证明与实际站址一致
		建站材料证明（钢筋、水泥）	产品合格证（复印件盖销售单位红章）
		C25混凝土强度报告（或混凝土回弹记录）	—
		土建施工过程照片	参照《北斗地基增强系统增强站改造建设要求》有关内容
		防雷检测报告	—
		竣工报告（含竣工图）	观测墩实际尺寸完成情况，建站单位盖竣工章
		分承单位验收报告	—
（四）	监理文件	监理合同	双方单位名称与公章一致
		监理公司资质证书	具有相应资质
		隐蔽工程报告（附照片）	按实际施工过程填写，必须体现关键施工环节
		土建监理报告	加盖监理公章

分承单位现场质量检查和建站资料质量检查合格后，向总承单位提交土建工程质量验收报告，并向总承单位提交书面验收申请。

3）总承单位质量检查

总承单位质量检查应在分承单位质量检查完成后由总承单位组织实施，质量检查内容包括现场质量检查和建站资料质量检查。

（1）现场质量检查。现场质量检查按照比例进行检查（原则上对各分承单位按不低于30%的比例随机抽取），主要对观测墩、隐蔽工程、观测室和工作室、防雷工程、辅助工程等进行检查和现场记录，形成现场质量检查报告，对检查过程中出现的问题提出整改意见，并通知分承单位限期整改。

对于现场质量检查问题突出的分承单位，总承单位将加大抽查的比例。

（2）建站资料质量检查。总承单位建站资料质量检查应在分承单位质量检查合格后进行100%检查，主要包括对勘选资料、施工设计资料、施工土建资料、监理资料、设备安装资料、分承单位质量验收报告等的完整性和规范性检查。对检查过程中出现的问题提出整改意见，并通知分承单位限期整改。

2. 验收流程

当施工单位完成土建工程后，应向分承单位提交竣工报告和验收申请报告。分承担位完成质量验收后，应向总承单位提交土建工程质量验收报告及验收申请。土建监理单位对土建工程质量验收全过程进行监理。

验收内容及流程如图4-17所示。

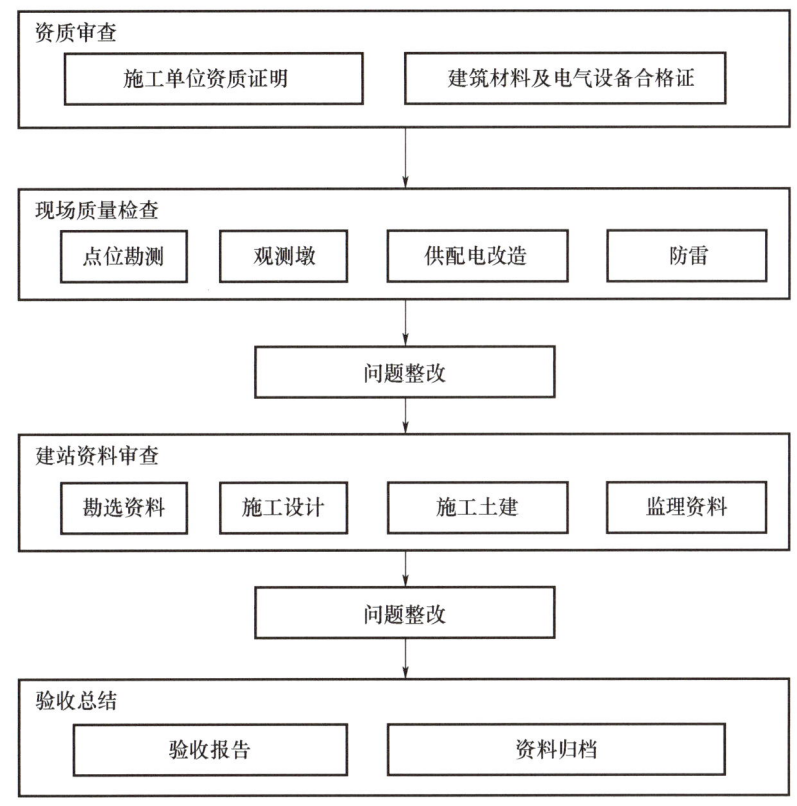

图4-17 验收内容及流程示意

在对增强站土建工程验收时,应首先检查施工资质、所用建筑材料及电器设备的合格证明等材料,审核通过后才能进行现场质量检查和建站过程记录材料审查等验收活动。

现场质量检查包括观测点位检查、观测墩建设质量检查、供配电改造工程检查、防雷工程检查等环节,验收单位应按验收要求规定内容逐项进行审核,在完成全部检查项后,进行记录,记录表将作为附录与《北斗地基增强系统增强站土建工程质量验收报告》一起提交。

建站资料审查主要包括对勘选资料、施工设计资料、施工土建资料、监理资料、设备安装资料、承担单位质量检查报告等的完整性和规范性检查。然后提交建设资料质量检查记录表,提出整改意见,记录表将作为附录与《北斗地基增强系统增强站土建工程质量验收报告》一起提交。

在出现不达标项时,由验收单位出具整改意见,被验单位整改完成后,向验收单位书面上报整改完成情况报告,验收单位根据整改完成情况,开展对不达标项的验收工作。

分承单位及总承单位在完成上述全部验收工作后,应单独编写《北斗地基增强系统增强站土建工程质量验收报告》,形成验收结论提交上级单位,并完成验收资料归档工作。

3. 现场质量检查验收要求

1)点位勘测验收要求

(1)观测墩选点要求选择稳定的地质环境,远离活动断层和密集断裂带50km以上,避开地震活动带等不稳定区域。

(2)观测墩位置各方向视线高度角10°以上应无阻挡物;特殊困难地区,经批准可在一定范围内(水平视角不超过60°)放宽至15°。

(3)处于无线电台、通信基站附近,雷击区及多路径效应严重的地点,距高压线100m以内及其他强磁场影响地点,以及位于地面微波通信通道上的地点不布设观测墩。

(4)屋顶观测墩应选在坚固稳定的建筑物上,建筑物高度不宜超过30m。

(5)对选定墩位进行不小于24h的观测数据采集,采用测试软件对测试观测数据进行处理分析,测试结果中有效观测量应不小于85%,测距观测质量MP1和MP2应分别小于0.5m和0.65m。

2)观测墩验收要求

(1)混凝土施工:观测墩应采用C25及以上规格强度的混凝土浇筑,使用钢筋不得有锈蚀,观测墩外观平整、美观,观测墩垂直倾斜小于8′;基坑的形状、宽度和深度尺寸符合图纸要求,所有钢筋骨架尺寸和形状正确。

(2)管线施工:串线管采用镀锌钢管并做防锈处理。预埋管内径大于50mm,拐角平滑,拐角弯折角大于120°,接口密封紧密,端口穿线后加盖防水,管应保证通畅、不变形(如使用其他材质材料,应对该材料进行说明,并得到总承方认可)。

(3)防雷系统:防雷地网接地电阻小于10Ω。电源避雷器和信号避雷器接地电阻应小于4Ω,接地电阻测试采用地阻测试仪。

(4)对中装置:顶部预埋的强制对中器干净平整,满足防锈要求,对中器的水平偏差小于30″。

(5)水准点:不锈钢加工,顶端为半球形,露出地表,安装要求以便于水准观测为准。

(6)铭牌:观测墩基座表面用黑色大理石装饰,铭牌样式应符合如下两种方案其中一种的要求。

① 方案一:在易于观察的侧面蚀刻基站铭牌。铭牌材质为黑色大理石,推荐尺寸:580mm(长)×380mm(高),铭牌标志样式如图4-18所示。标志图字样大,其中"国防设施 请予保护"为红底的黑体字,字高20mm(推荐);增强站名称及代号符合《北斗地基增强系统改造建设要求》相关规定,由总承单位统一提供,为白底的隶书体,字高30mm(推荐);承建单位及日期为红底的隶书体,字高15mm(推荐);所有文字按图示上下、左右对中布局。

② 方案二:使用304拉丝不锈钢铭牌。底色为金黄色,推荐尺寸:360mm(长)×260mm(高),铭牌标志样式如图4-18所示。其中"国防设施 请予保护"为红底的黑体字,字高20mm(推荐);增强站名称及代号符合《北斗地基增强系统改造建设要求》相关规定,由总承单位统一提供,为白底的隶书体,字高30mm(推荐);承建单位及日期为红底的隶书体,字高15mm(推荐);所有文字按图示上下、左右对中布局。不锈钢铭牌应与墩体永久固定,且具有"防霉菌、防潮湿、防盐雾"三防能力。

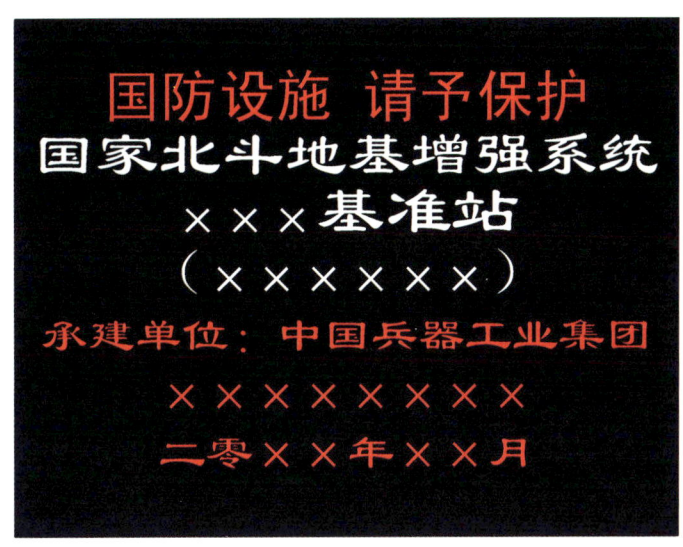

图 4-18 增强站铭牌设计图

(7) 其他部件：包括天线罩、基站标志，在选材和施工时应保证不影响接收机的正常工作，观测墩外装饰统一、美观、整洁。

(8) 总体要求：要求土建工程能够满足增强站正常工作的需要，施工完毕后对施工现场恢复原貌。

3) 供配电改造验收要求

供电系统中应考虑现有增强站设备负荷等级、承载功率，从而进行供电、配电系统设计和配电设备的选择。

由于室内设备均集成在一体化机柜内（含 UPS 电源），所以应根据机柜摆放位置考虑供电线路铺设。

4) 建筑防雷验收要求

防雷材料及安装方式应满足《北斗地基增强系统增强站建设技术规范》标准所规定要求。防雷工程完成以后，应检测合格，并出具证明。

5) 电力防雷验收要求

防雷材料及安装方式应满足《北斗地基增强系统增强站建设技术规范》标准所规定要求。观测室应加装 B+C 级电源防雷器，室内设备应做等电位连接。B+C 级电源防雷器加装于 UPS 电源前端，即电力线通过防雷器后进入 UPS。

4. 验收总结

完成资质审查、现场质量检查、建站资料检查等验收活动，且所有问题已按整改意见闭环后，由土建验收单位完成并提交《北斗地基增强系统增强站土建工程质量验收报告》。同时完成建站和验收资料的归档。

4.7.4 北斗增强站设备集成

增强站设备集成在增强站土建工程验收合格后进行。

增强站设备集成按功能模块可分为设备集成、供电集成、数据集成、监控集成和防雷集成,如图 4-19 所示。

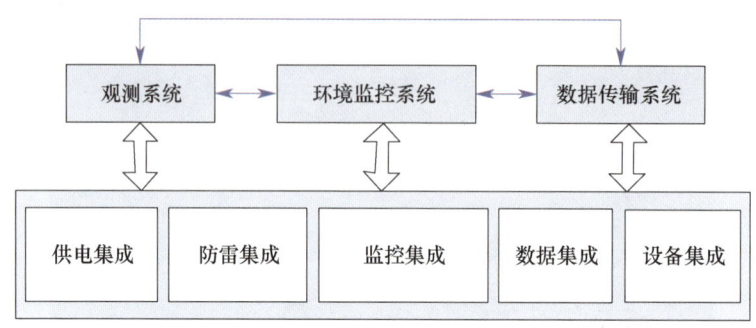

图 4-19 增强站集成内容图

1. 设备集成

室外设备集成主要为接收机天线及气象仪的安装。在观测墩顶部的强制对中装置上安装增强站接收机天线。接收机天线与接收机之间通过天馈线缆连接,室外裸露部分套 PVC 管进行保护,天馈线缆与接收机天线连接的接口处使用绝缘防水防腐胶带进行保护。气象仪温湿度传感器安装于气象仪防辐射罩中,防辐射罩通过气象仪支架紧固在观测墩横杆上。温湿度传感器与气象仪主机通过温湿度传感器线缆连接,室外裸露部分套 PVC 管进行保护。

室内的观测设备、供电设备、数据传输设备、机柜状态监控设备等硬件设备安装在标准 42U 机柜内,如图 4-20 所示。

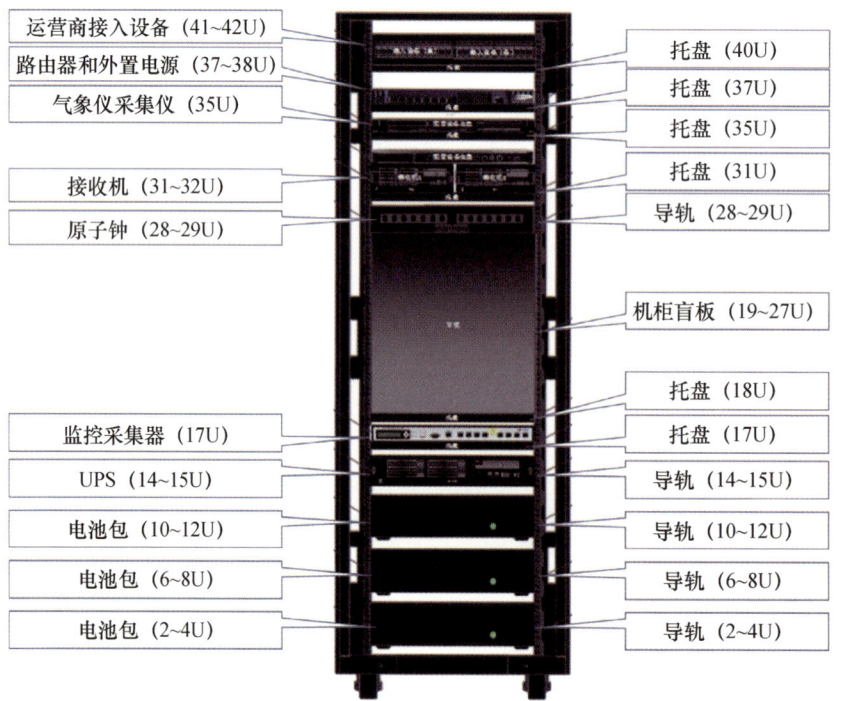

图 4-20 室内设备安装

2. 供电集成

供电集成包括基准站接收机、路由器、环境监控设备、气象仪、原子钟、基带调制解调器或光端机供电的集成,供电连接关系图见图4-21。

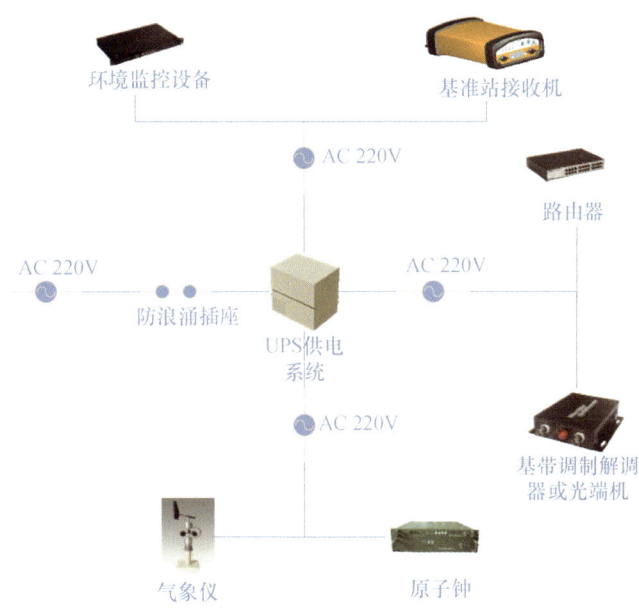

图4-21　增强站设备供电图

3. 数据集成

数据集成包括数据采集、数据传输、数据存储与管理等的数据信息集成,设备数据连接关系见图4-22。

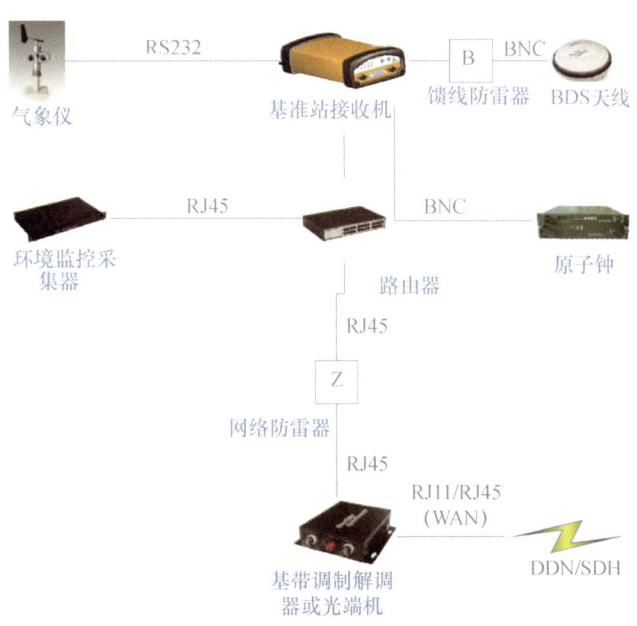

图4-22　增强站设备数据连接图

4. 监控集成

监控集成主要是通过机柜环境监控采集器将机柜内温湿度传感器信息、烟感探测器信息、水浸传感器信息、UPS 信息、门磁信息等多个信息进行集成。监控设备连接图见图 4-23。

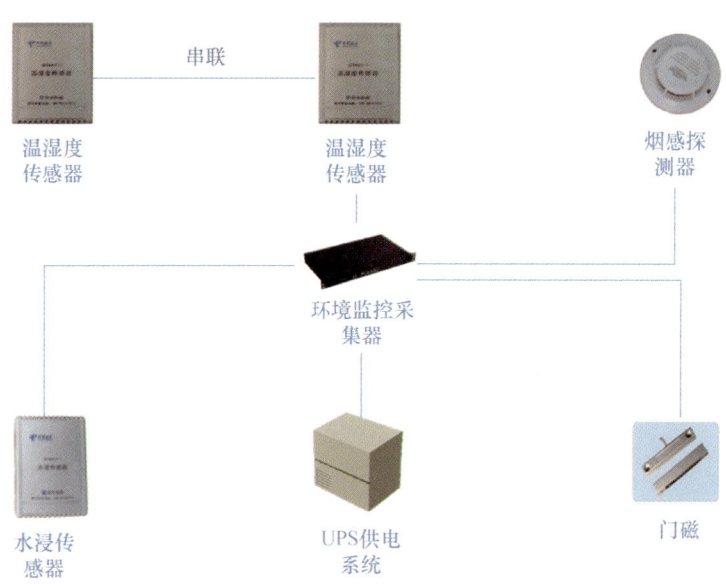

图 4-23　增强站监控设备连接图

4.7.5　北斗增强站集成安装质量验收

1. 验收内容

验收内容包括单站设备集成安装验收和设备集成安装资料检查验收。

1）单站设备集成安装验收

单站设备集成安装验收主要对设备物理安装、连接、电气、配置、通信等进行检查和记录。

承建单位对 100% 站点进行设备集成安装验收；总承单位单站设备集成安装验收按照比例进行检查。

2）设备集成安装资料检查验收

设备集成安装资料检查验收主要包括对设备入厂验收资料、集成安装验收单、设备安装照片等的完整性和规范性检查。总承单位对检查过程中出现的问题提出整改意见。

承建单位和总承单位对 100% 站点进行设备集成安装资料检查验收。

2. 验收流程

集成安装质量验收内容及流程如图 4-24 所示。

单站设备集成安装验收包括设备物理安装、连接、电气、配置、通信等检查环节。验收单位应按验收要求规定内容逐项进行审核，在完成全部检查项后，按表 4-34 进行记录，记录表将作为附录与《北斗地基增强系统增强站集成安装验收报告》一起提交。

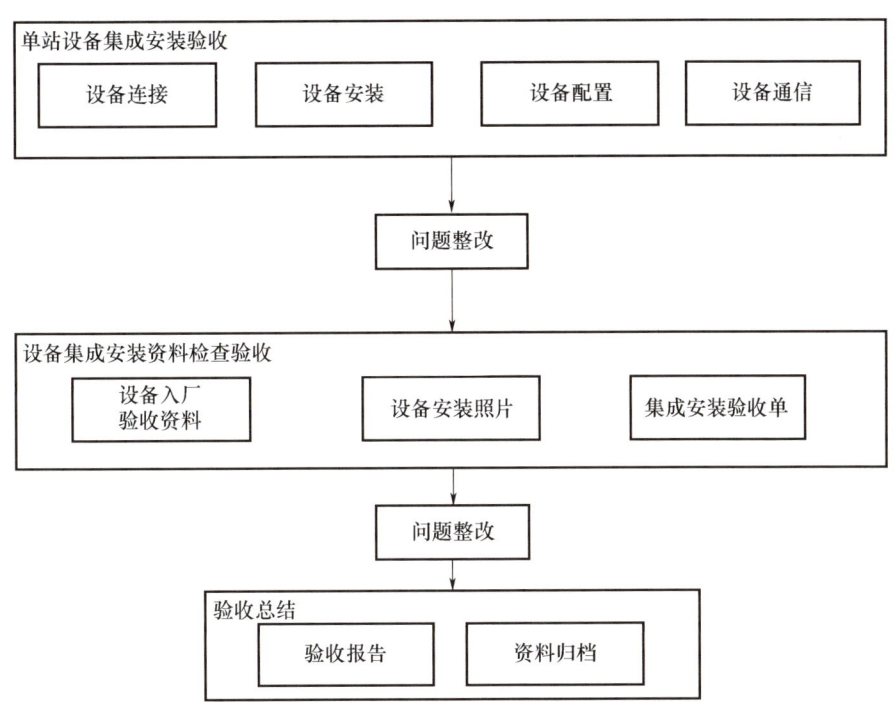

图 4-24 集成安装质量验收内容及流程示意

表 4-34 增强站单站设备集成安装验收记录表

序号	验收项	分项	是否合格	遗留问题和整改情况
1	集成安装	机柜放置合理		
		设备安装位置合理		
		机柜接地正确		
2	接收机	安装正确		
		连接正确		
		电气、运行正常		
		配置正确		
		接收机远程数据采集（在国家综合数据处理中心完成）		
3	天线	安装正确		
		连接正确,保护有效		
4	一体化机柜	安装正确		
		连接正确		
		电气、运行正常		
		配置正确		
		远程 UPS 和传感器实时监控（在国家综合数据处理中心完成）		

续表

序号	验收项	分项	是否合格	遗留问题和整改情况
5	通信设备	安装正确		
		连接正确		
		电气、运行正常		
		配置正确		
		远程连通测试		
6	原子钟	安装正确		
		连接正确		
		电气、运行正常		
		接收机接入测试		
7	气象仪	安装正确		
		连接正确		
		电气、运行正常		
8	防雷设备	馈线防雷器安装		
		网络防雷器安装		

设备集成安装资料检查验收主要包括对设备入厂验收资料、集成安装验收单、设备安装照片等的完整性和规范性检查，然后提交设备集成安装资料检查验收记录表（见表4-35），并提出整改意见。记录表将作为附录与《北斗地基增强系统增强站集成安装验收报告》一起提交。

表4-35 增强站设备集成安装资料检查验收记录表

序号	大项	分项	说明	记录
（一）	入厂验收资料	接收机天线合格证		
		接收机天线计量检定报告		
		接收机合格证		
		接收机计量检定报告		
		原子钟合格证		
		原子钟计量检定报告		
		气象仪合格证		
		气象仪计量检定报告		
		一体化机柜合格证		
		通信设备合格证		
		防雷设备合格证		
		监测接收机及天线合格证		

续表

序号	大项	分项	说明	记录
（二）	集成安装验收单	站点基本情况		
		增强站信息表		
		设备明细表		
		安装调试验收表		
（三）	设备安装照片		能反映天线、接收机、气象仪及其他设备是否正确安装；能反映机柜放置情况	

在出现不达标项时，由验收单位出具整改意见，被验单位整改完成后，向验收单位书面上报整改完成情况报告，验收单位根据整改完成情况，开展对不达标项的验收工作。

承建单位完成上述全部验收工作后，应及时向总承单位提交《北斗地基增强系统增强站集成安装验收报告》及验收申请，总承单位根据承建单位验收情况及时开展验收。

总承单位在完成上述全部验收工作后，应单独编写《北斗地基增强系统增强站集成安装验收报告》，形成验收结论提交上级单位，并完成验收资料归档工作。

3. 单站设备集成安装验收要求

1）集成安装总体验收要求

（1）根据观测室面积、结构进行设备安置设计，合理利用观测室空间，且利于设备安装及线路敷设和设备散热。

（2）安装机柜要按照设计要求，分层次安装机柜内各项设备。

（3）机柜应固定于观测室地面，并做好接地保护。

（4）各设备间应正常可靠互联。

2）接收机验收要求

（1）安装之前应取得专业检测机构的检定合格证书。

（2）安装应根据其使用手册或说明进行。

（3）接收机应放置于通风良好、干燥、避光的机柜内。

（4）安装完成后应通电进行运转测试，应进行远程数据采集测试。

（5）安装后需要详细填写集成安装验收记录。

3）天线验收要求

（1）天线应水平固紧于观测墩的强制对中标志上。

（2）连接天线和电缆，外部应缠绕防水防油胶布或套管。敷设天线电缆时应尽可能直伸敷设，若需拐弯，则拐弯半径应大于 0.3m。

（3）天线电缆进入观测室内后，如剩余长度过长，则应盘起。

（4）天线电缆应采用专用的低损耗射频电缆，若电缆需要延长时，根据性能指标加装相应的在线放大器。

（5）安装后需要详细填写集成安装验收记录。

4）一体化机柜验收要求

（1）电源线路应做接地保护并加装电涌防护设备。

（2）电池组、PDU、UPS和传感器物理安装牢固。

（3）电池组、PDU、UPS、传感器等连接、开关应配置正确。

（4）安装后应进行远程UPS和传感器实时监控功能测试，测试结果应显示正常工作。

（5）安装后需要详细填写集成安装验收记录。

5）通信设备验收要求

（1）从预留的管线通道将有线线路引入观测室。

（2）应在线路上加装信号线防雷设备。

（3）安装通信设备的信号线，将通信设备信号线与站内设备相连并进行远程连通测试。

（4）安装后需要详细填写集成安装验收记录。

6）原子钟验收要求

（1）根据设备安装说明书进行安装。

（2）安装应牢固可靠。

（3）与各设备的连接应正常可靠。

（4）原子钟应正常运行，且能正常接入接收机。

（5）安装后需要详细填写集成安装验收记录。

7）气象设备验收要求

（1）安装前应进行设备测试，取得合格的检测证书。

（2）安装须按照设备使用手册进行。

（3）传感器架设高度应与接收机天线上平面高度相同，高度误差不大于1m，平面位置距离小于5m。

（4）气象仪应正常运行，且能正常接入接收机。

（5）安装后需要详细填写集成安装验收记录。

8）监测接收机及天线验收要求

（1）安装应根据其使用手册或说明进行。

（2）接收机应放置于通风良好、干燥、避光的机柜内。

（3）安装完成后应通电，进行功能测试。

（4）安装后需要详细填写集成安装验收记录。

9）防雷设备验收要求

（1）由具备专业资格的工程人员设计防护结构和系统；

（2）安装及测试工作由专业技术人员完成；

（3）接收机与接收机天线间应安装馈线防雷器进行避雷；

（4）接入网络与路由器间应安装网络防雷器进行避雷。

4. 设备集成安装资料检查验收

增强站的设备集成安装资料检查验收应提交资料见表4-35,查收对应资料后,填写表格。

5. 验收总结

完成单站设备集成安装验收检查、设备集成安装资料检查验收等验收活动,且所有问题已按整改意见闭环后,由土建验收单位完成并提交《北斗地基增强系统增强站集成安装验收报告》。同时完成集成安装资料和验收资料的归档。

4.7.6 北斗增强站建设状态

增强站的观测墩按照设计和工艺要求建设,基岩观测墩、土层观测墩、屋顶观测墩(钢标)和屋顶观测墩(水泥标)建设完成后状态如图4-25~图4-28所示。

图4-25 基岩观测墩

图4-26 土层观测墩

图4-27 屋顶观测墩(钢标)

图4-28 屋顶观测墩(水泥标)

在建设过程中,使用水平气泡测量保证观测墩顶部预埋的强制对中器的水平,如图4-29所示。

对于屋顶观测墩(钢标),在观测墩附近建设气象仪支架,如图4-30所示。

图4-29 强制对中整平

图4-30 气象仪支架和屋顶观测墩(钢标)

按照"依托行业部门,以改建为主,个别新建,避免重复建设,避免资源浪费"的思路,增强站观测室利用各行业部门的已有建筑,仅进行必要的供电等改造。如图4-31~图4-33所示。

图4-31 观测室

图4-32 观测室外景

按照建设要求,避雷针在俯视45°范围内完全覆盖观测墩、气象仪,如图4-34和图4-35所示。同时在有避雷带的观测室屋顶,气象仪和观测墩接入避雷带,如图4-36所示。

为防感应雷及电压不稳,观测室接入市电时,室内必须安装B+C级电源防雷器,其中B级防雷在观测室改造中完成,如图4-37所示。

图 4-33　观测室内景

图 4-34　室外防雷（土层观测墩）

图 4-35　室外防雷（屋顶墩避雷针）

图 4-36　室外防雷（避雷带）

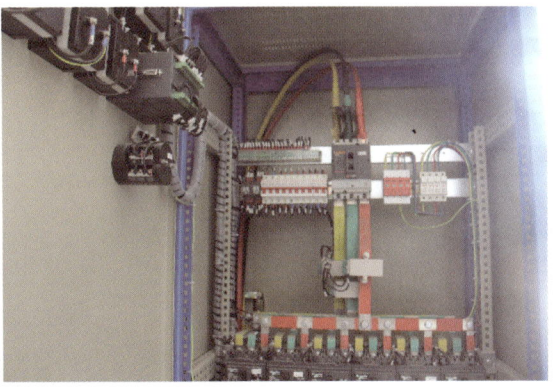

图 4-37　供电 B 级防雷

4.7.7 北斗增强站集成状态

室外接收机天线及气象仪的安装集成如图 4-38 所示。

观测墩到观测室的馈线用内径不小于 50mm 的 PVC 管套装防护,并从地下走线。如图 4-39 所示。

图 4-38 增强站室外设备集成　　　　图 4-39 馈线套管及走线

增强站室内设备及机柜集成等外观如图 4-40~图 4-42 所示。

图 4-40 增强站室内设备集成

图4-41 机柜集成正面

图4-42 机柜等电位连接

4.8 北斗增强站测试

北斗增强站测试的主要内容包括增强站及增强站设备功能、性能测试,兼容性能测试、稳定性测试、安全性测试。本节介绍对增强站中的核心设备进行两个层次的测试:单站设备验收测试和单站入网验收测试。

4.8.1 单站设备验收测试

单站设备验收测试时机:北斗增强站集成前。

单站设备验收测试内容包括设备功能和性能指标测试、设备环境适应性测试共两部分。

(1)北斗增强站接收机(含天线)功能和性能指标测试:在指定的试验场地,临时架设被测增强站天线和接收机,进行功能和性能指标测试。检查和测试的主要内容有外观检查、接口检查、功耗检查、数据协议检查、定位精度检查、时间同步精度检查、采样频率检查、数据存储能力检查、远程控制命令检查等。

（2）北斗增强站接收机（含天线）环境适应性测试：对采购的设备进行环境适应性测试，主要包括高温试验、低温试验、防潮试验、淋雨试验等。

UPS电源及其他设备必须具备合格证，单体只做外观检查及接口符合性检查，功能、性能检查在增强站单站集成后随系统一同进行检查。

1. 框架网增强站接收机第一批招标测试

根据北斗增强站接收机技术要求，并结合JJF 1118－2004《全球卫星定位系统（GPS）接收机（测地型和导航型）校准规范》、CH 8016—1995《全球卫星定位系统（GPS）测地型接收机检定规程》和BD 420009—2015《北斗/全球卫星导航系统（GNSS）测量型接收机通用规范》，从计量特性、通用性能、环境适应性及必备功能等各方面要求制定增强站接收机测试大纲。

参加第一次招标测试的单位共有10家，根据接收机测试技术报告，参加测试的接收机在精度、接口及环境适应性等方面均存在不同程度的不合格项。

1）短基线静态测量精度和重复性统计

10家单位中，5家单位各有1台样品精度超限，1家单位有2台样品精度超限，1家单位3台样品精度超限，其他厂家样品全部合格。

2）单点定位精度统计

10家单位中，2家单位各有1台样品高程误差超限，2家单位2台样品高程误差超限，1家单位3台样品高程误差超限，1家单位3台样品平面误差超限，其他单位的样品平面、高程均合格。

3）BDS时间同步精度统计

10家单位中，1家单位的接收机未提供1PPS输出接口，无法进行时间测试；1家单位两台样品无1PPS脉冲输出，其余各单位测试结果均满足要求。

4）观测数据类型统计

10家单位中，2家单位的样品具备项目要求全部类型数据的接收能力，其余8家单位的样品不具备GPS L5数据的接收能力。

5）接收数据可用率统计

10家单位中，1家单位的1台样品数据可用率不足98%，6家单位的全部样品的数据可用率不足98%，3家单位的样品全部满足要求。

6）工作温度

（1）测试中各家的样品均可以保存数据和工作状态。

（2）其中1家单位的接收机在高温+65℃情况下，前面板起鼓、卫星捕获状态指示提示接收机工作状态异常。

（3）其中6家单位的接收机高温工作内部噪声水平超限，5家单位的接收机低温工作内部噪声水平超限。

（4）其中3家单位的接收机高温存储内部噪声水平超限，5家单位的接收机低温存储内部噪声水平超限。

2. 框架网增强站接收机第二批招标测试

根据第一批增强站接收机的使用情况，并对其故障原因进行分析，发现国产接收机在可靠性及稳定性等方面有待加强,即对接收机的可靠性指标升级为否决项,性能指标超差到一定程度一票否决。并对设备接口、数据格式做出了统一规定,同时对接收机及接收机天线进行捆绑测试、招标,以便测试能更好地反映使用实际情况,确保接收机及天线的综合性能得到有效提升,在此基础上对测试大纲进行了完善。

参加第二次测试的共有7家单位。根据测试报告显示参加第二次招标的各家接收机的产品质量较第一批招标产品有大幅度提高,各型号产品常温性能均符合测试指标要求,产品在高低温环境适应性也有较大的提高。在端口及数据格式方面,个别厂家仍不满足要求。

3. 区域加密网增强站接收机

根据框架网增强站接收机的使用情况,并针对故障原因进行分析,认为国产接收机不同程度存在死机等问题,可靠性及稳定性等方面有待加强,故在招标中加大可靠性及稳定性占分权重,明确第三方认证及第三方出厂检测要求。

根据对增强站接收机的要求,通过公开招标,上海华测导航技术股份有限公司的N72、和芯星通科技(北京)有限公司的U380及上海司南导航技术有限公司的M300PRO中标。

4.8.2 单站入网验收测试

增强站单站入网验收测试时机:在增强站单站完成设备安装、集成、通电及软硬件调试后。

增强站功能及性能测试:观测数据质量检查、运行状态监测检查、数据存储检查、数据传输检查、远程管理检查、基础保障能力检查、设备兼容性能检查、稳定性测试、安全性测试。北斗地基增强系统增强站验收测试包括6项功能测试和10项性能测试详见表4-36。

1. 北斗增强站原始观测数据采集

1)测试目的

为检验北斗增强站原始观测数据连续实时采集功能是否与设计指标相一致。

2)测试方法

本测试采用现场查看(或审查报告)方式,在国家数据综合处理中心进行测试。

表4-36 北斗增强站系统验收测试项与合同要求对照表

序号	功能性能验收测试项		测试方法
1	功能	原始观测数据采集	现场查看(或审查报告)
2		运行状态监测	现场查看(或审查报告)
3		数据整理与存储	现场查看(或审查报告)
4		数据传输	现场查看(或审查报告)
5		远程管理	现场查看(或审查报告)
6		高精度接收机外部频标	现场查看(或审查报告)

续表

序号		功能性能验收测试项	测试方法
7	性能	接收处理 BDS(B1/B2/B3)、GPS(L1/L2/L5)、GLONASS(L1/L2)三系统 8 个频点信号	现场测试(或审查报告)
8		原始观测数据采样时间间隔:1s	现场测试(或审查报告)
9		原始观测数据发送时间间隔:1s	现场测试审查报告
10		原始观测数据推送时延:≤20ms	现场测试(或审查报告)
11		本地时间与北斗时(BDT)的同步精度:≤0.1ms	审查报告
12		数据传输模式分为实时数据流模式和文件传输模式两种	现场测试(或审查报告)
13		原始观测数据存储能力:≥30 天	现场测试(或审查报告)
14		告警及故障状态数据存储能力:≥30 天	现场测试(或审查报告)
15		UPS 供电持续时间:≥8h(1000W 功率)	审查报告
16		观测数据可用率≥85%,周跳比≥200,MP1≤0.5m,MP2≤0.65m,MP3≤0.65m	现场测试

（1）在国家数据综合处理系统运行监控软件中,查看北斗增强站的接入情况。

（2）在国家数据综合处理系统数据分发软件中,通过检查软件界面显示,查看北斗增强站 BDS(B1/B2/B3)、GPS(L1/L2/L5)、GLONASS(L1/L2)三系统 8 个频点信号的载噪比、码伪距、载波相位、多普勒、导航电文。

3) 评定准则

被测北斗增强站的数据中包含上述数据时,判定北斗增强站原始观测数据采集功能通过测试。

2. 北斗增强站运行状态监测

1) 测试目的

检验监测北斗高精度接收机、UPS 电源等设备运行状态性能是否与最初设计指标一致。

2) 测试方法

本测试采用现场查看(或审查报告)方式,在国家数据综合处理中心进行测试。在被测北斗增强站的北斗高精度接收机连接界面上,通过检查界面显示,查看北斗高精度接收机的产品序列号、电池余量、已用存储空间、可见卫星数和高度截止角等数据。并在 SiteWeb 监控软件中,通过检查软件界面显示,查看被测北斗增强站的 UPS 电压、电池电压等相关数据。

3) 评定准则

被监测北斗高精度接收机和 UPS 电压等各项数据能够正常显示,可以判定北斗增强站运行状态监测功能通过测试。

3. 北斗增强站原始观测数据整理与存储

1）测试目的

检验北斗增强站原始观测数据本地整理与存储功能是否与设计指标规定一致。

2）测试方法

本测试采用现场查看（或审查报告）方式，在国家数据综合处理中心进行测试。

通过查看被测北斗高精度接收机已经存储的频率为 1Hz、存储时长为 24h 的观测数据 RINEX 文件，检验北斗增强站原始观测数据的本地整理与存储功能。

3）评定准则

被测北斗增强站已有成功存储的 RINEX 文件的，判定该北斗增强站数据本地整理与存储功能通过测试。

4. 北斗增强站数据传输

1）测试目的

检验北斗增强站的原始观测数据传输、设备运行状态数据传输、告警及故障数据传输和数据文件传输功能是否与设计指标规定一致。

2）测试方法

北斗增强站数据传输测试采用现场查看（或审查报告）方式，在国家数据综合处理中心进行测试。

（1）原始观测数据传输。在国家数据综合处理系统数据分发软件中，通过检查软件界面显示，查看北斗增强站 BDS（B1/B2/B3）、GPS（L1/L2/L5）、GLONASS（L1/L2）三系统 8 个频点信号的载噪比、码伪距、载波相位、多普勒、导航电文。

（2）设备运行状态数据传输。

北斗高精度接收机运行状态传输测试方法如下：

在被测北斗增强站的北斗高精度接收机连接界面上，通过检查界面显示，查看接收机产品序列号、电池余量、已用存储空间、卫星数和高度截止角数据正常显示。

机柜监控单元数据传输测试方法如下：

在 SiteWeb 监控软件中，通过检查界面显示，查看被测北斗增强站的温度、湿度、UPS 电压、电池电压数据。

（3）告警及故障数据传输。在 SiteWeb 监控软件中，检查界面显示，查看被测北斗增强站的机柜监控单元的温度、湿度、烟雾、水浸、门磁、UPS、电池电压数据。

（4）数据文件传输。通过下载被测北斗高精度接收机存储的观测数据 RINEX 格式文件，查看被测北斗增强站的数据文件传输。

3）评定准则

被测北斗增强站原始观测数据、北斗高精度接收机运行状态数据、机柜监控单元数据、告警及故障数据能够显示，且成功下载数据文件的，判定该被测北斗增强站的数据传输功能通过测试。

5. 北斗增强站远程管理

1）测试目的

检验北斗高精度接收机远程管理、机柜监控单元远程管理功能应与设计指标规定一致。

2）测试方法

本测试采用现场查看（或审查报告）方式，在国家数据综合处理中心进行测试。

（1）北斗高精度接收机远程管理测试。通过检查北斗高精度接收机的产品序列号、电池余量、已用存储空间、卫星数和高度截止角数据显示、存储和高度截止角设置、重启控制来测试北斗高精度接收机远程管理。

（2）机柜监控单元远程管理测试。通过检查被测北斗增强站机柜的温度、湿度、UPS 电压、电池电压数据显示、温湿度传感器采集周期设置测试机柜监控单元远程管理。

3）评定准则

北斗高精度接收机状态显示、设置、控制均成功，机柜监控单元的状态显示和参数设置均成功的，判定该被测北斗增强站远程管理功能通过测试。

6. 高精度接收机外部频标

1）测试目的

检验部分增强站提供高精度接收机钟频频标的能力应与设计指标规定一致。

2）测试方法

本测试采用现场查看（或审查报告）方式，在国家数据综合处理中心进行测试。在被测增强站北斗高精度接收机界面上，通过检查接收机接入外部时钟后搜星状态，检查增强站提供高精度接收机钟频频标的能力。

3）评定准则

被测增强站具有上述功能时，判定该增强站通过测试。

7. 北斗增强站信号接收处理

1）测试目的

检验北斗增强站的卫星频点信号接收功能应与设计指标规定一致。

2）测试方法

本测试采用现场测试（或审查报告）方式，在国家数据综合处理中心进行测试。

在国家数据综合处理系统数据分发软件中，通过检查软件界面显示，查看 BDS（B1/B2/B3）、GPS（L1/L2/L5）、GLONASS（L1/L2）三系统 8 个频点信号的载噪比、码伪距、载波相位、多普勒等数据。

3）评定准则

北斗增强站具有上述数据的，判定北斗增强站的频点信号接收功能通过测试。

8. 原始观测数据采样时间间隔

1）测试目的

检验原始观测数据采样时间间隔应与设计指标规定一致。

2）测试方法

本测试采用现场测试（或审查报告）方式，在国家数据综合处理中心进行测试。

通过接收、解析被测北斗增强站2h的原始观测数据，计算采样时间间隔和采样成功率。

3）评定准则

被测北斗增强站原始观测数据采样时间间隔满足1s要求，且采样成功率>95%的，判定该站卫星观测数据采样时间间隔通过测试。

9. 原始观测数据发送时间间隔

1）测试目的

检验原始观测数据发送时间间隔应与设计指标规定一致。

2）测试方法

本测试采用现场测试（或审查报告）方式，在国家数据综合处理中心进行测试。

通过接收、解析被测北斗增强站2h的原始观测数据，计算发送时间间隔和发送成功率。

3）评定准则

被测北斗增强站原始观测数据发送时间间隔满足1s要求，且采样成功率>95%的，判定该站原始观测数据发送时间间隔通过测试。

10. 原始观测数据推送延时

1）测试目的

检验接收机原始观测数据的推送时延应与设计指标规定一致。

2）测试方法

本测试采用现场测试（或审查报告）方式，在国家数据综合处理中心进行测试。

通过接收被测北斗增强站2h的原始观测数据计算得到原始观测数据每秒平均传输大小，再根据国家数据综合处理系统与被测增强站间的带宽计算原始观测数据推送时延，原始观测数据推送时延＝每秒数据平均传输大小/带宽。

3）评定准则

被检测的北斗高精度接收机的原始观测数据推送时延≤20ms，判定该被检测北斗高精度接收机的原始观测数据推送时延通过测试。

11. 北斗增强站时间同步

1）测试目的

检验接收机的本地时间与北斗时（BDT）的同步精度应与设计指标规定一致。

2）测试方法

本测试采用审查报告，在国家数据综合处理中心进行测试。

检查《北斗地基增强接收机及天线测试技术报告》中的本地时间与北斗时的同步精度指标的测试结果。

3）评定准则

被检测的北斗高精度接收机的本地时间与北斗时的同步精度≤0.10ms，则判定该被检测北斗高精度接收机的本地时间与北斗时的同步精度通过测试。

所有抽查的北斗增强站通过测试,判定北斗增强站的本地时间与北斗时的同步精度通过测试。

12. 北斗增强站数据传输模式

1)测试目的

检验北斗增强站的实时数据流模式和文件传输模式应与设计指标规定一致。

2)测试方法

本测试采用现场测试(或审查报告)方式,在国家数据综合处理中心进行测试。

(1)实时数据流传输。通过接收、解析被测北斗增强站 2h 的原始观测数据,计算观测数据和星历数据的发送时间间隔和发送成功率。

通过在被测北斗增强站的北斗高精度接收机连接界面上检查界面显示,查看接收机产品序列号、电池余量、已用存储空间、卫星数和高度截止角数据,检验北斗高精度接收机运行状态数据;在 SiteWeb 监控软件中,通过检查界面显示,查看被测北斗增强站机柜监控单元的温度、湿度、UPS 电压、烟雾、水浸、门磁、电池电压数据,检验机柜监控单元的运行状态、告警及故障信息传输。

(2)数据文件传输。通过下载被测北斗高精度接收机存储的观测数据 RINEX 格式文件,查看被测北斗增强站的数据文件传输。

3)评定准则

被测北斗增强站观测数据发送时间间隔满足 1s 要求、星历数据发送时间间隔满足更新时传输要求,且采样成功率 >95% 的,北斗高精度接收机的状态数据能够显示的,机柜监控单元的状态数据、告警及故障信息能够显示的,判定被测北斗增强站实时数据流传输通过测试。

被测北斗增强站的数据文件成功下载的,判定该北斗增强站数据文件传输通过测试。

13. 原始观测数据存储能力

1)测试目的

检验接收机的原始观测数据存储能力应与设计指标规定一致。

2)测试方法

本测试采用现场测试(或审查报告)方式,在国家数据综合处理中心进行测试。

在被测北斗增强站的北斗高精度接收机连接界面上,通过检查界面显示,查看接收机的原始观测数据存储天数。

3)评定准则

被检测的北斗高精度接收机的原始观测数据存储能力≥30 天,判定该被检测北斗高精度接收机的原始观测数据存储能力通过测试。

14. 告警及故障状态数据存储能力

1)测试目的

检验告警及故障状态数据存储能力应与设计指标规定一致。

2)测试方法

本测试采用现场测试(或审查报告)方式,在国家数据综合处理中心进行测试。

通过检查 1 天内告警及故障信息文件大小和机柜监控单元总存储空间大小,计算告警及故障状态数据存储能力。

3）评定准则

告警及故障状态数据存储时间≥30天的，判定该站告警及故障状态数据存储能力通过测试。

所有抽查的北斗增强站通过测试，判定所有北斗增强站的告警及故障状态数据存储能力通过测试。

15. UPS供电持续时间

1）测试目的

检验北斗增强站的UPS供电持续时间应与设计指标规定一致。

2）测试方法

本测试采用审查报告方式，在国家数据综合处理中心进行测试。

从北斗增强站中抽取具有市电断电历史的站点，检查历史数据记录，根据被测增强站运行功率值、UPS历史供电持续时间、剩余电量百分比计算1000W功率下UPS供电持续时间。

UPS供电持续时间（1000W功率）= 被测增强站运行功率值/1000W × UPS历史供电持续时间/（1 - 剩余电量百分比）。

3）评定准则

UPS供电持续时间（1000W功率）≥8h的，判定该站UPS供电持续时间通过测试。

所有抽查站点UPS供电持续时间通过测试，判定所有北斗增强站的UPS供电持续时间通过测试。

16. 数据质量

1）测试目的

检验北斗增强站的卫星观测数据的数据质量，包括数据可用率、多路径影响和周跳比应与设计指标规定一致。

2）测试方法

本测试采用现场测试（或审查报告）方式，在国家数据综合处理中心进行测试。

使用数据质量检查软件GPSQC分析被测北斗增强站的接收机本地存储的24h观测数据文件，检查卫星导航系统的数据质量。

3）评定准则

被测北斗增强站接收机卫星导航系统的数据可用率≥85%、周跳比≥200、各频点的多路径影响满足MP1≤0.5m、MP2≤0.65m、MP3≤0.65m时，判定该北斗增强站数据质量通过测试。

4.8.3 增强站技术状态

在对增强站进行了北斗增强站原始观测数据采集、北斗增强站运行状态监测、北斗增强站原始观测数据整理与存储、北斗增强站数据传输、北斗增强站远程管理、高精度接收机外部频标6项功能测试，以及北斗增强站信号接收处理、原始观测数据采样时间间隔、原始观测数据发送时间间隔、原始观测数据推送时延、北斗增强站时间同步、北斗增强站数据传输模式、原始观测数据存储能力、告警及故障状态数据存储能力、UPS 供电持续时间和数据质量测试 10 项性能测试。得到增强站功能及技术指标符合性对照见表 4-37。验收测试表明，增强站系统技术指标达到了设计要求。

表 4-37 增强站功能及技术指标符合性对照表

序号		技术指标要求	对应验收测试项目	符合性情况
1	功能	原始观测数据采集	北斗增强站原始观测数据采集	达到
2		运行状态监测	北斗增强站运行状态监测	达到
3		数据整理与存储	北斗增强站原始观测数据整理与存储	达到
4		数据传输	北斗增强站数据传输	达到
5		远程管理	北斗增强站远程管理	达到
6		高精度接收机外部频标	高精度接收机外部频标	达到
7	性能	接收处理 BDS(B1/B2/B3)、GPS(L1/L2/L5)、GLONASS(L1/L2)三系统 8 个频点信号	北斗增强站信号接收处理	满足
8		原始观测数据采样时间间隔:1s	原始观测数据采样时间间隔	满足
9		原始观测数据发送时间间隔:1s	原始观测数据发送时间间隔	满足
10		原始观测数据推送时延:≤20ms	原始观测数据推送延时	满足
11		本地时间与北斗时的同步精度:≤0.1ms	北斗增强站时间同步	满足
12		数据传输模式分为实时数据流模式和文件传输模式两种	北斗增强站数据传输模式	满足
13		原始观测数据存储能力:≥30 天	原始观测数据存储能力	满足
14		告警及故障状态数据存储能力:≥30 天	告警及故障状态数据存储能力	满足
15		UPS 供电持续时间:≥8h	UPS 供电持续时间	满足
16		观测数据可用率≥85%,周跳比≥200,MP1≤0.5m,MP2≤0.65m,MP3≤0.65m	数据质量	满足

4.9 北斗增强站运维

增强站系统运转方式为"无人值守、有人看管"。作为北斗地基增强系统重要的数据源,加强系统可靠性及可维修性设计,制定系统运行维护机制,确保增强站连续、稳定运行显得尤为重要。

4.9.1 可维护性设计措施

在设计过程中加强系统可靠性及可维护性设计,主要措施如下:
(1) 选用国内技术成熟的产品;
(2) 采用模块化设计;
(3) 加强设备温度适应性设计,确保设备在 -45 ~ +65℃ 范围内正常工作;
(4) 进行基本系统设计、充分对各设备进行试验验证;
(5) 增强站设备运行环境如温度、湿度、烟感、门禁等可进行远程监控;
(6) 增强站电源性能如电压、工作电流、充电电流、电池温度、电池容量、断电情况可进行远程监控;
(7) 增强站重要设备如接收机、电源自动报警及环境安全自动报警监测及故障记录;
(8) 增强站重要设备如接收机远程升级、设置和控制。

4.9.2 增强站运维机制

1. 通用要求

(1) 增强站应具备运行维护监控报警功能。
(2) 增强站运行维护应采用现场维护和远程维护相结合的检查维护方式。
(3) 增强站运维人员应经过培训。
(4) 运营方应定期到增强站现场进行巡检、巡查、保养并进行记录,观测室设备的现场维护时间周期一般应为一周一次,观测墩现场维护时间周期一般应为一月一次。
(5) 运营方发现设备故障时,应及时组织技术人员修复故障;设备丢失、损坏(不可修复的)以及需更新升级的,应及时更换并做好设备更换记录。
(6) 增强站设备修复时间非边远地区应不大于24h,边远地区应不大于48h。
(7) 增强站运营方应制定维护管理制度,并将制度张贴在现场的显著位置。

2. 运维方资源要求

运维方人员必须以正式员工参加运维工作,不得使用挂靠队伍,不得擅自将运维项目部分或全部转包、分包给第三方承担。

运维方应配备专人值班,监控各增强站运行状态,保障各增强站正常运行;值班时间一般情况为8h(白天工作时间),必要时应安排专人24h值班。

运维方应设定固定办公地点,设立专用于运维工作联系的固定电话、手机或其他通信手段,配备必要的计算机、打印机等办公设备。

运维方应定期对其运维人员进行相关培训。

运维人员的具体分工和工作内容如下:

1) 看管人员

增强站看管人员的主要工作包括:

（1）定期到增强站现场进行巡检、巡查、保养，并进行记录，如果发现增强站故障问题，应及时上报并记录；

（2）接到维修通知时，应及时到增强站现场进行相应维修或处理；

（3）对下达的维修任务不能完成时，应及时上报；

（4）恶劣天气如雷暴、冻雨等发生后应及时到增强站现场检查设施；

（5）若因异常或特殊情况关闭基准站设备后，应及时恢复增强站设备的正常运行。

2）值班人员

增强站值班人员的主要工作包括：

（1）在数据中心监控增强站工作状态并进行记录，发生故障及时处理并上报；

（2）在数据中心接收和记录看管人员上报的增强站异常情况，并及时上报；

（3）在数据中心对数据进行下载、存储、处理和管理等，并定期备份；

（4）向看管人员提供技术咨询和指导。

3）值班与巡检制度

维护人员值班制度的基本要求如下：

（1）看管人员应至少一周对增强站观测墩、设备等进行一次巡查、巡检并填写基准站巡查记录表，基准站巡查记录表格式参见附录A，若出现问题，应及时上报运营方；

（2）看管人员在白天工作时间应保证与值班人员畅通联系，必要时应保证24h畅通联系；

（3）数据中心应配备专人值班，监控各基准站运行状态，保障各基准站正常运行；

（4）值班时间一般情况为8h（白天工作时间），必要时应安排专人24h值班；

（5）值班人员应填写基准站值班日志表，基准站值班日志表格式参见附录B；

（6）值班人员应保证为看管人员在白天工作时间内提供技术咨询和指导，并要与看管人员建立24h的联系方式。

4）备品备件

基准站的天线、接收机、路由器、气象仪、机柜、电源设备、防雷设备、消防设备、线缆及电连接器等备品备件由运营方准备，数量由运营方根据设施故障率和老化率等因素确定，存放地点和条件由运营方合理安排。

5）环境保障

基准站正常工作的温度、湿度等环境条件由运营方给予保证。如果因为客观因素，导致环境保障无法达到基准站正常工作的状况时，维护方应及时向运营方报告，由运营方及时处理。

4.9.3 运维服务具体内容

1. 观测墩检查维护

1）增强站观测墩检查维护基本要求

（1）定期查看观测墩体上的标志标识；

（2）观测墩体外观损坏应及时修复；

（3）观测墩体变形应及时采取措施恢复；

（4）观测墩体地基沉降应及时采取措施纠正；

（5）周边环境发生影响增强站正常运行的变化时（遮蔽、干扰等）应及时处理。

2）基准站观测墩检查维护措施

（1）看管人员应定期对观测墩进行检测并填写基准站设备检查记录表；

（2）值班人员应检查墩体沉降是否符合规定的位置精度要求；

（3）定期检查基准站天线罩是否损坏、馈线是否破损、接头是否松动，如发现问题，看管人员应及时通知运营方，并按运营方要求进行修复；

（4）定期检查观测墩的漆面或外观是否受损，如发现问题，看管人员应及时通知运营方，并按运营方要求进行修复；

（5）发现观测墩体上的标志标识有遮挡、腐蚀或脱落等情况时，应采取措施恢复，若不能恢复应及时报告并按要求进行修复；

（6）维护方对墩体进行维修时，应及时通知运营方；

（7）如观测墩已无法通过维修来满足基准站正常运行时，应及时上报运营方重新选址建设。

2. 设备检查维护

增强站维护的设备包括天线、接收机、路由器、气象仪、机柜、电源设备、防雷设备、线缆及电连接器等。检查维护基本要求如下：

（1）通过数据中心监控软件对增强站设备的运行状态实时监控，出现异常情况时，运营方应及时处理；

（2）运营方应定期对天线、接收机等进行检查并填写增强站设备检查记录表；

（3）运营方应定期对路由器状态指示、线缆损坏或松动情况等进行检查并填写增强站设备检查记录表；

（4）运营方应定期对气象仪的状态指示、外观、线缆损坏或松动情况等进行检查并填写增强站设备检查记录表；

（5）运营方应定期机柜的状态指示、线缆损坏或松动情况、门磁报警器、烟雾报警器、水浸报警器等进行检查并填写增强站设备检查记录表；

（6）运营方应定期对电源设备的工作环境和工作状态进行检查并填写增强站设备检查记录表；

（7）运营方应定期对防雷设备连接情况、锈蚀情况等进行检查并填写增强站设备检查记录表；

（8）按规定的使用周期对设备进行保养和更换并填写增强站设备更换记录表；

（9）运营方应委托专业机构定期对防雷设备进行检测，并提供检测报告；

（10）运营方应委托专业机构定期对气象仪进行标定，并提供标定报告。

3. 检查维护措施

1）接收机及天线

接收机及天线应采取以下检查维护措施：

（1）应定期检查接收机各指示灯是否显示正常；

（2）应定期检查接收机及天线外观是否清洁；

（3）应定期检查接收机及天线各个外部接口是否出现松动；

（4）应定期检查与接收机相连的电缆线，观察有无被老鼠啃咬或其他原因导致损坏的情况；

（5）应定期远程检查接收机原始观测数据质量，对观测数据质量不合格的站点，提出整改措施；

（6）接收机远程维护软件固件升级时应填写基准站软件系统维护记录表；

（7）接收机软件固件升级后，应检查其工作情况并分析原始观测数据质量，填写基准站数据分析统计表。

2）路由器

路由器应采取以下检查维护措施：

（1）应定期检查路由器各指示灯是否显示正常；

（2）应定期检查路由器接线及模块接口连接状态是否正常；

（3）路由器远程维护软件固件升级时应填写基准站软件系统维护记录表。

3）气象仪

气象仪应采取以下检查维护措施：

（1）应保持气象仪清洁，定期擦拭但不允许用腐蚀性溶剂；

（2）应定期检查气象仪各连接部件的牢固性，如有问题，应及时修复；

（3）应保持防辐射罩完整、整洁，各传感器处于通风良好的环境中；

（4）应委托专业机构定期对气象仪进行标定。

4）机柜

机柜应采取以下检查维护措施：

（1）应对机柜内环境状况如烟感、温湿度、门磁、水浸等进行实时监控；

（2）应定期检查机柜的放置环境，确保机柜放置稳定牢固、无杂物覆盖、抵靠；

（3）应定期检查机柜的输入电压是否正常，防浪涌保护装置工作是否正常。

5）电源设备

电源设备应采取以下检查维护措施：

（1）应对电源设备的工作温度、输出电压、输出电流等进行实时监测；

（2）应定期清除积尘，检查风扇运转情况，确保电源散热通风环境；

（3）应定期检查电源设备的状态，如有异常，及时报运营方进行维修处理或更换；

（4）应定期对电池组的容量、电压、温度、放电电流、放电电压，充电电流、充电电压等参数进行监测查看；

（5）应及时对不合格或寿命到期的电池进行更换。

6）防雷设备

防雷设备应采取以下检查维护措施：

（1）应根据防雷设备使用维护说明书要求，定期检查连接处是否紧固、接触是否良好、接地线有无锈蚀、接地体附近地面有无异常，必要时应在专业人员指导下挖开地面抽查地下隐蔽部分锈蚀情况；

（2）每年雷雨季节前应对运行中的防雷器进行一次老化检查；

（3）应定期对防雷设备接地网的接地电阻进行一次测量；

（4）应根据防雷设备的维护要求每年进行其他必要的维护。

4. 网络检查维护

网络检查维护措施分为现场维护和远程维护。

现场维护看管人员应对网络采取以下检查维护措施：

（1）应定期查看路由器状态（指示灯状态，发声发热状态等），路由器接线及模块接口连接状态是否正常等，如出现问题应报告并采取措施解决；

（2）应对网络线路是否存在安全隐患进行检查，检查是否有非法接入，如出现问题应报告并采取措施解决。

远程维护时值班人员应对网络采取以下检查维护措施：

（1）应对网络设备工作状态、带宽、传输速率、误码率、延迟时间、丢包率等进行实时监测，如出现问题应对线路带宽进行优化或采取其他措施解决并报告；

（2）应定期对路由器或网络防火墙等网络设备进行更新及升级；

（3）应定期进行计算机网络病毒检测。

5. 软件检查维护

基准站一般应配备接收机软件、机柜监控软件或基准站监控软件，软件检测维护由值班人员主要负责。软件应采取以下检测维护措施：

（1）数据中心应对基准站软件的运行进行定期检测，同时记录软件故障时间点、现象及故障数据等有关信息，并采取相应的维护措施；

（2）应按要求对基准站接收机、路由器、机柜监控软件或基准站监控软件进行更新及升级，并做好版本控制；

（3）若需要更换软件时，应履行相关审批手续，并由专业人员进行更换；

（4）软件检测维护应填写基准站软件系统维护记录表。

6. 数据检查维护

增强站检查维护的数据主要有站点坐标、接收机观测数据、气象数据、设备运行状态数据等。

数据检测维护基本要求如下：

（1）应定期进行基准站数据处理，获得日解、周解、月解、年解，对增强站坐标年位移量发生较大变化的，应及时更新增强站坐标；

（2）应实时对接收机观测数据进行质量检查并填写增强站数据分析统计表；

（3）应定期对接收机的存储状况进行检查；

（4）应实时监控气象仪的温度、湿度、大气压力值等，发现异常及时处理；

（5）应实时监控机柜内环境、设备运行信息，完成包括柜内微环境监控、不间断电源状态信息的采集、管理、分析和告警；

（6）应实时对增强站的接收机观测数据、气象数据、设备运行状态数据等进行备份。

检测维护措施如下：

（1）远程实时监测接收机数据完整性，若出现问题，应及时组织技术人员查找问题原因，必要时看管人员应协助值班人员查找问题，并采取补救措施；

（2）应定期对站点的连续 24h 数据质量进行检查，若出现问题，组织技术人员对数据质量进行分析并找出问题，采取相应措施解决；

（3）应对机柜环境、不间断电源、气象仪等的状态进行监控，并形成维护日志；

（4）应对基准站的接收机观测数据、气象数据、设备运行状态数据等进行永久备份，备份数据在系统时长不小于 10 年。

7. 安全检查维护

增强站安全检查维护主要有物理入侵监测、病毒入侵监测、接入检查等措施或手段。安全检查维护基本要求如下：

（1）应安装病毒检查软件和杀毒软件；

（2）不得接入除专线网络以外的网络；

（3）应能有效防止病毒非法入侵增强站软件系统；

（4）应能有效防止非法设备接入增强站系统；

（5）应采取有效保护手段或措施防止增强站设备丢失和损坏；

（6）应采取防火、防汛、防雷、安全用电等方面的保护手段，定期开展巡视和检查并填写增强站巡查记录表。

基准站安全应采取以下检查维护措施：

（1）定期检查基准站观测室或工作室的防盗门（窗）及报警装置，确保完好无损；

（2）定期清点基准站设备是否齐全、完好，如发现丢失或损坏，看管人员应及时报告；

（3）定期检查环境监控系统，确保环境监控系统工作正常，能对基准站温度、湿度、大气压力、水浸、盐雾、门禁、人员进行有效监控；

（4）基准站设备接入专线网络前应加装防火墙；

（5）发现非法接入时，应采取有效措施将其立即断开；

（6）当发生环境安全问题时（如干扰、盗窃、停电、漏水、生化破坏、火灾、地震、洪水、雷击、飓风等），看管人员应及时报告；

（7）对于出现涉及人为犯罪的行为时，看管人员应及时向公安机关报案。

8. 应急处理

增强站应急处理基本要求如下：

（1）运营方应制定及时恢复增强站网运行的应急预案；

（2）若发生重大自然灾害、战争、设备大面积损坏、关键设备出现故障时，应迅速组织成立应急处理工作组，并启动应急预案；

基准站应急处理应采取以下措施：

（1）增强站设备和软件发生损坏影响增强站正常运行时，应急处理工作组应组织人员在 24h

之内对损坏设备进行维修或更换,及时恢复增强站的正常运行,并填写增强站设备更换记录表;

(2)当观测墩坐标严重偏移原坐标时,运营方应及时对观测墩坐标进行计算和校准,需要重新选定观测墩位置的,由应急处理工作组组织重新选址建设。

9. 资料管理

增强站运行维护资料归档基本要求如下:

(1)增强站运行维护归档资料包括增强站信息表、设备使用维护说明书、增强站巡查记录表、增强站值班日志表、增强站设备检查记录表、增强站设备更换记录表、增强站软件系统维护记录表、增强站数据分析统计表等;

(2)归档资料应齐全完整,内容真实;

(3)归档资料所使用的书写材料应不易褪色,利于长期保存;

(4)归档资料应编制目录,并按目录顺序进行编号。

4.9.4 管理方及运营方权责

(1)管理方应向运营方支付运维服务费用。

(2)管理方有权对运营方实施的运维工作定期进行考核,考评内容包括:工作目标完成情况,人员、设备配置情况,故障处理,应急抢修处理及其他事宜。

(3)运营方应当按照本规定提供各类运维服务。

(4)运营方有权按照本协议约定收取运维服务费用。

(5)运营方应满足本文件规定的资源配置要求,并根据所维护增强站数量等增加情况相应增加资源配置。

(6)对国家和有关部门要求持证上岗的专业(如电工、高空作业等),运营方安排从事相关维护工作等人员,应持有合格的资格证书。

(7)除管理方和运营方另有约定(书面具备法律效应的协议)外,运营方不得将运维工作分包他人;如确有需要,需要经过管理方书面同意和备案,否则,管理方有权终止合作并取消运营方的运维资格。

(8)运营方承诺其具有提供运维服务所需的一切资质及证照,并确保提供服务之资深经验性、及时性和可靠性。

4.10 北斗增强站运行情况

本节介绍了北斗地基增强系统增强站自2017年7月1日到2017年12月31日共184天运行的情况。

4.10.1 增强站正常运行站点

184 天区间内增强站正常运行站点数量如图 4-43 所示。

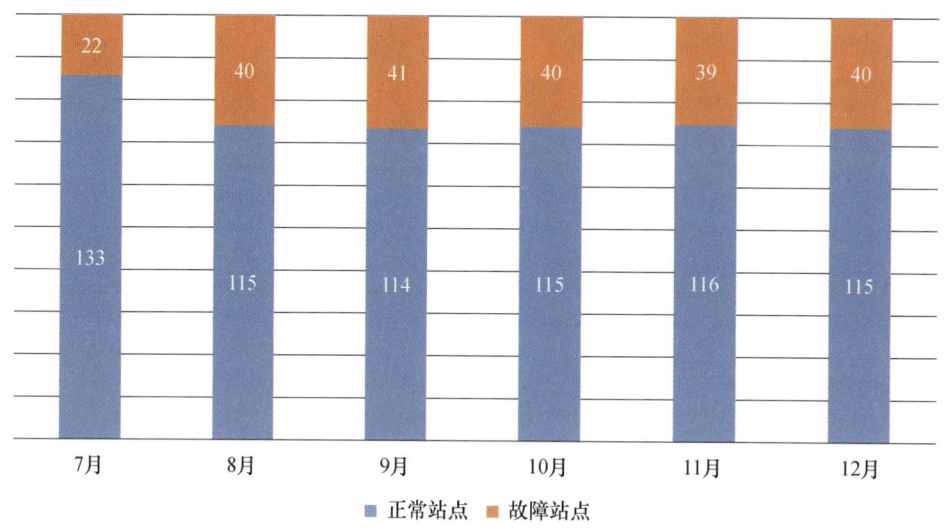

图 4-43 北斗地基增强系统增强站正常运行站点数量

其中故障站点产生的原因有供电原因、网络原因、设备故障、其他因素等情况构成,各原因发生时间段统计如表 4-38 所列。

表 4-38 故障站点问题统计

故障原因	7月	8月	9月	10月	11月	12月
供电及网络原因	15	15	17	19	17	18
设备故障	6	23	22	20	19	20
其他原因	1	2	2	1	2	2
总计/次	22	40	41	40	39	40

对于出现供电和网络故障的站点,需要站点当地维护人员协助进行分析解决,这部分故障站点的所属部委分布情况如表 4-39 所列。

表 4-39 供电及网络故障站点所属部委情况

部委 时间	测绘局	地震局	交通部	气象局	中科院	总计/次
7月	5	5	1	3	1	15
8月	6	4	1	3	1	15

续表

时间 \ 部委	测绘局	地震局	交通部	气象局	中科院	总计/次
9月	7	4	1	4	1	17
10月	8	4	2	4	1	19
11月	7	5	1	3	1	17
12月	7	5	2	3	1	18

对于设备故障导致的站点无法正常工作的情况，采取了通知相对应接收机厂商前往处理解决的方案进行处理，其中这部分故障站点所用的接收机型号统计如图4-44所示。

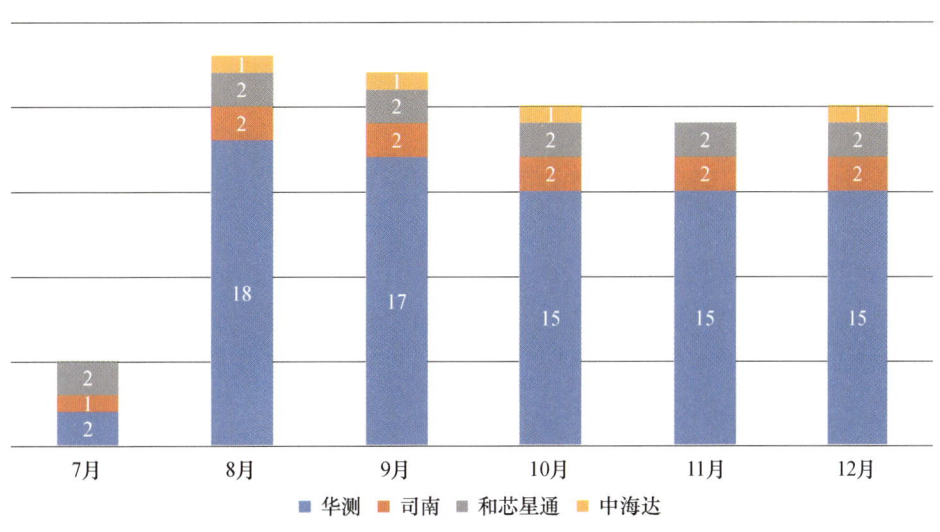

图4-44 接收机故障站点情况分析

4.10.2 增强站维护升级工作数量统计报告

针对上述出现的站点故障，目前采取在线处理、联系当地维护人员协助处理、专人上站处理3种维护方式，通过这3种方式相结合，有效地处理了各种站点故障问题，如表4-40所列。

表4-40 站点故障处理次数统计

维护方式	7月	8月	9月	10月	11月	12月
在线处理	10	12	13	11	12	13
联系当地维护人员协助处理	6	8	9	8	8	9
专人上站处理	1	3	2	3	2	3
总计	17	23	24	22	22	25

同时对于接收机固件进行了分批次升级工作,解决了故障,提升了性能,优化了配置,同时添加了新功能。站点设备升级情况如图4-45所示。

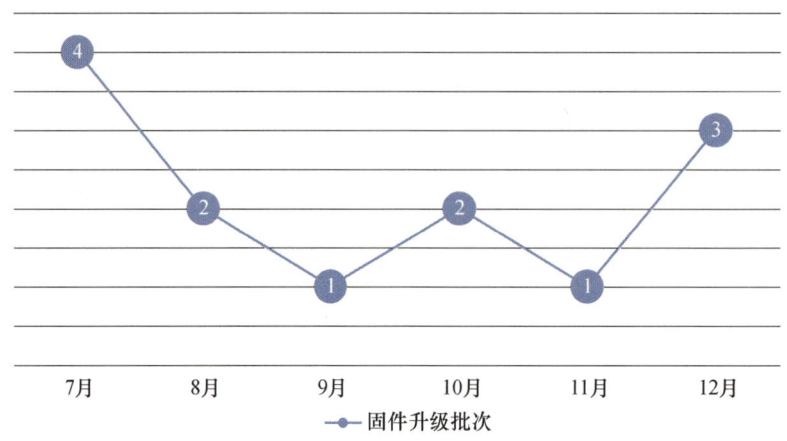

图4-45 接收机固件升级批次情况统计

4.10.3 站点数据质量统计报告

对于站点接收到的数据质量情况也做了详细分析。通过对各个站点2个星期连续数据的下载分析,此次有效采样站点数量为139个,根据增强站性能指标,数据可用率低于90%的站点10个,周跳比低于200的站点2个,多路径不达标站点2个。具体统计分析情况如图4-46和表4-41所示。

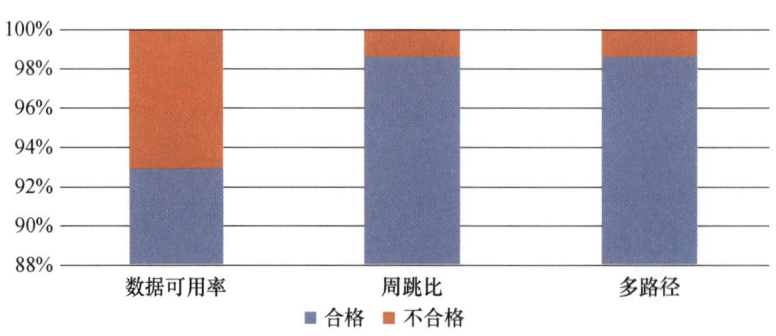

图4-46 增强站数据质量统计情况

表4-41 增强站站点数据质量分析统计表

序号	站点	数据可用率/%	周跳比	MP1	MP2	MP3
1	CHAB	98.39	2916.14	0.21	0.31	0.27
2	CHAL	98.54	3308.30	0.23	0.34	0.28
3	CHAZ	98.25	7089.48	0.14	0.18	0.23

续表

序号	站点	数据可用率/%	周跳比	MP1	MP2	MP3
4	CHBT	89.44	5538.76	0.33	0.37	0.25
5	CHCY	97.37	2361.71	0.13	0.17	0.17
6	CHCZ	97.56	2547.06	0.17	0.20	0.22
7	CHFH	98.29	2535.70	0.20	0.28	0.25
8	CHHC	98.04	2789.81	0.13	0.16	0.18
9	CHHJ	97.77	2822.28	0.25	0.32	0.35
10	CHHL	98.97	4553.78	0.18	0.25	0.22
11	CHHN	95.07	4812.76	0.25	0.29	0.18
12	CHHP	99.55	6011.90	0.17	0.23	0.17
13	CHJY	98.57	2339.76	0.20	0.26	0.21
14	CHKH	97.14	2038.85	0.24	0.27	0.30
15	CHLZ	92.88	2685.26	0.18	0.28	0.30
16	CHML	98.12	3723.37	0.21	0.34	0.25
17	CHPS	98.15	6634.57	0.16	0.20	0.27
18	CHQY	98.10	3741.74	0.17	0.20	0.24
19	CHRS	97.07	2966.02	0.20	0.21	0.25
20	CHSG	99.76	1402.68	0.11	0.18	0.14
21	CHSM	98.92	3475.65	0.12	0.17	0.18
22	CHSP	97.66	5867.97	0.17	0.18	0.26
23	CHSY	97.66	5867.97	0.17	0.18	0.26
24	CHTJ	94.56	8589.88	0.24	0.29	0.18
25	CHTS	99.02	2826.14	0.17	0.25	0.21
26	CHTZ	99.02	2826.14	0.17	0.25	0.21
27	CHXM	95.41	1435.21	0.16	0.19	0.24
28	CHYH	97.17	4125.24	0.15	0.20	0.23
29	CHZH	98.15	4608.12	0.20	0.20	0.20
30	CHZL	98.85	5672.75	0.16	0.22	0.28
31	DZAL	97.79	11380.17	0.12	0.17	0.19
32	DZAR	93.72	760.51	0.32	0.49	0.41
33	DZBC	97.40	2968.49	0.15	0.21	0.21

续表

序号	站点	数据可用率/%	周跳比	MP1	MP2	MP3
34	DZBF	97.40	2968.49	0.15	0.21	0.21
35	DZCD	96.14	1337.32	0.28	0.38	0.26
36	DZCU	88.21	383.57	0.41	0.60	0.49
37	DZCX	99.70	4022.38	0.21	0.30	0.22
38	DZCY	72.10	2289.18	0.22	0.32	0.26
39	DZCZ	94.25	1474.03	0.30	0.44	0.34
40	DZDL	94.25	1474.03	0.30	0.44	0.34
41	DZES	97.97	1744.62	0.21	0.23	0.24
42	DZGE	97.97	1744.62	0.21	0.23	0.24
43	DZHG	95.76	1848.90	0.23	0.36	0.27
44	DZHL	98.88	2327.72	0.19	0.29	0.27
45	DZJG	98.15	1977.24	0.17	0.26	0.22
46	DZJJ	93.45	11085.75	0.14	0.18	0.21
47	DZJL	96.56	2200.73	0.10	0.15	0.18
48	DZJM	95.30	1881.10	0.23	0.30	0.32
49	DZJX	98.31	6329.45	0.13	0.15	0.15
50	DZJY	94.57	2103.18	0.21	0.27	0.27
51	DZKE	98.18	5800.79	0.18	0.31	0.28
52	DZKR	97.25	2135.59	0.20	0.31	0.23
53	DZLY	98.38	2210.81	0.25	0.38	0.26
54	DZMD	99.11	3723.21	0.26	0.37	0.27
55	DZML	97.60	5655.15	0.17	0.25	0.30
56	DZMY	97.60	5655.15	0.17	0.25	0.30
57	DZQZ	96.15	1961.18	0.29	0.42	0.31
58	DZSC	97.67	4921.47	0.18	0.24	0.28
59	DZSH	94.01	1707.91	0.27	0.39	0.38
60	DZSS	99.65	5138.74	0.14	0.17	0.13
61	DZTQ	89.29	3863.60	0.13	0.17	0.20
62	DZTS	94.74	4850.70	0.25	0.26	0.16
63	DZWJ	98.22	4016.78	0.20	0.30	0.28

续表

序号	站点	数据可用率/%	周跳比	MP1	MP2	MP3
64	DZWL	66.98	597.50	0.19	0.30	0.27
65	DZWQ	95.24	3618.70	0.12	0.17	0.22
66	DZWS	95.24	3618.70	0.12	0.17	0.22
67	DZYA	98.37	3638.47	0.15	0.18	0.17
68	DZYC	98.35	7042.04	0.21	0.35	0.29
69	DZYS	99.33	3229.67	0.18	0.27	0.20
70	JTBH	98.97	2569.71	0.36	0.50	0.33
71	JTBT	99.74	2971.15	0.15	0.24	0.23
72	JTBY	98.96	4254.21	0.32	0.37	0.26
73	JTCB	88.91	3484.34	0.23	0.29	0.13
74	JTCJ	99.66	2343.55	0.36	0.40	0.26
75	JTCS	97.59	2738.96	0.27	0.34	0.20
76	JTDH	99.63	2201.33	0.10	0.13	0.11
77	JTFC	99.63	2201.33	0.10	0.13	0.11
78	JTLZ	98.51	4250.59	0.53	0.58	0.36
79	JTPT	97.59	3169.84	0.44	0.52	0.26
80	JTQH	97.59	3169.84	0.44	0.52	0.26
81	JTSY	97.01	808.11	0.44	0.52	0.38
82	JTSZ	96.32	2694.60	0.31	0.40	0.27
83	JTTZ	96.32	2694.60	0.31	0.40	0.27
84	JTYP	99.81	197.96	0.35	0.41	0.26
85	JTYW	99.78	5166.04	0.46	0.57	0.29
86	JTZH	99.78	5166.04	0.46	0.57	0.29
87	JYHT	99.37	4852.20	0.22	0.37	0.40
88	JYLH	87.94	7461.83	0.31	0.34	0.24
89	JYTY	87.94	7461.83	0.31	0.34	0.24
90	JYWZ	94.50	625.49	0.41	0.46	0.47
91	JYZB	97.65	2323.38	0.54	0.59	0.33
92	JYZJ	98.66	4562.52	0.24	0.33	0.25
93	JYZL	96.56	3499.73	0.13	0.15	0.16

续表

序号	站点	数据可用率/%	周跳比	MP1	MP2	MP3
94	QXAL	98.16	127.50	0.11	0.16	0.15
95	QXDA	98.33	4206.56	0.23	0.32	0.32
96	QXDD	98.29	5355.02	0.16	0.21	0.21
97	QXDH	98.42	4553.63	0.20	0.35	0.25
98	QXDW	98.25	370.69	0.10	0.15	0.13
99	QXDX	98.81	1517.42	0.15	0.20	0.16
100	QXDY	98.03	7052.99	0.15	0.20	0.24
101	QXDZ	98.36	3042.64	0.15	0.25	0.20
102	QXEL	98.19	4077.86	0.17	0.26	0.25
103	QXGY	98.36	795.62	0.15	0.17	0.17
104	QXGZ	98.36	795.62	0.15	0.17	0.17
105	QXHK	99.81	5759.75	0.43	0.50	0.26
106	QXJP	97.23	3422.79	0.17	0.22	0.23
107	QXJX	98.39	3409.32	0.12	0.15	0.15
108	QXLD	97.31	5757.01	0.14	0.18	0.31
109	QXMH	98.24	8165.24	0.17	0.22	0.23
110	QXMJ	97.81	3227.79	0.22	0.29	0.30
111	QXNC	98.40	2280.39	0.19	0.23	0.29
112	QXQS	98.44	1643.77	0.14	0.18	0.17
113	QXRL	97.93	500.95	0.14	0.18	0.19
114	QXSC	97.66	3167.37	0.18	0.21	0.24
115	QXSF	99.49	3187.89	0.15	0.19	0.18
116	QXSG	99.43	3373.67	0.15	0.21	0.17
117	QXSW	97.90	1459.73	0.35	0.45	0.35
118	QXSZ	95.64	2989.33	0.17	0.22	0.22
119	QXTH	96.00	1526.25	0.14	0.19	0.16
120	QXTT	88.00	3880.42	0.20	0.28	0.24
121	QXTZ	88.00	3880.42	0.20	0.28	0.24
122	QXWY	95.57	2098.35	0.30	0.38	0.43
123	QXXC	97.90	1863.53	0.18	0.25	0.25

续表

序号	站点	数据可用率/%	周跳比	MP1	MP2	MP3
124	QXXP	97.90	1863.53	0.18	0.25	0.25
125	QXYL	99.55	2576.65	0.13	0.19	0.17
126	QXYX	98.41	6224.44	0.11	0.14	0.17
127	QXZY	97.58	3012.17	0.17	0.25	0.26
128	ZKCD	98.30	4202.99	0.16	0.23	0.26
129	ZKEL	98.28	5983.29	0.15	0.22	0.24
130	ZKFY	94.63	858.14	0.21	0.28	0.28
131	ZKGL	94.63	858.14	0.21	0.28	0.28
132	ZKJA	95.14	1381.95	0.18	0.22	0.24
133	ZKKS	97.21	558.63	0.21	0.34	0.26
134	ZKQD	97.79	1887.94	0.15	0.23	0.23
135	ZKSQ	98.35	9092.20	0.21	0.25	0.29
136	ZKSY	98.35	9092.20	0.21	0.25	0.29
137	ZKXM	97.66	2762.22	0.14	0.19	0.21
138	ZKYC	97.68	5102.31	0.20	0.26	0.27
139	ZKYS	98.20	4269.91	0.22	0.25	0.29

4.10.4 增强站观测墩稳定性情况

北斗地基增强系统框架网增强站以基岩、土层为主,区域网增强站以侧墙标和屋顶墩为主,1200多个区域网增强站在2016年4月至2017年7月期间的沉降情况见图4-47。部分沉降比较大的增强站位于地质环境较不稳定的区域,该区域由于地下水过度利用导致水平面下降严重。

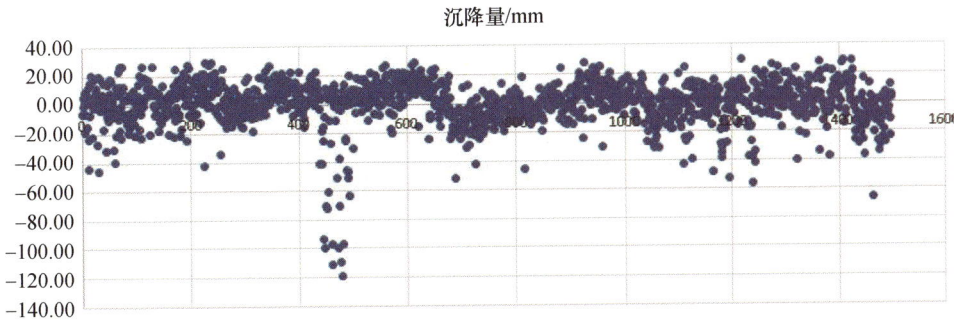

图4-47 区域网增强站沉降情况

从2016年4月至2017年7月底,水平偏移量在±7mm以内、沉降量在±40mm的站点比例为97.5%,最大沉降量为-119.40mm。对沉降大于30mm的站点采取了换址建设,同时采用对站网增强站坐标进行定期校正,确保了系统服务精度水平。

4.11 主要的技术创新点

4.11.1 实现了增强站建设全国一张网

目前,国内各行业和区域都开展了CORS系统(主要是GPS)的建设。但由于条块分割,导致建设目的不同,服务客户不同,执行标准不同,管理部门不同,因此,缺乏数据资源和服务共享的基础,客观上造成了重复建设和资源浪费,并且这种局面还在进一步发展,从整体上不利于北斗卫星导航系统和产业的发展,也带来国家高精度位置信息安全的隐患。

通过北斗地基增强系统增强站的建设,建立了增强站建设、运行、服务与维护的相关标准规范,设计和建设了分布全国的框架网增强站和区域加密网增强站,打破了增强站数据行业、属地条块分割,为增强站数据共享和资源交换奠定基础,推动北斗产业大众应用和行业应用的快速发展。

2013年,中国卫星导航系统管理办公室正式启动"北斗应用推广示范工程",并且相关领导人在工作会议上对国家北斗地基增强系统的建设工作进行介绍。由此可见,北斗地基增强系统已得到国家重视,因此大力开展我国北斗地基增强系统的建设工作势在必行。现阶段,我国已成立了北斗地基增强系统建设的相关研究组和专家组,旨在为我国北斗地基增强系统的持续发展奠定基础。示范加密网参考站主要包括数据处理中心以及备份数据处理中心,通过示范参考站的建立使得交通和测绘领域实现广域、区域辅助增强一体化,此通过对示范加密参考站的建设,为厘米级定位服务系统提供全方位的建设标准。四川省是我国北斗地基增强系统建设较早的地区之一,该区域的北斗地基增强系统兼容GPS和GLONASS,并能实现卫星导航的厘米级定位。除此之外,四川北斗地基增强系统包括1个数据中心与多个示范参考站。江苏北斗地基增强系统建设是我国最早完成并通过验收的地基增强站点之一。与四川省站点不同的是,江苏北斗地基增强系统是以传统站点为基础,对已有GPS基准站点进行适当改革与创新,建立起84个北斗地面连续运行基准站,截至2018年12月,江苏省南京市已经完成了6个北斗地基增强系统的建设工程并顺利通过考核与审查。江苏北斗地基增强系统建设完成后,深圳地基增强系统的建设随之启动,深圳市北斗地基增强系统以原有CORS基础站为基础,并在此基础上扩大卫星导航覆盖范围,并根据实际情况增设新基准站,新旧基准站之间可实现数据共享,在扩大卫星导航覆盖范围之后,能有效增多观测卫星数量,从而提升差分数据服务质量。通过国家和政府的沟通交流和协调机制的建立,深圳市北斗地基增强系统能为覆盖区域提供厘米级定位导航。

差分北斗卫星导航地面增强示范系统能实现卫星导航的高精度定位,该示范系统精度甚至可达亚米级,"差分北斗卫星导航系统基准站"的建立无疑是当前我国卫星导航领域的一大创举,且促进了我国北斗地基增强系统的持续发展[3]。

4.11.2 实现了国产高精度增强站接收机大规模使用

通过国产高精度增强站接收机性能保障技术,使国产高精度增强站接收机的整体性能有了较大的提高,和国外同类产品的差距进一步缩小,实现了国产高精度增强站接收机在全球最大的地基增强系统中的大规模使用。确保了我国关键行业和应用领域高精度位置数据的安全可控,从根本上保障高精度位置应用的信息安全。

现阶段北斗接收机已开始面向全球开启服务。2018年,印度尼西亚国土资源部利用基于北斗的高精度GNSS接收机,开展土地确权项目,包括印度尼西亚国土、公路、铁路、水利工程的勘测和施工。该应用使用基于北斗的高精度GNSS接收机1046台,得到印度尼西亚国土资源部的高度赞扬和认可。后续,还将为印度尼西亚基础设施建设与测绘工作提供重要支撑。

2016年,基于北斗/GNSS的无人机在柬埔寨得以应用。该应用作业范围广、成图效率高,为柬埔寨政府部门综合规划、国土整治监控、基础设施建设、生态环境监控等提供了完整的基础信息资料,为柬埔寨政府部门进行科学决策提供了依据。此外,北斗系统还应用于柬埔寨测绘测量、机械控制、GIS数据采集等,已成为政府基础设施建设不可或缺的一项重要技术手段。

北斗/GNSS高精度接收机于2015年开始进入非洲市场,以其可靠、稳定的性能服务,深受非洲客户的信赖。乌干达国土测绘部门已经利用北斗/GNSS高精度接收机建成15座基准站,覆盖了其国内主要的城镇、经济文化中心,其所提供的高精度位置服务不仅可以满足乌干达国土测绘需求,还拓展到水利、交通、农业、林业等多个领域。

2013年开始,北斗/GNSS接收机应用于缅甸各地农业数据采集统计、土地管理,获得缅甸官员和专业测量人员的认可,是北斗高精度产品在缅甸等东南亚国家首次批量应用。基于北斗/GNSS的桩机智能引导控制系统应用于马尔代夫阿拉赫岛高精度打桩项目。该系统具有全天候、高精度、易管理等优势。通过软件系统操控和实时处理和显示,可大幅减少现场测量人员的数量,减轻现场作业人员的劳动强度。该系统可为用户实时定位作业提供切实可行的解决方案,真正做到无需预先作业,还可缩短施工工期,节省施工成本,实现海上打桩智能化监控、可视化作业、高精度施工。

基于北斗的静音打桩系统在新加坡应用。该系统可进行桩点管理,作业人员只需要眼盯屏幕,根据导航提示进行左右移动,自动导航至桩点,配合液压打桩机使用,可快速找到钻点位置,每个打桩点的精度都达到厘米级,减少了打桩误差。该系统大幅提高了钻机的钻孔速度,节约了油料,减少了安全隐患,同时有效减少了当地的噪声污染,提高了工作效率,具有广阔的应用前景。

泰国邮政和电子商务平台项目应用北斗导航服务开发了物流管理服务系统以及物流综合终端,与仓库管理系统、企业资源计划系统配合使用,帮助客户解决内场的收发信息记录,以及场外派送环节的信息实时获取和上传下载,并为快递人员提供扫码管理、路线追踪、定位和导航服务,深受客户欢迎[4]。

参考文献

[1] 熊竹林. 抗干扰卫星导航接收机关键技术研究[D]. 北京:北京理工大学,2016.

[2] 秘金钟. 全球导航卫星系统增强系统监测站的自主完备性监测方法:200910088185.5[P]. 2012-10-24.

[3] 李宁. 北斗地基增强系统建设及应用研究[J]. 科学技术创新,2018(17):5-8.

[4] 邹维荣,韩阜业,弥向阳. 大写的赞！看看北斗的这些海外应用[EB/OL]. (2018-12-28)[2019-10-01]. https://baijiahao.baidu.com/s?id=1621094968957345254&wfr=spider&for=pc.

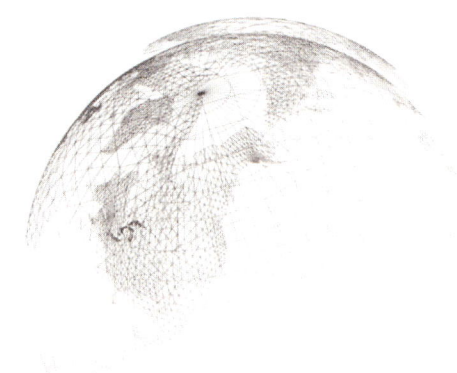

第 5 章

通信网络系统

北斗地基增强系统是一个分布式信息系统,通过北斗地基增强系统的通信网络系统(以下简称"通信网络系统")将北斗导航增强站、国家数据综合处理系统、数据备份系统、行业数据处理系统、区域数据处理系统、位置服务运营平台、数据播发系统等连接成为一个互联互通、有序运行、实时服务的整体。通信网络系统传输北斗地基增强系统的数据包括北斗导航增强站数据(导航卫星、框架网北斗导航增强站的原子钟和气象仪、各设备工作状态和控制数据)、国家数据综合处理系统解算差分(或增强)数据、系统之间的交互数据、系统服务数据等。

5.1 系统组成

通信网络系统主要由连接北斗导航增强站到国家数据综合处理系统和数据备份系统、行业数据处理系统、区域数据处理系统、位置服务运营平台、其他北斗导航增强站数据系统、数据产品播发系统等之间数据传输链路、路由器、监控设备、防火墙等相关设备组成,通信网络系统组成示意图如图 5-1 所示。

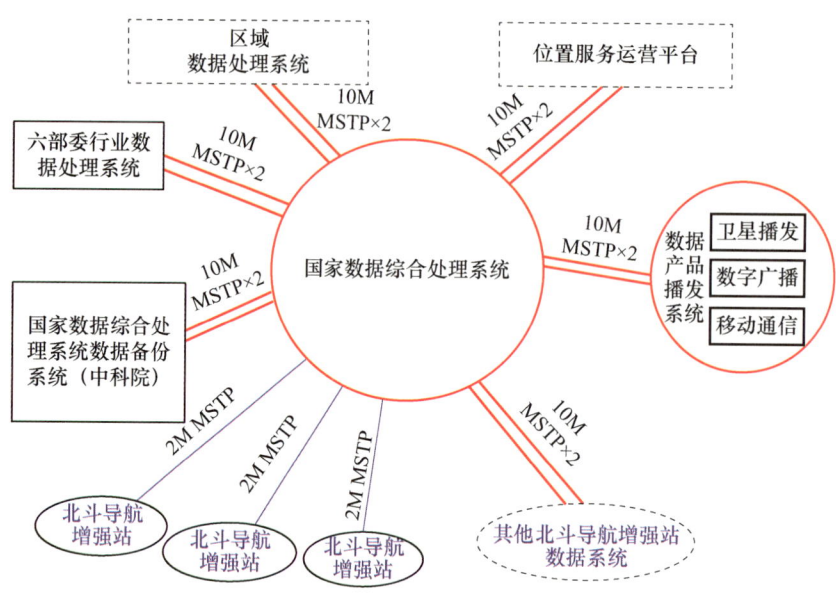

图 5-1 通信网络系统组成示意图

传输链路连接两个或多个规定的路由器,实现在其中的数据双向传输。传输链路采用多业务服务传输平台（Multi-Service Transfer Platform,MSTP）。路由器以最佳路径、按时间序列在各系统之间连续发送数据。网络配置与监控设备配置通信网络的工作状态并对其进行监测,有情况及时报警。防火墙为通信网络系统提供基本的数据安全。

5.2 主要功能

通信网络系统主要功能如下：

5.2.1 数据传输

能够从遍布全国的北斗导航增强站到国家数据综合处理系统和数据备份系统、行业数据处理系统、区域数据处理系统、位置服务运营平台、其他北斗导航增强站数据系统、数据产品播发系统之间进行可控的互联、互通,能够连续、稳定和可靠地传输数据,其传输链路带宽能根据所传输的数据量进行扩展。

1. 北斗导航增强站至国家数据综合处理中心的通信

在北斗地基增强系统数据通信中,原始观测数据通过 MSTP 专线实时传输至数据中心,数据中心实时处理数据。用户设备将自身的 NMEA0183 数据通过 3G、GPRS 或其他无线网络通信技术发送至数据中心,数据中心生成用户的 RTCM、CMR 或其他差分改正信息,并根据 NTRIP 协议通过 3G 等无线网络通信技术发送至用户设备。

北斗导航增强站到国家数据综合处理系统通信用到 TCP/IP 和 RS232 两种接入模式。增强站与国家数据综合处理中心的通信,常采用互联网(TCP/IP 接入)、多串口卡(RS232 接入)或两者混合接入的模式将原始数据传送至数据中心。

1) TCP/IP 接入模式

在 TCP/IP 接入模式下,增强站与国家数据综合处理中心采用互联网通信时,以 TCP/IP 协议为基础。数据中心对应每个增强站都有相应的 IP 端口,参考站根据此端口向数据中心发送请求,数据中心会接收连接并开始向增强站发送数据。同时,数据中心需要实时开放并监听此端口,以保障 CORS 系统通信链路的畅通与连续。

2) RS232 接入模式

在 RS232 接入模式下,增强站与国家数据综合处理中心均配置调制解调器,接收机原始观测数据通过 RS232 线发送到增强站的调制解调器,国家数据综合处理中心的调制解调器通过 SDH 专线接收数据并传输至多串口卡,然后通过多串口卡将各增强站的数据传输至数据中心。

2. 国家数据综合处理中心至用户设备的通信

国家数据综合处理系统至行业数据处理系统、区域数据处理系统、位置服务运营平台的数据传输即为数据中心到用户设备的通信。用户设备通常由 GNSS 接收机、移动电话或 PDA 组成。用户设备获取自身 NMEA0183 信息,通过 3G 等技术发送到数据中心。然后数据中心针对用户的 NMEA0183 信息生成差分改正信息,并根据数据中心与用户设备的网络传输通信协议(NTRIP 协议)通过 3G 等技术发送到用户设备。

数据中心与用户设备的数据交互主要依靠 3G 或 GPRS 技术。GPRS 即通用分组无线服务技术,它通过利用 GSM 网络中未使用的时分多址(TDMA)信道,提供中速的数据传递。其最佳状态下理论最大传输速率为 171.2Kbps。随着移动通信技术的发展,目前使用较多的是 3G,其下行理论峰值可达 3.6Mbps,上行理论峰值可达 384Kbps,而且 3G 相对于 GPRS 覆盖范围广,因此得到了广泛普及。但在实际应用中,移动通信技术却是一个制约北斗地基增强系统发展的重要因素。

3. 与数据产品播发系统间的通信

北斗地基增强系统基于移动通信网播发可采用移动通信播发平台双向通信模式和移动通信模式播发平台单向通信模式。移动通信播发平台双向通信模式采用"请求—响应"交互的方式,即用户向移动通信播发平台发起差分数据产品请求,移动通信播发平台向用户发送差分数据产品,此时移动通信网作为数据传输通道。移动通信播发平台单向通信模式中移动通信播发平台将差分数据产品分发至移动通信网中的服务移动位置中心(E – SMLC),用户与 E – SMLC 进行交互以获取差分数据产品。

北斗地基增强系统基于移动通信网播发的数据产品包括:

(1)广域增强数据产品:包括 BDS 广域增强电文组、GLONASS 广域增强电文组、GPS 广域增强电文组、电离层改正电文组等,主要用于广域增强定位服务,定位精度为米级和亚米级。

（2）区域差分数据产品：包括 BDS 区域 RTK 电文组、GLONASS 区域 RTK 电文组、GPS 区域 RTK 电组、区域 RTK 基准站及天线电文组、区域 RTD 电文组、多信号电文组等，主要用于区域差分定位服务，定位精度为米级和厘米级。

（3）GNSS 辅助定位数据产品：主要用于提供 GNSS 辅助定位服务，减少用户首次定位时间。

广域增强电文用于移动通信、数字广播和卫星播发，区域 RTD 电文、区域 RTK 电文用于移动通信播发。

4. NMEA0183 协议

NMEA 是"National Marine Electronics Association"（国际海洋电子协会）的缩写，同时也是数据传输标准工业协会。该协会定制的 GNSS 数据格式是 NMEA0183 数据格式，它是一套定义接收机输出的标准信息，有几种不同的格式，每种都是独立相关的 ASCⅡ 格式，逗点隔开数据流，数据流长度从 30~100 字符不等，通常以每秒间隔选择输出。最常用的是"GGA"，它包含了定位时间、纬度、经度、高度、定位所用的卫星数、DOP 值、差分状态和校正时段等，还有速度、跟踪、日期等。NMEA0183 协议是 GNSS 接收机应当遵守的标准规范，也是使用最广泛的协议，大多数 GNSS 接收机、数据处理软件都兼容此协议。NMEA0183 的串口通信协议是：1 个起始位，1 个停止位，8 个数据位，无奇偶校验位，默认波特率为 4800。NMEA0183 格式主要针对民用定位导航设备，通过该格式可以实现 GNSS 接收机与 PC 或 PDA 之间的数据交换，可以通过 USB 和 COM 口等通用数据接口进行数据传输，其兼容性高，数据传输稳定。NMEA0183 格式的关键字含义如表 5-1 所列。

表 5-1　NMEA0183 关键字定义

符号（ASCⅡ）	定义
"$"	语句起始位
aaccc	地址域，前两位为识别符，后三位为语句名
","	域分隔符
ddd...ddd	发送的数据内容
"*"	效验和符号，后面的两位数是效验和
hh	效验和
\<CR\>/\<LF\>	终止符，回车或换行

随着卫星系统的增加，每个系统的报文头都不一样，比如，GP 代表 GPS，BD 代表北斗卫星，GL 代表 GLONASS，GN 代表多系统的卫星。对于 GNSS 接收机，常用到的语句如表 5-2 所列。

表 5-2　NMEA0183 常用语句

语句	说明
$XXGGA	GNSS 定位信息
$XXGSA	卫星 DOP 值信息

续表

语句	说明
＄XXGSV	可见卫星信息
＄XXALM	卫星星历信息
＄XXRMC	推荐定位信息
＄XXGLL	大地坐标信息
＄XXZDA	UTC 时间信息

用户设备向国家数据综合处理中心发送 NMEA0183 中的 ＄XXGGA 语句，数据中心根据 ＄XXGGA 中用户的概略位置，生成差分信息。＄XXGGA 主要包含了时间、经纬度、定位质量、海拔高度、高程异常等信息。标准格式为

＄XXGGA <1>，<2>，<3>，<4>，<5>，<6>，<7>，<8>，<9>，M，<10>，M，<11>，<12> ＊hh <CR> <LF>

其中每个字段的含义和取值范围如表 5-3 所列。

表 5-3　各字段含义和取值范围

字段	含义	取值范围
<1>	UTC 时间，hhmmss（时时分分秒秒）	000000.00 ~ 235959.99
<2>	纬度，ddmm.mmmm（度分）	000.00000 ~ 8959.9999
<3>	纬度半球，N（北纬）或 S（南纬）	—
<4>	经度，dddmm.mmmm（度分）	00000.0000 ~ 17959.9999
<5>	经度半球，E（东经）或 W（西经）	—
<6>	卫星系统状态	0 ~ 8
<7>	正在使用解算位置的卫星数量	00 ~ 12
<8>	HDOP 水平精度因子	0.500 ~ 99.000
<9>	海拔高度	-9999.9 ~ 99999.9
M	单位，m	—
<10>	高程异常	-9999.9 ~ 99999.9
<11>	差分时间（从最近一次接收到差分信号开始的秒数）	如果不是差分定位将为空
<12>	增强站 ID 号	0000 ~ 1023

表中，字段 <6> 卫星系统状态的取值范围各数字含义为：0 代表未定位；1 代表单点定位；2 代表差分定位；3 代表 PPS 解；4 代表 RTK 固定解；5 代表 RTK 浮点解；6 代表估计值；7 代表手动输入模式；8 代表模拟模式。

5. NTRIP 协议

NTRIP（Networked Transport of RTCM via Internet Protocol）协议是网络 RTK 数据通信的国际标准协议，该协议是为了 GNSS 在互联网上提供数据流而制定的，是由德国联邦制图与大地测量局发起并经过 RTCM 委员会认证后公开使用的一种差分数据传输协议。它是基于 HTTP/RTSP 的一种公开性通用协议，支持实时数据流的网络传输，在无线互联网技术支持下，可实现向固定用户或移

动用户传输差分改正数据及其他各种 GNSS 数据流。通过使用 NTRIP 协议,用户可以通过各类型的接收设备(如 PC 机、笔记本、手机、PDA、传统 GNSS 接收机等)接入互联网后,获取需要的高精度定位和定时服务。NTRIP 协议 1.0 版本自推出以来一直被人们广泛使用,至 2011 年该协议更新了 2.0 版本,新版本中 NTRIP 协议完全兼容超文本传输协议,信息格式有所更改,增加了一些新功能,对 1.0 版本进行了多项修正,使差分改正数据的传输更为可靠、安全、高效。

NTRIP 协议是基于 HTTP 协议进行差分数据传输的应用层协议。因此,数据流的传输要靠 TCP 链接来实现。所有的 RTK 数据格式(RTCM、CMR、CMR + 、NCT 等)都能被传输,NTRIP 协议还支持 BINEX、SP3、RINEX、RAW、SAPOS – Adv 等数据格式。NTRIP 由 NtripClient(客户端)三部分组成。NTRIP 系统的组成如图 5 – 2 所示。

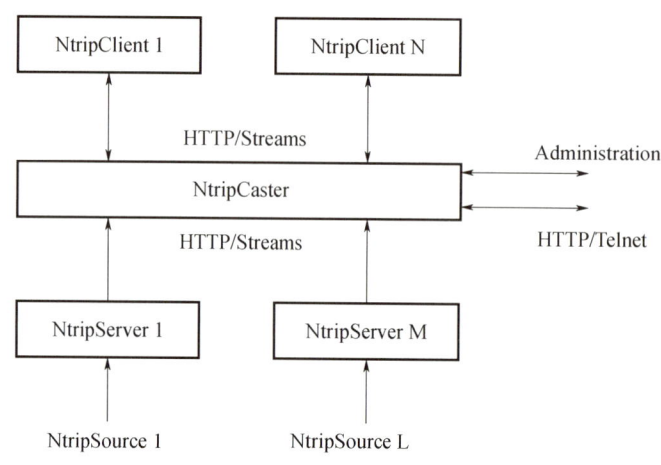

图 5 – 2 NTRIP 系统组成

NtripSource 来产生 GPS 差分数据,并把差分数据提交给 NtripServer;NtripServer 则把 GPS 差分数据提交给 NtripCaster;NtripCaster 差分数据中心负责接收、发送差分数据;NtripClient 登录 NtripCaster 后,NtripCaster 把差分数据发送给它。流程如下:

① NtripClient 将自身挂载点发送给 NtripCaster。

② NtripCaster 对收到请求信息进行认证。认证成功,NtripCaster 记录 NtripClient 的 IP 地址,并发送 NtripCaster 中的源表信息(source table)到 NtripClient。

③ NtripClient 收到源表信息后,选择合适的挂载点,再向 NtripCaster 发送请求。

④ NtripCaster 收到请求,并根据 NtripClient 的挂载点为其选择符合要求的 NtripServer,NtripServer 要求 NtripSource 生成相应的差分信息。

⑤ NtripCaster 将相应的差分信息发送给 NtripClient,以实现 NtripClient 所需的服务。

NTRIP 是一个应用层协议,用户通过互联网连接到数据中心。北斗地基增强系统采用 NTRIP 协议有以下优点:

(1) NTRIP 是一个公开的、非私有的协议,所以有的程序、软件只要按照 NTRIP 协议的规定,便可进行数据传输。

(2) NTRIP 协议不仅适用差分数据的传输,也支持其他 GNSS 产品数据。

（3）在安全性方面,数据提供商和用户之间不直接通信,减少了数据中心服务器被攻击的可能性,同时数据流也不易被本地防火墙代理服务器屏蔽。

（4）用户需要使用用户名和密码登录到数据中心,方便实现对用户权限的管理。

（5）NTRIP 协议支持多用户同时访问数据中心,数据中心可以为用户提供多种数据流服务。

6. RTCM 数据

国家数据综合处理中心计算出用户的差分信息后,需要对差分信息进行编码,然后形成二进制数据流,按照 NTRIP 协议发送到用户设备。在所有的 GNSS 差分改正数据中,RTCM 数据是最常用的。RTCM 数据是由国际海运事业无线电技术委员会设立的 SC-104 专门委员会制定的,由一系列二进制编码数据流组成。RTCM3.2 采用了 OSI(Open System Internet)模型进行定义,包含应用层、表达层、传输层、数据链路层以及物理层,其中表达层和传输层对编码、解码最重要。表达层定义了差分的具体协议和电文格式,其数据架构包括数据字段和消息类型。RTCM3.2 的制定和修正不仅弥补了之前版本中的缺陷,还增加和扩展了多种网络 RTK 信息,尤其是 MSM 电文组可以对北斗系统提供支持,这对北斗高精度差分定位服务有着重要的意义。RTCM3.2 具体的信息类型如表 5-4 所列。

表 5-4 RTCM3.2 信息类型

组名	信息内容	电文类型
观测量	GPS L1	1001
	—	1002
	GPS L1/L2	1003
	—	1004
	GLONASS L1	1009
	—	1010
	GLONASS L1/L2	1011
	—	1012
	GPS MSMs	1071-1077
	GLONASS MSMs	1081-1087
	Galileo MSMs	1091-1097
	BDS	1121-1127
测站坐标	—	1005 1006 1032
天线描述	—	1007 1008
接收机与天线描述	—	1033

续表

组名	信息内容	电文类型
网络 RTK 改正	网络辅助测站数据信息	1014
	GPS 电离层差分改正	1015
	GPS 几何差分改正	1016
	GPS 几何、电离层联合差分改正	1017
	GPS 网络 RTK 残差信息	1030
	GLONASS 网络 RTK 残差信息	1031
	GPS 网络 FKP 梯度信息	1034
	GLONASS 网络 FKP 梯度信息	1035
	GLONASS 电离层差分改正	1037
	GLONASS 几何差分改正	1038
	GLONASS 几何、电离层 差分改正	1039
辅助操作信息	系统参数	1013
	卫星星历数据	1019
	Unicode 文本字符串	1029
	GLONASS 偏差信息	1230
变换参数信息	Helmet/Abridged Molodenski 转换信息	1021
	Molodenski-Badekas 转换信息	1022
	表示残余信息	1023 1024
	投影参数信息	1025 1026
状态空间差分参数	GPS 轨道改正	1057
	GPS 时钟改正	1058
	GPS 码偏差	1059
	GPS 轨道与时钟组合	1060
	GPS 用户测距精度(URA)	1061
	GPS 高频时钟改正	1062
	GLONASS 轨道改正	1063
	GLONASS 时钟改正	1064
	GLONASS 码偏差	1065
	GLONASS 轨道与时钟组合	1066
	GLONASS 用户测距精度(URA)	1067
	GLONASS 高频时钟改正	1068
专有信息	—	4001 – 4087

传输层定义了发送或接收 RTCM3.2 的信息框架结构,这一层主要是为了用户对数据进行解码,其框架结构如表 5-5 所列。引导字即数据头,是固定的,用于判断二进制数据流起始位置;保留字未被定义,设为"000000";消息长度是指可变长度数据信息的具体字节数,用于截取信息内容;CRC 校验用于判断接收数据是否正确。

表 5-5 RTCM3.2 信息框架结构

内容	长度/bit	字段内容
引导字	8	11010011(0Xd3)
保留字	6	未定义,设为000000
消息长度	10	以字节为单位的消息长度
变长数据信息	0~1023	具体类型的信息内容
CRC 校验	24	由上面4个消息唯一生成

RCTM3.2 中新增的 MSM 电文组的卫星数据描述了卫星到测站概率距离的信息,排列顺序按照电文头中定义的卫星标志组。不同 MSM 电文组包含的信息不同。MSM 电文组的信号数据是以 cell 为单位进行排列,它的排列顺序根据 GNSS cell 标志组(Masks)排列。GNSS cell 标志组是一个存放的卫星标志组中第一颗观测卫星各信号的标志,以此类推。因此它的大小 N_{cell} 是由卫星和信号的个数来决定的,$N_{cell} = N_{sat} * N_{sig}$($N_{sat}$ 是卫星个数,N_{sig} 是信号个数)。

5.2.2 网络配置与监控

能够对通信网络系统中所有类型的设备进行统一配置,制定和实施统一的安全策略,能够统一监控线路、设备及其运行状况。在卫星通信期间,开放式最短路径优先(Open Shortest Path First,OSPF)路由协议由于占用网络资源少、支持大型网络等特点在整体卫星通信路由协议中占据着非常重要的地位,因此通信网络中对外使用 OSPF 协议发布路由信息。OSPF 是一种典型的链路状态(Link-state)的路由协议,一般用于同一个路由域内。在这里,路由域是指一个自治系统(Autonomous System),即 AS,它是指一组通过统一的路由政策或路由协议互相交换路由信息的网络。OSPF 协议是在互联网 TCP/IP 协议的基础上,通过内部网络路由协议的设置,保障相关卫星通信各站点间应急通信业务顺利进行的卫星网络。OSPF 路由协议下的卫星通信主要是对不同骨干区域站点将连接方式进行合理划分,主要为广播型拓扑形式。OSPF 的报文类型一共有 5 种[2]:

(1) HELLO 报文(Hello Packet):最常用的一种报文,周期性地发送给本路由器的邻居。内容包括一些定时器的数值、DR、BDR,以及自己已知的邻居。

(2) DD 报文(Database Description Packet):两台路由器进行数据库同步时,用 DD 报文来描述自己的 LSDB,内容包括 LSDB 中每一条 LSA 的摘要(摘要是指 LSA 的 HEAD),通过该 HEAD 可以唯一标识一条 LSA)。这样做是为了减少路由器之间传递信息的量,因为 LSA 的 HEAD 只占一条 LSA 整个数据量的一小部分,根据 HEAD,对端路由器就可以判断出是否已有这条 LSA。

（3）LSR 报文（Link State Request Packet）：两台路由器互相交换过 DD 报文之后，知道对端的路由器有哪些 LSA 是本地 LSDB 所缺少的或是对端更新的 LSA，这时需要发送 LSR 报文向对方请求所需的 LSA。内容包括所需要的 LSA 的摘要。

（4）LSU 报文（Link State Update Packet）：用来向对端路由器发送所需要的 LSA，内容是多条 LSA（全部内容）的集合。

（5）LSAck 报文（Link State Acknowledgment Packet）：用来对接收到的 LSU 报文进行确认。内容是需要确认的 LSA 的 HEAD（一个报文可对多个 LSA 进行确认）。

5.2.3 数据安全

采用通信专网传输数据，路由器配置防火墙提供基本安全防护措施。构建光纤局域网的数据内网及基于互联网光纤的发播专网，数据内网与发播专网间采用硬件防火墙技术及端口影射技术，确保信息安全。

北斗数据安全方案主要从 4 个方面入手：地面控制中心、芯片制造商、终端用户与卫星。地面控制中心负责向芯片制造商颁发制造商标识符，维护加密签名所用的公私密钥，并且计算位置数据。芯片制造商则为终端用户提供特殊的芯片以及配套的软件系统。而卫星则负责在终端用户和地面控制中心转发数据。

芯片制造商首先必须要在地面控制中心注册，地面控制中心为每一个合法的芯片制造商生成一个制造商标识符 M_ID 和一对制造商密钥（公钥 M_PUBKEY 与私钥 M_PRIVKEY），并使用数据库记录在案，授予芯片制造商制造芯片的许可。芯片制造商为每一个终端用户生产芯片和开发配套的软件系统。芯片中嵌入了芯片制造商标识符 M_ID、制造商公钥 M_PUBKEY 与芯片标识符 HW_ID，同时芯片制造商会将每个芯片标识符 HW_ID 上报给地面控制中心，地面控制中心则将其保存在数据库中。软件系统可为每次卫星数据传输会话生成会话密钥 KEY。

终端用户便可以使用含有芯片和软件系统的终端设备与北斗卫星通信，北斗卫星进而将数据转发给地面控制中心，地面控制中心则将计算好的位置数据经北斗卫星转发给终端用户。在首次会话中，终端用户向卫星发送服务请求，这个服务请求包含 M_ID 与利用 M_PUBKEY 加密的 HW_ID，即 M_ID + M_PUBKEY(HW_ID)。北斗卫星向地面控制中心转发这个服务请求。地面控制中心利用 M_ID 在数据库中查询到相应的 M_PRIVKEY，然后使用这个 M_PRIVKEY 来解密得到 HW_ID，再检验 HW_ID 是否有效。接着地面控制中心会响应该服务请求，使用 HW_ID 来加密自己的响应信息 OK 和签名，经卫星转发给终端用户，告诉用户已接受该服务请求。

地面控制中心与终端用户协商一致之后，共同知晓了 HW_ID 的存在。用户终端设备的软件系统开始为每次数据传输会话生成会话密钥 KEY，并用这个 KEY 来加密每次要传输的数据，而使用 HW_ID 作为密钥来加密会话密钥 KEY，即用户每次传输的数据为 HW_ID(KEY) + KEY(DATA)。卫星则依旧按照既定方式将这个加密信息转发给地面控制中心。

地面控制中心先是使用 HW_ID 来解密会话密钥 KEY，然后再利用 KEY 来解密用户数据。根据这个解密得来的用户数据，经过一系列的计算后，地面控制中心得到用户的三维位置信息，再使用会话密钥 KEY 来加密位置信息，并使用私钥 M_PRIVKEY 添加签名，即 KEY(DATA) + M_

PRIVKEY(Signature)。这些加解密措施将会保证数据的保密通信服务。最后,地面控制中心将签名和加密后的位置信息发送出去,经卫星转发给终端用户之后,用户首先可以利用芯片中的 M_PUBKEY 来验证签名,证实数据的来源是可靠的,接着可以使用会话密钥 KEY 来解密并阅读位置信息。这是在利用公私密钥系统来为卫星数据传输网络提供签名服务,即保证了数据的来源认证服务。

在北斗数据安全方案中,位置数据是通过 KEY 这个对称密钥来加密传输的,这样既保证了数据的安全性,又不至于因解密造成严重的延时效用。而每次会话前通过公私密钥系统来传递 HW_ID,然后再通过 HW_ID 来加密会话密钥 KEY,这样既可以方便验证用户的身份,又可以保证会话密钥的安全性。[3]

5.3 通信网络系统技术

北斗地基增强系统需要利用通信网络接收分布在全国各地的北斗基准站接收的卫星导航信号,同时也利用通信网络系统将数据综合处理系统处理产生的北斗导航卫星的精密轨道和钟差、电离层修正参数、对流层改正、后处理数据产品等相关改正信息传输到发射平台进行转发供用户使用,故数据通信系统是实现北斗地基增强系统功能不可或缺的重要组成部分。网络通信系统在北斗地基增强系统中主要负责参考站、数据中心和用户设备之间的数据传输、通信。为了保障北斗地基增强系统为用户提供畅通、安全、可靠的服务,要求北斗地基增强系统具有大容量、高速率、低误码率的数据传输能力。

在北斗地基增强系统建设安排中,北斗地基参考站会将分布于全国各地的接收机接收到的原始观测数据通过 SDH 专线实时地传输至综合数据中心,数据中心实时处理各参考站数据。用户也会将自己的 NMEA0183 数据通过 4G/3G、GPRS 或其他无限网络通信技术发送到数据处理中心生成用户需要的 RTCM、CMR 或者其他的差分改正信息,并将用户需要的数据根据 NTRIP 协议通过 3G/4G 等无限网络技术发送至用户设备供用户使用。

根据上述讨论可知北斗地基增强系统通信网络系统的通信服务主要分为两类:第一类是由参考站到数据中心;第二类为数据中心回传至参考站。

5.3.1 地面参考站-数据中心通信

在北斗地基增强系统中,数据由地面参考站传输到数据中心的过程中,要求通信系统传输总时延小于 500ms,误码率小于 10^{-8},系统总体可靠性大于 99%,故在通信网络构建中选择采取同步数据体系(SDH)专线通信。在地面参考站端要求通信带宽不低于 64Kbps,数据中心端则不低于 $N \times 64$Kbps(N 为北斗地面参考站数量),北斗导航增强站网络带宽最低为 2Mbps。地面参考站与数据中心的通信采用互联网(TCP/IP 接入)、多串口卡(RS232 接入)或两者混合接入模式将原始数据传送至数据中心,以供数据中心分析使用。

1. TCP/IP 接入模式

在 TCP/IP 接入模式下,北斗地面参考站与数据综合处理中心在采用互联网通信时,是以 TCP/IP 协议为基础。数据综合处理中心会为每个地面参考站分配一个唯一的 IP 端口,参考站便会据此端口向数据中心发送相应的服务申请,数据中心会接收连接并开始向参考站发送数据。同时数据综合处理中心需要实时开放并监测此端口的数据质量,以保障 CORS 系统通信链路的畅通与连续。

2. RS232 接入模式

在 RS232 接入模式之下,北斗地面参考站与数据综合处理中心均配置调制解调器,北斗地面接收机原始观测数据通过 RS232 线发送到参考站的调制解调器,综合处理中心的调制解调器通过 SDH 专线接收数据并将数据传输至多串口卡,然后通过多串口卡将各参考站的数据传输至数据中心。

5.3.2 数据中心-用户设备通信

用户设备通常由 GNSS 接收机设备、用户端移动电话设备或 PDA 组成。用户设备可以获取自身 NMEA0183 信息,然后通过 3G 等通信技术发送到数据中心,之后数据综合处理中心根据接收到的原始数据,针对用户的 NMEA0183 信息生成差分改正信息,并根据数据中心与用户端设备的网络传输通信协议(NTRIP 协议)通过 3G 等技术发送到用户设备。

北斗用户终端与数据综合处理中心之间的交互主要依靠 3G 或 GPRS 技术。GPRS 技术即通过通用分组无线服务技术,通过利用 GSM 网络中未使用的时分多址(TDMA)信道,提供中速的数据传输,在该过程中其最佳状态下理论最大传输速度为 171.2Kbps,随着移动通信技术的发展,尽管当前已经发展到 5G 通信网络,但目前使用较多的、较为成熟的技术为 3G 技术,3G 技术下行理论峰值可达到 3.6Mbps,上行理论峰值则可以达到 384Kbps,而且 3G 技术相对于 GPRS 覆盖范围更广,因此其普及更广泛。但在实际应用之中,移动通信技术是制约北斗地基增强系统普及发展的一个重要因素。

1. NMEA0183 协议

与普通通信系统一样,地基增强系统也同样需要通信协议,而 NMEA0183 协议是目前在 GNSS 中使用最为广泛的协议,其作为目前 GPS 导航设备统一的 RTCM 标准协议,也被应用在北斗地基增强系统中。NMEA0183 协议采取通用异步串行传输方式,其通信协议是:1 个起始位,1 个停止位,8 个数据位,并无奇偶校验位,默认波特率为 4800。其主要包括:参数语句,从卫星发送端输出至接收端(例如从北斗卫星接收机到 PDA 设备);询问语句,接收机被询问时使用;专用语句,用于制造商传输专用数据;封装语句,用于未知内容或更高速率的信息传递;命令语句,用来改变设备配置和操作的语句,同样也可以用作询问语句的应答来报告设备当前的状态信息。具体 NMEA0183 格式的关键字和具体含义与取值范围详见前节。

2. NTRIP 协议

NTRIP 协议主要由四大要素组成:用户节点、数据播发器、数据服务器和数据源。

NTRIP 协议与传统意义的 RTK 直接传输形式不同,其将多个参考站接收端的观测数据,首先经网络发送至控制中心,进一步处理之后再经由移动通信网络播发出去。客户在接收设备中装有可以接收来自控制系统中心数据的特定客户软件,用户在使用时可以利用移动网登录互联网进行对中心的访问。

NTRIP 协议的特点:

(1) 参考站信息更加方便用户之间共享。使用 NTRIP 协议意味着遍布大面积区域的多个 Ntrip Server(RTK 参考站)都能连接到 Ntrip Caster。这也就是代表一个地区范围内的测量员能够共享所有参考站信息。

(2) 识别和选择信息更加方便。通过接入点的唯一识别码来识别每一个 Ntrip Server(RTK 参考站),可以通过 Ntrip Client(野外测量员)提供单独的 Ntrip Server 信息下载资源表来识别。这样测量员能够有效地决定从他希望的那个参考站接收到数据。

(3) 支持多种数据传输格式。该协议并不限制数据传输格式,能够处理大多数的数据格式(例如 NCT、RTCM 和 CMR+),可以让接收机用户更方便使用,终端设备可选范围更广。

(4) 提供安全性防护机制。可以有效预防非注册用户进入到 Ntrip Caster 发送或接收 RTK 数据。只有被注册的用户正常登录之后才能连接到 Ntrip Caster。

(5) 协议管理更加方便和灵活。Ntrip Caster 能够保护从 Ntrip Caster 处得到的数据,其也能够知道各个流动站登录和在线时长,Ntrip Server(参考站)所有者可以根据流动站用户数据进行收费。

3. RTCM 数据格式

北斗地基增强系统数据综合处理中心在接收到各地传输的数据后,计算出用户所需的差分信息,再对差分信息进行编码,形成相应的二进制数据流,并通过上述 NTRIP 协议将编码好的数据发送到用户设备。目前北斗地基增强系统常用的差分数据是 RTCM,其为国际海运事业无线电技术委员会(RTCM)第 104 专业委员会推出的一系列差分导航全球卫星系统数据通用格式。最初的版本为 RTCM2.X,其被广泛推广应用在诸多领域,但同时也存在诸多缺陷,后来相继推出 TCM3.0 和 TCM3.2 版本。本节将重点介绍 RTCM3.2 新增内容。

为满足日益增多卫星导航系统以及多频的需求,TRCM3.2 引入多信号电文组(MSM)。其不仅可以支持原有格式中包含的 DGNSS/RTK 的信息,还可以实时传输、保存基于网络的 RINEX 格式观测值。MSM 电文组通用性好,便于编码,其主要由 3 部分组成,分别为电文头(Message Header)、卫星数据(Satellite Data)和信号数据。

各 MSM 电文组的电文都是相同的,在这之中包含了本条信息的基本情况,通过解码电文头可以得到消息类型、参考站具体信息、各类观测值信息和电文长度等。

卫星数据描述了卫星到观测站概率距离的信息,排列顺序按照之前电文头中定义的卫星标志组。不同 MSM 电文组中包含的信息不同。

MSN 电文组的信号数据是以 cell 为单位进行排列,其排列顺序根据 GNSS cell 标志组(Masks)

来排列。GNSS cell 标志组是一个存放卫星编号及频率编号的二维数组。这个数组之中,第一行存放卫星标志组中的第一颗为卫星各信号的标志。其他各行依次类推,它的大小 N_{cell} 是由卫星和信号的个数来决定的,$N_{cell} = N_{sat} \times N_{sig}$。与以往信号数据格式不同,在传统的电文中采用的是以卫星为单位,每颗卫星的数据结构相同,重复 N_{sat} 次。MSM 采用同一数据字段重复 N_{cell} 次,采用每个数据字段内部循环方式存放数据。信号数据中的数据是按着字段类型排列,第一部分是用来存放所有卫星、所有信号的伪距,排列顺序是按照电文头中 cell Mask 定义的卫星号、信号顺序进行排列的,重复 N_{cell} 次。剩下的载波值、半周模糊度标志位、信噪比等参数以此类推。

RTCM3.2 格式的制定与修正,不仅仅是对之前版本中的缺陷,还增加和扩展了多种网络 RTK 信息,定义了多系统的多信号电文组(MSM)。2013 年有机构提出 BDS 差分电文的具体提案,为 MSM 电文组。目前 RTCM3.2 中对 BDS 定义的 MSM 电文组为 1121 – 1127,仅能支持个别应用,不能支持 SSR、ABDS 等应用。2014 年为了提出能支持多种位置服务的差分电文格式,武汉导航与位置服务工业技术院在中国海事局的支持下,向 RTCM 委员会提交了 BDSRTCM – 10403.2 差分电文,并被顺利接收进入讨论阶段。

5.3.3 综合技术指标

(1) 北斗导航地基增强站网络带宽:≥2Mbps(支持 FE 接口)。
(2) 北斗导航增强站推送时延:≤20ms(未经压缩峰值速率不大于 40Kbps)。
(3) 网络传输时延:<100ms($N \times 10$ms,其中 N 为跨经省份个数)。
(4) 网络传输总时延:<500ms。
(5) 数据传输误码率:≤10^{-6}。
(6) 北斗增强站系统可用度:95%。

5.4 接口关系

通信网络系统的通信协议采用互联网的传输控制协议/网际协议(Transmission Control Protocol/Internet Protocol,TCP/IP)。

传输控制协议(TCP)用于从应用程序到网络的数据传输控制,网际协议(IP)用于计算机之间数据包的发送和接收,在数据传送之前先将其分割为按互联网 IP 数据包,在传输到达指定设备时再将其重组。

5.4.1 传输控制协议

传输控制协议(TCP)是一种面向连接的、可靠的、基于字节流的传输层通信协议,由 IETF 的

RFC 793 定义。在简化的计算机网络 OSI 模型中,它完成第四层传输层所指定的功能。用户数据报协议(UDP)是同一层内另一个重要的传输协议。

在互联网协议族(Internet Protocol Suite)中,TCP 层是位于 IP 层之上、应用层之下的中间层。不同主机的应用层之间经常需要可靠的、像管道一样的连接,但是 IP 层不提供这样的流机制,而是提供不可靠的包交换。

应用层向 TCP 层发送用于网间传输的、用 8 位字节表示的数据流,然后 TCP 把数据流分割成适当长度的报文段(通常受该计算机连接网络的数据链路层最大传输单元(MTU)的限制)。之后 TCP 把结果包传给 IP 层,由它来通过网络将包传送给接收端实体的 TCP 层。TCP 为了保证不发生丢包,就给每个包一个序号,同时序号也保证了传送到接收端实体的包的按序接收。然后接收端实体对已成功收到的包发回一个相应的确认信息(ACK);如果发送端实体在合理的往返时延(RTT)内未收到确认,那么对应的数据包就被假设为已丢失并进行重传。TCP 用一个校验和函数来检验数据是否有错误,在发送和接收时都要计算校验和。

数据在 TCP 层称为流(Stream),数据分组称为分段(Segment)。作为比较,数据在 IP 层称为 Datagram,数据分组称为分片(Fragment)。UDP 中分组称为 Message。

TCP 协议的运行可划分为 3 个阶段:连接创建(Connection Establishment)、数据传输(Data Transfer)和连接终止(Connection Termination)。操作系统将 TCP 连接抽象为套接字表示的本地端点(Local end-point),作为编程接口给程序使用。在 TCP 连接的生命期内,本地端点要经历一系列的状态改变。

1. 创建通路

TCP 用三次握手(或称三路握手,three – way handshake)过程创建一个连接。在连接创建过程中,很多参数要被初始化,例如序号被初始化以保证按序传输和连接的鲁棒性。

2. TCP 连接的正常创建

一对终端同时初始化一个它们之间的连接是可能的,但通常是由一端打开一个套接字(Socket)然后监听来自另一方的连接,这就是通常所指的被动打开(Passive Open)。服务器端被被动打开以后,用户端就能开始创建主动打开(Active Open)。

客户端通过向服务器端发送一个 SYN 来创建一个主动打开,作为 3 次握手的一部分。客户端把这段连接的序号设定为随机数 A。

服务器端应当为一个合法的 SYN 回送一个 SYN/ACK。ACK 的确认码应为 A + 1,SYN/ACK 包本身又有一个随机产生的序号 B。

最后,客户端再发送一个 ACK。此时包的序号被设定为 A + 1,而 ACK 的确认码则为 B + 1。当服务端收到这个 ACK 的时候,就完成了 3 次握手,并进入了连接创建状态。

如果服务器端接到了客户端发的 SYN,回送 SYN/ACK 后客户端掉线了,服务器端没有收到客户端回来的 ACK,那么,这个连接处于一个中间状态,既没成功,也没失败。服务器端如果在一定时间内没有收到 ACK,TCP 会重发 SYN/ACK。在 Linux 下,默认重试次数为 5 次,重试的间隔时间从 1s 开始每次都翻倍,5 次的重试时间间隔为 1s、2s、4s、8s、16s,总共 31s,第 5 次发出后还要等 32s 才知道第 5 次也超时了,所以,总共需要 1s + 2s + 4s + 8s + 16s + 32s = 63s,TCP 才会断开这个连接。

使用3个TCP参数来调整行为:tcp_synack_retries,减少重试次数;tcp_max_syn_backlog,增大SYN连接数;tcp_abort_on_overflow,决定超出能力时的行为。

3. 资源使用

主机收到一个TCP包时,用两端的IP地址与端口号来标识这个TCP包属于哪个session。使用一张表来存储所有的session,表中的每条称作传输控制块(Transmission Control Block,TCB),TCB结构的定义包括连接使用的源端口、目的端口、目的IP、序号、应答序号、对方窗口大小、己方窗口大小、TCP状态、TCP输入/输出队列、应用层输出队列、TCP的重传有关变量等。

服务器端的连接数量是无限的,只受内存的限制。客户端的连接数量,过去由于在发送第一个SYN到服务器之前需要先分配一个随机空闲的端口,这限制了客户端IP地址的对外发出连接的数量上限。从Linux 4.2开始,有了socket选项IP_BIND_ADDRESS_NO_PORT,它通知Linux内核不保留usingbind使用端口号为0时内部使用的临时端口(Ephemeral port),在connect时会自动选择端口以组成独一无二的四元组(同一个客户端端口可用于连接不同的服务器套接字;同一个服务器端口可用于接收不同客户端套接字的连接)。对于不能确认的包、接收但还没读取的数据,都会占用操作系统的资源。

4. 数据传输

在TCP的数据传送状态,很多重要的机制保证了TCP的可靠性和强壮性。它们包括:使用序号对收到的TCP报文段进行排序以及检测重复的数据;使用校验和检测报文段的错误,即无错传输[3];使用确认和计时器来检测和纠正丢包或时延;流控制(Flow control);拥塞控制(Congestion control);丢失包的重传。

5. 可靠传输

通常在每个TCP报文段中都有一对序号和确认号。TCP报文发送者称自己的字节流的编号为序号,称接收到对方的字节流编号为确认号。TCP报文的接收者为了确保可靠性,在接收到一定数量的连续字节流后才发送确认。这是对TCP的一种扩展,称为选择确认(Selective Acknowledgement)。选择确认使得TCP接收者可以对乱序到达的数据块进行确认。每一个字节传输过后,ISN号都会递增1。

通过使用序号和确认号,TCP层可以把收到的报文段中的字节按正确的顺序交付给应用层。序号是32位的无符号数,在它增大到$2^{32}-1$时,便会回绕到0。对于ISN的选择是TCP中关键的一个操作,它可以确保强壮性和安全性。

TCP协议使用序号(Sequence number)标识每端发出的字节顺序,从而另一端接收数据时可以重建顺序,无惧传输时包的乱序交付或丢失。在发送第一个包时(SYN包),选择一个随机数作为序号的初值,以克制TCP序号预测攻击。

发送确认包(Acks),携带了接收到的对方发来的字节流的编号,称为确认号,以告诉对方已经成功接收的数据流的字节位置。Acks并不意味着数据已经交付了上层应用程序。

可靠性通过发送方检测到丢失的传输数据并重传这些数据。包括超时重传(Retransmission TimeOut,RTO)与重复累计确认(Duplicate cumulative Acknowledgements,DupAcks)。

6. 基于重复累计确认的重传

如果一个包(不妨设它的序号是100,即该包始于第100字节)丢失,接收方就不能确认这个包及其以后的包,因为采用了累计 ACL。接收方在收到 100 以后的包时,发出对包含第 99 字节的包的确认。这种重复确认是包丢失的信号。发送方如果收到 3 次对同一个包的确认,就重传最后一个未被确认的包。阈值设为 3 被证实可以减少乱序包导致的无作用的重传(Spurious Retransmission)现象。选择性确认(SACK)的使用能明确反馈哪个包收到了,极大改善了 TCP 重传必要的包的能力。

7. 超时重传

发送方使用一个保守估计的时间作为收到数据包确认的超时上限。如果超过这个上限仍未收到确认包,发送方将重传这个数据包。每当发送方收到确认包后,会重置这个重传定时器。典型地,定时器的值设定为 smoothed RTT + max(G, 4 × RTT variation),其中 G 是时钟粒度。进一步,如果重传定时器被触发,仍然没有收到确认包,定时器的值将被设为前次值的二倍(直到特定阈值)。这可对抗中间人攻击方式的拒绝服务攻击,这种攻击愚弄发送方重传很多次导致接收方被压垮。

发送方首先发送第一个包含序列号为 1(可变化)和 1460B 数据的 TCP 报文段给接收方。接收方以一个没有数据的 TCP 报文段来回复(只含报头),用确认号 1461 来表示已完全收到并请求下一个报文段。发送方然后发送第二个包含序列号为 1461,长度为 1460B 数据的 TCP 报文段给接收方。正常情况下,接收方以一个没有数据的 TCP 报文段来回复,用确认号 2921(1461 + 1460)来表示已完全收到并请求下一个报文段。发送接收这样继续下去。TCP 通信过程示例如图 5 – 3 所示。

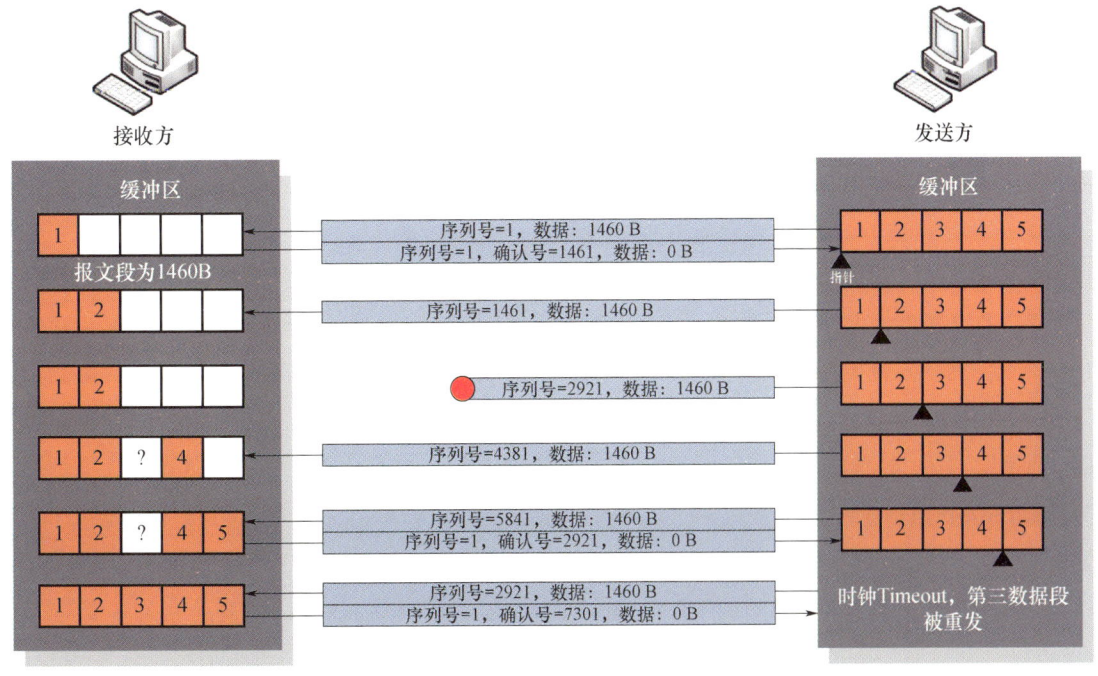

图 5 – 3　TCP 通信过程示例

然而当这些数据包都是相连的情况下,接收方没有必要每一次都回应。比如,收到第 1 条到第 5 条 TCP 报文段,只需回应第 5 条就行了。在例子中第 3 条 TCP 报文段被丢失了,所以尽管收到了第 4 条和第 5 条,然而只能回应第 2 条。

发送方在发送了第 3 条以后,没能收到回应,因此当时钟(Timer)过时(Expire)时,重发第 3 条(每次发送者发送一条 TCP 报文段后,都会再次启动一次时钟:RTT)。这次第 3 条被成功接收,接收方可以直接确认第 5 条,因为 4、5 两条已收到。

8. 校验和

TCP 的 16 位校验和(Checksum)的计算和检验过程如下:发送者将 TCP 报文段的头部和数据部分的和计算出来,再对其求反码(一的补数),就得到了校验和,然后将结果装入报文中传输(这里用反码和的原因是这种方法的循环进位使校验和可以在 16 位、32 位、64 位等情况下的计算结果再叠加后相同)。接收者在收到报文后再按相同的算法计算一次校验和。这里使用的反码使得接收者不用再将校验和字段保存起来后清零,而可以直接将报文段连同校验和加总。如果计算结果是全部为一,那么就表示了报文的完整性和正确性。

注意:TCP 校验和也包括了 96 位的伪头部,其中有源地址、目的地址、协议以及 TCP 的长度。这可以避免报文被错误地路由。

按现在的标准,TCP 的校验和是一个比较脆弱的校验。出错概率高的数据链路层需要更高的能力来探测和纠正连接错误。TCP 如果是在今天设计的,它很可能有一个 32 位的 CRC 校验来纠错,而不是使用校验和。但是通过在第二层使用通常的 CRC 校验或更完全一点的校验可以部分地弥补这种脆弱的校验。第二层是在 TCP 层和 IP 层之下的,比如 PPP 或以太网,它们使用了这些校验。但是这也并不意味着 TCP 的 16 位校验和是冗余的,对于互联网传输的观察,表明在受 CRC 校验保护的各跳之间,软件和硬件的错误通常也会在报文中引入错误,而端到端的 TCP 校验能够捕捉到大部分简单的错误。

9. 流量控制

流量控制用来避免主机分组发送得过快而使接收方来不及完全收下,一般由接收方通告给发送方进行调控。

TCP 使用滑动窗口协议实现流量控制。接收方在"接收窗口"域指出还可接收的字节数量。发送方在没有新的确认包的情况下至多发送"接收窗口"允许的字节数量。接收方可修改"接收窗口"的值。TCP 包的序号与接收窗口的行为很像时钟。当接收方宣布接收窗口的值为 0,发送方停止进一步发送数据,开始了"保持定时器"(Persist Timer),以避免因随后的修改接收窗口的数据包丢失使连接的双侧进入死锁,发送方无法发出数据直至收到接收方修改窗口的指示。当"保持定时器"到期时,TCP 发送方尝试恢复发送一个小的 ZWP(Zero Window Probe)包,期待接收方回复一个带着新的接收窗口大小的确认包。一般 ZWP 包会设置成 3 次,如果接收方以很小的增量来处理到来的数据,它会发布一系列小的接收窗口。这被称作愚蠢窗口综合症,因为它在 TCP 的数据包中发送很少的一些字节,相对于 TCP 包头是很大的开销。解决这个问题,就要避免对小的窗口尺寸(Window Size)做出响应,直到有足够大的 Window Size 再响应。

接收端使用 David D Clark 算法:如果收到的数据导致 Window Size 小于某个值,可以直接 ACK

把 Window 给关闭了,阻止了发送端再发数据。等到接收端处理了一些数据后 Window Size 大于等于了 MSS,或者接收端 Buffer 有一半为空,就可以把 Window 打开让发送端再发数据过来。

发送端使用 Nagle 算法来延时处理,条件一:Window Size > = MSS 或是 Data Size > = MSS;条件二:等待时间或是超时 200ms,这两个条件有一个满足,才会发数据,否则就是在积累数据。Nagle 算法默认是打开的,所以对于一些需要小包场景的程序——比如像 telnet 或 ssh 这样的交互性程序,需要关闭这个算法。可以在 Socket 设置 TCP_NODELAY 选项来关闭这个算法。

10. 拥塞控制

拥塞控制是发送方根据网络的承载情况控制分组的发送量,以获取高性能又能避免拥塞崩溃(Congestion Collapse),网络性能下降几个数量级。这在网络流之间产生近似最大最小公平分配。

发送方与接收方根据确认包或者包丢失的情况,以及定时器估计网络拥塞情况,从而修改数据流的行为,这称为拥塞控制或网络拥塞避免。

TCP 的现代实现包含 4 种相互影响的拥塞控制算法:慢开始、拥塞避免、快速重传、快速恢复。

11. 最大分段大小

最大分段大小(MSS)是在单个分段中 TCP 愿意接收的数据字节数最大值。MSS 应当足够小以避免 IP 分片,它会导致丢包或过多的重传。在 TCP 连接创建时,双端在 SYN 报文中用 MSS 选项宣布各自的 MSS,这是从双端各自直接相连的数据链路层的最大传输单元(MTU)的尺寸减去固定的 IP 首部和 TCP 首部长度。以太网 MTU 为 1500B,MSS 值可达 1460B。使用 IEEE 802.3 的 MTU 为 1492B,MSS 可达 1452B。如果目的 IP 地址为"非本地的",MSS 通常的默认值为 536(这个默认值允许 20B 的 IP 首部和 20B 的 TCP 首部以适合 576BIP 数据报)。此外,发送方可用传输路径 MTU 发现(RFC 1191 见 RFC 1191)推导出从发送方到接收方的网络路径上的最小 MTU,动态调整 MSS 以避免网络 IP 分片。

MSS 发布也被称作"MSS 协商"(MSS negotiation)。严格讲,这并非是协商出来一个统一的 MSS 值,TCP 允许连接两端使用各自不同的 MSS 值。[7] 例如,这会发生在参与 TCP 连接的一台设备使用非常少的内存处理到来的 TCP 分组。

12. 选择确认

最初采取累计确认的 TCP 协议在丢包时效率很低。例如,假设通过 10 个分组发出了 1 万个字节的数据。如果第一个分组丢失,在纯粹的累计确认协议下,接收方不能说它成功收到了 1000 ~ 9999B,但未收到包含 0 ~ 999B 的第一个分组。因而,发送方可能必须重传所有 1 万个字节。

为此,TCP 采取了"选择确认"(Selective ACKnowledgment,SACK)选项。RFC 2018 对此定义为允许接收方确认它成功收到分组的不连续块,以及基础 TCP 确认的成功收到最后连续字节序号。这种确认可以指出 SACK block,包含了已经成功收到的连续范围的开始与结束字节序号。在上述例子中,接收方可以发出 SACK 指出序号 1000 ~ 9999,发送方因此知道只需重发第一个分组(字节 0 ~ 999)。

TCP 发送方会把乱序收包当作丢包,因此会重传乱序收到的包,导致连接的性能下降。重复 SACK 选项(duplicate-SACK option)是定义在 RFC 2883 中的 SACK 的一项扩展,可解决这一问题。接收方发出 D-ACK 指出没有丢包,接收方恢复到高传输率。D-SACK 使用了 SACK 的第一个段来做标志,如果 SACK 的第一个段的范围被 ACK 所覆盖,那么就是 D-SACK;如果 SACK 的第一个段的范围被 SACK 的第二个段覆盖,那么就是 D-SACK。

D-SACK 旨在告诉发送端:收到了重复的数据,数据包没有丢,丢的是 ACK 包;或者"Fast Retransmit 算法"触发的重传不是因为发出去的包丢了,也不是因为回应的 ACK 包丢了,而是因为网络延时导致的 reordering。

SACK 选项并不是强制的。仅当双端都支持时才会被使用。TCP 连接创建时会在 TCP 头中协商 SACK 细节。

13. TCP 窗口缩放选项

TCP 窗口尺寸域控制数据包在 2~65535B。RFC 1323 定义的 TCP 窗口缩放选项用于把最大窗口尺寸从 65535B 扩大至 1GB。扩大窗口尺寸是 TCP 优化的需要。

窗口缩放选项尽在 TCP 三次握手时双端在 SYN 包中独立指出这个方向的缩放系数。该值是 16bit 窗口尺寸的向左位移数,从 0(表示不位移)至 14。

14. TCP 时间戳

RFC 1323 定义了 TCP 时间戳,并不对应于系统时钟,使用随机值初始化。许多操作系统每毫秒增加一次时间戳;但 RFC 只规定 tick 应当成比例。

有两个时间戳域:4B 的发送时间戳值;4B 的响应回复时间戳值(最近收到数据的时间戳)。

TCP 时间戳用于"防止序列号回绕算法"(Protection Against Wrapped Sequence numbers, PAWS),细节见 RFC 1323。PAWS 用于接收窗口跨序号回绕边界。这种情形下一个包可能会重传以回答问题:"是否是第一个还是第二个 4 GB 的序号?"时间戳可以打破这一问题。

另外,Eifel 检测算法(RFC 3522)使用 TCP 时间戳确定如果重传发生是因为丢包还是简单乱序。

15. 带外数据

带外数据(OOB)是指对紧急数据,中断或放弃排队中的数据流;接收方应立即处理紧急数据。完成后,TCP 通知应用程序恢复流队列的正常处理。

16. 强制数据递交

正常情况下,TCP 等待 200 ms 以准备一个完整分组发出(纳格算法试图把小的信息组装为单一的包)。这产生了小的、但潜在很严重的延迟并在传递一个文件时不断重复延迟。例如,典型发送块是 4 KB,典型的 MSS 是 1460B,在 10 Mbps 以太网上发出两个包,每个耗时约 1.2 ms,随后是剩余 1176B 的包,之后是 197 ms 停顿,因为 TCP 等待装满缓冲区。

socket 选项 TCP_NODELAY 能放弃默认的 200 ms 发送延迟。应用程序使用这个 socket 选项强制发出数据。RFC 定义了 PSH 能立即发出比特。Berkeley 套接字不能控制或指出这种情形,只能由协议栈控制。

17. 终结通路

连接终止使用了四路握手过程(或称四次握手,four-way handshake),在这个过程中连接的每一侧都独立地被终止。当一个端点要停止它这一侧的连接,就向对侧发送 FIN,对侧回复 ACK 表示确认。因此,拆掉一侧的连接过程需要一对 FIN 和 ACK,分别由两侧端点发出。

首先发出 FIN 的一侧,如果给对侧的 FIN 响应了 ACK,那么就会超时等待 2*MSL 时间,然后关闭连接。在这段超时等待时间内,本地的端口不能被新连接使用;避免延时包的到达与随后的新连接相混淆。RFC793 定义了 MSL 为 2min,Linux 设置成了 30s。参数 tcp_max_tw_buckets 控制并发的 TIME_WAIT 的数量,默认值是 180000,如果超限,那么,系统会把多的 TIME_WAIT 状态的连接给 destory 掉,然后在日志里打一个警告(如:time wait bucket table overflow)连接可以工作在 TCP 半开状态。即一侧关闭了连接,不再发送数据;但另一侧没有关闭连接,仍可以发送数据。已关闭的一侧仍然应接收数据,直至对侧也关闭了连接。也可以通过测三次握手关闭连接。主机 A 发出 FIN,主机 B 回复 FIN & ACK,然后主机 A 回复 ACK。

一些主机(如 Linux 或 HP-UX)的 TCP 栈能实现半双工关闭序列。这种主机如果主动关闭一个连接但还没有读完从这个连接已经收到的数据,该主机发送 RST 代替 FIN[14]。这使得一个 TCP 应用程序能确认远程应用程序已经读了所有已发送数据,并等待远程侧发出的 FIN。但是远程的 TCP 栈不能区分 Connection Aborting RST 与 Data Loss RST,两种原因都会导致远程的 TCP 栈失去所有的收到数据。

TCP 使用了端口号(Port number)的概念来标识发送方和接收方的应用层。对每个 TCP 连接的一端都有一个相关的 16 位的无符号端口号分配给它们。端口被分为 3 类:众所周知的、注册的和动态/私有的。众所周知的端口号是由互联网赋号管理局(IANA)来分配的,并且通常被用于系统一级或根进程。众所周知的应用程序作为服务器程序来运行,并被动地侦听经常使用这些端口的连接。例如:FTP、TELNET、SMTP、HTTP 等。注册的端口号通常被用来作为终端用户连接服务器时短暂地使用的源端口号,但它们也可以用来标识已被第三方注册了的、被命名的服务。动态/私有的端口号在任何特定的 TCP 连接外不具有任何意义。可能的、被正式承认的端口号有 65535 个。

5.4.2 网际协议

网际协议(IP,也称互联网协议)是用于分组交换数据网络的一种协议。

IP 是在 TCP/IP 协议族中网络层的主要协议,任务仅仅是根据源主机和目的主机的地址来传送数据。为此目的,IP 定义了寻址方法和数据报的封装结构。第一个架构的主要版本为 IPv4,目前仍然是广泛使用的互联网协议,尽管世界各地正在积极部署 IPv6。

1. IP 封装

数据在 IP 互联网中传送时会被封装为数据包。IP 协议的独特之处在于:在报文交换网络中主机在传输数据之前,无须与先前未曾通信过的目的主机预先创建好一条特定的"通路"。互联网协议提供了一种"不可靠的"数据包传输机制(也被称作"尽力而为"或"尽最大努力交付");也就是说,它不保证数据能准确的传输。数据包在到达的时候可能已经损坏,顺序错乱(与其他一起传送的报文相比),产生冗余包,或者全部丢失。如果应用需要保证可靠性,一般需要采取其他的方法,例如利用 IP 的上层协议控制。

2. IP 提供的服务

由于封装带来的抽象机制,IP 能够在各种各样的网络上工作,例如以太网、ATM、FDDI、Wifi、令牌环等。每个链路层的实现可能有自己的方法(也有可能是完全没有它自己的方法),把 IP 地址解析成相应的数据链路地址。IPv4 使用地址解析协议(ARP),而 IPv6 采用邻居发现协议(NDP)。

3. 可靠性

互联网协议的设计原则,假定网络基础设施本身就是不可靠的单一网络元素或传输介质,并且它使用的是动态的节点和连接。不存在中央监测和性能衡量机制来跟踪和维护网络的状态。为了减少网络的复杂性,大部分网络只能故意地分布在每个数据传输的终端节点。传输路径中的路由器只是简单地将数据包发送到下一个匹配目的地址的路由前缀的本地网关。

由于这种设计的结果,互联网协议只提供尽力传送,其服务也被视为是不可靠的。在网络专业语言中是一种无连接的协议,相对于面向连接的模式。在缺乏可靠性的条件下允许下列任何故障发生:数据损坏、丢失数据包、重复发包等。

数据包传递乱序的意思是,如果包 A 是在包 B 之前发送的,但 B 可能在 A 到达前到达。

互联网协议提供的唯一帮助是,IPv4 规定通过在路由节点计算校验和来确保 IP 数据报头是正确的。这个带来的副作用是当场丢弃报头错误的数据包。在这种情况下不需要发送通知给任一个终端节点,但是互联网控制消息协议(ICMP)中存在一个机制来做到这一点。

对这些可靠性问题的更正是一个上层协议的责任。例如,一个上层协议为了确保按顺序传送可能要缓存数据,直到数据可以传递给应用程序。

除了可靠性问题,互联网及其组成部分的动态性和多样性不能确保任何路径是有能力地或合适地完成所要求的数据传输,即使路径是有效并且可靠的。技术限制之一是在给定的链路上允许的数据包的大小。应用程序必须确保它使用适当的传输特性。这种责任还在于一些在应用层协议和 IP 之间的上层协议。存在审查的本地连接尺寸最大传输单位(MTU),以及整个预计到目标路径时使用 IPv6。IPv4 的网络层有自动分片成更小的单位进行传输原始数据报的能力。在这种情况下,IP 确实能够为乱序的分片进行顺序排序。

4. IP 寻址和路由

IP 协议最为复杂的方面可能就是寻址和路由了。寻址就是如何将 IP 地址分配给各个终端节点,以及如何划分和组合子网。所有网络端点都需要路由,尤其是网际之间的路由器。路由器通常用内部网关协议(Interior Gateway Protocols,IGPs)和外部网关协议(External Gateway Protocols,EGPs)决定怎样发送 IP 数据包。

5. 版本历史

现在的国际互联网普遍地采用了 IP 协议。而现在正在网络中运行的 IP 协议是 IPv4;IPv6 为

IPv4 后续的一个版本。互联网现在正慢慢地耗尽 IP 地址，而 IPv6 的出现解决了这个问题，与 IPv4 的 32 位地址相比而言，IPv6 拥有 128 位的地址空间，可以提供比前者多很多的地址。版本 0 至 3 不是被保留就是没有使用。而版本 5 被用于实验流传输协议。其他的版本也已经被分配了，通常是被用于实验的协议，而没有被广泛的应用。

5.4.3 多生成树协议

1. STP

生成树协议(Spanning Tree Protocol，STP)不能使端口状态快速迁移，即使是在点对点链路或边缘端口，也必须等待 2 倍的 Forward delay 的时间延迟，端口才能迁移到转发状态。

2. RSTP

快速生成树协议(Rapid Spanning Tree Protocol，RSTP)可以快速收敛，但是和 STP 一样存在以下缺陷：局域网内所有网桥共享一棵生成树，不能按 VLAN 阻塞冗余链路，所有 VLAN 的报文都沿着一棵生成树进行转发。

3. MSTP 基本概念

多生成树协议(Multiple Spanning Tree Protocol，MSTP)是 IEEE 802.1s 中定义的一种新型生成树协议。简单说来，STP/RSTP 是基于端口的，PVST+ 是基于 VLAN 的，而 MSTP 是基于实例的。

4. 实例

与 STP/RSTP 和 PVST+ 相比，MSTP 中引入了实例(Instance)和域(Region)的概念。"实例"就是多个 VLAN 的一个集合，这种通过多个 VLAN 捆绑到一个实例中去的方法可以节省通信开销和资源占用率。MSTP 各个实例拓扑的计算是独立的，在这些实例上就可以实现负载均衡。使用的时候，可以把多个相同拓扑结构的 VLAN 映射到某一个实例中，这些 VLAN 在端口上的转发状态将取决于对应实例在 MSTP 里的转发状态。

5. MST 域

多生成树域(Multiple Spanning Tree Regions，MST 域)是由交换网络中的多台交换机以及它们之间的网段构成。

这些交换机都启动了 MSTP、具有相同域名、相同的 VLAN 到生成树映射配置和相同的 MSTP 修订级别配置，并且物理上有链路连通。一个交换网络可以存在多个 MST 域。用户可以通过 MSTP 配置命令把多台交换机划分在同一个 MST 域内。

6. 总根和域根

总根是一个全局概念，对于所有互联的运行 STP/RSTP/MSTP 的交换机只能有一个总根，也即是 CIST 的根；而域根是一个局部概念，是相对于某个域的某个实例而言的。

5.5 通信网络系统设计

5.5.1 通信网络系统设计

北斗地基增强系统的各组成子系统之间,通过北斗地基增强系统通信网络连接而成,其系统拓扑结构如图5-4所示。

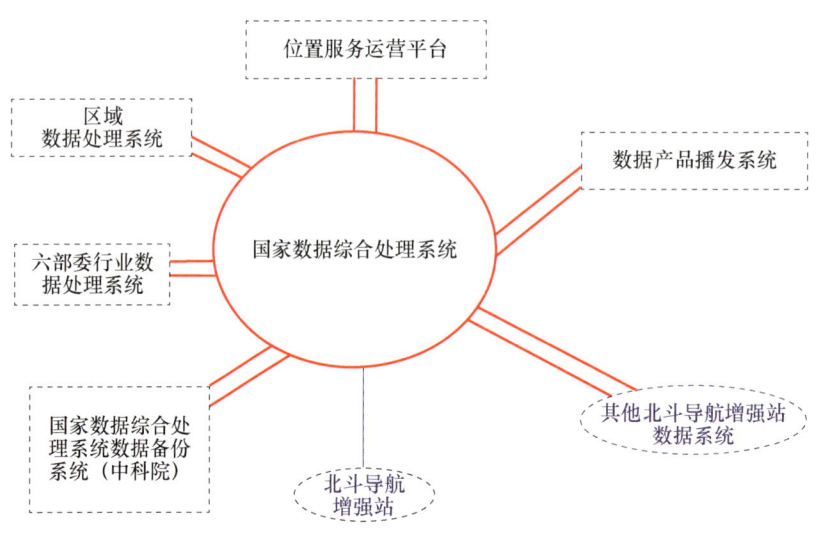

图5-4 通信网络系统拓扑图

在北斗地基增强系统通信网络建设规划中,通信网络系统包含框架网和区域网北斗导航增强站与国家数据综合处理系统、区域数据处理系统,国家数据综合处理系统数据备份系统(中科院)、位置服务运营平台以及移动通信、数字广播、卫星播发3种播发平台之间的通信链路等多部分系统共同组成。北斗地基增强系统通信网络按功能可分为四大部分:北斗导航增强站接入区、行业平台区、运维监控区和数据产品播发区。

(1)北斗导航增强站接入区主要用于框架网北斗导航增强站接入路由器和区域网与国家数据综合处理系统的核心路由器两者之间的互联传输,其可以为综合数据处理中心上传分布在全国各地的北斗地基导航增强站所接收获得的实时观测数据。

(2)行业平台区主要用于六部委行业数据处理系统(含数据备份系统)与国家数据综合处理系统的行业平台路由器互联,传输由北斗导航增强站上传的原始数据,为国家数据综合处理系统提供行业各基准站接收的原始观测数据;同时也可以接收由国家数据综合处理系统产生的各类增强数据产品,将行业产品传递给用户使用。

（3）运维监控区用于数据产品播发系统与核心路由器互联,实现一体化运维监控系统对框架网和区域网的统一监控和管理,对卫星信号数据以及差分数据的质量进行评估与监测,保证数据传输质量和系统完好性可用性。

（4）数据产品播发区用于(卫星播发、数字广播、移动通信)3种播发平台与数据产品播发系统互联,播发产品数据,是作为数据处理中心部分与用户终端接收的媒介。

在上述各系统组成中,数据产品播发区通过移动通信系统直接与海量用户终端进行互联交流,需在数据产品播发区与移动通信网络互联的前端部署两台链路负载均衡和两台链路接入交换机,根据全球ISP IP地址库进行出、入站流量的智能调度,以实现基于不同运营商、链路健康度、链路带宽大小等多要素的链路负载均衡,最终达成内、外网访问用户整体访问体验的提升以及多链路带宽资源的互为备份与合理利用。

国家数据综合处理系统作为整个北斗地基增强系统数据网络中心节点,数据综合处理网络接入设备由3组高端路由器组成,每两台路由器为一组互为数据备份,并且可以通过运营商的专线下连框架网北斗导航增强站、数据产品播发系统、六部委行业数据处理系统、数据备份系统(中科院)等,与六部委的行业处理系统相链接,进行行业产品数据的传输。

行业数据处理系统负责接收国家数据综合处理系统的原始观测数据和各类增强数据产品,为国家数据综合处理系统提供行业各基准站接收的原始观测数据,并针对行业应用特点对北斗地基增强系统再处理,形成支持行业深度应用的数据产品的系统。

区域网因各省内区域加密北斗导航增强站较密集,为降低线路成本,区域网采用3层网络架构,区域加密北斗导航增强站网络汇聚到省级汇聚交换机后,再汇聚到核心交换机,可以增加数据运行处理速度。

北斗地基增强系统通信网络系统根据其数据处理与实际使用的需求,其系统具有以下3个特点:

1. 符合未来网络扩展

在北斗地基增强系统通信网络系统设计中采用数据综合处理系统、行业数据处理系统、区域数据处理系统等多级分层的模块化设计架构,使得北斗地基增强网络和相应的通信网络规模扩展和结构变动更加方便,各子系统有较高的独立性。随着北斗地基增强系统的不断扩建和推进,在目前现有的增强通信网络中新增加节点所带来的网络变更的复杂度也仅限制在整个子网络的小范围内,同样当局部网络环境发生变化时不影响其他外部层次,可以保障在突发应急条件下北斗通信网络的安全性与可靠性。

2. 系统可靠性高

为保障北斗地基增强系统数据的实时安全可靠运行,系统中关键网络设备之间互为热备份,并且这些关键网络设备之间通过双线构建通信网络,可以保证在某一条链路或一台关键网络设备出现故障时,不会造成整个北斗地基增强系统中断,以保证北斗地基增强网络在突发情况下具有较高的可靠性。

3. 线路成本控制性强

北斗地基增强系统区域网采用3层星型网络拓扑结构,北斗地基增强系统中区域网北斗导航增强站线路首先汇总到省级汇聚交换机后,再通过两根跨省运营商专线,连接至核心交换机,这样通信网络可以大大降低铺设跨省线路的条数和施工量,同时这样的设计也具有极强的线路成本控制性。

5.5.2 通信传输链路设计

目前通信运营商为北斗地基增强系统提供的通信专线主要是SDH及基于SDH技术的多业务传送平台——MSTP这两种技术,北斗地基增强通信网络传输上一般都是基于SDH技术的端到端的实际物理线路,对于SDH技术而言只能提供E1接口,速率为2Mbps、8Mbps、34Mbps、45Mbps、155Mbps、622Mbps,但是不利于扩容操作。MSTP技术则是依托运营商SDH技术传输网的平台,是通过SDH达到TDM、ATM、以太网业务的接入处理与传送,并在统一网管下提供的多业务节点。MSTP技术具有标准SDH传送节点,除了具有标准SDH所具有的功能外,还具有以下主要功能特征:

(1) 具有TDM业务、ATM业务或以太网业务的接入功能;
(2) 具有TDM业务、ATM业务或以太网业务的传送功能包括点到点的透明传输功能;
(3) 具有TDM业务、ATM业务或以太网业务的带宽统计复用功能;
(4) 扩容非常便利,以2Mbps为单位在2~1000Mbps之间选择自身所需速率;
(5) 线路带宽升级不需更换设备及接口,不中断现有业务。

为便于后续对增强通信系统的带宽扩展和设备接口简化,在设计时优先选用运营商的MSTP线路。针对运营商MSTP线路未能覆盖的区域范围,选择通过SDH E1线路等方式接入。

为了保障通信业务可用性和高可靠性与连续性,框架网北斗导航增强站采用运营商线路直接与核心节点的两台核心路由器链接。同时,由于运营商对外运营的线路最小带宽为2Mbps,足可满足北斗导航增强站到国家数据综合处理系统的峰值速率的技术指标。故北斗导航增强站到国家数据综合处理系统的链路选择运营商的2Mbps专线。

增强系统关键数据备份系统、网络节点中心接收框架网中北斗导航增强站的原始观测数据时要求通信网络的带宽至少达到10Mbps的速率。为保障增强系统通信业务高可用性和高可靠性,在北斗增强系统中两条通信链路选用不同运营商的10Mbps专线与核心节点的两台行业平台接入路由器设备直接连接。网络节点中心也可根据自身的需要申请调整带宽以满足数据扩增。

北斗增强系统的数据产品播发系统则选用两条来自不同运营商的100Mbps互联网专线用于项目建设期间相关业务系统的测试与检查使用。北斗增强系统建设后期或建设完成之后,根据用户对移动通信播发系统访问需求量的情况,可以动态调整网络带宽;根据项目建设实际情况,开展数据产品播发平台到卫星播发和数字广播系统间的专线连接建设。

区域网北斗导航增强站到区域网省级汇聚交换机的线路选择运营商的2Mbps专线进行原始接收数据传输,区域网省级汇聚交换机到区域网核心交换机采用两条不同运营商的跨省专线。跨省专线带宽的设计,采用日常带宽使用率的30%,即跨省专线申请带宽为"日常带宽/30%",跨省线路带宽需求小于10Mbps的以10Mbps为统一设计标准。两台省级汇聚交换机互相之间专线带宽应保证与跨省专线带宽相一致。在安装区域网核心交换机和北斗地基增强系统核心路由器时,两种设备应安装在同一机房中并采用两条1000Mbps网线互联。

5.5.3 通信系统路由规划

北斗增强系统国家数据综合处理系统中的数据处理核心交换机、数据处理边界防火墙、核心路由器、行业平台路由器构成 OSPF 骨干区域(OSPF Area 0)。在业务层面上,增强系统设计为框架网北斗导航增强站接收的原始观测数据只通过通信网络发送给国家数据综合处理系统的服务器进行增强数据处理,而不是直接发送到分发平台。因此,为满足业务需求,同时保障数据的安全性,在核心路由器上配置 ACL 策略,禁止各北斗导航增强站数据之间网络互通,并在北斗行业平台路由器上也同样配置 ACL 策略,禁止各行业之间互通保障北斗增强系统数据的安全性和可靠性。

系统中其他各功能区域(国家北斗数据备份中心,六部委行业数据处理系统中心,数据播发系统中的卫星播发、数字广播、移动通信,位置网接入平台、区域数据处理系统)都分别划分到一个 OSPF 非骨干区 N(为减少 LSA 的通告数量,也可以将部分区域设置成 TSA 区域)。这种 OSPF 区域划分的方式可减少核心区域的路由数量,并可通过路由很好地控制各区域间的流量路径。通常一个 OSPF 非骨干区 N 的路由器总数控制 50 台以内。由于全国范围内的框架网北斗导航增强站数量比较庞大,针对目前实际使用情况,将框架网北斗导航增强站按照所属部委把框架网北斗导航增强站接入路由器分成 6 个 OSPF 非骨干区域(每个部委的北斗导航增强站放在一个区域内)。

在国家数据综合处理系统中数据处理系统与不同的区域网之间采用 BGP 协议进行数据互联,并向区域网发布默认路由;国家数据综合处理系统中数据播发系统与区域网核心交换机之间互联采用静态路由;区域网北斗导航增强站通过单运营商专线连接至省级汇聚交换机;省级汇聚交换机通过静态路由方式与接入层防火墙通信;省级汇聚交换机通过默认路由,指向接入层北斗导航增强站;接入层北斗导航增强站通过手工默认路由方式,指向汇聚层交换机。

区域网省级汇聚交换机通过双链路接入区域网核心交换机,双链路可自动切换,以达到冗余备份的要求。区域网核心交换机之间、区域网核心交换机与区域网省级汇聚交换机之间,是通过 BGP 协议进行互联沟通的,并向省级汇聚交换机发布默认路由。省级汇聚交换机通过 OSPF 协议向同省内的另外一台省级汇聚交换机发布默认路由,形成口字型路由保护。

5.5.4 系统 IP 地址规划

不论是一般的通信系统还是北斗地基增强系统,如何合理分配规划通信的 IP 地址是网络设计中的重要一环,大型计算机网络 IP 地址规划的好坏,可以直接影响到网络路由协议算法的效率、性能、扩展、管理,也必将直接影响到网络应用的进一步发展。所以北斗地基增强系统的 IP 地址合理分配是保证网络顺利运行和网络资源有效利用的关键。对于 IP 地址的分配,充分考虑到地址空间的合理使用,保证实现最佳的网络地址分配及业务流量的均匀分布。

1. IP 地址规划的原则

北斗地基增强系统中除了要考虑一般的 IP 地址分配原则之外,还要考虑该系统自身的特点,北斗通信系统 IP 地址规划的原则如下：

（1）北斗地基增强系统 IP 地址的规划与划分，除了能够满足当下北斗地基增强系统的需求之外，还应能够满足北斗地基增强系统未来发展的需要；既要满足本期工程对 IP 地址的需求，同时要充分考虑未来业务发展，预留相应的地址段。

（2）IP 地址划分采用无类别域间路由（CIDR）技术，这样可以减小路由器路由表的大小，加快路由器路由的收敛速度，也可以减小网络中广播路由信息的大小。

（3）IP 地址的分配必须采用可变长子网掩码（VLSM）技术，以确保 IP 地址的利用效率。

（4）IP 地址分配应由业务驱动，按照不同增强站的业务量的大小分配各地的地址段。

（5）IP 地址分配要尽量给每个北斗导航增强站分配连续的 IP 地址空间；在每个北斗导航增强站中，相同的业务和功能尽量分配连续的 IP 地址空间，有利于路由聚合以及安全控制。

（6）框架网北斗导航增强站 IP 地址分配与地区的区号相关联，从 IP 地址的中间两字节就能简单看出其网络及主机所属的地区。

2. 互联 IP 地址规划

1）国家数据综合处理系统与行业数据处理系统互联 IP 地址规划

北斗地基增强系统中需要处理大量数据，这些数据需要首先通过通信网络传输至数据综合处理系统中进行处理，生成使用于不同行业领域的相关产品，再下发到不同的平台供不同的用户使用。在增强系统中需要不同部分与模块和数据备份部分相互联系与通信，国家数据综合处理系统与数据备份系统、行业数据处理系统以及区域网之间的互联地址示意，如图 5-5 所示。

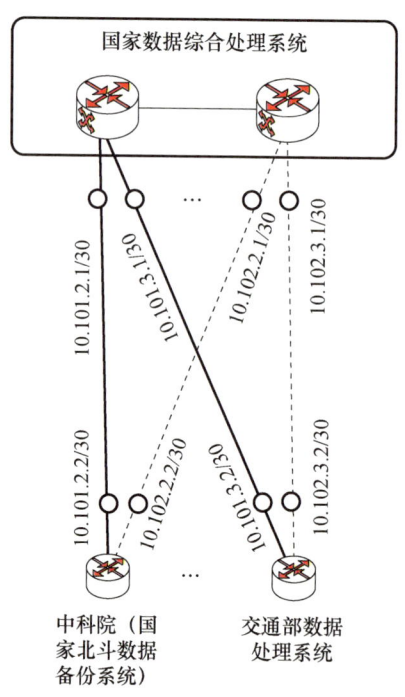

图 5-5　增强通信网络互联地址设计示意图

国家数据综合处理系统分别由两条专业链路与六部委的数据中心进行链接,其中各数据处理模块之间的通信互联的 IP 地址形式为"10.101.XX.XX",代表此链路为行业路由器 1 链路,"10.102.XX.XX"则代表此为行业路由器 2 链路。对于国家数据综合处理系统、国家北斗数据备份系统、六部委行业数据处理系统、区域数据处理系统、服务运营平台、数据产品播发平台等,分别分配 IP "10.101(102).X.1/24"。其中,"10.101(102).X.1/30"作为中心节点路由器本端互联地址,"10.101(102).X.2/30"作为中心节点路由器对端互联地址,"10.101(102).X.5 ~ 10.101(102).X.254"作为 NAT 转换地址,"X"的取值则需根据不同系统依序排列选择相应数值。

2）国家数据综合处理系统与北斗导航增强站互联 IP 地址规划

对于增强系统中框架网北斗导航增强站,以核心路由器 1 链路为例,前 64 个大陆站点分配 IP "10.101.5X.1/30"（X:1 代表电信、2 代表联通、3 代表移动,下同）至"10.101.5X.254/30"作为核心路由器本端互联地址、分配 IP"10.101.5X.2/30"至"10.101.5X.198/30"作为核心路由器对端互联地址；第 65 ~ 128 个大陆站点分配 IP"10.101.(5X +3).1/30"至"10.101.(5X +3).254/30"作为核心路由器本端互联地址、分配 IP"10.101.(5X +3).2/30"至"10.101.(5X +3).254/30"作为核心路由器对端互联地址；第 129 ~ 155 个大陆站点分配 IP "10.101.(5X +6).1/30"至"10.101.(5X +6).85/30"作为核心路由器本端互联地址、分配 IP"10.101.(5X +6).2/30"至"10.101.(5X +6).106/30" 作为核心路由器对端互联地址；海岛礁数据中心分配 IP"10.101.60.1/30"作为核心路由器本端互联地址、分配 IP"10.101.60.2/30"作为核心路由器对端互联地址。

3）区域网互联 IP 地址规划

北斗地基增强系统中区域网部分的 IP 地址选用"172.XXX.XXX.XXX"格式作为 IP 的规划地址。其中,网段 172.17.0.XXX ~ 172.17.0.XXX 规划为区域网核心交换机互联网段；网段 172.17.101.XXX ~ 172.17.102.XXX 规划为区域网核心交换机与省级汇聚交换机互联网段；网段 172.17.139.XXX ~ 172.17.234.XXX 规划为区域网省级汇聚交换机与接入层防火墙互联网段。

（1）增强系统区域网核心交换机互联 IP 地址规划。北斗增强区域网核心交换机是通过两个物理端接口,捆绑成一个 AGGREGATE PORT 接口与外部系统进行互联,在传输过程中选择采用 30 位掩码,并从规划的网段 172.17.0.0 ~ 172.17.0.255 中按顺序截取。

（2）区域网核心交换机互联 IP 地址规划。区域网核心交换机也是通过将两个物理端口捆绑成一个 AGGREGATE PORT 端口与外部网络采用 30 位掩码进行互联传输,并且从规划的网段 172.17.0.0 ~ 172.17.0.255 中按顺序截取。

（3）区域网核心交换机与省级汇聚交换机互联。区域网核心交换机与省级汇聚交换机互联采用 30 位掩码,从规划的网段 172.17.101.0 ~ 172.17.102.254 中按顺序截取。

（4）区域网省级汇聚交换机与接入层防火墙互联。区域网省级汇聚交换机与接入层防火墙互联采用 30 位掩码,从规划的网段 172.17.139.0 ~ 172.17.234.255 中按顺序截取。

4）北斗导航增强站 IP 地址规划

（1）框架网北斗导航增强站 IP 地址规划。

目前北斗地基增强系统框架网北斗导航增强站的 IP 地址分配方案如图 5 -6 所示。

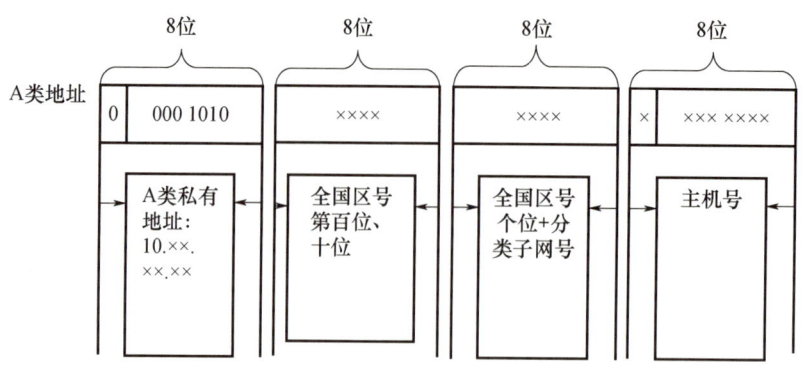

图 5-6 框架网北斗导航增强站 IP 地址分配方案图

① A 类地址段：

框架网北斗导航增强站 IP 地址第 1 位二进制数值 0 表示该地址为 A 类地址；后 7 位二进制数为十进制数值 10 表示该地址为 A 类私有地址。北斗地基增强系统以十进制 10 为主要网络号。

② 全国区号段：

北斗导航增强站框架网 IP 具体则按以下方案进行规划：

a. 全国区号如果是 4 位数字组成则只选取后 3 位，第 1 位全部为十进制数 0 可省略表示；全国区号如果是 3 位数字组成则全取 3 位数字。

b. 全国区号百位、十位：IP 地址第二个 8 位二进制数能表示的区号为十进制数值的从 00 至 99，因此分别截取此数值的十位数字，当区号的百位标记，并截取此数值的个位数值当区号的十位标记。

c. 全国区号个位：IP 地址第三个 8 位二进制数能表示的十进制数值从 00~99，截取此数值的十位当区号的个位（范围只能是 0~9）。

通过上述规定，可以将北斗导航增强系统 IP 地址中第二个 8 位二进制数确定下来，作为 IP 地址中框架位置的标记。

③ 分类子网号段：

北斗导航增强站框架网 IP 地址中，第三个 8 位二进制数代表分类子网号，其能表示的十进制数值为从 00 到 99，截取此数值的个位用作行业分类子网号段（在使用中其取值范围只能是 0~9 中的数字），因此共有 10 段地址可以供我们选用作为分类子网号。具体北斗导航增强站子网段规划如表 5-6 所列。

表 5-6 框架网北斗导航增强站子网段规划表

序号	IP 地址规划		北斗导航增强站名称	框架北斗导航增强站所属行业
	前 3 字节（十进制）	第 4 字节（二进制）		
1	10.××.×0.	0000××××	交通北斗导航增强站 1	交通
	…	…	…	
	10.××.×0.	1111××××	交通北斗导航增强站 16	

续表

序号	IP 地址规划		北斗导航增强站名称	框架北斗导航增强站所属行业
	前3字节(十进制)	第4字节(二进制)		
2	10.××.×1.	0000××××	测绘北斗导航增强站1	测绘
	…	…	…	
	10.××.×1.	1111××××	测绘北斗导航增强站16	
3	10.××.×2.	0000××××	气象北斗导航增强站1	气象
	…	…	…	
	10.××.×2.	1111××××	气象北斗导航增强站16	
4	10.××.×3.	0000××××	地震北斗导航增强站1	地震
	…	…	…	
	10.××.×3.	1111××××	地震北斗导航增强站16	
5	10.××.×4.	0000××××	中科院北斗导航增强站1	中科院
	…	…	…	
	10.××.×4.	1111××××	中科院北斗导航增强站16	
6	10.××.×5.	0000××××	教育北斗导航增强站1	教育
	…	…	…	
	10.××.×5.	1111××××	教育北斗导航增强站16	
7	10.××.×6.～10.××.×9.	…	××北斗导航增强站1～××北斗导航增强站64	预留

(2) 区域网北斗导航增强站。

北斗导航增强系统区域网北斗导航增强站采用194个C类地址,并采用29位掩码子网,分别从规划的网段172.17.2.0～172.17.99.255和172.19.2.0～172.19.99.255中按顺序截取。

5.5.5 网络配置与监控管理

北斗地基增强系统需要处理大量观测数据和实时传输数据,在系统运行阶段为了提高北斗地基增强系统通信网络系统的可用性、连续性、改进网络等性能,为实现减少和控制网络费用以及增强网络安全等目的,需要在北斗地基增强系统通信系统网络的核心节点部署一套高效、智能化的网络管理软件,可以对实时运行的北斗地基增强系统进行监控,实现以下几个方面的管控:

1. 性能管理

(1) 北斗增强通信网络响应时间设定:如果运行中通信响应时间超出阈值时间100ms,监管系统自动告警;

（2）北斗增强通信网络带宽使用率设定：如果在系统运行过程中，已利用的信道带宽超出阈值75%，则监管系统自动告警；

（3）北斗增强通信网络设备CPU使用率设定：如果系统网络CPU设备的利用率超出规定阈值70%，则监控系统会自动告警；

（4）北斗增强通信网络设备内存使用率设定：如果系统网络设备内存在使用中超出阈值70%，则监控系统自动告警。

2. 故障管理

尽管北斗地基增强系统稳定性高，连续性和可靠性等性能都能满足较高水平，但是在日常实时运行中，需在数据传输中对整个北斗地基增强系统和通信网络系统进行检查，除了日常需要专业人员进行对路由器、网络、软件等监测外还要对可能产生的故障进行故障管理，常见的故障以及相应的管理如下：

（1）增强系统通信线路连通性检查：如果发现某部分的通信线路中断，监控系统应能立即自动切换线路并向监控人员进行相应告警；

（2）设备电源运行状态：电源设备的工作环境、输出电压、输出电流进行实时监测，如果发现电源设备的状态异常，立即向运营方告警；

（3）设备风扇运行状态：如发现运行中设备风扇故障，立即告警。

3. 配置管理

增强系统通信网络系统也肩负着对卫星导航系统的配置管理。
（1）对外使用OSPF协议发布路由信息；
（2）将增强站工作日志信息发送至网络管理服务器，可以获取增强站运行状况；
（3）定期（每周）自动备份设备配置；
（4）只允许核心节点许可的路由设备进入网络，否则自动断网，对网络安全进行监控；
（5）绘制网络结构、地域网络拓扑图。

4. 资源管理

（1）通过网络管理软件统一管理通信网络系统内设备资产；
（2）自动更新设备资产变化并产生变更日志。

5. 安全管理

北斗地基增强系统关乎国家生命财产安全，不论是增强系统中哪一个部分都要保障数据传输的安全可靠，所以通信网络需要对增强站、数据综合处理中心等系统进行监管。

（1）升级安装增强站系统的病毒检查和杀毒软件；
（2）不得在系统中接入专线网络以外的网络；
（3）本地用户通过Console方式管理；
（4）远程用户采用加密方式管理；
（5）只有核心路由和网络管理软件可进行远程管理；
（6）设备密码设置不小于十位且满足复杂度要求；
（7）用户8min未操作自动退。

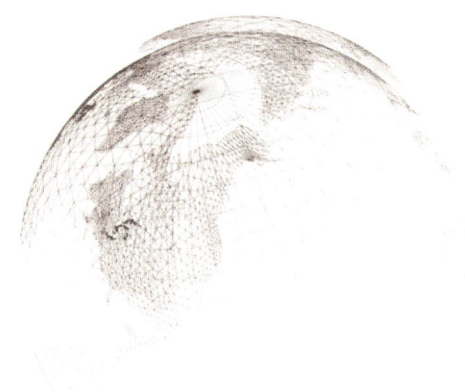

第6章

数据综合处理系统

国家数据综合处理系统是北斗地基增强系统的核心组成部分,主要由数据接收分发子系统、数据处理子系统、运维监控子系统、基础支撑平台、信息安全防护平台等组成,用于实时接收分布在全国的北斗导航增强站传送的导航卫星发射的原始观测数据,对原始观测数据进行预处理、存储、分发到行业数据处理系统,计算北斗卫星的误差改正信息,生成广域实时米级/分米级、区域实时厘米级和后处理毫米级的增强数据产品,通过数据产品播发系统对外播发提供服务。北斗地基增强系统的国家数据综合处理系统负责从北斗基准站网实时接收 BDS、GPS、GLONASS 卫星的观测数据流,生成北斗基准站观测数据文件、广域增强数据产品、区域增强数据产品、后处理高精度数据产品等,并推送至行业数据处理系统、位置服务运营平台、数据产品播发系统。

6.1 系统组成

北斗地基增强系统通过在地面按一定距离建立的若干固定北斗基准站接收北斗导航卫星发射的导航信号,经通信网络传输至数据综合处理系统,处理后产生北斗导航卫星的精密轨道和钟差、电离层修正数、后处理数据产品等信息,通过卫星、数字广播、移动通信方式等实时播发,并通过互联网提供后处理数据产品的下载服务,满足北斗卫星导航系统服务范围内广域米级和分米级、区域厘米级的实时定位和导航需求,以及后处理毫米级定位服务需求。

国家数据综合处理系统主要由数据接收分发子系统、数据处理子系统、信息安全防护平台、运维监控子系统、信息可视化子系统、基础支撑平台等部分组成,各子系统之间的关系如图6-1所示。

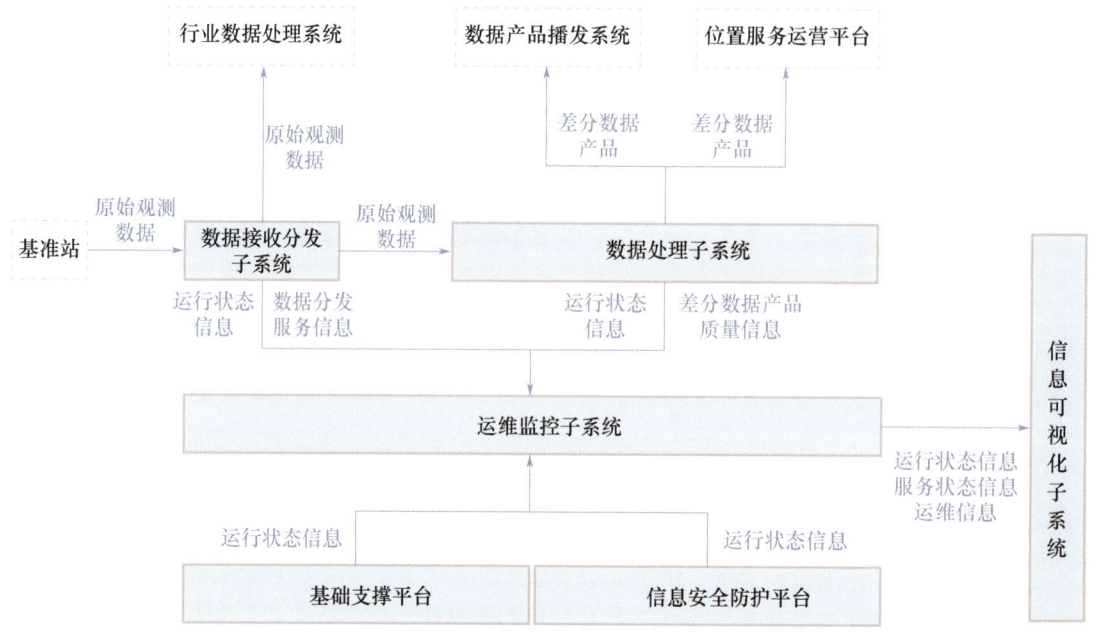

图6-1 国家数据综合处理系统组成示意图

数据接收分发子系统用于实时接收来自北斗导航增强站的北斗/GNSS卫星向地面发射的原始观测数据并对原始数据进行基本的预处理。一方面,该系统将实时原始观测数据流送到数据处理子系统进行处理,同时分发至行业数据处理系统供其处理;另一方面该系统也将北斗/GNSS卫星原始观测数据流按每天0时整至24时整处理成文本文件,送数据存储平台存储供其他系统和用户后续调用。数据接收分发子系统的运行状态信息、数据分发服务信息送运维监控子系统,供系统操作和运维人员使用。

数据处理子系统接收实时原始观测数据流后,一方面用于实时解算北斗/GNSS卫星的差分数据产品,并将其送数据播发系统和位置服务运营平台。数据处理子系统的运行状态信息、数据分发服务信息送运维监控子系统,供系统操作和运维人员使用。

信息安全防护平台为国家数据综合处理系统提供信息安全的技术保障,保障北斗地基增强系统的安全使用。

运维监控子系统接收其他子系统的运行状态信息,形成可视化信息并将可视化信息送至信息可视化子系统进行展示,并可以供系统操作和运维人员使用,也供管理部门检查工作使用。

信息可视化子系统与运维监控子系统配套使用,可以接收来自运维监控子系统的运行状态信息,并将其在个人计算机和大屏幕显示器上显示出来,供系统操作和运维人员使用,也供管理部门检查工作使用。

基础支撑平台由数据处理硬件支撑平台、数据播发及服务硬件支撑平台两部分组成,用于部署和运行上述子系统的软件和数据。基础支撑平台的运行状态信息、数据分发服务信息送运维监控子系统,供系统操作和运维人员使用。

6.2 主要功能及技术指标

6.2.1 主要功能

1. 数据存储

1) 数据存储备份功能

国家数据综合处理系统能够定期将所有来自北斗导航增强站的原始观测数据、气象仪数据、系统计算生成的各类差分数据产品、运行状态信息等,按照固定格式进行分类存储和进行本地备份,可以方便运行维护人员对北斗设备和相关系统进行相应检查与用户使用。

2) 数据管理功能

国家数据综合处理系统能够对接收到的原始观测数据、气象数据和各类差分数据产品进行分类存储与管理。该系统也能够对各系统运行状态信息(设备状态、故障告警)和系统服务性能信息进行存储管理,保障北斗数据系统运行的完好性与连续性。

2. 数据处理

1) 北斗导航增强站数据接收与预处理功能

国家数据综合处理系统能够接收并汇集所有北斗导航增强站的原始观测数据,并针对原始观测数据进行数据质量分析、清洗等预处理,为数据处理子系统提供满足数据质量要求的数据输入。

2) 差分数据产品生成功能

国家数据综合处理系统能够对所有通过预处理的北斗导航增强站原始观测数据进行数据处理,生成各类差分数据产品,满足不同种类用户对差分数据的需求;其中处理北斗导航增强站数量的能力要具有扩展性,以满足今后对数量1000级的北斗导航增强站的数据处理要求。

3) 差分数据产品质量自主监测与评估功能

国家数据综合处理系统除了上述接收、处理、产生各种差分系统产品以外,还能够对生成的各类差分数据产品进行评估,主要是在定位域利用不参加数据解算的北斗导航增强站作为监测站,对北斗广域增强的3种模式——单频伪距、单频载波相位、双频载波相位的水平和高程的定位精度进行静态测试,可选择监测站的位置、数量、时间作为变量进行统计,对出现的问题分析,属于系统自身的提出解决措施上报,经验证和批准后实施,通过上述持续的迭代,不断提高差分数据产品的质量。

3. 数据分发

1)数据接收功能

国家数据综合处理系统能够实时接收来自不少于1355个北斗导航增强站采集的北斗/GNSS卫星的原始观测数据、155个气象仪的气象"三要素"(温度、湿度、气压)数据、30个原子钟的数据等,并将这些原始观测数据进行保留与备份。

2)数据实时转发功能

国家数据综合处理系统能够将接收到的北斗导航增强站采集的原始观测数据等通过专线向行业数据处理系统进行实时转发,提供给北斗地基增强系统不同行业数据处理系统进行相关数据处理。

3)差分数据产品自动分发功能

国家数据综合处理系统能够将各类差分产品自动和实时分发至行业数据处理系统、数据播发系统、位置运营服务平台和未来接入的其他数据处理系统。

4. 运行监控

1)系统运行状态实时监测功能

该系统能够对北斗导航增强站的运行状态进行连续、实时监测,实现系统故障告警与定位;能够实时监测数据接收分发子系统、数据处理子系统、信息安全防护平台、运维监控子系统、信息可视化子系统、基础支撑平台和通信网络系统的运行状态。

2)系统服务性能实时监测与综合评估功能

国家数据综合处理系统除了能够对北斗地基增强系统运行状态进行实时监测之外,还能够对该系统所提供的各类差分服务性能进行实时监测与评估,以保证系统提供的服务质量。

3)系统运维信息管理功能

国家数据综合处理系统能够对各子系统的运行状态信息(设备状态、故障告警)和系统服务性能信息进行管理与展示,满足系统操作和运维人员的要求。

6.2.2 技术指标

1. 数据存储

北斗导航增强站数量:系统具有不少于1500个北斗导航增强站数据存储能力;

数据存储容量:≥3PB;

数据存储能力:≥15年。

2. 数据处理

北斗卫星轨道数据产品精度:(B1/B2频点)≤20cm,(MEO/IGSO)≤500cm(GEO);

北斗卫星钟差产品精度:≤0.5ns;

电离层数据产品解算精度:2~8 TECU(RMS);

支持卫星导航系统:不少于 3 个(BDS、GPS、GLONASS);
卫星处理数量:具有处理不少于 120 颗导航卫星的能力;
支持处理北斗导航增强站数量:≥1500 个;
系统可靠度:≥0.999。

3. 数据分发

北斗导航增强站数量:不少于 1500 个;
数据转发时延:<0.2s;
用户数据交换服务接口:≥100 个。

4. 运行监控

北斗导航增强站监控数量:155 个框架网北斗导航增强站,1200 个区域网北斗导航增强站;
数据播发系统监控项数量:≥10 个;
运行状态监视周期:1~60s(可选);
北斗地基增强系统故障告警时间:≤6s(暂定)。

6.3 系统工作流程及接口关系

6.3.1 系统工作流程

根据北斗地基增强系统数据处理过程,由分布在全国的北斗地基增强基站接收北斗/GNSS 系统观测数据、气象数据等相关原始数据。并将原始观测数据进行预处理产生相关需求的差分产品,并通过播发平台将差分产品提供给用户进行使用。国家数据综合处理系统工作的具体流程如图 6-2 所示。

系统具体工作流程如下:

1. 数据接收与分发

国家数据综合处理系统会接收北斗导航增强站采集的北斗(B1/B2/B3)、GPS(L1/L2/L5)、GLONASS(L1/L2)等导航卫星的系统观测数据、气象数据等,并向多个行业数据处理系统以及其他授权用户分发原始观测数据。

2. 数据存储

国家数据综合处理系统对接收到的北斗导航增强站系统观测数据、气象数据等进行实时解码、格式转换与分类归档等,形成标准格式的数据并进行存储和管理,以备调用。

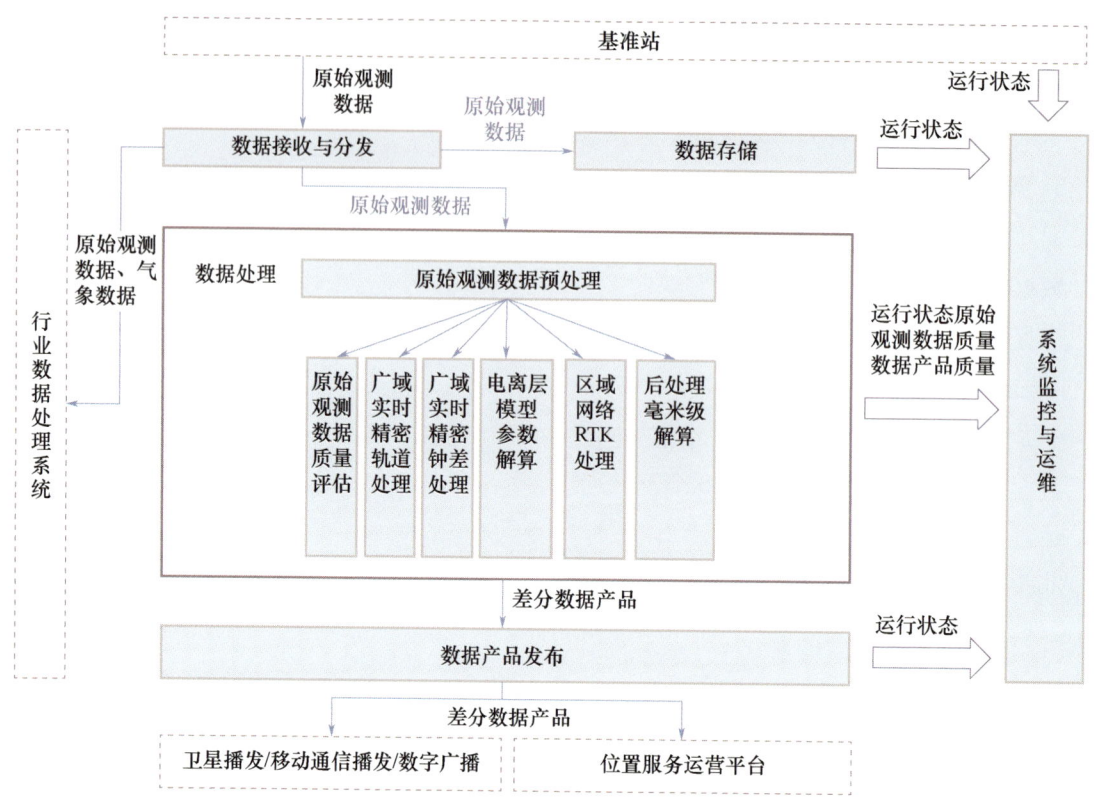

图6-2 国家数据综合处理系统工作流程图

3. 数据处理

国家数据综合处理中心在接收到原始观测数据后,首先能够对原始观测数据进行预处理,剔除不可用的观测数据,形成可供后续计算使用的原始观测数据流和文本文件。并且能够对预处理后的北斗导航增强站原始观测数据进行实时计算,包括对每颗导航卫星的轨道偏差量、钟差的预估值、电离层、对流层、区域网络RTK和后处理毫米级解算处理,相应生成北斗广域米级、分米级、区域厘米级和后处理毫米级的差分数据产品。

4. 数据产品发布

将系统生成的广域实时米级、分米级、区域厘米级和后处理毫米级的差分数据产品,按照移动通信、卫星播发、数字广播等相应的播发标准进行封装,并通过专线网络向相应的播发链路发布封装后的差分数据产品,同时向位置服务运营平台发布差分数据产品。

5. 系统监控与运维

对北斗导航增强站网络、国家数据综合处理系统等的运行状态,以及北斗导航增强站原始观测数据质量、差分数据产品质量等信息进行实时采集、监控,实现对系统运行和服务质量的监测、运维与评估。

6.3.2 系统接口设计

北斗地基增强系统中国家数据综合处理系统与其他子系统的外部接口关系如图6-3所示,主要包括国家数据综合处理系统与北斗导航增强站、行业数据处理系统(含数据备份系统)、数据播发系统等之间的外部接口,以及国家数据综合处理系统内部各子系统间的内部接口。

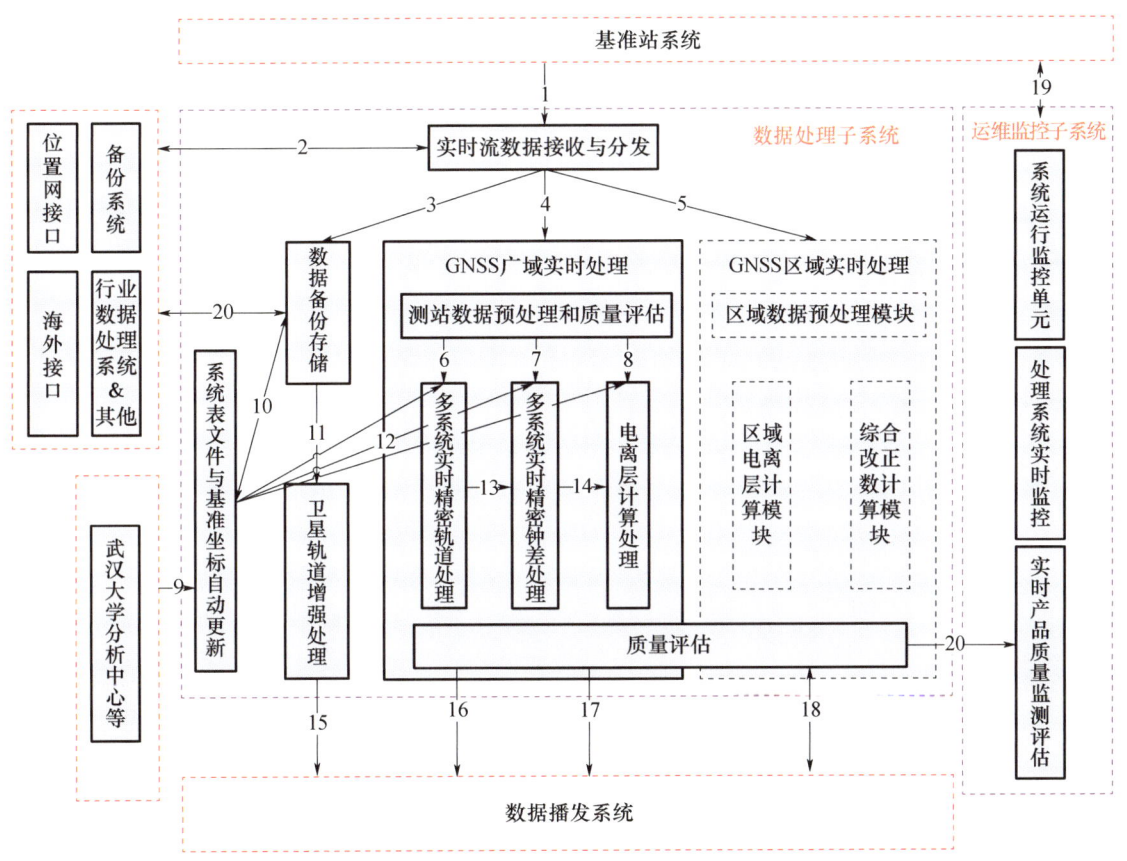

图6-3 国家数据综合处理系统接口关系图

国家数据综合处理系统与北斗导航增强站、数据播发系统、行业数据处理系统间的输入输出主要包括:

1. 国家数据综合处理系统的输入

(1)由北斗地基增强系统框架网北斗导航增强站发送的原始观测数据、气象数据;
(2)数据播发系统实时发送的处理软件运行状态信息;
(3)框架网北斗导航增强站发送的设备运行状态参数。

2. 国家数据综合处理系统的输出

(1)向数据播发系统发送各类差分数据产品;

（2）向行业数据处理系统发送原始观测数据、气象数据和差分数据产品。

国家数据综合处理系统与外部的输入输出关系见表6–1。

表6–1 国家数据综合处理系统与外部的输入输出关系表

序号	发送端	接收端	信息内容	数据格式
1	北斗导航增强站	国家数据综合处理系统	原始观测数据、北斗导航增强站工作状态、北斗导航增强站控制指令回执等	原始观测数据格式参考北斗地基增强系统工程标准《北斗地基增强系统北斗导航增强站数据格式规范》（DZB 12—2016）
2	国家数据综合处理系统	北斗导航增强站	北斗导航增强站远程控制指令等	自定义
3	国家数据综合处理系统	数据播发系统	差分数据产品	参考北斗地基增强系统工程标准《北斗地基增强系统差分数据产品分发与交换接口规范》（DZB 13—2016）
4	数据播发系统	国家数据综合处理系统	系统运行状态	自定义
5	国家数据综合处理系统	行业数据处理系统（含数据备份系统）	原始观测数据、气象数据、差分数据产品	原始观测数据格式参考北斗地基增强系统工程标准《北斗地基增强系统北斗导航增强站数据格式规范》（DZB 12—2016）；差分数据产品格式参见《北斗地基增强系统差分数据产品分发与交换接口规范》（DZB 13—2016）
6	行业数据处理系统	国家数据综合处理系统	分发的原始观测数据接收结果反馈、行业北斗导航增强站观测数据	自定义

6.3.3 系统接口电文及格式

1. 输入数据电文及格式

国家数据综合处理系统的输入数据包括：北斗增强站原始观测数据、基准站站点信息、气象数据信息、北斗增强基准站工作状态信息以及产生的差分数据监测数据等，具体输入数据的电文内容和电文格式应符合 BD 440017—2017 中第七章的具体要求。

2. 输出数据电文

1) 输出电文封装格式

北斗地基增强系统提供的数据产品按照 RTCM10403.2 的数据格式进行封装。每条电文分别进行封装（每条电文的内容长度不超过1023B）。具体数据格式如表6-2所列。

表6-2 输出电文封装格式

前导码 (8bit)	保留位 (6bit)	电文长度 (10bit)	电文内容 (≤1023B)	校验位 (24bit)

北斗地基增强数据由前导码、保留位、电文长度以及可变长度的电文内容和循环冗余校验（CRC）位组成，数据格式的内容详见表6-3。

表6-3 北斗输出数据格式内容

名称	长度	备注
前导码	8bit	固定比特"11010011"
保留位	6bit	保留字段"000000"
电文长度	10bit	值由电文内容长度确定
电文内容	0~1023B	包含电文头和电文数据内容，长度可变，最大不超过1023B，内容字节处补"0"至整字节
环冗余校验位	24bit	采用 CRC-24Q 校验算法

注：电文内容由各数据字段组成，按比特位进行拼接，若电文内容的有效比特数不为8的整数倍（内容长度非整字节），为保证差分电文内容最后一个字节的完整性，在最后的字节处补"0"至整字节；电文长度按不小于实际电文内容字节数的最小整数计算，如55.125B 按照56B 计算。

若某一条电文信息中包含电文头和数据内容，则一条电文由电文头和多条数据内容依次拼接，数据内容的条数由电文头中相应数据字段给出。电文内容的拼接如表6-4所列。

表6-4 输出电文内容拼接示意图

电文头	数据内容1	...	数据内容N

2) 输出电文类型

（1）广域差分数据电文类型。

广域差分数据电文参考标准 RTCM 10403.2，BDS 电文及电离层电文在该标准上扩展添加。不同电文类型的功能和需要传输的数据量各不相同，表6-5列出了广域播发各电文类型的名称和字节数等基本信息。

表 6-5 广域差分数据电文类型

序号	电文类型	电文名称	字节数	备注
1	1300	BDS 轨道改正电文	$8.5 + 16.875 \times N_s$	$N_s = 14$
2	1301	BDS 钟差改正电文	$8.375 + 9.5 \times N_s$	$N_s = 14$
3	1302	BDS 码偏差电文	$8.375 + 1.375 \times N_s + 2.375 \Sigma N_{CB}$	$N_s = 14$, $N_{CB}=$ 码偏序号
4	1303	BDS 组合轨道钟差改正电文	$8.5 + 25.625 \times N_s$	$N_s = 14$
5	1304	BDS URA 电文	$8.375 + 1.5 \times N_s$	$N_s = 14$
6	1305	BDS 高频钟差改正电文	$8.375 + 3.5 \times N_s$	$N_s = 14$
7	1332	BDS 电离层球面调和模型电文	$8.875 + 4.5 \times N_s$	$N_s = 14$
8	1063	GLONASS 轨道改正电文	$8.125 + 16.75 \times N_s$	$N_s = 24$
9	1064	GLONASS 钟差改正电文	$8 + 9.375 \times N_s$	$N_s = 24$
10	1065	GLONASS 码偏差电文	$8 + 1.250 \times N_s + 2.375 \Sigma N_{CB}$	$N_s = 24$, $N_{CB}=$ 码偏序号
11	1066	GLONASS 组合轨道钟差改正电文	$8.125 + 25.5 \times N_s$	$N_s = 24$
12	1067	GLONASS URA 电文	$8 + 1.375 \times N_s$	$N_s = 24$
13	1068	GLONASS 高频钟差改正电文	$8 + 3.375 \times N_s$	$N_s = 24$
14	1333	GLONASS 电离层球面调和模型电文	$8.875 + 4.5 \times N_s$	$N_s = 24$
15	1057	GPS 轨道改正电文	$8.5 + 16.875 \times N_s$	$N_s = 24$
16	1058	GPS 钟差改正电文	$8.375 + 9.5 \times N_s$	$N_s = 24$
17	1059	GPS 码偏差电文	$8.375 + 1.375 \times N_s + 2.375 \Sigma N_{CB}$	$N_s = 24$, $N_{CB}=$ 码偏序号
18	1060	GPS 组合轨道钟差改正电文	$8.5 + 25.625 \times N_s$	$N_s = 24$
19	1061	GPS URA 电文	$8.375 + 1.5 \times N_s$	$N_s = 24$
20	1062	GPS 高频钟差改正电文	$8.375 + 3.5 \times N_s$	$N_s = 24$
21	1334	GPS 电离层球面调和模型电文	$8.875 + 4.5 \times N_s$	$N_s = 24$
22	1331	电离层格网模型电文	$42 + 1.625 \times N_t$	N_t 为电离层格网点个数
23	1335	GNSS UDRA 电文	$8.375 + 1.25 \times N_s$	N_s 为 GNSS 系统卫星数量

注:1. 电文内容长度,指电文封装过程中,电文内容所占的字节数,1B = 8bit,比如 8.5B 为 $8.5 \times 8 = 68$bit;

2. N_s 为 GNSS 系统的卫星数量;

3. ΣN_{CB} 表示 GNSS 系统各卫星的码偏差数量之和;

4. N_t 为电离层格网点的个数。

（2）区域差分数据电文类型。

区域差分数据电文参考标准 RTCM 10403.2，BDS 电文以及电离层电文在该标准上扩展添加。不同电文类型的功能和需要的数据量也各不相同，表 6-6 列举出了区域播发各电文类型的名称和字节数等相关基本信息。

表 6-6 区域差分数据电文类型

序号	电文类型	电文名称	字节数	备注
1	1350	BDS 电离层改正电文	$9.5 + 3.5 \times N_s$	$N_s = 14$
2	1351	BDS 几何改正电文	$9.5 + 4.5 \times N_s$	$N_s = 14$
3	1352	BDS 几何与电离层改正电文	$9.5 + 6.625 \times N_s$	$N_s = 14$
4	1353	BDS 网络 RTK 残差电文	$7 + 6.125 \times N_s$	$N_s = 14$
5	1354	BDS 网络 FKP 梯度电文	$6.125 + 8.25 \times N_s$	$N_s = 14$
6	1339	BDS 星历电文	66	—
7	1009	GLONASS L1 RTK 观测值	$7.625 + 8 \times N_s$	$N_s = 24$
8	1010	扩展的 GLONASS L1 RTK 观测值	$7.625 + 9.875 \times N_s$	$N_s = 24$
9	1011	GLONASS L1&L2 RTK 观测值	$7.625 + 13.375 \times N_s$	$N_s = 24$
10	1012	扩展的 GLONASS L1&L2 RTK 观测值	$7.625 + 16.25 \times N_s$	$N_s = 24$
11	1014	网络主辅站信息	14.625	—
12	1031	GLONASS 网络 RTK 残差电文	$6.625 + 6.125 \times N_s$	$N_s = 24$
13	1035	GLONASS 网络 FKP 梯度电文	$5.75 + 8.25 \times N_s$	$N_s = 24$
14	1037	GLONASS 电离层改正值偏差	$9.125 + 3.5 \times N_s$	$N_s = 24$
15	1038	GLONASS 几何改正值偏差	$9.125 + 4.5 \times N_s$	$N_s = 24$
16	1039	GLONASS 几何与电离层改正值偏差	$9.125 + 6.625 \times N_s$	$N_s = 24$
17	1020	GLONASS 星历电文	45	—
18	1001	GPS L1 RTK 观测值	$8.00 + 7.25 \times N_s$	$N_s = 24$
19	1002	扩展的 GPS L1 RTK 观测值	$8.00 + 9.25 \times N_s$	$N_s = 24$
20	1003	GPS L1&L2 RTK 观测值	$8.00 + 12.625 \times N_s$	$N_s = 24$
21	1004	扩展的 GPS L1&L2 RTK 观测值	$8.00 + 15.625 \times N_s$	$N_s = 24$
22	1015	GPS 电离层改正值偏差	$9.5 + 3.5 \times N_s$	$N_s = 24$
23	1016	GPS 几何改正值偏差	$9.5 + 4.5 \times N_s$	$N_s = 24$
24	1017	GPS 几何与电离层改正值偏差	$9.5 + 6.625 \times N_s$	$N_s = 24$
25	1030	GPS 网络 RTK 残差电文	$7 + 6.125 \times N_s$	$N_s = 24$
26	1034	GPS 网络 FKP 梯度电文	$6.125 + 8.25 \times N_s$	$N_s = 24$

续表

序号	电文类型	电文名称	字节数	备注
27	1019	GPS 星历电文	61	—
28	1121	BDS MSM1	$169 + N_{sat} \times (10 + 16 \times N_{sig})$	$N_s = 14$
29	1122	BDS MSM2	$169 + N_{sat} \times (10 + 28 \times N_{sig})$	$N_s = 14$
30	1123	BDS MSM3	$169 + N_{sat} \times (10 + 43 \times N_{sig})$	$N_s = 14$
31	1124	BDS MSM4	$169 + N_{sat} \times (18 + 49 \times N_{sig})$	$N_s = 14$
32	1125	BDS MSM5	$169 + N_{sat} \times (36 + 64 \times N_{sig})$	$N_s = 14$
33	1126	BDS MSM6	$169 + N_{sat} \times (18 + 66 \times N_{sig})$	$N_s = 24$
34	1127	BDS MSM7	$169 + N_{sat} \times (36 + 81 \times N_{sig})$	$N_s = 24$
35	1081	GLONASS MSM1	$169 + N_{sat} \times (10 + 16 \times N_{sig})$	$N_s = 24$
36	1082	GLONASS MSM2	$169 + N_{sat} \times (10 + 28 \times N_{sig})$	$N_s = 24$
37	1083	GLONASS MSM3	$169 + N_{sat} \times (10 + 43 \times N_{sig})$	$N_s = 24$
38	1084	GLONASS MSM4	$169 + N_{sat} \times (18 + 49 \times N_{sig})$	$N_s = 24$
39	1085	GLONASS MSM5	$169 + N_{sat} \times (36 + 64 \times N_{sig})$	$N_s = 24$
40	1086	GLONASS MSM6	$169 + N_{sat} \times (18 + 66 \times N_{sig})$	$N_s = 24$
41	1087	GLONASS MSM7	$169 + N_{sat} \times (36 + 81 \times N_{sig})$	$N_s = 24$
42	1071	GPS MSM1	$169 + N_{sat} \times (10 + 16 \times N_{sig})$	$N_s = 24$
43	1072	GPS MSM2	$169 + N_{sat} \times (10 + 28 \times N_{sig})$	$N_s = 24$
44	1073	GPS MSM3	$169 + N_{sat} \times (10 + 43 \times N_{sig})$	$N_s = 24$
45	1074	GPS MSM4	$169 + N_{sat} \times (18 + 49 \times N_{sig})$	$N_s = 24$
46	1075	GPS MSM5	$169 + N_{sat} \times (36 + 64 \times N_{sig})$	$N_s = 24$
47	1076	GPS MSM6	$169 + N_{sat} \times (18 + 66 \times N_{sig})$	$N_s = 24$
48	1077	GPS MSM7	$169 + N_{sat} \times (36 + 81 \times N_{sig})$	$N_s = 24$

注：1. 电文内容长度，指电文封装过程中，电文内容所占的字节数，1B=8bit，比如 8.5B 为 $8.5 \times 8 = 68$bit；

2. N_s 为 GNSS 系统的卫星数量；

3. B1/B2/B3 分别指 BDS 卫星的 B1/B2/B3 频段；

4. L1/L2 分别指 GPS/GLONASS 卫星的 L1/L2 频段。

3. 输出数据电文格式

1）BDS 广域差分数据电文

（1）电文类型。BDS 广域差分数据电文主要包括 BDS 轨道改正电文、BDS 钟差改正电文、

BDS 码偏差电文、BDS 组合轨道钟差改正电文、BDS URA 电文、BDS 高频钟差改正电文以及 BDS 电离层球面调和模型电文等,用于提供 BDS 卫星的钟差改正、轨道改正等信息。BDS 广域差分数据电文的基本类型见表 6-7。

表 6-7 BDS 广域差分数据电文基本类型

电文类型	内容	字节数	备注
1300	轨道改正电文	$8.5 + 16.875 \times N_s$	$N_s = 14$
1301	钟差改正电文	$8.375 + 9.5 \times N_s$	$N_s = 14$
1302	码偏差电文	$8.375 + 1.375 \times N_s + 2.375\Sigma N_{CB}$	$N_s = 14, N_{CB} = $ 码偏序号
1303	组合轨道钟差改正电文	$8.5 + 25.625 \times N_s$	$N_s = 14$
1304	BDS URA 电文	$8.375 + 1.5 \times N_s$	$N_s = 14$
1306	高频钟差改正电文	$8.375 + 3.5 \times N_s$	$N_s = 14$
1227	电离层球面调和模型电文	$8.875 + 4.5 \times N_s$	—

(2)BDS 轨道改正电文。BDS 轨道改正电文包括了径向、切向和垂直轨迹方向(法向)改正量,可用于计算卫星的位置改正,对于广播星历计算得到的卫星位置进行改正后,得到精确卫星轨道。BDS 轨道改正电文包含电文头和数据内容两部分。BDS 轨道改正电文的电文头部分见表 6-8。

表 6-8 BDS 轨道改正电文的电文头格式

数据字段	数据字段号	数据类型	比特数	备注
电文编号	DF002	uint12	12	电文编号 1300
BDS 历元时间 1s	DF549	uint20	20	—
SSR 更新间隔	DF391	bit(4)	4	—
多种电文标识	DF388	bit(1)	1	—
卫星参考基准	DF375	bit(1)	1	—
IOD SSR	DF413	uint4	4	—
SSR 提供者 ID	DF414	uint16	16	—
SSR 解算 ID	DF415	uint4	4	—
卫星数	DF387	uint6	6	—
合计			68	—

BDS 轨道改正电文的数据内容部分见表 6-9。

表6-9 BDS轨道改正电文的数据内容

数据字段	数据字段号	数据类型	比特数	备注
BDS卫星号	DF532	uint6	6	—
BDS星历数据龄期(IODE)	DF541	bit(8)	8	—
轨道面径向改正值	DF365	int22	22	—
轨道面切向改正值	DF366	int20	20	—
轨道面法向改正值	DF367	int20	20	—
轨道面径向改正值变化率	DF368	int21	21	—
轨道面切向改正值变化率	DF369	int19	19	—
轨道面法向改正值变化率	DF370	int19	19	—
合计			135	—

(3) BDS钟差改正电文。BDS钟差改正电文主要是对BDS卫星导航电文中的卫星钟差进行改正,卫星钟差改正信息包括对广播星历卫星钟差改正量。BDS钟差改正电文包含电文头和数据内容两部分。BDS钟差改正电文的电文头部分见表6-10。

表6-10 BDS钟差改正电文的电文头

数据字段	数据字段号	数据类型	比特数	备注
电文类型号	DF002	uint12	12	电文编号1301
BDS历元时间1s	DF549	uint20	20	—
SSR更新间隔	DF391	bit(4)	4	—
多种电文标识	DF388	bit(1)	1	—
IOD SSR	DF413	uint4	4	—
SSR提供者ID	DF414	uint16	16	—
SSR解算ID	DF415	uint4	4	—
卫星数	DF387	uint6	6	—
合计			68	—

BDS组合轨道钟差改正电文的数据内容部分见表6-11。

表6-11　BDS钟差改正电文的数据内容

数据字段	数据字段号	数据类型	比特数	备注
BDS 卫星号	DF532	uint6	6	—
BDS IODE	DF541	bit(8)	8	—
轨道面径向改正值	DF365	int22	22	—
轨道面切向改正值	DF366	int20	20	—
轨道面法向改正值	DF367	int20	20	—
轨道面径向改正值变化率	DF368	int21	21	—
轨道面切向改正值变化率	DF369	int19	19	—
轨道面法向改正值变化率	DF370	int19	19	—
钟差改正系数 C0	DF376	int22	22	—
钟差改正系数 C1	DF377	int21	21	—
钟差改正系数 C2	DF378	int27	27	—
合计			205	—

(4) BDS 码偏差电文。BDS 码偏差电文使用信号和跟踪模式标志来描述实际信号的特性。BDS 码偏差电文包含电文头和数据内容两部分，其中数据内容由卫星数据和码数据组成。BDS 码偏差电文的电文头部分见表6-12。

表6-12　BDS 码偏差电文的电文头

数据字段	数据字段号	数据类型	比特数	备注
电文编号	DF002	uint12	12	电文编号 1302
BDS 历元时间 1s	DF549	uint20	20	—
SSR 更新间隔	DF391	bit(4)	4	—
多种电文标识	DF388	bit(1)	1	—
IOD SSR	DF413	uint4	4	—
SSR 提供者 ID	DF414	uint16	16	—
SSR 解算 ID	DF415	uint4	4	—
卫星数	DF387	uint6	6	—
合计			67	—

每颗卫星的 BDS 码偏差电文的数据内容包含一条卫星数据和多条码数据，卫星数据和多条码数据依次拼接成卫星的码偏差电文的数据内容。BDS 码偏差电文的卫星数据内容部分见表6-13。

表6-13 BDS码偏差电文的卫星数据内容

数据字段	数据字段号	数据类型	比特数	备注
BDS卫星号	DF532	uint6	6	—
码偏差数量	DF379	uint5	5	后接码偏差信息总数
合计			11	—

BDS码偏差电文的码数据内容部分见表6-14。

表6-14 BDS码偏差电文的码数据内容

数据字段	数据字段号	数据类型	比特数	备注
BDS信号及其跟踪模式	DF548	uint5	5	—
码偏差	DF383	uint14	14	—
合计			19	—

（5）BDS组合轨道钟差改正电文。卫星钟差和轨道改正数据一起发送可以减少播发数据量，并维持轨道和钟差改正数据一致性。钟差和轨道改正电文要求轨道和钟差改正数据的更新间隔一致，BDS组合轨道钟差改正电文包含电文头和数据内容等两部分。BDS组合轨道钟差改正电文的电文头部分见表6-15。BDS组合轨道钟差电文的数据内容见表6-16。

表6-15 BDS组合轨道钟差改正电文的电文头

数据字段	数据字段号	数据类型	比特数	备注
电文类型号	DF002	uint12	12	电文编号1303
BDS历元时间1s	DF549	uint20	20	—
SSR更新间隔	DF391	bit(4)	4	—
多种电文标识	DF388	bit(1)	1	—
卫星参考基准	DF375	bit(1)	1	—
IOD SSR	DF413	uint4	4	—
SSR提供者ID	DF414	uint16	16	—
SSR解算ID	DF415	uint4	4	—
卫星数	DF387	uint6	6	—
合计			68	—

表 6–16 BDS 组合轨道钟差电文的数据内容

数据字段	数据字段号	数据类型	比特数	备注
BDS 卫星号	DF532	uint6	6	—
BDS IODE	DF541	bit(8)	8	—
轨道面径向改正值	DF365	int22	22	—
轨道面切向改正值	DF366	int20	20	—
轨道面法向改正值	DF367	int20	20	—
轨道面径向改正值变化率	DF368	int21	21	—
轨道面切向改正值变化率	DF369	int19	19	—
轨道面法向改正值变化率	DF370	int19	19	—
钟差改正系数 C0	DF376	int22	22	—
钟差改正系数 C1	DF377	int21	21	—
钟差改正系数 C2	DF378	int27	27	—
合计			205	—

（6）BDS URA 电文。钟差与轨道径向状态参数相关，其数据质量用用户距离精度（URA）来描述，并通过 URA 电文播发，以满足数据高分辨率小数值以及低分辨率大数值的使用要求。BDS URA 电文包含电文头和数据内容两部分。BDS URA 电文的电文头见表 6–17。

表 6–17 BDS URA 电文的电文头

数据字段	数据字段号	数据类型	比特数	备注
电文编号	DF002	uint12	12	电文编号 1304
BDS 历元时间 1s	DF549	uint20	20	—
SSR 更新间隔	DF391	bit(4)	4	—
多种电文标识	DF388	bit(1)	1	—
IOD SSR	DF413	uint4	4	—
SSR 提供者 ID	DF414	uint16	16	—
SSR 解算 ID	DF415	uint4	4	—
卫星数	DF387	uint6	6	—
合计			67	—

BDS URA 电文的数据内容部分见表 6–18。

表6-18 BDS URA 电文的数据内容

数据字段	数据字段号	数据类型	比特数	备注
BDS 卫星号	DF532	uint6	6	—
URA	DF389	bit(6)	6	—
合计			12	—

(7) BDS 高频钟差改正电文。使用高频钟差改正电文可以获得高分辨率和高更新率的卫星钟差信息。钟差改正电文与高频钟差改正电文一起，共同对卫星时钟进行改正。高频钟差改正电文要加入到相应的钟差改正电文中。BDS 高频钟差改正电文包含电文头和数据内容两部分。BDS 高频钟差改正电文的电文头部分见表6-19。

表6-19 BDS 高频钟差改正电文的电文头

数据字段	数据字段号	数据类型	比特数	备注
电文编号	DF002	uint12	12	电文编号 1305
BDS 历元时间 1s	DF549	uint20	20	—
SSR 更新间隔	DF391	bit(4)	4	—
多种电文标识	DF388	bit(1)	1	—
IOD SSR	DF413	uint4	4	—
SSR 提供者 ID	DF414	uint16	16	—
SSR 解算 ID	DF415	uint4	4	—
卫星数	DF387	uint6	6	—
合计			67	—

BDS 高频钟差改正电文的数据内容部分见表6-20。

表6-20 BDS 高频钟差改正电文的数据内容

数据字段	数据字段号	数据类型	比特数	备注
BDS 卫星号	DF532	uint6	6	—
高频钟差改正	DF390	int22	22	—
合计			28	—

(8) BDS 电离层球面调和模型电文。BDS 电离层球面调和模型电文的电文头部分见表6-21。

表 6 – 21　BDS 电离层球面调和模型电文的电文头

数据字段	数据字段号	数据类型	比特数	备注
电文编号	DF002	uint12	12	电文编号 1332
BDS 历元时间 1s	DF549	uint20	20	—
SSR 更新间隔	DF391	bit(4)	4	—
多种电文标识	DF388	bit(1)	1	—
IOD SSR	DF413	uint4	4	—
SSR 提供者 ID	DF414	uint16	16	—
SSR 解算 ID	DF415	uint4	4	—
电离层高度	DF501	uint7	7	—
球谐次数	DF502	uint4	4	—
球谐阶数	DF503	uint4	4	—
合计			76	—

BDS 电离层球面调和模型电文的余弦系数见表 6 – 22。

表 6 – 22　BDS 电离层球面调和模型电文的余弦系数

数据字段	数据字段号	数据类型	比特数	备注
球谐系数 C	DF504	int18	18	—
合计			18	—

BDS 电离层球面调和模型电文的正弦系数见表 6 – 23。

表 6 – 23　BDS 电离层球面调和模型电文的正弦系数

数据字段	数据字段号	数据类型	比特数	备注
球谐系数 S	DF505	int18	18	—
合计			18	—

2）GLONASS 广域差分数据电文

（1）电文类型。GLONASS 广域差分数据电文主要包含 GLONASS 轨道改正电文、GLONASS 钟差改正电文、GLONASS 码偏差电文、GLONASS 组合轨道钟差改正电文、GLONASS URA 电文、GLONASS 高频钟差改正电文以及 GLONASS 电离层球面调和模型电文等。GLONASS 广域差分数据电文的基本类型见表 6 – 24。

表 6-24 GLONASS 广域差分数据电文类型

电文类型	内容	字节数	备注
1063	GLONASS 轨道改正电文	$8.125 + 16.75 \times N_s$	$N_s = 24$
1064	GLONASS 钟差改正电文	$8 + 9.375 \times N_s$	$N_s = 24$
1065	GLONASS 码偏差电文	$8 + 1.250 \times N_s + 2.375 \Sigma N_{CB}$	$N_s = 24, N_{CB} =$ 码偏序号
1066	GLONASS 组合轨道钟差改正电文	$8.125 + 25.5 \times N_s$	$N_s = 24$
1067	GLONASS URA 电文	$8 + 1.375 \times N_s$	$N_s = 24$
1068	GLONASS 高频钟差改正电文	$8 + 3.375 \times N_s$	$N_s = 24$
1228	GLONASS 电离层球面调和模型电文	$8.875 + 4.5 \times N_s$	$N_s = 24$

（2）GLONASS 轨道改正电文。GLONASS 轨道改正电文包括了径向、切向和垂直轨迹方向（法向）改正量，可用于计算卫星的位置改正，对于广播星历计算得到的卫星位置进行改正后，得到精确卫星轨道。GLONASS 轨道改正电文包含电文头和数据内容两部分。GLONASS 轨道改正电文的电文头部分见表 6-25。

表 6-25 GLONASS 轨道改正电文的电文头

数据字段	数据字段号	数据类型	比特数	备注
电文编号	DF002	uint12	12	电文编号 1063
GLONASS 历元时间 1s	DF386	uint17	17	—
SSR 更新间隔	DF391	bit(4)	4	—
多种电文标识	DF388	bit(1)	1	—
卫星参考基准	DF375	bit(1)	1	—
IOD SSR	DF413	uint4	4	—
SSR 提供者 ID	DF414	uint16	16	—
SSR 解算 ID	DF415	uint4	4	—
卫星数	DF387	uint6	6	—
合计			65	—

GLONASS 轨道改正电文的数据内容部分见表 6-26。

表 6-26　GLONASS 轨道改正电文的数据内容

数据字段	数据字段号	数据类型	比特数	备注
GLONASS 卫星 ID	DF384	uint5	5	—
GLONASS IOD	DF392	bit(8)	8	—
径向改正系数	DF365	int22	22	—
切向改正系数	DF366	int20	20	—
法向改正系数	DF367	int20	20	—
径向改正系数率	DF368	int21	21	—
切向改正系数率	DF369	int19	19	—
法向改正系数率	DF370	int19	19	—
合计			134	—

（3）GLONASS 钟差改正电文。GLONASS 钟差改正电文主要是对 GLONASS 卫星导航电文中的卫星钟差进行改正，卫星钟差改正信息包括对广播星历卫星钟差改正量。GLONASS 卫星钟差改正电文包含电文头和数据内容两部分。GLONASS 钟差改正电文的电文头部分见表 6-27。

表 6-27　GLONASS 钟差改正电文的电文头

数据字段	数据字段号	数据类型	比特数	备注
电文编号	DF002	uint12	12	电文编号 1064
GLONASS 历元时间 1s	DF386	uint17	17	—
SSR 更新间隔	DF391	bit(4)	4	—
多种电文标识	DF388	bit(1)	1	—
IOD SSR	DF413	uint4	4	—
SSR 提供者 ID	DF414	uint16	16	—
SSR 解算 ID	DF415	uint4	4	—
卫星数	DF387	uint6	6	—
合计			64	—

GLONASS 钟差改正电文的数据内容部分见表 6-28。

表 6-28 GLONASS 钟差改正电文的数据内容

数据字段	数据字段号	数据类型	比特数	备注
GLONASS 卫星 ID	DF384	uint5	5	—
钟差改正系数 C0	DF376	int22	22	—
钟差改正系数 C1	DF377	int21	21	—
钟差改正系数 C2	DF378	int27	27	—
合计			75	—

(4) GLONASS 码偏差电文。GLONASS 码偏差电文使用信号和跟踪模式标志来描述实际信号的特性。GLONASS 码偏差电文包含电文头和数据内容两部分,其中数据内容由卫星数据和码数据组成。GLONASS 码偏差电文的电文头部分见表 6-29。

表 6-29 GLONASS 码偏差电文的电文头

数据字段	数据字段号	数据类型	比特数	备注
电文编号	DF002	uint12	12	电文编号 1065
GLONASS 历元时间 1s	DF386	Uint17	17	—
SSR 更新间隔	DF391	bit(4)	4	—
多种电文标识	DF388	bit(1)	1	—
IOD SSR	DF413	uint4	4	—
SSR 提供者 ID	DF414	uint16	16	—
SSR 解算 ID	DF415	uint4	4	—
卫星数	DF387	uint6	6	—
合计			64	—

GLONASS 码偏差电文的卫星数据内容部分见表 6-30。

表 6-30 GLONASS 码偏差电文的卫星数据内容

数据字段	数据字段号	数据类型	比特数	备注
GLONASS 卫星 ID	DF384	uint5	5	—
码偏差数量	DF379	uint5	5	后接码偏差信息总数
合计			10	—

GLONASS 码偏差电文的码数据内容部分见表 6-31。

表 6-31　GLONASS 码偏差电文的码数据内容

数据字段	数据字段号	数据类型	比特数	备注
GLONASS 卫星和跟踪模式指标	DF381	uint5	5	—
码偏差	DF383	int14	14	—
合计			19	—

(5) GLONASS 组合轨道钟差改正电文。卫星钟差和轨道改正数据一起发送可以减少播发数据量,并维持轨道和钟差改正数据一致性。钟差和轨道改正电文要求轨道和钟差改正数据的更新间隔一致,GLONASS 组合轨道钟差改正电文包含电文头和数据内容两部分。GLONASS 组合轨道钟差改正电文的电文头部分见表 6-32。

表 6-32　GLONASS 组合轨道钟差改正电文的电文头

数据字段	数据字段号	数据类型	比特数	备注
电文编号	DF002	uint12	12	电文编号 1066
GLONASS 历元时间 1s	DF386	uint17	17	—
SSR 更新间隔	DF391	bit(4)	4	—
多种电文标识	DF388	bit(1)	1	—
卫星参考基准	DF375	bit(1)	1	—
IOD SSR	DF413	uint4	4	—
SSR 提供者 ID	DF414	uint16	16	—
SSR 解算 ID	DF415	uint4	4	—
卫星数	DF387	uint6	6	—
合计			65	—

GLONASS 组合轨道钟差改正电文的数据内容部分见表 6-33。

表 6-33　GLONASS 组合轨道钟差改正电文的数据内容

数据字段	数据字段号	数据类型	比特数	备注
GLONASS 卫星 ID	DF384	uint5	5	—
GLONASS IOD	DF392	bit(8)	8	—
径向改正系数	DF365	int22	22	—
切向改正系数	DF366	int20	20	—
法向改正系数	DF367	int20	20	—
径向改正系数率	DF368	int21	21	—
切向改正系数率	DF369	int19	19	—

续表

数据字段	数据字段号	数据类型	比特数	备注
法向改正系数率	DF370	int19	19	—
钟差改正系数 C0	DF376	int22	22	—
钟差改正系数 C1	DF377	int21	21	—
钟差改正系数 C2	DF378	int27	27	—
合计			204	—

（6）GLONASS URA 电文。钟差与轨道径向状态参数相关，其数据质量用 URA 来描述，并通过 URA 电文播发，以满足数据高分辨率小数值以及低分辨率大数值的使用要求。GLONASS URA 电文包含电文头和数据内容两部分。GLONASS URA 电文的电文头部分见表 6-34。

表 6-34　GLONASS URA 电文的电文头

数据字段	数据字段号	数据类型	比特数	备注
电文编号	DF002	uint12	12	电文编号 1067
GLONASS 历元时间 1s	DF386	uint17	17	—
SSR 更新间隔	DF391	bit(4)	4	—
多种电文标识	DF388	bit(1)	1	—
IOD SSR	DF413	uint4	4	—
SSR 提供者 ID	DF414	uint16	16	—
SSR 解算 ID	DF415	uint4	4	—
卫星数	DF387	uint6	6	—
合计			64	—

GLONASS URA 电文的数据内容部分见表 6-35。

表 6-35　GLONASS URA 电文的数据内容

数据字段	数据字段号	数据类型	比特数	备注
GLONASS 卫星 ID	DF384	uint5	5	—
URA	DF389	bit(6)	6	—
合计			11	—

（7）GLONASS 高频钟差改正电文。使用高频钟差改正电文可以获得高分辨率和高更新率的卫星钟差信息。钟差改正电文与高频钟差改正电文一起，共同对卫星时钟进行改正。高频钟差改正电文要加入到相应的钟差改正电文中。GLONASS 高频钟差改正电文包含电文头和数据内容两部分。GLONASS 高频钟差改正电文的电文头部分见表 6-36。

表6-36 GLONASS高频钟差改正电文的电文头

数据字段	数据字段号	数据类型	比特数	备注
电文编号	DF002	uint12	12	电文编号1068
GLONASS 历元时间1s	DF386	uint17	17	—
SSR 更新间隔	DF391	bit(4)	4	—
多种电文标识	DF388	bit(1)	1	—
IOD SSR	DF413	uint4	4	—
SSR 提供者 ID	DF414	uint16	16	—
SSR 解算 ID	DF415	uint4	4	—
卫星数	DF387	Uint6	6	—
合计			64	—

GLONASS高频钟差改正电文的数据内容部分见表6-37。

表6-37 GLONASS高频钟差改正电文的数据内容

数据字段	数据字段号	数据类型	比特数	备注
GLONASS 卫星 ID	DF384	uint5	5	—
高频钟差改正	DF390	int22	22	—
合计			27	—

（8）GLONASS电离层球面调和模型电文。GLONASS电离层球面调和模型电文的电文头部分见表6-38。

表6-38 GLONASS电离层球面调和模型电文的电文头

数据字段	数据字段号	数据类型	比特数	备注
电文编号	DF002	uint12	12	电文编号1333
GLONASS 历元时间1s	DF386	uint17	17	—
SSR 更新间隔	DF391	bit(4)	4	—
多种电文标识	DF388	bit(1)	1	—
IOD SSR	DF413	uint4	4	—
SSR 提供者 ID	DF414	uint16	16	—
SSR 解算 ID	DF415	uint4	4	—
电离层高度	DF501	uint7	7	—
球谐次数	DF502	uint4	4	—
球谐阶数	DF503	uint4	4	—
合计			76	—

GLONASS 电离层球面调和模型电文的余弦系数见表 6-39。

表 6-39 GLONASS 电离层球面调和模型电文的余弦系数

数据字段	数据字段号	数据类型	比特数	备注
球谐系数 C	DF504	int18	18	—
合计			18	—

GLONASS 电离层球面调和模型电文的正弦系数见表 6-40。

表 6-40 GLONASS 电离层球面调和模型电文的正弦系数

数据字段	数据字段号	数据类型	比特数	备注
球谐系数 S	DF505	int18	18	—
合计			18	—

3) GPS 广域差分数据电文

（1）电文类型。GPS 广域差分数据电文主要包含 GPS 轨道改正电文、GPS 钟差改正电文、GPS 码偏差电文、GPS 组合轨道钟差改正电文、GPS URA 电文、GPS 高频钟差改正电文及 BDS 电离层球面调和模型电文等，用于提供 GPS 卫星的钟差改正、轨道改正等信息。GPS 广域差分数据电文的基本类型见表 6-41。

表 6-41 GPS 广域差分数据电文类型

电文类型	内容	字节数	备注
1057	GPS 轨道改正电文	$8.5 + 16.875 \times N_s$	$N_s = 24$
1058	GPS 钟差改正电文	$8.375 + 9.5 \times N_s$	$N_s = 24$
1059	GPS 码偏差电文	$8.375 + 1.375 \times N_s + 2.375 \Sigma N_{CB}$	$N_s = 24, N_{CB} =$ 码偏序号
1060	GPS 组合轨道钟差改正电文	$8.5 + 25.625 \times N_s$	$N_s = 24$
1061	GPS URA 电文	$8.375 + 1.5 \times N_s$	$N_s = 24$
1062	GPS 高频钟差改正电文	$8.375 + 3.5 \times N_s$	$N_s = 24$
1229	GPS 电离层球面调和模型电文	$8.875 + 4.5 \times N_s$	$N_s = 24$

（2）GPS 轨道改正电文。GPS 轨道改正电文包括了径向、切向和垂直轨迹方向（法向）改正量，可用于计算卫星的位置改正，对于广播星历计算得到的卫星位置进行改正后，得到精确卫星轨道。GPS 轨道改正电文包含电文头和数据内容两部分。GPS 轨道改正电文的电文头部分见表 6-42。

表 6-42 GPS 轨道改正电文的电文头

数据字段	数据字段号	数据类型	比特数	备注
电文编号	DF002	uint12	12	电文编号 1057
GPS 历元时间 1s	DF385	uint20	20	—
SSR 更新间隔	DF391	bit(4)	4	—
多种电文标识	DF388	bit(1)	1	—
卫星参考基准	DF375	bit(1)	1	—
IOD SSR	DF413	uint4	4	—
SSR 提供者 ID	DF414	uint16	16	—
SSR 解算 ID	DF415	uint4	4	—
卫星数	DF387	uint6	6	—
合计			68	—

GPS 轨道改正电文的数据内容部分见表 6-43。

表 6-43 GPS 轨道改正电文的数据内容

数据字段	数据字段号	数据类型	比特数	备注
GPS 卫星 ID	DF068	uint6	6	—
GPS IOD	DF071	uint8	8	—
径向改正系数	DF365	int22	22	—
切向改正系数	DF366	int20	20	—
法向改正系数	DF367	int20	20	—
径向改正系数率	DF368	int21	21	—
切向改正系数率	DF369	int19	19	—
法向改正系数率	DF370	int19	19	—
合计			135	—

（3）GPS 钟差改正电文。GPS 钟差改正电文主要是对 GPS 卫星导航电文中的卫星钟差进行改正，卫星钟差改正信息包括对广播星历卫星钟差改正量。GPS 钟差改正电文包含电文头和数据内容两部分。GPS 钟差改正电文的电文头部分见表 6-44。

表 6-44　GPS 钟差改正电文的电文头

数据字段	数据字段号	数据类型	比特数	备注
电文编号	DF002	uint12	12	电文编号 1058
GPS 历元时间 1s	DF385	uint20	20	—
SSR 更新间隔	DF391	bit(4)	4	—
多种电文标识	DF388	bit(1)	1	—
IOD SSR	DF413	uint4	4	—
SSR 提供者 ID	DF414	uint16	16	—
SSR 解算 ID	DF415	uint4	4	—
卫星数	DF387	uint6	6	—
合计			67	—

GPS 卫星钟差改正电文的数据内容部分见表 6-45。

表 6-45　GPS 钟差改正电文的数据内容

数据字段	数据字段号	数据类型	比特数	备注
GPS 卫星 ID	DF068	uint6	6	—
钟差改正系数 C0	DF376	int22	22	—
钟差改正系数 C1	DF377	int21	21	—
钟差改正系数 C2	DF378	int27	27	—
合计			76	—

(4) GPS 码偏差电文。GPS 码偏差电文使用信号和跟踪模式标志来描述实际信号的特性。GPS 码偏差电文包含电文头和数据内容两部分，其中数据内容由卫星数据和码数据组成。GPS 码偏差电文的电文头部分见表 6-46。

表 6-46　GPS 码偏差电文的电文头

数据字段	数据字段号	数据类型	比特数	备注
电文编号	DF002	uint12	12	电文类型 1059
GPS 历元时间 1s	DF385	uint20	20	—
SSR 更新间隔	DF391	bit(4)	4	—
多种电文标识	DF388	bit(1)	1	—
IOD SSR	DF413	uint4	4	—
SSR 提供者 ID	DF414	uint16	16	—
SSR 解算 ID	DF415	uint4	4	—
卫星数	DF387	uint6	6	后接卫星数据体总数量
合计			67	—

GPS 码偏差电文的卫星数据内容部分见表 6-47。

表 6-47　GPS 码偏差电文的卫星数据内容

数据字段	数据字段号	数据类型	比特数	备注
GPS 卫星 ID	DF068	uint6	6	—
码偏差数量	DF379	uint5	5	后接码偏差信息总数
合计			11	—

GPS 码偏差电文的码数据内容部分见表 6-48。

表 6-48　GPS 码偏差电文的码数据内容

数据字段	数据字段号	数据类型	比特数	备注
GPS 卫星和跟踪模式指标	DF380	uint5	5	—
码偏差	DF383	uint14	14	—
合计			19	—

（5）GPS 组合轨道钟差改正电文。卫星钟差和轨道改正数据一起发送可以减少播发数据量，并维持轨道和钟差改正数据一致性。钟差和轨道改正电文要求轨道和钟差改正数据的更新间隔一致，GPS 组合轨道钟差改正电文包含电文头和数据内容等两部分。GPS 组合轨道钟差改正电文的电文头部分见表 6-49。

表 6-49　GPS 组合轨道钟差电文的电文头

数据字段	数据字段号	数据类型	比特数	备注
电文编号	DF002	uint12	12	电文编号 1060
GPS 历元时间 1s	DF385	uint20	20	—
SSR 更新间隔	DF391	bit(4)	4	—
多种电文标识	DF388	bit(1)	1	—
卫星参考基准	DF375	bit(1)	1	—
IOD SSR	DF413	uint4	4	—
SSR 提供者 ID	DF414	uint16	16	—
SSR 解算 ID	DF415	uint4	4	—
卫星数	DF387	uint6	6	—
合计			68	—

GPS 组合轨道钟差改正电文的数据内容部分见表 6-50。

表6-50 GPS组合轨道钟差改正电文的数据内容

数据字段	数据字段号	数据类型	比特数	备注
GPS 卫星 ID	DF068	uint6	6	—
GPS IODE	DF071	uint8	8	—
径向改正系数	DF365	int22	22	—
切向改正系数	DF366	int20	20	—
法向改正系数	DF367	int20	20	—
径向改正系数率	DF368	int21	21	—
切向改正系数率	DF369	int19	19	—
法向改正系数率	DF370	int19	19	—
钟差改正系数 C0	DF376	int22	22	—
钟差改正系数 C1	DF377	int21	21	—
钟差改正系数 C2	DF378	int27	27	—
合计			205	—

（6）GPS URA 电文。钟差与轨道径向状态参数相关，其数据质量用 URA 来描述，并通过 URA 电文播发，以满足数据高分辨率小数值以及低分辨率大数值的使用要求。GPS URA 电文包含电文头和数据内容两部分。GPS URA 电文的电文头部分见表 6-51。

表6-51 GPS URA 电文的电文头

数据字段	数据字段号	数据类型	比特数	备注
电文编号	DF002	uint12	12	电文编号1061
GPS 历元时间 1s	DF385	uint20	20	—
SSR 更新间隔	DF391	bit(4)	4	—
多种电文标识	DF388	bit(1)	1	—
IOD SSR	DF413	uint4	4	—
SSR 提供者 ID	DF414	uint16	16	—
SSR 解算 ID	DF415	uint4	4	—
卫星数	DF387	uint6	6	—
合计			67	—

GPS URA 电文的数据内容部分见表 6-52。

表 6-52　GPS URA 电文的数据内容

数据字段	数据字段号	数据类型	比特数	备注
GPS 卫星 ID	DF068	uint6	6	—
URA	DF389	bit(6)	6	—
合计			12	—

(7) GPS 高频钟差改正电文。使用高频钟差改正电文可以获得高分辨率和高更新率的卫星钟差信息。钟差改正电文与高频钟差改正电文一起，共同对卫星时钟进行改正。高频钟差改正电文要加入到相应的钟差改正电文中。GPS 高频钟差改正电文包含电文头和数据内容两部分。GPS 高频钟差改正电文的电文头部分见表 6-53。

表 6-53　GPS 高频钟差改正电文的电文头

数据字段	数据字段号	数据类型	比特数	备注
电文编号	DF002	uint12	12	电文编号 1062
GPS 历元时间 1s	DF385	uint20	20	—
SSR 更新间隔	DF391	bit(4)	4	—
多种电文标识	DF388	bit(1)	1	—
IOD SSR	DF413	uint4	4	—
SSR 提供者 ID	DF414	uint16	16	—
SSR 解算 ID	DF415	uint4	4	—
卫星数	DF387	uint6	6	—
合计			67	—

GPS 高频钟差改正电文的数据内容部分见表 6-54。

表 6-54　GPS 高频钟差改正电文的数据内容

数据字段	数据字段号	数据类型	比特数	备注
GPS 卫星 ID	DF068	uint6	6	—
高频钟差改正	DF390	int22	22	—
合计			28	—

(8) GPS 电离层球面调和模型电文。GPS 电离层球面调和模型电文的电文头部分见表 6-55。

表6-55 GPS电离层球面调和模型电文的电文头

数据字段	数据字段号	数据类型	比特数	备注
电文编号	DF002	uint12	12	电文编号1334
GPS历元时间1s	DF385	uint20	20	—
SSR更新间隔	DF391	bit(4)	4	—
多种电文标识	DF388	bit(1)	1	—
IOD SSR	DF413	uint4	4	—
SSR提供者ID	DF414	uint16	16	—
SSR解算ID	DF415	uint4	4	—
电离层高度	DF501	uint7	7	—
球谐次数	DF502	uint4	4	—
球谐阶数	DF503	uint4	4	—
合计			76	—

GPS电离层球面调和模型电文的余弦系数见表6-56。

表6-56 GPS电离层的球面调和模型电文的余弦系数

数据字段	数据字段号	数据类型	比特数	备注
球谐系数C	DF504	int18	18	—
合计			18	—

GPS电离层球面调和模型电文的正弦系数见表6-57。

表6-57 GPS电离层的球面调和模型电文的正弦系数

数据字段	数据字段号	数据类型	比特数	备注
球谐系数S	DF505	int18	18	—
合计			18	—

4)电离层格网模型电文

BDS、GLONASS和GPS的格网模型完全一致,电文编号也一致。每个格网点电离层信息包括格网点垂直延迟($d\tau$)和误差指数(GIVEI),共占用13bit。电离层格网模型电文包含电文头和数据内容两部分。电离层格网模型电文的电文头部分见表6-58。

表 6-58 电离层格网模型电文的电文头

数据字段	数据字段号	数据类型	比特数	备注
电文编号	DF002	uint12	12	电文编号 1331
电离层数据龄期(IODI)	DF500	uint2	2	—
网格点掩码(IGP Mask)	DF506	bit(320)	320	—
合计			334	—

电离层格网模型电文的数据内容部分见表 6-59。

表 6-59 电离层格网模型电文的数据内容

数据字段	数据字段号	数据类型	比特数	备注
垂直延迟改正($d\tau$)	DF507	bit(9)	9	—
误差指数(GIVEI)	DF508	bit(4)	4	—
合计			13	—

5) GNSS UDRA 电文

BDS、GLONASS 和 GPS 采用统一的 UDRA 电文格式,GNSS UDRA 电文包含电文头和数据内容两部分。GNSS UDRA 电文的电文头部分见表 6-60。

表 6-60 GNSS UDRA 电文的电文头

数据字段	数据域	数据类型	比特数	备注
电文编号	DF002	uint12	12	电文编号 1335
GPS 历元时间 1s	DF385	uint20	20	—
SSR 更新间隔	DF391	bit(4)	4	—
多种电文标识	DF388	bit(1)	1	—
IOD SSR	DF413	uint4	4	—
SSR 提供者 ID	DF414	uint16	16	—
SSR 解算 ID	DF415	uint4	4	—
卫星数	DF387	uint6	6	—
合计			67	—

GNSS UDRA 电文的数据内容部分见表 6-61。

表6-61 GNSS UDRA 电文的数据内容

数据字段	数据域	数据类型	比特数	备注
GNSS 卫星 ID	DF068	uint6	6	—
SSR UDRA	DF481	uint4	4	—
合计			10	—

6) BDS 区域差分数据电文

(1) 电文类型。BDS 区域差分数据电文包含 BDS 电离层改正电文、BDS 几何改正电文、BDS 几何与电离层改正电文、BDS 网络 RTK 残差电文、BDS 网络 FKP 梯度电文和 BDS 星历电文。BDS 区域差分数据电文的基本类型见表6-62。

表6-62 BDS 区域差分数据电文类型

电文类型	内容	字节数	备注
1350	BDS 电离层改正电文	$9.5 + 3.5 \times N_s$	$N_s = 14$
1351	BDS 几何改正电文	$9.5 + 4.5 \times N_s$	$N_s = 14$
1352	BDS 几何与电离层改正电文	$9.5 + 6.625 \times N_s$	$N_s = 14$
1353	BDS 网络 RTK 残差电文	$7 + 6.125 \times N_s$	$N_s = 14$
1354	BDS 网络 FKP 梯度电文	$6.125 + 8.25 \times N_s$	$N_s = 14$
1339	BDS 星历电文	66	—

(2) BDS 电离层改正电文。BDS 电离层改正电文包含电文头和数据内容两部分。BDS 电离层改正电文的电文头部分见表6-63。

表6-63 BDS 电离层改正电文的电文头

数据字段	数据字段号	数据类型	比特数	备注
电文编号	DF002	uint12	12	电文编号 1350
网络 ID	DF059	uint8	8	—
子网 ID	DF072	uint4	4	—
BDS 历元时刻(TOW)	DF533	uint23	23	—
BDS 多历元标志	DF534	bit(1)	1	—
主基准站 ID	DF060	uint12	12	—
辅助基准站 ID	DF061	uint12	12	—
BDS 主辅站电文卫星数量	DF535	uint4	4	—
合计			76	

BDS 电离层改正电文的数据内容部分见表 6-64。

表 6-64　BDS 电离层改正电文的数据内容

数据字段	数据字段号	数据类型	比特数	备注
BDS 卫星号	DF532	uint6	6	—
BDS 模糊度标志	DF542	bit(2)	2	—
BDS 非同步计数	DF543	uint3	3	—
BDS 电离层载波相位差分改正(ICPCD)	DF539	int17	17	—
合计			28	—

(3) BDS 几何改正电文。BDS 几何改正电文包含电文头和数据内容两部分。BDS 几何改正电文的电文头部分见表 6-65。

表 6-65　BDS 几何改正电文的电文头

数据字段	数据字段号	数据类型	比特数	备注
电文编号	DF002	uint12	12	电文编号 1351
网络 ID	DF059	uint8	8	—
子网 ID	DF072	uint4	4	—
BDS 历元时刻(TOW)	DF533	uint23	23	—
BDS 多历元标志	DF534	bit(1)	1	—
主基准站 ID	DF060	uint12	12	—
辅助基准站 ID	DF061	uint12	12	—
BDS 主辅站电文卫星数量	DF535	uint4	4	—
合计			76	—

BDS 几何改正电文的数据内容部分见表 6-66。

表 6-66　BDS 几何改正电文的数据内容

数据字段	数据字段号	数据类型	比特数	备注
BDS 卫星号	DF532	uint6	6	—
BDS 模糊度标志	DF542	bit(2)	2	—
BDS 非同步计数	DF543	uint3	3	—
BDS 几何载波相位差分改正(GCPCD)	DF540	int17	17	—
BDS IODE	DF541	bit(8)	8	—
合计			36	—

（4）BDS 几何与电离层改正电文。BDS 几何与电离层改正电文包含电文头和数据内容两部分。BDS 几何与电离层改正电文的电文头部分见表 6-67。

表 6-67　BDS 几何与电离层改正电文的电文头

数据字段	数据字段号	数据类型	比特数	备注
电文编号	DF002	uint12	12	电文编号 1352
网络 ID	DF059	uint8	8	—
子网 ID	DF072	uint4	4	—
BDS 历元时刻（TOW）	DF533	uint23	23	—
BDS 多历元标志	DF534	bit(1)	1	—
主基准站 ID	DF060	uint12	12	—
辅助基准站 ID	DF061	uint12	12	—
BDS 主辅站电文卫星数量	DF535	uint4	4	—
合计			76	—

BDS 几何与电离层改正电文的数据内容部分见表 6-68。

表 6-68　BDS 几何与电离层改正电文的数据内容

数据字段	数据字段号	数据类型	比特数	备注
BDS 卫星号	DF532	uint6	6	—
BDS 模糊度标志	DF542	bit(2)	2	—
BDS 非同步计数	DF543	uint3	3	—
BDS 几何载波相位差分改正（GCPCD）	DF540	int17	17	—
BDS IODE	bit(8)	uint8	8	—
BDS 电离层载波相位差分改正（ICPCD）	DF539	int17	17	—
合计			53	—

（5）BDS 网络 RTK 残差电文。BDS 网络 RTK 残差电文可以提供插值残差的估值。该数值可用于流动站 RTK 结果的优化,可以作为流动站的先验估计,流动站还可以利用该电文计算出几何残差和电离层误差等。BDS 网络 RTK 残差电文包含电文头和数据内容两部分。BDS 网络 RTK 残差电文的电文头部分见表 6-69。

表 6-69　BDS 网络 RTK 残差电文的电文头

数据字段	数据字段号	数据类型	比特数	备注
电文编号	DF002	uint12	12	电文编号 1353
基准站 ID	DF003	uint12	12	—
BDS 残差历元时刻(TOW)	DF546	uint20	20	—
基准站数量	DF223	uint7	7	—
BDS 卫星数量	DF529	uint5	5	—
合计			56	—

BDS 网络 RTK 残差电文的数据内容部分见表 6-70。

表 6-70　BDS 网络 RTK 残差电文的数据内容

数据字段	数据字段号	数据类型	比特数	备注
BDS 卫星号	DF532	uint6	6	—
Soc	DF218	uint8	8	—
Sod	DF219	uint9	9	—
Soh	DF220	uint6	6	—
SIc	DF221	uint10	10	—
SId	DF222	uint10	10	—
合计			49	—

（6）BDS 网络 FKP 梯度电文。BDS 网络 FKP 梯度电文是电文与相关基准站的原始或改正的数据一起传输给流动站。流动站可以利用该梯度值为自身的定位计算空间相互独立的误差带来的影响。BDS 网络 FKP 梯度电文包含电文头和数据内容两部分。BDS 网络 FKP 梯度电文的电文头部分见表 6-71。

表 6-71　BDS 网络 FKP 梯度电文的电文头

数据字段	数据字段号	数据类型	比特数	备注
电文编号	DF002	uint12	12	电文编号 1354
基准站 ID	DF003	uint12	12	—
BDS FKP 历元时刻(TOW)	DF547	uint20	20	—
BDS 卫星数量	DF529	uint5	5	—
合计			49	—

BDS 网络 FKP 梯度电文的数据内容表示一颗卫星的 FKP 信息，见表 6-72。若需要表示多颗

卫星的 RTK 残差,则需根据电文头中的 BDS 卫星数参数,将多颗卫星的 FKP 数据内容依次拼接。

表 6-72 BDS 网络 FKP 梯度电文的数据内容

数据字段	数据字段号	数据类型	比特数	备注
BDS 卫星号	DF532	uint6	6	—
BDS IODE	DF541	bit(8)	8	—
N0:几何梯度的北分量	DF242	int12	12	—
E0:几何梯度的东分量	DF243	int12	12	—
NI:电离层梯度的北分量	DF244	int14	14	—
EI:电离层梯度的东分量	DF245	int14	14	—
合计			66	—

(7) BDS 星历电文。BDS 星历电文数据内容字段的比特数、定义等参考 BDS-SIS-ICD-2.1 中所定义的内容,电文类型 1339 的数据内容部分见表 6-73。

表 6-73 电文类型 1339 的数据内容

数据字段	数据字段号	数据类型	比特数	备注
电文编号	DF002	uint12	12	电文编号 1339
BDS 卫星号	DF532	uint6	6	—
BDS 周数	DF560	uint13	13	0~8191
BDS URAI	DF561	bit(4)	4	—
BDS IDOT	DF562	int14	14	—
BDS AODE	DF563	uint5	5	—
BDS toc	DF564	uint17	17	—
BDS a2	DF565	int11	11	—
BDS a1	DF566	int22	22	—
BDS a0	DF567	int24	24	—
BDS AODC	DF568	uint5	5	—
BDS Crs	DF569	int18	18	—
BDS Δn	DF570	int16	16	—
BDS M0	DF571	int32	32	—
BDS Cuc	DF572	int18	18	—
BDS e	DF573	int32	32	—
BDS Cus	DF574	int18	18	—

续表

数据字段	数据字段号	数据类型	比特数	备注
BDS(A)1/2	DF575	int32	32	—
BDS toe	DF576	int17	17	—
BDS Cic	DF577	int18	18	—
BDS Ω0	DF578	int32	32	—
BDS Cis	DF579	int18	18	—
BDS i0	DF580	int32	32	—
BDS Crc	DF581	int18	18	—
BDS ω	DF582	int32	32	—
BDS Ω 变化率	DF583	int24	24	—
BDS tGD1	DF584	int10	10	—
BDS tGD2	DF585	int10	10	—
BDS 卫星健康状况	DF586	bit(1)	1	—
BDS 拟合间隔标志	DF587	bit(1)	1	—
保留	DF001	bit(4)	4	—
合计			516	—

7) GLONASS 区域差分数据电文

(1) 电文类型。GLONASS 区域差分数据电文包含 GLONASS RTK 观测值电文组、GLONASS 网络 RTK 改正值电文组和 GLONASS 星历电文。

(2) GLONASS RTK 观测值电文组。GLONASS RTK 观测值电文用于提供 RTK 原始观测数据，可构成完整的 RINEX 文件，并与现有的 RINEX 等标准高度兼容。如果在网络 RTK 系统中使用 GLONASS RTK 观测值电文，则电文中的 L1 和 L2 载波距离可能会进行天线 PCV 改正，应用天线说明电文（电文类型 1007 或 1008）来指明载波距离的属性。注意观测值的天线 PCV 改正不再与 RINEX 标准中的定义相兼容。GLONASS RTK 观测值电文组包含电文类型 1009~1012。完整的电文由一个电文头、若干组数据体组成。电文头和数据体又由若干个数据字段组成，见表 6-74。

表 6-74 GLONASS RTK 观测值电文组

电文类型	内容	字节数	备注
1009	GLONASS L1 RTK 观测值	$7.625 + 8 \times N_s$	—
1010	扩展的 GLONASS L1 RTK 观测值	$7.625 + 9.875 \times N_s$	—
1011	GLONASS L1&L2 RTK 观测值	$7.625 + 13.375 \times N_s$	—
1012	扩展的 GLONASS L1&L2 RTK 观测值	$7.625 + 16.25 \times N_s$	—

电文类型 1009、1010、1011、1012 的电文头见表 6-75。

表 6-75　电文类型 1009、1010、1011、1012 的电文头

数据字段	数据字段号	数据类型	比特数	备注
电文编号	DF002	uint12	12	电文编号 1009、1010、1011、1012
基准站 ID	DF003	uint12	12	—
GLONASS 历元时刻(TOW)	DF034	uint27	27	—
GNSS 电文同步标志	DF005	bit(1)	1	—
处理过 GLONASS 卫星数	DF035	uint5	5	—
GLONASS 无发散平滑标志	DF036	bit(1)	1	—
GLONASS 平滑间隔	DF037	bit(3)	3	—
合计			61	—

电文类型 1009 支持单频 RTK 作业,数据内容部分见表 6-76。

表 6-76　电文类型 1009 的数据内容

数据字段	数据字段号	数据类型	比特数	备注
GLONASS 卫星 ID	DF038	uint6	6	—
GLONASS L1 码标志	DF039	bit(1)	1	—
GLONASS 卫星频段编号	DF040	uint5	5	—
GLONASS L1 伪距	DF041	uint25	25	—
GLONASS L1 载波相位 B1 伪距	DF042	int20	20	—
GLONASS L1 锁定时间标志	DF043	uint7	7	—
合计			64	—

电文类型 1010 支持单频 RTK 作业,并且包含基准站处的卫星载噪比(CNR)信息。因为载噪比一般不会变动,所以该电文类型主要在卫星的载噪比改变时播发,以节省播发链路数据流量,数据内容部分见表 6-77。

表6-77 电文类型1010的数据内容

数据字段	数据字段号	数据类型	比特数	备注
GLONASS 卫星 ID	DF038	uint6	6	—
GLONASS L1 码标志	DF039	bit(1)	1	—
GLONASS 卫星频段编号	DF040	uint5	5	—
GLONASS L1 伪距	DF041	uint25	25	—
GLONASS L1 载波相位 L1 伪距	DF042	int20	20	—
GLONASS L1 锁定时间标志	DF043	uint7	7	—
GLONASS L1 伪距光毫秒整数	DF044	uint7	7	—
GLONASS L1 载噪比	DF045	uint8	8	—
合计			79	—

1011 类型电文支持 B1 和 B2 的双频 RTK 作业,但是不包含基准站卫星载噪比等信息,数据内容部分见表6-78。

表6-78 电文类型1011的数据内容

数据字段	数据字段号	数据类型	比特数	备注
GLONASS 卫星 ID	DF038	uint6	6	—
GLONASS L1 码标志	DF039	bit(1)	1	—
GLONASS 卫星频段编号	DF040	uint5	5	—
GLONASS L1 伪距	DF041	uint25	25	—
GLONASS L1 载波相位 L1 伪距	DF042	int20	20	—
GLONASS L1 锁定时间标志	DF043	uint7	7	—
GLONASS L2 码标志	DF046	bit(2)	2	—
GLONASS L2L1 伪距差分	DF047	int14	14	—
GLONASS L2 载波相位 L1 伪距	DF048	int20	20	—
GLONASS L2 锁定时间标志	DF049	uint7	7	—
合计			107	—

电文类型1012 支持双频 RTK 作业,且包含基准站卫星载噪比信息。因为载噪比一般不会经常变动,所以该电文类型主要是在一颗卫星的载噪比改变时播发,以节省播发链路数据流量,数据内容部分见表6-79。

表6-79 电文类型1012的数据内容

数据字段	数据字段号	数据类型	比特数	备注
BDS 卫星 ID	DF038	uint6	6	—
GLONASS L1 码标志	DF039	bit(1)	1	—
GLONASS 卫星频段编号	DF040	uint5	5	—
GLONASS L1 伪距	DF041	uint25	25	—
GLONASS L1 载波相位 L1 伪距	DF042	int20	20	—
GLONASS L1 锁定时间标志	DF043	uint7	7	—
GLONASS L1 伪距光毫秒整数	DF044	uint7	7	—
GLONASS L1 载噪比	DF045	uint8	8	—
GLONASS L2 码标志	DF046	bit(2)	2	—
GLONASS L2L1 差值	DF047	int14	14	—
GLONASS L2 载波相位 L1 伪距	DF048	int20	20	—
GLONASS L2 锁定时间标志	DF049	uint7	7	—
GLONASS L2 载噪比	DF050	uint8	8	—
合计			130	—

（3）GLONASS 网络 RTK 改正值电文组。GLONASS 网络 RTK 改正值电文组包括网络主辅站信息、GLONASS 电离层改正值偏差、GLONASS 几何改正值偏差、GLONASS 几何与电离层改正值偏差、GLONASS 网络 RTK 残差电文以及 GLONASS 网络 FKP 梯度电文等。完整的 GLONASS 网络 RTK 改正值电文由一个电文头、若干组数据体组成。电文头和数据体又由若干个数据字段组成。GLONASS 网络 RTK 改正值电文组见表6-80。

表6-80 GLONASS 网络 RTK 改正值电文组

电文类型	内容	字节数	备注
1014	网络主辅站信息	14.625	—
1037	GLONASS 电离层改正值偏差	$9.125 + 3.5 \times N_s$	—
1038	GLONASS 几何改正值偏差	$9.125 + 4.5 \times N_s$	—
1039	GLONASS 几何与电离层改正值偏差	$9.125 + 6.625 \times N_s$	—
1031	GLONASS 网络 RTK 残差电文	$6.625 + 6.125 \times N_s$	—
1035	GLONASS 网络 FKP 梯度电文	$5.75 + 8.25 \times N_s$	—

电文类型1037、1038和1039的电文头部分见表6-81。

表 6-81　电文类型 1037、1038 和 1039 的电文头

数据字段	数据字段号	数据类型	比特数	备注
电文编号	DF002	uint12	12	电文编 1037、1038、1039
网络 ID	DF059	uint8	8	—
子网 ID	DF072	uint4	4	—
GLONASS 历元时刻	DF233	uint20	20	—
GLONASS 多电文标志	DF066	bit(1)	1	—
主基准站 ID	DF060	uint12	12	—
辅助基准站 ID	DF061	uint12	12	—
GLONASS 卫星数	DF234	uint4	4	—
合计			73	—

电文类型 1037 的数据内容部分见表 6-82。

表 6-82　电文类型 1037 的数据内容

数据字段	数据字段号	数据类型	比特数	备注
GLONASS 卫星 ID	DF038	uint6	6	—
GLONASS 模糊度标志	DF235	bit(2)	2	—
GLONASS 非同步计数	DF236	uint3	3	—
GLONASS 载波相位电离层差分改正(ICPCD)	DF237	int17	17	—
合计			28	—

电文类型 1038 的数据内容部分见表 6-83。

表 6-83　电文类型 1038 的数据内容

数据字段	数据字段号	数据类型	比特数	备注
GLONASS 卫星 ID	DF038	uint6	6	—
GLONASS 模糊度标志	DF235	bit(2)	2	—
GLONASS 非同步计数	DF236	uint3	3	—
GLONASS 载波相位几何差分改正(GCPCD)	DF238	int17	17	—
GLONASS IODE	DF239	uint8	8	—
合计			36	—

电文类型 1039 的数据内容部分见表 6-84。

表 6-84 电文类型 1039 数据内容

数据字段	数据字段号	数据类型	比特数	备注
GLONASS 卫星 ID	DF038	uint6	6	—
GLONASS 模糊度标志	DF235	bit(2)	2	—
GLONASS 非同步计数	DF236	uint3	3	—
GLONASS 载波相位几何距离差分改正(GCPCD)	DF238	int17	17	—
GLONASS IODE	DF239	bit(8)	8	—
GLONASS 载波相位电离层差分改正(ICPCD)	DF237	int17	17	—
合计			53	—

电文类型 1031 是 GLONASS 网络 RTK 残差电文。该电文由电文头和若干数据体组成，数据体的个数由电文头中的 GPS 卫星数(DF035)确定，电文类型 1031 的电文头部分见表 6-85。

表 6-85 电文类型 1031 的电文头

数据字段	数据字段号	数据类型	比特数	备注
电文编号	DF002	uint12	12	电文编号 1031
GLONASS 残差历元时刻(TOW)	DF225	uint17	17	—
基准站 ID	DF003	uint12	12	—
NRefs	DF223	uint7	7	—
GLONASS 卫星数	DF035	uint5	5	—
合计			53	—

电文类型 1031 的数据内容部分见表 6-86。

表 6-86 电文类型 1031 的数据内容

数据字段	数据字段号	数据类型	比特数	备注
GLONASS 卫星 ID	DF038	uint6	6	—
Soc	DF218	uint8	8	—
Sod	DF219	uint9	9	—
Soh	DF220	uint6	6	—
SIc	DF221	uint10	10	—
SId	DF222	uint10	10	—
合计			49	—

电离层、对流层和轨道等空间上相互独立误差的面积校正参数(FKP)水平梯度的概念来源于 GNSS 基准站网络,其与相关基准站的原始或改正的数据一起传输给流动站。流动站可以利用该梯度值为自身定位计算空间相互独立的误差带来的影响。

电文类型 1035 是 GLONASS 网络 FKP 梯度电文。该电文由电文头和若干数据体组成,数据体的个数由电文头中的 GLONASS 卫星数(DF035)确定,电文类型 1035 的电文头部分见表 6-87。

表 6-87 电文类型 1035 的电文头

数据字段	数据字段号	数据类型	比特数	备注
电文编号	DF002	uint12	12	电文编号 1035
基准站 ID	DF003	uint12	12	—
GLONASS FKP 历元时刻(TOW)	DF241	uint17	17	—
GLONASS 卫星数	DF035	uint5	5	—
合计			46	—

电文类型 1035 的数据内容部分见表 6-88。

表 6-88 电文类型 1035 的数据内容

数据字段	数据字段号	数据类型	比特数	备注
GLONASS 卫星 ID	DF038	uint6	6	—
GLONASS 星历龄期	DF392	bit(8)	8	—
N0:几何梯度的北分量	DF242	int12	12	—
E0:几何梯度的东分量	DF243	int12	12	—
NI:电离层梯度的北分量	DF244	int14	14	—
EI:电离层梯度的东分量	DF245	int14	14	—
合计			66	—

(4)GLONASS 星历电文。播发 GLONASS 星历电文的目的有两个。第一是由于设备性能等原因,用户接收机对卫星星历的更新速度慢于基准站接收机时,为达到满意的精度,用户接收机需要使用与基准站计算差分改正数一致的卫星星历才能进行差分计算。在卫星星历电文更新时,可能需要播发此电文,频率可能会达到每两分钟一次,直至在用户接收机更新导航电文后终止。第二是帮助接收机用户快速地捕获卫星,而不是通过自主锁定导航电文来搜索卫星。

GLONASS 星历电文数据内容字段的比特数、定义等按照 GLONASS-ICD-5.0 中所定义的内容,电文类型 1020 的数据内容部分见表 6-89。

表 6-89 电文类型 1020 的数据内容

数据字段	数据字段号	数据类型	比特数	备注
电文编号	DF002	uint12	12	电文编号 1020
GLONASS 卫星号	DF038	uint6	6	—
GLONASS 卫星频段号	DF040	uint5	5	—
GLONASS 历书健康（Cn 字）	DF104	bit(1)	1	—
GLONASS 历书健康可靠性标识	DF105	bit(1)	1	—
GLONASS P1	DF106	bit(2)	2	—
GLONASS tk	DF107	bit(12)	12	—
GLONASS Bn 字最高有效位	DF108	bit(1)	1	—
GLONASS P2	DF109	bit(1)	1	—
GLONASS tb	DF110	uint7	7	—
GLONASS $x_n(t_b)$，一阶导数	DF111	intS24	24	—
GLONASS $x_n(t_b)$	DF112	intS27	27	—
GLONASS $x_n(t_b)$，二阶导数	DF113	intS5	5	—
GLONASS $y_n(t_b)$，一阶导数	DF114	intS24	24	—
GLONASS $y_n(t_b)$	DF115	intS27	27	—
GLONASS $y_n(t_b)$，二阶导数	DF116	intS5	5	—
GLONASS $z_n(t_b)$，一阶导数	DF117	intS24	24	—
GLONASS $z_n(t_b)$	DF118	intS27	27	—
GLONASS $z_n(t_b)$，二阶导数	DF119	intS5	5	—
GLONASS P3	DF120	bit(1)	1	—
GLONASS $\gamma_n(t_b)$	DF121	intS11	11	—
GLONASS-M P	DF122	bit(2)	2	—
GLONASS-M ln(字符串 3)	DF123	bit(1)	1	—
GLONASS $\tau_n(t_b)$	DF124	intS22	22	—
GLONASS-M $\Delta\tau_n$	DF125	intS5	5	—
GLONASS En	DF126	uint5	5	—
GLONASS-M P4	DF127	bit(1)	1	—
GLONASS-M FT	DF128	uint4	4	—
GLONASS-M NT	DF129	uint11	11	—
GLONASS-M M	DF130	bit(2)	2	—

续表

数据字段	数据字段号	数据类型	比特数	备注
GLONASS 补充数据的可靠性	DF131	bit(1)	1	—
GLONASS NA	DF132	uint11	11	—
GLONASS τc	DF133	intS32	32	—
GLONASS-M N4	DF134	uint5	5	—
GLONASS τGPS	DF135	intS22	22	—
GLONASS – M ln(字符串5)	DF136	bit(1)	1	—
保留位	—	bit(7)	7	—
合计			360	—

8) GPS 区域差分数据电文

(1) 电文类型。GPS 区域差分数据电文包含 GPS RTK 观测值电文组、GPS 网络 RTK 改正值电文组和 GPS 星历电文。

(2) GPS RTK 观测值电文组。GPS RTK 观测值电文用于提供 RTK 原始观测数据,可构成完整的 RINEX 文件,并与现有的 RINEX 等标准高度兼容。

如果在网络 RTK 系统中使用 GPS RTK 观测值电文,则电文中的 L1 和 L2 载波距离可能会进行天线 PCV 改正,应用天线说明电文(电文类型1007或1008)来指明载波距离的属性。注意观测值的天线 PCV 改正不再与 RINEX 标准中的定义相兼容。

GPS RTK 观测值电文组包含电文类型 1001 ~ 1004。完整的电文由一个电文头和若干组数据体组成。电文头和数据体又由若干个数据字段组成,GPS RTK 观测值电文组见表 6 – 90。

表 6 – 90　GPS RTK 观测值电文组

电文类型	内容	字节数	备注
1001	GPS L1 RTK 观测值	$8.00 + 7.25 \times N_s$	—
1002	扩展的 GPS L1 RTK 观测值	$8.00 + 9.25 \times N_s$	—
1003	GPS L1&L2 RTK 观测值	$8.00 + 12.625 \times N_s$	—
1004	扩展的 GPS L1&L2 RTK 观测值	$8.00 + 15.625 \times N_s$	—

电文类型 1001、1002、1003、1004 的电文头部分见表 6 – 91。

表 6 – 91　电文类型 1001、1002、1003、1004 的电文头

数据字段	数据字段号	数据类型	比特数	备注
电文编号	DF002	uint12	12	电文编号 1001、1002、1003、1004
基准站 ID	DF003	uint12	12	—

续表

数据字段	数据字段号	数据类型	比特数	备注
GPS 历元时刻（TOW）	DF004	uint30	30	—
GNSS 电文同步标志	DF005	bit(1)	1	—
处理过 GPS 卫星数	DF006	uint5	5	—
GPS 无发散平滑标志	DF007	bit(1)	1	—
GPS 平滑间隔	DF008	bit(3)	3	—
合计			64	—

电文类型 1001 支持单频 RTK 作业，数据内容部分见表 6-92。

表 6-92　电文类型 1001 的数据内容

数据字段	数据字段号	数据类型	比特数	备注
GPS 卫星 ID	DF009	uint6	6	—
GPS L1 码标志	DF010	bit(1)	1	—
GPS L1 伪距	DF011	uint24	24	—
GPS L1 载波相位 L1 伪距	DF012	int20	20	—
GPS L1 锁定时间标志	DF013	uint7	7	—
合计			58	—

电文类型 1002 支持单频 RTK 作业，并且包含基准站处的卫星载噪比信息。因为载噪比一般不会变动，所以该电文类型主要在卫星的载噪比改变时播发，以节省播发链路数据流量，数据内容部分见表 6-93。

表 6-93　电文类型 1002 的数据内容

数据字段	数据字段号	数据类型	比特数	备注
GPS 卫星 ID	DF009	uint6	6	—
GPS L1 码标志	DF010	bit(1)	1	—
GPS L1 伪距	DF011	uint24	24	—
GPS L1 载波相位 L1 伪距	DF012	int20	20	—
GPS L1 锁定时间标志	DF013	uint7	7	—
GPS L1 伪距光毫秒整数	DF014	uint8	8	—
GPS L1 载噪比	DF015	uint8	8	—
合计			74	—

电文 1003 类型电文支持 L1 和 L2 的双频 RTK 作业，但是不包含基准站卫星载噪比等信息，数据内容部分见表 6-94。

表 6-94 电文类型 1003 的数据内容

数据字段	数据字段号	数据类型	比特数	备注
GPS 卫星 ID	DF009	uint6	6	—
GPS L1 码标志	DF010	bit(1)	1	—
GPS L1 伪距	DF011	uint24	24	—
GPS L1 载波相位 L1 伪距	DF012	int20	20	—
GPS L1 锁定时间标志	DF013	uint7	7	—
GPS L2 码标志	DF016	bit(2)	2	—
GPS L2L1 伪距差分	DF017	int14	14	—
GPS L2 载波相位 L1 伪距	DF018	int20	20	—
GPS L2 锁定时间标志	DF019	uint7	7	—
合计			101	

电文类型 1004 支持双频 RTK 作业，且包含基准站卫星载噪比信息。因为载噪比一般不会经常变动，所以该电文类型主要是在一颗卫星的载噪比改变时播发，以节省播发链路数据流量，数据内容部分见表 6-95。

表 6-95 电文类型 1004 的数据内容

数据字段	数据字段号	数据类型	比特数	备注
GPS 卫星 ID	DF009	uint6	6	—
GPS L1 码标志	DF010	bit(1)	1	—
GPS L1 伪距	DF011	uint24	24	—
GPS L1 载波相位 L1 伪距	DF012	int20	20	—
GPS L1 锁定时间标志	DF013	uint7	7	—
GPS L1 伪距光毫秒整数	DF014	uint8	8	—
GPS L1 载噪比	DF015	uint8	8	—
GPS L2 码标志	DF016	bit(2)	2	—
GPS L2L1 差值	DF017	int14	14	—
GPS L2 载波相位 L1 伪距	DF018	int20	20	—
GPS L2 锁定时间标志	DF019	uint7	7	—
GPS L2 载噪比	DF020	uint8	8	—
合计			125	—

（3）GPS 网络 RTK 改正值电文组。GPS 网络 RTK 改正值电文组包括网络主辅站信息、GPS 电离层改正值偏差、GPS 几何改正值偏差、GPS 几何与电离层改正值偏差、GPS 网络 RTK 残差电文以及 GPS 网络 FKP 梯度电文等。完整的 GPS 网络 RTK 改正值电文由一个电文头、若干组数据体组成。电文头和数据体又由若干个数据字段组成，GPS 网络 RTK 改正值电文组见表 6-96。

表 6-96 GPS 网络 RTK 改正值电文组

电文类型	内容	字节数	备注
1014	网络主辅站信息	14.625	—
1015	GPS 电离层改正值偏差	$9.5 + 3.5 \times N_s$	—
1016	GPS 几何改正值偏差	$9.5 + 4.5 \times N_s$	—
1017	GPS 几何与电离层改正值偏差	$9.5 + 6.625 \times N_s$	—
1030	GPS 网络 RTK 残差电文	$7 + 6.125 \times N_s$	—
1034	GPS 网络 FKP 梯度电文	$6.125 + 8.25 \times N_s$	—

电文类型 1015、1016 和 1017 的电文头部分见表 6-97。

表 6-97 电文类型 1015、1016 和 1017 的电文头

数据字段	数据字段号	数据类型	比特数	备注
电文编号	DF002	uint12	12	电文编号 1015、1016、1017
网络 ID	DF059	uint8	8	—
子网 ID	DF072	uint4	4	—
GPS 历元时刻	DF065	uint23	23	—
GPS 多电文标志	DF066	bit(1)	1	—
主基准站 ID	DF060	uint12	12	—
辅助基准站 ID	DF061	uint12	12	—
GPS 卫星数	DF067	uint4	4	—
合计			76	—

电文类型 1015 的数据内容部分见表 6-98。

表 6-98　电文类型 1015 的数据内容

数据字段	数据字段号	数据类型	比特数	备注
GPS 卫星 ID	DF068	uint6	6	—
GPS 模糊度标志	DF074	bit(2)	2	—
GPS 非同步计数	DF075	uint3	3	—
GPS 载波相位电离层差分改正(ICPCD)	DF069	int17	17	—
合计			28	—

电文类型 1016 的数据内容部分见表 6-99。

表 6-99　电文类型 1016 的数据内容

数据字段	数据字段号	数据类型	比特数	备注
GPS 卫星 ID	DF068	uint6	6	—
GPS 模糊度标志	DF074	bit(2)	2	—
GPS 非同步计数	DF075	uint3	3	—
GPS 载波相位几何距离差分改正(GCPCD)	DF070	int17	17	—
GPS IODE	DF071	uint8	8	—
合计			36	—

电文类型 1017 的数据内容部分见表 6-100。

表 6-100　电文类型 1017 的数据内容

数据字段	数据字段号	数据类型	比特数	备注
GPS 卫星 ID	DF068	uint6	6	—
GPS 模糊度标志	DF074	bit(2)	2	—
GPS 非同步计数	DF075	uint3	3	—
GPS 载波相位几何距离差分改正(GCPCD)	DF070	int17	17	—
GPS IODE	DF071	uint8	8	—
GPS 载波相位电离层差分改正(ICPCD)	DF069	int17	17	—
合计			53	—

网络 RTK 残差电文中残差的标准差取决于基准站性质或虚拟基准站的位置，基准站性质由电文类型 1005 和 1006 中基准站类型标志（数据字段 DF141）。

电文类型 1030 是 GPS 网络 RTK 残差电文。该电文由电文头和若干数据体组成，数据体的个数由电文头中的 GPS 卫星数（数据字段 DF006）确定，电文类型 1030 的电文头部分见表 6-101。

表 6-101 电文类型 1030 的电文头

数据字段	数据字段号	数据类型	比特数	备注
电文编号	DF002	uint12	12	—
GPS 残差历元时刻	DF224	uint20	20	—
基准站 ID	DF003	uint12	12	—
NRefs	DF223	uint7	7	—
GPS 卫星数	DF006	uint5	5	—
合计			56	—

电文类型 1030 的数据内容部分见表 6-102。

表 6-102 电文类型 1030 的数据内容

数据字段	数据字段号	数据类型	比特数	备注
GPS 卫星 ID	DF009	uint6	6	—
Soc	DF218	uint8	8	—
Sod	DF219	uint9	9	—
Soh	DF220	uint6	6	—
SIc	DF221	uint10	10	—
SId	DF222	uint10	10	—
合计			49	—

电文类型 1034 是 GPS 网络 FKP 梯度电文。该电文由电文头和若干数据体组成，数据体的个数由电文头中的 GPS 卫星数（数据字段 DF006）确定，电文类型 1034 的电文头部分见表 6-103。

表 6-103 电文类型 1034 的电文头

数据字段	数据字段号	数据类型	比特数	备注
电文编号	DF002	uint12	12	—
基准站 ID	DF003	uint12	12	—
GPS FKP 历元时刻（TOW）	DF240	uint20	20	—
GPS 卫星数	DF006	uint5	5	—
合计			49	—

电文类型 1034 的数据内容见表 6-104。

表 6-104 电文类型 1034 的数据内容

数据字段	数据字段号	数据类型	比特数	备注
GPS 卫星 ID	DF009	uint6	6	—
GPS 星历龄期	DF071	bit(8)	8	—
NO:几何梯度的北分量	DF242	int12	12	—
EO:几何梯度的东分量	DF243	int12	12	—
NI:电离层梯度的北分量	DF244	int14	14	—
EI:电离层梯度的东分量	DF245	int14	14	—
合计			66	—

(4) GPS 星历电文。播发 GPS 星历电文的目的有两个。第一是由于设备性能等原因,用户接收机对卫星星历的更新速度慢于基准站接收机时,为达到满意的精度,用户接收机需要使用与基准站计算差分改正数一致的卫星星历才能进行差分计算。在卫星星历电文更新时,可能需要播发此电文,频率可能会达到每两分钟一次,直至在用户接收机更新导航电文后终止。第二是帮助接收机用户快速地捕获卫星,而不是通过自主锁定导航电文来搜索卫星。

GPS 星历电文数据内容字段的比特数、定义等按照 GPS-SPS-SS2.4.3 中所定义的内容,电文类型 1019 的数据内容部分见表 6-105。

表 6-105 电文类型 1019 的数据内容

数据字段	数据字段号	数据类型	比特数	备注
电文编号	DF002	uint12	12	1019
GPS 卫星号	DF009	uint6	6	—
GPS 周数	DF076	uint10	10	0~1023
GPS 卫星精度(URA)	DF077	uint4	4	
GPS L2 测距码标志	DF078	bit(2)	2	
GPS IDOT	DF079	int14	14	
GPS IODE	DF071	uint8	8	
GPS toc	DF081	uint16	16	
GPS af2	DF082	int8	8	
GPS af1	DF083	int16	16	
GPS af0	DF084	int22	22	
GPS IODC	DF085	uint10	10	

续表

数据字段	数据字段号	数据类型	比特数	备注
GPS Crs	DF086	int16	16	—
GPS Δn	DF087	int16	16	—
GPS M0	DF088	int32	32	—
GPS Cuc	DF089	int16	16	—
GPS e	DF090	uint32	32	—
GPS Cus	DF091	int16	16	—
GPS $(A)^{1/2}$	DF092	uint32	32	—
GPS toe	DF093	int16	16	—
GPS Cic	DF094	int16	16	—
GPS $\Omega 0$	DF095	int32	32	—
GPS Cis	DF096	int16	16	—
GPS i0	DF097	int32	32	—
GPS Crc	DF098	int16	16	—
GPS ω	DF099	int32	32	—
GPS ω 改正系数率	DF100	int24	24	—
GPS tGD	DF101	int8	8	—
GPS 卫星健康状况	DF102	int6	6	—
GPS L2 P 数据标识	DF103	bit(1)	1	—
GPS 拟合间隔标志	DF137	bit(1)	1	—
合计			488	—

9) 多信号电文组

(1) 概述。多信号电文(MSM)以通用格式生成 GNSS 观测值，以满足 GNSS 及卫星信号不断增长的需要。

MSM 设计目标在于：

① 与接收机自主交换格式第三版本(RINEX-3)标准最大程度兼容；

② 将取代现有的 RTCM-3 电文(GPS 的 1001~1004 电文和 GLONASS 的 1009~1012 电文)，以通用格式传输最基本的信息，支持 GPS、GLONASS 及其他新的 GNSS(如 BDS 等)和卫星信号；

③ 普遍适用于现有的和未来的 GNSS 信号；

④ 形式紧凑；

⑤ 解释无歧义；

⑥ 编/解码简单；

⑦ 灵活性和可扩展性强。

MSM 适用于完全部署的 GNSS（卫星播发同一组信号）和过渡期的 GNSS（不同卫星播发不同信号）。使用通用格式表述当前 GNSS（运行中或计划）的观测值。通用 MSM 结构首先是以通用电文类型表示，然后针对每种 GNSS 数据流定义了相应的数据字段。

（2）电文特点。MSM 分为概要电文和完整电文，类似于电文类型 1003 与 1004 或者电文类型 1001 与 1012 之间的关系。针对不同的应用应使用合适的电文组合，见表 6-106。

表 6-106 MSM 电文应用

电文类型	应用类型
MSM1	传统的和改进的差分 GNSS
MSM2	传统 RTK 模式
MSM3	传统 RTK 模式
MSM4	传统 RTK 模式
MSM5	以 RINEX 格式存储一套完整的观测值数据
MSM6	扩展分辨率的 RTK，实时网络 RTK 数据流
MSM7	传输完整的扩展分辨率的 RINEX 观测值

MSM2 仅包含相位距离观测值，在使用低宽带数据链或者高速率传输时具有更大的灵活性。例如：可以尽可能高频率发送 MSM2，并不时穿插 MSM3 或 MSM4 电文，以提供伪距和载噪比数据，而这些数据不需要太高频率传输。MSM 电文特点如下：

① 通过引入卫星掩码和信号掩码有效识别卫星及卫星信号；

② 通过引入单元掩码实现在"GNSS 过渡期间"的字段占位；

③ 通过引入"概略/精确测距"的概念实现观测值的有效分解；

④ 通过引入观测数据块（自带内部环路）可以方便地在电文体中增加或删除数据，提高了不同观测值数据的扩展性；

⑤ 所有波段和信号的首选观测值（伪距和相位距离）及其组成部分（毫秒整数、概略距离、精确伪距、精确相位距离）采用毫秒（ms）单位。在 MSM 中，光速数值为 $c=299792458\text{m/s}$。

MSM 电文组中最重要的数据字段之一是信号掩码，它是一组比特位，用于指出所跟踪 GNSS 卫星发播的信号类型。信号掩码中的每一位代表一种 GNSS 信号，每种系统对信号掩码的定义不同。为简洁起见，在表中省略了某些当前已定义的信号（在 RINEX 中已定义）。在信号掩码中有很多保留比特位，供未来使用。

MSM1 ~ MSM5 为标准精度电文，MSM6 和 MSM7 是高精度电文。后者与 MSM4 和 MSM5 包含相同的数据字段，但分辨率更高。

6.4 数据接收分发子系统

数据接收分发子系统主要功能包括：一是接收北斗导航增强站采集的原始观测数据，并通过专线分发到其他相关系统；二是接收数据处理子系统产生的差分数据产品，并发布到数据播发系统、运营服务平台等；三是提供公益服务，为我国政府及六部委之外的其他行业部门提供原始观测数据、差分数据产品和行业应用服务等。

数据分发子系统由数据接收、数据发布等模块组成。

数据接收模块主要接收框架网北斗导航增强站、区域数据处理系统发送的原始观测数据，数据处理子系统发送的差分数据产品，以及运维监控子系统发送的系统监控信息数据。

数据发布模块负责将原始观测数据和差分数据产品进行对外发布，可提供 FTP 文件下载、TCP Server、WEB Server 等多种方式。

数据分发子系统具体工作流程如图 6-4 所示。

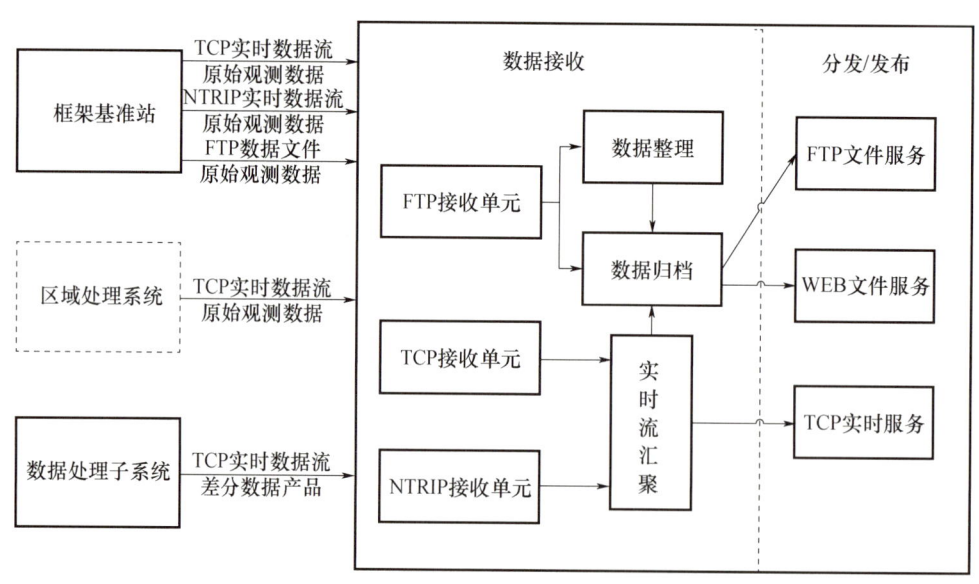

图 6-4 数据分发子系统工作流程图

6.5 数据处理子系统

数据处理子系统是整个系统的核心，也是通信中心。主要任务是对来自各基准站的观测资料进行预处理和质量分析,并进行统一解算,实时估计出网内各种系统性的残余误差,建立相应的误差模型。主要功能包括数据接收与预处理、数据综合处理与差分数据产品生成、差分数据产品质量自主监测与评估等。

具体分以下几项:完成增强站数据接入并进行预处理,对增强站数据进行完整性分析、多路径影响分析、电离层和对流层变化分析;网络 RTK 等核心算法具有较强稳健性,可适应电离层和对流层的较大变化;具备网络差分计算(包括网络 RTK 和网络码差分)、多基准站模式差分计算等能力;可适应大量基准站数据的同步计算;支持 Ntrip(网络差分协议),实现系统数据联网和服务联网,支持服务注册和漫游功能;具备自动响应用户请求,可提供区域的网络 RTK 改正数、实时轨道、精密钟差及大气改正等参数或产品服务;具备用户使用授权、认证,监测用户使用时间、流量大小的功能。

数据处理子系统结构如图 6-5 所示。

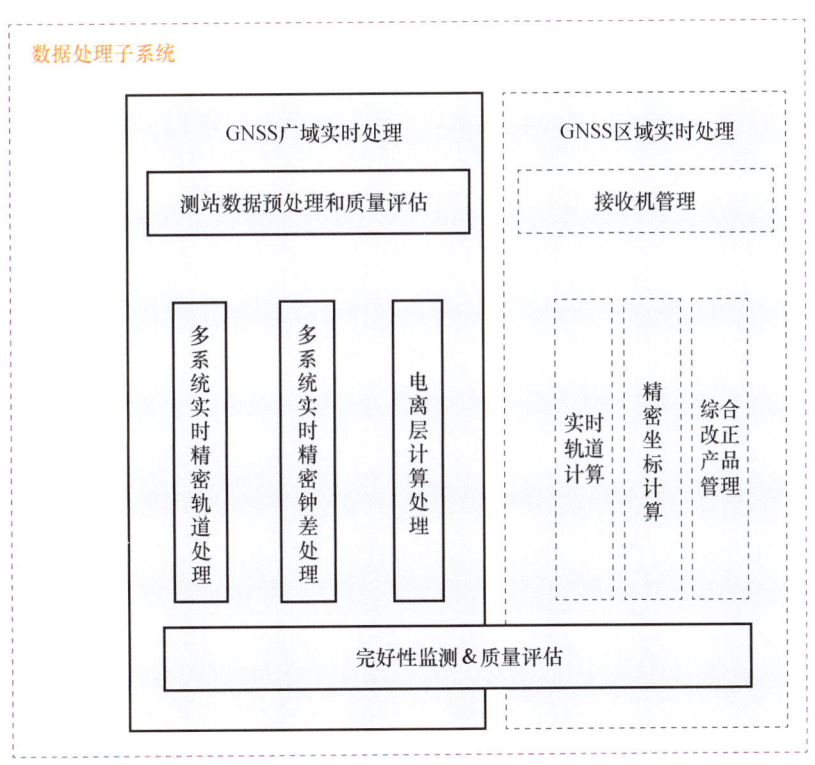

图 6-5　数据处理子系统结构图

6.5.1　GNSS 广域实时处理

广域实时处理单元是数据处理子系统的核心模块,以 GNSS 载波/伪距双频或三频观测量为基本观测量,采用实时非差处理模式实现。处理过程中综合考虑各项误差改正,生成改正信息,包括卫星轨道、卫星钟差、区域电离层、对流层等参数改正量,其中对流层差分数据产品在第二阶段完成。首先，系统接收来自北斗/GNSS 增强站管理系统的卫星观测数据及实时精密轨道产品（可来自区域的北斗/GNSS 精密轨道处理中心，或直接由国际 GNSS 服务组织（IGS）相关分析中心提供）；然后，利用卫星观测数据及实时精密卫星轨道产品实时估计卫星钟差、大气延迟误差等改正数或模型参数。数据处理流程如图 6-6 所示。

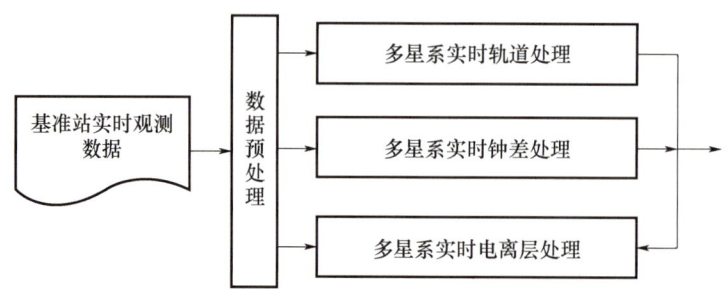

图 6-6　广域实时处理流程图

1. GNSS 观测数据预处理

数据处理一般是指对北斗数据进行解算，得出观测站的位置信息；数据预处理是为保障北斗信号解算的成功率和准确率，而对数据进行的处理。GNSS 数据预处理的主要工作包括：观测文件和星历文件的读取、卫星轨道的标准化、观测数据的选择、周跳的探测。北斗信号在进行解算之前，要先进行数据预处理，数据预处理主要是对观测量进行周跳探测与修复。由于小周跳的探测难度较高和要保证接下来整周模糊度解算的准确性，要对基本观测值进行线性组合，以便于小周跳的探测和整周模糊度的解算。对于北斗 3 个频段的信号来讲，由于北斗载波波长较短、观测点噪声较大等导致周跳难以被探测到。该广域实时精密定位数据预处理应具备的处理功能主要有数据完整率统计，数据延迟时间统计，接收机钟跳探测与修复，伪距与载波粗差剔除，载波周跳探测与标记，伪距码相关处理。数据预处理流程图如图 6-7 所示。

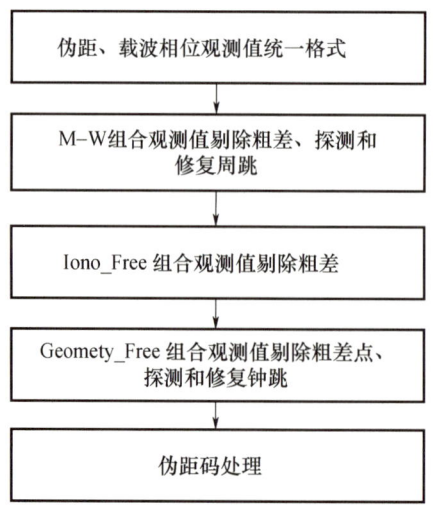

图 6-7　广域实时数据预处理流程图

1) GNSS 基本观测量

卫星定位测量是通过接收机接收卫星传来的信息确定地面点的三维信息的,卫星定位测量的基本观测量主要包括测距码信号(P 码和 C/A 码)、载波相位观测值和多普勒观测值等。观测量选取应遵照以下规定：

① 观测数据类型。GNSS 双频/三频伪距和载波相位观测值。

② 采样率。采用1s 或更高采样率。

③ 数据完整性。选取的基准站数据完整性应在 99.9% 以上,并且选取的实时实测历元观测值完整性应在 100%。

④ 基准站数据时效性。选取的观测数据延迟时间应小于 2s。

⑤ 截止高度角。截止高度角可自行设定。

⑥ 码观测值。根据接收机的类型,如果是交叉相关接收机,利用去相关处理,将 C1/C2 码观测值改正为 P1/P2 观测值。

（1）伪距观测值。

伪距观测值表示卫星发射的测距码信号到达接收机时间与光速的乘积,由于该卫星信号在传播过程中受到各种误差的影响,接收机记录的距离并不准确,因此这个距离称为伪距。测距码的码元宽度较长,精度低于相位观测值,但由于其不涉及周跳和整周模糊度的问题,因此常应用于低精度的定位和导航中。第 i 个($i=1,2,3$)载频上包含各项误差的伪距观测方程为

$$\rho'_i = \rho - c(\delta t_r - \delta t_S) - \frac{q_i I}{f_1^2} + T + M_{Pi} + \varepsilon_{Pi} \qquad (6-1)$$

式中：$q_i = f_1^2/f_i^2$,f_1 为 L1 载波的频率；ρ'_i 为 i 频率上的伪距；ρ 为真实的几何距离；c 为光速；δt_r 和 δt_S 分别为接收机钟差和卫星钟差；I 为电离层延迟误差；T 为对流层延迟误差；M_{Pi} 为多路径的影响；ε_{Pi} 为 i 频率上的观测噪声。

（2）载波相位观测值。

载波相位观测值是接收机产生的本振参考信号 φ_r 与卫星发射的载波信号 φ_s 之间的相位差。通过求得完整的相位差,就可由 $\rho = \lambda(\varphi_s - \varphi_r)$ 求得卫星至接收机的距离。接收机在首次跟踪到卫星信号时,理论上的测量是由不足一整周的部分 $F_r(\varphi)$ 和 N 个整周部分(整周模糊度组成的),而实际上接收机的鉴相器只能记录不足一整周的部分 $F_r(\varphi)$,而进行其余各次观测时,接收机所提供的实际观测值 φ 包括不足一周的部分 $F_r(\varphi)$ 和整周计数 $\mathrm{int}(\varphi)$,即

$$\varphi = \mathrm{int}(\varphi) + F_r(\varphi) \qquad (6-2)$$

因此完整的载波相位观测值为

$$\widetilde{\phi} = \mathrm{int}(\varphi) + F_r(\varphi) + N \qquad (6-3)$$

式中：N 为整周模糊度,但接收机无法给出 N 值,需要通过其他途径求取。载波相位的实际观测值 φ 与卫星至接收机的几何距离关系如下：

$$\rho = (\varphi_i + N_i)\lambda_i \qquad (6-4)$$

式中：φ_i 为 i 频率上以周为单位的相位观测值；N_i 和 λ_i 分别为整周模糊度和波长。某一历元接收

机对某颗卫星的非差载波相位观测值以长度为单位的观测方程为

$$L_i = \lambda_i \varphi_i = \rho - c(\delta t_r - \delta t_S) - \lambda_i N_i + \frac{q_i I}{f_1^2} + T_i + M_{\varphi_i} + \lambda_i \varepsilon_{\varphi_i} \quad (6-5)$$

式中:L_i 为 i 频率上以长度为单位的相位观测值;λ_i 为 L_i 载波的波长;M_{φ_i} 为多路径的影响;ε_{φ_i} 为观测噪声。

(3) 多普勒观测值。

多普勒效应是当波源与观测者做相对运动时,电信号频率产生偏移的现象。记 Δf 为多普勒频移,则 $\Delta f = f_s - f_r$,式中 f_s 为波源发射频率,f_r 为测站接收频率。如果时间间隔选取的足够小,则多普勒计数 D 等于瞬时的多普勒频移,即 $D = \mathrm{d}\rho/\lambda \mathrm{d}t$,在多普勒测量中,首先利用预测的 D 来估计相位变化量,然后再利用相位变化量和测量值获得精确的多普勒频移值,因此,多普勒频移是载波相位测量的副产品。但是多普勒频移是一个独立的观测量,是瞬时距离变化量的观测值,载波相位在一段时间内的变化量就等于多普勒观测值在这段时间内的积分。在不考虑误差时,$\mathrm{d}\rho/\lambda \mathrm{d}t$ 等同于 $\mathrm{d}\varphi/\mathrm{d}t$,$\varphi$ 为载波相位观测值。则多普勒计数 D 可表示为

$$D = \frac{\mathrm{d}\rho}{\lambda \mathrm{d}t} - f \frac{\mathrm{d}(\delta t_r - \delta t_S)}{\mathrm{d}t} + \delta_f + \varepsilon \quad (6-6)$$

式中:δ_f 为相对论效应的频率修正;ε 为各项误差的影响。

2) Rinex 3.02 使用说明

由于不同厂家的接收机采用的数据存储格式各不相同,就会给观测数据的处理带来一定难度,为了便于数据传输和存储,处理不同接收机厂商的数据,伯尔尼大学天文学院提出了一种与接收机无关的交换格式,即 Rinex 格式(Receiver Independent Exchange format)。Rinex 格式从提出至今已更新了多个版本,目前较常使用的是 Rinex 2.xx 版,但随着近年来卫星导航系统和观测值的增多,IGS Rinex 工作组联合 RTCM 委员会在 2013 年 4 月提出了 Rinex 3.02 版本。Rinex 3.02 的命名规则如下:

Rinex 3.02 格式的文件命名规则与 2.xx 类似,形式为 ssssdddf.yyt,各部分的含义分别介绍如下:

(1) ssss 代表 4 字符长度的测站代号。

(2) ddd 代表文件对应的年积日。

(3) f 代表一天内的文件序号,有时也称为时段号。小时文件以 a 至 z 表示,当为 0 时,表示文件包含了当天的所有数据。如 f = a,表示 00:00 - 01:00 的数据。注意,文件序号的编列是以整个项目在一天内的同步观测时段为基础,而不是以某台接收机在一天内的观测时段为基础。

(4) yy 代表年份。

(5) t 代表文件类型,包含以下几种:

O——观测值文件;

N——GPS 导航电文文件;

M——气象数据文件;

G——GLONASS 广播星历文件;

R——BDS 广播星历文件；

L——Galileo 广播星历文件；

P——混合星历文件，包括 GPS、GLONASS、BDS、Galileo 系统、日本准天顶卫星系统（Quasi Zenith Satallite System，QZSS）以及星基增强系统（Satellite – Based Augmentation System，SBAS）等。

Rinex 3.02 中的广播星历文件和气象文件与 Rinex 2.xx 变化不大，因此，其主要的差别主要体现在观测文件中。每个文件都包含文件头部分和数据部分，文件头部分记录的是整个文件的全局信息，位于整个文件的最开始位置，每一行头文件的标签说明部分位于本行的第 61~80 列，标签所代表的实际值位于第 1~60 列。对头文件的更新具体表现在以下几个部分：

① 为了指示标志的性质，增加了标志类型 MARKER TYPE，在 Rinex 3.02 中定义了 14 种类型，分别是：大地测量标志、非大地测量标志、非物理标志、星载标志、空载标志、水面移动的载体、陆地移动的载体、固定的浮标、漂浮的浮标、浮冰、冰川、弹道标志以及携带接收机的动物和人类。除了大地测量和非大地测量标志外的其他值均可反映出所接收的观测值是来自一个移动的接收机。

② 随着多个卫星导航系统的发展，产生了 2 个支路或 3 个通道的信号组合产生的新码和相位观测值，为了详细记录新观测值的信号特征，在 Rinex 3.02 中对观测值进行了重新编码，新的观测值类型标签名为 SYS/#/OBS TYPE，它的属性值由 tna 三部分组成。t 表示观测值类型，其值为 C、L、D、S，分别表示为伪距、载波、多普勒、信号强度观测值；n 表示波段或频率，取值 1 至 8，要注意的是卫星系统的波段/频率数不一定等于它的频率号，如对于 Galileo 系统，波段 7 与 E5b 对应；a 为信号属性，表示信号跟踪的模式或支路，取值为 I、Q、W、X 等。例如：

L1C：对于 GPS 和 GLONASS 表示从 C/A 码上获得 L1 载波相位观测值，对 Galileo 系统表示从 C 通道获得的 E1（E2 – L1 – E1）相位观测值。

C2L：对于 GPS 的数据表示从 L 通道获得的伪距观测值。

各个系统的信号编码格式不尽相同，以 GPS 为例，在 AS 政策下用 Z 跟踪技术或其他相似的技术获得的观测值用 W 表示，用无码接收机获得的数据用 N 表示，Y 码接收机获取的数据用 Y 表示。卫星系统标识位于观测值类型之前，其值可为 G、C、R、E、S、J，分别代表 GPS、BDS、GLONASS、Galileo 系统、SBAS、QZSS。

多模数据的融合使得观测数据的时间系统没有严格的限制，在 Rinex 3.02 中对初始的观测时间 TIME OF FIRST OBS 所选用的时间系统可以选择如下：

GPS：GPS 时间系统。

GLO：GLONASS 时间系统。

GAL：Galileo 系统时间系统。

QZS：QZSS 时间系统。

BDT：BDS 时间系统。

当一个观测文件融合了多个卫星系统的数据，以其中某一个系统的时间作为参考时间时，其余系统的时间应根据观测文件提供的跳秒值进行改正。

在观测值文件的数据记录部分，所作的更新如下：

① 新增加了历元标志符">"，其后分别记录历元时间、历元标志、观测卫星数和接收机钟差

(此项为可选项),观测历元中的年用4位字符表示,历元标志位0表示正常,1表示初始历元的电源故障,大于1表示其他特殊事件。

② 每一个观测值记录由卫星系统编码开始,记为snn。其中s为卫星系统标识,可为G、C、R、E、S、J;nn为卫星号,其后按头文件中各系统的观测值类型给出对应的观测值,且取消了每行记录为80个字符的限制。

3) 观测方程线性化

卫星导航定位的基本原理是利用导航电文计算出卫星位置,然后根据接收机记录的伪距或载波相位观测值通过空间后方交会方法求解监测站在地球坐标系中的位置。

其中,接收机天线到卫星天线的距离为

$$\rho_i = \sqrt{(X_S - X)^2 + (Y_S - Y)^2 + (Z_S - Z)^2} \quad (6-7)$$

式中:(X,Y,Z) 为接收机坐标;(X_S,Y_S,Z_S) 为卫星坐标。

由于式(6-7)为非线性方程,以伪距观测值为例,在实际计算过程中,设接收机的近似坐标为 (X_0,Y_0,Y_0),将其在测站的近似位置处线性化,可得线性化方程:

$$\tilde{\rho}_i = \rho_0 - \frac{X_S - X_0}{\rho_0} V_X - \frac{Y_S - Y_0}{\rho_0} V_Y - \frac{Z_S - Z_0}{\rho_0} V_Z - cdt_r + M_i \quad (6-8)$$

$$M_i = cdt_s + d_{\text{trop}} + d_{\text{ion}} + d_{\text{rel}} + d_{\text{mul}} + \varepsilon_p \quad (6-9)$$

设 $l_i = -\frac{X_S - X_0}{\rho_0}, m_i = -\frac{Y_S - Y_0}{\rho_0}, n_i = -\frac{Z_S - Z_0}{\rho_0}$,则可知伪距定位的误差方程为

$$V = AX + L \quad (6-10)$$

其中,

$$A = \begin{bmatrix} l_1 m_1 n_1 - 1 \\ l_2 m_2 n_2 - 1 \\ \vdots \\ l_n m_n n_n - 1 \end{bmatrix}, \quad X = \begin{bmatrix} V_X \\ V_Y \\ V_Z \\ cdt_r \end{bmatrix}, \quad L = \rho_0 - \tilde{\rho}_i + M_i$$

通过最小二乘法可求出 X 为

$$X = (A^T P A)^{-1} A^T P L \quad (6-11)$$

则接收机的位置为

$$\begin{bmatrix} X \\ Y \\ Z \end{bmatrix} = \begin{bmatrix} X_0 + V_X \\ Y_0 + V_Y \\ Z_0 + V_Z \end{bmatrix} \quad (6-12)$$

4) 常用双频观测值线性组合

在导航定位中,常用到组合观测量,常见的同一频率、同一类型的组合观测值有单差、双差和三差观测值,其组合可明显削弱或消除钟差、电离层延迟、对流层延迟等的影响。不同类型的观测

值间的数据组合,如 C/A 码、P2 码、L1 相位观测值 φ_1、L2 相位观测值 φ_2 等之间的组合。通常,组合观测值应具备如下特点:

① 组合系数保持整数特性,以保证模糊度的整数特性;
② 组合后的观测值具有较长的波长;
③ 具有较小的电离层误差影响和噪声。

双频观测值的组合研究较多,下面对几种常用的双频观测值组合进行分析。

(1) 同类型不同频率观测值的线性组合。

L1 的载波相位观测值和 L2 的载波相位测量观测值间的线性组合的一般形式为

$$\varphi_{n,m} = n\tilde{\varphi}_1 + m\tilde{\varphi}_2 \tag{6-13}$$

不加证明给出线性组合观测值 $\varphi_{n,m}$ 的相应频率 $f_{n,m}$、波长 $\lambda_{n,m}$、整周模糊度 $N_{n,m}$、电离层延迟改正 $(V_{\text{ion}})_{n,m}$,以及观测噪声 $\sigma_{n,m}$ 等与 L1、L2 中的相应值之间的关系式:

$$f_{n,m} = nf_1 + mf_2 \tag{6-14}$$

$$\lambda_{n,m} = c/f_{n,m} \tag{6-15}$$

$$N_{n,m} = nN_1 + mN_2 \tag{6-16}$$

若我们希望新组成的观测值 $\varphi_{n,m}$ 的模糊度仍能保持整数特性,那么 n 和 m 均应为整数。常用的线性组合如下:

① 宽巷组合观测值。宽巷观测值 φ_Δ 为 φ_1 与 φ_2 之差:

$$\varphi_\Delta = \varphi_1 - \varphi_2 \tag{6-17}$$

对应的宽巷模糊度为 $N_\Delta = N_1 - N_2$。

② 无电离层延迟观测值 LC。常用的无电离层组合观测值为

$$nf_1 + mf_2 = 0 \tag{6-18}$$

$$\varphi_{n,m} = \frac{f_1^2}{f_1^2 - f_2^2}\varphi_1 - \frac{f_1 f_2}{f_1^2 - f_2^2}\varphi_2 \tag{6-19}$$

(2) 伪距观测值间的线性组合。

在仅考虑电离层延迟误差时,将伪距观测值 P_1 和 P_2 的方程简化为下式:

$$\begin{cases} \rho = P_1 + \dfrac{A}{f_1^2} \\ \rho = P_2 + \dfrac{A}{f_2^2} \end{cases} \tag{6-20}$$

式中:$A = -40.3 \int_s N e \mathrm{d}s$,其组合观测值可表示为

$$\rho_{m,n} = mP_1 + nP_2 = (m+n)\rho - m\frac{A}{f_1^2} - n\frac{A}{f_2^2} \tag{6-21}$$

当 $m\dfrac{A}{f_1^2} + n\dfrac{A}{f_2^2} = \dfrac{mf_2^2 + nf_1^2}{f_1^2 f_2^2}A = 0$ 时,组合的伪距观测值 $\rho_{m,n}$ 将不受电离层的影响。同时,为了使

$\rho_{m,n} = \rho$,还需令 $m+n=1$,满足此条件的 m,n 的值为

$$m = \frac{f_1^2}{f_1^2 - f_2^2}, n = \frac{-f_2^2}{f_1^2 - f_2^2}$$

则无电离层组合的伪距观测值的线性组合为

$$\rho_{m,n} = \frac{f_1^2}{f_1^2 - f_2^2} P_1 + \frac{-f_2^2}{f_1^2 - f_2^2} P_2 \quad (6-22)$$

(3)载波相位观测值间的线性组合。

L1 的相位 φ_1 和 L2 的相位 φ_2 间的线性组合观测值 $\varphi_{n,m}$ 可表示如下:

$$\varphi_{n,m} = n\varphi_1 + m\varphi_2 \quad (6-23)$$

组合观测量 $\varphi_{n,m}$ 对应的频率 $f_{n,m}$、波长 $\lambda_{n,m}$、整周模糊度 $N_{n,m}$、电离层延迟改正 $(V_{\text{ion}})_{n,m}$,以及观测噪声 $\sigma_{n,m}$ 分别表示如下:

$$f_{n,m} = nf_1 + mf_2 \quad (6-24)$$

$$\lambda_{n,m} = c/f_{n,m} \quad (6-25)$$

$$N_{n,m} = nN_1 + mN_2 \quad (6-26)$$

$$(V_{\text{ion}})_{n,m} = -\frac{A_c}{f_1 f_2} \cdot \frac{nf_2 + mf_1}{nf_1 + mf_2} \quad (6-27)$$

式中:$A = -40.3 \int_s N \mathrm{d}s$

$$\delta_{n,m} = \sqrt{(n\delta_{\varphi_1})^2 + (m\delta_{\varphi_2})^2} \quad (6-28)$$

在仅考虑电离层延迟误差时,双频载波相位观测值表示为

$$\begin{cases} \rho = (\varphi_1 + N_1)\lambda_1 - \dfrac{A}{f_1^2} \\ \rho = (\varphi_2 + N_2)\lambda_2 - \dfrac{A}{f_2^2} \end{cases} \quad (6-29)$$

采用与伪距观测值组合类似的方法,可得无电离层延迟影响的载波相位观测线性组合观测值 φ_c 为

$$\varphi_{n,m} = \varphi_c = \frac{f_1^2}{f_1^2 - f_2^2} \varphi_1 - \frac{f_1 f_2}{f_1^2 - f_2^2} \varphi_2 \quad (6-30)$$

当 $\delta_{\varphi_1} = \delta_{\varphi_2}$ 时,记 $k = \sqrt{m^2 + n^2}$,称 k 为噪声放大系数。

(4)不同类型观测值间的线性组合。

伪距和载波相位观测方程可简化为

$$\begin{cases} P_1 = \rho - \dfrac{A}{f_1^2} \\ P_2 = \rho - \dfrac{A}{f_2^2} \\ \varphi_1 = \dfrac{\rho}{\lambda_1} + \dfrac{A}{cf_1} - N_1 \\ \varphi_2 = \dfrac{\rho}{\lambda_2} + \dfrac{A}{cf_2} - N_2 \end{cases} \qquad (6-31)$$

由以上观测方程可得

$$N_1 - N_2 = \varphi_1 - \varphi_2 - \dfrac{f_1 - f_2}{f_1 + f_2}\left(\dfrac{P_1}{\lambda_1} + \dfrac{P_2}{\lambda_2}\right) \qquad (6-32)$$

令 $N_W = N_1 - N_2$，此式是由 Melbourne 和 Wubbena 分别提出的，称为 M-W 公式，N_W 为宽巷模糊度。上述线性组合消除了电离层误差的同时，也消除了卫星和接收机钟差以及卫星与接收机之间的几何距离，仅受到多路径和观测噪声的影响，这些误差可通过多历元的观测来平滑、削弱。将M-W公式做变换，可得

$$\varphi_1\lambda_1 - \varphi_2\lambda_2 = -A\dfrac{f_1^2 - f_2^2}{f_1^2 f_2^2} + N_2\lambda_2 - N_1\lambda_1 \qquad (6-33)$$

令 $L_I = \varphi_1\lambda_1 - \varphi_2\lambda_2$，称其为电离层残差组合。以周为单位的电离层残差组合表示为

$$\varphi_I = \varphi_1 - \dfrac{f_1}{f_2}\varphi_2 \qquad (6-34)$$

式（6-34）也消除了电离层延迟、钟差和卫星至接收机的几何距离的影响，可用于确定整周模糊度。

5）常用三频相位观测值线性组合

将 3 个频段上的载波相位观测值分别记为 φ_1、φ_2、φ_3，某一历元接收机对某颗卫星的 3 个频率的非差载波相位观测值以长度为单位的观测方程为

$$L_1 = \varphi_1\lambda_1 = \rho - \lambda_1 N_1 + \dfrac{q_1 I}{f_1^2} + T + \lambda_1\varepsilon_{\varphi_1} \qquad (6-35)$$

$$L_2 = \varphi_2\lambda_2 = \rho - \lambda_2 N_2 + \dfrac{q_2 I}{f_2^2} + T + \lambda_2\varepsilon_{\varphi_2} \qquad (6-36)$$

$$L_3 = \varphi_3\lambda_3 = \rho - \lambda_3 N_3 + \dfrac{q_3 I}{f_3^2} + T + \lambda_3\varepsilon_{\varphi_3} \qquad (6-37)$$

式中：$q_i = \dfrac{f_1^2}{f_i^2}$。则载波相位组合观测值可表示为

$$\begin{aligned} L_c &= \alpha L_1 + \beta L_2 + \gamma L_3 \\ &= (\alpha + \beta + \gamma)\rho + (\alpha + \beta + \gamma)T - \lambda_c N_c - \alpha_{\text{ion}} I_1 + \varepsilon_c \end{aligned} \qquad (6-38)$$

式中：

$$\begin{cases} \lambda_c N_c = \alpha\lambda_1 N_1 + \beta\lambda_2 N_2 + \gamma\lambda_3 N_3 \\ \alpha_{ion} = \alpha + \beta q_2 + \gamma q_3 \\ \varepsilon_c = \alpha\lambda_1 \varepsilon_{\varphi_1} + \beta\lambda_2 \varepsilon_{\varphi_2} + \gamma\lambda_3 \varepsilon_{\varphi_3} \end{cases} \qquad (6-39)$$

为了使组合后的整周模糊度 N_c 为整数，令 $i = \alpha \dfrac{\lambda_1}{\lambda_c}, j = \beta \dfrac{\lambda_2}{\lambda_c}, k = \gamma \dfrac{\lambda_3}{\lambda_c}$，$i$、$j$、$k$ 也必须满足整数特性，则组合模糊度可表示为

$$N_c = iN_1 + jN_2 + kN_3 \qquad (6-40)$$

组合后的波长为

$$\lambda_c = \dfrac{1}{\dfrac{i}{\lambda_1} + \dfrac{j}{\lambda_2} + \dfrac{k}{\lambda_3}} \qquad (6-41)$$

组合观测值的频率为

$$f_c = if_1 + jf_2 + kf_3 \qquad (6-42)$$

以周为单位的组合载波相位观测值为

$$\begin{aligned}\varphi_c &= i\varphi_1 + j\varphi_2 + k\varphi_3 \\ &= \dfrac{\rho}{\lambda_c} + \dfrac{T}{\lambda_c} - N_c - (i + j\sqrt{q_2} + k\sqrt{q_3})\dfrac{I}{\lambda_1 f_1^2} + i\varepsilon_{\varphi_1} + j\varepsilon_{\varphi_2} + k\varepsilon_{\varphi_3}\end{aligned} \qquad (6-43)$$

则组合观测值以长度为单位的电离层影响系数可表示为

$$q_c = \lambda_c \left(\dfrac{i}{\lambda_1} q_1 + \dfrac{j}{\lambda_2} q_2 + \dfrac{k}{\lambda_3} q_3 \right) \qquad (6-44)$$

以周为单位的电离层影响系数 Q 可表示为

$$Q = \dfrac{1}{\lambda_1}(i\lambda_1 + j\lambda_2 + k\lambda_3) \qquad (6-45)$$

以周和长度为单位的组合观测值的噪声分别为

$$\sigma_{\varphi_c} = \sqrt{i^2 \sigma_{\varphi_1}^2 + j^2 \sigma_{\varphi_2}^2 + k^2 \sigma_{\varphi_3}^2} \qquad (6-46)$$

$$\sigma'_{L_c} = \sqrt{\alpha^2 \sigma_{\varphi_1}^2 + \beta^2 \sigma_{\varphi_2}^2 + \gamma^2 \sigma_{\varphi_3}^2} \qquad (6-47)$$

假定 $\sigma_{\varphi_1} = \sigma_{\varphi_2} = \sigma_{\varphi_3} = \sigma_\varphi$，则有

$$\sigma_{\varphi_c} = \sqrt{i^2 + j^2 + k^2}\,\sigma_\varphi, \quad \sigma'_{L_c} = \sqrt{\alpha^2 + \beta^2 + \gamma^2}\,\sigma_\varphi \qquad (6-48)$$

记

$$\eta = \sqrt{i^2 + j^2 + k^2},\quad \eta' = \sqrt{\alpha^2 + \beta^2 + \gamma^2} \qquad (6-49)$$

分别为以周和长度为单位的噪声放大系数。

6）BDS 观测数据的周跳探测与修复

周跳是载波相位观测值中特有的问题。完整的载波相位由 N、$\text{int}(\varphi)$ 和 $F_r(\varphi)$ 组成。任意时

刻的接收机获得的实际观测值由不足一整周的部分 $F_r(\varphi)$ 和整周部分 $\text{int}(\varphi)$ 两个部分组成。整周计数 $\text{int}(\varphi)$ 出现系统偏差而不足一整周的部分 $F_r(\varphi)$ 仍然保持正确的现象称为整周跳变,简称周跳。产生周跳的原因主要有以下几点:

① 信号传播路径中的问题。在卫星信号传播过程中,遇到树木、山峰、建筑物等障碍的阻挡导致卫星信号的暂时中断,使得接收机的计数器累计计数短暂中断而引起周跳,这是周跳最常见的来源。

② 接收机问题。接收机发生故障导致了错误的信号处理,导致计数器无法正确计数。

③ 卫星信号问题。由于电离层活动剧烈、多路径效应、接收机强烈振荡或卫星高度角过低等原因导致卫星信号的信噪比过低造成的周跳。

④ 其他问题。如外界干扰严重或接收机进行动态观测时所处的动态条件恶劣或卫星的振荡器发生故障,使播发的信号不正确,这种情况较少出现。

以上情况都会导致积累计数发生中断,使恢复跟踪后的整周计数 $\text{int}(\varphi)$ 产生错误,但周跳的发生并不会影响 $F_r(\varphi)$ 的正确性。如果能探测出周跳发生的位置并求出丢失的整周数就能够对中断后的载波相位观测值进行改正,使这部分观测值能正常使用,此即为周跳的探测与修复。周跳的探测与修复方法有很多,大体上分为下列3种类型:

① 根据载波相位的观测值及其线性组合的时间序列是否符合变化规律加以判断;

② 利用其他观测值(如伪距观测值)加以检验;

③ 用平差计算后的观测值残差来加以检验。

目前,常用对单频和双频观测数据的周跳探测方法研究较多,比较成熟的方法有高次差法、多普勒观测值法、多项式拟合法、M-W 组合法、电离层残差法等,对三频的周跳探测研究相对较少,主要有三频相位伪距组合和三频无几何相位法等。

(1) 基于 M-W 组合的双频周跳探测。

将式(6-32)代换如下:

$$N_W = N_1 - N_2 = \varphi_1 - \varphi_2 - \frac{f_1 - f_2}{f_1 + f_2}\left(\frac{P_1}{\lambda_1} + \frac{P_2}{\lambda_2}\right) \tag{6-50}$$

$$\lambda_W = \frac{c}{f_1 - f_2} \tag{6-51}$$

假设 BDS 伪距测量的精度为 $\delta_P = \delta_{P1} = \delta_{P2} = 0.3\text{m}$,根据误差传播定律,M-W 组合的误差为

$$\delta_{N_W} = \sqrt{2\delta_\varphi^2 + \left(\frac{f_1 - f_2}{f_1 + f_2}\right)^2\left(\frac{\delta_{P1}^2}{\lambda_1^2} + \frac{\delta_{P2}^2}{\lambda_2^2}\right)} \approx \pm 0.25(\text{周}) \tag{6-52}$$

M-W 组合也称为宽巷相位减窄巷伪距组合,由以上三式可得 M-W 组合具有如下特点:消除了卫星至接收机几何距离的影响、电离层延迟、对流层延迟、卫星和接收机钟差等影响;具有较长的波长(84.75cm);观测噪声较小。当无周跳发生时,宽巷观测值的整周模糊度主要受伪距多路径和噪声影响,可以通过多个历元的平滑进行削弱;当有周跳发生时,宽巷模糊度 $\Delta N_w = (N_1 + n_1) - (N_2 + n_2)$($n_1, n_2$ 为 L_1、L_2 载波上的周跳),其值将出现较大的变化,在实际应用中,联合利用 N_w 及其均值 $\overline{N_w}$ 对周跳的存在性进行判断。利用递推的方法计算出第 i 个历元的宽巷模糊度均值和方

差为

$$\overline{N}_w^i = \overline{N}_w^{i-1} + \frac{1}{i}(N_w^i - \overline{N}_w^{i-1}) \tag{6-53}$$

$$\delta_i^2 = \delta_{i-1}^2 + \frac{1}{i}[(N_w^i - \overline{N}_w^{i-1})^2 + \delta_{i-1}^2] \tag{6-54}$$

若第 i 个历元的宽巷模糊度满足 $|N_w^i - \overline{N}_w^{i-1}| < 4\delta_{i-1}$，则 i 历元的载波相位无周跳；若 $|N_w^i - \overline{N}_w^{i-1}| > 4\delta_{i-1}$，则可能发生了周跳也可能是粗差，需对 $i-1$、i、$i+1$ 进行以下分析：

① 若第 $i+1$ 和 $i-1$ 个历元的宽巷模糊度满足 $|N_w^{i+1} - \overline{N}_w^{i-1}| < 4\delta_{i-1}$，则第 i 个历元发生了粗差，将该值进行剔除。

② 若第 $i+1$ 和 $i-1$ 个历元的宽巷模糊度满足 $|N_w^{i+1} - \overline{N}_w^{i-1}| > 4\delta_{i-1}$，同时第 $i+1$ 个历元的宽巷模糊度与第 i 个历元的宽巷模糊度差值较大，则第 i 个历元发生了粗差，将该值进行剔除，同时第 $i+1$ 个历元的数据也可能存在问题，需要重复上述分析过程；若第 $i+1$ 和 $i-1$ 个历元的宽巷模糊度满足 $|N_w^{i+1} - \overline{N}_w^{i-1}| > 4\delta_{i-1}$，但是第 $i+1$ 个历元的宽巷模糊度与第 i 个历元的宽巷模糊度差值较小，则为周跳，此时应该在发生周跳处重新分段，并从下一弧段的第一个历元还是重复上述分析过程。要注意的是，宽巷观测值的周跳 $\Delta N_w = n_1 - n_2$，因此当 L1 和 L2 载波上发生的周跳大小相等时，M-W 组合法是无法探测出来的。

（2）三频观测值周跳探测与修复。

由组合观测值需满足的条件知，进行三频观测值的周跳探测与修复时，组合系数应该满足以下条件：

① 组合波长 λ_c 大于单个载波的波长：$\lambda_c = \dfrac{1}{\dfrac{i}{\lambda_1} + \dfrac{j}{\lambda_2} + \dfrac{k}{\lambda_3}} > \lambda_2$；

② 电离层延迟的影响尽可能的小：$|Q| = \left|\dfrac{1}{\lambda_1}(i\lambda_1 + j\lambda_2 + k\lambda_3)\right| < 1$；

③ 组合观测值的噪声尽可能的小：$\eta = \sqrt{i^2 + j^2 + k^2} = \min$。

下面主要介绍三频无几何相位组合和三频相位无电离层无几何组合。

① 三频无几何相位组合。根据多频数据组合理论，令 $\alpha + \beta + \gamma = 0$，得到无几何相位组合：

$$\alpha\lambda_1\varphi_1(t) + \beta\lambda_2\varphi_2(t) + \gamma\lambda_3\varphi_3(t) = -nI_{\varphi_1}(t) + \lambda_c N_c(t) + \varepsilon_c(t) \tag{6-55}$$

式中：n 为无几何相位组合的电离层延迟放大系数，$n = \alpha\lambda_1 + \beta\lambda_2\dfrac{f_1}{f_2} + \gamma\lambda_3\dfrac{f_1}{f_3}$。

周跳发生时，无几何相位组合在历元间做差，可得

$$\alpha\lambda_1\Delta\varphi_1(t) + \beta\lambda_2\Delta\varphi_2(t) + \gamma\lambda_3\Delta\varphi_3(t) = -n\Delta I_{\varphi_1}(t) + \alpha\lambda_1\Delta N_1(t) + \\ \beta\lambda_2\Delta N_2(t) + \gamma\lambda_3\Delta N_3(t) + \Delta\varepsilon_c(t) \tag{6-56}$$

由式(6-56)可知，无几何相位组合仅受历元间电离层延迟变化量和载波观测噪声的影响，组合系数越小，电离层延迟放大系数越小，周跳检测量的精度就越高，设定其探测周跳的条件为

$$|\alpha\lambda_1\Delta\varphi_1(t) + \beta\lambda_2\Delta\varphi_2(t) + \gamma\lambda_3\Delta\varphi_3(t)| \geq 4\delta_{(\alpha,\beta,\gamma)} \qquad (6-57)$$

式中：$\delta_{(\alpha,\beta,\gamma)} = \sqrt{2}\sqrt{(\alpha\lambda_1)^2 + (\beta\lambda_2)^2 + (\gamma\lambda_3)^2}\sigma_\varphi$。

三频无几何相位组合构造的周跳检测量与站星距离和钟差无关，仅受历元间电离层延迟变化和载波相位观测噪声的影响，因此其探测周跳的灵敏度比伪距相位组合更高，但是它的每一种组合均会存在一些特殊的周跳无法探测。

采用伪距载波相位组合辅助无几何相位组合的方法对三频周跳进行修复，即两个线性无关的无几何相位组合和一个伪距载波相位组合联立方程组，构造3个线性无关的周跳检验量对周跳进行修复。在三频信号条件下，设载波相位组合系数为 i、j、k，伪距组合系数为 l、m、n，则周跳估值为

$$\Delta N_{ijk} = \Delta\varphi_{ijk} - \frac{P_{lmn}}{\lambda_{ijk}} \qquad (6-58)$$

式中：ΔN_{ijk} 为组合观测值历元间模糊度差值；$\Delta\varphi_{ijk}$ 为历元间载波组合观测值的差值；P_{lmn} 为历元间伪距组合观测值的差值；λ_{ijk} 为载波组合观测值的波长。

选取最优组合系数之后，建立周跳修复方程组如下：

$$\begin{bmatrix} a\lambda_1 & b\lambda_2 & c\lambda_3 \\ a'\lambda_1 & b'\lambda_2 & c'\lambda_3 \\ i & j & k \end{bmatrix} \begin{bmatrix} \Delta N_1 \\ \Delta N_2 \\ \Delta N_3 \end{bmatrix} = \begin{bmatrix} n_1 \\ n_2 \\ n_3 \end{bmatrix} \qquad (6-59)$$

式中：$\Delta N_i (i=1,2,3)$ 为3个频点上的周跳值；$n_i (i=1,2,3)$ 为组合周跳值。为了简化方程组，令

$$\boldsymbol{B} = \begin{bmatrix} a\lambda_1 & b\lambda_2 & c\lambda_3 \\ a'\lambda_1 & b'\lambda_2 & c'\lambda_3 \\ i & j & k \end{bmatrix}, \boldsymbol{X} = \begin{bmatrix} \Delta N_1 \\ \Delta N_2 \\ \Delta N_3 \end{bmatrix}, \boldsymbol{L} = \begin{bmatrix} n_1 \\ n_2 \\ n_3 \end{bmatrix}$$

方程组即为

$$\boldsymbol{BX} = \boldsymbol{L} \qquad (6-60)$$

② 三频相位无电离层无几何组合。

对式(6-35)、式(6-36)、式(6-37)作如下变形：

$$\lambda_1\varphi_1 - \lambda_2\varphi_2 = \frac{I}{f_1^2} - \frac{I}{f_2^2} + (\lambda_1 N_1 - \lambda_2 N_2) + \varepsilon_{1,2} \qquad (6-61)$$

$$\lambda_1\varphi_1 - \lambda_3\varphi_3 = \frac{I}{f_1^2} - \frac{I}{f_3^2} + (\lambda_1 N_1 - \lambda_3 N_3) + \varepsilon_{1,3} \qquad (6-62)$$

式中：$\varepsilon_{1,2} = \lambda_1\varepsilon_{\varphi_1} - \lambda_2\varepsilon_{\varphi_2}$；$\varepsilon_{1,3} = \lambda_1\varepsilon_{\varphi_1} - \lambda_3\varepsilon_{\varphi_3}$。当频率间的载波相位观测噪声变化可忽略时：

$$\frac{f_1^2 f_2^2}{f_2^2 - f_1^2}(\lambda_1\varphi_1 - \lambda_2\varphi_2) = I + B_1 \qquad (6-63)$$

$$\frac{f_1^2 f_3^2}{f_3^2 - f_1^2}(\lambda_1\varphi_1 - \lambda_3\varphi_3) = I + B_2 \qquad (6-64)$$

式中：$B_1 = \dfrac{f_1^2 f_2^2}{f_2^2 - f_1^2}(\lambda_1 N_1 - \lambda_2 N_2)$；$B_2 = \dfrac{f_1^2 f_3^2}{f_3^2 - f_1^2}(\lambda_1 N_1 - \lambda_3 N_3)$。消去电离层延迟影响 I，得到三频相位无电离层无几何组合：

$$\left(\dfrac{f_2^2}{f_2^2 - f_1^2} - \dfrac{f_3^2}{f_3^2 - f_1^2}\right)\lambda_1\varphi_1 - \dfrac{f_2^2}{f_2^2 - f_1^2}\lambda_2\varphi_2 + \dfrac{f_3^2}{f_3^2 - f_1^2}\lambda_3\varphi_3 = \dfrac{B_1 - B_2}{f_1^2} \qquad (6-65)$$

可看到式(6-65)消除了卫星至接收机的几何距离、对流层折射、电离层延迟以及钟差等的影响，仅受载波观测噪声的影响，其构造的周跳检测量比三频无几何相位组合更加灵敏。当周跳发生时，三频相位无电离层组合在历元间做差，可得

$$\left(\dfrac{f_2^2}{f_2^2 - f_1^2} - \dfrac{f_3^2}{f_3^2 - f_1^2}\right)\lambda_1\Delta\varphi_1 - \dfrac{f_2^2}{f_2^2 - f_1^2}\lambda_2\Delta\varphi_2 + \dfrac{f_3^2}{f_3^2 - f_1^2}\lambda_3\Delta\varphi_3 = \dfrac{\Delta B_1 - \Delta B_2}{f_1^2} \qquad (6-66)$$

式中：$\Delta B_1 = \dfrac{f_1^2 f_2^2}{f_2^2 - f_1^2}(\lambda_1 \Delta N_1 - \lambda_2 \Delta N_2)$；$\Delta B_2 = \dfrac{f_1^2 f_3^2}{f_3^2 - f_1^2}(\lambda_1 \Delta N_1 - \lambda_3 \Delta N_3)$。令 $a = \left(\dfrac{f_2^2}{f_2^2 - f_1^2} - \dfrac{f_3^2}{f_3^2 - f_1^2}\right)$，$b = \dfrac{f_2^2}{f_2^2 - f_1^2}$，$c = \dfrac{f_3^2}{f_3^2 - f_1^2}$，其探测周跳的条件设为

$$|a\lambda_1\Delta\varphi_1(t) + b\lambda_2\Delta\varphi_2(t) + c\lambda_3\Delta\varphi_3(t)| \geq 4\delta_{(a,b,c)}$$

式中：$\delta_{(a,b,c)} = \sqrt{2}\sqrt{(a\lambda_1)^2 + (b\lambda_2)^2 + (c\lambda_3)^2}\,\sigma_\varphi \approx 0.0084\mathrm{m}$。

三频相位无电离层无几何组合消除了几何距离的影响和钟差、对流层和电离层延迟误差等，仅剩观测噪声的影响，因此其构造的周跳检测量序列具有更高的灵敏性，可以准确地探测出各类小周跳，且仅存在一个等周的不敏感周跳，故在不考虑周跳的修复时可以采用该方法。

7) BDS 数据质量评估

（1）数据完整率。数据完整率是评估观测数据质量的一项非常重要的数据指标。它能反映出在观测时间段内接收机所接收到的数据是否完整，是否达到数据处理要求，是处理数据的前提条件。影响数据完整率的主要有接收机的性能、测站周围的自然环境，比如是否有遮挡等，一般当数据完整率大于 90% 时则可以进行数据处理，若数据完整率小于 90% 则表明数据质量存在问题，需要对相应的接收机和测站环境进行分析，以保证之后的观测数据完整率。数据完整率是实际观测值个数与理论观测值个数的比值，实际观测值个数是指接收机在观测时间段内时间所接收到观测值的具体历元数，而理论观测值个数则是指在固定观测时间段内根据采样率间隔接收机所接收到理论的观测值个数，具体算法如下：

$$\mathrm{DI}_f = \sum_{i=1}^{n} B_i \Big/ \sum_{i=1}^{n} A_i \qquad (6-67)$$

$$\mathrm{DI}_s = \sum_{i=1}^{n} (B_{\min})_i \Big/ \sum_{i=1}^{n} A_i \qquad (6-68)$$

式中：DI_f 为单颗卫星数据完整率；DI_s 为单系统数据完整率；A_i 为理论观测值个数；B_i 为实际观测值个数；$(B_{\min})_i$ 为实际历元总数的最小值；卫星的截止高度角都在 10° 以上。

（2）钟跳。钟跳是接收机内部时钟同步引起的，按钟跳量级大致可分为毫秒级钟跳和微秒级钟跳，钟跳一般可分为两类：仅伪距跳、相位和伪距同时发生跳变。钟跳的影响形式与周跳很相

似,极易把钟跳误判为周跳,不同的是,钟跳是所有的卫星同时发生跳变,可以利用此特点在仅伪距发生跳变时修复钟跳。发生钟跳时,若将钟跳当做周跳处理,在进行数据后处理时,会造成模糊度的频繁初始化,影响数据后处理的正确性和效率,因次需要逐个频率对载波和伪距采用高次差法或多项式拟合法进行探测。

（3）信噪比分析。信噪比(Single-Noise Ratio,SNR)是反映信号强度的指标,它是载波信号强度与噪声强度之比。它是整个发射和接收链上的信号增益和损耗的结果,它为各种信号的特征化提供了一个关键的品质因数,要受天线增益参数、接收机中相关器的状态、多路径效应的影响,是进行 GNSS 数据质量评估的重要指标之一。信噪比可以直接从观测文件中获取,信噪比越大表示信号强度越强,数据质量越好。

（4）多路径分析。多路径效应是指接收机除直接接收到卫星发射的信号外,还同时包含测站附近的物体表面一次或多次反射的信号,所有信号叠加在一起而产生时延效应,这种现象就叫多路径效应。路径效应会严重损害 GNSS 测量的精度,严重时还会引起信号的失锁。BDS 卫星由于其星座的特殊性,其多路径效应也表现出与 GPS 不同的特点。伪距多路径可以提供特定质量特征,可以作为一种 GNSS 数据质量评估指标。利用码伪距观测和载波相位观测的多径(MP)组合来确定伪距多路径,导航系统中包含有与高度角有关的多路径系统偏差,其定义为（Estey 和 Meertens,1999）

$$\text{MP}_j = \frac{f_j^2 + f_i^2}{f_j^2 - f_i^2} \lambda_j \varphi_j + \frac{2f_i^2}{f_j^2 > f_i^2} \lambda_i \varphi_i + P_j - B_{ij} \qquad (6-69)$$

式中:i 和 j 为载波相位频率;MP_j 为伪距多路径组合;λ_i 和 λ_j 为波长;f_i 和 f_j 为频率;φ_i 和 φ_j 为载波相位观测值;P_j 为伪距观测值;MP_j 中包含整周模糊度,整周模糊度中吸收了硬件延迟等误差,统一由 B_{ij} 表示。

多路径效应的周期性对 GNSS 数据后处理有着重要的意义,可以利用其削弱多路径效应的影响。通过多路径的时间序列及相关系数可以分析其周期性特征。

（5）周跳比分析。由于卫星失锁或者信号中断,从而导致载波相位观测值整周数发生跳跃的现象,这种现象就叫周跳。周跳产生的原因主要包括:①卫星信号中断;②卫星信噪比过低;③接收机处于相对运动状态;④接收机或者卫星出现故障等。在进行 GNSS 测量时,若某颗卫星的某一历元的载波相位观测值发生了周跳 ΔN,那么这颗卫星之后的观测序列都会增加同样大小的 ΔN,可表示如下:

$$\varphi_i = \ln(\varphi_i) + F_r(\varphi) + N + \Delta N \qquad (6-70)$$

式中:φ_i 为载波相位观测量;i 为对应历元。对于周跳的分析,由于篇幅的限制,不对每颗卫星周跳进行探测,通过分析每颗卫星的周跳比来判断每颗卫星的周跳情况,周跳比是观测历元总数与发生周跳历元的比值。

2. GNSS 实时精密轨道处理

实时轨道处理采用非差无电离层组合观测值及其数学模型,处理获得健康卫星的实时三维位置信息。处理包括:①卫星轨道初始位置信息与动力学参数短弧段处理更新;②通过高精度数值积分方法获取离散的对应历元的卫星三维位置。处理流程如图 6-8 所示。

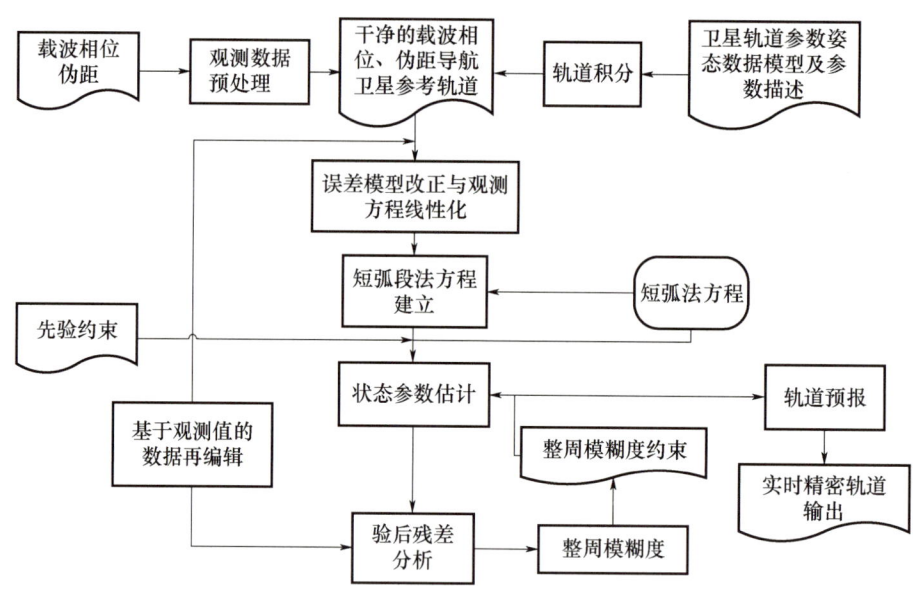

图 6-8 广域实时轨道处理流程图

广域实时精密轨道处理中应包含以下待估参数,如表 6-107 所列。

表 6-107 广域实时精密轨道处理参数设置

参数	处理模式	处理方法建议
测站坐标	静态估计	周解更新,并转换到 ITRF 框架下
卫星钟差	随机白噪声处理	单历元处理
接收机钟差	随机白噪声处理	单历元处理
卫星运动状态参数	短弧度常参数估计	参考历元时刻的卫星初始位置参数和速度参数
太阳光压模型参数	模型改正 + 经验力参数	估计 BERNE 光压模型 5 参数,包括 D、Y、B 方向的常系数及 B 方向的两个周期项系数
对流层延迟	模型改正 + 随机游走估计	① 天顶对流层延迟,每个测站每小时估计一个天顶对流层延迟参数;② 水平梯度,每 24h 估计一个北方向和东方向的对流层水平梯度参数
非差模糊度	固定解	双差模糊度固定解作为虚拟观测值引入
地球自转参数	常参数估计	每天估计地球自转参数(X、Y 方向的极移和 UT1 - UTC)及其变化率

1) 观测误差模型

广域实时精密轨道处理过程中应改正的观测误差模型改正项主要包括天线相位中心改正、相对论效应改正、天线标识中心改正、对流层延迟改正、地球自转改正、潮汐项改正。

(1) 天线相位中心改正。

天线相位中心改正包括天线相位中心偏差改正和天线相位中心变化改正两部分。卫星和接收机都要进行天线相位中心改正。

(2) 相对论效应改正。

人为地将卫星钟的标准频率降低约 0.00457Hz 之后，卫星钟的相对论效应仍有残余，这部分影响可以通过公式进行改正：

$$\Delta_{\text{rel}} = -\frac{2}{c^2} X^s \cdot \dot{X}^s \tag{6-71}$$

式中：X^s 为卫星的位置向量；$\dot{X}^s$ 为卫星的速度向量。

(3) 天线标识中心改正。

根据测站信息文件对测站进行天线标识中心改正。

(4) 对流层延迟改正。

利用 SSL 模型计算参考站的气压和温度，一般将所有测站的相对湿度都设为 60%。利用 Saastamoinen 模型计算天顶对流层延迟干分量和湿分量，投影函数为 GMF 模型，并进行对流层水平梯度改正。

① SSL 模型。利用对流层延迟改正模型需要知道测站的气温气压等信息，对于没有温度计和气压计的测站则需要按照经验模型计算。

测站的气象元素包括大气压 P、干温度 t_d 和湿温度 t_ω 表示。其中湿温度可以用相对湿度 H_r 或者水汽压 e 来表示。

$$H_r = \frac{e}{E_\omega} \times 100\% \tag{6-72}$$

$$E_\omega = 6.11 \times 10^{\frac{7.5 t_d}{t_d + 273.3}} \tag{6-73}$$

$$e = 6.11 \times 10^{\frac{7.5 t_\omega}{t_\omega + 273.3}} \tag{6-74}$$

式中：E_ω 为干湿度 t_d 对应的饱和水汽压。

海平面处的标准气象元素一般取 $P_0 = 10.1325 \times 10^{-2}$MPa，$T_0 = 10$℃，$H_0 = 50$℃。按照下面的公式可以计算出海拔高度为 h(m) 处的温度、气压和相对湿度的近似值：

$$T = T_0 - 0.0065h \tag{6-75}$$

$$P = P_0 (1 - 2.26 \times 10^{-5} h)^{5.225} \tag{6-76}$$

$$H = H_0 \exp(-6.396 \times 10^{-4} h) \tag{6-77}$$

② Saastamoinen 模型。Saastamoinen 模型天顶对流层延迟的干分量和湿分量可分别表示为

$$\text{ZHD} = \frac{0.002277 P}{f(B,h)} \tag{6-78}$$

$$\text{ZWD} = \frac{e}{f(B,h)} \left(\frac{0.2789}{T} + 0.05 \right) \tag{6-79}$$

式中：T 为测站处的气温；P、e 分别为测站处的大气压和水汽压（MPa）；$f(B,h)$ 为纬度和高程的函数，纬度和高程的函数为（h 的单位为 km）

$$f(B,h) = 1 - 0.00266\cos 2B - 0.00028h \tag{6-80}$$

③ GMF 模型。GMF 模型采用数值天气模型（NWM）提供的高精度全球对流层折射率来解算延迟量，其参数是建立在全球格网及 ECMWF（欧洲中尺度天气预报中心）40 年的再分析数据提供的气压、气温和湿度信息基础上的，并且考虑了测站经度对解算的影响，其模型较为复杂。GMF 采用 3 项连分式投影函数形式。

④ 水平梯度模型。实际上，大气层并不是各向均质的，RezaGhoddousi-Fard（2009）提出一种增加了对流层水平梯度（HorizontalGradients）的改正模型，附有水平梯度的对流层延迟改正模型可以表示为

$$\Delta T = m(\varepsilon)_h \text{ZHD} + m(\varepsilon)_w \text{ZWD} + m(\varepsilon)_{azi}(\boldsymbol{G}_N\cos\phi + \boldsymbol{G}_E\sin\phi) \tag{6-81}$$

式中：下标 azi 代表梯度；ϕ 表示方位角；$\boldsymbol{G}_N$，$\boldsymbol{G}_E$ 表示梯度向量；$\cos\phi$，$\sin\phi$ 表示方位角向量。梯度映射函数 $m(\varepsilon)_{azi}$ 各方向的不均匀性主要来自水汽，所以用湿分量的映射函数作为梯度映射函数。

$$m(\varepsilon)_{azi} = m(\varepsilon)_w \frac{1}{\tan\varepsilon} \tag{6-82}$$

（5）地球自转改正。

假设测站坐标为 (X_R, Y_R, Z_R)，卫星坐标为 (X^S, Y^S, Z^S)，则由地球自旋转引起的距离改正量为

$$\Delta D_{\tilde{\omega}} = \frac{\tilde{\omega}}{c}[Y^S(X_R - X^S) - X^S(Y_R - Y^S)] \tag{6-83}$$

式中：c 表示真空中的光速；$\tilde{\omega}$ 表示地球自转角速度。该距离改正量对卫星坐标的改正量为

$$\begin{pmatrix} X^{S'} \\ Y^{S'} \\ Z^{S'} \end{pmatrix} = \begin{pmatrix} \cos\alpha & \sin\alpha & 0 \\ -\sin\alpha & -\cos\alpha & 0 \\ 0 & 0 & 1 \end{pmatrix} \begin{pmatrix} X^S \\ Y^S \\ Z^S \end{pmatrix} \tag{6-84}$$

其中 $\alpha = \tilde{\omega}\tau$，为地球在信号传播过程中转过的角度，$\tau$ 为信号传播时间，$(X^{S'}, Y^{S'}, Z^{S'})$ 为进行了地球自转改正后的卫星坐标。

（6）潮汐项改正。

① 地球固体潮。固体潮对测站位置影响的近似公式为

$$\Delta r = \sum_{j=2}^{3} \frac{GM_j}{GM} \cdot \frac{r^4}{R_j^3} \left\{ [3l_2(\hat{R}_j \cdot \hat{r})]\hat{R}_j + \left[3 \cdot \left(\frac{h_2}{2} - l_2\right) \cdot (\hat{R}_j \cdot \hat{r})^2 - \frac{h_2}{2}\right]\hat{r} \right\} + \\ [-0.025m \cdot \sin\phi\cos\phi\sin(\theta_g + \lambda)] \cdot \hat{r} \tag{6-85}$$

式中：GM_j 为摄动天体的引力常数（$j=2$ 表示月球，$j=3$ 表示太阳）；ϕ、λ 分别为测站纬度和经度；r 为测站到地心的矢径；$\hat{r}$ 为测站在地心参考框架下的单位矢量；$\boldsymbol{R}_j$ 为摄动天体到地心的矢径；$\hat{R}_j$ 为天体在地心参考框架下的单位矢量；l_2、h_2 分别为二阶 Love 数和 Shida 数（$l_2 = 0.6090$，$h_2 = 0.0852$）；θ_g 为格林尼治平恒星时。

② 海洋潮汐。

每个测站各分潮波位移改正的振幅和相位可以根据测站位置从相应网站获得,有了分潮波的振幅和相位,可叠加某些潮波成分,得到测站位移的负荷变形:

$$\Delta_j = \sum_{i=1}^{N} f_i A_j \cos(\omega_i t + \chi_i + u_i - \phi_j) \quad (j=1,2,3) \quad (6-86)$$

式中:Δ_j为当$j=1,2,3$时分别表示测站在S、W、U向的海潮负荷变形;N为所考虑的潮波总个数;f_i为与月球升交点经度有关的系数;A_j、ϕ_j分别为与测站第j个位移分量所对应的第i个分潮波的振幅和格林尼治相位;ω_i为第i个分潮波的角频率;χ_i为其天文幅角数;u_i为与月球升交点经度有关的参数。

式中给出的横向海潮负荷改正是以S向和W向为正方向,用户计算海潮负荷对测站三维直角坐标系的影响时,求出的横向海潮负荷改正值转到N向和E向为正方向($-\Delta_1$, $-\Delta_2$, Δ_3),结合测站的经纬度(ϕ,λ),即可得到直角坐标形式的三维潮汐改正($\Delta X, \Delta Y, \Delta Z$):

$$\begin{pmatrix} \Delta X \\ \Delta Y \\ \Delta Z \end{pmatrix} = \begin{pmatrix} -\sin\phi\cos\lambda & -\sin\lambda & \cos\phi\cos\lambda \\ -\sin\phi\sin\lambda & \cos\lambda & \cos\phi\sin\lambda \\ \cos\lambda & 0 & \sin\phi \end{pmatrix} \begin{pmatrix} -\Delta_1 \\ -\Delta_2 \\ \Delta_3 \end{pmatrix} \quad (6-87)$$

2) 动力学模型

摄动力应考虑地球非球体引力位摄动、N体摄动、因日月引力引起的地球固体潮摄动及海潮摄动、大气潮摄动、地球自转形变摄动、因相对论效应引起的摄动等。非保守摄动力包括太阳直射辐射压摄动。GNSS卫星精密定轨动力学模型如表6-108所列。

表6-108 动力学模型

改正项编号	模型描述	备注
DLX01	重力场	建议采用 EGM2008 12 阶(+C21,S21)
DLX02	地球固体潮	建议 IERS 2003 规定模型
DLX03	海潮	建议 IERS 2003 规定模型
DLX04	三体引力	建议考虑太阳、月亮、水星、金星、火星、木星、土星、天王星、海王星和冥王星(均视为质点)对卫星参数的摄动力
DLX05	太阳光压力	建议采用 BERN 5 参数模型,考虑地影、月影的影响
DLX06	相对论效应	动力学修正建议采用 IERS 2003 规定模型,参见 IERS 2003 协议 10.12

(1) 地球固体潮。

由于地球是一个非刚体,在日、月等天体的引力作用下,地球陆地部分会发生形变,以致质量重新分布,这种形变称固体潮。固体潮对卫星定轨产生两种直接的影响:一种是地壳的起伏和位移使得地面跟踪站的位置改变,这一影响称"几何潮汐",它在卫星观测模型中加以改正;另一种影响是固体潮使得内部质量分布随时间变化,从而使得地球的引力场也随时间而变化,这一影响称"动力潮汐",它在卫星的动力模型中加以考虑。固体潮引起地球引力位系数随时间变化,进而对

卫星产生摄动加速度。与引力位相似,固体潮造成的摄动位可以通过地球引力位的变化来表达,其归一化的形式为

$$\Delta R_{st} = \frac{GM_e}{r}\left[\sum_{l=2}^{l_{\max}}\left(\frac{a_e}{r}\right)^l\sum_{m=0}^{l}\left((\Delta\overline{C}_{lm})_{st}\cos m\lambda + (\Delta\overline{S}_{lm})_{st}\sin m\lambda\right)\overline{P}_{lm}(\sin\phi)\right] \quad (6-88)$$

球谐系数表示固体潮引起相对于平均地球的变化。在实际应用的计算过程中可以分为两步进行。

第一步,使用与频率无关的LOVE数计算月球和太阳的引潮位。

$$(\Delta\overline{C}_{20})_{st_1} = \frac{1}{\sqrt{5}}k_2\frac{a_e^3}{GM_e}\sum_{j=2}^{3}\frac{GM_j}{r_j^3}P_{20}(\sin\phi_j) - <\Delta\overline{C}_{20}> \quad (6-89)$$

$$(\Delta\overline{C}_{21})_{st_1} + i(\Delta\overline{S}_{21})_{st_1} = \frac{1}{3}\sqrt{\frac{3}{5}}k_2\frac{a_e^3}{GM_e}\sum_{j=2}^{3}\frac{GM_j}{r_j^3}P_{21}(\sin\phi_j)e^{-i\lambda_j} \quad (6-90)$$

$$(\Delta\overline{C}_{22})_{st_1} + i(\Delta\overline{S}_{22})_{st_1} = \frac{1}{12}\sqrt{\frac{3}{5}}k_2\frac{a_e^3}{GM_e}\sum_{j=2}^{3}\frac{GM_j}{r_j^3}P_{22}(\sin\phi_j)e^{-i2\lambda_j} \quad (6-91)$$

式中:k_2 为二阶 LOVE 数;a_e 和 M_e 分别为地球半径与地球质量;G 为牛顿万有引力常数;M_j 和 r 分别为摄动天体(日或月)的质量及离地球质量中心的距离;λ_j 和 ϕ_j 为摄动天体(日或月)在地固坐标系统中的经纬度值。

二阶 LOVE 数是地球因变形产生质量重新分配所引起引力位变化的比例参数,可用来反应地球内部构造的参数,根据前人的研究,k_2 值约为 0.3。

第二步,主要是修改海洋潮汐对固体潮球谐系数的影响:

$$(\Delta\overline{C}_{21})_{st_2} - i(\Delta\overline{S}_{21})_{st_2} = A_1\sum_{s(2,1)}\delta k_s H_s(\sin\theta_s + i\cos\theta_s) \quad (6-92)$$

$$(\Delta\overline{C}_{22})_{st_2} - i(\Delta\overline{S}_{22})_{st_2} = A_2\sum_{s(2,2)}\delta k_s H_s(\cos\theta_s - i\sin\theta_s) \quad (6-93)$$

$$A_1 = \frac{(-1)}{Ae\sqrt{4\pi(2-\delta)}}, A_2 = \frac{1}{Ae\sqrt{4\pi(2-\delta)}} \quad (6-94)$$

式中:$\delta k_s = k_s - k_2$,k_s 为二阶 LOVE 数;H_s 为海潮的振幅;θ_s 为海潮幅角,由 6 个 Doodson 引数及 Doodson 变量组合而成。

(2)海潮。

受到日月引力作用,海洋会产生潮汐的变化,该变化使得地球内部质量重新分配,从而产生海潮形变位。海潮形变位可以通过地球引力位的变化来表达,其归一化的形式为

$$\Delta R_{ot} = \frac{GM_e}{r}\left[\sum_{l=2}^{l_{\max}}\left(\frac{a_e}{r}\right)^l\sum_{m=0}^{l}\left((\Delta\overline{C}_{lm})_{ot}\cos m\lambda + (\Delta\overline{S}_{lm})_{ot}\sin m\lambda\right)\overline{P}_{lm}(\sin\phi)\right] \quad (6-95)$$

$$\begin{cases}(\Delta\overline{C}_{lm})_{ot} = F_{lm}\sum_k A_{klm}\\ (\Delta\overline{S}_{lm})_{ot} = F_{lm}\sum_k B_{klm}\end{cases} \quad (6-96)$$

$$F_{lm} = \frac{4\pi a_e^2 \rho_w}{M_e} \sqrt{\frac{(l+m)!}{(l+m)(2l+1)(2-\delta_{0m})}} \left(\frac{1+k'_l}{2l+1}\right) \qquad (6-97)$$

$$\begin{bmatrix} A_{klm} \\ B_{klm} \end{bmatrix} = \begin{bmatrix} (C_{klm}^+ + C_{klm}^-) \\ S_{klm}^+ - S_{klm}^- \end{bmatrix} \cos\Theta_k + \begin{bmatrix} S_{klm}^+ + S_{klm}^- \\ C_{klm}^+ - C_{klm}^- \end{bmatrix} \sin\Theta_k \qquad (6-98)$$

式中：ρ_w 为海水的平均密度；k'_l 为负载 LOVE 数；$C_{klm}^\pm$，$S_{klm}^\pm$ 分别为 l 次 m 阶海潮正向和逆向分潮波系数。

（3）三体引力。

卫星在围绕地球运行时，不但受到中心天体——地球——引力的影响，而且还受到月球、太阳和其他星（金星、木星、水星、土星、火星、天王星、海王星、冥王星等）引力的影响。在这里把中心天体——地球——之外的其他天体称为摄动天体，人造地球卫星称为被摄动体。如果摄动天体、中心天体和被摄动体都看做是质点，则根据牛顿第二定律，摄动天体对卫星产生的摄动加速度为

$$a_{nb} = \sum_{i=1}^{n} GM_i \left(-\frac{\boldsymbol{r}-\boldsymbol{r}_i}{|\boldsymbol{r}-\boldsymbol{r}_i|^3} - \frac{\boldsymbol{r}_i}{r_i^3} \right) \qquad (6-99)$$

式中：n、M_i 分别为摄动天体个数及第 i 个摄动天体的质量；G 为牛顿万有引力常数；$\boldsymbol{r}$、$\boldsymbol{r}_i$ 分别为卫星及第 i 个摄动天体在惯性坐标系的位置向量。天体在惯性坐标系的位置向量可由星历表查得，本规范列入计算的星体包括日、月及八大行星。目前常用的行星星历为 JPL 提供的星历，有 DE200、DE403、DE405、DE406 等几种。

（4）相对论效应。

由于广义相对论效应，卫星在地球质心为原点的局部惯性坐标系中的运动方程将不同于仅考虑牛顿引力场时的运动方程。这种差异可看作卫星受到一个附加的摄动。研究表明，对低轨卫星的主要相对论效应来自地球本身的施瓦西（Schwarzschild）场，而太阳引力场对卫星产生的相对论摄动加速度小于 10^{-14}m/s^2 完全可忽略不计。据 Dallas 公式，相对论引起的摄动加速度为

$$a_{re} = \frac{GM_e}{c^2 r^3} \left\{ \left[(2\beta+2\gamma)\frac{GM_e}{r} - \gamma(\dot{\boldsymbol{r}} \cdot \dot{\boldsymbol{r}}) \right] \boldsymbol{r} + (2+2\gamma)(\boldsymbol{r} \cdot \dot{\boldsymbol{r}})\dot{\boldsymbol{r}} \right\} \qquad (6-100)$$

式中：β、γ 为相对论常数，它们随不同引力理论而异，对 Einstein 广义相对论而言，$\beta = \gamma = 1$；c 为光速；GM_e 为地球万有引力常数；$\boldsymbol{r}$、$\dot{\boldsymbol{r}}$ 为卫星在协议惯性坐标系中的位置和速度矢量。

广域实时精密轨道处理结果输出应包含估计的参数，估计参数的精度信息，观测值残差，卫星观测时段信息，各测站的星座分布信息（高度角、方位角、DOP）。轨道产品应为地固系下每一历元时刻的三维位置坐标以及与广播星历卫星之间的改正值。更新时间 30s。

3. GNSS 实时精密钟差处理

实时钟差处理采用非差无电离层组合观测值及其数学模型，获得健康卫星的实时卫星钟差，与轨道处理采用两个独立的进程完成。实时卫星钟差处理采用实时滤波方式进行 1s 更新的处理，获取每个观测历元的卫星钟差，处理耗时小于 1s。处理流程如图 6-9 所示。

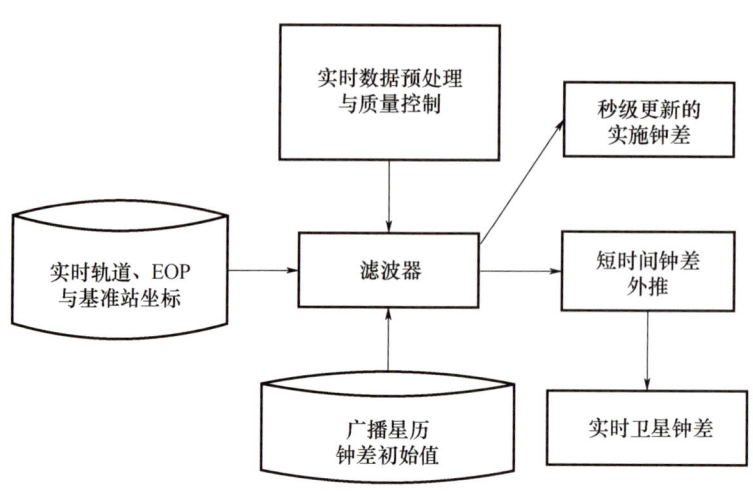

图 6-9　广域实时钟差处理流程

广域实时钟差处理的参数设置见表 6-109：

表 6-109　广域实时钟差处理参数设置

参数	处理模式	处理方法建议
测站坐标	固定	约束到 ITRF 框架下，建议采用 IGS08.snx 文件固定测站坐标
卫星钟差	随机白噪声处理	单历元处理
接收机钟差	随机白噪声处理	单历元处理
对流层延迟	模型改正 + 随机游走估计	① 天顶对流层延迟，每个测站每小时估计一个天顶对流层延迟参数；② 水平梯度，每 24h 估计一个北方向和东方向的对流层水平梯度参数
非差模糊度	固定或消除	建议历元间差分方法消除

广域实时精密钟差处理结果输出应包含估计参数，估计参数的精度信息，观测值残差，卫星观测时段信息，各观测站的星座分布信息（高度角、方位角、DOP），基准钟的钟差信息。

卫星钟差产品为实时精密钟差与对应时刻由广播卫星钟差计算的钟差之间的改正值，每秒更新一次。

4. 电离层实时处理

实时电离层处理采用双频/三频伪距/载波观测量，采用载波相位平滑伪距和非差无几何观测值建立数学模型，进行电离层延迟信息的提取，实现电离层延迟实时模型化，实时电离层处理流程如图 6-10 所示。

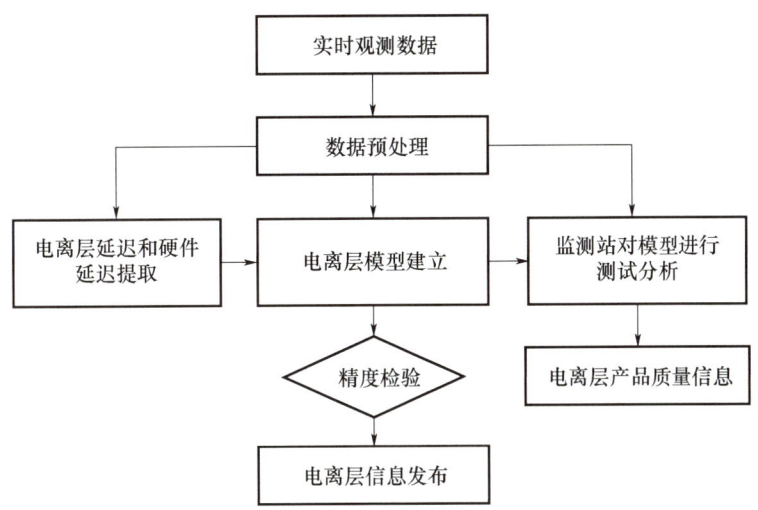

图 6-10 实时电离层处理流程图

广域实时电离层应包含一下待估参数,如表 6-110 所列。

表 6-110 广域实时电离层参数设置

参数	处理模式	处理方法建议
模糊度参数	载波相位平滑伪距	采用载波相位平滑伪距和非差无几何观测求解 L4 组合模糊度
球谐模型系数	分段线性估计	分段线性估计中加入时段相关性约束,采用 15 阶的球谐函数,一天分为 12 个时段

电离层模型如下:

(1) 球冠谐函数模型、低阶球谐函数模型和多项式模型。球冠谐函数模型建议取 8 阶 6 次,低阶球谐函数模型取到 5 阶次,多项式模型取到 8 阶次。由于多项式模型存在边际效应,因此,球冠谐函数和低阶球谐函数比多项式模型改正效果好。根据实际情况可选择不同的区域模型对中国区域电离层延迟进行建模。

(2) 电离层投影函数和高度。采用单层电离层模型,投影函数为改进的单层投影函数 MSLM,电离层高度设为 450km。

6.5.2 完好性监测

产品的数据服务质量会受到播发质量、原始观测数据质量等各种因素的影响,因此需要设计并实现完好性监测模块,通过实时计算完好性参数。完好性是指当卫星导航系统出现故障或检测出的误差超过阀值不能胜任规定的导航任务时,系统及时报警并通知用户终止此信号的能力,具体指以下四方面的能力:一是用户判断所接受到的导航信号,是否超出特定服务所规定的性能标准并及时有效地发出告警的能力;二是系统在导航、定位、授时、测速时的故障监测能力;三是如果导航系统出现故障,在规定的告警时间内向用户发出告警的能力;四是监测到导航信号出现危险误导信息但却未给用户提示或发出告警标识的次数。目前进行完好性监测的方法主要有两大类:第一类是通过外部的辅助增强系统来进行完好性监测,这其中包括星基增强系统和陆基增强系统;另一类是通过接收机自己进行完好性监测,也就是接收机自主完好性监测(RAIM)。

1. 完好性层次划分

根据作用范围的不同,GNSS 的完好性可分为 SIS 层完好性和服务层完好性。前者分析的对象是 SIS,通常是在信号域和距离域内实现完好性故障的监测与告警;而后者分析的对象是导航定位结果,通常是在位置域和信息域内实现完好性故障的检测、隔离与告警。二者概念有所差异,作用域不同,使用的算法不同,但关系密切。SIS 层完好性故障在很大程度上会产生服务层完好性故障,而服务层完好性除了与 SIS 层完好性相关外,还与星地空间几何构型以及用户终端性能、使用环境等因素相关。

1) SIS 层完好性

SIS 层完好性被定义为对提供信息正确性的置信度。SIS 层完好性还包括当不能用于定位或授时时向用户接收机及时发出告警的能力。当 SIS 提供的信息满足误导信息(Misleading Singal-in-Space Information, MSI)的条件时是不能使用的。SIS 层完好性主要采用以下 4 个参数来描述:

(1) 服务故障概率:SIS 瞬时超过 SIS URE NTE 门限而没有发布及时告警的概率。

(2) 告警时间(Time-to-Alert, TTA):SIS 的 TTA 为 MSI 开始出现到告警指示标志到达用户接收机天线的时间。实时告警信息属于导航电文的一部分,此时,TTA 则具体化为 MSI 开始到包含实时告警信息的页所在子帧结尾到达接收机天线的时间间隔。因为导航电文的解码是以子帧(或页)为单位进行解码的,必须在子帧结尾到达接收机后才可进行电文解码,之后提取实时告警信息,在必要时及时通知接收机进行故障响应。

(3) SIS URE NTE 门限:健康卫星 SIS 的 URE NTE 门限为该卫星当前的用户测距精度(User Range Accuracy, URA)指数对应的上边界值的 ±4.42 倍。URA 指数亦是通过导航电文播发的。对于非健康卫星 SIS 是没有 URE NTE 门限的。

(4) 告警标志:根据完好性风险以及完好性故障机制的不同,告警亦分为两类:Alarm 型告警和 Warning 型告警,二者均表示相应 SIS 已经处于不健康状态,不可用;但后者要比前者风险更小。

2) 服务层完好性

通常,卫星导航系统的定位误差超过告警阈值时需要在规定的时间内发出有效告警,故描述 GNSS 提供的服务完好性的主要参数有告警阈值(Alert Limit, AL),包括水平告警阈值(HAL)和垂直告警阈值(VAL),以及 TTA。另外,由于多种原因,GNSS 完好性监测与告警的成功率不可能达到,故用户需要面临一定的完好性风险,即完好性风险(Integrity Risk, IR)是一个概率,指的是危险误导信息的概率,即导航定位误差超过告警阈值但没有发出告警的概率,与 SIS 层完好性服务故障概率相同。系统失去完好性可能是因为系统提供服务不安全的条件没有被检测到或是被检测到了,但用户没有在告警时间内收到。除了以上参数外,在具体算法中还有其他相关的参数,诸如 RAIM 在算法中经常采用保护阈值(Protection Limit, PL),包括水平保护阈值(HPL)和垂直保护阈值(VPL)来计算基于 RAIM 算法的可用性。但无论何种算法和机制,评估完好性的主要参数是 AL、TTA 以及 IR。

完好性相关检测指标如下:

(1) 漏检率与误警率。漏检率(Probability of Missed Detection,PMD)是指导航系统发生故障并超过给定的门限值时,完好性算法并没有检测出故障的概率。误警率(Probability of False Alarm,PFA)是指导航系统未发生故障或故障在允许的范围内时,完好性算法却检测出故障并告警的概率。

(2) 告警阈值。告警阈值表示导航系统允许的最大误差阈值。若导航系统计算出的定位误差超过给定的阈值,则完好性不可用,并向用户发出警告。包括水平方向和垂直方向,分别为 HAL 和 VAL。当导航系统满足水平误差不超过 HAL 和垂直误差不超过 VPL 时,则完好性可用,否则表示存在完好性风险,完好性不可用。

(3) 告警时间。由警报条件出现到监控终端警报显示的时间。告警时间是卫星导航系统重要的完好性参数,同时又是一个与应用需求密切相关的参数。不同的应用需求对告警时间的要求也不尽相同。通常,卫星导航系统的 TTA 设置为 6s,这可以满足 ICAO 规定的 APV Ⅱ 阶段的进近要求。

(4) 危险误导性信息概率。危险误导性信息概率(Probability of Hazardously Misleading Information,PHMI)指用户的真实位置落在完好性算法确定的误差范围外的概率。当完好性用于一般服务时,要求 PHMI 不超过 10^{-7}/进近,而应用于 LPV-200 阶段时,完好性要求不超过 10^{-7}/进近。

完好性风险,即 HMI 的概率可分为 3 种故障情况:

(1) 无故障情况:包括在系统正常运行过程中产生的小概率较大的随机误差产生的 HMI,主要由高斯热噪声和多路径等因素产生。HMI 概率给无故障情况的任何分配都需要对垂直方向的定位精度限定一个上边界。然而,垂直方向定位精度的上边界必须满足一定的精度可用性需求。这个精度可用性要求非常严格,精度为 4m(95%),而上边界为 35m。基于这种考虑,没有必要给这种故障情况分配概率。

(2) 多卫星故障情况:引起多卫星故障的原因有两种:一种是同时影响多颗卫星的共有故障,这种故障假定为每次进近 1.3×10^{-8};另外一种是多颗卫星同时发生的相互独立的故障,这种故障可以基于单卫星故障率 1×10^{-5} 进行估计。尽管监测到多卫星同时发生相互独立故障的概率几乎为零,但两种故障概率相加后作为 HMI 概率在这种故障模式下的分配是满足要求的。

(3) 单故障情况:HMI 概率剩余的部分被分配到这种故障情况。这种完好性风险是假定的单故障先验概率与导致 HMI 产生的条件概率的乘积。因此,所有可视卫星的漏检概率则为 $P_{md} = 8.25 \times \dfrac{10^{-8}}{10^{-5}} = 8.25 \times 10^{-3}$。

2. 完好性故障模式

造成信号层完好性损失的故障主要有卫星星历的完好性故障和空间信号测距的完好性故障。而造成服务层完好性损失的故障则来自多种因素,除了卫星星历的完好性故障、空间信号测距的完好性故障外还包括导航电文信息故障、使用环境产生的故障以及接收机内部故障等。

下面分别分析两类故障产生的原因。

1）信号层完好性故障

卫星导航系统中影响信号层的故障可能来自于空间卫星、地面运控系统以及为运控系统提供数据的外部数据源。

2）服务层完好性故障

服务层完好性故障的主要表现为定位解算误差超过了应用领域既定的完好性告警阈值，是一个综合表现。与卫星星钟和星历故障以及用户与可见卫星之间的空间几何构型（包含可视卫星数目）密切相关。星地空间几何构型有可能对并没有超限的伪距误差进行了投影放大，导致定位误差超过告警阈值，从而导致定位结果不可用。

完好性故障监测及反应机制由用户段、控制段和空间段各自的完好性故障监测及反应机制共同来实现，下面分别进行论述。

1）用户段完好性故障监测及反应机制

接收机一旦检测到信号层完好性故障中所列的完好性故障标识中的任何一类，就可以按照预定处理模式进行处理，及时向用户发出告警，告知用户导航定位解算的可信程度，以便用户及时采取相应的措施减小使用卫星导航系统的风险。如果接收机发出告警与相应故障产生之间的时差不超过相应导航应用阶段完好性规定的 TTA，则此次完好性是有效的。需要强调的是，用户段完好性故障监测主要依靠导航的电文标示来实现。用户不需要知道该标示是来自于控制段还是卫星，只需要严格按照 ICD 文件的相关规定进行判断，这一点对于用户段的完好性实现具有重要意义。

2）控制段完好性故障监测及反应机制

监测与评估的性能是控制段的重要功能之一。控制段一旦确定导致性能降低的故障或征兆已经发生了，会立即采取相应的措施进行干涉，以阻止这种故障的发生，或至少使这种故障对性能的影响最小化。

控制段另外一个重要功能是进行卫星在轨维护。大多数的卫星在轨维护是提前计划好的。一定类型的在轨维护很有可能引起 SIS URE 的增大，诸如轨道机动和原子钟的维护。为了阻止不断增大的 SIS URE 最终导致 MSI 的产生，控制段通常会采取各种预警措施提前通知接收机不要使用即将进行在轨维护的卫星信号。这些 SIS 预警措施包括以下几种，但不仅限于以下所列：

（1）一个相对合适的 URA 指数。该指数已经包含了由于卫星在轨维护可能产生的 SIS URE 所能造成的风险考虑。

（2）子帧 1 的 6bit 健康状态字的第一个高字节等于 1（二进制），或者其他 5 个低字节不等于 00000（二进制）。常用的"不可用"告警指示是高字节等于 1（二进制），表示一些或所有的电文数据都有问题；或 5 个低字节等于 11100（二进制），表示卫星暂时不能使用。

（3）URA 指数 "N" 设为 15。这是控制段无法获得比较可靠的 URA 时采用的预警措施。根据 ICD 200，$N = 15$ 意味着用户使用的 SIS 的 URA 是 6144m，这已经是最大的 URA 指数了。

（4）HOW 字的第 18bit 等于 1（二进制）。

（5）NANU 预警信息。这是一种离线发布的非实时的预警信息。但 NANU 的目的并不是用来解决完好性的,而是用来提高系统连续性的。

3）卫星在轨监测与干涉

卫星可以对影响 SIS 性能的星载子系统进行大量的在轨自主监测。如果卫星发现了可能对 SIS 性能产生不好影响的故障,就会立即产生一个内部告警,同时卫星会采取相应的干涉措施尽可能减小该故障对于 SIS 的影响。如果检测到的故障影响了卫星参考频标或关键的子系统,卫星就会通过转发非标 C/A 码的方法发出完好性告警。如果检测到的故障影响到导航电文产生的子系统,卫星就会通过发播 1 和 0 交替且缺乏校验的默认数据来发出完好性告警。然而,由于导致故障产生的条件存在时间很短或是卫星能很快纠正这种故障,卫星在轨检测到的许多故障都是短暂的。一旦卫星发现检测到的故障存在,卫星会立即转向标准 C/A 码和正常导航电文的模式。典型的恢复时间的范围是 6~24s。卫星没有检测到的故障则需要地面控制段采取相应的干涉措施来保护用户。地面控制段的干涉通常需要卫星及时发播可以跟踪的且健康的。

3. BDS 端和用户端完好性监测

完好性监测研究随着 20 世纪 80 年代 GPS 在航空领域中的应用逐步展开,因为在涉及生命安全的民航中,须考虑伪距误差对导航位置解的影响。尤其是 RAIM 仅利用所接受到的冗余观测量或其他辅助观测量进行故障探测、识别并排除的功能,在实践中具有不需要昂贵地面设施支持、成本低、速度快等优点,在民航中迅速得到了广泛应用。早期 RAIM 算法可分为两种:基于所有观测值的连续 RAIM 算法和仅使用当前历元观测值的快照 RAIM 算法。目前在航空界被普遍应用的是快照算法,包括最小二乘残差法、奇偶矢量法和伪距比较法,数学推导证明这 3 种算法是等价的。

GNSS 伪距观测模型线性化以后可以表示为

$$L = Gx + \varepsilon \tag{6-101}$$

式中:L 为观测伪距和近似计算伪距的差值($n \times 1$ 矩阵);x 为三维坐标向量和接收机钟差(4×1 矩阵);G 为设计矩阵($n \times 4$ 矩阵);ε 为观测值噪声($n \times 1$ 矩阵)。

根据最小二乘原理估计未知参数:

$$\hat{X} = (G^T PG)^{-1} G^T PL = Q_{\hat{X}}^{-1} G^T PL \tag{6-102}$$

式中:$Q_{\hat{X}}$ 为未知参数的协方差矩阵;P 为观测值的权阵(假设各观测值独立)。进而可得到伪距残差向量 v 及协方差阵 Q_v:

$$v = (I - G(G^T PG)^{-1} G^T)\varepsilon \tag{6-103}$$

$$Q_v = P^{-1} - G \cdot (G^T PG)^{-1} \cdot G^T \tag{6-104}$$

1)故障检测

最小二乘残差的平方和作为讨论 RAIM 方法的基本观测量,我们称为 SSE:

$$SSE = \sqrt{v^T Pv} \tag{6-105}$$

因为测量噪声服从 $\varepsilon - N(0,\sigma_0^2)$，则根据统计学分布原理，均值为零时，$\dfrac{\text{SSE}}{\sigma_0^2} - \chi^2(n-4)$；若均值不为零，则 $\dfrac{\text{SSE}}{\sigma_0^2} - \chi^2(n-4,\lambda)$。可以做二元假设，即

无故障假设 $H_0 : E(\varepsilon) = 0$，则 $\dfrac{\text{SSE}}{\sigma_0^2} - \chi^2(n-4)$；

有故障假设 $H_1 : E(\varepsilon) \neq 0$，则 $\dfrac{\text{SSE}}{\sigma_0^2} - \chi^2(n-4,\lambda)$。

观测值的粗差可以通过残差 v 反映出来，因此通过对残差的假设检验可以发现系统中存在没有模型化的偏差或者粗差。这里采用卡方检验法，定义最小二乘残差算法的检验统计量：

$$T_{es} = \sqrt{\text{SSE}/(n-4)} \tag{6-106}$$

当系统处于正常运行状态下，如果系统出现故障误判，称为误警，设误警率为 P_{FA}，在导航系统特定应用中所规定的误警率下，有下面的等式成立：

$$P_r\left(\dfrac{\text{SSE}}{\sigma_0^2} < T^2\right) = \int_0^{T^2} f_{\chi_{n-4}^2}(x)\,\mathrm{d}x = 1 - P_{FA} \tag{6-107}$$

那么故障检测统计量 T_{es} 的检测阈值为

$$T_{cs} = \sigma_0 \times \dfrac{T}{\sqrt{n-4}} \tag{6-108}$$

可以看出，故障检测统计量是一个非负标量，故障检测法则可进一步简化为：以故障检测阈值作为临界点，其中大于检测阈值为故障，小于检测阈值表示无故障。即在实际导航中，将实时解算的 T_{es} 与 T_{cs} 进行比较，若 $T_{es} > T_{cs}$，则表示探测到伪距故障，为规避给用户使用带来的风险损失，导航系统须在规定的短时间内向用户发出告警。

2）故障检测的完好性保证

故障检测的前提条件是用户至少需要观测到 5 颗卫星。但在实际情况中，某些时刻用户位置处的卫星几何强度较差，虽然这可用于导航定位服务，但完好性监测缺少稳健性。因此，在 RAIM 故障检测之前，必须给出相对应的故障检测完好性保证，即当前历元用户位置处的卫星空间分布几何构型满足故障检测的条件。通常采用 3 种完好性保证方法：最大精度因子变化方法 $\delta H_{\max}$、近似径向保护限差 ARP 法和水平/垂直保护水平（Horizontal/Vertical Protection Level，XPL）法，以下为 XPL 法。

假定第 i 颗卫星出现伪距故障，其偏差为 b_i，则统计量 $\dfrac{\text{SSE}}{\sigma_0^2} - \chi^2(n-4,\lambda)$，忽略观测值中偶然误差的影响，则非中心化参数 λ 可表示为

$$\lambda = \dfrac{E(\text{SSE})}{\sigma_0^2} = \dfrac{Q_{vii} \cdot P_{ii}^2 \cdot b_i^2}{\sigma_0^2} \tag{6-109}$$

假定 $\boldsymbol{A} = (\boldsymbol{G}^\mathrm{T}\boldsymbol{P}\boldsymbol{G})^{-1}\boldsymbol{G}^\mathrm{T}$，$\boldsymbol{A}$ 表示 $\boldsymbol{G}$ 的伪逆。分子、分母同乘以 $A_{1i}^1 + A_{2i}^2$，则可得

$$\lambda = \frac{(A_{1i}^1 + A_{2i}^2) \cdot P_{ii}^2 \cdot b_i^2}{\sigma_0^2 \left(\frac{A_{1i}^1 + A_{2i}^2}{Q_{vii}} \right)} \tag{6-110}$$

令 $(A_{1i}^1 + A_{2i}^2) \cdot P_{ii}^2 \cdot b_i^2 = \mathrm{RPE}_i^2$，$\mathrm{RPE}_i$ 表示由偏差 b_i 产生的水平定位误差。可以证明有下面的等式成立：

$$\sqrt{\frac{A_{1i}^1 + A_{2i}^2}{Q_{vii}}} = \mathrm{HDOP}_i - \mathrm{HDOP} \tag{6-111}$$

式中：HDOP 表示用户位置处所有卫星的水平精度因子；HDOP_i 表示去掉第 i 颗卫星后的水平精度因子；水平精度因子变化越大，对应卫星出现的故障越难探测，定义水平精度变化因子 $\delta \mathrm{HDOP}_i = \mathrm{HDOP}_i - \mathrm{HDOP}$，则非中心化参数可表示为

$$\lambda = \frac{\mathrm{RPE}_i^2}{\sigma_0^2 \cdot \delta \mathrm{HDOP}_i^2} \tag{6-112}$$

当卫星发生故障时，检验统计量 T_{es} 大于检测限值 T_{cs}；若 $T_{es} < T_{cs}$，表示此时系统出现漏警，对于系统给定的漏警概率 P_{MD}，应满足下面的概率等式：

$$P_r \left(\frac{\mathrm{SSE}}{\sigma_0^2} < T^2 \right) = \int_0^{T^2} f_{x_{n-4}^2}(x) \mathrm{d}x = P_{MD} \tag{6-113}$$

利用上式求出非中心化参数 λ，若以水平误差报警限值 HAL 代替 RPE_i，则水平精度变化因子的限值为

$$\delta \mathrm{HDOP}_T = \mathrm{HAL} / (\sigma_0 \times \sqrt{\lambda}) \tag{6-114}$$

在系统进行故障检测前需实时计算各卫星对应的 $\delta \mathrm{HDOP}_i$，取其最大值 $\delta \mathrm{HDOP}_{max}$，若 $\delta \mathrm{HDOP}_{max} < \delta \mathrm{HDOP}_T$ 表示导航系统产生最难被检测的卫星上发生一个故障的假设下，保证了系统所规定的漏检率。所以 $\delta \mathrm{HDOP}_{max}$ 保证系统故障检测的可靠性。若将 $\delta \mathrm{HDOP}_{max}$ 带入，则有：

$$\mathrm{HPL} = \delta \mathrm{HDOP}_{max} \times \sigma_0 \times \sqrt{\lambda} \tag{6-115}$$

另外一种保证故障检测可靠性的方法是通过比较水平误差 HPL 和给定的水平误差 HAL；因为 $\delta \mathrm{HDOP}_{max}$ 仅与用户所处的几何位置相关，在实际中不同数量的卫星可能会有相同的 $\delta \mathrm{HDOP}_{max}$，所以目前广泛应用 HPL 判断系统故障检测的完好性保证。

3）故障识别

从本质上讲，卫星故障排除就是粗差的探测和识别，目前应用比较广泛的单维粗差识别方法是巴尔达数据探测法，就是将观测量纳入某函数模型中，运用假设检验方法去探测并别除粗差。

在分析残差和观测误差性质的基础上，可构造检验统计量：

$$d_i = \frac{|v_i|}{\sigma_0 \cdot \sqrt{Q_{vii}}} \tag{6-116}$$

在故障排除中，首先对统计量 d_i 作二元假设，即

H_0（无故障）：$E(\varepsilon_i) = 0, d_i \sim N(0,1)$；

H_1(有故障)：$E(\varepsilon_i) \neq 0, d_i \sim N(\delta_i, 1)$。

其中，δ_i 为统计量 d_i 的偏移参数。如果第 i 颗卫星发生伪距故障，其偏差为 b_i，则

$$\delta_i = \frac{\sqrt{Q_{vii}P_{ii}^2} \cdot b_i}{\sigma_0} \tag{6-117}$$

对于 N 颗卫星，可构造 N 个检验统计量；假定系统给定的总误警率为 P_{FA}，所有卫星发生概率相同，则每颗卫星的误警率为 P_{FA}/N，因此有下面的等式成立：

$$P_r(d > T_D) = \frac{2}{\sqrt{2\pi}} \int_{T_D}^{\infty} e^{-\frac{x^2}{2}} \mathrm{d}x = \frac{P_{FA}}{N} \tag{6-118}$$

通过上式可求出检测限值 T_D，将检测统计量 d_i 分别与检测限值作比较，若 $d_i > T_D$，则说明第 i 颗卫星存在故障，在导航解算过程中需要将其排除在外。

4) 故障识别的完好性保证

在故障识别前，必须给出相应的完好性保证，考虑卫星几何分布带来的影响。因为用户位置处较差的卫星几何构型强度，可能导致误判。所以在 RAIM 算法进行故障识别前，必须判定卫星空间几何条件是否满足要求，即判断故障识别算法是否在当前历元用户位置处可用。

类似于故障检测完好性保证的思路，可将统计量偏移参数 δ_i 表示为

$$\delta_i = RPE_i/(\sigma_0 \times \delta HDOP_i) \tag{6-119}$$

假定漏警率 P_{MD}，由正态分布可求得统计量偏移参数 δ。在给定水平定位误差保护 HAL 的情况下，故障识别完好性保证限值为

$$\delta HDOP_T = HAL/(\sigma_0 \times \delta) \tag{6-120}$$

若选择 $\delta HDOP_i$ 的最大值 $\delta HDOP_{max}$，则

$$HPL = \delta HDOP_{max} \times \sigma_0 \times \delta \tag{6-121}$$

可以看出上式与故障检测完好性保证的公式相似，区别在于 δ 根据正态分布求出，而 λ 根据卡方分布求出。

4. BDS 空间信号完好性监测

随着 BDS 在各个领域应用的拓展，由于广播星历实时性、易捕获、精度稳定等优点，被广泛应用于实时导航定位中，因此广播星历的质量直接影响着实时用户的导航、定位、授时精度。广播星历精度评估可以从卫星轨道误差、卫星钟差、URE 3 个方面进行。

1) BDS 轨道精度评估及方法

由于 BDS 精密星历产品是按 15min 采样间隔提供各颗在轨健康卫星的笛卡儿坐标，所以采用拉格朗日插值法内插出各采样时刻卫星坐标，然后在各对应时刻计算卫星坐标差值，求出各颗在轨卫星的轨道误差。但是在计算广播星历与精密播星历的轨道误差时，因为轨道误差通常用径向、切向、法向这 3 个方向分量描述，所以需要将三维轨道误差 d_x、d_y、d_z 投影到该采样时刻下径向 R、切向 T、法向 N 3 个方向。

在进行 BDS 卫星轨道精度评估时，需要注意以下问题：

(1) 参考框架不一致的问题。对于 BDS 卫星来说,因为广播星历坐标系基于 CGCS2000,而精密星历坐标系基于 ITRF2008,理论上应采用七参数转换法统一坐标系。但是 CGCS2000 与 ITRF2008 两者相差在厘米级,相对于广播星历米级的精度,可不考虑坐标转换的问题。

(2) 卫星天线相位中心改正问题。就 BDS 卫星而言,广播星历采用开普勒轨道参数来表示卫星坐标,这套卫星坐标是相对于 BDS 卫星天线相位中心的,而精密星历文件中的卫星坐标是相对于 BDS 卫星质心,两者之间存在系统模型偏差,可根据实际情况,采用七参数相似变化模型改正此项误差。

2) BDS 钟差精度评估及方法

根据所采用钟差基准类型的不同,广播星历钟差评估方法分为两种:一是与观测量比较法,按照获取观测量所采用手段的不同,可分为监测站双伪距观测量、激光测距观测量以及星地双向时间同步伪距观测量等。二是与精密钟差比较法,以事后精密星历钟差为基准,广播星历钟差与精密星历钟差作差求出钟差误差,以此为基础来统计评估广播星历钟差,该方法是目前最直接、应用最广泛的评估方法。在进行广播星历钟差评估时,需要扣除由于参考钟选择所带来的系统误差的影响。因为 BDS 的观测量是测站与卫星之间信号传播的相对时间延迟,不能同时确定所有在轨健康卫星的卫星钟差,必须首先固定某一卫星钟作为基准钟,然后确定其他卫星的相对钟差。在基准钟选择时,在保证钟差精度优于 10^{-6}s 的条件下,导航用户使用相对钟差和绝对钟差的定位结果是等价的。

由于广播星历与精密星历所选择的参考钟一般情况下不相同,所以在进行卫星钟差评估时,需要扣除由于基准卫星钟选择所带来的系统误差的影响。采用二次作差法来消除钟差系统误差影响。

$$\Delta t^i = T^i - t^i - \mu \qquad (6-122)$$

式中:T^i 为精密卫星钟差;t^i 为广播星历计算的卫星钟差;$T^i - t^i$ 为精密卫星钟差与广播卫星钟差的一次差值;$\mu = \sum_{i=1}^{n}(T^i - t^i)/n$ 作为一次差的差值。

3) BDS 空间信号误差的评估及方法

空间信号误差 URE 是评价导航系统空间信号精度的重要指标之一,是指卫星轨道误差对用户测距方向的影响值。对于 BDS 混合异构星座中的单颗卫星而言,空间信号误差是指与该颗卫星相关联的各项误差的累计和。在实时导航应用中,在求出广播星历轨道误差和钟差误差的基础上,可进一步求出卫星空间信号误差,URE 计算公式如下所示:

$$\mathrm{URE} = \sqrt{(\alpha \cdot R)^2 + (\beta \cdot T)^2 + (\beta \cdot N)^2} \qquad (6-123)$$

式中:R、T、N 为投影到 RTN 坐标系下的卫星轨道误差;α 和 β 为与卫星轨道高度有关的转换系数。通常对于 GEO 和 IGSO 卫星,α 取 0.992,β 取 0.881;而对于 MEO 卫星 α 取 0.980,β 取 0.141。

广域增强数据产品监测体系主要通过框架观监站接收广域增强数据产品和卫星信号,生成监控数据后传给完好性监测单元,由完好性监测单元完成如下监测计算任务后由运维监控子系统综合显示。完好性监测数据流程如图 6-11 所示。

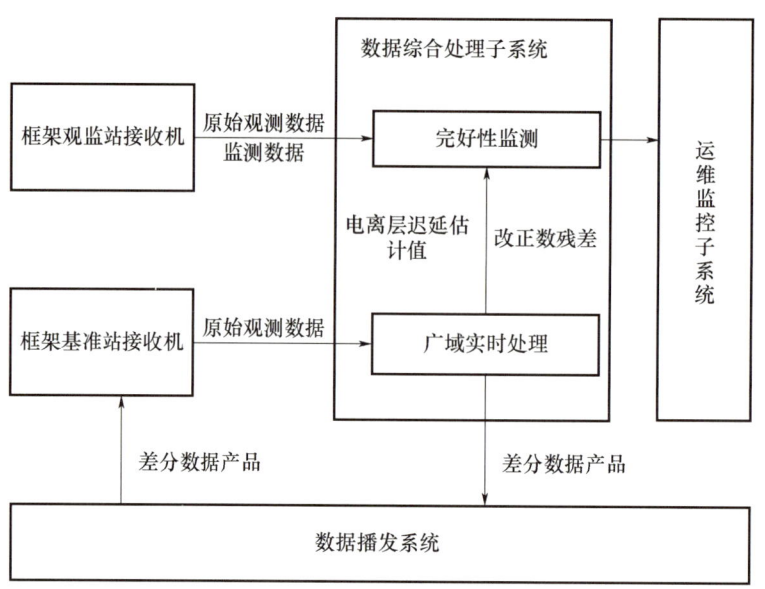

图 6-11　完好性监测数据流程图

6.6　运维监控子系统

运维监控子系统主要用于对北斗地基增强系统的运行状态进行监控,对系统各类差分增强服务性能,包括服务性能、完好性、连续性、可用性等进行综合监测与评估,实现系统故障的实时监测,为系统的故障快速恢复提供技术依据,为系统运维质量评价提供管理依据,确保系统能够长期、可靠、稳定、自主运行。系统框架图如图 6-12 所示。

运维监控子系统主要由运行状态监控与管理系统,运维管理系统,多媒体综合显示系统组成。其中运行状态监控与管理系统主要是对 IT 基础支撑平台、机房环境、通信网络系统、基准站、业务进行监控;运维管理系统主要包括服务台、问题管理、事件管理、配置管理、发布管理、变更管理、服务级别管理、知识管理;多媒体综合显示系统主要是对各运行状态进行监控管理之后的结果进行更加直观的显示,主要包括关键 IT 指标、业务系统运行状况、地理空间可视化信息平台、拓扑展现、业务影响几方面。

6.6.1　运行状态监控与管理系统

对框架网北斗导航增强站、数据处理子系统、数据分发子系统、通信网络系统、数据播发系统等的运行状态进行实时连续监测,实现系统故障告警与定位。系统运行状态监控与管理主要包括 3 个层面的监控:一是数据采集层监控,主要负责系统运行状态的性能数据及事件信息的采集获取,通过

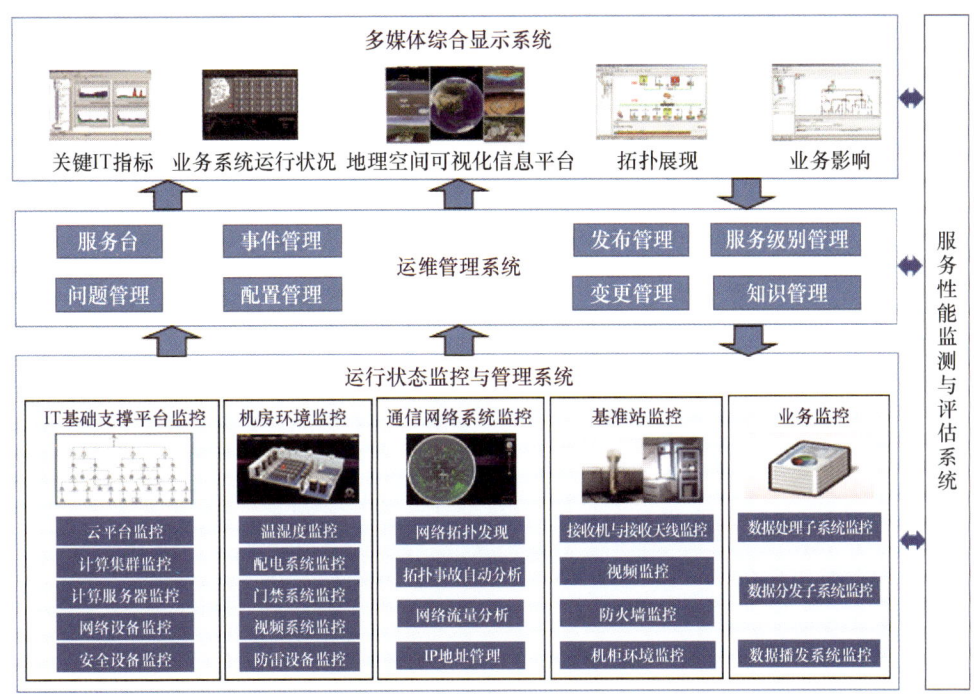

图6-12 运维监控子系统框架图

SNMP协议、API接口、WMI接口等监控方式获取各被监控对象的事件及性能数据;二是数据处理层监控,包括数据的汇聚和管理,主要对采集层获取的相关事件及性能数据进行数据的汇聚及监控数据的初步处理,以供展现层从数据库调用监控数据;三是应用展现层监控,通过以B/S方式来展现各个管理模块,实现与用户互动,响应用户的操作与设定,以及集成第三方监控产品等。

6.6.2 服务性能监测与评估系统

对系统各类差分增强服务性能进行实时监控与综合评估。系统监测与评估系统通过差分数据的精度质量评定、数据产品的一致性比对和服务性能指标的分解,实现系统整网服务性能的实时、定点监测与评估,为主管部门和用户提供关键指标信息。包括:评估各类差分数据的精度与质量、差分数据产品的误码率和时延等,分析比对各项评估结果,并将指标结果在多媒体综合显示系统上进行实时展示。

系统在预定的时间范围内给用户提供及时有效的告警信息和这些信息的可靠性指标;另外,还包括用户对系统提供的信息进行正确的保护水平计算,检查是否超过报警限值,包括及时向用户播发差分改正信息的精度信息和报警信息、完好性参数监测等。

6.6.3 运维管理系统

运维管理主要为北斗地基增强系统的运行维护和日常管理提供流程化、标准化、规范化的运维服务管理,提高运维管理能力、保障系统服务水平。

6.6.4 多媒体综合显示系统

能够将北斗地基增强系统的运行状态、系统服务性能以及监测评估结果以多媒体方式进行实时可视化综合展现,为系统运维管理人员、指挥调度人员等提供直观的信息,提高工作效率。

综合显示系统在空间布局分两层设计:下层为各监控子系统的展现平台,主要为各系统运维管理人员实时监控系统的运行状态使用;上层为地理空间可视化信息平台,主要为领导和运维管理人员及时了解、检查整个系统的运行状态等提供信息可视化平台。

6.7 基础支撑平台

北斗地基增强系统国家数据综合处理系统硬件支撑平台主要由数据处理硬件支撑平台、数据播发及服务硬件支撑平台组成。其中数据处理硬件支撑平台主要为数据接收与分发、存储、处理等提供基础支撑环境;数据播发及服务硬件支撑平台主要为增强数据播发与高精度位置服务提供基础环境支撑。

6.7.1 数据处理硬件支撑平台

数据处理硬件支撑平台是北斗地基增强系统国家数据综合处理系统的底层运行环境,主要支撑数据接收与分发、数据存储、数据处理等业务,其由计算、存储、网络等 IT 基础资源构建。

数据处理硬件支撑平台的设计重点是考虑系统应用软件和软件支撑平台对可靠性、扩展性及并行计算 3 个方面的要求。基础支撑平台重点为北斗导航增强站采集的原始观测数据提供大容量、高可用的数据存储,同时也为系统应用软件、软件支撑平台、信息安全等软件系统提供高可靠、灵活的计算平台。在平台计算层面,软件支撑平台能够将各个计算节点协同成分布式计算的架构,提高硬件计算能力的同时兼顾硬件高可用特性,充分发挥计算服务器的工作效率;由于原始观测数据安全性的特点,增强系统数据存储需采用传统架构实现。

数据处理硬件支撑平台的架构设计主要考虑的是系统的稳定性和系统的高可靠性。在设计层面通过部署高性能和高效率的服务器,并通过软件支撑平台进行管理整合,系统应用软件可以按照需求动态获取计算资源;通过配置冗余、可扩展的网络结构使整个应用系统高可靠地实现网络通信;通过配置专业的存储设备环境实现数据的集中存储,实时数据访问;配置备份系统和离线存储环境实现数据的备份和容灾需求。

综上所述,北斗地基增强系统国家数据综合处理系统基础支撑平台设计分别包括计算平台设计、网络平台设计、存储平台设计三部分,具体各部分包含的内容如图 6-13 所示。

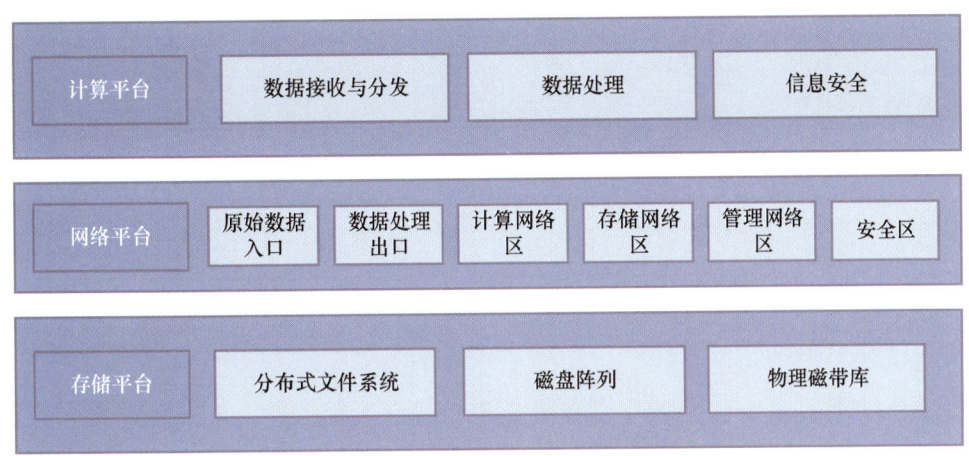

图 6-13 数据处理硬件支撑平台总体框架

1. 计算平台

北斗地基增强系统随着服务业务不断发展,提供服务业务的计算量不断增加,为满足数据综合处理系统相关应用部署、升级及数据存储要求,按照标准的 2U X86 架构服务器,考虑总体服务量 15% 的冗余量,北斗地基增强系统计算平台设计 5 组、共 83 台计算服务器,其中 1 组、2 台服务器部署为安全防护产品,包括主机监控与审计系统、打印刻录监控审计系统、涉密计算机及移动存储介质保密管理系统、安全管理平台、安全保密平台等产品。计算平台服务器设备及技术指标见表 6-111、表 6-112 所列。

表 6-111 计算平台服务器设备及技术指标

序号	设备名称	设备型号	主要技术指标	单位	数量
1	计算服务器1	华为	2U,2路,12核,16GB内存,4个千兆以太网接口,2×2T SATA	台	27
2	计算服务器2	华为	2U,2路,16核,128GB内存,4个千兆以太网接口,3×600G SAS	台	8
3	计算服务器3	华为	2U,2路,12核,32GB内存,4个千兆以太网接口,2×2T SATA	台	11
4	计算服务器4	华为	2U,2路,32核,256GB内存,2个千兆以太网接口,3×480SSD+9×2T SATA	台	35
5	安全服务器	华为	2U,2路,12核,32GB内存,2个千兆以太网接口,2×2TB SATA 硬盘	台	2

表6-112 计算平台服务器用途及配置说明表

序号	模块	服务器配置	单集群服务器数量(虚拟机)	集群数	备注
(一)核心数据处理软件模块					
1	区域RTK处理模块	8核CPU、16G内存、500G	40	2	部署两个集群进行冗余
2	组网管理模块	4核CPU、8G内存	2	2	部署两个集群进行冗余
3	组网管理控制台模块	2核CPU、4G内存	1	2	部署两个集群进行冗余
4	数据预处理模块	8核CPU、16G内存、500G磁盘	4	2	部署两个集群进行冗余
5	广域实时轨道模块	8核CPU、16G内存、1T磁盘	2	2	部署两个集群进行冗余
6	广域实时钟差模块	8核CPU、16G内存、1T磁盘	4	2	部署两个集群进行冗余
7	广域实时电离层模块	8核CPU、16G内存、1T磁盘	8	2	部署两个集群进行冗余
8	改正数计算模块	4核CPU、8G内存	4	2	部署两个集群进行冗余
9	后处理毫米级解算模块	8核CPU、16G内存、1T磁盘	8	2	部署两个集群进行冗余
10	后处理数据库服务	8核CPU、16G内存	4	2	部署两个集群进行冗余
11	数据库服务器	16核CPU、64G内存、2T磁盘	4	2	部署两个集群进行冗余
(二)支撑模块					
1	框架数据库服务模块	4核CPU、8G内存	4	2	部署两个集群进行冗余
2	框架控制台模块	4核CPU、8G内存	4	2	部署两个集群进行冗余
3	星历服务模块	4核CPU、8G内存	2	2	部署两个集群进行冗余
4	星历数据库服务模块	4核CPU、8G内存	2	2	部署两个集群进行冗余
5	星历服务控制台	2核CPU、4G内存	1	2	部署两个集群进行冗余
6	配置管理模块	4核CPU、8G内存	2	2	部署两个集群进行冗余
7	Zookeeper	2核CPU、4G内存	3	2	部署两个集群进行冗余
8	数据库服务器	16核CPU、64G内存、500G磁盘	6	2	部署两个集群进行冗余

根据表6-112统计可知，上层主要业务系统功能模块共计19个，考虑系统可靠性要求，为每个功能模块都配备两台虚拟机，配置为HA模式，设计420台虚拟机，需35台计算服务器。

2. 网络平台

北斗地基增强系统国家数据综合处理系统网络平台根据其业务需求分区设计，考虑到实际应用中，对原始卫星数据的安全性考虑，将互联网区按照数据流向分为原始数据入口部分和处理数据出口部分，另外还包括安全区、计算网络区、存储网络区及管理网络区。

入口部分设计为通过运营商专线将各地基站的原始数据导入数据处理中心，考虑到入口部分的重要性，在入口部分部署两台高性能路由设备做冗余；出口部分设计为通过运营商专线将处理完后的数据传送给6个部委进行行业产品分析，考虑到数据安全性，在此单独部署一套路由器；安全区设计为服务器系统的漏洞补丁等安全服务器部署区；计算网络区是处理卫星原始数据的核心区域,网络功能的设计在考虑高性能、可靠性的同时还需具备横向扩展能力,采用分布式网络系统以满足未来各个应用系统服务器的大量扩展;存储网络区是存储卫星相关数据的关键区域,同时也考虑到该网络需支持灵活扩展的存储系统,存储区网络设备也应与计算区网络同样具备横向扩展能力;管理网络区连接管理终端设备,设计采用千兆接入交换机万兆上联实现终端接入。

网络平台按照分区建设原则,主要规划入口区、出口区、安全区、计算网络区、存储网络区及管理网络区6个区域。入口区域部署2台高性能路由器,同时在路由器行虚拟化部署,将2台路由器虚拟化为1台。同样,出口区域部署2台高性能路由器,同时在路由器行虚拟化部署,将2台路由器虚拟化为1台。路由器、防火墙及核心交换机采用万兆全互联的部署方式,通过路由器虚拟化和核心交换机虚拟化去环路。安全区部署2台千兆交换机与安全区服务器互联。计算网络区域是整个系统最为关键的区域,核心交换机采用2台云计算数据中心级核心交换机做虚拟化,在提高设备的性能同时也简化了网络的管理。服务器接入交换机采用6台计算机群接入交换机数据中心千兆接入交换机,可以配合核心交换机部署端到端的虚拟化。存储网络采用分布式的方式,部署2台万兆交换机做虚拟化。考虑到存储网络需要对分布式计算和分布式存储的支持,核心交换机需部署TRILL多链路透明互联技术。网络平台设备及指标见表6-113。

表6-113 网络平台设备及指标

序号	设备名称	主要技术指标	数量/台
1	网络核心交换机	主控交换卡、电源、接口模块可热插拔;支持SNMP V3协议;双引擎,16端口万兆以太网光接口板一块,8个万兆光接口模块,2个千兆电接口模块,4个预留业务插槽,支持虚拟化,冗余风扇、电源	2
2	计算集群接入交换机	支持40GE接口扩展;支持SNMP V3协议;48个千兆电口,4个万兆接口,2个万兆多模光模块,支持虚拟化,冗余风扇、电源	2
3	安全接入交换机	48个千兆电口,支持虚拟化	2
4	查询测试接入交换机	支持SNMP V3协议;48个千兆电口,4个万兆接口,2个万兆多模光模块,支持虚拟化	2
5	存储核心交换机	主控交换卡、电源、接口模块可热插拔;支持40GE接口扩展;能够支持FCoE接口;支持SNMP V3协议;双引擎,24个千兆电口,32个万兆接口,16个万兆多模光模块,4个预留业务插槽,支持虚拟化,冗余风扇、电源	2
6	网络管理系统	支持对设备远程重启和恢复出厂配置;设备配置自动部署;支持设备分组管理,支持系统安全管理策略,提供网管自身进程的监视窗口;支持设备的业务管理;支持全局网络设备版本控制;支持主流网络设备的管理;支持配置错误回滚,配置200个设备管理许可	1
7	计算集群接入交换机	支持40GE接口扩展;支持SNMP V3协议;48个千兆电口,4个万兆接口,2个万兆多模光模块,支持虚拟化,冗余风扇、电源	4

3. 存储平台

为满足海量导航卫星原始观测数据和相关差分数据产品安全、可靠存储的要求,对数据处理存储平台的具体要求如下:

(1)高性能:存储系统在正常工作状态下需要实时接收1500个区域框架站点向国家数据综合处理系统传回的原始观测数据。同时,大规模集群服务器还需进行分析运算,并将数据和运算分析结果数据分发给相关部委。现在的I/O响应能力需达到20万次/s以上,未来的I/O响应能力将超过100万次/s以上。

(2)大容量:正常工作情况下国家数据处理中心的原始观测数据是从1500个北斗导航增强站接收过来的结构单一、容量可估的文件类数据,按照每个基站每天400MB数据量计算,存储15年容量计算共需400MB(一个北斗导航增强站一天数据量)×1500(北斗导航增强站数)×365(一年)×15(保存15年)=3285TB。所以综合处理中心的数据存储平台势必要由大容量才能满足数据处理需求。

(3)高可靠:远端站点回传的数据为0级原始数据,是所有系统应用的基础,必须做到数据零丢失。

(4)高可用:系统一方面要实时接收远端站点回传数据,这些数据极其珍贵,一旦接收失败,将永远无法获得;另一方面要实时对外提供数据分发服务,业务连续性要求极高,一旦中断,将影响整个下游产业链的运营,因此必须做到业务零中断。

(5)高安全:数据涉及国家重要的敏感信息,部分数据需要进行加密处理。

(6)绿色节能:海量数据需要大量的存储设备及存储介质,需要大量的机房空间和功耗,在方案设计和设备选型方面要将绿色节能纳入重要的考量因素。

因此,存储平台基于软件支撑平台中分布式文件系统和专业的磁盘阵列构建统一、智能、弹性的存储平台。在存储协议方面,考虑到未来会大规模部署集群服务器,选择性价比高、扩展性、易管理性强的iSCSI协议。

同时根据业务的需要,存储资源由分布式文件系统和专业的磁盘阵列构建存储资源池,提供统一、智能、弹性的存储服务。存储平台建设方案逻辑拓扑图如图6-14所示,主要由分布式文件系统、磁盘阵列、存储管理系统、业务数据备份系统构成。

6.7.2 数据播发及服务硬件支撑平台

数据播发及服务硬件支撑平台采用云计算架构进行构建,主要面向高可靠、高并发、长连接的需求要求,该平台为数据播发与高精度位置服务提供基础环境支撑。

该平台能够提供弹性的资源调度,满足业务和应用的快速增长和发展;并提供应用所需的海量位置数据的大数据处理和运算能力,实现海量数据的实时计算和逻辑关系挖掘与分析,以满足加工处理大量终端传回的位置数据,生成位置数据产品,并对外提供高稳定、高精度的定位服务;需要规划一套功能完备的大数据云计算平台,提供各类资源池服务。考虑到资源综合利用和开放平台的上线节奏,该平台也将服务内部网站群业务,灵活支撑各类用户访问应用,将大平台和小应

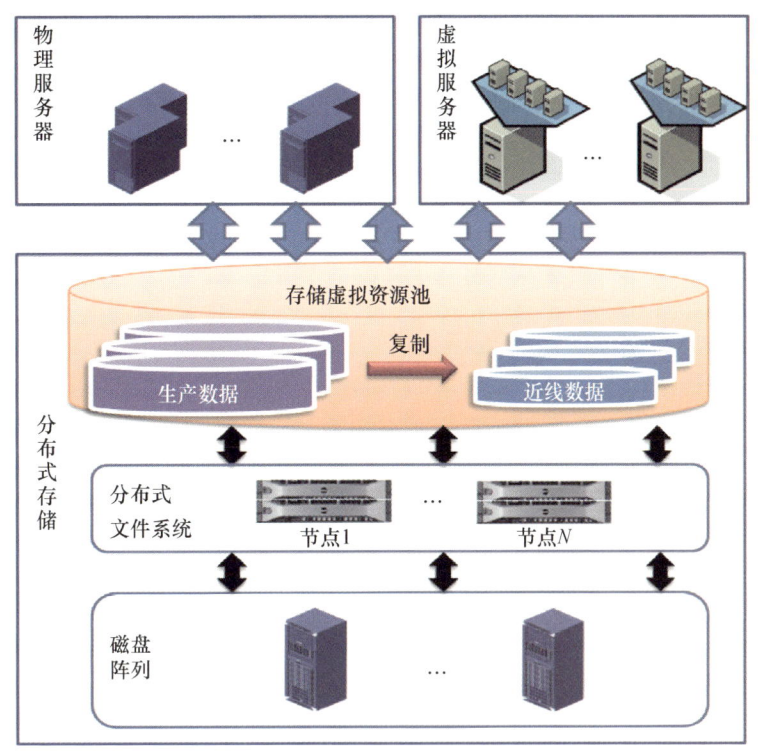

图 6-14 存储逻辑拓扑图

用混合部署,实现资源的最大化利用。

根据数据播发和高精度位置服务的需求和特点,引入业界成熟技术和解决方案,构建数据播发及服务硬件支撑平台,采用分布式处理技术,提升资源弹性和流转速率,增加对结构化数据及非结构化数据的分析处理能力;同时支撑开放平台后续接入的各位置信息类应用系统,进行资源整合共享、海量异构数据的高效处理与数据服务能力的弹性扩展,实现位置数据分析常态化,位置服务实时化。在此基础上,采用安全可控的软硬件产品,综合运用信息安全技术,建立安全可靠的云平台信息安全保障体系,提高北斗数据播发和用户管理系统的安全防护能力。

基础支撑平台是基础服务中心的底层运行环境,采用当前主流的云计算架构搭建,平台利用云计算管理软件将计算、存储、网络等 IT 基础资源整合为一个大的集群资源池,按需、动态、灵活、快速地为上层业务应用提供运行环境,并通过灵活的模板、自动化部署工具和开放的接口,快速构建起相应的应用系统,同时可以通过负载均衡、自动扩展、海量存储以及大数据技术,实现业务系统支持能力的无缝扩展。

基础支撑云平台建设逻辑上采用分层模型,构建安全管控域及运维管理域,建设 IaaS 层、PaaS 层和应用支撑层。整体框架如图 6-15 所示。

云平台应能够将物理资源虚拟化,形成集中的逻辑资源池,根据基础服务中心应用的需要,灵活组成虚拟服务器,对系统用户提供服务,实现应用系统与物理设备的解耦,并可通过分布式计算技术将多台物理机集群成一台强大的"高性能"计算机。

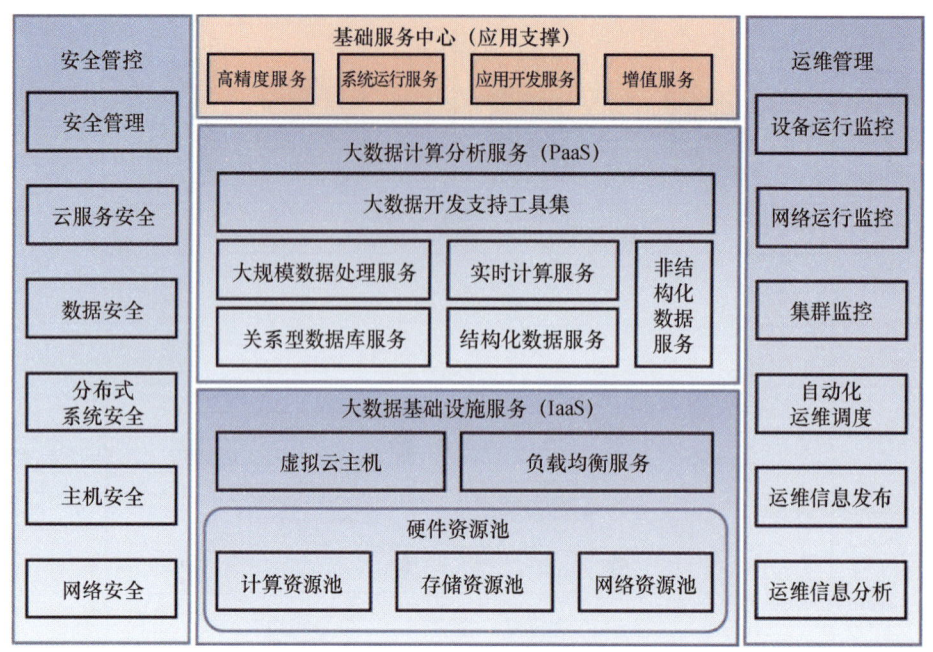

图 6-15 数据播发及服务硬件支撑平台总体架构图

（1）IaaS 层需实现计算资源、存储资源与网络资源的虚拟化，并通过虚拟资源的云化管理与统一调度，为部署在平台上的各种服务提供支持弹性计算和负载均衡的基础运行环境。

（2）PaaS 层需包括数据服务与应用支撑服务，是支撑开放平台不断接入和扩容的核心内容。PaaS 应基于分布式服务框架和开放式 API，支持应用统一服务、日志管理服务、精确检索等功能；并提供统计分析类、机器学习类、数据挖掘类等分布式算法。

（3）可以为系统用户提供一体化的云平台管理能力，包括安全管理、运维管理以及服务管理等内容，实现云平台多方位的安全保护以及稳定高效的运行，可对各种资源与服务的进行集中、有效的统一管理。

（4）安全管控域针对云计算环境下的主要安全威胁，在物理设施、网络、数据、主机、虚拟化、安全管理等方面进行安全防护和管理。

（5）运维管理域面向各层提供全生命周期的运维管控，主要在 IDC 基础设施、网络和硬件、IaaS 层、PaaS 层提供变更管理、监控服务、事件管理、自动化调度、运维分析及大数据云的持续改进。

（6）IaaS 层通过云资源管理平台进行资源整合，形成一个可以对外提供对资源的服务平台，同时通过云资源管理平台，对外提供运行环境等基础服务。

（7）PaaS 层面向软件架构实现，提供了统一的平台化系统软件支撑服务，包括非结构化数据存储、结构化数据存储及配套的大数据开发平台。

（8）应用支撑层面向基础服务中心四类服务应用，提供公共技术服务及业务应用的集成方案及实现。

1. 硬件支撑平台方案设计

虚拟云主机基于虚拟化等云计算技术,将普通基础资源整合在一起,以集群的方式给各行各业提供的计算能力服务。

虚拟云主机是模拟具有操作系统功能,且运行在隔离环境中的完整计算机系统。用户可以在虚拟云主机上安装中间件及其他应用程序。可以像使用一台物理机器一样使用虚拟云主机进行各种操作,其中比较常见操作包括安装并运行各类 WEB 服务器、应用服务器、中间件及应用系统。通过多台虚拟云主机,可以实现大规模计算集群。运行时,用户可以根据计算资源的需求动态增加、减少虚拟云主机的数量,解决业务周期性变化带来的资源浪费的问题。

(1) 配置管理:提供 API 接口,用户可自行创建不同规格的虚拟云主机,自定义 CPU、内存、网络、磁盘等属性。

(2) 监控管理:可以提供虚拟云主机的动态升级、快照备份、性能监测分析、异常告警、日志管理等功能。

(3) 快照管理:提供自定义快照能力,支持对运行或停止状态的虚拟云主机生成快照,应提供分钟级别快照回滚功能。

(4) 资源隔离:对不同用户的虚拟云主机提供安全组和 VLAN 级别的隔离,确保不同用户之间数据互不可见,保护用户隐私安全。

(5) 弹性网络:支持虚拟路由、虚拟交换机和弹性 IP,可自定义虚拟云主机的网络拓扑和 IP 地址。

(6) 镜像管理:虚拟云主机支持自定义镜像,支持故障自动迁移,快速恢复。

(7) 高可用性:虚拟云主机服务采用全冗余架构,无单点故障。

(8) 操作系统:虚拟云主机支持主流的 Windows、Linux 等操作系统。

(9) 横纵扩展:支持计算能力的垂直伸缩,支持对 CPU 和内存的升级与降级操作,支持增减、减少磁盘和带宽;支持计算能力的水平伸缩,可以通过 API 创建、销毁虚拟云主机实例,通过与负载均衡配合实现水平伸缩。

2. 负载均衡服务

负载均衡服务是一项基于云负载均衡技术的服务。通过设置虚拟服务器 IP,将后端多台真实服务器的应用资源虚拟成一台高性能、高可用的应用服务器;通过负载分配算法将大量来自客户端的应用请求分配到后端的服务器进行处理。

负载均衡服务会持续对服务器上的应用状态进行检查,并自动隔离无效的服务器,从而解决单台服务器处理性能不足、扩展性不够和可靠性较低的问题。

(1) 均衡策略:支持加权轮询(WRR)、最小连接数(WLC)等流量分发策略。

(2) 健康检查:可以按照指定规则对配置的虚拟云主机进行健康检查,自动隔离异常状态虚拟云主机,从而解决单台服务器在处理性能、扩展性、稳定性方面的问题;一旦发现健康问题,迅速将服务切换,确保服务可用性。

(3) Session 保持:可对虚拟云主机提供 TCP/HTTP 协议的负载均衡服务,并提供会话保持功能,在 Session 生命周期内,将同一客户端请求转发到同一台后端虚拟云主机。

（4）管理功能：提供 API 接口，用户可自行创建实例，并对其进行配置。

（5）高可用性：采用全冗余架构，无单点故障。

（6）转发规则：应提供多种转发规则，满足不同业务场景的要求。

云平台硬件资源根据数据播发平台业务需求，共需服务器 191 台。虚拟化型服务器 45 台，提供虚拟化服务节点；存储计算型服务器 43 台，提供大数据存储计算节点；数据处理型服务器 14 台，提供在线数据库、在线流计算服务节点以及提供部分弹性计算能力；组件型服务器 61 台，提供包括缓存服务、消息通信、数据同步、Web 应用服务、可靠性和冗余、控制管理和调度等分布式服务组件；网络型服务器 12 台，提供负载均衡、安全防护服务节点、虚拟网络服务；高性能存储型服务器 14 台，提供包括高性能存储分布式计算节点在内的存储服务。数据播发支撑平台服务器及指标见表 6-114。

表 6-114　数据播发支撑平台服务器及指标

序号	设备名称	设备型号	主要技术指标	数量/台
1	虚拟化型服务器	华为	2U,2 路,16 核,256GB 内存,2 个千兆以太网接口,3×480G SSD+9×2T SATA	55
2	存储计算型服务器	华为	2U,2 路,16 核,128GB 内存,2 个千兆以太网接口,12×4T SATA	39
3	数据处理型服务器	华为	2U,2 路,16 核,128GB 内存,2 个千兆以太网接口,12×800G SSD	17
4	组件型服务器	华为	2U,2 路,16 核,96GB 内存,2 个千兆以太网接口,4×600G SAS	59
5	网络型服务器	华为	2U,2 路,16 核,192GB 内存,2 个千兆以太网接口,4×600G SAS	12
6	高性能存储型服务器	华为	2U,2 路,16 核,128GB 内存,2 个千兆以太网接口,12×480G SSD	9

其中，云平台设备自身包括云计算机主机、云计算数据库、缓存数据库、大数据计算服务等需要组件及其管控节点进行管理。管控节点使用服务器 59 台，用途具体见表 6-115。

表 6-115　云平台基本配置服务器使用说明

序号	管控节点说明	服务器配置	服务器数量/台	部署说明
1	大数据开发套件	2U,2 路,16 核,96GB 内存,2 个千兆以太网接口,4×600G SAS	3	—
2	一冗余设备	2U,2 路,16 核,96GB 内存,2 个千兆以太网接口,4×600G SAS	2	—

续表

序号	管控节点说明	服务器配置	服务器数量/台	部署说明
3	跳板机	2U,2路,16核,96GB内存,2个千兆以太网接口,4×600G SAS	1	—
4	容器	2U,2路,16核,96GB内存,2个千兆以太网接口,4×600G SAS	36	—
5	云平台元数据	2U,2路,16核,96GB内存,2个千兆以太网接口,4×600G SAS	2	—
6	大数据计算服务	2U,2路,16核,96GB内存,2个千兆以太网接口,4×600G SAS	4	—
7	对象存储服务	2U,2路,16核,96GB内存,2个千兆以太网接口,4×600G SAS	2	—
8	云数据库	2U,2路,16核,96GB内存,2个千兆以太网接口,4×600G SAS	3	—
9	负载均衡服务	2U,2路,16核,96GB内存,2个千兆以太网接口,4×600G SAS	2	—
10	日志采集服务	2U,2路,16核,256GB内存,2个千兆以太网接口,3×480G SSD+9×2T SATA	4	—

根据第二阶段和软件工程化具体业务需求,数据播发系统部署各模块共需CPU 264核,按照主流的X86架构32核服务器,除去云平台自身操作系统及管控服务所占用的物力资源,共需新增服务器10台。业务系统功能模块所需配置见表6-116。

表6-116 数据播发软件系统服务器需求表

序号	模块	服务器配置(虚拟机)	单集群服务器数量/台	集群数	部署说明
(一)数据播发软件模块					
1	播发服务模块	8核CPU16G内存、500G硬盘	2	3	一台6000并发量
2	连接放大模块	8核CPU、16G内存、500G硬盘	2	3	—
3	接入路由模块	4核CPU、8G内存	2	3	按一台8000并发量进行计算
4	播发配置模块	8核CPU、16G内存	2	3	—
5	鉴权服务模块	4核CPU、8G内存	2	3	—
6	播发数据监控模块	8核CPU、16G内存	4	3	—
7	控制台模块	4核CPU、8G内存	2	3	—
8	数据库服务器	8核CPU、16G内存、2T硬盘	4	3	—

续表

序号	模块	服务器配置(虚拟机)	单集群服务器数量/台	集群数	部署说明
(二)支撑模块					
1	CMDB	8 核 CPU、16G 内存	4	3	—
2	作业平台	8 核 CPU、16G 内存	4	3	—
3	发布系统	8 核 CPU、16G 内存	2	3	—
4	监控系统	8 核 CPU、16G 内存	20	3	—
5	数据库服务器	8 核 CPU、16G 内存、1T 硬盘	6	2	—

3. 软件支撑平台方案设计

云平台的软件支撑服务主要提供数据服务与应用支撑服务,是北斗大数据处理的核心部分。软件支撑服务应基于分布式服务框架和开放式 API,支持北斗应用统一服务、日志管理服务、全文检索等核心应用;并提供统计分析类、机器学习类、数据挖掘类等分布式算法。

1)非结构化数据模块

非结构化数据需基于分布式文件系统的存储服务,具有海量、安全、高性能、高可靠性、低成本的特点;可以提供将非结构化数据资源存储到云计算中心并通过网络访问的能力,适用于海量非结构化对象数据基于内存或磁盘存储、共享与使用的业务场景。用户可以随时随地访问和保存任意大小的非结构化数据,如文档、图片和视频等。

API 接口:提供 API 接口,应用系统可扩展实现数据的上传下载和管理功能;

大文件上传下载:支持大文件的分片并发上传和下载,支持断点续传;

安全性:具备完善的多用户隔离机制,保障用户数据的私密性;

日志支持:提供日志记录功能,可追查访问来源,并提供多维度的统计分析功能;

可靠性:采用分布式文件系统,可将数据文件分别保存在不同交换机、机架、服务器上,数据存储达到至少 3 份数据可靠性;

高可用性:采用全冗余架构,无单点故障。

2)关系型数据库服务

关系型数据库服务是一种稳定可靠、可弹性伸缩、提供标准 SQL 访问接口的在线关系型数据库服务。关系型数据库在应用系统架构中主要实现结构化数据管理,通常适用于高并发访问要求、强事务一致性、交易响应低延时的业务场景。通过 Web 方式向用户提供按需定制、事先优化、所见即所得的数据库实例。并且向用户提供简化的数据备份、恢复、扩展升级等日常管理功能;具有低成本、高效率、高可靠,灵活易用等优点,可以解决费时费力的数据库管理任务,使各应用平台有更多的时间聚焦到核心业务上来。需支持 MySQL、SQLServer 两种关系型数据库。

管理维护:提供 API 接口,用户可自行创建不同规格的关系型数据库实例,并提供关系型数据库实例的在线扩容、自定义备份、数据恢复、性能监测分析、异常告警、日志管理等功能;

动态扩展:随着访问数量的变化,用户可以在线动态调整数据库的规格,包括内存、连接数、IOPS、存储容量等;

数据迁移:提供数据导入、导出工具,方便用户进行数据迁移;提供自动多重备份的机制;

性能监控:提供性能监控功能,包括 QPS、TPS、连接数、活跃连接数等多种指标的监控管理能力;

优化检测:提供数据库优化检测功能,包括存储引擎检查、大表检查、无主键检查、索引过多表检查、缺失索引检查等;

分库分表:支持分库分表功能,可通过对表指定分区规则实现水平拆分,实现数据库层面的"多虚一";

高可用性:基于分布式集群技术及负载均衡服务,提供多副本、热备份的能力,确保主数据库节点失效后,备份节点自动接管,保证业务连续性;

安全性:具备完善的安全防护措施,支持白名单设置、防 DDoS 攻击、密码暴力攻击检测、SQL 审计、SQL 注入拦截等功能;

健康预警:提供监控预警功能,可根据设定的预警规则实时报警;

读写分离:提供读写分离能力,能够允许实现一台机器写入,多台机器读取。

3) 结构化数据服务

结构化数据服务为一种 NoSQL 服务,面向结构化数据与半结构化数据,提供海量的存储和实时的查询能力,具有强一致、高并发、低延迟以及支持灵活的数据模型等特点。

可扩展性:支持单表千亿记录和数百 TB 级别的数据存储,物理机集群规模可以支持上千台,支持在线扩容,计算能力、存储容量和总 I/O 带宽同步线性扩容;

高性能:单数据节点提供 10000QPS,可以水平扩展,随机单行读写延时 <10ms;

数据管理:提供 API 接口,可实现数据的上传下载和管理;

安全性:具备完善的权限控制与隔离机制,保障用户数据的私密性;

数据存储:底层采用分布式文件系统,无硬件支持情况下可提供自动分布式冗余存储以保证数据可靠性;

高可用性:采用全冗余架构,无单点故障。

4) 大规模数据处理服务

大规模数据处理服务提供基于分布式架构,通过大规模、可扩展的并行计算框架,对海量数据提供高效的存储、计算和分析能力。大规模数据处理支持 PB 级别的业务场景,实现海量数据的存储及高性能的计算分析,主要应用于数据分析与统计、数据挖掘、BI 等领域。

数据服务能力:采用分布式计算框架提供大规模数据存储与处理,可按需扩容,存储容量支持不低于 100PB;

单集群扩展能力:单集群扩展能力不低于 1000 台服务器;

高可用性:采用全冗余架构,无单点故障;服务可用性不低于 99.9%;

线性扩展能力:可支持在线平滑升级,计算能力、存储容量和总 I/O 带宽可实现同步线性扩容;

数据装载能力:具备完善的数据装载机制,支持高并发、高吞吐量的大规模数据上传下载,支

持 DAG 模式的并行作业模式;

分布式计算框架:提供离线计算、机器学习、流式计算三类模型及计算服务,支持标准 SQL 和 MapReduce 分布式计算框架;

机器学习引擎:支持基于图计算编程框架;

多账户权限管理能力:支持不同用户之间的资源隔离,确保用户任务的 SLA,支持用户空间保护与跨用户空间访问授权,多个用户可以协同完成数据分析工作;

安全性:具备完善的权限认证与隔离机制,提供多级安全沙箱,支持读写鉴权,充分保障用户数据的私密性,杜绝数据泄漏;

审计能力:提供用户操作审计功能,提供细粒度的用户操作审计能力;

授权合规:大规模数据处理采用的软件产品应具备自主知识产权。

5)实时计算服务

实时计算服务,是一套 Realtime OLAP 系统。在数据存储模型上,采用自由灵活的关系模型存储,可以使用 SQL 进行自由灵活的计算分析,无需预先建模,而利用云平台分布式计算技术,实时计算服务可以在处理百亿条甚至更多量级的数据上达到甚至超越 MOLAP 类系统的处理性能,真正实现百亿数据毫秒级计算。可应用于 OLAP 相关多维/灵活的检索和分析业务,如业务报表、即席分析和实时数据仓库等领域。

实时计算:采用分布式计算框架提供实时计算服务,可按需扩容,可扩容支持百 TB 级别数据的存储、计算能力;

大表并发查询响应:支持高并发低延时的数据处理,对于单表 10 亿条记录的常规应用场景,可承载不少于 100 个并发查询,平均响应时间小于 1s;

大表关联查询:对于每张表百亿条记录的多表关联分析,平均响应时间小于 10s;

监控分析:提供细粒度的运行报表,包括访问量、QPS、RT、慢查询、缓存命中率、零结果、超时等指标;

标准 SQL 支持:支持 SQL 标准语法对数据进行多维分析、数据透视、数据筛选,能够对任意字段进行组合查询,无需预先进行数据建模;

多维查询:提供面向海量数据进行任意维度的密集计算与关联分析的能力;

权限控制:具备完善的权限认证与隔离机制,保障用户数据的私密性;

调试及优化工具:提供类似 debug/analyze/explain 等 SQL 调试和优化分析工具;

多账户权限:具备完善的权限认证与隔离机制,保障用户数据的私密性,支持通过多租户模式实现资源隔离;

性能要求:支持分布式数据装载技术,可以利用分布式系统在 2h 内批量装载 TB 级的大批量数据;也可以支持单条数据的直接插入/删除,插入/删除单条数据时,数据插入/删除到数据变化可查询不超过 2min。

6)大数据开发支持工具集

大数据开发支持工具集需是端到端的一站式大数据开发集成平台,内含开发平台、交换平台、统一账号体系及统一元数据管理平台。工具集基于以上的基础大数据计算和存储服务,提供数据开发和管理者一站式的整合环境。其功能覆盖从数据采集、数据清洗、数据质量监控、元数据管理,数据开发集成环境,数据探索,商业智能,数据发布和交换等大数据应用全生命周期。可协助构建 PB 级别的数据仓库,实现超大规模数据集成,对数据进行资产化管理,通过对数据价值的深度挖掘实现业务的数据化运营。大数据开发支持工具集提供了基础支撑平台的数据管理、数据分析、数据挖掘、数据展现及算法辅助工具,以满足北斗大数据应用的快速设计、开发、上线的要求。具体技术指标要求如下:

数据存储:可支持 PB 级别的数据仓库,存储规模可线性扩展;

数据管理:基于统一的元数据服务来提供数据资源管理视图;

数据迁移:采用图形化方式提供数据导入、预处理、模型训练、预测与模型导出的功能;

数据集成:支持多种异构数据源的数据同步和整合,消除数据孤岛;

数据挖掘:提供统计分析、矩阵计算、自然语言处理等多种计算分析能力;

群集分析:利用数据挖掘算法发现人群中的聚集模式,找到团伙及核心人;

时序分析:按照时间维度展现事件发展延伸的整个过程,辅助情报人员发现行为规律;

空间分析:引入空间维度,将实体、关联等数据和 GIS 地图结合,从而发掘出空间关联关系;

可视化展现:提供可视化的完整链路展示和分析图表;

机器学习:支持至少包括随机森林、逻辑回归、支持向量机、贝叶斯等算法。

4. 运维系统设计

运维系统用以支撑云平台自身的运维管理,提升运维效率和运维质量,并驱动持续改进。包括基础设施(网络、服务器)的交付、云平台的部署升级、各云产品的部署升级、容量管理、稳定性管理、日常运维、监控巡检、事件处理、故障处理。运维平台架构如图 6-16 所示。

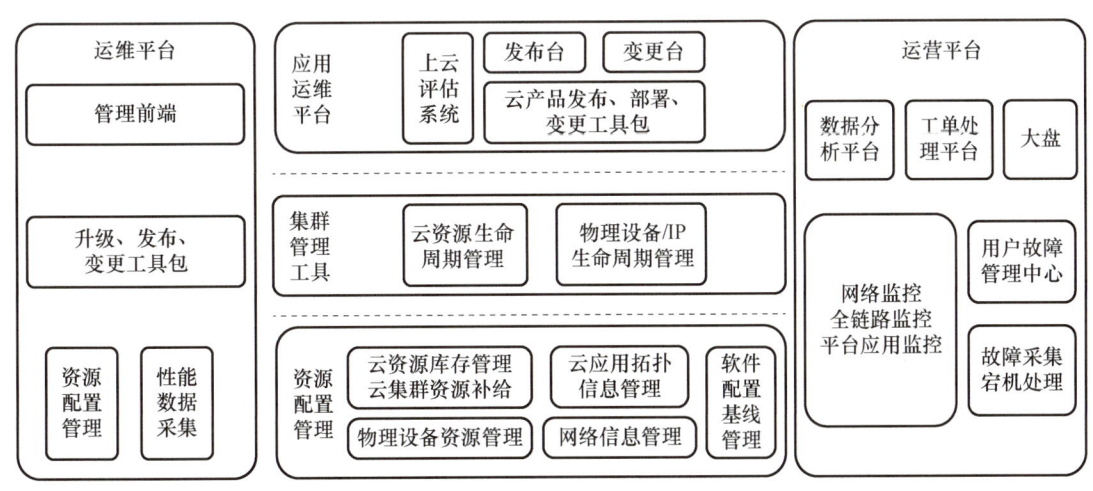

图 6-16 运维系统架构图

1)资源配置管理

资源配置管理模块是参考 ITILV3 最佳实践,结合云平台特性建设的配置管理数据库(CMDB),其用于管理所有 IT 基础设施相关的配置项(CI),包括采集、整合、记录、维护、校验、更新等功能。并提供统一的配置项管理 API 供运维平台其他组件调用,完成云平台的自动化运维。核心功能包括：

机房管理：机房信息、房间信息、机柜信息的管理和展示。

服务器管理：服务器软硬件基本信息、业务归属、责任人的管理和展示，以及服务器名称变更、状态变更、重启、检测、自动化上下线等功能。

应用管理：应用管理维护业务树和软硬件资产的配置归属关系，包括产品管理、应用分组管理、域名数据管理。

网络管理：网络管理用以管理网络设备、网络资源、网络配置。包括网络集群定义、网络设备角色定义、IP段管理和网络设备维护管理。

网络集群定义：逻辑机房、网络集群的维护管理。

网络设备角色定义：路由器、交换机、防火墙、光电设备等的定义。

IP管理：公网和私网IP地址、VLAN的划分管理，业务分配等。

网络设备维护管理：网络设备软硬件基本信息、业务归属、责任人的管理和展示，以及网络设备的物理信息同步、状态变更、状态监测、配置文件备份等。

集群配置数据库：存放和管理所有部署了云平台的集群配置信息，包括集群中每个节点承担的角色、各个模块的软件版本、各个模块的基本参数配置等。同时，数据库中还记录了部署或升级时每个节点的任务执行状态，保证了在部署或升级时少量不在线节点可以在重新连线后进行自动修复。

账号管理：运维人员的账号、权限及角色管理。

2）集群管理工具

集群管理工具主要提供对资源生命周期的管理，提供创建、销毁、变更，归属等管理操作接口。集群资源相关的元数据来自配置管理数据库，包括物理资源、网络资源、IP资源及云资源。

3）应用运维平台

根据软件工程和研发流程，实现云平台开发、测试、发布的流程跟踪，根据变更管理流程规范的定义，实现不同等级变更的提交、审批、通知、操作跟踪、终结等生命周期管理。

发布变更：运维人员可以通过WEB或命令行工具对集群进行部署、升级、扩容、缩容等具体操作。操作提供自动化和人机交互两种方式，分别适应简便操作和精细化控制两种场景。在部署和升级的过程中，运维系统负责控制总体的操作顺序，维护模块之间的依赖关系，并根据状态信息决定是否回滚和终端当前流程。

日常运维：主要包括云服务器、宿主机、软负载均衡的信息查询展示、查询和日常操作，以及云服务器、宿主机性能跟踪、宿主机宕机分析等稳定性管理。

（1）云服务器运维管理：包括云服务器查询、云服务器资源管理、镜像管理、磁盘快照管理批量停止、启动、重启、故障迁移、迁移记录查询、基本性能监控、安全组管理、黑洞清洗、DDoS安全查询。

（2）宿主机运维管理：包括宿主机查询、宿主机负载图、宿主机详情、宿主机监控视图。

（3）软负载均衡运维管理：包括VIP/RealServer查询、VIP实时状态展示、VIP黑洞清洗。

4）运营平台

运营平台用于整体把控云平台运行质量，包括容量管理、稳定性管理、监控大盘、事件故障处理,提供数据化运营对平台持续改进。

监控平台通过多种探测和诊断技术,实现对平台运行的全方位监控,包括对于 CPU 利用率、内存利用率、进程状态、I/O 资源消耗的默认监控。同时提供以开放平台的形式提供给运维工程师和开发工程师使用,工程师能够在 WEB 平台上快速、自助式完成自定义监控的部署和调整,也可以使用 API 获取监控状态和监控数据,进行故障排查,系统分析优化,绘制监控大盘。

故障和工单管理主要按照事件管理流程、实现问题事件的跟踪处理、通告、复盘。

大盘、云服务器拓扑图,云服务器、宿主机性能监控和指标比对,宿主机宕机统计:提供按天、周、月方式以及自定义时间范围来查看相关的宕机状况,包括宕机数、宕机率、宕机原因统计、宕机集群分布、宕机累计分布、宕机 TOP 列表。

6.8 信息安全保护平台

6.8.1 安全建设要求与内容

数据播发平台是面向大众的服务平台,系统包含大量的用户信息,如果这些用户信息发生泄露,将引起严重的法律问题,对这些信息的保护非常重要。数据播发平台与互联网之间存在物理连接,因此网络安全慎之又慎,网络安全保护设计非常关键。

为了保障数据播发平台的安全性,建设一套适合互联网开放服务的信息安全保障体系,将重点关注以下几方面安全问题:

1)平台的高可用性

为了数据播发平台的业务质量,从平台整体架构切入,保证系统不存在单点故障,具有高冗余性。保证平台网络的高可用,服务器资源的高可用和存储数据的高可用。

2)平台的安全纵深防御体系

当前数据播发平台面向全互联网提供服务,安全方面不但要保证公共信息访问的高可用,更要防范隐藏在海量互联网访问过程中的网络攻击和黑客入侵行为。本方案不仅将构建包含系统内数据、应用、主机、云平台、网络、物理、管理各个层次的安全体系,更针对隐藏在海量互联网访问中的网络攻击和黑客入侵行为利用态势感知、全局分析安全事件的能力,实现发布服务平台的纵深防御。

3)平台自身的安全性

身份管理、权限管理、计算资源隔离、虚拟机安全性、数据安全性为数据播发平台的关注要点。为了保证以上内容将利用信息安全前沿技术有层次、针对性地按照安全体系规划进行建设。以应对来自互联网的入侵与攻击。

4）信息安全保护合规

安全建设过程划分为5个阶段,分别是信息系统定级、总体安全规划、安全设计与实施、安全运行与维护、信息系统终止。各阶段将依照《中华人民共和国计算机信息系统安全保护条例》相关标准、结合实际情况进行安全设计。

6.8.2 设计原则与依据

数据播发平台的安全架构设计将依据国家有关政策法规、国家标准、信息安全等级保护标准,综合考虑各系统间的关系并以此为依据将平台划分不同的安全域,为系统"量身定制"适用安全保障体系,提高信息系统的整体防护能力。安全系统建设将遵循"整体规划、重点防御、纵深保护、全局管理"设计原则。

1）整体规划

在数据播发平台的安全架构设计中根据实际需求和目前现状进行统一的安全规划、设计,并随着信息安全的发展和技术的提高循序渐进。制定有针对性的安全策略、建设安全能力,避免资源的浪费、安全力量的分散、安全威胁的遗漏。

2）重点防御

设计过程中,对于保护对象按照国家等级保护定级标准确定级别;对于数据交互、基础网络和云平台建设,依据安全保护要求划分安全域;在分级、分域的基础上,加强对重点区域的防护建设。

3）纵深保护

在设计过程中,根据平台的数据流向,从网络边界、核心网络、服务器区域实现纵深防御体系;充分考虑各类安全机制的相互替代和相互补充作用,构建立体的保护体系。

4）全局管理

通过集中管理有效促进安全控制措施落地、提高决策效率;感知、分析全局的安全事件,提升安全管控措施和技术保护的前瞻性和针对性,有效降低计算机信息系统管理的总体成本、提升系统服务能力。

6.8.3 设计方案

数据播发基础支撑平台信息安全保护主要从信息安全技术体系、信息安全管理体系和平台安全运营等三方面进行设计,总体方案框架如图6-17所示。

1. 信息安全技术体系

信息安全技术体系覆盖物理、网络、主机、资源抽象、软件平台、应用和数据共7个层面的安全技术体系框架。

在信息安全技术体系设计时,首先,从安全域划分入手,依据安全域划分原则,划清系统边界并进行有效的隔离设计,将系统内部划分为不同安全域。对关键分区重点保护,形成重要资源重点保护的策略。其次,强化云计算环境下终端安全保护能力,因为在云计算环境下,终端构成了云

图6-17 数据播发基础支撑平台信息安全防护方案框架

平台第一个安全威胁的入口,特别是不安全的管理终端极有可能成为一个被动的攻击源,对整个云计算系统构成较大的安全威胁;在云计算终端安全保护方面,主要包括终端系统自身安全保护、用户行为控制、终端数据的输入输出等内容,涉及终端补丁管理、恶意代码防范管理、终端接入认证、细粒度访问控制、终端应用软件使用控制等安全控制点。

信息安全技术体系的建立和完善,需以底层信息技术产品作为基础支撑,在方案设计过程中,将针对数据播发平台实际情况需求和信息安全建设要求,形成信息技术产品的功能、性能、自身安全保护功能等方面的参数,以指导北斗地基增强系统建设过程中的招标采购等工作。

1) 物理安全

物理安全主要涉及的方面包括环境安全(防火、防水、防雷击等)、设备和介质的防盗窃防破坏等方面。具体包括机房物理位置的选择、机房出入控制、防盗窃和防破坏、防雷击、防火、防水防潮、防静电、温湿度控制、电力供应和电磁防护。

(1) 环境安全。

机房场地选择:数据播发平台所在机房位于中国兵器工业集团公司数据中心,机房建设满足GB 50174《电子计算机机房设计规范》、GB/T 2887—2000《电子计算机场地通用规范》要求,达到GB 9361—1998《计算站场地安全要求》中A类机房建设标准。

(2) 机房内部安全防护。

① 机房人员:获准进入机房的来访人员,其活动范围受到限制并需接待人员陪同;

② 机房分区:机房内部进行分区管理,并根据每个工作人员的实际工作需要,确定其能进入的区域;

③ 机房门禁：设置机房电子门禁系统，进入机房的人员通过门禁系统的鉴别方可进入。

（3）机房防火。

① 建筑材料防火：机房和重要记录的介质存放间，其建筑材料的耐火等级，符合 GBJ 16—1987《建筑设计防火规范（2001 年版）》中规定的二级耐火等级；机房相关的其余基本工作房间和辅助房，其建筑材料的耐火等级不低于 GBJ 16—1987《建筑设计防火规范（2001 年版）》中规定的三级耐火等级。

② 报警和灭火系统：设置火灾自动报警系统，包括火灾自动探测器、区域报警器、集中报警器和控制器等，能对火灾发生的部位以声、光、电的形式发出报警信号，并启动自动灭火设备，切断电源，关闭空调设备等。

（4）机房供、配电。

① 紧急供电：配置 UPS 以抵抗电压不足的问题。

② 不间断供电：采用不间断供电电源，防止电压波动、电器干扰、断电等对计算机系统的影响。

（5）机房防水与防潮。

防水监测：安装对水敏感的检测仪表或元件，对机房进行防水监测，发现水害，及时报警。

（6）机房接地与防雷击。

防护地与屏蔽地：设置安全防护地与屏蔽地，采用阻抗尽可能小的良导体的粗线，以减小各种地之间的电位差；采用焊接方法，并经常检查接地的良好，检测接地电阻，确保人身、设备和运行的安全。

（7）电磁防护。

采取措施防止电磁干扰，电源线与通信线隔离铺设。

① 设备安全：

a. 设备的防盗和防毁。

数据中心防盗：数据中心利用光、电、无源红外等技术设置机房报警系统。

机房外部设备防盗：机房外部的设备，应采取加固防护等措施，必要时安排专人看管，以防止盗窃和破坏。

b. 设备的安全可用。

支持信息系统运行的所有设备，包括计算机主机、外部设备、网络设备及其他辅助设备等均应安全可用。

② 记录介质安全：

用户重要数据介质保护：存放用户重要数据的各类记录介质，如纸介质、磁介质、半导体介质和光介质等，应采取较严格的保护措施，防止被盗、被毁和受损；应该删除和销毁的重要数据，需要使用先进行有效地管理和审批手续，再使用信息消除工具，进行消除，防止被非法复制或泄露。

2）网络安全

网络安全主要关注的方面包括网络结构、网络边界以及网络设备自身安全等，重点控制点包括结构安全、访问控制、安全审计、恶意代码防范、网络设备防护。

（1）结构安全。

保证数据播发平台主要网络设备的业务处理能力具备冗余空间，网络具备充足的带宽，满足业务高峰期需要,避免网络发生拥堵。其中,数据播发区移动通信直接与海量终端用户互联,需在数据播发区与移动通信网络互联的前端部署两台链路负载均衡和两台链路接入交换机,根据全球 ISP IP 地址库进行出、入站流量的智能调度,实现基于不同运营商、链路健康度、链路带宽大小等多要素的链路负载均衡,最终达成内、外网访问用户整体访问体验的提升以及多链路带宽资源的互为备份与合理利用。

数据播发系统在网络层根据各系统信息类型、用途以及业务数据重要性进行安全区域的划分,具体划分为应用服务域、数据播发域、安全管理域,并对每个安全域进行有针对性的安全设计。

(2) 访问控制。

在数据播发平台的网络边界部署边界防火墙,启用访问控制功能;同时在核心交换机配置 ACL 访问控制列表,通过交换机对系统服务器进行 VLAN 划分,从而在网络层进行安全隔离;部署网站应用级入侵防御系统(WAF),通过对进出网络的信息内容进行过滤,实现对应用层 HTTP、FTP、TELNET、SMTP、POP3 等协议命令级的控制,并且能根据会话状态信息为数据流提供明确的允许/拒绝访问的能力,达到端口级细粒度的访问控制。

一方面,通过边界防火墙 VPN 功能,实现对专用网络的远程加密通信;通过防火墙流量管控功能,实现对网络流量的实时分析,能及时发现攻击和网络蠕虫病毒产生的异常流量。

另一方面,通过安全隔离与信息交换系统和互联防火墙实现数据播发平台与数据综合处理系统之间的数据安全交换,做到安全边界可知、可控、可管。

(3) 安全审计。

部署网络流量监控系统,制定完善的网络安全审计策略,审计范围至少覆盖数据播发平台的网络设备运行状况、网络流量、用户行为等内容。审计记录的内容具体包括事件的日期和时间、用户、事件类型、事件是否成功及其他与审计相关的信息,并能够根据审计记录数据进行分析,生成审计报表。审计的内容尽可能保证详细以便于事后问题追查和审计检查;对系统生成的日志采取集中存储的形式,防止数据被破坏或篡改;设立单独的日志审计人员维护和管理数据。

(4) 恶意代码防范。

部署病毒防护系统,防病毒网关,及时更新病毒防护系统软件版本和病毒库;在网络边界处对恶意代码进行检测并及时清除。

(5) 网络设备防护。

建立完善的数据播发平台网络设备安全登录和管理规定,通过堡垒机对登录网络设备的用户进行身份鉴别、权限分离和安全审计,同时对网络设备的管理员登录地址进行限制。

3) 主机安全

主机系统是构成信息系统的主要部分,为北斗地基增强系统的各业务系统提供运行和计算环境,因此,主机安全是保护信息系统安全的中坚力量。主机安全涉及的控制点包括身份鉴别、访问控制、安全审计、剩余信息保护、入侵防范、恶意代码防范、资源控制。

(1) 身份鉴别。

通过堡垒机实现对数据播发平台各业务系统的操作系统和数据库的登录用户进行身份标识和鉴别,操作系统和数据库系统管理用户身份标识具有不易被冒用的特点,口令满足复杂度要求并定期更换,采用两种组合的鉴别技术对管理用户进行身份鉴别;并启用登录失败处理功能,采取结束会话、限制非法登录次数和自动退出等措施；当对业务系统服务器进行远程管理时，采取必要措施，防止鉴别信息在网络传输过程中被窃听。

（2）访问控制。

通过防火墙和操作系统的组策略等建立各业务系统访问控制策略，依据最小原则授予用户权限，操作系统和数据库系统要使用不同的特权用户，对用户权限分配应当定期检查；严格限制默认帐户的访问权限，重命名系统默认帐户，并修改这些帐户的默认口令；及时删除多余的、过期的帐户，避免共享帐户的存在；采用操作系统内核加固技术，对重要信息资源设置敏感标记，控制用户对敏感标记的信息资源的操作。

（3）安全审计。

制定完善的数据播发平台主机安全审计制度，利用主机监控审计与补丁分发系统、日志审计等系统的审计功能，在功能上至少覆盖用户行为、系统资源的异常使用和重要系统命令的使用等内容，审计记录的内容尽可能保证详细，包括事件的日期、时间、类型、主体标识、客体标识和结果等，并根据记录数据进行分析，生成审计报表，以便于事后问题的追踪和审计检查；对与系统生成的日志采取集中存储的形式，防止数据被破坏或篡改；设立单独的日志审计人员维护和管理数据。

（4）剩余信息保护。

保证数据播发平台主机操作系统和数据库管理系统用户的鉴别信息所在的存储空间，被释放或再分配给其他用户前使用专用的磁盘空间擦写工具完全清除，无论这些信息是存放在硬盘上还是在内存中，保证在使用后的信息不被未授权人员获得；确保数据播发平台主机系统内的文件、目录和数据库记录等资源所在的存储空间，被释放或重新分配给其他用户前使用信息消除工具完全清除。

（5）入侵防范。

部署网页防篡改系统对北斗地基增强系统服务器的入侵行为进行检测，记录入侵的源IP、攻击的类型、攻击的目的、攻击的时间，并在发生严重入侵事件时提供报警；对各业务系统程序的完整性进行检测，并在检测到完整性受到破坏后具有恢复的措施；数据播发平台服务器操作系统应遵循最小安装的原则，仅安装需要的组件和应用程序，同时，通过漏洞扫描系统定期扫描各业务系统的漏洞，并使用补丁分发系统及时升级补丁。

（6）恶意代码防范。

数据播发系统主机安装病毒防护软件，及时更新病毒库；使用安全检查平台对北斗地基增强系统主机恶意代码进行定期检测并及时清除。

（7）资源控制。

通过设置主机网络地址范围等条件、利用堡垒机限制非法管理用户登录；设置操作系统安全策略，使登录终端超时锁定；通过日志审计系统监视数据播发平台服务器，包括监视服务器的CPU、硬盘、内存、网络等资源的使用情况；限制单个用户对系统资源的最大或最小使用限度。

4）资源抽象安全

数据播发平台还将在资源抽象层安全层面进行安全设计，侧重于对虚拟化安全隔离（CPU、内存、存储、虚拟机），虚拟机监视器（Hypervisor）安全性，云平台管理安全，API安全，安全通信等安全技术。

（1）在结构安全方面，采用网络隔离技术和流量清洗技术实现网络资源的隔离和过量占用；采用私有云部署模式，保证与其他用户的云服务虚拟化实例的隔离安全。

（2）在身份鉴别方面，对虚拟机监视器、云管理平台的用户进行身份标识和鉴别；对虚拟机监视器、云管理平台进行远程管理时，应采取必要措施，防止鉴别信息在网络传输过程中被窃听。

（3）在访问控制方面，依据安全策略控制用户对虚拟机监视器及云管理平台等虚拟资源（如虚拟机、云数据库实例、云存储、离线数据分析实例）的访问；对虚拟资源设置用户属性标记，并确保云管理平台具备根据用户属性标记设置访问控制策略的能力；保证云服务对物理资源的调度和管理均在资源抽象层内完成，隔离平台内承载信息资源的云服务对平台物理资源的直接访问。

（4）在安全审计方面，审计范围覆盖到网络虚拟化软件、虚拟机监视器和云管理平台的每个用户。

（5）在剩余信息保护方面，剩余信息的保护范围覆盖到虚拟机监视器、云管理平台等资源抽象层的用户鉴别信息、文件、目录、数据库记录和虚拟资源等所在的存储空间；在迁移或删除虚拟机后确保数据清理以及备份数据清理，如镜像文件、快照文件等。

（6）在入侵防范方面，入侵检测措施覆盖范围包括虚拟机监视器和云管理平台；虚拟机监视器和云管理平台遵循最小安装的原则（如在保障虚拟机监视器功能的前提下减小虚拟机监视器的量级）；能够检测云用户通过虚拟机访问宿主机资源，并进行告警。

（7）在恶意代码防范方面，支持在虚拟化环境下防恶意代码的统一管理；确保虚拟资源在重新启用后及时进行恶意代码软件版本和恶意代码库升级，并进行恶意代码检测；能够检测恶意代码感染及在虚拟机间蔓延的情况，并提出告警。

（8）在资源容错方面，提供虚拟机自动迁移功能，支持虚拟机实例从其他宿主机启动，保证系统能及时恢复；屏蔽虚拟资源故障，某个虚拟机崩溃后不影响虚拟机监视器及其他虚拟机。

（9）在资源控制方面，具有计算资源负载均衡能力，保证在业务高峰时虚拟机之间可以根据业务需要线性伸缩；重要资源监控范围覆盖到vCPU、内存、虚拟存储、虚拟网络资源等。

（10）在镜像和快照保护方面，提供自虚拟机快照功能，当需要时保存虚拟机当前状态，保证系统能够从快照中恢复；提供虚拟机镜像文件完整性校验功能，防止虚拟机镜像被恶意篡改；针对重要业务系统提供加固安全操作系统镜像，如关闭不必要的端口、服务及进行安全加固配置。

5）软件平台安全

数据播发平台还将在软件平台安全技术层面进行设计，侧重于对云应用开发框架和中间件的安全防护。

开发框架和中间件的安全防护点包括身份鉴别、访问控制、安全审计、剩余信息保护、通信完整性、通信保密性、软件容错、资源控制等（详细技术设计参考应用安全技术设计）。

6）应用安全

通过网络、主机系统的安全防护，应用安全成为北斗地基增强系统安全防御的最后一道防线，应用安全重点要考虑身份鉴别、访问控制、安全审计、通信完整性、通信保密性、抗抵赖、软件容错等方面的安全问题。

（1）身份鉴别。数据播发平台堡垒机为管理用户提供专用的安全登录控制模块对登录用户进行身份标识和鉴别，并且对同一用户采用两种组合（如密码、令牌、证书、生物识别等技术进行结合）的鉴别技术实现用户身份鉴别；保证应用系统中不存在重复用户身份标识，身份鉴别信息不易被冒用，启用身份鉴别、用户身份标识唯一性检查、用户身份鉴别信息复杂度检查以及登录失败处理功能，并配置相应的安全策略。

（2）访问控制。应用系统自身提供访问控制功能，建立访问控制策略，依据最小原则授予用户权限，当分配不同的特权用户时，访问策略由授权账号进行统一分配，并定期检查用户权限分配；严格限制默认账户的访问权限，删除或更改默认账户；对重要信息资源设置敏感标记，控制用户对敏感标记信息资源的操作。

（3）安全审计。针对安全审计，通过主机监控与审计系统，制定完善的系统安全审计策略，审计内容至少覆盖事件的日期、时间、发起者信息、类型、描述和结果等，并对审计记录数据进行统计、查询、分析及生成审计报表的功能；以便于事后问题追查和审计检查；为防止数据被破坏对审计日志采取集中存储；为防止审计数据被篡改，设立单独的日志审计人员维护和管理审计数据。

（4）通信完整性。数据播发平台通信时采用密码技术保证通信过程中数据的完整性，通过PKI/CA安全基础设施，使用数字签名的方法保证数据传输过程的完整性，防止通信数据被篡改。

（5）通信保密性。通过PKI/CA安全基础设施，数据播发平台服务器和其他业务系统在通信连接之前，在会话初始化阶段使用数字证书方式对通信双方的身份进行鉴别和验证，并对通信过程中的整个报文或会话过程进行加密。

（6）抗抵赖。通过PKI/CA安全基础设施，使用数字签名方式为数据原发者或接收者提供原发证据或接收证据，实现抗抵赖功能。

（7）软件容错。数据播发平台提供数据有效性检验功能，通过增加对输入信息的检验进行容错控制，防止输入异常数据导致程序运行出错；同时业务系统软件提供自动保护功能，当故障发生时自动保护当前所有状态，保证系统能够进行恢复。

7）数据安全

保证数据安全和备份恢复主要从数据完整性、数据保密性、备份和恢复3个控制点考虑。通过部署数据库审计系统，实现管理和运维人员对数据库增删改查（数据查询语言（DQL）、数据操作语言（DML）、数据定义语言（DLL）、数据库控制语言（DCL））等操作的全方位细粒度的安全审计。为事后的追溯提供有力支撑。

（1）数据完整性。数据播发平台数据完整性通过使用Hash校验的方法确保数据的完整性，传输过程的完整性受到损坏则采取数据重传的机制，重要数据的传输使用加密的传输方式传输。

（2）数据保密性。数据保密性通过存储加密手段，对存储的重要数据采取加密手段进行保存，无论在身份验证阶段还是数据传输阶段都使用加密的形式传输数据，通常的方法可以使用SSL或TLS等方式进行数据传输。

（3）备份和恢复。建立完整的冗余和备份策略。对于重要的网络链路和重要的网络节点设备采用双链路和设备实现冗余，避免单点故障，保证系统的高可用性；北斗地基增强系统提供本地备份与恢复功能，制定备份策略，完全数据每天备份一次，定期进行恢复演练等。

2. 信息安全管理体系

数据播发平台的安全可靠运行不仅要有安全技术上的保护，还要有安全管理上的保障，按照方案总体设计的要求,安全管理体系应从安全管理制度、安全管理机构和人员安全管理3个层面进行设计。

信息安全管理体系设计从信息安全管理体系总体策略出发,形成机构纲领性的信息安全手册和信息安全策略文件,包括确定安全方针、制定安全策略,以便结合等级保护基本要求和安全保护特殊要求,构建数据播发平台的信息安全技术体系结构和信息安全管理体系结构;形成由主管领导牵头的信息安全管理委员会,分权明责,协同工作;建成并完善以信息安全方针、安全策略、安全管理制度、安全技术规范以及流程为一体的信息安全管理体系。

1) 安全管理制度

根据信息安全等级保护的相关要求,结合数据播发平台业务实际情况,制定数据播发平台信息安全工作的总体方针和安全策略,建立信息安全方针、安全策略、安全管理制度、安全技术规范以及流程的一套信息安全管理制度体系,最终构建全面的数据播发平台安全管理制度体系。

从安全策略主文档中规定的安全各个方面所应遵守的原则方法和指导性策略引出的具体管理规定、管理办法和实施办法,是必须具有可操作性,而且必须得到有效推行和实施的。

技术标准和规范,包括各个安全等级区域网络设备、主机操作系统和主要应用程序应遵守的安全配置和管理的技术标准和规范。技术标准和规范将作为各个网络设备、主机操作系统和应用程序的安装、配置、采购、项目评审、日常安全管理和维护时必须遵照的标准,不允许发生违背和冲突。其中安全管理制度包括但不限于信息安全手册、信息安全策略、信息安全组织建设管理制度、人员管理制度、密码管理制度、数据备份与恢复管理制度、业务连续性管理制度、恶意代码防范安全管理制度、变更管理制度、网络安全管理制度、应急预案管理制度、计算机机房安全管理制度、信息安全资产管理制度。

信息安全流程和操作规程,详细规定主要业务应用和事件处理的流程和步骤及相关注意事项。作为具体工作时的具体依照,此部分必须具有可操作性,而且必须得到有效推行和实施的。其中安全配置规范包括但不限于交换机、路由器安全配置规范、防火墙安全配置规范、IPS安全配置规范、Linux服务器安全配置规范、Windows服务器安全配置规范。

信息安全记录,落实安全流程和操作规程的具体表单,根据不同等级信息系统的要求,可以通过不同方式的安全记录单落实并在日常工作中具体执行。主要包括日常操作的记录、工作记录、流转记录以及审批记录等。

2) 安全管理机构

成立数据播发平台信息安全管理职能部门,明确安全主管、安全管理各个方面的负责人;明确安全管理机构各个部门和岗位的职责、分工和技能要求;设立系统管理员、网络管理员和安全管理员并明确岗位职责;明确安全管理机构的管理办法和流程,包括授权与审批、沟通与合作以及审核与检查等。

3) 人员安全管理

(1) 内部人员安全管理。对数据播发平台的系统管理人员和维护人员的录用、离岗、考核、教育和培训按照国家相关要求以及北斗地基增强系统安全管理相关的制度进行严格管理,具体管理要求涵盖录用前、工作期间、调离岗等环节。

(2) 外部人员安全管理。外部人员通常是指软件开发商、硬件供应商、系统集成商、设备维护商、服务提供商、实习生、临时工等非内部人员。外部人员在访问时可以分成物理访问和信息访问,应规定不同的安全管理要求,负责接待的部门和接待人对外部人员来访的安全负责,并对访问机房等敏感区域持谨慎态度。

3. 平台安全运营

平台安全运营包括安全管理和技术管理两个方面,这里主要介绍技术管理。

1) 网络攻击防御

(1) Web 应用防火墙。Web 应用防火墙由 WAF 引擎中心、运营监控中心以及云用户控制中心组成,对入网流量进行攻击过滤,提供全面的 WEB 安全防御和"0day"漏洞 24h 快速响应服务。

(2) DDoS 攻击防御。采用基于云计算架构设计和开发的云盾海量防 DDoS 清洗系统,可抵御各类基于网络层、传输层及应用层的各种 DDoS 攻击。

2) 平台漏洞检测

利用安全检测工具箱自动进行网站安全漏洞检测,覆盖的漏洞包括 OWASP、WASC、CNVD 分类,支持恶意篡改检测,支持 Web2.0、AJAX、各种脚本语言、PHP、ASP、.NET 和 Java 等环境,支持代理、HTTPS、DNS 绑定扫描等,支持百余种第三方建站系统独有漏洞扫描。网站木马检测服务通过引擎解密恶意代码,同特征库匹配识别,同时支持恶意行为分析,发现网站未知木马。

3) 渗透测试

从互联网模拟黑客攻击,寻找数据播发平台在实际运行过程中的安全隐患。尝试网络嗅探、溢出、代码/命令执行、弱口令、应用系统的 SQL 注入、跨站漏洞 XSS/CSRF、越权未验证、文件目录遍历、信息泄露等攻击方式。检测员工安全意识和安全管理规范上的缺陷。

4) 安全风险分析

将网络不同地方的网络设备、安全设备、主机、数据库和中间件、应用等软硬件基础设施上的各种事件信息集中至日志管理系统进行综合分析,全面了解平台的整体安全状况,了解平台安全隐患。

5) 安全日志审计

通过堡垒机、监控系统、安全系统、日志系统针对生产环境下运维人员的操作、用户对应用服务的访问进行控制和审计。

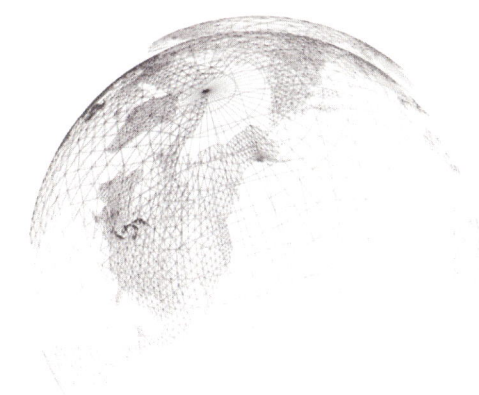

第 7 章

高精度服务软件

7.1 概述

为满足国家经济社会发展和国防建设高精度位置服务需求,按照"统一规划、统一标准、共建共享"原则,研制建设北斗地基增强系统高精度服务软件(以下简称北斗高精度服务软件)。

北斗地基增强系统是北斗卫星导航系统的重要组成部分,建成全国统一的北斗高精度地面基准站网,通过北斗高精度服务软件进行北斗差分数据处理,利用移动通信、数字广播和卫星等播发手段,实现对北斗卫星导航系统空间信号精度、完好性等服务性能的增强,解决在北斗卫星导航系统规模化应用和产业化推广中,行业与大众用户对高精度导航定位、卫星导航监测、数据共享等服务需求,彻底打破 GPS 垄断我国高精度卫星定位服务市场的局面。

7.1.1 设计原则

北斗高精度服务软件以北斗卫星导航系统建设与发展的"开放、自主、兼容、渐进"基本原则为指导,按照标准化、国产化、先进适用、经济性、安全保密和国防应用的原则,开展平台软件设计。

1. 标准化原则

"规划设计一张网,建设使用一张网",统筹国内行业资源,统一北斗地基增强系统研制建设、使用、运行、维护的标准和规范,实现全国、行业、区域北斗高精度数据的交换和共享。

2. 国产化原则

本系统中的北斗高精度接收机及芯片、天线,核心数据处理与管理软件全部采用国产化产品,实现自主可控,并在应用中持续改进和优化。

3. 先进适用原则

采用先进成熟的技术、软件和设备,确保北斗地基增强系统的先进性、可靠性、可扩展性和适用性。

4. 经济性原则

充分利用国内现有基础设施和资源,以较低的成本、较少的投入,使北斗地基增强系统的建设达到最高效能与效益。

5. 安全保密原则

北斗高精度服务软件在研制建设和数据服务应用方面严格遵守国家或国防的相关安全保密规定。

7.1.2 总体目标

按照"统一方案、共建共管、数据分享、分步实施、持续发展"的思路,通过北斗高精度服务软件整合国内卫星导航增强资源,形成"全国一张网",建成性能先进、稳定可靠的北斗地基增强系统,满足政府、国防、行业、大众对北斗高精度时空应用的需求。

北斗高精度"全国一张网"完成覆盖我国全境(除无人区外)和大部分海域,包括150多个框架网基准站和1200个区域加密基准站,构建起可靠的星基和地基增强信息播发手段,提供北斗广域米级和分米级、区域厘米级、后处理毫米级的高精度服务,以及行业数据共享服务。通过北斗高精度服务软件,培育、完善与壮大北斗高精度应用服务市场。

7.2 软件总体设计

7.2.1 系统组成

北斗高精度服务软件主要对面向包括基准站网络、通信网络系统、国家数据综合处理系统、行业数据处理系统、数据产品播发系统和终端等部分,各系统组成框架示意图如图7-1所示。

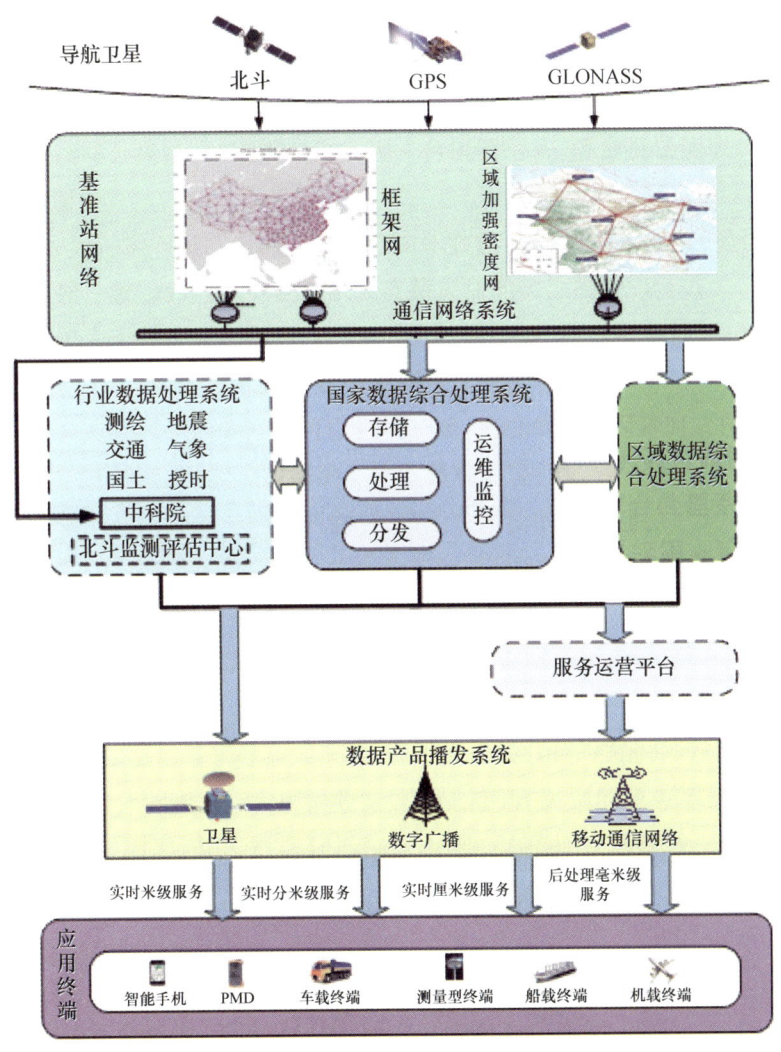

图7-1 北斗高精度服务软件各系统组成框架示意

1. 基准站网络

基准站网络包括框架网基准站和区域加密网基准站。基准站连续采集北斗导航卫星信号和气象参数等观测数据,框架网基准站数据通过通信专网传送到国家数据综合处理系统和数据备份系统,区域网基准站数据由各区域数据汇聚系统传送到国家数据综合处理系统。

2. 通信网络系统

通信网络系统包含基准站网络与国家数据综合处理系统之间的通信链路,以及国家数据综合处理系统与行业数据处理系统、数据产品播发系统、服务运营平台等之间的通信链路组成,实现各系统之间数据传输保障,确保数据传输的实时性、可靠性、连续性和保密性。

3. 国家数据综合处理系统

国家数据综合处理系统由数据处理子系统、运维监控子系统、数据接收分发子系统、基础支撑平台和信息安全保护平台等构成。国家数据综合处理系统接收并存储基准站原始观测数据,处理生成差分数据产品,通过通信专网将原始观测或差分数据产品传送到行业数据处理系统、区域数据处理系统、服务运营平台和数据产品播发系统。

4. 行业数据处理系统

行业数据处理系统主要包括国土、交通、授时、测绘、地震、气象 6 个行业数据处理系统和北斗监测评估中心,行业数据处理系统还包括北斗地基增强系统的数据备份系统。行业数据处理系统接收国家数据综合处理系统发送的数据,处理生成数据产品,通过数据产品播发系统向行业用户提供有偿服务数据。

5. 数据产品播发系统

数据产品播发系统按照标准接口协议对差分数据产品进行封装,利用数字广播、移动通信网络、卫星等播发手段免费向用户提供米级和分米级服务。数据产品播发系统由播发处理与监控平台、移动通信播发服务平台、数字广播播发服务平台、卫星播发测试验证平台构成。

6. 终端

终端设备包括用户终端和测试终端/设备。

用户终端包括单频伪距、单频载波相位、双频载波相位精密单点定位、网络 RTK 等类型,支持移动通信、数字广播等通信方式来接收差分数据产品。

测试终端/设备包括单频伪距、单频载波相位、双频载波相位精密单点定位等测试终端/设备及北斗高精度监测接收机,支持移动通信、数字广播等通信方式来接收差分数据产品。

7.2.2 系统指标

系统主要功能与技术指标如表 7-1 所列。

表7-1 北斗地基增强系统平台的主要功能与技术指标表

服务指标	广域米级实时增强定位服务 BDS	广域分米级实时增强定位服务 BDS	区域厘米级实时增强定位服务 BDS\GPS\GLONASS	后处理毫米级精密定位服务 BDS\GPS\GLONASS
支持系统	BDS	BDS	BDS\GPS\GLONASS	BDS\GPS\GLONASS
技术体制	单频伪距标准单点定位	双频载波相位精密单点定位	双频载波相位差分（网络RTK）	后处理高精度相对基线测量
用户段接收信息	轨道、钟差、电离层改正数	轨道、钟差、电离层改正数	综合误差改正数	后处理观测数据、精密轨道、钟差、EOP等
播发要求	单向广播	单向广播	双向通信	数据接入／下载
播发手段	卫星广播、数字广播、移动通信等	卫星广播、数字广播、移动通信等	移动通信	互联网、移动通信等
覆盖范围	覆盖全国★	覆盖全国★	区域网地区	覆盖全国
精度	水平≤2.0m(95%) 垂直≤3.0m(95%)	水平≤1.2m(95%) 垂直≤2.0m(95%)	水平≤0.5m(95%) 垂直≤1.0m(95%)	水平≤5cm(RMS) 垂直≤10cm(RMS)	水平≤5mm+1×10^{-6}m×D(RMS, D/m) 垂直≤10mm+2×10^{-6}m×D(RMS, D/m) 相对定位精度优于3×10^{-8}(RMS, D/m)
初始化时间(95%)	无	≤20min	≤40min	≤60s	无
终端形态	单频伪距接收机	单频载波相位接收机	双频载波相位接收机	双频／三频载波相位接收机

★边境地区和电离层活跃区服务精度略有降低。

7.3 软件工作流程及接口关系

7.3.1 软件工作流程

根据北斗地基增强系统的基本功能和系统组成,整个平台工作的流程如图7-2所示。

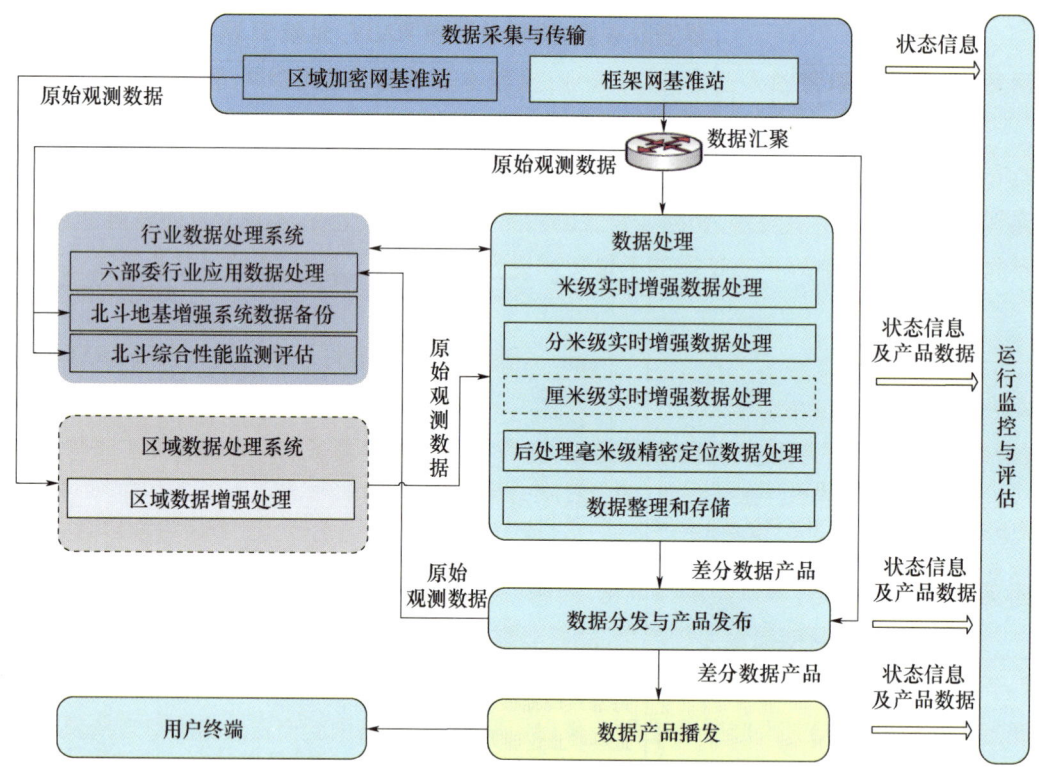

图7-2 北斗地基增强系统平台工作流程图

1. 数据采集与传输

框架网基准站24h×365天连续观测采集获得BDS、GPS、GLONASS卫星的原始观测数据并进行预处理,通过通信网络系统将数据传送至国家数据综合处理系统,同时独立发送至六部委行业数据处理系统、数据备份系统和北斗综合性能监测评估系统。

区域加密网基准站的原始观测数据经区域数据处理系统汇总后上传至国家数据综合处理系统。

2. 数据处理

国家数据综合处理系统通过处理基准站的原始观测数据,生成广域米级、分米级、区域厘米级和后处理毫米级的差分数据产品。

国家数据综合处理系统对框架网基准站传输的原始观测数据进行解码、质量检查、格式转换、分类归档等整理工作和进行存储;同时对区域数据处理系统上传的原始观测数据进行相同程序的整理和存储。

3. 数据分发与产品发布

国家数据综合处理系统向六部委行业数据处理系统以及其他授权用户分发原始观测数据,通过专线向数据产品播发系统发布差分数据产品。

4. 数据产品播发

数据产品播发系统通过移动通信网络、数字广播、卫星广播等播发手段向用户提供差分数据产品服务。

5. 运行监控与评估

对基准站系统、通信网络系统、国家数据综合处理系统、数据产品播发系统、数据备份系统等的运行状态信息和差分数据产品进行采集,实现对系统运行和服务质量的监测评估。

7.3.2 北斗高精度服务软件接口关系

北斗高精度服务软件接口关系包括基准站系统、国家数据综合处理系统、行业/区域数据处理系统、数据产品播发系统、终端之间的接口关系。

1. 基准站与国家数据综合处理系统接口

数据内容为基准站工作参数、原始观测数据、文件类型观测数据、控制参数、设备运行状态信息、气象数据、观监站发送的监测数据等,如表7-2所列。

表7-2 基准站与国家数据综合处理系统接口关系表

序号	发送方	接收方	信息内容	格式基准	传输协议
1	框架网基准站	国家数据综合处理系统	原始观测数据、基准站工作状态、气象数据	RTCM3.2	Ntrip1.0,接收端为 Ntrip Caster
2	观监站	国家数据综合处理系统	监测数据	RTCM3.2	Ntrip1.0,接收端为 Ntrip Caster
3	国家数据综合处理系统	框架网基准站	查询/控制指令	RTCM3.2	Ntrip1.0,接收端为 Ntrip Caster

数据格式参考 DZB 12—2016《北斗地基增强系统基准站数据格式规范》。

2. 国家数据综合处理系统与行业/区域数据处理系统接口

数据内容为原始观测数据和差分数据产品,如表7-3所列。

表7-3 国家数据综合处理系统与行业/区域数据处理系统接口关系表

序号	发送方	接收方	信息内容	格式基准	传输协议
1	区域数据处理系统	国家数据综合处理系统	原始观测数据	RTCM3.2	Ntrip2.0,接收端为 Ntrip Client
2	行业数据处理系统	国家数据综合处理系统	原始观测数据	RTCM3.2	Ntrip2.0,接收端为 Ntrip Client
3	国家数据综合处理系统	行业数据处理系统	原始观测数据、差分数据产品	RTCM3.2	Ntrip2.0,接收端为 Ntrip Client
4	国家数据综合处理系统	区域数据处理系统	原始观测数据	RTCM3.2	Ntrip2.0,接收端为 Ntrip Client

数据格式说明：

（1）原始观测数据格式参考 DZB 12—2016《北斗地基增强系统基准站数据格式规范》；

（2）差分数据产品格式参考 DZB 13—2016《北斗地基增强系统差分数据产品分发与交换接口规范》。

3. 国家数据综合处理系统与数据产品播发系统接口

数据内容为差分数据产品、播发系统设备运行状态和业务运行状态信息、用户信息等,如表7-4所列。

表7-4 国家数据综合处理系统与数据产品播发系统接口关系表

序号	发送方	接收方	信息内容	格式基准	传输协议
1	国家数据综合处理系统	数据产品播发系统	差分数据产品	RTCM3.2	TCP,接收端为 TCP Client
2	数据产品播发系统	国家数据综合处理系统	播发系统设备运行状态和业务运行状态信息、用户概略位置	RTCM3.2	TCP,接收端为 TCP Client

数据格式参考 DZB 13—2016《北斗地基增强系统差分数据产品分发与交换接口规范》。

4. 数据产品播发系统与终端接口

数据内容为用户申请/用户信息、差分数据产品数据格式：

（1）移动通信/互联网数据格式参考 BD 440018—2017《北斗地基增强系统基于中国移动通信网数据播发接口规范》；

（2）数字广播数据格式参考 BD 440019—2017《北斗地基增强系统基于中国移动多媒体广播（CMMB）播发接口规范》；

（3）卫星数据格式参考《北斗地基增强系统 C 波段卫星播发接口规范》《北斗地基增强系统 L 波段卫星播发接口规范》。

7.4 软件架构技术方案

7.4.1 基准站系统

基准站系统包括框架网基准站和区域加密网基准站两部分。框架网基准站主要用于支持北斗的广域增强,区域加密网基准站用于支持北斗的区域增强。

框架网站点布设在我国国土和海岛礁,具有合理的分布密度,大致均匀地覆盖全国陆地和沿海。满足北斗地基增强系统提供广域实时米级、分米级精度服务所需的组网要求。

区域加密网站点以省、直辖市或自治区为区域单位布设,根据各自的面积、地理环境、人口分布、社会经济发展情况进行覆盖,满足北斗地基增强系统提供区域实时厘米级、后处理毫米级精度服务所需的组网要求。每两个站点之间相隔一般不超过60km。考虑到东、西部地区社会经济发展的差异,西部地区布设基准站的密度可适当放宽。

区域加密网基准站组成、主要功能及技术指标与框架网基准站一致。

1. 系统组成

基准站一般由观测设备、数据传输设备、供电设备、防雷设备、机柜状态监控设备等5部分组成。155个框架网基准站加装气象仪,根据广域、区域差分数据产品的需要,选择30个框架网基准站接入原子钟。

区域加密网基准站均不配备气象仪、原子钟。

基准站设备组成及连接关系如图7-3所示。

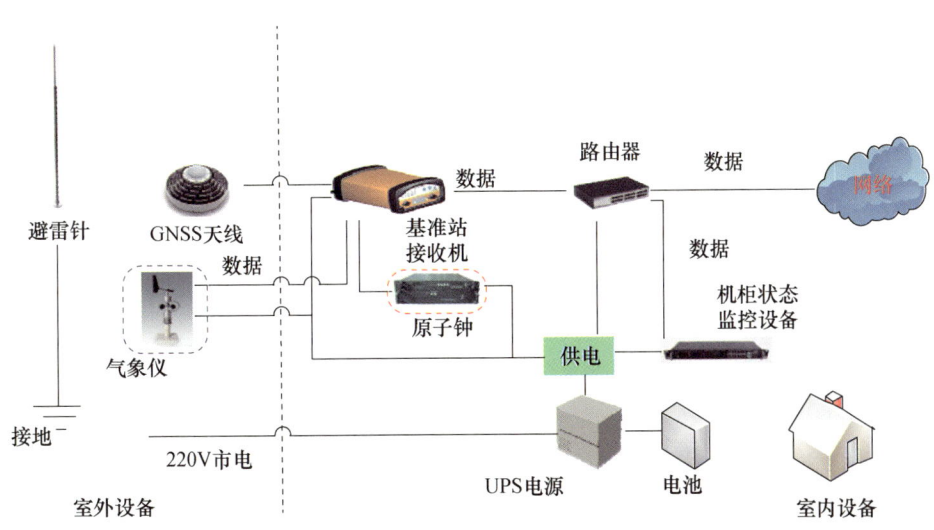

图7-3 基准站组成与连接关系示意图

基准站设备配置表见表 7-5。

表 7-5 基准站设备配置表

序号	设备名称	数量	框架基准站	加密基准站
1	观测墩	1	●	●
2	基准站接收机天线	1	●	●
3	基准站接收机	1	●	●
4	原子钟	1	○	—
5	气象仪	1	●	○
6	集成机柜	1	●	●
7	路由器	1	●	●
8	防浪涌插座	1	●	●
9	UPS 电源	1	●	●
10	避雷针	1	●	●
11	网络防雷器	2	●	●
12	B+C 级电源防雷器	1	●	●
13	馈线防雷器	1	●	●
14	机柜状态监控设备	1	●	●

"●"为必配项;"○"为选配项;"—"为不配项。

根据设备所在位置可将基准站设备分为室外设备和室内设备。

室外设备一般包括观测墩、天线固定装置、接收机天线和防雷设备。室外设备主要功能是接收卫星射频数据信号,同时保护基准站设备安全。

室内设备主要包括接收机、UPS 电源、网络设备、机柜状态监控设备和一体化机柜等,室内设备均集成在一体化机柜内。主要功能包括进行接收机数据处理、状态监测、数据存储与传输、电源配给等。

2. 主要功能

1) 基准站网功能要求

(1) 框架网站点布设在我国国土和海岛礁,具有合理的分布密度,大致均匀地覆盖全国,满足北斗地基增强系统提供广域实时米级、分米级精度服务所需的组网要求。

(2) 区域加密网以省、自治区、直辖市为区域单位布设,根据各自的面积、地理环境、人口分布、社会经济发展情况进行覆盖,满足北斗地基增强系统提供区域实时厘米级、后处理毫米级精度服务所需的组网要求。

2）框架网基准站功能要求

基准站主要用于连续实时获取全部可视卫星的原始观测数据,并通过通信网络,将原始观测数据实时上传。

(1) 导航卫星观测数据采集:全天候 24h×365 天连续实时采集 BDS(B1/B2/B3)、GPS(L1/L2/L5)、GLONASS(G1/G2)三系统 8 个频点信号的载噪比、码伪距、载波相位、多普勒、导航电文等共 5 类数据。

(2) 运行状态监测:能够全天候 24h×360 天以上自动监测北斗基准站接收机、UPS、网络等设备的运行状态,监测基准站运行的环境状态。

(3) 基准站环境气象数据采集:框架网基准站能够采集基准站的温度、气压和相对湿度等环境气象数据。

(4) 时间自主同步:具备时间自主同步功能,能够将基准站接收机的时间同步到 BDT。

(5) 数据本地整理与存储:能够将观测数据按规定的格式进行本地存储,各站点数据存储格式规范统一。

(6) 数据传输:能够按规定的数据格式与数据发送机制,传输观测数据、气象数据、设备运行状态数据、告警及故障数据或与之对应的数据文件,各站点数据输出格式规范统一。

(7) 远程管理:接收数据中心能通过远程方式对基准站进行参数设定、控制基准站的运行及检测基准站的状态。

(8) 原子钟:部分基准站同时具备实时向基准站接收机提供高精度频标的能力。

(9) 基础保障:具备可靠连续的供电能力,提供具备防尘、防水和防雷能力的观测保障条件。

3）区域网基准站功能要求

区域加密网基准站主要功能与框架网基准站基本一致,但均不配备气象仪、原子钟,不包含与气象仪、原子钟相关的功能指标。

3. 技术指标

1）基准站网性能指标

(1) 框架网基准站每两个站点之间相隔约 300~1000km,平均在每省/自治区至少布设 3~5 个站,每个直辖市至少布设 1 个站。

(2) 区域加密网基准站根据各省、直辖市和自治区社会经济发展的需要布设站点,基准站每两个站点之间相隔一般不超过 60km。

(3) 基准站网实时站点入网率:≥95%。

(4) 基准站坐标位置偏移量(位移):≤3cm/年。

(5) 基准站网可靠度:0.9998。

2）基准站性能指标

(1) 接收处理 BDS(B1/B2/B3)、GPS(L1/L2/L5)、GLONASS(G1/G2)三系统 8 个频点信号。

(2) 信号接收灵敏度:≤-133dBm。

(3) 观测量精度指标:

① B1/L1 C/A 码:10cm;B1/L1 载波相位:1mm。

② B2/L2 P(Y)码:10cm;B2/L2 载波相位:1mm。

③ B3/L5:10cm;B3/L5 载波相位:1mm。

(4) 静态测量精度指标:

① 水平: $\pm(2.5+1\times10^{-6}\times D)$ mm,D 为基线距离;

② 垂直: $\pm(5.0+1\times10^{-6}\times D)$ mm,D 为基线距离。

(5) 卫星观测数据采样时间间隔:1.0s。

(6) 卫星观测数据传输间隔:1.0s。

(7) 卫星观测数据推送时延:≤20ms。

(8) 本地时间与北斗时(BDT)的同步精度:≤0.10ms。

(9) 多路径影响:MP1<0.5m,MP2<0.65m,MP3<0.65m。

(10) 观测数据可用率:≥85%。

(11) 卫星观测数据存储能力:≥30 天(正常工作条件下,1s 采样率)。

(12) 气象仪:

① 温度测量范围: -45~70℃,测量准确度: ±0.20℃;

② 相对湿度测量范围:0% RH~100% RH,测量准确度: ±2.0% RH;

③ 大气压量程范围:500~1100hPa,测量准确度: ±0.3hPa。

(13) 原子钟:

① 频率准确度: $<1\times10^{-12}$/天(北斗锁定状态); $<5\times10^{-11}$/天(无北斗状态)。

② 频率稳定性: $<3\times10^{-12}$; $<2\times10^{-12}$/10s; $<1\times10^{-12}$/100s。

(14) 数据传输模式:

① 数据流模式:观测接收机的观测数据、气象数据、告警及故障信息按要求实时传输,运行状态数据根据需要进行传输;

② 文件传输模式:数据文件本地实时存储,按约定时间间隔或指令要求进行传输。

(15) UPS 供电持续时间:≥8h。

(16) 观测墩建设:

① 观测墩土建(土层):地上 3m,地下质心位于冻土层下 3~5m;

② 观测墩土建(基岩):地上 3~5m,底部位于完整基岩面下 0.5m;

③ 观测墩土建(屋顶):高于屋顶 0.8m。

(17) 可靠性:

① MTBF:≥5000h;

② 可靠度:0.95;

③ MTTR:≤30min;

④ 全国范围故障维修响应时间:≤48h。

(18) 环境适应性:

内陆地区基准站设备环境条件要求见表 7-6。

表7-6　内陆基准站设备环境条件要求

内陆地区①				
南方地区②		北方地区②		
室外	室内	室外	室内	
防腐蚀	—			
工作温度/℃	-20 ~ +70	-10 ~ +55	-45 ~ +55	-30 ~ +45
储存温度/℃	-20 ~ +85	-10 ~ +65	-45 ~ +65	-40 ~ +55
防潮/%	≤100	≤95	≤100	≤95
抗振动	满足公路、铁路运输振动要求			
防雷	满足 GB 50057—2010《建筑物防雷设计规范》和 GB 50343—2012《建筑物电子信息系统防雷技术规范》要求			

① 海边地区指大陆海岸线10海里以内区域;海岛地区指海域范围内岛礁;内陆地区指国土范围除海边、海岛范围外的区域。
② 南方地区指国土范围内淮河、秦岭以南地区;北方地区指国土范围内淮河、秦岭以北地区。

海边、海岛基准站设备环境条件见表7-7。

表7-7　海边、沿海基准站设备环境条件要求

海边、海岛地区①				
南方地区②		北方地区②		
室外	室内	室外	室内	
防腐蚀	具有防海水、盐雾腐蚀能力			
工作温度/℃	-20 ~ +70	-10 ~ +55	-45 ~ +55	-30 ~ +45
储存温度/℃	-20 ~ +85	-10 ~ +65	-45 ~ +65	-40 ~ +55
防潮/%	≤100	≤95	≤100	≤95
抗振动	满足公路、铁路运输振动要求			
防雷	满足 GB 50057—2010《建筑物防雷设计规范》和 GB 50343—2012《建筑物电子信息系统防雷技术规范》要求			

① 海边地区指大陆海岸线10海里以内区域;海岛地区指海域范围内岛礁;内陆地区指国土范围除海边、海岛范围外的区域。
② 南方地区指国土范围内淮河、秦岭以南地区;北方地区指国土范围内淮河、秦岭以北地区。

4. 接口关系

基准站数据流程如图7-4所示。

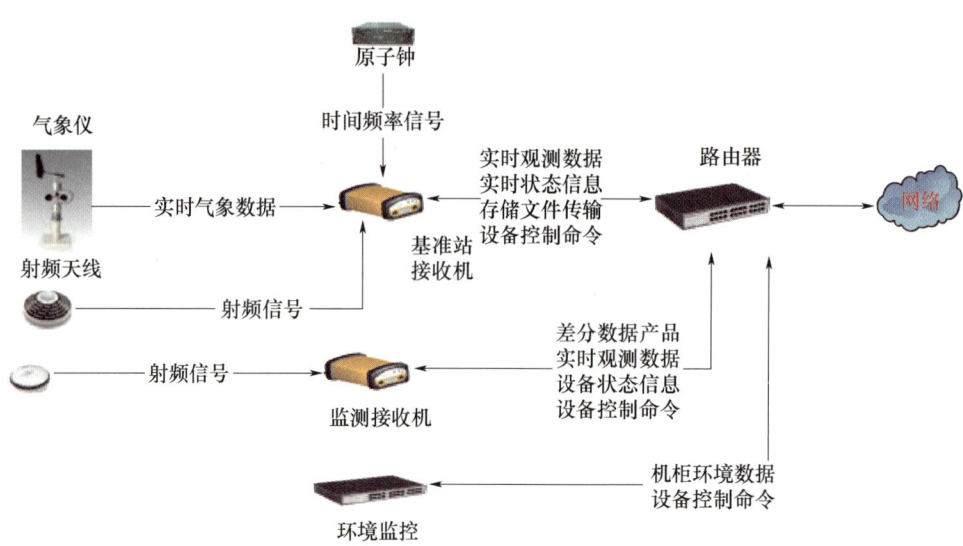

图 7-4　基准站数据流程图

基准站数据类型格式及接口见表 7-8，详见 DZB 12—2016《北斗地基增强系统基准站数据格式规范》。

表 7-8　基准站数据类型

类别	项目	内容	说明	协议	频度
实时采集数据	观测数据	观测数据	BDS（B1/B2/B3）、GPS（L1/L2/L5）、GLONASS(L1/L2)码伪距、载波相位值、多普勒频移、载噪比、导航电文	《北斗地基增强系统基准站数据存储和输出要求》(BD 440017—2017)	1Hz
		定位结果	经度、纬度、高度；PDOP、HDOP、VDOP、卫星数		1Hz
		气象数据	温度、湿度、气压(框架网基准站)		
	监测数据	差分数据产品、观测数据、定位结果	差分数据产品回传；码伪距、载波相位值、多普勒频移、载噪比、导航电文；经度、纬度、高度、PDOP、HDOP、VDOP、卫星数等		0.2Hz
	机柜状态监控数据	环境数据值	温度、湿度、烟感、水浸		触发
	设备状态数据	接收机工作状态	接收机内存情况、天线状况等		触发
		UPS 工作状态	输入电压、输出电压、电池剩余容量等		
		通信链路状态	通信速率，调制解调器工作状态		
接收的数据	控制指令	参数设置	采样间隔，文件的提取与删除，其他参数设定等		触发
		查询命令	参数查询	参考站各设备状态的查询	

5. 系统设计

1) 基准站及其分布

基准站站址分布设计是基准站建设中至关重要的环节之一。基准站站址布局的合理与否，关系到北斗地基增强系统建设质量的高低。基准站站址选择,需要从整体组网、基准站站址环境影响因素、基准站选址原则以及基准站站点在系统中的作用等方面综合考虑。

2）框架网基准站及其分布

按照"依托行业部门,避免重复建设,避免资源浪费"的思路,充分利用现有 GNSS 基准站资源,综合考虑北斗地基增强系统功能性能对网形设计的约束,在行业部门已有场地上,利用已有观测室,进行设备集成设计施工、新建观测墩、供电、通信等基础设施和运行维护保障设施。

框架网基准站布设原则:在卫星的定轨精度、完好性监测、产品可用性、服务连续性等方面考虑基准站布站选址的限值条件。一般根据地形条件及海拔梯度,确定框架网站间距为 300～1000km 范围。

框架网基准站布设场地情况见表 7-9。

表 7-9 框架网基准站利用行业场地情况表

序号	单位	数量/个	备注
1	交通运输部	22	—
2	国家测绘地理信息局	36	—
3	中国气象局	35	—
4	中国地震局	42	—
5	中国科学院	12	（含接入 8 个 iGMAS 站）
6	教育部	8	—
	合计	155	—

第一阶段已招标采购 10 台原子钟,并装配到 10 个基准站点。在第二阶段任务中,按照系统总任务中对原子钟的要求,继续招标采购 20 台原子钟,装配到剩余的 20 个基准站,并完成现场测试及高精度频率标准的接入。

原子钟站点具体位置列表见表 7-10。

表 7-10 原子钟站点列表

序号	省市区	名称	单位	经度/°E	纬度/°N
1	内蒙古	阿拉善右旗	测绘局	104.51	40.26
2	新疆	福海	测绘局	87.66	47.20
3	吉林	珲春	测绘局	131	43.1
4	黑龙江	海伦	测绘局	126.52	47.26
5	四川	马尔康	测绘局	101.71	32.9
6	重庆	彭水	测绘局	108.2	29.4
7	广西	融水	测绘局	109.24	25.03
8	甘肃	天水	测绘局	105.97	34.41

续表

序号	省市区	名称	单位	经度/°E	纬度/°N
9	辽宁	庄河	测绘局	122.91	40.11
10	西藏	昂仁	地震局	87.18	29.26
11	内蒙古	包头	地震局	110.02	40.60
12	甘肃	嘉峪关	地震局	98.21	39.80
13	河南	济源	地震局	112.44	35.16
14	西藏	噶尔	地震局	80.10	32.51
15	新疆	木垒	地震局	90.29	43.80
16	新疆	乌恰	地震局	75.23	39.74
17	新疆	温泉	地震局	81.06	44.97
18	河北	张家口	教育部	114.9	40.8
19	内蒙古	东乌珠穆沁旗	气象局	117	45.5
20	云南	大姚	气象局	101.2	25.5
21	海南	海口	气象局	110.2	20
22	江西	进贤	气象局	115.8	28.1
23	黑龙江	漠河	气象局	122.5	53
24	江苏	苏州	气象局	120.62	32.39
25	青海	沱沱河	气象局	92.4	34.2
26	新疆	塔中	气象局	83.7	38.8
27	福建	霞浦	气象局	120	26.7
28	黑龙江	抚远	中科院	134.3	48.3
29	山东	青岛	中科院	120	36
30	广东	深圳	中科院	114.07	22.62

根据系统对各基准站服务半径和服务性能进行评估,确定70个左右的核心站点,对核心站点进行重点保障。

核心站点具体位置列表如表7-11所列。

表 7-11 核心站点列表

序号	省市区	名称	单位	经度/°E	纬度/°N
1	内蒙古	阿拉善右旗	测绘局	104.51	40.26
2	安徽	亳州	测绘局	115.9	33.8
3	广西	崇左	测绘局	107.35	22.20
4	新疆	福海	测绘局	87.66	47.20
5	吉林	珲春	测绘局	131	43.1
6	黑龙江	海伦	测绘局	126.52	47.26
7	贵州	黄平	测绘局	107.82	26.86
8	浙江	杭州	测绘局	120	30.3
9	黑龙江	嘉荫	测绘局	130.41	48.88
10	安徽	金寨	测绘局	115.74	31.2
11	四川	马尔康	测绘局	101.71	32.9
12	云南	勐腊	测绘局	101.48	21.56
13	重庆	彭水	测绘局	108.2	29.4
14	湖南	衡阳	测绘局	111.75	28.47
15	广西	融水	测绘局	109.24	25.03
16	陕西	山阳	测绘局	110	33.5
17	青海	天峻	测绘局	99.04	37.25
18	甘肃	天水	测绘局	105.97	34.41
19	辽宁	新民	测绘局	122.6	41.9
20	浙江	云和	测绘局	119.69	28.27
21	辽宁	庄河	测绘局	122.91	40.11
22	内蒙古	扎兰屯	测绘局	122.70	47.99
23	西藏	昂仁	地震局	87.18	29.26
24	广西	百色	地震局	106.67	23.91
25	安徽	蚌埠	地震局	117.29	32.9
26	内蒙古	包头	地震局	110.02	40.60
27	吉林	长白山	地震局	128.10	42.41
28	河北	沧县	地震局	116.93	38.46
29	湖北	恩施	地震局	109.49	30.27
30	内蒙古	海拉尔	地震局	119.74	49.27
31	甘肃	嘉峪关	地震局	98.21	39.80
32	湖北	荆门	地震局	112.18	31.015

续表

序号	省市区	名称	单位	经度/°E	纬度/°N
33	山东	嘉祥	地震局	116.35	35.4
34	河南	济源	地震局	112.44	35.16
35	新疆	库尔勒	地震局	86.18	41.79
36	西藏	噶尔	地震局	80.10	32.51
37	青海	玛多	地震局	98.21	34.92
38	新疆	木垒	地震局	90.29	43.80
39	四川	天全	地震局	102.77	30.07
40	新疆	乌恰	地震局	75.23	39.74
41	新疆	温泉	地震局	81.06	44.97
42	江苏	盐城	地震局	120.01	33.37
43	河北	秦皇岛	交通部	119.6	39.9
44	江苏	燕尾港(东海)	交通部	119.78	34.47
45	新疆	和田	教育部	79.5	36.8
46	山西	太原	教育部	112.4	37.5
47	广西	梧州	教育部	111.2	23.5
48	河北	张家口	教育部	114.9	40.8
49	内蒙古	阿拉善右旗	气象局	101.67	39.21
50	甘肃	敦煌	气象局	94.7	40.1
51	内蒙古	东乌珠穆沁旗	气象局	117	45.5
52	云南	大姚	气象局	101.2	25.5
53	内蒙古	鄂伦春	气象局	123.7	50.6
54	江西	赣州	气象局	114.94	25.7
55	海南	海口	气象局	110.2	20
56	云南	金平	气象局	103.2	22.8
57	江西	进贤	气象局	115.8	28.1
58	黑龙江	漠河	气象局	122.5	53
59	云南	墨江	气象局	101.7	23.4
60	广东	韶关	气象局	113.6	24.67
61	江苏	苏州	气象局	120.62	32.39
62	青海	沱沱河	气象局	92.4	34.2
63	新疆	塔中	气象局	83.7	38.8
64	福建	霞浦	气象局	120	26.7

续表

序号	省市区	名称	单位	经度/°E	纬度/°N
65	内蒙古	二连浩特	中科院	111.96	43.65
66	黑龙江	抚远	中科院	134.3	48.3
67	山东	青岛	中科院	120	36
68	福建	厦门	中科院	118.1	24.46
69	宁夏	银川	中科院	106.27	38.47
70	广东	深圳	中科院	114.07	22.62

3）区域加密网基准站及其分布

区域加密网基准站布设原则：基准站间最佳距离的确定与站点区域所在的地理纬度有密切关系。根据国内外建站经验，在中高纬度地区，电离层变化平缓，基准站间距离可达近百千米；而在低纬度地区，由于电离层活动活跃，变化剧烈等因素的影响，参考站之间空间相关性降低，导致用户的模糊度（一般是宽巷模糊度）难以在短时间固定，影响系统服务效率和精度，在最差的情况下，基准站间距离一般不大于60km。

区域加密网基准站分两个阶段进行建设。

第一阶段（300个）：一期已建成300个基准站，重点考虑覆盖京津冀、江浙沪、东南沿海等经济发达地区，主要分布在北京、天津、河北、江苏、浙江、上海、江西、广东、福建等地，以实现上述区域米级、分米级、厘米级和后处理毫米级精度的卫星导航定位服务。

首批区域加密网基准站站点分布示意图如图7-5所示。

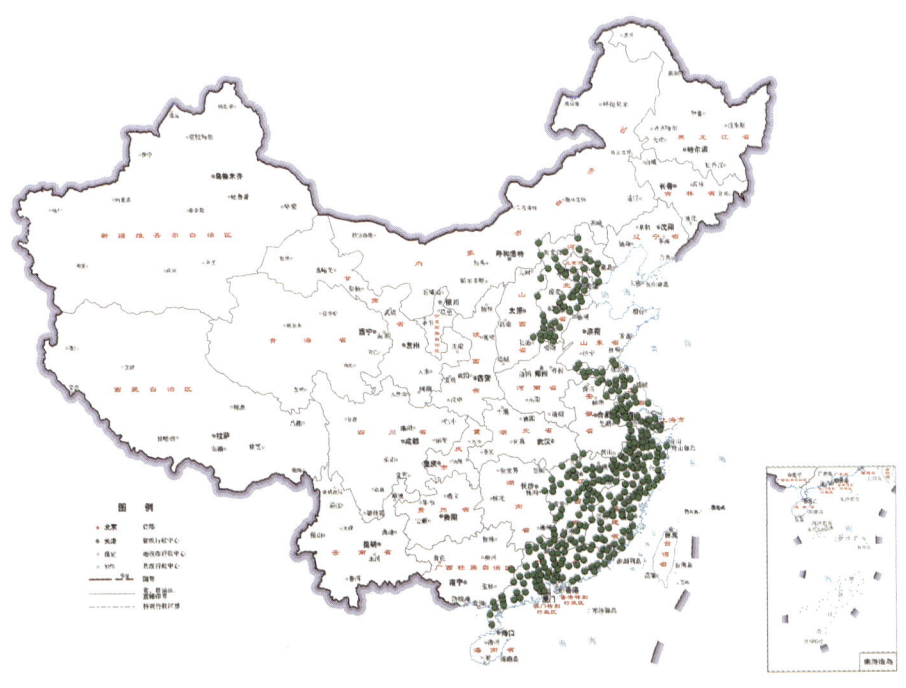

图7-5 300个区域加密网基准站分布示意

各省级行政区的平均基线即站间距如表7-12所列。

表7-12 各省份区域加密网站间距

省份组网统计	最短边/km	最长边/km	平均站距/km
北京	16	62	43
天津	12	58	38
上海	13	66	39
河北	25	78	67
江苏	25	78	62
浙江	22	73	58
福建	25	72	53
江西	27	72	57
广东	18	77	52

第二阶段(900个):900个区域加密网基准站将依据第一阶段建设情况,同时综合考虑统筹全国二级城市群覆盖、国道交通路网覆盖、多个行业组合互备的设计布局,在其余省市自治区陆续落实建设任务。

进一步补充区域加密网基准站在中东部地区及西部地区的建设与组网,实现华东(安徽)、华北(山东、山西)、中南(河南、湖北、湖南)、西南(重庆)重点业务地区的厘米级精准位置服务能力的站点覆盖;同时建立西南(广西、贵州、云南、四川)、西北(宁夏、甘肃、新疆、西藏、青海)、东北(内蒙古、辽宁、吉林、黑龙江)广泛地区的全境亚米级、重点城市厘米级的精准位置服务能力的站点覆盖。

4)基准站设计

(1)基准站设备环境总要求。

基准站分布在我国领土范围内,包括内陆与海岛,地域分布广,环境条件多样。根据我国地域特点,制定基准站设备环境要求。所有基准站设备必须满足相应环境使用条件(特殊情况需经评审)。

(2)观测墩设计。

观测墩设计必须保证它建成后能尽可能真实反映它所在地壳的变动;具有足够的强度以抵御自然外力(如地震等)的破坏;有足够的抵御自然环境变化(风化、锈蚀、温度变化等)造成的破坏能力;有足够的工作寿命;有利于减少周边环境及观测墩本身对北斗信号的干扰;施工便利和造价合理。

观测墩的设计类型包括基岩观测墩、土层观测墩、屋顶观测墩(钢标)、屋顶观测墩(水泥标)、侧墙标、爪标,分别如图7-6~图7-11所示。经论证,以上6种观测墩均满足系统对基准站的精度解算要求,各类墩型在基准站的应用见表7-13。观测墩应至少高出地面3m,一般不超过5m,屋顶观测墩应高出屋顶面0.8m以上。观测墩基座表面用黑色大理石装饰,在易于观察的侧面蚀刻基准站标志图。观测墩推荐采用统一制作的强制对中标志、水准标志和基准站标志。

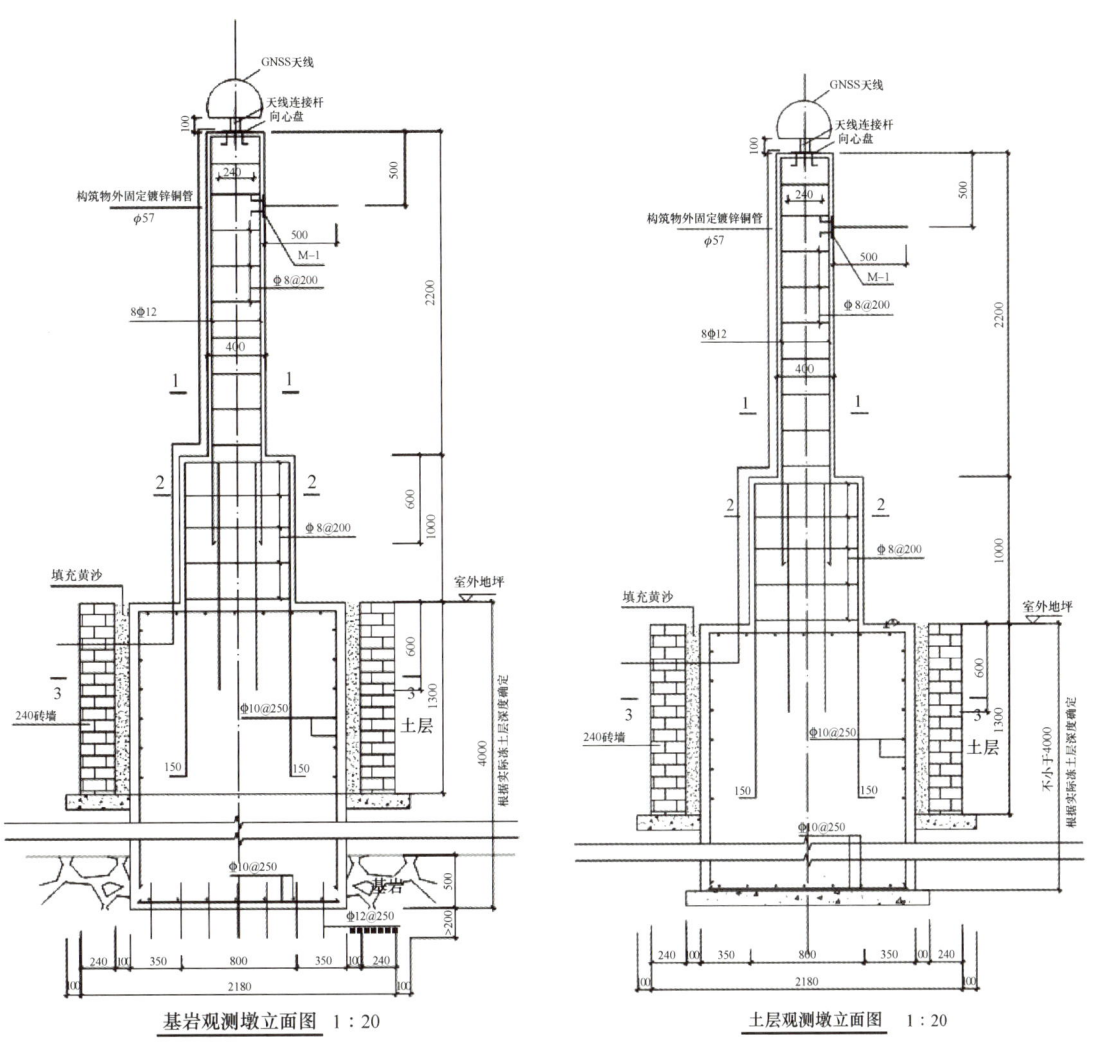

图 7-6 基岩观测墩　　　　图 7-7 土层观测墩

表 7-13　各类观测墩在基准站的应用

观测墩类型	框架网基准站	区域加密网基准站
基岩观测墩	●	
土层观测墩	●	
屋顶水泥墩	●	●
屋顶钢标墩	●	●
侧墙标		●
地面爪标		●

"●"表示该类型观测墩已应用

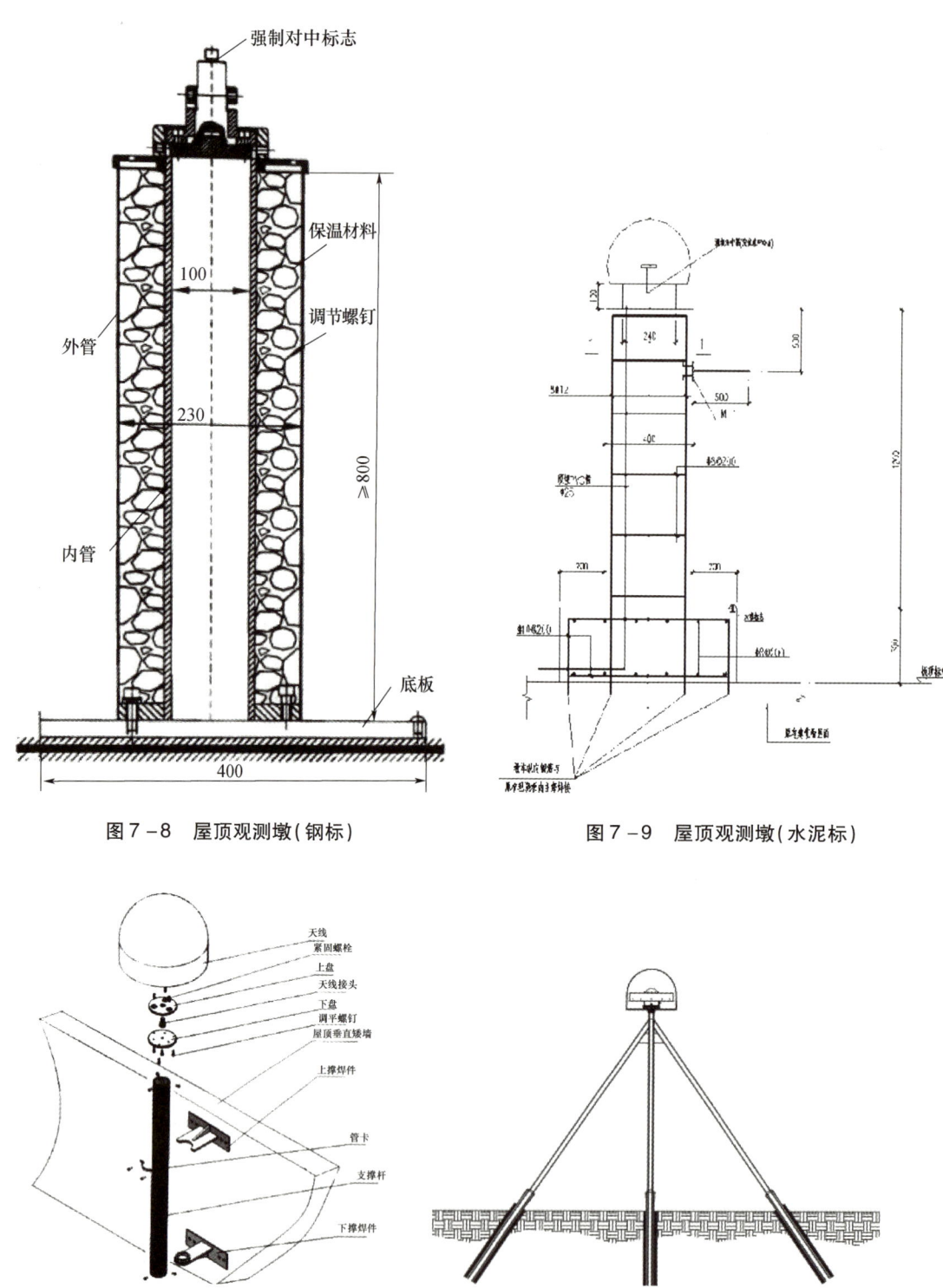

图7-8 屋顶观测墩（钢标）

图7-9 屋顶观测墩（水泥标）

图7-10 侧墙标

图7-11 爪标

建设单位根据总承制方制定的建设规程及场地条件状况，确定具体站点的观察墩类型并经总承制方评审确认后，依据《北斗地基增强系统基准站建设技术规范》进行建设。总承制方联合建设单位招标选择设计施工建设及监理单位，由总承制方或委托第三方验收。

观测墩详细设计要求见《北斗地基增强系统基准站建设技术规范》。

(3) 观测室设计。

框架网基准站利用已有的观测室放置室内仪器设备,可以有效节省建设成本。观测室应具有良好的保温条件,观测室内市电、数据线、射频线应进行防雷设计。

室外天线与接收机之间需要通过数据电缆线连接,数据电缆线过长会导致北斗信号衰减、接收数据质量变差,故机房离天线观测墩不宜太远,就目前而言,两者间最大距离以60m为宜,若两者之间距离超过60m,应加装低噪声信号放大器以保证信号的稳定性。

观测室详细设计要求见《北斗地基增强系统基准站建设技术规范》。

(4) 供电设计。

基准站采用智能型UPS不间断电源为站内各设备供电。

基准站负载功率组成如表7-14所列。

表7-14 负载功率组成

名称	功耗/W
机柜状态监控	100
路由器	150
北斗基准站接收机	10
气象仪	10
原子钟	50
总功耗	320

供电设备配置DC144V、50Ah(或相同容量)的电池组即可提供8h以上不间断供电能力。特殊站点(高原环境)电池容量按GB/T 3859.2—2013《半导体变流器通用要求和电网换相变流器 第1—2部分应用导则》中附录B降额,故容量配置时需相应增大。例如,海拔3000m时容量配置约需除以0.9。

供电系统各设备技术指标详见基准站设计方案。

(5) 防雷设计。

雷电防护主要指建筑物整体、站内外电子设备的雷电防护。

基准站根据需要加装电力线、通信线、射频线电涌防护设备和建筑物雷电防护设备;防雷设计依据GB 50057—2010《建筑物防雷设计规范》和GB/T 3482—2008《电子设备雷击试验方法》进行。

(6) 设备状态监控。

基准站运转方式设计为"无人值守、有人看管"。作为重要的数据采集系统,对基准站设备的安全监控显得尤为重要。为保证基准站系统安全,基准站应支持国家数据综合处理系统以远程方式对基准站设备进行设置、控制和检测。设置内容包括北斗基准站接收机参数、电源参数。控制内容包括接收机重启、接收机参数的修改。检测内容包括网络状态、接收机状态、一体化机柜状态、UPS电源状态。

7.4.2 通信网络系统

1. 系统组成

系统主要包括框架网基准站与国家数据综合处理系统、数据备份系统,以及国家数据综合处理系统与行业数据处理系统、北斗综合性能监测评估系统、位置服务运营平台等系统间通信网络及相关设备,其中位置服务运营平台、区域数据处理系统、海岛礁数据中心的通信链路不在项目研制建设范围,通信网络系统组成示意图如图7-12所示。

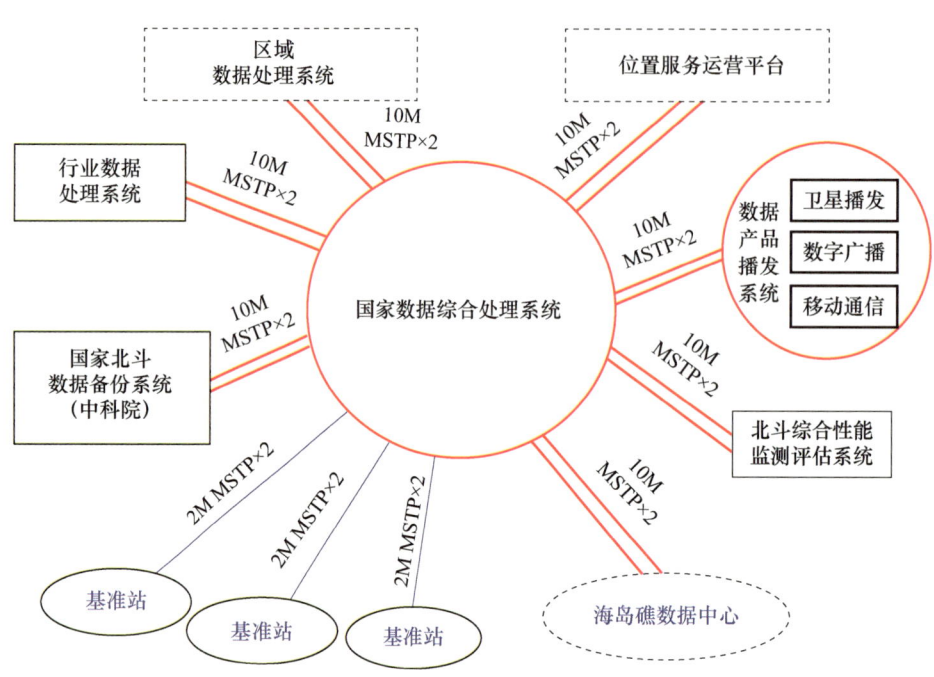

图7-12 通信网络系统组成示意图

2. 主要功能

通信网络系统第二阶段建设需实现以下的主要功能。

(1) 数据传输:能够从基准站到国家数据综合处理系统,国家数据综合处理系统到行业数据处理系统、服务运营平台、数据产品播发系统之间进行可控的互联。

(2) 网络配置与监控:能够对全网各类设备进行统一配置,制定全网统一的安全策略,能够全网统一监控线路、应用的使用状况。

(3) 数据安全保密:采用通信专网传输数据。

3. 技术指标

通信网络系统第二阶段建设需满足如下的指标要求。

(1) 网络带宽:≥2M(支持FE接口);

(2)基准站推送时延:≤20ms(未经压缩峰值速率不大于40Kbps);

(3)网络传输时延:<100ms($N×10ms$,其中N为跨经省份个数);

(4)网络传输总时延:<500ms;

(5)数据传输误码率:≤10^{-6};

(6)系统可用度:95%。

4. 接口关系

通信协议:TCP/IP。

5. 系统设计

1)网络拓扑设计

通信网络系统拓扑图如图7-13所示。

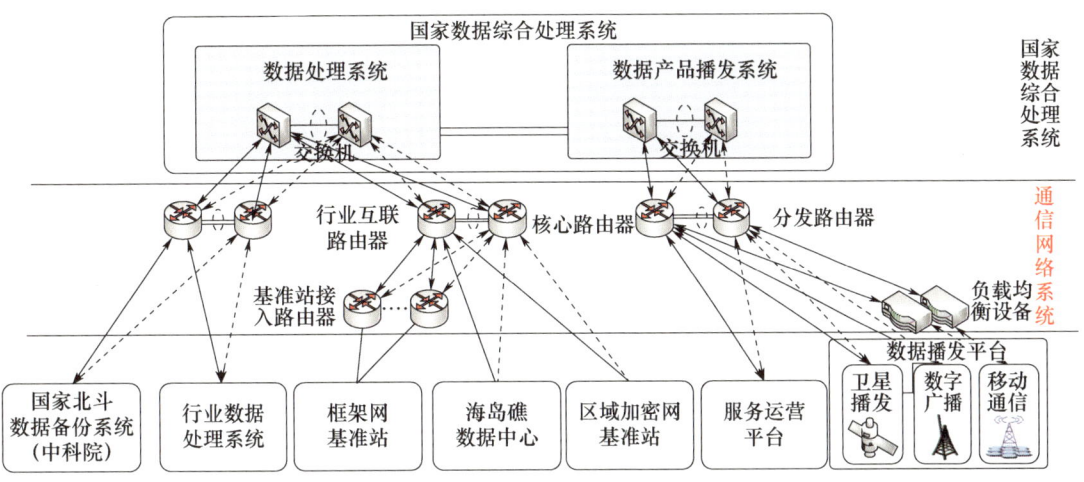

图7-13 通信网络系统拓扑图

通信网络系统包含框架网基准站与国家数据综合处理系统、区域数据处理系统,国家数据综合处理系统与数据备份系统(中科院)、北斗综合性能监测评估系统、位置服务运营平台以及移动通信、数字广播、卫星播发3种播发平台之间的通信链路,北斗地基增强系统通信网络按功能可分为三大部分:基准站接入区、行业平台区和数据播发区。

基准站接入区主要用于框架网基准站和区域加密网基准站的接入路由器通过专线与国家数据综合处理系统的核心路由器互联,上传基准站获得的实时数据;行业平台区主要用于数据备份系统(中科院)、北斗综合性能监测评估系统以及行业数据处理系统与国家数据综合处理系统的行业平台路由器互联,传输由基准站上传的原始数据;数据播发区用于(卫星播发、数字广播、移动通信)3种播发平台与分发路由互联,播发由数据综合处理系统处理后的数据。

其中,数据播发区移动通信直接与海量终端用户互联,因此,需在分发网核心路由器前端部署两台链路负载均衡,根据全球ISP IP地址库进行出、入站流量的智能调度,实现基于不同运营商、链路健康度、链路带宽大小等多要素的链路负载均衡,最终达成内、外网访问用户整体访问体验的提升以及多链路带宽资源的互为备份与合理利用。

国家数据综合处理系统作为网络中心节点，网络接入设备由三组高端路由器组成，每两台路由器为一组互为备份，通过两条不同运营商的专线下连框架网基准站、数据产品播发系统、行业数据处理系统、数据备份系统（中科院）等。

该通信网络具有以下3个特点：

（1）符合未来网络扩张的要求。分层的模块化设计使得网络规模扩张更加方便。增加节点的复杂度限制在整个网络的小范围内，当局部网络环境发生变化时不影响其他外部层次。

（2）可靠性高。两台核心路由器互为热备份，并且通过两家不同运营商的专线构建通信链路，可以保证在一条链路或一台核心路由器出现故障时，不会中断全局通信，保证网络具有较高的可靠性。

（3）路由效率高。两层星型网络拓扑结构便于路由协议设计，可以降低路由协议在网络链路上的控制开销，同时减少路由器的处理时间，从而提高了路由效率。

2）传输链路设计

目前运营商提供的专线主要是 SDH 及 MSTP 两种，传输上都是基于 SDH 的端到端的实际物理线路，对于 SDH 而言，只能提供 E1 接口，速率为 2M、8M、34M、45M、155M、622M，不利于扩容。

MSTP 依托运营商 SDH 传输网，除了具有标准 SDH 所具有的功能外，还具有以下主要功能特征：

（1）具有 TDM 业务、ATM 业务或以太网业务的接入功能；

（2）具有 TDM 业务、ATM 业务或以太网业务的传送功能，包括点到点的透明传输功能；

（3）具有 TDM 业务、ATM 业务或以太网业务的带宽统计复用功能；

（4）扩容非常便利，以 2M 为单位在 2～1000M 之间选择自身所需速率；

（5）线路带宽升级不需更换设备及接口，不中断现有业务。

为便于后续带宽扩展和设备接口简化，优先选用运营商的 MSTP 线路。针对运营商 MSTP 线路未覆盖的区域，通过 SDH E1 线路等方式接入。

为了保障业务可用和高可靠性，框架网基准站采用两条不同运营商的线路直连核心节点的两台核心路由器。同时，由于运营商对外运营的线路最小带宽为 2M，能够满足基准站到国家数据综合处理系统的峰值速率的技术指标。故基准站到国家数据综合处理系统的链路选择两条不同运营商的 2M 专线。

数据备份系统、网络节点中心接收框架网基准站的原始观测数据需要带宽 10M。为了保障业务可用和高可靠性，选用两条不同运营商的 10M 专线直连核心节点的两台行业平台接入路由器设备。网络节点中心可根据自身的需要申请调整带宽。数据产品播发系统选用两条不同运营商的 100M 互联网专线用于项目建设期间业务系统的测试，后期根据用户对移动通信播发系统访问需求动态调整网络带宽，并根据项目建设实际情况，开展数据播发平台到卫星播发和数字广播系统间的专线连接建设。

3）路由规划

国家数据综合处理系统中的数据处理核心交换机、数据播发核心交换机、核心路由器、行业平台路由器、分发路由器构成 OSPF 骨干区域（OSPF Area 0）。在业务层面上，设计为基准站原始数据只发送给国家数据综合处理系统的服务器，而不直接发送分发平台。因此，为满足业务需求，同时保障数据的安全性,在核心交换机上配置路由过滤策略。在核心交换机与行业平台路由器、数据分发交换机互联的端口配置 ACL 策略,过滤掉由核心路由器学习到的基准站路由信息。最终,分发平台路由器就学习不到基准站的路由信息,避免了基准站原始观测数据的泄露。

其他各功能区域(国家北斗数据备份中心,北斗综合性能监测评估系统中心,六部委行业数据处理系统中心,数据产品播发系统中的卫星播发、数字广播、移动通信、位置网接入平台,区域数据处理系统)都分别划分到一个 OSPF 非骨干区域(为减少 LSA 的通告数量,可以将部分区域设置成 TSA 区域)。这种 OSPF 区域划分的方式可减少核心区域的路由数量,并可通过路由很好地控制各区域间的流量路径。

通常一个 OSPF 非骨干区域的路由器总数控制 50 台以内。全国框架网基准站数量比较庞大,针对框架网基准站按照所属部委把框架网基准站接入路由器分成 6 个 OSPF 非骨干区域(每个部委的基准站放在一个区域内),区域数据处理系统按省进行划分,共分成 34 个 OSPF 非骨干区域。

北斗地基增强系统分两个阶段进行研制建设,第一阶段国家数据综合处理系统尚有部分关键技术难点有待验证,技术方案也需不断调整和优化,尤其是对广域差分处理软件的选型及实验调试,因此,备份系统第一阶段只研制建设数据备份功能,待第二阶段国家数据综合处理系统成熟后,再考虑双活备份功能研制建设。

同时,考虑到国家数据综合处理中心已通过两家不同运营商专线双路由直连框架网基准站,网络核心节点由两台数据中心级路由器互为备份,提高了网络通信链路的可靠性。框架网基准站原始观测数据直接发到数据备份系统进行数据备份,相当于框架网基准站直接接入数据备份系统,能够满足北斗地基增强系统对原始观测数据的备份需求。

4) IP 地址规划

IP 地址的合理规划是网络设计中的重要一环,大型计算机网络 IP 地址规划的好坏,影响到网络路由协议算法的效率、性能、扩展、管理,也必将直接影响到网络应用的进一步发展。

IP 地址的合理分配是保证网络顺利运行和网络资源有效利用的关键。对于 IP 地址的分配,充分考虑到地址空间的合理使用,保证实现最佳的网络地址分配及业务流量的均匀分布。

IP 地址规划的原则如下:

① IP 地址的规划与划分能够满足北斗地基增强系统未来发展的需要,既要满足本期工程对 IP 地址的需求,同时也要充分考虑未来业务发展,预留相应的地址段;

② 采用无类别域间路由(CIDR)技术,这样可以减小路由器路由表的大小,加快路由器路由的收敛速度,也可以减小网络中广播的路由信息的大小;

③ IP 地址的分配必须采用可变长子网掩码(VLSM)技术,保证 IP 地址的利用效率;

④ 地址分配是由业务驱动,按照业务量的大小分配各地的地址段;

⑤ IP 地址分配要尽量给每个基准站分配连续的 IP 地址空间;在每个基准站中,相同的业务和功能尽量分配连续的 IP 地址空间,有利于路由聚合以及安全控制;

⑥ 框架网基准站 IP 地址分配与地区的区号相关联,从 IP 地址的中间两字节就能简单看出其网络及主机所属的地区。

(1) 通信网络互联 IP 地址规划方案。

通信网络互联地址示意如图 7-14 所示,国家数据综合处理系统包含两个核心路由器,通过核心路由器与175个框架网基准站、数据备份系统以及网络节点中心相连。

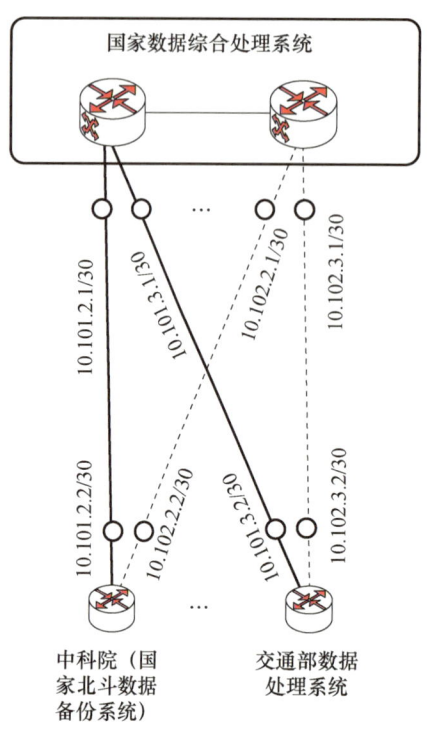

图7-14 通信网络互联地址示意图

具体来说，IP地址形式为"10.101.XX.XX"代表核心路由器1链路，"10.102.XX.XX"代表核心路由器2链路。对于国家数据综合处理系统、国家北斗数据备份系统、六部委行业数据处理系统、区域数据处理系统、北斗综合性能监测评估系统、服务运营平台、数据播发平台等，分配IP"10.101(102).X.1/24"。其中，"10.101(102).X.1/30"作为核心路由器本端互联地址，"10.101(102).X.2/30"作为核心路由器对端互联地址，"10.101(102).X.5~10.101(102).X.254"作为NAT转换地址，"X"的取值根据不同系统依序排列。

对于框架网基准站，以核心路由器1链路为例，前64个大陆站点分配IP"10.101.5X.1/30"（X为1代表电信、2代表联通、3代表移动，下同）至"10.101.5X.254/30"作为核心路由器本端互联地址、分配IP"10.101.5X.2/30"至"10.101.5X.198/30"作为核心路由器对端互联地址；第65~128个大陆站点分配IP"10.101.(5X+3).1/30"至"10.101.(5X+3).254/30"作为核心路由器本端互联地址、分配IP"10.101.(5X+3).2/30"至"10.101.(5X+3).254/30"作为核心路由器对端互联地址；第129~155个大陆站点分配IP"10.101.(5X+6).1/30"至"10.101.(5X+6).85/30"作为核心路由器本端互联地址，分配IP"10.101.(5X+6).2/30"至"10.101.(5X+6).106/30"作为核心路由器对端互联地址；海岛礁数据中心分配IP"10.101.60.1/30"作为核心路由器本端互联地址，分配IP"10.101.60.2/30"作为核心路由器对端互联地址。

（2）基准站IP地址规划。

基准站IP地址分配方案如图7-15所示。

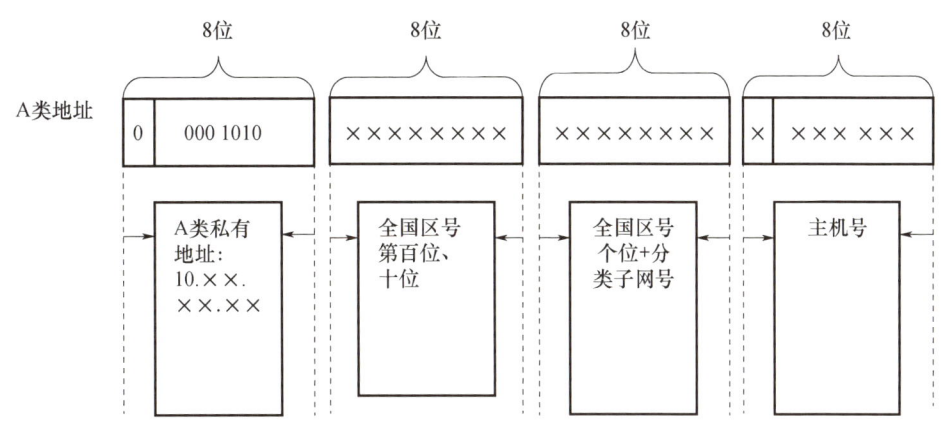

图 7-15 IP 地址分配方案图

① A 类地址段:IP 地址第一个 8 位二进制数。第 1 位二进制数值 0 表示 A 类地址,后 7 位二进制数为十进制数值 10 表示 A 类私有地址,北斗地基增强系统以十进制 10 为主要网络号。

② 全国区号段:IP 地址第二个 8 位二进制数。

表示全国区号的百位、十位,按以下方案规划:

a. 全国区号中如果是 4 位数字的取后 3 位,第 1 位全部为十进制数 0,可省略表示;全国区号中如果是 3 位数字则取 3 位。

b. 区号百位、十位:IP 地址第二个 8 位二进制数能表示的区号十进制数值为 00~99,分别截取此数值的十位当区号的百位,截取此数值的个位当区号的十位。

c. 个位:IP 地址第三个 8 位二进制数能表示的十进制数值为 00~99,截取此数值的十位当区号的个位(范围只能是 0~9)。

③ 分类子网号段:IP 地址第三个 8 位二进制数。

IP 地址第三个 8 位二进制数能表示的十进制数值为 00~99,截取此数值的个位当行业分类子网号段(范围只能是 0~9),因此共有 10 段地址可用。基准站子网段规划如表 7-15 所列。

表 7-15 基准站子网段规划表

序号	IP 地址规划		基准站名称	框架基准站所属单位
	前 3 字节(十进制)	第 4 字节(二进制)		
1	10.×.×.X0.	0000 ××××	交通基准站 1	交通
	…	…	…	
	10.×.×.×0.	1111 ××××	交通基准站 16	
2	10.×.×.×1.	0000 ××××	测绘基准站 1	测绘
	…	…	…	
	10.×.×.×1.	1111 ××××	测绘基准站 16	

续表

序号	IP 地址规划		基准站名称	框架基准站所属单位
	前3字节(十进制)	第4字节(二进制)		
3	10.××.×2.	0000 ××××	气象基准站1	气象
	…	…	…	
	10.××.×2.	1111 ××××	气象基准站16	
4	10.××.×3.	0000 ××××	地震基准站1	地震
	…	…	…	
	10.××.×3.	1111 ××××	地震基准站16	
5	10.××.×4.	0000 ××××	中科院基准站1	中科院
	…	…	…	
	10.××.×4.	1111 ××××	中科院基准站16	
6	10.××.×5.	0000 ××××	教育基准站1	教育
	…	…	…	
	10.××.×5.	1111 ××××	教育基准站16	
7	10.××.×6.～10.××.×9.	…	××基准站1～××基准站64	预留

5)网络管理

为了提高北斗地基增强系统通信网络的可用性,改进网络性能,减少和控制网络费用以及增强网络安全等,需要在核心节点部署一套高效、智能化的网络管理软件,主要从以下几个方面管理。

(1)性能管理:

① 网络响应时间超出设定阈值100ms,自动告警;

② 网络带宽使用率超出设定阈值75%,自动告警;

③ 设备CPU使用率超出设定阈值70%,自动告警;

④ 设备内存使用率超出设定阈值70%,自动告警。

(2)故障管理:

① 线路连通性,线路中断,立即自动切换线路并告警;

② 设备电源运行状态,电源故障,立即告警;

③ 设备风扇运行状态,风扇故障,立即告警。

(3)配置管理:

① 对外使用OSPF协议发布路由信息;

② 将日志信息发送至网络管理服务器;

③ 定期(每周)自动备份设备配置;

④ 只允许核心节点许可的路由设备进入网络,否则自动断网;

⑤ 绘制网络结构、地域网络拓扑图。

（4）资源管理：

① 通过网络管理软件统一管理通信网络内设备资产；

② 自动更新设备资产变化并产生变更日志。

（5）安全管理：

① 本地用户通过 Console 方式管理；

② 远程用户采用加密方式管理；

③ 只有核心路由和网络管理软件可进行远程管理；

④ 设备密码设置不小于十位且满足复杂度要求；

⑤ 用户 8min 未操作自动退出。

7.4.3 国家数据综合处理系统

国家数据综合处理系统是北斗地基增强系统核心组成部分。该系统从地面基准站网络实时接收卫星原始观测数据，计算误差改正信息，生成广域米级、分米级、厘米级、后处理毫米级差分数据产品，通过数据产品播发系统向外发布。

1. 系统组成

国家数据综合处理系统主要由数据处理子系统、数据接收分发子系统、运维监控子系统、基础支撑平台、信息安全保护平台等组成，总体架构如图 7－16 所示。

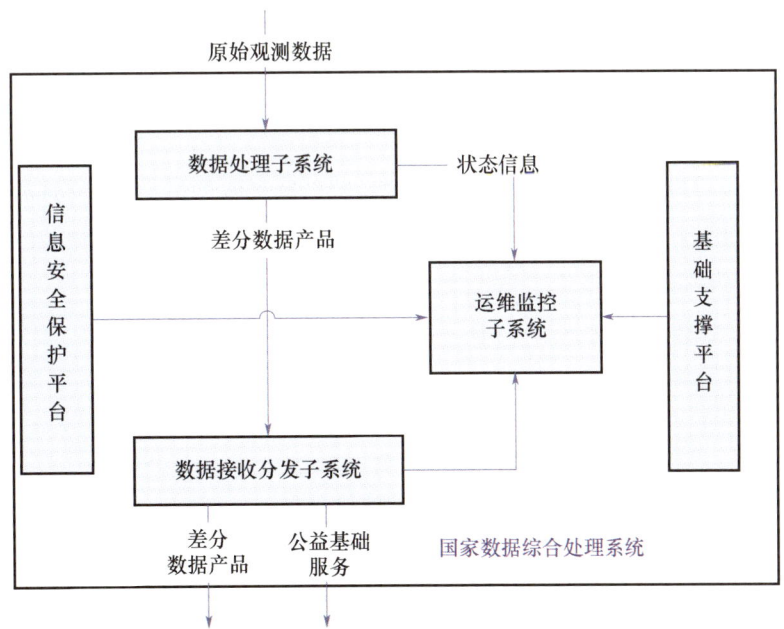

图 7－16　国家数据综合处理系统总体架构图

2. 主要功能

1）数据存储

（1）数据备份功能，定期将所有基准站观测数据、各类差分数据产品按照固定格式进行分类存储和本地备份。

（2）数据管理功能，能够对接收到的原始观测数据和各类差分数据产品进行分类存储与管理，能够对各系统运行状态信息（设备状态、故障告警）和系统服务性能信息进行存储管理。

2）数据处理

（1）基准站观测数据接收与预处理功能，接收并汇集所有基准站的原始观测数据，进行质量分析等预处理，为多站数据综合处理提供满足质量要求的数据输入。

（2）差分数据产品生成功能，对所有通过预处理的基准站原始观测数据进行多站数据综合处理，生成各类差分数据产品；处理基准站数量要具有可扩展性，以满足日后大量基准站数据处理的要求。

（3）差分数据产品质量自主监测与评估功能，能够对生成的各类差分数据产品进行实时精度评估，实现差分数据产品的质量控制。

3）数据接收分发

（1）数据接收功能，能够接收基准站采集的原始观测数据和数据处理系统产生的差分数据产品。

（2）数据实时转发功能，能够将接收到的原始观测数据通过专线向行业数据处理系统和区域数据处理系统进行实时转发。

（3）差分数据产品自动分发功能，能够向各类数据产品播发系统、服务运营平台、区域数据处理系统实时提供差分数据产品。

4）运维监控

（1）系统运维状态实时监测功能，能够对框架网基准站的运维状态进行实时连续监测，实现系统故障告警与定位；能够实时监测数据处理、数据分发、数据播发和通信网络系统的运维状态。

（2）系统服务性能实时监测与综合评估功能，能够对各类差分服务性能进行实时监测，开展服务精度、完好性、连续性、可用性等综合评估。

（3）系统运维信息管理功能，能够对各系统运维状态信息（设备状态、故障告警）和系统服务性能信息进行管理与展示。

3. 技术指标

1）数据存储

（1）基准站数量：不小于1500个基准站数据存储能力；

（2）数据存储容量：≥3PB；

（3）数据存储能力：≥15年。

2）数据处理

（1）北斗卫星轨道数据产品精度（B1/B3频点）：≤20cm（MEO/IGSO）；≤500cm（GEO）。

（2）北斗卫星钟差产品精度：≤0.5ns。

(3) 电离层数据产品解算精度:2~8 TECU(RMS)。

(4) 支持卫星导航系统:3个(BDS、GPS、GLONASS)。

(5) 卫星处理数量:具有处理不少于120颗的能力。

(6) 支持基准站数量:≥1500个。

(7) 可靠度:0.999。

3) 数据接收分发

(1) 基准站数量:不小于1500个基准站的数据分发服务能力;

(2) 数据转发时延:<0.2s;

(3) 用户数据交换服务接口:≥100个。

4) 运维监控

(1) 基准站监控数量:155个框架网基准站,1200个区域网基准站;

(2) 数据产品播发系统监控项数量≥10个;

(3) 运行状态监视周期:1~60s(可选);

(4) 北斗地基增强系统故障告警时间:6s(暂定)。

4. 接口关系

接口关系可分为输入接口和输出接口,按输入和输出的关系具体描述如表7-16所列。

(1) 国家数据综合处理系统的输入:

① 框架网基准站发送的原始观测数据、监测数据、工作状态、控制指令回执等;

② 观监站发送的监测数据;

③ 区域数据处理系统发送的原始观测数据;

④ 行业数据处理系统发送的原始观测数据;

⑤ 数据播发平台发送的设备及业务运行状态。

(2) 国家数据综合处理系统的输出:

① 向数据产品播发系统发送各类差分数据产品;

② 向行业数据处理系统发布原始观测数据、差分数据产品。

表7-16 国家数据综合处理系统的接口关系表

序号	发送端	接收端	信息内容	数据格式
1	框架网基准站	国家数据综合处理系统	原始观测数据、监测数据、基准站工作状态、基准站控制指令回执等	参考《北斗地基增强系统基准站数据格式规范》
2	观监站	国家数据综合处理系统	监测数据	参考《北斗地基增强系统基准站数据格式规范》
3	区域数据处理系统	国家数据综合处理系统	原始观测数据	参考《北斗地基增强系统基准站数据格式规范》

续表

序号	发送端	接收端	信息内容	数据格式
4	行业数据处理系统	国家数据综合处理系统	原始观测数据	参考《北斗地基增强系统基准站数据格式规范》
5	数据产品播发系统	国家数据综合处理系统	设备及业务运行状态	参考《北斗地基增强系统基准站数据格式规范》
6	国家数据综合处理系统	数据产品播发系统	差分数据产品	《北斗地基增强系统差分数据产品分发与交换接口规范》《北斗地基增强系统移动通信播发接口规范》
7	国家数据综合处理系统	行业数据处理系统	原始观测数据、差分数据产品	《北斗地基增强系统差分数据产品分发与交换接口规范》

1）内部接口

国家数据综合处理系统采用 TCP、NTRIP、FTP 等传输协议进行内外部数据传输。系统中主要接口如图 7-17 所示。

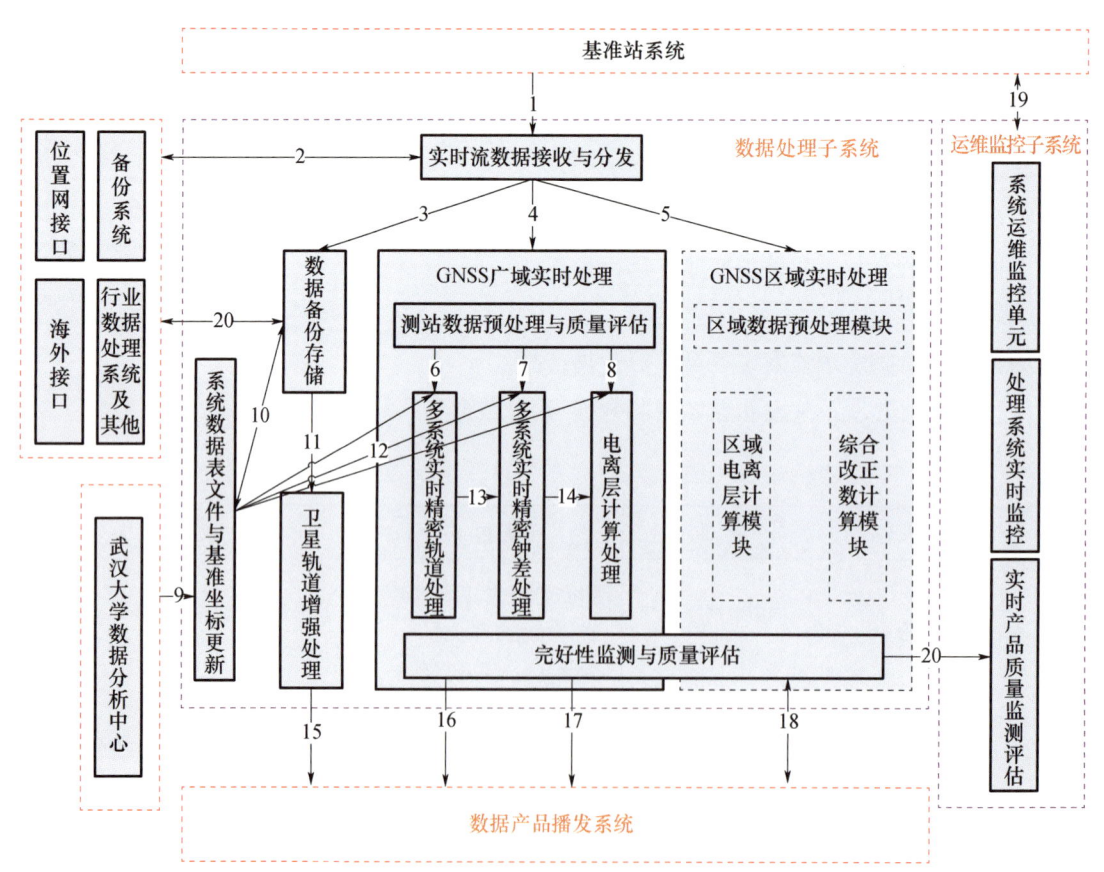

图 7-17　数据综合处理系统接口关系

内部接口3、4、5内容格式设计如表7-17所列。

表7-17 接口3、4、5：数据分发系统与广域算法、区域算法和存储系统之间的接口

接口	数据形式	发送端	接收端	数据内容	格式基准	传输协议
3	实时流	实时流数据接收与分发	数据备份存储	基准站原始观测数据卫星星历	RTCM3.2	Ntrip2.0，接收端为Ntrip Client
4	实时流	实时流数据接收与分发	广域测站数据预处理与质量评估	基准站原始观测数据卫星星历	RTCM3.2	Ntrip2.0，接收端为Ntrip Client
5	实时流	实时流数据接收与分发	区域数据预处理模块	基准站原始观测数据卫星星历	RTCM3.2	Ntrip2.0，接收端为Ntrip Client

接口3、4、5数据内容如表7-18所列。

表7-18 接口3、4、5数据内容

序号	电文类型	电文名称	字节数	备注事项
1	1004	扩展的 GPS B1&B2 RTK 观测值	$7.625 + 16.25 \times N_s$	$N_s = 24$
2	1019	GPS 星历电文	61	—
3	1013	扩展的 GLONASS B1&B2 RTK 观测值	$7.625 + 16.25 \times N_s$	$N_s = 24$
4	1020	GLONASS 星历电文	45	—
5	1234	扩展的 BDS B1&B2&B3 观测值	$8.00 + 22.375 \times N_s$	$N_s = 14$
6	1246	BDS 星历电文	66.75	—

内部接口6、7、8内容格式设计如表7-19所列。

表7-19 接口6、7、8：广域数据预处理与质量评估模块与轨道、钟差、电离层计算程序间的接口

接口	数据形式	发送端	接收端	数据内容	格式基准	传输协议
6	实时流	广域测站数据预处理与质量评估	多系统实时精密轨道处理	基准站原始观测数据、卫星星历	RTCM3.2	TCP，接收端为TCP Client
7	实时流	广域测站数据预处理与质量评估	多系统实时精密钟差处理	基准站原始观测数据	RTCM3.2	TCP，接收端为TCP Client
8	实时流	广域测站数据预处理与质量评估	电离层计算处理	基准站原始观测数据	RTCM3.2	TCP，接收端为TCP Client

接口6、7、8数据内容如表7-20所列。

表7-20 接口6、7、8数据内容

序号	电文类型	电文名称	字节数	备注事项
1	1004	扩展的 GPS B1&B2 RTK 观测值	$7.625 + 16.25 \times N_s$	$N_s = 24$
2	1019	GPS 星历电文	61	—
3	1012	扩展的 GLONASS B1&B2 RTK 观测值	$7.625 + 16.25 \times N_s$	$N_s = 24$
4	1020	GLONASS 星历电文	45	—
5	1234	扩展的 BDS B1&B2&B3 观测值	$8.00 + 22.375 \times N_s$	$N_s = 14$
6	1246	BDS 星历电文	66.75	—

内部接口10内容格式设计如表7-21所列。

表7-21 接口10：数据存储备份系统与基准站坐标更新程序间的接口

接口	数据形式	发送端	接收端	数据内容	格式基准	传输协议
10	文件	系统数据表文件与基准坐标更新	数据备份存储	导航卫星属性、地球自转参数、跳秒等表文件	—	FTP,接收端为 FTP Client
10	文件	数据备份存储	系统数据表文件与基准坐标更新	基准站原始观测数据、卫星星历	Rinex 3.1	FTP,接收端为 FTP Client

接口10数据内容如表7-22所列。

表7-22 接口10数据内容

序号	文件类型	文件名称	备注事项
1	Erp.z	大地自转参数	—
2	Brdc*.14c	北斗广播星历	—
3	Brdc*.14n	GPS 广播星历	—
4	COPG*.14I.Z	电离层参数	—
5	Cod*.snx.z	基准站坐标	—
6	*b.14.z		—
7	Igr*.sp3.z	GPS 精密星历	—
8	Igr*.clk.z	GPS 精密钟差	—
9	*.15o	原始观测数据	—
10	*.15c	北斗广播星历	—
11	*.15n	GPS 广播星历	—
12	*.15g	GLONASS 广播星历	—

内部接口 11 内容格式设计如表 7-23 所列。

表 7-23 接口 11：数据备份存储系统与卫星轨道增强处理程序间的接口

接口	数据形式	发送端	接收端	数据内容	格式基准	传输协议
11	文件	数据备份存储	卫星轨道增强处理	卫星星历	—	FTP,接收端为 FTP Client

接口 11 数据内容如表 7-24 所列。

表 7-24 接口 11 数据内容

序号	文件类型	文件名称	备注事项
1	*.15c	北斗广播星历	—
2	*.15n	GPS 广播星历	—
3	*.15g	GLONASS 广播星历	—

内部接口 12 内容格式设计如表 7-25 所列。

表 7-25 接口 12：基准站坐标更新程序与轨道、钟差、电离层计算程序间的接口

接口	数据形式	发送端	接收端	数据内容	格式基准	传输协议
12	文件	系统数据表文件与基准坐标更新	电离层计算处理	导航卫星属性、地球自转参数、跳秒等表文件	—	FTP,接收端为 FTP Client
12	文件	系统数据表文件与基准坐标更新	多系统实时精密轨道处理	导航卫星属性、地球自转参数、跳秒等表文件	—	FTP,接收端为 FTP Client
12	文件	系统数据表文件与基准坐标更新	多系统实时精密钟差处理	导航卫星属性、地球自转参数、跳秒等表文件	—	FTP,接收端为 FTP Client

接口 12 数据内容如表 7-26 所列。

表 7-26 接口 12 数据内容

序号	文件类型	文件名称	备注事项
1	Erp.z	大地自转参数	—
2	Brdc*.14c	北斗广播星历	—
3	Brdc*.14n	GPS 广播星历	—

续表

序号	文件类型	文件名称	备注事项
4	COPG*.14I.Z	电离层参数	—
5	Cod*.snx.z	基准站坐标	—
6	*b.14.z	—	—
7	Igr*.sp3.z	GPS 精密星历	—
8	Igr*.clk.z	GPS 精密钟差	—
9	*.15o	原始观测数据	—
10	*.15c	北斗广播星历	—
11	*.15n	GPS 广播星历	—
12	*.15g	GLONASS 广播星历	—

内部接口 13 内容格式设计如表 7-27 所列。

表 7-27　接口 13：轨道计算程序与钟差计算程序间的接口

接口	数据形式	发送端	接收端	数据内容	格式基准	传输协议
13	文件	多系统实时精密轨道处理	多系统实时精密钟差处理	卫星精密星历	—	FTP

接口 13 数据内容如表 7-28 所列。

表 7-28　接口 13 数据内容

序号	文件类型	文件名称	备注事项
1	*.sp3	北斗精密星历	—
2	*.sp3	GPS 精密星历	—
3	*.sp3	GLONASS 精密星历	—

内部接口 14 内容格式设计如表 7-29 所列。

表 7-29　接口 14：钟差计算程序与电离层计算程序间的接口

接口	数据形式	发送端	接收端	数据内容	格式基准	传输协议
14	实时流	多系统实时精密钟差处理	电离层计算处理	实时轨道、钟差改正产品	RTCM3.2	TCP，接收端为 TCP Client
14	实时流	多系统实时精密钟差处理	完好性监测与质量评估	实时轨道、钟差改正产品	RTCM3.2	TCP，接收端为 TCP Client

接口 14 数据内容如表 7-30 所列。

表 7-30　接口 14 数据内容

序号	电文类型	电文名称	字节数	备注事项
1	1157	北斗轨道改正	$8.4 + 16.875 \times N_s$	$N_s = 14$
2	1158	北斗钟差改正	$8.375 + 9.5 \times N_s$	$N_s = 14$
3	1159	北斗码偏差	$8.375 + 1.375 \times N_s + 2.375 \Sigma N_{CB}$	$N_s = 14$, N_{CB} = 码偏序号
4	1160	北斗轨道/钟差组合改正	$8.5 + 25.625 \times N_s$	$N_s = 14$
5	1162	北斗高速率钟差改正	$8.375 + 3.5 \times N_s$	$N_s = 14$

2）外部接口

外部接口 1 内容格式设计如表 7-31 所列。

表 7-31　接口 1:基准站与数据分发软件间的接口

接口	数据形式	发送端	接收端	数据内容	格式基准	传输协议
1	单向实时流	基准站网络	实时流数据接收与分发	基准站原始观测数据、卫星星历	RTCM3.2	Ntrip1.0,接收端为 Ntrip Caster

接口 1 数据内容如表 7-32 所列。

表 7-32　接口 1 数据内容

序号	电文类型	电文名称	字节数	备注事项
1	1004	扩展的 GPS B1&B2 RTK 观测值	$7.625 + 16.25 \times N_s$	$N_s = 24$
2	1019	GPS 星历电文	61	—
3	1012	扩展的 GLONASS B1&B2 RTK 观测值	$7.625 + 16.25 \times N_s$	$N_s = 24$
4	1020	GLONASS 星历电文	45	—
5	1234	扩展的 BDS B1&B2&B3 观测值	$8.00 + 22.375 \times N_s$	$N_s = 14$
6	1246	BDS 星历电文	66.75	—
7	1033	天线与接收机说明	$9 + M + N + I + J + K$	N = 天线描述的字节数；M = 天线序列号的字节数；I = 接收机描述的字节数；J = 固件描述的字节数；K = 接收机序列号的字节数

外部接口 2 内容格式设计如表 7-33 所列。

表7-33 接口2:数据分发软件与分系统间的接口

接口	数据形式	发送端	对接端	数据内容	格式基准	传输协议
2	单向实时流	实时流数据接收与分发	备份中心经审批的行业分中心及其他机构	基准站原始观测数据、卫星星历	RTCM3.2	Ntrip2.0,接收端为Ntrip Client
2	单向实时流	备份中心经审批的行业分中心及其他机构	实时流数据接收与分发	基准站原始观测数据、卫星星历	RTCM3.2	Ntrip2.0,接收端为Ntrip Client

接口2数据内容如表7-34所列。

表7-34 接口2数据内容

序号	电文类型	电文名称	字节数	备注事项
1	1004	扩展的 GPS B1&B2 RTK 观测值	$7.625 + 16.25 \times N_s$	$N_s = 24$
2	1019	GPS 星历电文	61	—
3	1012	扩展的 GLONASS B1&B2 RTK 观测值	$7.625 + 16.25 \times N_s$	$N_s = 24$
4	1020	GLONASS 星历电文	45	—
5	1234	扩展的 BDS B1&B2&B3 观测值	$8.00 + 22.375 \times N_s$	$N_s = 14$
6	1246	BDS 星历电文	66.75	—

外部接口9内容格式设计如表7-35所列。

表7-35 接口9:分析中心与基准站坐标更新程序间的接口

接口	数据形式	发送端	接收端	数据内容	格式基准	传输协议
9	文件	武汉大学数据分析中心	系统数据表文件与基准坐标更新	导航卫星属性、地球自转参数、跳秒等表文件	—	FTP,接收端为FTP Client

接口9数据内容如表7-36所列。

表7-36 接口9数据内容

序号	文件类型	文件名称	备注事项
1	Erp.z	大地自转参数	—
2	Brdc*.14c	北斗广播星历	—
3	Brdc*.14n	GPS 广播星历	

续表

序号	文件类型	文件名称	备注事项
4	COPG*.14I.Z	电离层参数	—
5	Cod*.snx.z	基准站坐标	—
6	*b.14.z	—	—
7	Igr*.sp3.z	GPS 精密星历	—
8	Igr*.clk.z	GPS 精密钟差	—

外部接口 15 内容格式如表 7-37 所列。

表 7-37 接口 15：卫星轨道增强程序与播发平台间的接口

接口	数据形式	发送端	接收端	数据内容	格式基准	传输协议
15	实时流	卫星轨道增强处理	数据产品播发系统	卫星星历数据	自定格式	TCP，接收端为 TCP Client

外部接口 16 内容格式如表 7-38 所列。

表 7-38 接口 16：完好性检测评估系统与播发平台间的接口

接口	数据形式	发送端	接收端	数据内容	格式基准	传输协议
16	实时流	完好性监测与质量评估	数据产品播发系统	实时轨道、钟差改正产品	RTCM3.2	TCP，接收端为 TCP Client

接口 16 数据内容如表 7-39 所列。

表 7-39 接口 16 数据内容

序号	电文类型	电文名称	字节数	备注事项
1	1157	BDS 轨道改正	$8.4 + 16.875 \times N_s$	$N_s = 14$
2	1158	BDS 钟差改正	$8.375 + 9.5 \times N_s$	$N_s = 14$
3	1159	BDS 码偏差	$8.375 + 1.375 \times N_s + 2.375 \Sigma N_{CB}$	$N_s = 14, N_{CB} =$ 码偏序号
4	1160	BDS 轨道/钟差组合改正	$8.5 + 25.625 \times N_s$	$N_s = 14$
5	1161	BDS 用户测距精度（URA）	$8.375 + 1.5 \times N_s$	$N_s = 14$
6	1162	BDS 高速率钟差改正	$8.375 + 3.5 \times N_s$	$N_s = 14$

外部接口 17 内容格式设计如表 7-40 所列。

表7-40 接口17:实时产品质量监测评估系统与播发平台间的接口

接口	数据形式	发送端	接收端	数据内容	格式基准	传输协议
17	实时流	完好性监测与质量评估	数据产品播发系统	电离层改正产品	RTCM3.2	TCP,接收端为TCP Client

接口17数据内容如表7-41所列。

表7-41 接口17数据内容

序号	电文类型	电文名称	字节数	备注事项
1	1227	BDS 电离层 VTEC 信息	$8.875 + 4.5 \times N_s$	$N_s = 14$
2	1228	GLONASS 电离层 VTEC 信息	$8.875 + 4.5 \times N_s$	$N_s = 24$
3	1229	GPS 电离层 VTEC 信息	$8.875 + 4.5 \times N_s$	$N_s = 24$

外部接口18内容格式设计如表7-42所列。

表7-42 接口18:区域实时处理系统与播发平台间的接口

接口	数据形式	发送端	接收端	数据内容	格式基准	传输协议
18	单向实时流	完好性监测与质量评估	数据产品播发系统	网络RTK改正产品	RTCM3.2	TCP,接收端为TCP Client

接口18数据内容如表7-43所列。

表7-43 接口18数据内容

序号	电文类型	电文名称	字节数	备注事项
1	1004	扩展的 GPS B1&B2 RTK 观测值	$7.625 + 16.25 \times N_s$	$N_s = 24$
2	1012	扩展的 GLONASS B1&B2 RTK 观测值	$7.625 + 16.25 \times N_s$	$N_s = 24$
3	1234	扩展的 BDS B1&B2&B3 观测值	$8.00 + 22.375 \times N_s$	$N_s = 14$

外部接口19内容格式设计如表7-44所列。

表7-44 接口19:基准站与监控系统间的接口

接口	数据形式	发送端	接收端	数据内容	格式基准	传输协议
19	实时流	运行监控子系统	基准站	控制命令	—	TCP,接收端为TCP Client
19	实时流	基准站	运行监控子系统	监控信息	—	TCP,接收端为TCP Client

外部接口 20 内容格式设计如表 7-45 所列。

表 7-45　接口 20：刷数据备份存储系统与分中心间的接口

接口	数据形式	发送端	接收端	数据内容	格式基准	传输协议
20	实时流	数据备份存储	备份中心经审批的行业分中心及其他机构	原始观测数据、卫星星历	—	FTP，接收端为 FTP Client

接口 20 数据内容如表 7-46 所列。

表 7-46　接口 20 数据内容

序号	文件类型	文件名称	备注事项
1	*.15c	北斗广播星历	—
2	*.15n	GPS 广播星历	—
3	*.15g	GLONASS 广播星历	—
4	*.15o	原始观测数据	—

外部接口 21 内容格式设计如表 7-47 所列。

表 7-47　接口 21：实时产品质量监视评估程序与监控系统间的接口

接口	数据形式	发送端	接收端	数据内容	格式基准	传输协议
21	文件	完好性监测与质量评估	运维监控子系统	产品质量监测结果	自定义格式	TCP，接收端为 FTP Client

由上分析，国家数据综合处理系统主要的外部接口如表 7-48 所列。

表 7-48　综合系统主要外部接口

接口	数据形式	发送端	接收端	数据内容	连接方式	信息密级
1	单向实时流	基准站网络	实时流数据接收与分发	基准站原始观测数据、卫星星历	专线	无
2	单向实时流	实时流数据接收与分发	备份中心经审批的行业分中心及其他机构	基准站原始观测数据、卫星星历	专线	无
2	单向实时流	备份中心经审批的行业分中心及其他机构	实时流数据接收与分发	基准站原始观测数据、卫星星历	专线	无

续表

接口	数据形式	发送端	接收端	数据内容	连接方式	信息密级
9	文件	武汉大学数据分析中心	系统数据表文件与基准坐标更新	导航卫星属性、地球自转参数、跳秒等表文件、海外站坐标	专线	无
15	单向实时流	卫星轨道增强处理	数据产品播发系统	卫星星历数据	流向控制	无
16	单向实时流	完好性监测与质量评估	数据产品播发系统	实时轨道、钟差改正产品	流向控制	无
17	单向实时流	完好性监测与质量评估	数据产品播发系统	电离层改正产品	流向控制	暂无结论
18	单向实时流	完好性监测与质量评估	数据产品播发系统	网络RTK改正产品	流向控制	无
19	实时流	运维监控子系统	基准站	控制命令	专线	无
19	实时流	基准站	运维监控子系统	监控信息	专线	无
20	文件	存储备份	备份中心经审批的行业分中心与其他机构	原始观测文件、卫星星历	专线	无

（1）原始数据类别。

原始数据类别主要包括导航卫星原始观测数据、导航电文、气象数据等。这些数据主要存储为文本文件。

其中导航卫星原始观测数据包括接收机到卫星的码观测量（伪距）载波相位观测量、多普勒频移观测参数还有反映信号质量的卫星失锁标志和信号强度等。

数据传输格式参考《北斗地基增强系统基准站数据格式规范》。

（2）差分数据产品类别。

数据处理子系统对原始观测数据进行分析和综合处理得到差分数据产品，其类别定义见表7－49。

表 7-49　差分数据产品类别定义表

序号	信息类别	文件格式	更新频度
1	星历产品	数据流	1h
2	卫星钟差产品	数据流	1s
3	电离层参数产品	数据流	30s
4	电离层格网产品	数据流	30min
5	对流层产品	数据流	—
6	区域误差综合改正产品	数据流	—

5. 系统设计

1）软件系统

软件系统研制的总体思路：一是在第一阶段软件的基础上，针对试运行过程存在的问题进行优化（打补丁），形成软件 1.0 版本，为北斗地基增强系统试运行服务提供支撑；二是按照"统一系统架构、统一标准规范、统一技术平台、统一设计要求、统一过程管控"的总体思路，依据软件工程方法与理论，同步开展核心软件工程化研制工作，形成软件 2.0 版本，最终替代 1.0 版本，为正式服务提供支撑。

软件系统由数据接收分发软件子系统、数据处理软件子系统、播发软件子系统、运维监控子系统、信息可视化子系统等 5 个子系统构成。软件系统设计方案详见软件工程化设计方案。

（1）数据接收分发软件子系统。

① 基准站管理软件。对基准站的建设情况、设备状态、工作状态、故障记录、维修保障等情况进行管理；对基准站出现的故障进行报警；对基准站的软件进行配置或升级；对基准站的环境进行管理；对基准站的参数进行计算和判断。

② 数据接收与存储软件。接收基准站采集的原始观测数据，并通过专线分发到其他相关系统，连接各个基准站的接收机，对二进制的观测数据进行实时解码、格式转换、数据转发。

形成标准格式的数据存储、管理；计算基准站接收机钟差、钟漂、各类 DOP 值、单点定位/速度等参数显示；基准站实时观测卫星状态显示（方位角、高度角、载噪比、数据传输时延等）；基准站接收机周跳探测、修复的预处理措施；多路径 MP 值及误差值、单站电离层误差的计算及图表显示；观测卫星的 URA、HEALTH、IODE 等状态显示。

③ 数据及产品分发/发布软件。接收数据处理软件子系统产生的差分数据产品，并发布到数据播发平台、服务运营平台等。数据分流负责将原始观测数据和差分数据产品进行对外发布，可提供 FTP 文件下载、TCP Server、WEB Server 等多种服务，具体如图 7-18 所示。

（2）数据处理软件子系统。

① 原始数据预处理与评估软件。对接收的原始观测数据进行"清洗"，形成可供后续计算使用的原始观测数据；对每个导航卫星的原始观测数据质量进行评估，剔除不可用于后续计算使用的导航卫星数据；进行相关数据统计，形成分析报告和结果展示，对数据不可用的导航卫星提出告警。

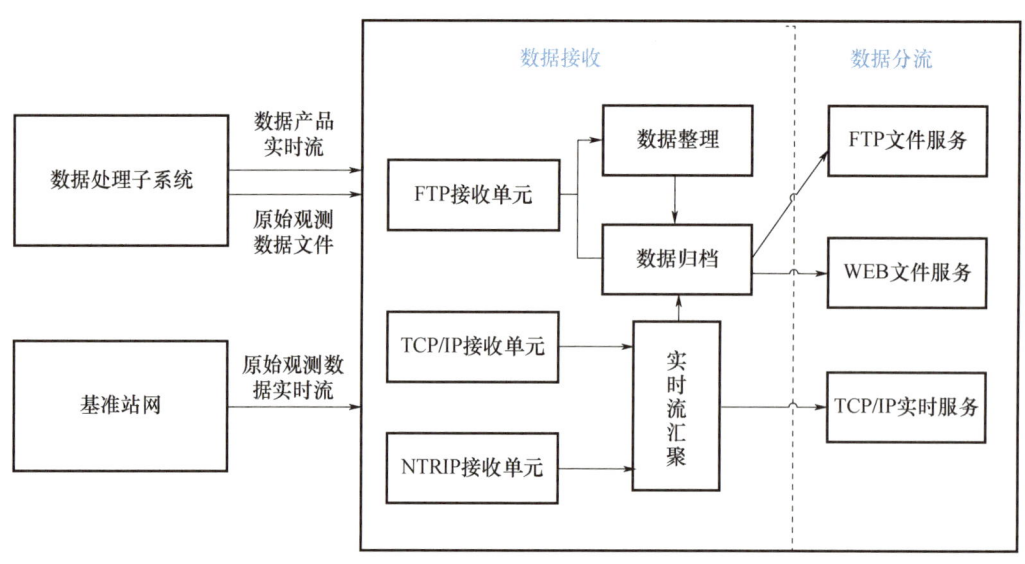

图7-18 数据接收与分流

② 广域实时精密定轨软件。多星系实时轨道处理采用非差无电离层组合观测值及其数学模型,处理获得健康卫星的实时三维位置信息。支持北斗二号、北斗三号,预留扩展至 GPS、GLONASS、Galileo 系统的接口。处理流程如图7-19所示。

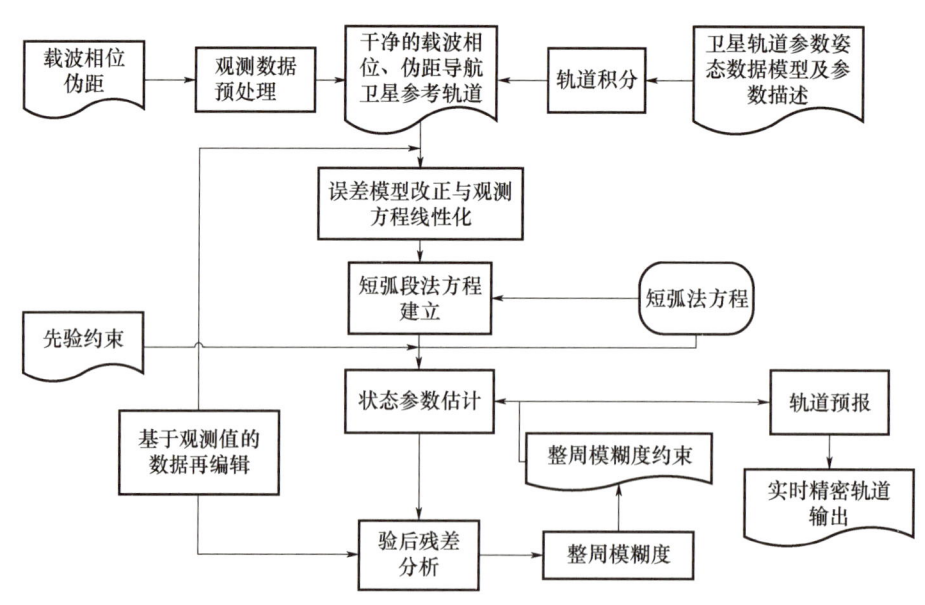

图7-19 多星系实时轨道处理流程

③ 广域实时钟差估计软件。实时钟差处理采用非差无电离层组合观测值及其数学模型,获得健康卫星的实时卫星钟差,与轨道处理采用两个独立的计算模块完成。支持北斗二号、北斗三号,预留扩展至 GPS、GLONASS、Galileo 系统的接口。实时卫星钟差处理采用实时滤波方式进行 1s 更新的处理,获取每个观测历元的卫星钟差,处理耗时小于1s。处理流程如图7-20所示。

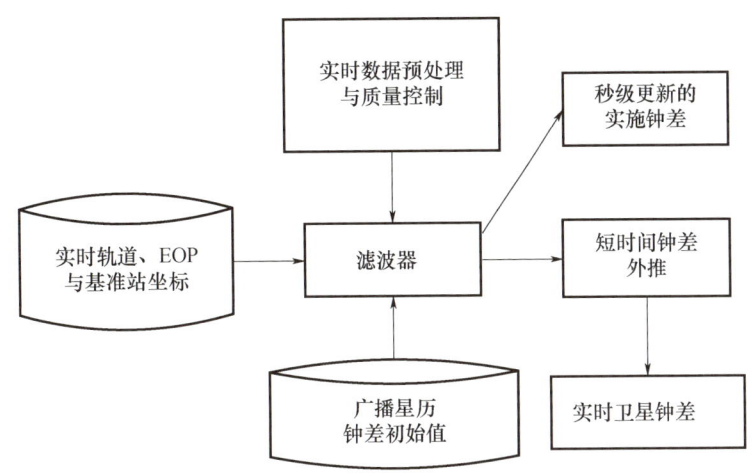

图 7-20 实时钟差处理流程

④ 广域实时电离层模型参数解算软件。采用双频/三频伪距/载波观测量;采用载波相位平滑伪距和非差无几何观测值建立数学模型;进行电离层延迟信息的提取;实现电离层延迟实时模型化。支持北斗二号、北斗三号,预留扩展至 GPS、GLONASS、Galileo 系统的接口。

⑤ 广域位置与数据产品服务软件。包括用户管理、用户数据分析、用户端广域实时单频伪距高精度定位、用户端广域实时单频载波高精度定位、用户端广域实时双频载波高精度定位。

⑥ 区域 RTK 处理软件。包括数据预处理、区域误差模型建立、产品质量完好性监测等几个部分。区域实时对 GNSS 数据同时进行处理,分别生成 GNSS 的区域厘米级网络 RTK 产品,根据用户的需要单独或者同时播发。

a. 卫星轨道。卫星轨道表示所有卫星的星历信息(精密星历和广播星历)。精密星历包括从网上下载当前最新的星历,然后拟合成软件需要格式的轨道数据。广播星历是从接收机中接收到的星历信息解码得到的各种轨道参数。

b. 连接各个基准站的接收机,对二进制的观测数据进行实时解码,格式转换,数据转发、形成标准格式的数据存储、管理。

c. 用户实时数据产品。实时数据产品管理(新建、编辑、查看、删除)。

⑦ 后处理毫米级解算软件。基准站数据预处理、高精度基线解算、网平差等;支持根据用户终端概率位置自动选定起算的基准站;支持自动下载并使用精密星历、钟差等数据。

⑧ 区域位置与数据产品服务软件。包括用户管理,用户数据分析,网络 RTK 高精度定位,后处理毫米级高精度定位。

(3) 播发软件子系统。

实现对播发用户的注册认证授权等功能;实现对播发用户的等级分类功能,优先保证高级别用户服务;实现实时可靠地接收国家数据综合处理系统输出的广域差分数据产品、区域差分数据产品、后处理数据产品功能;支持北斗卫星播发、其他卫星转发、移动通信和数字广播方式播发;实现实时监控各类差分数据产品功能;实现实时监控播发平台软件内部系统各种资源使用情况功能;实现主动(触发式)/被动(应答式)上报以上监控信息功能。

（4）运维监控子系统。

① 基准站运维监控。

基准站监控系统由接收机和接收天线监控系统、防火墙监控系统和一体化监控系统组成。主要负责基准站设备运行状态的实时监测与远程管理，确保其连续稳定运行，通过远程自动控制功能最大程度上提高系统自主运行与故障的快速恢复能力，确保基准站运行的高连续性和高可靠性。

a. 接收机和接收天线监控：对基准站接收机和卫星接收实时监控其业务运行状态，包括跟踪卫星数、数据采样和传输时延等内容；通过向基准站接收机发出监控指令，了解接收机和卫星接收天线的设备运行状态。

b. 防火墙监控：为了实现对北斗地基增强系统中的防火墙设备进行统一管理、策略集中配置、日志和流量及时分析，使用防火墙监控系统对北斗地基增强系统中的防火墙设备和 IPS 进行统一管理，实现对整个网络的安全监控和管理。

c. 一体化机柜监控：一体化机柜监控系统完成机柜内环境、设备运行信息的采集、管理、分析和告警，包括柜内微环境监控、UPS 配电系统监控、风扇控制系统监控。

d. 监测站监控：连续接收不到差分数据的时候，超过一定时间进行报警；在一定时间段内，接收不到差分数据产品的时间达到一定比例时进行报警；数据延迟报警，打时间戳传回服务器后与卫星时间对比，设定限制，超过限值报警；差分数据产品精度报警，当使用差分数据产品造成误差大的偏差的时候，进行报警。

② 基础支撑环境监控软件。

a. 通信网络监控：

通过对全网网络设备的运行状态、网络流量及用户访问量等信息的监视，实现整网信息链路的监控，以便实现网络安全防护和网络故障排除，保障系统服务稳定可靠。

b. 硬件环境监控：

基础支撑平台监控系统主要针对云平台、计算集群、计算服务器、虚拟机、网络、存储等运行状态进行监控。

主要有对于计算集群/服务器/虚拟机的 CPU 利用率、内存利用率、网络流入/流出、磁盘 I/O 进行告警；物理机的电源、风扇，交换机的流量，存储设备总容量、可用容量、剩余流量、挂载数据、告警统计进行监控。

告警管理在物理资源与虚拟资源出现故障时，及时通知管理员。系统设计时，考虑到部件故障时的系统自动处理，确保故障不影响系统正常运行和业务正常使用，降低了故障危害。系统支持对物理设备、虚拟化设备和虚拟机的故障检测，如服务器的 RAID、配件检测、交换机、存储设备的检测，虚拟机 HA、虚拟机快照、虚拟机迁移、存储迁移的故障检测。

故障检测后进行分级上报，分为紧急、重要、次要和提示 4 种告警级别，标识不同严重程度的告警。

告警的声光显示：云管理可通过不同的声音、颜色标识不同级别的告警，呈现给维护人员。管理员可发 E-mail 和短信通知告警功能：告警产生和恢复时，系统会自动给运维人员发 E-mail 和短信，及时告知。通过订阅重要的告警，实现在无人值守的环境下，仍能实时掌握全网节点的运行状态。

云管理平台的日志管理记录管理员的操作日志、系统的运行日志、业务和系统异常故障的黑匣子日志,日志不允许删除,便于后续审计。

③ 机房环境监控。

机房基础设施监控系统主要监控内容包括:低压配电设备、高压直流变频设备、高压直流配电设备、高压直流蓄电池组、柴油发电机、UPS 输入柜、UPS 不间断电源、UPS 输出柜、精密空调、温湿度监测、UPS 蓄电池等。实现连续稳定的全面集中监控和管理,及时发现动力设备隐患和故障,以及环境风险,保障机房基础设施的稳定运行。

机房基础设施监控系统主要功能包括实时监测机房动力设备、环境、安防和消防数据,实时监测设备、环境、安防和消防,提供年、月、日、时间段内运行记录和统计数据,系统软硬件设计采用模块化可扩充结构及标准化模块接口,便于系统适应不同规模和功能要求的监控系统。

④ 数据处理监控软件。

实时监控数据接收与分发子系统、数据处理子系统和数据播发子系统各软件运行状态的监控,提供统计分析报告。

⑤ 基准站环境监控评估软件。

对基准站定位域的参数进行计算和判断;通过基准站定位域的参数,对其物理环境、电磁环境进行监控评估。

⑥ 系统运维软件。

系统运维软件主要包括以下功能:

a. 客户支撑管理:涉及需求管理、工单管理、客户保障管理等方面,客户保障管理又可细分为客户响应管理、客户故障管理、SLA 管理 3 个层次。

b. 需求管理:对来自客户提出的需求的响应流程和办法的服务模块。

c. 工单管理:满足用户需求而发起的资源开通或变更实施过程,要是涉及对资源的管理,部分工单会涉及变更流程,同时故障处理将不会走工单流程,面向对象为内部员工。

d. 服务运营管理:按照服务提供流程可分为服务准备、服务开通管理、服务保障等方面,服务保障又可细分为服务问题管理、服务保障管理、应急保障管理 3 个层次。

e. 服务准备:指在需求获取、分析后,需求解决方案的筹划过程,评估服务所需资源、服务开通时间、风险识别与应对方案制定,以及团队组建、任务分解、项目计划。

f. 服务保障:可细分为服务问题管理、服务保障管理、应急保障管理等方面,服务问题管理又可分为产品技术问题、客户报障投诉和服务请求与咨询 3 类。

g. 应急保障管理:贯穿于业务系统的全生命周期中,通过风险防范、应急响应、应急保障以确保业务支撑系统能够满足业务发展战略对业务连续性要求的管理。

h. 资源运营管理:指对支持系统业务的所有物理资源和逻辑资源的管理,包含资源管理分类、资源变更、备件管理、资源提供、资源保障 5 个方面。

i. 运营分析:

按照对象划分,运营分析包含 3 类:客户类分析、服务类分析、资源类分析。

客户类分析:客户导向,建立信息分析平台(客户资料、业务资料、账务资料、客户行为、客户关系等核心数据)。

服务类分析:业务导向,建立服务 SLA 评价(综合服务部署、服务开通、服务保障、服务计费功能)。

资源类分析:成本导向,建立资源分析评价系统(站点、带宽、流量、服务器主机、存储、计算能力)。

⑦ 数据分析评估软件。

对空间信号质量、接收机数据质量、基准站环境等进行数据分析;提供支持系统性能优化及故障排查的数据分析工具。

(5) 信息可视化子系统。

信息可视化子系统主要功能是通过工程化的方式统一设计和实现系统全局信息和各个子系统的信息可视化。

① 系统全局信息可视化。

根据北斗地基增强系统具有信息量大和实时交互的特点,采用大屏幕显示系统集中展示和分布式控制方式展示全局工作状态。在技术性能和操作使用方面,密切结合北斗地基增强系统业务特点,为各类应用提供了一个智能化控制的交互平台。同时,大屏幕系统的多屏图像处理能力,能够满足画面的整屏显示或分屏显示,任意组合缩放自如,同时清晰地显示北斗地基增强系统各项工作的状态。

本项目大屏幕显示系统所需显示的内容包括:

➢ 北斗二号、北斗三号卫星信号的状态;

➢ 数据产品质量展示;

➢ 基准站等分布及工作状态;

➢ 数据接收、处理、分发与播发状态;

➢ 国家数据处理系统监控和运维状态;

➢ 行业/区域数据服务状态;

➢ 系统安全态势展示;

➢ 门户展现,包括位置服务范围、质量和用户状态。

大屏中各内容具体的显示分布如图 7-21 所示,效果示意图如图 7-22 所示。

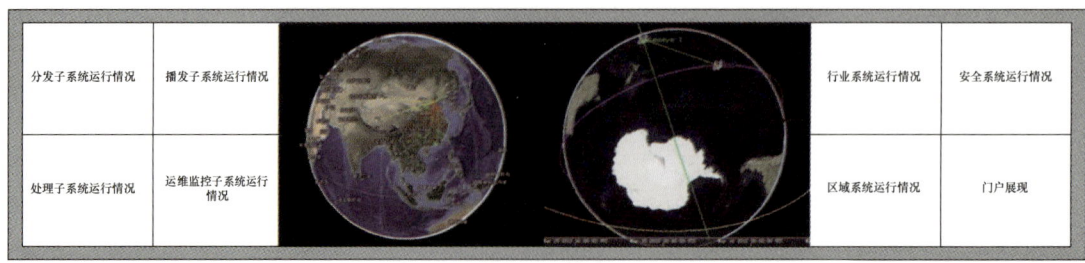
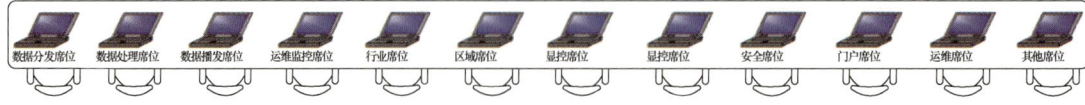

图 7-21 北斗地基增强系统全局信息大屏显示布局图

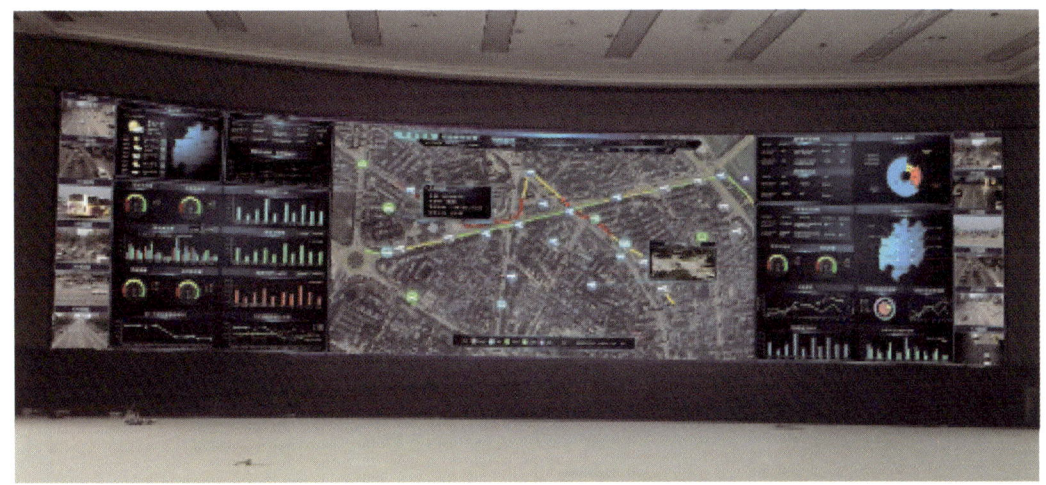

图 7-22　北斗地基增强系统全局信息大屏效果示意图

在大屏幕显示外,还需要设置各个子系统的席位,使专业技术人员能够分别专门处理本系统内的业务。各席位用户操作时,不影响大屏幕中的显示内容,如有需要进行投放的内容,可以通过大屏控制软件进行申请并投放显示。

无论哪种类型的大屏幕显示系统,都需要通过大屏控制软件对所有显示信号和显示模式进行各种灵活控制,可以进行单屏显示、跨屏显示、分区显示和整屏显示,支持多用户操作和管理。可以在大屏幕任意位置显示经过处理器的各种输入信号,包括视频信号、RGB 信号和网络信号,并且可以进行无级缩放和窗口叠加操作;也可以根据用户的需要设定不同的显示区域,并在显示区域内指定显示各种信号;同时可以在大屏幕虚拟显示界面中预览和同步显示输入到大屏幕系统的各种信号画面。通过控制软件,可以预先设定多组显示模式和显示预案,随时提供调用。管理控制软件可以统一管理包括各种信号源、矩阵、摄像机云台及镜头控制器等外围设备,所有的操作都可以通过管理控制软件以人性化的图形界面进行统一控制,实现大屏幕系统操作和控制的集中化管理。

② 数据接收分发子系统信息可视化。

数据接收分发子系统应有较好的人机前端界面并有统一界面风格,使系统具有统一、美观、人性化的界面,增强系统的易用性和友好性。

界面需求方面可归纳为:

➢ 基准站接收机钟差、钟漂、各类 DOP 值、单点定位/速度等参数显示;

➢ 基准站实时观测卫星状态显示(方位角、高度角、载噪比、数据传输时延等);

➢ 多路径 MP 值及误差值、单站电离层误差的计算及图表显示;

➢ 观测卫星的 URA、HEALTH、IODE 等状态显示;

➢ 用户连接信息显示,包括定位方式、用户位置、IP、端口、用户名、挂载点名称。

③ 数据处理软件子系统信息可视化。

数据处理软件子系统信息可视化主要是以可视化的方式显示数据预处理结果、数据处理的状态等信息。

④ 播发软件子系统信息可视化。

遵循"简洁、明了、易用、一致"的原则,设计开发友好的软件监控及操作交互界面。软件内部状态信息以雷达图、柱状图的形式可视化呈现,使得操作员可以根据窗口提示直接使用;提供系统参数配置、运行状态显示、启动/停止某台服务器、用户信息查询等功能,各功能项尽可能覆盖较大的范围,无需修改源代码即可实现软件不同的功能;各功能之间条块明细,方便操作人员对软件、数据库进行管理和维护,提高平台软件的可操作性。

参照主流门户网站布局,结合播发服务特点,设计播发平台门户网站,提供系统简介、新闻速递、用户注册、用户管理等功能,通过用户与门户网站间的数据交互,实现用户信息在数据库的录入、修改等操作。

平台软件在设计时充分考虑未来在其他项目的部署应用情况,将软件分为基础通用模块和播发专用模块两大部分。基础通用模块实现的功能与具体应用无关,如线程池模块、内存队列模块等;播发专用模块构建于基础通用模块,围绕具体的播发业务特点进行设计,如播发策略模块、产品存储模块等。

⑤ 运维监控子系统信息可视化。

目前系统只支持以命令行的形式对系统的基本功能进行监测,通过扩展可视化系统运维监控的功能,以实现对差分数据产品的连续性和可用性进行可视化监测,对各基准站设备状态进行监控管理、基准站设备远程管理、网络安全管理、系统数据流向的监控、网络故障的诊断与恢复、日常信息管理、用户管理、日志管理等。

主要功能包括:基准站数据质量监控(含网络)、广域差分数据产品质量监控、基准站运维状态监控和数据中心软硬件运维状态监控。

⑥ 软件安全子系统信息可视化。

软件安全子系统信息可视化是以多种图表形式直观可视展现应用系统的入侵安全事件、漏洞分布情况、重要告警信息等,对应用系统各安全配置项进行集中统一的可视化配置,全局实时呈现应用系统当前的安全状况及未来的安全趋势。

⑦ 行业/区域数据服务状态可视化。

行业/区域数据处理信息可视化是以可视化的方式显示行业/区域数据的接入和输出情况以及服务状态。

⑧ 门户展示。

为了给用户提供更加优秀的服务,需要在系统现有功能的基础上,增强用户门户的功能,以实现对用户全方位的服务,持续改善系统在用户端的可用性。用户门户是开放平台针对用户的 Web 站点,在服务门户网站,用户注册、认证后,便可使用平台提供的服务。服务门户是服务于为用户提供开发过程中所需要的各种资源。用户门户主要包括用户账户管理、用户个性化定制、运维与技术支持中心和收费与结算平台的功能。主要完善如下功能模块:

➢ 账户管理:用户可以在平台上注册、认证,并对用户的基本资料进行管理。

➢ 服务管理:用户可以在服务管理中实时查看所有服务的使用情况。如果系统默认的服务配额不能满足业务迅速增长的需要,开发者可以向平台申请提升服务配额。

➢ 支持中心:提供平台简介和平台使用说明,介绍平台提供的服务和开发流程。

➢ SDK 支持:提供 SDK 下载、版本更新支持。

➢ 社区互动:开发者互动的社区,方便互相交流分享各自的开发经验,官方也提供相应的板块来解决开发者遇到的各种疑问。

➢ 官方发布:定期提供官方及产业消息,发布技术白皮书、用户手册等。

⑨ 系统运维信息可视化。

系统运维信息可视化所需实现的功能包括可视化客户支持管理、需求管理、工单管理、服务运营管理、服务准备、服务保障、应急保障管理、资源运营管理和运营分析。

2)硬件支撑平台

硬件支撑平台由数据处理硬件支撑平台、数据播发及服务硬件支撑平台两部分组成。

(1)数据处理硬件支撑平台。

数据处理硬件支撑平台是北斗地基增强系统数据处理、分发、运维监控等的底层运行环境,由计算、存储、网络等 IT 基础资源融合构建。主要包括计算平台设计、网络平台设计、存储平台设计、业务数据备份设计和安全设计(可参见 7.4.7 安全防护体系设计)5 个部分。

① 计算平台设计。

北斗地基增强系统随着业务不断发展,业务的计算量也将不断增加,因此需要一个具备并发能力且具备伸缩可扩展、面向服务的底层支撑系统。综合一期、二期的应用环境需求,初步估算,共需约 76 台 X86 服务器构建计算平台。

计算平台采用服务器虚拟化技术搭建,将应用所需服务器计算资源进行池化,进一步提升计算平台自身可靠性、可维护性和资源利用率。

计算平台目前只针对广域部分进行设计,涉及区域部分及实际资源需求需待总体方案确定后再进一步完善。

② 网络平台设计。

网络平台根据业务需求分区设计,考虑到实际应用中,对原始卫星数据的安全性考虑,将互联网区按照数据流向分为原始数据入口部分和处理数据出口部分,另外还包括安全区、计算网络区、存储网络区及管理网络区。

入口部分设计为通过运营商专线将各地基站的原始数据导入数据处理中心,考虑到入口部分的重要性,部署两台高性能路由设备做冗余;出口部分设计为通过运营商专线将处理完后的数据传送给 6 个部委,考虑到数据安全性,单独部署一套路由器;安全区设计为服务器系统的漏洞补丁等安全服务器部署区;计算网络区是处理卫星原始数据的核心区域,网络功能的设计在考虑高性能、可靠性的同时还需具备横向扩展能力,采用分布式网络系统以满足未来各个应用系统服务器的大量扩展;存储网络区是存储卫星相关数据的关键区域,同时也考虑到需支持灵活扩展的存储系统,存储区网络设备也应与计算区网络同样具备横向扩展能力;管理网络区连接管理终端设备,设计采用千兆接入交换机万兆上联实现终端接入。

网络平台设计如图 7-23 所示。网络平台按照分区建设原则,主要规划 6 个区域:入口区、出口区、安全区、计算网络区、存储网络区及管理网络区。入口区域部署两台高性能路由器,同时在路由器行虚拟化部署,将两台路由器虚拟化为一台。同样,出口区域部署两台高性能路由器,同时在路由器行虚拟化部署,将两台路由器虚拟化为一台。路由器、防火墙及核心交换机采用万兆全互联的部署方式,通过路由器虚拟化和核心交换机虚拟化去环路。安全区部署两台千兆交换机与安全区服务器互联。计算网络区域是整个系统最关键的区域,核心交换机采用两台云计算数据中心级核心交换机做虚拟化,在提高设备性能的同时也简化了网络的管理。服务器接入交换机采用数据中心千兆接入交换机,可以配合核心交换机部署端到端的虚拟化。存储网络采用分布式的方式,部署两台万兆交换机做虚拟化。考虑到存储网络需要对分布式计算和分布式存储的支持,核心交换机需可部署多链路透明互联(TRansparent Interconnection of Lots of Links,TRILL)技术。管理网络采用两层千兆交换机,通过双链路万兆光纤与两台核心交换机互联,很好地满足管理用户对网络运维的需要。

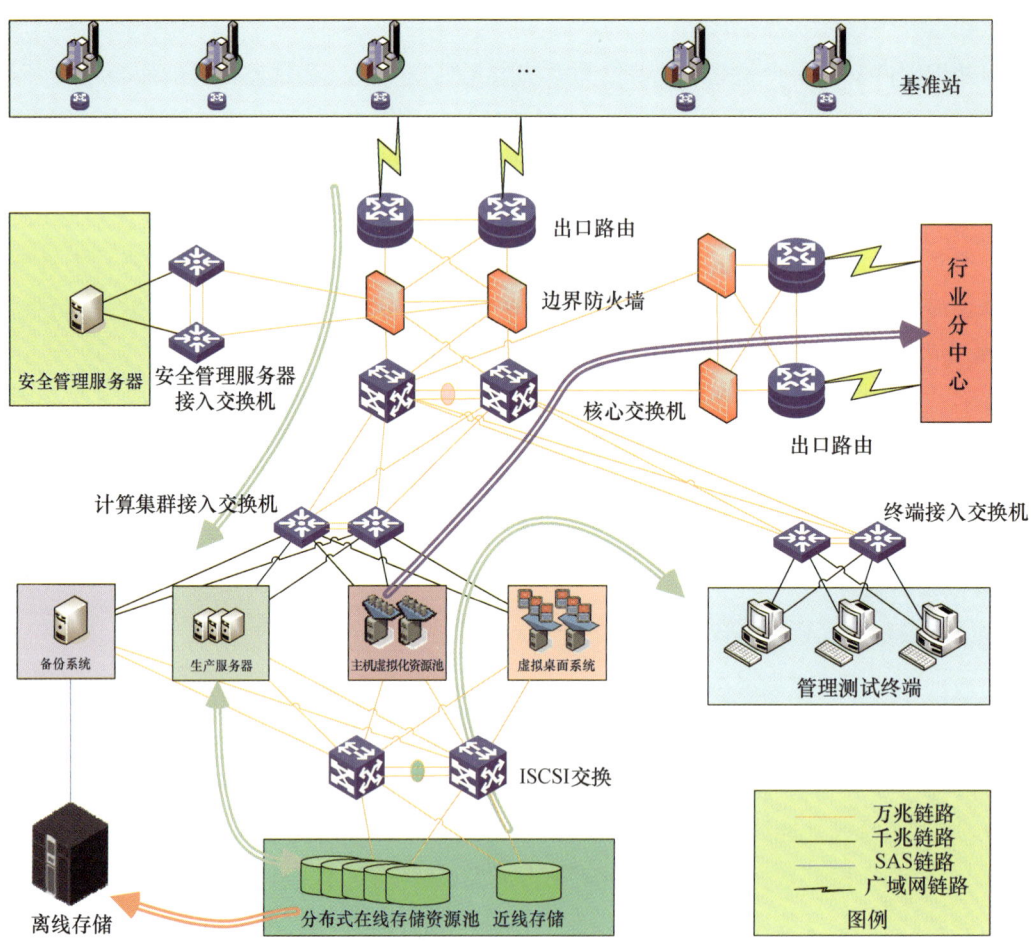

图7-23 采用 ISCSI 架构下的网络拓扑和数据流向

③ 存储平台设计。

系统对数据存储的要求有如下几点:

a. 高性能:存储系统需要实时接收 1500 多个站点向数据中心传回的数据,同时,大规模集群服务器进行分析运算,还要将元数据和结果数据分发给相关部委、位置网及各地市、企业。初步估算建设初期的 I/O 响应能力需达到 20 万次/秒以上,未来的 I/O 响应能力将超过 100 万次/秒以上。

b. 大容量:按照每个基站 40KB/s 数据量计算,基准站数将达到 1500 个,文件类基准站原始观测值三份保存约每年 900TB 容量。产品数据 300GB,三份保存 900GB;质量分析,共计每年 4TB。桌面虚拟化、测试系统存储用量约 30TB,所以每年的新增数据容量为 330TB,因此要求存储容量具有 PB 级的扩展能力。

c. 高可靠:远端站点回传的数据为 0 级原始数据,是所有系统应用的基础,必须做到数据零丢失。

d. 高可用:系统一方面要实时接收远端站点回传数据,这些数据极其珍贵,一旦接收失败,将永远无法获得;另一方面要实时对外提供数据分发服务,业务连续性要求极高,一旦中断,将影响整个下游产业链的运营,因此必须做到业务零中断。

e. 高安全:数据涉及国家重要的敏感信息,部分数据需要进行加密处理。

f. 绿色节能:海量数据需要大量的存储设备及存储介质,需要大量的机房空间和功耗,在方案设计和设备选型方面要将绿色节能纳入重要的考量因素。

存储平台私有云存储服务的模式,即采用分布式文件系统和专业的磁盘阵列构建统一、智能、弹性的存储平台。在存储协议方面,考虑到未来会大规模部署集群服务器,选择性价比高、扩展性强、易管理的 ISCSI 协议。

根据业务的需要,存储资源由分布式存储平台整合硬件存储资源组成。按照私有云存储的架构模式,由分布式文件系统和专业的磁盘阵列构建存储资源池,提供统一、智能、弹性的存储服务。存储平台建设方案逻辑拓扑图如图 7-24 所示。

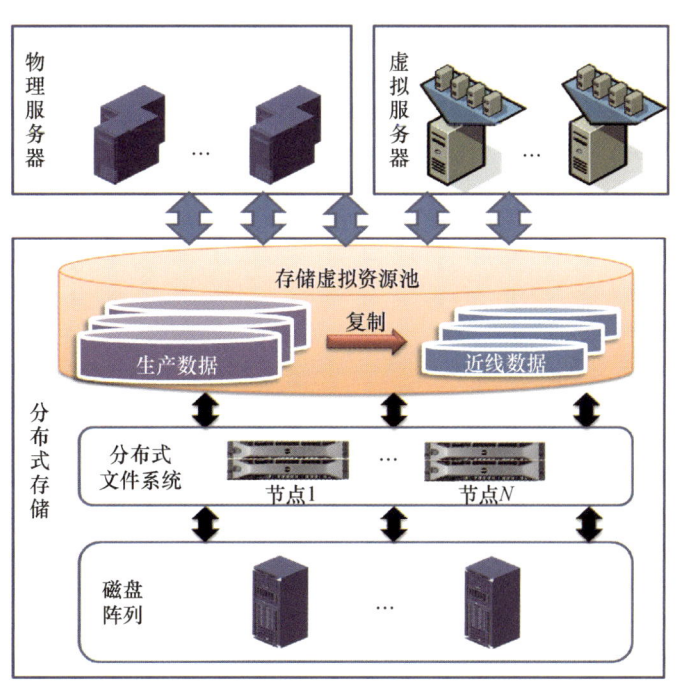

图 7-24 存储逻辑拓扑图

④ 业务数据备份设计。

通过建设数据存储平台可以保证原始观测数据的在线及近线存储要求，但无法满足重大系统故障甚至灾难发生时的数据可用性要求。为满足更高的可用性要求，重要数据除了要满足本地存储需求，还要建设离线数据备份环境来提高原始观测数据的可用性。备份系统采用传统的"备份/归档软件+物理磁带库"的数据备份模式，采用 LAN-FREE 架构进行备份。采用国际主流的备份系统实现数据的离线备份，充分考虑本地备份、异地容灾的需要，结合目前已经建成的异地灾备中心选择备份机制。

对于收集到的基准站的原始观测数据，为保证 1 年的离线存储，根据单个基准站 40KB/s 的汇聚数据量，计算可知离线备份设备存储 1 年的原始观测数据总容量约为 100TB。

采用物理磁带库的方式进行离线数据备份，磁带作为可移动保存介质可以灵活更换，容量上可以无限扩展。由于存储网络环境中采用了 ISCSI 架构下的分布式存储，物理磁带库无法接入到 ISCSI 架构中，某项目中物理磁带库通过 6GB SAS 总线直连备份服务器的方式进行设计，选用单盘容量为 2.5TB 的 LTO-6 磁带介质结合 LTO-6 物理磁带机实现。并且该项目中数据流处于 24h 实时传输并没有中断，每日的数据备份量大约 300GB，备份数据量并不大，选择 LTO-6 的物理磁带机可以满足 576GB/h 数据的备份工作，所以在选择备份窗口方面应充分考虑数据业务工作量较低的时间进行。选择国际主流的物理磁带库产品实现离线备份的需要。业务数据备份总体架构可如图 7-25 所示。

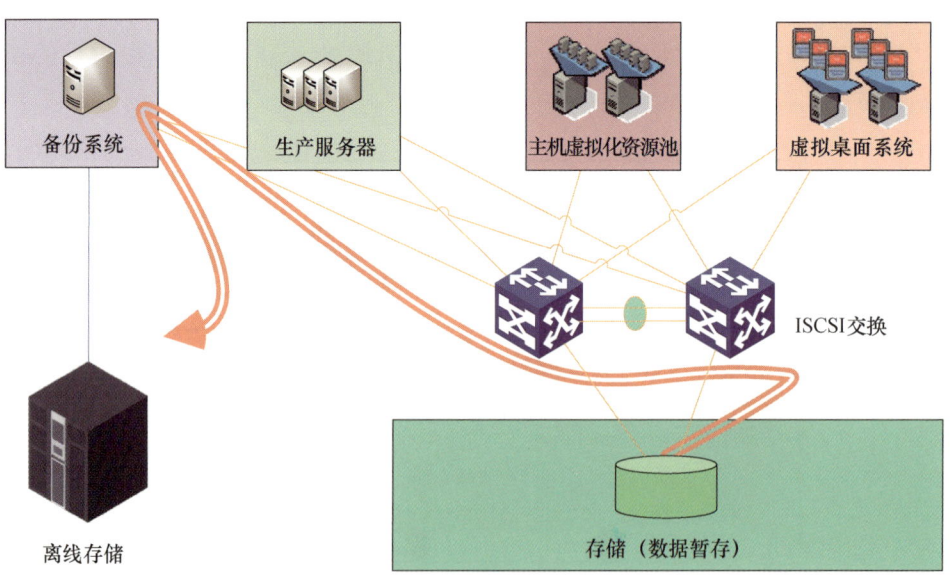

图 7-25　业务数据备份总体架构

一般情况下，项目中数据存储在分布式存储环境中，为实现数据安全有效的备份，备份将由应用系统端发起，数据由分布式存储向应用端整合后以非结构化数据的形式进行暂存，然后向物理磁带库发起备份；数据库采用 MySQL 类的开放式数据库类型，数据库备份也由应用系统端发起在应用端整合并采用非结构化数据的类型进行暂存，之后进行离线备份，项目中的备份软件一般主要由备份软件中心、媒体中心和客户端代理组成。

针对恢复过程,数据通过备份软件经由离线存储——物理磁带库取出,按照备份策略的定制恢复完整备份和增量备份的内容为全部内容,其中非结构数据恢复到备份之前的位置,结构化数据交由应用系统恢复到开放式数据库结构中。

(2) 数据播发及服务硬件支撑平台。

数据播发及服务硬件支撑平台建设逻辑上采用分层模型,即制定标准技术规范目录,构建安全管控域及运维管理域,建设 IaaS 层、PaaS 层、应用支撑层,整体架构如图 7-26 所示。

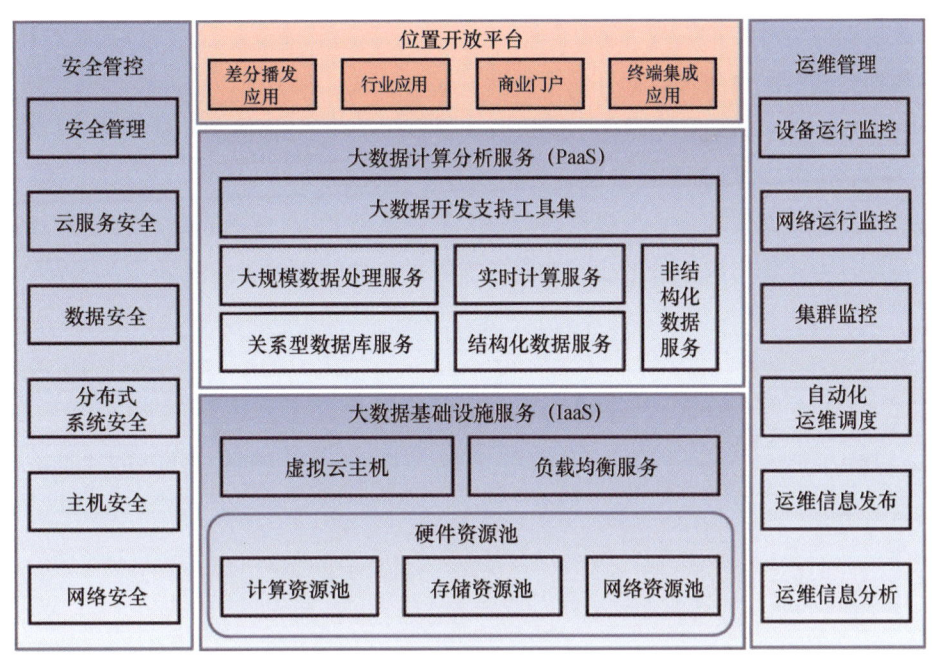

图 7-26 整体架构组件需求示意图

基础支撑平台是底层的基础支撑,应能够将物理资源虚拟化,形成集中的逻辑资源池,根据播发应用系统需要,灵活组成虚拟服务器,对系统提供服务,实现应用系统与物理设备的解耦,并可通过分布式计算技术将多台物理机集群成一台强大的"高性能"计算机。

① 播发平台的 IaaS 服务需实现计算资源、存储资源与网络资源的虚拟化,并通过虚拟资源的云化管理与统一调度,为部署在平台上的各种服务提供支持弹性计算和负载均衡的基础运行环境。

② 播发平台的 PaaS 服务需包括数据服务与应用支撑服务,是支撑开放平台不断接入和扩容的核心内容。PaaS 服务应基于分布式服务框架和开放式 API,支持应用统一服务、日志管理服务、精确检索等功能;并提供统计分析类、机器学习类、数据挖掘类等分布式算法。

③ 播发平台还需提供一体化的云平台管理能力,包括安全管理、运维管理以及服务管理等内容,实现云平台多方位的安全保护以及稳定高效的运行,可对各种资源与服务进行集中、有效的统一管理。

④ 标准技术规范目录,针对播发平台所涉及的各组成部分及生命全周期提供可操作的标准技

术规范,指导项目实施及后续运维工作。

⑤ 安全管控域针对云计算环境下的主要安全威胁,在物理设施、网络、数据、主机、虚拟化、安全管理等方面进行安全防护和管理。

⑥ 运维管理域面向北斗大数据云各层提供全生命周期的运维管控,主要在 IDC 基础设施、网络和硬件、IaaS 层、PaaS 层提供变更管理、监控服务、事件管理、自动化调度、运维分析及大数据云的持续改进。

⑦ IaaS 层通过云资源管理平台进行整合,形成一个对外提供资源服务平台,同时通过云资源管理平台,对外提供运行环境等基础服务。

⑧ PaaS 层面向软件架构实现,提供了统一的平台化系统软件支撑服务,包括非结构化数据存储、结构化数据存储及配套的大数据开发平台。

⑨ 应用支撑层结合北斗系统信息化现状以及国家示范项目,面向北斗应用部署提供以开放位置服务为代表的公共技术服务和业务服务的集成方案及实现。

基于设计需求,方案要求云平台提供商具备大规模实践检验、成熟可靠、安全可控的分布式云软件,具有完全自主知识产权。数据播发及服务支撑平台功能架构图如图 7-27 所示。

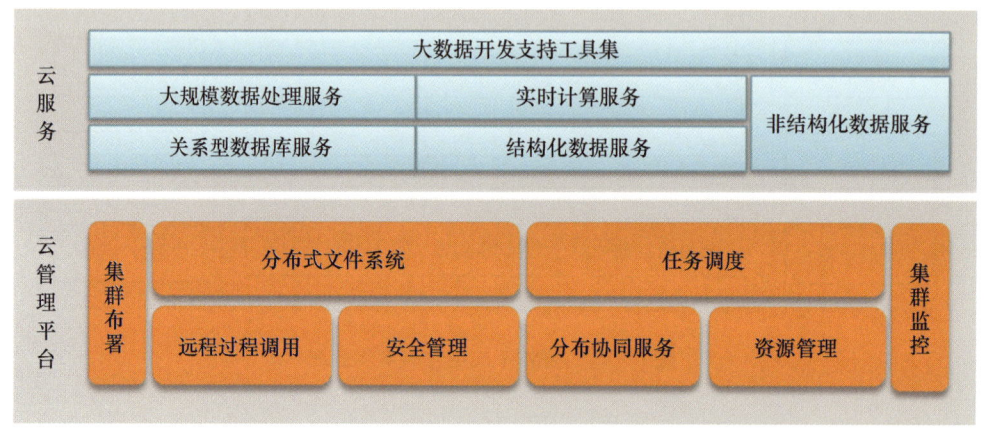

图 7-27　数据播发及服务支撑平台功能架构图

云管理平台是在数据中心的大规模 Linux 集群之上构建的一套综合性的软件系统,将数以千计的服务器联成一台"超级计算机",并且将这台超级计算机的存储资源和计算资源以服务的方式支撑用户或者应用系统访问。

云管理平台为上层的云服务提供存储、计算和调度等方面的底层支持,主要模块包括协调服务、远程过程调用、安全管理、资源管理、分布式文件系统、任务调度、集群部署和集群监控模块。

云管理平台内核包含的模块可以分为以下几部分:

分布式文件系统:提供一个海量的、可靠的、可扩展的数据存储服务,将集群中各个节点的存储能力聚集起来,并能够自动屏蔽软硬件故障,为用户提供不间断的数据访问服务。支持增量扩容和数据的自动平衡,提供类似于 POSIX 的用户空间文件访问 API,支持随机读写和追加写的操作。

任务调度：为集群系统中的任务提供调度服务，同时支持强调响应速度的在线服务（Online Service）和强调处理数据吞吐量的离线任务（Batch Processing Job）。自动检测系统中故障和热点，通过错误重试、针对长尾作业并发备份作业等方式，保证作业稳定可靠地完成。

集群监控和部署：对集群的状态和上层应用服务的运行状态和性能指标进行监控，对异常事件产生警报和记录；为运维人员提供整个云平台以及上层应用的部署和配置管理，支持在线集群扩容、缩容和应用服务的在线升级。

分布式系统底层服务：提供分布式环境下所需要的协调服务、远程过程调用、安全管理和资源管理的服务。这些底层服务为上层的分布式文件系统、任务调度等模块提供支持。

7.4.4 行业数据处理系统

1. 六部委行业数据处理系统

1）系统组成

建设六部委行业数据处理系统。各行业数据处理系统包括从行业数据处理系统到国家综合数据处理系统间的通信链路、IT基础环境升级改造、带有行业应用背景的区域差分算法软件研发或升级改造、数据产品播发系统、位置服务软件和系统、信息安全防护等建设内容。

2）主要功能

接收国家数据综合处理系统的原始观测数据和各类差分数据产品，为国家数据综合处理系统提供行业原始观测数据，并针对行业应用特点进行差分数据产品的二次处理，形成支持各自行业深度应用的差分数据产品。

3）技术指标

（1）处理能力和规模。

卫星系统：同时支持BDS、GPS、GLONASS，支持Galileo系统扩展；

卫星数量：120颗；

基准站数量：≥175个基准站。

（2）数据处理时延。

系统从接收原始观测数据至差分数据产品生成输出至数据产品播发系统的总时延由各行业根据自身需求确定。

（3）系统可用度。

基准站原始观测数据存储能力：各行业根据自身需求确定；

可靠度（R）：0.9996。

（4）行业路由器。

六部委行业数据处理系统接入路由器支持SNMP V3网络管理协议，支持H3C iMC网络管理软件。

包转发率：≥40Mbps；

接口模块插槽数量：≥2；

支持基于带宽的负载分担与备份；

主控交换卡支持1+1冗余备份。

（5）信息安全防护。

行业数据处理系统在建设和数据服务应用方面严格遵守国家或国防的相关安全保密规定。

4）技术方案

六部委行业数据处理系统按照总承单位制订的统一数据交换接口标准，根据各自行业特点进行设计、建设和维护。

2. 数据备份系统

1）系统组成

按照实施方案要求，数据备份系统主要为北斗地基增强系统提供框架网基准站数据备份能力，因此，数据备份系统按照数据级备份要求进行建设，主要由网络接入设备、备份恢复系统和安全防护系统3个部分组成，如图7-28所示。备份恢复系统主要包括备份服务器、备份恢复软件和物理磁带库。

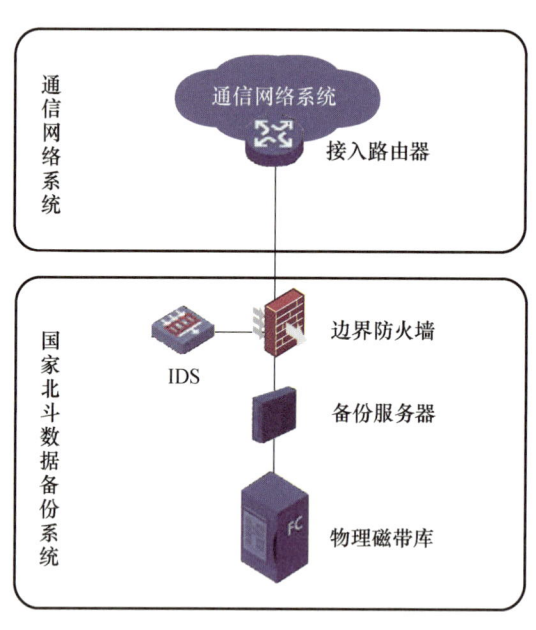

图7-28 数据备份系统总体拓扑图

2）主要功能

数据备份系统主要为北斗地基增强系统175个基准站原始观测数据提供基本的远程数据备份服务，确保当国家数据综合处理系统原始观测数据丢失或损坏后，能够从远程备份系统进行恢复。

3）技术指标

（1）数据存储能力：175个框架网基准站原始观测数据存储大于15年。

（2）可靠度（R）：0.999。

(3）备份系统路由器。

① 背板带宽：≥138Gbps；

② 包转发率：≥200Mbps；

③ 业务槽位数量：≥2；

④ 支持 SNMP V3；

⑤ 支持基于带宽的负载分担与备份；

⑥ 主控交换卡、电源、接口模块可热插拔；

⑦ 关键部件主控交换卡、交换网板、电源、风扇 1+1 冗余备份。

4）技术方案

（1）网络接入。

框架网基准站原始观测数据在国家数据综合处理中心的核心路由直接转发到数据备份系统进行数据备份，相当于各框架网基准站直接接入备份系统，能够满足北斗地基增强系统对原始观测数据的备份需求。

（2）备份恢复系统。

备份服务器部署数据接收软件和备份恢复软件，数据接收软件用于接收来自基准站的原始观测数据，备份恢复软件用于将原始观测数据从备份服务器备份到物理磁带库进行离线存储；物理磁带库受备份恢复软件控制，对原始观测数据进行离线存储。目前北斗卫星的平均寿命为 10 年，按照航天装备总体研究发展要求，北斗地基增强系统对 175 个基准站接收的原始观测数据的保存期限应不低于 15 年。每个基准站按每秒接收 40KB 的数据量计算，备份系统物理磁带库应至少为 175 个基准站配备 3PB 容量的物理磁带。

（3）安全防护系统。

数据备份系统作为北斗地基增强系统重要组成部分，接入北斗地基增强系统的通信网络系统，必须按照国家相关规定采取必要的安全防护措施，以保障系统及数据的安全。

（4）网络边界安全防护。

部署边界防火墙，作为数据备份系统与通信网络系统的唯一互联接口，实现国家数据综合处理系统与备份系统之间基于 IP 和端口的访问控制与安全隔离。

部署网络入侵检测系统（IDS），对数据备份系统内部网络的入侵或攻击行为进行检测和告警，同时与边界防火墙配置联动，实现实时阻断控制功能，确保数据备份系统的网络安全。

（5）电磁泄漏发射防护。

数据备份系统内网络设备、安全设备、主机及存储设备统一配备红黑电源隔离转换器，防止信息设备在电源传导中的电磁泄漏和发射。

（6）系统本地安全防护。

在备份服务器上部署单机版病毒防护软件，自动检测并处理本地病毒与恶意程序，并定时升级病毒样本库，阻断病毒对备份恢复系统的肆意破坏；部署单机版主机监控与审计系统，对备份恢复系统服务器的软硬件资源、操作行为等进行监控和审计，为事后的审计提供依据。

7.4.5 数据产品播发系统

数据产品播发系统作为北斗地基增强系统的综合数据播发服务平台,主要接收国家数据综合处理系统生成的北斗二号卫星及北斗三号卫星各类精度增强数据产品,针对各类数据播发需求进行预处理,为用户终端提供数据输入,完成系统服务中的最后环节。

1. 系统组成

数据产品播发系统由播发处理与监控平台、移动通信播发服务平台、数字广播播发服务平台、卫星播发测试验证平台构成,如图 7-29 所示。

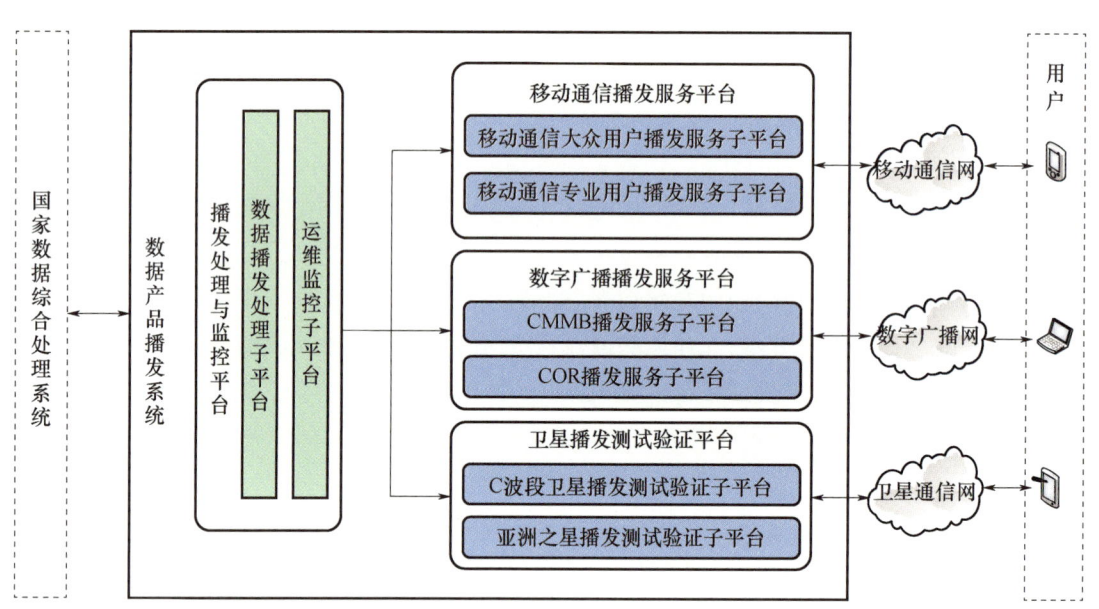

图 7-29 数据产品播发系统组成框图

1) 播发处理与监控平台

播发处理与监控平台从国家数据综合处理系统接收各类精度增强数据产品,对其进行存储、连续性正确性检测、格式封装等处理,将封装后的精度增强数据产品转发至移动通信播发服务平台、数字广播播发服务平台和卫星播发测试验证平台;播发处理与监控平台还对数据产品播发系统内的各类数据产品、软硬件状态信息进行监控,对异常情况进行告警。

2) 移动通信播发服务平台

移动通信播发服务平台基于点对点通信方式,提供广域、区域、后处理精度增强数据产品播发服务,用户向移动通信播发服务平台提交服务申请,移动通信播发服务平台向合法用户播发所请求的精度增强数据产品。

根据服务用户的不同,移动通信播发服务平台可分为移动通信大众用户播发服务子平台及移动通信专业用户播发服务子平台。

3）数字广播播发服务平台

数字广播播发服务平台基于单向广播方式,面向用户提供广域精度增强数据产品播发服务,数字广播播发服务通过 CMMB、CDR 两种技术体制实现。

4）卫星播发测试验证平台

卫星播发测试验证平台基于单向广播方式,面向用户提供广域精度增强数据产品播发服务,卫星播发测试验证通过 C 波段转发式卫星、亚洲之星两类卫星平台实现。

2. 主要功能

（1）接收国家数据综合处理系统输出的广域、区域精度增强数据产品,以文件形式接收国家数据综合处理系统输出的后处理数据产品。

（2）针对收到的精度增强数据产品进行存储、连续性正确性检测、格式封装等处理。

（3）针对数据产品播发系统内的数据产品、软硬件状态信息进行监控,具备异常情况告警功能。

（4）基于移动通信提供精度增强数据产品的播发服务。

（5）基于数字广播（CMMB、CDR）提供精度增强数据产品的试播服务。

（6）基于卫星（C 波段转发式卫星、亚洲之星）实现精度增强数据产品的播发测试验证。

3. 技术指标

1）播发数据类型

移动通信:广域米级、分米级精度增强数据产品、区域厘米级精度增强数据产品、后处理毫米级精度增强数据产品;

数字广播:广域米级、分米级精度增强数据产品;

卫星播发:广域米级、分米级精度增强数据产品。

2）覆盖范围

移动通信播发:移动通信网络所覆盖的我国地区;

CMMB 播发:北京主要城区;

CDR 播发:武汉、南京、西安主要城区;

卫星播发:C 波段转发式卫星/亚洲之星所覆盖的我国陆地及领海。

3）播发时延

数字广播播发的信息时延：<4s;

卫星播发的信息时延：<4s;

移动通信播发的信息时延：<0.5s。

4. 接口关系

1）外部接口关系

数据产品播发系统外部接口关系如图 7-30 所示。

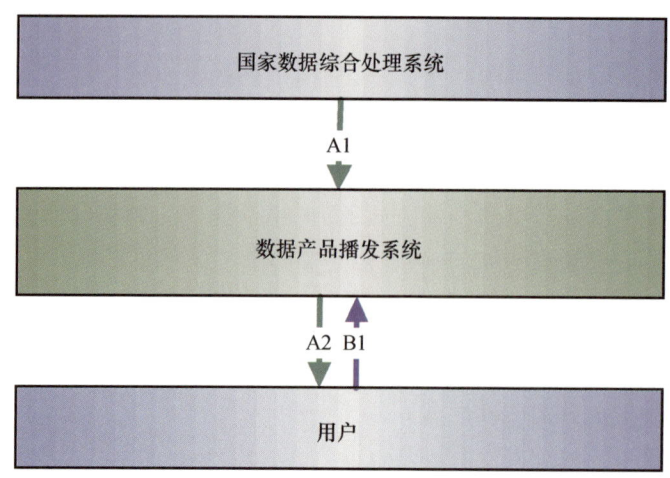

图7-30 数据产品播发系统外部接口关系图

具体接口关系如表7-50所列。

表7-50 数据产品播发系统外部接口关系表

序号	发送方	接收方	信息内容	连接方式	带宽要求
A1	国家数据综合处理系统	数据产品播发系统	精度增强数据产品	内部局域网	2Mbps
B1	用户	数据产品播发系统	用户申请/信息	移动通信	移动通信:单个用户16Kbps;数字广播:16Kbps卫星:16Kbps
A2	精度增强数据产品	用户	精度增强数据产品	移动通信、数字广播、卫星	

2) 内部接口关系

数据产品播发系统内部接口关系如图7-31所示。

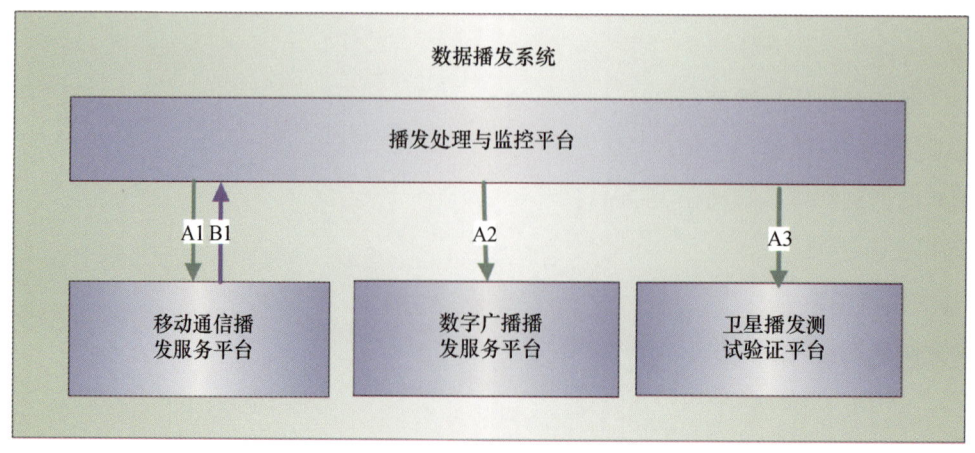

图7-31 数据产品播发系统内部接口关系图

具体接口关系如表7-51所列。

表7-51　数据产品播发系统内部接口关系表

序号	发送方	接收方	传输信息类型	连接方式	带宽要求
A1	播发处理与监控平台	移动通信播发服务平台	精度增强数据产品	内部局域网	2Mbps
B1	移动通信播发服务平台	播发处理与监控平台	平台软硬件状态信息	内部局域网	
A2	播发处理与监控平台	数字广播播发服务平台	精度增强数据产品	专网（TCP/IP）	2Mbps
A3	播发处理与监控平台	卫星播发测试验证平台	精度增强数据产品	专网（TCP/IP）	2Mbps

5. 系统设计

1）播发处理与监控平台

播发处理与监控平台是连接数据中心和各类播发平台的纽带，负责接收和汇总数据中心发出的各类精度增强数据产品，并实时自动存储，按照各类产品播发需求对电文进行重新封装，按照既定的播发策略向移动通信播发服务平台、数字广播播发服务平台转发封装后的数据产品；对数据产品播发系统内部署在数据中心的服务器、软件、网络状态进行监控，并以可视化界面呈现各类监控信息。其组成图如图7-32所示。

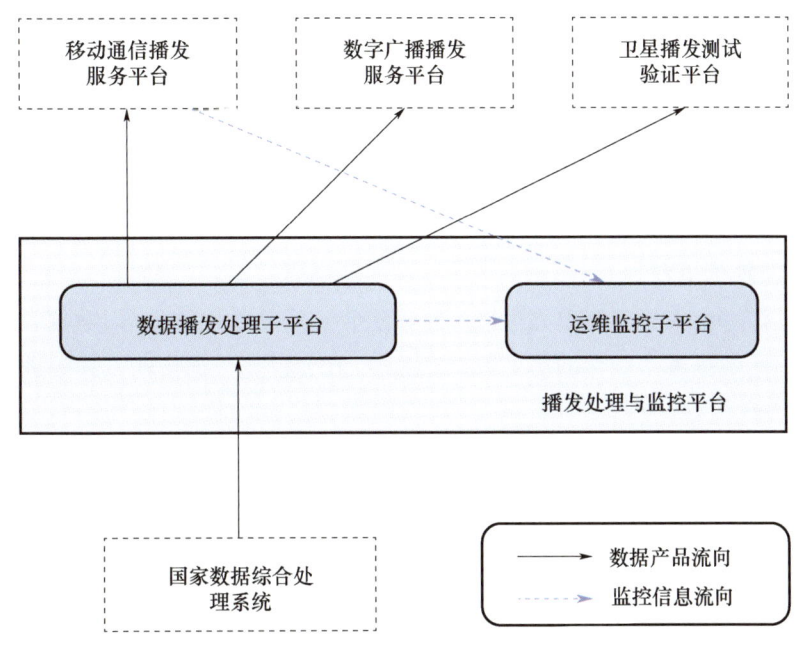

图7-32　播发处理与监控平台组成图

2）数据播发处理子平台

数据播发处理子平台从国家数据综合处理系统接收精度增强数据,对其进行相应处理,并将处理后的数据产品发送给各类数据播发服务平台,同时将子平台的状态信息发送至运维监控子平台。

数据播发处理子平台对精度增强数据封装时的电文格式基于 RTCM3.2 标准,详见《北斗地基增强系统服务性能规范(1.0 版)》。

数据播发处理子平台主要通过部署播发处理软件以实现上述功能及性能,播发处理软件架构图如图 7-33 所示。

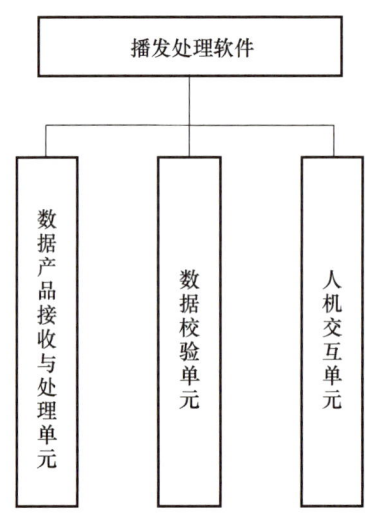

图 7-33 播发处理软件架构图

播发处理软件由数据产品接收与处理单元、数据校验单元、人机交互单元组成。

(1) 数据产品接收与处理单元:数据产品接收与处理单元从国家数据综合处理系统获取精度增强数据产品,对各类数据产品进行分类、粘包、封装、存储,并将封装后的数据产品发送给各类数据播发平台。

(2) 数据校验单元:数据校验单元对接收到的数据产品进行连续性和正确性校验,并将异常信息发送至运维监控子平台。

(3) 人机交互单元:人机交互单元可以实时显示收到产品的电文编号、数据长度、接收时刻等基本信息,查询显示数据库中保存的历史数据产品,对 IP、端口、数据传输方式等进行参数配置。

3）运维监控子平台

运维监控子平台通过对数据播发处理子平台、移动通信播发服务平台进行实时监控,以获取平台的软硬件运行状态信息、播发数据产品状态信息,并通过可视化页面呈现,对于紧急故障信息,子平台将通过页面告警和短信告警两种方式通知维护人员。运维监控软件监控的对象包括数据播发处理子平台、移动通信播发服务平台。

运维监控子平台主要通过部署运行监控软件以实现上述功能及性能,运维监控软件架构图如图 7-34 所示。

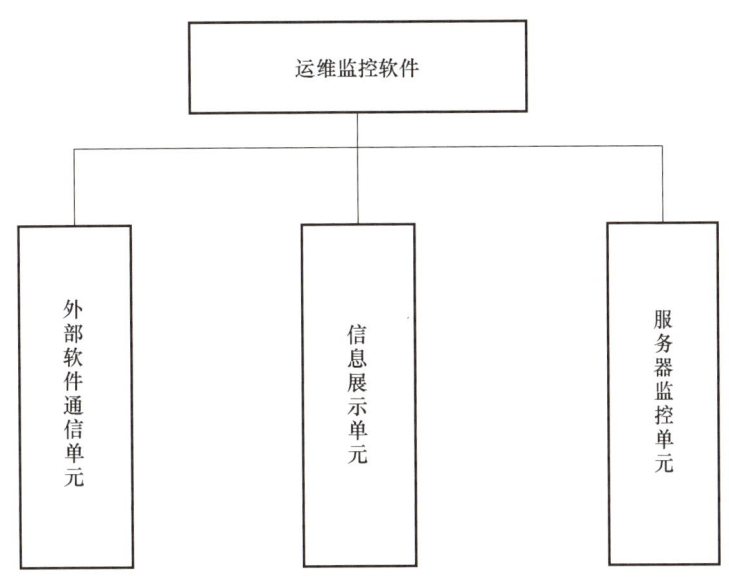

图7-34　运维监控软件架构图

运维监控软件主要包括外部软件通信单元、信息展示单元、服务器监控单元。

（1）外部软件通信单元：被监控的软件通过 socket 通信机制将实时报警信息直接发送给运维监控软件，外部软件通信单元实现基于长连接的数据实时通信，保证运维监控软件的实时性，同时将日常正常运行的监控数据发送至数据库以备日后的历史查询。

（2）信息展示单元：为了解被监控的服务器、软件的运行情况，软件在前端页面上直观地显示所有被监控的服务器、软件的运行状态，显示被监控服务器、软件的历史运行情况，便于对系统情况进行全面了解，从而及时排查解决故障，还可根据具体需求，查看被监控服务器和软件的历史运行情况，分析可能存在的问题。

（3）服务器监控单元：使用SNMP（简单网络管理协议）实现对播发处理子平台的服务器设备及网络状态周期性的监控，将监控信息存储在数据库，以供信息展示模块调用。主要的监控内容包括实时监控服务器的基本状态、总内存及内存使用情况、网络接口接收/发送字节实时速率、被监控服务器的负载情况、正在运行的进程数、运行时长等信息。

4）移动通信播发服务平台

移动通信播发服务平台面向用户提供基于移动通信的广域精度增强数据产品播发服务。用户在平台注册后，向该平台发送产品请求，平台对用户信息认证后向其提供所请求产品的播发服务。

移动通信专业用户播发服务平台通过门户网站和播发服务软件实现其功能与性能指标，其组成如图7-35所示。

（1）门户网站软件：门户网站软件由用户信息管理单元和信息浏览服务单元组成，如图7-36所示。

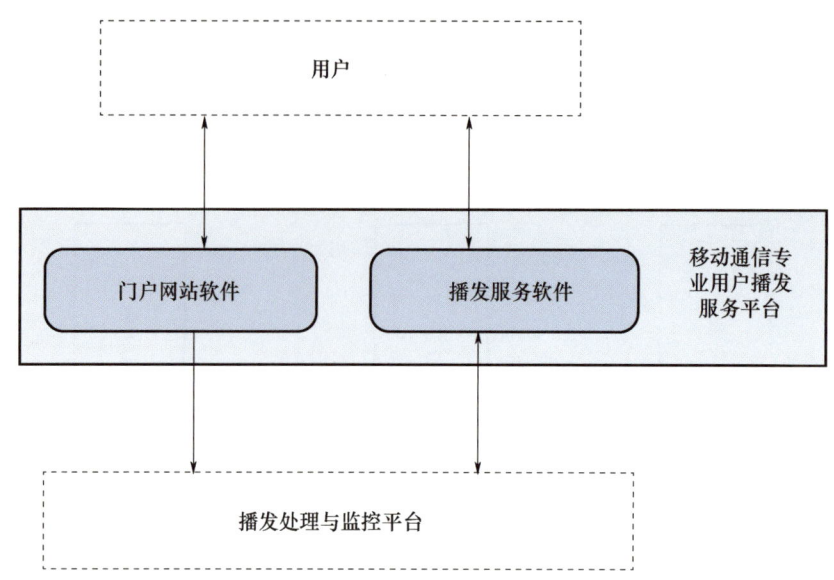

图 7-35 移动通信专业用户播发服务平台

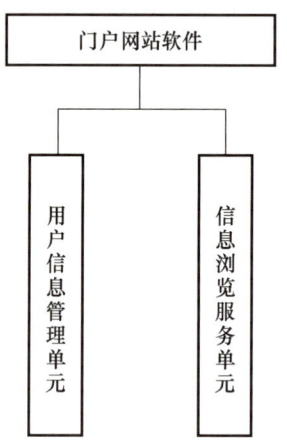

图 7-36 播发服务软件架构图

用户信息管理单元实现用户注册、用户登录、用户信息查询、用户信息修改功能,当用户通过点击页面提交相应请求时,门户网站软件对用户请求做出响应,返回相应的请求结果。

信息浏览服务单元提供新闻、系统介绍等页面,以供用户浏览并实时了解系统相关信息。当用户通过点击链接提交页面请求时,门户网站软件对用户请求作出响应,返回用户请求的页面。

(2)播发服务软件:播发服务软件由认证授权单元和数据服务单元组成,如图 7-37 所示。

认证授权单元接收用户对数据产品的请求信息,对信息中的用户身份进行认证,若认证通过,则向该用户发送一个授权码,用户可在一段时间内凭借该授权码获取广域精度增强数据产品播发服务;若认证失败,向用户发送失败原因。

数据服务单元从播发处理软件接收实时的广域精度增强数据产品,同时接收用户携带授权码

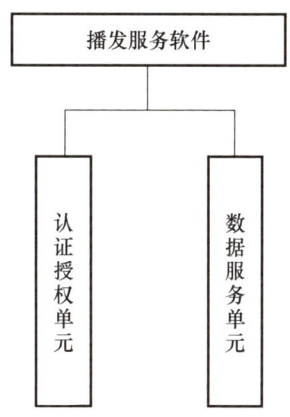

图 7-37 播发服务软件架构图

的产品请求信息,对授权码的正确性进行校验,若校验通过则与该用户建立长连接,周期性地向其推送广域精度增强数据产品。

5）数字广播播发服务平台

(1) CMMB 播发服务子平台。

中国移动多媒体广播(CMMB)是实现数字广播播发的重要手段,通过接收数据播发处理系统输出的广域精度增强数据产品,并利用中国移动多媒体广播现有成熟体制将其广播播发给用户,从而实现实时米级、分米级定位服务。

中国移动多媒体广播系统将精度增强数据产品发往全国各城市发射站点,各站点将信号广播出去,同时利用无线移动通信网络构建回传通道,组成单向广播和双向交互相结合的移动多媒体广播网络,其原理图如图 7-38 所示。

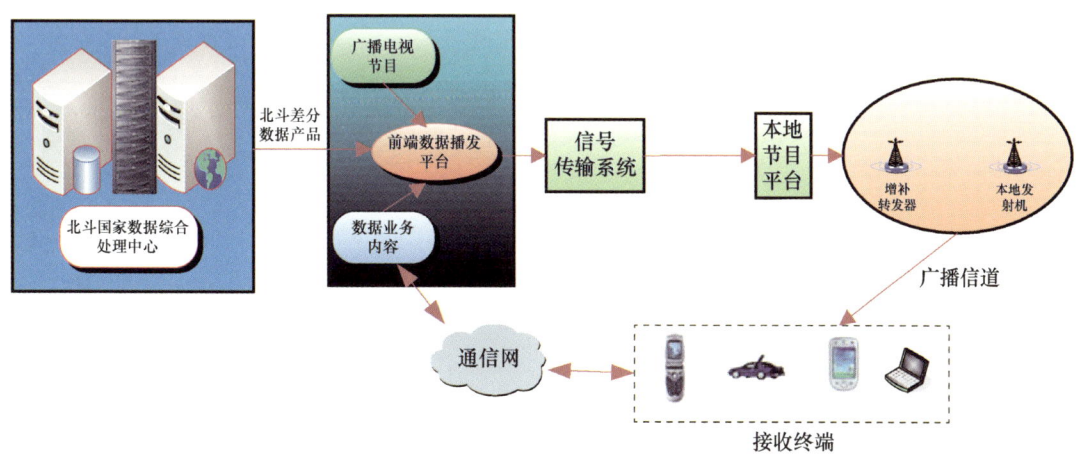

图 7-38 中国移动多媒体广播系统原理图

中国移动多媒体广播播发平台架构图如图 7-39 所示。

中国移动多媒体广播播发数据流程如图 7-40 所示,国家数据综合处理系统生成精度增强数据产品后,将精度增强数据产品实时传输给数据播发处理子平台,数据播发处理子平台从精度增

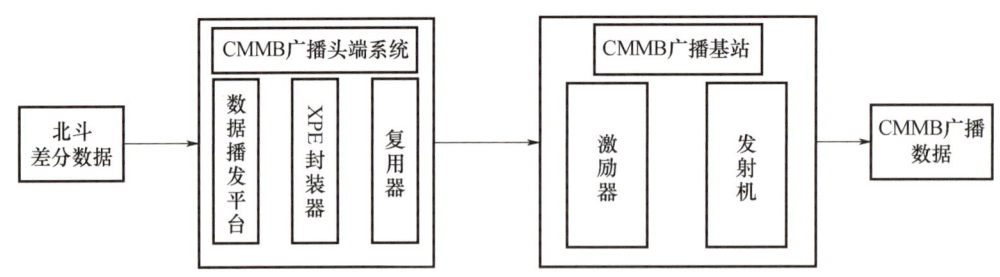

图 7-39 CMMB 播发服务子平台架构图

强数据产品中选取广域米级、分米级精度增强数据产品,将其封装后按照相应的播发策略分发给中国移动多媒体广播播发子平台,中国移动多媒体广播播发子平台为精度增强数据产品分配半个时隙的广播信道资源,确保精度增强数据产品最终能实时可靠地传输给用户终端。

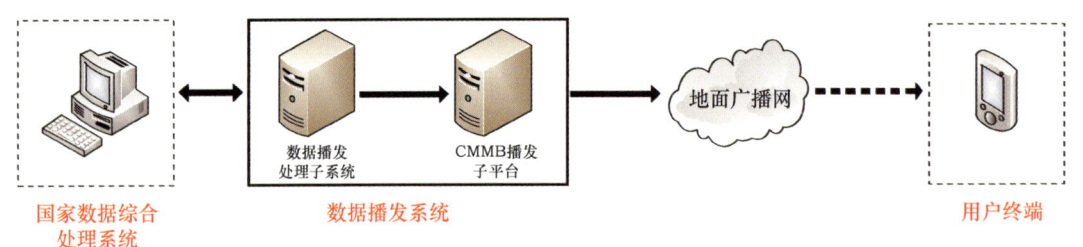

图 7-40 中国移动多媒体广播播发数据流程图

(2) CDR 播发服务子平台。

CDR 播发服务子平台采用集中处理、分区广播的技术体制。CDR 播发服务子平台包含北斗地基增强前端处理模块、传输信息后端处理中心、CDR 传输网络、终端模块。系统总体架构如图 7-41 所示。

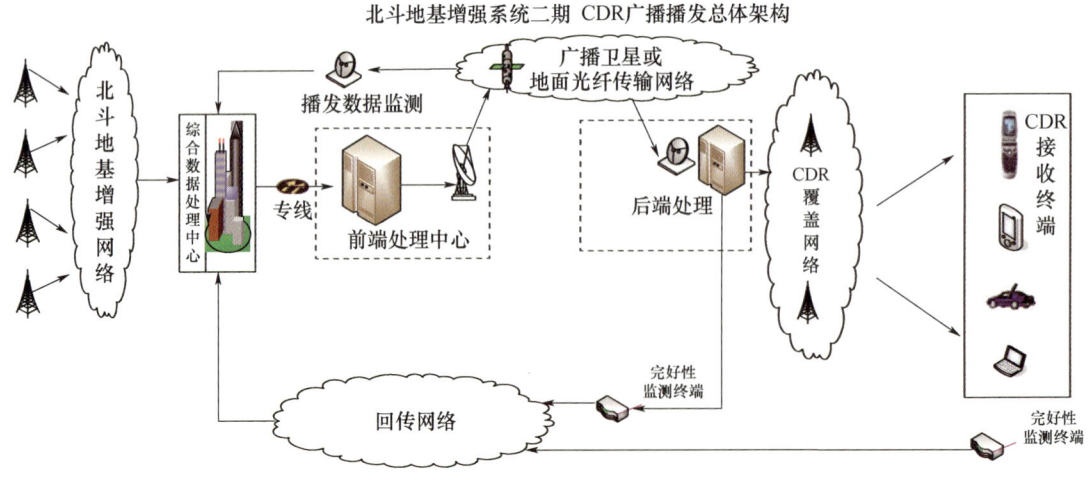

图 7-41 CDR 播发服务子平台架构图

由于CDR技术及相关网络基础设施建设尚未成熟,中国数字音频广播(CDR)播发在一期仅在湖北黄石和武汉两地进行了摸底测试,测试结果表明其定位精度与移动通信播发的定位精度相差不大。

在二期建设中,结合北斗地基增强网络建设规划及示范应用工程实际需求,在湖北武汉、江苏南京、陕西西安3个城市提供CDR播发服务,选取当地调频发射塔,依托现有基础设施,实现城市大部分区域以及部分郊区及高速沿线的连续覆盖。

在频率资源方面,通过与广电总局相关部门和当地电台协商,选择适当的播发频点,在现有模拟调频频点两侧增加数字带宽作为公共频道业务的频点建设。

在系统设备及基础建设方面,首先考察当地调频发射站现有状况,做到充分利用现有发射站址的基础设施,如天馈线系统和塔杆基础等(尽可能做到利旧),然后通过采购和改造结合的方式,提供CDR发射机、复用器、北斗地基增强数据信息处理前端及后端设备,搭建CDR发射系统。

6) 卫星播发测试验证平台

(1) C波段卫星播发测试验证子平台。

C波段转发式卫星作为专项导航技术的演示验证平台,根据要求与可行性,基于转发式卫星导航试验系统开展卫星播发的试验试用。在试验试用阶段,卫星播发利用转发式卫星导航试验系统专用卫星转发器通道播发广域米级、分米级精度增强数据产品,采用多星多频同时播发的工作模式,实现我国陆地及领海的服务覆盖。

C波段卫星播发测试验证子平台主要由3部分组成:转发式GEO卫星、信号上行站和北斗广域增强接收机,如图7-42所示。

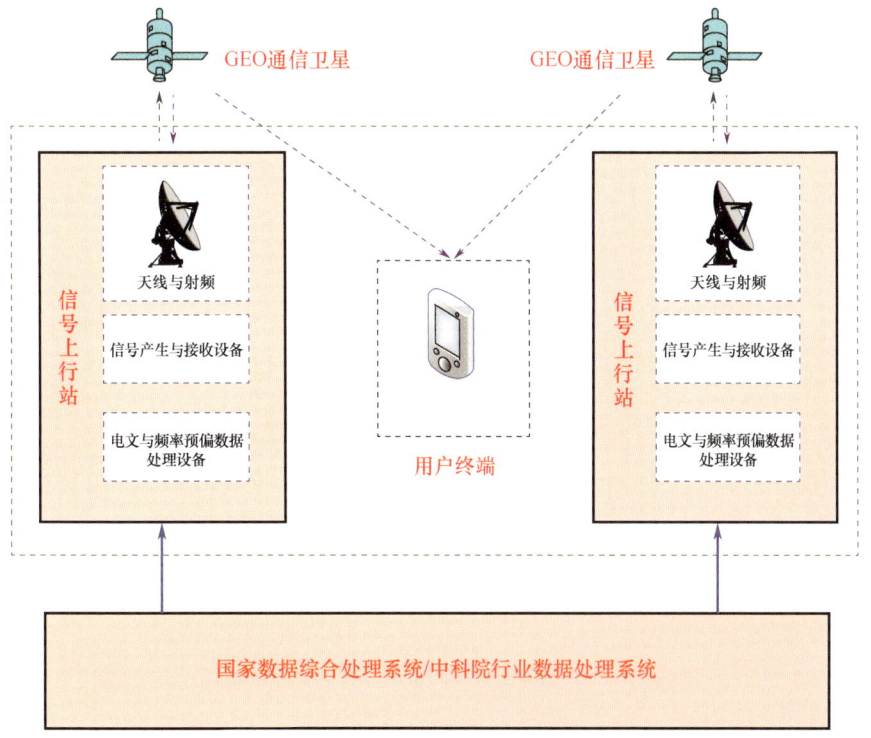

图7-42 C波段卫星播发测试验证子平台组成

工作流程如下：

① 信号上行站接收由国家数据综合处理系统转来的各类精度增强数据产品。

② 将数据产品送至信号产生与接收的设备，对中频载波进行预偏调整后，进行扩频调制，经由上变频、功率放大、滤波、合路等处理后通过天线设备实现信号对卫星的上行发射。

③ 北斗广域增强接收机接收 C 波段卫星播发的广域精度增强信号和北斗导航信号，进行高精度定位。

（2）亚洲之星播发测试验证子平台。

亚洲之星是一颗境外的 L 波段广播式通信卫星，鉴于目前尚无可用的我国自主可控的高通量 L 波段广播式卫星资源，在地基系统建设中先利用亚洲之星进行播发测试验证，待国内其他的卫星平台建设成熟后，再由这些卫星平台提供正式的播发服务。

亚洲之星播发测试验证子平台由融合播发系统、上行站和亚洲之星卫星组成，如图 7-43 所示。

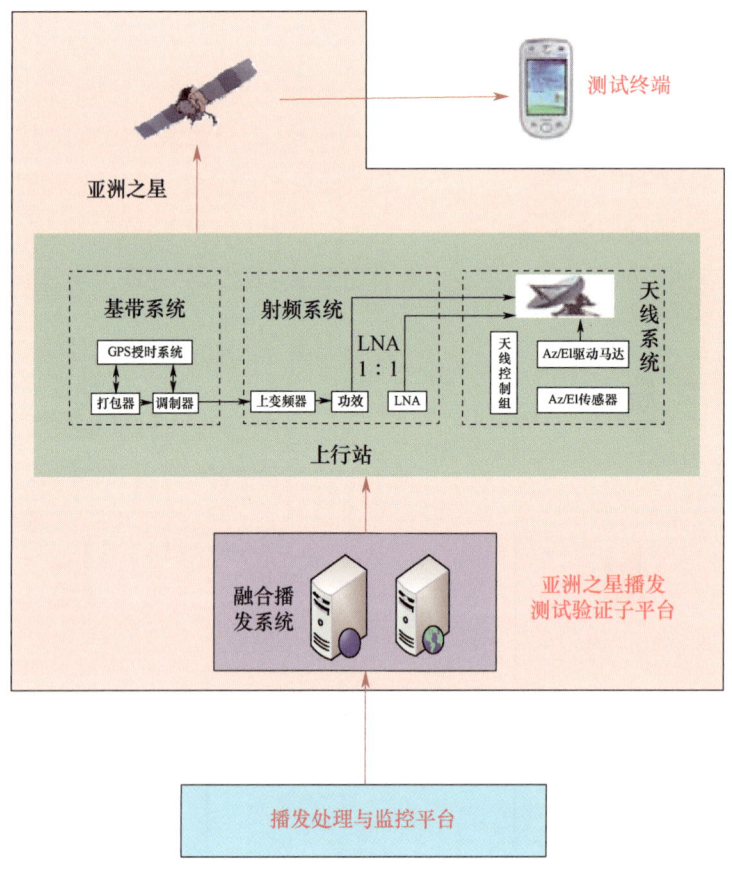

图 7-43　亚洲之星播发测试验证子平台组成

① 融合播发系统。

亚洲之星是一颗用于广播数字多媒体信息的卫星，其原有业务包括音视频节目流，多媒体数据文件（包括文字、图片、flash、声音、视频等在内的 Java、DHTML 等页面形态），以及其他消息源等，现已主要用于数据透明转发业务。各类业务需要在融合播发系统中进行数据标识、融合处理、切片、复用等处理。广域北斗精度增强数据产品作为亚洲之星广播的新业务,同样也需要在融合播发系统中进行处理。融合播发系统将多种业务融合成符合亚洲之星上行发射标准的数据流,发送至卫星上行站进行播发。

② 上行站。

上行站接收融合播发系统发送的携带广域北斗精度增强数据产品的数据流,对数据流进行打包、调制操作,再经由上变频、功率放大、滤波、合路等处理后通过天线设备实现信号对卫星的上行发射。

上行站由基带系统、射频系统、天线系统3部分组成。

③ 亚洲之星。

亚洲之星发射于2000年,是一颗同步轨道卫星,定点于105°E。该卫星上行频率为X波段(7025~7075MHz),下行频率为L波段(1467~1492MHz)(北斗B1频点为1561MHz)。下行有效全向辐射功率为53dBW。卫星刚开始倾斜轨道运行,可以保持状态5~7年("亚洲之星"长期闲置,根据第三方对亚洲之星状态的2016年5月份的评测,目前卫星状态良好,星上现有电池和推进剂等能够保持卫星在轨至2026年)。

(3)北斗二号卫星播发设计。

数据产品播发系统在二期建设中重点论证了北斗二号卫星播发的可行性,针对北斗二号卫星播发电文格式展开了设计,并视论证情况开展了北斗卫星播发测试验证工作。

依据《北斗卫星导航系统空间信号接口控制文件-公开服务信号(2.0版)》(北斗ICD2.0),北斗二号卫星播发的导航电文分为D1导航电文和D2导航电文。其中D1导航电文速率为50bps,由MEO/IGSO卫星进行播发;D2导航电文速率为500bps,由GEO卫星进行播发。由于D1导航电文速率较低,难以满足北斗地基增强系统广域电文的带宽需求,因此北斗二号卫星播发电文格式将基于D2导航电文进行设计。

依据北斗ICD2.0,D2导航电文主帧结构及信息内容如图7-44所示。子帧1播发基本导航信息,由10个页面分时发送(每30s更新一次),子帧2~4信息由6个页面分时发送(每18s更新一次),子帧5中信息由120个页面分时发送(每360s更新一次)。

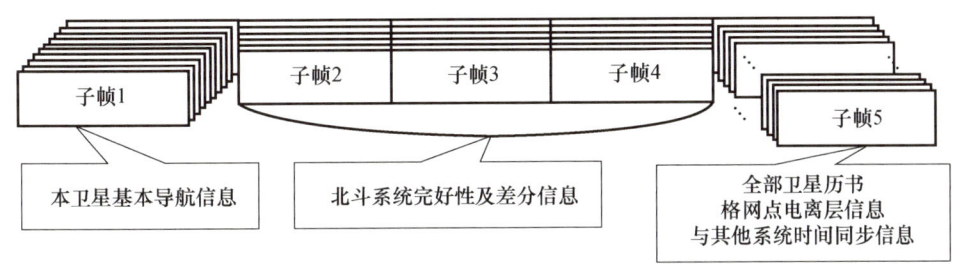

图7-44 北斗卫星D2导航电文主帧结构

其中,子帧1的页面1~10的低150比特信息,子帧4的页面1~6,子帧5的页面14~34、页面74~94、页面103~120为预留信息。

北斗二号卫星播发电文格式基于D2导航电文预留页面进行设计,共播发卫星轨道改正数、卫星钟差改正数、电离层改正数3类改正内容,总体设计如下:

① 采用预留的子帧1页面1~10的低150比特信息播发10颗北斗卫星的轨道改正数,每个页面播发1颗北斗卫星的轨道改正数,每30s更新一次。

② 采用预留的子帧4页面1~3播发10颗北斗卫星的钟差改正数,页面1、页面2每个页面播发4颗北斗卫星的钟差改正数,页面3播发2颗北斗卫星的钟差改正数,每18s更新一次。

③ 采用预留的子帧5页面14~18、页面74~78播发球谐电离层改正数(36个球谐系数),页面14~17每个页面播发8个球谐系数,页面18播发4个球谐系数,用户收到每360s更新一次,页面74~78与页面14~18播发内容及格式完全一致,重复播发是为了减少用户首次收到播发的球谐电离层改正数的时间。

(4) 北斗三号卫星播发设计。

数据产品播发系统在二期建设中论证了北斗三号卫星播发的可行性,针对北斗三号卫星播发电文格式展开设计。

依据《北斗卫星导航系统空间信号接口控制文件-公开服务信号B1C、B2a(测试版)》,北斗三号卫星播发的导航电文分为B-CNAV1电文和B-CNAV2电文,其中B-CNAV1电文由B1C信号播发,每帧电文有效数据长度878bits,播发周期18s,B-CNAV2电文由B2a信号播发,每帧电文有效数据长度288bits,播发周期3s,北斗三号卫星播发电文格式将基于B-CNAV1和B-CNAV2电文进行设计。

依据《北斗卫星导航系统空间信号接口控制文件-公开服务信号B1C、B2a(测试版)》,B-CNAV1电文帧结构及信息内容见图7-45。

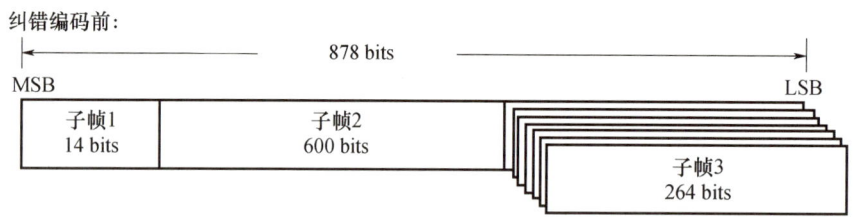

图7-45 B-CNAV1电文帧结构

B-CNAV1中的子帧1和子帧2已被用于播发北斗卫星的星历、钟差等参数,而子帧3最多可定义63种页面类型,当前定义了4个有效页面,拟在子帧3预留页面类型中定义新的页面,以实现北斗卫星轨道改正数和电离层改正数的播发。

B-CNAV2电文帧结构及信息内容见图7-46。

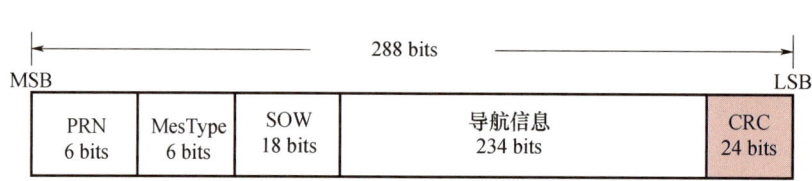

图7-46 B-CNAV2电文帧结构

B-CNAV2 最多可定义 63 种信息类型,当前定义了 7 个有效信息类型,拟通过定义新的信息类型实现北斗卫星钟差改正数的播发。

7.4.6 终端

终端分系统建设主要解决应用推广中使用地基增强系统差分产品的终端在功能、性能、体积、功耗和成本等方面的技术问题。针对 3 类播发模式的差分增强数据信息接收模块及终端制定相关标准规范,并开展研制和推广工作。

根据不同应用制定不同的技术指标,主要针对行业和大众应用的人、车、物实现米级、分米级、厘米级的高精度定位和导航。终端及所采用的核心模块和芯片必须为国产自主知识产权,具备低功耗、低成本、小尺寸的特点,能够满足各类行业应用和大众应用的需求。

终端分为测试终端/设备和用户终端。

1. 测试设备

依据系统集成与测试方案,研制测试设备及配套工具软件,满足系统第二阶段测试要求,重点解决测试设备的稳定性、一致性等问题,主要实现的功能包括:

(1) 具有接收北斗/GPS 信号、北斗/GPS 广域差分信号(支持移动通信全网通,可扩展支持中国数字广播、中国移动多媒体广播、卫星播发)的能力。

(2) 具备实时广域差分定位解算能力,支持广域单频伪距、广域单频载波、广域双频载波的服务性能测试。

测试设备需满足的性能指标如下:

(1) 北斗广域单频伪距标准单点定位精度(95%):≤2.0m(水平);≤3.0(高程)。

(2) 北斗广域单频载波相位精密单点定位精度(95%):≤1.2m(水平);≤2.0(高程)。

(3) 北斗广域双频载波相位差分定位精度(95%):≤0.5m(水平);≤1.0(高程)。

(4) 支持卫星导航系统:BDS、GPS、GLONASS。

2. 用户终端

主要解决北斗广域差分信号接收模块的功能、性能、体积和功耗等问题,安排对应 3 类播发模式的广域差分信号接收模块研制和相关标准规范制定。广域差分信号接收模块需具备的功能如下:

(1) 数字广播差分信号接收模块:能够接收广播播发的差分信号,正确解调、解码及校验并发送给定位模块。

(2) 卫星播发的接收模块:能够接收卫星播发的差分信号,正确解调、解码及校验并发送给定位模块。

(3) 移动通信差分信号接收模块:能够接收通过移动通信播发的差分信号,正确解码及校验并发送给定位模块。

7.4.7 安全防护体系设计

在系统设计中充分考虑以下几方面的总体安全问题：
(1) 病毒及恶意程序的传播、扩散影响系统性能,破坏数据;
(2) 黑客入侵、攻击造成系统不可用,数据丢失;
(3) 火灾、水灾、地震等自然灾害对系统的破坏;
(4) 系统管理人员操作失误导致数据丢失;
(5) 骨干网络线路中断,影响基准站数据传输;
(6) 数据产品播发系统可能受到基于互联网的分布式拒绝服务攻击,导致系统瘫痪。

北斗地基增强系统安全防护体系主要从国家数据综合处理系统分级保护、数据产品播发系统等级保护、各系统之间信息交换控制 3 个方面进行设计。总体安全防护框架如图 7-47 所示。

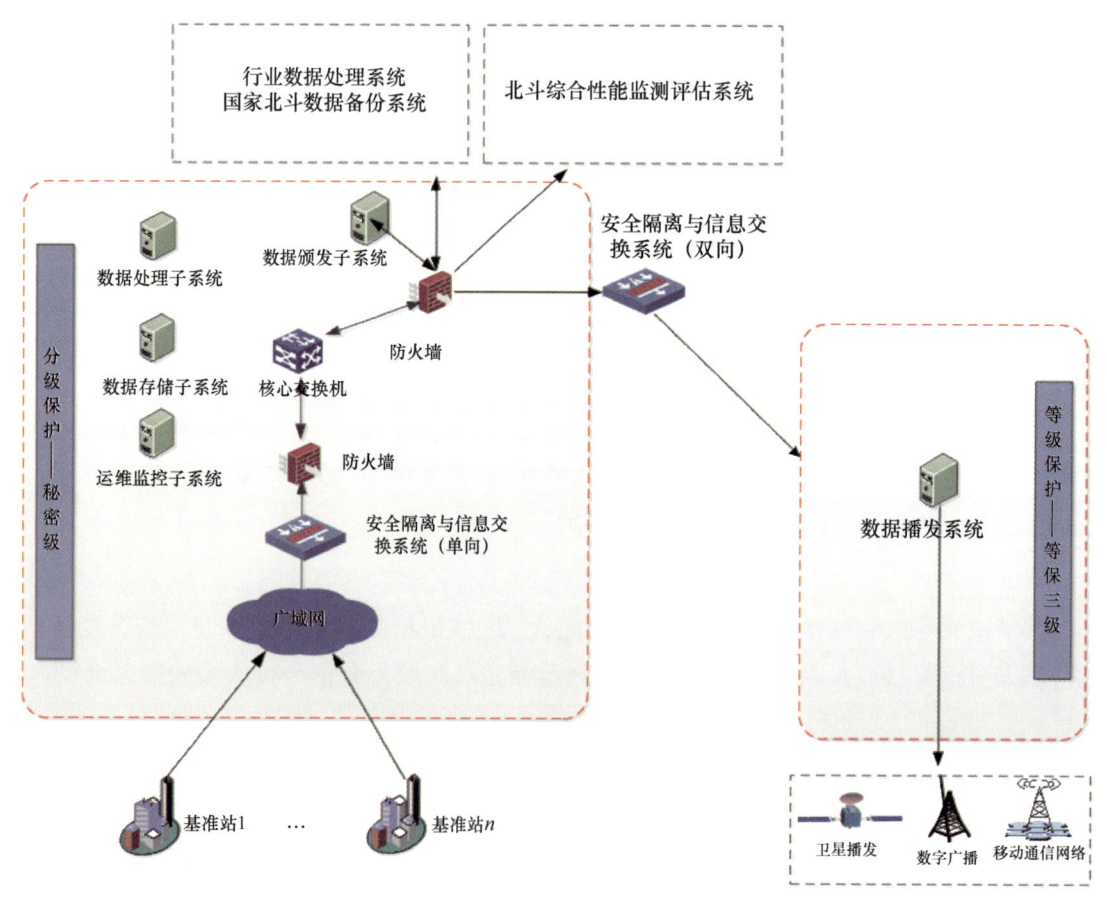

图 7-47 总体安全防护框架

1. 支撑数据处理业务的分级保护设计

主要从物理安全、运行安全、信息安全保密和安全保密管理 4 个方面进行设计。

1）物理安全

按照GB50174《数据中心设计规范》、GB/T2887《计算机场地通用规范》的要求建设国家数据综合处理系统机房,并且满足C级屏蔽要求,加强对机房周边环境的安全控制,采用电子监控系统和红外报警系统对机房的人员出入情况进行监控;关闭系统中服务器和网络设备暂不使用的网络接口,防止被非授权使用;加强系统内介质的收发、传递、使用、保存、维修和报废的安全管理。基准站配备电子监控系统和入侵报警系统。

2）运行安全

制定文档化的备份与恢复策略和管理制度,对重要服务器上的涉密数据定期进行本地和异地备份,防止在异常发生时数据被同时破坏;部署防病毒系统,设置计算机病毒与恶意代码防护策略,实时监测病毒传播与扩散情况,对发现的病毒及时进行清除或隔离;制定文档化的应急计划和响应策略,并且定期进行演练,评估效果。

3）信息安全保密

重点在国家数据综合处理系统的身份鉴别、访问控制、信息完整性校验、系统安全性能检测、安全审计与监控、抗抵赖、操作系统安全等层面采取相应的保护措施。主要措施如下:

(1) 在系统边界部署安全隔离与信息交换系统实现同其他系统的安全隔离控制。

(2) 在国家数据综合处理系统的网络边界分别部署防火墙,配置相应的细粒度的安全访问控制策略。

(3) 部署入侵防御系统,对来自其他区域的入侵和攻击行为进行告警或阻断。

(4) 部署CA系统和安全认证网关,统一身份认证和访问控制,防止各系统被非授权访问。

(5) 部署主机监控与审计系统,对终端和服务器上的物理接口进行有效控制,对系统操作行为进行监控和审计。

(6) 部署涉密计算机及移动存储介质保密管理系统,对主机违规外联行为进行监控和报警。

(7) 配备安全漏洞扫描工具定期检查系统脆弱性,通过补丁分发系统及时修补系统漏洞,增强系统自身的安全性。

(8) 部署安全管理平台,集中管理安全设备日志数据,并对系统各类安全事件进行关联分析,快速定位事件。

4）安全保密管理

建立独立的安全保密管理机构,配备系统管理员、安全保密管理员、安全审计员,实现三权分立,相互制约。制定配套的安全保密管理制度,包括人员管理、物理环境与设施管理、设备与介质管理、运行与开发管理、信息安全保密管理、运行维护管理等。配备安全保密检查工具为日常保密管理提供技术手段。

2. 支撑数据播发及服务的等级保护设计

主要从物理安全、网络安全、主机安全、应用安全和数据安全5个方面进行设计。

1）物理安全

物理安全重点从机房物理位置的选择、机房出入控制、防盗窃和防破坏、防雷击、防火、防水防潮、防静电、温湿度控制、电力供应和电磁防护等方面进行安全设计。主要安全措施如下:

（1）部署电子门禁系统，对机房人员的出入情况进行监控和审计；

（2）安装防雷保安器，防止感应雷；

（3）设置冗余的电力电缆线路为数据产品播发系统内的设备供电，同时配备油机备用供电系统；

（4）对关键设备和磁介质实施电磁屏蔽，并在机房出入口安装部署消磁检测报警系统。

2）网络安全

网络安全重点从网络结构、网络边界以及网络设备自身安全，重点从结构安全、访问控制、安全审计、入侵防范、恶意代码防范、网络设备防护等方面进行安全设计。主要安全措施如下：

（1）在数据产品播发系统网络出口边界部署防火墙进行访问控制；

（2）在核心路由器配置 ACL（访问控制列表），通过交换机对系统服务器进行 VLAN 划分，从而在网络层进行安全隔离；

（3）部署 WAF（网站应用级入侵防御系统）实现对应用层 HTTP、FTP、TELNET 等协议命令级的控制。

3）主机安全

主机安全重点从身份鉴别、访问控制、安全审计、剩余信息保护、入侵防范、恶意代码防范、资源控制等方面进行安全设计。主要安全措施如下：

（1）通过 PKI/CA 安全基础设施确保系统用户的唯一性；

（2）部署入侵检测系统，实时检测来自外部的入侵和攻击行为；

（3）部署防病毒系统，实时监测病毒传播与扩散情况，对发现的病毒进行隔离或清除；

（4）配备安全漏洞扫描工具定期检查系统脆弱性，通过补丁分发系统及时修补系统漏洞，增强系统自身的安全性。

4）应用安全

应用安全重点从身份鉴别、访问控制、安全审计、通信完整性、通信保密性、抗抵赖、软件容错等方面进行安全设计。主要安全措施如下：

（1）通过专用的安全登录控制模块对登录用户进行身份标识和鉴别，建立访问控制策略，依据最小原则授予用户权限；

（2）制定完善的系统安全审计策略，部署网络安全审计系统，审计记录至少覆盖事件的日期、时间、发起者信息、类型、描述和结果等内容，对审计记录数据进行统计、查询、分析及生成审计报表；

（3）通过 PKI/CA 安全基础设施，使用数字签名保证数据传输过程的完整性，防止通信数据被篡改，增强抗抵赖性。

5）数据安全

数据安全方面主要从数据完整性、数据保密性、备份恢复 3 个控制点进行设计。主要安全措施如下：

（1）通过使用 Hash 校验的方法确保数据的完整性，传输过程的完整性受到损坏则采取数据重传的机制；

（2）对于存储的数据则采取多个备份的方式，防止单一数据损坏造成的损失。

3. 各系统之间信息交换控制

北斗地基增强系统各系统之间的信息交换主要是国家数据综合处理系统与基准站、数据产品播发系统、行业数据综合处理系统及数据处理备份系统之间的单向或双向信息交换。为满足系统保密要求,采用安全隔离与信息交换系统(单向/双向)进行信息交换安全隔离控制。安全隔离与信息交换系统首先确保国家数据综合处理系统与其他信息系统物理隔离,在满足安全要求的前提下,实现数据信息在各系统之间的安全交换。具体控制策略如下:

(1) 基准站信息单向传输到国家数据综合处理系统;

(2) 差分处理后的非密数据产品由国家数据综合处理系统单向传输到数据产品播发系统。

(3) 原始观测数据单向发送至行业数据处理中心。

7.5 系统可靠性和可维护性设计

7.5.1 可靠性设计

系统进行可靠性设计时,考虑可靠性、维修性、安全性、经济性等指标,综合权衡后确定最佳方案。系统建设方案均采用成熟商用产品,自行开发的分系统采用合理的继承性设计,在成熟产品的基础上开发研制。对已投入使用的相似设备的常见故障、薄弱环节及对可靠性有显著影响的因素进行分析,确定提高北斗地基增强系统可靠性的有效措施。

1. 基准站可靠性

基准站设备是影响基准站可靠性的重要因素,基准站的平均无故障时间(MTBF)≥10000h,故障平均修复时间(MTTR)≤TTR障平;全国范围故障维修响应时间≤48h;其中国产北斗接收机的平均无故障时间(MTBF)约为15000h;一体化机柜可以保证能够全天候24h×360天以上自动监测北斗基准站接收机、UPS、网络等设备的运行状态,监测基准站运行的环境;UPS供电设备在1000W的耗能下,配置DC144V 100AH(或相同容量)的电池组即可提供8h以上不间断供电能力;原子钟平均无故障工作时间>50000h等要求。

保证基准站可靠性的措施如下:

1) 框架网基准站站点数量冗余

为确保框架网基准站的可靠性,在基准站选址时已充分考虑了站点的冗余,框架网基准站有足够的冗余数量,可确保框架网的正常运行。

框架网基准站布设原则:由于框架网的作用是在完好性、定位精度、可用性、服务连续性来提高服务性能,所以分别通过对卫星的完好性监测、定位精度、可用性、服务连续性来考虑基准站布站选址的限制条件。一般根据地形条件及海拔梯度,确定框架网站间距为300~1000km范围。

根据框架网基准站布设原则要求及各行业部门提供的候选基准站初步勘选情况,共选定框架网基准站175个进行建设。

2) 区域加密网基准站

区域加密网基准站布设原则:基准站间最佳距离的确定与站点区域所在的地理纬度有密切关系,在低纬度地区,电离层活动活跃,变化剧烈,导致参考站之间空间相关性降低,导致用户的模糊度(一般是宽巷模糊度)难以在短时间固定,影响系统服务效率和精度,根据国内外建站经验,在中高纬度地区,电离层变化平缓,基准站间距离可达近百千米,而在低纬度地区,由于电离层活动活跃,变化剧烈等因素的影响,在最差的情况下,基准站间距离一般不大于60km。

通过这1200个加密网基准站,必要时可就近为框架网基准站提供备份,保障框架网基准站的正常运行。

2. 通信网络系统可靠性

为了确保国家数据综合处理系统和各子系统之间的网络可靠性,采用以下措施:

(1) 中心节点和子系统分中心的路由设备重要部件要具备冗余和热插拔特性;

(2) 中心节点配备两台相同型号的高可靠性路由设备虚拟化为一台设备;

(3) 基准站接入路由设备配置冗余电源同时配置冗余千兆网络模块;

(4) 各子系统采用两家运营商专线由路由设备的不同网络模块分别接入国家数据综合处理系统的两台路由设备上。

网络互联采用动态路由协议,配置双线负载分担并互为备份,路由器自动优选运营商线路发送数据,任意一路线路或网络模块发生故障时,自动切换至另一路网络传输数据。

3. 国家数据综合处理系统可靠性

国家数据综合处理系统采用开放架构构建基础支撑平台,通过将基础支撑平台中的计算、存储、网络等硬件资源进行虚拟化,使上层应用可以灵活调用底层硬件资源,任何单个硬件发生故障,应用均可实现动态迁移,不影响上层业务连续性。

国家数据综合处理系统可靠性依托基础支撑平台实现,主要采用如下技术实现:

1) 活体备份和活体流动性

如图7-48所示,整个综合数据服务PaaS平台通过分布式数据总线内置的群组通讯机制粘合分散在不同资源池内部的各个服务器、存储和网络资源,并利用统一的资源管理调度机制将这些物理上分布的资源整合成逻辑上一体的计算资源池体系,供所有的应用和数据统一分配使用。与此同时,在计算资源池体系之内,通过适当的数据切片机制或工具完成对海量数据的高效和智能化分割;通过数据同步管理工具实现每份数据的分布式存储和多活体备份;通过整合了分布式工作流引擎的统一查询访问技术实现对复杂流程逻辑的动态切割处理以及对查询和分析请求的动态调度能力;通过具备灵活分布式数据路由算法的数据导航软件实现对数据的高效分析和快速查询;结合上述一系列的技术手段和处理方法,整个数据支撑平台体系就形成了一个能够对复杂计算进行分布处理的可靠高效的分布式计算架构。另外,还将通过群组通讯机制辅以相应的系统运行监控和运行管理技术,实现整个体系内所有资源间服务状态的共享和管理,再加上适当的资源管理调度策略,就可以实现整个系统的活体流动性和活态管理,充分保障系统整体的高可用性。

比如,当系统因为访问压力、网络拥堵或软硬件故障的原因产生局部服务热点资源或发生资源离线时,系统将首先利用多活体的机制由其他活态资源分担负载,同时启动数据和应用的迁移或延展流程,从冗余资源池中分配所需服务器,完成数据和应用服务的恢复以及多活体系的保障。

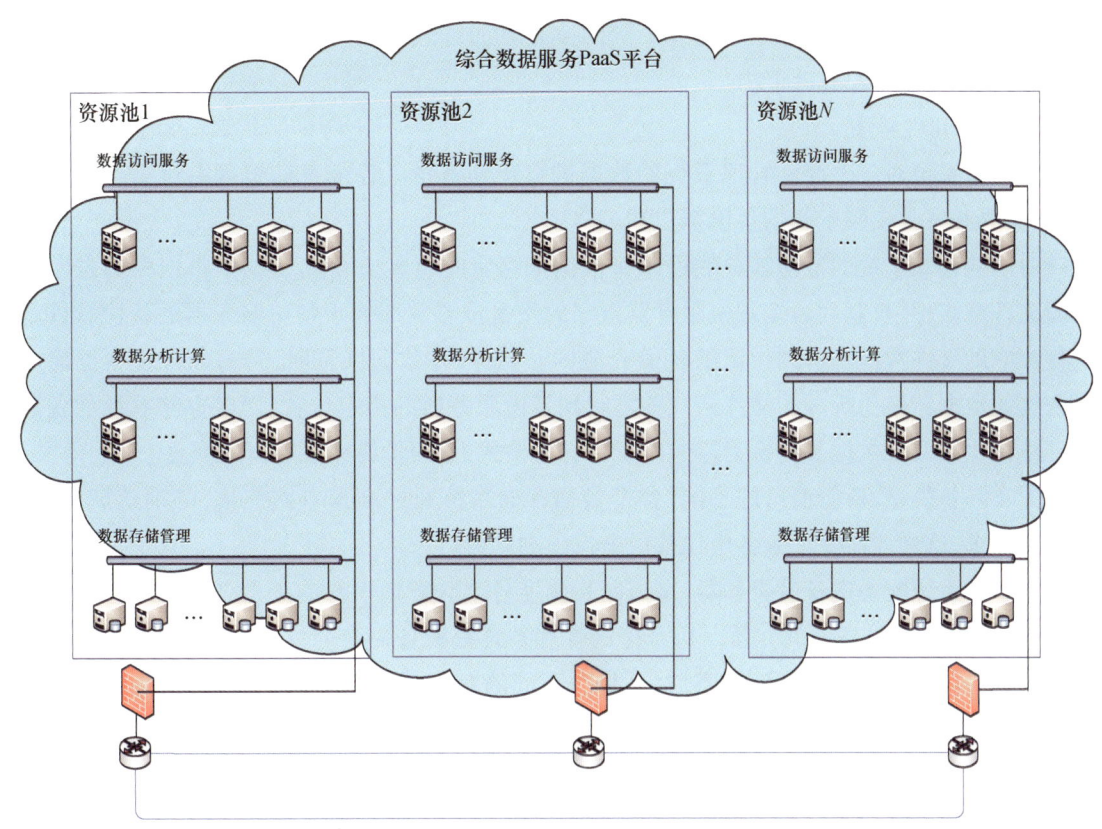

图 7-48　综合数据服务 PaaS 平台

通过上述的数据以及系统管理模式,纳入综合数据服务 PaaS 平台的所有数据将在保证一致性的前提下实现多活体备份和全局负载均衡,并充分提升整个系统的可靠性和资源利用效率。首先,单个数据的同步复制采用严格的单向同步(由主到从)方式来保证数据的一致性,但因为采用了数据切片以及分布式存储的技术,不同的数据存储服务器将作为不同数据切片的主存储节点或从存储节点存在,这样就在逻辑上实现了从服务器级别到资源池级别的数据集双向同步,从而在保证数据一致性的前提下,提高了系统的同步效率,资源利用率以及数据可靠性。其次,利用数据的切片和导航技术,当用户进行数据访问时,存有同一数据不同切片的所有服务器可以同时提供服务,有效地分散负载,再结合多活体协同服务的方式,不仅可以大大提升整个系统的对数据访问负载的均衡能力,还能充分利用系统内的所有服务器资源。最后,三活体体系设计涵盖了从数据到服务器再到资源池的每个层面,小到每个数据切片都有一主多从多个活体,大到多个资源池,每个资源池都保有全量数据,形成互为镜像、共同服务的三活体结构。同时,数据云管理平台还通过基于群组通讯、资源调度、数据同步的多种容错手段来保证体系内完整的三活体结构。这些设计都极大地提升了系统和数据的可靠性,并且使得整个系统灵活可扩展。

2）数据复制

所有存储于综合数据服务 PaaS 平台的数据根据配置文件制定的副本数目在多个物理节点之间做数据复制。副本数目的设置是以命名空间为单位的，每一个独立的命名空间可以拥有自己的副本配置。在数据写入的时候所有的副本都会得到更新，而读取数据时则只需要选择其中任意一个副本来完成。通过在客户端之间选择不同的读副本的方式可以将读负载均匀地在集群节点中进行分配，提高集群的总吞吐能力。

3）数据备份及恢复

数据备份系统对各个存储管理系统的数据进行定期备份。各个存储管理系统需要备份的服务器上，需要开发并安装定制的备份客户端。

针对不同存储系统的备份客户端程序将根据策略定时将相应存储系统中指定的数据转换为统一的文件格式，并复制到后端备份服务器指定的磁盘位置。部署于备份服务器的备份软件就可随时将相应的文件数据备份到指定的备份介质内。同样，在数据恢复时，备份软件将根据需要将需要恢复的数据转换为统一的文件格式并复制到备份服务器的指定位置，而各存储系统的备份客户端将从该位置取得数据并转换为存储系统特有的格式，从而最终完成数据的恢复。

根据实际备份量、备份窗口的不同，各个数据存储系统通过高速专网连接，必须达到低延时、高带宽的要求，这样才能保证云备份在备份窗口内顺利执行。

数据备份系统配备主备份服务器，来控制和调度各个分数据中心的备份任务。同时配备分布式 NAS 存储系统，用作备份的介质。每个存储管理系统都配备一台介质服务器，用来管理各个存储系统的备份客户端和挂载备份介质，对于每个不同的存储管理系统，数据备份系统都可以进行用户访问控制、密码控制、配额管理。既能做到集中备份，又能赋予权限，避免数据访问失控。

4）一致性保障

分布式数据总线内含的基于实时复制技术的系统状态机来实现对所有物理以及虚拟节点或进程的状态一致性保证，完成包括状态监控、状态交换、协同工作以及容错处理等在内的一系列分布式体系内的实时控制任务，从而保证整个平台的高可靠性以及高可用性。而用于支撑基于实时复制技术的系统状态机的实现的核心一致性算法是 Paxos 协议。该算法实现的是分布式系统多个节点之上数据的一致性，它基于消息传递，允许消息传输的丢失、重复、乱序，但是不允许消息被篡改。在结点数少于半数失效的情况下，该算法仍然能正常工作，节点失效可以在任何时候发生而不影响算法正常执行。Paxos 算法具备在多个冲突请求中选出一个的功能（选举机制），并且在实现的时候需要一组奇数数量的服务器（1、3、5…，但通常情况下不会只使用一个服务器，因为这样一来，运行 Paxos 算法的这台服务器本身就会成为一个单点，给系统带来单点失效的风险）来承担算法中的关键角色，互相配合，协同完成工作。

5）状态监控

监控系统用于监控各服务器网络、磁盘、CPU、内存等状态及使用量，并可以采集各服务器上的应用程序状态，告警后可进行程序的启动操作。可以更好、更方便地对整个系统进行管理和监控，实现邮件告警和自动化运维等。

监控系统可以监控服务器上的服务运行状态、进程运行状态、端口号使用情况，并根据相应状态、事件做出动作触发等。如当数据处理业务进程退出时，形成一个事件，记录在监控系统中，该事件触发监控系统提前配置好的动作进行两个操作:在监控页面进行告警,重启数据处理业务。

6)集群扩容及故障快速恢复

集群在发生故障或者需要扩容时需要在尽量少影响客户交互的情况下使用新节点来替代部分老节点。在新节点可以完整替代老节点之前,首先需要从现有节点上将数据复制到新节点上,并且因为一般情况下需要复制的数据量很大,需要较长时间才能完成复制,因此还需要记录从复制开始后所有发生的数据变更日志并且在数据复制完成后重放这些日志,最终使得新节点的数据和其他节点上相同分区的副本数据一致后开始正式提供服务。

4. 数据产品播发系统可靠性

数据产品播发系统支持移动通信播发、数字广播播发和卫星播发等播发方式,三者互为补充,确保在其中某类播发手段出现故障时,用户仍可通过其他播发手段获取差分数据产品。

在移动通信播发平台设计中,为保证系统可靠性,采用多家运营商的通信线路,在单个播发平台内部采用云平台的部署模式。

在单个播发平台内部,基于云平台统一部署,通过云平台进行冗余备份设计,充分利用虚拟云主机的热迁移功能,确保播发服务的可靠性。

5. 终端可靠性

终端对播发的差分数据产品具有可靠、稳定的接收能力,按照终端技术要求和相关标准进行检验。

7.5.2 可靠性初步分配

由于北斗地基增强系统的通信网络系统采用双链路、双路由架构,其可靠性可定为100%。因此,北斗地基增强系统的可靠性初步分配只针对基准站系统、数据综合处理系统及数据产品播发系统进行。3个分系统相互独立,它们可视为一个串联系统。整个系统第一阶段需达到的平均故障间隔时间为

$$\mathrm{MTBF} = \frac{1}{\lambda_s} = 1000(\mathrm{h}) \tag{7-1}$$

系统故障率为 1.0×10^{-3},故障率数学模型为

$$\lambda_s = \sum_{i=1}^{3} \lambda_i \tag{7-2}$$

式中:λ_1 为基准站系统故障率;λ_2 为数据综合处理系统故障率;λ_3 为数据产品播发系统故障率。初步分配故障率如下:$\lambda_1 = 2.0 \times 10^{-5}$,$\lambda_2 = 9.0 \times 10^{-4}$,$\lambda_3 = 8.0 \times 10^{-5}$。系统第一阶段需达到的可靠度 $R_s = 0.999$,可靠性数学模型为

$$R_s = \prod_{i=1}^{3} R_i \tag{7-3}$$

式中:R_s 为系统可靠度;R_1 为基准站系统可靠度;R_2 为数据综合处理系统可靠度;R_3 为数据产品播发系统可靠度。初步分配可靠度如下:

$$R_1 = 0.99998, R_2 = 0.9991, R_3 = 0.99992$$

北斗地基增强系统基准站分系统(网)是北斗地基增强系统的核心基础设施。

基准站分系统(网)主要用于实时获取全部可视卫星的原始观测数据。

框架网基准站总数量为 150 个,根据系统数据中心数据解算需求,在基准站同时出现的故障数量小于 105 个,且假设出现故障的站点呈均匀分布时,系统仍能可靠完成正确解算,据此,根据冗余系统模型计算基准站可靠度。

$$R_w = \sum_{i=45+1}^{150} C_m^i R_s^i (1 - R_s)^{150-i} \quad (7-4)$$

式中:R_w 为基准站网可靠度,根据系统分配,$R_w = 0.99998$;R_s 为基准站可靠度,根据式(7-3)计算,得 R_s 为 0.902。在基准站设计中,基准站的可靠度指标为 0.95,故基准站的可靠度指标符合基准站网的要求。

对于单个基准站,任一参与实时获取全部可视卫星的原始观测数据的模块失效即为基准站功能失效。经分析基准站接收机天线、基准站接收机、通信网络构成基准站的故障节点模块,且相互独立。

基准站任务可靠性模型如图 7-49 所示。

图 7-49 基准站任务可靠性模型

基准站第一阶段需达到的平均故障间隔时间为

$$\text{MTBF} = \frac{1}{\lambda_s} = 9000(\text{h}) \quad (7-5)$$

系统故障率为 1.1×10^{-4},由于各个模块相对独立,故障率数学模型为

$$\lambda_s = \sum_{i=1}^{3} \lambda_i \quad (7-6)$$

式中:λ_1 为基准站接收机天线故障率;λ_2 为基准站接收机故障率;λ_3 为路由器故障率。根据各模块复杂程度、成熟度等因数,初步分配故障率如下:$\lambda_1 = 3.4 \times 10^{-5}$,$\lambda_2 = 1.0 \times 10^{-4}$,$\lambda_3 = 6.6 \times 10^{-5}$。

基准站需达到的可靠度 $R_s = 0.95$,由于各个模块相对独立,故可靠性数学模型为

$$R_s = \prod_{i=1}^{3} R_i \quad (7-7)$$

式中:R_s 为基准站可靠度,为 0.95;R_1 为基准站天线可靠度;R_2 为基准站接收机可靠度;R_3 为通信网络可靠度。初步分配可靠度如下:

$$R_1 = 0.9999, R_2 = 0.96, R_3 = 0.9999$$

7.5.3 可维护性设计

可维护性设计基本原则:减少维修时间、维修费用、维修复杂程度、维修差错、维修人力投入。

设备采用二级维修方式,即现场维修和工厂维修,现场维修直接替换故障模块,工厂完成故障模块的全部维修。

系统采用模块化设计,高精度接收机模块外部接口一致,进入采购名单的、不同厂家的高精度接收机可互换,便于维修时的安装与拆卸,缩短故障修复时间。

系统所有设备具有自检功能,以便对其运行状态进行监视,对发生的故障检测定位到可更换模块,隔离和更换故障模块后可对系统发生的故障进行有效恢复,使故障影响降到最低。

系统所有设备配外接测试接口,可以检测到可隔离的模块与设备,对关键点的工作状态和数据进行实时监视。

利用远程视频监控以及网络电话等设备,实现对基准站的远程维修指导,可在出现故障后第一时间进行基本的修复操作,排除非物理性损坏故障,快速实现系统恢复。

1. 基准站系统可维护性设计

基准站系统运转方式设计为"无人值守、有人看管"。作为重要的数据采集系统,对基准站设备和数据的安全监控显得尤为重要。

基准站运行与维护由总承单位负责,委托承建单位进行现场看管。运行维护内容参照《北斗地基增强系统基准站运行维护管理规定》,承建单位需组织相关人员学习并在观测室显眼位置张贴该规定。总承单位应与承建单位签订《委托运行维护责任书》,责任书需归档。承建单位应保障设备安全,保持数据传输链路畅通,维护基础设施,购置必要的专用材料。应保障基准站每天连续24h正常运行,确保数据的有效采集和可靠传输。应定期对基准站进行设备检测,必要时进行设备更新和升级。基准站管理技术人员应接受技术培训,并进行设备维护和技术问题处理。应对基准站观测数据进行质量检查,查看数据可用率、多路径影响大小、接收机钟差等信息。

基准站设备采用二级维修方式,即现场维修和工厂维修,现场维修直接替换故障模块,工厂完成故障模块的全部维修。设备全国范围故障维修响应时间≤48h;维护人员来到现场直接替换掉故障模块,然后将故障模块带回工厂进行维修,大大缩短了维修时间,保证系统的可维护性。

基准站设备系统采用模块化设计,高精度接收机模块外部接口一致,进入采购名单的、不同厂家的高精度接收机可互换,便于维修时的安装与拆卸,缩短故障修复时间。

基准站一体化机柜具有自检功能,装有多个感应器,以便对其运行状态进行监视,同时及时响应数据中心要求,定时自动对设备进行轮检,出现问题时实时报警。对发生的故障可以及时发送到数据中心,再通过短信发送到值班维护人员的手机上,大大缩短了故障发现时间,同时可以精确定位到各个模块,隔离和更换故障模块后可对系统发生的故障进行有效恢复,使故障影响降到最低。

同时基准站实现观测数据的有效备份,在北斗基准站接收机存储空间有限和数据冗余情况下,可自动删除时龄最长的数据,保证有效数据的安全。

基准站系统支持远端数据中心以远程方式对观测系统进行设置、控制和检测。设置内容包括北斗基准站接收机参数、电源参数;控制内容包括接收机启动与关闭、接收机参数的修改;检测内容包括网络状态、接收机状态、集成机柜状态、电源状态。

2. 网络系统可维护性

在国家数据综合处理系统部署网络管理软件,在网络联通的情况下排除各基准站接入路由设备的非物理性损坏故障,快速实现系统恢复。

3. 数据综合处理系统可维护性

数据综合处理系统的可维护性主要是通过自动化运维管理系统来实现,自动化运维管理系统是确保综合数据服务 PaaS 平台整体健康稳定运行的重要系统,必须具备高处理效率、高可靠性和配置灵活的特点,并且是界面统一、易于操作的实时信息处理系统。在自动化运维管理系统的设计过程中,需要遵循集中管理、统一流程、统一服务界面和统一组织管理的原则,使之成为运行管理的有力支持和保障。自动化运维管理系统不仅需要监控网络与应用,推动流程,还需要通过运维监控系统提供的统一数据交换机制以及事件处理平台,实现各类资源监控信息的集中展现。同时自动化运维管理系统还必须能够实时、规范处理各类运行维护工作,实现运维管理业务工作的闭环管理,最终实现信息系统的有序运行,保障业务工作的正常流转和高效运作。自动化运维管理系统组成如图 7 - 50 所示。

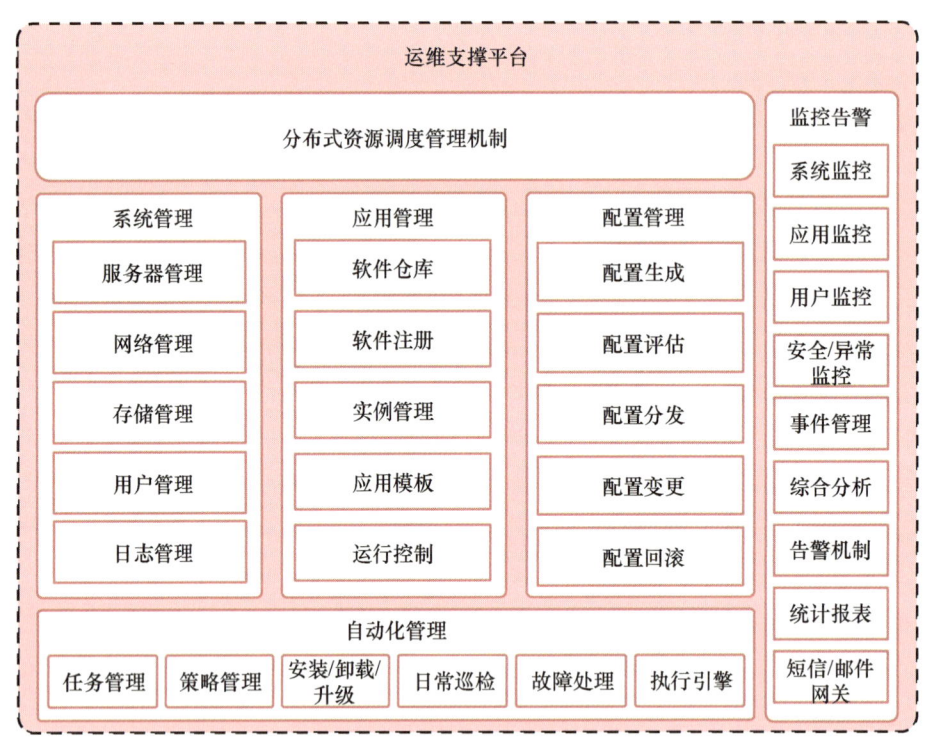

图 7 - 50　自动化运维管理系统

自动化运维管理系统将负责所有系统服务的部署、更新、监控和管理。该平台不仅可以对系统内的应用服务器进程进行监控管理,而且还可以对应用服务器内的业务线程进行监控管理,通过与群组通讯机制的协作,实现不同粒度的服务延展和迁移,满足各系统服务不同的多活体配置和流动性需求。该模块结合复杂事件处理模块,提供基于策略的自动化运维支持,可以根据不同系统服务的特性以及相应的常见管理任务和事件处理模式,定制具有针对性的自动化运维模板,实现高度自动化的系统管理。同时,为了实现及时、自动化的系统服务部署更新,资源调度管理软件还提供软件和配置仓库功能,对分析计算服务的软件包和相应配置进行统一集中管理,并支持以业务服务的视角实施部署更新。

1）资源管理

（1）资源监控。

① 支持系统监控,如 CPU、内存、网络、存储等。

② 支持对节点实时状态(如离线)的监控。

③ 可扩展对业务应用状态监控。

（2）资源调度。

① 整合物理机资源,建立统一资源池。

② 建立以数据中心、机柜等方式的资源视图和位置管理,提供远程控制台。

③ 支持对资源能力的精细化描述,以及对资源的生命周期的管理(创建、使用、回收等)。

④ 根据策略,支持对资源(比如虚拟机资源)的动态调度和分配。

（3）智能日志分析。

① 支持统一的日志采集,允许自定义采集策略。

② 支持对日志的智能关联分析,提供相关事件的智能分析。

2）服务管理

支持服务和构件之间的视图管理,并基于此完成服务的生命周期管理(部署、测试、上线、下线以及日常的启停、监控管理)。

（1）提供业务模板:定义业务包含的软件视图,一个业务模板可以生成多个业务实例。

（2）支持部署方案,在进行业务部署前需要进行一系列的操作,确定要安装的软件版本以及对应的配置包,将软件安装到指定节点上,修改软件的哪些配置。部署方案就是将上述过程中的配置信息预先定义并保存起来,使用部署方案来完成软件的部署以及配置的修改,支持业务部署的可重复性并减少部署出错的可能性。

（3）支持业务实例生命周期管理:业务实例的创建、删除、启动、停止等。

（4）支持业务的软件升级和配置修改。

（5）支持业务的手工或因为故障的自动迁移。

（6）支持业务的手工或在服务能力不足时的自动扩展。

（7）支持业务的手工或在低峰时处于节能降耗考虑的自动收缩。

（8）标准的软件包制作工具(可支持多种平台安装包的制作工具:Windows、Linux、AIX 等 UNIX 风格操作系统)。

（9）支持对软件包的规范管理(上传、下传、升级、依赖关系、版本等方面的管理和维护)。

（10）提供集中的配置管理,建立严格的配置版本管理。

3）配置管理

（1）提供配置仓库,实现对配置的规范管理(配置模板、动态配置项),正确维护配置和软件的关系。

（2）建立严格的配置版本管理机制,完成配置变更管理。

（3）提供软件升级时的滚动升级机制。

（4）提供配置变更的回滚机制。

4）监控告警

（1）支持对常规资源状态以及使用情况（如 CPU、内存、网络吞吐量、存储容量按照逻辑群组进行阈值设定）进行监控告警。

（2）支持用户自定义告警策略——如节点离线、进程失效、服务中断等进行告警自动化处理。

（3）支持多种告警方式：邮件、控制台信息、短信。

（4）通过定制化开发监控器，实现对分析计算服务和常见中间件、操作系统的监控。

5）自动化运维

（1）支持可视化的运维流程设计器，允许用户自定运维流程。

（2）支持内置各项运维流程中的环节和用户自定义流程环节设计并重。

（3）支持对运维流程执行的监控和结果反馈。

（4）业务持续性保障。

（5）支持应用与数据在资源层面的迁移。

（6）支持应用能力扩展，保证服务性能。

（7）故障诊断。

（8）利用告警等机制对关键故障进行监控跟踪。

（9）根据特定故障，实现快速隔离并修复。

（10）日常巡检。

（11）支持对业务、系统进行自定义巡检运维管理。

（12）租户隔离。

（13）支持多租户管理，支持多种隔离和控制手段。

（14）支持分级账户管理，更加贴近客户组织结构。

6）播发系统可维护性

数据产品播发系统采用模块化的设计思想，将不同的业务功能交由不同的软件模块实现，在出现故障时可快速定位到故障位置，从而针对故障进行及时有效的修复，也便于今后针对该类故障的 bug 排查和代码优化。

数据产品播发系统中所有软件均具备日常运行情况记录及主动（触发式）/被动（应答式）上报功能，对连接情况、用户访问情况、差分数据产品完好性等进行记录，若发现异常，则实时上报异常现象至运行监控系统，确保运维人员可第一时间发现故障并采取相应的解决措施。此外，日常运行情况的记录有助于故障的重现，为后续分析和总结故障原因提供有力的支撑。

参考文献

[1] 李洪力,张婷,栗靖.卫星定位服务系统(CORS)现状与主流技术分析[J].电子世界,2013(17):20-21.

[2] 解逊,吴娇,魏江东.CORS 系统在内河航道测量中的应用[J].科技风,2016(6):119.

[3] 刘安驰.论CORS系统在工程测绘中的具体应用[J].硅谷,2011(9):135.

[4] 李泽光.浅谈CORS系统在国土资源测绘中的应用[J].科技创新与应用,2012(31):44.

[5] 胡玉芹.论CORS系统的技术特点及在工程测绘中的应用[J].科技资讯,2012(30):14.

[6] 张熙,黄丁发,廖华,等.CORS网型结构对网络RTK服务性能的影响研究[J].武汉大学学报(信息科学版),2015,40(7):887−893.

[7] 于合理,郝金明,刘伟平,等.卫星钟差超短期预报模型分析[J].大地测量与地球动力学,2014(1).

[8] 刘鸿飞,姜卫平,汪燕麟,等.CGCS2000框架下区域CORS站数据联合处理[J].武汉大学学报(信息科学版),2014,39(2):161−165.

[9] 姜卫平,邹璇,唐卫明.基于CORS网络的单频GPS实时精密单点定位新方法[J].地球物理学报,2015(5).

[10] 李剑,张扬,谢华莉,等.HBCORS实时动态定位性能测试与分析[J].测绘地理信息,2012,37(2):32−34.

[11] 龚真春,杨晋强,白冰,等.GPS CORS系统实时定位精度检测方法探讨[J].测绘与空间地理信息,2011,34(3):88−90.

[12] 丁玉平,许友清.区域CORS系统的定位精度分析[J].测绘通报,2011(3):86−87.

[13] 蔡荣华,苏立钱,杨一挺,等.浙江省省级CORS系统RTK测试与分析[J].全球定位系统,2009,34(3):41−45.

[14] (美)James F. Kurose,Keith W. Ross.计算机网络—自顶向下方法[M].4版.陈鸣,译.北京:机械工业出版社,2009.

[15] 李峰,陈向益.TCP/IP协议分析与应用编程[M].北京:人民邮电出版社,2008.

[16] 黄静,朱欣远.4G移动通信关键技术及其展望探究[J].中国新通信,2014(24):119−120

[17] 卓业映,陈建民,王锐.5G移动通信发展趋势与若干关键技术[J].中国新通信,2015(8):13−14.

[18] 李章明.5G移动通信技术及发展趋势的分析与探讨[J].广东通信技术,2015,04:44−46.

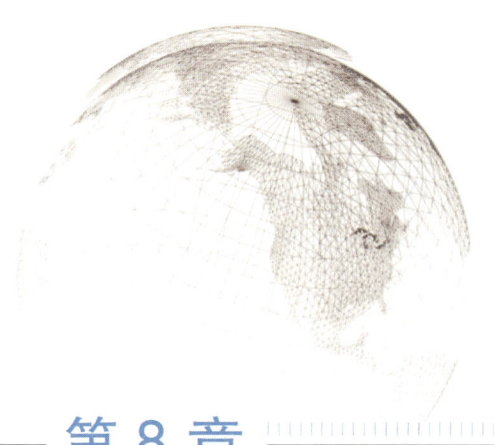

第8章

行业数据处理系统

8.1 国土资源行业数据处理系统

8.1.1 系统概述

随着国民经济建设快速发展,各部门对全球导航卫星系统(GNSS)、特别是我国自主建设的北斗卫星导航系统(BDS)的需求越来越高。北斗地基增强系统的建设使北斗卫星导航系统在各部门、各行业得到更为深入的应用,高精度北斗地基增强数据和产品增强了我国地理信息空间战略信息资源能力的建设。

国土资源是国家北斗地基增强系统的重要应用领域,北斗地基增强国土资源行业数据处理系统是国家北斗地基增强系统的重要组成部分。它担负着高精度北斗地基增强数据和产品在国土资源领域服务与应用,从而极大提升了国土资源行业规划、监管、开发、利用和保护水平。国土资源行业数据处理系统可以广泛地服务于国土资源领域各部门,满足国土资源行业发展对卫星导航定位技术的应用需求,对进一步整合与提升我国国土空间资源利用、满足国民经济发展对于国土资源的需求具有重要意义。国土资源行业数据处理系统将成为国土资源行业空间数据基础设施的重要组成部分。

国家自然资源航空物探遥感中心(简称航遥中心)作为自然资源部、中国地质调查局卫星相关工作的重要支撑单位,已完成北斗地基增强系统国土行业中心基础软硬件框架,实现国土北斗地基增强数据处理中心与国家北斗地基增强数据处理中心之间北斗地基增强产品的互联互通,并已研制出具备北斗地基增强数据接收、处理、存储、分发、播发等功能的数据处理中心软件,初步具备了面向国土资源行业应用的北斗地基增强服务能力。

随着国家北斗地基增强系统二期建设的开展,国土资源行业数据处理系统也进入二期建设。围绕"完善、提高、服务、应用"的国家北斗地基增强二期建设方针,国土资源行业北斗地基增强系统二期建设主要对北斗地基增强国土资源数据处理中心软硬件平台进一步扩充和完善。同时根据国土资源行业应用需求,研制具有北斗地基增强功能的国土资源行业应用软硬件产品。在此基础上,开展北斗地基增强国土资源行业典型应用示范。根据应用示范成果,制定北斗地基增强在国土资源行业领域应用的相关技术要求,为北斗地基增强在国土资源行业的全面推广应用奠定坚实的基础。

通过未来的建设,可进一步将北斗地基的高精度增强服务能力引入国土资源主体业务流程中,通过业务功能在终端上的固化和行业数据处理系统的工程化改造,推动第一期北斗地基增强产品体系效益的发挥和应用的落地,通过应用示范梳理出可推广的系列基础标准和操作要求,为全面推广行业应用、指导后续北斗体系发展以及减少国土资源行业内部各部门使用北斗地基增强产品的重复投入做出保障。

1. 国土资源行业数据处理系统建设的必要性

国土资源行业对北斗卫星定位系统的应用已具有明确的业务需求。土地资源调查与监测、地质矿产资源调查与监测和地质环境调查与监测等主要业务都需要利用卫星定位系统开展大量的野外踏勘、数据采集和核查工作。但目前普遍应用的卫星导航系统是美国的GPS,其数据安全保密性得不到保障。另外,我国自主建立的BDS虽然已基本实现全球信号覆盖,在国土资源行业内也得到一定的应用,但仍存在导航定位精度较低、实时性较差的问题。北斗地基增强系统的建设为北斗导航定位系统在国土资源行业深入广泛应用提供了良好的契机,国家北斗地基增强系统提供的米级、分米级、厘米级和后处理毫米级的北斗高精度位置服务能够覆盖国土资源行业的主要业务,在保障数据安全的前提下,满足国土资源行业的主要业务对导航定位的精度需求。

开展国土资源行业地基增强系统的建设,建立国土资源行业北斗地基增强数据处理和增强服务体系,大规模高精度地处理北斗地基原始数据和增强数据,生成具有国土资源行业特性的北斗地基增强产品,提供基于北斗地基增强系统的各类高精度位置服务,是北斗地基增强在国土资源行业中的广泛应用前提条件。国家在建立国土资源行业地基增强系统后,可以快速和精确地对北斗地基增强相关数据进行处理,为地质矿产、地质灾害、资源调查等应用提供北斗地基增强产品,在行业层面实现从北斗地基增强数据、北斗地基增强数据处理能力到北斗地基增强产品服务能力的全面共享,从而大大减少内部各部门使用北斗地基增强产品的重复投入,使系统建设投资效益最大化。

国土资源行业数据处理系统分两阶段建设完成。通过一期建设,实现了国土资源行业数据处理系统与国家数据处理系统的互联互通,可在行业节点有效组织和管理地基增强站点数据,并建立基于互联网(3G/4G)的播发链路和渠道,一期建设过程中在四川、新疆、浙江等示范区开展了测试与示范工作。但是,一期受制于系统建设经费和场地限制,尚未建立隔离机房以及相应的高精度产品解算分系统,同时外业测试验证与服务也主要是单点定位方面的应用场景,尚未将北斗地质增强产品与业务终端做紧密融合。通过二期建设,做好两业务终端软件功能研发,有效解决了上述应用问题,为迅速推广应用奠定了基础。

2. 国土资源行业数据处理系统建设需求分析

1) 总体需求情况分析

国土资源行业数据处理系统建设的主要任务是建立业务化运行的应用系统,长期、稳定、高效地把北斗地基增强数据转化为高质量的北斗地基增强产品,最大限度地满足国土资源行业对北斗导航定位系统的应用需求,为国土资源行业发展提供自主的战略信息资源保障。国土资源行业对北斗地基增强的总体需求见表8-1。

表8-1 国土资源行业需求汇总

业务领域	业务小类	定位精度需求
土地调查监测	土地利用现状(变更)调查	亚米级(1:1万)1m
		分米级(1:2000、1:5000)、厘米级
	地籍调查	1:500(城镇)5cm
		1:1000或1:2000(农村)10cm
	土地执法检查	1:1万(日常巡查)1m
		1:500(执法取证)5cm
	土地督察巡查	1:1万 1m
地质矿产调查监测	地质填图	(1:5万、1:25万)定位精度20m
	地质科研调查、物探、化探	(1:5万)定位精度20m
	矿产勘查	(1:1~1:5万)定位精度5~10m
	遥感地质异常查证	(1:1万)定位精度5~10m
	矿山监测	(1:5万~1:1万)1m
		(1:1000~1:5000)厘米级
	矿产执法检查	(1:500)厘米级
地质灾害调查与监测	地下水环境遥感调查与监测	监测点位定位精度米级
		监测点水位测量精度毫米级
	矿山环境调查与监测	(1:1万~1:5万)米级定位精度
	基于北斗卫星的位移监测	定为精度优于10mm
	地质灾害调查与巡查	灾害调查(1:1万~1:5万)米级精度
		群测群防定位精度优于10m

二期系统建设与应用示范工作主要围绕地质矿产、地质环境、矿山开发调查与监测等业务开展。

2）地质矿产调查与监测业务需求分析

地质矿产调查主要目的是查明区域成矿地质条件和矿产资源特征、揭示区域成矿规律、评价区域资源潜力和经济技术条件，提高地质矿产调查程度和研究水平，提升地质矿产工作服务资源安全、服务经济社会发展、服务生态文明建设的能力。目前国家主要部署的是1∶5万地质矿产调查工作。

1∶5万地质矿产调查室内主要工作内容包括：资料收集与综合分析，综合编图，矿产资源潜力评价，数据库建设，综合性和专题研究等。调查与成矿相关的地质体、构造、矿化蚀变等的特征、空间分布及其相互关系，矿床、矿点、矿化点的空间分布及其数量质量特征，掌握区域成矿地质条件，研究成矿规律，开展找矿预测，评价资源潜力，提出找矿方向。1∶5万地质矿产调查野外主要工作内容包括：矿产地质专项填图，遥感地质调查，物探，化探，矿产检查，钻探等；大型资源基地资源环境综合调查。

地质矿产调查的主要方式是通过北斗终端提供可靠的测量数据，除准确定位和导航外，通过该数据进行地质体测量，应用北斗准确测定勘探工程的布置和点位的设定。在山区需要用北斗准确测定地质剖面和线路，利用北斗接收机获取实地数据，方便、快捷、经济，可以减少野外工作量，缩短成图周期，克服了传统方法中的一些缺点。增强了数据的共享性，有利于数据的二次开发与利用。尤其当在地形复杂的地区进行地质调查时，由于山势复杂，受到自然条件的限制，北斗结合高分辨率遥感影像，能提升工作的准确性，提升工作效率。

在北斗的支撑下，尤其是北斗通信功能的支撑下，可实现野外调查数据的实时传输和共享，在检测监督时，覆盖整个检测范围，及时了解地质现象的变化，提前做出预防措施，保证工作效率。

3）地质环境调查与监测业务需求分析

地质环境调查/监测的对象包括水环境调查与监测、地质灾害调查与监测、矿山地质环境调查与监测、地质遗迹调查与监测、地表形变的调查与监测和土壤环境的调查与监测。业务主要包括地下水环境调查与监测、矿山地质环境的调查与监测、地质灾害调查与监测。

在地下水环境调查与监测过程中，根据工作需要开展不同精度和不同比例尺的调查与监测，调查与监测工程中需要开展大量的野外导航、野外定点、数据采集、测绘成图等方面工作，成果的表达形式主要是报告和图件。

矿山地质环境调查与监测的工作流程首先是要求收集调查与监测矿区的基础资料，掌握矿区地质环境背景条件和矿山基本信息等资料。在分析、汇总相关资料的基础上，开展矿山地质环境详细调查，根据工作需要确定调查精度。根据掌握资料和调查结果，确定矿山地质环境监测对象及监测要素，划分监测级别，规定监测精度。然后编写监测工作设计，明确监测网（点）类型、密度、位置、监测手段、监测频率、实物工作量等。按照审查批复的监测工作设计，布设采空塌陷、滑坡崩塌、地裂缝、不稳定边坡、含水层破坏、地下水污染、土壤污染、地形地貌景观破坏监测网。

地质灾害包括突发性地质灾害和缓变型地质灾害，突发性地质灾害主要包括滑坡、崩塌、泥石流等，缓变型地质灾害主要包括地面沉降和地裂缝等。无论是哪一类地质灾害，其调查与监测前期需要开展大量的野外踏勘、数据采集、核查等方面工作,监测任务实施阶段主要工作是针对灾害体等灾害监测目标的空间位移及其速率进行不同精度的监测,对导航和定位服务有明确的业务需求。

我国自主建立的 BDS 已在地质环境调查与监测行业内得到一定的应用,但相对于高精度形变监测,仍存在导航定位精度较低的问题;对于常规野外踏勘、选线等工作,则存在业务系统功能无法满足,部分应用野外实时性较差等问题。国家北斗地基增强系统二期的建设为北斗导航定位系统在地质环境调查与监测行业深入广泛应用提供了良好的契机。

4)矿产资源开发调查与监测业务需求分析

矿山执法监测是国土资源管理日常工作之一。国土资源管理部门通过掌握的矿业权数据进行现场踏勘、矿山开发现状调查、地质灾害发现治理、违法开采查处等手段,为国土资源管理后续相关决策提供重要支持。

根据现有全国矿产资源规划、采矿权和探矿权分布情况,通过矿山开采状况、矿山地质环境问题和矿山环境恢复治理状况等的遥感监测工作,获取客观基础数据,形成综合分析与评价报告,为国家制定矿产资源规划,保持矿产资源的可持续开发与利用,治理矿产地质灾害,综合整治矿区环境及维护矿业秩序等提供基础信息和技术支撑。

总体上,矿山执法监测需要北斗地基增强系统提供广域分米级、区域厘米级实时定位服务、广域米级实时定位服务。

8.1.2 总体建设

1. 指导思想

根据国家关于推进信息化建设的总体规划,在国家有关部委的领导下,按照国务院关于"统筹规划,国家主导,统一标准,联合建设,互联互通,资源共享"的要求,统一领导,分级负责,加强管理,利用国内外现有科技成果,充分挖掘北斗卫星导航系统的应用潜力,建立长期稳定运行的国土资源行业数据处理系统。

根据国土资源应用的实际需求与北斗地基增强系统定位精度获取能力,合理设计国土资源行业数据处理系统的各项技术指标和系统功能,确保系统正常运行后应用系统能最大限度地提供全面服务,达到北斗地基增强系统总体工程所确立的目标——形成"规划设计一张网,建设使用一张网",建设满足国家、行业、大众市场当前和今后北斗卫星导航高精度导航定位需求的高可靠的北斗地基增强系统。

2. 建设目标

通过国土资源行业数据处理系统一期建设,航遥中心已经完成了北斗地基增强行业数据中心软硬件框架平台的搭建,实现了与国家北斗地基增强系统之间的互联互通,研制出具备北斗地基增强数据接收、处理、存储、分发、播发等功能的数据处理中心软件,已经初步具备面向国土资源行业应用的北斗地基增强服务能力。国土资源行业数据处理系统第二阶段是在第一阶段建设成果的基础上实现如下目标:

（1）针对国土资源对北斗地基增强系统的应用需求，从数据处理种类、数据处理规模、行业应用类型等方面对现有国土资源行业数据处理系统数据处理中心软硬件产品进行升级完善，重点提升软硬件产品的稳定性、可扩展性和可用性。在此基础上，面向国土资源应用用户，搭建国土资源北斗地基增强综合应用服务平台，为北斗地基增强系统在国土资源的深入应用奠定坚实的平台基础。

（2）在系统建设一期研发的国土资源行业北斗地基增强应用终端原型系统基础上，研制面向国土资源应用的地质矿产调查与监测业务和地质环境调查与监测业务应用需求的北斗地基增强终端软硬件产品，为北斗地基增强系统在国土资源行业的深入应用奠定应用产品基础。

（3）根据国土资源行业数据处理系统建设成果，梳理面向国土资源应用的北斗地基增强相关行业应用规范，为北斗地基增强系统在国土资源行业全行业推广应用奠定标准理论基础。

（4）重点开展地质矿产调查与监测领域和地质环境调查与监测领域的北斗地基增强业务化应用示范。为北斗地基增强系统在国土资源行业全面推广应用奠定示范应用基础。

3. 主要建设内容

在系统一期建设成果的基础上，系统二期建设是对北斗地基增强国土资源行业数据处理中心软硬件平台进一步扩充和完善，同时根据国土资源应用需求，研制具有北斗地基增强功能的国土资源应用软硬件产品。在此基础上，开展北斗地基增强国土资源典型应用示范。根据应用示范成果，梳理北斗地基增强在国土资源应用的相关技术要求，为北斗地基增强在国土资源行业的全面推广应用奠定坚实的基础。系统二期建设内容具体可分为：

（1）针对国土资源对北斗地基增强应用需求，结合国家北斗地基增强系统二期建设目标和建设内容，对国土资源行业北斗地基增强数据中心一期建设中已开发研制的数据中心相关软件进行升级完善，系统二期建设将在原有软硬件系统基础上，对现有软硬件平台进行工程化改造，采用分布式架构对现有软件系统进行重构，提升平台稳定性、可扩展性和可配置性。

（2）二期建设在完善"数据中心"职能的基础上，重点是侧重于"管理中心"职能和"服务中心"职能的建设。根据上述建设思路，北斗地基增强国土资源行业数据中心二期是建立面向国土资源用户的北斗地基增强国土资源应用服务平台，实现"平台""用户"和"应用"三位一体的综合行业管理体系和服务体系，为北斗地基增强在国土资源行业的深入应用奠定应用平台基础。

（3）针对国土资源应用的地质矿产调查与监测业务和地质环境调查与监测等核心业务对高精度北斗导航定位的共性需求，研制融合北斗地基增强、高分辨率卫星遥感和移动互联网技术的国土资源业务终端软件产品，为北斗地基增强在国土资源行业的深入应用奠定业务终端基础。

（4）根据国土资源行业数据处理系统建设成果，梳理面向国土资源的北斗地基增强相关行业应用技术要求，为北斗地基增强系统在国土资源行业全行业推广应用奠定理论基础。

（5）开展地质矿产调查与监测领域和地质环境调查与监测领域的北斗地基增强业务化应用示范，为北斗地基增强在国土资源行业全面推广应用奠定示范应用基础。

8.1.3 主要功能及技术指标

1. 主要功能

国土资源行业数据处理系统是国土资源行业实现北斗地基增强业务化和产业化应用的关键系统。国土资源行业数据处理系统担负着数据接收、数据综合处理、数据分发、数据播发和行业应用服务等系列工作,国土资源行业数据处理系统应具备如下功能:

(1)接收国家北斗地基增强系统传输的国家框架网基准站原始观测数据和各类差分增强产品。

(2)对接收到的原始观测数据、各类差分产品、用户增强请求信息进行处理,对数据处理结果进行存储、分发和播发。

(3)将北斗地基增强数据产品通过无线通信、互联网等播发方式向用户提供各类北斗地基增强服务。

(4)根据国土资源行业产品规范,面向国土资源行业相关业务需求,提供各类行业应用的北斗地基增强产品以及卫星遥感影像。二期建设中涉及的国土资源行业主要包括矿山执法监测、地质矿产调查和地下水监测等行业。

(5)根据矿山执法监测、地质矿产调查和地下水监测等国土资源行业应用的具体需求,通过建立行业应用后台服务系统提供各行业数据采集、上传、存储、查询和分析等功能。同时为不同行业提供定制化的数据可视化展示与分析服务。对各行业相关数据、基础地理信息数据和遥感数据等多源异构数据进行组织与管理,通过数据库技术和大数据存储技术实现数据的快速查询检索,以及基于数据资源基本信息和行业应用情况的统计分析。

(6)通过应用管理子系统对系统中各子系统进行调度,对软硬件进行全方位的监控,并提供相关运行时状态统计图表。支持对系统中所需各项参数的自定义配置。持久化存储系统运行日志,记录异常信息,为系统的正常运行和管理维护提供信息支撑,为异常信息提供输出和溯源途径,保证IT运行监控和IT系统建设同步推进。

2. 技术指标

1)通信网络

(1)与国家数据中心接入带宽:2MB;

(2)网络时延:小于等于1s;

(3)网络可靠度:大于等于99.9%。

2)数据综合处理系统

(1)卫星数量:不少于80颗卫星;

(2)基准站数量:不少于50个基准站;

(3)卫星系统为BDS、GPS,支持GLONASS扩展。

3)数据播发系统

(1)播发体制为移动通信播发和互联网播发;

(2)覆盖范围:移动通信播发覆盖区域、国土资源行业内网以及有访问权限限制的互联网。

4) 行业应用终端

(1) 定位精度：水平 2m，垂直 3m；

(2) 数据时延：低于 15s；

(3) 终端帧率：60FPS；

(4) 终端启动时长：低于 30s；

(5) 可支持不少于 3 项国土主体业务的外业应用；

(6) 支持国产遥感数据和北斗数据的融合应用；

(7) 可实时推送和更新国产遥感数据；

(8) 支持外业调查数据可动态同步至内业管理平台；

(9) 外业采集数据语音输入准确度：不低于 90%。

5) 消息队列子系统

(1) 吞吐量：不低于 10000 QPS；

(2) 时延：低于 200ms。

6) 行业应用门户

(1) 页面加载时间：首次加载时间低于 5s，平均加载时间低于 2s；

(2) 吞吐量：不低于 1000 QPS；

(3) 最大并发数：不低于 200；

(4) 可统计北斗终端实时使用情况、月度及年度汇总数据等；

(5) 可被国家数据处理系统有效访问。

8.1.4 系统组成及接口关系、工作流程

1. 系统组成

国土资源行业数据处理系统是一个庞大的计算机硬件和软件集成的系统，同时也是一个自动化程度较高的专业化应用系统。经过一期建设，已经完成软硬件框架平台建设、数据综合处理分系统建设、数据传输和播发链路建设、行业应用小规模示范等工作。

二期建设是围绕增强已建成系统的可靠性、可扩展性和可维护性以及研发面向矿山执法监测、地质矿产调查和地下水监测等行业的行业终端系统和行业用户服务系统而展开。

根据国土资源行业数据处理系统的目标分析和功能需求，国土资源行业数据处理系统将是一个庞大的计算机硬件和软件集成系统，也是一个自动化程度较高的业务化运行系统（图 8-1）。考虑到系统功能的复杂性，拟采用"系统→分系统→子系统→软件"的分解模式，由软件完成单一的功能模块，由子系统完成独立的任务，由分系统实现系统的几大功能，最后完成国土资源行业数据处理系统的任务。

国土资源行业数据处理系统具备北斗地基增强数据接收、处理、存储、分发、播发等功能的数据处理中心软件，具体包括数据综合处理分系统、数据播发分系统、用户终端分系统和行业应用服务分系统，如图 8-2 所示。

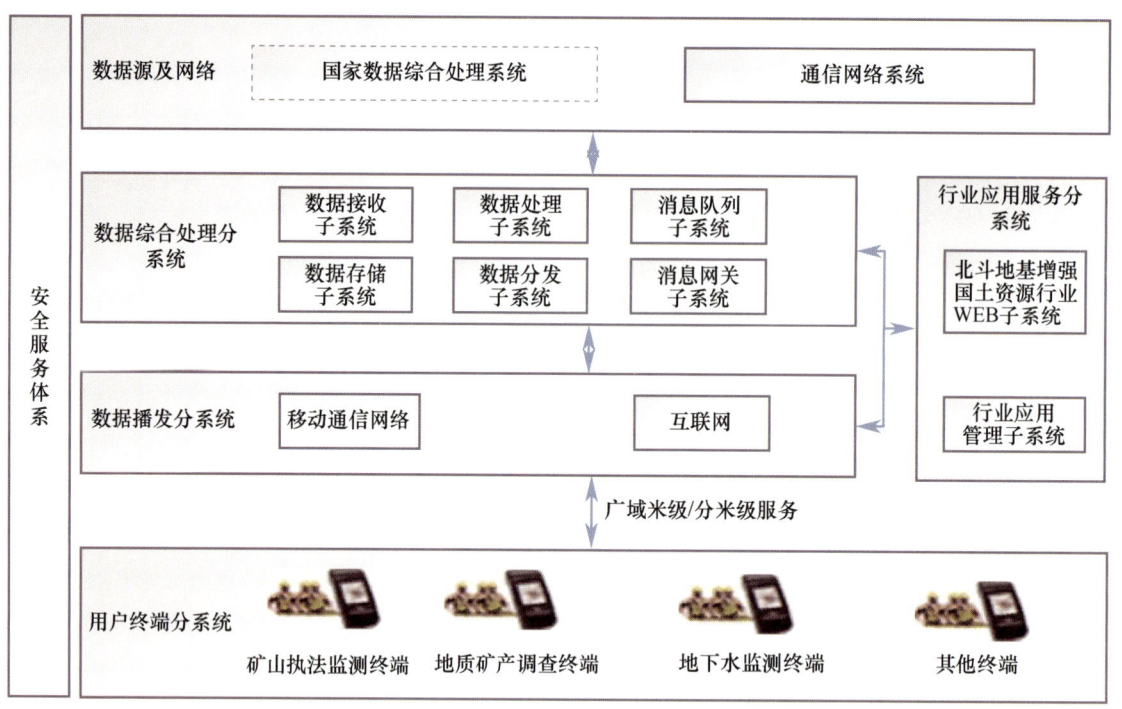

图 8-1 国土资源行业数据处理系统组成图

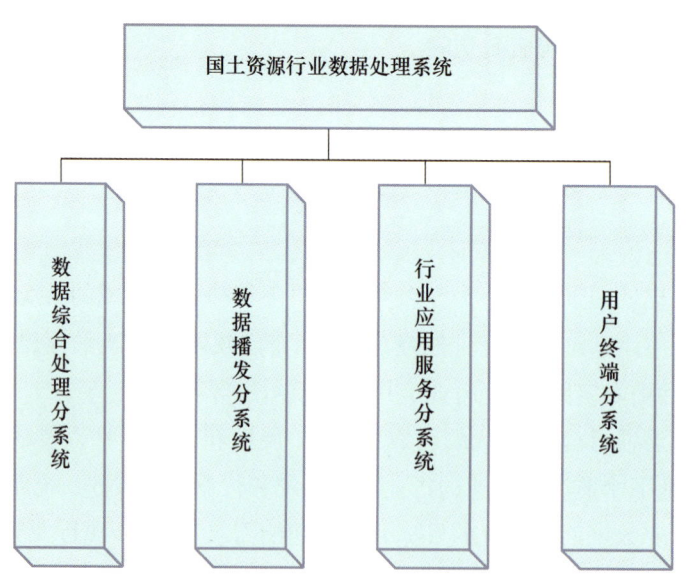

图 8-2 国土资源行业数据处理系统结构图

国土资源行业数据处理系统组成为：

（1）数据综合处理分系统：国土资源行业数据处理系统一期建设中的数据综合处理分系统，已经具备对接收到的原始观测数据和北斗地基增强产品进行数据预处理、数据归档、数据分发、差分数据生成等功能。为了进一步提升系统的可靠性及可维护性，二期建设拟采用分布式微服务架构对数据综合处理分系统进行重构。重构后的分布式微服务架构下的数据综合处理分系统内部各子系统可实现多实例并行处理、动态伸缩、负载均衡、自动配置等能够显著提升系统可靠性及可维护性的特性。

（2）数据播发分系统：国土资源行业北斗地基增强系统一期建设中的数据播发分系统，已经具备将各类北斗地基增强产品以移动通信、互联网等方式进行播发并为国土资源行业用户提供北斗地基增强服务的功能。二期建设中数据播发分系统的建设工作是重点围绕对既有功能的进一步完善、与新设计的分系统之间的整合和可靠性与可维护性的提升。

（3）行业应用服务分系统：负责为用户提供行业应用门户，使用户能够在 Web 页面对数据处理系统、数据播发系统、数据分发系统和行业应用后台系统进行管理。同时，分系统包含矿山执法监测、地质矿产调查和地下水监测等行业的行业终端系统后台，为终端系统提供行业数据存储、管理、查询和分析等服务。

（4）用户终端分系统：负责接收数据播发分系统播发的北斗地基增强数据产品，利用北斗地基增强数据产品解算生成高精度的导航定位数据，结合矿山执法监测、地质矿产调查和地下水监测等行业的业务需求，实现国土资源调查与监测的高精度导航定位功能。同时，终端分系统还可以为终端用户提供行业数据采集、上传、存储和分析功能。

4 个分系统间的逻辑结构见图 8-3。

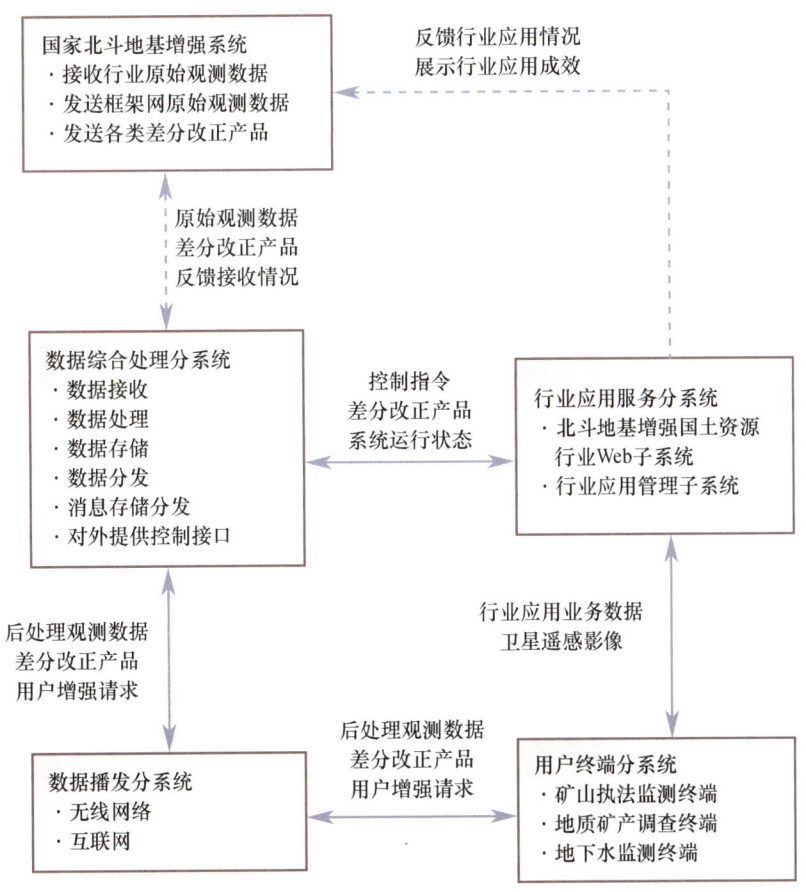

图 8-3 分系统间逻辑结构图

随着国土资源行业数据处理系统一期建设完成,国土资源行业北斗地基增强中心机房已经建成,用于系统的日常管理、系统运行和维护、原始观测数据及地基增强产品的接收、处理、存储、分发等服务。在二期建设中,国土资源行业数据处理系统的功能得到进一步扩展和完善,特别是数据综合处理子系统的分布式重构以及行业用户终端分系统和行业用户服务分系统的新增,使其对于服务器、网络等硬软件资源的需求也随之升高。因此面向国土资源行业应用的北斗地基增强系统二期建设需要对服务器、网络设备等硬件资源进行适当扩充。

2. 接口设计

1) 外部接口关系

国土资源行业数据处理系统外部接口关系主要是指与国家北斗地基增强系统之间的接口关系,接口关系如图 8-4 所示。

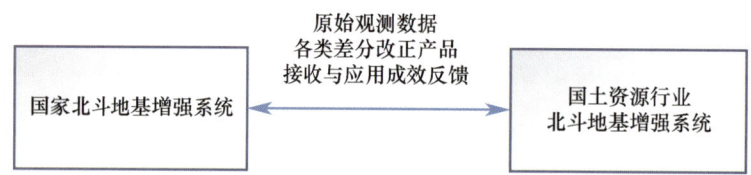

图 8-4 国土资源行业数据处理系统外部接口关系图

外部接口关系采用的接口协议主要包括:

(1) 实时数据传输协议(NTRIP):在发布传输频率较快,实时性要求高的数据和产品时,采用基于传输控制协议(TCP)的应用层协议,例如 NTRIP。为了保证实时性,实时数据在传输时不进行压缩。

(2) 文件传输协议(FTP):基准站使用基于 FTP 定制开发的协议传输文件数据,传输的文件按以下规定的数据文件格式进行存储。

外部接口关系的数据内容主要包括原始观测数据和北斗增强差分改正产品,具体描述如下:

(1) 原始观测数据类别:原始观测数据主要包括接收机到卫星的码观测值(伪距)、载波相位观测量、多普勒频移观测参数,还有反映信号质量的卫星失锁标志和信号强度等。这些数据主要存储为 RINEX 文件。数据传输格式参考《北斗地基增强系统基准站数据格式规范》。

(2) 北斗地基增强差分改正产品:北斗地基增强差分改正产品是对原始观测数据进行分析和综合处理得到的各级产品,产品类别定义见表 8-2。数据传输格式参考《北斗地基增强系统基准站数据格式规范》。

表 8-2 北斗地基增强差分改正产品定义

序号	信息类别	信息子类	文件格式	更新频率
1	星历产品	实时	数据流	1h
2	卫星钟差产品	实时	数据流	1s
3	电离层参数产品	实时	数据流	30s
4	电离层格网产品	实时	数据流	30min

国家北斗地基增强系统到国土资源行业数据处理系统发出的数据包括所有国家北斗框架网基准站实时观测数据以及各类北斗增强差分改正产品。国土资源行业数据处理系统到国家北斗地基增强系统的数据主要为国土资源基准站实时观测数据。

2) 内部接口关系

二期建设的国土资源行业数据处理系统内部接口关系主要包括数据综合处理分系统、数据播发分系统、用户终端分系统和行业应用服务分系统之间的接口关系,接口关系如图8-5所示。

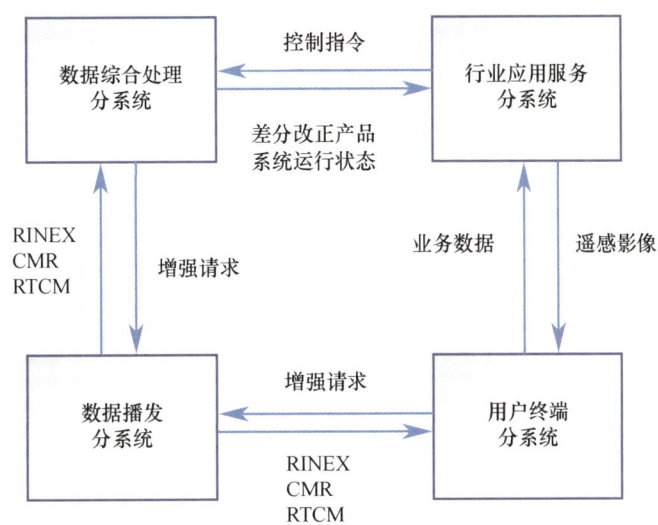

图8-5 国土资源行业数据处理系统内部接口关系图

内部接口关系采用的接口协议主要包括:

(1) 实时数据传输协议(NTRIP):在发布传输频率较快,实时性要求高的数据和产品时,采用基于TCP的应用层协议,例如NTRIP。为了保证实时性,实时数据在传输时不进行压缩。

(2) 文件传输协议(FTP):基准站使用基于FTP定制开发的协议传输文件数据,传输的文件按以下规定的数据文件格式进行存储。

(3) 超文本传输协议(HTTP):对于用户服务分系统的用户,采用HTTP以Web门户网站的方式为用户提供Web发布和系统综合管理等服务。

(4) 高级消息队列协议(AMQP):系统中基于此协议进行消息通信的子系统有数据接收处理子系统、配置管理子系统和消息网关子系统等。控制指令、指令回应和子系统运行状态数据等消息通过消息队列子系统接收并转发。

(5) 流文本定向消息协议(STOMP):用户服务分系统和数据综合处理分系统通过消息网关以STOMP传输控制指令和控制指令回应等数据。

内部接口关系的数据内容主要包括原始观测数据、北斗增强差分改正产品、子系统间消息通信数据、系统配置参数数据、行业应用数据等,具体描述如下:

(1) 原始观测数据:原始观测数据主要包括接收机到卫星的码观测值(伪距)、载波相位观测量、多普勒频移观测参数,还有反映信号质量的卫星失锁标志和信号强度等。这些数据主要存储为 RINEX 文件。数据传输格式参考《北斗地基增强系统基准站数据格式规范》。

（2）北斗地基增强差分改正产品：北斗地基增强差分改正产品是对原始观测数据进行分析和综合处理得到的各级产品。数据综合处理分系统到播发分系统传输的数据包括以 RINEX 格式存储的后处理观测数据、RTCM 格式和 CMR 格式的增强差分产品；播发分系统到数据综合处理分系统传输的数据包括用户提出的实时增强请求。播发分系统到用户终端分系统传输的数据包括以 RINEX 格式存储的后处理观测数据、RTCM 格式和 CMR 格式的增强差分产品。

（3）子系统间消息通信数据：数据综合处理分系统内各子系统之间的消息通信通过消息队列子系统统一接收与转发。基于"订阅 - 发布"模型的消息队列子系统有效地降低了子系统之间的耦合度，每个子系统功能高度内聚。子系统间消息主要包括控制指令、控制指令回应和实时运行状态数据等。

（4）系统配置参数数据：配置管理中心将系统中各子系统运行实例所需的配置进行集中管理，方便根据系统运行时的负载情况对各子系统运行实例进行实时配置和实例数量动态伸缩。各子系统与配置管理中心之间通过基于 HTTP 的 RESTful 接口传输配置参数等数据。各子系统传输到配置管理中心的数据主要包括当前系统运行时的配置信息。配置管理中心传输到各子系统的数据主要包括运行时新增或修改后的配置信息。

（5）行业应用数据：行业应用数据主要包括矿山执法监测、地质矿产调查和地下水监测等三个行业示范应用所产生和需要的应用数据。行业应用所属的用户终端分系统传输到行业用户服务分系统的数据主要包括行业应用新增表单数据。行业用户服务分系统传输到行业应用所属的用户终端分系统的数据主要包括行业应用查询表单数据各遥感影像数据等。

3）工作流程

国土资源行业数据处理系统从国家增强系统数据处理中心接受框架网原始观测数据和各类差分增强产品后，进行数据接收、数据处理、数据存储、数据转发、数据播发、用户服务和行业增强应用服务，工作流程如图 8 - 6 所示。

8.1.5　设计及建设方案

1. 概述

通过一期建设，航遥中心建立了与国家北斗数据处理系统的专线链路，可实时获取全国 175 个北斗框架网基准站的实时观测数据；依托自主研发的数据接收、数据综合处理、数据分发及数据播发等专业软件，初步形成国土资源行业高精度北斗导航服务支撑框架，并具备小规模示范服务能力，实现了将现有北斗导航终端的定位精度由十米级提升至亚米级，并具备进一步拓展毫米级高精度监测服务的能力；面向国土资源行业用户，重点针对国土资源调查、地质环境监测与调查、地质矿产调查与监测等领域，开展了需求调研及应用示范，受到用户关注和好评。

2. 系统功能、组成及工作流程

国土资源行业数据处理系统是国土资源行业实现北斗地基增强业务化和产业化应用的关键系统。国土资源行业数据处理系统担负着数据接收、数据综合处理、数据分发、数据播发和行业应

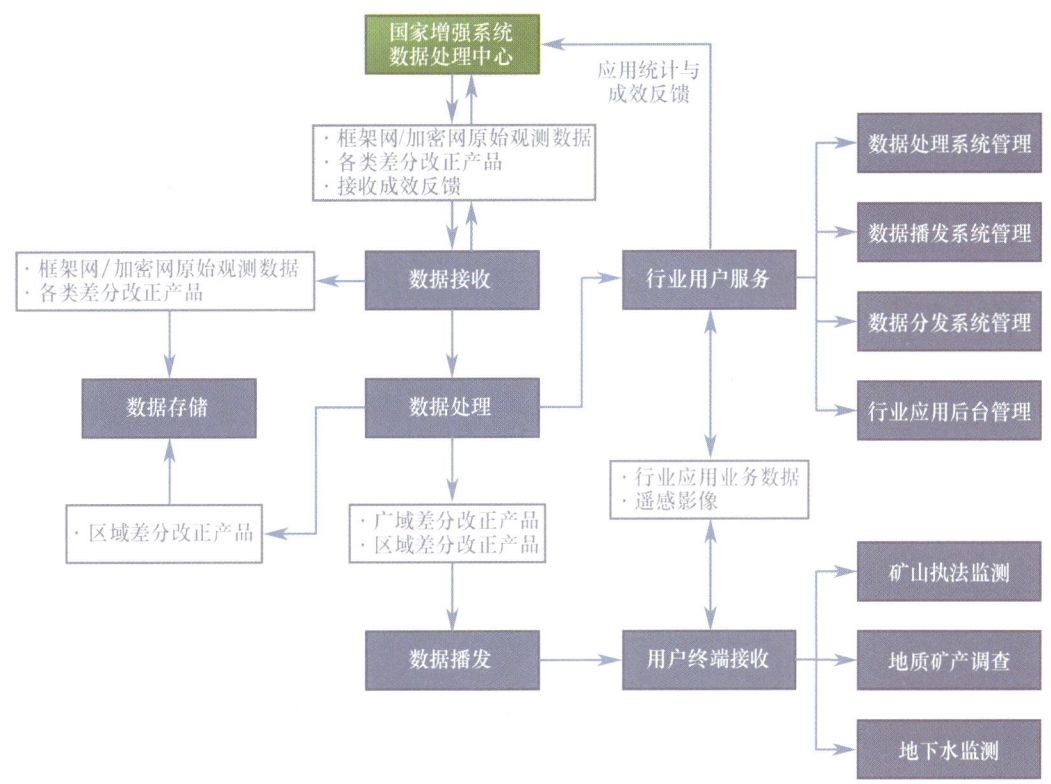

图 8-6 系统工作流程逻辑图

用等系列工作,国土资源行业数据处理系统应具备如下功能:

(1)接收国家北斗地基增强系统传输的国家框架网基准站原始观测数据和各类差分增强产品和国土资源行业北斗基准站传输的原始观测数据等;

(2)对接收到的原始观测数据、各类差分产品、用户增强请求信息进行处理,对数据处理结果进行存储、分发和播发;

(3)将接收到的国土资源行业北斗基准站原始观测数据分发给国家北斗地基增强系统;

(4)将北斗地基增强数据产品通过卫星通信、无线通信、互联网等播发方式向用户提供各类北斗地基增强服务;

(5)根据国土资源行业产品规范,面向国土资源行业相关业务需求,研发各类行业应用的北斗地基增强产品。

北斗地基增强国土资源行业数据处理中心软件系统依据应用层次和工作流程划分为4个子系统,分别为数据接收子系统、数据处理子系统、数据分发子系统和数据播发子系统,各子系统承担的功能独立,按照业务划分子系统合理,覆盖了整个北斗地基增强系统数据处理的全过程。子系统及其功能组成如图8-7所示。

国土资源行业数据处理系统从接收国家北斗地基增强系统传输的框架网基准站原始观测数据和各类差分增强产品、行业基准站原始观测数据后,进行数据接收、数据处理、数据存储、数据分发、数据播发和行业增强应用服务,工作流程如图8-8所示。

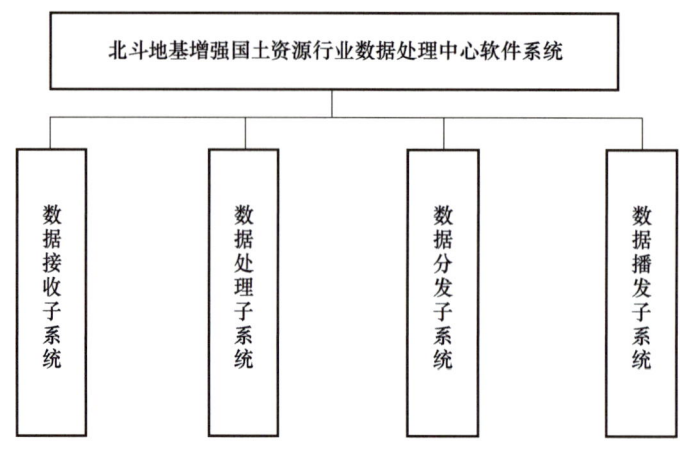

图8-7 系统功能组成图

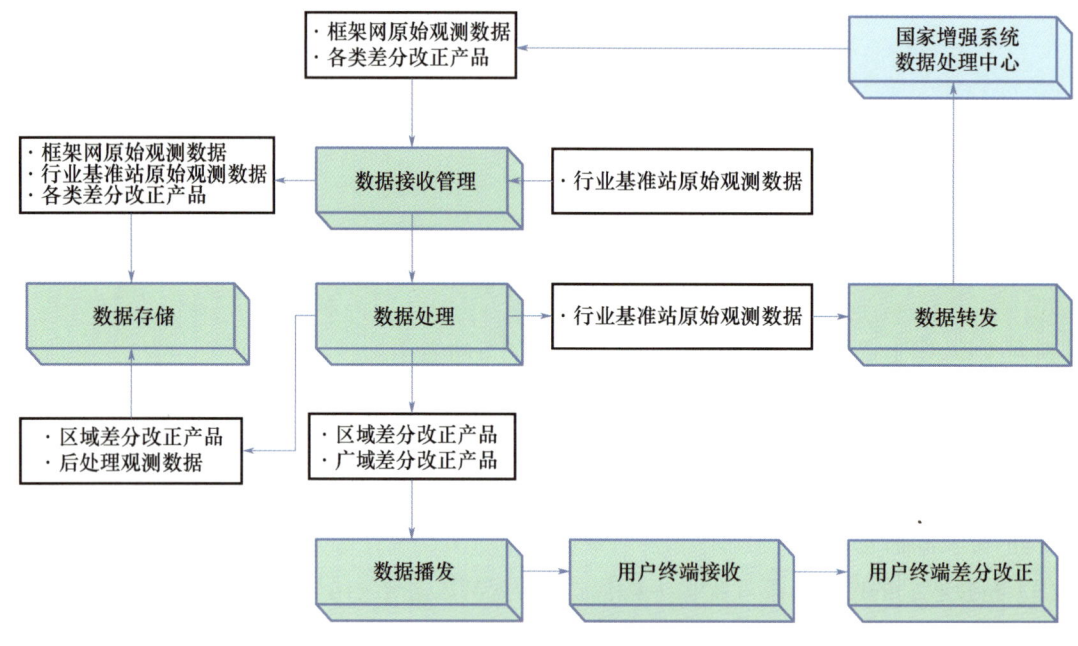

图8-8 系统工作流程逻辑图

1）硬件环境建设

国土资源北斗地基增强计算机支撑平台一期主要工作内容为接收国家地基增强数据服务中心推送的各个地基增强基准站获取的原始观测数据，进行具备行业特点的增强处理后通过多种方式进行实时播发至行业外业终端用户进行使用。

根据数据处中心设计和功能要求，北斗数据处理域部分采购了数据处理服务器2台、备份服务器2台；北斗数据播发域部分采购了数据存储服务器1台、数据播发服务器1台、备份服务器1台；北斗数据接入域部分采购了磁盘阵列一套（80T）。磁盘数据存储主要包括基准站的原始观测数据、流动站上传数据和系统数据处理差分改正数据。每个基准站按每秒接收40Kb的数据量计算,存储系统为175个基准站保留3个月的数据至少配备56TB有效存储空间。路由器4台、防火墙4台、交换机5台以实现与国家数据综合处理系统及3个国土行业应用示范基准站的互联互通。

硬件运行环境拓扑图见图8-9。

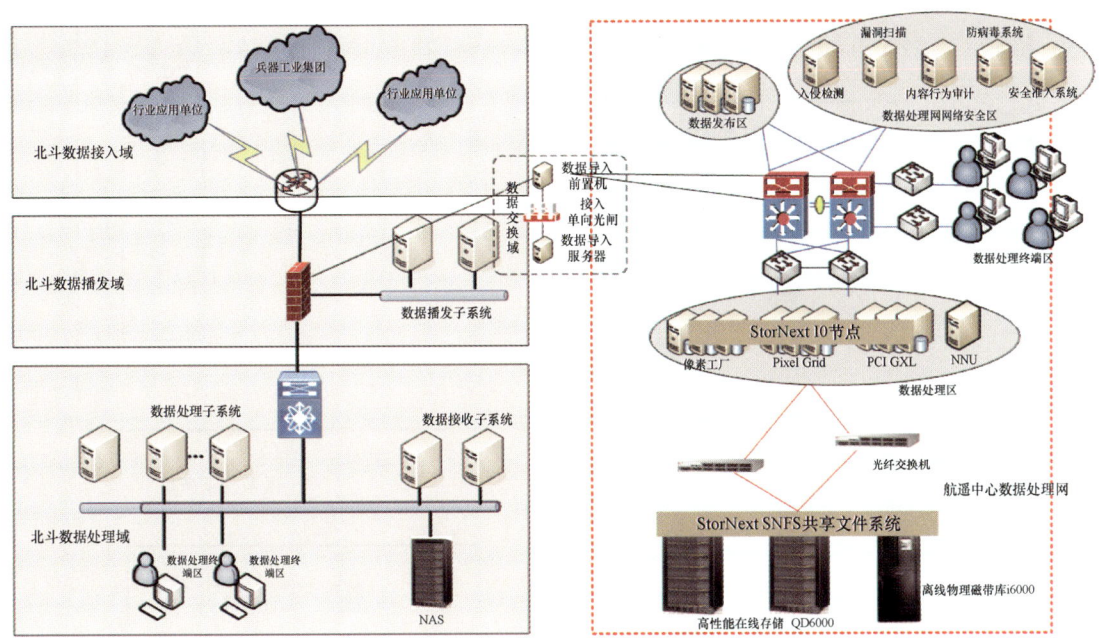

图8-9 运行环境拓扑图

2）数据综合处理分系统

数据综合处理分系统是整个国土资源行业数据处理系统的核心,主要由内部网络、数据处理软件、用户监控软件、数据库、服务器等组成。数据综合处理系统核心目的是对国家和国土资源行业基准站观测数据和北斗地基增强数据产品进行数据采集、数据处理、数据分发,为国土资源行业最终用户提供北斗地基增强服务。

国土资源行业数据综合处理分系统由数据处理子系统、数据分发子系统、基础支撑平台等组成,总体框架如图8-10所示。

数据综合处理分系统主要核心功能：一是接收国家数据综合处理系统发送的国家框架网基准站观测数据和各类北斗地基增强产品；二是对国家数据综合处理系统发送的国家框架网基准站观测数据和各类北斗地基增强产品进行数据分析、数据存储和数据分发。

数据处理子系统是整个数据综合处理分系统有效运行的保障,直接影响到系统服务的性能。子系统的功能主要包括数据接收和预处理功能、数据综合处理与区域差分增强产品生成等。数据处理子系统主要功能如图8-11所示。

数据分发子系统的主要功能：一是接收国土资源行业北斗地基增强基准站采集的原始观测数据,并通过专线向国家综合处理系统进行实时转发；二是接收数据处理子系统产生的国土资源行业区域差分产品,并分发到数据播发系统；三是将国家综合处理系统发送的各类地基增强产品分发到数据播发系统。

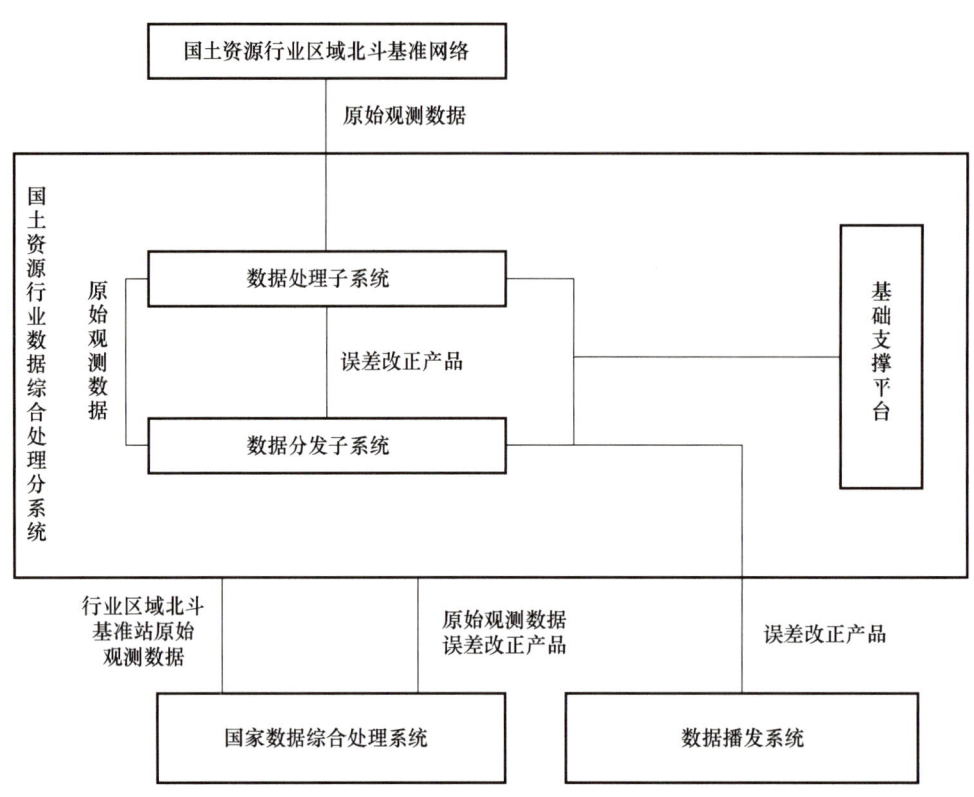

图 8-10　国土资源行业数据综合处理分系统总体框架

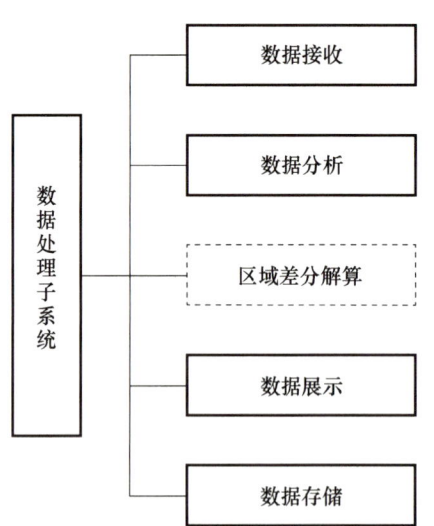

图 8-11　数据处理子系统功能结构图

　　为实现上述核心功能，数据分发子系统由数据接收、数据发布等部分组成。数据接收主要通过通信网络接收原始观测数据和增强信息数据，具体包括行业区域基准站发送的原始观测数据、国家数据综合处理系统发送的原始观测数据和差分增强产品、数据处理子系统发送的增强信息数据等。

数据发布负责将原始观测数据和增强信息数据进行对外发布,可提供 FTP 文件下载、Web Server 等多种方式,为行业、区域系统提供原始观测数据和增强信息数据。工作流程见图 8-12。

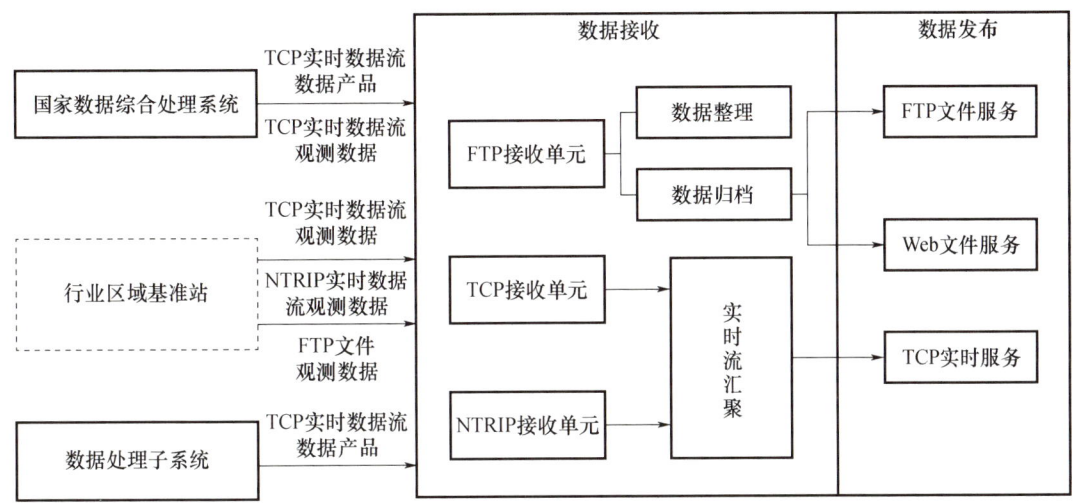

图 8-12 数据分发子系统服务工作流程

3)数据播发分系统

数据播发分系统(图 8-13)由数据播发平台和数据播发方式构成:

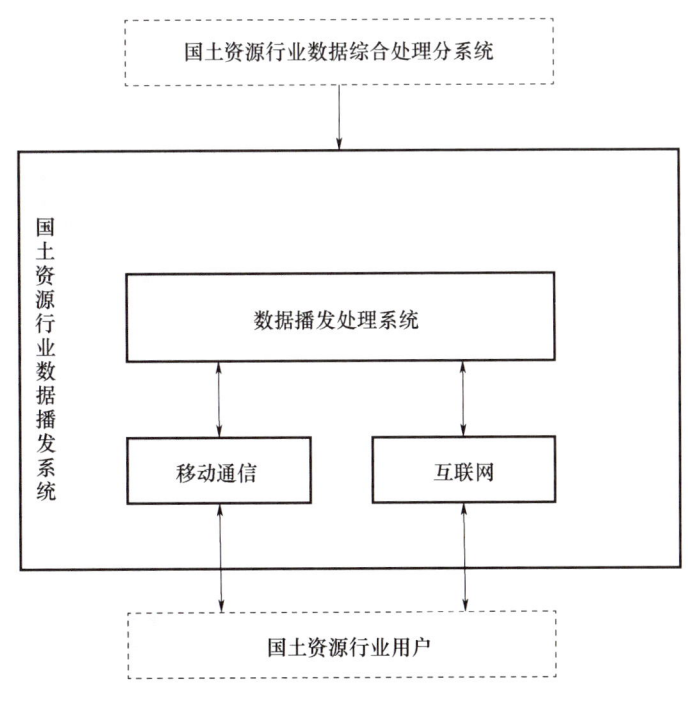

图 8-13 数据播发分系统组成框图

国土资源行业北斗地基增强行业用户对北斗地基增强数据在定位精度和实时性要求具有多样性特点,因此建立一个基于统一数据架构的数据播发平台来为国土资源行业用户提供基础层和数据层的服务;国土资源行业北斗地基增强数据播发主要采用移动通信和互联网两种播发方式,后期扩展卫星播发和地面广播播发方式。

数据播发分系统的主要功能有:

(1) 实时差分增强数据产品接收处理:从国家数据综合处理系统实时接收差分增强数据产品。

(2) 差分增强数据产品的管理:提供差分增强数据分类存储、查询、维护功能。

(3) 差分增强数据产品使用的认证、授权:对接入、使用差分增强数据产品的用户进行认证、授权。

(4) 差分增强数据产品的播发策略:将差分增强数据产品按照各类数据播发标准接口协议进行数据封装,并根据播发环境,采取相应的播发策略保证各类数据产品的可靠传输。

数据播发方案分为:

(1) 基于移动通信网络的播发方案:单向数据通信:采用单向数据通信时,用户数量不限,且全网统一播发误差改正数,流动站的误差在流动站处计算。终端用户只接收,不播发。

双向数据通信:双向数据通信方式对用户具有数量限制,采用此种通信模式时,用户发播自己的概略位置,数据处理系统计算相应的误差改正数或生成虚拟观测值,再回发给用户。

(2) 基于互联网的播发方案:互联网播发方案主要针对对定位要求较高的国土资源行业用户进行设计,重点考虑毫米级事后定位的国土资源行业应用。互联网播发提供所有参考站接收机每天观测数据的下载服务,授权用户可以登录网站下载参考站数据和相关北斗地基增强产品。

8.1.6 系统二期建设

1. 系统运行环境建设

国土资源行业数据处理系统的稳定运行需要相对独立的保密机房以及软硬件环境,需要对现有环境进行较大的改造和升级,其中保密机房的建设统筹考虑中心未来北斗和高分卫星应用系统的运行需求,以其他渠道资金为主开展建设;系统软硬件环境建设主要在本系统建设的支持下购置相应的服务器、存储及网络设备,分阶段完成本系统建设计算系统、存储系统及网络系统环境的建设。

航遥中心现有业务网的存储系统与计算系统已经趋于饱和,不可复用,强弱电系统可复用。根据国土资源行业数据处理系统的设计和功能要求,需要购置数据接收处理服务器2台,其中1台为主服务器,另1台为备份服务器;数据存储服务器1台;数据播发服务器1台;配置管理服务器1台;消息队列服务器1台;消息网关服务器1台;业务数据库服务器2台,其中1台为主数据库服务器,另1台为从数据库服务器;Web业务服务器2台,其中1台为主服务器,另1台为备份服务器;反向代理服务器1台;磁盘阵列1套(80TB)。磁盘存储的数据主要包括从国家北斗地基增强系统接收的原始观测数据和差分改正产品、地质矿产调查和地下水监测等行业应用产生的静态资源数据以及系统运行及操作日志数据等。设备清单及参数见表8-3。

表8-3 设备清单及参数

设备类型	数量	参考规格及要求
数据接收处理服务器	5	内存16GB,6核CPU,主频2660MHz,硬盘500GB
数据存储服务器	1	内存16GB,6核CPU,主频2660MHz,硬盘500GB
数据播发服务器	1	内存16GB,6核CPU,主频2660MHz,硬盘500GB
磁盘阵列	1	80TB
配置管理服务器	1	内存16GB,6核CPU,主频2660MHz,硬盘500GB
消息队列服务器	1	内存16GB,6核CPU,主频2660MHz,硬盘500GB
消息网关服务器	1	内存16GB,6核CPU,主频2660MHz,硬盘500GB
业务数据库服务器	1	内存16GB,6核CPU,主频2660MHz,硬盘500GB
Web业务服务器	2	内存16GB,6核CPU,主频2660MHz,硬盘500GB
反向代理服务器	1	内存16GB,6核CPU,主频2660MHz,硬盘500GB
行业路由器	1	包转率>40Mbps; 接口模块插槽>2; 支持基于带宽的负载分担与备份; 支持双主控
防火墙	4	最大配置为26个接口,默认包括3个可插拔的扩展槽和2个10/100/1000BASE-T接口。支持千兆多模光纤接口、千兆单模光纤接口、千兆电口以及10/100/1000M自适应电口
三层交换机	1	上行端口速率:1000Mbps 下行端口速率:1000Mbps 线速转发能力:大于13.2Mbps 背板容量:高于32GB 上行端口数量:4口 下行端口数量:24口
二层交换机	4	上行端口速率:1000Mbps 下行端口速率:1000Mbps 线速转发能力:大于13.2Mbps 背板容量:高于32GB 上行端口数量:4口 下行端口数量:24口
KVM	1	16口

2. 分系统建设

1) 数据综合处理分系统

（1）系统概述与功能。国土资源行业数据处理系统一期建设中的数据综合处理分系统已经具备对接收到的原始观测数据和北斗地基增强产品进行数据预处理、数据归档、数据分发、差分数据生成等功能。为了进一步提升系统的可靠性及可维护性，二期建设拟采用分布式微服务架构对数据综合处理分系统进行重构。重构后的分布式微服务架构下的数据综合处理分系统内部各子系统将可实现多实例并行处理、动态伸缩、负载均衡、自动配置等能够显著提升系统可靠性及可维护性的特性。

数据综合处理分系统主要具备以下功能：一是接收国家北斗地基增强系统传输的国家框架网基准站原始观测数据和各类差分增强产品；二是对接收到的原始观测数据、各类差分产品、用户增强请求信息进行处理，对数据处理结果进行存储、分发和播发。

（2）系统组成。数据综合处理分系统由数据接收子系统、数据处理子系统、数据存储子系统、数据分发子系统、消息队列子系统和消息网关子系统组成，如图8-14所示。

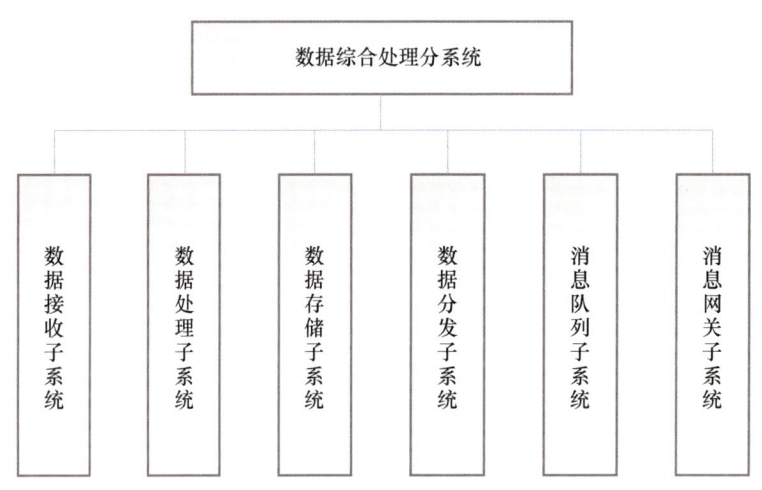

图8-14 数据综合处理分系统组成

（3）系统接口设计。数据综合处理分系统接口设计如图8-15所示。接口的数据内容与第一阶段类似，主要包括原始观测数据、北斗增强差分改正产品、子系统间消息通信数据、系统配置参数数据、行业应用数据等。

（4）系统工作流程。数据综合处理分系统从国家增强系统数据处理中心接受框架网原始观测数据和各类差分增强产品后，进行数据接收、数据处理、数据存储和数据转发等工作。工作流程如图8-16所示。

2) 数据播发分系统

（1）系统概述与功能。数据播发分系统主要是根据用户终端的需求，将接收到的国家数据综合处理系统的各类改正数进行处理后，向用户终端进行数据播发，具体播发方式在本阶段主要是基于移动通信和互联网两种方式开展。数据播发处理及播发功能包括：

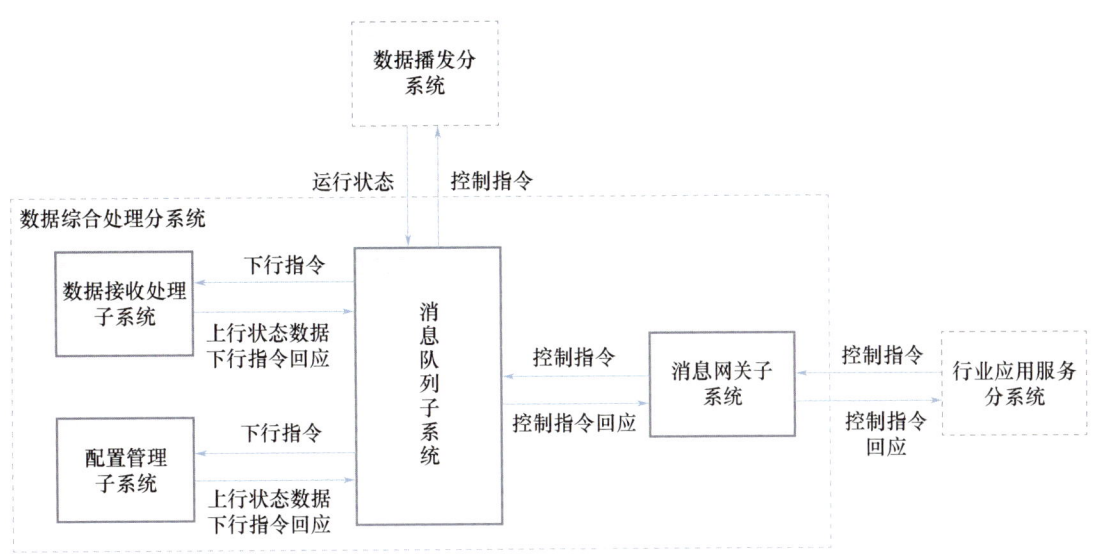

图 8-15 数据综合处理分系统接口设计

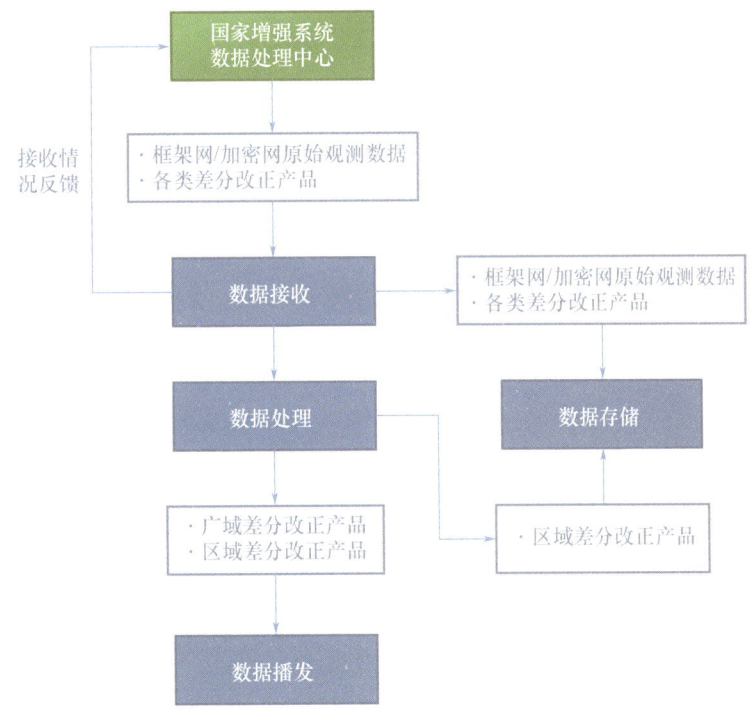

图 8-16 数据综合处理分系统工作流程

① 实时差分增强数据产品接收处理：从国家数据综合处理系统实时接收差分增强数据产品。

② 差分增强数据产品的管理：差分增强数据分类存储、查询、维护功能。

③ 差分增强数据产品使用的认证、授权：对接入、使用差分增强数据产品的用户进行认证、授权。

④ 差分增强数据产品的播发策略：将差分增强数据产品按照各类数据播发标准接口协议进行数据封装，并根据播发环境，采取相应的播发策略保证各类数据产品的可靠传输。

（2）系统组成。数据播发分系统由数据播发处理平台和播发数据接口构成，如图8-17所示。

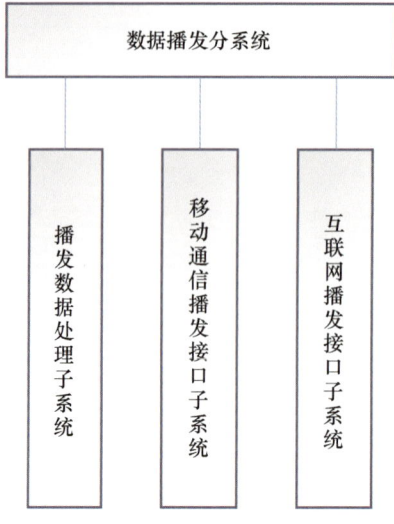

图8-17 数据播发分系统组成图

① 数据播发平台。国土资源行业北斗地基增强行业用户对北斗地基增强数据在定位精度和实时性要求具有多样性特点，因此建立一个基于统一数据架构的数据播发平台来为国土资源行业用户提供基础层和数据层的服务。

② 数据播发方式。国土资源行业北斗地基增强数据播发主要采用移动通信和互联网两种播发方式播发，主要在前期实现的基础功能上，根据消息队列等新的播发信息组织模式和机制，对播发系统的相关功能进行改造。

（3）系统接口设计。数据播发分系统相应的接口设计如图8-18所示。

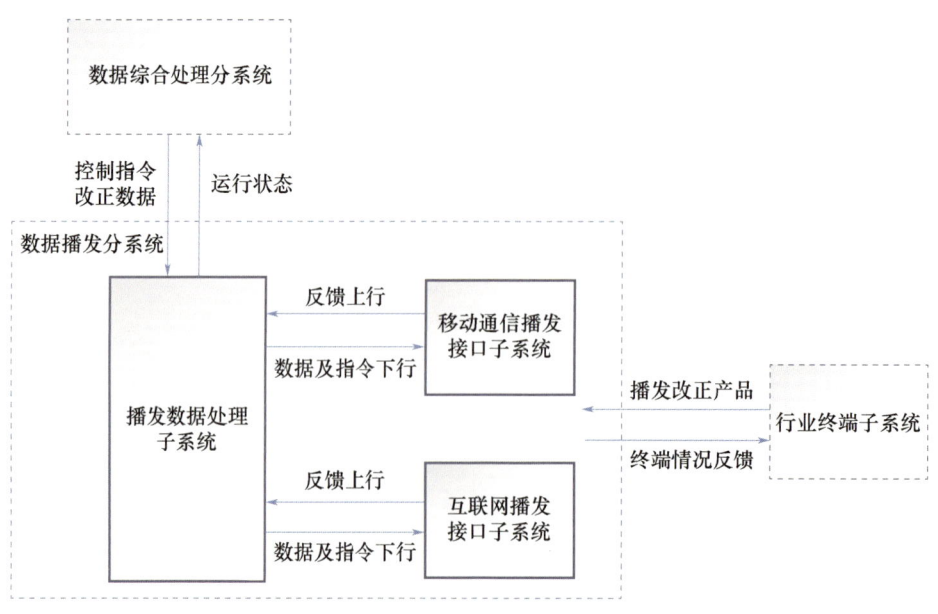

图8-18 数据播发分系统接口设计图

（4）分系统工作流程。数据播发分系统工作流程如图 8-19 所示。

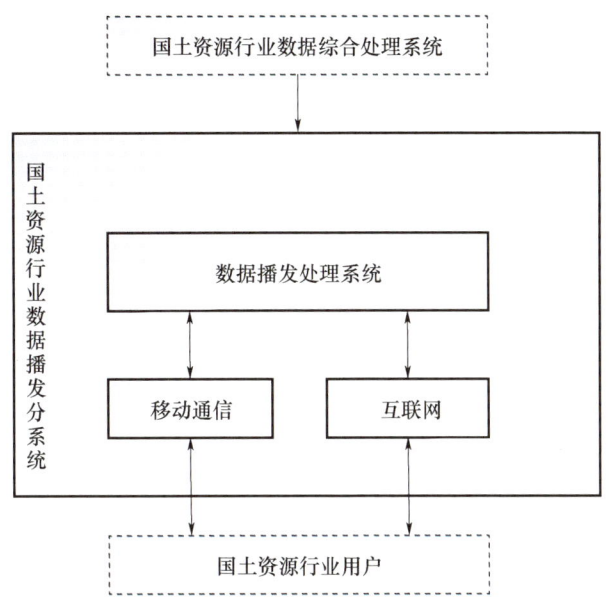

图 8-19　数据播发分系统工作流程图

3）行业应用服务分系统

（1）系统概述与功能。行业应用服务分系统是面向国土资源应用用户，提供国土资源地基增强系统门户入口以及地质矿产调查与监测和地质环境调查与监测等典型国土资源北斗地基增强行业应用管理服务。行业应用服务分系统由北斗地基增强系统国土资源 Web 子系统和行业应用管理子系统组成，主要完成如下功能：

① 门户主页为用户提供丰富的页面展示，实现展示北斗地基增强系统国土资源数据中心各个子系统的运行状态；

② 对数据处理子系统所接收到的原始观测数据和差分增强产品进行可视化展示，同时提供给用户基准站管理功能；

③ 对数据播发子系统所接收到的数据进行可视化展示，对第三方用户进行权限赋予，同时提供给用户基准站管理功能；

④ 提供给用户查询下载北斗地基增强原始观测数据和各类差分产品的功能，同时提供给管理员接口来管理 FTP 服务器信息以及基准站点信息，为北斗地基增强国土资源用户提供 FTP 服务和 Web 服务；

⑤ 提供行业终端后台管理功能，与行业终端进行交互，对行业终端上传的数据进行管理和存储，实时监测行业终端所处位置并在地图上显示。

（2）系统组成。国土资源应用服务分系统由北斗地基增强系统国土资源 Web 子系统和行业应用管理子系统组成，系统组成如图 8-20 所示。

（3）系统接口设计。行业应用服务分系统的接口关系（图 8-21）主要包括与消息网关子系统的接口关系和与行业用户终端的接口关系。

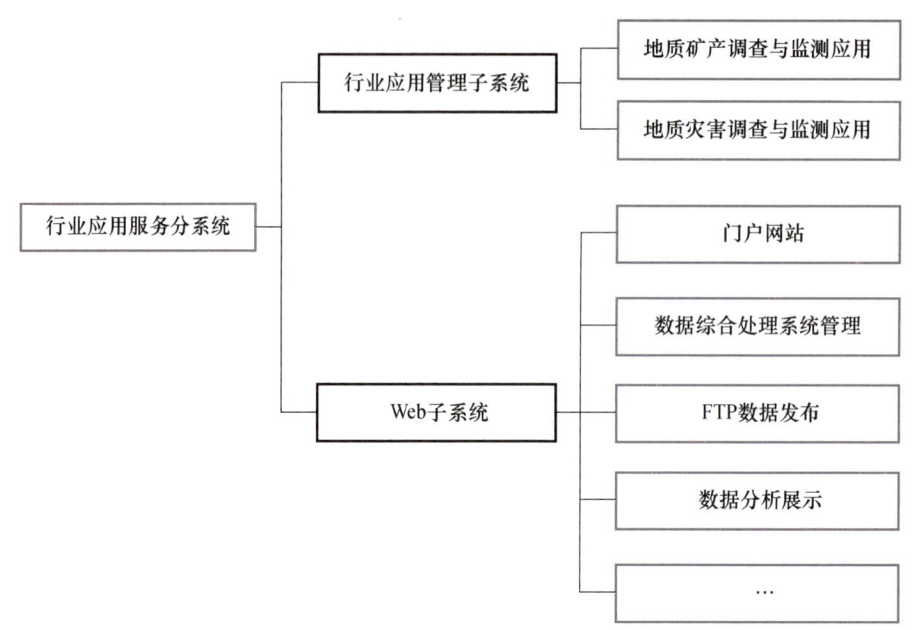

图 8-20 行业应用服务分系统组成图

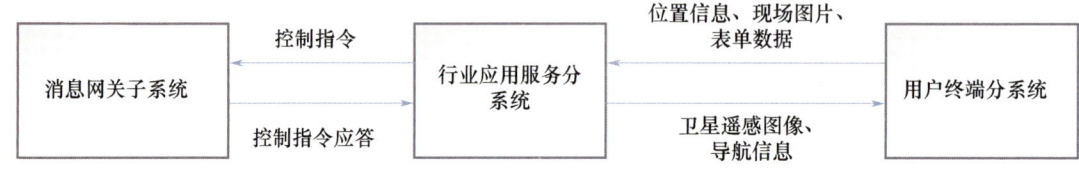

图 8-21 行业应用服务分系统接口关系图

行业应用服务分系统与消息网关子系统的接口数据内容：

① 原始观测数据。原始观测数据主要包括接收机到卫星的码观测值（伪距）、载波相位观测量、多普勒频移观测参数、反映信号质量的卫星失锁标志和信号强度等。这些数据主要存储为 RINEX 文件。数据传输格式参考《北斗地基增强系统基准站数据格式规范》。

② 差分增强产品。北斗地基增强差分改正产品是对原始观测数据进行分析和综合处理得到的各级产品。数据综合处理分系统到播发分系统传输的数据包括以 RINEX 格式存储的后处理观测数据、RTCM 格式和 CMR 格式的增强差分产品；播发分系统到数据综合处理分系统传输的数据包括用户提出的实时增强请求。播发分系统到用户终端分系统传输的数据包括以 RINEX 格式存储的后处理观测数据、RTCM 格式和 CMR 格式的增强差分产品。

③ 控制指令和控制指令应答。控制指令是由指令发送方行业应用服务分系统发出的带有指令接收方和具体操作的数据包，控制指令应答是指控制指令接收方接收到控制指令之后向行业应用服务分系统发送的应答消息。

行业应用服务分系统与用户终端接口数据内容：

① 行业应用服务分系统与用户终端接口数据内容主要包括终端位置信息、调查点图片、卫星

遥感数据和行业应用表单数据等。

② 在野外调查过程中,行业应用服务分系统向用户终端传送的数据主要包括调查点卫星遥感数据、导航路线等信息,用户终端向行业应用服务分系统传送的数据主要包括调查点所在位置信息,调查人员通过终端拍摄的调查点图片,以及调查点相应的表单数据。

(4) 系统工作流程。行业应用服务分系统由北斗地基增强系统国土资源 Web 子系统和行业应用管理子系统组成,为北斗地基增强系统国土资源用户提供子系统运行状态监控、用户终端管理等服务,具体的工作流程如图 8-22 所示。

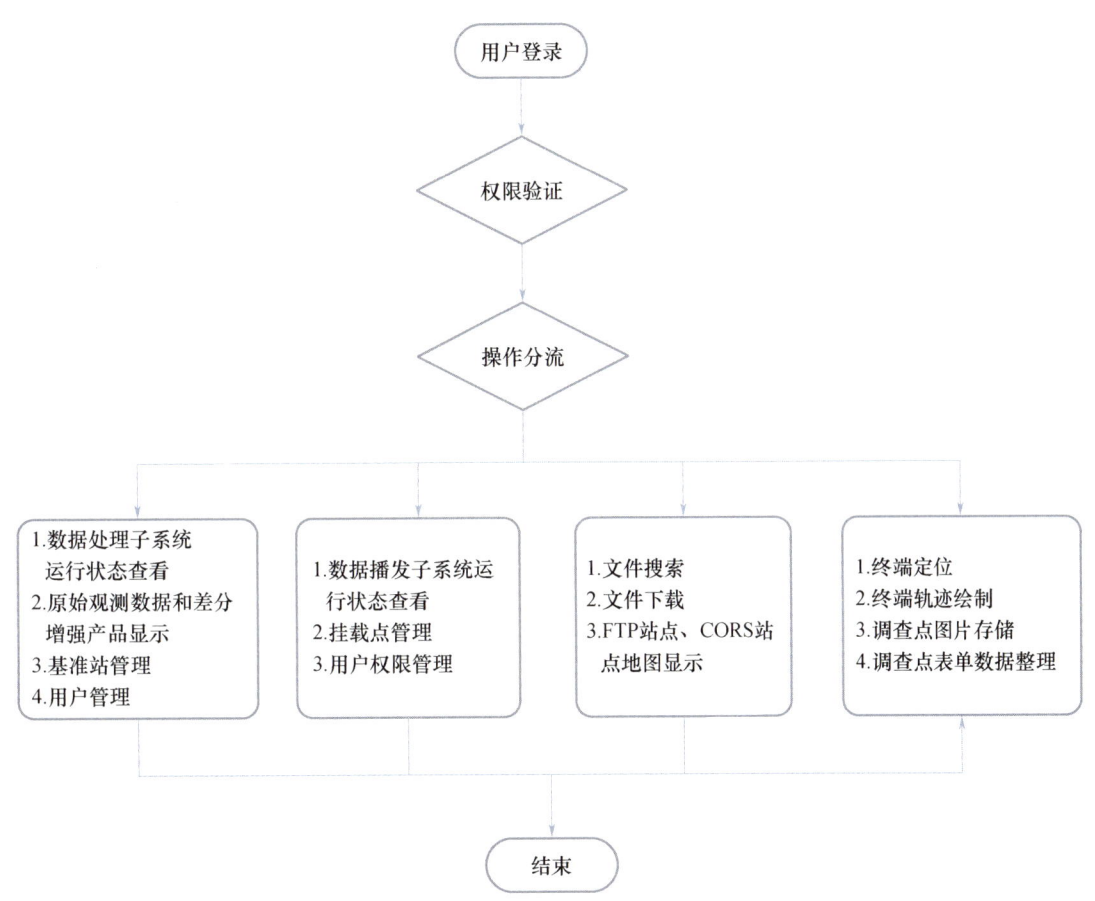

图 8-22 行业应用服务分系统工作流程图

4) 用户终端分系统

(1) 系统概述与功能。用户终端分系统作为北斗地基增强系统国土资源的重要组成部分,是将北斗地基增强产品与国土资源业务紧密结合的重要一环。用户终端分系统主要由终端硬件和业务应用软件组成,能够充分发挥北斗系统的优势,结合硬件发展的最新进展,为国土资源用户提供北斗地基增强服务。

北斗手持终端的通信链路设计如图 8-23 所示。

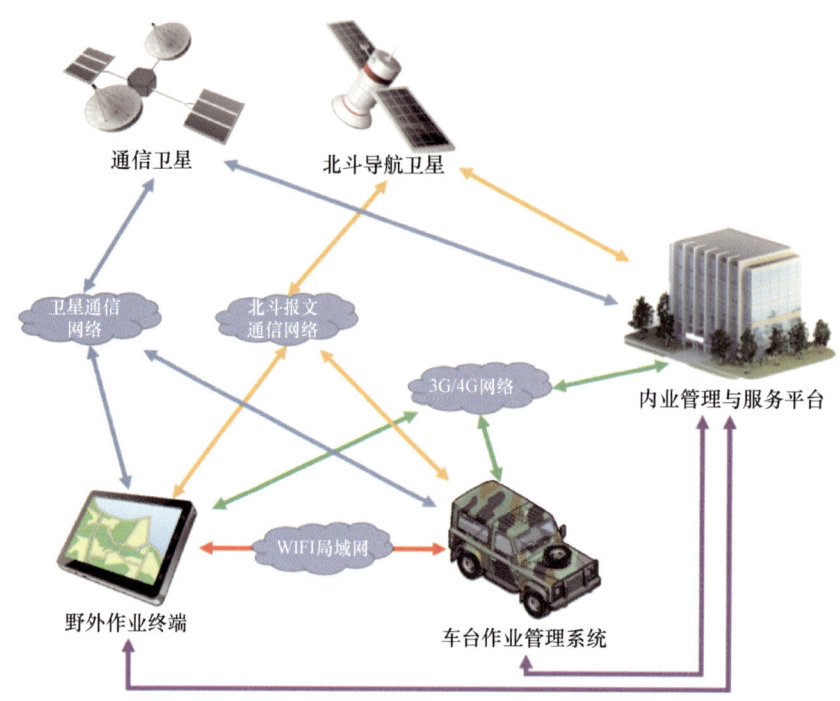

图 8-23　北斗手持终端的通信链路设计

（2）系统组成。用户终端分系统由终端硬件、嵌入式软件和业务应用软件组成，其中嵌入式软件主要由北斗接收模块、通信模块、解析模块、坐标转换模块、计算模块、精度分析模块及业务应用接口模块组成，系统架构如图 8-24 所示。

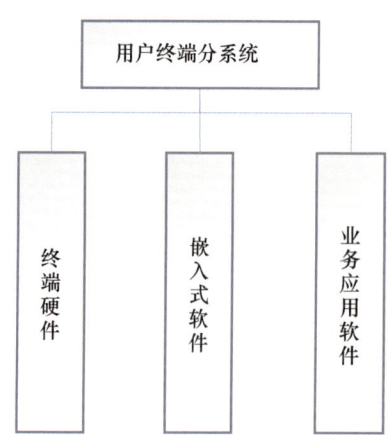

图 8-24　用户终端分系统

（3）系统功能。北斗用户终端功能包括：

① 北斗手持终端业务应用软件主要功能设计如图 8-25 所示。

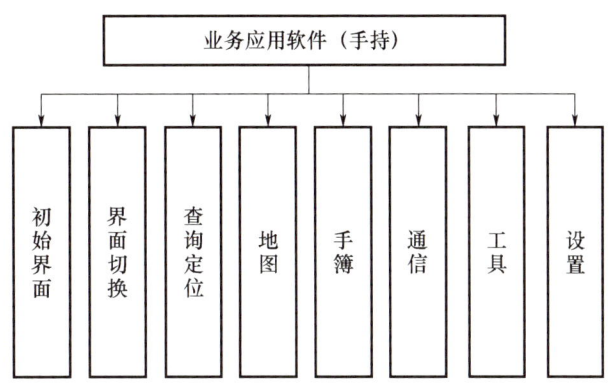

图8-25　手持终端业务应用软件功能设计图

❖ 北斗地基增强定位功能。接收北斗导航卫星的导航信号,对北斗地基增强差分改正数据进行处理,提取卫星轨道、卫星钟差、电离层等各类改正数。将设备自身接收的北斗观测数据与北斗地基增强差分改正数据融合处理,提高定位精度。

❖ 查询定位(界面见图8-26)。查询定位功能是用户查询本机和外界资源的功能。可查询地名、航迹、记录点、工具、通信录等信息,查询结果以列表显示。

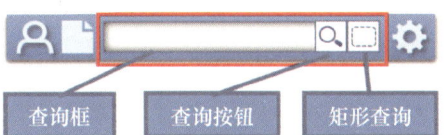

图8-26　查询定位界面

❖ 地图功能(界面见图8-27)。地图功能主要包括地图文件、查询定位、底图切换、缩放平移、航迹管理等功能。通过导入遥感影像及专题图,实现野外地图功能。

图8-27　地图功能界面

◆ 手簿功能(界面见图8-28)。手簿功能是为国土资源应用提供业务功能的界面,以记录点为主要的调查组织形式。

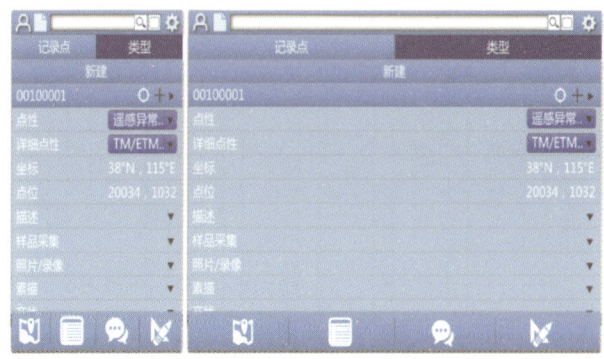

图8-28 手簿功能界面

◆ 通信功能(界面见图8-29)。通信功能是为国土资源应用提供对外信息联系和组内信息交互功能的界面。通信功能可实现位置上报、与外界进行消息通信等。

图8-29 通信功能界面

◆ 工具功能。工具功能是为国土资源应用提供辅助调查工具的界面。主要包括控制点编辑、量测工具、图像采集、点片采集等功能。

◆ 设置。设置功能主要包括地图设置、通信链路设置、数据同步设置、定位设置等。

② 北斗车载终端业务应用软件功能设计如图8-30所示。

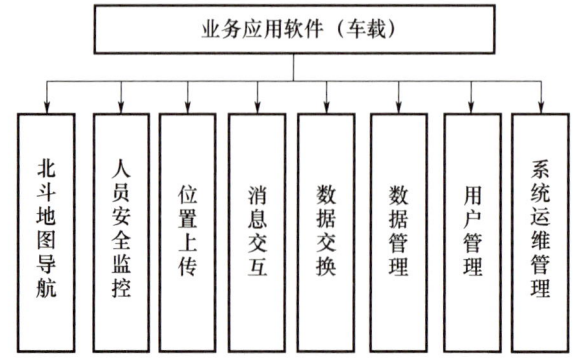

图8-30 车载终端业务应用软件功能设计图

❖ 北斗地基增强定位功能。接收北斗导航卫星的导航信号,对北斗地基增强差分改正数据进行处理,提取卫星轨道、卫星钟差、电离层等各类改正数。将设备自身接收的北斗观测数据与北斗地基增强差分改正数据融合处理,提高定位精度。

❖ 北斗地图导航功能。地图导航是利用北斗定位功能,通过加载地图及遥感影像图,实现地图导航的功能。

❖ 人员安全监控。对手持北斗终端进行定位显示,完成人员的安全监控。

❖ 位置上传和消息交互。利用北斗的定位功能和短消息功能,实现位置上传、与手持终端以及与管理部门的消息交互。

❖ 其他功能。包括一些提供辅助调查工具以及数据设置的功能。

(4) 分系统工作流程。国土资源用户终端的工作流程如图 8-31 所示,针对国土资源不同的业务需求,结合具体的业务流程,研制不同的终端应用软件,以实现对北斗地基增强产品的应用。

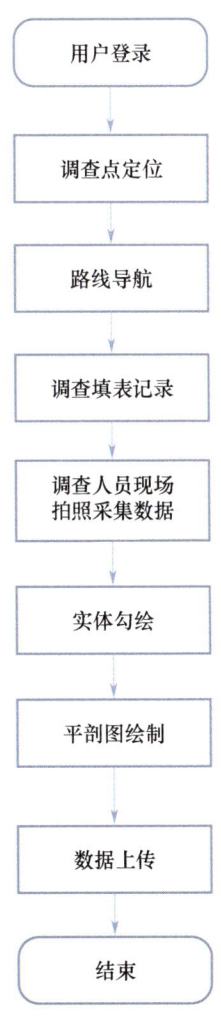

图 8-31　用户终端工作流程图

8.1.7 关键技术

1. 面向国土资源行业应用的3S集成技术

近年来,地理信息系统技术、卫星遥感技术、北斗卫星导航技术等在地质矿产调查与监测、地质环境调查与监测、土地资源调查与监测等国土资源行业的核心业务领域已得到了广泛深入的应用。随着北斗地基增强系统和国产高分辨率卫星遥感的不断发展,将北斗地基增强系统和国产高分辨率卫星遥感技术应用于国土资源行业业务领域已经成为未来的发展趋势。本系统建设在国土资源用户终端软件研制过程中将地理信息系统技术、高分辨率卫星遥感技术、北斗地基增强技术无缝集成,通过面向国土资源行业应用的3S集成技术实现国土资源应用的业务需求。

2. 面向国土资源行业应用的大数据存储技术

第二阶段建设的重中之重是加速加大行业应用范围和行业服务领域,要做好应对未来北斗地基增强系统可能出现的用户数量爆发性增长情况的准备。从数据层面来看,国土资源行业数据处理系统数据具有典型的大数据特征。因此,在系统架构设计和数据库选型上需要以大数据存储思维来考虑。国土资源行业数据处理系统数据具有结构化数据和非结构化数据并存的特征,因此考虑同时采用 RMDBS 和 NoSQL 的数据技术,满足国土资源行业数据处理系统数据存储、数据分发、数据播发以及应用服务的现阶段和今后的需求。

3. 基于分布式架构的消息队列技术

国土资源行业数据处理系统在第二阶段的建设中拟对第一阶段的软件系统进行重构,在保留原系统功能的同时,对各项功能进行拆分和拓展,形成分布式的微服务架构。此架构下的子系统数量较第一阶段显著增多,各子系统分工更加明确和细化,系统整体更加高效与可靠。

数据综合处理分系统重构的结果导致子系统间相互通信变得复杂。而消息队列技术可以有效地解决这一问题。在分布式微服务架构系统中,使用消息队列作为系统中的统一消息代理来构建一个共用的消息主题让系统中所有的微服务实例都连接上来,形成消息总线。在消息总线上的各个实例都可以方便地广播一些需要其他实例接收的消息,或者对某一特定实例点对点地发送自定义消息。消息队列使得国土资源行业数据处理系统可以高效地解耦所含各子系统的通信过程,高效地进行通信调度并最小化子系统之间的依赖。这对于提升本系统建设的可靠性及可维护性有显著作用。

4. 北斗地基增强系统行业应用系统模块化技术

国土资源行业数据处理系统中的行业应用服务分系统由北斗地基增强系统国土资源 Web 子系统和行业应用管理子系统组成,主要完成如下功能:

(1)门户主页为用户提供丰富的页面展示,实现展示北斗地基增强系统国土资源数据中心各个子系统的运行状态;

(2)对数据处理子系统所接收到的原始观测数据和差分增强产品进行可视化展示,同时提供给用户基准站管理功能;

(3) 对数据播发子系统所接收到的数据进行可视化展示,对第三方用户进行权限赋予,同时提供给用户基准站管理功能;

(4) 提供给用户查询下载北斗地基增强原始观测数据和各类差分产品的功能,同时提供给管理员接口来管理 FTP 服务器信息以及基准站点信息,为北斗地基增强国土资源用户提供 FTP 服务和 Web 服务;

(5) 提供行业终端后台管理功能,与行业终端进行交互,对行业终端上传的数据进行管理和存储,实时监测行业终端所处位置,并在地图上显示。

行业应用服务分系统中以子系统、模块的层级对系统功能进行了拆分与分类,每个模块实现特定的功能和相互独立的一组方法。模块的拆分有利于更好地管理和维护 Web 网页的业务逻辑,使得各子系统按照各自需求去使用不同的模块组合。

然而,模块的拆分伴随而来的是功能模块数量的显著增多,模块之间存在复杂的依赖关系。为了构建高可维护性的行业应用服务分系统,二期建设中将引入面向国土资源行业数据处理系统的 Web 模块化技术。前端系统的 Web 模块化技术遵循软件设计领域的"高内聚低耦合"原则,它不仅能够提高开发和维护效率,还能够有利于多人协同开发。它可以很方便地解决文件依赖问题,无需考虑引用包顺序,同时避免全局变量污染,方便代码的复用和后期的维护。

另一方面,由于国土资源行业数据处理系统中的行业应用服务分系统以 B/S 架构向各种不同角色的用户提供定制化的用户给服务,不同用户具备的权限往往不同,运行在浏览器端的 Web 网页程序不可避免地存在被用户篡改的可能性。消息网关子系统能够对来自 Web 端的用户身份进行验证和鉴权,并对非法请求进行过滤,保证系统的安全。与此同时,由于面向国土资源行业数据处理系统的 Web 模块化技术的引入,行业应用服务分系统 Web 服务器能够对不同角色、具备不同权限的用户响应符合用户权限的定制模块化网页内容,确保消除在用户浏览器端的安全风险。

因此面向国土资源行业数据处理系统的 Web 模块化技术的引入对于提升国土资源行业数据处理系统的可维护性、可靠性和安全性具有重大意义。

8.1.8 集成测试与运维方案

1. 系统集成测试方案

1)总体测试框架

集成测试是系统建设工作中的重要组成部分,通过对系统具备的功能、性能和可靠性等指标进行全面验证与评估,检验是否达到设计要求,为系统交付验收和运行提供依据。

系统集成测试总体框架见图 8-32。

系统集成测试的总体思路是先基于试验测试系统进行测试验证与设备优选,然后再开展各阶段的集成测试,包括试运行阶段的集成测试和正式运行阶段的集成测试。

2)试验验证阶段测试

集成测试流程中,拟先构建国土资源北斗地基增强数据中心平台试验测试系统(作为整个系统的一部分),通过试验测试系统对北斗地基增强系统总体技术方案进行测试验证。

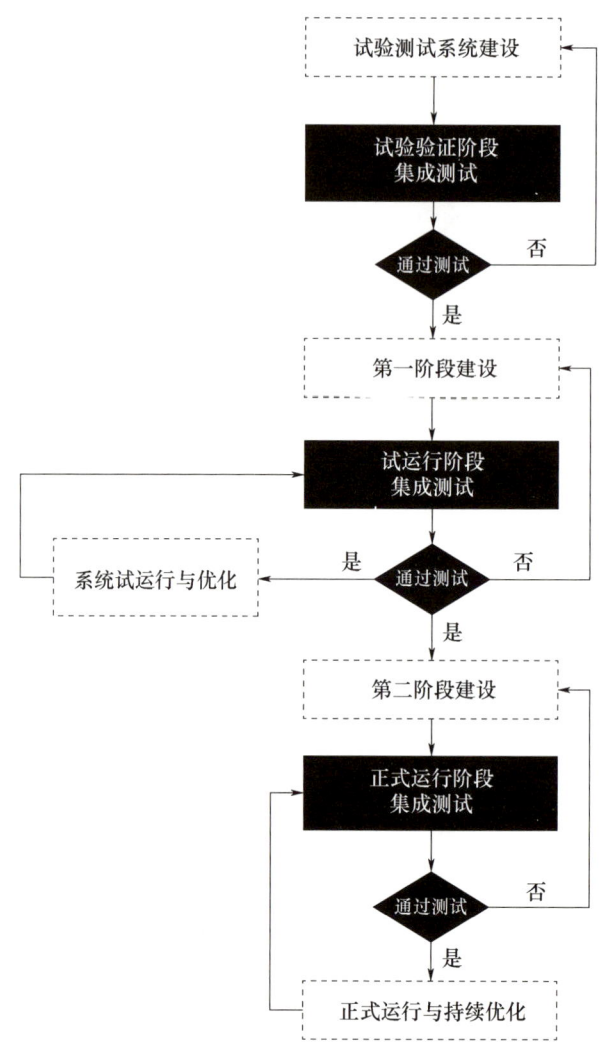

图 8-32　系统总体框架图

试验测试验证阶段分三轮,各轮测试的主要目标及内容如下:

（1）第一轮主要验证国土资源数据中心与国家数据综合处理系统间的网络链路,以及所传输的框架网基准站原始观测数据及各类差分产品的正确性及稳定性。

（2）第二轮主要验证国土资源数据中心内部的网络链路,分别验证数据处理子系统与数据播发子系统、数据处理子系统与消息队列子系统、消息队列子系统与消息网关子系统、消息网关子系统与行业应用服务分系统之间的传输链路,以及所传输的原始观测数据、差分增强产品和各类控制指令的正确性以及稳定性。

（3）第三轮在上一轮测试的基础上,验证数据中心与行业终端以及应用网络之间的传输链路,验证各类差分产品的正确性及稳定性以及行业终端应用的可用性和稳定性。

3）试运行阶段测试

系统试运行阶段重点进行系统功能测试、系统稳定性测试、系统安全性测试等。

（1）系统功能集成联试。功能性测试的目的主要是测试国土资源行业数据处理系统行业应用系统是否具备设计所涵盖的功能，包括各类基本数据提供功能、各类行业应用功能等。

（2）系统稳定性测试。系统稳定性主要表现在以下几方面：在正常运行状态下，系统连续运行时间是否达到设计要求；系统的容错能力要保证系统在允许的数据错误率情况下能正常运行；在正常用户请求情况下，在长时间运行中系统响应和数据传输率是否保持平稳。主要包括系统监测稳定性测试、系统可靠性测试、增强数据产品可靠性及稳定性测试、系统计算成果稳定性测试。

（3）系统安全性测试。系统安全性测试是要检验国土资源行业数据处理系统中已经存在的系统安全性措施是否发挥作用。安全性测试主要包括以下方面：

① 测试设计中用于提高系统安全性、可靠性的结构、算法、容错、冗余、终端处理等方案；

② 对系统安全性进行分析，明确没有一个危险状态和导致危险的可能原因，进行针对性测试；

③ 测试系统恢复和重置功能，评价恢复时间，并对每一类导致恢复或重置的情况进行测试；

④ 是否使用了用户权限管理、防火墙等，权限分配是否合理；

⑤ 测试系统对漏洞攻击的防御性能；

⑥ 使用系统容错性进行正面攻击；

⑦ 申请和占用过多的资源压垮系统以破坏安全措施，从而进入系统；

⑧ 故意使系统出错，利用系统恢复过程，窃取用户口令及其他有用信息；

⑨ 通过残留在系统资源中的垃圾，获取口令、安全码、译码等重要信息；

⑩ 通过浏览全局数据，期望找到进入系统的关键字；浏览逻辑上不存在但物理上还存在的各种记录和资料。

4）正式运行阶段测试

系统正式运行阶段的测试内容与试运行阶段一致，除了要进行第一阶段的系统功能测试、系统性能联试等测试外，为确保系统安全稳定的运行，重点开展系统稳定性和安全性测试。

2. 运维方案

1）系统运行管理机制

为保证国土资源行业数据处理系统建设的顺便开展，以及在2020年前构建完成国土资源行业地基增强体系，系统建设需要建立具有针对性的管理机制：

（1）建立国土资源北斗地基增强管理机构。建立包含系统建设领导小组、系统建设专家委员会、系统建设日常管理办公室的"国土资源北斗地基增强系统建设管理机构"，机构主要职责为制定和完善北斗地基增强系统的发展规划及日常运行维护机制、支撑并监督系统的长期稳定健康运行、沟通协调国家及其他行业系统的关系及接口、统筹系统建设资源的调配、保证国土资源北斗地基增强系统建设目标的实现。

（2）建立健全国土资源行业数据处理系统各项管理程序。包括系统日常运维管理相关规定、数据安全保密相关规定、数据共享机制、区域精密定位服务跨区域协调机制、网络站点准入与退出机制、站点运行管理评估机制等。

（3）遵循并完善北斗地基增强系统相关标准规范。一方面，遵循总系统建设制定的各类北斗地基增强系统相关标准规范；另一方面，针对国土资源行业的应用特性，制定并完善适用国土资源

行业数据处理系统的相关标准规范,上述规范具体包括:

①《北斗地基增强系统总体规范》;
②《北斗地基增强系统基准站建设规范》;
③《北斗地基增强系统基准站数据格式规范》;
④《北斗地基增强系统数据处理协议规范》;
⑤《北斗地基增强系统差分数据产品分发与交换接口规范》;
⑥《北斗地基增强系统基于中国移动通信网数据播发接口规范》;
⑦《北斗地基增强系统基于中国移动多媒体广播(CMMB)播发接口规范》;
⑧《北斗地基增强系统C波段转发式卫星播发接口规范》;
⑨《北斗地基增强系统调频副载波播发接口规范》;
⑩《北斗地基增强系统L波段卫星播发接口规范》;
⑪《北斗地基增强系统数字音频广播(CDR)播发接口规范》;
⑫《北斗地基增强系统基准站系统验收规范》;
⑬《北斗地基增强系统数据综合处理系统建设与运维规范》;
⑭《北斗地基增强系统高精度定位导航应用终端通用规范》;
⑮《北斗地基增强系统安全保密管理规定》;
⑯《北斗地基增强系统基准站入网管理规定》;
⑰《北斗地基增强系统应用服务规范》等。

2)系统日常运行维护

航遥中心负责数据综合处理系统、数据播发系统、相应网络链路(包含国家数据综合处理系统与国土资源数据综合处理中心之间的网络链路、国土资源数据综合处理中心与移动通信播发运营商之间的网络链路、区域网基准站至国土资源数据综合处理中心之间的网络链路)的运行维护。

运行维护的主要任务是确保北斗地基增强系统正常运行,为各类用户提供可靠的数据与产品服务,为北斗地基增强系统提供日常维护,保证系统安全可靠运行,开展相关的系统维护研究与管理。具体任务包括:

(1)数据与产品完整性:对系统各组成部分的数据与产品进行完整性检查;

(2)数据与产品准确性:通过对数据和产品的质量检查与评估,使数据与 产品的准确性保持在允许误差范围之内;

(3)通信网络畅通性:保证全年全天全时传输网络的畅通;

(4)运维档案完整性:建立完整的运维技术档案,确保各级部门通过调阅运维技术档案,了解该系统的使用、维修、停运、性能检验等全部历史资料,进而对系统各台设备的运行情况做出正确评估;

(5)建立系统维护所需备品、备件及消耗品型谱库,制订每年的备品、备件采购计划;

(6)制订每年的系统维护检修计划,并报有关管理机构批准;

(7)制订每年的培训计划;

(8)制订并完善具有可操作性的日常运维管理的标准与规范。

3）保密安全管理

根据原国家测绘局、国家保密局2013年12月23日发（国测办字[2003]17号）文件精神和北斗办《北斗地基增强系统工程保密安全专题论证报告》V2.0中对国家秘密范围的规定，明确要求与国家信息管理工作相关的国家秘密级别范围包括：

（1）机密级：国家各类等级控制点坐标成果以及其他精度相当的坐标成果，国家等级天文、三角、导线、卫星大地测量的观测成果；

（2）秘密级：涉及军事、国家安全要害部门的点位名称及坐标；涉及国民经济重要工程实施精度优于±100m的点位坐标。

经过深入分析，国土资源行业数据处理系统所存储、处理和传输的数据涉及部分大地测量的观测成果，不涉及军事、国家安全要害部门的点位名称及坐标，系统建成运行需要机密级运行环境。

建设阶段，为保障国土资源行业数据处理系统的位置信息安全和系统的安全可靠运行，需要建设国土资源行业数据处理系统安全防护体系，拟按照《信息系统安全等级保护基本要求》中的第三级要求进行建设，使其安全保障能力和水平满足《信息安全等级保护管理办法》的相应规定。

根据《信息安全技术信息系统安全等级保护基本要求》，结合国土资源行业数据处理系统业务数据的重要性和数据流向，重点针对区域网基准站、行业数据综合处理中心以及数据传输链路的安全防护进行设计，构建以安全保护对象为基础，以"三个体系"（安全技术体系、安全管理体系、安全运维体系）为主体的信息安全防护体系框架：

（1）信息安全技术体系（图8-33）。信息安全技术体系的实现是依据《信息安全技术信息系统安全等级保护基本要求》中的技术要求，结合实际系统部署环境的特点，从物理、网络、主机、软件平台、应用和数据6个层面进行安全技术架构设计。

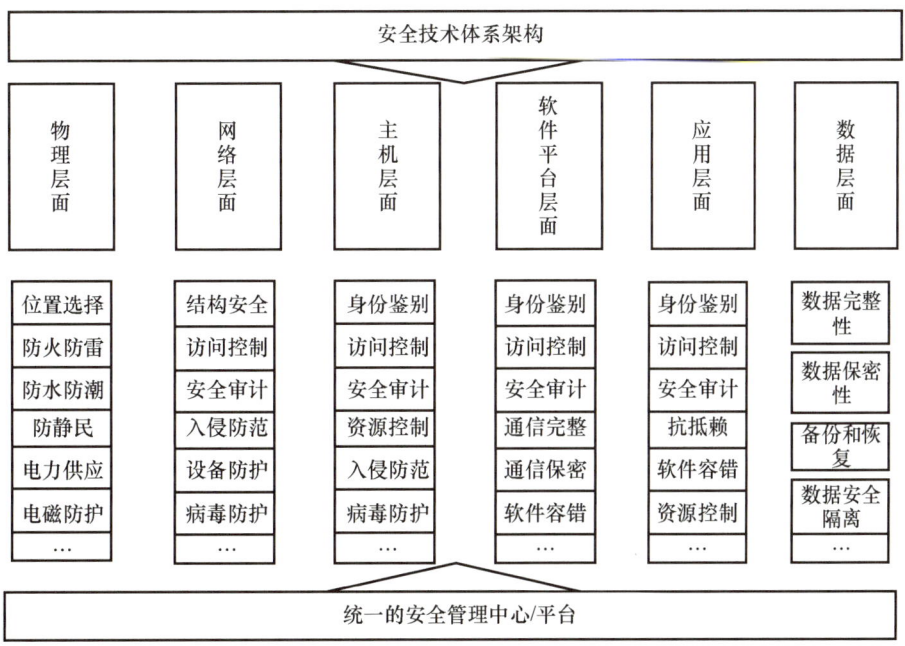

图8-33 安全技术体系架构图

（2）信息安全管理体系。信息安全管理体系的实现依据《信息安全技术信息系统安全等级保护基本要求》中管理体系要求，设计安全管理制度、安全组织机构和人员安全管理的控制措施。信息安全管理体系设计从信息安全管理体系总体策略出发，形成机构纲领性的信息安全手册和信息安全策略文件，包括确定安全方针、制定安全策略，以便结合等级保护基本要求和安全保护特殊要求，构建国土资源行业数据处理系统的信息安全技术体系结构和信息安全管理体系结构；形成由主管领导牵头的信息安全管理委员会，分权明责、协同工作；建成并完善以信息安全方针、安全策略、安全管理制度、安全技术规范以及流程为一体的信息安全管理体系。

（3）信息安全运维体系。信息安全运维体系设计主要由信息系统建设管理和系统建成后的运维管理两部分组成；信息系统工程管理包括系统的设计与采购、系统的开发与实施、系统的验收与交付；信息系统建成后的运维管理包括运维环境、设备资产、网络安全、系统安全、变更、备份与恢复、安全事件管理和应急响应等内容。

8.2 交通运输行业数据处理系统

8.2.1 系统概述

1. 系统建设背景

交通运输行业是卫星导航系统最大的应用领域，因卫星导航系统能够全天候、全天时的提供定位、导航、授时等基本服务，在现代综合交通运输体系的建设和发展历程中占有重要地位，被广泛应用于公路、水路、民航、铁路的监管、指挥、调度等领域，并取得了显著的经济社会效益。

随着新一代信息技术的快速发展，交通运输业正向自动化、智能化的方向发展，对时间、空间信息提出了更高的要求，北斗卫星导航系统和其他卫星导航系统提供的基本服务已不能完全满足现代交通运输业的发展需求，为更好地发挥高性能定位导航技术对交通运输信息化的基础支撑作用，交通运输部根据国家发展规划，从解决我国交通运输发展中的问题，促进交通运输转型发展的角度出发，高度重视卫星导航增强系统和高精度应用发展。交通运输部早在2013年第一次专题会议中就明确要求"加快研究提出北斗地基增强系统建设方案，研究有利于北斗系统推广应用的政策措施"，要求"中国交通通信信息中心要努力推动提高导航服务可靠性和稳定性的工作，用优质服务和市场机制来促进系统的推广应用"。2016年4月发布的《交通运输信息化"十三五"发展规划》，明确提出了"推动行业北斗卫星导航地基增强系统建设和应用"。

北斗地基增强系统是国家卫星导航高精度服务基础设施，是北斗卫星导航系统重要组成部分，是高效实现现代经济社会发展和位置服务的重要项目，对提升北斗系统服务质量，满足政府、行业和大众对北斗高精度应用需求，创造差异化服务优势，加速推进北斗卫星导航应用与产业化具有重要意义。

北斗地基增强系统由基准站、通信网络系统、国家数据综合处理系统、行业数据处理系统(含国家北斗数据备份系统)、数据播发系统、用户终端6个分系统,以及区域数据处理系统、位置服务运营平台组成。

北斗地基增强系统交通运输行业数据处理系统(以下简称交通运输行业数据处理系统)是北斗地基增强系统的组成部分之一,主要功能是实现交通运输行业与其他行业共享基准站资源和基础增强数据产品,以及对北斗系统高精度应用的验证。

交通运输行业数据处理系统将为交通运输领域发展北斗高精度应用服务提供重要基础,建设内容包括基准站观测数据共享与管理子系统、交通运输增强数据产品处理子系统、交通运输增强服务测试评估子系统,以及配套的IT基础环境和通信链路。系统分两期建设,一期已经完成了基准站观测数据共享与管理子系统的验证系统开发以及相关的IT基础设施建设等内容,实现了对北斗地基增强系统框架基准站的全部接入和管理。二期建设完善分系统服务能力,在数据共享、功能验证、系统安全等方面实现交通运输行业的北斗高精度应用。

2. 系统建设依据

依据如下:

(1)《北斗地基增强系统实施方案》,总装备部航天装备总体研究发展中心,2014年2月;

(2)《北斗地基增强系统初步设计》,中国兵器工业集团公司,2014年9月;

(3)《中国第二代卫星导航系统重大科技专项实施方案》,2009年11月;

(4)《国务院关于印发"十三五"现代综合交通运输体系发展规划的通知》(国发〔2017〕11号),2017年2月;

(5)《交通运输部关于印发交通运输信息化"十三五"发展规划的通知》(交规划发〔2016〕74号),交通运输部,2016年4月;

(6)《交通运输部关于在行业推广应用北斗卫星导航系统的指导意见》(交规划发〔2016〕235号),2016年12月;

(7)《关于印发北斗卫星导航系统交通运输行业应用专项规划(公开版)的通知》,交通运输部、中央军委装备发展部,2017年11月;

(8)《国家卫星导航产业中长期发展规划》(国办发〔2013〕97号),2013年9月;

(9)《国家民用空间基础设施中长期发展规划(2015—2025)》(发改高技〔2015〕2429号),2015年10月。

3. 系统设计原则

北斗地基增强系统交通运输行业数据处理系统建设遵循以下原则:

1)实用化原则

交通运输行业数据处理系统要实现对当前北斗系统建设的同步跟进,建设切实满足交通运输行业应用的数据处理系统,为北斗高精度在交通运输行业的应用落地打下基础。

2)共享化原则

交通运输行业数据处理系统要实现行业内外资源与数据共享,充分共享行业内外基准站资源,提高北斗地基增强服务的可靠性,为各行业服务。

3) 行业化原则

针对交通运输各领域的不同需求,充分考虑行业特点和应用的特殊性,在位置服务数据产品内容、格式、播发方式和高精度位置共享方式等方面充分实现交通运输行业化。

4) 渐进化原则

交通运输高精度位置服务应用,尤其是车辆和船舶的高精度应用具有全国统一性和服务长期性,与应用结合紧密。面对交通运输增强服务技术尚未得到充分验证,需要采取渐进化原则,在充分验证技术方案的可行性,应用具有实用性后,逐步建立交通运输行业数据处理系统及在此基础上的交通运输高精度位置服务应用系统。

4) 安全化原则

采取适当的安全防护手段,一方面保证交通运输领域低成本使用高精度位置服务信息,另一方面保证增强信息和高精度位置数据不被滥用。

5) 标准化原则

在交通运输行业数据处理系统建设中验证制定交通运输北斗高精度位置服务标准,与行业内外相关系统共享基础信息资源,提供统一标准的位置服务,达到在交通运输领域全国服务统一数据格式,统一服务性能的目标。

4. 总体目标

通过交通运输行业数据处理系统一期建设,交通通信信息中心已经完成了北斗地基增强行业数据中心软硬件框架平台的搭建,实现了与国家北斗地基增强系统之间的互联互通,研制出具备北斗地基增强数据接收、处理、存储、分发、播发等功能的数据处理中心软件,已经初步具备面向交通运输行业应用的北斗地基增强服务能力。交通运输行业数据处理系统在深化北斗在交通运输行业的高精度位置服务基础上,开展北斗系统在交通运输领域的高精度应用示范,促进北斗地基增强系统在交通运输行业的全面应用,包含以下目标:

1) 完善现有基准站数据共享与管理系统

按照虚拟化的架构升级改造北斗地基增强系统交通运输行业数据中心现有基础软硬件平台,进一步优化完善交通运输行业数据处理系统基准站数据共享与管理子系统,增加国家数据综合处理系统和交通运输行业基准站的数据接入情况的反馈机制。

2) 搭建行业北斗高精度应用示范区

选定公路运输、水路运输高精度应用验证区域,作为北斗地基增强系统验证的示范区域,针对不同的业务需要,采用不同的增强信号播发手段,提供不同精度的增强信号,从而形成行业公路和水路北斗高精度应用示范区。

8.2.2 行业高精度应用需求分析

1. 道路运输应用需求分析

道路运输是卫星导航高精度应用最广泛的领域之一,截至 2017 年 6 月,全国 1435.77 万辆营运车辆中,据不完全统计,安装北斗兼容终端的已超过 500 万辆,但由于目前终端定位精度只能达到 10m 左右,无法实现车辆逆向行驶、违章掉头、连续并线和长期占用应急车道等违章行为监管。

道路运输领域卫星导航应用正逐步由道路级应用向车道级应用发展,道路运输领域的高精度应用需求包括车辆精细化监管、车辆辅助驾驶、车辆碰撞预警等。

1) 车辆精细化监管

车辆精细化监管主要是为了实现对车辆逆向行驶、违章掉头、连续并线和长期占用应急车道等违章行为的精细化监控。根据《公路工程技术标准》的规定,车道宽度为 3~3.75m,综合考虑车辆宽度,为区分车辆所在车道和开展车辆精细化监控应用,至少需要 1.5m 的水平定位精度。车辆精细化监管要求系统可用性为 99.7%。

2) 车辆辅助驾驶

车辆辅助驾驶对于道路运输车辆行车安全具有重要意义,为保证行驶车辆在规定车道线内行驶,且前后车辆保持在安全行车距离内,并能够自动调整行驶车速,保证车辆行驶安全,防止偏离车道、车辆追尾碰撞的发生,至少需要 0.1~1.5m 的定位精度,系统可用性要求为 99.9%。

3) 车辆碰撞预警

车辆碰撞预警是通过对行驶车辆进行精确定位,在前后车安全距离和速度达到或超过碰撞告警门限时,发出预警避免车辆发生碰撞。根据美国交通运输部"Radio navigation System Task Force"研究报告中得出的结论,车辆碰撞预警要求 0.1m 的水平定位精度,且要求系统可用性达到 99.9%。

2. 公路基础设施建设及管理应用需求分析

根据《2016 年交通运输行业发展统计公报》,2016 年末,全国公路总里程 469.63 万 km,比上年增加 11.90 万 km。公路养护里程 459.00km,占公路总里程 97.7%。高速公路里程 13.10 万 km,增加 0.74 万 km。公路桥梁 80.53 万座,比上年增加 2.61 万座,其中特大桥梁 4257 座,大桥 86178 座。低成本、高精度的卫星导航定位手段在公路工程测量、公路施工机械控制、基础设施监测和公路养护等领域存在巨大的应用潜力。公路基础设施建设与管理领域高精度卫星导航应用需求,具体分析如下:

1) 公路工程测量

公路工程建设前和建设过程中对精密测量均存在大量需求,其中主要包括道路勘测、设计和施工放样等。根据《公路全球定位系统(GPS)测量规范》中的规定,要求 GPS 测量定位误差控制在 2.5cm/km。

2) 公路施工机械控制

高精度卫星导航定位应用于机械精密控制,主要包括推土机、挖掘机、施工材料运输车辆、摊铺机和压路机的精细化控制。为了确保交通运输基础建设的施工质量,对施工材料运输车辆进行精确控制调度,保证施工材料在合适的温度下运送至摊铺机,并控制压路机均匀分配辗压次数,保证路面平整程度。因此,实现道路施工质量全程控制,要求至少厘米级的定位精度,而且保证定位结果具有高可信性。

3）基础设施监测

为了监测细微变化积累引起的公路桥梁和边坡形变,需要厘米级至毫米级的定位精度。全国公路桥梁、高危边坡数量众多,近年来发生了多起桥梁、边坡垮塌事故。通过高精度卫星导航定位手段可以实现公路桥梁、边坡滑坡的自动监测,及时发布告警信息,避免人工巡查不及时和漏报引起的恶性事故。基础设施监测要求系统具有毫米级精度和99.7%的可用性。

4）公路养护

公路养护应用方面:一方面,需要养护车辆采集公路路面的平整度、车辙和裂缝等信息;另一方面,需要确保采集的路面病害数据覆盖所有车道和路面,并尽量降低路面数据采集的重复率。为了满足上述需求,至少需要1~1.5m的水平定位精度。

3. 水路运输应用需求分析

随着水上运输行业不断发展,在船舶安全导航、航道工程建设和港口精细化管理等方面具有大量的高精度应用需求。具体分析如下:

1）船舶安全导航

在船舶安全导航领域,高精度应用需求主要分为船舶端的助航应用和航道端的助航应用,用来解决在狭窄内河航道、河床变化快等环境中的航行安全,均需要全航道覆盖的导航定位服务,要求精度优于5m(RMS),系统可用性不低于99.7%。其中,航道端应用需求较为明确,但是数量较少,没有规模应用效益;船舶端的助航起到辅助作用,预期用户总量在1万左右,年更新率20%。

2）航道工程建设

航道工程建设中,航道勘测、施工和疏浚等过程均需要精确测量航道地形图,测量精度要求达到厘米级,系统可用性不低于99.9%。相较于传统的航道测量手段,卫星导航测量技术在航道建设中具有成本低、效率高等特点。我国内河电子航道图和沿海电子海图制作所需的地图数据,主要通过GNSS高精度测量手段获得。

3）港口精细化管理

在港口精细化管理方面,集装箱吊装作业效率高低是影响港口运输供应链是否畅通的关键,集装箱轮胎吊作为集装箱吊装的重要作业工具,提高其效率是解决问题的关键。集装箱调度管理要求实现轮胎吊精确地按最优轨迹行驶,快速到达指定集装箱位置开展集装箱吊装自动作业,要求GNSS将集装箱位置和轮胎吊位置精确至厘米级。

4. 民航及铁路应用需求分析

近年来由于我国航空运输的快速增长,地面导航台的布设不够完善,不能覆盖全部航路和空域,传统陆基空中交通运输管理系统已不能有效满足航空运输迅速增长的需求。卫星导航具有其独有的特点,飞行员可不必依赖地面导航设施而能沿着精确定位的航迹飞行,使飞机在能见度差的条件下安全、精确地飞行和着陆,极大地提高飞行的精确度和安全水平。根据国际民航组织对于卫星导航在飞机精密进近、着陆等飞行阶段的性能要求,需达到米级的精度,以及较高的完好性、连续性和可用性要求。民航应用领域预期未来的用户总量在1000左右,年更新率达到15%,其直接效益和间接效益都非常可观。随着我国酝酿有条件的开放部分区域的航空空域,预计在

3000m以下低空开放以后,通用航空飞机将能达到2~3万架,将成为卫星导航高精度应用的一个新的增长点。

铁路运输系统是关系国计民生的重要部门,直接关系着我国国防和经济的稳定安全运行。铁路运输系统利用高精度卫星导航手段及其他传感器信息可以确定列车的精确位置,开展车辆完整性监控、后车接近预警等运行安全监控,列车进出站精确调度,实现列车安全运行控制与高效调度管理,普遍要求水平精度小于1m(95%),可用性大于99.98%,具有较高的完好性,还需保证服务的连续性、稳定性与可靠性。基于高精度、高可靠的卫星导航定位手段,可以为铁路运输提供导航位置服务,减少事故,保证安全,提高铁路运行效率等方面具有重要意义。此外,基于高精度毫米级卫星导航手段可以开展铁路测绘、基础设施形变监测等应用。

5. 公众应用需求分析

公众高性能卫星导航应用需求主要包括网约车、互联网租赁自行车服务管理、车道级导航与辅助驾驶和辅助快速定位。

高精度应用可以对网约车、互联网租赁自行车进行有效管理并提高公众服务体验。目前市场上安装卫星定位装置的网约车、互联网租赁自行车占比50%以上,具备定位功能的互联网租赁自行车大多使用支持GPS的定位芯片,根据 *Global Positioning System Standard Positioning Service Performance Standard*,GPS提供的标准定位服务精度一般为10m左右。对车辆而言本来就不太精确,加之车辆停放的环境很复杂,卫星信号时常会被立交桥、树荫、楼宇遮挡和反射,甚至有可能出现上百米的"定位漂移"现象,导致智能手机终端显示的位置和实际位置相差甚大。对于用户准确定位车辆位置,带来了不便。同时网约车、互联网租赁自行车市场由于资本的助力发展,车辆数量急剧增加,暴露出来的不按规定线路和车道行驶、乱停车等问题日益严重,急需1.5~5m的高精度定位手段,实现网约车、互联网租赁自行车有效监管。针对互联网租赁自行车管理,可以通过"高精度应用+电子围栏"技术,有效地对道路上脏乱、破损、存在安全隐患的互联网租赁自行车,禁骑、禁停、禁投区域的互联网租赁自行车,明显超非机动车道路停放点容量的互联网租赁自行车,以及停放在小区内的互联网租赁自行车进行管理。

车道级导航与辅助驾驶的需求主要是通过卫星导航系统提供的车道级车辆定位信息,为驾驶员提供主辅路区分、转弯掉头、进出路口提前并线和合适车道提醒等服务,因此车道级导航应用对卫星导航定位性能需求与车道级监控基本一致,即水平定位精度1.5m。

6. 综合需求分析

交通运输行业用户与社会公众用户的应用需求,主要包括以下3类服务需求:

1) 1~2m级高精度导航位置服务需求

道路运输应用中车辆监控、车辆辅助导航、内河助航、铁路运输、民航空管、公众应用均需提供高可靠性、高连续性的1~2m级的高精度导航服务,且这种服务强调覆盖范围广,实时性高,具备一定的完好性增强需求。根据目前初步估计,1~2m级高精度导航位置服务用户规模将达到亿级。

2) 分米级高精度导航位置服务需求

如驾校考试、机场车辆、港口车辆的车辆监控、导航,施工机械控制,飞机进近,铁路列车调度等均需提供分米级的高精度导航位置服务,根据应用的范围确定覆盖区域,且需要具备一定的实时性。分米级高精度导航位置需求发展迅速,涉及行业众多,规模将达到百万级。

3) 厘米级、毫米级精密定位服务需求

厘米级、毫米级的精密定位服务主要面向梁工程测量、隧道工程测量、大型建筑物形变监测、道路边坡形变监测、大型施工机械精密控制等应用领域,对实时性和可用性有较高的要求。由于交通运输施工地点具有临时性,需覆盖范围广,应用便捷,厘米级实时精密定位服务初步形成了固定的用户群,但这种需求随着经济和社会的快速发展,将达到十万级。

8.2.3 系统一期建设情况概述

根据国家北斗地基增强系统建设整体规划,中国交通通信信息中心首先完成了系统一期建设,实现了国家框架网基准站观测数据的共享,并将基准站观测数据加工生成符合交通行业应用特点的增强数据产品,开展交通高精度位置应用效果测试评估。同时,通过通信链路建设、基准站数据共享与管理子系统建设、交通运输增强服务测试评估子系统建设和IT计算与存储资源建设等研制工作重点实现了与国家北斗地基增强系统之间的互联互通,初步具备面向交通运输行业的北斗地基增强数据产品应用服务能力,如图8-34所示。

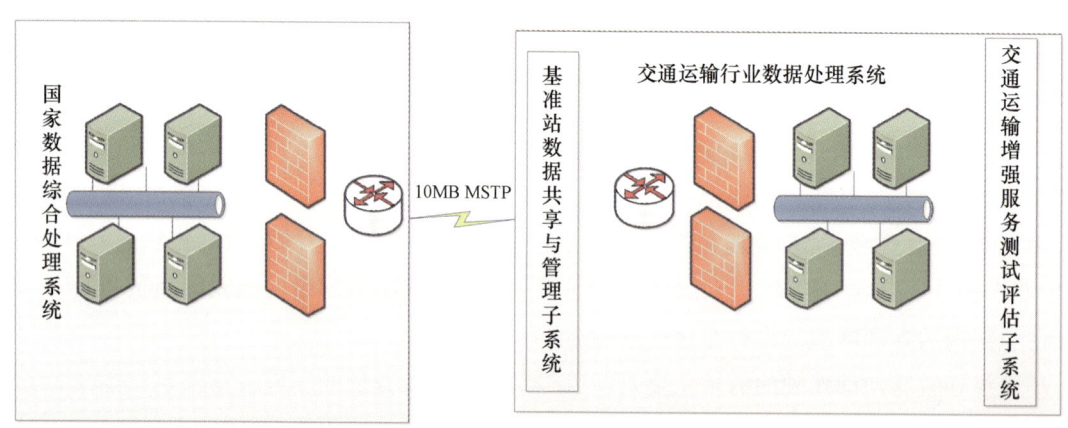

图 8-34 交通运输行业数据处理系统总体架构图

其中,基准站数据共享与管理子系统实现交通运输行业数据处理系统与国家数据综合处理系统之间互联;交通运输增强服务测试评估子系统实现行业数据二次加工,以及评估交通高精度位置应用效果。

1. 通信链路建设现状

中国交通通信信息中心组织中国移动技术人员,完成国家数据综合处理系统至交通运输行业数据处理系统之间通信链路建设。国家数据综合处理系统到交通运输行业数据处理系统之间采用运营商提供的10MB MSTP专线进行连接,如图8-35所示。

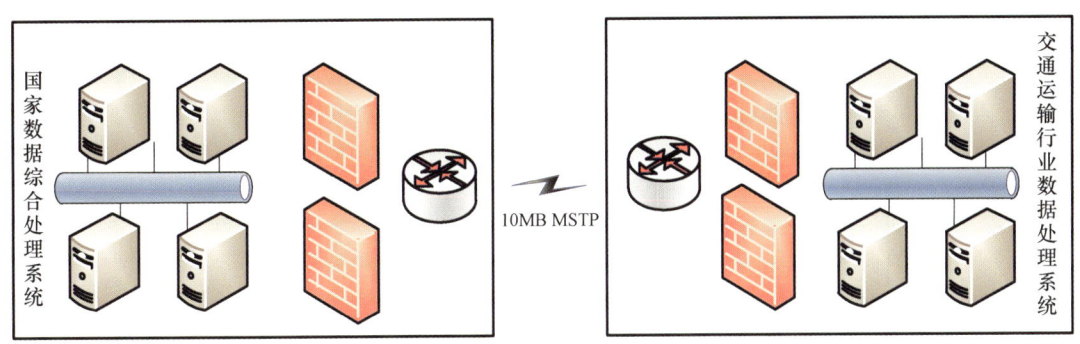

图 8-35 通信链路拓扑图

2. 基准站数据共享与管理子系统现状

1) 系统功能

基准站数据共享与管理子系统实现交通运输行业数据处理系统与国家数据综合处理系统和行业内基准站的对接，接收国家数据综合处理系统分发的框架网基准站实时观测数据和全部差分数据产品以及交通运输行业内基准站的实时观测数据，并实现实时观测数据等的存储、分析、共享和管理功能。详细的功能架构图如图 8-36 所示。

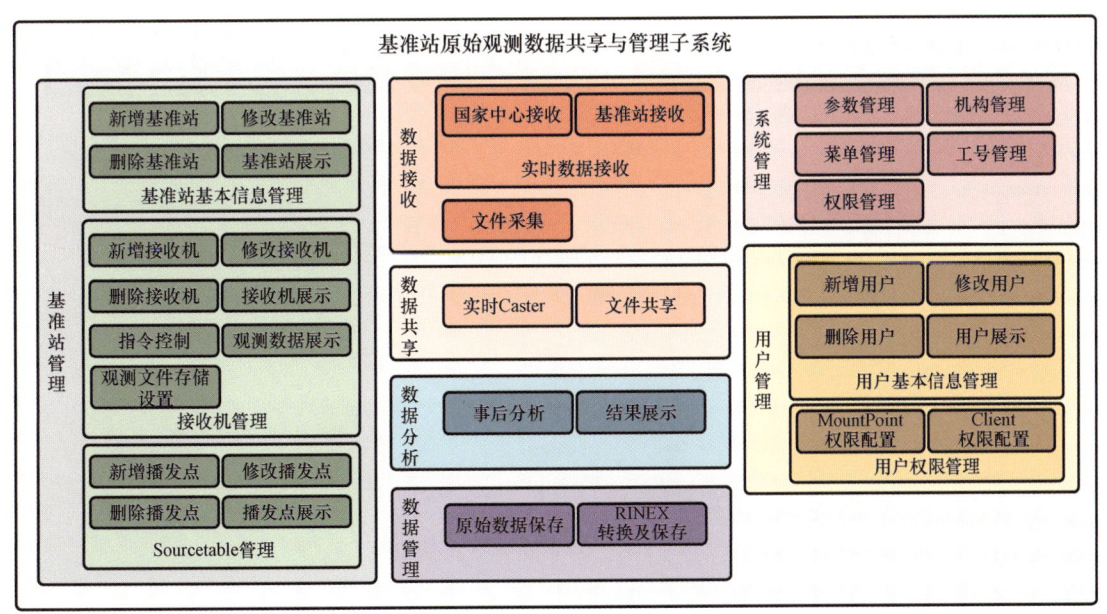

图 8-36 基准站数据共享与管理子系统功能架构

2) 系统组成

基准站原始观测数据共享与管理子系统主要包括数据接收模块、数据分析模块、数据管理模块、数据共享模块、用户管理、基准站管理和系统管理模块。基准站原始观测数据共享与管理子系统功能架构如图 8-37 所示。

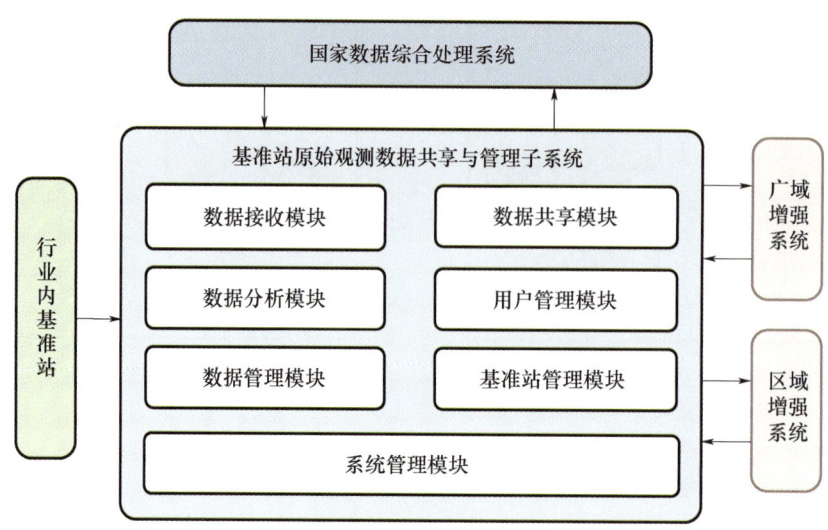

图 8-37 基准站数据共享与管理子系统

3）功能及页面设计

（1）基准站接入界面。要求直观展示各站点信息，包括站点名称、站点所示省份、站点所属行业、观测墩类型等，如图 8-38 所示。

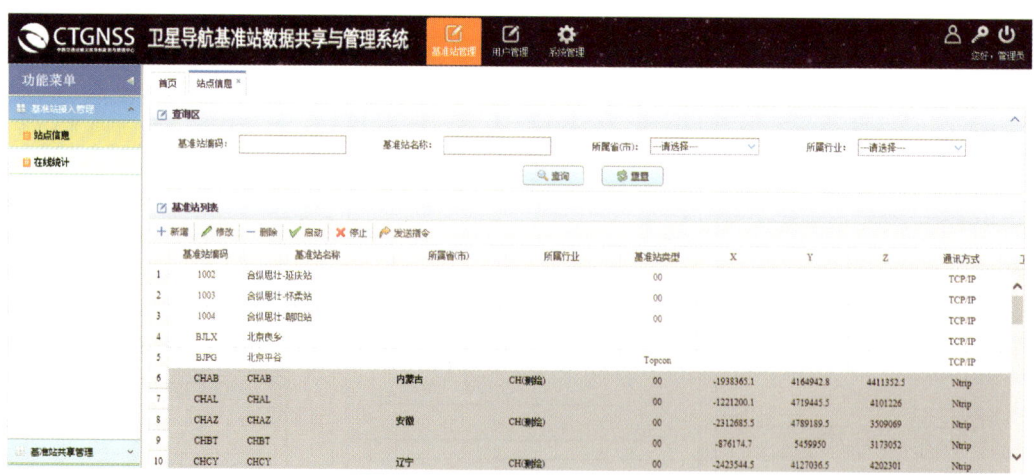

图 8-38 基准站接入界面

（2）数据共享管理功能页面。能够设置数据源，共享端口。可以展示用户共享情况，如图 8-39 所示。

（3）数据质量分析界面（图 8-40）。

（4）数据存储界面（图 8-41）。

（5）用户管理界面。

可以配置用户账号，密码和数据接入权限，见图 8-42。

图 8-39　数据共享界面

图 8-40　数据分析界面

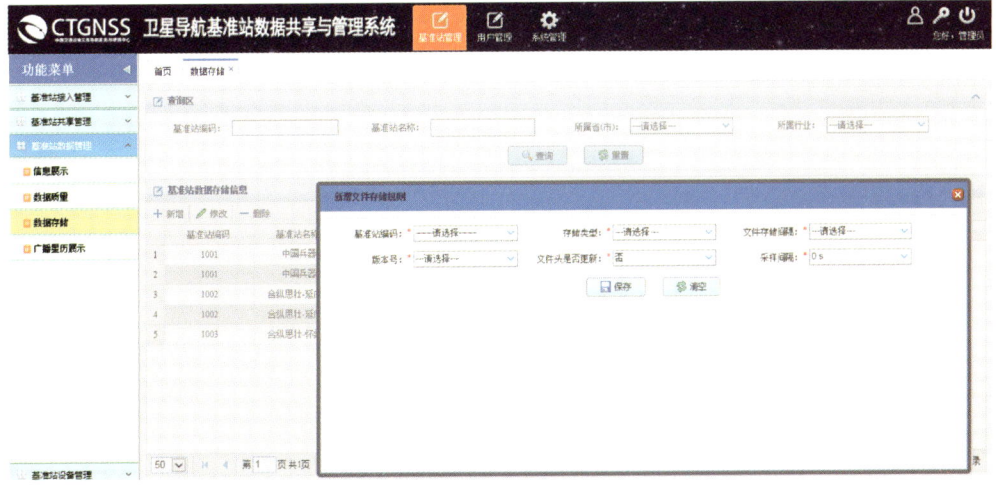

图 8-41　数据存储界面

图 8-42 用户管理界面

3. 交通运输增强服务测试评估子系统现状

1) 现状概述

交通运输增强服务测试评估子系统包括应用评估测试终端、应用评估测试高精度电子地图、交通运输增强服务标准测试评估软件、应用评估测试数据播发系统和交通运输增强服务应用测试评估软件。

2) 应用评估测试终端

通过对现有符合 JT/T 794 和 JT/T 808 标准的车载定位终端进行改造升级,集成高精度定位模块,使得应用测试评估终端支持高精度定位。应用评估测试终端是为交通运输行业增强服务应用评估测试系统提供位置信息的测试演示设备,能够完成米级/亚米级的动态定位,实现车道级导航服务。

3) 应用评估测试高精度电子地图

选取北京市园博园为测试区域,采集并制作了 30km 高精度的车道级导航数据,包含车道线几何形状数据、车道宽度、车道表示行驶方向的方向指示箭头、车道中的限速标记、路边的交通标牌、红绿灯等全要素的导航数据信息。车道线特征点坐标精度小于 20cm,如图 8-43 所示。

4) 交通运输行业增强服务标准测试评估软件

交通运输行业增强服务标准测试评估软件主要包括基准站管理、增强 数据处理和电文编码、数据服务管理、用户管理、数据统计和 LOG 信息管理等功能,如图 8-44 所示。

5) 应用评估测试数据播发系统

一期建设任务里在交通运输增强服务测试评估系统对数据播发进行测试。数字广播有着覆盖面积广、用户容量大、通信信号稳定、使用成本低等特点。因此基于数字广播方式可作为增强信息重要的播发手段。一期工程里搭建了一套 CDradio 测试试验系统。CDRadio 系统总体上由 BDS 参考站、信号播发基站、用户终端 3 个子系统组成。

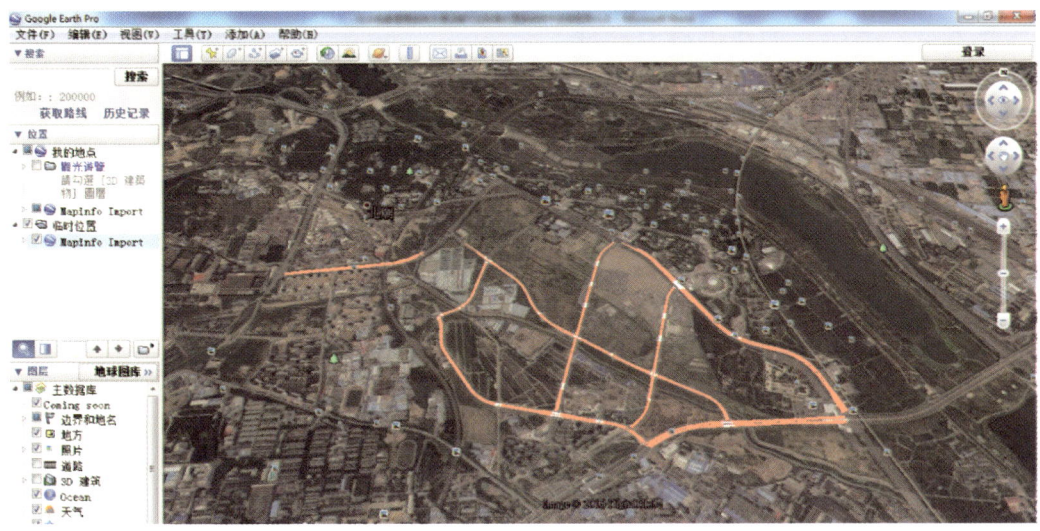

图 8-43　园博园区域高精度电子地图

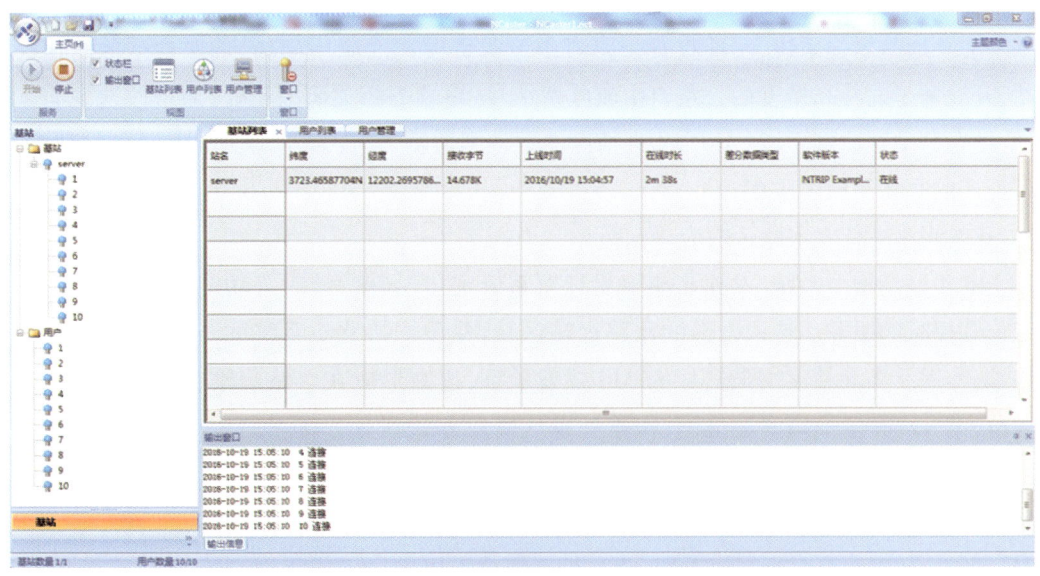

图 8-44　交通运输行业增强服务标准测试评估软件

6）交通运输增强服务应用测试评估软件

一期工程研制的交通运输行业增强服务应用评估测试系统，主要用于测试北斗地基增强系统在交通行业应用的服务性能指标及应用效果。该系统由硬件系统和软件系统构成。硬件系统包括卫星导航设备信号采集设备、增强信号记录设备、应用环境记录设备、应用评估终端；软件系统包括定位精度分析软件和增强使用效果评估软件。

交通运输行业增强服务应用评估测试系统通过集成的卫星导航设备信号采集设备、增强信号记录设备、应用环境记录设备、应用评估终端等多种类型传感器硬件设备，采集交通道路、航路上的建筑、地形、电磁等环境对卫星导航地基增强服务的影响数据，对数据进行分析处理，综合评估北斗地基增强系统在交通行业应用的服务性能指标及应用效果。

8.2.4 系统二期建设情况概述

1. 系统二期建设内容

交通运输行业数据处理系统二期建设内容，包括完善基准站原始观测数据共享与管理系统、北斗高精度智慧公路应用示范、北斗高精度水路运输应用示范和IT基础环境扩容升级等。具体建设内容如下：

1）完善基准站原始观测数据共享与管理系统

针对交通运输行业对北斗地基增强应用需求，结合国家北斗地基增强系统二期建设目标和建设内容，对交通运输行业数据处理系统一期建设中已开发研制的数据中心相关软件进行升级完善，项目二期建设在原有软硬件系统基础上，对现有软硬件平台进行工程化改造，增加国家数据综合处理系统和交通运输行业基准站的数据接入情况的反馈机制，升级完善数据接入、数据统计分析和数据存储功能，提升平台稳定性、可扩展性和可配置性。

2）开展北斗高精度智慧公路应用示范

基于北斗地基增强系统，实现收费公路自由流收费模式的应用创新，选取合适的高速公路和收费站，开展基于北斗高精度的公路自由流收费平台、终端等相关研究工作，通过改造现有人工收费通道，结合移动互联网手段（APP）和高精度专题地图数据，实现基于北斗的无感支付试验，逐步形成可推广的北斗高精度应用。

3）开展北斗高精度水路运输应用示范

基于北斗地基增强系统，发挥北斗卫星导航系统定位、导航、授时等功能，利用多种方式提供精准定位和授时的服务。选取合适的水路运输区域，建设支持北斗系统的AIS播发站，研制北斗船载终端，实现北斗高精度增强信号的AIS播发验证，逐渐形成在水路运输领域北斗高精度应用标准规范，结合高精度航道专题地图，探索一条从播发方式到业务应用的北斗高精度水路应用模式，便于北斗高精度在水路运输领域的推广。

4）IT基础环境扩容升级

对一期IT基础环境进行扩容升级，为二期系统建设提供运行环境，主要包括机房改造、运算及存储服务器及信息安全防护设备等。

2. 系统二期建设技术指标

系统二期建设技术指标如下：

（1）支持系统：支持 BDS、GPS（可扩展 GLONASS、Galileo 系统）；

（2）工作模式：支持 BDS/GPS 双模工作模式；

（3）卫星处理数量：120 颗；

（4）基准站支持接入数量：不少于 200 个；

（5）卫星观测数据采样时间间隔：1s。

3. 基准站原始观测数据共享与管理子系统完善

新增数据接入反馈模块，实现对国家数据综合处理系统和交通运输行业基准站的数据接入情况的反馈机制，升级完善数据接入、数据统计分析和数据存储功能，提升平台稳定性、可扩展性和可配置性。

4. 北斗高精度智慧公路应用示范

（1）示范范围：江西南昌附近的高速公路及收费站沿线。

（2）北斗高精度车载智能终端整体指标：支持 BDS B1/B2、GPS L1/L2，支持载波相位差分定位和惯性导航定位；搭载北斗高精度车载智能终端的车辆可以不停车通过收费站北斗自由流专用车道，并实现对所在车道的判断。

（3）车载终端 APP 可以实现导航、显示、提示等功能。

5. 北斗高精度水路运输应用示范

（1）示范范围：长江干线的南京长江大桥至南京长江四桥江段。

（2）北斗 AIS 船载终端整体指标：支持 BDS B1、GPS L1，支持单北斗定位、单频伪距差分，其中单北斗伪距差分定位的水平精度小于或等于 2.0m，双模伪距差分定位的水平精度小于或等于 1.5m，定位结果输出频率为 1Hz。

（3）北斗 AIS 高精度信号播发站可正常播发北斗差分数据，北斗 AIS 船载终端可正常接收差分数据并实现北斗差分定位。

（4）差分船台单北斗动态定位精度小于或等于 2.0m。

（5）差分船台双模动态定位精度小于或等于 1.5m。

6. IT 基础环境扩容升级

（1）服务器存储功能：支持 155 个基准站原始观测数据存储大于 3 年。

（2）信息安全防护设备的完善。

8.2.5 系统二期建设方案

1. 基准站原始观测数据共享与管理子系统完善升级方案

1）系统组成

交通运输行业数据处理系统一期工程已完成行业分中心建设，用于系统的日常管理、系统运行和维护、原始观测数据及地基增强产品的接收、处理、存储、分发等服务。二期建设中进一步扩展和完善现有系统,实现对基准站原始观测数据共享与管理子系统的完善,形成国家数据综合处理系统和交通运输行业基准站的数据接入情况的反馈机制,升级完善数据接入、数据统计分析和数据存储功能,提升平台稳定性、可扩展性和可配置性。

基准站原始观测数据共享与管理子系统经过升级完善后,主要包括数据接收模块、数据分析模块、数据管理模块、数据共享模块、接入反馈模块、用户管理模块、基准站管理模块和系统管理模块,即增加接入反馈模块。基准站原始观测数据共享与管理子系统功能架构如图8-45所示。

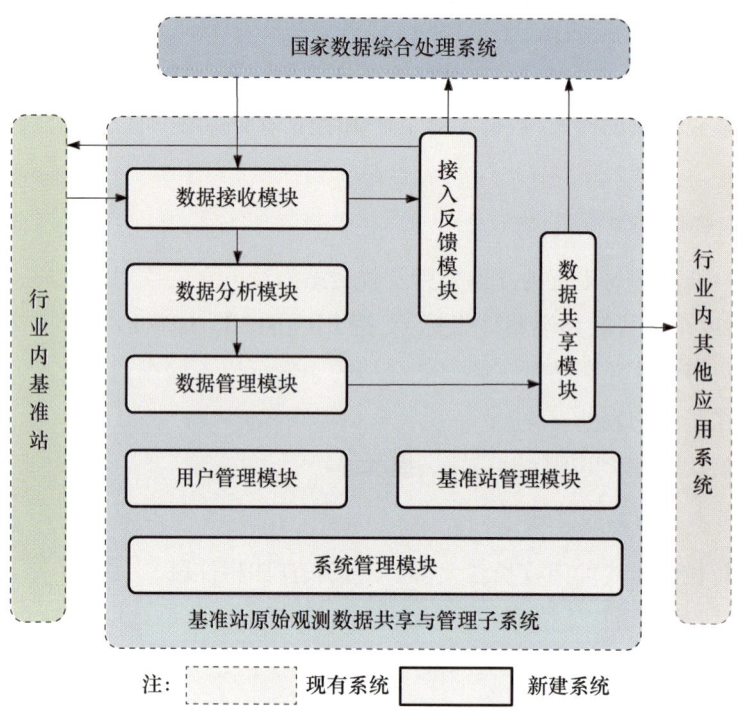

图8-45 基准站原始观测数据共享与管理子系统功能架构图

2) 主要功能

基准站原始观测数据共享与管理子系统实现与国家数据综合处理系统和行业内基准站的对接,接收国家数据综合处理系统分发的框架网基准站实时观测数据和全部差分数据产品以及交通运输行业内基准站的实时观测数据,实现实时观测数据等的存储、统计分析、共享和管理功能,并实现对国家数据综合处理系统和交通运输行业基准站的数据接入情况的反馈。

3) 技术方案

(1) 数据接收模块。

① 功能设计。数据接收模块接收国家数据综合处理系统/其他增强系统共享的框架网基准站实时原始观测数据和差分数据产品、交通运输行业内基准站实时原始观测数据。

② 数据接口。本模块与国家数据综合处理系统实现网络连接,接收国家数据综合处理系统发送的基准站原始观测数据和差分数据产品,具有良好的扩展性,可与其他增强系统或者具体某个基准站进行连接,依据《北斗地基增强系统差分数据产品分发与交换接口规范》,开展接口设计。

③ 与其他模块关系见表8-4。

表8-4　数据接收模块与其他模块关系

关系类型	对端名称	关系
系统外部	国家数据综合处理系统/其他增强系统	本模块接收实时原始观测数据、差分数据产品
系统外部	交通运输行业内基准站	本模块接收交通运输行业内基准站实时原始观测数据
系统内部	数据分析模块	本模块分发原始观测数据给数据分析模块
系统内部	接入反馈模块	本模块将是否接收到实时原始观测数据和差分数据的情况推送给接入反馈模块

（2）接入反馈模块

① 功能设计。接入反馈模块将基准站原始观测数据共享与管理子系统是否有接收到原始观测数据和差分数据产品的情况实时反馈给国家数据综合处理系统和交通运输行业内基准站。

② 与其他模块关系，见表8-5。

表8-5　接入反馈模块与其他模块关系

关系类型	对端名称	关系
系统内部	数据接收模块	本模块接收是否有接收到实时原始观测数据和差分数据产品的情况
系统外部	国家数据综合处理系统/其他增强系统	本模块分发是否接收到实时原始观测数据和差分数据产品的情况
系统外部	交通运输行业内基准站	本模块分发是否接收到实时原始观测数据的情况

（3）数据统计分析功能升级。在原有系统的基础上，添加数据统计分析功能，数据统计分析功能主要是使得基准站原始观测数据共享与管理子系统具备对基准站进行在线统计、历史统计的功能。方便对数据进行统一的管理和浏览。

（4）数据存储功能升级。数据存储子系统的主要功能是进行数据转换和数据存储管理，数据格式转化成标准格式文件并按照数据源、数据类型进行分类存储、集中管理。该子系统由数据存储模块和数据存储管理模块构成。

2. 北斗高精度智慧公路应用示范方案

1）业务需求

降低物流成本、撤销公路收费主线、实施差异化的公路收费站等是社会关注的热点问题，然而这些需求超越目前收费系统的设计能力，需要逐步向自由流公路收费模式转变。实现收费公路自由流收费、无感收费，大幅度减轻管理者负担，提升出行体验，形成"出行者享受服务，运营者做好管理"的业务模式，从而进一步落实国家"放管服"改革要求。

基于卫星导航的自由流收费技术成熟，在德国、捷克、俄罗斯有广泛应用。在我国现阶段条件下,结合北斗地基增强系统,可实现厘米级/车道级高精度定位,高速公路的高精度地图技术已经非常成熟,仅补充收费站区域的地图即可满足自由流公路收费要求。

基于北斗地基增强系统,实现收费公路自由流收费模式的应用创新,形成符合我国国情的信用出行服务体系,不断完善智能车载设备、路侧智能设施,逐步形成车路一体的智慧交通协作服务体系,满足广大群众高效便捷出行的迫切需求。同时,为智慧高速、车辆自动驾驶等新兴业态的建设发展奠定良好基础,助力交通强国建设。

2) 示范区域

本次北斗高精度智慧公路应用示范区选择在江西南昌附近的高速公路及收费站沿线,具体的收费站包括南昌西收费站、九龙湖收费站、塔城收费站,改造人工收费车道用于应用示范。

3) 建设内容

遵循"整体规划、重点明确、技术先进、标准统一"的原则,制订自由流收费公路技术演进路线,在适当路段开展试点验证,推动我国收费公路逐步实现自由流收费方式。

北斗高精度智慧公路应用示范主要建设内容包括自由流公路收费云平台、北斗高精度车载智能终端及移动 APP。综合收费站高精度专题地图及多种技术手段,通过改装车辆开展验证测试,探索实现公路自由流收费模式,如图 8-46 所示。

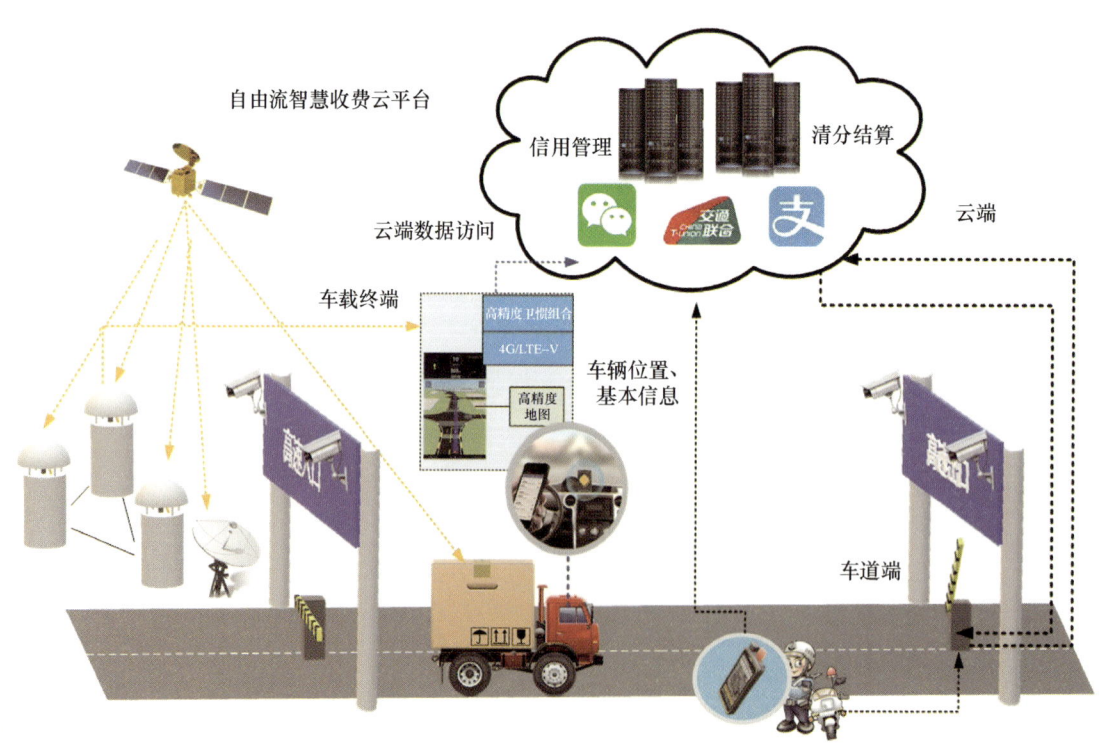

图 8-46 自由流公路收费的运行模式示意图

4) 技术方案

(1) 结合江西高速集团收费云平台实现自由流云服务。

目前江西省高速集团已自主研发了一套收费云平台,已经在高速公路上进行实地测试,该平台采用"云"（云服务）+"端"（车道端、手机端、手持终端）架构方式，实现端平台对车道收费设备的控制、车辆出入口及路径信息的采集、车辆信息的报送和接收云服务平台计算分析的结果，云服务平台接收车辆信息进行车辆通行规则分析、通行费计算、基础参数管理、会员注册、支付绑定、信息服务等功能。北斗自由流通过北斗车载终端结合收费云平台实现征收高速公路通行费业务，对江西高速现有收费云进行扩展，将北斗车载终端纳入到收费云体系内，作为其端平台之一，从而实现现有车道的北斗自由流业务，见表8-6。

北斗高精度车载智能终端具备车道级高精度定位能力，内置高精度地图，确定收费车道的位置，访问收费云平台接口，通过收费站。经过虚拟路径识别点，自动上传云平台。

北斗高精度车载智能终端满足以下要求：

① 低时延：最高满足过站60km/h的时速。

② 分离设计：自由流业务终端包含高精度北斗和惯导融合定位终端和通信模块，可实现收费所需所有功能，另可选配显示终端用户显示车辆位置信息，收费金额等。业务终端和显示终端松耦合，灵活搭配。

③ 高可靠：多种手段互相备份，保证系统安全。

④ 独立自主：支持单北斗高精度定位的能力。

⑤ 可预期的低成本：后期大规模应用有明显降低成本的空间。

表8-6 北斗高精度车载智能终端

序号	功能性能	指标
1	定位模式	支持单北斗定位、多频伪距差分、多频载波相位差分、组合导航定位
2	导航信号	BDS B1/B2、GPS L1/L2
3	通信方式	移动通信，可扩展
4	单点定位精度（1σ）	水平≤5m，垂直≤10m
5	差分定位精度（1σ）	多频伪距差分：水平≤1.5m，垂直≤5m；多频载波相位差分：水平≤2cm+1ppm，垂直≤10cm+1ppm
6	惯性导航定位精度	保持厘米级的时间为10s
6	定位结果输出频率	1Hz、2Hz、5Hz、10Hz（可设置）
7	差分数据格式	RTCM 2.X、RTCM 3.2
8	数据回传格式	JT/T 808、NMEA0183
9	硬件接口	RS232串口：2个；支持CAN总线，可通过配件与OBD接口连接
10	组合导航模块	MEMS内置

（2）自由流APP设计方案。

① 主界面，包括自由流服务、出行服务和车辆服务三大服务系统。

② 登录界面,登录界面可通过输入用户名和密码,进行登录。

③ 高速信息,可通过文字输入或点击水滴图的方式,选择要查看的收费站信息;可查看收费站详情及高精度展示。

④ 出行导航:

- 设置终点,可进入地图界面通过输入文字或长按地图选点的方式设置导航终点。
- 进入导航,会以当前位置为起点规划路线,并进入导航界面。
- 路线选择,设置好终点之后,可进入路线预览和选择界面。
- 设置途径点,可添加一个或多个途径点。
- 高精度显示与高精度引导,无需操作,在经过自由流收费站时,可展示高精度地图和高精度引导,并实时显示速度信息和抬杆动作。
- 扣费提示,无需操作,驶出高速时,会进行扣费信息提示。

北斗自由流收费系统满足车辆在 40~60km/h 的速度通过收费站,由于车辆通过收费站需要抓拍车牌,作为通行高速公路的证据链之一,现有 MTC 车道车牌抓牌器无法满足快速通行的要求,如果降低车辆通过收费站的速度,会降低北斗自由流收费的用户体验,因此改造了示范区域的收费车道车牌抓牌器和布设的位置,在车道增加门架及高速车牌抓牌器,提高车牌识别速度。

为开展北斗高精度智慧公路应用示范,建立了示范区域高精度专题地图,实现空间位置与地理位置的精准匹配。专题地图应具备支持公路自由流收费需求的地理要素,达到相应的精度。具体包括:

a. 地理要素:应包含车道面、收费杆、收费站面、车道级道路中心线、道路设施面、线装交通标线、面状交通标线、车道级道路连接点和建筑物面等地理要素;

b. 分辨率:航空摄影基准面的像元分辨力不低于 5m;

c. 精度:经纬度坐标值精确到 0.00000001°,高程坐标精度到 0.001m;

d. 覆盖范围:覆盖江西南昌高速公路沿线附近的南昌西收费站、九龙湖收费站和塔城收费站 3 个收费站区域。

5) 示范成果

示范成果如下:

(1) 利用北斗地基增强系统,通过北斗高精度智慧公路应用示范,结合江西高速集团收费云平台,研制北斗高精度车载智能终端,开发自由流 APP,改装验证车辆,实现收费公路自由流收费模式的应用创新。

(2) 不断完善智能车载设备、路侧智能设施,逐步形成车路一体的智慧交通协作服务体系,为智慧高速、车辆自动驾驶等新兴业态的建设发展奠定良好基础。

3. 北斗高精度水路运输应用示范

1) 业务需求

水路运输不仅与造船业、建筑业、制造业及其他产业部门密切相关,更与金融业、保险业密切相连。水路运输的发展为经济贸易提供服务保障作用,促进了国民经济的发展;它的发展同样为国民经济有关行业创造了就业机会,为国民经济积累做出重要的贡献。随着水路运输行业向信息化、自动化、智能化方向的不断发展，它在船舶安全导航、航道工程建设和港口精细化管理等方面具有大量的高精度应用需求。

2）示范区域

本次北斗高精度水路运输应用示范区选择在长江干线的南京长江大桥至南京长江四桥江段，构建了示范区域高精度地图。

3）建设内容

随着交通运输行业北斗地基增强系统的建设，正在逐渐形成以我国北斗卫星导航系统为主、兼容其他卫星导航系统的覆盖长江干线带状范围的地基增强系统。发挥北斗卫星导航系统定位、导航、授时等功能，利用多种方式提供精准定位和授时的服务，为航运用户提供米级的导航定位服务、分米级及厘米级的高精度定位服务、高精度授时服务，同时满足各机构海事管理、航道维护、监管执法等需求，保障水上安全履职能力。面向社会公众提供北斗地基增强的导航、定位服务，满足社会用户如港口、航运以及测绘、水利等用户对高精度定位、授时需求，支撑国家北斗行业的快速发展。

（1）北斗AIS高精度信号播发站。北斗AIS高精度信号播发站接收交通运输行业数据处理系统生成的北斗差分数据，并通过AIS链路播发给北斗AIS船载终端。在新生圩和南京通信管理局各架设一台北斗AIS高精度信号播发站，通过专网访问交通运输行业数据处理系统服务器，获取AIS播发站所在区域的RTD差分修正数据，并将差分数据打包到AIS-17号报文中播发出去。

（2）北斗AIS船载终端。AIS船载终端包括普通AIS船载终端和北斗AIS船载终端，北斗AIS船载终端可以接收北斗AIS-17号报文并实现差分定位。

（3）测试验证。在示范区域内开展水路高精度应用动态测试，验证AIS能够传输北斗差分数据给北斗AIS船载终端，北斗AIS船载终端接收差分数据并解析，实现差分定位；验证北斗AIS船载终端在动态条件下的定位精度。

4）技术方案

（1）北斗AIS高精度信号播发站。在新生圩和长江南京通信管理局各配置一台北斗AIS高精度信号播发站。北斗AIS高精度信号播发站通过专网接收交通运输行业数据处理系统服务器推送的RTCM1和RTCM41bds报文，并打包成AIS-17号报文进行播发，北斗AIS船载终端接收AIS-17号报文后，解析17号报文提取RTCM1和RTCM41bds报文并送给定位模块，最终实现差分定位。

（2）北斗AIS船载终端。北斗AIS船载终端主要指标见表8－7。

表8－7 北斗AIS船载终端

序号	功能性能	指标
1	定位模式	支持单北斗定位、单频伪距差分
2	导航信号	BDS B1、GPS L1
3	通信方式	移动通信，AIS，可扩展
4	单点定位精度（1σ）	水平≤5m，垂直≤10m

续表

序号	功能性能	指标
5	差分定位精度(1σ)	单北斗伪距差分：水平≤2.0m 双模伪距差分：水平≤1.5m
6	定位结果输出频率	1Hz
7	差分数据格式	RTCM 2.X
8	数据回传格式	JT/T 808、NMEA0183
9	硬件接口	RS232 串口：2 个； 支持 CAN 总线，可通过配件与 OBD 接口连接

（3）高精度航道专题地图。为开展北斗高精度水路运输应用示范，构建了相关航道区域高精度专题地图，实现空间位置与地理位置的精准匹配。专题地图应具备支持水路运输测试验证的地理要素，具体包括：

① 地理要素：应包含锚泊区、侧面立标、桥梁、单体建筑、设施浮标、架空电缆、电缆区、长堤、江岸警备站、等深线、航道、渔场、灯标、障碍物、桩、管道区、引航员登船点、支架、桥墩、雷达线、急流、河流、河岸和水深等地理要素；

② 覆盖范围：覆盖长江干线的南京长江大桥至南京长江四桥江段区域。

（4）测试验证。

① 测试内容及目的。

• 验证 AIS 能够传输北斗差分数据给北斗 AIS 船载终端，北斗 AIS 船载终端接收差分数据并解析，实现差分定位。

• 验证北斗 AIS 船载终端在动态条件下能满足定位精度的需求。

② 测试执行方案及流程。

a. AIS 播发北斗差分数据功能测试

• 基准站通过网口输出差分修正数据，发送到中心服务器，中心服务器推送数据到 AIS 播发站；

• AIS 播发站收到差分数据，生成 17 号 AIS 报文，开始播发含有差分修正数据的 17 号 AIS 报文；

• 启动船台，通过船台引出的串口将船台定位状态语句输出到计算机；

• 通过计算机控制船台定位模式，查看不同定位模式下船台的定位状态。

b. 差分定位性能测试

• 基准站通过网口输出差分修正数据，发送到中心服务器，中心服务器推送数据到 AIS 播发站；

• AIS 播发站收到差分数据，生成 17 号 AIS 报文，开始播发含有差分修正数据的 17 号 AIS 报文；

• 启动 AIS 船台，分析船台定位状态；

- 开启高精度定位终端,通过接收机上位机软件,获取公网差分数据,并进入差分模式,记录数据,并做精度分析;
- 同时记录差分船台,普通船台,高精度定位终端的定位数据并进行统计分析。

③ 设计指标。

- 北斗 AIS 高精度信号播发站可正常播发北斗差分数据,北斗 AIS 船载终端可正常接收差分数据并实现北斗差分定位;
- 差分船台单北斗动态定位精度小于或等于 2.0m;
- 差分船台双模动态定位精度小于或等于 1.5m。

5) 示范成果

(1) 利用北斗地基增强系统,通过北斗高精度水路运输应用示范,建设北斗 AIS 高精度信号播发站,开展水路高精度应用动态测试,为航运用户提供米级的导航定位服务。

(2) 满足各机构海事管理、航道维护、监管执法等需求,充分发挥北斗地基增强系统在水路运输领域的指导作用,保障水上安全履职能力。

4. IT 基础环境扩容升级

1) 计算处理服务器扩容升级

计算处理服务器主要为交通运输行业数据处理系统提供计算资源环境,具备高速的运算能力、长时间的可靠运行、强大的外部数据吞吐能力等特性。计算处理服务系统不仅仅是为了满足最基本的计算要求,更要从绿色、节能的角度进行设计,充分、合理地对计算资源进行整合、优化。

在本工程中,随着基准站原始观测数据共享与管理子系统完善升级和建设,以及会有越来越多的北斗高精度应用终端接入服务器,对计算处理服务器的工作能力提出了更高的要求。这就需要对一期现有的计算处理服务器进行扩容升级,增加服务器数量并且进行系统升级,提高服务器的运行承载能力,使之在二期工程中可以正常运行。

2) 信息安全防护建设

按照等级保护三级进行设计和建设,利用已有机房环境进行适当改造。

(1) 建设目标。遵循等级保护的相关标准和规范的要求,结合信息系统安全建设实际状态。针对信息系统中存在的安全隐患进行系统建设,加强信息系统的信息安全保护能力,使其达到相应等级的等级保护安全要求。

(2) 建设原则。

① 遵循等级保护的相关标准和规范的要求。

② 按照技术要求进行设计,保证系统结构完整,安全要素全面覆盖。

③ 统一规划、分步实施。网络与信息安全体系建设是一个逐步完善的过程,应依据技术要求进行统一规划,在建设时可以根据信息化的发展逐步建设与完善,首先保证重要信息系统的安全。

④ 在保证关键技术实现的前提下,尽可能采用成熟产品,保证系统的可用性、工程实施的简便快捷。

(3) 建设内容。采用以下安全设施为数据系统提供一个安全的可靠的运行环境:

① 防火墙,防火墙是实现网络安全的基础设施,部署在各网络安全域之间的边界处,对网络数

据流进行细粒度（IP 地址、TCP/UDP 端口、ICMP 类型等）的控制，允许合法的网络数据传递，拒绝非法网络通信。

② 防病毒系统，在客户端安装个人防病毒软件，实现所有联网工作站防毒软件的自动分发和自动升级，在服务器端统一制定所有客户端的防病毒策略。客户端的防病毒软件包括：桌面防病毒软件，安装于各种桌面操作系统上，进行病毒扫描和清除；服务器防病毒软件，安装于邮件服务器和文件服务器上，保护邮件和文件的安全；网关级防病毒软件，安装于网关服务器上，随时监控网关中的 FTP、电子邮件传输和 Web 网页，在病毒和恶意程序进入网络之前进行检测、分析和清除，并利用详尽的病毒活动记录追踪病毒来源。

③ 入侵检测及漏洞扫描，入侵检测预警系统包括监测、报警和响应三大功能，是对防火墙功能的合理补充。入侵检测系统部署在内外网的各重要网段中，实现"分布检测、集中管理"。漏洞扫描系统识别检测对象的系统资源，分析这一资源被攻击的可能指数，了解支撑系统本身的脆弱性，评估存在的安全风险，预知主体受攻击的可能性，具体指示将要发生的行为和产生的后果。定期聘请专业安全服务公司对负责关键网络设备、关键主机及各个局域网段进行漏斗扫描，发现问题及时修补。

④ 网络监控，由于数据中心及各共享子系统内部网络承载着一系列带有密级的信息，所以信息安全建设是数据系统建设的重要组成部分。需要对安全事件具有细致的监控能力，还需要对数据库和重要服务器进行审计，因此在内网核心交换机上部署具有千兆入侵检测能力的探测引擎和具有千兆处理能力审计探测引擎。

5. 系统集成测试

系统集成测试是系统建设工作中的重要组成部分，通过对系统具备的功能、性能等指标进行全面验证和评估，检验是否达到设计要求，为系统运行提供依据。

交通运输行业数据处理系统（二期）研制完成后需进行各子系统的集成联试，打通各子系统之间的数据通道，验证各子系统之间接口协议的正确性；验证系统增强数据信息的处理能力。系统集成测试分为接口集成测试、系统功能集成测试、系统性能集成测试。

1）接口集成测试

接口集成测试目的是验证各子系统间通信接口协议的合理性、正确性，按接口信息协议互发信息，对方能够正确解析，并与接口文件格式相同。接口集成测试分为三部分：

（1）交通运输行业数据处理系统（二期）与基准站原始观测数据共享与管理子系统（一期）之间数据收发接口测试；

（2）交通运输行业数据处理系统（二期）各子系统之间接口测试；

（3）交通运输行业数据处理系统（二期）与用户间接口测试。

2）系统功能集成测试

功能性测试目的主要是测试交通运输行业数据处理系统（二期）是否具备设计的功能，主要功能包括：

（1）数据接入功能；

（2）数据接入反馈功能；

(3)数据分析功能;

(4)数据存储功能;

(5)车载终端定位功能;

(6)自由流收费APP软件功能;

(7)船载终端定位功能;

(8)AIS高精度信号播发功能。

3)系统性能集成测试

系统性能测试的目的是评价交通运输行业数据处理系统(二期)性能指标是否达到设计要求。系统性能测试主要包括:

(1)车载终端和船载终端基本性能测试;

(2)北斗高精度智慧公路应用系统测试;

(3)北斗高精度水路运输应用系统测试。

参考文献

[1] 北京市测绘设计研究院. 全球定位系统城市测量技术规程:CJJT73-2010[S]. 中华人民共和国建设部,2010.

[2] 黄俊华,陈文森. 连续运行卫星定位综合服务系统(CORS)建设与应用[M]. 北京:科学出版社,2009.

[3] 汪永宝,孙晓丹. 国土资源电子政务建设研究[C]//吉林省测绘学会2008年学术年会论文集,长春,2008:470-473.

[4] 国土资源部. 第二次全国土地调查技术规程:TD/T 1014-2007[S]. 中华人民共和国国土资源部,2007.

[5] 全国国土资源标准化技术委员会. 土地勘测定界规程:TD/T 1008-2007[S]. 中华人民共和国国土资源部. 2007.

[6] 谭述森. 北斗卫星导航系统的发展与思考[J]. 宇航学报,2008,29(2):391-396.

[7] 邬晓岚,涂亚庆. 滑坡监测的现状与进展[J]. 无损检测,2001,23(11):475-478.

[8] 刘尧成,华小军,韩友平. 北斗卫星通信在水文测报数据传输中的应用[J]. 人民长江,2007,10(38):120-121.

[9] 过静珺,李冬航,周百胜,等. 四川雅安滑坡自动化远程监测系统示范工程[J]. 测绘通报,2006,52(4):54-57.

[10] 杜光藏,张文强. 北斗一号在森林防火中的应用—森林防火信息管理系统[J]. 中国北斗导航系统应用论坛,2004.

[11] 范本尧,李祖洪,刘天雄. 北斗卫星导航系统在汶川地震中的应用及建议[J]. 航天器工程,2008,17(4):6-13.

[12] 周平根,白征东,过静珺,等. 基于北斗一号卫星系统的地质灾害监测示范工程研究报告[R]. 北京:中国地质

环境监测院,2009.

[13] 黄安徽. 卫星遥感-区域稳定性与地质灾害监测[J]. 福建地质,2008,27(2):224-229.

[14] 杨水毅. 滑坡地质灾害监测技术发展综述[J]. 国外建材科技,2008,29(3):84-86.

[15] 蔡成林,许龙霞,薛艳荣,等. 实时分米级广域差分方法研究[C]//第二届中国卫星导航学术年会电子文集,上海,2011.

[16] 杨小军. 虚拟参考站(VRS)技术与差分改正信息的研究[D]. 成都:西南交通大学2011.

[17] RTCM SPECIAL COMMITTEE. Differential GNSS(Global Navigation Satellite Systems)Services - Version 3:RTCM Standard 10403.2-2013[S]. 2013.

[18] 解伟. 移动多媒体广播(CMMB)技术与发展[J]. 电视技术,2008,32(4):4-7.

[19] 耿大威. 基于北斗/GPS双模卫星定位系统的车载终端设计[D]. 青岛:中国海洋大学,2013.

[20] 周数. 北斗卫星导航系统精密定位理论方法研究与实现[D]. 郑州:解放军信息工程大学,2013.

[21] 冯涛,沈兵,李晶,等. 交通运输行业北斗应用的进展[J]. 卫星应用,2014,04:52-54.

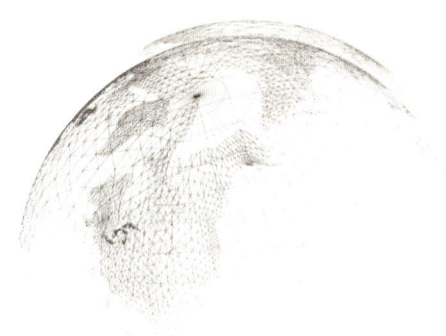

第9章

数据播发系统

数据播发系统作为北斗地基增强系统的综合数据播发服务平台,主要接收国家数据综合处理系统生成的增强数据产品,并针对增强数据产品播发需求进行预处理,根据需求将实时接收到的卫星信号产生差分修正数据,为用户终端提供数据输入,完成系统服务与地面用户相结合的最后环节。基于目前已有的播发资源,北斗地基增强数据播发系统综合采用天基和地基两种方式,具体包括3类播发模式:地基移动通信播发、数字广播播发和天基卫星播发。

9.1 系统功能

数据播发系统接收国家数据综合处理系统生成的各类增强数据产品,针对各类数据产品播发需求进行处理和封装,再通过各类播发手段将处理封装好后的增强数据产品(广域增强服务、区域增强服务、后处理高精度服务、北斗基准站观测数据服务、地基增强系统完好性服务)传输至用户终端/接收机,供用户使用。数据播发系统功能包括服务业务功能和运行监控功能。

1. 服务业务功能

北斗地基增强系统通过数据播发系统将国家数据综合处理系统生成的各类增强数据产品（广域、区域差分数据产品）进行格式封装处理，以文件形式通过移动通信试播、中国数字调频广播播发、C 波段卫星播发平台、L 波段卫星播发平台、其他播发手段将处理后的差分数据产品、后处理数据产品播发给用户。北斗地基增强系统服务如表 9-1 所列。

表 9-1 北斗地基增强系统服务

序号	服务分类	服务方式
1	广域增强服务	卫星广播、数字广播、移动通信
2	区域增强系统	移动通信
3	后处理高精度服务	文件下载
4	北斗基准站观测数据服务	移动通信、文件下载
5	地基增强系统完好性服务	卫星广播、移动通信

北斗地基增强系统提供广域增强系统、区域增强系统、后处理高精度服务共 3 类服务，广域增强数据产品包括 BDS 卫星精密轨道改正、钟差改正数、电离层改正数等；区域增强数据产品包括 BDS/GNSS 区域综合误差改正数；后处理高精度数据产品包括 BDS/GNSS 事后处理的精密轨道、精密钟差、EOP、电离层产品等。

2. 运行监控功能

北斗地基增强系统除了利用接收到的观测数据信息进行差分处理，能为不同需求的用户提供不同等级的增强产品之外，还要负责实时监控从国家数据综合处理系统接收到的增强数据产品的完好性，监控整个北斗导航系统的运行情况。北斗增强系统支持主动（触发式）/被动（应答式）上报系统完好性监控信息的功能，可以用于对国家数据综合处理中心进行综合监测与评估，保障增强数据系统的可用性与完好性。同时也会对各播发平台进行监控，将平台运行状况进行管理，并将运行中的异常情况记录到日志文件中。

9.2 系统性能

1. 数据播发系统性能

数据播发系统的性能包括播发体制、覆盖范围和播发数据类型 3 个方面，具体如下：

1）播发体制

移动通信：2G/3G/4G/5G，兼容未来移动通信网络体制；

数字广播：中国移动多媒体广播，中国数字调频广播；

卫星广播:L波段卫星。

2) 覆盖范围

移动通信:移动通信网络所覆盖的我国地区;

数字广播:全国重点城市城区;

卫星播发:播发卫星所覆盖的我国陆地及领海。

3) 播发数据类型

移动通信:广域米级、分米级差分数据产品,区域实时厘米级差分数据产品,后处理毫米级数据产品;

数字广播:广域米级、分米级差分数据产品;

卫星播发:广域米级、分米级差分数据产品。

2. 播发基本要求

1) 移动通信

数据播发系统提供广域差分改正电文等数据产品,通过移动通信播发给用户终端。在保证定位精度的条件下,数据产品的最小传输速率不低于2Kbps,广播信道的传输时延不超过3.5s。

(1) 移动通信播发物理层逻辑信道及时隙分配。

移动多媒体广播信道物理层带宽包括8MHz和2MHz两种选项。广播信道物理层以物理层逻辑信道的形式向上层业务提供传输速率可配置的传输通道,同时提供一路或多路独立的逻辑信道。物理层逻辑信道支持多种编码和调制方式用以满足不同业务、不同传输环境对信号质量的不同要求。

物理层逻辑信道分为控制逻辑信道(CLCH)和业务逻辑信道(SLCH)。控制逻辑信道用于承载广播系统控制信息,业务逻辑信道用于承载广播业务。物理层只有一个固定的控制逻辑信道,占用系统的第0时隙发送。业务逻辑信道由系统配置,每个物理层带宽内业务逻辑信道的数目可以为1~39个,每个业务逻辑信道占用整数个时隙,如图9-1所示。

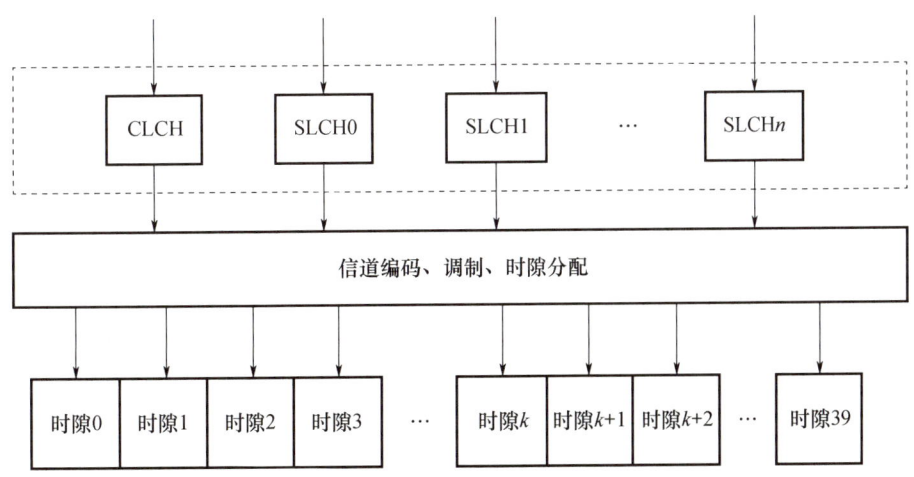

图9-1 移动多媒体广播系统的物理层逻辑信道

广播信道物理层支持单频网和多频网两种组网模式,可根据应用业务的特性和组网环境选择不同的传输模式和参数。物理层支持多业务的混合模式,达到业务特性与传输模式的匹配,实现业务运营的灵活性和经济性。

（2）接口要求。

采用 CMMB 播发的卫星导航地基增强系统数据产品的主要技术指标：

① 最小传输速率应不小于 16Kbps；

② 广播信道的传输延时应不大于 4s。

（3）移动多媒体广播参数要求。

① 频率范围。

BD440019—2017 移动多媒体广播系统广播信道信号载波频率范围为 U 波段:470~798MHz；S 波段:2635~2660MHz。具体见 GY/T 220.7—2008。

② 工作带宽。

移动多媒体广播系统的广播信道分为 8MHz 和 2MHz 两种可选带宽,北斗地基增强系统移动多媒体广播优先采用 8MHz 带宽。具体见 GY/T 220.1—2006。

③ 广播信道参数。

移动多媒体广播终端的信道参数见 GY/T 220.7—2008。

频率范围:470~798MHz(U 波段)、2635~2660MHz(S 波段)；

信号带宽:8MHz、2MHz；

调制参数:BPSK、QPSK、16QAM；

子载波数:4K；

RS 编码:(240,176)、(240,192)、(240,224)、(240,240)；

LDPC 编码:1/2、3/4；

外交织:必须支持模式 1、模式 2、模式 3；

扰码方式:支持所有模式。

④ 接收灵敏度。

移动多媒体广播终端接收灵敏度的性能要求包括分别在 BPSK、QPSK 和 16QAM 时的性能指标。参考值见表 9-2。

表 9-2 终端接收灵敏度性能指标参考($BER \leqslant 3 \times 10^{-6}$)

信道配置		灵敏度/dBm
星座映射	LDPC 编码	U 波段
BPSK	1/2	-98
	3/4	-96
QPSK	1/2	-95
	3/4	-92
16QAM	1/2	-90
	3/4	-86

2) 数字广播

卫星导航地基增强系统数据产品由数据播发系统的数据播发平台发出,经调频频段数字音频广播播发至用户。播发的内容包括 BDS/GLONASS/GPS/Galileo 系统区域 RTD 差分、BDS/GLONASS/GPS/Galileo 系统星历辅助定位数据产品。

采用调频频段数字音频广播播发的卫星导航地基增强系统数据产品的主要技术指标:

① 最小传输速率应不小于 17Kbps;

② 广播信道的传输延时应不大于 4s。

3) 卫星播发

(1) 数据通信模式。

卫星导航地基增强系统采用数据播发平台双向通信、单向播发数据产品模式,即"请求 – 响应"的交互方式,用户向数据播发平台发起差分数据产品请求,数据播发平台向用户发送差分数据产品,此时移动通信网作为数据传输通道。

(2) 数据播发制式。

卫星导航地基增强系统采用移动通信网播发的制式应能支持全球移动通信系统 2G、3G 及 4G 等信号,各类信号的特性见表 9 – 3。

表 9 – 3 移动通信信号特性

信号类别	通信制式	依据标准
2G	GSM	YD/T 1214
3G	WCDMA	YD/T 1547
	TD – SCDMA	YD/T 1367
	CDMA2000	YD/T 1558
4G	LTE/LTE – Advanced	YD/T 2575、YD/T 2577

(3) 播发时延。

播发时延应不大于 1s。

(4) 播发服务(表 9 – 4)。

表 9 – 4 卫星导航地基增强系统采用移动通信网的播发服务典型应用

服务类型	子服务类型	终端类型	应用场景	播发数据	带宽要求
广域差分数据产品播发服务	米级服务	单频伪距终端单频载波相位终端	用于大众用户的日常定位	组合轨道钟差改正电文	≥25Kbps
				电离层电文	
	分米级服务	双频伪距终端双频载波相位终端	用于配备了双频终端的大众/专业用户使用	组合轨道钟差改正电文	≥21Kbps

续表

服务类型	子服务类型	终端类型	应用场景	播发数据	带宽要求
广域差分数据产品播发服务	增强型米级服务	单频伪距终端单频载波相位终端	在米级服务基础上提升了服务的可用性及可靠性,适用于专业用户	轨道改正电文 高频钟差改正电文 URA 电文 码间偏差电文 电离层电文	≥41Kbps
	增强型分米级服务	双频伪距终端双频载波相位终端	在分米级服务基础上提升了服务的可用性及可靠性,适用于专业用户	轨道改正电文 高频钟差改正电文 URA 电文 码间偏差电文	≥37Kbps
区域差分数据产品播发服务	厘米级服务	双频载波相位终端	用于测绘等行业进行高精度定位	BDS 区域差分电文组 GLONASS 区域差分电文组 GPS 区域差分电文组 区域 RTK 基准站及天线电文组	≥15Kbps
	米级服务	单频伪距终端	用于大众定位,但定位精度受区域站分布情况影响	区域 RTD 电文组	≥6Kbps
星历辅助定位数据产品播发服务	—	单频终端	—	符合全球移动通信系统 2G（YD/T 1214）、3G（YD/T 1547、YD/T1367、YD/T1558）、4G（YD/T2575、YD/T2577）对应标准的要求	

注:1. 播发数据中组合轨道钟差改正电文、轨道改正电文、高频钟差改正电文、URA 电文、码间偏差电文(其中包括 BDS、GLONASS、GPS 三系统的电文);

2. 带宽按照 BDS 卫星 35 颗、GLONASS 卫星 32 颗、GPS 卫星 32 颗所计算得出,该带宽为峰值带宽,实际服务时由于播发策略的不同,实际带宽小于该带宽;

3. 电离层电文指电离层球谐模型电文或电离层格网模型电文;

4. 星历辅助定位数据产品播发服务提供缩短首次定位时间的功能,对定位精度无改善。

9.3 系统组成

数据播发系统主要由数据播发处理子系统和播发服务子系统两部分构成,具体数据播发系统总体框架图如图 9-2 所示。

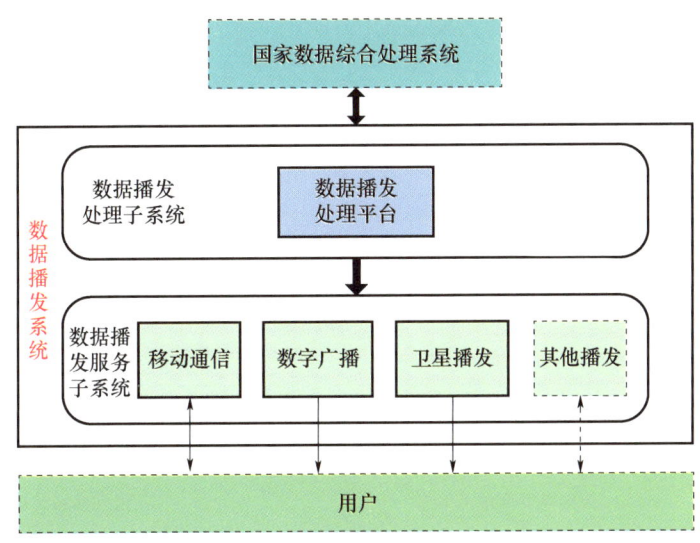

图 9-2 数据播发系统组成框图

在上述组成框图中,数据播发系统中数据播发处理子系统主要由数据播发处理平台组成,播发服务子系统包括移动通信播发平台、数字广播播发平台、卫星播发平台、其他播发平台,分别对应移动通信网络、数字广播网络与卫星通信网络等播发媒介。具体数据播发系统的各组成子系统功能如下:

1. 数据播发处理子系统

数据播发处理子系统由数据播发处理平台组成,通过接收国家数据综合处理系统生成的广域、区域差分数据产品及后处理数据产品,并根据不同用户的需求进行相应封装处理,并将封装后的产品按照播发策略和播发方式的具体要求发送给相应的播发平台,以供其为相应服务范围内的用户提供可靠的播发服务。

2. 数据播发服务子系统

数据播发处理子系统将其获得的各种修正产品,播发服务子系统按照播发方式进行划分,可分为移动通信播发平台、数字广播播发平台、卫星播发平台和其他播发平台。

移动通信播发平台接收数据播发处理子系统输出的广域、区域差分数据产品及后处理数据产品,并据此进行更新。同时提供移动通信用户的接入与管理功能,按照用户的分类及请求类型以移动通信的方式为其提供相应的播发服务。

数字广播播发平台接收数据播发处理子系统输出的广域差分数据产品,并通过复用、编码、调制等操作,将广域差分数据产品转化为相应的数字广播信号,以广播形式播发给用户。

卫星播发平台接收数据播发处理子系统输出的广域差分数据产品,经过调制等操作,实现广域差分数据产品信号对卫星的上行发射,再通过卫星向地面进行广播播发给用户。

其他播发平台接收数据播发处理子系统输出的广域、区域差分数据产品及后处理数据产品,根据测绘、交通等具体行业的用户需求选择相应的播发方式,制定相应的播发策略进行产品播发。

数据播发系统作为中间媒介负责与用户和上部数据综合处理系统进行数据交换与传递,数据播发系统、国家数据综合处理系统、用户三者关系如图9-3所示。

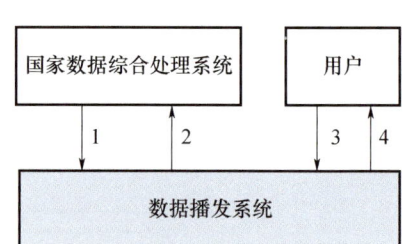

图9-3 数据播发系统外部接口关系图

数据播发系统外部接口关系具体如表9-5所列。

表9-5 数据播发系统外部接口关系表

序号	发送方	接收方	信息内容	连接方式	带宽要求
1	国家数据综合处理系统	数据播发系统	广域、区域差分数据产品,后处理数据产品	内部局域网	2Mbps
2	数据播发系统	国家数据综合处理系统	监控信息	内部局域网	
3	用户	数据播发系统	用户申请、位置信息	移动通信/互联网	可根据用户量扩展
4	数据播发系统	用户	广域、区域差分数据产品,后处理数据产品	移动通信/互联网、数字广播、卫星等方式	

数据播发系统内部接口的关系如图9-4所示,与内部接口具体关系如表9-6所列。

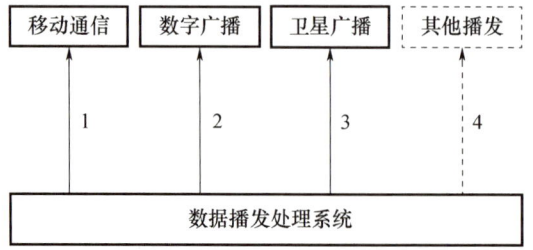

图9-4 数据播发系统内部接口关系图

表9-6 数据播发系统内部接口关系表

序号	发送方	接收方	传输信息类型	连接方式	带宽要求
1	数据播发处理子系统	移动通信	广域、区域差分数据产品,后处理数据产品	专网(UDP/IP)	2Mbps
2	数据播发处理子系统	数字广播	广域差分数据产品	专网(UDP/IP)	2Mbps
3	数据播发处理子系统	卫星广播	广域差分数据产品	专网(UDP/IP)	2Mbps
4	数据播发处理子系统	其他播发	广域、区域差分数据产品,后处理数据产品	专网(UDP/IP)	2Mbps

数据播发系统接收国家数据综合处理系统生成的各类数据产品,经过加工、分类等处理后,发送至各类播发平台。数字广播播发平台和卫星播发平台直接将各类数据产品广播播发给用户。移动通信播发平台中用户向数据播发平台请求高精度定位服务,通过系统的认证授权后,数据播发平台将广域、区域差分数据产品,后处理数据产品发送给已注册用户,满足用户的高精度定位需求。数据播发系统工作流程如图9-5所示。

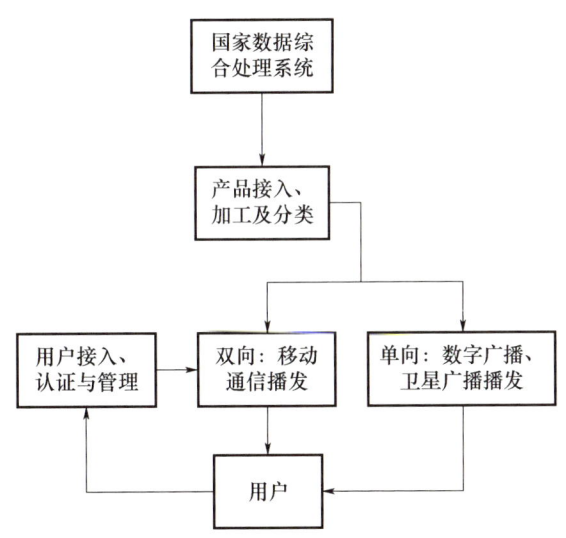

图9-5 数据播发系统工作流程示意图

9.3.1 数据播发处理子系统

1. 数据播发处理子系统功能指标

1)系统业务功能

数据播发处理子系统能够以文件形式实时可靠地接收和更新国家数据综合处理系统输出的广域差分数据产品,并对接收到的数据产品进行解析,按照相应播发标准重新封装。再将封装好的数据产品,按照相应播发手段的要求将广域差分数据产品转发至广域移动通信播发平台、中国移动多媒体广播播发平台、中国数字调频广播播发平台、C 波段卫星播发平台、L 波段卫星播发平台、其他播发平台,再通过不同的播发平台向其他有需求的用户进行播发。

2) 运行监控功能

数据播发处理子系统能够实时监控从国家数据综合处理系统接收的差分数据产品完好性。对数据播发处理系统与国家数据综合处理系统、移动通信播发平台(含广域、区域、后处理 3 个平台)、中国移动多媒体广播播发平台、中国数字调频广播播发平台、C 波段卫星播发平台、L 波段卫星播发平台、其他播发平台之间的连接情况进行监控,并将异常情况记录到日志文件中;同时子系统还支持主动(触发式)/被动(应答式)上报以上监控信息功能,用于国家数据综合处理中心进行综合监测与评估。

2. 数据播发处理子系统技术指标

数据播发处理时延:≤100ms。

3. 数据播发处理子系统工作流程

数据播发处理子系统的工作流程如下:

(1) 实时接收国家数据综合处理系统的广域/区域差分数据产品和后处理数据产品;

(2) 对接收的数据产品先进行解析,然后再按照相应播发标准重新封装;

(3) 实时转发封装后的数据产品至移动通信播发平台、其他播发平台;

(4) 更新广域差分数据产品,按照相应播发标准中的播发时间间隔发送至数字广播播发平台、卫星广播播发平台;

(5) 对数据播发处理子系统与国家数据综合处理系统、移动通信播发平台、数字广播播发平台、卫星广播播发平台、其他行业播发平台之间的连接情况进行监控,并将异常情况记录到日志文件中;

(6) 收集数据播发处理子系统自身监控信息,主动(触发式)/被动(应答式)上报至国家数据综合处理系统。

4. 数据播发处理子系统组成

根据上述功能设计的要求,数据播发处理子系统软件部分划分为人机交互界面、数据接收模块、粘包处理模块、数据封装模块、数据发送模块、日志记录模块 6 个模块共同组成,该系统架构图如图 9-6 所示。

数据播发处理子系统功能模块架构图展现了各功能模块及相互之间的调用关系,具体描述如下:

(1) 人机交互界面:人机交互界面包括国家综合数据处理系统数据源 IP 地址和端口号、移动通信播发平台 IP 地址和端口号、数字广播播发平台 IP 地址和端口号、卫星播发平台 IP 地址和端口号、其他播发平台 IP 地址和端口号等连接参数的录入设置;数据源、移动

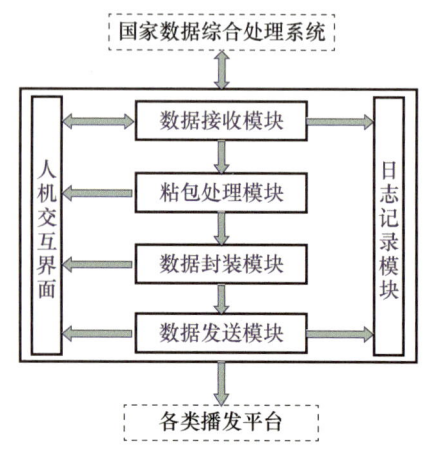

图 9-6 数据播发处理子系统组成图

通信播发平台、数字广播播发平台、卫星播发平台等连接启动按钮;日志、数据封装控制按钮;接收数据和发送数据的记录显示列表。参数设置完毕后单击数据源"连接"按钮,启动数据源接收功能;可以完成北斗地基增强系统设备和用户之间的信息交流。

(2)数据接收模块:该模块建立用户与数据源接收线程,连接数据源服务器,接收数据源差分数据产品,调用日志记录模块记录接收到的数据情况,调用粘包处理模块处理粘包问题,并将相关信息利用人机交互界面进行显示。

(3)粘包处理模块:该模块可以处理从数据源接收到的数据发生粘包的情况,处理完成后调用数据封装模块进行封装处理,将相关信息利用人机交互界面进行显示。

(4)数据封装模块:按照相应的播发标准对原始数据进行重新封装,封装完成后调用数据发送模块将封装好的数据,按照不同用户的不同需求发送广播数据,将相关信息利用人机交互界面进行显示。

(5)数据发送模块:按照相应的播发策略和播发要求向移动通信、数字广播播发、卫星播发等服务器实时或周期性地发送数据,调用日志记录模块记录发送的数据,将相关信息利用人机交互界面进行显示。

(6)日志记录模块:因为北斗增强系统也要负责对数据的完好性进行监控,在传输数据时,增强系统也将接收数据和发送数据时的异常情况记录到日志文件,供用户查询和使用。

9.3.2 移动通信播发子系统

移动通信播发子系统根据播发数据产品的不同可分为广域移动通信播发平台、区域移动通信播发平台和后处理移动通信播发平台。北斗地基增强系统主要基于移动通信网数据播发制式,要求播发子系统应能支持全球移动通信系统 2G/3G/4G/5G 信号及后续演进通信网络,目前各类信号的特性如表 9 - 7 所列。

表 9 - 7 各类信号的特性

信号类别	特性					依据标准
	制式及采用技术	工作方式	带宽	码片速率	工作频段	
2G	GSM	频分复用	频分双工(FDD)	200KHz(有效)	—	700MHz~2.7GHz	YD/T 1214
3G	WCDMA	CDMA 多址接入	频分双工(FDD)	5MHz(载波)	3.84Mcps	700MHz~2.7GHz	YD/T 1547
	TD - SCDMA		时分双工(TDD)	1.6MHz(载波)	1.28Mcps	800MHz~3.6GHz	YD/T 1367
	CDMA2000		频分双工(FDD)	1.25MHz(载波)	1.2288Mcps	450MHz~2.5GHz	YD/T 1558
4G	LTE/LTE - Advanced	正交频分复用(OFDM)和正交频分复用多址(OFDMA)	时分双工(TDD)和频分双工(FDD)	1.4MHz、3MHz、5MHz、10MHz、15MHz、20MHz(基础)、100MHz(最大)	—	450MHz~3.8GHz	YD/T 2575、YD/T 2577

1. 广域移动通信播发平台

广域移动通信播发平台是移动通信播发平台的重要组成部分,主要负责为海量用户提供稳定可靠的广域差分数据产品播发服务。

1）平台功能指标

（1）用户管理功能：

① 实现对移动互联网广域用户的访问申请、权限审核、访问认证、访问授权、产品存储功能；

② 实现对移动互联网广域用户的新增、更改、注销、查询等功能；同时应该能够实现对移动互联网广域用户的等级分类功能，优先保证高级别用户服务得到满足；

③ 实现数据播发处理子系统对广域移动通信播发平台的相关信息查询（如用户信息等）、配置功能。

（2）业务功能：

① 实现已经获得注册和授权的移动互联网广域用户连接时的快速验证、分配播发资源等功能；

② 实现对移动互联网广域用户灵活的播发策略功能（针对不同等级互联网用户需求）；

③ 实现对移动互联网广域用户提供连续的、可靠的、安全的业务服务功能；

④ 实现实时可靠接收数据播发处理系统输出的广域差分数据产品功能，并进行分类、更新。

（3）运行监控功能：

① 实现实时监控互联网广域用户接收数据、链路质量情况功能；

② 实现实时监控数据播发处理系统输出的广域差分数据完好性功能；

③ 实现实时监控广域移动通信播发平台内部系统各种资源使用情况功能；

④ 实现主动（触发式）/被动（应答式）上报以上监控信息功能，用于国家数据综合处理中心进行综合监测与评估。

2）技术指标

（1）注册用户数。

广域播发平台 A：系统能够处理存储的合法注册用户数量≥1 亿。

广域播发平台 B：系统能够处理存储的合法注册用户数量≥100 万。

（2）在线用户数。

广域播发平台 A：系统能够同时处理并提供服务的在线用户数≥1000 万。

广域播发平台 B：系统能够同时处理并提供服务的在线用户数≥10 万。

（3）平均处理时延。

千万级并发用户访问下，系统从接收用户请求到将差分改正数据产品播出的平均处理时延≤100ms。

（4）最大处理时延。

千万级并发用户访问下，系统从接收用户请求到将差分改正数据产品播出的最大处理时延≤500ms。

（5）平均故障间隔时间。

系统平均故障间隔时间（MTBF）≥8760h（1 年）。

（6）故障修复时间。

系统发生故障时，平均修复时间（MTTR）≤1h。

3）系统原理

广域移动通信播发平台在网络上的某一个或多个 IP 和端口播发差分数据产品，用户通过移动网络注册申请连接到这些特定 IP 上，可以实时获取所需的差分数据产品；用户需要服务时，首先向广域移动通信播发平台发送请求信息，广域移动通信播发平台根据用户的类别和当前各个数据播发服务器的负载情况，由相应的播发服务器向用户提供播发服务，如图 9-7 所示。

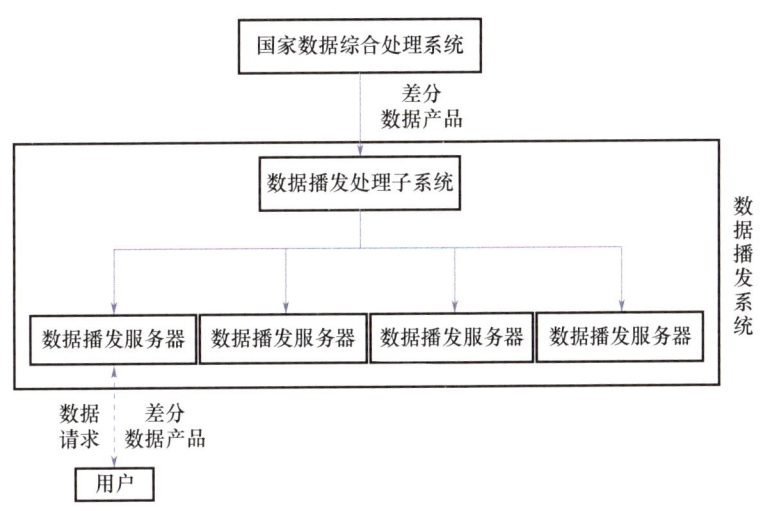

图 9-7 广域移动通信播发原理图

4）系统组成

如图 9-8 所示，广域移动通信播发平台负责接收数据播发处理子系统发出的广域差分数据产品，同时面向各类用户提供用户接入、播发服务等功能。平台内部由负载均衡服务器和众多的广域移动通信播发服务器集群组成。

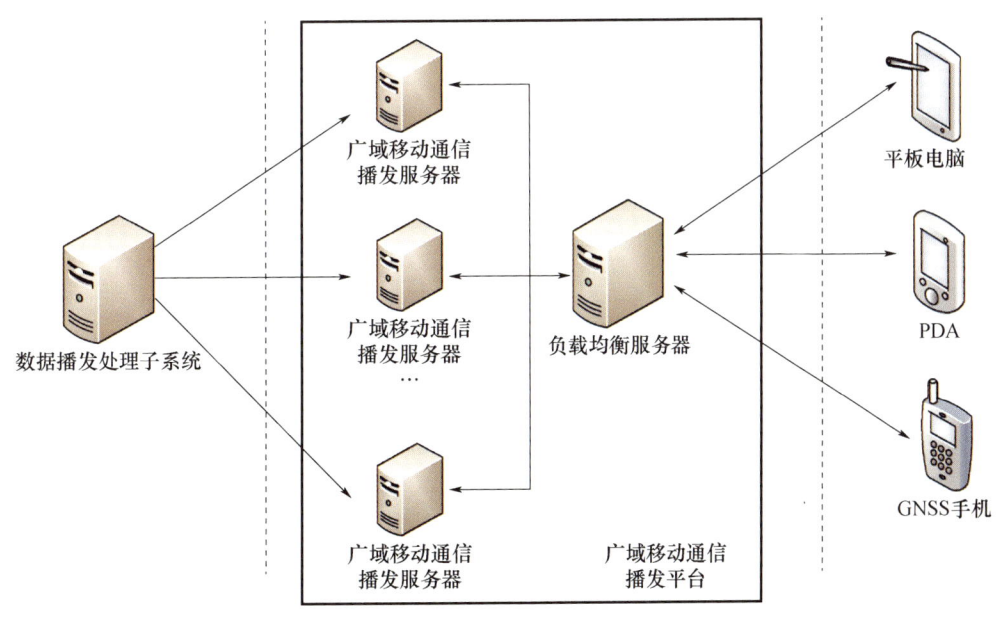

图 9-8 广域移动通信播发平台架构图

负载均衡服务器是广域移动通信播发平台解决用户高并发访问的核心设备。用户向广域移动通信播发平台发起接入请求时,所有的请求会先发往负载均衡服务器,负载均衡服务器根据用户请求类型及广域移动通信播发服务器集群中各服务器的负载情况选择合适的服务器,并将接入请求转发至相应服务器进行处理,从而解决高并发用户访问下单一服务器处理能力不足的问题。

广域移动通信播发服务器集群接收数据播发处理子系统发送的封装后的差分数据产品,并实时更新;同时,广域移动通信播发服务器接收负载均衡服务器转发的用户接入请求,对用户进行认证授权后将其加入服务用户列表,依据播发策略为列表中的相应用户提供连续可靠的广域差分数据产品播发服务。

5)服务流程

根据服务功能划分,移动通信双向播发服务流程可分为用户接入数据流程及播发服务数据流程。服务流程具体过程如图9-9所示。

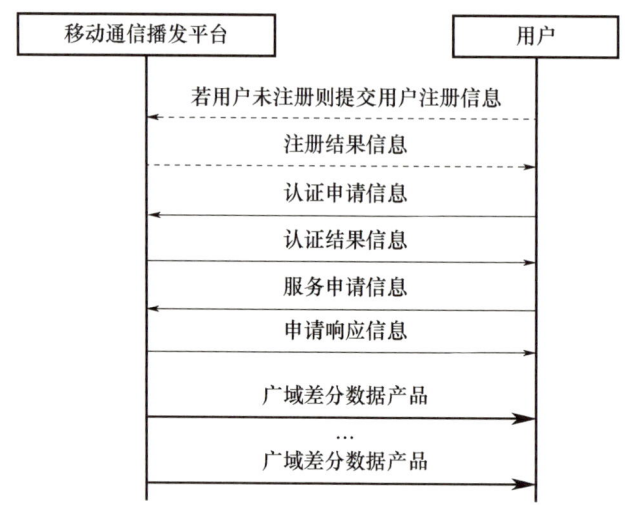

图9-9 广域移动通信播发流程

(1)用户接入数据流程。

用户要获取差分数据产品,需要向播发平台发送请求信息,经播发平台认证授权合法的用户才能得到相应的差分数据产品。用户请求数据流包含接入请求信息。具体而言用户接入包括用户注册、用户认证、服务申请3个步骤。

① 用户注册流程。

用户在注册时首先要向移动通信平台发送用户注册申请信息,其中包含用户ID号、用户密码等相关信息,移动通信播发平台在收到用户注册申请信息之后,平台将对用户信息进行资格审查,并根据审核结果向用户发送注册结果相应信息。如若注册成功则用户ID和密码将作为用户认证的输入信息。

② 用户认证流程。

在完成用户注册流程之后,用户向移动通信播发平台发送认证申请信息,其中包括用户ID、密码等信息,移动通信播发平台收到之后能够对用户信息进行判别,并将其获得的认证结果信息及时发送给用户,认证成功之后则认证结果中包含授权码。

③ 服务申请流程。

在完成上述两个流程之后,用户即可申请服务,用户向移动通信播发平台发送广域增强数据产品服务申请信息,其中就包含用户名、授权码等有效信息,移动通信播发平台收到用户的服务申请之后将对用户的授权码进行检测,并将检测结果通过服务申请响应信息发往用户。如果检测成功则向用户持续提供广域增强数据产品播发服务。用户向移动通信播发平台发送服务终止申请信息后,移动通信播发平台停止提供广域增强系统产品播发服务。

用户接入请求信息通过路由器、交换机后到达负载均衡服务器,均衡服务器将用户接入请求转发至广域移动通信播发服务器进行登记注册或认证授权。首次连接的用户需要进行登记注册,再次接入的用户需要进行认证授权和用户权限等级鉴定。

认证通过的用户会收到广域移动通信播发服务器发送的授权码,至此用户接入数据流程结束。

(2) 播发服务数据流程。

用户携带授权码向广域移动通信播发平台发送差分数据产品服务请求信息,发起差分数据产品服务申请,该申请通过路由器、交换机后到达负载均衡服务器,均衡服务器将用户差分数据服务请求转发至广域移动通信播发服务器。

广域移动通信播发服务器收到用户差分数据服务请求之后,对请求中携带的授权码进行校验,若校验合格,则按照相应的播发策略将差分数据产品周期性地发送给用户,直到该连接断开;若校验失败,则向用户发送相应信息,以通知校验结果。

2. 区域移动通信播发平台

区域移动通信播发平台是移动通信播发平台的重要组成部分,也是提供区域差分数据产品播发服务的主要平台。区域数据播发主要采用3G移动通信的播发方式,基于接收用户设备概略位置信息及区域差分数据产品请求信息,利用区域加密度网观测得到的数据,后处理生成与用户所处位置相对应的高精度卫星轨道、钟差等差分数据产品,并将其发送给用户,可以为用户提供厘米级的高精度定位服务。

1) 功能指标

(1) 用户管理功能:

① 实现对移动互联网区域用户的申请、审核、认证、授权、存储功能;

② 实现对移动互联网区域用户的新增、更改、注销、查询功能;

③ 实现对移动互联网区域用户的等级分类功能,优先保证高级别用户服务;

④ 实现数据播发处理系统对区域移动通信播发平台的相关信息查询(如用户信息等)、配置功能。

(2) 业务功能:

① 实现已注册移动互联网区域用户连接时的快速验证、分配播发资源功能;

② 实现对移动互联网区域用户灵活的播发策略功能(针对不同等级区域用户需求);

③ 实现对移动互联网区域用户连续的、可靠的、安全的业务服务功能;

④ 实时差分数据产品质量获取功能,接收国家数据综合处理系统输出的区域差分数据产品质量;

⑤ 实现实时可靠接收数据播发处理系统输出的区域差分数据产品功能,并根据用户概略位置

进行简单计算,向其发送对应的计算后的差分数据产品。

(3) 运行监控功能:

① 实现实时监控互联网区域用户接收数据、链路质量情况功能;

② 实现实时监控数据播发处理系统输出的区域差分数据完好性功能;

③ 实现实时监控区域移动通信播发平台内部系统各种资源使用情况功能;

④ 实现主动(触发式)/被动(应答式)上报以上监控信息功能,用于国家数据综合处理中心进行综合监测与评估。

2) 技术指标

(1) 注册用户数。

经过系统认证授权的合法注册用户数量≥10万。

(2) 在线用户数。

系统能够同时处理并提供服务的在线用户数1万。

(3) 平均处理时延。

万级并发用户访问下,系统从接收用户请求到将差分数据产品播出的平均处理时延≤300ms。

(4) 最大处理时延。

万级并发用户访问下,系统从接收用户请求到将差分数据产品播出的最大处理时延≤800ms。

(5) 平均故障间隔时间。

系统平均故障间隔时间(MTBF)≥8760h(1年)。

(6) 故障修复时间。

系统发生故障时,平均修复时间(MTTR)≤1h。

3) 系统组成

区域移动通信播发平台包括用户管理系统、用户信息数据库、差分数据接入模块、用户差分数据生成模块、用户差分数据编码模块和用户接入及播发系统组成。系统组成具体如图9-10所示。

区域移动通信播发平台可分为用户差分数据产品计算及编码软件及用户接入软件,用户接入软件包含用户计费模块、用户管理模块、产品播发模块等。

4) 服务流程

国家数据综合处理系统实时地计算和生成区域差分数据产品,并推送给数据播发处理系统,由数据播发处理系统实时转发给区域播发平台中的用户差分数据产品计算软件。用户通过移动通信网向区域数据播发平台提交区域差分数据产品请求,用户接入软件在对用户进行认证、计费等操作后,将概略位置信息提交给用户差分数据产品计算软件,该软件结合用户概略位置信息及从国家数据综合处理系统收到的区域差分数据产品生成与用户位置对应的精确区域差分数据产品,并进行差分数据格式的编码,将其发送给用户接入和播发软件,最后由用户接入和播发软件将其播发给用户,完成一次服务流程,如图9-11所示。

3. 后处理移动通信播发平台

后处理移动通信播发平台可以为用户提供精密轨道、钟差、电离层和对流层产品、北斗基准站原始观测数据供用户下载解算,从而可以实现为用户提供后处理毫米级定位服务。

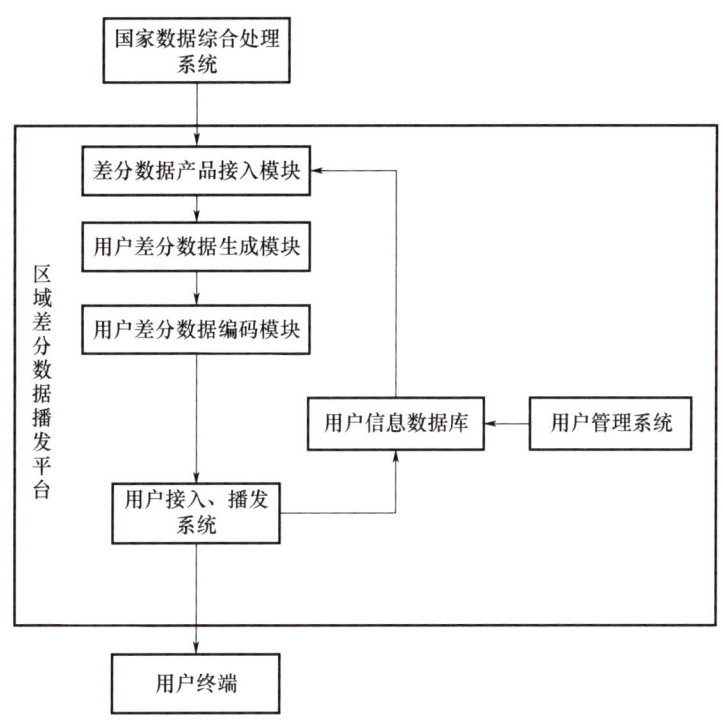

图 9-10 区域移动通信播发平台组成图

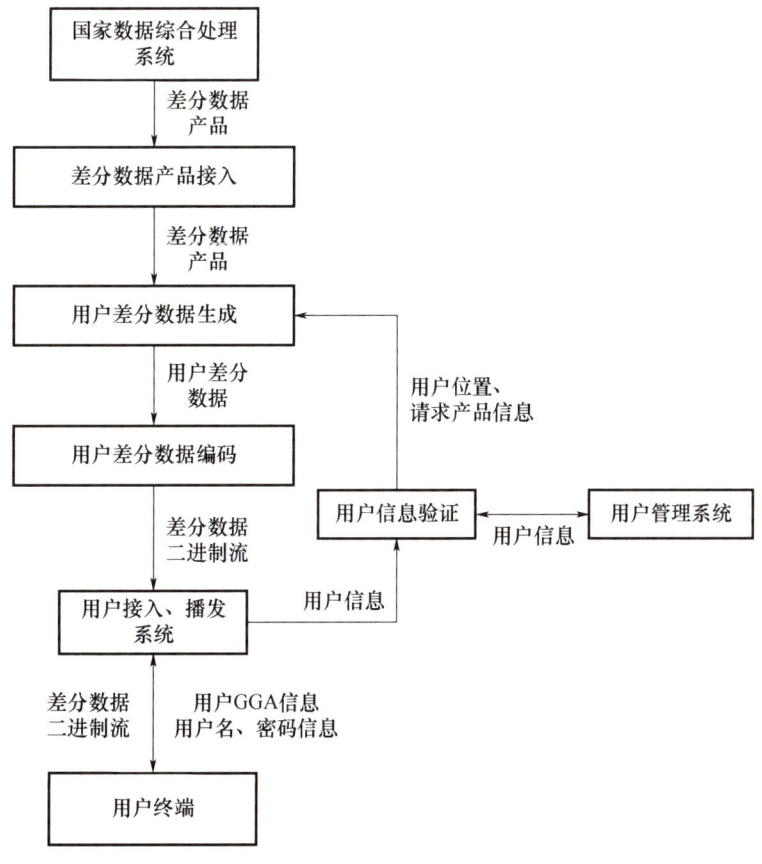

图 9-11 区域移动通信播发流程图

1) 功能指标

(1) 用户管理功能：

① 实现对后处理用户的申请、审核、认证、授权、存储功能；

② 实现对后处理用户的新增、更改、注销、查询功能；

③ 实现数据播发处理系统对区域移动通信播发平台的相关信息查询（如用户信息等）、配置功能。

(2) 业务功能：

① 数据播发平台以文件形式接收数据播发处理系统输出的后处理数据产品；

② 平台也支持通过申请认证的用户下载后处理数据产品功能，进行后处理定位。

(3) 运行监控功能：

① 实现监控后处理用户接收数据、链路质量情况功能；

② 实现实时监控数据播发处理系统输出的后处理数据完好性功能；

③ 实现实时监控后处理播发平台内部系统各种资源使用情况功能；

④ 实现主动（触发式）/被动（应答式）上报以上监控信息功能，用于国家数据综合处理中心进行综合监测与评估。

2) 服务流程

毫米级后处理播发服务采用用户解算方案。在该方案中播发系统通过建立 FTP 服务器，为用户提供精密轨道、钟差、电离层产品和基准站原始观测数据，有需要的用户根据自己的需求主动下载相关后处理数据产品，之后采用事后高精度解算软件解算定位坐标，如图 9-12 所示。

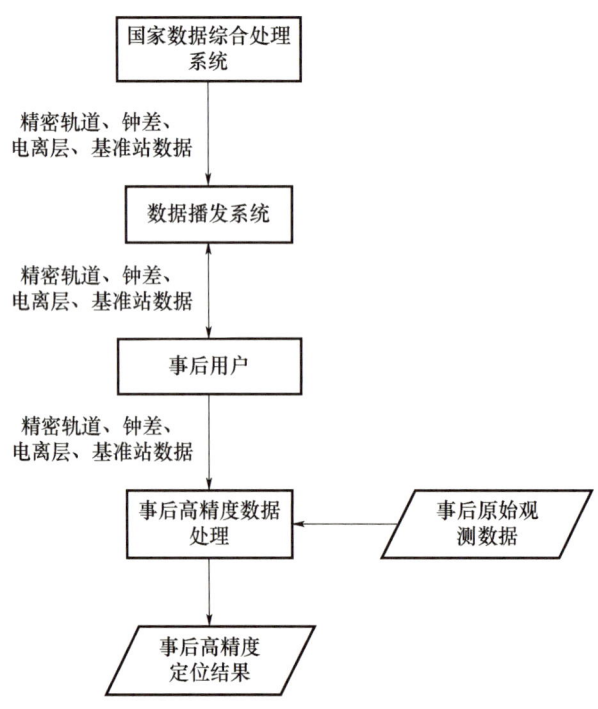

图 9-12 后处理高精度用户服务流程

9.3.3 数字广播播发子系统

数字广播播发子系统采用单向广播的模式,根据所使用网络的不同可分为中国移动多媒体广播播发平台和中国数字调频广播播发平台两种主要平台。

1. 中国移动多媒体广播播发平台

中国移动多媒体广播是实现数字广播播发的重要手段之一,移动多媒体广播播发平台通过接收数据播发处理系统输出的广域差分数据产品,并利用中国移动多媒体广播现有成熟体制将其广播播发给用户,从而实现为用户提供实时米级、分米级定位的服务。

1)功能指标

(1)业务功能:

① 实时可靠地接收数据播发处理系统输出的广域差分数据产品;

② 针对接收到的广域差分数据产品进行复用、编码、调制操作,基于现有成熟的中国移动多媒体广播技术体制实时广播播发广域差分数据产品。

(2)运行监控功能:

① 实时监控中国移动多媒体广播链路质量情况;

② 实现上塔广播前播发差分数据产品的回传;

③ 实现主动(触发式)/被动(应答式)上报以上监控信息功能,用于国家数据综合处理中心进行综合监测与评估。

2)技术指标

(1)播发带宽:$\geqslant 5.5\text{Kbps}$;

(2)播发时延:$\leqslant 8\text{s}$;

(3)中国移动多媒体广播信号覆盖范围内播发丢包率:$\leqslant 0.1\%$;

(4)平均故障间隔时间。

系统平均故障间隔时间(MTBF)$\geqslant 8760\text{h}$(1年);

(5)故障恢复时间。

系统发生故障时,平均恢复时间(MTTR)$\leqslant 1\text{h}$。

3)系统原理

中国移动多媒体广播系统将差分数据产品发往全国各城市发射站点,各站点将差分数据产品广播出去,同时利用无线移动通信网络构建回传通道,组成单向广播和双向交互相结合的移动多媒体广播网络,其原理图如图9-13所示。

4)网络信道及时隙划分

移动多媒体广播信道物理层带宽包括8MHz和2MHz两种选项。广播信道物理层以物理层逻辑信道的形式向上层业务提供传输速率可配置的传输通道,同时用户信息传递提供一路或多路独立的逻辑信道。物理层逻辑信道支持多种编码和调制方式用以满足不同业务、不同传输环境对信号质量的不同要求。

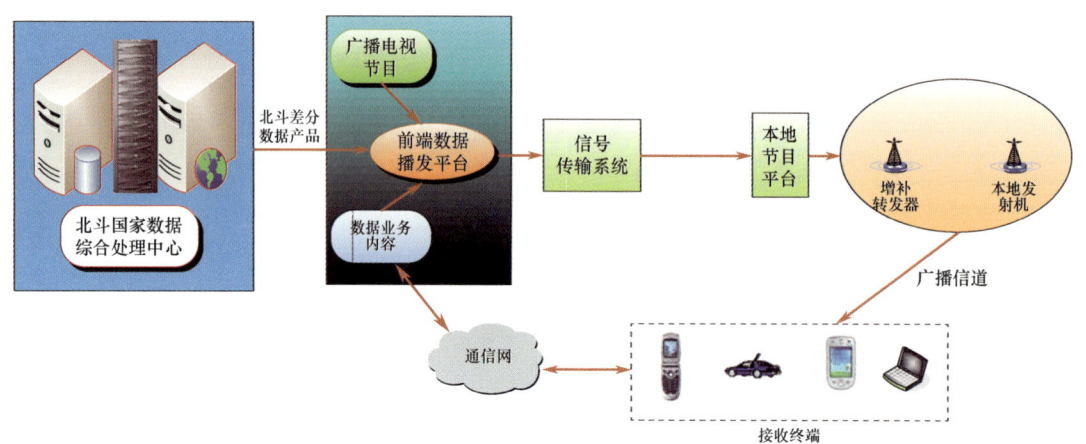

图 9-13　中国移动多媒体广播系统原理图

物理层逻辑信道分为控制逻辑信道（CLCH）和业务逻辑信道（SLCH）。控制逻辑信道用于承载广播系统控制信息，业务逻辑信道用于承载广播业务。物理层只有一个固定的控制逻辑信道，占用系统的第 0 时隙发送。业务逻辑信道由系统配置，每个物理层带宽内业务逻辑信道的数目可以为 1~39 个，每个业务逻辑信道占用整数个时隙，如图 9-1 所示。

广播信道物理层支持单频网络和多频网络两种组网模式，可根据应用业务的特性和组网环境的不同，选择不同的传输模式和参数。广播信道物理层支持多业务的混合模式，达到业务特性与传输模式的匹配，实现业务运营的灵活性和经济性。

5）服务流程

广域差分改正数据经过移动多媒体广播数据播发系统的内部的数据广播封装模块、数据传输网、广播复用、码流传输分配网、信道编码调制、广播信号发射等处理后，传输到用户终端。北斗地基增强系统基于中国移动多媒体广播的广域差分数据播发系统流程，如图 9-14 所示。

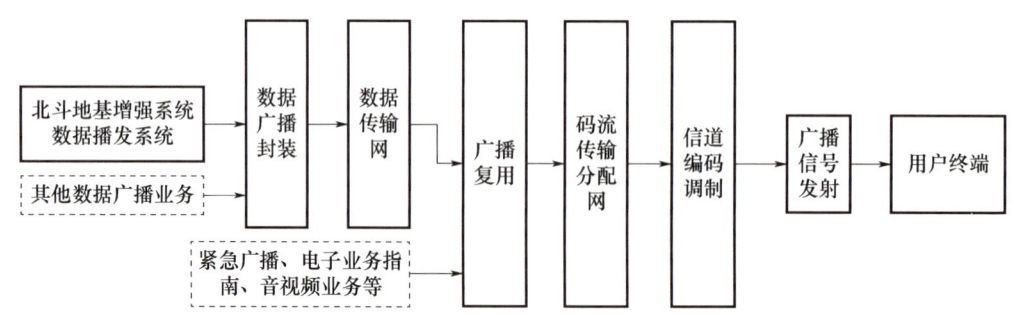

图 9-14　基于移动多媒体广播的数据播发系统流程图

（1）数据广播封装。

数据广播协议层次包括数据业务、流模式/文件模式、可扩展协议封装（XPE/XPE-FEC）、复用、广播信道，如图 9-15 所示。其中，广播信道见 GY/T 220.1—2006，复用见 GY/T 220.2—2006。

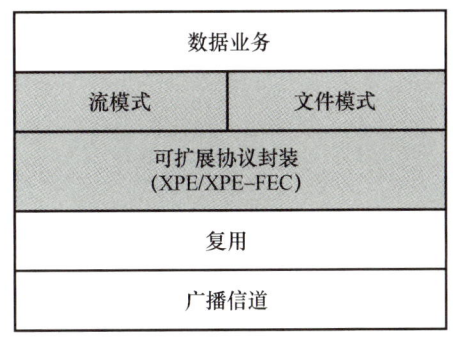

图9-15 数据广播封装

数据业务按流模式和文件模式进行可扩展协议封装,见图9-16。流模式直接对数据流进行可扩展协议封装;文件模式先对文件进行分割生成文件模式传输包,再进行可扩展协议封装。

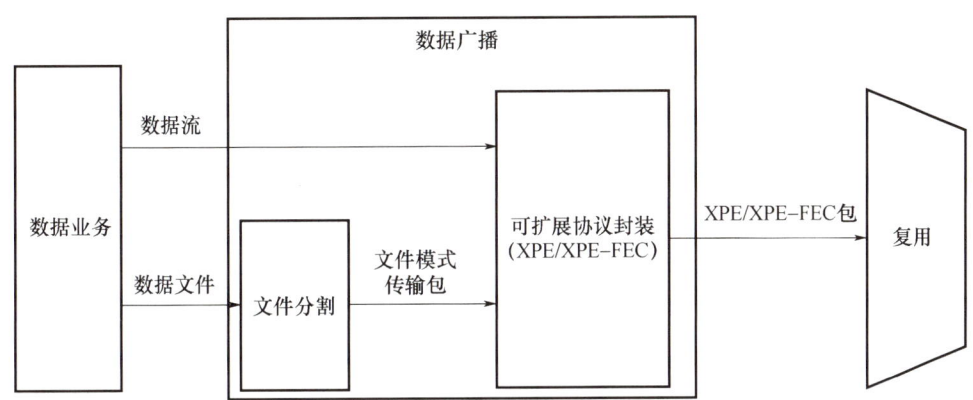

图9-16 数据业务封装流

北斗地基增强系统数据播发对数据传输的时延要求较高,因此,在对北斗地基增强系统广域差分数据封装时优先采用流模式。

可扩展协议封装生成 XPE 包和 XPE-FEC 包。XPE/XPE-FEC 包适配在复用子帧的数据段中,如图9-17所示。

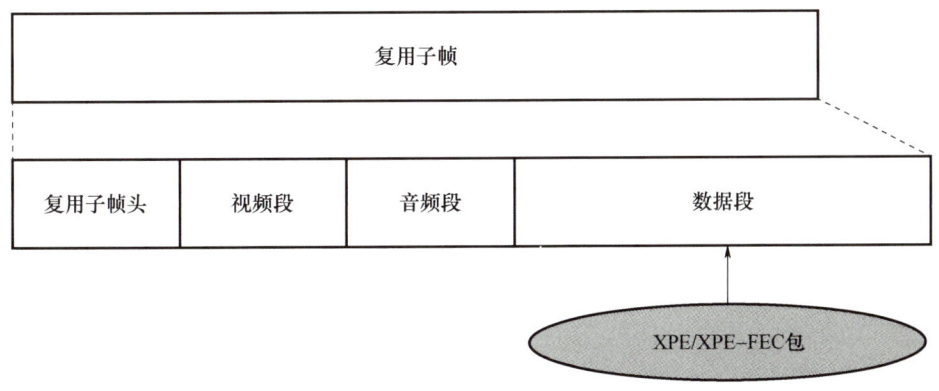

图9-17 可扩展协议封装流程

若数据业务以连续流的方式展现,传输有时间标签指示或数据流内部有同步要求,采用流模式进行处理。流模式数据业务直接进行可扩展协议封装,适配到复用子帧的数据段中,实现透明传输。

若数据业务以离散数据文件的方式展现,通常无时序要求、传输无时间标签指示或同步要求,采用文件模式进行处理。

数据广播封装的详细要求见规范性引用文件:GY/T 220.5—2008。

(2)广播复用。

在移动多媒体广播的前端系统中,复用的功能是完成紧急广播、电子业务指南、音视频业务、其他数据广播业务、北斗地基增强系统数据广播业务等信息的封装和排列,使其能够在移动多媒体广播信道上传送,如图9-18所示。音视频业务、北斗地基增强系统数据业务、其他数据广播业务、紧急广播业务、电子业务指南等分别封装在不同的复用子帧中,控制信息封装在专用的复用帧中。多个复用帧(最多40个复用帧)构成一个广播信道帧,具体见规范性引用文件:GY/T 220.2—2006。

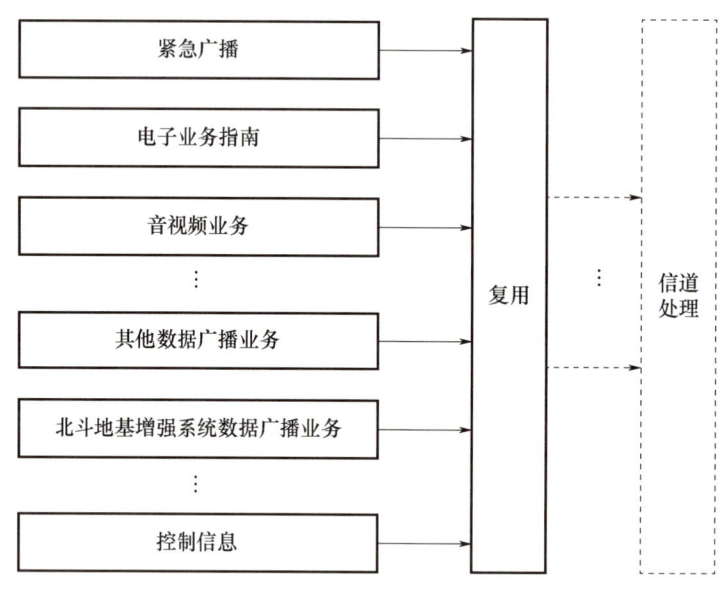

图9-18 移动多媒体广播复用

(3)信道编码调制。

物理层对每个物理层逻辑信道进行单独的编码和调制,其中控制逻辑信道采用固定的信道编码和调制模式:RS编码采用RS(240,240),LDPC编码采用1/2码率,星座映射采用BPSK映射,扰码初始值为选项0。来自上层的输入数据流经过前向纠错编码、交织和星座映射后,与离散导频和连续导频复接在一起进行OFDM调制。调制后的信号插入帧头后形成物理层信号帧,再经过基带至射频变换后发射,如图9-19所示。

业务逻辑信道的编码和调制模式根据系统需求可灵活配置,配置模式通过系统控制信息向终端广播。根据编码和调制参数不同,物理层可提供不同的传输净荷,具体见规范性引用文件:GY/T 220.1—2006。

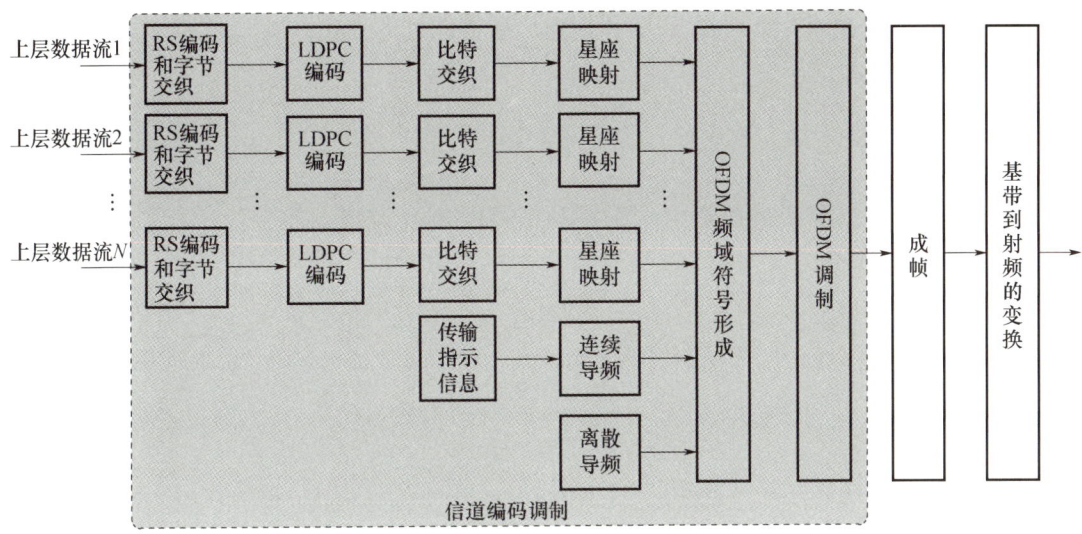

图 9-19 移动多媒体广播系统的信道编码调制

(4) 用户终端。

北斗地基增强系统用户终端是指具备接收、处理和/或显示基于移动多媒体广播播发的北斗地基增强系统广域差分数据的设备,可以实现广域高精度导航定位功能。

除导航定位功能外,用户终端基于移动多媒体广播通道还可实现不同的业务,如电视广播、声音广播、电子业务指南、紧急广播、数据广播、条件接收等业务。并且北斗地基增强系统服务产品是通过移动通信手段进行播发,因此接收机应该配备有相应的移动通信模块,以便可以接受相应的服务产品。

移动多媒体广播终端的逻辑结构分为信号处理模块、条件接收模块和应用模块,逻辑框图如图 9-20 所示。

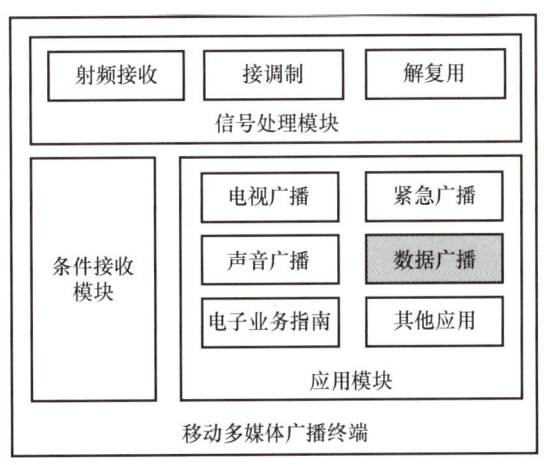

图 9-20 移动多媒体广播终端逻辑框图

信号处理模块负责移动多媒体广播的射频接收、解调制、解复用及相关功能;条件接收模块负责移动多媒体广播的信号解扰、解密、用户授权及相关功能;应用模块负责移动多媒体广播的电视广播、声音广播、电子业务指南、紧急广播和数据广播等业务的处理。具体参见规范性引用文件：GY/T 220.7—2008。

6) 网络参数

(1) 频率范围。

移动多媒体广播系统广播信道信号载波频率范围为 U 波段：470～798MHz；S 波段：2635～2660MHz。具体见 GY/T 220.7—2008。

(2) 工作带宽。

移动多媒体广播系统的广播信道分为 8MHz 和 2MHz 两种可选带宽，北斗地基增强系统移动多媒体广播优先采用 8MHz 带宽。具体见 GY/T 220.1—2006。

(3) 广播信道参数。

移动多媒体广播终端的信道参数见 GY/T 220.6—2008，部分参数如下所示：

频率范围：470～798MHz(U 波段)、2635～2660MHz(S 波段)；

信号带宽：8MHz、2MHz；

调制参数：BPSK、QPSK、16QAM；

子载波数：4K；

RS 编码：(240,176)、(240,192)、(240,224)、(240,240)；

LDPC 编码：1/2、3/4；

外交织：必须支持模式 1、模式 2、模式 3；

扰码方式：支持所有模式。

7) 服务区域

中国移动多媒体广播网络已开通 335 个地级市和 985 个县级市，累计完成大功率站点 2169 个，完成交通枢纽、电子卖场、移动营业厅等重点场所的补点 6500 个，289 个城市完成单频网建设，其中 195 个城市实现城区深度覆盖（室外覆盖率 95% 以上同时重点场所室内覆盖率不低于 90%）。

北斗差分数据基于中国移动多媒体广播系统播发服务范围将依赖于中国移动多媒体广播网络系统建设，其建设历程如图 9-21 所示，随着我国移动通信网络的不断深化和推进，利用移动多媒体广播网络进行产品播发覆盖域也将不断扩大，势必将增加北斗增强系统的应用推广。

2. 中国数字调频广播播发平台

中国数字调频广播(CDR)方式是实现数字广播播发的重要手段，通过接收数据播发处理系统输出的广域差分数据产品，并利用中国数字调频广播现有成熟体制将其广播播发给用户，从而实现实时米级、分米级定位服务水平。

1) 功能指标

CDR 播发系统接收北斗地基增强系统数据处理中心的北斗地基增强广域差分等信息，然后经过 CDR 播发系统信道处理、传输，最终通过调频频段进行广播播发，为 CDR 网络覆盖区域内为用户提供米级导航定位服务功能。

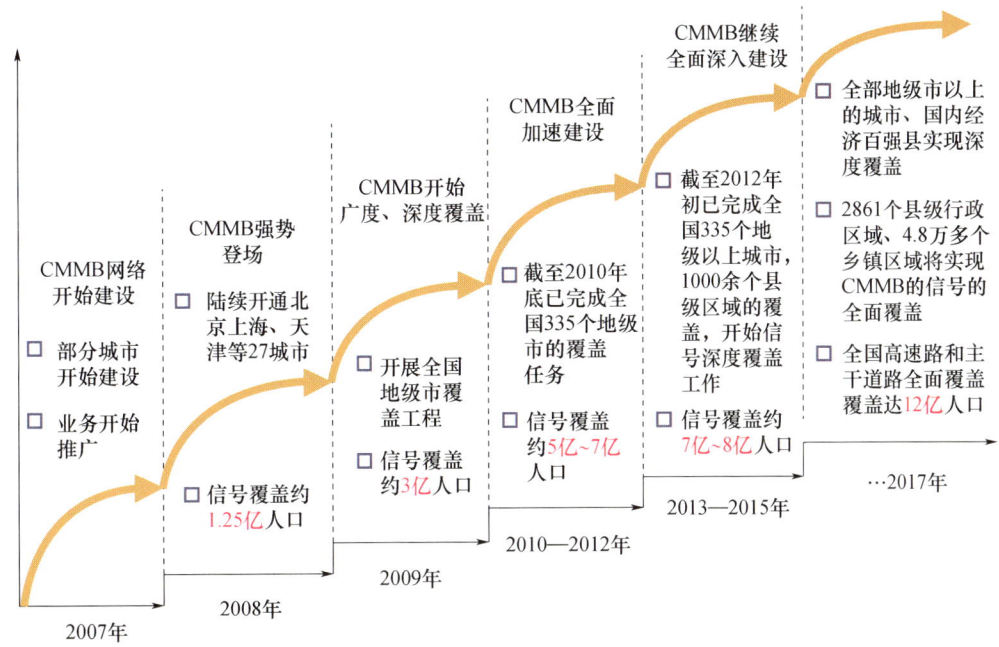

图 9-21　中国移动多媒体广播网络系统建设规划图

2）技术指标

CDR 播发技术指标如表 9-8 所列。

表 9-8　CDR 技术指标

名称	主要指标	备注
北斗地基增强信息播发类型	支持广域差分	① 接口规范满足 GB/T 37019.3—2018《卫星导航地基增强系统播发接口规范 第 3 部分:调频频段数字音频广播》要求; ② 广域差分数据产品电文类型详见附录 A
传输延时	不高于 4s	4s 为 CDR 播发系统时延
信道容量	17Kbps	分配给北斗地基增强信息的系统带宽

3）系统组成

CDR 播发北斗地基增强通信网络设计采用集中处理、统一广播的技术体制。CDR 播发系统是北斗地基增强系统的重要组成部分,也是北斗地基增强系统的主要播发途径之一,是构成北斗地基增强系统数据处理中心和终端系统的重要桥梁。

CDR 播发系统包含信息处理子系统和中国数字调频广播处理子系统。CDR 播发系统组成见图 9-22。

(1)信息处理子系统。

信息处理子系统由北斗地基增强信息播发处理服务器和网络设备组成,其主要功能是完成北

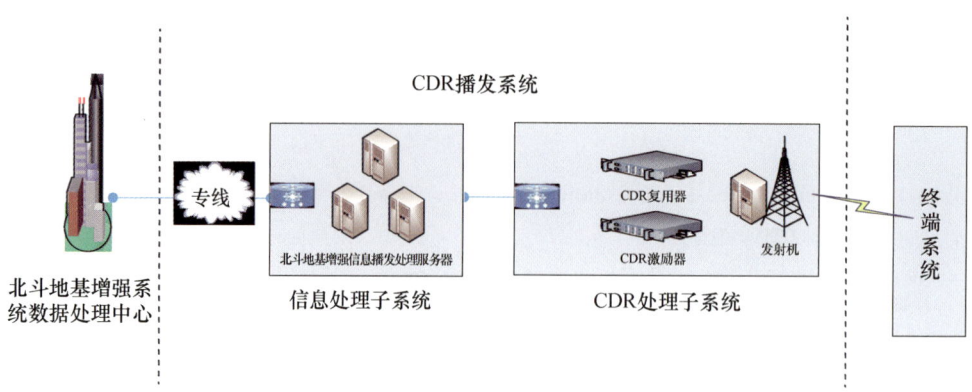

图 9-22　CDR 播发系统组成

斗地基增强广域差分等信息的数据接收、处理和数据广播报文封装等任务。信息处理子系统通过运营商专线网络，与北斗地基增强综合数据处理中心接口建立数据连接，接收待播发的北斗地基增强信息。北斗地基增强信息播发处理服务器作为信息处理子系统的核心设备，其设计功能满足相关接收标准要求，可以实现对北斗地基增强信息的数据处理和数据广播报文封装功能。信息处理子系统通过广播电视节目播发专线网络将封装后的北斗地基增强信息送入到 CDR 处理子系统，再播发给有需求的用户。

信息处理子系统是由北斗地基增强信息播发处理服务器和网络路由器两部分组成。信息处理子系统架构图如图 9-23 所示。

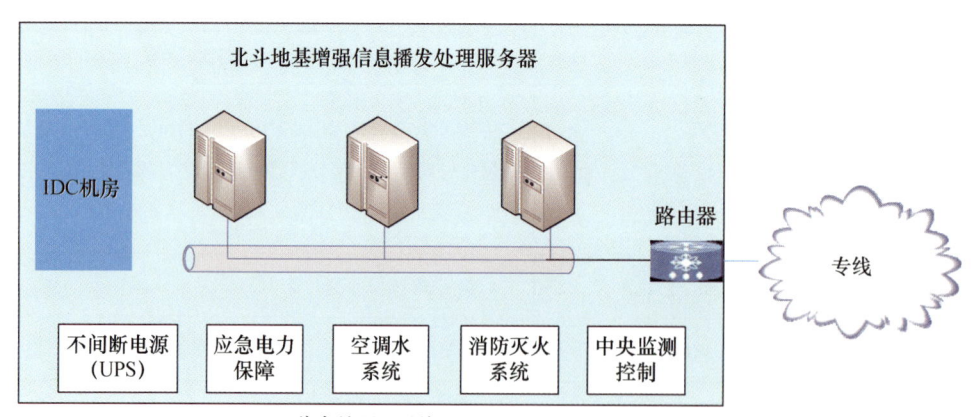

图 9-23　信息处理子系统架构图

信息处理子系统内将包含三台北斗地基增强信息播发处理服务器。采用一主、一从和一备份的系统架构，该架构形式可以方便以后进行城市扩容。每台北斗地基增强信息播发处理服务器都具备主从功能。主机功能是通过 IDC 的网络节点，直接访问综合数据处理中心数据播发平台与之建立连接，获取北斗地基增强信息产品，并将北斗地基增强信息进行分组播发。从机通过接收主机分发的北斗地基增强信息，依照相关标准的数据播发流程的要求，对北斗地基增强信息进行报文封装及处理,最终由运营商专线网络送至各个城市的节目播发部网络节点。信息处理子系统输出示意图如图9-24所示。

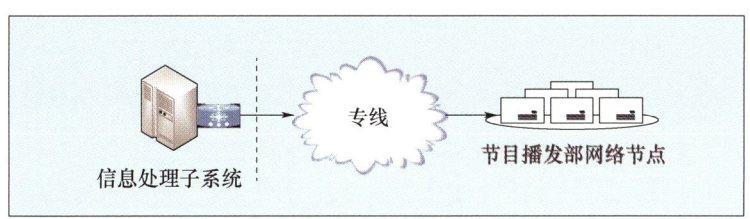

图9-24 信息处理子系统输出示意图

节目播发部网络节点则负责所有电视、广播及其他播出内容进行统一管理,所有通过发射塔进行播出的数据内容,均通过该节点输出,以保证数据内容安全和链路安全。

信息处理子系统在部署时,将采用T3或T4级别的标准IDC机房进行设备部署,依托标准机房的冗余备份系统,以保证子系统设备不会出现服务中断的情况,并能充分保证信息处理子系统的工作稳定性和安全性。

(2) CDR处理子系统。

CDR处理子系统由CDR复用器、CDR激励器、发射机及相应的天馈系统组成。其主要功能是对待播发的北斗地基增强信息进行CDR信道编码与调制处理,并实现调频频段的CDR的广播射频发射。CDR处理子系统是CDR播发的重要环节,为保证播发数据的安全性和可靠性,CDR处理子系统需通过广播电视节目播发专线网络接收北斗地基增强信息。北斗地基增强信息与CDR音频节目、数据业务和其他控制信息一起,进行复用封装、信道编码和调制,最后通过发射机及天馈系统进行广播信号发射。

CDR处理子系统的输入节点是广播电视节目播发专线网络,广播电视节目播发专线网络负责节目播发部网络节点至广播发射塔播出设备的数据传输,专线网络与外部网络物理隔离,专门负责发射塔播发内容的数据传输,安全性、稳定性。中国数字调频广播处理子系统输入示意图如图9-25所示。

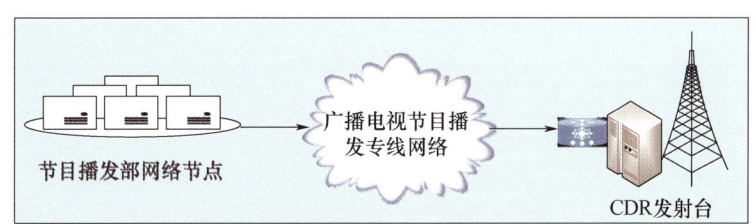

图9-25 CDR处理子系统输入示意图

CDR处理子系统是由CDR复用器、发射机、天馈系统组成,如图9-26所示。CDR复用器的主要功能是可以对多路音频、ESG、数据广播、北斗地基增强信息等多路业务进行数据复用,然后将复用后的数据流输出至发射机。发射机设备内置CDR激励器和功率放大器,CDR激励器接收复用数据流后,依照 GY/T 268.1—2013《调频频段数字音频广播 第 1 部分:数字广播信道帧结构、信道编码和调制》标准,对数据流进行信道编码和调制。功率放大器是对调制后的 CDR 射频信号进行功率放大。目前发射机采用的是模数同播的方式,CDR 数字信号与模拟调频信号同时经过功率放大器进行发射,发射机的标称功率一般可分为 10kW、3kW、1kW 等。

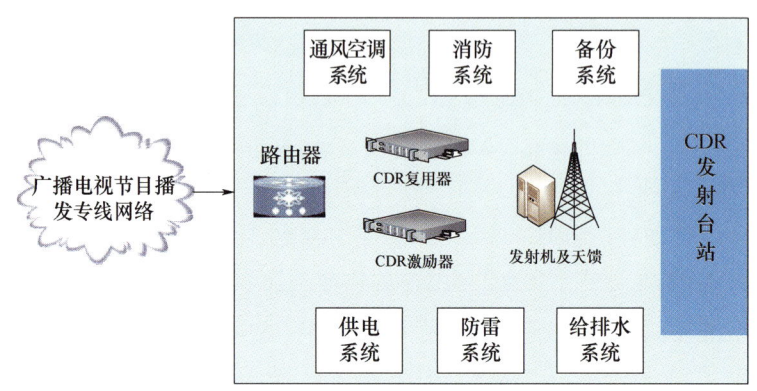

图 9-26 CDR 处理子系统架构图

在数字条频广播处理子系统建设实施过程中,将选取全国各地 CDR 发射台站广播发射机房搭建 CDR 处理子系统。机房配备完备的供电系统、防雷系统、给排水系统、通风空调系统、消防系统和备份系统。各系统运行维护依据 GY/T 208—2005《广播电视高塔供电、防雷、给排水、通风和消防系统运行维护规程》,天馈系统由馈线和发射天线构成,其技术指标应符合 GY/T 5051—1994《电视和调频广播发射天线馈线系统技术指标》中的规定。

CDR 处理子系统将在中央电视塔进行部署,CDR 复用器和 CDR 激励器等均统一部署到中央电视塔广播发射机房。北斗地基增强信息将通过广播电视节目播出专线网络送入到中央电视塔内,该传输过程是由国家新闻出版广电总局无线电台管理局统一管理。北斗地基增强信息将作为一套数据业务,进入到 CDR 播发系统。

4) 接口关系

(1) 内部接口。

CDR 播发系统内部主要由信息处理子系统和 CDR 处理子系统两个子系统组成,在网络设计过程中,CDR 播发系统内部之间具体接口关系如图 9-27 所示,详细的接口信息说明如表 9-9 所示。

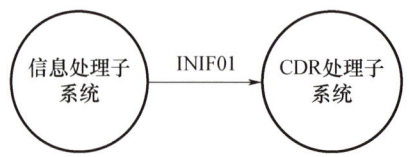

图 9-27 内部接口关系

表 9-9　内部接口关系表

接口编号	发送方	接收方	信息内容
INIF01	信息处理子系统	CDR 处理子系统	已封装的北斗地基增强信息

INIF01 接口关系描述的是 CDR 播发系统内部由信息处理子系统至 CDR 处理子系统的接口,承载内容为经过信息处理子系统进行数据处理和数据广播报文封装后的北斗地基增强信息。各部分接口协议满足 GY/T 268.2—2013《调频频段数字音频广播　第 2 部分:复用》标准要求。

(2) 外部接口。

CDR 播发系统为北斗地基增强系统数据处理中心和终端系统的提供数据传输通道,这几者之间的信息传输关系如图 9-28 所示,详细的接口信息说明如表 9-10 所列。

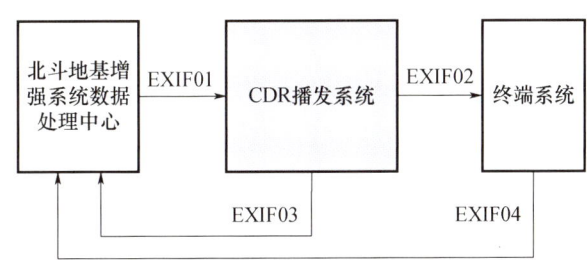

图 9-28　外部接口关系

表 9-10　外部接口关系表

序号	接口编号	发送方	接收方	信息内容
1	EXIF01	北斗地基增强系统数据处理中心	CDR 播发系统	北斗地基增强信息
2	EXIF02	CDR 播发系统	终端系统	北斗地基增强信息
3	EXIF03	CDR 播发系统	北斗地基增强系统数据处理中心	状态监控信息
4	EXIF04	终端系统	北斗地基增强系统数据处理中心	状态监控信息

EXIF01 接口关系描述的是北斗地基增强系统和 CDR 播发系统之间的接口,承载内容为北斗地基增强信息。

EXIF02 接口关系描述的是 CDR 播发系统和终端系统之间的接口,承载内容为北斗地基增强信息。

EXIF03 接口关系描述的是 CDR 播发系统和北斗地基增强系统之间的接口,承载内容为 CDR 播发系统播发前的数据状态监控信息。

EXIF04 接口关系描述的是终端系统和北斗地基增强系统之间的接口,承载内容为 CDR 播发系统播发后的数据状态监控信息。

以上外部接口协议应满足 GY/T 268.1—2013《调频频段数字音频广播　第 1 部分:数字广播信道帧结构、信道编码和调制》等标准要求。

5）工作流程

（1）内部工作流程。

在使用 CDR 播发系统时，需要保证播发系统播发的北斗地基增强信息的准确性和时效性，北斗地基增强信息进入 CDR 播发系统后，系统内部各子系统协同工作，通过合理可靠的工作流程，保证增强信息播发的合理性、高效性。播发系统内部工作流程如下：北斗地基增强信息处理服务器通过运营商专线网络获取北斗地基增强综合数据处理中心的北斗地基增强信息，北斗地基增强信息由数据处理中心的数据播发平台发出，通过专线传输至 CDR 播发系统的信息处理子系统进行数据处理、数据广播报文封装和网络传输协议转换，再传送至 CDR 处理子系统。

CDR 处理子系统接收到信息处理子系统封装后的北斗地基增强信息，与 CDR 其他业务信息一起进行 CDR 复用处理，CDR 信道编码、调制和广播发射。CDR 复用流程遵循 GY/T 268.2—2013《调频频段数字音频广播　第 2 部分：复用》标准。CDR 信道编码和调制流程遵循 GY/T 268.1—2013《调频频段数字音频广播　第 1 部分：数字广播信道帧结构、信道编码和调制》标准，最后经过功率放大进行调频频段广播发射。

（2）外部工作流程。

CDR 播发系统与外部各系统间要规划接口协议，规范工作流程。外部工作流程如下：

① 北斗地基增强系统数据处理中心至 CDR 播发系统。

北斗地基增强系统数据处理中心汇总全国的北斗地基增强基准站原始观测值数据，并对数据进行综合处理，形成待播发的北斗地基增强信息。北斗地基增强信息由数据处理中心的数据播发平台发出，由运营商专线传输至 CDR 播发系统，传输协议依照 GB/T 37018—2018《卫星导航地基增强系统数据处理中心数据接口规范》标准要求。

② CDR 播发系统至终端系统。

CDR 播发系统遵循 GY/T 268.1—2013《调频频段数字音频广播　第 1 部分：数字广播信道帧结构、信道编码和调制》标准，对北斗地基增强信息进行信道处理，并通过功率放大，进行调频频段广播无线信号发射。终端通过接收 CDR 无线信号，解析出北斗地基增强信息，从而进行高精度导航定位。终端系统可以是由车载式、便携式等各种形式的、具有差分导航定位及 CDR 接收功能的终端组成。

③ CDR 播发系统至北斗地基增强系统数据处理中心。

北斗地基增强系统数据处理中心具备数据监测功能，可通过状态信息回传通路对进入 CDR 播发系统的待播发北斗地基增强信息进行监测，验证数据播发前的正确性。当发生数据异常情况时，综合数据处理中心可以立即采取相应措施。

④ 终端系统至北斗地基增强系统数据处理中心。

北斗地基增强系统数据处理中心具备数据监测功能，可通过设置监测站等方式，对通过 CDR 播发系统播发的北斗地基增强进行监测，验证数据播发后的正确性。当发生数据异常情况时，综合数据处理中心可以立即采取相应措施。

6）数据流程

（1）北斗地基增强系统数据处理中心到 CDR 播发系统数据流程。

北斗地基增强系统数据处理中心通过专线网络，接受汇总来自全国各地的北斗地基增强基准站原始观测值数据,并由综合数据处理中心进行数据处理、编码,形成待播发的北斗地基增强信息。北斗地基增强信息经过播发与服务系统的数据播发平台,向 CDR 播发系统提供待播发数据。数据播发平台为 CDR 播发系统提供特定 IP 号和端口号地址,北斗地基增强信息播发处理服务器通过运营商专线,向数据播发平台进行数据连接请求,建立数据连接之后,再向 CDR 播发系统发送北斗地基增强信息。整个过程数据流程如图 9 – 29 所示。

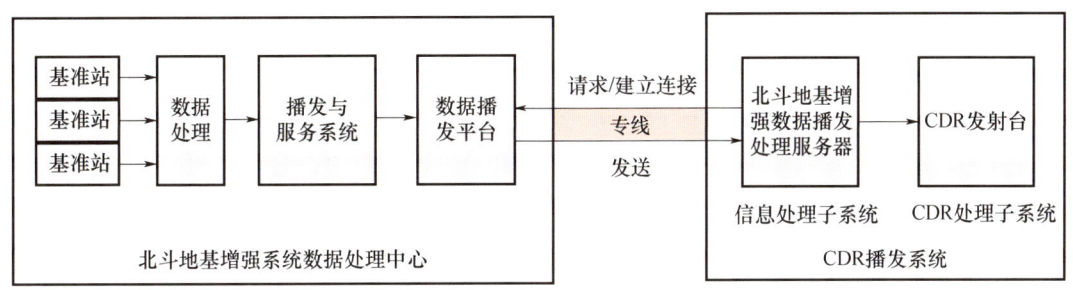

图 9 – 29　数据处理中心到 CDR 播发系统数据流程

(2)CDR 播发系统的内部数据流程。

CDR 播发系统除了与外部系统进行数据交换之外,CDR 播发系统也进行内部数据交流,内部数据流程具体如下:

北斗地基增强信息播发处理服务器通过运营商专线网络接收北斗地基增强信息后,对将要进入 CDR 播发系统的北斗地基增强信息进行数据处理和传输协议转换,使之符合播发标准,并传输至 CDR 处理子系统。CDR 处理子系统需要通过广播电视节目播发专线网络接收北斗地基增强信息;CDR 处理子系统中的 CDR 复用器,将北斗地基增强信息以数据业务形式进行封装;封装后的北斗地基增强信息,由 CDR 复用器输入到 CDR 激励器,进行信道编码和调制等数据处理,生成 CDR 射频信号;CDR 射频信号最后经过射频功率放大,传送至发射天线进行广播发送。北斗地基增强信息播发系统内部数据流程如图 9 – 30 所示。

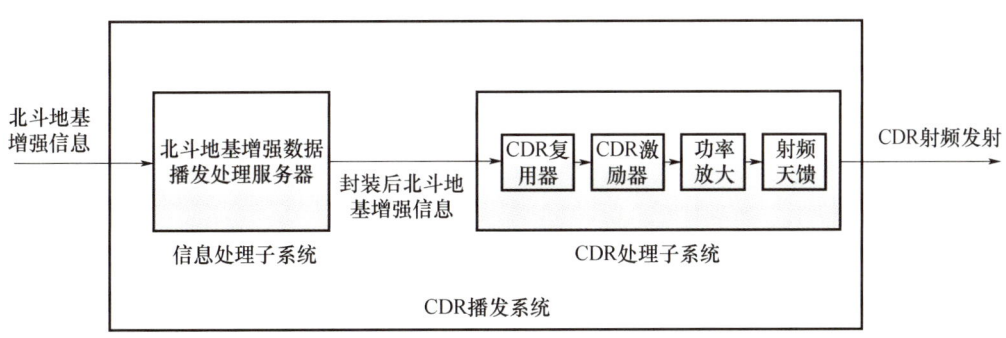

图 9 – 30　CDR 播发内部数据流程

(3)CDR 播发系统与终端系统的数据流程。

CDR 播发系统通过发射机的射频天线系统,以无线电波的方式向用户接收终端播发北斗地基增强信息。用户终端同时具备 CDR 解调模块和北斗卫星导航接收模块。通过 CDR 解调模块接收并恢复出北斗地基增强信息供用户使用,通过北斗导航接收模块接收北斗卫星信号,最后通过用户终端内部的北斗地基增强信息处理模块进行定位结算。数据流程如图 9-31 所示。

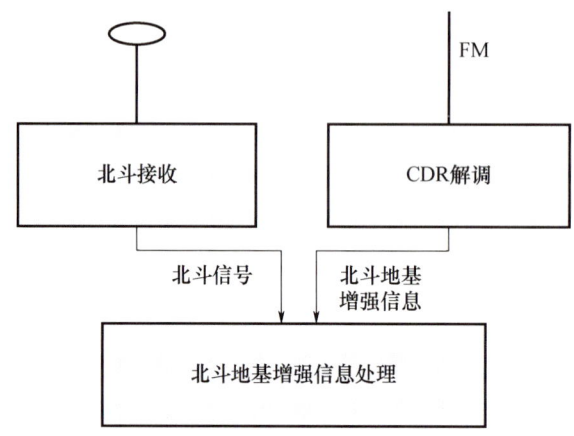

图 9-31　CDR 播发系统至终端系统数据流程

7) 网络体制

北斗地基增强系统的 CDR 播发网络覆盖方式可分为单发射台站覆盖、单频网络覆盖和多频网络覆盖 3 种基本的区域覆盖方式。在使用中受全国频率统一规划影响,各个区域间的 CDR 播发网络覆盖采用多种覆盖方式并存,实现数字调频播发在全国区域内连续覆盖。本方案中,将采取单发射台站的网络架构进行覆盖。

对于北斗导航应用在城市场景中,在城区面积较小、楼宇密度较低、地势较平坦的地区,单个发射台站可完成基本满足导航覆盖的要求,采用单个发射台站进行覆盖,对于个别极少数遮挡严重的区域可以同频转发器方式进行补充覆盖。同频转发技术与单频网技术类似,主要针对完全无信号覆盖地区,利用同频转发器进行定向覆盖,不存在同频干扰问题。播发系统单发射塔覆盖示意图如图 9-32 所示。

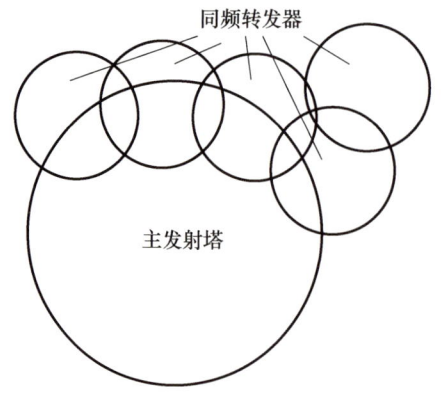

图 9-32　CDR 播发系统单发射塔覆盖示意图

在单发射台站覆盖方式传输中,主发射塔向外发射 FM 波段的 CDR,该广播信号完成覆盖地区的基本覆盖,同频转发器接收到主发射塔的信号后,经过放大以同样的频率转发相同的信号,完成主发射台阴影区的补充覆盖,经过这样两个过程基本可以将需求空间覆盖,满足特定区域用户的使用需求。

8) 网络参数

根据 GY/T 268.1—2013《调频频段数字音频广播 第 1 部分:数字广播信道帧结构、信道编码和调制》标准,CDR 地面覆盖网络选择以下系统参数:

(1) 子载波数目。CDR 信道采用 100kHz 带宽,OFDM 调制子载波数为 242 个。

(2) 循环前缀。循环前缀是位于 OFDM 数据体前的一段数据,其内容是 OFDM 数据体尾部数据的复制,长度为 0.2941ms,多径反射信号间的时延差不能超过循环前缀长度。

(3) 调制方式。CDR 支持 QPSK、16QAM、64QAM 等多种调制方式,其调制因子分别是 2、4、6,在其他条件不变的情况下,调制因子越大,系统可传输的净码率越大,传输效率越高,但可接收的 C/N 门限值越高,数据传输的可靠性越低。在实际组网过程中,考虑 CDR 播发系统的业务特性,选择 QPSK 调制方式发射。

(4) 编码方式。CDR 系统信道编码采用 LDPC 编码,编码效率为 1/4 或 1/3 或 1/2 或 3/4。编码效率越高,一定带宽内可传输的有效比特率越大,但纠错能力越弱,保护程度越低,数据传输的可靠性越低。

9.3.4 卫星播发子系统

1. C 波段卫星播发平台

C 波段转发式卫星作为专项导航技术的演示验证平台,根据广播产品的要求与可行性,可以基于转发式卫星导航试验系统,开展卫星播发卫星导航增强产品的试验试用项目。在卫星播发子系统试验试用阶段,卫星播发利用转发式卫星导航试验系统专用卫星转发器通道播发广域米级、分米级差分数据产品,采用多星多频同时播发的工作模式,可实现我国陆地及领海的全面服务覆盖。

1) 功能指标

(1) 数据接收功能。卫星播发子系统的数据来源是通过接收中科院行业数据处理系统分析处理中心提供的北斗广域增强信息;除此之外,还能接收国家数据综合处理系统经由数据播发系统送来的北斗地基增强系统广域差分数据产品。

(2) 卫星播发子系统具备北斗广域增强电文处理功能,可以接收北斗广域增强信息,并进行相应处理。

(3) 具备北斗广域增强信号地面产生与发射功能。

(4) 具备北斗广域增强信号地面接收与处理功能。

2) 技术指标

(1) 载波频率:3826.02MHz(C1),4143.15MHz(C2);

(2) 调制方式：二进制相移键控（BPSK）调制；

(3) 信号工作带宽：±10.23MHz；

(4) 用户接收信号电平：卫星下行的增强信号到达地面接收机天线的最小保证电平为 −165dBW；

(5) 信号复用方式：码分多址（CDMA）；

(6) 码特性：码速率10.23Mbps，码周期1ms。

3) 系统组成

C波段卫星播发子系统主要由3部分组成：转发式GEO卫星、卫星信号上行站和北斗广域增强接收机。这三者关系具体如图9-33所示：

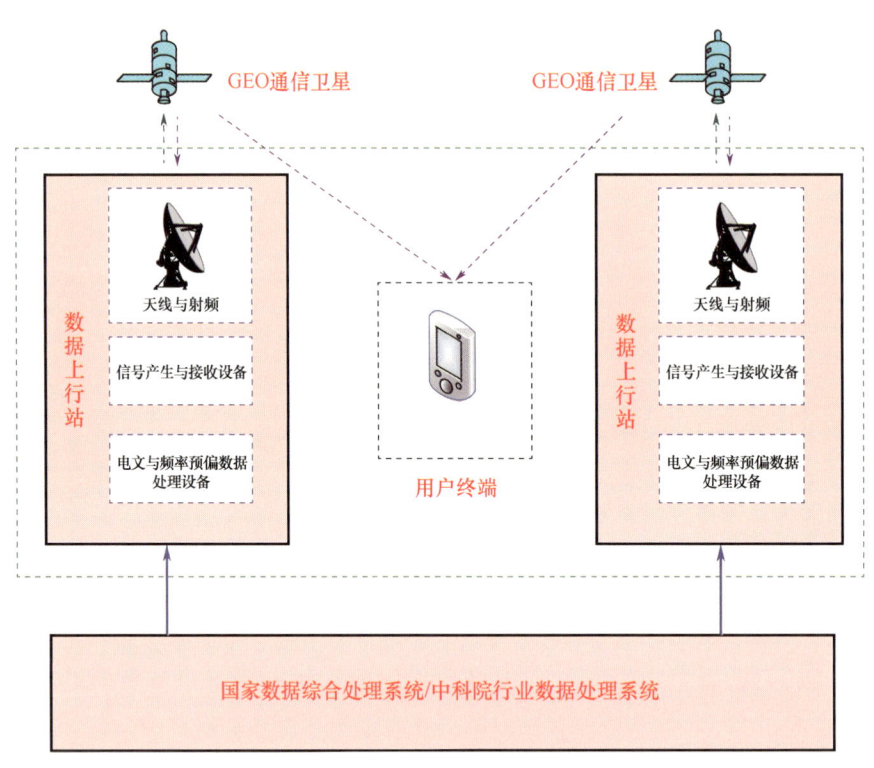

图9-33 C波段卫星播发系统组成

(1) 转发式GEO卫星。

空间段GEO卫星由两颗通信卫星（转发器）组成，分别为位于东经87.5°的中星12号卫星和位于东经110.5°的中星10号卫星。这两颗GEO卫星在中国及亚太区域覆盖范围为东经30°~东经180°，南纬20°~北纬70°，基本囊括了我国领土和领海的全部地区。卫星通信租用了3826.02±10.23MHz和4143.15±10.23MHz这两个信号频段的各两个转发器，进行信号转发服务。中星12号卫星和中星10号卫星C波段EIRP覆盖范围如图9-34所示，各自参数如表9-11和表9-12所列。

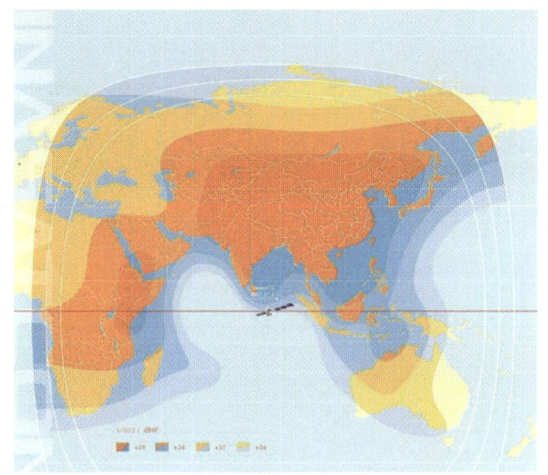

(a) 中星12号卫星

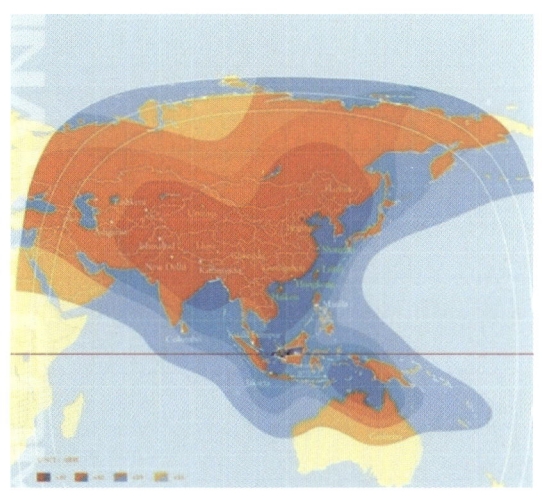

(b) 中星10号卫星

图 9-34 中星 12 号卫星和中星 10 号
卫星波段 EIRP 覆盖范围

表 9-11 中星 10 号卫星参数

卫星名称	中星 10 号
卫星平台	东方红四号
轨位	110.5°E
设计寿命	15 年
在轨精度	±0.05°(东/西,南/北)
饱和通量密度	$-(70+G/T) \sim -(98+G/T) \, dBW/m^2 \, (FGM)$ $-(75+G/T) \sim -(90+G/T) \, dBW/m^2 \, (ALC)$
G/T	$-5 \sim 1.7 \, dB/K$

续表

卫星名称	中星10号	
输入/输出回退	6dB/4.5dB	
极化方式	正交线极化	
转发器名称	5B	11B
转发器带宽	36MHz	54MHz
上行中心频点	6045MHz	6374MHz
下行中心频点	3820MHz	4149MHz
下行EIRP	36~43.5dBW	

表9-12 中星12号卫星参数

卫星名称	中星12号	
卫星平台	法国泰雷兹阿莱尼 SB4000C2	
轨位	87.5°E	
设计寿命	15年	
在轨精度	±0.05°(东/西,南/北)	
饱和通量密度	$-(82+G/T) \sim -(103+G/T)dBW/m^2$(FGM) $-(86+G/T) \sim -(106+G/T)dBW/m^2$(ALC)	
G/T	优于-10dB/K	
输入/输出回退	6dB/4.5dB	
极化方式	正交线极化	
转发器名称	5B	13B
转发器带宽	36MHz	36MHz
上行中心频点	6045MHz	6365MHz
下行中心频点	3820MHz	4140MHz
下行EIRP	优于36dBW	

(2)卫星信号上行站。

卫星信号上行站负责接收由国家数据综合处理系统转来的各类差分数据产品,以及中科院行业数据处理系统生成的行业差分数据产品,根据增强产品编辑生成北斗高精度广域增强电文,对中频载波进行预偏调整后,进行信号扩频调制,在经由上变频、功率放大、滤波、合路等处理后通过天线设备实现信号对卫星的上行发射操作。

C波段卫星播发系统将建立两个地面信号上行站。每个信号上行站采用相同的设备配置方案,相互独立,对应两颗GEO卫星,互为备份,可以保证对卫星数据上行传输的功能保障。每个信号上行站由天线与射频子系统、信号产生与接收子系统、电文及频率预偏数据处理子系统组成,如图9-35所示。

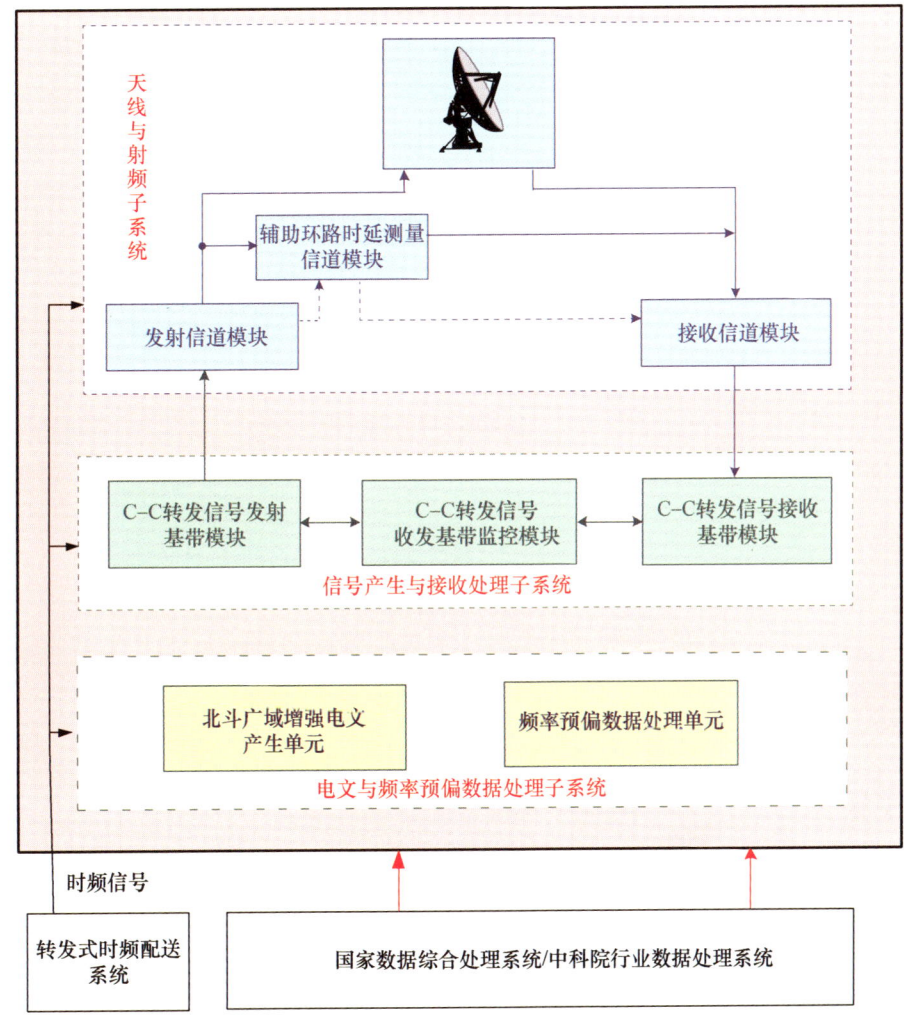

图9-35 信号上行站组成结构图

①天线与射频子系统。

天线与射频子系统接收信号产生与接收处理子系统的基带信号,经过上变频、滤波、高功率放大器放大后,由功率合成网络将各高功率放大器放大输出的各频点信号进行合成,再通过上行波导送至天线,完成上行信号的发射。

由天线接收卫星转发的下行射频信号,经低噪声放大器(LNA)进行放大,通过低损耗稳相电缆、功率分配器传输至下变频器，下变频后的基带信号送给信号产生与接收处理子系统，完成下行信号的接收。

伺服跟踪接收来自天线的和信号、差信号，经单信道合成及放大、变频、误差解调、同步检波，将误差电压送伺服控制，驱动天线实时跟踪目标。

天线与射频子系统包括天线模块、发射信道模块、接收信道模块三部分。可以将生成的各项增强系统进行向外发射。

② 信号产生与接收子系统。

信号产生与接收处理子系统主要完成基带信号生成和接收基带信号处理功能，其工作原理详述如下：

接收转发式时频配送系统提供的标准时间、频率和时码信号，根据信号体制要求，利用锁相环路、DDS 等技术手段，经过分频、倍频等处理生成单元内部所需的系列频率信号。

接收电文与频率预偏数据处理子系统的相关信息（包括北斗广域增强电文、载波频率调整量等）并在本地进行缓存；以码分多址（CDMA）的方式，根据相应的码生成方法，在码时钟与脉冲信号为 1 次/s 的控制下产生相应的扩频码序列信号；利用扩频码序列对调制信息进行扩频调制；在中频载波时钟控制下产生中频载波，并对扩频信号以 BPSK 方式进行载波调制，形成中频载波调制信号送给天线与射频子系统。

接收天线与射频子系统送出的中频下行增强信号，进行载波信号与码信号的捕获，通过载波环路与码环路分别实现载波跟踪，解调导航电文。将解调出的导航电文、载波频率的测量数据送至电文与频率预偏数据处理子系统。

接收北斗广域增强电文信息，进行扩频、调制等处理，生成上行基带信号。在信号生成过程中，可对中频载波频率进行预偏调整。

综合基带接收下行中频信号，并进行相关信号的解调、解扩等处理，可以获取相关电文信息与载波频率测量值。

信号产生与接收设备由转发信号发射基带模块、转发信号接收基带模块、转发信号收发基带监控模块构成，可以辅助接收增强信号。

③ 电文及频率预偏数据处理子系统。

北斗广域增强电文软件接收广域增强信息，进行电文编辑、校验等过程生成增强电文，送至信号产生与接收处理子系统。

频率预偏数据处理单元接收信号产生与接收处理子系统的下行信号载波频率等测量数据，以及接收数据管理中心提供的 GEO 卫星轨道数据，计算频率预偏值，送至信号产生与接收子系统。

电文与频率预偏数据处理子系统包括电文软件和频率预偏处理软件。

（3）北斗广域增强接收机。

北斗广域增强接收机通过 C 波段天线、L 波段天线分别接收转发式 GEO 卫星下行的 C 波段北斗高精度增强信号和北斗导航信号，利用下变频通道将各射频信号进行混频处理得到中频信号。将经过下变频处理后的中频信号利用捕获算法、载波环路跟踪算法、伪码环路跟踪算法获得高精度的伪距观测量和载波相位观测量，同时通过对中频信号进行解扩解调得到导航电文并送到高精度定位解算模块。

北斗广域增强接收机包括天线、C 波段信道模块、北斗/GNSS 导航信号处理模块和高精度定位综合数据处理模块。

① 天线。

由于北斗广域增强接收机要同时接收转发式 C 波段卫星信号和 L 波段北斗导航信号,天线有以下两种解决方案。

设计研制 C/L 一体化天线,其实现的功能为:用于接收 C 波段和 L 波段的双频或三频卫星导航信号,将这些电磁波变换成高频电流并送给低噪放模块进行放大。一体化终端天线主要包括两部分:无源天线和低噪声放大器,其性能好坏直接影响到系统灵敏度、抗干扰等指标。

C 波段天线 + L 波段天线:采用 C 波段天线 + L 波段天线则可直接成品采购 C 波段天线和 L 波段天线,分别接受 C 波段增强信息和北斗导航信号,分别送至 C 波段信道模块和北斗/GNSS 导航信号处理模块。

② C 波段信道模块。

C 波段信道模块的功能是接收一体化天线或 C 波段天线输出的 C 波段信号,经射频和基带处理后,输出增强电文数据,其组成框图如图 9 – 36 所示。

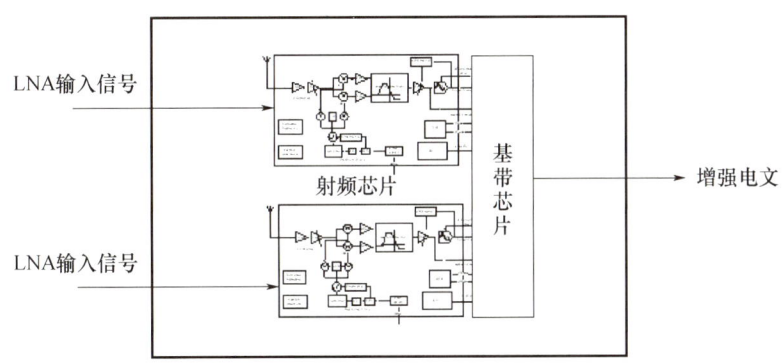

图 9 – 36　C 波段信道模块组成框图

来自一体化天线或 C 波段天线的左旋极化信号和右旋极化信号分两路进入信道板,经匹配、放大后送至射频芯片。射频芯片集成了低相位噪声的本振频率综合器、正交下变频器、可变增益中频放大器、复数中频滤波器、AGC 控制器和 ADC 电路。分别代表左旋极化信号和右旋极化信号两路数字中频信号同时送给基带芯片。基带芯片集成了信号快捕单元、24 个相关通道和一套 DSP 系统。为了保证左旋极化信号和右旋极化信号在基带芯片中相干合成,基带芯片和射频芯片采用统一的参考频率源,采样时钟的方向从基带芯片送至射频芯片。

由于增强电文的播发采取了伪码扩频技术和 CDMA 体制,基带芯片中的相关通道包含了伪码产生器、数字正交本地载波产生器和相关累加器。每一个相关通道对应一个扩频码信号的一个极化分量。信号捕获采用匹配滤波器最大值检测技术,跟踪时采用科斯塔斯环进行载波相位的跟踪,采用早迟功率差鉴相器和标准二阶环进行扩频码相位跟踪。为了将来能够支持导航信号增强,基带芯片中集成了伪距测量功能,射频芯片中的中频滤波器采用了贝塞尔原型,保证最大群时延平坦性。

在信号稳定跟踪的前提下,基带处理器解调出 C 波段卫星信号上调制的电文即北斗高精度增强信息,并按照接口协议格式组成钟差信息和轨道修正信息等高精度修正信息,并送给高精度定位解算子系统。

③ 北斗/GNSS 导航信号处理模块。

北斗/GNSS 导航信号处理模块负责北斗及 GPS 的导航卫星信号跟踪处理,输出供实时 PPP 数据处理单元所需的伪距、载波相位、星历等原始观测数据,其结构组成如图 9-37 所示。

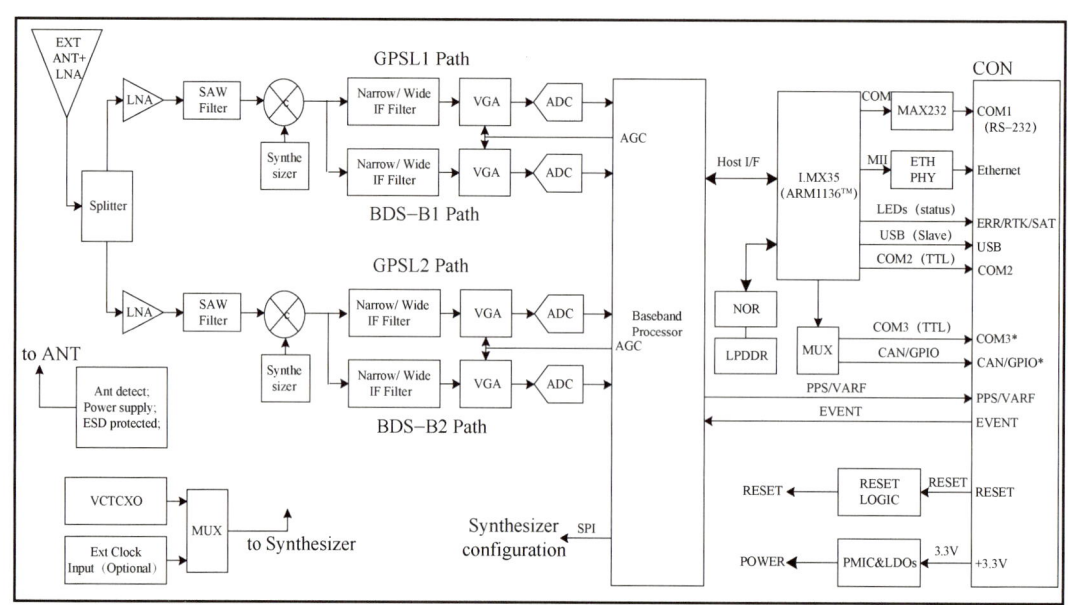

图 9-37　北斗/GNSS 导航信号处理模块结构组成图

北斗/GNSS 导航信号处理模块接收经有源天线接收、放大后的北斗/GNSS 导航信号,经过射频前端模块的下变频和滤波等处理得到中频信号,将中频信号送到基带处理模块,基带处理模块利用捕获算法、载波环路跟踪算法、伪码环路跟踪算法获得高精度的伪距观测量和载波相位观测量,同时通过对中频信号进行解扩解调得到导航电文并送到高精度定位解算模块。

北斗/GNSS 导航信号处理模块主要由射频前端、数字信号处理、接口和电源部分组成,射频前端部分一般采用分立器件或射频芯片构成,数字信号处理部分则由 ASCI 芯片和嵌入式 CPU 实现。

④ 高精度定位综合数据处理模块。

高精度定位综合数据处理模块包含数据采集、数据质量控制、定位单元等多个部分。

数据采集是精密定位的基础,根据具体的任务需求,需要采集不同的数据,具体的流程如图 9-38所示。

实时数据预处理时,首先清除不完整的数据,主要是检测码与相位观测值是否齐全;然后采用 LG 组合、MW 组合、相位与位伪无电离层组合差(LC-PC)进行周跳、粗差的探测以及周跳的修复,解算结束后在进行解的有效性检验,剔除粗差重新解算。具体流程如图 9-39所示。

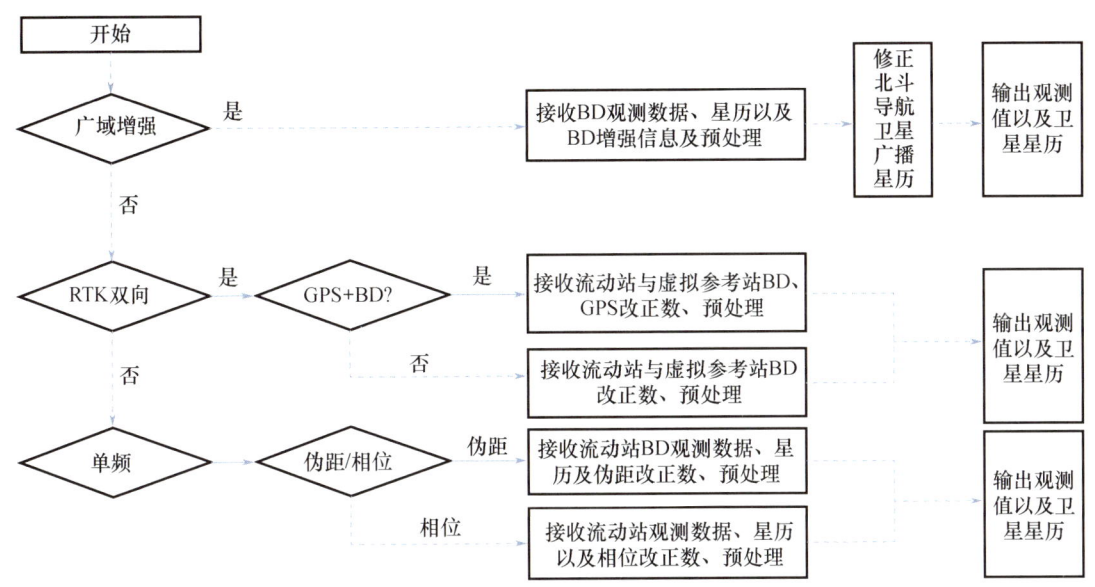

图 9-38 数据采集流程

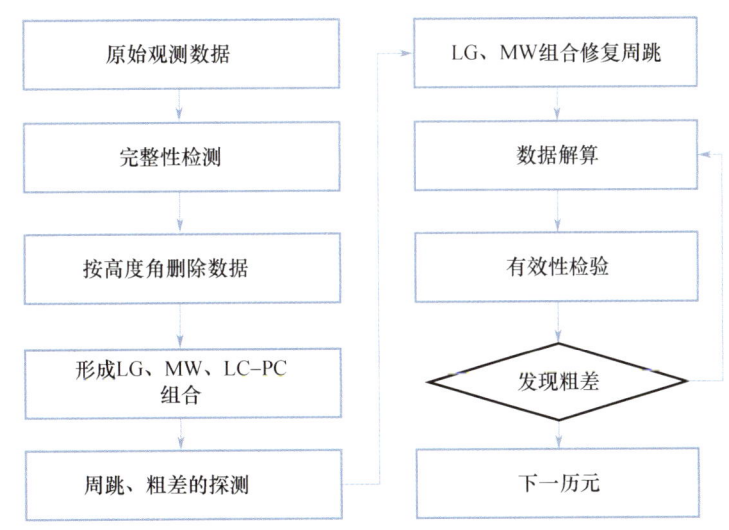

图 9-39 数据质量控制流程图

定位单元流程如图 9-40 所示。

4）工作流程

C 波段卫星播发系统主要完成广域米级、分米级差分数据产品的播发，采用多星多频同时播发的工作模式，实现我国陆地及领海的服务覆盖。工作流程如下：

（1）信号上行站接收由国家数据综合处理系统传来的各类差分数据产品，以及中科院行业数据处理系统生成的差分数据产品；

（2）将差分数据产品根据播发接口规范进行封装，生成广域增强电文；

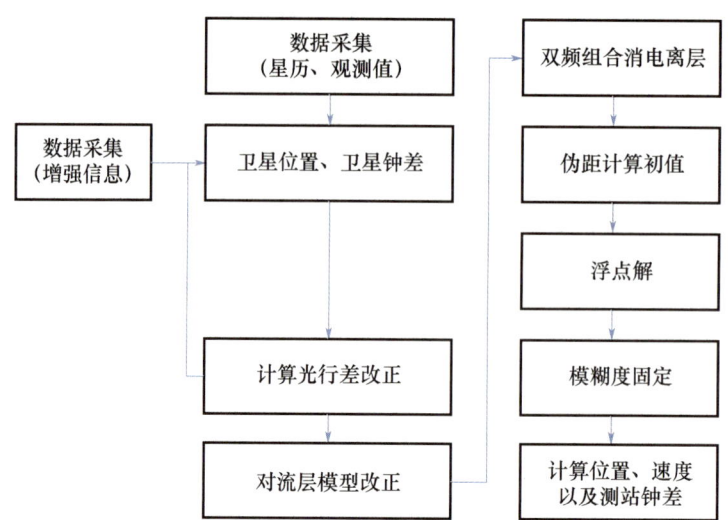

图 9-40 增强信息精密定位模块

（3）将广域增强电文送至信号产生与接收设备，对中频载波进行预偏调整后，进行扩频调制、经由上变频、功率放大、滤波、合路等处理后通过天线设备实现信号对卫星的上行发射；

（4）北斗广域增强接收机接收 C 波段卫星播发的广域差分信号和北斗导航信号，进行高精度定位。

5）数据流程

国家数据综合处理系统生成数据产品后，将数据产品实时传输给数据播发系统，播发平台处理系统服务器从数据产品中选取广域米级、分米级差分数据产品，将其分发至 C 波段卫星播发系统，将产品按照 C 波段播发接口规范进行封装，最终通过卫星通信网传输给用户终端。C 波段卫星播发系统也能够接收中科院行业数据处理系统生成的北斗广域增强数据产品，按照行业需求接口规范进行封装，并通过转发式卫星传输给用户终端。C 波段卫星播发数据流程如图 9-41 所示。

2. L 波段卫星播发平台

亚洲之星卫星是一颗 L 波段广播式通信卫星，是可行的高通量 L 波段广播式卫星资源，在地基系统建设中先利用亚洲之星进行播发测试验证，验证 L 波段卫星播发的有效性。

1）功能指标

（1）业务功能：L 波段卫星播发系统可以实时可靠地接收数据播发处理系统输出的广域差分数据产品。并针对接收到的广域差分数据产品进行调制操作，实现广域差分数据产品信号对卫星的上行发射，最终实现利用 L 波段卫星对广域差分数据产品的广播播发。

（2）运行监控功能：L 波段卫星播发平台除了可以进行增强系统数据接受和播发，还可以实时监控 L 波段卫星链路质量情况；实现上星前差分数据产品的回传功能；实现主动（触发式）/被动（应答式）上报以上监控信息功能，用于国家数据综合处理中心进行综合监测与评估。

2）技术指标

（1）播发时延≤6s；

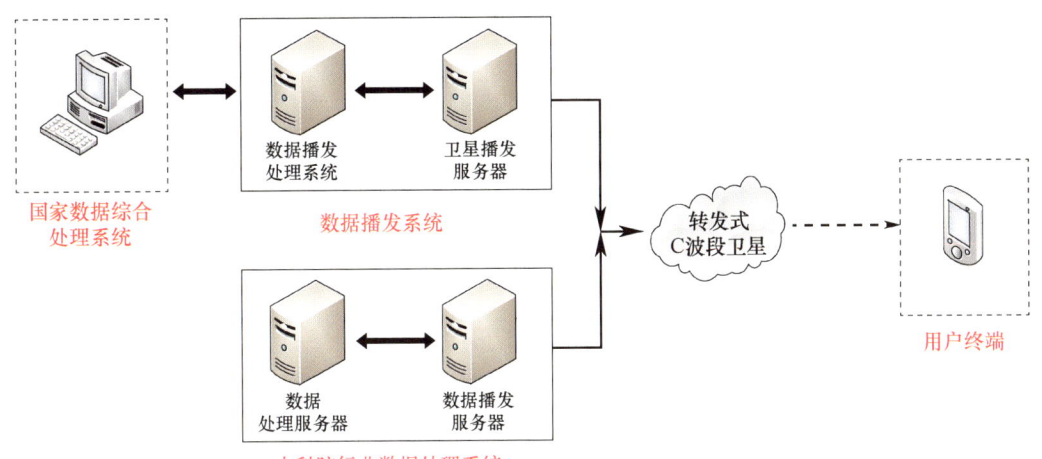

图9-41　C波段卫星播发数据流程图

(2) 卫星覆盖范围内丢帧率≤0.1%。

3) 系统组成(图9-42)

L波段亚洲之星卫星播发平台由融合播发系统、上行站和亚洲之星卫星3部分组成。

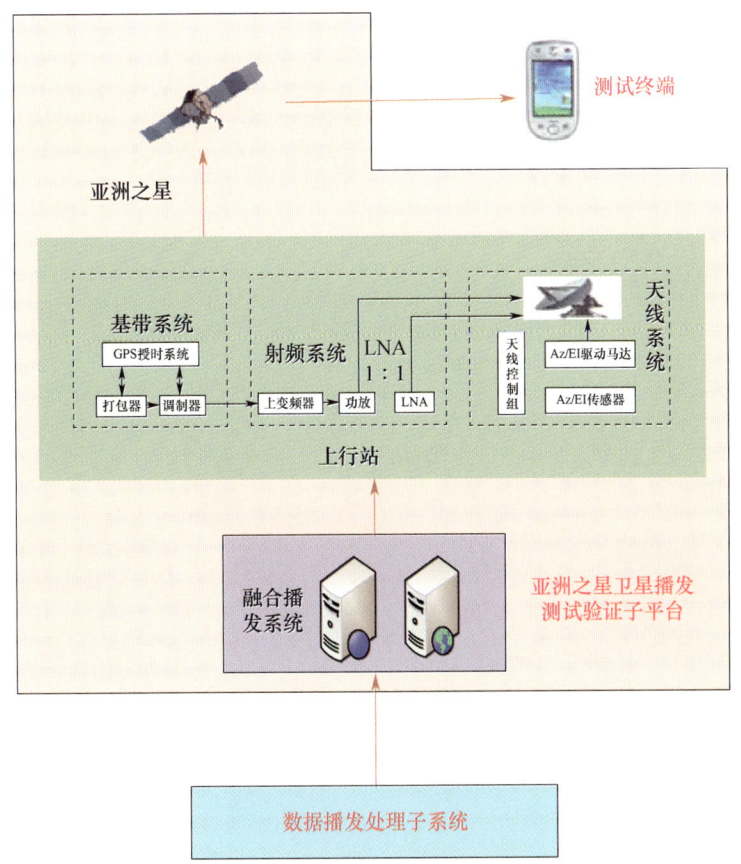

图9-42　亚洲之星卫星播发系统组成图

（1）融合播发系统。

亚洲之星卫星是一颗用于广播数字多媒体信息的卫星，其原有业务包括音视频节目流、多媒体数据文件（包括文字、图片、Flash、声音、视频等在内的 Java、DHTML 等页面形态），以及其他消息源等，现已主要用于数据透明转发业务。各类业务需要在融合播发系统中进行数据标识、融合处理、切片、复用等处理。广域北斗精度增强数据产品作为亚洲之星广播的新业务，同样也需要在融合播发系统中进行处理。融合播发系统将多种业务融合成符合亚洲之星卫星上行发射标准的数据流，发送至卫星上行站进行播发。

（2）上行站。

上行站主要由基带系统、射频系统、天线系统 3 部分组成。上行站主要负责接收融合播发系统发送的携带广域北斗精度增强数据产品的数据流，对产品数据流进行打包、调制操作，再经由上变频、功放、滤波、合路等处理后通过天线设备实现信号对卫星的上行发射。

（3）亚洲之星卫星。

亚洲之星卫星发射于 2000 年，是一颗同步轨道卫星，定点于 105°E。该卫星上行频率为 X 波段（7025～7075MHz），下行频率为 L 波段（1467～1492MHz）（北斗 B1 频点为 1561MHz）。下行有效全向辐射功率为 53dBw。卫星刚开始倾斜轨道运行，可以保持状态 5～7 年（亚洲之星卫星长期闲置，根据第三方对该卫星状态的评测，该卫星状态良好，星上现有电池和推进剂等，能够保持卫星在轨至 2026 年）。

4）覆盖范围

亚洲之星卫星共有 3 个波束，每个波束为 2×2.5MHz，覆盖面积约为 1400 万 km^2，其中东北波束覆盖中国（图 9-43），在中国地区最大下行速率为 5Mbps。

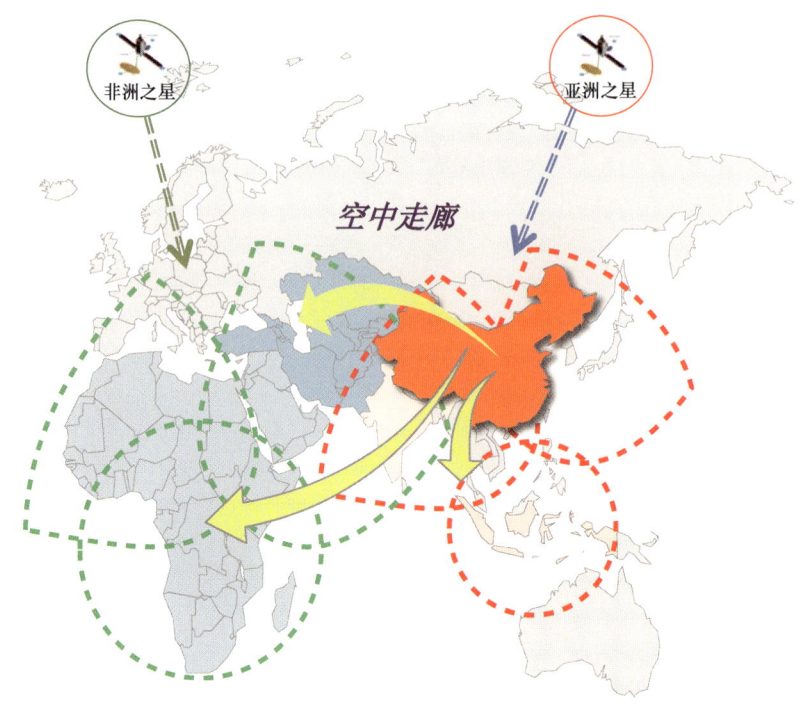

图 9-43　亚洲之星覆盖图

9.4 系统数据

9.4.1 数据产品的分类

北斗地基增强系统基于移动通信网播发的数据产品包括：

(1) 广域增强数据产品：包括 BDS 广域增强电文组、GLONASS 广域增强电文组、GPS 广域增强电文组、电离层改正电文组等，主要用于广域增强定位服务，定位精度为米级和亚米级；

(2) 区域差分数据产品：包括 BDS 区域 RTK 电文组、GLONASS 区域 RTK 电文组、GPS 区域 RTK 电组、区域 RTK 基准站及天线电文组、区域 RTD 电文组、多信号电文组等，主要用于区域差分定位服务，定位精度为米级和厘米级；

(3) GNSS 辅助定位数据产品：主要用于提供 GNSS 辅助定位服务，减少用户首次定位时间。

广域增强电文用于移动通信、数字广播和卫星播发，区域 RTD 电文、区域 RTK 电文用于移动通信播发。

数据产品分类汇总情况见表 9-13。

表 9-13 数据产品分类及汇总

产品分类	电文分组	电文编号	电文名称	电文内容长度/B
广域增强数据产品	BDS 广域增强电文组	1300	BDS 轨道改正电文	$8.5+16.875\times N_s$
		1301	BDS 钟差改正电文	$8.375+9.5\times N_s$
		1302	BDS 码偏差电文	$8.375+1.375\times N_s+2.375\Sigma N_{CB}$
		1303	BDS 组合轨道钟差改正电文	$8.5+25.625\times N_s$
		1304	BDS URA 电文	$8.375+1.5\times N_s$
		1305	BDS 高频钟差改正电文	$8.375+3.5\times N_s$
	GPS 广域增强电文组	1057	GPS 轨道改正电文	$8.5+16.875\times N_s$
		1058	GPS 钟差改正电文	$8.375+9.5\times N_s$
		1059	GPS 码偏差电文	$8.375+1.375\times N_s+2.375\Sigma N_{CB}$
		1060	GPS 组合轨道钟差改正电文	$8.5+25.625\times N_s$
		1061	GPS URA 电文	$8.375+1.5\times N_s$
		1062	GPS 高频钟差改正电文	$8.375+3.5\times N_s$

续表

产品分类	电文分组	电文编号	电文名称	电文内容长度/B
广域增强数据产品	GLONASS 广域增强电文组	1063	GLONASS 轨道改正电文	$8.125 + 16.75 \times N_s$
		1064	GLONASS 钟差改正电文	$8 + 9.375 \times N_s$
		1065	GLONASS 码偏差电文	$8 + 1.250 \times N_s + 2.375 \Sigma N_{CB}$
		1066	GLONASS 组合轨道钟差改正电文	$8.125 + 25.5 \times N_s$
		1067	GLONASS URA 电文	$8 + 1.375 \times N_s$
		1068	GLONASS 高频钟差改正	$8 + 3.375 \times N_s$
	电离层改正电文组	1330	电离层球谐模型电文	$8.875 + 4.5 \times N_i$
		1331	电离层格网模型电文	$42 + 1.625 \times N_t$
区域差分数据产品	BDS 区域 RTK 电文组	1350	BDS 电离层改正电文	$9.5 + 3.5 \times N_s$
		1351	BDS 几何改正电文	$9.5 + 4.5 \times N_s$
		1352	BDS 几何与电离层改正电文	$9.5 + 6.625 \times N_s$
		1353	BDS 网络 RTK 残差电文	$7 + 6.125 \times N_s$
		1354	BDS 网络面积校正参数(FKP)梯度电文	$6.125 + 8.25 \times N_s$
	GPS 区域 RTK 电文组	1001	GPS L1 RTK 观测值电文	$8.00 + 7.25 \times N_s$
		1002	扩展的 GPS L1 RTK 观测值电文	$8.00 + 9.25 \times N_s$
		1003	GPS L1&L2 RTK 观测值电文	$8.00 + 12.625 \times N_s$
		1004	扩展的 RTK L1&L2 GPS 观测值电文	$8.00 + 15.625 \times N_s$
		1015	GPS 电离层改正电文	$9.5 + 3.5 \times N_s$
		1016	GPS 几何改正电文	$9.5 + 4.5 \times N_s$
		1017	GPS 几何与电离层改正电文	$9.5 + 6.625 \times N_s$
		1030	GPS 网络 RTK 残差电文	$7 + 6.125 \times N_s$
		1034	GPS 网络 FKP 梯度电文	$6.125 + 8.25 \times N_s$
	GLONASS 区域 RTK 电文组	1009	GLONASS L1 RTK 观测值电文	$7.625 + 8 \times N_s$
		1010	扩展的 GLONASS L1 RTK 观测值电文	$7.625 + 9.875 \times N_s$
		1011	GLONASS L1&L 2RTK 观测值电文	$7.625 + 13.375 \times N_s$

续表

产品分类	电文分组	电文编号	电文名称	电文内容长度/B
区域差分数据产品	GLONASS 区域 RTK 电文组	1012	扩展的 GLONASS L1&L2 RTK 观测值电文	$7.625 + 16.25 \times N_s$
		1031	GLONASS 网络 RTK 残差电文	$6.625 + 6.125 \times N_s$
		1035	GLONASS 网络 FKP 梯度电文	$5.755 + 8.25 \times N_s$
		1037	GLONASS 电离层改正电文	$9.125 + 3.5 \times N_s$
		1038	GLONASS 几何改正电文	$9.125 + 4.5 \times N_s$
		1039	GLONASS 几何与电离层改正电文	$9.125 + 6.625 \times N_s$
	区域 RTK 基准站及天线电文组	1005	RTK 基准站 ARP	19
		1006	固定基准站 ARP 及天线高度	21
		1355	带北斗的固定基准站 ARP 及天线高度	21.125
		1007	天线描述	5~36
		1008	天线描述和序列号	6~68
		1032	实体基准站位置电文	19.5
		1033	天线与接收机说明	$9 + M + N + I + J + K + 8$
	区域 RTD 电文组	1340	单频伪距差分改正电文	$6.5 + 5.625 \times N_s$
		1341	单频伪距差分改正变化量电文	$6.5 + 5.625 \times N_s$
		1342	单频载波相位非差改正电文	$6.5 + 8.75 \times N_s$
		1343	卫星健康标识电文	$5.125 + 1.875 \times N_s$
	多信号电文组（MSMs）	1121	BDS MSM1	$169 + N_{sat} \times (10 + 16 \times N_{sig})$
		1122	BDS MSM2	$169 + N_{sat} \times (10 + 28 \times N_{sig})$
		1123	BDS MSM3	$169 + N_{sat} \times (10 + 43 \times N_{sig})$
		1124	BDS MSM4	$169 + N_{sat} \times (18 + 49 \times N_{sig})$
		1125	BDS MSM5	$169 + N_{sat} \times (36 + 64 \times N_{sig})$
		1126	BDS MSM6	$169 + N_{sat} \times (18 + 66 \times N_{sig})$
		1127	BDS MSM7	$169 + N_{sat} \times (36 + 81 \times N_{sig})$
		1071	GPS MSM1	$169 + N_{sat} \times (10 + 16 \times N_{sig})$
		1072	GPS MSM2	$169 + N_{sat} \times (10 + 28 \times N_{sig})$
		1073	GPS MSM3	$169 + N_{sat} \times (10 + 43 \times N_{sig})$

续表

产品分类	电文分组	电文编号	电文名称	电文内容长度/B
区域差分数据产品	多信号电文组（MSMs）	1074	GPS MSM4	$169 + N_{sat} \times (18 + 49 \times N_{sig})$
		1075	GPS MSM5	$169 + N_{sat} \times (36 + 64 \times N_{sig})$
		1076	GPS MSM6	$169 + N_{sat} \times (18 + 66 \times N_{sig})$
		1077	GPS MSM7	$169 + N_{sat} \times (36 + 81 \times N_{sig})$
		1081	GLONASS MSM1	$169 + N_{sat} \times (10 + 16 \times N_{sig})$
		1082	GLONASS MSM2	$169 + N_{sat} \times (10 + 28 \times N_{sig})$
		1083	GLONASS MSM3	$169 + N_{sat} \times (10 + 43 \times N_{sig})$
		1084	GLONASS MSM4	$169 + N_{sat} \times (18 + 49 \times N_{sig})$
		1085	GLONASS MSM5	$169 + N_{sat} \times (36 + 64 \times N_{sig})$
		1086	GLONASS MSM6	$169 + N_{sat} \times (18 + 66 \times N_{sig})$
		1087	GLONASS MSM7	$169 + N_{sat} \times (36 + 81 \times N_{sig})$
GNSS 辅助定位数据产品	GNSS 辅助定位数据产品包括广播星历、历书、电离层模型参数、时间同步信息等。GSM 的 GNSS 辅助定位数据产品格式见3GPP TS 44.031；WCDMA 和 TD – SCDMA 的 GNSS 辅助定位数据产品格式见3GPP TS 25.331；CDMA2000 的 GNSS 辅助定位数据产品格式见3GPP2 C.S0022；LTE 的 GNSS 辅助定位数据产品格式见3GPP TS 36.355			

注：1. 电文内容长度，指电文封装过程中，电文内容所占的字节数，1B = 8bit，比如8.5B 为：$8.5 \times 8 = 68$bit；

2. N_s 为 GNSS 的卫星数量；

3. ΣN_{CB} 为 GNSS 各卫星的码偏差数量之和；

4. N_i 为球谐阶数与球谐次的乘积，最大不超过 128；

5. N_t 为电离层格网点的个数；

6. B1/B2/B3 分别为 BDS 卫星的 B1/B2/B3 频段；

7. L1/L2 分别为 GPS/GLONASS 卫星的 L1/L2 频段；

8. N 为天线标识符字符数，M 为天线序列号字符数，I 为接收机描述的字节数，J 为固件描述的字节数，K 为接收机序列号的字节数。

9.4.2 电文封装

电文按 RTCM3.2 的数据封装格式进行封装。每条电文分别进行封装（电文内容长度不超过1023B），封装格式见图9 – 44。

前导码	保留位	电文长度	电文内容	校验位
(8bit)	(6bit)	(10bit)	(≤1023bit)	(24bit)

图9 – 44 增强电文封装示意图

电文由前导码、保留位、电文长度、电文内容和循环冗余校验（CRC）位组成，电文封装的内容见表9 – 14。

表 9-14 电文封装内容

名称	长度	备注
前导码	8bit	固定比特"11010011"
保留位	6bit	保留字段"000000"
电文长度	10bit	值由电文内容长度确定
电文内容	0~1023B	包含电文头和数据内容,长度可变,最大不超过1023B,内容长度非整字节时在最后的字节处补0至整字节
循环冗余校验位	24bit	采用 CRC-24Q 校验算法

注:电文内容由各数据字段组成,按比特位进行拼接,若电文内容的有效比特数不为8的整数倍(内容长度非整字节),为保证差分电文内容最后一个字节的完整性,在最后的字节处补0至整字节;电文长度按不小于实际电文内容字节数的最小整数计算,如55.125B 按照56B计算。

电文内容一般由电文头和数据区组成,如 BDS 组合轨道钟差改正电文(电文编号 1303);部分电文只有数据区,如带北斗的固定基准站 ARP 及天线高度电文(电文编号 1355)。

电文内容的电文头在前,数据区在后,进行拼接。若电文的数据区包含多个相同结构的数据内容,则各数据内容按照先后顺序依次拼接。

电文头和数据内容分别由若干数据字段组成,每个数据字段根据定义的先后顺序依次拼接,组成电文头和数据内容,拼接过程按比特位对齐。

BDS 组合轨道钟差改正电文(电文编号 1303)内容的拼接示意图见图 9-45。

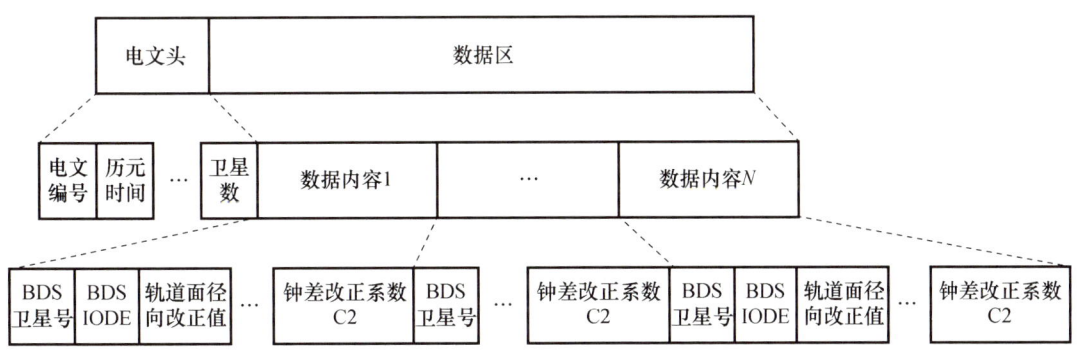

图 9-45 电文内容拼接示意图

9.4.3 循环冗余校验算法

CRC-24Q 校验算法可对数据流提供可靠的验证途径,使突发故障和随机错误发生的可能性小于 5.96×10^{-8}。CRC-24Q 有以下特点:

(1)可以检测每个码字中所有的单比特位错误;

(2)可以检测每个码字所有的双比特位错误组合,因为生成多项式 $g(X)$ 至少有 3 项因子;

(3) 可以检测任何奇数错误,因为 $g(X)$ 包含 $1+X$ 因子;

(4) 可以检测任何长度不大于 24 位的突发性错误;

(5) 可以检测出多数长度大于 24 位的突发性错误;

(6) 可以检测绝大多数长度大于 24 位的突发性错误。大于 24 位的未检测出来的概率为:当 $b>25\text{bit}$ 时,为 $2^{-24}=5.96\times10^{-8}$,当 $b=25\text{bit}$ 时,为 $2^{-23}=1.19\times10^{-7}$。

CRC 是从电文前缀符的第一位开始,到可变长度电文区的随后一位结束,校验初值设定为 0。24bit 的校验序列 $(p_1,p_2,\cdots,p_{24})$ 是从信息比特序列 $(m_1,m_2,\cdots,m_{8N})$ 中产生的,N 是电文的字节总数(包含前缀、电文数据体),CRC-24Q 校验多项式为

$$g(X) = \sum_{i=0}^{24} g_i X^i \quad (9-1)$$

$$g_i = \begin{cases} 1 & (i=0,1,3,4,5,6,7,10,11,14,17,18,23,24) \\ 0 & (i=\text{其他}) \end{cases} \quad (9-2)$$

式中:$g(X)$ 为 CRC-24Q 校验多项式,24 位的校验位序列构成的码;g_i 为 CRC-24Q 校验多项式系数,即 24 位校验序列码;X 为多项式变量;i 为 CRC-24Q 校验多项式的比特位数,i 取值为 0~14。

$g(X)$ 的二进制生成多项式为

$$g(X) = (1+X)p(X) \quad (9-3)$$

$$p(X) = X^{23} + X^{17} + X^{13} + X^{12} + X^{11} + X^9 + X^8 + X^7 + X^5 + X^3 + 1 \quad (9-4)$$

式中:X 为多项式变量;$p(X)$ 为 X 的初始约束多项式。

待校验的信息序列用如下多项式 $m(X)$ 表示:

$$m(X) = m_k + m_{k-1}X + m_{k-2}X^2 + \cdots + m_1 X^{k-1} \quad (9-5)$$

式中:$m(X)$ 为信息序列构成的多项式;$m_1,m_2,\cdots,m_{k-1},m_k$ 为信息序列的第 $1,2,\cdots,k-1,k$ 位二进制值;k 为信息序列中总的比特数;X 为多项式变量。

$g(X)$ 除 $m(X)X^{24}$ 得到的结果为一个阶次数小于 24 的余数 $R(X)$,余数 $R(X)$ 的各阶系数就是信息序列的 CRC-24Q 校验结果,即 $R(X)$ 中 X^{24-i} 的系数就是第 i(i 取值为 1 到 24)位校验码。

CRC-24Q 校验多项式的计算是以整个的数据信息的比特流为方向,数据信息应包括前导码、保留位、电文长度等信息。

9.4.4 电文内容

每条电文的电文内容由一系列数据字段组成。数据字段按照顺序进行比特位拼接,多字节值数据字段按照排列次序顺序播发,无需进行字节截取和比特反转等处理,数据字段可以重复。

1. BDS 广域增强电文组

1) BDS 广域增强电文基本组成情况

BDS 广域增强电文组主要包含 BDS 轨道改正电文、BDS 钟差改正电文、BDS 码偏差电文、BDS 组合轨道钟差改正电文、BDS URA 电文、BDS 高频钟差改正电文等,用于提供 BDS 卫星的钟差改正、轨道改正等信息。BDS 广域增强电文组的基本情况见表 9 – 15。

表 9 – 15　BDS 广域增强电文组

电文编号	电文名称	电文内容长度(字节数)
1300	BDS 轨道改正电文	$8.5 + 16.875 \times N_s$
1301	BDS 钟差改正电文	$8.375 + 9.5 \times N_s$
1302	BDS 码偏差电文	$8.375 + 1.375 \times N_s + 2.375 \Sigma N_{CB}$
1303	BDS 组合轨道钟差改正电文	$8.5 + 25.625 \times N_s$
1304	BDS URA 电文	$8.375 + 1.5 \times N_s$
1305	BDS 高频钟差改正电文	$8.375 + 3.5 \times N_s$

注：N_s 为 BDS 卫星数量，N_{CB} 为码偏序号。

2）BDS 轨道改正电文

BDS 轨道改正电文包含了 BDS 卫星的径向、切向和垂直轨迹方向（法向）改正量，主要是对 BDS 卫星导航电文的广播星历推算出的 BDS 卫星位置进行改正。

BDS 轨道改正电文包含电文头和电文内容两部分，BDS 轨道改正电文的电文头详细情况见表 9 – 16。

表 9 – 16　BDS 轨道改正电文的电文头

数据字段	数据字段号	数据类型	比特数	备注
电文编号	DF002	uint12	12	电文编号 1300
BDS 历元时间（TOW）	DF549	uint20	20	—
状态空间表示（SSR）更新间隔	DF391	bit(4)	4	—
多电文标识	DF388	bit(1)	1	—
卫星参考基准	DF375	bit(1)	1	—
数据龄期（IOD）SSR	DF413	uint4	4	—
SSR 提供者 ID	DF414	uint16	16	—
SSR 解算方案 ID	DF415	uint4	4	—
卫星数量	DF387	uint6	6	—
合计			68	—

BDS 轨道改正电文的电文内容详细情况见表 9 – 17。

表 9 – 17　BDS 轨道改正电文的数据内容

数据字段	数据字段号	数据类型	比特数	备注
BDS 卫星号	DF532	uint6	6	—
BDS 星历数据龄期（IODE）	DF541	bit(8)	8	—
轨道面径向改正值	DF365	int22	22	—

续表

数据字段	数据字段号	数据类型	比特数	备注
轨道面切向改正值	DF366	int20	20	—
轨道面法向改正值	DF367	int20	20	—
轨道面径向改正值变化率	DF368	int21	21	—
轨道面切向改正值变化率	DF369	int19	19	—
轨道面法向改正值变化率	DF370	int19	19	—
合计			135	—

3) BDS 钟差改正电文

BDS 钟差改正电文主要是对 BDS 卫星导航电文中的卫星钟差进行改正。BDS 卫星钟差改正电文包含电文头和数据内容两部分，BDS 卫星钟差改正电文的电文头详细情况见表 9-18。

表 9-18 BDS 钟差改正电文的电文头

数据字段	数据字段号	数据类型	比特数	备注
电文编号	DF002	uint12	12	电文编号 1301
BDS 历元时间(TOW)	DF549	uint20	20	—
SSR 更新间隔	DF391	bit(4)	4	—
多电文标识	DF388	bit(1)	1	—
IOD SSR	DF413	uint4	4	—
SSR 提供者 ID	DF414	uint16	16	—
SSR 解算方案 ID	DF415	uint4	4	—
卫星数量	DF387	uint6	6	—
合计			67	—

BDS 卫星钟差改正电文的数据内容详细情况见表 9-19。

表 9-19 BDS 钟差改正电文的数据内容

数据字段	数据字段号	数据类型	比特数	备注
BDS 卫星号	DF532	uint6	6	—
钟差改正系数 C0	DF376	int22	22	—
钟差改正系数 C1	DF377	int21	21	—
钟差改正系数 C2	DF378	int27	27	—
合计			76	—

4) BDS 码偏差电文

BDS 码偏差电文使用信号和跟踪模式标志来描述卫星伪码等的特性。BDS 码偏差电文包含电文头和数据内容两部分,其中卫星数据内容由卫星数据和码数据组成。BDS 码偏差电文的电文头详细情况见表 9 – 20。

表 9 – 20　BDS 码偏差电文的电文头

数据字段	数据字段号	数据类型	比特数	备注
电文编号	DF002	uint12	12	电文编号 1302
BDS 历元时间(TOW)	DF549	uint20	20	—
SSR 更新间隔	DF391	bit(4)	4	—
多电文标识	DF388	bit(1)	1	—
IOD SSR	DF413	uint4	4	—
SSR 提供者 ID	DF414	uint16	16	—
SSR 解算方案 ID	DF415	uint4	4	—
卫星数量	DF387	uint6	6	—
合计			67	—

每颗卫星的 BDS 码偏差电文的数据内容包含一条卫星数据和多条码数据,卫星数据和多条码数据依次拼接成卫星的码偏差电文的数据内容。BDS 码偏差电文的卫星数据详细情况见表 9 – 21。

表 9 – 21　BDS 码偏差电文的卫星数据

数据字段	数据字段号	数据类型	比特数	备注
BDS 卫星号	DF532	uint6	6	—
码偏差数量	DF379	uint5	5	后接码偏差信息总数
合计			11	—

BDS 码偏差电文的码数据详细情况见表 9 – 22。

表 9 – 22　BDS 码偏差电文的码数据

数据字段	数据字段号	数据类型	比特数	备注
BDS 信号及其跟踪模式	DF548	uint5	5	—
码偏差	DF383	uint14	14	—
合计			19	—

5) BDS 组合轨道钟差电文

BDS 组合轨道钟差电文将卫星钟差改正和轨道改正组合成一条电文,保证轨道差和钟差改正数据的时间一致性。BDS 组合轨道钟差电文包含电文头和数据内容等两部分,BDS 组合轨道钟差电文的电文头详细情况见表 9 – 23。

表9-23 BDS组合轨道钟差电文的电文头

数据字段	数据字段号	数据类型	比特数	备注
电文编号	DF002	uint12	12	电文编号1303
BDS历元时间(TOW)	DF549	uint20	20	—
SSR更新间隔	DF391	bit(4)	4	—
多电文标识	DF388	bit(1)	1	—
卫星参考基准	DF375	bit(1)	1	—
IOD SSR	DF413	uint4	4	—
SSR提供者ID	DF414	uint16	16	—
SSR解算方案ID	DF415	uint4	4	—
卫星数量	DF387	uint6	6	—
合计			68	—

BDS组合轨道钟差电文的数据内容详细情况见表9-24。

表9-24 BDS组合轨道钟差电文的数据内容

数据字段	数据字段号	数据类型	比特数	备注
BDS卫星号	DF532	uint6	6	—
BDS IODE	DF541	bit(8)	8	—
轨道面径向改正值	DF365	int22	22	—
轨道面切向改正值	DF366	int20	20	—
轨道面法向改正值	DF367	int20	20	—
轨道面径向改正值变化率	DF368	int21	21	—
轨道面切向改正值变化率	DF369	int19	19	—
轨道面法向改正值变化率	DF370	int19	19	—
钟差改正系数C0	DF376	int22	22	—
钟差改正系数C1	DF377	int21	21	—
钟差改正系数C2	DF378	int27	27	—
合计			205	—

6) BDS URA电文

BDS卫星的钟差改正数、轨道改正数等的数据质量通过用户测距精度(URA)来描述。URA电文可以满足数据高分辨率小数值以及低分辨率大数值的使用要求。

BDS URA电文包含电文头和数据内容,BDS URA电文的电文头详细情况见表9-25。

表 9 – 25 BDS URA 电文的电文头

数据字段	数据字段号	数据类型	比特数	备注
电文编号	DF002	uint12	12	电文编号 1304
BDS 历元时间(TOW)	DF549	uint20	20	—
SSR 更新间隔	DF391	bit(4)	4	—
多电文标识	DF388	bit(1)	1	—
IOD SSR	DF413	uint4	4	—
SSR 提供者 ID	DF414	uint16	16	—
SSR 解算方案 ID	DF415	uint4	4	—
卫星数量	DF387	uint6	6	—
合计			67	—

BDS URA 电文的数据内容详细情况见表 9 – 26。

表 9 – 26 BDS URA 电文的数据内容

数据字段	数据字段号	数据类型	比特数	备注
BDS 卫星号	DF532	uint6	6	—
URA	DF389	bit(6)	6	—
合计			12	—

7) BDS 高频钟差改正电文

BDS 高频钟差改正电文是具有更高数据更新和播发频率的卫星钟差改正电文。

BDS 高频钟差改正电文包含电文头和数据内容,BDS 高频钟差改正电文的电文头详细情况见表 9 – 27。

表 9 – 27 BDS 高频钟差改正电文的电文头

数据字段	数据字段号	数据类型	比特数	备注
电文编号	DF002	uint12	12	电文编号 1305
BDS 历元时间(TOW)	DF549	uint20	20	—
SSR 更新间隔	DF391	bit(4)	4	—
多电文标识	DF388	bit(1)	1	—
IOD SSR	DF413	uint4	4	—
SSR 提供者 ID	DF414	uint16	16	—
SSR 解算方案 ID	DF415	uint4	4	—
卫星数量	DF387	uint6	6	—
合计			67	—

BDS 高频钟差改正电文的数据内容详细情况见表 9 – 28。

表 9-28 BDS 高频钟差改正电文的数据内容

数据字段	数据字段号	数据类型	比特数	备注
BDS 卫星号	DF532	uint6	6	—
高频钟差改正	DF390	int22	22	—
合计			28	—

2. GPS 广域增强电文组

1) GPS 广域增强电文基本组成情况

GPS 广域增强电文组参考 RTCM 10403.2 标准中的 GPS SSR 电文集,主要包含 GPS 轨道改正电文、GPS 钟差改正电文、GPS 码偏差电文、GPS 组合轨道钟差改正电文、GPS URA 电文、GPS 高频钟差改正电文等,用于提供 GPS 卫星的钟差改正、轨道改正等信息。GPS 广域增强电文组的基本情况见表 9-29。

表 9-29 GPS 广域增强电文组

电文编号	数据内容	字节数
1057	GPS 轨道改正电文	$8.5 + 16.875 \times N_s$
1058	GPS 钟差改正电文	$8.375 + 9.5 \times N_s$
1059	GPS 码偏差电文	$8.375 + 1.375 \times N_s + 2.375 \Sigma N_{CB}$
1060	GPS 组合轨道钟差改正电文	$8.5 + 25.625 \times N_s$
1061	GPS URA 电文	$8.375 + 1.5 \times N_s$
1062	GPS 高频钟差改正电文	$8.375 + 3.5 \times N_s$

注:N_s 为 BDS 卫星数量,N_{CB} 为码偏序号。

2) GPS 轨道差改正电文

GPS 轨道改正电文包含了 GPS 卫星的径向、切向和垂直轨迹方向(法向)改正量,主要是对 GPS 卫星导航电文的广播星历推算出的 GPS 卫星位置进行改正。

GPS 轨道改正电文包含电文头和数据内容两部分,GPS 轨道改正电文的电文头详细情况见表 9-30。

表 9-30 GPS 轨道改正电文的电文头

数据字段	数据字段号	数据类型	比特数	备注
电文编号	DF002	uint12	12	电文编号 1057
GPS 历元时间(TOW)	DF385	uint20	20	—
SSR 更新间隔	DF391	bit(4)	4	—
多电文标识	DF388	bit(1)	1	—
卫星参考基准	DF375	bit(1)	1	—

续表

数据字段	数据字段号	数据类型	比特数	备注
IOD SSR	DF413	uint4	4	—
SSR 提供者 ID	DF414	uint16	16	—
SSR 解算方案 ID	DF415	uint4	4	—
卫星数量	DF387	uint6	6	—
合计			68	—

GPS 轨道改正电文的数据内容详细情况见表 9-31。

表 9-31 GPS 轨道改正电文的数据内容

数据字段	数据字段号	数据类型	比特数	备注
GPS 卫星号	DF068	uint6	6	—
GPS IODE	DF071	uint8	8	TOW
轨道面径向改正值	DF365	int22	22	—
轨道面切向改正值	DF366	int20	20	—
轨道面法向改正值	DF367	int20	20	—
轨道面径向改正值变化率	DF368	int21	21	—
轨道面切向改正值变化率	DF369	int19	19	—
轨道面法向改正值变化率	DF370	int19	19	—
合计			135	—

3) GPS 钟差改正电文

GPS 钟差改正电文主要是对 GPS 卫星导航电文中的卫星钟差进行改正。GPS 卫星钟差改正电文包含电文头和数据内容两部分,GPS 卫星钟差改正电文的电文头详细情况见表 9-32。

表 9-32 GPS 卫星钟差改正电文的电文头

数据字段	数据字段号	数据类型	比特数	备注
电文编号	DF002	uint12	12	电文编号 1058
GPS 历元时间(TOW)	DF385	uint20	20	—
SSR 更新间隔	DF391	bit(4)	4	—
多电文标识	DF388	bit(1)	1	—
IOD SSR	DF413	uint4	4	—
SSR 提供者 ID	DF414	uint16	16	—
SSR 解算方案 ID	DF415	uint4	4	—
卫星数量	DF387	uint6	6	—
合计			67	—

GPS 卫星钟差改正电文的数据内容详细情况见表 9-33。

表 9-33　GPS 卫星钟差改正电文的数据内容

数据字段	数据字段号	数据类型	比特数	备注
GPS 卫星号	DF068	uint6	6	—
钟差改正系数 C0	DF376	int22	22	—
钟差改正系数 C1	DF377	int21	21	—
钟差改正系数 C2	DF378	int27	27	—
合计			76	—

4) GPS 码偏差电文

GPS 码偏差电文使用信号和跟踪模式标志来描述卫星伪码等的特性。GPS 码偏差电文包含电文头和数据内容两部分,其中卫星数据内容由卫星数据和码数据组成。GPS 码偏差电文的电文头详细情况见表 9-34。

表 9-34　GPS 码偏差电文的电文头

数据字段	数据字段号	数据类型	比特数	备注
电文编号	DF002	uint12	12	电文编号 1059
GPS 历元时间(TOW)	DF385	uint20	20	—
SSR 更新间隔	DF391	bit(4)	4	—
多电文标识	DF388	bit(1)	1	—
IOD SSR	DF413	uint4	4	—
SSR 提供者 ID	DF414	uint16	16	—
SSR 解算方案 ID	DF415	uint4	4	—
卫星数量	DF387	uint6	6	—
合计			67	—

每颗卫星的 GPS 码偏差电文的数据内容包含一条卫星数据和多条码数据,卫星数据和多条码数据依次拼接成卫星的码偏差电文的数据内容。GPS 码偏差电文的卫星数据详细情况见表 9-35。

表 9-35　GPS 码偏差电文的卫星数据

数据字段	数据字段号	数据类型	比特数	备注
GPS 卫星号	DF068	uint6	6	—
码偏差数量	DF379	uint5	5	—
合计			11	—

GPS 码偏差电文的码数据详细情况见表 9-36。

表 9-36　GPS 码偏差电文的码数据

数据字段	数据字段号	数据类型	比特数	备注
GPS 信号及跟踪模式	DF380	uint5	5	—
码偏差	DF383	uint14	14	—
合计			19	—

5) GPS 组合轨道钟差电文

GPS 组合轨道钟差电文将卫星的钟差改正和轨道改正合成一条电文，保证轨道和钟差改正数据的时间一致性。GPS 组合轨道钟差电文包含电文头和数据内容等两部分，GPS 组合轨道钟差电文的电文头详细情况见表 9-37。

表 9-37　GPS 组合轨道钟差电文的电文头

数据字段	数据字段号	数据类型	比特数	备注
电文编号	DF002	uint12	12	电文编号 1060
GPS 历元时间(TOW)	DF385	uint20	20	—
SSR 更新间隔	DF391	bit(4)	4	—
多电文标识	DF388	bit(1)	1	—
卫星参考基准	DF375	bit(1)	1	—
IOD SSR	DF413	uint4	4	—
SSR 提供者 ID	DF414	uint16	16	—
SSR 解算方案 ID	DF415	uint4	4	—
卫星数量	DF387	uint6	6	—
合计			68	—

GPS 组合轨道钟差电文的数据内容详细情况见表 9-38。

表 9-38　GPS 组合轨道钟差电文的数据内容

数据字段	数据字段号	数据类型	比特数	备注
GPS 卫星号	DF068	uint6	6	—
GPS IODE	DF071	uint8	8	—
轨道面径向改正值	DF365	int22	22	—
轨道面切向改正值	DF366	int20	20	—
轨道面法向改正值	DF367	int20	20	—
轨道面径向改正值变化率	DF368	int21	21	—
轨道面切向改正值变化率	DF369	int19	19	—

续表

数据字段	数据字段号	数据类型	比特数	备注
轨道面法向改正值变化率	DF370	int19	19	—
钟差改正系数 C0	DF376	int22	22	—
钟差改正系数 C1	DF377	int21	21	—
钟差改正系数 C2	DF378	int27	27	—
合计			205	—

6) GPS URA 电文

GPS 卫星的钟差改正数、轨道改正数等的数据质量通过 URA 来描述。URA 电文可以满足数据高分辨率小数值以及低分辨率大数值的使用要求。

GPS URA 电文包含电文头和数据内容等两部分，GPS URA 电文的电文头详细情况见表 9-39。

表 9-39　GPS URA 电文的电文头

数据字段	数据字段号	数据类型	比特数	备注
多电文标识	DF388	bit(1)	1	—
电文编号	DF002	uint12	12	电文编号 1061
GPS 历元时间(TOW)	DF385	uint20	20	—
SSR 更新间隔	DF391	bit(4)	4	—
IOD SSR	DF413	uint4	4	—
SSR 提供者 ID	DF414	uint16	16	—
SSR 解算方案 ID	DF415	uint4	4	—
卫星数量	DF387	uint6	6	—
合计			67	—

7) GPS 高频钟差改正电文

GPS 高频钟差改正电文是具有更高数据更新和播发频率的卫星钟差改正电文。GPS 高频钟差改正电文包含电文头和数据内容等两部分，GPS 高频钟差改正电文的电文头详细情况见表 9-40。

表 9-40　GPS 高频钟差改正电文的电文头

数据字段	数据字段号	数据类型	比特数	备注
电文编号	DF002	uint12	12	电文编号 1062
GPS 历元时间(TOW)	DF385	uint20	20	—
SSR 更新间隔	DF391	bit(4)	4	—
多电文标识	DF388	bit(1)	1	—

续表

数据字段	数据字段号	数据类型	比特数	备注
IOD SSR	DF413	uint4	4	—
SSR 提供者 ID	DF414	uint16	16	—
SSR 解算方案 ID	DF415	uint4	4	—
卫星数量	DF387	uint6	6	—
合计			67	—

GPS 高频钟差改正电文的数据内容详细情况见表 9-41。

表 9-41 GPS 高频钟差改正电文的数据内容

数据字段	数据字段号	数据类型	比特数	备注
GPS 卫星号	DF068	uint6	6	—
高频钟差改正	DF390	int22	22	—
合计			28	—

3. GLONASS 广域增强电文组

1) GLONASS 广域增强电文组基本情况

GLONASS 广域增强电文组参照 RTCM 10403.2 标准中公开的 GLONASS SSR 电文集，主要包含 GLONASS 轨道改正电文、GLONASS 钟差改正电文、GLONASS 码偏差电文、GLONASS 组合轨道钟差改正电文、GLONASS URA 电文、GLONASS 高频钟差改正电文等，用于提供 GLONASS 卫星的钟差改正、轨道改正等信息。GLONASS 广域增强电文组的基本情况见表 9-42。

表 9-42 GLONASS 广域增强电文组

电文编号	电文名称	字节数
1063	GLONASS 轨道改正电文	$8.125 + 16.75 \times N_s$
1064	GLONASS 钟差改正电文	$8 + 9.375 \times N_s$
1065	GLONASS 码偏差电文	$8 + 1.250 \times N_s + 2.375 \Sigma N_{CB}$
1066	GLONASS 组合轨道钟差改正电文	$8.125 + 25.5 \times N_s$
1067	GLONASS URA 电文	$8 + 1.375 \times N_s$
1068	GLONASS 高频钟差改正电文	$8 + 3.375 \times N_s$

注：N_s 为 BDS 卫星数量，N_{CB} 为码偏序号。

2) GLONASS 轨道改正电文

GLONASS 轨道改正电文包含了 GLONASS 卫星的径向、切向和垂直轨迹方向（法向）改正量，主要作用是对 GLONASS 卫星导航电文的广播星历推算出的 GLONASS 卫星位置进行改正。

GLONASS 轨道改正电文包含电文头和数据内容两部分，GLONASS 轨道改正电文包含电文头详细情况见表9-43。

表9-43 GLONASS轨道改正电文的电文头

数据字段	数据字段号	数据类型	比特数	备注
电文编号	DF002	uint12	12	电文编号1063
GLONASS历元时间	DF386	uint17	17	从当前GLONASS天开始的整秒数
SSR更新间隔	DF391	bit(4)	4	—
多电文标识	DF388	bit(1)	1	—
卫星参考基准	DF375	bit(1)	1	—
IOD SSR	DF413	uint4	4	—
SSR提供者ID	DF414	uint16	16	—
SSR解算方案ID	DF415	uint4	4	—
卫星数量	DF387	uint6	6	—
合计			65	—

GLONASS轨道改正电文的数据内容详细情况见表9-44。

表9-44 GLONASS轨道改正电文的数据内容

数据字段	数据字段号	数据类型	比特数	备注
GLONASS卫星号	DF384	uint5	5	—
GLONASS IOD	DF392	bit(8)	8	—
轨道面径向改正值	DF365	int22	22	—
轨道面切向改正值	DF366	int20	20	—
轨道面法向改正值	DF367	int20	20	—
轨道面径向改正值变化率	DF368	int21	21	—
轨道面切向改正值变化率	DF369	int19	19	—
轨道面法向改正值变化率	DF370	int19	19	—
合计			134	—

3) GLONASS钟差改正电文

GLONASS钟差改正电文主要作用是对GLONASS卫星导航电文中的卫星钟差进行改正。GLONASS卫星钟差改正电文包含电文头和数据内容两部分，GLONASS卫星钟差改正电文的电文头详细情况见表9-45。

表 9-45　GLONASS 卫星钟差改正电文的电文头

数据字段	数据字段号	数据类型	比特数	备注
电文编号	DF002	uint12	12	电文编号 1064
GLONASS 历元时间	DF386	uint17	17	从当前 GLONASS 天开始的整秒数
SSR 更新间隔	DF391	bit(4)	4	—
多电文标识	DF388	bit(1)	1	—
IOD SSR	DF413	uint4	4	—
SSR 提供者 ID	DF414	uint16	16	—
SS 解算方案 ID	DF415	uint4	4	—
卫星数量	DF387	uint6	6	—
合计			64	—

GLONASS 钟差改正电文的数据内容详细情况见表 9-46。

表 9-46　GLONASS 钟差改正电文的数据内容

数据字段	数据字段号	数据类型	比特数	备注
GLONASS 卫星号	DF384	uint5	5	—
钟差改正系数 C0	DF376	int22	22	—
钟差改正系数 C1	DF377	int21	21	—
钟差改正系数 C2	DF378	int27	27	—
合计			75	—

4) GLONASS 码偏差电文

GLONASS 码偏差电文使用信号和跟踪模式标志来描述卫星伪码等的特性。GLONASS 码偏差电文包含电文头和数据内容两部分,其中卫星数据内容由卫星数据和码数据组成。GLONASS 码偏差电文的电文头详细情况见表 9-47。

表 9-47　GLONASS 码偏差电文的电文头

数据字段	数据字段号	数据类型	比特数	备注
电文编号	DF002	uint12	12	电文编号 1065
GLONASS 历元时间	DF386	uint17	17	从当前 GLONASS 天开始的整秒数
SSR 更新间隔	DF391	bit(4)	4	—
多电文标识	DF388	bit(1)	1	—

续表

数据字段	数据字段号	数据类型	比特数	备注
IOD SSR	DF413	uint4	4	—
SSR 提供者 ID	DF414	uint16	16	—
SSR 解算方案 ID	DF415	uint4	4	—
卫星数量	DF387	uint6	6	—
合计			64	—

每颗卫星的 GLONASS 码偏差电文的数据内容包含一条卫星数据和多条码数据,卫星数据和多条码数据依次拼接成卫星的码偏差电文的数据内容。GLONASS 码偏差电文的卫星数据详细情况见表 9-48。

表 9-48　GLONASS 码偏差电文的卫星数据

数据字段	数据字段号	数据类型	比特数	备注
GLONASS 卫星号	DF384	uint5	5	—
码偏差数量	DF379	uint5	5	—
合计			10	—

GLONASS 码偏差电文的码数据详细情况见表 9-49。

表 9-49　GLONASS 码偏差电文的码数据

数据字段	数据字段号	数据类型	比特数	备注
GLONASS 信号及跟踪模式	DF381	uint5	5	—
码偏差	DF383	uint14	14	—
合计			19	—

5) GLONASS 组合轨道钟差电文

GLONASS 组合轨道钟差电文将卫星的钟差改正和轨道改正合成一条电文,保证轨道和钟差改正数据的时间一致性。GLONASS 组合轨道钟差电文包含电文头和数据内容等两部分,GLONASS 组合轨道钟差电文的电文头详细情况见表 9-50。

表 9-50　GLONASS 组合轨道钟差电文的电文头

数据字段	数据字段号	数据类型	比特数	备注
电文编号	DF002	uint12	12	电文编号 1066
GLONASS 历元时间	DF386	uint17	17	从当前 GLONASS 天开始的整秒数
SSR 更新间隔	DF391	bit(4)	4	—

续表

数据字段	数据字段号	数据类型	比特数	备注
多电文标识	DF388	bit(1)	1	—
卫星参考基准	DF375	bit(1)	1	—
IOD SSR	DF413	uint4	4	—
SSR 提供者 ID	DF414	uint16	16	—
SSR 解算方案 ID	DF415	uint4	4	—
卫星数量	DF387	uint6	6	—
合计			65	—

GLONASS 组合轨道钟差电文的据详细情况见表 9–51。

表 9–51 GLONASS 组合轨道钟差电文的卫星数据

数据字段	数据字段号	数据类型	比特数	备注
GLONASS 卫星号	DF384	uint5	5	—
GLONASS IOD	DF392	bit(8)	8	—
轨道面径向改正值	DF365	int22	22	—
轨道面切向改正值	DF366	int20	20	—
轨道面法向改正值	DF367	int20	20	—
轨道面径向改正值变化率	DF368	int21	21	—
轨道面切向改正值变化率	DF369	int19	19	—
轨道面法向改正值变化率	DF370	int19	19	—
钟差改正系数 C0	DF376	int22	22	—
钟差改正系数 C1	DF377	int21	21	—
钟差改正系数 C2	DF378	int27	27	—
合计			204	—

6) GLONASS URA 电文

GLONASS 卫星的钟差改正数、轨道改正数等的数据质量通过用户测距精度 URA 来描述。URA 电文可以满足数据高分辨率小数值以及低分辨率大数值的使用要求。GLONASS URA 电文包含电文头和数据内容等两部分，GLONASS URA 电文的电文头详细情况见表 9–52。

表 9-52　GLONASS URA 电文的电文头

数据字段	数据字段号	数据类型	比特数	备注
电文编号	DF002	uint12	12	电文编号 1067
GLONASS 历元时间	DF386	uint17	17	从当前 GLONASS 天开始的整秒数
SSR 更新间隔	DF391	bit(4)	4	—
多电文标识	DF388	bit(1)	1	—
IOD SSR	DF413	uint4	4	—
SSR 提供者 ID	DF414	uint16	16	—
SSR 解算方案 ID	DF415	uint4	4	—
卫星数量	DF387	uint6	6	—
合计			64	—

GLONASS URA 电文的数据内容详细情况见表 9-53。

表 9-53　GLONASS URA 电文的数据内容

数据字段	数据字段号	数据类型	比特数	备注
GLONASS 卫星号	DF384	uint5	5	—
URA	DF389	bit(6)	6	—
合计			11	—

7) GLONASS 高频钟差改正电文

GLONASS 高频钟差改正电文是具有更高数据更新和播发频率的卫星钟差改正电文。GLONASS 高频钟差改正电文包含电文头和数据内容等两部分，GLONASS 高频钟差改正电文的电文头详细情况见表 9-54。

表 9-54　GLONASS 高频钟差改正电文的电文头

数据字段	数据字段号	数据类型	比特数	备注
电文编号	DF002	uint12	12	电文编号 1068
GLONASS 历元时间	DF386	uint17	17	当前 GLONASS 天开始的整秒数
SSR 更新间隔	DF391	bit(4)	4	—
多电文标识	DF388	bit(1)	1	—
IOD SSR	DF413	uint4	4	—
SSR 提供者 ID	DF414	uint16	16	—
SSR 解算方案 ID	DF415	uint4	4	—
卫星数量	DF387	uint6	6	—
合计			64	—

GLONASS 高频钟差改正电文的数据内容详细情况见表 9-55。

表 9-55　GLONASS 高频钟差改正电文的数据内容

数据字段	数据字段号	数据类型	比特数	备注
GLONASS 卫星号	DF384	uint5	5	—
高频钟差改正	DF390	int22	22	—
合计			27	—

4. 电离层改正电文组

1）电离层改正电文组基本情况

电离层改正电文组采用电离层球谐模型和电离层格网模型两种，用于修正电离层延迟引起的误差。

2）电离层球谐模型电文

电离层球谐模型不依赖于具体使用的卫星导航系统，该电文可用于计算电离层延迟信息，包含电文头和数据内容两部分，见表 9-56 和表 9-57。

表 9-56　电离层球谐模型电文的电文头

数据字段	数据字段号	数据类型	比特数	备注
电文编号	DF002	uint12	12	电文编号 1330
历元时间（TOW）	DF385	uint20	20	—
SSR 更新间隔	DF391	bit(4)	4	—
多电文标识	DF388	bit(1)	1	—
IOD SSR	DF413	uint4	4	—
SSR 提供者 ID	DF414	uint16	16	—
SSR 解算方案 ID	DF415	uint4	4	—
电离层高度	DF501	uint7	7	—
球谐次数	DF502	uint4	4	—
球谐阶数	DF503	uint4	4	—
合计			76	—

注：表中的球谐阶数不小于球谐次数。

电离层球谐模型电文的数据内容包含球谐系数 C 和球谐系数 S，见表 9-57。

表 9-57　电离层球谐模型电文的数据内容

数据字段	数据字段号	数据类型	比特数	备注
球谐系数 C	DF504	int18	18	—
球谐系数 S	DF505	int18	18	—
合计			36	—

球谐系数 C 和 S 的编码顺序应按照下式矩阵(从上到下,从左到右)的顺序进行:

$$\begin{bmatrix} c_{00} & & & & & \\ s_{11} & c_{10} & c_{11} & & & \\ s_{22} & s_{21} & c_{20} & c_{21} & c_{22} & \\ \cdots & \cdots & \cdots & \cdots & \cdots & \cdots \\ s_{n,n} & \cdots & s_{n,1} & c_{n,0} & c_{n,1} & \cdots & c_{n,n} \end{bmatrix} \quad (9-6)$$

式中:c_{ij}、s_{ij} 为第 i 阶 j 次所对应的余弦、正弦系数;n 为球谐模型电文头的球谐阶数。

上述矩阵中默认球谐阶数(设为 n)与球谐次数(设为 m)相同;若 $n>m$,则从第 m 行开始,每一行均为 $2m+1$ 系数,即系数变成为:$S_{k,m}$,$S_{k,m-1}$,$\cdots$,$S_{k,1}$,$C_{k,0}$,$C_{k,1}$$\cdots$,$C_{k,m}$,其中 $m \leqslant k \leqslant n$。

3) 电离层格网模型电文

电离层格网模型不依赖于具体使用的卫星导航系统,每个格网点电离层信息包括格网点垂直延迟和误差指数,共占用13bit。电离层格网模型电文分为电文头和电文数据两部分,电文头的详细情况见表9-58。

表9-58 电离层格网模型电文的电文头

数据字段	数据字段号	数据类型	比特数	备注
电文编号	DF002	uint12	12	电文编号1331
电离层数据龄期(IODI)	DF500	uint2	2	—
电离层格网点掩码(IGP Mask)	DF506	bit(320)	320	—
合计			334	—

电离层格网模型电文的电文数据详细情况见表9-59。

表9-59 电离层格网模型电文的数据内容

数据字段	数据字段号	数据类型	比特数	备注
垂直延迟改正($d\tau$)	DF507	bit(9)	9	—
格网点电离层垂直延迟误差指数(GIVEI)	DF508	bit(4)	4	—
合计			13	—

5. 区域 RTD 电文

区域 RTD 电文组主要用于区域米级差分定位服务,主要包含单频伪距差分改正电文、单频伪距差分改正变化量电文、单频载波相位非差改正电文,以及卫星健康标识电文等,电文类型见表9-60。

表 9-60 区域 RTD 电文组

电文编号	内容	字节数
1340	单频伪距差分改正电文	$6.5 + 5.625 \times N_s$
1341	单频伪距差分改正变化量电文	$6.5 + 5.625 \times N_s$
1342	单频载波相位非差改正电文	$6.5 + 8.75 \times N_s$
1343	卫星健康标识电文	$5.125 + 1.875 \times N_s$

注：N_s 为当前可用单频伪距差分电文数量。

1）单频伪距差分改正电文

单频伪距差分改正电文包含电文头和数据内容两部分，播发 GPS 和 BDS 两种卫星导航系统的单频伪距差分改正电文，两种电文共用同一个电文头和数据内容，根据电文头内的卫星标识区分是哪类卫星导航系统。电文头内容见表 9-61。

表 9-61 单频伪距差分改正电文的电文头

数据字段	数据字段号	数据类型	比特数	备注
电文编号	DF002	uint12	12	1340
基准站 ID	DF003	uint12	12	—
GPS 标志	DF022	bit(1)	1	—
GLONASS 标志	DF023	bit(1)	1	—
Galileo 系统标志	DF024	bit(1)	1	—
BDS 标志	DF628	bit(1)	1	—
历元时刻(TOW)	DF649	uint20	20	—
卫星数量	DF629	uint5	5	—
合计			52	—

数据内容见表 9-62。

表 9-62 单频伪距差分改正电文的数据内容

数据字段	数据字段号	数据类型	比特数	备注
卫星号	DF488	uint6	6	—
频段标识	DF610	bit(2)	2	—
码类型标志	DF611	bit(2)	2	—
比例因子	DF612	bit(1)	1	—
UDRE	DF613	bit(2)	2	—
星历龄期	DF641	bit(8)	8	BDS 为 DF641，GPS 为 DF071
PRC(t_0)	DF614	int16	16	—
RRC	DF615	int8	8	—
合计			45	—

2)单频伪距差分改正变化量电文

单频伪距差分改正变化量电文包含电文头和数据内容两部分。播发 GPS 和 BDS 两种卫星导航系统的单频伪距差分改正变化量电文,两种电文共用同一个电文头和数据内容,根据电文头内的卫星标识区分是哪类卫星导航系统。电文头内容见表 9-63。

表 9-63 单频伪距差分改正变化量电文的电文头

数据字段	数据字段号	数据类型	比特数	备注
电文编号	DF002	uint12	12	1341
基准站 ID	DF003	uint12	12	—
GPS 标志	DF022	bit(1)	1	—
GLONASS 标志	DF023	bit(1)	1	—
Galileo 系统标志	DF024	bit(1)	1	—
BDS 标志	DF628	bit(1)	1	—
历元时刻(TOW)	DF649	uint20	20	—
卫星数量	DF629	uint5	5	—
合计			52	—

数据内容见表 9-64。

表 9-64 单频伪距差分改正变化量电文的数据内容

数据字段	数据字段号	数据类型	比特数	备注
BDS 卫星号	DF488	uint6	6	—
频段标识	DF610	bit(2)	2	—
码类型标志	DF611	bit(2)	2	—
比例因子	DF612	bit(1)	1	—
用户差分距离误差(UDRE)	DF613	bit(2)	2	—
星历龄期	DF641	bit(8)	8	BDS 为 DF641,GPS 为 DF071
$\Delta PRC(t_0)$	DF616	int16	16	—
ΔRRC	DF617	int8	8	—
合计			45	—

3)单频载波相位非差改正电文

单频载波相位非差改正电文的电文编号为 1342,主要用于修正载波相位计算的伪距。单频载波相位非差改正电文的电文头见表 9-65。

表9-65　单频载波相位非差改正电文的电文头

数据字段	数据字段号	数据类型	比特数	备注
电文编号	DF002	uint12	12	电文编号1342
基准站ID	DF003	uint12	12	—
GPS标志	DF022	bit(1)	1	—
GLONASS标志	DF023	bit(1)	1	—
Galileo系统标志	DF024	bit(1)	1	—
BDS标志	DF528	bit(1)	1	保留
历元时刻(TOW)	DF549	uint20	20	—
卫星数量	DF529	uint5	5	—
合计			52	—

单频载波相位非差改正电文的数据内容见表9-66。

表9-66　单频载波相位非差改正电文的数据内容

数据字段	数据字段号	数据类型	比特数	备注
BDS卫星号	DF532	uint6	6	—
频段标识	DF510	bit(2)	2	—
码类型标志	DF511	bit(2)	2	—
观测值时间	DF518	uint20	20	—
数据质量	DF519	bit(3)	3	—
连续性丢失计数	DF520	uint5	5	—
星历龄期	DF541	bit(8)	8	BDS为DF541,GLONASS为DF392,GPS为DF071
载波相位改正数	DF521	int24	24	—
总计			70	—

卫星健康状况电文的电文编号为1343,用于提供卫星健康状况。卫星健康状况电文的电文头见表9-67。

表9-67　卫星健康状况电文的电文头

数据字段	数据字段号	数据类型	比特数	备注
电文编号	DF002	uint12	12	电文编号1343
GPS标志	DF022	bit(1)	1	—
GLONASS标志	DF023	bit(1)	1	—

续表

数据字段	数据字段号	数据类型	比特数	备注
Galileo 系统标志	DF024	bit(1)	1	—
BDS 标志	DF528	bit(1)	1	保留
卫星历元时间 1s	DF549	uint20	20	BDS 为 DF549,GLONASS 为 DF386, GPS 为 DF385
卫星数量	DF387	uint6	6	—
合计			41	—

电文编号 1343 的数据内容见表 9-68。

表 9-68 卫星健康状况电文的数据内容

数据字段	数据字段号	数据类型	比特数	备注
卫星号	DF532	uint6	6	BDS 为 DF532,GLONASS 为 DF384, GPS 为 DF068
数据健康	DF523	bit(3)	3	卫星健康状态信息
健康使能	DF524	bit(1)	1	—
卫星丢失警告	DF525	bit(1)	1	—
到非健康状态的时间	DF526	uint(4)	4	—
合计			15	—

6. 区域 RTK 电文

区域 RTK 电文采用多信号电文组中的 4 号电文(MSM4)来传输基准站的观测值数据,此外,区域 RTK 电文还包括带北斗的固定基准站 ARP 及天线高度电文来传输基准站的位置信息。区域 RTK 电文共包括 BDS MSM4 电文、GPS MSM4 电文和带北斗的固定基准站 ARP 及天线高度电文,其电文类型见表 9-69。

表 9-69 区域 RTK 电文基本类型

电文类型	内容	电文内容长度(字节数)	备注
1124	BDS MSM4	$21.125 + N_s \times (2.25 + 6.125 \times N_{sig})$	N_s 为 GNSS 的卫星数量,N_{sig} 为传输的信号类型数
1074	GPS MSM4	$21.125 + N_s \times (2.25 + 6.125 \times N_{sig})$	—
1355	带北斗的固定基准站 ARP 及天线高度	21.125	—

1) BDS MSM4

不同 GNSS 的各条 MSM 电文的结构、内容、功能一致,MSM 电文组由 MSM1 ~ MSM7 共 7 条电文构成,MSM4 电文为 7 条电文之一,主要用于传输大部分 GNSS 信号完整的伪距观测值、相位观测值及其 CNR 信息。每条 MSM 电文均由电文头、卫星数据和信号数据 3 个数据块构成,见表 9-70。

表 9-70　MSM 电文结构表

数据块类型	说　明
电文头	包含本电文所播发的卫星和信号的所有信息
卫星数据	包含所有卫星数据,对于每颗卫星则是其所有信号的公共部分(如:概略测距信息)
信号数据	包含所有信号数据,对于每种信号则是其信号的特定数据(如:精确相位观测值)

MSM 电文的数据字段依据数据类型分组,而非根据卫星或信号。这就是说,如果在某个卫星数据块中传输多个数据字段,则首先是所有可见卫星的数据字段,后面跟着第二个数据字段,以此类推。相似地,如果在某个信号数据块中传输多个数据字段,则首先是所有可用卫星/信号组合的数据字段,后面跟着第二个所有可用卫星/信号组合的数据字段,以此类推。这种数据组织方式称为"内部环路"。

MSM 具有很好的扩展性,通过简单的向电文尾部添加数据的方式就可实现 MSM 扩展。这种扩展方式需要注意以下几点:

(1) 实际电文长度(电文头解码获得)可能与所需的最小电文长度(根据电文内容计算)不匹配(前者可能大于后值);

(2) 解码软件可能跳过(忽略)电文尾部的非预期数据。实际上,这些非预期数据时正常数据,而且不应该引起警告;

(3) 编码软件不得使用这个扩展功能处理专有数据,也不可在 MSM 电文末尾增加任何多余信息。

BDS 区域 RTK 电文组主要指 BDS 网络 RTK 改正电文,包括网络主辅站数据电文、电离层改正电文、几何改正值电文、几何与电离层改正值电文、网络 RTK 残差电文以及网络 FKP 梯度电文等。

BDS MSM4 电文头见表 9-71。

表 9-71　BDS MSM4 电文头

数据字段	数据字段号	数据类型	比特数	备注
电文编号	DF002	uint12	12	—
基准站 ID	DF003	uint12	12	—
GNSS 历元时刻	各系统不同	uint30	30	各系统不同
MSM 多电文位	DF393	bit(1)	1	—
IODS	DF409	uint3	3	—
保留	DF001	bit(7)	7	保留(可能每个系统不同)
时钟校准标志	DF411	uint2	2	—
扩展时钟标志	DF412	uint2	2	—
GNSS 平滑类型标志	DF417	bit(1)	1	—

续表

数据字段	数据字段号	数据类型	比特数	备注
GNSS 平滑间隔	DF418	bit(3)	3	—
GNSS 卫星掩码	DF394	bit(64)	64	各系统不同
GNSS 信号掩码	DF395	bit(32)	32	各系统不同
GNSS 单元掩码	DF396	bit(X)	X	$X \leqslant 64$
总计			169 + X	—

注:1. 单元掩码长度由卫星掩码和信号掩码确定:$X = N_s \times N_{sig}$,其中 N_s 为卫星数(比特数,卫星掩码设为"1"),N_{sig} 为信号数(比特数,信号掩码设为"1");

2. 为确保 MSM7 电文(最长的 MSM 电文)的完整尺寸符合本标准传输电文帧的要求,规定 $X \leqslant 64$,此时,MSM7 的大小应不会超过 5865bit,约为电文最大允许长度的 1/2(电文的长度不超过 1023B,即 8192bit);

3. 多数实时应用中,传输的数据需要满足 $X \leqslant 64$(例如 $N_s \leqslant 16, N_{sig} \leqslant 4$)的限制,大部分情况下,可以在单个电文传输过程中处理某个 GNSS 的所有数据;

4. 当一个系统存在多颗卫星和多个信号的信息时,编码软件需应保证 $X \leqslant 64$ 的限制条件。如果超过限制条件,则编码软件需要将 MSM 电文分解为两条或多条独立的电文传输。

BDS MSM4 卫星数据见表 9-72。

表 9-72 BDS MSM4 电文卫星数据

数据字段	数据字段号	数据类型	比特数	备注
GNSS 卫星概略距离的毫秒余数	DF397	uint8(N_s 次)	$8 \cdot N_s$	重复 N_s 次
GNSS 卫星概略距离的毫秒余数	DF398	uint10(N_s 次)	$10 \cdot N_s$	重复 N_s 次
总计			$18 \cdot N_s$	—

注:N_s 指 DF394 比特位为"1"的总数。每个数据字段重复 N_s 次(使用内部循环),数据循环的顺序由 DF394 的比特位顺序决定。

BDS MSM4 信号数据见表 9-73。

表 9-73 BDS MSM4 电文卫星数据

数据字段	数据字段号	数据类型	比特数	备注
GNSS 卫星精确伪距的观测值	DF400	int15(N_{cell} 次)	$15 \cdot N_{cell}$	重复 N_{cell} 次
GNSS 卫星精确相位距离数据	DF401	int22(N_{cell} 次)	$22 \cdot N_{cell}$	重复 N_{cell} 次
GNSS 相位距离锁定时间标志	DF402	uint4(N_{cell} 次)	$4 \cdot N_{cell}$	重复 N_{cell} 次
半周模糊度指标	DF420	bit(1)(N_{cell} 次)	$1 \cdot N_{cell}$	重复 N_{cell} 次
GNSS 信号 CNR	DF403	uint6(N_{cell} 次)	$6 \cdot N_{cell}$	重复 N_{cell} 次
总计			$48 \cdot N_{cell}$	—

注:N_{cell} 指 DF396 中为"1"的比特位的总数。每个数据字段重复 N_{cell} 次(使用内部循环)。数据循环的顺序由 DF396 的比特位顺序决定。

对于 BDS MSM4 电文,其电文中 BDS 的专用数据字段:

（1）DF427 表示 BDS 历元时刻；

（2）DF394 表示 BDS 卫星掩码卫星 ID 与 BDS 卫星 PRN 码的映射关系见表 9 – 74；

表 9 – 74　DF394 的卫星 ID 与 BDS 卫星 PRN 码的映射关系

DF394 的卫星 ID	BDS 卫星 PRN 码
1	1
2	2
…	…
37	37
38 ~ 64	保留

（3）DF395 表示 BDS 信号掩码的信号 ID 与 BDS 信号的映射关系见表 9 – 75；

（4）预留了扩展卫星信息字段,为今后扩展使用。

表 9 – 75　DF395 的信号 ID 与 BDS 信号的映射关系

DF395 的信号 ID	频段号	信号	BDS 信号 RINEX 码	备注
1	—	—	—	保留
2	B1	I	2I	—
3	B1	Q	2Q	—
4	B1	I + Q	2X	—
5 ~ 7	—	—	—	保留
8	B3	I	6I	—
9	B3	Q	6Q	—
10	B3	I + Q	6X	—
11 ~ 13	—	—	—	保留
14	B2	I	7I	—
15	B2	Q	7Q	—
16	B2	I + Q	7X	—
17 ~ 32	—	—	—	保留

2）GPS MSM4

不同 GNSS 的各条 MSM 电文的结构、内容、功能一致,MSM 电文组由 MSM1 ~ MSM7 共 7 条电文构成,MSM4 电文为 7 条电文之一,主要用于传输大部分 GNSS 信号完整的伪距观测值、相位观测值及其 CNR 信息。GPS MSM4 电文与 BDS MSM4 电文一样,均由电文头、卫星数据和信号数据 3 个数据块构成,且每块数据字段及格式也与 BDS MSM4 电文一致。

对于 GPS MSM 电文而言,其电文中 GPS 的专用数据字段:

(1) DF004 表示 GPS 历元时刻(精确到1ms);

(2) DF394 表示 GPS 卫星掩码的卫星 ID 与 GPS 卫星 PRN 码的映射关系见表 9-76;

表 9-76 DF394 的卫星 ID 与 GPS 卫星 PRN 码的映射关系

DF394 的卫星 ID	GPS 卫星 PRN 码
1	1
2	2
…	…
63	63
64	保留

(3) DF395 表示 GPS 信号掩码的信号 ID 与 GPS 信号的映射关系见表 9-77;

表 9-77 DF395 的信号 ID 与 GPS 信号的映射关系

DF395 的信号 ID	频段号	信号	GPS 信号 RINEX 码	备注
1	—	—	—	保留
2	L1	C/A	1C	—
3	L1	P	1P	—
4	L1	Z 跟踪或相似技术	1W	—
5~7	—	—	—	保留
8	L2	C/A	2C	—
9	L2	P	2P	—
10	L2	Z 跟踪或相似技术	2W	—
11~14	—	—	—	保留
15	L2	L2C(M)	2S	—
16	L2	L2C(L)	2L	—
17	L2	L2C(M+L)	2X	—
18~21	—	—	—	保留
22	L5	I	5I	—
23	L5	Q	5Q	—
24	L5	I+Q	5X	—
25~29	—	—	—	保留
30	L1	L1C-D	1S	—
31	L1	L1C-P	1L	—
32	L1	L1C-(D+P)	1X	—

（4）现有电文中的 DF016（GPS L2 码标志）也提供 GPS 信号信息，与 DF395 的映射关系见表 9-78；

表 9-78 DF016 与 DF395 间的映射关系

DF016 的数值	DF395 数值	RINEX 观测值代码
0	8、15、16、17	8(L2C)、15(L2S)、16(L2L)、17(L2X)
1	9	9(L2P)
2	10	10(L2W)
3	10	10(L2W)

（5）预留了扩展卫星信息字段，为今后扩展使用。

3）带北斗的固定基准站 ARP 及天线高度电文

带北斗的固定基准站 ARP 及天线高度电文为带有北斗系统标识信息（DF628，BDS 标志）的固定基准站 ARP 及天线高度信息的电文，主要设计用于各 GNSS 的高精度测量，其数据内容见表 9-79。

表 9-79 带北斗的固定基准站 ARP 及天线高度电文的数据内容

数据字段	数据字段号	数据类型	比特数	备注
电文编号	DF002	uint12	12	1355
基准站 ID	DF003	uint12	12	—
ITRF 实现	DF021	uint6	6	保留
GPS 标志	DF022	bit(1)	1	—
GLONASS 标志	DF023	bit(1)	1	—
Galileo 系统标志	DF024	bit(1)	1	—
BDS 标志	DF628	bit(1)	1	保留
基准站标识	DF141	bit(1)	1	—
天线参考点 ECEF-X	DF025	int38	38	—
信号接收机振荡标识	DF142	bit(1)	1	—
保留	DF001	bit(1)	1	—
天线参考点 ECEF-Y	DF026	int38	38	—
1/4 周标志	DF364	bit(2)	2	—
天线参考点 ECEF-Z	DF027	int38	38	—
天线高度	DF028	uint16	16	—
合计			169	—

7. GNSS 辅助定位产品

1）BDS 星历电文

电文类型 1339 的数据内容部分见表 9-80。

表 9-80 电文类型 1339 的数据内容

数据字段	数据字段号	数据类型	比特数	备注
电文编号	DF002	uint12	12	电文编号 1339
BDS 卫星号	DF532	uint6	6	—
BDS 周数	DF560	uint13	13	0~8191
BDS URAI	DF561	bit(4)	4	—
BDS IDOT	DF562	int14	14	—
BDS AODE	DF563	uint5	5	—
BDS t_{oc}	DF564	uint17	17	—
BDS a_2	DF565	int11	11	—
BDS a_1	DF566	int22	22	—
BDS a_0	DF567	int24	24	—
BDS AODC	DF568	uint5	5	—
BDS C_{rs}	DF569	int18	18	—
BDS Δn	DF570	int16	16	—
BDS M_0	DF571	int32	32	—
BDS C_{uc}	DF572	int18	18	—
BDS e	DF573	int32	32	—
BDS C_{us}	DF574	int18	18	—
BDS $(A)^{1/2}$	DF575	int32	32	—
BDS t_{oe}	DF576	int17	17	—
BDS C_{ic}	DF577	int18	18	—
BDS Ω_0	DF578	int32	32	—
BDS C_{is}	DF579	int18	18	—
BDS i_0	DF580	int32	32	—
BDS C_{rc}	DF581	int18	18	—
BDS ω	DF582	int32	32	—
BDS Ω 变化率	DF583	int24	24	—
BDS t_{GD1}	DF584	int10	10	—
BDS t_{GD2}	DF585	int10	10	—
BDS 卫星健康状况	DF586	bit(1)	1	—
BDS 拟合间隔标志	DF587	bit(1)	1	—
保留	DF001	bit(4)	4	—
合计			516	—

2) GPS 星历电文

GPS 星历电文详情见表 9-81。

表 9-81 GPS 星历电文

数据字段	数据字段号	数据类型	比特数	备注
电文编号	DF002	uint12	12	电文编号 1019
GPS 卫星号	DF009	uint6	6	—
GPS 周数	DF076	uin10	10	—
GPS 卫星精度（URA）	DF077	uint(4)	4	—
GPS L2 测距码标志	DF078	bit(2)	2	—
GPS IDOT	DF079	int14	14	—
GPS IODE	DF071	uint8	8	—
GPS t_{oc}	DF081	uint16	16	—
GPS a_{f2}	DF082	int8	8	—
GPS a_{f1}	DF083	int16	16	—
GPS a_{f0}	DF084	int22	22	—
GPS IODC	DF085	uint10	10	—
GPS C_{rs}	DF086	int16	16	—
GPS Δn	DF087	int16	16	—
GPS M_0	DF088	int32	32	—
GPS C_{uc}	DF089	int16	16	—
GPS e	DF090	uint32	32	—
GPS C_{us}	DF091	int16	16	—
GPS $(A)^{1/2}$	DF092	int32	32	—
GPS t_{oe}	DF093	int16	16	—
GPS C_{ic}	DF094	int16	16	—
GPS Ω_0	DF095	int32	32	—
GPS C_{is}	DF096	int16	16	—
GPS i_0	DF097	int32	32	—
GPS C_{rc}	DF098	Int16	16	—
GPS ω	DF099	int32	32	—
GPS OMEGADOT	DF100	int24	24	—
GPS t_{GD}	DF101	int8	8	—

续表

数据字段	数据字段号	数据类型	比特数	备注
GPS 卫星健康状况	DF102	int6	6	—
GPS L2 P 数据标识	DF103	bit(1)	1	—
GPS 拟合间隔标志	DF137	bit(1)	1	—
总计			488	—

3) GLONASS 星历电文

GLONASS 星历电文详情见表 9-82。

表 9-82 GLONASS 星历电文

数据字段	数据字段号	数据类型	比特数	备注
电文编号	DF002	uint12	12	电文编号 1020
GLONASS 卫星号	DF038	uint6	6	—
GLONASS 卫星频段号	DF040	uint5	5	—
GLONASS 历书健康(C_n 字)	DF104	bit(1)	1	—
GLONASS 历书健康可靠性标识	DF105	bit(1)	1	—
GLONASS P1	DF106	bit(2)	2	—
GLONASS t_k	DF107	bit(12)	12	—
GLONASS Bn 字最高有效位	DF108	bit(1)	1	—
GLONASS P2	DF109	bit(1)	1	—
GLONASS t_b	DF110	uint7	7	—
GLONASS $x_n(t_b)$,阶导数	DF111	intS24	24	—
GLONASS $x_n(t_b)$	DF112	intS27	27	—
GLONASS $x_n(t_b)$,二阶导数	DF113	intS5	5	—
GLONASS $y_n(t_b)$,一阶导数	DF114	intS24	24	—
GLONASS $y_n(t_b)$	DF115	intS27	27	—
GLONASS $y_n(t_b)$,二阶导数	DF116	intS5	5	—
GLONASS $z_n(t_b)$,一阶导数	DF117	intS24	24	—
GLONASS $z_n(t_b)$	DF118	intS27	27	—
GLONASS $z_n(t_b)$,二阶导数	DF119	intS5	5	—
GLONASS P3	DF120	bit(1)	1	—
GLONASS $\gamma_n(t_b)$	DF121	intS11	11	—

续表

数据字段	数据字段号	数据类型	比特数	备注
GLONASS – M P	DF122	bit(2)	2	—
GLONASS – M ln(第三个字符串)	DF123	bit(1)	1	—
GLONASS $\tau_n(t_b)$	DF124	intS22	22	—
GLONASS – M $\Delta\tau_n$	DF125	intS5	5	—
GLONASS E_n	DF126	uint5	5	—
GLONASS – M P4	DF127	bit(1)	1	—
GLONASS – M F_T	DF128	uint4	4	—
GLONASS – M N_T	DF129	uint11	11	—
GLONASS – M M	DF130	bit(2)	2	—
GLONASS 附加数据可用性标志	DF131	bit(1)	1	—
GLONASS N^A	DF132	uint11	11	—
GLONASS τ_c	DF133	intS32	32	—
GLONASS – M N4	DF134	uint5	5	—
GLONASS – M τ_{GPS}	DF135	intS22	22	—
GLONASS – M ln(第五个字符串)	DF136	bit(1)	1	—
保留位	—	bit(7)	7	保证为整字节数
总计			360	—

9.4.5 数据类型

广域增强电文、区域 RTD 电文、区域 RTK 电文各电文中各数据类型对应的说明见表 9–83。

表 9–83 数据类型表

数据类型	描述	范围	备注
bit(N)	N 位二进制位	每位为 0 或 1	—
int$N$	N 位的有符号整数,采用二进制补码	±(2N–1)	–2N 表示数据无效,$N=8\sim38$
uint$N$	N 位的无符号整数	$0\sim 2N-1$	$N=2\sim 36$

注:±X 表示范围为 $-X\sim +X$;正数的最高有效位(MSB)为 0,负数为 1,其余位为数值,其中 –0 未使用。

9.4.6 数据字段说明

数据字段为各电文类型中可能使用的数据。本接口规范中列出了所有可能使用的数据字段的数据字段号、数据字段名称、取值范围、分辨率、数据类型、备注等内容,其中数据字段的取值范围要小于数据类型所允许的最大值。广域增强电文、区域 RTD 电文、区域 RTK 电文中各数据字段对应的说明见表 9-84。

表 9-84 数据字段说明

字段号	字段名称	取值范围	比例因子	数据类型	备注
DF001	保留	—	—	bit(n)	DF001 为保留字段使用。所有保留数字段宜置"0",解码时则应以实际数据为准
DF002	电文编号	0~4095	—	uint12	不同电文的标志
DF003	基准站 ID	0~4095	—	uint12	基准站 ID 由服务提供商确定,表明电文信息的来源。当多个服务使用同一个数据链路时,基准站 ID 有助于区分数据。依靠基准站 ID,基准站观测值电文才能与相应的辅助信息关联。因此,服务供应商应保证基准站 ID 在整个网络中唯一,只有在必要的条件下才可重新分配基准站 ID
DF004	GPS 历元时刻（TOW）	0~604,799,999ms	1ms	uint30	GPS 周内秒,即从当前 GPS 周的开始时刻算起,精确到毫秒。GPS 周开始于星期六晚上/星期日早上格林尼治标准时间的午夜,与协调世界时（UTC）相反
DF009	GPS 卫星号	0~63	—	uint6	0 表示编号未知;1~32 – GPS 卫星的伪随机噪声码（PRN）码;>32 表示卫星基增强系统（SBAS）保留,SBAS 的 PRN 号是由卫星号加上 80 得到的
DF016	GPS L2 码标志	—	—	bit(2)	表示电文所处理的 GPS L2 载波上的测距码类型: 0 表示 C/A 或 L2C 码; 1 表示直捕获 P(Y)码信号; 2 表示 L1 C/A 码 + 交叉相关改正的 P(Y)码; 3 表示改正后的 L2 P/Y 码
DF022	GPS 标志	—	—	bit(1)	0 表示不支持 GPS 服务; 1 表示支持 GPS 服务
DF023	GLONASS 标志	—	—	bit(1)	0 表示不支持 GLONASS 服务; 1 表示支持 GLONASS 服务
DF024	Galileo 系统标志	—	—	bit(1)	0 表示不支持 Galileo 系统服务; 1 表示支持 Galileo 系统服务
DF025	天线参考点 ECEF - X	±13,743,895.3471m	0.0001m	int38	参考 DF021 定义国际地球参考框架时间的天线参考点的 X 坐标
DF026	天线参考点 ECEF - Y	±13,743,895.3471m	0.0001m	int38	参考 DF021 定义国际地球参考框架时间的天线参考点的 Y 坐标

续表

字段号	字段名称	取值范围	比例因子	数据类型	备注
DF027	天线参考点 ECEF-Z	±13,743,895.3471m	0.0001m	int38	参考 DF021 定义国际地球参考框架时间的天线参考点的 Z 坐标
DF028	天线高度	0~6.5535m	0.0001m	uint16	在调查活动中使用的标志物以上的天线参考点的高度
DF038	GLONASS 卫星号	0~63	—	uint6	0 表示编号未知;1~24 表示 GLONASS 卫星编号;>32 表示卫星地基增强系统(SBAS),保留
DF040	GLONASS 卫星频段编号	0~20	1	uint5	GLONASS 卫星频段编号标明 GLONASS 卫星工作频段。0——07;1——06;…;19 表示+12;20 表示+13
DF068	GPS 卫星号	1~32	1	uint6	表示 GPS 卫星号(即 PRN 号)
DF071	GPS IODE	0~255	1	uint8	广播星历的数据卷号用于差分改正的计算
DF076	GPS 周数	0~1023	1 周	uint10	每 1024 周一个循环,起始于 1980 年 1 月 6 日零点整
DF077	GPS 卫星精度 (URA)	—	N/A	bit(4)	表示 GPS 卫星的用户等效距离精度,单位 m
DF078	GPS L2 测距码标志	0~3	1	bit(2)	表示所观测的 GPSL2 测距码类型。00 表示保留;01 表示 P 码;10 表示 C/A 码;11 表示 L2C 码
DF079	GPS IDOT	—	$2^{-43}\pi/s$	int14	表示 GPS 卫星轨道倾角变化率
DF081	GPS t_{oc}	0~604,784s	24s	uint16	表示 GPS 卫星钟参考时刻
DF082	GPS a_{f2}	—	$2^{-55}s/s^2$	int8	表示 GPS 卫星钟钟漂改正参数
DF083	GPS a_{f1}	—	$2^{-43}s/s^2$	int16	表示 GPS 卫星钟钟速改正参数
DF084	GPS a_{f0}	—	$2^{-31}s$	int22	表示 GPS 卫星钟钟差改正参数
DF085	GPS IODC	0~1023	1	uint10	表示 GPS 卫星钟参数期卷号,低 8 位与 IODC 相同
DF086	GPS C_{rs}	—	$2^{-5}m$	int16	表示 GPS 卫星轨道半径正弦调和改正项的振幅
DF087	GPS Δn	—	$2^{-43}\pi/s$	int16	表示 GPS 卫星平均运行速度与计算值之差
DF088	GPS M_0	—	$2^{-31}\pi$	int32	表示 GPS 卫星参考时间的平近点角

续表

字段号	字段名称	取值范围	比例因子	数据类型	备注
DF089	GPS C_{uc}	—	2^{-29} rad	int16	表示 GPS 卫星维度幅角的余弦调和改正项的振幅
DF090	GPS e	0～0.03	2^{-33}	uint32	表示 GPS 卫星轨道偏心率
DF091	GPS C_{us}	—	2^{-29} rad	int16	表示 GPS 卫星维度幅角的正弦调和改正项的振幅
DF092	GPS $(A)^{1/2}$	—	2^{-19} m$^{1/2}$	uint32	表示 GPS 卫星轨道长半轴的平方根
DF093	GPS t_{oe}	0～604,784s	24s	uint16	表示 GPS 卫星星历参考时间
DF094	GPS C_{ic}	—	2^{-29} rad	int16	表示 GPS 卫星轨道倾角的余弦调和改正项的振幅
DF095	GPS Ω_0	—	$2^{-31}\pi$	int32	表示 GPS 卫星按照参考时间计算的升交点赤经
DF096	GPS C_{is}	—	2^{-29} rad	int16	表示 GPS 卫星轨道倾角的正弦调和改正项的振幅
DF097	GPS i_0	—	$2^{-31}\pi$	int32	表示 GPS 卫星参考时间轨道倾角
DF098	GPS C_{rc}	—	2^{-5} m	int16	表示 GPS 卫星轨道半径的余弦调和改正项的振幅
DF099	GPS ω	—	$2^{-31}\pi$	int32	表示 GPS 卫星近地点幅角
DF100	GPS Ω 变化率	—	$2^{-43}\pi$/s	int24	表示 GPS 卫星升交点赤经变化率
DF101	GPS t_{GD}	—	2^{-31}	int8	表示 GPS 卫星 L1 和 L2 信号频率的群延迟差
DF102	GPS 卫星健康状况	—	1	uint6	其中 MSB： 0 表示所有导航数据正常； 1 表示某些或所有导航数据部正常
DF103	GPS L2 P 数据标识	—	—	bit(1)	取自 GPS 导航电文子帧1，第四个字，第一位，含义如下： 0 表示 L2 P 码导航电文可用； 1 表示 L2 P 码导航电文不可用
DF104	GLONASS 历书健康(C_n 字)	—	—	bit(1)	C_n 字
DF105	GLONASS 历书健康可用标识	—	—	bit(1)	0 表示 GLONASS 历书健康状况不可用； 1 表示 GLONASS 历书健康状况可用

续表

字段号	字段名称	取值范围	比例因子	数据类型	备注
DF106	GLONASS P1	—	—	bit(2)	是 GLONASS P1 字
DF107	GLONASS t_k	第 11~7 位：0~23；第 6~1 位：0~59；第 0 位：0~1	—	bit(12)	是以当天 GLONASS 子帧的起点为零点的时间。最高有效五位，MSB5 位为小时位，之后的六位为分钟位，最低有效位为 30s 的采样间隔数
DF108	GLONASS B_n 字最高有效位	—	—	bit(1)	表示星历健康状况标志
DF109	GLONASS P2	—	—	bit(1)	表示 P2 码可用性
DF110	GLONASS t_b	1~95	15min	uint7	表示 GLONASS 导航数据的参考时间
DF111	GLONASS $X_n(t_b)$，一阶导数	±4.3km/s	2^{-20}km/s	intS24	用于组成 PZ-90 坐标系下 GLONASS 卫星速度矢量的 X 分量
DF112	GLONASS $X_n(t_b)$	±27000km	2^{-11}km	intS27	用于组成 PZ-90 坐标系下 GLONASS 卫星速度矢量的 X 分量
DF113	GLONASS $X_n(t_b)$，二阶导数	±6.2×10^{-9}km/s²	2^{-30}km/s²	intS5	用于组成 PZ-90 坐标系下 GLONASS 卫星速度矢量的 X 分量
DF114	GLONASS $y_n(t_b)$，一阶导数	±4.3km/s	2^{-20}km/s	intS24	用于组成 PZ-90 坐标系下 GLONASS 卫星速度矢量的 Y 分量
DF115	GLONASS $y_n(t_b)$	±27000km	2^{-11}km	intS27	用于组成 PZ-90 坐标系下 GLONASS 卫星速度矢量的 Y 分量
DF116	GLONASS $y_n(t_b)$，二阶导数	±6.2×10^{-9}km/s²	2^{-30}km/s²	intS5	用于组成 PZ-90 坐标系下 GLONASS 卫星速度矢量的 Y 分量
DF117	GLONASS $z_n(t_b)$，一阶导数	±4.3km/s	2^{-20}km/s	intS24	用于组成 PZ-90 坐标系下 GLONASS 卫星速度矢量的 Z 分量
DF118	GLONASS $z_n(t_b)$	±27000km	2^{-11}km	intS27	用于组成 PZ-90 坐标系下 GLONASS 卫星速度矢量的 Z 分量
DF119	GLONASS $z_n(t_b)$，二阶导数	±6.2×10^{-9}km/s²	2^{-30}km/s²	intS5	用于组成 PZ-90 坐标系下 GLONASS 卫星速度矢量的 Z 分量
DF120	GLONASS P3	—	—	bit(1)	详见 GLONASS-ICD-5.0
DF121	GLONASS $\gamma_n(t_b)$	±2^{-30}	2^{-40}	intS11	是预计的 GLONASS 卫星载波频率导数

续表

字段号	字段名称	取值范围	比例因子	数据类型	备注
DF122	GLONASS-M P	0~3	—	bit(2)	GLONASS 卫星的 P 码标志
DF123	GLONASS-M l_n（第三个字符串）	—	—	bit(1)	是从 GLONASS 导航电文子帧的第三个字符串中提取出 l_n 字
DF124	GLONASS $\tau_n(t_b)$	$\pm 2^{-9}$ s	2^{-30}	intS22	相对 GLONASS 系统时间的卫星时间改正
DF125	GLONASS-M $\Delta\tau_n$	$\pm 13.97 \times 10^{-9}$ s	2^{-30}	intS5	GLONASS L2 子带与 L1 子带中传输导航 RF 信号之间的时间差
DF126	GLONASS E_n	1~31 天	1 天	uint5	GLONASS 导航数据龄期
DF127	GLONASS-M P4	—	—	bit(1)	详见 GLONASS-ICD-5.0
DF128	GLONASS-M F_T	0~15	1	uint4	t_b 时刻 GLONASS-M 卫星 URA 估值
DF129	GLONASS-M N_T	1~1461	1 天	uint11	以四年为间隔的，从闰年的 1 月 1 日开始的 GLONASS 日历天数。如果 DF129 不为零，则期值是与参赛 t_b 相应日历天数的计算值
DF130	GLONASS-M M	0~3	—	bit(2)	表示 GLONASS 卫星类型。01 表示 GLONASS-M 卫星，所有 GLONASS-M 数据字段均有效；00 表示非 GLONASS-M 卫星，所有 GLONASS-M 数据字段均无效
DF131	GLONASS 补充数据的可靠性	—	—	bit(1)	表示电文中是否包含从子帧第五个字符串提取出的 GLONASS 星历电文的其余参数。这些参数不属于预定义的星历数据，但有助于定位授时。1 表示电文中包含附加数据；0 表示 DF132-DF136 无效，取值随机
DF132	GLONASS N_A	1~1461	1 天	uint11	表示四年为周期的，参数 τ_c 所使用 GLONASS 日历天数
DF133	GLONASS τ_c	± 1 s	2^{-31} s	intS32	表示以 N_A 日起始时刻为参考的 GLONASS 系统时与 UTC(SU)之差
DF134	GLONASS-M N_4	1~31	4 年	uint5	表示从 1996 年开始的，以 4 年为周期的周期数
DF135	GLONASS-M τ_{GPS}	$\pm 1.9 \times 10^{-30}$ s	2^{-30} s	intS22	表示相对于 GLONASS 系统时间的 GPS 系统时间改正数
DF136	GLONASS-Mln（第五字符串）	—	—	bit(1)	从子帧中第五个字符串中提取出 GLONASS-Mln 字

续表

字段号	字段名称	取值范围	比例因子	数据类型	备注
DF141	基准站类型标识	—	—	bit(1)	0 表示物理基准站； 1 表示通过计算得到的虚拟基准站
DF142	信号接收机振荡标识	—	—	bit(1)	0 表示电文 1001~1004 和 1009~1012 的所有原始数据观测值不是同时的； 1 表示电文 1001~1004 和 1009~1012 的所有原始数据观测值都是同时的
DF364	1/4 周标识	—	—	bit(2)	00 表示修正状况不明； 01 表示电文类型 1001,1002,1003,1004,1009,1010,1011,1012 的相位范围被修正； 10 表示相位观测量未被修正； 11 表示保留
DF365	轨道面径向改正值	±209.7151m	0.1mm	int22	广播星历径向轨道修正
DF366	轨道面切向改正值	±209.7148m	0.4mm	int20	广播星历切向轨道修正
DF367	轨道面法向改正值	±209.7148m	0.4mm	int20	广播星历法向轨道修正
DF368	轨道面径向改正值变化率	±1.048575m/s	0.001mm/s	int21	广播星历径向轨道修正值的变化率
DF369	轨道面切向改正值变化率	±1.048572m/s	0.004mm/s	int19	广播星历切向轨道修正值的变化率
DF370	轨道面法向改正值变化率	±1.048572m/s	0.04mm/s	int19	广播星历法向轨道修正值的变化率
DF375	卫星参考基准	0~1	N/A	bit(1)	轨道改正采用的卫星参考基准。0 表示国际地球参考框架基准(ITRF);1 表示区域性的参考基准(Regional)
DF376	钟差改正系数 C0	±209.7151m	0.1mm	int22	广播卫星时钟校正多项式系数。参考时刻 t_0 是历元时间(DF385,DF386)加上 $\frac{1}{2}$SSR 更新间隔。参考时刻 t_0 对应 SSR 更新间隔"0"是历元时刻
DF377	钟差改正系数 C1	±1.048575m/s	0.001mm/s	int21	广播卫星时钟校正多项式系数。参考时刻 t_0 参见 DF376 中的说明
DF378	钟差改正系数 C2	±1.34217726m/s²	0.00002 mm/s²	int27	广播卫星时钟校正多项式系数。参考时刻 t_0 参见 DF376 中的说明
DF379	码偏差数量	0~31	1	uint5	一颗卫星的码偏差数

续表

字段号	字段名称	取值范围	比例因子	数据类型	备注
DF380	GPS 信号及跟踪模式	0~31	1	uint5	GPS 信号和跟踪模式的指示说明:0 表示 L1 C/A;1 表示 L1 P;2 表示 L1 Z 跟踪技术(AS 模式开启);3 表示保留;4 表示保留;5 表示 L2 C/A;6 表示 L2 L1(C/A)+(P2-P1);7 表示 L2 L2C(M);8 表示 L2 L2C(L);9 表示 L2 L2C(M+L);10 表示 L2 P;11 表示 L2Z 跟踪;12 表示保留;13 表示保留;14 表示 L5 I;15;L5 Q;>15 表示保留
DF381	GLONASS 信号及跟踪模式	0~31	1	uint5	GLONASS 信号和跟踪模式的指示说明:0 表示 G1 C/A;1 表示 G1 P;2 表示 G2 C/A(GLONASS M);3 表示 G2 P;>3 表示保留
DF383	码偏差	±81.91m	0.01m	uint14	指定信号的码偏差
DF384	GLONASS 卫星号	1~24	1	uint5	GLONASS 卫星
DF385	GPS 历元时间 1s	0~604799s	1s	uint20	从当前 GPS 周开始的整秒数(TOW)
DF387	卫星数量	0~63	1	uint6	电文中包含的卫星总数
DF388	多电文标识	0~1	1	bit(1)	相同历元时刻下,同种电文分多条传输的标志:0 表示非多电文序列或最后一条信息序列;1 表示后续还要传输其他系列电文
DF391	SSR 更新间隔	0~15	1	bit(4)	0 表示 1s;1 表示 2s;2 表示 5s;3 表示 10s;4 表示 15s;5 表示 30s;6 表示 60s;7 表示 120s;8 表示 240s;9 表示 300s;10 表示 600s;11 表示 900s;12 表示 1800s;13 表示 3600s;14 表示 7200s;15 表示 10800s。为确保多模系统的同步操作,所有 GNSS 的 SSR 更新间隔,所有 SSR 参数起始于 GPS 时间 00:00:00
DF392	GLONASS IOD	0~255	1	bit(8)	GLONASS 广播星历的数据龄期。如果第七个比特位(最高位)为 0,0~6 比特代表在当前广播星历中 7 个比特位的 GLONASS t_b 域(参见 DF110);如果第七个比特位为 1,备份应用于以后。数据不应用。这可以应用到先前星历内 t_b 间隔改变的 GLONASS-M 卫星
DF393	MSM 多电文标识	—	—	bit(1)	1 表示还有相对给定时刻与基准站 ID 的更多电文;0 表示本条电文是给定时刻与基准站 ID 的最后一条电文

续表

字段号	字段名称	取值范围	比例因子	数据类型	备注
DF394	GNSS 卫星掩码	—	—	bit(64)	给出所观察的 GNSS 卫星情况。每颗卫星对应一个比特位，MSB 相当于 ID = 1 的 GNSS 卫星，第二位相当于 ID = 2 的 GNSS 卫星……最低有效位(LSB)相当于 ID = 64 的 GNSS 卫星。每类 GNSS 都定义了实际 GNSS 卫星与卫星掩码 ID 之间的映射关系(如 GPS 为 PRN，GLONASS 为卫星星位号，BDS 为卫星号等)
DF395	GNSS 信号掩码	—	—	bit(32)	DF395 给出了 GNSS 卫星播发信号的情况。每类信号对应一个比特位，MSB 相当于 ID = 1 卫星信号，第二位相当于 ID = 2 的卫星信号……LSB 相当于 ID = 32 的卫星信号。每类 GNSS 都定义了实际卫星信号与信号掩码 ID 之间的映射关系(符合 RINEX3.01 标准)
DF396	GNSS 单元掩码	—	—	bit(X)	GNSS 单元掩码是一个二维表，用于记录每颗卫星的信号类型。掩码大小可变，位数按照下式计算：$X = N_{sig} \times N_{sat}$ 式中：X 表示 DF396 的长度，单位 bit；N_{sat} 表示卫星总数，即 DF394 中置 1 的总位数；N_{sig} 表示信号总数，即 DF395 中置 1 的总位数。GNSS 单元掩码二维表的行表示信号，列表示卫星。第一行为 DF395 中置 1 的最低位的信号，第二行为置 1 的次低位的信号……最后一行为置 1 的最高位的信号；第一列为 DF394 中置 1 的最低位卫星，第二列为置 1 的次低位的卫星……最后一列为置 1 的最高位的卫星
DF397	GNSS 卫星概略距离的整毫秒数	0 ~ 254ms	1ms	uint8	卫星概略距离的整毫秒数。如果未传输 DF397，那么解码设备需要根据基准站位置和星历数据恢复卫星概略位置。DF397 = FFh (255ms)表示字段无效。概略距离占 18 位，分为 DF397 与 DF398 两个字段
DF398	GNSS 卫星概略距离的毫秒余数	$0 \sim (1-2^{-10})$ms	2^{-10}ms	uint10	卫星概略距离的毫秒余数，可以 1/1024ms (约 300m)的精度恢复完整的 GNSS 粗略位置
DF400	GNSS 信号精确伪距值	$\pm(2^{-10} \sim 2^{-24})$ms (约±292m)	2^{-24}ms (约 0.018m)	int15	DF400 与 DF397 和 DF398 相加可以得到给定信号所对应的完整伪距观测值。卫星的每种信号的 DF400 均不相同。DF400 = 4000h(-2^{-10}ms)表示字段数值无效

续表

字段号	字段名称	取值范围	比例因子	数据类型	备注
DF401	GNSS 信号精确相位距离	$\pm(2^{-8} \sim 2^{-29})$ms（约 ± 1171m）	2^{-29}ms（约 0.0006m）	int22	DF401 与 DF400 相似，是相位距离的精确值。在载波距离生成之初，为了与伪距大小一致，从原始全波载波中移除掉了部分整周数。DF401 = 200000h（-2^{-8}ms）表示数值无效
DF402	GNSS 相位距离锁定时间标志	0~15	—	uint4	提供接收机连续锁定卫星信号的时间长度。若发生周跳，必须确定一个新的整周数，则 DF402 应重置为 0。某些电离层状态（或者错误的初始化）可能会引起相位距离与伪距之差超过定义范围，DF402 也应置 0
DF403	GNSS 信号载噪比	1~63dB/Hz	1dB/Hz	uint6	提供卫星信号的载噪比。0 表示数值未计算或不可用
DF409	IODS	0~7	1	uint3	DF409 表示测站数据期卷号（Issue Of Data Station），为保留字段，用于将 MSM 与今后的测站说明（接收机、天线说明等）联系起来。DF409 = 0 表示未使用本数据字段
DF411	时钟校准标志	—	—	uint2	DF411 表示时钟校准的情况。0 表示未使用时钟校准，此时接收机钟差必须保持小于 ± 1ms；1 表示使用时钟校准，此时接收机钟差必须保持小于 $\pm 1\mu$s；2 表示未知的时钟校准状态；3 表示保留
DF412	扩展时钟标志	—	—	uint2	表示扩展时钟校准的情况。0 表示使用内部时钟；1 表示使用外部时钟，状态为"锁定"；2 表示使用外部时钟，状态为"未锁定"，表示外部时钟失效，传输的数据可能不可靠；3 表示使用时钟状态未知
DF413	SSR 数据龄期	0~15	1	uint4	SSR 数据龄期变化表明 SSR 生成配置的变化，它可能与流动站操作有关
DF414	SSR 提供者 ID	0~65535	1	uint16	SSR 提供者 ID 是由 RTCM 对 SSR 服务请求识别的，提供者 ID 是全球唯一的，提供者应该联系"rtcm.org"
DF415	SSR 解算方案 ID	0~15	1	uint4	SSR 解算 ID 表明了一个 SSR 提供者提供的不同 SSR 服务
DF417	GNSS 平滑类型标志	—	—	bit(1)	表示 GNSS 平滑类型。1 表示使用弥散自由平滑；0 表示其他平滑类型

续表

字段号	字段名称	取值范围	比例因子	数据类型	备注
DF418	GNSS 平滑间隔	—	—	bit(3)	基准站使用载波平滑伪距时,所用的平滑时间长度
DF420	半周模糊度指标	—	—	bit(1)	DF420 表示是否使用的半周模糊度。0 表示没有半周模糊度;1 表示有半周模糊度
DF427	BDS 历元时刻	0~604,799,999ms	1ms	uint30	北斗历元时刻,北斗时(BDT)周秒,单位毫秒。BDT 采用国际单位制秒为基本单位连续累计,不闰秒,起始历元为 2006 年 1 月 1 日协调世界时(UTC)00 时 00 分 00 秒,采用周和周内秒计数。BDT 通过 UTC(中国科学院国家授时中心)与国际 UTC 建立联系,与 UTC 的偏差保持在 100ns 以内(模 1s)。BDT 与 UTC 之间的闰秒信息在导航电文中播报。对于同一历元,BDT 比 GPS 时相差约 14s
DF488	BDS 卫星号	1~63	—	uint6	本字段标识北斗系统的卫星号,可表示范围为 1~63
DF500	电离层数据龄期(IODI)	0~3	1	uint2	用户需要确保在提供垂直延迟给模型之前,使用的格网带的 IODI 与相关电文中的 IODI 保持一致
DF501	电离层高度	0~128,104m	104m	uint7	表示电离层高度,默认值为 350000m
DF502	球谐次数	0~15	1	uint4	最高次数为 15
DF503	球谐阶数	0~15	1	uint4	最高阶数为 15
DF504	球谐系数 C	0~2048	2^{-6}	int18	编码的时候球谐系数乘以 64
DF505	球谐系数 S	0~2048	2^{-6}	int18	编码的时候球谐系数乘以 64
DF506	网格点掩码(IGP Mask)	—	—	bit(320)	DF506 给出所观察的电离层格网点情况。每个格网点对应一个比特位,MSB 相当于 ID=1 的格网点,第二位相当于 ID=2 的格网点……,LSB 相当于 ID=320 的格网点。信息部分只传输有效格网点的数据信息,即第 n 个比特前有 m 个"1"时,该格网点的电离层信息位于第 $m+1$ 个值。如果后续数据中有 ID=n 的电离层格网点数据,则相应位(第 n 位)应置 1,否则置 0,保留位置 0。所有置 1 的位数之和为有效格网点的总数 N_t
DF507	垂直延迟改正($d\tau$)	0~63.875m	0.125m	bit(9)	表示电离层格网点的垂直延迟误差改正
DF508	误差指数(GIVEI)	0~15	—	bit(4)	用来描述格网电离层延迟改正的精度,以格网点电离层垂直延迟改正数误差指数(GIVEI)表征

续表

字段号	字段名称	取值范围	比例因子	数据类型	备注
DF532	BDS 卫星号	0~63	1	uint6	本字段标识北斗系统的卫星 ID,可表示范围为 0~63,全零表示 64 号卫星
DF548	BDS 信号及其跟踪模式	0~31	1	uint5	电文编号增加 58。用于说明 BDS 信号及其跟踪模式的标志:0 表示 B1I;1 表示 B1Q;2 表示 B1X;3 表示保留;4 表示保留;5 表示 B2I;6 表示 B2Q;7 表示 B2X;8 表示保留;9 表示保留;10 表示 B3I;11 表示 B3Q;12 表示 B3X;大于 13 的值保留
DF560	BDS 周数	0~8191	1 周	uin13	表示 BDT 周数,起始于 2006 年 1 月 1 日 UTC 0 点
DF561	BDS URAI	0~15	1	bit(4)	表示 BDS 卫星的用户距离精度(URA)指数,无单位,见 BDS – SIS – ICD – 2.1 的 5.2.4.5。BDS URA 可以按照下式计算:当 $0 \leq URAI < 6$ 时,BDS URA = 2URAI/2 + 1;当 $6 \leq URAI < 15$ 时,BDS URA = 2URAI – 2;当 URAI = 15 时,表示卫星轨道机动或者没有精度预报
DF562	BDS IDOT	$\pm 9.31 \times 10^{-10} \pi/s$	$2^{-43} \pi/s$	int14	表示 BDS 卫星轨道倾角变化率
DF563	BDS AODE	0~31	1	uint5	表示 BDS 卫星星历数据龄期,见 BDS – SIS – ICD – 2.1 的 5.2.4.11
DF564	BDS t_{oc}	0~604792s	2³s	uint17	表示 BDS 卫星钟数据参考时刻
DF565	BDS a_2	—	$2^{-66} s/s^2$	int11	表示 BDS 卫星钟钟漂改正参数,见 BDS – SIS – ICD – 2.1 的 5.2.4.10
DF566	BDS a_1	—	$2^{-50} s/s$	int22	表示 BDS 卫星钟钟速改正参数,见 BDS – SIS – ICD – 2.1 的 5.2.4.10
DF567	BDS a_0	—	$2^{-33} s$	int24	表示 BDS 卫星钟钟差改正参数,见 BDS – SIS – ICD – 2.1 的 5.2.4.10
DF568	BDS AODC	0~31	1	uint5	表示 BDS 位置钟时钟数据龄期,见 BDS – SIS – ICD – 2.1 的 5.2.4.9
DF569	BDS C_{rs}	±2048m	2^{-6}m	int18	表示 BDS 轨道半径正弦调和改正项的振幅
DF570	BDS Δn	$\pm 3.73 \times 10^{-9} \pi/s$	$2^{-43} \pi/s$	int16	表示 BDS 卫星平均运动速率与计算值之差
DF571	BDS M0	$\pm \pi$	$2^{-31} \pi$	int32	表示 BDS 卫星参考时间的平近点角

续表

字段号	字段名称	取值范围	比例因子	数据类型	备注
DF572	BDS C_{uc}	$\pm 6.10 \times 10^{-5}$ rad	2^{-31} rad	int18	表示 BDS 卫星纬度幅角的余弦调和改正项的振幅
DF573	BDS	$0 \sim 0.5$	2^{-33}	int32	表示 BDS 卫星轨道偏心率
DF574	BDS C_{us}	$\pm 6.10 \times 10^{-5}$ rad	2^{-31} rad	int18	表示 BDS 卫星纬度幅角的正弦调和改正项的振幅
DF575	BDS $(A)^{1/2}$	$0 \sim 8192 \, m^{1/2}$	$2^{-19} \, m^{1/2}$	int32	表示 BDS 卫星轨道长半轴的平方根
DF576	BDS t_{oe}	$0 \sim 604792$ s	8s	int17	表示 BDS 卫星星历数据参考时刻
DF577	BDS C_{ic}	$\pm 6.10 \times 10^{-5}$ rad	2^{-31} rad	int18	表示 BDS 卫星纬度倾角的余弦调和改正项的振幅
DF578	BDS Ω_0	$\pm \pi$	$2^{-31} \pi$	int32	表示 BDS 卫星参考时间的轨道倾角
DF579	BDS C_{is}	$\pm 6.10 \times 10^{-5}$ rad	2^{-31} rad	int18	表示 BDS 卫星纬度倾角的正弦调和改正项的振幅
DF580	BDS i_0	$\pm \pi$	$2^{-31} \pi$	int32	表示 BDS 卫星参考时刻的轨道倾角
DF581	BDS C_{rc}	± 2048 m	2^{-6} m	int18	表示 BDS 轨道半径余弦调和改正项的振幅
DF582	BDS ω	$\pm \pi$	$2^{-31} \pi$	int32	表示 BDS 卫星近地点幅角
DF583	BDS Ω 变化率	$\pm 9.54 \times 10^{-7} \pi/s$	$2^{-43} \pi/s$	int24	表示 BDS 卫星升交点赤经变化率
DF584	BDS $t_{GD}1$	± 102.3 ns	0.1ns	int10	表示 BDS 卫星 B1I 星上设备时延差,见 BDS – SIS – ICD – 2.1 的 5.2.4.8
DF585	BDS $t_{GD}2$	± 102.3 ns	0.1ns	int10	表示 BDS 卫星 B2I 星上设备时延差,见 BDS – SIS – ICD – 2.1 的 5.2.4.8
DF586	BDS 卫星健康状态	—	—	bit(1)	0 表示卫星可用;1 表示卫星不可用。见 BDS – SIS – ICD – 2.1 的 5.2.4.6
DF587	BDS 拟合间隔标志	—	1	bit(1)	0 表示曲线拟合间隔为 4h;1 表示曲线拟合间隔大于 4h
DF601	电离层高度	$0 \sim 128 \times 10^4$ m	104m	uint7	表示电离层高度,其默认值为 450000m
DF602	球谐次数	$0 \sim 15$	1	uint4	最高次数为 15
DF603	球谐阶数	$0 \sim 15$	1	uint4	最高阶数为 15
DF604	球谐系数 C	$0 \sim 2048$	$2 \sim 6$	int18	编码的时候球谐系数乘以 64
DF605	球谐系数 S	$0 \sim 2048$	$2 \sim 6$	int18	编码的时候球谐系数乘以 64

续表

字段号	字段名称	取值范围	比例因子	数据类型	备注
DF610	频段标识	0~3	1	uint2	对于 GPS 和 GLONASS,频段标识表明数据是 L1、L2 还是 L5 频段信号;对于 BDS,表明数据是 B1、B2 还是 B3 频段信号。0 表示 C/A 码或 I 路码信号,1 表示 P 码或 Q 路码信号
DF611	码类型标志	0~3	1	uint2	对于 GPS,码类型标识用于标识数据是 C/A 码数据还是 P 码数据;对于 BDS 和 GLONASS,用于标识是 I 还是 Q 路数据。0 表示 C/A 码或 I 路码信号,1 表示 P 码或 Q 路码信号
DF612	比例因子	—	—	bit(1)	比例因子是标识 PRC 和 RRC 的比例尺度,0 表示 PRC 和 RRC 的比例因子分别为 0.02m 和 0.002m;1 表示 RPC 和 RRC 的比例因子分别为 0.32m 和 0.0032m
DF613	UDRE	—	—	bit(2)	UDRE 表示用户测距误差。00 表示 UDRE≤1m;01 表示 1m < UDRE≤4m;10 表示 4m < UDRE≤8m;11 表示 UDRE >8m
DF614	$PRC(t_0)$	±655.34 或 ±10485.44	0.02m 或 0.32m	int16	$PRC(t)$ 指参考时刻 t_0 的伪距改正数(PRC),是计算的几何距离与改正后的伪距观测值差值。t 为电文头中的改进卫星历元时间
DF615	RRC	±0.254 或 ±4.064	0.002m 或 0.032m	int8	伪距变化率改正数(RRC)用于对伪距改正数预报值进行改正,当伪距改正数老化时,使用 RRC 可延长其使用龄期
DF616	$\Delta PRC(t_0)$	±655.34 或 ±10485.44	0.02m 或 0.32m	int16	ΔPRC 为伪距改正数的变化率
DF617	ΔRRC	±0.254 或 ±4.064	0.002m 或 0.032m	int8	ΔRRC 为伪距变化率改正数的变化率
DF628	BDS 标志	—	—	bit(1)	0 表示不支持 BDS 服务;1 表示支持 BDS 服务
DF629	BDS 卫星数量	0~31	1	uint5	本字段表示电文中的卫星数量,不等于基准站可见的卫星数量

续表

字段号	字段名称	取值范围	比例因子	数据类型	备注
DF641	BDS IODE	0～255	1	bit(8)	本字段表示差分改正所采用的 IODE 值。目前北斗广播星历中该 IODE 项所有卫星所有时刻保持一个常数,无法作为差分电文中 IODE 为用户提供使用。为了保证与广播星历的正确且唯一的匹配,BDS 差分改正电文采用自定义的 IODE 生成算法,(广播星历的 IODE 计算)算法如下: IODE =（TOC/720）mod 240 式中:TOC 为周内秒表示;mod 为取模操作。 GPS 则采用广播星历的 IODE 进行匹配
DF649	BDS 历元时刻 1s	0～604799s	1s	uint20	自 BDS 周开始,以秒为单位的时间

9.5 系统可靠性

数据播发系统为北斗地基增强系统核心组成,并与其他系统无直接依赖,数据播发系统可靠度为 0.99992。

建设目标为能通过移动通信播发、数字广播播发和卫星广播播发等方式稳定播发广域差分改正数,各类播发方式的可靠性由相关合作单位负责保证。从这一建设目标考虑,只有所有播发手段失效则播发系统失效,据此分析如下模块构成数据播发系统故障节点(图 9-46)。

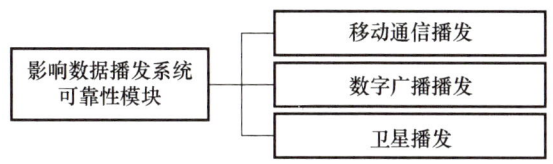

图 9-46 数据播发系统可靠性模型

数据播发系统第一阶段需达到的平均故障间隔时间为

$$\text{MTBF} = \frac{1}{\lambda_s} = 12500(\text{h}) \tag{9-7}$$

系统故障率为 8.0×10^{-5}。

系统第一阶段需达到的可靠度 $R_s = 0.99992$,由于各个模块相对独立,故可靠性数学模型为

$$R_s = 1 - \prod_{i=1}^{3}(1 - R_i) \tag{9-8}$$

式中:R_s 为数据播发系统可靠度;R_1 为移动通信播发可靠度;R_2 为数字广播播发可靠度;R_3 为卫星播发可靠度。

初步分配可靠度如下:

$$R_1 = 0.9900, R_2 = 0.9200, R_3 = 0.9000 \qquad (9-9)$$

由于各个模块相对独立,只有所有模块出现故障,整个系统才会出现故障。故各播发通道的故障率与数据播发系统的故障率没有明确的关联性,根据系统出现故障的概率 $F(t,\lambda)$ 与系统故障率 λ 服从指数分布:

$$F(t,\lambda) = \begin{cases} 1 - e^{-\lambda t} & (t \geq 0) \\ 0 & (t < 0) \end{cases} \qquad (9-10)$$

系统的可靠度指单位时间($t=1$)内无故障的概率,则可以得到系统可靠度 R 与系统故障率 λ 的数学模型为

$$\lambda_i = -\ln R_i \qquad (9-11)$$

式中:λ_1 为移动通信播发故障率;λ_2 为数字广播播发故障率;λ_3 为卫星播发故障率。

初步分配故障率如下:

$$\lambda_1 = 0.0101, \lambda_2 = 0.0834, \lambda_3 = 0.1054 \qquad (9-12)$$

由以上可知通过各个模块的可靠度既可得出各个系统的故障率,为保障整个数据播发系统达到所需可靠度,首先应保障各个模块的故障率不超过以上各模块所分配的故障率。

数据播发系统的可靠性既该系统在一个特定运行时间内有效运行的概率,上文中对该系统可靠性采用最为广泛的参数平均故障间隔时间(MTBF)来衡量,MTBF 既为失效或维护中所需要的平均时间,包括故障时间及检测和维护设备的时间。平均故障前时间(Mean Time to Failure,MTTF),定义为随机变量、出错时间等的"期望值;平均修复时间源自于 IEC 61508 中的平均维护时间(MTTR),是随机变量恢复时间的期望值。它包括确认失效发生所必需的时间、维护所需要的时间、获得配件的时间、维修团队的响应时间、记录所有任务的时间,以及将设备重新投入使用的时间等。由于 MTTR 通常远小于 MTTF,因此 MTBF 可近似等于 MTTF[1]。

参考文献

[1] 宋保维. 系统可靠性设计与分析[M]. 西安:西北工业大学出版社,2008.

[2] 北斗地基增强系统国家数据综合处理系统数据接口规范[S]. 北京:中国卫星导航系统管理办公室,2017.

[3] 北斗地基增强系统基于中国移动通信网数据播发接口规范[S]. 北京:中国卫星导航系统管理办公室,2017.

[4] 北斗地基增强系统基于中国移动多媒体广播(CMMB)播发接口规范[S]. 北京:中国卫星导航系统管理办公室,2017.

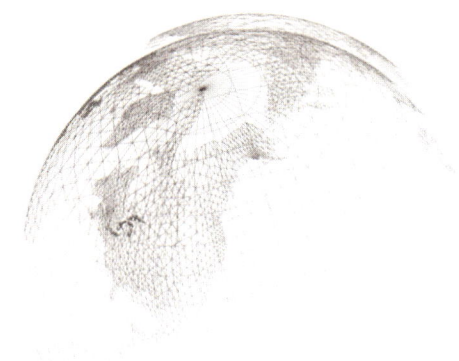

第 10 章

高精度位置服务运营平台

目前在无遮蔽条件下,四大全球导航卫星系统(美国 GPS、俄罗斯 GLONASS、欧洲 Galileo 系统和中国北斗系统(BDS))单系统均可提供定位精度在 10m 左右的定位导航服务,可基本满足一般用户的定位和导航需求,但无法满足某些高精度领域中(如航空、测绘作业、国土勘测、精准农业等)特定用户的需求。同时随着卫星导航应用领域的不断拓展与延伸,一般民众对高性能导航的需求也在不断提高,高性能定位导航服务正逐渐从专业领域扩展到大众应用。

通过开发自主可控的北斗地基增强高精度位置服务运营平台(下简称北斗高精度位置服务平台),可以适应国内、国外两大市场环境,面向不同用户应用场景,形成系列产品和多种解决方案的能力。

10.1 需求分析

10.1.1 总体要求

1. 具有先进的总体设计

北斗高精度位置服务平台是北斗地基增强系统建成国家级基础设施,为用户提供高精度位置服务的核心,是形成北斗与 GPS 竞争优势、快速抢占国内高精度应用市场、促进北斗产业的必要条件,也是北斗地基增强系统"走出去"的重要组成。因此,北斗高精度位置服务平台需要具有先进的总体设计,采用开放可扩展的弹性云计算架构,面向用户需求规划前瞻的功能、性能指标,建立良性动态可持续发展的建设模式,从而形成具有较强市场竞争能力的软件产品和发展生态。

2. 具有国家级综合服务能力

北斗高精度位置服务平台将整合实现"全国一张网",面向全国不同领域、不同用户提供原始观测数据产品、4 类 5 种多星系增强数据产品等服务。北斗高精度位置服务平台作为北斗地基增强系统的核心,应具备项目规划的 1350 个基准站及后续补充建设和改造千量级的基准站接入、管理和处理能力,应具备作为国家级高精度服务基础设施面向全国各行业、各地域的不同应用场景提供多种产品集成、多种播发方式和长连接高并发的综合服务能力。

3. 具备形成系列产品多种解决方案的能力

"丝绸之路经济带"和"21 世纪海上丝绸之路"的倡议构想,为北斗地基增强系统"服务中国、服务世界"提供了新的重要契机。北斗高精度位置服务平台需要适应国内、国外两大市场环境,面向不同用户应用场景,形成支持 BDS、GPS,可扩展至 GLONASS 和 Galileo 系统的多系统的数据接收与存储、数据分发/发布、广域增强、区域增强、系统监控运维、数据分析评估等系列产品和多种解决方案的能力。

4. 具备兼容、开放、创新的可持续发展能力

北斗高精度位置服务平台将纳入北斗地基增强系统面向用户提供服务,随着增强技术的发展、应用的不断深入和应用场景的不断增加,以及"走出去"开展国际竞争的增多,北斗高精度位置服务平台需要不断进行更新、迭代和升级改进,因此,北斗高精度位置服务平台工程化应在具备先进、开放、可扩展的架构基础上,建立可支持系统迭代演进的开放开发平台和支持开放创新的运行模式,形成北斗高精度位置服务平台可持续发展能力。

10.1.2 主要需求分解

为提供更为全面可靠的北斗高精度服务,对研发北斗高精度位置服务平台提出如下需求:

1. 基准站观测数据接入与存储需求

接入基准站数量需求:需要接入的站点包括框架网基准站(不少于 150 个)、区域加密网基准站(不少于 1200 个)、iGMAS 站点(8 个)、海外站数据以及其他行业的基准站网等,已明确接入基准站总数需求不少于 1500 个。

接入数据类型需求:包括基准站接收机采集的卫星导航原始观测数据、框架网基准站采集的气象数据、基准站运行状态的监控数据以及差分数据产品等。

数据接入与存储服务能力需求:满足连续稳定的数据接入与存储需求以及数据存储安全的需求。

2. 基准站观测数据分发需求

将接入的基准站观测数据分发/发布到 6 个行业数据处理系统(地震、测绘、国土、气象、授时、

交通),以及北斗地基增强系统数据备份系统和播发系统。

分发是将基准站观测数据主动推送至授权数据处理系统。

发布是授权数据处理系统根据自己的需求到国家数据综合处理系统自己取基准站原始观测数据。

3. 对接入数据预处理需求

需要对接入原始观测数据的质量进行分析、整理、清洗等预处理,使其成为可用度高的数据推送到数据处理软件。

4. 高精度修正数据处理需求

处理基准站观测数据,生成以下高精度修正数据产品:

1)广域精度增强的数据处理需求

(1)原始观测数据质量分析和评估;

(2)生成实时北斗二号、北斗三号的卫星轨道、钟差、电离层、卫星码偏差产品,预留扩展至 GPS、GLONASS、Galileo 系统的接口;

(3)生成后处理的卫星轨道、钟差、电离层、频间偏差等高精度数据产品;

(4)进行多系统(北斗二号、北斗三号,预留扩展至 GPS、GLONASS、Galileo 系统的接口)独立工作和融合处理。

2)区域实时差分(RTK)厘米级数据处理需求

(1)域站网基线质量分析和评估;

(2)支持北斗二号、北斗三号、GPS 和 GLONASS 的区域差分数据产品的处理功能。

3)区域后处理毫米级数据处理需求

(1)基准站综合质量评估;

(2)支持后处理毫米级的差分定位功能。

5. 位置与数据产品服务需求

(1)通过用户注册等积累客户的用户信息;

(2)提供安全认证、用户门户、计费/收费系统;

(3)提供亿级用户管理和基于大数据挖掘的个性化服务;

(4)根据数据产品使用和保密要求,提供可定制的数据产品加工服务;

(5)将生成的数据推送到其他数据存储软件进行存储。

6. 系统运行监控需求

需对北斗地基增强系统的运行状态进行监控,通过综合性监测评估实现系统故障的实时监测,为系统的故障快速恢复提供技术依据,为系统运维质量评价提供管理依据,确保系统能够长期、可靠、稳定、自主运行。

系统运行监控的指标对象包括:

(1)框架网和区域网基准站、监测站的工作状态,原始观测数据接收状态;

(2)通信网络系统的工作状态、时延、丢包率、误码率等信息;

（3）国家数据综合处理系统的工作状态、广域差分数据产品质量、处理软件运行状态；
（4）数据播发系统的工作状态、时延、丢包率、误码率等信息；
（5）信息可视化系统的工作状态；
（6）软件安全系统的工作状态；
（7）位置与数据产品服务状态。

分析报告的主要内容包括：
（1）基准站监控指标的统计分析报告；
（2）通信网络系统监控指标的统计分析报告；
（3）国家数据综合处理系统硬件监控指标的统计分析报告；
（4）国家数据综合处理系统软件监控指标的统计分析报告；
（5）数据播发系统硬件、软件监控指标的统计分析报告；
（6）软件安全监控指标的统计分析报告；
（7）位置服务监控指标的统计分析报告。

7. 系统运维需求

系统运维包括以下内容：

客户支撑管理、需求管理、工单管理、服务运营管理、服务准备、服务保障、应急保障管理、资源运营管理、运营分析。

8. 数据分析评估需求

提供对空间信号质量、接收机数据质量、基准站环境等的数据分析，支持系统性能优化及故障排查的数据分析等功能。

9. 软件安全性需求

（1）基准站原始观测数据和站点坐标的管理安全；
（2）运行服务系统的安全性需求；
（3）用户信息的管理安全。

10. 信息可视化需求

为便于国家数据综合处理系统的管理人员、操作人员正确管理、操作北斗地基增强系统和处理情况，需要将系统状态信息、生成的产品信息、用户信息等主要信息以多媒体方式进行实时可视化综合展现，能够为运维管理人员、指挥调度人员等提供直观的信息，主要包括正常问题、存在问题和故障问题向管理人员和操作人员进行提示，提高工作效率。

11. 可靠性需求

（1）在接入不少于1500个基准站原始观测数据时，系统能连续稳定工作；
（2）重要软件功能具有容错性；
（3）能够提供连续稳定的可靠服务。

12. 可用性需求

（1）界面风格、框架必须统一、风格一致；

（2）实现界面友好,功能分类,多种展现方式的可视化界面；

（3）50%的功能能够通过1次鼠标点击完成;90%的功能能够通过3次鼠标点击完成；

（4）每个界面不使用鼠标的情况下不少于25个有效信息链接；

（5）尽可能避免和减少无用的窗体边框、空行、色块过渡和空白,页面中信息量部分内容不少于整体窗口的3/4。

13. 可维护性需求

（1）软件需模块化,分解为分别命名并具备低耦合性、高聚合性、结构化的组件；

（2）需求、设计与代码之间可追溯；

（3）软件模块可以独立升级和维护；

（4）相关文档齐全、符合标准、逻辑清晰、描述准确、用词恰当、没有歧义、容易理解和定位；

（5）服务需具备在线升级与维护的能力；

（6）需要具有故障定位和快速恢复的能力。

14. 可移植性需求

（1）需统一支持Linux系统平台；

（2）需统一标准数据接口；

（3）编程语言需标准化。

15. 与其他卫星导航系统的兼容性与互操作需求

兼容与互操作是多导航卫星系统资源利用与共享的重要内容。兼容性应关注每个卫星系统的授权与公开服务信号的频谱分离,尽管某些信号重叠不可避免,但卫星导航供应商之间应进行讨论,以便构建双方可接受的方案;兼容性不仅包括无线电频率的兼容还应包括坐标系统兼容,时间系统兼容,发射功率兼容等。

互操作是指综合利用多个全球导航卫星系统、区域卫星导航系统、增强卫星导航系统及相应服务,能够在用户层面比单独使用一种服务获得更好的能力。同时处理不同卫星导航系统信号并不显著增加接收机的成本和复杂性；多卫星星座播发公用互操作信号将改善观测几何结构,改善所有地点用户的定位精度,减少卫星信号受遮挡的范围,提高卫星的可视性；坐标框架的实现及时间系统应极大限度地固联于国际现已存在的统一标准；互操作不应显著增加接收机的研发负担；多卫星系统所发射信号的最大接收功率应该相近；系统供应商应该相互播发包括坐标系统和系统时间偏差在内的互操作信息；频率多样性是可行的,而且有益于提高抗干扰能力。

10.2 平台软件研发总体目标

以行业、大众高精度应用和"走出去"的需求为牵引,充分依托北斗地基增强系统(第一阶段)

的软件成果,有效整合和利用社会优势资源,全面提升北斗高精度位置服务平台的功能、性能、可靠性、可用性、可移植性、可维护性,建成"安全可控、稳定可靠、功能完善、性能卓越、持续发展"的北斗高精度位置服务平台,形成开放的软件架构和可持续发展能力,形成"一张网"统一的服务能力,形成支撑高精度应用产业的系列产品和解决方案能力,形成北斗高精度位置服务平台的国际竞争力,实现"服务中国,服务世界"的发展目标。还将围绕国家北斗应用产业化总体地位,推动建设国家级北斗高精度服务平台,加快北斗与前沿领域的创新应用,结合智能汽车、北斗短报文、高精度服务等,推动"北斗+5G"融合发展。

着眼于把北斗高精度定位能力变成公共服务,致力于打造物联网时代的新时空基础设施,基于国家北斗地基增强系统,采用市场化运作,建设北斗高精度位置服务平台,构建北斗高精度位置服务生态圈,如图10-1所示。

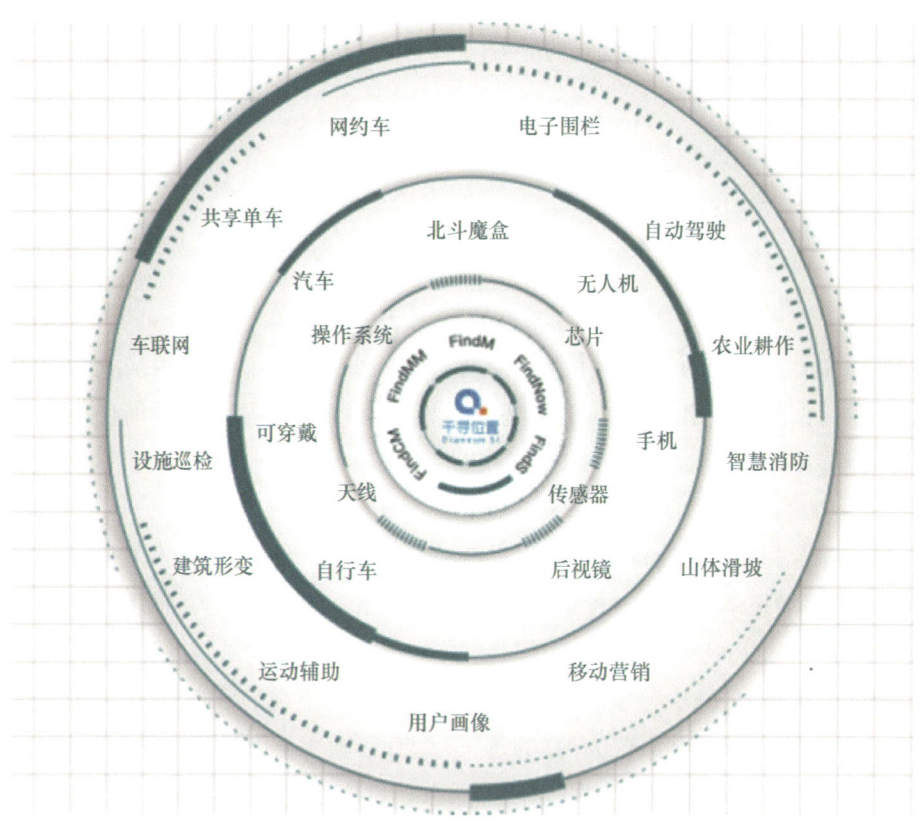

图10-1 北斗高精度位置服务生态圈示意图

北斗高精度位置服务平台是连接北斗/GNSS与互联网的重要桥梁。该平台是以"互联网+位置(北斗)"为基础,基于云计算和大数据技术,构建的空天一体高精度北斗位置开放服务系统,以满足国家、行业、大众市场对精准位置服务的需求,并致力于将北斗/GNSS高精度服务推向全球。平台突破新一代网络RTK高精度多模组合定位算法、星基增强关键技术、多模多频卫星导航组合定位算法、多传感器融合定位算法、"北斗/GNSS+人工智能"融合定位技术、AGNSS加速定位技术等多项关键技术,并相继攻克情景感知智能化判别、海量数据接入和存储、大规模分布式计算、高并发实时处理、安全服务策略及机制等一系列核心技术。形成全球领先面向 AIoT(人工智能 + 物联网)的北斗/GNSS 精准时空服务能力。北斗高精度位置服务平台正在开启 AIoT 大门,将成为 AIoT 时代新的时空基础设施。

平台开展北斗高精度增值服务商业运营,面向全国提供千寻跬步(米级)、知寸(厘米级)、见微(毫米级)、云踪、优航、A – 北斗等高精度位置服务产品,已在危房监测、铁路应用、精准农业、共享单车、自动驾驶、智能手机、物流监控等领域得到应用,推动北斗高精度服务能力向公共服务产品的转化,促进形成北斗产业自主创新生态圈。

10.3 平台软件研发总体原则

北斗导航系统建设的基本原则是开放性、自主性、兼容性、渐进性。

(1)开放性:将为用户免费提供高质量的开放服务,并且欢迎全球用户使用北斗系统。中国将与其他国家就卫星导航有关问题进行广泛深入的交流与合作,以推动 GNSS 及其相关技术和产业的发展。

(2)自主性:中国将独立自主地发展和运行 Compass 系统。北斗系统能独立为全球用户提供服务,尤其是为亚太地区提供高质量的服务。

(3)兼容性:北斗卫星导航系统使用卫星无线电导航业务频段,与其他卫星导航系统间存在频谱重叠。中国愿意在国际电联有关规则、建议的指导下通过频率协调,实现与其他系统的兼容和互操作。

(4)渐进性:北斗系统将依据中国的技术和经济发展实际,遵循循序渐进的模式建设。通过改进系统性能,确保系统建设平稳过渡,为用户提供长期连续的服务。北斗高精度位置服务平台软件研发的总体原则如下。

10.3.1 坚持自主可控

系统信息数据涉及国家安全和国计民生的重要基础设施,为确保其北斗高精度位置服务平台的自主可控,防范应对各类信息安全风险,可通过采用综合的安全防护措施,确保北斗地基增强系统的信息安全。

10.3.2 坚持服务为核心

围绕"用户至上"的核心理念,确定项目研制目标、内容及技术实现方案,构建完备的北斗高精度位置服务平台,为行业和大众用户在数据实时性、精度准确性、服务连续性、系统可检测性,以及服务安全保密性等方面带来良好体验效果。

10.3.3 坚持问题为导向

面向未来提供的服务,坚持以问题为导向,全面满足软件系统在功能、性能、可靠性、可用性、可移植性和可维护性方面的要求,构建卓越的软件系统。

10.3.4 坚持统一标准

通过标准体系的建设,提升软件系统核心价值与能力,实现软件模块化和市场化的开发,吸引国内外更多的资源与用户参与软件系统的研制,形成软件发展生态,支撑可持续发展。

10.4 平台软件研发总体思路

按照"统一系统架构、统一标准规范、统一技术平台、统一设计要求、统一过程管控"的总体思路,结合系统(第一阶段)工程实践经验,并根据北斗地基增强系统北斗高精度位置服务平台实际情况,依据软件工程方法与理论,搭建软件总体架构,系统策划标准规范,以先进开放的开发平台、基础支撑平台和测试平台为基础,深入分析软件需求,合理拆分功能模块,科学确定性能指标,严格执行软件测试,全生命周期过程管控。

北斗高精度位置服务平台构成如图10-2所示。

北斗高精度位置服务平台主要分为三大模块:基础设施模块、核心功能模块和解决方案模块。其中基础设施为全球规模最大北斗地基增强系统组成的"全球一张网",包括地基增强系统和星基增强系统,地基增强系统的基础设施主要由全国框架站、全国加密站、国内加盟站、海外站点和双链路光纤网络组成。核心功能模块具有平台接入能力最高,基站接入无上限,用户接入可支持亿级并发,主要包括数据处理、算法引擎、开发社区、产品服务、运维支撑和安全服务。其中数据处理主要包括数据装载、数据转换和数据抽取;算法引擎主要包括地基增强算法、云端高精度应用算法、完好性算法、数据质量检测算法。解决方案模块用户数最多,覆盖200多个国家和地区,在基于大数据的用户反馈系统上展开行业行用、企业应用和公众应用。

目前,高精度定位是通过北斗星基增强和地基增强网络来实现,通过差分解算消除误差,让定位尽可能精准(动态可达厘米级别),但一大难点是难实现全场景高精度的融合定位。比如,在城市立交桥、隧道、林荫路、城市峡谷、室内停车场等诸多的城市复杂场景中,因为卫星信号会受到不同程度的遮挡,可能会出现定位不准或短暂信号缺失等问题。因此,要实现更精准、更稳定的高精

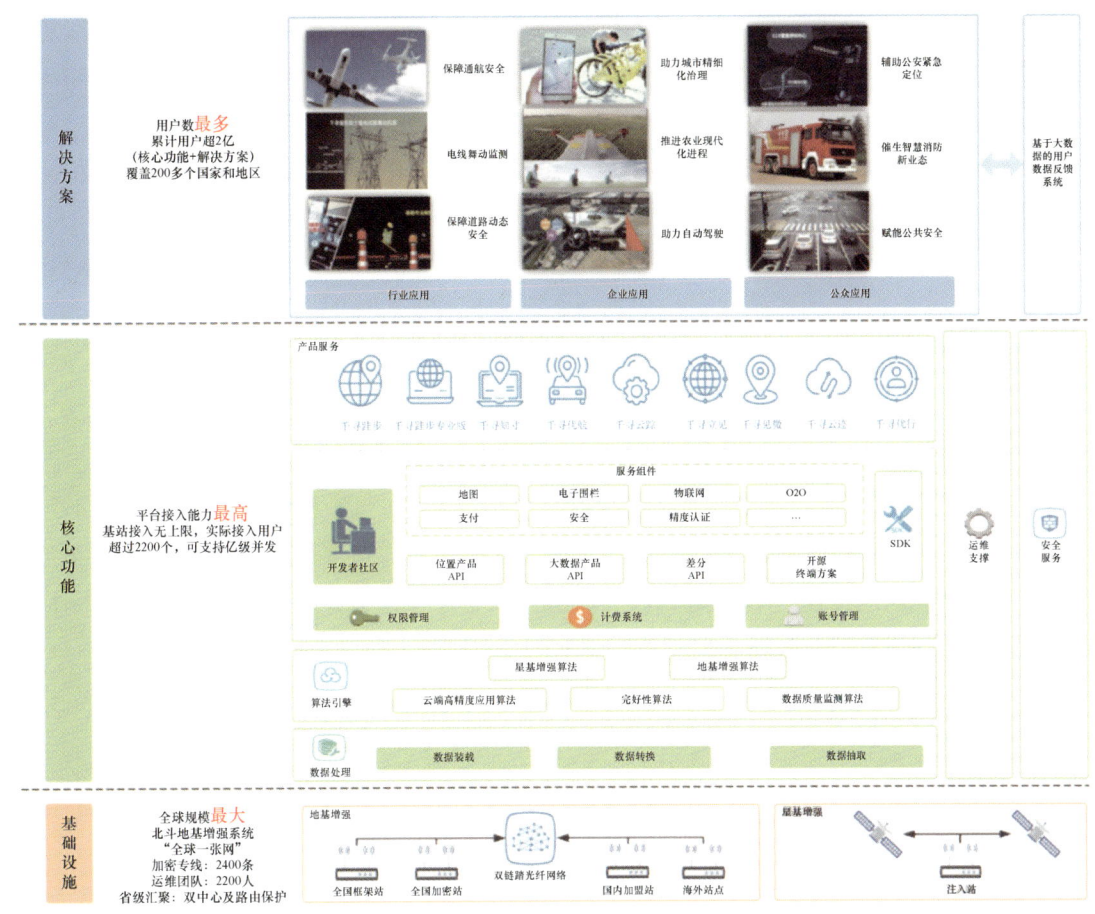

图10-2 北斗高精度位置服务平台

度定位,融合定位技术非常重要,除了使用基于卫星信号定位的技术,还需要融合双目视觉、惯性导航单元(IMU)等多种人工智能和新一代信息技术进行辅助定位,从而更好地让导航定位实现"无盲点"。

1. 精准空间+精准时间的人工智能时代呼唤统一时空坐标

要构建北斗精准时空,位置和时间信息的精准提供是首要前提。除了空间上的高精度定位外,高精度的时间校准能力也是重要一环。如果机器与机器之间的时空坐标体系不统一,后台就难以做到精准的大数据分析计算,因此打造精准时空体系非常重要。在人工智能时代,智能移动终端要实现智能化位置感知,统一精准的时空坐标体系不可或缺。

2. 室内外一体化融合定位助力实现无人驾驶

目前,北斗高精度位置服务行业是一个新兴产业,有着巨大的市场机遇。高精度融合定位技术也是目前世界前沿的学术研究热点,室内外一体化的高精度定位网络、高精度融合定位终端、高精度地图将成为最终应用高精度位置服务的重要入口。企业着力研发的融合定位技术,是一项重要的自主创新技术,因为在人工智能时代,全场景的高精度定位能力特别重要。

"日常生活场景存在众多定位的'痛点',就是因为目前离真正的全场景高精度定位还很远。

未来是人工智能的时代,要实现真正的无人机、无人驾驶汽车等人工智能终端智能化,就必须依赖全场景高精度融合定位和高精度地图,与周围环境实现智能交互感知,确保无人驾驶终端的安全稳定运行。"

以无人驾驶汽车为例,如果说无人驾驶技术相当于汽车的"大脑",高精度融合定位技术就是汽车的"眼睛"。现在多数进行场地实测的无人驾驶汽车采用的是激光雷达定位,需要在车身安装多个传感器,费用高达几十万,商业化难度比较大。而基于卫星的高精度融合定位能大大降低成本。

3. 高精度定位和高精度地图网络将完成全国覆盖

不仅是无人驾驶汽车,高精度融合定位技术未来应用的前景非常广阔,尽管从全球来看,高精度融合定位技术还未进入大规模商用阶段,但这一定是未来的大势所趋。目前一些企业已经在这些领域进行一系列研发,已研制出汽车高精度融合定位的相关产品,高精度定位网络和高精度地图届时都将完成全国范围内的覆盖,并结合自主研发的全场景高精度融合定位模组,为智能手机、物联网以及移动互联网位置应用、自动驾驶、无人机、机器人等人工智能设备提供室内外一体化的高精度厘米级空间位置信息服务。

10.5 平台软件主要功能和技术指标

10.5.1 主要功能

根据以上需求,北斗高精度位置服务平台主要功能包括:

1. 数据接收与存储

连续稳定接入与存储不少于1500个基准站观测数据。

2. 数据分发与发布

将基准站数据同步发送至国家数据处理系统和数据备份系统,将接入的基准站观测数据分发/发布至行业数据处理系统,支持高并发、长连接的实时数据分发服务和可靠的文件分发服务。

3. 数据处理

对接入数据的质量进行分析、整理、清洗等预处理,生成精密轨道、钟差和电离层等广域高精度数据产品,实现实时差分(RTK)厘米级数据处理以及后处理毫米级数据处理功能。支持北斗二号、北斗三号精度增强,预留扩展至GPS、GLONASS、Galileo系统的接口。

4. 系统监控与运维

对基准站、处理系统、播发系统、通信网络的运行状态、数据质量、服务性能等指标进行监控与分析,及时发现和处理系统运行过程中的问题,实现全系统一体化运维,保证系统稳定、可靠的运行。

10.5.2 软件主要技术指标

平台软件主要技术指标包括:
（1）能够处理不少于1500个基准站的数据;
（2）软件系统可靠度:0.999;
（3）支持主流Linux系统平台,采用XML等标准数据接口,基于Web的界面风格,采用结构化和面向对象的标准编成语言,采用总线式的系统集成框架;
（4）服务具备在线监控、升级与维护,提供故障定位和快速恢复的能力;
（5）其他细化指标参见表10－1。

10.6 平台软件总体设计

10.6.1 平台软件架构

根据软件功能和架构的不同,将北斗地基增强高精度位置服务运营平台分为数据接收分发软件子系统、数据处理软件子系统、播发软件子系统、运维监控子系统,并增加了信息可视子系统、软件安全子系统和系统应用集成子系统。其中,核心软件工程化重点新研其中的广域差分处理软件、位置与数据产品服务软件、数据分析评估软件和信息可视、软件安全、应用集成子系统,改造数据接收与存储软件、数据及产品分发/发布软件、区域差分处理软件、系统运行监控软件、系统运维软件,移植集成多星系辅助增强软件和数据播发软件。

系统能够实现行业、区域数据处理系统与国家数据综合处理系统间的数据交换,共享北斗地基增强系统软件成果,提升北斗地基增强系统"全球一张网"核心价值。

平台软件架构如图10－3所示,软件指标见表10－1。

标准编制指标:提供面向北斗高精度位置服务平台工程化相关的工程设计类标准、项目管理类标准、数据类标准和安全类标准等系列标准规范。

测试平台指标:利用实物、半实物构建硬件运行环境,结合测试工具、测试数据和测试用例,能够完成系统所有软件的测试任务。

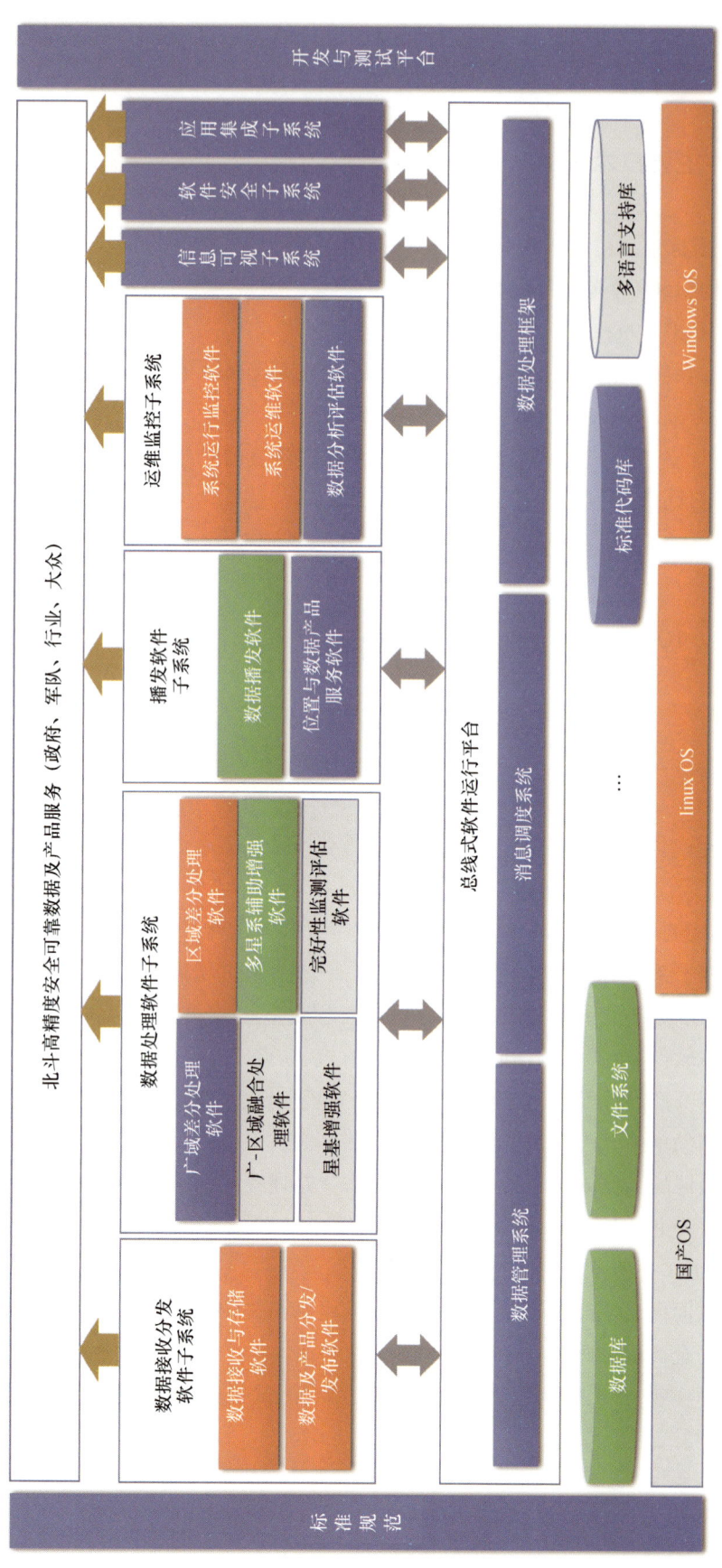

图10-3 平台架构图

表10-1 平台软件指标汇总表

软件		功能	性能	可靠性	可用性	可维护性	可移植性
数据接收分发软件子系统	数据接收与存储软件	1. 接收原始观测数据、差分数据产品、气象仪三要素数据； 2. 数据解码和预处理； 3. 数据格式标准化； 4. 数据存储	提升到支持不少于1500个基准站的数据接入，具备扩展到不少于5000个的能力	1. 在接入不少于1500个基准站时，系统能连续稳定工作； 2. 重要软件功能具有容错性； 3. 软件系统可靠度0.999	1. 界面风格、框架必须统一、风格一致； 2. 实现界面友好，功能分类，多种展现方式的可视化界面； 3. 50%的功能能够通过1次鼠标点击完成；90%的功能能够通过3次鼠标点击完成； 4. 每个界面不使用鼠标的情况下不少于25个有效信息链接； 5. 尽可能避免和减少无用的窗体边框、空行、色块过渡和空白，页面中信息量部分内容不少于整体窗口的3/4	1. 代码注释率不小于25%； 2. 实现软件模块化，分解为分别命名并具备低耦合性、高聚合性、结构化的组件； 3. 需求、设计与代码之间可追溯； 4. 软件模块可以独立升级和维护； 5. 相关标准、逻辑清晰，符合标准，描述准确，用户理解，容易维护和定位； 6. 服务具备在线升级与维护的能力； 7. 具有故障恢复定位和快速恢复的能力	1. 统一支持Linux系统平台； 2. 统一标准数据接口； 3. 编程语言标准化
数据处理软件子系统	数据及产品分发发布软件	1. 支持原始观测数据、数据产品的分发； 2. 支持原始观测数据、数据产品的发布； 3. 支持实时流、文件类型两种发布方式	支持数据流分发并发连接数不少于2万				
	广域差分处理软件	1. 支持北斗二号、GPS、GLONASS、Galileo系统的接口； 2. 原始观测数据质量分析和评估； 3. 生成实时的卫星轨道、卫星钟差、电离层、频间偏差产品； 4. 提供多系统独立工作、融合处理接口； 5. 提供后处理的卫星轨道、钟差、电离层、频间偏差产品	1. 轨道产品更新间隔不大于5min； 2. 电离层产品更新间隔不大于15s； 3. 钟差产品更新间隔不大于1s				
	区域差分处理软件	1. 支持北斗二号、GPS和GLONASS； 2. 原始观测数据质量分析和评估； 3. 生成伪距、相位综合改正数产品	软件改造后处理性能保持不变				
播发软件子系统	位置与数据产品服务软件	1. 提供用户管理和个性化服务； 2. 提供安全认证、用户门户、计费/收费； 3. 提供可定制数据产品加工服务	请求响应时间不大于500ms				

续表

软件		功能	性能	可靠性	可用性	可维护性	可移植性
运维监控子系统	系统运行监控软件	1. 基准站数据质量监控(含网络); 2. 数据产品质量监控,提供测试分析报告; 3. 基准站运行状态监控; 4. 提供观监站数据分析及系统评估; 5. 数据中心软、硬件运行状态监控; 6. 提供针对基准站、通信网络、数据处理系统、软件、播发平台、服务平台的系统运行监控	故障报警时延不大于6s	—	—	—	—
	系统运维软件	1. 软件本地和远程安装、配置、迁移、运行控制; 2. 提供系统资源管理功能,包括服务器管理、网络管理、存储管理、日志管理等; 3. 提供应用配置管理功能,包括软件版本、实例管理; 4. 提供自动化管理功能,包括日常巡检及报告、细粒度的故障处理、策略管理等; 5. 提供数据流监控功能; 6. 提供告警功能,包括事件管理、综合分析、短信微信网关等; 7. 提供针对基准站、通信网络、数据处理系统、软件、播发平台、服务平台的系统运维	操作响应时间不大于2s	—	—	—	—
	数据分析评估软件	1. 对空间信号质量、接收机数据质量、基准站环境等进行数据分析; 2. 提供支持系统性能优化及故障排查的数据分析工具	支持GB级别数据分析能力	—	—	—	—

续表

	功能	性能	可靠性	可用性	可维护性	可移植性
软件 信息可视子系统	1. 北斗二号、北斗三号卫星信号的状态; 2. 数据产品质量展示; 3. 基准站、观测站分布及工作状态; 4. 数据接收、处理、分发与播发状态; 5. 国家数据处理系统监控和运维状态; 6. 行业/区域数据服务状态; 7. 系统安全态势展示; 8. 门户展现,包括位置服务范围、质量和用户状态	可视化组件的平均响应时间小于2s,否则应在界面中给予明确的等待提示	—	—	—	—
软件安全子系统	1. 数据库应急切换; 2. 信息服务防护; 3. 认证与权限管理; 4. 综合安全审计	1. 用户登录与身份识别时间不大于3s; 2. 审计日志检索时间不大于10s				
应用集成子系统	基于服务总线和数据交换平台,实现面向服务的系统集成	集成后数据产品生成总时长不大于1.5s				

10.6.2 平台软件技术架构

根据软件对可用性、可靠性、可移植性、可维护性高要求的特点,拟采用基于面向高可用服务的分布式技术架构。

目前传统的面向服务架构大都是一种紧耦合架构,即服务与企业的数据库、操作系统、服务器绑在一起,紧耦合方式的服务架构缺乏与其他系统的互操作性,难以在技术上保持中立性和兼容性。分布式服务架构是建立一个中间的软件运行平台,高度灵活且基于标准环境,从而能够更好地应对不断变化的技术和业务环境。分布式服务架构以服务接口和服务实现的方式呈现,能够更好地满足本系统的上述各项要求。

由于种类众多且面向不同的用户,系统中的各个软件采用 B/S(浏览器/服务器)架构和 C/S(客户端/服务器)架构的混合架构。

大众用户和行业用户使用的软件采用 B/S 架构,跨平台开源 J2EE 技术框架。采用浏览器可以做到客户端维护零成本,对于连接多个应用系统,实现管理的方便性。使用浏览器作为客户端,能方便地在内部信息网上获取信息,面向广大用户提供服务,大幅保障各个应用系统的开放性。浏览器不能直接访问数据库,增强了系统的安全性。

数据系统内部使用的软件采用 C/S 架构,跨平台开源 QT 技术框架,提高系统运行和数据存储效率,方便操作/管理者使用和实时了解系统运行情况。数据系统使用软件对网络负载、操作方便性以及相应速度有很高的要求,而 C/S 架构相对于 B/S 架构,在这些方面有着明显的优势。

在软件中间件方面,采用服务总线+数据交换平台架构,通过对各类北斗高精度位置服务平台软件进行功能分析,将各软件能够对外提供功能服务的模块提炼、抽象、封装为服务和接口并进行统一的数据交换。

在基础软件方面,采用开源 MySQL 分布式数据库和 Linux 操作系统搭建高兼容性和高可靠性的软件支撑环境,并对软硬件运行状态进行运行持续监控和运维。

在应用服务器方面,采用服务器集群处理、缓存处理、异步处理、冗余架构和负载均衡等技术支撑高可用的应用服务。通过同时配置多台服务器组成集群有效提升数据播发平台的响应速度;采用数据缓存减轻对服务器存储资源的占用,有效缓解数据库访问次数;采用多线程消息队列或分布式消息队列等异步处理机制,将用户并发访问与后台服务器的数据处理相分离,避免服务请求失败;采用双活模式提升硬件使用效率,通过前端负载均衡处理办法,使两个互为备份的服务器集群同时为用户服务,提升系统服务质量;将工作任务进行平衡、分摊到多个操作系统单元上进行执行,单个重负载的运算分担到多台节点设备上进行并行处理,大量的并发访问或者数据流量分担到多台设备上进行分别处理,减少用户响应的时间,有效解决数据流量过大、网络负荷过重的问题,避免服务器单点故障造成服务中断。

平台软件技术架构如图 10-4 所示。

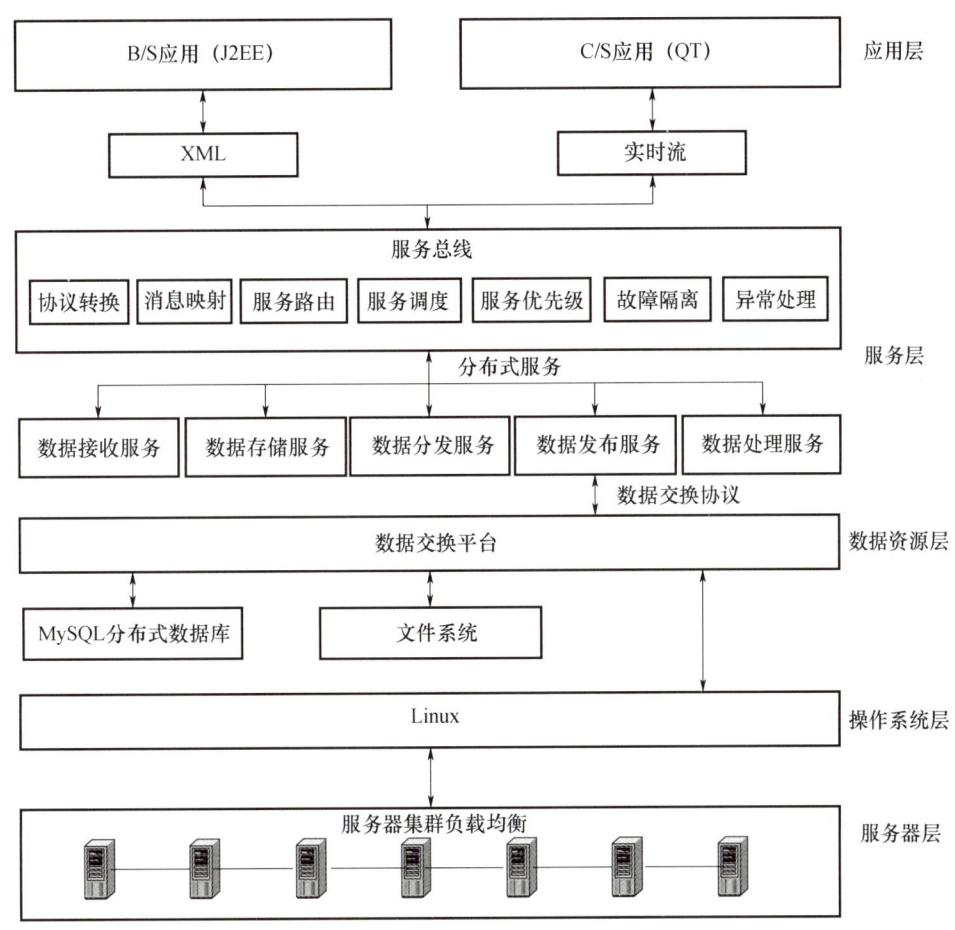

图 10-4 平台软件技术架构

10.7 软件设计方案

10.7.1 软件系统组成结构

北斗地基增强系统软件系统包含7个子系统,如图10-5所示,数据接收分发软件子系统包含数据接收与存储软件和数据及产品分发/发布软件;数据处理软件子系统包含广域差分处理软件、区域差分处理软件软件等;播发软件子系统包含位置与数据产品服务软件等;运维监控子系统包含运行监控软件、系统运维软件和数据分析评估软件等;此外,还有信息可视子系统、平台软件安全子系统和平台应用集成子系统。

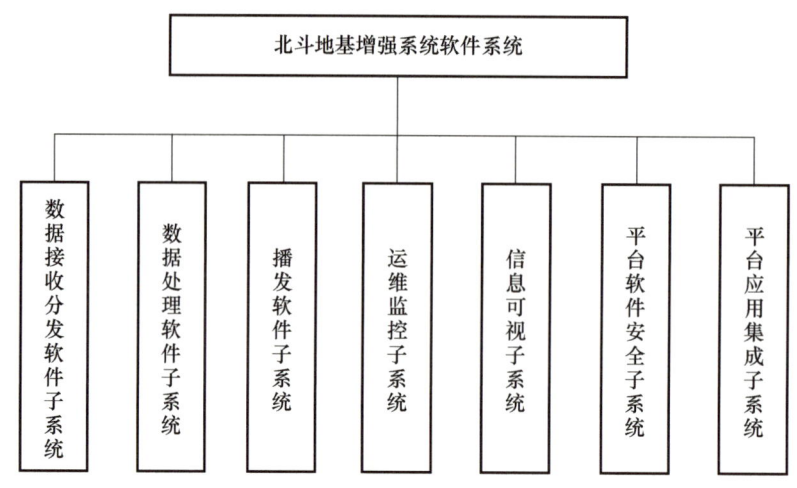

图 10-5 软件系统组成结构

1. 数据接收分发软件子系统

1）数据接收与存储软件

接收基准站采集的原始观测数据,并通过专线分发到其他相关系统,连接各个基准站的接收机,对二进制的观测数据进行实时解码、格式转换、数据转发。

形成标准格式的数据存储、管理;计算基准站接收机钟差、钟漂、各类 DOP 值、单点定位/速度等参数显示;基准站实时观测卫星状态显示(方位角、高度角、载噪比、数据传输时延等);基站接收机周跳探测、修复的预处理措施;多路径 MP 值及误差值、单站电离层误差的计算及图表显示;观测卫星的 URA、HEALTH、IODE 等状态显示。

2）数据及产品分发/发布软件

接收数据处理软件子系统产生的差分数据产品,并发布到数据播发平台、服务运营平台等。数据分流负责将原始观测数据和差分数据产品进行对外发布,可提供 FTP 文件下载、TCP Server、Web Server 等多种方式,如图 10-6 所示。

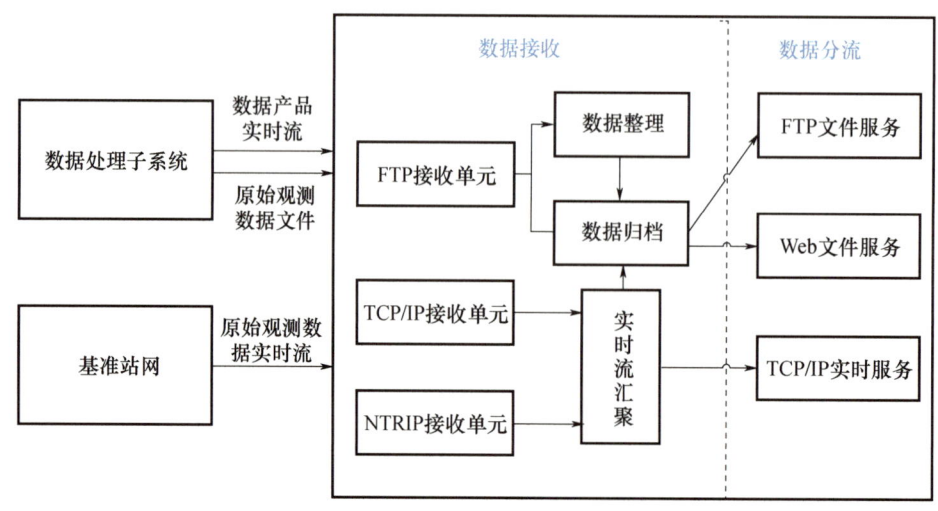

图 10-6 数据接收与分流

2. 数据处理软件子系统

1) 广域差分处理软件。

(1) GNSS 广域实时轨道改正产品生成。

多星系实时轨道处理采用非差无电离层组合观测值及其数学模型,处理获得健康卫星的实时三维位置信息。支持北斗二号、北斗三号,预留扩展至 GPS、GLONASS、Galileo 系统的接口。多星系实时轨道处理流程如图 10-7 所示。

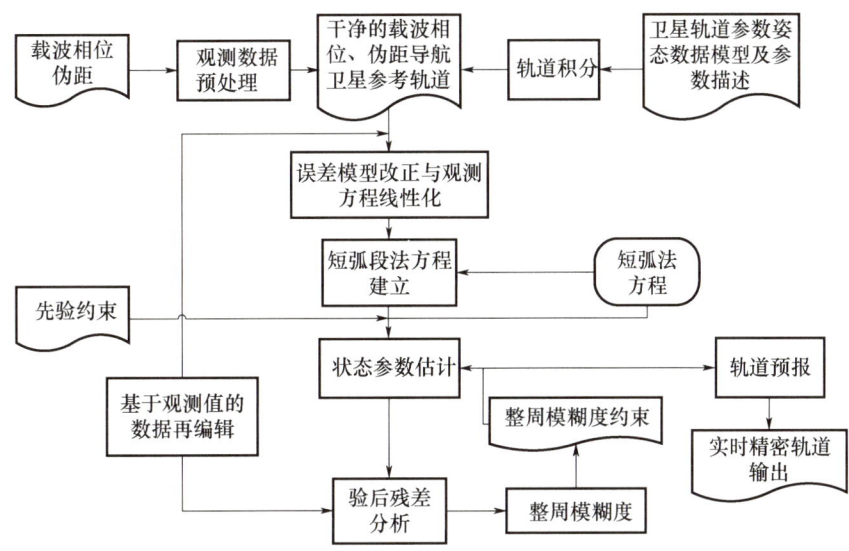

图 10-7　多星系实时轨道处理流程

(2) GNSS 广域实时钟差改正产品生成。

实时钟差处理采用非差无电离层组合观测值及其数学模型,获得健康卫星的实时卫星钟差,与轨道处理采用两个独立的计算模块完成。支持北斗二号、北斗三号,预留扩展至 GPS、GLONASS、Galileo 系统的接口。实时卫星钟差处理采用实时滤波方式进行 1s 更新的处理,获取每个观测历元的卫星钟差,处理耗时小于 1s。处理流程如图 10-8 所示。

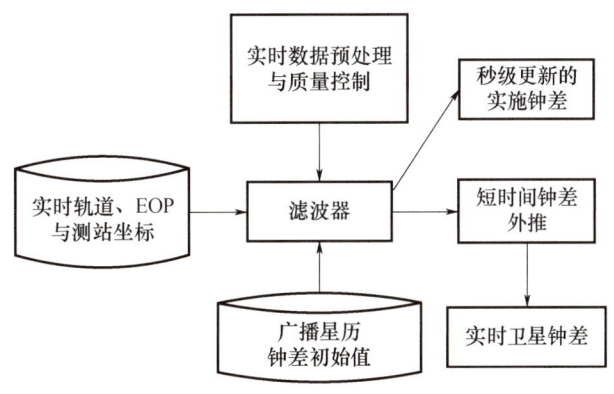

图 10-8　实时钟差处理流程

2）区域差分处理软件

包括数据预处理、区域误差模型建立、产品质量完好性监测等几个部分。区域实时处理对 GNSS 数据同时进行处理,分别生成 GNSS 的区域厘米级网络 RTK 的产品,根据用户的需要单独或者同时播发。

（1）卫星轨道。卫星轨道表示所有卫星的星历信息（精密星历和广播星历）。精密星历部分包括从网上下载当前最新的星历,然后拟合成本软件需要格式的轨道数据。广播星历是从接收机中接收到的星历信息解码得到的各种轨道参数。

（2）连接各个基准站的接收机,对二进制的观测数据进行实时解码、格式转换、数据转发,形成标准格式的数据存储、管理。

（3）用户实时数据产品。实时数据产品管理（新建、编辑、查看、删除）。

3. 播发软件子系统

播发软件子系统即位置与数据产品服务软件。通过播发软件子系统形成不同行业、不同终端的平台逐级管理模式,扩展平台间信息交换范围,提供可定制数据产品加工服务;实现管理上的消息联动机制,如数据质量监控、使用业务查询等,实现平台与用户之间更深层次的数据交换与共享;提供连续的、可靠的、安全的服务,主要包括如下功能模块：

（1）账户管理：用户可以在平台上注册、认证,并对用户的基本资料进行管理。

（2）服务管理：用户可以在服务管理中实时查看所有服务的使用情况。如果系统默认的服务配额不能满足业务迅速增长的需要,开发者可以向平台申请提升服务配额。

（3）支持中心：提供平台简介和平台使用说明,介绍平台提供的服务和开发流程。

（4）SDK 支持：提供 SDK 下载、版本更新支持。

（5）社区互动：开发者互动的社区,方便互相交流分享各自的开发经验,官方也提供相应的板块来解决开发者遇到的各种疑问。

4. 运维监控子系统

1）系统运行监控软件

系统运行监控软件主要包括以下功能：

（1）基准站运行监控。

基准站监控系统由接收机和接收天线监控系统、防火墙监控系统、一体化机柜监控系统以及监测站监控系统等组成。主要负责基准站设备运行状态的实时监测与远程管理,确保其连续稳定运行,通过远程自动控制功能最大程度上提高系统自主运行与故障的快速恢复能力,确保基准站运行的高连续性和高可靠性。

① 接收机和接收天线监控：对基准站接收机和卫星接收实时监控其业务运行状态,包括跟踪卫星数、数据采样和传输时延等内容;通过向基准站接收机发出监控指令,了解接收机和卫星接收天线的设备运行状态。

② 防火墙监控：为了实现对北斗地基增强系统中的防火墙设备进行统一管理、策略集中配置、日志和流量及时分析,使用防火墙监控系统对北斗地基增强系统中的防火墙设备和 IPS 进行统一管理,实现对整个网络的安全监控和管理。

③ 一体化机柜监控：一体化机柜监控系统完成机柜内环境、设备运行信息的采集、管理、分析和告警，包括柜内微环境监控、UPS配电系统监控、风扇控制系统监控。

④ 监测站监控：连续接收不到差分数据的时候，超过一定时间进行报警；在一定时间段内，接收不到差分数据产品的时间达到一定比例时进行报警；打时间戳传回服务器后与卫星时间对比，设定限制，超过限值进行数据延迟报警；当使用差分数据产品造成误差大偏差的时候，进行差分数据产品精度报警。

（2）通信网络监控。

通过对全网网络设备的运行状态、网络流量及用户访问量等信息的监视，实现整网信息链路的监控，以便实现网络安全防护和网络故障排除，保障系统服务稳定可靠。

（3）数据处理软件子系统监控。

对数据处理软件子系统的运行状态进行监控，主要包括监控其提供的差分数据产品、业务运行状态内容，实现对数据处理软件子系统实时监测的目的。

（4）数据播发软件子系统监控。

对数据播发软件子系统的运行状态进行监控，主要包括对播发处理软件3种播发手段的播发状态、移动通信播发软件的终端接收数、系统自检等实时监测，实现全面监控和评估数据播发软件子系统的业务状态。

（5）硬件环境监控。

基础支撑平台监控系统主要针对云平台、计算集群、计算服务器、虚拟机、网络、存储等运行状态进行监控。

主要有对于计算集群/服务器/虚拟机的CPU利用率、内存利用率、网络流入/流出、磁盘I/O、告警，物理机的电源、风扇，交换机的流量，存储设备总容量、可用容量、剩余流量、挂载数据、告警统计进行监控。

告警管理在物理资源与虚拟资源出现故障时，及时通知管理员。系统设计时，考虑到部件故障时的系统自动处理，确保故障不影响系统正常运行和业务正常使用，降低故障危害。系统支持对物理设备、虚拟化设备和虚拟机的故障检测，如服务器的磁盘阵列（Redundant Arrays of Independent Drives，RAID）、配件检测、交换机、存储设备的检测。虚拟机高可用性（High Available，HA）、虚拟机快照、虚拟机迁移、存储迁移的故障检测。

故障检测后进行分级上报，分为紧急、重要、次要和提示4种告警级别，标识不同严重程度的告警。

告警的声光显示：云管理可通过不同的声音、颜色标识不同级别的告警，呈现给维护人员。管理员可管理电子邮件和短信通知告警功能：告警产生和恢复时，系统会自动给运维人员发电子邮件和短信，及时告知。通过订阅重要的告警，实现在无人值守的环境下，仍能实时掌握全网节点的运行状态。

云管理平台的日志管理记录管理员的操作日志、系统的运行日志、业务和系统异常故障的黑匣子日志，日志不允许删除，便于后续审计。

（6）机房环境监控。

机房基础设施监控系统主要监控内容包括低压配电设备、高压直流变频设备、高压直流配电设备、高压直流蓄电池组、柴油发电机、UPS输入柜、UPS不间断电源、UPS输出柜、精密空调、温湿度监测、UPS蓄电池等,实现连续稳定的全面集中监控和管理,及时发现动力设备隐患和故障,以及环境风险,保障机房基础设施的稳定运行。

机房基础设施监控系统主要功能包括实时监测机房动力设备、环境、安防和消防数据,实时监测设备、环境、安防和消防,提供年、月、日、时间段内运行记录和统计数据,系统软硬件设计采用模块化可扩充结构及标准化模块接口,便于系统适应不同规模和功能要求的监控系统。

2)系统运维软件

系统运维软件主要包括以下功能:

(1)客户支撑管理。客户支撑管理涉及需求管理、工单管理、客户保障管理方面,其中客户保障管理又可细分为客户响应管理、客户故障管理、SLA管理3个层次。

(2)需求管理。需求管理是对来自客户提出的需求的响应流程和办法的服务模块。

(3)工单管理。工单管理满足用户需求而发起的资源开通或变更实施过程,若涉及对资源的管理,部分工单会涉及变更流程,同时故障处理将不会走工单流程,面向对象为内部员工。

(4)服务运营管理。服务运营管理按照服务提供流程可分为服务准备、服务开通管理、服务保障3个方面。其中,服务保障又可细分为服务问题管理、服务保障管理、应急保障管理3个层次。

(5)服务准备。服务准备是指在需求获取、分析后,需求解决方案的筹划过程,评估服务所需资源、服务开通时间、风险识别与应对方案制定,以及团队组建、任务分解、项目计划。

(6)服务保障。服务保障可细分为服务问题管理、服务保障管理、应急保障管理3个层次。其中,服务问题管理又分为3类:产品技术问题、客户报障投诉和服务请求与咨询。

(7)应急保障管理。应急保障管理贯穿于业务系统的全生命周期中,通过风险防范、应急响应、应急保障以确保业务支撑系统能够满足业务发展战略对业务连续性要求的管理。

(8)资源运营管理。资源运营管理包括对支持系统业务的所有物理资源和逻辑资源的管理,包含资源管理分类、资源变更、备件管理、资源提供、资源保障5个方面。

(9)运营分析。按照对象划分,运营分析包含3类:客户类分析、服务类分析、资源类分析。

① 客户类分析:客户导向,建立信息分析平台(客户资料、业务资料、账务资料、客户行为、客户关系等核心数据)。

② 服务类分析:业务导向,建立服务SLA评价(综合服务部署、服务开通、服务保障、服务计费功能)。

③ 资源类分析:成本导向,建立资源分析评价系统(站点、带宽、流量、服务器主机、存储、计算能力)。

运维分层体系建设包含运维分层模型、运维组织架构、系统技术指标、安全服务管理。

3)数据分析评估软件

对空间信号质量、接收机数据质量、基准站环境等进行数据分析;提供支持系统性能优化及故障排查的数据分析工具。

5. 信息可视子系统

信息可视子系统主要功能是通过工程化的方式统一设计和实现系统全局信息和各个子系统的信息可视化。

1）系统全局信息可视化

根据北斗地基增强系统具有信息量大和实时交互的特点，采用大屏幕显示系统集中展示和分布式控制方式展示全局工作状态。在技术性能和操作使用方面，密切结合北斗地基增强系统业务特点，为各类应用提供一个智能化控制的交互平台。同时，大屏幕系统的多屏图像处理能力，能够满足画面的整屏显示或分屏显示，任意组合缩放自如，同时清晰地显示北斗地基增强系统各项工作的状态。

大屏幕显示系统所需显示的内容包括：

（1）北斗二号、北斗三号卫星信号的状态；

（2）数据产品质量展示；

（3）基准站等分布及工作状态；

（4）数据接收、处理、分发与播发状态；

（5）国家数据综合处理系统监控和运维状态；

（6）行业/区域数据服务状态；

（7）系统安全态势展示；

（8）门户展现，包括位置服务范围、质量和用户状态。

大屏中各内容具体的显示分布如图 10 - 9 所示，效果示意图如图 10 - 10 所示。

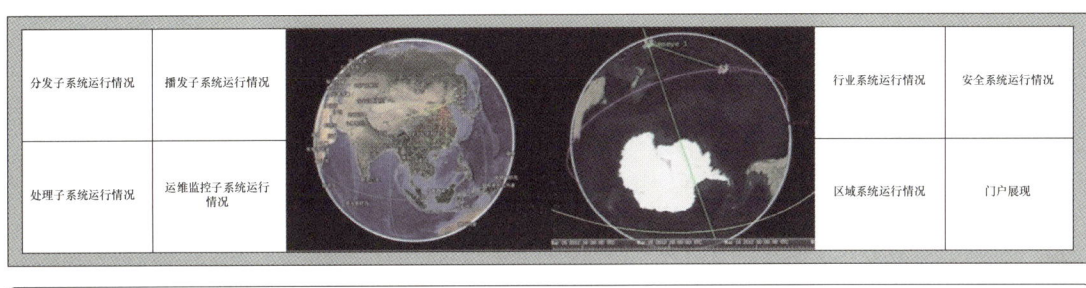
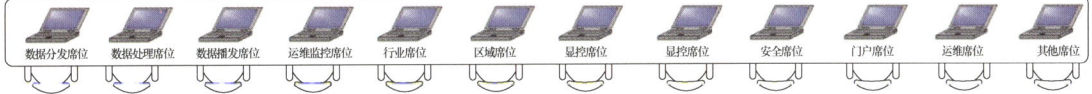

图 10 - 9　北斗地基增强系统全局信息大屏显示布局图

图 10 - 10　北斗地基增强系统全局信息大屏效果示意图

在大屏幕显示外,还需要设置各个子系统的席位,使专业技术人员能够分别专门处理本系统内的业务。各席位用户操作时,不影响大屏幕中的显示内容,如有需要进行投放的内容,可以通过大屏控制软件进行申请并投放显示。

无论哪种类型的大屏幕显示系统,都需要通过大屏控制软件对所有显示信号和显示模式进行各种灵活控制。可以进行单屏显示、跨屏显示、分区显示和整屏显示,支持多用户操作和管理;可以在大屏幕任意位置显示经过处理器的各种输入信号,包括视频信号、RGB 信号和网络信号,并且可以进行无级缩放和窗口叠加操作;也可以根据用户的需要设定不同的显示区域,并在显示区域内指定显示各种信号;同时可以在大屏幕虚拟显示界面中预览和同步显示输入到大屏幕系统的各种信号画面。通过控制软件,可以预先设定多组显示模式和显示预案,随时提供调用。管理控制软件可以统一管理包括各种信号源、矩阵、摄像机云台及镜头控制器等外围设备,所有的操作都可以通过管理控制软件以人性化的图形界面进行统一控制,以实现大屏幕系统操作和控制的集中化管理。

2)数据接收分发子系统信息可视化

数据接收分发子系统应有较好的人机前端界面且具有统一界面风格,使系统具有统一、美观、人性化的界面,增强系统的易用性和友好性。

界面需求方面可归纳为以下几点:

(1)基准站接收机钟差、钟漂、各类 DOP 值、单点定位/速度等参数显示;

(2)基准站实时观测卫星状态显示(方位角、高度角、载噪比、数据传输时延等);

(3)多路径 MP 值及误差值、单站电离层误差的计算及图表显示;

(4)观测卫星的 URA、HEALTH、IODE 等状态显示;

(5)用户连接信息显示,包括定位方式、用户位置、IP、端口、用户名、挂载点名称。

3)数据处理软件子系统信息可视化

数据处理软件子系统信息可视化主要是以可视化的方式显示数据预处理结果、数据处理的状态等信息。

4)播发软件子系统信息可视化

遵循"简洁、明了、易用、一致"的原则,设计开发友好的软件监控及操作交互界面,软件内部状态信息以雷达图、柱状图的形式可视化呈现,使得操作员可以根据窗口提示直接使用;提供系统参数配置、运行状态显示、启动/停止某台服务器、用户信息查询等功能,各功能项尽可能覆盖较大的范围,无需修改源代码即可实现软件不同的功能;各功能之间条块明细,方便操作人员对软件、数据库进行管理和维护,提高平台软件的可操作性。

参照主流门户网站布局,结合播发服务特点,设计播发平台门户网站,提供系统简介、新闻速递、用户注册、用户管理等功能,通过用户与门户网站间的数据交互,实现用户信息在数据库的录入、修改等操作。

平台软件在设计时充分考虑未来在其他项目的部署应用情况,将软件分为基础通用模块和播发专用模块两大部分。基础通用模块实现的功能与具体应用无关,如线程池模块、内存队列模块等;播发专用模块构建于基础通用模块,围绕具体的播发业务特点进行设计,如播发策略模块、产品存储模块等。

5）运维监控子系统信息可视化

目前系统只支持以命令行的形式对系统的基本功能进行监测，通过扩展可视化系统运行监控的功能，以实现对差分数据产品的连续性和可用性进行可视化监测，对各基准站设备状态进行监控管理、基准站设备远程管理、网络安全管理，系统数据流向的监控，网络故障的诊断与恢复，日常信息管理、用户管理、日志管理等。

主要功能包括：基准站数据质量监控（含网络）、广域差分数据产品质量监控、基准站运行状态监控和数据中心软硬件运行状态监控。

6）软件安全子系统信息可视化

软件安全子系统信息可视化是以多种图表形式直观可视展现应用系统的入侵安全事件、漏洞分布情况、重要告警信息等，对应用系统各安全配置项进行集中统一的可视化配置，全局实时呈现应用系统当前的安全状况及未来的安全趋势。

7）行业/区域数据服务状态可视化

行业/区域数据处理信息可视化是以可视化的方式显示行业/区域数据的接入和输出情况以及服务状态。

8）门户展示

为了给用户提供更加优秀的服务，需要在系统现有功能的基础上，增强用户门户的功能，以实现对用户全方位的服务，持续改善系统在用户端的可用性。用户门户是开放平台针对用户的 Web 站点，在服务门户网站，用户注册、认证后，便可使用平台提供的服务。服务门户是服务于为用户提供开发过程中所需要的各种资源。用户门户主要包括用户账户管理、用户个性化定制、运维与技术支持中心和收费与结算平台的功能。主要完善如下功能模块。

（1）账户管理：用户可以在平台上注册、认证，并对用户的基本资料进行管理。

（2）服务管理：用户可以在服务管理中实时查看所有服务的使用情况。如果系统默认的服务配额不能满足业务迅速增长的需要，开发者可以向平台申请提升服务配额。

（3）支持中心：提供平台简介和平台使用说明，介绍平台提供的服务和开发流程。

（4）SDK 支持：提供 SDK 下载、版本更新支持。

（5）社区互动：开发者互动的社区，方便互相交流分享各自的开发经验，官方也提供相应的板块来解决开发者遇到的各种疑问。

（6）官方发布：定期提供官方及产业消息，发布技术白皮书、用户手册等。

9）系统运维信息可视化

系统运维信息可视化所需实现的功能包括：可视化客户支撑管理、需求管理、工单管理、服务运营管理、服务准备、服务保障、应急保障管理、资源运营管理和运营分析。

6. 平台软件安全子系统

平台软件安全子系统主要功能如下所述：

1）数据库安全防护

（1）支持对数据库状态、连接状况、安全策略配置、补丁信息等数据库重要信息进行实时检测；

(2) 支持对 SQL 注入、缓冲区溢出、权限提升等数据库攻击行为进行检测、告警;

(3) 对重要数据库进行备份,实现重要数据同步存储;

(4) 对重要数据库进行同步,当数据库故障时进行应急切换,保障业务连续性;

(5) 需制定数据库备份恢复策略,应从数据库级别、数据库最大允许中断时间、数据更新速度、数据最大丢失度等方面综合考虑数据备份措施,备份措施应满足系统的应用需求;

(6) 针对关键数据库服务器,必须采取备份和恢复措施;

(7) 关键业务数据库备份措施必须经过测试以验证备份正确、可用,且应有测试相关记录,记录中应包含测试时间、测试人员、测试对象、测试过程、测试结果等相关信息。

2) 信息服务防护

(1) 提供基于数字证书的用户身份认证功能。

(2) 支持对管理员操作、用户访问行为的日志记录。

(3) 提供应用层数据包安全检测及过滤功能,包括 Web 攻击检测、拒绝服务攻击检测、服务平台攻击检测等。

① Web 攻击检测:支持 Web 应用数据包安全检测和过滤,包括 HTTP 协议过滤、SQL 注入攻击防御、跨站脚本(XSS)、跨站请求伪造(CSRF)、XML 恶意代码等。

② 拒绝服务攻击检测:能够抑制应用层 DDoS、XDoS 攻击。

③ 服务平台攻击检测:能够对 IIS、Apache/Tomcat 等通用服务平台的远程攻击进行检测过滤。

(4) 权限管理。

① 应根据最小权限原则制定授权和访问控制策略,并依据策略控制数据库用户对数据资源的访问。

② 数据库用户分设三级:第一级为数据库管理员,负责数据库系统的安装、管理、优化、备份、恢复;第二级为应用系统数据库管理员,负责管理单个应用的数据库,对被授权的数据库拥有完全的管理权;第三级为普通用户,拥有连接数据库的权利及其他被授予的权限。数据库用户的授权采用最小授权原则,即用户的权限为该用户所需要完成的工作的最小数据库权限集合。禁止授予非数据库管理员用户数据库系统管理权限。存在用户授权过大情形的应用系统数据库应对该应用系统进行改造。

③ 应使用角色机制来管理对象的权限。

④ 应实现特权用户的权限分离,尽量将系统管理、审计管理和业务数据库管理员的权限进行分离。

⑤ 应严格限制默认账户的访问权限,重新命名系统默认账户,修改这些账户的默认口令。

⑥ 应及时删除多余的、过期的账户,避免存在共享账户。

⑦ 应用系统三员权限应满足以下要求:

a. 应用系统系统管理员:负责应用系统自身的系统管理工作,即登录到应用系统内部进行系统管理工作,例如应用系统用户注册、应用系统内部配置等工作,负责每月填写所负责应用系统审计报告相关部分。

b. 应用系统安全保密管理员:负责应用系统的日常安全保密管理工作,具体职责包括应用系统内部的用户权限分配及调整、应用系统用户操作日志审计等内容,负责每月向涉密信息系统安全保密管理员报送涉密应用系统审计报告。

c. 应用系统安全审计员:负责对所在应用系统系统管理员、安全保密管理员的操作行为进行审计跟踪分析和监督检查,以及时发现违规行为,并每月填写所负责应用系统审计报告相关部分(系统管理员、安全保密管理员操作审计情况),发生违规事件时向安全保密管理机构汇报相关情况。

⑧ 综合安全审计。

a. 应确保日志和审计机制的开启,并保证审计范围覆盖到服务器和重要用户终端上的每个用户;

b. 记录内容应包括重要用户行为、系统资源异常使用、重要系统命令的使用等重要安全相关事件;

c. 记录应包括事件的日期、时间、类型、用户名、被操作的数据库客体(表、字段和记录等)和操作结果等;

d. 支持对数据库操作主体进行审计分析,审计记录内容应包括客户端IP、MAC、源端口、客户端工具名、数据库登录账号等;

e. 支持对数据库操作行为进行审计分析,审计记录内容应包括操作类型、操作对象、操作执行结果等;

f. 能够根据记录数据进行分析和生成审计报表;

g. 防范日志和审计进程被未授权关闭;

h. 防范审计记录遭到未预期的删除、修改或覆盖;

i. 应用系统审计范围包括应用系统的启动和关闭、审计功能的启动和关闭,以及其他与系统安全有关的事件或专门定义的可审计事件;

j. 应用系统审计记录的行为中只说明操作人的操作行为,如登录系统、读取文件等,不包括具体的内容,如文件内容、登录口令等;

k. 应用系统审计记录产生的时间由系统范围内唯一确定的时钟产生,确保审计记录时间上的逻辑性,保证审计分析的正确性;

l. 审计日志至少保存3个月。

7. 平台应用集成子系统

平台应用集成子系统框架如图10-11所示,使用服务总线+数据交换平台架构,通过对各类北斗高精度位置服务平台软件进行功能分析,将各软件能够对外提供功能服务的模块提炼、抽象、封装为服务和接口。根据北斗地基增强系统特点,将集成应用平台分为应用层、服务层和数据资源层。

(1)应用层:包括用户门户和终端应用,对外和对内都能提供服务。

(2)服务层:利用开放的标准和协议将进入集成平台的服务进行封装,屏蔽资源的异构性,以统一的调用结构为应用层提供服务。

(3)数据资源层:包括基准站、监测站、行业/区域/备份数据系统数据及数据库和文件系统,用于支撑整个系统正常运作的各种数据资源。服务层和数据资源层中间使用数据交换平台进行

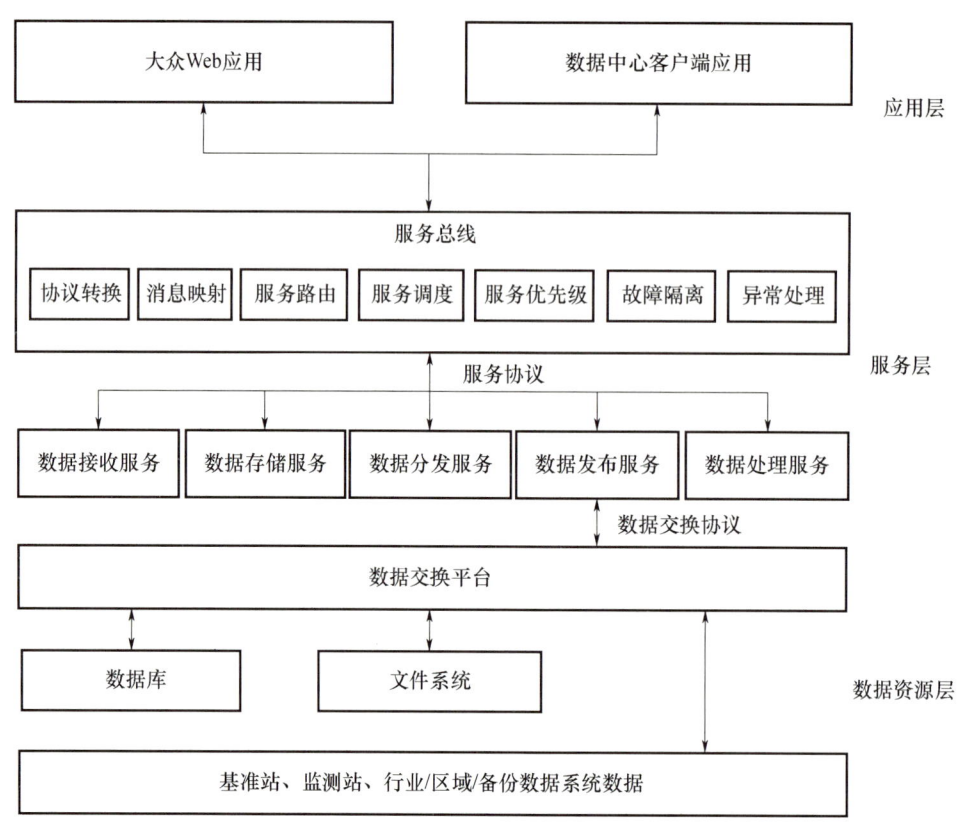

图 10 – 11　平台应用集成总体架构图

连接。

系统应用集成子系统主要功能包括：

1）模块化封装

通过模块化封装可以有效降低软件模块的耦合度。不同耦合方式的耦合度从弱到强如下排列：3 种弱耦合（无直接耦合、数据耦合、标记耦合）、控制耦合、外部耦合、公共耦合、内容耦合。系统需针对不同的业务模块进行解耦封装，尽量降低模块间的耦合度。

（1）无直接耦合：模块间无任何直接联系。

（2）数据耦合：两个模块之间通过参数交换信息，且交换的信息仅是数据。

（3）标记耦合：通过模块接口传递的是数据结构的某一部分，而不是简单的参数。

（4）控制耦合：一个模块明显地控制了另一模块的执行顺序。如一个模块将控制执行顺序的开关值或控制变量送入另一模块，以此影响另一模块的执行。对控制耦合，发送控制信息的模块必须对接收模块有所改动，势必影响到控制关系。另外控制模块的修改也会影响到接收模块。

（5）外部耦合：模块间通过指定的外部设备而发生联系。如 I/O 把一模块与指定设备、格式连接起来。外部耦合必然会有，但在模块化封装时必须加以限制，使软件结构中这类模块的数量尽可能少。

（6）公共耦合：模块之间通过公共数据环境相互作用。如多个模块引用同一个全局数据时就出现这类强耦合。外部耦合和公共耦合都是强耦合，应限制使用。

（7）内容耦合：内容耦合是最强的异类耦合，以下4种情况都属于内容耦合：一个模块访问另一个模块的内部数据（修改程序段或数据）、一个模块部通过正常入口转入另一个模块内部、两个模块共享一段代码、一个模块有多个入口。

内容耦合对整个系统极其有害，系统要坚决不用。在模块化封装时要遵循以下原则：尽量使用数据耦合，少用控制耦合，限制公共耦合，完全不用内容耦合。

2）服务化封装

面向服务的封装将系统的不同功能单元通过服务之间定义良好的接口和规范联系起来。服务化封装中，接口采用中立的方式进行定义，独立于实现服务的硬件平台、操作系统和编程语言。服务化封装可以在模块化封装基础上进一步降低系统的耦合性，实现业务逻辑与网络连接、数据转换的解耦。

3）服务总线系统

服务化封装通过服务总线系统来实现，服务总线系统提供了网络中最基本的连接平台。服务总线提供基础的集成服务与用户定制的应用服务，支持多种集成服务模式，支持服务的封装、重用、服务组合、服务调度。

4）数据交换平台

数据交换平台提供各系统应用接入的接口，实现数据交换平台和各信息系统的有机结合，规范数据自动提取、数据转换、数据发送、数据校验、数据审核等功能实现，支持数据同步、历史数据迁移等，为不同数据库、不同数据格式之间进行数据交换服务。数据交换平台可辅助实现北斗地基增强系统内部各个应用之间以及和外部（行业、区域等）系统之间的数据互联互通，并且当有新的应用和数据需要加入到软件时，可以实现应用自动适配，满足用户定制的要求。

10.7.2 平台对外接口框架与处理流程

外部接口关系如图10-12所示，与外部系统有接口关系的包括基准站、行业数据处理系统、数据备份系统、区域数据处理系统、数据播发系统和服务运营平台。软件接收基准站原始观测数据，进行处理后生成差分数据产品推送至行业数据处理系统、数据备份系统、区域数据处理系统、数据播发系统和服务运营平台。另外，如果行业和区域数据处理系统需要原始观测数据，则可直接将原始观测数据推送至行业、区域、备份数据处理系统。

10.7.3 平台数据处理流程与数据接口

采用TCP、NTRIP、FTP等传输协议进行内外部数据传递，内部数据处理流程如图10-13所示。

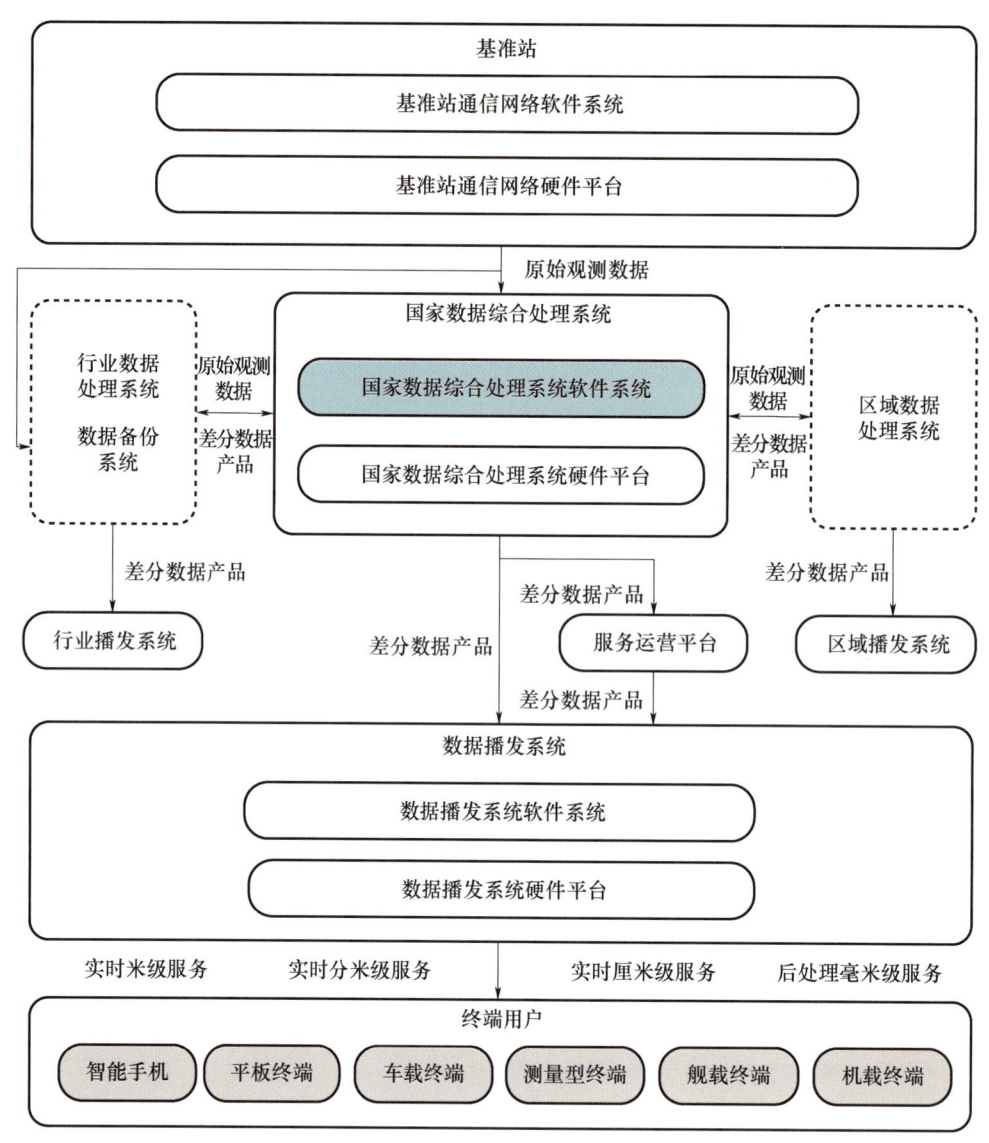

图 10-12 平台外部接口关系图

10.7.4 平台可靠性设计方案

北斗高精度位置服务平台提供统一、一致、透明的访问接口,适配各种独具特色的数据、处理计算分析和存储,从而为上层应用屏蔽底层处理、计算、存储的细节。如图 10-14 所示,提供分布式任务调度、应用容器、地理信息解决方案,分别解决分布性、健壮性问题,同时还提供安全管理、对象管理、容器管理、事务管理、缓存管理、内存管理、日志管理、可视化等统一组件和接口。差分数据处理框架同时对系统软件的访问请求进行导航路由和负载分担。

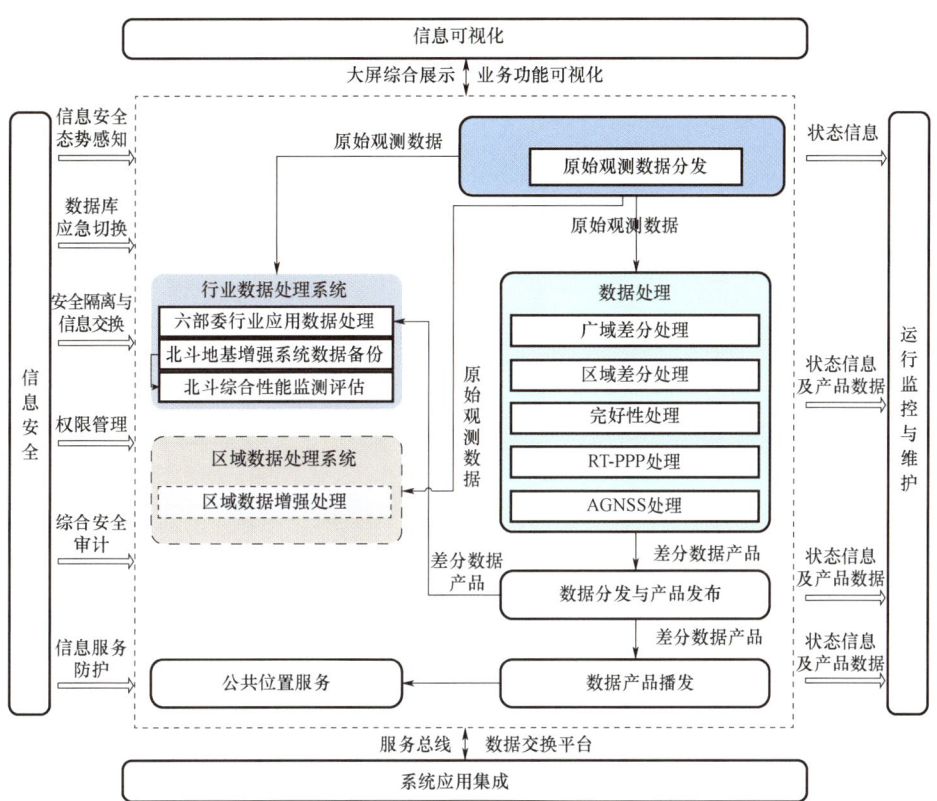

图 10-13 平台数据处理流程及接口

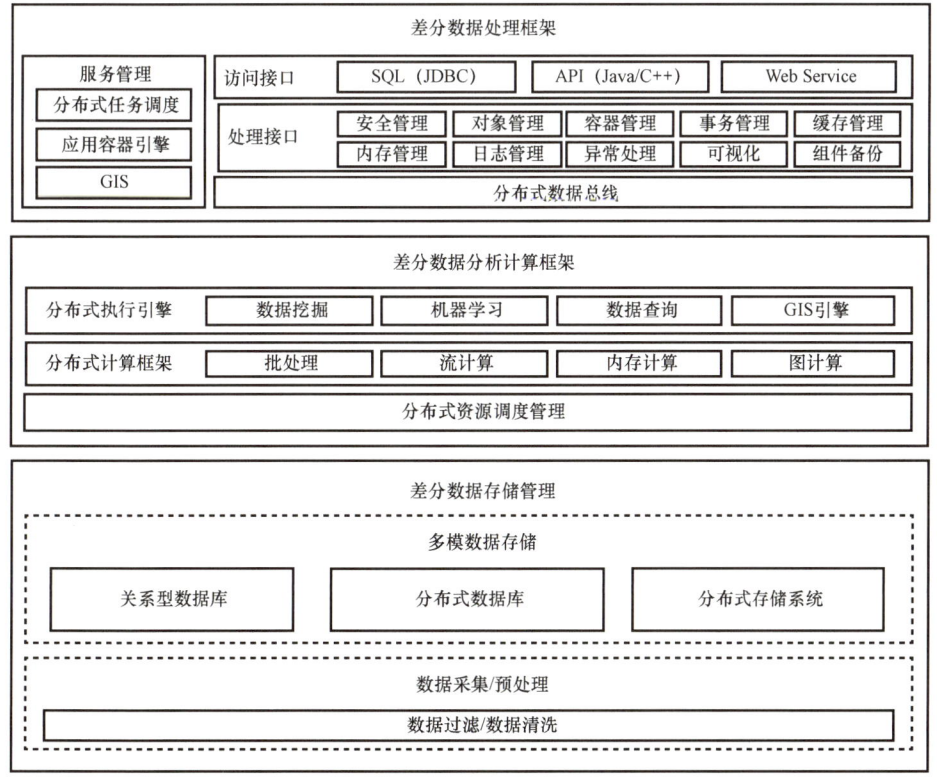

图 10-14 北斗高精度位置服务平台分布式可靠性设计

在分布式可靠性设计基础上,对系统进行可靠性等级划分,根据本系统的特点,可将本系统的可靠性分为核心级和支撑级。核心级包括数据接收分发子系统、数据处理软件子系统和播发软件子系统,支撑级包括运维监控子系统、信息可视子系统、软件安全子系统以及应用集成子系统。由于可靠性设计的工作量很大,所以只强制要求核心级的可靠性设计应该贯穿于整个系统软件研制周期,各个阶段都有进行相关的可靠性分析与设计(图10-15),而支撑级只要求核心功能进行可靠性设计。

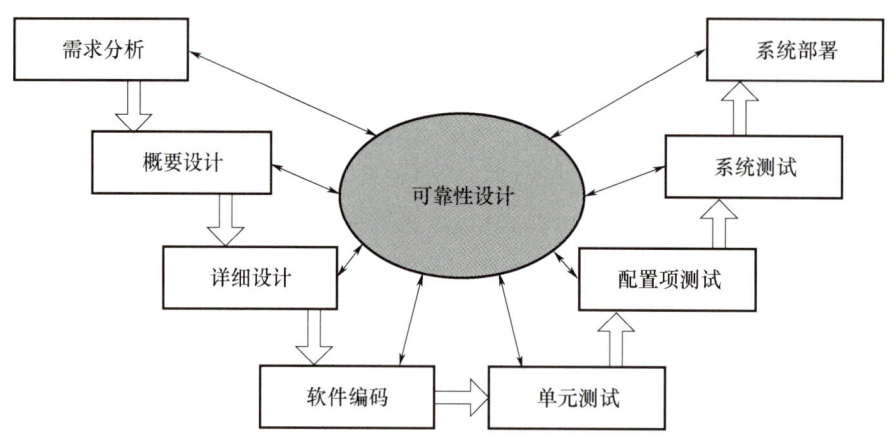

图10-15 北斗高精度位置服务平台可靠性设计生命周期

需求分析阶段要定义软件的范围及必须满足的约束;确定软件的功能和性能及与其他系统成分的接口,建立数据模型、功能模型和行为模型;最终提供需求规格说明,作为指导设计和软件测试的依据。可靠性设计要求软件需求规格说明具备以下要素。

1. 完整性要求

一个完整的软件产品的需求规格说明必须包括所有与功能、性能、设计约束、属性、外部接口有关的重要需求,特别是系统中提出的外部需求,应予以描述完整;软件对所有环境中的所有合法和非法输入数据的响应有全面处理措施,避免缺漏内容;软件需要的开发环境、运行环境、编程语言及其他工具应在需求说明中有明确全面的描述。

2. 异常要求

针对软件设计开发过程中出现的异常情况应有相应的要求和处理措施,包括:当输入有范围要求时,应列出输入在范围内的处理流程和输入在范围之外的处理流程;软件运行过程中各种可能的异常情况须有相应的保护措施,特别当采用已定型软件时,必须确保原有的异常保护措施对于现有的软件需求完全适用;异常处理措施必须具备使系统转入安全状态的能力。

3. 一致性要求

软件需求过程中禁止需求子集之间发生冲突,应确保需求的准确一致,一般包括设计要素的内部和外部一致性、接口设计描述的一致性等内容。

4. 可靠性设计要求

在软件设计阶段,要专门针对可靠性需求进行可靠性设计。具体包括:

模块低耦合、高聚合设计:软件模块设计时,模块间应尽量保持低耦合(以数据耦合为主,标记耦合为辅,必要时用控制耦合),避免紧耦合(公共耦合和内容耦合);控制模块的扇入/扇出(Fan-in/Fan-out)(扇入/扇出度<7),提升模块内聚度,降低模块的耦合度;控制模块复杂度,圈复杂度应<10。

健壮性设计:软件健壮性设计要保证软件在非正常输入的情况下,系统仍然能正常工作;软件健壮性设计应从配合系统健壮性、监控定时器、数据合法性检查等方面考虑。

接口故障设计:软件应能够有效检测接口故障,并提供故障隔离措施,保证软件自动切换到安全状态。

误操作设计:软件应能判断操作员的输入操作正确(或合理)与否,并在遇到不正确(或不合理)输入和操作时提示操作员注意错误的输入或操作,同时指出错误的类型和纠正措施。

容错设计:依据软件关键等级,确定软件的失效容限要求,根据软件失效容限要求,确定结构容错方式,并据系统的工作环境及可靠性要求,对软件可能出现的错误分类,确定实现结构容错方式(N版本程序、恢复块及一致性恢复块、接受表决和N自检程序设计)。

1)数据接收分发子系统可靠性设计方案

(1)数据接收分发子系统应能够连续稳定不间断工作。

(2)对接收机原始观测数据进行合法性检查,确保流程的通畅性,并且能够对错误数据进行自动纠错处理。

(3)保证分流给每个用户数据的一致性、完整性。

(4)数据接收分发子系统主要包括数据流和存储,因此数据接收分发子系统的可靠性主要由数据流和存储可靠性构成,其中数据流可靠性通过由统一的消息调度总线实现。

① 消息代理。

消息代理负责在各软件间转发消息,在这个过程中,消息可能会在多个消息代理之间进行传递。消息代理自身提供基本的发布/订阅功能,客户端软件可以订阅感兴趣的消息主题,在发送的消息主题符合订阅条件时,消息会被发送到对应的客户软件处理。消息代理以可靠组播的方式进行消息传递。

一个消息代理进程内可能同时存在多个代理实例,多个实例可以被捆绑在一起以多连接通道的方式来提高系统的整体吞吐能力。同一进程内的多个代理实例之间互相独立,不存在依赖关系。每一个代理实例都可以支持运行多个服务,服务之间被有效隔离,防止两个业务之间互相争抢资源导致拥塞。

每一个服务都有自己独立的连接以及订阅列表。订阅列表由一系列的主题或者主题模式组成。当有消息的主题可以和订阅列表中的主题匹配上时,消息会被转发到此连接上。不论是客户端还是消息代理都通过订阅消息的方式来向其他消息代理更新自身的订阅列表。

在每一个代理实例内部都拥有独立的故障检测模块、节点发现模块、消息路由模块、群组通信模块以及群组监控模块。

② 客户端软件。

客户端软件,包括数据接收分发子系统及其接收软件,需要同消息代理之间通过通道建立一个或多个连接,每一个连接连接到消息代理进程内部的一个消息代理实例上。每一个通道都有对应的监听器,而监听器则负责订阅客户端感兴趣的消息主题,当有消息满足监听器感兴趣的主题列表时,系统会调用此监听器所设定的回调函数并将对应的消息传递给回调函数。应用程序可以根据需要创建多个通道,通道之间没有相互的依赖性可以独立进行工作。

③ 发布/订阅模型。

客户端软件连接到消息代理后将自己需要发送的消息发送给消息代理,消息代理则根据本地的客户端软件以及运行在远程的其他消息代理上的客户端软件所订阅的主题,将消息直接转发给相应的客户端软件或者交由远程的消息代理代之转发到其客户端软件。当客户端软件希望接收感兴趣的消息时,它需要告知消息代理它所感兴趣的主题或者主题模式,当满足相应主题模式的消息被发送出来后,客户端软件会接收到经由消息代理转发的消息。消息代理则会统一将需要做中继转发的消息转发到远程的消息代理。另外,消息代理还具备对客户端软件做验证和权限控制,从而控制特定客户端软件可以发送、可以监听以及可以获取的消息的主题,提升系统的安全管控能力。

④ 代理发现。

消息代理节点之间需要互相发现从而创建连接交换信息,而节点发现可以通过包括广播模式、组播模式、汇集(Rendezvous)模式,以及静态配置模式来实现。使用节点发现机制发现的消息代理被认为是本地代理,这些消息代理之间会互相创建连接。以避免在集群规模过大时导致连接数过大,消息代理还可以使用消息路由模式来将一个大的集群划分成多个小的子集群。

⑤ 消息路由。

消息路由可以用来将消息路由到外部网络的消息代理上。与本地网络中的消息代理不同,系统不需要知道外部网络上所有的消息代理,只需要同路由节点上的消息代理进行通信就可以将需要的消息转发到外部网络上,同理可以接收感兴趣的外部网络上发送的消息。

⑥ 可靠组播模式。

与客户端软件到消息代理之间的连接总是使用可靠组播,TCP使用起来比较简单,内建了可靠通信、流量控制和拥塞控制等功能。但是随着本地消息代理数量的增加,由于高扇出的原因,系统的总吞吐量会下降。当使用可靠组播模式时,消息只会被组播一次。为了应对报文丢失,实现消息重发、流量控制和拥塞控制功能。

⑦ 群组通信。

群组通信用于实现群组消息的一致性。消息代理可以使用群组通信来把消息广播给群组里的所有成员。广播的消息可以选择因果顺序或是完全有序。消息代理使用群组通信来实现状态机的复制,在多个进程的起始状态一致的情况下,如果他们接收到的消息的顺序也都是一致的,那么他们的最终状态也应该是一致的。新组员在加入组之前可以先通过完成状态迁移的过程来达到和其他组员一致的状态。群组通信保证消息发送的因果性以及顺序性。

2)数据处理软件子系统可靠性设计方案

(1)数据处理软件子系统具有极高的运行质量,能够连续稳定工作。

(2)数据处理软件子系统主要为后台处理软件,因此数据处理软件子系统的可靠性由实时资源调度管理和分布式资源调度引擎实现软件和资源的分离,软件冗余备份。

(3)实时资源调度管理利用Agent-Based方式,在每个管控节点上安装本地资源管理代理程序,所有的本地资源管理代理程序再通过底层的群组通信机制协同工作,完成对整个系统每个资源节点的相关信息的实时监控,达到节点自动状态管理(当网络中增加/离线一个节点,会从管理上实时了解其状态);常规层面的监控(CPU、内存、存储、网络吞吐量等);任意模块内容(比如进程的活动状态、某服务对应的在线用户数等静态和动态信息等)的监控和管理。同时,基于策略进行定制化的设置(主动和被动、监听周期、监听项目)使得处理软件自可控。

(4)分布式资源调度引擎整合了动态负载均衡及资源调配能力,它实时地侦测网内各个节点运行状态,收集各节点负荷信息和软件运行状态。基于这些信息,动态地调整和均衡全网范围内不同资源的负荷。当某些节点失效,或是网络小面积故障时,会按照某种策略设定去寻找负荷较低的其他节点,把失效节点的工作内容转移过来。当故障恢复的时候,计算能力又将重新转移回来。当业务变化或某些紧急情况发生时,整个系统的资源需要重新部署,系统将制订调整计划,通过分发新的策略重新规划系统中每个节点的角色和工作内容,并在统一的时间点完成各个节点新角色切换。通过这种机制,使得数据处理软件子系统的问题检测和自动响应控制行动成为可能。同时它还可以降低已经存在问题的扩散并防止问题的再次发生。

10.7.5　平台可用性设计方案

可用性设计将采用用户为中心的设计方法,强调从用户的角度来进行北斗高精度位置服务平台的可用性设计开发,建立可用性生命周期,可用性要求将贯穿整个设计生命周期。北斗高精度位置服务平台可用性生命周期,分为需求分析、模型构建、可用性设计、可用性测试与评估、安装部署及使用体验、用户反馈各阶段进行,强调以用户为中心的设计理念,进行迭代测试和迭代设计,如图 10 – 16 所示。

需求分析阶段首先确定指控软件的目标用户,然后按照技术指标要求进行任务分析、功能性分析,最后确定可用性目标,并反复地评价和改进,直到满足各方面的要求。

1. 用户研究

用户研究方法的重点是在系统开发中以用户需求为驱动,而非技术需求为驱动。设计应当通过突出用户交互和依赖原型法迭代设计的过程来提供良好的交互式产品。主要包括:用户分类;用户个人/群体特征;人员的演变特征。

2. 任务分析

确定用户使用产品的最终目标,建立用户任务分析模型,以便进行早期的测试和研究。根据软件体系所要求的使命任务及指标要求,明确有多少需要执行的任务,对各任务按照层次结构进行分解,并且要描述每个任务其正常工作过程中的例外情况。

3. 整体设计准则

通过任务分析和功能性分析,对各任务及功能模块从整体上进行协调,并进行一致性检验。确定可用性目标可用性并不是一个单维属性,它包含有若干可能相互矛盾的成分,按照可用性的要求,确定可用性目标,并根据通过用户和任务分析明确其优先级,设计过程中以用户为中心,强调用户的参与。

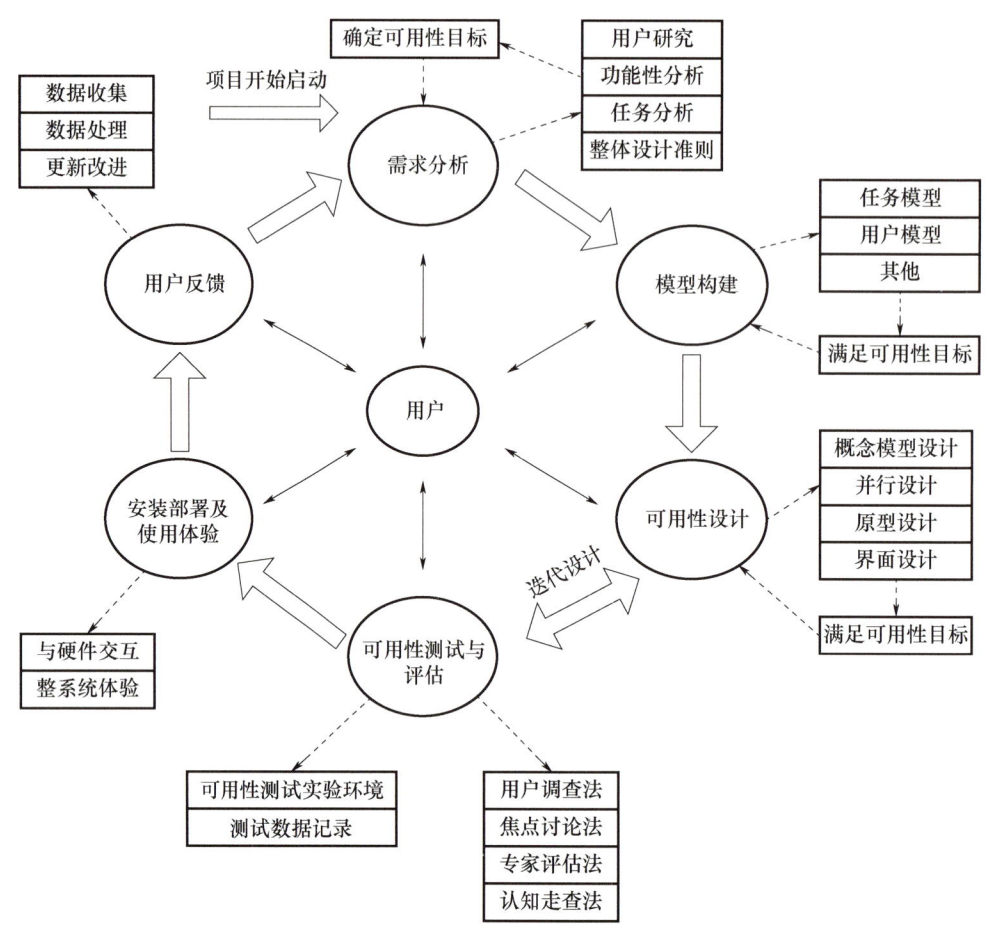

图 10-16 软件可用性设计模型

4. 设计内容

1）概念模型设计

可用性设计的概念模型设计阶段,要设计符合用户需求的设计概念。在前期需求分析的基础上,可用性设计者产生若干关于整个设计的构思和想法,可遵循综合、抽象、概括、归纳的思维方法将这些想法分类,找出其中的内在关联,进行设计定位,从而形成设计概念。

2）并行设计

在概念设计的基础上,由多个设计人员分别独自同时进行初步设计,以利于给出不同的设计思路、想法,再通过整合权衡确定要发展的方案。

3）原型设计

根据不同的验证目的,来开发不同的原型,重点包括:垂直原型(减少原型的功能数)、水平原型(降低原型的功能水平)、剧情原型(通过描述来创造意识里的原型)。通过原型实现与用户的交流,并获取可用性信息。

4）界面设计

在软件设计阶段,根据系统功能进行界面设计,要考虑界面提供者、用户之间的交互质量和体验感受。界面设计过程紧紧围绕用户,及时地获得用户的反馈信息,并根据用户的需求和反馈信息不断地改进设计,直到满足用户的体验需求,其设计流程及相互关系如图 10 – 17 所示。

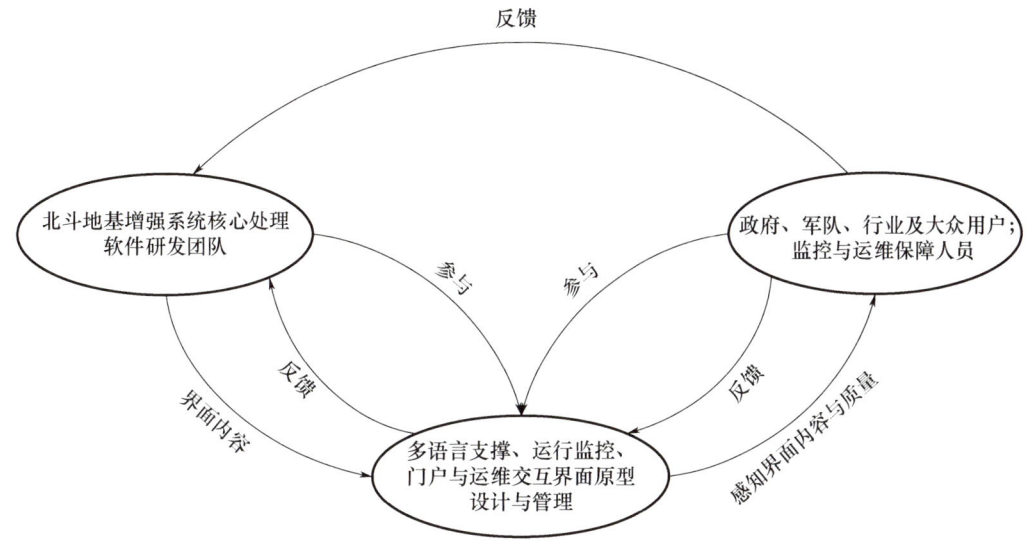

图 10 – 17　软件界面设计流程

在设计进入实质性阶段后,保持与用户之间的沟通,让用户参与到设计过程中来,用开发的原型与用户交流,通过多次迭代,最终形成用户满意的产品,可用性设计的迭代过程如图 10 – 18 所示。

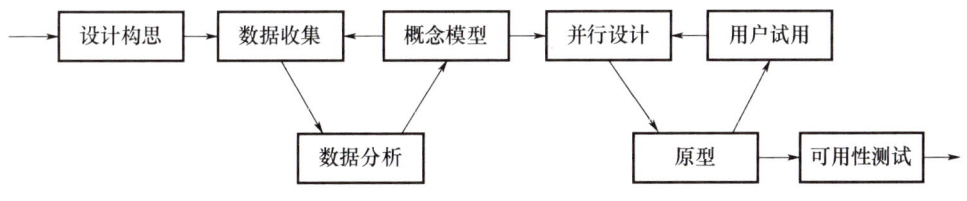

图 10 – 18　可用性设计迭代过程

在系统正式服务运行前,还需要对可用性进行评估与测试。系统对可用性的 3 个度量指标进行评估与测试,包括有效性、效率和用户主观满意度。

（1）有效性。通过评估和测试用户使用产品完成指定任务和达到指定目标时所具有的正确率和完整度来进行有效性的评估与测试。包括任务完成率、出错频率、求助频率 3 个指标来衡量。

（2）效率。通过评估与测试产品的有效性(完成任务的正确完整程度)同完成任务所耗费时间的比率来进行效率的评估与测试。在相同使用环境下,用户使用效率是评定同类产品或同一产品的不同版本孰优孰劣的依据之一。效率的计算公式为

$$效率 = 任务完成率/任务时间$$

（3）用户主观满意度。通过使用满意度问卷和专家打分的方式来进行用户满意度评估,其中要着重评估系统的易学性、易记忆性、易用性和界面友好性。

10.7.6 平台可移植性设计方案

平台可移植性分析与设计应贯穿于整个软件开发生命周期模型当中。

在需求分析阶段,要进行可移植性分析。可移植性分析要求把可移植性作为软件需求的一部分引入需求分析的过程中,其主要任务是:

(1)确定软件应用可能的目标环境,对比分析不同环境之间的差异。主要考虑 Linux 和 Windows 平台之间的差异,通过增强可移植性设计,采用标准编成语言规范,标准数据格式和标准数据接口,统一支持主流 Linux 操作系统。

(2)确定软件在不同目标环境下的支持库/软件。如图形用户界面,可以选择可移植的支持库/软件。

(3)从整体优化的角度权衡可移植性与效率、资源利用率之间以及可移植性与成本、进度之间的关系,设置可移植性目标,用以指导后续的开发过程。

在需求分析阶段应避免对具体环境的依赖,为可移植软件的开发打下良好的基础。

概要设计阶段,应基于层次化的设计思路,把软件分解为两部分:与目标环境无关的主体层和与目标环境相关的适配层。前者是软件实现自身功能,后者则是软件主体与目标环境的接口。软件可移植性设计模型如图 10-19 所示。

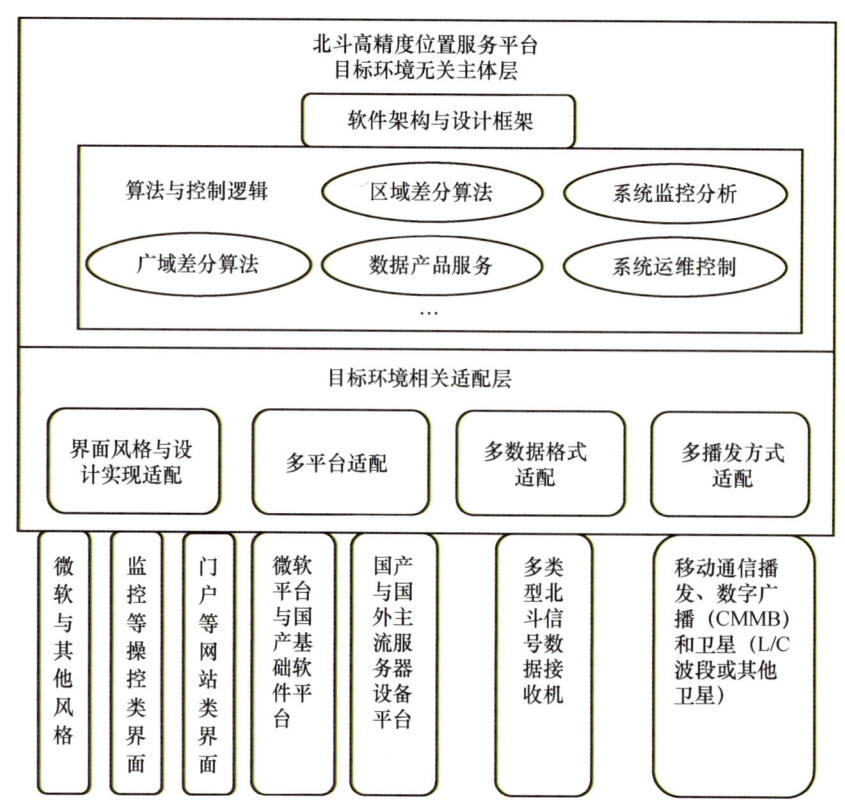

图 10-19 可移植性设计模型

与目标环境接口的适配层是可移植性设计的关键所在。它是由与不同应用环境相对应的 n 个适配单元组成的,主要任务是屏蔽不同目标环境之间的差异,为主体层访问目标环境提供一致的接口,从而使与目标环境相关的部分得以从软件主体中分离出来。这样,主体层的实现就不会依赖于某一具体的目标环境;同时,软件移植的过程也不会影响主体层,而只针对适配层。

在详细设计阶段,应根据软件应用的不同特点细化适配层,确定哪些模块是与目标环境相关的。适配层设计的内容主要面向操作系统,包括进程管理、定时、内存管理等。

在代码实现阶段,首先应选择可移植的程序设计语言,如 C、C＋、Java 等。代码的实现结构是与设计结构相对应的,配置层用来设定与目标环境相关的属性,以激活相应的适配单元。也以在代码编译之前手工配置,或通过脚本程序自动配置;也可以由代码根据配置文件或自动检测在运行时自动加载相关的适配单元。适配层的实现是软件可移植性的决定因素。

在软件测试阶段,可移植性测试要分两步完成。首先,在开发环境下对软件进行测试;然后,在目标环境下对软件进行测试。前者主要考察软件的功能和性能是否满足预期的要求,是实施第二步测试的必要条件;而后者则主要针对软件的可移植性。可移植性测试需要在不同的目标平台上重复进行,因此需要准备一个可重用的测试计划。对测试过程中因移植发生的错误着重详细记录,不断完善软件的可移植性。

10.7.7　平台可维护性设计方案

平台可维护性系统架构如图 10-20 所示。在服务可用性结构系统中,服务器应用由一组服务单元构成。

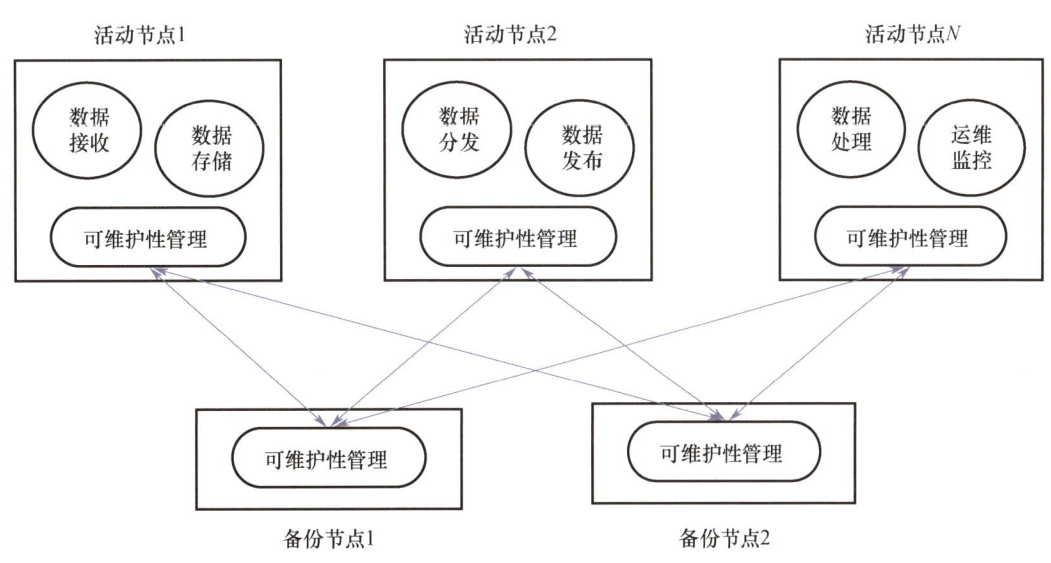

图 10-20　平台可维护性系统架构

服务单元是由一组运行在单一节点、单一操作系统上的一组进程组成。一个高可维护性系统可支持几种冗余策略,最常用的是 $M \times N$ 冗余策略及 $M+N$ 冗余策略。从设计和实际运行的角度看,进程是冗余的单元实体。可维护性管理提供集群成员服务、检查点服务、事件服务、消息服务、锁服务。设计中,软件升级的最小单元是服务单元或者进程实体,每个服务单元或进程实体运行在分布式模式下。

在线升级设计系统将采用如图 10-21 所示的升级流程。设计中要求系统遍历在线升级的不同阶段。

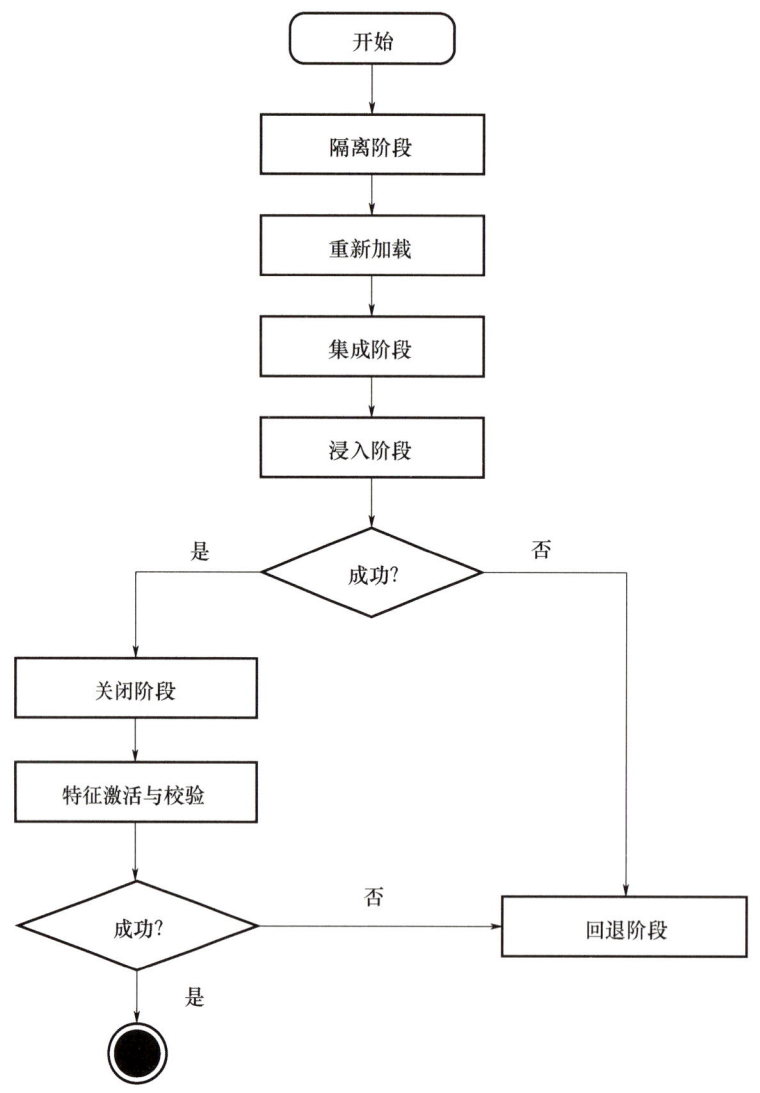

图 10-21 软件在线升级流程

(1)隔离阶段:隔离阶段中,通过将进行软件更新的进程的负载移交给其他可用的进程达到与系统隔离的目的。进行隔离的进程不执行任何负载的处理。

（2）重新加载：一旦进程隔离完成，开始执行新版软件的加载。进程处于停止状态，直到新版软件加载完成，并用新版软件重新启动进程。在这个阶段，需要对进程重新配置，新的软件特征不被激活且相关的配置也不执行。

（3）集成阶段：在新的软件重新加载成功之后，进程应该重新集成到系统当中。该进程促使处于主用或备用状态的负载重新加载到集成的进程中。

（4）浸入阶段：在进程重新集成到系统之后，系统密切监控系统的服务可用性。如果服务可用性降低，或者引起服务不可获得，进入回退阶段，退回软件的旧版本。如果系统的性能可以接受，在线更新进入关闭阶段。

（5）关闭阶段：在这个阶段，系统中所有余下的执行旧版本软件的进程同时经过隔离、重新加载以及集成等过程。浸入阶段可选执行。当关闭阶段完成之后，系统中所有的进程执行软件的更新版本。如果关闭阶段成功完成，在线升级过程进入软件特征激活和校验阶段。

（6）特征激活与校验：在这个阶段，系统中的所有进程执行软件的更新版本，并且可以支持软件新版本所带来的新的特征。在新的特征使能之后，观测系统的性能。如果性能可以接受，系统在线更新成功，在线更新过程结束。如果系统服务可用性不可接受，可以采取两种选择：禁止新的特征，等待问题的修正；或者进入在线升级的回退阶段，退回到软件旧的版本。

（7）回退阶段：当软件特征激活与校验或浸入阶段失败，软件在线升级过程进入回退阶段。在回退阶段，系统运行的软件恢复到软件旧的版本。

10.7.8　平台软硬件环境及部署方案

平台软件不但要为国家、行业和企业服务，还需要为大众用户提供服务，这要求本系统需要在保证核心数据安全保密的基础上，还能够高效便捷地为各类用户提供服务。根据不同的数据和业务需求，分别将软件部署在国家数据处理系统和公有云，软硬件运行环境和部署方案如图 10 – 22 所示。

10.7.9　平台设计方法与编程语言的选择

北斗高精度位置服务运营平台涉及的软件种类众多，实时接收传输海量数据，且服务对象面向不同的用户群体，所以需要根据系统中各软件的特点，选用合适并且标准的设计方法与编程语言。

统一选择原则为：对于功能较单一且对实时性要求高的软件，采用标准结构化设计方法和 C 语言编程；对于实时性要求不是很高的软件，采用面向对象的设计方法，B/S 架构的 Web 应用程序使用 J2EE 技术，统一 Java 语言编程，C/S 架构的客户端应用程序使用 QT 技术，标准 C ++ 语言编程；对于个性化要求高的软件，保留原效率高的语言。

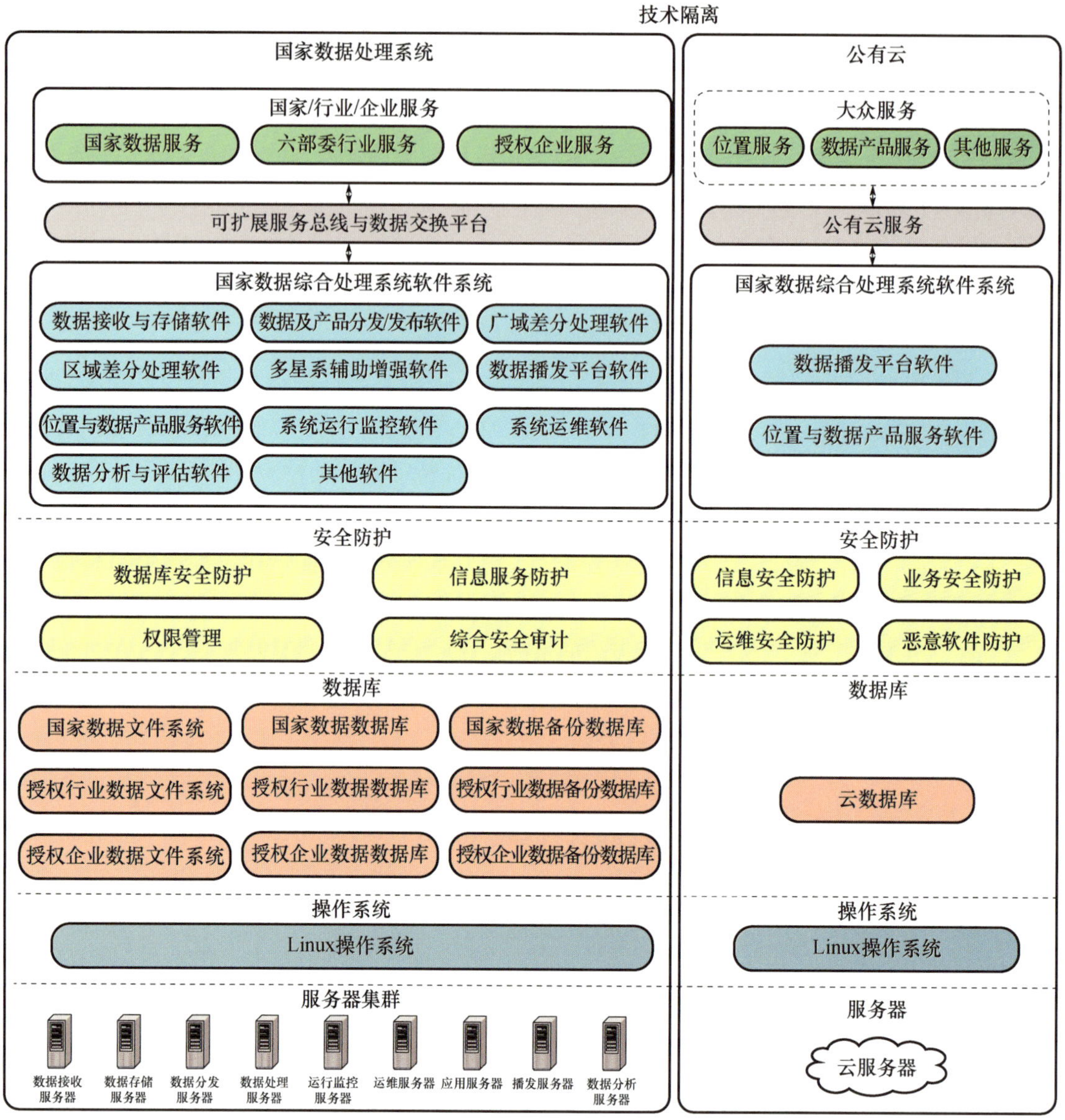

图 10-22 平台软硬件环境及部署方案

10.8 平台标准体系方案

10.8.1 平台标准规范分析

北斗高精度位置服务运营平台标准规范是以软件整个生存周期技术、管理实践经验综合成果为基础,充分借鉴国家、军队相关标准规范,涵盖功能、性能、接口、开发过程、测试评价和质量保证全要素,形成的具有北斗高精度位置服务运营平台特色的体系化、系列化标准规范。

标准规范包括:

(1) 软件设计、构造与管理;

(2) 软件质量、可靠性和维护性的管理、监督、控制;

(3) 软件专业基础文档、工具、方法和数据;

(4) 软件过程评估及改进;

(5) 软件产品及其符合性测试。

参考标准包括:

(1) GJB 2786A—2009《军用软件开发通用要求》;

(2) GJB 438B—2009《军用软件开发文档通用要求》;

(3) GJB 5000A—2008《军用软件研制能力成熟度模型》;

(4) GJB 8000—2013《军用软件研制能力等级要求》;

(5) GJB 2115A—2013《军用软件研制项目管理要求》;

(6) GJB/Z 161—2012《军用软件可靠性评估指南》;

(7) GJB 5236—2004《军用软件质量度量》;

(8) GJB 439A—2013《军用软件质量保证通用要求》;

(9) GJB 5235—2004《军用软件配置管理》;

(10) GJB 6389—2008《军用软件评审》;

(11) GJB 7178—2011《综合电子信息系统集成联试规程》;

(12) GJB/Z 141—2004《军用软件测试指南》;

(13) GJB 8045—2013《军用应用软件人机界面测试规程》;

(14) GJB 5234—2004《军用软件验证和确认》;

(15) GJB 1268A—2004《军用软件验收要求》;

(16)《中国兵器工业集团软件可靠性设计要求》;

(17)《中国兵器工业集团型号软件工程化技术要求 承制方软件研制过程》;

(18)《中国兵器工业集团型号软件工程化技术要求 承制方软件配置管理细则》;

(19)《中国兵器工业集团型号软件工程化技术要求 承制方软件评审细则》;

(20)《中国兵器工业集团型号软件工程化技术要求 承制方软件测试细则》;

(21)《中国兵器工业集团型号软件工程化技术要求 承制方软件验收和保障细则》。

10.8.2 平台标准规范体系

平台针对"统一系统架构、统一标准规范、统一技术平台、统一设计要求、统一过程管控"的总体目标,在地基增强系统标准的系统总体标准、工程建设标准、数据接口标准、安全保密标准等方面制定和完善相关标准,形成北斗高精度位置服务运营平台标准规范体系,涵盖项目管理类、工程设计类、数据类和安全类 4 个方面,标准规范体系及组成如图 10-23、图 10-24 所示,每项标准规范的主要研究内容如表 10-2 所列。

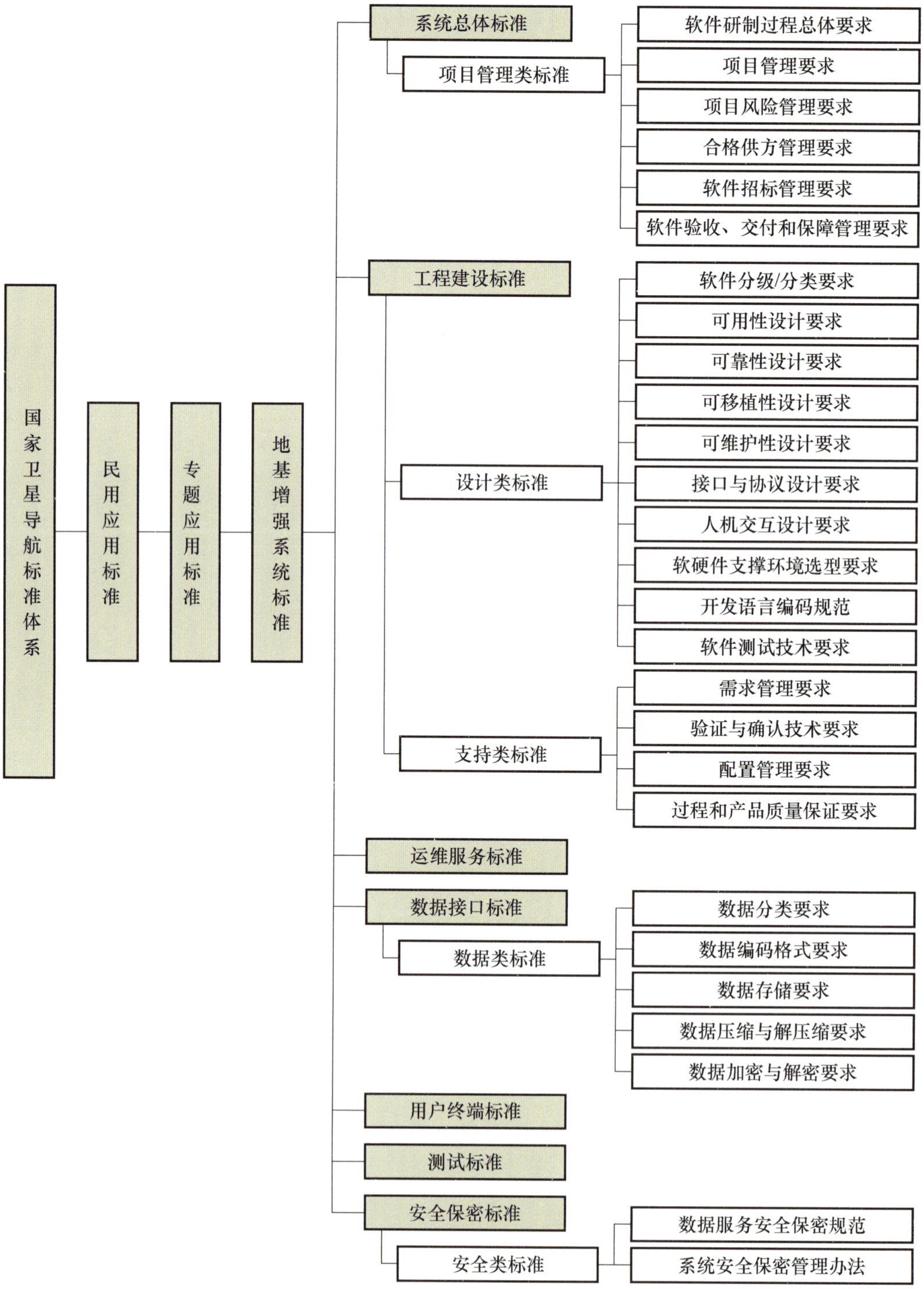

图 10-23 北斗地基增强系统标准规范体系

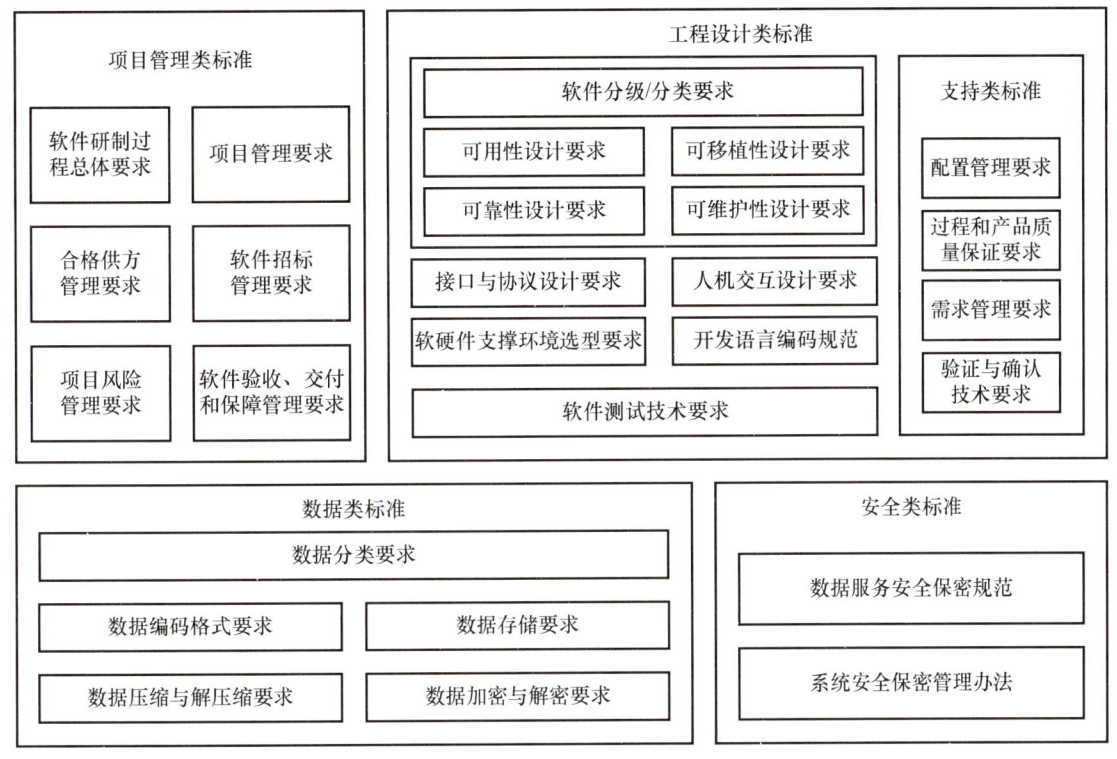

图10-24 北斗高精度位置服务运营平台标准规范组成

表10-2 北斗高精度位置服务运营平台标准规范主要内容

序号	类别	标准名称	主要内容
1	项目管理类标准	软件研制过程总体要求	规定软件研制的基本要求与总体要求,主要包括软件开发模型选择与软件研制阶段划分、各软件研制阶段的技术要求与管理要求
2		项目管理要求	规定软件项目监控与软件项目策划的管理要求,主要包括规定软件项目策划的管理要求,主要包括项目规模估计、产品结构分解、开发计划制定与维护
3		项目风险管理要求	规定软件项目风险的分析、跟踪、控制的方法与管理要求
4		合格供方管理要求	规定软件项目合格供方的建立与维护管理要求
5		软件招标管理要求	规定软件招标的流程、方法与管理要求
6		软件验收、交付和保障管理要求	规定软件产品验收、移交办法,以及维护与保障要求

续表

序号	类别	标准名称	主要内容
7	工程设计类标准	软件分级/分类要求	规定软件安全等级分级、软件分类的方法与要求
8	工程设计类标准	可用性设计要求	规定系统各软件可用性设计技术要求
9	工程设计类标准	可靠性设计要求	规定系统各软件可靠性设计技术要求
10	工程设计类标准	可移植性设计要求	规定系统各软件可移植性设计技术要求
11	工程设计类标准	可维护性设计要求	规定系统各软件可维护性设计技术要求
12	工程设计类标准（设计类标准）	接口与协议设计要求	规定系统各配置项间接口、协议的设计技术要求
13	工程设计类标准（设计类标准）	人机交互设计要求	规定可视化、人机操控等人机交互界面的设计技术要求
14	工程设计类标准（设计类标准）	软硬件支撑环境选型要求	规定运行平台中支持软件、硬件环境的选型技术要求
15	工程设计类标准（设计类标准）	开发语言编码规范	规定C语言、C++语言、JAVA语言等编程语言的编码规范与要求
16	工程设计类标准（设计类标准）	软件测试技术要求	规定单元测试、集成测试、配置项测试、系统测试、三方测试等测试级别的技术要求
17	工程设计类标准（支持类标准）	需求管理要求	规定软件需求开发、需求管理的技术要求，包括软件研制任务书、软件需求规格说明的形成方法与要求、需求条目化要求、需求跟踪与追溯要求等
18	工程设计类标准（支持类标准）	验证与确认技术要求	规定软件产品在各研制阶段进行验证或确认的方法、流程与技术要求
19	工程设计类标准（支持类标准）	配置管理要求	规定软件项目的配置管理要求，主要包括开发库、受控库、产品库等的建立、出库、入库、变更、基线建立与维护等的管理要求
20	工程设计类标准（支持类标准）	过程和产品质量保证要求	规定软件研制过程、软件产品的质量保证要求
21	数据类标准	数据分类要求	规定数据分类的方法与要求
22	数据类标准	数据编码格式要求	规定数据编码定义的格式要求，主要涉及原始数据、播发数据、标准测试数据、日志数所、用户数据等
23	数据类标准	数据存储要求	规定数据存储访问的技术要求，主要涉及原始数据、播发数据、标准测试数据、日志数所、用户数据等
24	数据类标准	数据压缩与解压缩要求	规定数据压缩、解压缩的技术要求，主要涉及原始数据、播发数据、标准测试数据、日志数所、用户数据等
25	数据类标准	数据加密与解密要求	规定数据加密、解密的技术要求，主要涉及原始数据、播发数据、标准测试数据、日志数所、用户数据等
26	安全类标准	数据服务安全保密规范	规定系统提供数据服务过程中，安全保密的管理办法
27	安全类标准	系统安全保密管理办法	规定系统建设与维护过程中安全保密管理办法

10.9 平台测试与验证方案

10.9.1 测试方案

利用实物、半实物构建软件测试全生命周期的统一测试环境,提供统一测试工具集、测试数据集和测试用例集,进行标准化和接近真实使用环境的软件测试,涵盖单元测试、(单元)集成测试、配置项测试、系统测试,并对各测试阶段过程进行严格管理,确保软件测试全面、准确,测试方案如图 10 – 25 所示。

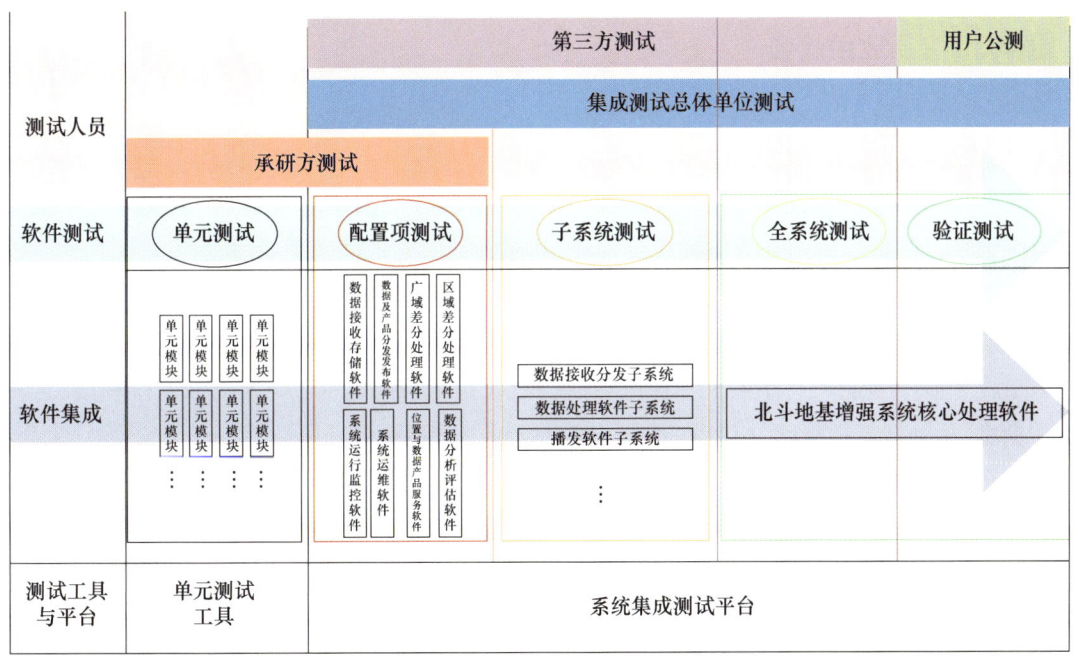

图 10 – 25 测试方案

1. 测试内容

测试平台能够提供标准化的测试,涵盖单元测试、(单元)集成测试、配置项测试、系统测试的各个测试级别。通过对测试策划、测试设计和实现、测试执行、测试总结各测试阶段过程的严格管理,采用静态和动态的测试方法,能够支撑多种测试类型,设计严格的测试用例,确保软件测试全面、准确。

测试平台利用实物、半实物构建硬件运行环境,结合设计实现的测试工具集、测试数据集和测试用例集，能够完成系统所有软件的测试任务。

单元测试主要内容（根据实际情况裁剪）：软件单元的功能测试、软件单元的性能测试、软件单元的接口测试、重要的执行路径测试、局部数据结构测试、错误处理测试、影响上述各条的界限条件（边界值）、可参考执行的结构覆盖性测试、语句覆盖测试、分支覆盖测试、修订的条件判定覆盖（MC/DC）测试等。

软件（单元）集成测试内容：软件单元间的接口测试、全局数据结构测试、软件部件的功能测试、必要时进行软件部件运行时间、运行空间、计算精度的测试、边界和在人为条件下的性能测试。

软件配置项测试内容：功能测试、性能测试、外部接口测试、软件可用性测试、软件可靠性测试、软件可移植性测试、软件可维护性测试。

软件系统测试内容：系统功能测试、系统性能测试、系统接口测试、系统安全性测试、系统可用性测试、系统可靠性测试、系统可移植性测试、系统可维护性测试。

2. 测试设计

测试设计如表 10 – 3 所列。

10.9.2 应用验证

1. 验证内容

结合北斗高精度位置服务平台总体架构，在开展系统集成测试的基础上，主要针对系统服务能力及其精度、连续性、可用性等指标进行验证，具体验证内容包括如下能力：

（1）综合服务能力。主要验证内容包括系统用户容量、系统并发用户数、系统安全防护能力、地图数据质量、用户接入效率、用户服务响应时间、用户鉴权认证、服务可靠性等。

（2）业务服务性能。主要验证内容包括数据收发延迟及丢包率、广域差分定位精度、区域差分定位精度、后处理定位精度、原始数据/差分数据质量分析、服务可用性等。

（3）系统管理维护能力。主要验证内容包括基准站/网络/软件/基础平台等产品的可视化监控、参数化配置、自动化管理、危险报警，数据库操作与数据同步、数据采集有效性、软件可移植性和可维护性等。

2. 验证实施

1）验证过程

应用验证的测试对象是系统，测试侧重点为验证需求的满足性，测试的对象不仅仅包括需要测试的产品系统的软件，还要包含软件所依赖的硬件、外设甚至包括某些数据、某些支持软件及其接口等。因此，必须将系统中的软件与各种依赖的资源结合起来，在系统实际运行环境下来进行测试。

应用验证在功能测试和系统测试之后进行，所以应用验证进行的前提条件是系统或软件产品已通过了系统测试，而且要求软件必须在真实的环境下运行。应用验证用来验证系统是否达到了用户需求规格说明书（可能包括项目或产品验收准则）中的要求，测试希望尽可能地发现软件中存留的缺陷，从而为软件进一步改善提供帮助，并保证系统或软件产品最终被用户接受。验收测试

表 10-3 测试设计

软件 (被测件)		功能测试项	性能测试项	测试级别		测试项目	
				软件配置项	子系统	软件配置项	子系统
数据接收分发子系统	数据接收与存储软件	1. 接收原始观测数据、差分数据产品、气象仪三要素数据； 2. 数据解码和预处理； 3. 数据格式标准化； 4. 数据存储	提升到支持不少于1400个基准站的数据接入，具备扩展到不少于5000个的能力	单元测试		功能测试，性能测试，接口测试，重要的执行路径测试，局部数据结构测试，影响上述各条的界限条件(边界值)，可参考执行的结构覆盖性测试	
				(单元)集成测试		软件单元间的接口测试，全局数据结构测试，软件部件的功能测试，运行空间的测试，边界和人为条件下的性能测试	
				配置项测试		功能测试，性能测试，接口测试，外部接口测试，可维护性测试，可移植性测试	
	数据产品分发/发布软件	1. 支持原始观测数据、数据产品的分发； 2. 支持原始观测数据、数据产品的发布； 3. 支持实时流、文件类型两种发布方式	支持数据流分发并发连接数不小于2万		系统测试		系统功能测试，系统性能测试，系统接口测试，系统可靠性测试，系统可用性测试，系统可移植性测试，系统可维护性测试
				单元测试		功能测试，性能测试，接口测试，重要的执行路径测试，局部数据结构测试，影响上述各条的界限条件(边界值)，可参考执行的结构覆盖性测试	
				配置项测试		功能测试，可用性测试，可维护性测试，可移植性测试	

续表

软件（被测件）	功能测试项	性能测试项	测试级别		测试项目	
			软件配置项	子系统	软件配置项	子系统
数据处理软件子系统	广域差分处理软件	1. 支持北斗二号、北斗三号，预留扩展至GPS、GLONASS、Galileo系统的接口； 2. 原始观测数据质量分析和评估； 3. 生成实时的卫星轨道、卫星钟差、电离层、频间偏差产品； 4. 支持多系统独立工作、融合处理接口； 5. 提供后处理的卫星轨道、钟差、电离层、频间偏差产品	1. 轨道产品更新间隔不大于5min； 2. 电离层产品更新间隔不大于15s； 3. 钟差产品更新间隔不大于1s	单元测试		功能测试、性能测试、接口测试、重要的执行路径测试、局部数据结构测试、错误处理测试、影响上述各条的界限条件（边界值）可参考执行的结构覆盖性测试	
			（单元）集成测试		软件单元间的接口测试，全局数据结构测试，软件部件的功能测试，软件部件运行时间、运行空间，计算精度的测试，边界和人为条件下的性能测试	
			配置项测试	系统测试	功能测试、性能测试、外部接口测试、可用性测试、可靠性测试、可移植性测试、可维护性测试	系统功能测试、系统性能测试、系统接口测试、系统可靠性测试、系统可用性测试、系统可移植性测试、系统可维护性测试
	区域差分处理软件	1. 支持北斗二号、北斗三号、GPS和GLONASS； 2. 原始观测数据质量分析和评估； 3. 生成伪距、相位综合改正数产品	性能满足验收要求	单元测试		功能测试、性能测试、接口测试、重要的执行路径测试、局部数据结构测试、错误处理测试、影响上述各条的界限条件（边界值）可参考执行的结构覆盖性测试	
				（单元）集成测试		软件单元间的功能测试、软件部件的功能测试、软件部件运行时间、运行空间，计算精度的测试，边界和人为条件下的性能测试	
				配置项测试		功能测试、性能测试、可用性测试、可靠性测试、可维护性测试	

续表

软件(被测件)	功能测试项	性能测试项	测试级别		测试项目	
			软件配置项	子系统	软件配置项	子系统
播发软件子系统——位置数据与服务软件	1. 提供用户管理和个性化服务；2. 提供安全认证、用户门户	请求响应时间不大于500ms	单元测试	系统测试	功能测试,性能测试,接口测试,局部数据结构测试,错误处理测试,路径测试,局部上述各条的界限条件(边界值),可参考执行上述各条的结构覆盖性测试	系统功能测试,系统接口测试,系统性能测试,系统可靠性测试,系统可移植性测试,系统可维护性测试
			(单元)集成测试		软件单元间的接口测试,全局数据结构测试,软件部件的功能测试,软件部件运行时间,运行空间,计算精度的测试,边界和人为条件下的性能测试	
运维监控子系统——运行监控软件	1. 基准站数据质量监控(含网络)；2. 数据产品质量监控,提供测试分析报告；3. 基准站运行状态监控；4. 提供观测站数据分析及系统评估；5. 数据中心软、硬件运行状态监控	故障报警时延不大于6s	配置项测试	系统测试	功能测试,可用性测试,可用性测试,可移植性测试,可维护性测试	系统功能测试,系统接口测试,系统性能测试,系统可靠性测试,系统可移植性测试,系统可维护性测试

续表

软件（被测件）	功能测试项	性能测试项	测试级别		测试项目	
			软件配置项	子系统	软件配置项	子系统
运维监控子系统 运维软件	1. 软件本地和远程安装、配置、迁移、运行控制； 2. 提供系统资源管理功能，包括服务器管理、网络管理、存储管理、日志管理等； 3. 提供应用配置管理功能，包括软件版本、实例管理； 4. 提供自动化管理功能，包括日常巡检及报告、细粒度的故障处理、策略管理等； 5. 提供数据流故障识别功能； 6. 提供告警功能，包括事件管理、综合分析、短信微信网关等	操作响应时间不大于 2s	配置项测试	系统测试	功能测试、性能测试、外部接口测试、可移植性测试、可用性测试、可维护性测试	
数据分析评估软件	1. 对空间信号质量、接收机数据质量、基准站周边环境等进行数据分析； 2. 提供支持系统性能优化及故障排查的数据分析工具	支持 GB 级别数据分析能力	配置项测试	系统测试	功能测试、可用性测试、外部接口测试、可移植性测试、可维护性测试	

续表

软件(被测件)	功能测试项	性能测试项	测试级别		测试项目	
			软件配置项	子系统	软件配置项	子系统
信息可视子系统	1. 北斗二号、北斗三号卫星信号的状态; 2. 数据产品质量展示; 3. 基准站、观监站分布及工作状态; 4. 数据接收、处理、分发与播发状态; 5. 国家数据处理系统监控和运维状态; 6. 行业/区域数据服务状态; 7. 系统安全态势展示; 8. 门户展现,包括位置服务范围、质量和用户状态	可视化组件的平均响应时间应小于2s,否则应在界面中给予明确的等待提示	配置项测试		功能测试,性能测试,外部接口测试,可靠性测试,可用性测试,可移植性测试,可维护性测试	
软件安全子系统	1. 数据库应急切换; 2. 信息服务防护; 3. 认证与权限管理; 4. 综合安全审计	1. 用户登录与身份识别时间大于3s; 2. 审计日志检索时间不大于10s	配置项测试	系统测试	系统功能测试,系统性能测试,外部接口测试,系统接口测试,系统可维护性测试,系统可移植性测试	功能测试,性能测试,边界测试,安装性测试,互操作性测试,强度测试,余量测试,敏感性测试,恢复性测试,安全性测试,系统可移植性测试,系统可靠性测试,系统可用性测试,系统可维护性测试
应用集成子系统	基于服务总线和数据交换平台,实现面向服务的系统集成	集成后数据处理软件不大于1.5s		集成测试		系统功能测试,系统性能测试,系统接口测试,系统可靠性测试,系统可用性测试,系统可移植性测试,系统可维护性测试

又可以分为α测试和β测试:α测试是由用户、测试人员、开发人员共同参与的内部测试;β测试是内测后的公测,完全交给最终用户的测试。

应用验证的相关要素如表10-4所列。

表10-4 应用验证相关要素

名称	测试对象	侧重点	参照物	充分性评价方法	测试方法
应用验证	系统	需求的满足性	用户需求	需求覆盖率	黑盒测试、功能测试、性能测试等

2)验证方法

在应用验证阶段,验证的是系统与软件需求、用户需求间的一致性,一般采用的方法是黑盒测试、动态测试。结合系统总体架构,针对不同软件的技术体制及业务特点进行功能、性能、可靠性、可用性、可维护性和可移植性的验证。

3)预期评估效果

通过开展软件集成测试及应用验证,验证软件是否满足系统需求文档、系统设计文档、软件研制任务书、软件需求文档和软件设计文档所规定的软件质量特性要求,及时有效发现软件在功能性、可靠性、服务性能等方面的缺陷,通过迭代开发与验证测试,可以显著提高软件质量,进而满足北斗地基增强系统对核心软件服务性能以及可靠性、可用性、可维护性、可移植性等方面的要求。

10.10 平台关键技术及解决途径

10.10.1 兼容多种软件架构与标准

目前北斗高精度位置服务运营平台根据获得的原始观测数据生成差分数据产品可分为广域、区域及后处理3类,每类数据产品根据其算法、终端的不同又可分为多种类型,如单频伪距差分数据产品、单频载波相位差分数据产品等。北斗高精度位置服务运营平台数据产品种类繁多,因此目前亟待建立一套兼容多体制、多数据的标准与架构,规范数据产品格式,以适应目前发展需求。

软件平台关键技术解决途径:结合对北斗地基增强系统各类差分数据产品参数、精度要求的分析,按"五统一"的方案重构数据处理流程、软件模块及其相互关系,并为其设计一致的电文头和统一规划的电文编号,从而实现对多数据及目前已有的国内外相关标准的兼容。

对北斗高精度位置服务运营平台及平台下各子系统进行分离,针对各子系统的特性、接口要求等部分内容进行规范性描述。对于多数据的兼容性要求,通过调研国内外相关的软件架构,借鉴其设计思想,具体措施包括:

（1）模块化封装：通过对平台内各子系统性能模块化封装可以有效降低不同软件模块之间的耦合度。不同耦合方式的耦合度从弱到强排列为无直接耦合、数据耦合、标记耦合、控制耦合、外部耦合、公共耦合、内容耦合。系统需针对不同的业务模块进行解耦封装，尽量降低模块间的耦合度。

（2）服务化封装：面向服务的封装将系统的不同功能单元通过服务之间定义良好的接口和规范联系起来。服务化封装中，接口采用中立的方式进行定义，独立于实现服务的硬件平台、操作系统和编程语言。服务化封装可以在模块化封装基础上进一步降低系统的耦合性，实现业务逻辑与网络连接、数据转换的解耦。

（3）服务总线：服务总线提供了网络中最基本的服务集成平台。服务总线提供基础的集成服务与用户定制的应用服务，支持多种集成服务模式，支持服务的封装、重用、服务组合、服务调度。

（4）数据交换平台：数据交换平台提供各系统应用接入的接口，实现数据交换平台和各信息系统的有机结合，规范数据自动提取、数据转换、数据发送、数据校验、数据审核等功能实现，支持数据同步、历史数据迁移等，为不同数据库、不同数据格式之间进行数据交换服务。数据交换平台可辅助实现北斗地基增强系统内部各个应用之间以及和外部（行业、区域等）系统之间的数据互联互通，并且当有新的应用和数据需要加入到软件时，可以实现应用自动适配，满足系统集成的要求。

10.10.2 连续稳定的高可靠服务技术

北斗高精度位置服务运营平台是典型的实时流服务软件平台，在进行实时数据处理时既要确保能够准确接收并及时处理实时接收的原始观测数据，又要确保平台系统能够为用户提供的服务连续不间断，这就需要平台设计人员综合考虑数据流连续性、软件运行可靠性和数据存储可靠性等方面需求，建立高可靠的数据传输交换和应用协作机制、自动化的监控管理和资源调度机制，以及高可靠的数据存储和备份机制，实现各类软件模块的协同工作、冗余备份、故障告警及响应，全面提升核心软件可靠性。

为解决上述关键技术，采用了软件多活体备份技术，该技术通过数据处理框架的分布式数据总线，内置群组通信机制粘合分散在不同资源池内部的各个服务器、存储数据和网络资源，并利用统一的资源和管理调度机制，将这些物理上分散分布的资源整合成逻辑上一体的计算资源池体系，可供所有的业务服务软件进行使用。并在计算资源池体系之内，通过适当的数据切片机制或工具完成对数据流的高效和智能化分割；通过数据同步管理工具实现每份数据的分布式存储和业务软件间的多活体备份；通过整合了分布式工作流引擎的统一查询访问技术实现对复杂流程逻辑的动态切割处理以及对查询和分析请求的动态调度能力；通过具备灵活分布式数据路由算法的数据导航软件实现对数据的高效分析和快速查询；结合上述一系列的技术手段和处理方法，整个差分数据处理框架就形成了一个能够对复杂计算进行分布处理的可靠高效的分布式计算架构。

故障快速恢复技术是当业务软件发生故障或者需要扩容时，在尽量较少影响客户交互的情况下使用新节点来替代部分老节点或出现故障的节点。故障快速恢复技术通过监控系统的监控单元和运维系统联动，通过监控服务器上的业务软件和服务运行状态、进程运行状态、端口号使用情况,并根据相应状态、事件做出动作触发等。如当钟差改正产品超限时,便会形成一个事件,记录在监控系统中,该事件触发监控系统提前配置好的动作进行告警并重启数据处理软件。

任务调度技术依赖浮动 IP 和选举机制实现,首先将数台业务软件服务器通过浮动 IP 机制或分布式数据总线关联起来,所有服务器上的业务软件处理实时流数据形成产品,通过 POSIX 算法自主选举出哪台服务器对外提供服务,形成主备关系,对外提供访问。当主机故障时,备用服务器生效,自动升级为主服务器,并能够对外提供服务替代原来主服务器正常工作;当原故障主机修复时,其级别变为备机,若主机故障,该备用机再次生效。这种自主替换机制可以有效保证软件服务平台的高效安全运行。

数据复制技术是通过差分数据管理系统将存储的数据根据配置文件制定的副本数目在多个物理节点之间做数据复制。副本数目的设置是以命名空间为单位的,每一个独立的命名空间可以拥有自己的副本配置。在数据写入的时候所有的副本都会得到更新,而读取数据时则只需要选择其中任意一个副本来完成。通过在客户端之间选择不同的读副本的方式可以将读负载均匀地在集群节点中进行分配,提高集群的总吞吐能力和数据的连续性。

通过上述活体备份、故障快速恢复、数据复制等技术的使用可以保证在绝大部分时间下,软件平台可以保证用户的正常使用。可以为系统提供安全性可靠性的使用。

10.10.3 大规模用户长连接、高并发技术

北斗高精度位置服务运营平台软件在实际使用时,软件平台常常需要面临用户长连接、高并发的大规模数据访问的问题。据初步统计,同时在线的各类用户终端,其中以大众用户终端为最多,可能达到百万甚至上千万级,仅以车辆导航用户为例,每个用户在一次链接使用中持续连接时间可达几十分钟甚至几小时,而这与目前电商交易类的高并发、短连接状况有较大区别。这对高精度位置定位平台的软件和支撑平台架构提出了更高的要求。

解决这类问题的关键技术解决途径包括以下几种:

(1)服务器集群处理:一台服务器的处理能力毕竟有限,我们可以通过同时配置多台服务器组成服务器集群化,服务器集群化之后可以有效提升数据播发平台的响应速度。

(2)缓存处理:数据缓存可以减轻对服务器存储资源的占用,合理的缓存可以有效缓解数据库访问次数。北斗地基增强系统综合数据播发平台是一个数据服务系统,时刻都在向用户提供数据服务,通过缓存处理可以大大提高系统响应速度,提升服务质量,减少硬件资源开销。

(3)异步处理:即便使用了服务器集群和分布式处理的结构,但每台服务器能够同时处理的并发访问数目也是非常有限的,更为常用的解决办法是采用多线程消息队列或分布式消息队列等异步处理机制,可以将用户并发访问与后台服务器的数据处理相分离,避免服务请求失败。

(4)冗余架构:任何面向大众用户的网站都有自己的冗余备份系统,对于北斗地基增强系统数据产品播发平台而言,冗余备份更是必不可少的重要组成部分。常用的冗余架构为一主一备的服务器架构,但为了提升硬件使用效率,可以采用双活模式。通过前端负载均衡处理办法,使两个互为备份的服务器集群同时为用户服务,提升系统服务质量。

(5)负载均衡:负载均衡的作用是将工作任务进行平衡、分摊到多个操作系统单元上进行执

行。单个重负载的运算分担到多台节点设备上进行并行处理,大量的并发访问或者数据流量分担到多台设备上进行分别处理,减少用户响应的时间。本地负载均衡能够有效地解决数据流量过大、网络负荷过重的问题,避免服务器单点故障造成数据流量的损失。

10.10.4　分层并行协同测试技术

位置高精度服务运营平台的软件涉及的研制单位较多,在开发中采用协同开发模式,通过群体性、交互性、分布性和协同性的工作方式,在资源配置最优的状态下完成工作任务。但是,这种模式造成软件开发工作在时间上的分离和地域上的分散,为软件的测试工作提出了更高的要求。位置服务运营平台系统由七个子系统构成,每个子系统要完成单元、配置项、子系统和系统测试,不仅工作量大,而且技术实现难度也很大。因软件协同开发对软件测试造成的问题,成为项目工作中需要着力解决的问题。

解决这类问题的关键技术解决途径包括以下一些方面:

在平台软件实施过程中,采用分层并行协同测试的方法来提高系统测试效率。传统简单模式的串行测试方法已经难以支撑如此大体量和复杂度的系统测试,所以在测试时我们采用分层并行协同测试中的层次划分关系,并行开展测试工作,能够有效完成对复杂测试对象的测试描述。协同软件测试通过利用协同、网络、通信等技术,将时间、空间分布,任务目标一致,有工作依赖关系的多个协作成员及其活动有机地组织起来,共同完成软件测试任务的协同工作过程,其具有任务、时间和空间分布、交互性、动态跟踪的特点。

协同软件测试管理架构。协同软件测试管理架构,是针对跨地域的复杂环境下测试团队协同地进行软件测试,集成各类测试工具,提供统一输入/输出接口的集成测试环境而研究构建的。在对该平台架构设计时,基于服务的通用接入方式,可定制的测试管理流程,知识积累及资源共享等是需要重点考虑的问题。

测试管理流程协同。流程协同对于软件测试管理平台更好地支持协同具有重要作用,通过流程协同,可提高软件测试管理能力。

测试工具集成化。借助目前被广泛应用的测试工具,可以使协同软件测试管理平台为用户提供灵活多样且稳定可靠的测试服务。为了保证协同软件测试平台能够提供有效的测试服务,首先需要选取合适的开源测试工具,常用的开源测试工具有单元测试工具 JUnit、压力测试工具 Jmeter、Android 自动化测试工具 Monkey Test 等;其次要将测试工具集成到统一测试环境中,采用 Web Service 技术和 Web Part 等技术,可实现协同软件测试管理平台的开源软件的集成化。通过 Web Service 将测试工具的各个功能单元封装成服务对外的接口,将数据生成标准的 XML 格式,并利用 Web Part 整合服务的功能逻辑,支持工作流的接口,以形成工作流中的一个组件,同时根据需求,解析处理相应的 XML 数据。在测试项目的建立过程中,测试人员就可以根据项目实际需求,添加/移出相应测试工具组件,从而实现工作流的定制组合。

参考文献

[1] 蔡成林,许龙霞,薛艳荣,等. 实时分米级广域差分方法研究:第二届中国卫星导航学术年会电子文集[C/OL]. 北京,2011.

[2] 杨小军. 虚拟参考站(VRS)技术与差分改正信息的研究[D]. 西南交通大学,2005.

[3] RTCM Standard 10403.2 – 2013. Differential GNSS(Global Navigation Satellite Systems) Services – Version 3[S].

[4] 解伟. 移动多媒体广播(CMMB)技术与发展[J]. 电视技术,2008,32(4):4 – 7.

[5] 施闯,郑福,楼益栋. 北斗广域实时精密定位服务系统研究与评估分析[J]. 测绘学报,2017,46(10):156 – 165.

[6] 杨元喜. 北斗卫星导航系统的进展、贡献与挑战[J]. 测绘学报,2010,39(01):1 – 6.

[7] 中国卫星导航系统管理办公室. 北斗卫星导航系统应用案例[EB/OL]. (2019 – 01 – 15)[2019 – 09 – 18]. http://www.chinabeidou.gov.cn/xiazia/96.html.

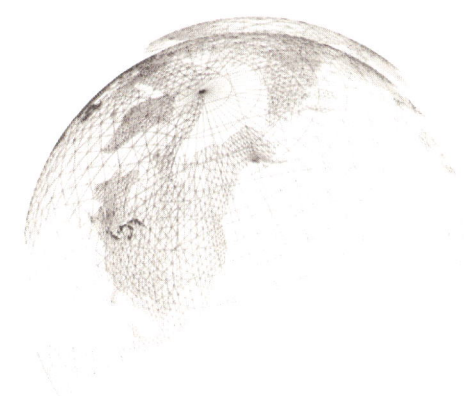

第 11 章

服务性能评估测试系统

11.1 概　述

北斗地基增强系统是北斗卫星导航系统重要的地面基础设施，主要由基准站和通信网络系统、国家数据综合处理系统与备份系统、行业数据处理系统、区域数据处理系统、位置服务运营平台、数据播发系统、用户终端、信息安全防护系统等分系统组成，是有效保障国家位置信息安全、拉动北斗产业发展、大幅提升北斗市场竞争力的重要手段。北斗地基增强系统通过地面基准站接收导航卫星信号并实时传输到数据处理中心，经过差分处理后生成北斗基准站观测数据、广域增强数据产品、区域增强数据产品及后处理高精度数据产品等，并利用卫星播发、数字广播、移动通信等手段将产品播发至北斗/GNSS增强用户终端，从而满足米级、分米级、厘米级和后处理毫米级的高精度定位和导航需求。

在北斗地基增强系统建设过程中，为保障北斗地基增强系统可靠运行，在"边建边用，边用边建"的设计理念指导下，建设的同时需要开展各项测试，包括但不限于安全测试、验证测试和集成测试等，以构建服务性能评估测试系统，及早发现播发通信链路、差分数据产品性能及差分解算软件等方面的相关问题，并及时予以解决。服务性能评估测试系统也是在测试过程中不断完善测试理论、方法、路线，不断提升测试效果与测试质量，最终满足广域单频伪距、单频载波、双频载波以及区域网络 RTK 差分定位服务和后处理毫米级定位服务的定位精度、初始化时间、网络时延以及覆盖范围等服务性能指标要求。

11.2 评估测试目标及依据

11.2.1 评估测试目标

根据北斗地基增强系统不同阶段的任务规划,开展相应指标的服务评估测试。第一阶段的总体目标,已于 2015 年年底完成 150 个国家框架网基准站的建设,并开展试运行。系统服务性能评估测试主要是在北斗地基增强系统覆盖的重点区域对其功能和性能指标进行测试,以验证北斗地基增强系统的定位服务能力,帮助北斗地基增强系统在发现和解决问题的不断迭代过程中逐步完善。伴随着 2018 年建设任务的完成,测试过程即为发现问题、分析问题并提出改进建议的过程,最终推动北斗地基增强系统达到设计要求,保证北斗地基增强系统框架网和区域加密网可靠运行,为用户提供差分数据产品,满足全国范围内北斗差分用户米级、分米级、厘米级实时定位和后处理毫米级定位需求。

11.2.2 评估测试依据

地基增强系统服务评估测试依据见表 11-1。

表 11-1 服务评估测试参考标准

序号	标准编号	标准名称
1	BD 110001—2015	北斗卫星导航术语
2	BD 410001—2015	北斗/全球卫星导航系统(GNSS)接收机数据自主交换格式
3	BD 410002—2015	北斗/全球卫星导航系统(GNSS)接收机差分数据格式(一)
4	BD 410003—2015	北斗/全球卫星导航系统(GNSS)接收机差分数据格式(二)
5	BD 410004—2015	北斗/全球卫星导航系统(GNSS)接收机导航定位数据输出格式
6	BD 420001—2015	北斗/全球卫星导航系统(GNSS)接收机射频集成电路通用规范
7	BD 420002—2015	北斗/全球卫星导航系统(GNSS)测量型 OEM 板性能要求及测试方法
8	BD 420003—2015	北斗/全球卫星导航系统(GNSS)测量型天线性能要求及测试方法
9	BD 420004—2015	北斗/全球卫星导航系统(GNSS)导航型天线性能要求及测试方法

续表

序号	标准编号	标准名称
10	BD 420005—2015	北斗/全球卫星导航系统(GNSS)导航单元性能要求及测试方法
11	BD 420006—2015	北斗/全球卫星导航系统(GNSS)定时单元性能要求及测试方法
12	BD 420007—2015	北斗用户终端RDSS单元性能要求及测试方法
13	BD 420008—2015	北斗/全球卫星导航系统(GNSS)导航电子地图应用开发中间件接口规范
14	BD 420009—2015	北斗/全球卫星导航系统(GNSS)测量型接收机通用规范
15	BD 420010—2015	北斗/全球卫星导航系统(GNSS)导航设备通用规范
16	BD 420011—2015	北斗/全球卫星导航系统(GNSS)定位设备通用规范
17	BD 420012—2015	北斗/全球卫星导航系统(GNSS)信号模拟器性能要求及测试方法
18	GB/T 28588—2012	全球卫星导航系统连续运行基准站网技术规范
19	GB/T 18324—2001	全球定位系统(GPS)测量规范
20	CJJ/T 8—2011	全球定位系统(GPS)城市测量规范
21	GB/T 17424—1998	差分全球定位系统(GPS)技术要求
22	CH/T 1004—2005	测绘技术设计规定
23	企业标准	北斗地基增强系统总体技术要求
24	在编标准	北斗地基增强系统技术规范； 北斗地基增强系统基准站建设技术规范； 北斗地基增强系统基准站数据存储和输出要求； 北斗兼容差分信标台站完好性监测协议； 北斗地基增强系统通信网络系统技术规范； 北斗地基增强系统数据处理中心建设技术规范； 北斗地基增强系统数据处理中心数据接口规范； 北斗地基增强系统播发系统通用技术规范； 北斗地基增强系统基准站验收测试规范； 北斗地基增强系统通信网络验收测试规范； 北斗地基增强系统数据处理中心验收规范方法； 北斗地基增强系统数据播发系统验收测试规范； 北斗地基增强系统集成测试规范； 北斗地基增强系统增强数据质量评估； 北斗地基增强系统性能监测评估规范； 北斗地基增强系统运行监控评估技术规范； 北斗地基增强系统安全保密要求； 北斗地基增强系统服务性能规范； 北斗地基增强系统增强数据协议要求

11.3 评估测试要求及内容

11.3.1 评估测试要求

(1)测试内容包括实时米级、分米级、厘米级和后处理毫米级差分定位服务的功能与性能;
(2)测试地点选择覆盖全国直辖市、省会城市,逐步扩大到地级市及乡镇;
(3)测试包括静态环境和动态环境的测试;
(4)单频伪距、单频载波相位以及双频载波相位静态测试不少于4h;
(5)单频伪距、单频载波相位以及双频载波相位静态测试选取的基准精度达到厘米级;
(6)支持广域单频伪距、单频载波相位以及双频载波相位差分定位服务测试实时及事后对测试数据的精度统计及管理;
(7)支持区域网络RTK、后处理毫米级定位服务事后对测试数据的精度统计及管理;
(8)国家综合处理系统逐步具备测试数据统计成果网页展示功能。

11.3.2 评估测试内容

评估测试针对北斗地基增强系统提供的单频伪距、单频载波相位、双频载波相位(精密单点定位)和网络RTK差分定位服务,以及后处理毫米级定位服务,分别在静态或动态条件下依托相应的播发方式开展测试。

1. 单频伪距、单频载波相位以及双频载波相位差分定位服务测试

1)第一段

(1)在未参与差分数据产品解算的框架网基准站中选择一定数量的基准站作为测试基准站,开展单频伪距、单频载波相位以及双频载波相位差分定位服务静态数据产品连续测试,以验证广域差分数据产品定位服务精度性能。

(2)在全国范围内选择3个相距500km以上的城市,基于广域差分数据产品,依托移动通信链路,采用专业测试设备开展广域单频伪距、单频载波相位以及双频载波相位差分定位服务静态测试以及广域单频伪距动态跑车测试。

(3)在全国范围内选择两座城市,基于广域差分数据产品,依托CMMB通信链路,采用专业测试设备开展广域单频伪距、单频载波相位以及双频载波相位差分定位服务静态验证测试。

2)第二段

(1)在未参与差分数据产品解算的框架网基准站中选择30个基准站作为测试基准站,开展单频伪距、单频载波相位以及双频载波相位差分定位服务静态数据产品连续测试,监测广域差分数

据产品定位服务精度性能。

（2）在全国范围内选择 3 个相距 500km 以上的城市，基于广域差分数据产品，依托移动通信链路，采用专业测试设备长期开展广域单频伪距、单频载波相位以及双频载波相位差分定位服务静态定位精度、初始化时间、网络时延等指标的外场测试，并选择适宜路段开展广域单频伪距动态跑车定位精度测试，在武汉开展广域差分定位服务船载动态测试。

（3）在全国范围内选择 10～15 座城市，基于广域差分数据产品，依托移动通信链路，采用专业测试设备开展广域单频伪距、单频载波相位以及双频载波相位差分定位服务静态定位精度、初始化时间、网络时延等指标的外场测试，并分别在各城市选择适宜路段开展广域单频伪距动态跑车定位服务精度测试。

（4）选择部分城市，依托 CMMB 通信链路，采用专业测试设备开展广域单频伪距、单频载波相位以及双频载波相位差分定位服务静态验证测试。

（5）在 2～3 个城市开展 C 波段卫星播发信号上行站改造功能（广域差分数据产品接收、北斗广域差分信号地面产生与发射）和 C 波段卫星播发广域差分数据产品的试验与性能测试。

（6）基于广域差分数据产品，依托 CDR 通信链路，采用专业测试设备开展广域差分定位服务静态验证测试。

（7）开展用"亚洲之星"L 波段（1467～1492MHz）卫星播发广域差分数据产品的测试试验与定位服务性能测试。

3）第三段

（1）在未参与差分数据产品解算的框架网基准站中选择 30 个基准站作为测试基准站，开展单频伪距、单频载波相位以及双频载波相位差分定位服务数据产品连续静态测试，监测广域差分数据产品定位服务精度性能。

（2）在全国选择两座城市，基于广域差分数据产品，依托移动通信链路，采用专业测试设备开展广域单频伪距、单频载波相位以及双频载波相位差分定位服务连续静态定位精度、初始化时间、网络时延等指标的外场测试。

（3）在全国省会、直辖市以及地市、县、乡镇等城市中选择一定数量的地区，基于广域差分数据产品，依托移动通信链路，采用专业测试设备开展广域单频伪距、单频载波相位以及双频载波相位差分定位服务静态定位精度、初始化时间、网络时延等指标的外场测试，并选择适宜路段开展广域单频伪距动态跑车定位精度测试。

（4）选择部分城市依托 CDR 数字广播通信链路，采用专业测试设备开展广域单频伪距、单频载波相位以及双频载波相位差分定位服务静态验证测试，以及单频伪距动态定位精度测试。

2. 网络 RTK 差分定位服务测试

1）第一段

选择一个城市基于区域差分数据产品，依托移动通信链路，采用网络 RTK 专业测试设备开展网络 RTK 差分定位服务静态测试，以验证该地区网络 RTK 服务能力。

2）第二段

选择部分城市，依托移动通信链路，开展网络 RTK 覆盖区域定位服务测试。

3）第三段

在全国选择16个省的网络RTK覆盖范围内选择合适的场地,依托移动通信链路,进行网络RTK差分服务测试。

3. 后处理毫米级定位服务测试

1）第一段

选择一个城市开展后处理毫米级定位服务验证测试。

2）第二段

在北京、广州、新疆三地选择开阔无遮挡、电磁环境好,并具有基准点的场地,开展连续静态测试,测试后处理毫米级定位服务性能。

3）第三段

在全国范围内选择3个相距500km以上的省会地市开阔无遮挡、电磁环境好,并具有基准点的场地,开展连续静态测试,测试后处理毫米级定位服务性能。

11.4 评估测试系统的主要技术指标

11.4.1 定位精度

1. 广域定位精度

定位精度是指在约束条件下,各服务范围内用户使用相应产品后所获得的位置与用户的真实位置之差的统计值,包括水平定位精度和垂直定位精度。

在95%置信度条件下,北斗地基增强系统广域定位服务应该达到的精度指标如表11-2、表11-3所列。

表11-2 北斗广域定位精度指标

产品分类	定位精度(95%)	约束条件
广域增强数据产品	单频伪距定位: 水平≤2m 垂直≤4m	北斗有效卫星数>4 PDOP值<4
	单频载波相位精密单点定位: 水平≤1.2m 垂直≤2m	北斗有效卫星数>4 PDOP值<4
	双频载波相位精密单点定位: 水平≤0.5m 垂直≤1m	北斗有效卫星数>4 PDOP值<4 初始化时间30~60min

表11-3 北斗GPS组合广域定位精度指标

产品分类	定位精度(95%)	约束条件
广域增强数据产品	单频伪距定位： 水平≤2m 垂直≤3m	北斗有效卫星数>4 GPS有效卫星数>4 PDOP值<4
	单频载波相位精密单点定位： 水平≤1.2m 垂直≤2m	北斗有效卫星数>4 GPS有效卫星数>4 PDOP值<4
	双频载波相位精密单点定位： 水平≤0.5m 垂直≤1m	北斗有效卫星数>4 GPS有效卫星数>4 PDOP值<4 初始化时间30~60min

2. 区域定位精度

区域定位精度指标如表11-4所列。

表11-4 区域定位精度指标

产品分类	定位精度(RMS)	约束条件
区域增强数据产品	水平≤5m 垂直≤10m	北斗有效卫星数>4 或 GPS有效卫星数>4 或 GLONASS有效卫星数>4 PDOP值<4 初始化时间≤60s

3. 后处理定位精度指标

后处理定位精度指标如表11-5所列。

表11-5 后处理定位精度指标

产品分类	定位精度(RMS)	约束条件
后处理高精度数据产品	水平≤5mm±1ppm×D 垂直≤10mm±2ppm×D	北斗有效卫星数>4 或 GPS有效卫星数>4 PDOP值<4 连续观测2h以上

注：D表示基线距离。

11.4.2 覆盖范围

在各个测试段,根据北斗地基增强系统差分服务覆盖范围的不断扩大,测试的范围也不断扩大,覆盖范围测试与定位服务精度测试同步进行。

广域增强精度服务范围为播发范围内中国陆地及领海。

区域增强精度服务范围参照区域加强密度网站点分布,以区域服务系统发布的服务范围为准。

后处理高精度服务范围为播发范围内中国陆地及领海。

11.4.3 数据时延

在第一段、第二段,移动通信播发引起的数据时延具备测试条件。

在第三段,移动通信、数字广播和卫星播发的广域定位服务数据时延均具备测试条件,可以开展数据时延测试。区域网络 RTK 只测试移动通信播发方式下的数据时延指标。

数据时延:当前周秒减去收到的差分产品的周秒时标为数据延迟时间。

单频伪距差分服务、单频载波相位差分服务以及双频载波相位差分服务数据时延:≤6s。

网络 RTK 数据时延:≤2s。

11.5 评估测试系统组成

11.5.1 广域测试系统组成

广域测试系统采用数据产品服务性能测试和外场定位服务性能测试两种方式,实现北斗地基增强系统广域差分定位服务能力的验证测试。两种测试方式各有优点,互为补充。通过两种方式同步测试,分析测试结果,更有利于测试结果误差来源分析。

1. 广域数据产品服务性能测试组成及功能

数据产品服务性能测试是选择不参与广域轨道、钟差解算的基准站原始观测量和不经过差分链路播发的差分数据产品作为基础数据,经差分算法模块解算获得不同定位模式下广域差分定位服务精度结果,实现广域差分定位服务性能理论上静态验证。

北斗地基增强系统自一期工程建设以来一直开展数据产品测试,是基于数据综合处理系统中完好性监测模块进行解算的,通过数据综合处理系统生成的广域差分数据产品和以一定规则选定的基准站接收的原始观测数据作为基础数据,分别进行单 BDS、单 GPS 定位模式下单频伪距、单频载波相位以及双频载波相位的差分定位性能评估,评估依据是各选定基准站的毫米级定位坐标,生成评估数据后传输给完好性监测单元,由完好性监测单元完成监测计算任务后,由数据综合处理系统中运维监控子系统综合显示(图11-1)。

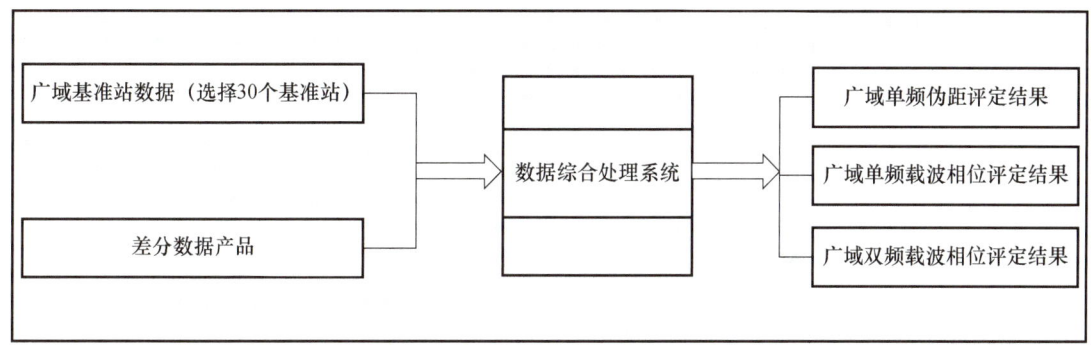

图 11-1 数据产品测试工作图

六部委(测绘、国土、交通、地震、气象、教育)拥有丰富的基准站资源,满足数据产品测试,北斗地基增强系统全面建成后,六部委子系统也要参加数据产品的服务性能测试(图11-2)。

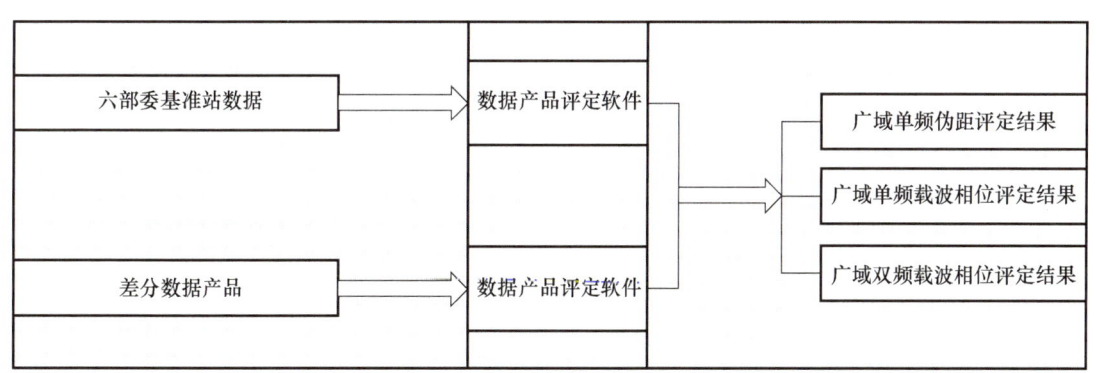

图 11-2 六部委数据产品测试工作图

2. 外场定位服务性能测试组成及功能

1) 静态测试组成及功能

固定点静态测试依托基准站(或楼顶已知点)工作环境为测试设备提供工作场所、供电等,如在已知点上,需要在已知点上放置好天线,并对中整平,量取天线高。通过功分器测试设备和基准站共用一个天线,即可采用基准站的坐标值作为测试设备差分定位结果评定基准值,组成如图11-3所示。

2) 动态测试组成及功能

(1) 专业测试车组成及功能。专业测试车测试模式由专业测试车以及测试设备组成,如图11-4所示。

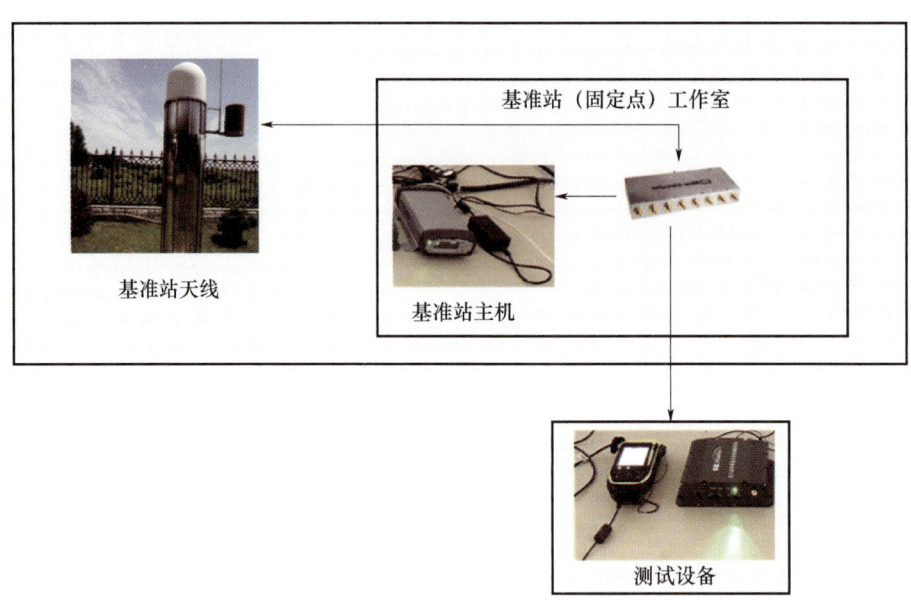

图 11-3　固定点静态测试组成框图

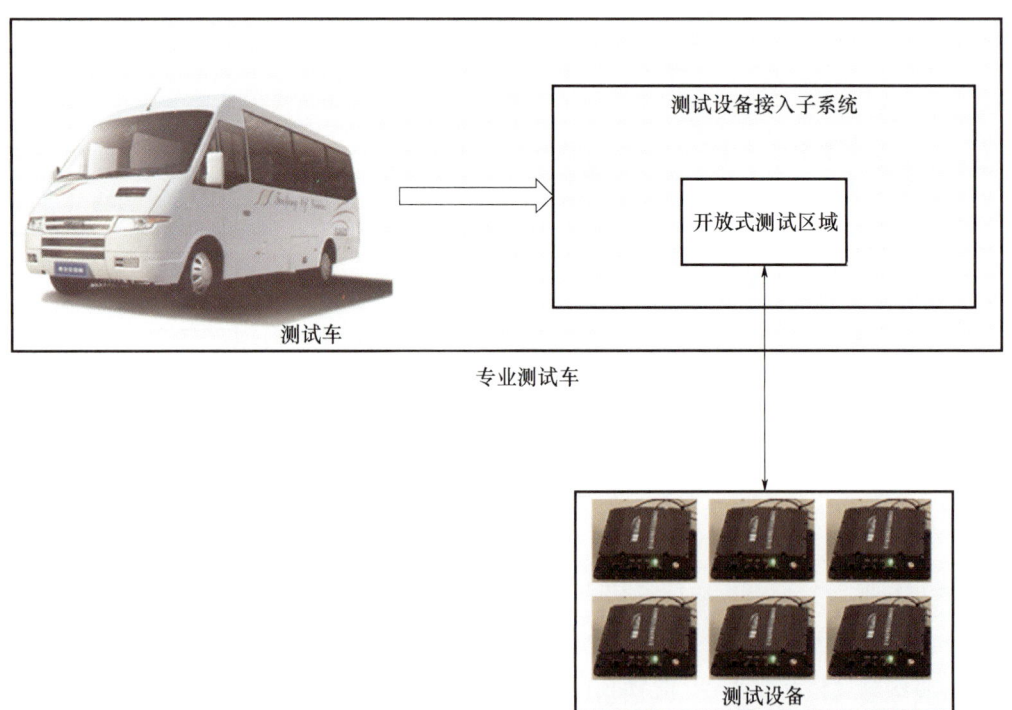

图 11-4　专业测试车测试组成框图

专业测试车可以满足北斗地基增强系统外场定位服务在室外对天静态、动态测试时,测试设备所需的工作环境、比对基准,同步可以开展六台测试设备的测试,可对一台测试设备的测试数据进行定位精度实时统计,其他测试数据采用事后处理,为了保证测试的有效性,可以通过专业测试车上配置的专用软件获得事后精确基准,以该基准坐标统计的测试数据作为最终统计成果。

依托专业测试车基于移动通信、数字广播或卫星播发等通信模式,实现北斗地基增强系统差分数据产品在全国范围内覆盖性、定位服务精度、初始化时间以及网络时延等指标的测试,测试过程全程可以视频监控。测试车可为测试设备提供卫星接入口,实现和基准共天线,卫星天线固定在车顶稳定可靠,通信天线采用测试设备的自带天线,工作时吸附在车顶。

(2)租车测试组成及功能。租车测试模式是由测试方在车辆上采用便携式测试系统构建测试环境,组成及连接关系如图11-5所示。

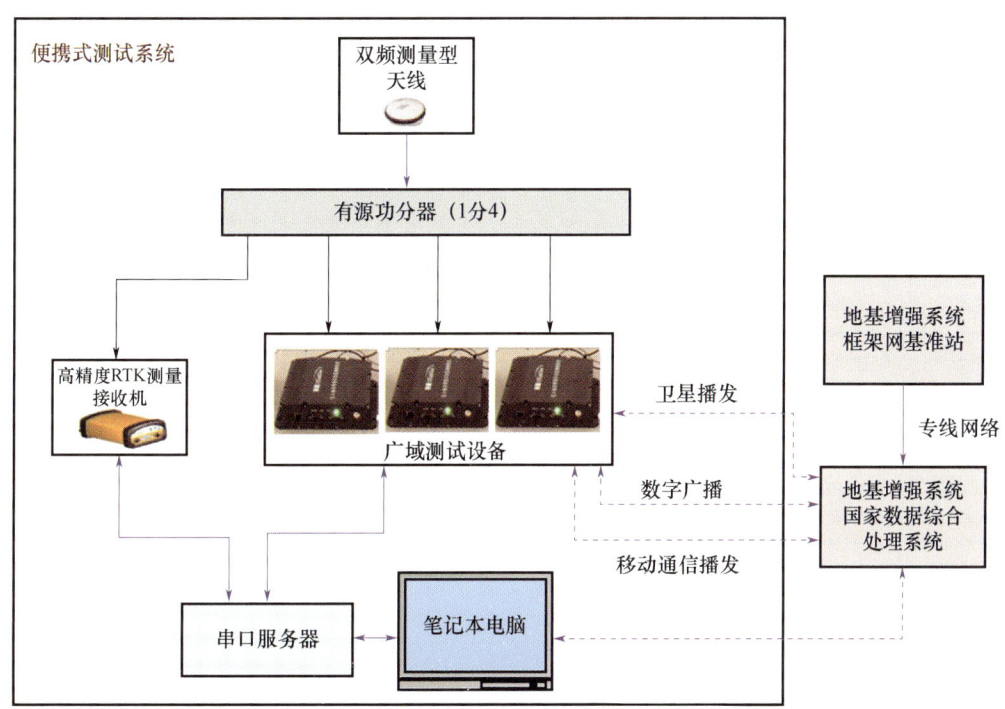

图11-5　租车测试组成框图

租车搭建的测试环境简陋,测试设备和基准设备简易固定,只能在座位上和后备箱放置,也无法在测试期间对测试设备的测试数据进行定位精度实时统计,只能测试后再处理,不能实时获得测试过程的测试质量,同时测试过程也无法监控。测试基准无法采用GNSS/INS组合惯导高精度基准系统,采用高精度RTK测量终端作为基准设备,因此基准的精度和连续性均要低于专业测试车,卫星天线只能吸附在车顶,受空间和携带限制同步开展测试的设备也不宜太多。

11.5.2　区域测试系统组成

网络RTK差分定位服务测试分固定点测试和车载动态测试。

1. 固定点静态服务性能测试系统组成

采用支架将GNSS天线固定在待测点上,并对中整平,量取天线高。通过天线电缆将天线与

RTK 测试接收机连接,应保证卫星接收正常才能进行测试。接收机通过 RJ45 网线连接 3G/4G 通信模块,以获取网络 RTK 差分并将定位结果回传到数据采集及分析软件,进行精度及收敛时间统计(图 11-6),固定点静态服务性能测试组成及功能见表 11-6。

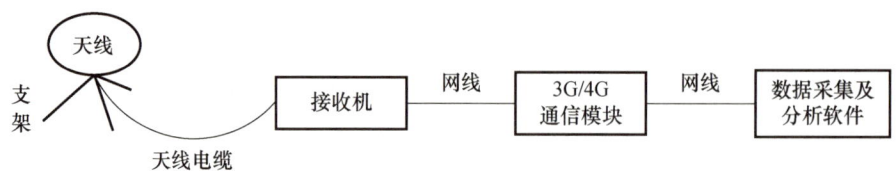

图 11-6　固定点静态服务性能测试组成框图

表 11-6　固定点静态服务性能测试组成及功能

序号	组件	数量	功能
1	RTK 测试接收机	1 台	接收卫星信号及差分数据、定位解算
2	GNSS 天线	1 个	跟踪观测卫星信号
3	天线馈线	1 根	连接接收机与天线
4	3G/4G VPN 通信模块	1 个	移动通信模块,用于接收差分
5	固定支架	1 个	固定 GNSS 天线
6	RJ45 网线	1 根	连接接收机与 3G/4G VPN 通信模块
7	数据采集及分析软件	1 个	用于定位精度、收敛时间统计分析

2. 车载动态服务性能测试系统组成

采用吸盘将两个 GNSS 天线固定在车顶,通过天线电缆将每个天线与一台 RTK 测试接收机连接,应保证卫星接收正常才能进行测试。接收机通过 RJ45 网线连接 3G/4G 通信模块,以获取网络 RTK 差分并将定位结果回传到数据采集及分析软件,进行精度及收敛时间统计(图 11-7、图 11-8),车载动态服务性能测试设备描述见表 11-7。

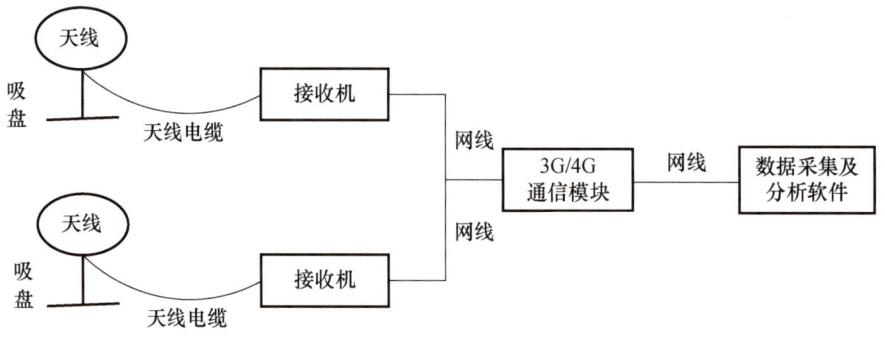

图 11-7　车载动态服务性能测试组成框图

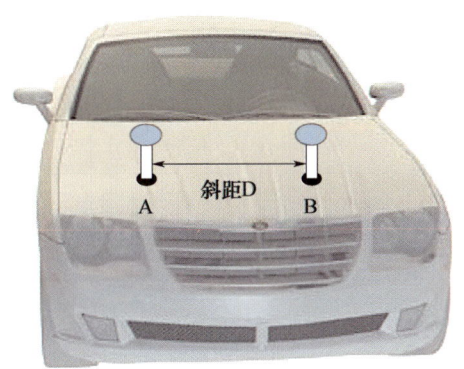

图 11-8　两个天线安装在车顶

表 11-7　车载动态服务性能测试设备描述表

序号	组件	数量	功能
1	RTK 测试接收机	2 台	接收卫星信号及差分数据、定位解算
2	GNSS 天线	2 个	跟踪观测卫星信号
3	天线馈线	2 根	连接接收机与天线
4	3G/4G VPN 通信模块	1 个	移动通信模块，用于接收差分
5	测试车辆	1 台	用于路测及固定 GNSS 天线
6	固定吸盘	2 个	固定 GNSS 天线
7	RJ45 网线	2 根	连接接收机与 3G/4G VPN 通信模块
8	数据采集及分析软件	1 个	用于定位精度、收敛时间统计分析

11.5.3　后处理毫米级定位服务性能测试系统

后处理毫米级服务的区域测试系统由基准站及后处理解算软件组成，如图 11-9 所示。将基准站记录的连续 24h 静态数据，导入后处理解算软件，进行坐标解算，以基准站精确坐标为比较基准，进行精度统计分析，后处理毫米级定位服务性能测试设备描述见表 11-8。

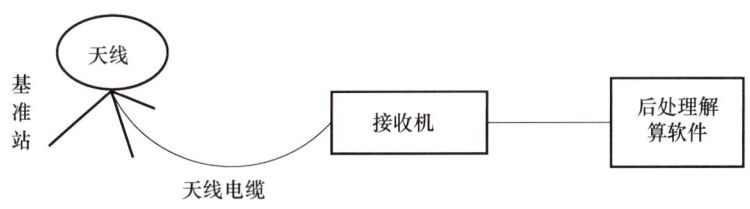

图 11-9　后毫米级服务测试组成框图

表 11-8　后处理毫米级定位服务性能测试设备描述表

序号	组件	数量	功能
1	基准站接收机	1 台	接收卫星信号,记录静态观测数据文件
2	GNSS 天线	1 个	跟踪观测卫星信号
3	天线馈线	1 根	连接接收机与天线
4	后处理解算软件	1 套	用于坐标解算、精度统计分析

11.6　评估测试方案

11.6.1　广域测试方案

1. 数据产品服务性能测试方案

数据产品服务性能测试采用两种测试方式。

(1)方案一是在北斗地基增强系统中广域和区域基准站中选择基准站作为测试点,其中广域基准站是选择不参与轨道、钟差解算的基准站,选取数量不少于 30 个,同时在第三段的测试中选取一定数量的区域基准站,将选定的基准站原始观测量和差分数据产品在国家数据综合处理系统(测试数据管理平台软件模块)中进行差分定位解算,获得单 BDS、单 GPS 以及 BDS + GPS 组合模式下的单频伪距、单频载波相位以及双频载波相位的差分定位结果,并进行精度评定,可以以日统计、以周统计或以月统计评定结果。

(2)方案二分别依托地震局陆态网、气象局基准网、国家测绘局基准网开展数据产品测试。其中地震局可以利用陆态网现有的全部或大部分基准站原始观测量和北斗地基增强系统广域差分数据产品进行差分定位解算,获得单 BDS、单 GPS、BDS + GPS 组合模式下的单频伪距、单频载波相位以及双频载波相位的差分定位结果,并进行精度评定,可以以日统计、以周统计或以月统计评定结果。

2. 外场定位服务性能测试方案

1)固定点静态测试方案

对北斗卫星系统在我国国土范围内两周的 PDOP 值统计(表 11-9),以及 1 个月的电离层改正精度统计分析,筛选出适宜开展广域静态测试的省会城市,发现选择的城市并不是所有的都满足指标要求。因此在实际开展测试前,可以提前 1 个月对我国国土范围内两周的 PDOP 值和电离层改正精度进行统计分析,选取合适的地区开展广域测试比较合理。

表 11-9　全国省会城市北斗 PDOP 值和电离层改正精度达标统计表(2017.08)

序号	城市名称	PDOP 小于 3	电离层小于 3	是否适宜测试
1	北京	是	是	是
2	天津	是	是	是
3	合肥	是	是	是
4	重庆	是	是	是
5	南昌	是	是	是
6	济南	是	是	是
7	郑州	是	是	是
8	呼和浩特	是	是	是
9	武汉	是	是	是
10	长沙	是	是	是
11	银川	是	是	是
12	成都	是	是	是
13	石家庄	是	是	是
14	贵阳	是	是	是
15	太原	是	是	是
16	大连	是	是	是
17	西安	是	是	是
18	兰州	是	是	是
19	西宁	是	是	是
20	南京	是	是	是
21	台北	是	否	否
22	杭州	是	否	否
23	上海	是	否	否
24	福州	是	否	否
25	香港	是	否	否
26	昆明	是	否	否
27	沈阳	否	是	否
28	长春	否	是	否
29	哈尔滨	否	是	否
30	南宁	是	否	否

续表

序号	城市名称	PDOP 小于 3	电离层小于 3	是否适宜测试
31	广州	是	否	否
32	拉萨	是	否	否
33	海口	是	否	否
34	乌鲁木齐	否	是	否
35	澳门	是	否	否

注：大连代替沈阳，而拉萨及附近无满足条件的城市。

根据表 11-9 选择适宜的省会城市开展静态、动态广域测试，在不适宜的城市主要开展静态验证测试。在实际测试前对全国北斗 PDOP 值达标情况再重新进行统计，更新表 11-9；在固定点上部署测试设备，开展连续静态测试，分别进行移动通信、数字广播或卫星播发 3 种播发方式，开展单 BDS、单 GPS 以及 BDS+GPS 组合模式下广域单频伪距、单频载波相位以及双频载波相位差分定位精度、初始化时间、网络时延等指标测试，按测试大纲和细则要求，开展长期连续的测试和统计分析；在无法找到固定点的测试城市，而又需要开展静态测试，可以依托专业测试车开展静态测试，在没有市电接入的情况下，专业测试车开展的连续静态测试不宜超过 4h。

2）联合第三方在固定点静态测试方案

依托第三方拥有的基准站网和所在城市的其他物资、人力资源，开展广域静态差分定位服务性能测试。由被审核认可的第三方提供静态测试方案及测试设备，其中测试流程、测试时长、统计方法等依据北斗地基增强系统测试大纲和测试细则规定。

在项目验收期间，可以选定具备条件的第三方测试单位，统一规划测试城市和测试时段。静态测试时如果在已知坐标的点位上实施，要将天线稳固架设并强制对中在固定点位上。

3. 动态服务性能测试方案

开展动态服务性能测试之前需要获得最近一段时间数据产品测试的结果统计情况，以此推测在选择适宜开展测试的地域是否具备测试条件，只有具备测试条件开展动态服务性能测试才可能保证测试成果满足要求。

动态服务性能测试主要是测试单频伪距在全国外场定位服务能力，因此根据北斗地基增强系统第一、第二阶段的播发方式、覆盖范围的建设情况，选择合适的地域开展动态测试工作。

1）专业测试车动态服务性能测试方案

专业测试车动态服务性能测试模式是开展广域单频伪距差分定位动态服务能力的测试。测试设备通过功分器和基准设备连接在同一个 GNSS 天线上，可以同时接入多台测试设备，其中一台测试设备的测试数据和基准数据实时比对，对测试的精度情况进行实时评定，其他设备的测试数据试验结束后再进行统计、分析，同时测试过程可以全程监控并采集原始观测数据，测试后可以回放数据。由于专业测试车中的基准是采用 GNSS/INS 组合导航设备，因此实时精度高、连续稳定可靠，具备基准后处理功能，因此最后统计结果以后处理基准结果作为动态基准值对所有测试设备进行统计、分析为准。

采用专业测试车可以在全国范围内开展单频伪距差分定位精度动态测试,一次动态测试时间不少于 3.5h。

2) 租车动态服务性能测试方案

租车动态服务性能测试模式是开展广域单频伪距差分定位动态测试的另一种手段,采用便携式测试系统,包括测试设备、基准设备及电源等相关辅助设备。便携式测试系统是临时架设在租赁车辆上,测试设备通过功分器和基准设备连接在同一个 GNSS 天线上,天线吸附在车顶,可以同时接入多台测试设备(由于携带和车辆无法固定限制,因此测试设备数量不宜太多),测试基准只能采用 RTK 设备,会受卫星遮挡和移动通信干扰的影响,可能导致基准不是由连续高精度定位得出的结果,所有测试设备的测试数据均采用事后处理的方式统计分析,无法实时查看测试结果符合性。

租车测试方式可以联合第三方在全国范围内开展广域单频伪距动态服务能力测试,一次动态测试时间不少于 3.5h。

11.6.2 区域测试方案

1. 网络 RTK 测试方案

1) 固定点静态测试

(1) 监测站连续测试。按照区域厘米级覆盖范围,每个省或直辖市建立一个连续运行的网络 RTK 监测站,由区域测试系统进行控制,进行 7 天 ×24h 连续服务测试,监控所在区域的日常服务可用情况,并评估服务定位精度及初始化时间。

拟在每个省的省会城市及直辖市建立监测站,城市清单如表 11-10 所列。

表 11-10 监测站城市清单

序号	服务省份/直辖市	监测站城市
1	北京	北京
2	天津	天津
3	河北	石家庄
4	山西	太原
5	山东	济南
6	江苏	南京
7	江西	南昌
8	安徽	合肥
9	福建	福州
10	广东	深圳
11	湖北	武汉
12	湖南	长沙

续表

序号	服务省份/直辖市	监测站城市
13	河南	郑州
14	重庆	重庆
15	上海	上海

每个城市建立一个监测站,监测站采用目前市场上成熟 RTK 终端产品进行 7 天 ×24h 连续服务测试,由区域测试系统进行监测站管理、数据分析汇总、服务监控。为了排除因终端、观测环境的因素影响服务性能,终端计划采用市场上的性能比较先进的接收机,并选择开阔的观测环境。

数据采集及分析软件远程控制监测站终端,RTK 差分数据接通 5min,然后中断 1min,再接通 5min,然后中断 1min,如此反复,连续进行 7 天 ×24h 服务监测。

区域测试系统自动运行,统计分析初始化时间、定位精度、使用卫星数、差分时延等参数,定期输出测试结果文件,并以 FTP 方式传输到国家综合处理系统中的测试数据管理平台。

(2)野外选点测试。在区域厘米级覆盖范围内,按照均匀分布的原则选择约 50 个测试点,进行厘米级服务测试。

测试点周边应满足以下要求:

①具有良好、稳定的手机网络连接,差分时延不超过 2s;

②具有较为开阔的观测环境,15°高度角以上无成片遮挡(遮挡方位角不超过 30°),远离楼宇、树荫、铁塔、高压线等。

测试方法:

①在测试点上稳固部署强制对中装置,并安装测试终端,确保卫星搜星正常,无异常无线电干扰。

②终端采用 3G 或 4G 模块接入区域测试系统数据采集及分析软件,RTK 差分数据接通 5min,然后中断 1min,再接通 5min,然后中断 1min,如此反复,连续测试 3h。每个 5min 为一个测试时段,进行重新初始化,中断 1min 时恢复成单点定位,如此 3h 共可完成 30 个时段的测试。

③终端进行如上测试的同时记录静态数据,用于后处理静态处理获取精确坐标,作为 RTK 测试结果精度分析的基准。

④区域测试系统数据采集及分析软件对采集的终端测试数据自动统计初始化时间、定位精度、使用卫星数、差分时延等参数。

2)车载动态测试

在参与路测的车顶上分别固定安装两个 GNSS 天线,如图 11 - 10 所示,每个天线连接一台高精度 GNSS 接收终端。

具体测试方法如下:

(1)将测试车置于开阔环境,保持静止不动,使用两台终端连续采集 2h 静态观测数据。

(2)开始路测时,测试车沿计划路段正常速度行驶,两台终端同时接入厘米级服务,进行 RTK 动态定位,同步记录 1Hz NMEA 信息(包括定位坐标、差分时延、卫星数、速度等信息)以及 1Hz 原

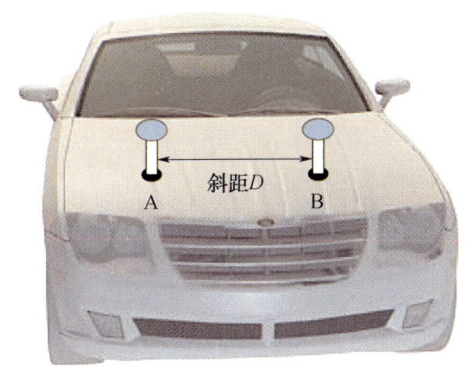

图 11-10　车载路测模式天线固定图

始观测数据。

（3）利用路测开始前的 2h 静态观测数据，采用高精度后处理软件（如 TBC）精确计算 A 天线与 B 天线之间的斜距 D，精度可达毫米级，可作为路测时 RTK 实时定位精度比对的基准。

利用路测时两个终端记录的 1Hz NMEA 信息，计算每秒 A 天线、B 天线之间的斜距 D'。将静态方式测算的斜距 D 作为真值，计算每秒斜距 D' 相对 D 的偏差，按照误差传播定律可以推算出每秒的平面及高程精度。

2. 后处理毫米级定位服务测试方案

利用基准站数据，基于后处理毫米级精密定位服务，区域测试系统提供后处理坐标解算及定位精度分析功能。在区域毫米级覆盖范围内，按照均匀分布的原则选择约 30 个基准站（每个省选择一个站），进行毫米级服务测试。

具体测试方法如下：

（1）将每个基准站作为待测点，为其选择 3 个基准站（不在此 30 个基准站内）作为起算。

（2）在测试点上安装测试接收机，进行 24h 数据采集，数据文件为 Rinex 格式。

（3）下载这 3 个基准站和待测点的 24h 数据文件进行解算；数据导入区域测试系统的后处理解算软件进行基线处理、坐标解算，以这 3 个基准站的精确坐标作为起算，计算出待测点的坐标。

（4）将解算后的待测点坐标与该站已知的精确坐标进行比较，分析点位精度以及相对精度，判断是否符合设计指标。

11.7　评估测试数据分析

测试结果分析主要包括 3 个步骤：第一步测试数据概况记录到差分测试记录表格，见附表 11-1 ~ 附表 11-3（如果测试数据通过移动通信网络在实测过程中回传到专用数据平台就不记录测试数据),包括测试过程中遇到的异常情况,动态测试中车辆行驶状况均进行记录,便于辅助结果分析;第二步在国家数据综合处理系统中测试数据管理平台上或专用数据处理分析软件处理测试数据,将计算结果与设计指标对比,并得出结论,记录测试结果;第三步在国家数据综合处理平台中的测试数据管理平台子系统中每天统计当天收到的各个测试组上报的数据,分析测试情况,及时协调解决处理问题。

11.8 指标统计方法

11.8.1 差分定位精度(95%置信度)

单频伪距、单频载波相位及双频载波相位差分定位结果的精度(95% 置信度)统计方法相同,数据处理的流程过程如下:

1. 测试设备的差分定位

使用测试设备接收卫星导航信号和相应播发方式的差分数据产品,输出定位结果(B,L,H),获取基准点,计算定位误差。获取同一坐标系下的已知点作为基准,其中静态测试可以采用坐标已知点作为固定基准点,动态测试中可以将专业测试车上的 GNSS/INS 惯导组合导航系统或便携式测试系统中的高精度 RTK 测量接收机的定位结果或对应后处理结果作为动态点基准坐标。通过将测试终端的定位结果(B,L,H)与基准位置(B_0,L_0,H_0)相比较,得到定位的误差$(\Delta B,\Delta L,\Delta H)$。

2. 水平和垂直方向误差计算

由上述经纬度误差 ΔB_1、ΔL_1 和高程误差$|\Delta H|$可以得到水平方向的误差 Δ_{2d} 和垂直方向的误差 Δ_h。

$$\Delta_{2d} = \sqrt{\Delta B_1^2 + \Delta L_1^2} \tag{11-1}$$

$$\Delta_h = |\Delta H| \tag{11-2}$$

3. 定位精度计算

根据差分定位服务的精度指标要求,分别计算水平方向和垂直方向 95% 置信度下的定位精度 R_{95},即将一组长度为 N 的误差序列按从小到大顺序排列,则排序序号 N_{95} 对应的值即为 N_{95} 精度,其定义如式(11-3)所示:

$$N_{95} = \min(\text{floor}(0.95 \times N + 0.5), N) \tag{11-3}$$

式中:函数 $\min(x)$、$\text{floor}(x)$分别表示取最小值函数和向下取整函数。

11.8.2 网络 RTK 的精度(RMS)统计方法

1. 静态测试统计方法

RMS 的统计方法是选定测试点的坐标基准值与每一次的测量值求差,由下式计算出各坐标分量方向的精度。

$$M_P = \sqrt{\frac{[\mathrm{d}p^2]}{N}} \tag{11-4}$$

$$\mathrm{d}P = \sqrt{\mathrm{d}X^2 + \mathrm{d}Y^2} \tag{11-5}$$

式中:M_P 为测试点的平面点位中误差(cm);dP 为测试点的已知平面点位与观测的平面点位的差值(cm);N 为测试点个数。

2. 动态测试统计方法

动态测试是基线测量,将两台网络 RTK 测试设备的两天线相位中心之间的距离作为基准值,将每一秒两测试设备的距离解算值作为测量值,测量值和基准值求差作为测量误差,按式(11-4)和式(11-5)进行统计,获得动态测试误差。

11.8.3 数据时延

数据时延可以由当前周秒减去收到的差分产品的周秒时间戳得到,在测试设备上报的数据信息中包含该信息,采用事后统计分析时延指标。

11.9 评估测试设备及软件

11.9.1 数据产品评估测试软件

地基增强系统服务性能评估测试需要研制一套国家数据综合处理系统测试数据管理平台软件,性能如下:

(1)支持 BDS、GPS 及 BDS + GPS 组合定位模式;

(2)支持广域单频伪距、单频载波相位以及双频载波相位差分定位;

(3)支持在不同定位模式下,按天、周、月广域差分定位服务精度指标的统计、分析、查询,并能输出统计图、表等信息;

(4)支持测试任务下达、测试数据及成果的接收,以及测试成果的展示等功能。

11.9.2 外场定位评估测试设备、软件选用情况

1. 外场定位评估静态测试设备、软件选用情况(见表11-11)

表11-11 外场定位评估静态测试设备、软件选用情况表

序号	名称	数量	要求
1	广域测试设备	3套或4套	(1)支持BDS、GPS及BDS+GPS组合定位模式； (2)支持移动通信全网通、数字广播或卫星广播多种播发方式接收差分数据产品的能力； (3)支持广域单频伪距、单频载波相位以及双频载波相位差分定位； (4)包含测量型天线、配套线缆等附件
2	功分器	1件	频率范围1.1~1.7GHz,1路转4路以上
3	电源	1套	支持220V AC
4	国家数据综合处理系统测试数据管理平台软件	1套	(1)支持BDS、GPS及BDS+GPS组合定位模式； (2)支持广域单频伪距、单频载波相位以及双频载波相位差分定位； (3)支持在不同定位模式下,按天、周、月广域差分定位服务精度指标的统计、分析、查询,并能输出统计图、表等信息； (4)支持测试任务下达、测试数据及成果的接收,以及测试成果的展示等功能

2. 外场定位评估动态测试设备、软件选用情况(见表11-12、表11-13)

表11-12 外场定位评估专业测试车动态测试设备、软件选用情况表

序号	名称	数量	要求
1	广域测试设备（车载）	6套	(1)支持BDS、GPS及BDS+GPS组合定位模式； (2)支持移动通信全网通、数字广播或卫星广播多种播发方式接收差分数据产品的能力； (3)支持广域单频伪距、单频载波相位以及双频载波相位差分定位； (4)包含测量型天线、配套线缆等附件
2	CORS网络RTK服务	1个账号	网络RTK服务
3	SIM卡	8张	每张卡每月全国流量不低于500MB
4	专业测试车	1辆	(1)为测试设备提供稳定可靠的测试环境和高精度基准定位信息； (2)加装的测试控制及评估软件,具有实时统计和事后统计功能,实时统计可实时了解测试数据质量,明确测试情况,使测试可控； (3)支持多台设备同步开展测试； (4)支持测试数据记录、上传,并能接收国家数据综合处理系统测试数据管理平台软件下发的测试任务及卫星在全国分布某一指定时间段内的DOP值和电离层产品的质量情况,有助于在全国开展动态测试地点的选定

续表

序号	名称	数量	要求
5	国家数据综合处理系统测试数据管理平台软件	1套	(1) 支持 BDS、GPS 及 BDS + GPS 组合定位模式； (2) 支持广域单频伪距、单频载波相位以及双频载波相位差分定位； (3) 支持在不同定位模式下，按天、周、月广域差分定位服务精度指标的统计、分析、查询，并输出统计图、表等； (4) 支持测试任务下达、测试数据及成果的接收，以及测试成果的展示等功能

表 11-13　外场定位评估租车动态测试设备、软件选用情况表

序号	名称	数量	要求
1	广域测试设备（车载）	3 或 4 套	(1) 支持 BDS、GPS 及 BDS + GPS 组合定位模式； (2) 支持移动通信全网通、数字广播或卫星广播多种播发方式接收差分数据产品的能力； (3) 支持广域单频伪距、单频载波相位以及双频载波相位差分定位； (4) 包含测量型天线、配套线缆等附件
2	高精度 RTK 测量型接收机	1套	支持北斗、GPS、GLONASS； 支持 RTK 差分定位； 支持 RTCM3.X 协议
3	功分器	1个	频率范围 1.1~1.7GHz，1 路转 8 路以上
4	电源	1套	支持输出 220V AC
5	CORS 网络 RTK 服务	1个账号	网络 RTK 服务
6	无线路由器	1套	支持移动、联通、电信全网通制式，具备 RJ45 接口
7	SIM 卡	6张	每张卡每月全国流量不低于 500MB
8	串口服务器设备	1套	支持 RS232 转换为 USB 或网口
9	笔记本	1台	连接测试设备、测量型接收机，运行测试软件
10	零时基准站设备	1套	支持 BDS、GPS、GLONASS 多系统
11	行车记录仪	1套	支持动态导航道路环境记录
12	国家数据综合处理系统测试数据管理平台软件	1套	(1) 支持 BDS、GPS 及 BDS + GPS 组合定位模式； (2) 支持广域单频伪距、单频载波相位以及双频载波相位差分定位； (3) 支持在不同定位模式下，按天、周、月广域差分定位服务精度指标的统计、分析、查询，并能输出统计图、表等信息； (4) 支持测试任务下达、测试数据及成果的接收，以及测试成果的展示等功能

11.9.3 网络 RTK 及后处理毫米级定位评估测试设备及软件

该项测试需要的设备和软件见表 11-14。

表 11-14 网络 RTK 及后处理毫米级定位评估测试设备表

序号	设备及软件	数量	用途
1	GNSS 接收机	25 台	网络 RTK 差分定位服务测试(部分用于监测站,部分用于野外测试)
2	GNSS 接收机	5 台	后处理毫米级定位服务测试
3	GNSS 天线	30 个	厘米级服务测试、毫米级服务测试
4	3G/4G VPN 通信模块	30 个	厘米级服务测试、毫米级服务测试
5	后处理解算软件	1 套	用于高精度坐标解算
6	数据采集及分析软件	1 套	用于厘米级服务测试、毫米级服务测试的数据采集及数据统计分析
7	国家数据综合处理系统测试数据管理平台软件	1 套	支持测试任务下达、测试数据及成果的接收,以及测试成果的展示等功能

11.10 评估测试结果及结论

针对国家北斗地基增强系统 5 类定位:单频伪距差分定位、单频载波相位差分定位、双频载波相位差分定位(精密单点定位)、网络 RTK 差分定位和后处理毫米级精密定位服务能力,以及广域差分数据产品和区域综合改正数播发方式,随着系统建设任务的完成情况,规划了三阶段的测试任务,制定了测试大纲和细则以指导在不同阶段依托不同的播发方式,选择相应的地域开展了一定规模的外场定位服务静态、动态测试。

基于第一阶段的测试经验开展第二阶段的广域测试,同时不断提升完善测试设备的功能、性能;在第三阶段测试中,积累前面的经验,并引入移动式检测系统(专业测试车)为全国范围广域静态测试以及单频伪距差分定位服务动态测试创造更好的测试环境和基准,使广域测试更有效、可控。区域测试中网络 RTK 和毫米级后处理定位服务测试方法成熟,测试设备可以采用国内外成熟的设备。

本章所编撰的地基增强服务性能评估测试系统源于实际项目的实战,系统测试具有较好的实操性,希望为从事同类项目管理者与工程师构建服务评估体系提供参考与借鉴。

附表 11-1　单频伪距、单频载波相位及双频载波相位差分测试结果记录表

测试时间 (YYYY/MM/DD)			测试人员	
测试地点				
测试方式	静态定点			
	专业测试车静态			
	专业测试车动态			
	租车动态			
测试类型			测试数据格式	
工作模式			通信方式	
测试设备型号			测试设备编号	
精度(95%)	水平(m)		高程(m)	
数据存储文件名				
异常记录				
架设高			在基准点上架设测试设备,需要量测基准点位到测试设备天线的高度(架设高),三次量测,取其平均值,在统计时要考虑该高度值	
数据分析截图				
测试点、路线图				
备注				

注:分析截图中的数据仅为差分解的统计值。

附表 11-2　网络 RTK 差分定位服务测试记录表

点名			卫星系统		通信方式	□ 2G □ 3G □ 4G
数据格式	□ RTCM3.2	□ RTCM3.0	日期	年　月　日		
测试人员			记录人员			
接收机型号			手簿型号(如有)			
点名	开始时间	结束时间	卫星数	天线高(m)	环境遮挡情况及差分延迟情况	
			GPS__GLN__BDS__			
			GPS__GLN__BDS__			
			GPS__GLN__BDS__			

备注:

附表 11-3　后处理毫米级定位服务测试记录表

点名		卫星系统		
数据格式	□Rinex 数据　□原始数据	日期		年　月　日
接收机型号		天线型号		
测试人员		记录人员		

点名	开始时间	结束时间	天线高(m)	环境遮挡情况

备注：

参考文献

[1] 杨元喜.2000 中国大地坐标系[J].科学通报,2009,54(16):2271-2276.

[2] 顾旦生,张莉,程鹏飞,等.我国大地坐标系发展目标[J].测绘通报,2003,(3):1-4.

[3] 魏子卿.关于建立新一代地心坐标系的意见[C].地面网与空间网联合平差论文集[三].北京:解放军出版社,1999:85-90.

[4] 陈俊勇.改善和更新我国大地坐标系统的思考[J].测绘通报,1999,(06):1-3.

[5] 张清华.GNSS 监测评估理论与方法研究[J].测绘学报,2017,(04):139.

[6] 刘帅.卫星导航系统空间信号精度评估理论与算法研究[D].郑州:信息工程大学,2016.

[7] 张耀文.GPS 广播星历及其精度评估研究[D].西安:长安大学,2007.

[8] 陈永就.GNSS 广播星历的精度评定[J].测绘与空间地理信息,2015,38(6):198-203.

[9] Montenbruck O,Steigenberger P,Hauschild André. Broadcast versus precise ephemerides:a multi-GNSS perspective [J]. GPS Solutions,2015,19(2):321-333.

[10] 刘磊,盛峥,王迎强,等.利用广播星历计算 GPS 卫星位置及误差分析[J].解放军理工大学学报(自然科学版),2006,7(6):86-90.

[11] 王俊杰,许杭,高俊强.基于广播星历改正的实时精密星历与钟差获取研究[J].全球定位系统,2015,40(5):25-29.

[12] 张养安,李俊锋,薛兆元,等.IGS 精密星历和钟差的算法比较研究[J].地理信息世界,2016,23(4):45-49.

[13] 吴继忠,高俊强,李明峰.IGS 精密星历和钟差插值方法的研究[J].工程勘察,2009,37(7):52-54.

[14] 郭斐,张小红,李星星,等.GPS 系列卫星广播星历轨道和钟的精度分析[J].武汉大学学报(信息科学版),

2009,34(5):88-91.

[15] 沈宏峰,陈群. 实用的卡方检验法[J]. 微型电脑应用,1997,(5):61-63.

[16] 庄楚强,何春雄. 应用数理统计基础[M]. 3版. 广州:华南理工大学出版社,2006.

[17] 岳鹏,朱坤平. 基于随机模拟方法对正态概率纸检验的改进[J]. 统计与决策,2017,(3):16-18.

[18] 王霞迎,秘金钟,张德成,等. GPS广播星历位置、速度和钟差精度分析[J]. 大地测量与地球动力学,2014,34(03):164-168.

[19] 徐鑫,郭民之,石峰利. 双峰数据分布的模拟[J]. 云南师范大学学报(自然科学版),2013,33(2):50-55.

[20] 冯祖德,涂铭旌. 韧性值呈双峰分布时参数的统计推断问题的探讨[J]. 理化检验:物理分册,1992,28(5):30-32.

[21] 贾蕊溪,董绪荣,李晓宇,等. 北斗卫星导航系统空间信号精度分析[J]. 装备学院学报,2015,26(1):84-87.

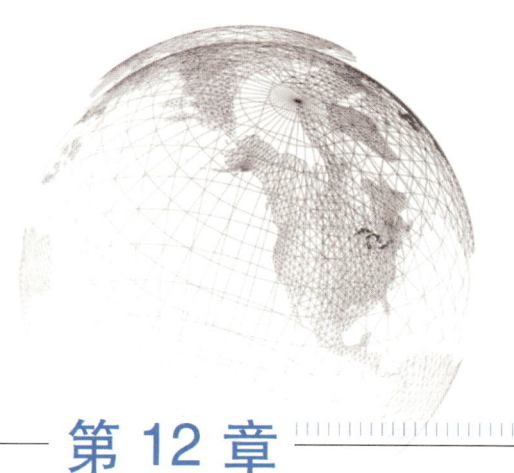

第 12 章

系统定位精度测试

目前,北斗系统空间段基本完成,截至 2018 年底,已经完成 19 颗卫星发射组网,完成空间星座系统的建设并开始向全球用户提供定位导航服务。2014 年开始,我国着手整合国内现有区域地基增强系统资源,秉承"统一规划、统一标准、共建共享"的原则,构架起以北斗为主,兼容其他卫星导航系统的服务体系,2018 年底已完成区域加强密度网基站补充建设,并进一步提升系统服务性能和运行连续性、稳定性、可靠性。北斗地基增强系统研制和建设最终的结果主要是能够提供表 12-1 所列北斗增强定位精度的服务,围绕北斗地基增强系统 5 类增强模式、采用静态和动态多种测试方法,长时间持续开展基本上覆盖全国的北斗增强定位精度测试。

表 12-1 北斗地基增强系统增强的 5 类定位精度表

	广域单频伪距	广域单频载波相位	广域双频载波相位	区域 RTK	后处理毫米级
水平精度	≤2.0m(95%)	≤1.2m(95%)	≤5dm(95%)	≤5cm(RMS)	≤5mm+1ppm$D$(m)(RMS)
垂直精度	≤3.0m(95%)	≤2m(95%)	≤10dm(95%)	≤10cm(RMS)	≤10+2ppm$D$(m)(RMS)
测试设备	北斗导航增强站、便携式测试设备、手持测试设备、测试车、高精度卫星导航接收机等				

12.1 系统时空框架

12.1.1 区域增强厘米级定位精度服务时空解算框架

根据国家测绘系统要求,区域增强厘米级定位精度服务全部使用 CGCS2000 大地坐标系统。北斗地基增强系统区域加密网基准站坐标框架起算自国际 IGS 站点,其原始坐标框架为 ITRF2014 当前历元;然后通过使用坐标转换和全国区域速度场信息归算到 ITRF97 框架 2000.0 历元,即 CGCS2000 大地坐标系,精度误差均控制在毫米级,满足北斗区域增强厘米级定位精度验收测试要求。

12.1.2 后处理毫米级服务定位精度时空解算框架

北斗地基增强系统区域加密网基准站坐标框架起算自国际 IGS 站点,其坐标框架为 ITRF2014 当前历元;为了最大程度减少因坐标系转换引入的系统误差,后处理毫米级服务定位精度验收测试解算框架直接使用 IGS 站相同坐标框架,即 ITRF2014 当前历元,所有解算精度计算不引入其他坐标转换问题,满足后处理毫米级定位精度验收测试要求。

12.2 系统测试方法

北斗地基增强系统可以根据不同用户使用精度的不同,为用户提供相应的北斗增强差分产品,对于北斗地基增强系统提供的 3 类北斗广域增强定位精度,实验时可以采用静态与动态方式测试。

在北斗广域增强静态定位精度测试中,首先测量和统计并评估 1200 个北斗导航增强站原始观测数据的质量,只有增强站观测到的原始观测数据的质量和可用性足够好,才能作为北斗地基增强系统的测试站。其次,选择不少于、不参加北斗广域增强参数解算的 336 个北斗导航增强站,作为北斗广域单频伪距增强精度的测试站进行静态测试。

(1)北斗广域单频伪距增强的 2m 级定位精度采用静态与动态测试。在北斗广域单品伪距增强的静态测试中,将来自全国 336 个北斗导航增强站的原始观测数据与系统生成的北斗广域增强(或差分)数据产品在国家数据综合处理系统进行单频伪距增强解算,其增强的定位精度即为北斗广域单频伪距增强 2m 级的静态定位精度。

在动态测试中,选择高精度惯性导航系统、北斗区域 RTK 实时厘米级增强精度作为参考值,采用测试设备在行驶的车上进行测试,测试设备的定位精度即为动态定位精度。

(2)北斗广域单频和双频载波相位增强的米级、分米级的定位精度采用静态测试。在静态测试中,将来自全国 336 个北斗导航增强站的原始观测数据与系统生成的北斗广域增强(或差分)数据产品在国家数据综合处理系统进行单频和双频载波相位增强解算,其增强的定位精度即分别为北斗广域单频增强 1m 级、5dm 级的静态定位精度。

北斗广域单频和双频载波相位增强定位服务的收敛时间较长,典型值为 30min,且在运动状态下很容易受到干扰,只适合静态和准静态应用,因此不做动态测试。

(3)北斗区域 RTK 实时厘米级增强精度采用静态与动态方式测试。在动态测试中,因无精度高于厘米级的动态定位基准,故只测试固定解的成功率。只要测试设备有稳定的固定解,就视为测试合格。

(4)后处理毫米级定位精度测试在全国范围内选择 5 个北斗导航增强站作为参考点,选择其他北斗导航增强站构成不同基线长度的测试站进行测试,一个测试周期为 24h。

12.2.1　1200 个北斗导航增强站原始观测数据的测量

测试时间:2018 年 1 月 1 日零点至 12 月 31 日零点。

测试站:从当时北斗导航增强站全国"一张网"中,选择 1200 个北斗导航增强站进行原始观测数据平均可用性测试(各测站分布详见图 12 - 1)。

图 12 - 1　1200 个北斗导航增强站及其分布示意图

测试内容:北斗导航卫星发射的导航数据可用性情况和质量。

测试方法:在国家数据综合处理系统记录1200个、每个北斗导航增强站每天、每小时、每分钟和每1秒采集的原始观测数据,之后进行可用性分析。按全年月份统计1200个北斗导航增强站的原始观测数据平均可用性,按所在省、市北斗导航增强站的数量,统计全年原始观测数据平均可用性。

测试结果:在2018年1月1日零时正至2018年12月31日24时正的时段,统计国家数据综合处理系统记录的1200个北斗导航增强站原始观测数据的质量。按2018年1月至12月的时间序列,画出每个月1200个北斗导航增强站原始观测数据平均可用性的统计曲线见图12-2。在同时段,按直辖市和省份,统计了1200个分布在各省、市北斗导航增强站原始观测数据平均可用性见表12-2。

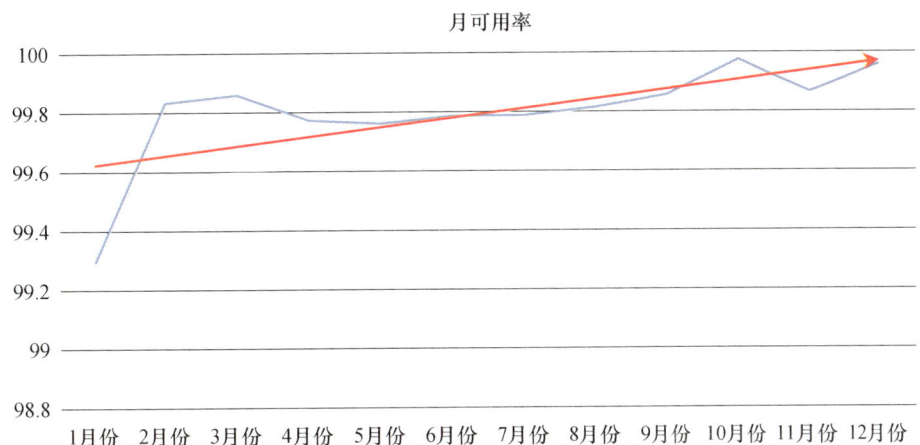

图12-2 1200个北斗导航增强站获取的原始观测数据平均可用性统计曲线(蓝色),图中的每个点是1200个北斗导航增强站原始观测数据在1个月的可用性平均值,红色直线代表数据平均可用性在持续提高的趋势

表12-2 2018年1200个分布在各省、市北斗导航增强站原始观测数据平均可用性

省、市	北斗导航增强站数量/个	全年数据平均可用性/%	省、市	北斗导航增强站数量/个	全年数据平均可用性/%
安徽	40	99.89	湖南	52	99.84
北京	14	99.90	吉林	23	99.65
福建	43	99.71	重庆	24	99.79
甘肃	25	99.68	江苏	63	99.87
广东	67	99.77	江西	56	99.78
广西	33	99.78	辽宁	26	99.88
贵州	43	99.87	内蒙古	58	99.65
海南	17	99.65	宁夏	7	99.71
河北	72	99.85	青海	30	99.82

续表

省、市	北斗导航增强站数量/个	全年数据平均可用性/%	省、市	北斗导航增强站数量/个	全年数据平均可用性/%
河南	44	99.86	山东	39	99.89
黑龙江	51	99.82	山西	36	99.77
湖北	38	99.84	陕西	35	99.79
新疆	85	99.79	上海	12	99.48
云南	56	99.84	四川	31	99.52
浙江	66	99.87	天津	14	99.84

1200个北斗地基增强站在2018年1月至12月获取的原始观测数据平均可用性统计数据表明:其原始观测数据平均可用性完全满足作为北斗地基增强系统测试站进行定位精度静态测试要求。

1200个北斗导航增强站按省、市地域分布的原始观测数据平均可用性统计数据表明:其原始观测数据平均可用性完全满足作为北斗地基增强系统测试站进行定位精度静态测试要求。

根据上述从时间序列和地域分布的分析,从1200个北斗导航增强站中选择336个作为测试站,完全满足作为北斗地基增强系统测试站进行定位精度静态测试要求。

12.2.2　336个北斗导航增强站的选择

从全国接收原始观测数据质量较好的1200个北斗导航增强站中选择336个站作为北斗地基增强系统的北斗广域增强测试站(以下简称"测试站")的站址(表12-3),其分布见图12-3。从图12-3中可见336个测试站很好地覆盖了我国中、东部。测试站间距较大的区域主要是在西藏、新疆、青海、内蒙古的高山、沙漠等无人区。

表12-3　作为北斗地基增强系统的北斗广域增强336个测试站站址明细表

序号	站点名称	序号	站点名称	序号	站点名称	序号	站点名称	序号	站点名称	序号	站点名称	序号	站点名称
1	安徽安丰	51	广东普宁	101	河北宽城	151	湖南娄底	201	龙江新青	251	山西轩岗	301	云南罗平
2	安徽巢湖	52	广东顺德	102	河北涞源	152	湖南平江	202	内蒙敖汉	252	山西云阳	302	云南马关
3	安徽池州	53	广东翁源	103	河北乐亭	153	湖南双牌	203	内蒙巴胡	253	山西张店	303	云南平远
4	安徽定远	54	广东新兴	104	河北灵寿	154	湖南武冈	204	内蒙巴彦	254	山西左权	304	云南双柏
5	安徽凤台	55	广东徐闻	105	河北隆化	155	湖南溆浦	205	内蒙鄂托	255	陕西靖边	305	云南嵩明
6	安徽阜阳	56	广东阳山	106	河北青县	156	湖南炎陵	206	内蒙二浩	256	陕西眉县	306	云南威信
7	安徽固镇	57	广东阳西	107	河北清河	157	吉林东昌	207	内蒙根河	257	陕西平利	307	云南下关
8	安徽黄山	58	广东英德	108	河北深州	158	吉林汪清	208	内蒙科左	258	陕西蒲城	308	云南姚安

续表

序号	站点名称	序号	站点名称	序号	站点名称	序号	站点名称	序号	站点名称	序号	站点名称	序号	站点名称
9	安徽霍山	59	广东湛江	109	河北顺平	159	吉林伊通	209	内蒙临河	259	陕西商洛	309	云南彝良
10	安徽镜湖	60	广东紫金	110	河北围场	160	江苏宝应	210	内蒙满洲	260	陕西洋县	310	云南永仁
11	安徽宁国	61	广西博白	111	河北赵县	161	江苏常州	211	内蒙桑根	261	陕西长安	311	云南玉溪
12	安徽祁门	62	广西崇左	112	河北涿鹿	162	江苏丰县	212	内蒙太仆	262	上海机场	312	云南云县
13	安徽铜陵	63	广西凤山	113	河南郸城	163	江苏阜宁	213	内蒙通辽	263	上海青浦	313	云南镇沅
14	安徽新站	64	广西灌阳	114	河南光山	164	江苏赣榆	214	内蒙土右	264	四川东坡	314	云南中甸
15	安徽宿松	65	广西河池	115	河南兰考	165	江苏海安	215	内蒙翁牛	265	四川高庙	315	浙江安吉
16	安徽岳西	66	广西来宾	116	河南卢氏	166	江苏海门	216	内蒙锡林	266	四川珙县	316	浙江滨江
17	北京亦庄	67	广西灵山	117	河南泌阳	167	江苏贾汪	217	内蒙镶黄	267	四川花桥	317	浙江淳安
18	福建大田	68	广西罗城	118	河南汝州	168	江苏江阴	218	宁夏吴忠	268	四川会东	318	浙江海宁
19	福建福清	69	广西蒙山	119	河南舞阳	169	江苏溧阳	219	青海达日	269	四川炉霍	319	浙江横溪
20	福建将乐	70	广西容县	120	河南新乡	170	江苏弥港	220	青海德哈	270	四川茂县	320	浙江江东
21	福建清流	71	广西融安	121	河南永城	171	江苏秦淮	221	青海都兰	271	四川沐川	321	浙江江山
22	福建泉州	72	广西田东	122	河南镇平	172	江苏睢宁	222	青海格尔	272	四川南充	322	浙江龙游
23	福建衫阳	73	广西田林	123	湖北安陆	173	江苏西山	223	青海海北	273	四川内江	323	浙江浦江
24	福建永定	74	广西兴宁	124	湖北保康	174	江苏盱眙	224	青海兴海	274	四川彭州	324	浙江庆元
25	福建尤溪	75	广西阳朔	125	湖北大冶	175	江苏扬中	225	青海循化	275	四川青川	325	浙江瑞安
26	福建漳平	76	广西钟山	126	湖北红安	176	江西崇义	226	青海杂多	276	四川三台	326	浙江台州
27	福建漳浦	77	贵州都匀	127	湖北洪湖	177	江西德安	227	山东惠民	277	四川通江	327	浙江象山
28	福建政和	78	贵州关岭	128	湖北洪山	178	江西乐平	228	山东莱西	278	四川旺苍	328	浙江新昌
29	甘肃阿克	79	贵州开阳	129	湖北建始	179	江西龙南	229	山东龙口	279	四川梓潼	329	重庆垫江
30	甘肃白银	80	贵州雷山	130	湖北荆州	180	江西南昌	230	山东平阴	280	天津蓟县	330	重庆奉节
31	甘肃合作	81	贵州黎平	131	湖北栗溪	181	江西南丰	231	山东潍坊	281	天津宁河	331	重庆开县
32	甘肃华亭	82	贵州罗甸	132	湖北三里	182	江西彭泽	232	山东无棣	282	新疆巴里	332	重庆梁平
33	甘肃欢县	83	贵州仁怀	133	湖北沙洋	183	江西石马	233	山东沂南	283	新疆和田	333	重庆凌云
34	甘肃金塔	84	贵州三穗	134	湖北通城	184	江西万安	234	山东邹城	284	新疆勒泰	334	重庆石柱
35	甘肃两当	85	贵州石阡	135	湖北仙桃	185	江西婺源	235	山西曹川	285	新疆零五	335	重庆武隆
36	甘肃灵台	86	贵州兴仁	136	湖北咸丰	186	江西新余	236	山西杜家	286	新疆三四	336	重庆永川
37	甘肃岷县	87	贵州沿河	137	湖北盐池	187	江西修水	237	山西方山	287	新疆山口		
38	甘肃武都	88	贵州长顺	138	湖北宜昌	188	江西寻乌	238	山西分水	288	新疆吐尔		

续表

序号	站点名称	序号	站点名称	序号	站点名称	序号	站点名称	序号	站点名称	序号	站点名称	序号	站点名称
39	甘肃武山	89	贵州正安	139	湖北宜城	189	江西弋阳	239	山西风陵	289	新疆瓦石		
40	甘肃武威	90	贵州织金	140	湖南常德	190	江西永新	240	山西耿家	290	新疆新和		
41	甘肃西和	91	海南大致	141	湖南郴州	191	江西于都	241	山西管头	291	新疆星星		
42	广东从化	92	海南儋州	142	湖南衡阳	192	辽宁大连	242	山西侯马	292	云南大寨		
43	广东东源	93	海南东方	143	湖南洪江	193	辽宁黑山	243	山西胡底	293	云南东川		
44	广东斗门	94	海南三亚	144	湖南壶瓶	194	辽宁碱厂	244	山西岢岚	294	云南广南		
45	广东丰顺	95	海南万市	145	湖南吉首	195	辽宁南票	245	山西平鲁	295	云南建水		
46	广东封开	96	河北丰宁	146	湖南老虎	196	龙江罕达	246	山西碛口	296	云南江城		
47	广东广宁	97	河北峰峰	147	湖南澧县	197	龙江呼兰	247	山西三教	297	云南澜沧		
48	广东惠东	98	河北高碑	148	湖南醴陵	198	龙江牡丹	248	山西台山	298	云南龙陵		
49	广东乐昌	99	河北怀安	149	湖南临武	199	龙江塔河	249	山西西坊	299	云南鲁甸		
50	广东罗定	100	河北景县	150	湖南龙山	200	龙江西丰	250	山西信义	300	云南禄丰		

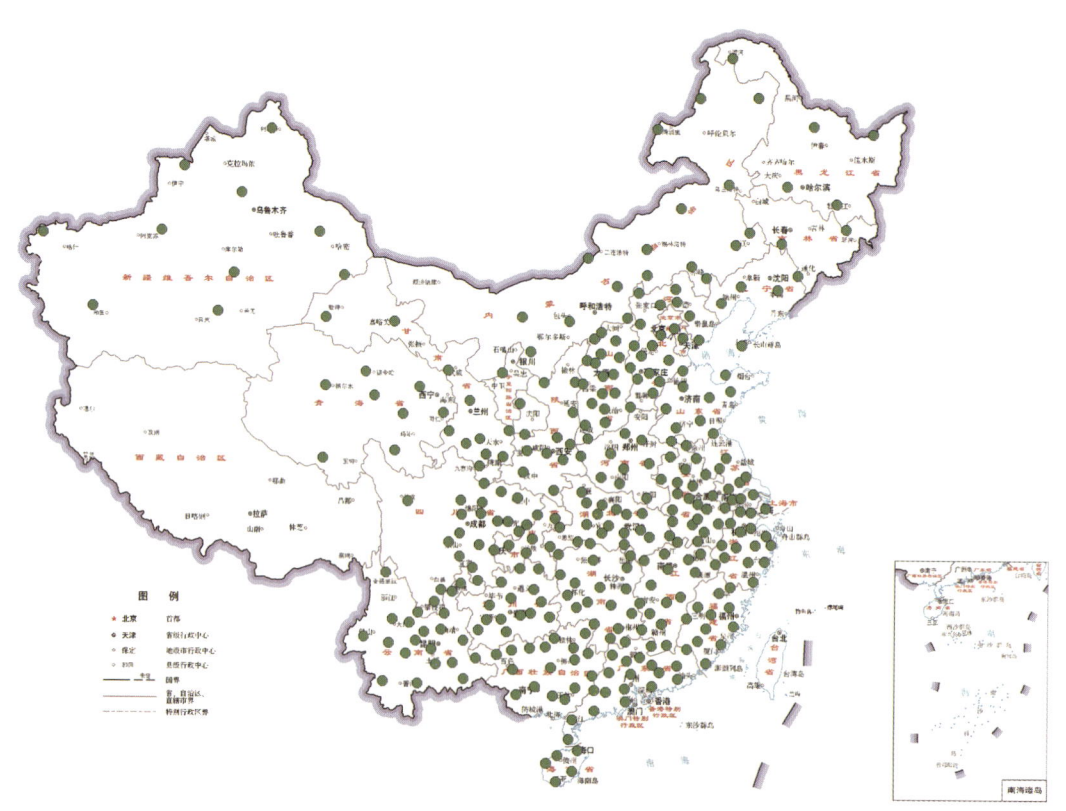

图 12-3 北斗地基增强系统 336 个测试站的分布示意图

利用上述选定的 336 个北斗地基增强网站,可以按照上述测试方法对分布在我国领土上的北斗地基增强站所提供的服务进行测试,以检验北斗地基增强网络是否可以在现阶段条件下完成预先设计的系统性能。

12.3 系统测试设备

北斗地基增强系统测试主要分为静态和动态测试。针对不同的测试条件和环境,可以选择火车线路和车载线路进行测试,为保障测试阶段接收记录观测数据的准确性、稳定性和连续性,确保接收观测数据质量,在北斗地基增强系统测试阶段使用如下测试设备。

1. 北斗增强服务测试车

测试设备/用户终端主要是使用我国自主研发的北斗增强服务测试车(图 12-4)、北斗高精度测试设备(图 12-5、图 12-6)、北斗高精度手机、北斗高精度导航仪、北斗魔盒/伴侣等用户端测试装备。上述用户端测试设备除具有接收北斗导航卫星信号的能力外,还具有接收卫星播发、数字广播、移动通信(2G/3G/4G)播发的北斗增强精度数据产品的能力,联合解算北斗标准信号和精度增强信号,并还可以用于广域单频伪距、单频载波相位和双频载波相位模式服务的测量与服务验证。

图 12-4　北斗增强服务测试车

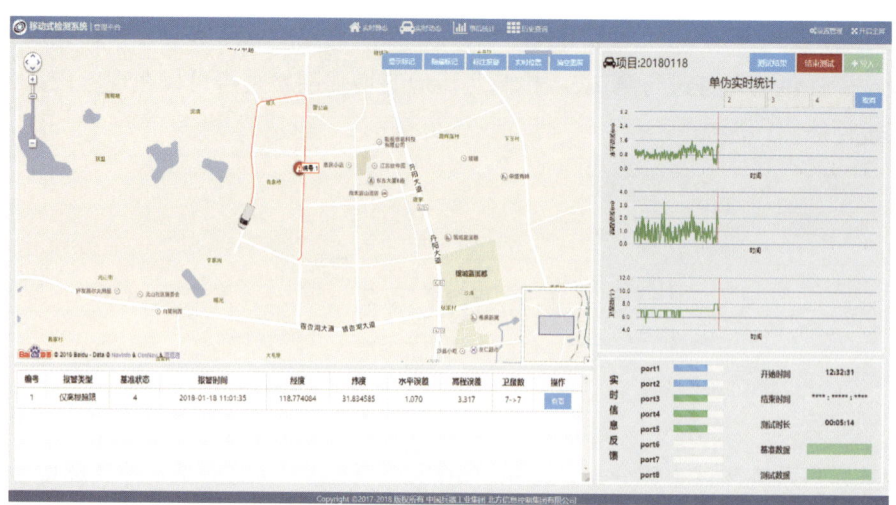

图12-5 北斗增强系统服务测试车的计算机测试界面

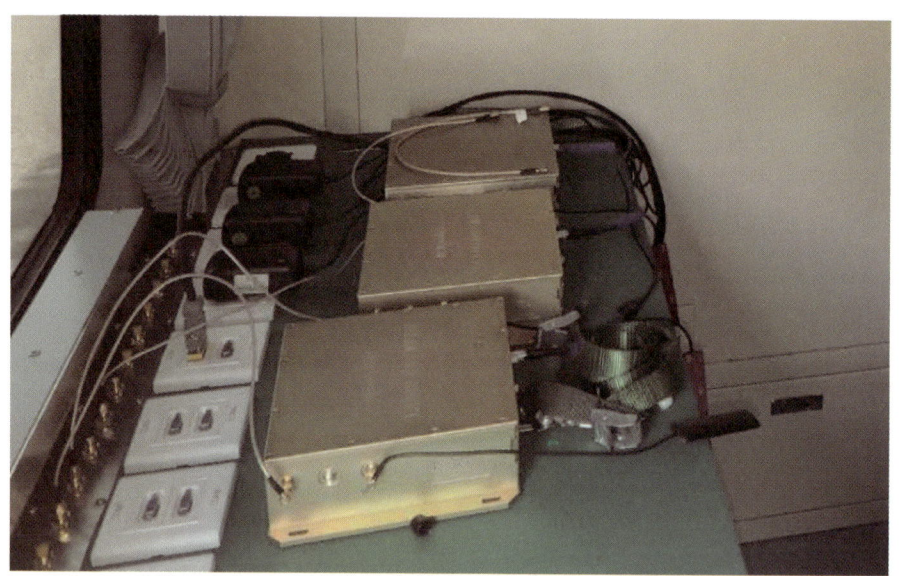

图12-6 在北斗增强系统服务测试车中北斗高精度测试设备

2. 北斗高精度测试设备

M300Pro接收机(见图12-7)是由司南导航公司针对北斗地基增强系统建设而设计的一款高性能GNSS接收机,该接收机内置Linux操作系统,搭载公司自主知识产权的高精度主板,支持外部频标输入、事件输入及大容量数据存储,支持连接气象仪、倾斜仪等传感器输入。

作为司南公司专门为北斗测试系统研发的设备,M300Pro接收机具有如下特点:

(1)自主核心技术,内嵌自主可控高精度GNSS板卡;

(2)三系统八频点,该接收机可以支持接收处理SBAS数据,并可升级接收处理Galileo系统和QZSS;

(3)具有高稳定性和可靠性的数据,并且通过国家地基增强网的批量验证测试;

图 12-7 北斗 M300Pro 接收机测试设备

(4) 接收机内置 10000mAh 大容量电池,功耗低,内置 32GB 板载内存,支持 1TB 以上外接 USB 设备;

(5) 该款接收机支持气象仪、倾斜仪、传感器等其他相关配置仪器的使用,并具有外部频标、PPS、Event、USB、以太网、串口等外部接口,支持与其他设备互联使用;

(6) 接收机支持远程设置、远程升级等操作,可以极大地方便用户操作和使用;

(7) 接收机硬件外壳采用具备 IP67 防水防尘等级,可以适应在恶劣环境下使用,极大地方便测绘验收人员的使用。

正因为 M300Pro 型接收机具有的适用范围广、性能高、数据可靠性能高等显著特点,其主要应用于北斗地基增强系统的建设和验收阶段。

3. 北斗高精度手机

智能手机作为日常生活中必不可少的工具,其与北斗卫星导航系统的联系也愈加紧密,作为北斗导航系统测试终端的重要组成部分,用户手机端的接收测试也愈加重要。联想 Z6 青春版作为全球首款支持北斗三号信号系统的智能手机,填补了我国国产双频手机缺失的空白,其搭载的 HD8040 北斗高精度导航定位芯片基于华大北斗 Cynosure 平台架构,在一颗芯片上集成了射频、基带、处理器、存储器等单元,进一步缩小了芯片尺寸,也优化了功耗。HD8040 北斗高精度导航定位芯片是一款拥有完全自主知识产权的国产基带和射频一体化 SoC 芯片,具备目前行业的顶尖水平。该款芯片率先支持北斗三号服务信号 B1C、B2a,支持 BDS、GPS、GLONASS、Galileo、IRNSS、QZSS、SBAS 等全球所有民用导航系统。同时 HD8040 还集成了浮点运算单元,计算能力实际跃升 40% 以上。作为一款高精度导航定位芯片,HD8040 在标准单点定位的情况下便可实现亚米级的定位精度,在地基增强或星基增强辅助情况下更可实现厘米级/毫米级的定位精度。

4. 北斗高精度导航仪

集思宝 MG20 是合众思壮公司主持开发的北斗高精度定位终端,精致小巧设备中集成了全星座高精度 GNSS 模块、3.75G 网络通信模块、WiFi 网络模块、蓝牙无线通信,可以搭配一般用户手中的 Android 及 Windows 平板和手机产品,实现厘米级的高精度数据采集,其主要特点如下:

1）高精度

MG20 可以支持 BDS、GPS、GLONASS 全星座接收信号，并预留 Galileo、QZSS 系统升级，在接入外部差分信号源的时候，最高可以提供厘米级定位精度，可以满足大部分用户对定位导航精度的要求。

2）高灵敏

MG20 的创新性体现在高精度设备中使用了四螺旋天线，这种天线可以保障设备在各个角度都能够良好地接收卫星信号。

3）智能

MG20 基于 Linux 系统智能平台开发，可以支持 WiFi、蓝牙、3.75G 网络通信，设备内置 Ntrip 协议，可以直接连接 CORS，方便用户使用。

4）可穿戴

用户配合专属的配件，MG20 可变身可穿戴终端，随时随地体验高精度定位导航服务。

5）易组合

MG20 可以使用蓝牙与 Android、WindowsMobile、WinCE、Windows 等系统的手机、平板或其他终端进行无缝连接，组合成高精度数据采集终端。

6）易操作

MG20 支持 Web UI 操作，用户可以直接通过浏览器对 MG20 进行设置和操作，对 MG20 的设置和操作如上网一样简单。

7）行业应用

表 12-4　MG20/MG20Pro 配置及参数

指标		详细参数
系统	操作系统	Linux3.12.10
	CPU	TI335X 800MHz
GNSS 性能	MG20 支持系统	BDS B1、GPS L1、GLONASS L1 预留 Galileo 系统、QZSS 升级； SBAS WAAS、EGNOS、GAGAN、MSAS
	MG20 Pro 支持卫星系统	BDS B1/B2/B3、GPS L1/L2、GLONASS L1/L2； 预留 Galileo 系统、QZSS 升级； SBAS：WAAS、EGNOS、GAGAN、MSAS
	通道数	372
	天线	高精度螺旋天线
定位精度	RTK	MG20：3cm MG20Pro：1cm+1ppm（外接天线）
	DGNSS	0.3m
	单点定位	1.2m

续表

指标		详细参数
差分模式		支持 SBAS、Ntrip 接入、蓝牙数据链
	差分格式	CMR、CMR+、RTCM23、RTCM3.X
存储	RAM	512MB
	ROM	4GB
无线通信	蓝牙	Bluetooch2.1
	WiFi	802.11b/g/n
	网络	WCDMA 网络通信,支持 HSPA+、GPRS(可选 CDMA EVDO)
物理指标	尺寸	120.5mm×86mm×33.5mm
	重量	250g
	工作温度	−30~+55℃
	存储温度	−40~+80℃
	防护	IP66
	抗跌落	抗1.5m 自然跌落冲击
电器指标	电池容量	3.7V,6400mAh
	工作电压	DC 5V/1A
	电池使用时间	8h
Web UI		支持设备查看、操作、工作状态设定等
		支持多用户同时登录

5. 北斗魔盒/伴侣

MG10 Pro 高精度 GNSS 定位终端具有体积小巧、功能齐全、接口丰富等特点,可用于工程、监控等用途的高精度 GNSS 接收机,适合车辆监控、工程检测、自动化数据采集等项目应用。

1) Linux 智能化平台

MG10 采用 Linux 智能平台进行开发,支持多进程任务管理,并支持通过 WebUI 对接收机进行设置和管理。

2) 支持自定义坐标系统输出

MG10 设备内置坐标转换算法,可以根据用户需求输出经纬度坐标或平面投影坐标,二次开发方便高效。

3) 丰富的接口

该设备支持 RS232/485 串口、PPS 接口、USB、EVENT、CAN 等接口,可方便与其他设备同步及连接汽车的 CAN 总线接口,进行深度控制的开发。

4) 全频段卫星信号跟踪,支持单北斗解算

设备支持 BDS B1/B2/B3、GPS L1/L2/L2C/L5、GLONASS L1/L2 等全频段卫星信号跟踪,并支

持单北斗系统解算,保障测量数据的高安全性和可靠性。

5) 移动互联

内置全网通 4G 网络模块,支持中国电信/移动/联通,2/3/4G 网络,可实时回传作业数据或位置信息,实现高精度移动互联,内置 WiFi 支持 AP 及 Client 模式,支持 WiFi 一秒快速切换。

6) 支持中国精度定位,全球厘米级单机定位

MG10Pro 支持中国精度 L-Band 全球厘米级单机定位,在海洋、沙漠等无公网信号的区域也能有效保障定位精度。

7) 坚固可靠的结构设计

MG10 采用铝合金外壳设计,结合合众思壮多年专业产品开发经验,能够抗 1.5m 的自由跌落以及实现 IP67 的防尘防水等级。内部结构设计简洁且模块化,确保在车载、航空等恶劣振动工作条件下的正常运行。

8) 多种数据输出方式

支持网络、移动网络、蓝牙、WiFi、串口等方式输出定位数据,数据获取简单高效。

9) 参数配置/技术指标

MG10Pro 设备配置及参数如表 12-5 所列。

表 12-5 MG10Pro 设备配置及参数

	产品型号	GNSS 单频接收终端 - MG10Pro
	性能指标	详细参数
GNSS 性能	通道数	394 通道
	接收类型	GPS L1/L2、GLONASS G1/G2、BDS B1/B2/B3
	SBAS 跟踪	3 通道,并行跟踪
	更新速率	5Hz 标准(可选 10Hz 或 20Hz)
	授时精度	20ns
	RTK 水平精度	水平:10mm+1ppm,高程:20mm+2ppm
	SBAS 水平精度	水平:1.2m,高程:2.5m
	WAAS 水平精度	水平:0.3m,高程:0.6m
	中国精度定位	4cm(RMS)使用 H10 服务 15cm(RMS)使用 H30 服务 50cm(RMS)使用 H100 服务
	温启动	<30s
	热启动	<10s
	重捕获时间	<1s
	最高速度	1850km/h
	最大高度	18288m

续表

产品型号		GNSS 单频接收终端 – MG10Pro
性能指标		详细参数
电气性能	输入电压	10～28V 直流宽压输入(超限 10% 正常工作)
物理指标	重量	待定
	尺寸	150mm×105mm×34mm
	工作温度	-30～+65℃
	存储温度	-40～+80℃
	防护等级	IP66
	跌落	抗 1.5m 跌落(混凝土硬地)
	振动	50Hz,0.3mm,5mins
数据接口	移动网络	4G 全网通通信模块
	蓝牙	2.1EDR
	WLAN	WIFIIEEE802.11b/g/n
	有线端口	DB9 接口:全功能 RS232 串口 D – SUB26 接口: 两个 RS485/RS232 串口(可编程) 1 个 USB2.0DEVICE 接口 1 个 1PPS 输出接口 1 个 EVENT 接口 1 个 CAN 接口 2 芯雷莫接口:电源输入 TNC 接口:外接 GNSS 天线 SMA1:4G 天线接口 SMA2:BT/WIFI 天线接口 SIM 卡座,TF 卡座
人机接口	指示灯	PWR、SAT、INS、WLAN、4G、DIFF
其他	操作系统	Linux
	处理器	AM335XSitaraARMCortex – A8
	内存	512MB 内存 +4GB 存储
	扩展支持	32GB

6. 手持高精度 GIS 采集器

MG868S 手持高精度 GIS 采集器(图 12 – 8)是合众思壮公司最新推出的高精度手持 GIS 产品。该产品搭载了最新的 GNSS 定位芯片,可以完美支持 BDS、GPS、GLONASS 多卫星系统星座的接收,并预留 Galileo 系统、QZSS 的升级通道,该手持设备可以为用户提供亚米级至厘米级精度的定位,该设备结合 GeoMapper、eSurvey、MobileGIS 等多款专业软件,可以为使用用户提供完善的高精度移动 GIS 解决方案。

图 12-8　手持高精度 GIS 采集器

MG868S 产品特点具体如下:

1) 全星座兼容

最新 372 通道 GNSS 主板,全面兼容 BDS/GPS/GLONASS 并预留 Galileo 系统、QZSS 升级通道,支持单北斗解算。

2) 智能锂电池

37.7Wh 智能锂离子电池,自带电量检测和温控芯片,BackupPower 支持不关机直接更换主机电池,提高用户的作业效率,轻松完成一天的测量作业。

3) 全频段北斗信号接收

以北斗为基础的核心算法,全面支持 BDS B1/B2/B3 信号,在复杂环境下能够取得更加优异的测量体验。

4) 大容量存储

标配 4GB(可扩展至 32GB)内存,支持最大 32GB 的 SD 存储扩展,轻松应对大数据量栅格和矢量数据。

5) 支持 USBOTG 功能

支持 USBOTG 设计,可直接连接 U 盘进行数据的下载和传输。

6) 3.7 寸 Blanview 超亮显示屏

标配 Blanview2 代超亮显示屏,半反半透技术,野外作业清晰可视。

7）高清摄像头实时图像获取

内置 500 万像素摄像头，支持自动对焦，方便采集影像、视频等属性信息。

8）完美接入 CORS

支持 VRS、单基站等多种 CORS 系统接入，随时随地进行高精度数据采集。

9）支持外设连接

支持测距仪等外设产品连接，方便进行隐蔽点和不可到达区域的测量工作。

10）COAST 技术

独有 COAST 专利算法，在差分信号丢失 30min 时间内仍可保持亚米级定位精度。

11）丰富的软件应用

集 20 年 GIS 数据采集应用大成，GeoMapper、MobileGIS、eSurvey 等多款软件可供选择。

12）配置及参数

MG868S 设备配置及参数如表 12-6 所列。

表 12-6　MG8685 设备配置及参数

指标		详细参数
系统	操作系统	Windows Mobile6.5 专业版
	CPU	MG8Plus 主频 833MHz
GNSS	BDS	B1/B2/B3
	GPS	L1/L2
	GLONASS	L1/L2
	通道数	372
定位时间	冷启动	<60s
	温启动	<30s
	热启动	<10s
	RTK 初始化	15s
精度指标	单点	1.2m
	SBAS	0.3m
	DGPS	0.2m
	RTK	平面 1cm+1ppm；高程 2cm+1ppm
电源	电源特性	37.74Wh，智能锂电子电池，电池可拆卸，电池自带电量指示和温控芯片
	电池使用时间	典型 14h
通信接口	USB	USB 2.0 接口，支持 USB OTG
	无线通信	支持 WiFi、蓝牙
	网络通信	标配 3.75G WCDMA 网络通信（可选配 CDMA EVDO）

续表

指标		详细参数
存储	RAM	256M(可选配512M)
	ROM	4G(可拓展至32G)
	存储扩展	支持SD卡存储扩展
屏幕特性	显示屏	3.7寸Blanview TFT半透半反屏
	屏幕分辨率	640×480
环境特性	工作温度	-20~+60℃
	存储温度	-30~+70℃
	防尘防水	IP66(可选配IP67)
	抗震	1.5m跌落至硬质地面无损伤
	湿度	95%无凝固
扩展功能		支持麦克风录音
		500万像素摄像头,支持自动对焦

针对北斗地基增强系统的实际应用,测试时选用上述测试设备,从实时动态定位精度,静态定位精度等多角度辅助进行验证北斗地基增强系统的精度,为测试提供了准确可靠的数据来源。

12.4 系统测试结果

进入21世纪以来我国开始启动北斗卫星导航系统建设,发展至今,北斗卫星导航系统(BDS)成为世界上第三个发展成熟的卫星导航系统。北斗卫星导航系统可以在全球范围内全天候、全天时地为各类用户提供高精度、高可靠性地定位、导航和授时服务。为了推广BDS地面综合服务基础设施,在全国不同地区(重庆、江苏、广东、天津)陆续完成北斗地基增强系统的建设,并开始为用户提供北斗导航定位服务。

北斗地基增强系统一期验收项目已在2017年完成,北斗地基增强系统基本建成自主可控、全国产化的北斗地基增强系统,也初步形成了基于北斗卫星导航系统的一体化高精度应用服务体系,标志着北斗地基增强系统建设取得重要阶段性成果,北斗地基增强系统建设进入到边建、边用、边运行、边服务的新阶段。

北斗地基增强系统于2014年9月启动研制建设,由中国卫星导航系统管理办公室会同交通运输部、国土资源部、教育部、国家测绘地理信息局、中国气象局、中国地震局、中国科学院等相关部门,由中国兵器工业集团公司承担系统建设总体任务。系统建设分为两个阶段实施,北斗地基增强一期建设为2014年到2016年底,该阶段主要任务是完成北斗地基增强系统的区域框架网基准站、区域加强密度网基准站、国家数据综合处理系统,以及国土资源、交通运输、中科院、地震、气象、测绘地理信息等6个行业数据处理中心等建设任务,建成基本任务,并开始在全国范围内开始为用户提供基本服务;第二期为2017年至2018年底,主要任务是为了完成区域加强密度网基准站补充建设,进一步提升系统服务性能和运行连续性、稳定性、可靠性,具备全面服务能力。针对目前现有的北斗地基增强系统进行升级改造,通过较长时间、在较大范围内,对北斗地基增强系统定位精度的服务能力进行测试,包括实时米级、分米级、厘米级、后处理毫米级的定位服务,测试结果表明:北斗地基增强系统定位精度的服务能力满足和优于系统的设计指标。

12.4.1 局域网系统性能测试

为增强北斗导航系统的服务能力扩大北斗系统影响,我国各省各地区在2014年至2016年底之前,整合目前现有北斗导航资源,在各地建设北斗区域地基增强系统。湖北省于2013年3月率先完成"北斗地基增强系统示范项目"的建设和验收,随后上海、重庆、天津、新疆、江西等地陆续建立北斗地基增强系统。目前各地基本完成建设,部分省市开展升级改造计划。局域系统建设完成后,系统性能和功能是否达标,将关系到全国北斗地基增强网络的性能与效果。

1. 天津市北斗地基增强系统性能测试

1) 系统建设

天津市北斗地基增强系统于2012年3月立项动工建设,2015年6月完成系统的建设与调制工作。包括基准站系统、数据控制中心系统、通信系统、用户系统建设,在天津范围内共建设北斗基准站13个,各站之间的平均距离为43.2km。采用天宝 NET R9 和南方 S8+C 两台接收机共用一个天线的方案,可以确保北斗地基增强系统的可靠性。各参考站至数据中心采用2M光纤专线保证数据的实时传输,控制中心管理软件系统为系统的自主运行和数据发布提供服务。

2) 系统检测

天津市北斗地基增强系统建设完成后,对区域地基增强系统主要是从系统时间可用性测试、空间可用性测试、静态精度测试,以及动态 RTK 精度测试等未检测系统性能是否能够满足系统设计要求和规范。

(1) 系统时间可用性测试。

时间可用性的检测选取 2015 年 5 月 12 日 11 时至 2015 年 5 月 13 日 11 时和 2015 年 6 月 6 日 15 时和 2015 年 6 月 7 日 15 时,在北斗增强站内架设接收机,分别接收 GPS+BDS、BDS、GPS 信号进行 RTK 测量。自动记录测量点坐标,采样率设置为1s。两个时间段的时间可用性统计结果显示了在观测条件较好的条件下,单 GPS、单 BDS 可以达到全天候95%的定位可用性要求。在自然条件不良情况下,单独系统 GPS 和 BDS 分别为 90% 和 87%,但是两者组合可以达到 98.83% 满足用户需求。分别对3种测试方式进行 RTK 测量,根据两个测试结果的数据统计可得无论单 GPS、单 BDS 还是 GPS+BDS,其定位精度都能满足《卫星定位测量规范》中要求的 CORS 系统精度不超过5cm 的要求,GPS+BDS 内符合精度要求要优于单系统定位精度。

(2)空间可用性测试。

空间可用性也是区域北斗地基增强系统重要的指标之一,即在系统定位精度达到规范要求的精度之中,系统能够实现覆盖范围。空间可用性的实验,采用车载实验,即利用天线固定于车顶,采样率为1s,车速约为40~110km/h,记录固定解,从车载测试的路线轨迹可以得到天津市北斗地基增强系统的覆盖范围。北斗地基增强系统空间性系统测试,线路测试过程中遇到隧道、城市密集住宅区等多径干扰强的城市复杂环境,沿线测试基本正常,且110km均可获得很稳定的固定解。从此次检验结果可以看出天津市北斗地基增强系统的空间覆盖天津全城。

(3)静态精度测试。

测试中选取天津市13个参考站进行静态解算,测试采用7天数据,分别为1h、2h、4h、8h、12h、24h、7d进行单一系统和组合系统进行检测。检测结果表明,对比于不同系统的组合、不同时间段长度静态解算精度平差结果可见,随着解算时长的增加,解算精度越来越高,在解算超过4h后的精度已经能够维持在1cm以下,超过12h后平面精度可以达到5mm。可以看出系统的静态精度要满足系统设计要求。

通过对天津市北斗地基增强系统的检测,我们可以得出北斗地基增强系统性能良好,各项指标均能符合规范的要求。全天候满足95%以上的服务,在空间范围上系统覆盖包括天津市范围内的所有区域,并且提供了良好的改正。静态数据随着解算时长的增加,基线解算精度越来越高,可以满足区域北斗地基增强系统的要求。

2. 深圳市北斗地基增强系统性能测试

1)系统建设

深圳市北斗地基增强系统卫星连续运行服务系统,是以北斗卫星导航系统为主,辅以GPS兼容GLONASS等卫星导航系统的多模式的连续运行卫星定位服务系统,深圳市一共建设成11个基准站。

2)系统测试

(1)内外符合精度分析。

从全市范围内均匀选取60个一级以上的测试点,采用4种模式进行RTK测试。第一种模式:应用GPS及BDS双系统进行测量,接入点选择RTCM GB;第二种模式:应用BDS单系统进行测量,接入点选择RTCM 3B;第三种模式:应用GPS单系统进行测量,接入点选择RTCM 3G;第四种模式:应用GPS单系统进行测量,接入点选择RTCM 31。本次测试时间为2017年10月至12月,测试结果为表12-7、表12-8所列。

表12-7 内符合中误差/cm

指标	SZCORS	单 GPS	单 BDS	GPS + BDS
M_X	0.07	0.06	0.11	0.07
M_Y	0.04	0.05	0.08	0.06
M_Z	0.08	0.08	0.13	0.07

表 12-8 外符合中误差/cm

指标	SZCORS	单 GPS	单 BDS	GPS + BDS
M_X	2.23	2.19	2.51	2.26
M_Y	2.30	2.47	2.08	2.37
M_Z	3.20	3.30	3.26	3.28

由上表可知 4 种模式的实时动态定位内符合精度都在毫米级,远高于规定的精度要求(2cm),说明系统实时动态定位的稳定可靠性。4 种模式的实时动态定位外符合精度都在 2~3cm,也都优于规定精度(5cm),说明系统实时动态定位的准确性。

(2)系统定位服务时效性与兼性分析。

RTK 用户初始化时间的测试是检验系统定位服务时效性的重要体现。测试选取当前主流接收机,分别在全国范围内进行测试。测量三组数据,每组测量 60 个值,每个历元一秒采样。每组重新初始化,记录每次初始化时间,从初始化时间统计结果来看,区域北斗地基增强系统的初始化时间比未升级之前的系统明显要少。新系统下 GPS 初始化平均时间为 15s,组合系统 GPS + BDS 初始化平均时间为 14s。深圳市区域北斗增强系统初始化时间比较稳定,反映了系统比较稳定。同时还测试了该系统各差分改正数据格式和设备之间的兼容性,结果显示该系统兼容目前主流设备仪器。

综合可以看出深圳市北斗地基增强系统的测试结果,在深圳市内 BDS/GNSS 可以为深圳市内用户提供服务,内符合精度测试表明:RTK 平面方向的内符合精度总体在 0.8cm,高程在 1.3cm 左右。外符合精度测试表明:RTK 平面方向的外符合精度总体在 2cm,高程在 8cm 左右。满足系统在建设初期的技术指标。

3. 重庆市北斗地基增强系统性能测试

1) 系统建设

2006 年完成建设的重庆 GNSS 综合服务系统,已经过项目验收测试,并为重庆市各行各业提供空间位置服务。为了使该系统在低纬地区满足高精度定位,2010 年开始建设全市覆盖 GPS + GLONASS 双星服务系统服务。为了进一步同步国家卫星发展战略,2013 年—2016 年,重庆市启动并完成了北斗增强服务系统建设,覆盖整个重庆市。按照"政府主导、需求牵引、分建共享、持续发展"的原则实施,完成了原有 35 个 CORS 站的北斗地基增强站升级、1 个市级北斗增强系统控制中心、1 个数据中心、1 套数据的传输共享与分发通信系统的建设。经过近三年北斗增强系统建设,目前已经完成了重庆、成都地区北斗地基增强系统的建设。

2) 系统测试

为检测重庆地区北斗地基增强系统的性能,重庆北斗地基增强系统测试选取具有代表性地形位置测试点,高差近 700m,在网内和网外各自选取 35 个高级控制点先后进行静态和动态测试。其中动态测试按照要求编制测试方案,分别选择分析 GPS + GLONASS、BDS 和 GPS + GLONASS + BDS 3 种情况下的动态定位精度情况、系统的综合指标、系统的时间可用性、系统的兼容性和系统的空间可用性。

(1)静态定位精度测试。

项目性能验收选择 35 个重庆高级控制点,采用接收机接收 GPS、GPS + GLONASS 系统的相同基线长度进行分析,分析静态定位测试精度,增强站采用不同方式进行解算进行对比,可以看出不同解算方式,对于基线长度在 20km 以内的基线,上述单系统和双系统的解算结果非常接近,不同时段基线长度无明显系统性差异;对于基线小于 70km,单星座和多星座解算的结果一致,性能差距不大,在解算基线的距离大于 70km 时,双星座系统的定位效果比单星座要好。

(2)实时动态定位精度测试。

对于北斗地基增强系选择在 GPS + GLONASS、BDS 和 GPS + GLONASS + BDS 3 种信号模式下采集实时 RTK 数据,每个测试点进行 10 次初始化测量,每次初始化都会连续记录 30 次数据,统计内符合精度,再与已知成果进行对比,统计外符合精度,统计计算测试点在不同模式下各个坐标的内符合精度如表 12 - 9 所列,外符合精度如表 12 - 10 所列。

表 12 - 9　网内外测试点内符合精度

范围	M_X	M_Y	M_Z
网内	0.65	1.32	0.70
网外	0.87	1.56	0.98
全网	0.78	1.47	0.83

表 12 - 10　网内外测试点外符合精度

范围	M_X	M_Y	M_Z
网内	0.85	1.08	0.92
网外	1.07	2.28	1.58
全网	0.89	1.85	1.36

此次测试也针对不同卫星模式进行实时定位精度测试,为了测试不同卫星系统的定位精度,分别在网内网外各自选取 10 个测试点,分别采用 GPS + GLONASS、BDS 和 GPS + GLONASS + BDS 3 种定位模式进行测试,精度统计如表 12 - 11、表 12 - 12 所列。数据表明 GPS + GLONASS、BDS、GPS + GLONASS + BDS 3 种定位模式中组合系统性能普遍高于单系统,而多系统之间性能相差不大。

表 12 - 11　不同模式整体内符合精度

模式	M_X	M_Y	M_Z
GPS + GLONASS	0.93	1.75	0.98
BDS	1.1	1.9	1.6
BDS + GPS + GLONASS	0.86	1.57	0.91

表 12-12　不同模式整体外符合精度

模式	M_X	M_Y	M_Z
GPS + GLONASS	0.92	2.25	1.08
BDS	1.2	3.9	1.5
BDS + GPS + GLONASS	0.96	2.45	1.25

(3) 系统可用性测试。

对网内各测试点测试结果统计显示系统定位精度均匀,同时实施网外差分精度与距离相关性测试,选取网外 10~32km 范围之内 35 个测试点进行网外差分精度与距离相关性进行分析,从实验结果可以看出网外 10~30km 范围内的差分定位精度与解算基线距离并无明显关系,呈现出一定的均匀性和稳定性。同时通过 24h 连续测试可以看出,统计观测历元数和有效历元数的计算有效性,平面精度有效率为 98.7%、高程有效值为 95.5%,正好可以弥补单一卫星有效地区和时间分布不均的问题,实现系统的空间和时间的无缝覆盖。

(4) 时效性测试和兼容兴测试。

系统测试采用北斗三频接收机进行测试,并依据网络 RTK 测量时的初始化时间和模糊度固定率表达时效性测试结果,测试结果如表 12-13 所列。由此显示单独 BDS 效果较多星定位的初始化时间较长,三星定位和双星定位的实效性基本一致。多星种类越多,初始化效果越好。

表 12-13　北斗三频接收机的不同定位模式时效性统计

定位模式	网内		网外	
	模糊度固定成功率/%	平均初始化时间/s	模糊度固定成功率/%	平均初始化时间/s
GPS + GLONASS	100	12	95	15
BDS	87	16	56	25
BDS + GPS + GLONASS	100	10	95	13

可以看出重庆市北斗地基增强系统的运行性能基本满足设计要求。

在北斗地基增强系统中,分布在全国的北斗地基增强局域网是全国北斗地基增强系统的基础,其运行性能关乎全局网络的效果,上述仅选取部分有代表性的区域网络进行介绍,现在局域网都通过测试,主要针对局域网中的静态定位测试、实时动态测试和事后高精度定位测试,并正在开展针对全国的综合测试。

12.4.2　系统广域增强定位精度测试

本测试给出 336 个测站在 2019 年 8 月 4 日—8 月 6 日的测试结果,包括 BDS、GPS 以及 BDS + GPS 3 种定位模式(双频相位、单频相位、单频伪距)的定位结果。同时,按照系统指标(95%)双频相位水平0.5m、高程1.0m,单频相位水平1.2m、高程2.0m,单频伪距水平2.0m、高程3.0m,统计336个测站达标率,测试结果表明北斗地基增强系统广域静态定位精度满足系统设计指标要求。

基于测试点精确坐标计算定位误差,在测试点无高精度坐标时,采用原始观测数据后处理计算测试点单天解坐标,将3天坐标的均值作为测试点的真值坐标,满足测试要求的测试数据进行统计,计算单天精度值,取3天结果平均值作为测试点精度的测试结果。单天数据统计的方法如下:

获取同一坐标系下的已知点坐标作为基准(X_0,Y_0,Z_0),计算外符合精度;通过将测试终端的定位结果(X,Y,Z)与基准位置(X_0,Y_0,Z_0)相减,得到定位误差$(\Delta X,\Delta Y,\Delta Z)$;通过坐标转换将直角坐标系变换到站心坐标系得到$\Delta E,\Delta N,\Delta U$,进而可以得到水平方向的误差。

$$\Delta h = \sqrt{\Delta E^2 + \Delta N^2} \tag{12-1}$$

$$\Delta u = |\Delta U| \tag{12-2}$$

分别计算水平方向和垂直方向95%置信度下的定位精度R_{95}。将一组长度为N的误差序列按从小到大顺序排列,则排序序号N_{95}对应的值即为R_{95}精度:

$$N_{95} = \min(\text{floor}(0.95 \times N + 0.5), N) \tag{12-3}$$

其中:函数$\min(x)$,$\text{floor}(x)$分别表示取最小值函数和向下取整函数。对于336个测试站点,将所有站点水平定位精度和高程定位精度R_{95}取平均值,作为广域静态测试定位精度结果。

1. BDS精密定位性能

1) BDS双频相位

连续3天测试结果如图12-9~图12-11所示。

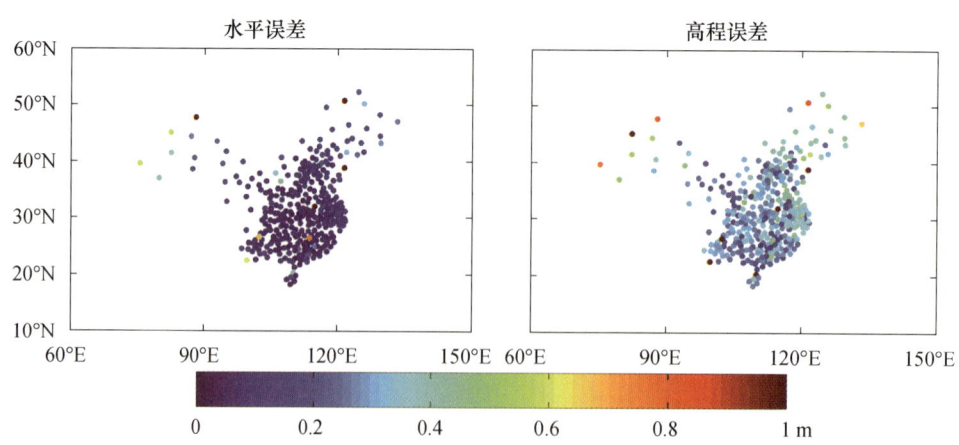

图12-9 8月4日测试结果:水平:0.1m;高程:0.3m;达标率97%

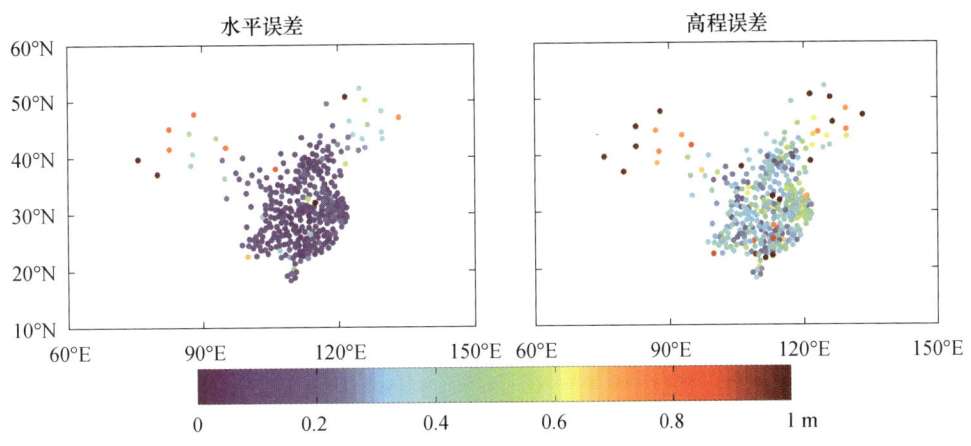

图 12-10　8月5日测试结果:水平:0.2m;高程:0.5m;达标率95%

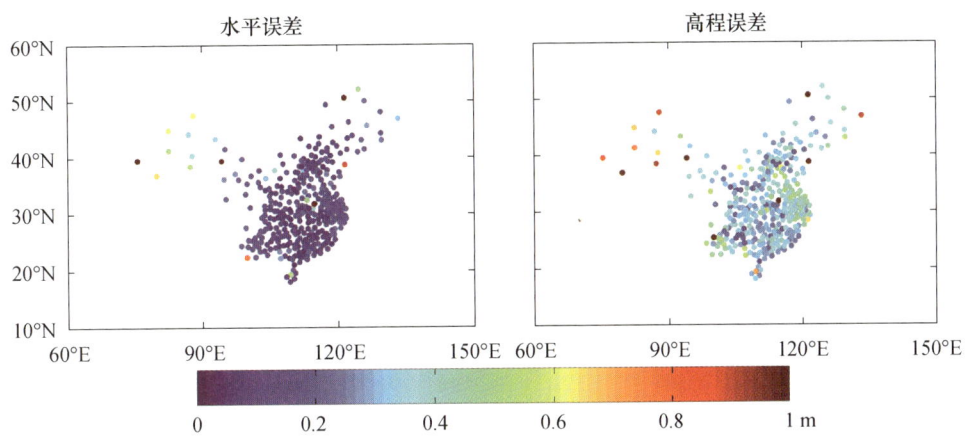

图 12-11　8月6日测试结果:水平:0.1m;高程:0.4m;达标率97%

2)BDS 单频相位

连续 3 天测试结果如图 12-12~图 12-14 所示。

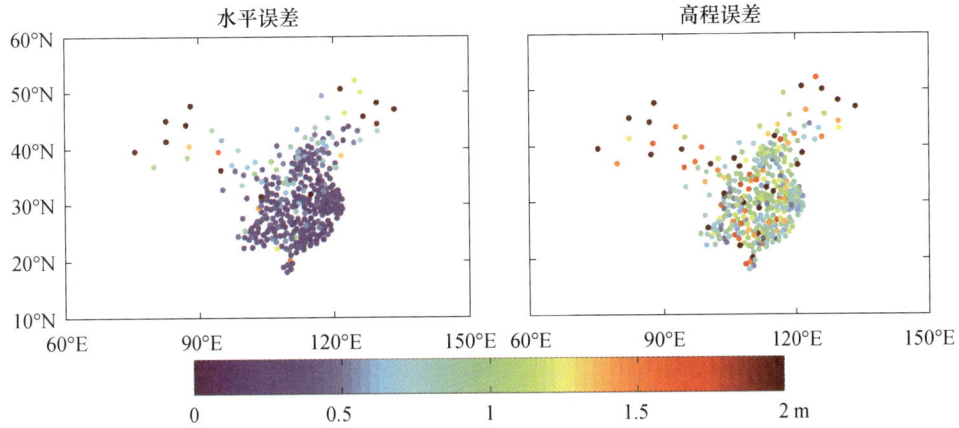

图 12-12　8月4日测试结果:水平:0.5m;高程:1.1m;达标率91%

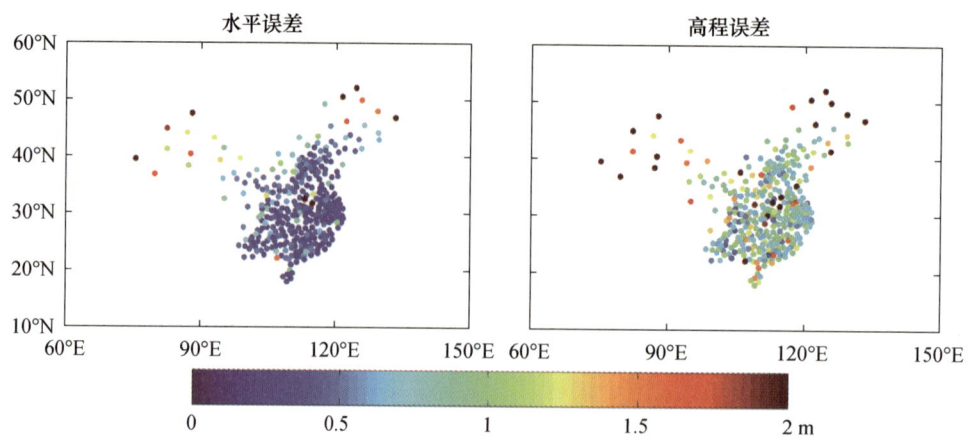

图 12-13　8月5日测试结果:水平:0.5m;高程:1.0m;达标率93%

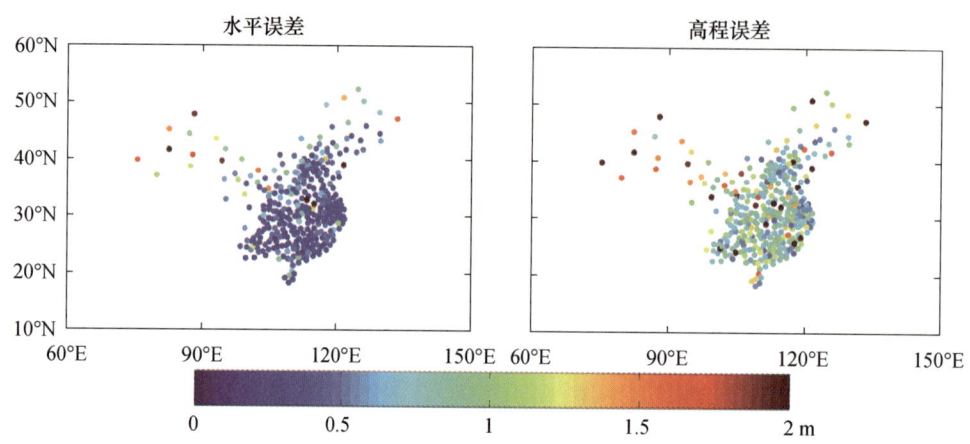

图 12-14　8月6日测试结果:水平:0.5m;高程:1.0m;达标率94%

3) BDS 单频伪距

连续3天测试结果如图 12-15～图 12-17 所示。

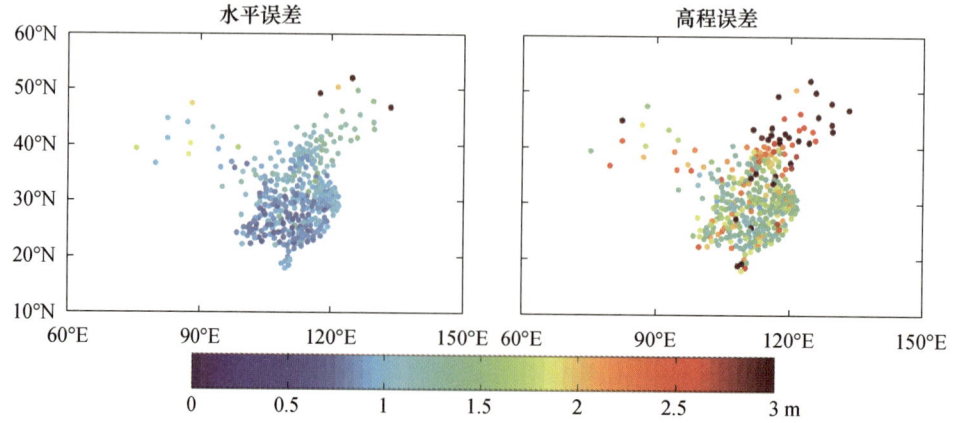

图 12-15　8月4日测试结果:水平:1.1m;高程:1.9m;达标率94%

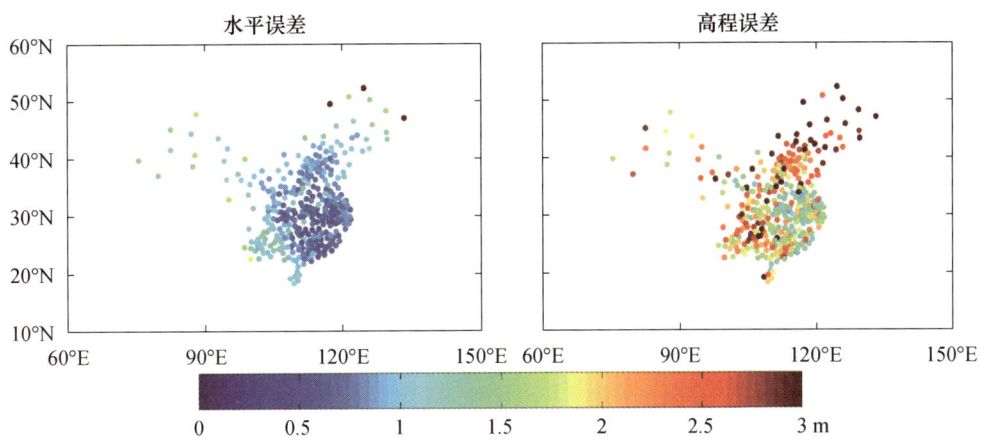

图 12-16　8月5日测试结果：水平：1.0m；高程：2.1m；达标率93%

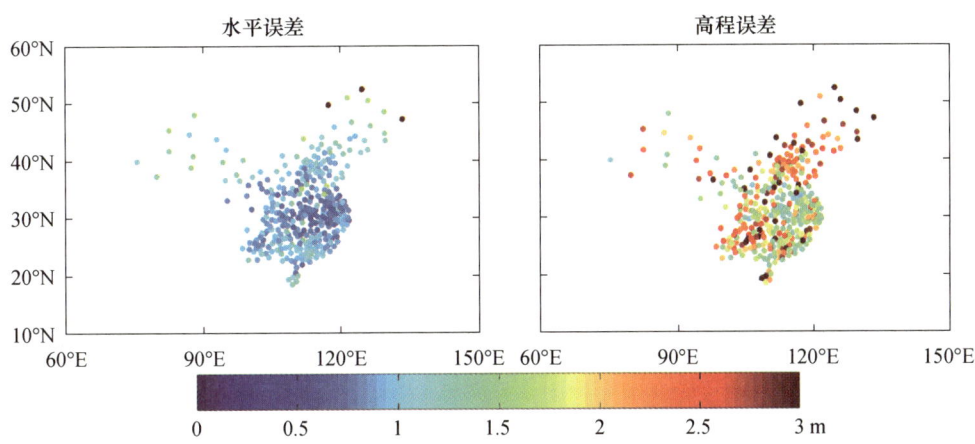

图 12-17　8月6日测试结果：水平：1.0m；高程：2.1m；达标率95%

2. GPS 精密定位性能

1) GPS 双频相位

连续3天测试结果如图12-18~图12-20所示。

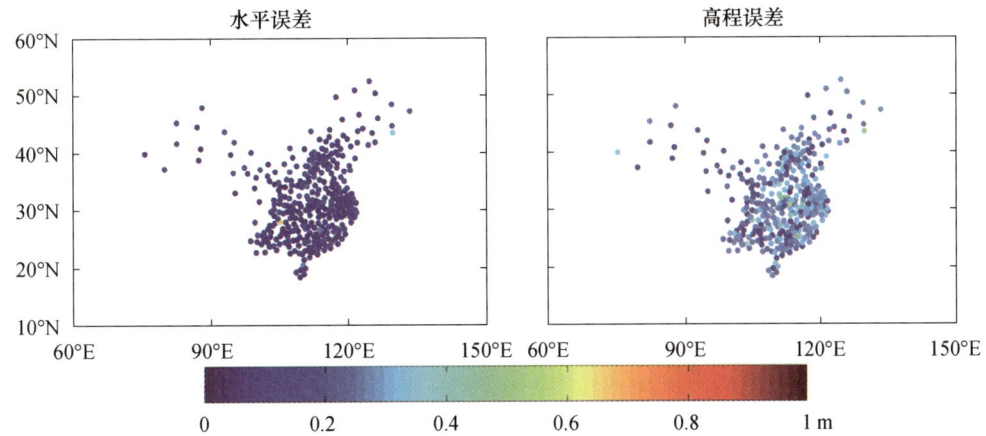

图 12-18　8月4日测试结果：水平：0.08m；高程：0.24m；达标率100%

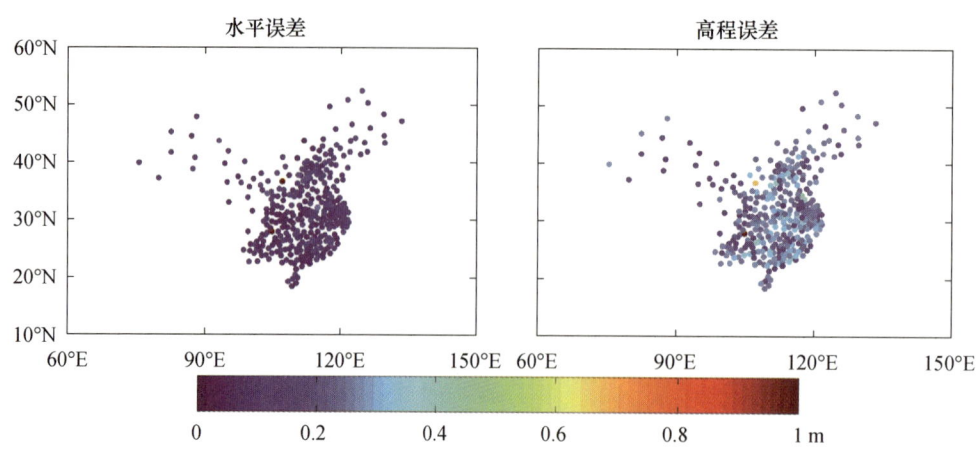

图 12-19 8月5日测试结果:水平:0.10m;高程:0.24m;达标率99%

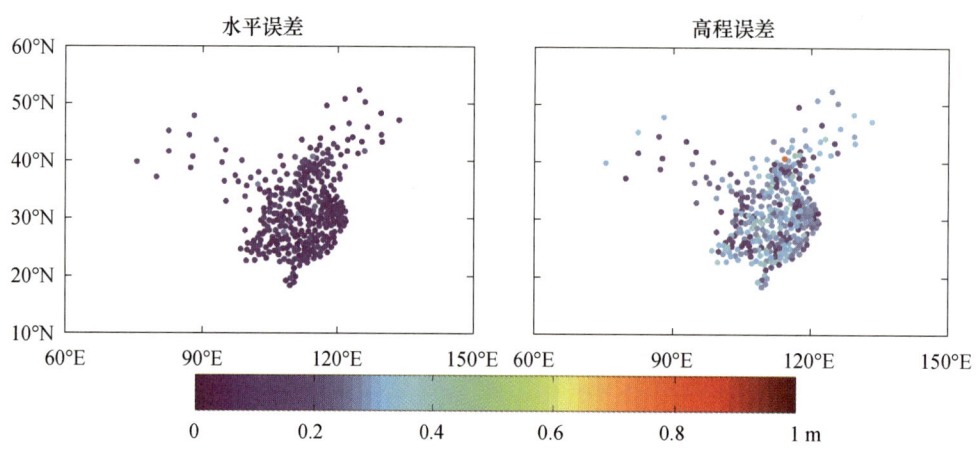

图 12-20 8月6日测试结果:水平:0.08m;高程:0.26m;达标率100%

2)GPS 单频相位

连续 3 天测试结果如图 12-21~图 12-23 所示。

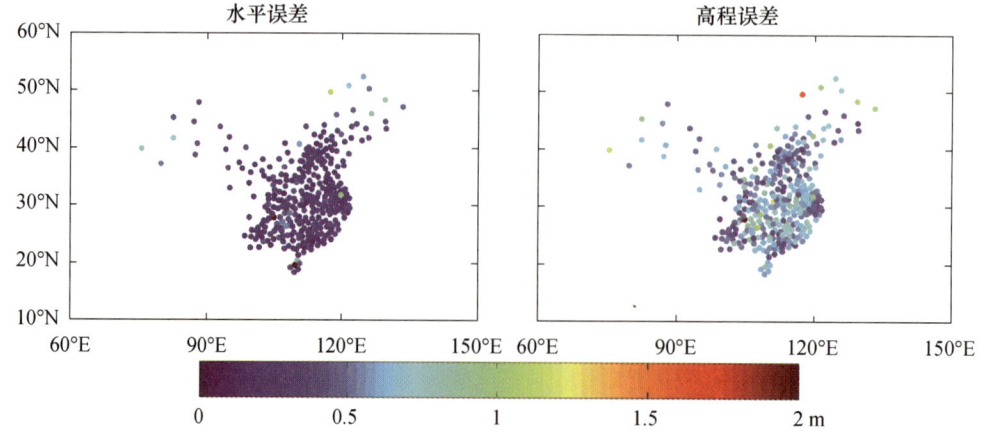

图 12-21 8月4日测试结果:水平:0.3m;高程:0.6m;达标率99%

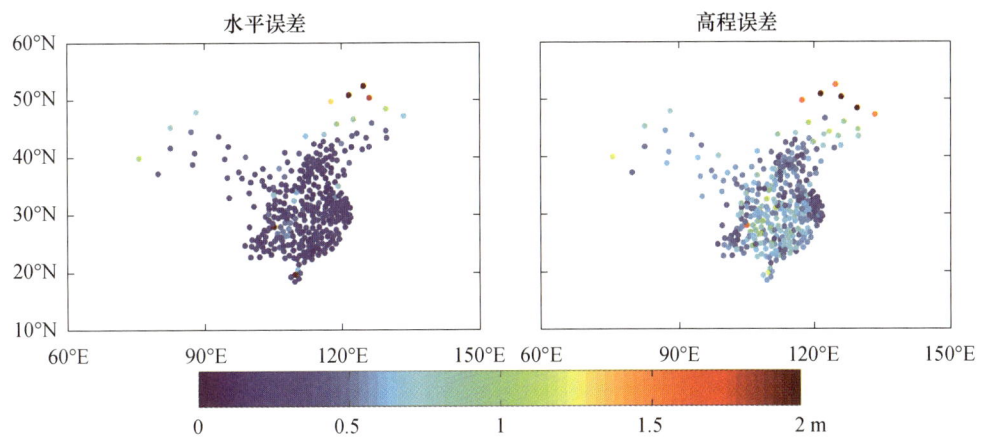

图 12-22　8 月 5 日测试结果：水平：0.3m；高程：0.6m；达标率 98%

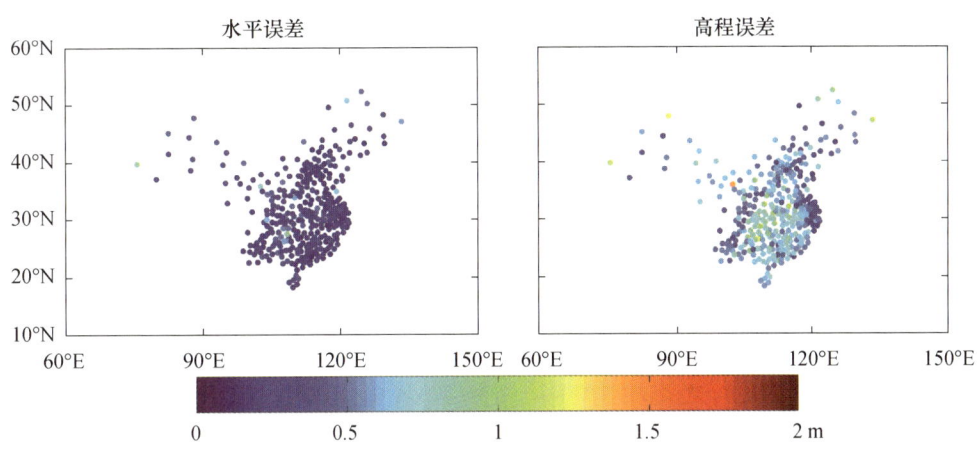

图 12-23　8 月 6 日测试结果：水平：0.3m；高程：0.6m；达标率 100%

3）GPS 单频伪距

连续 3 天测试结果如图 12-24～图 12-26 所示。

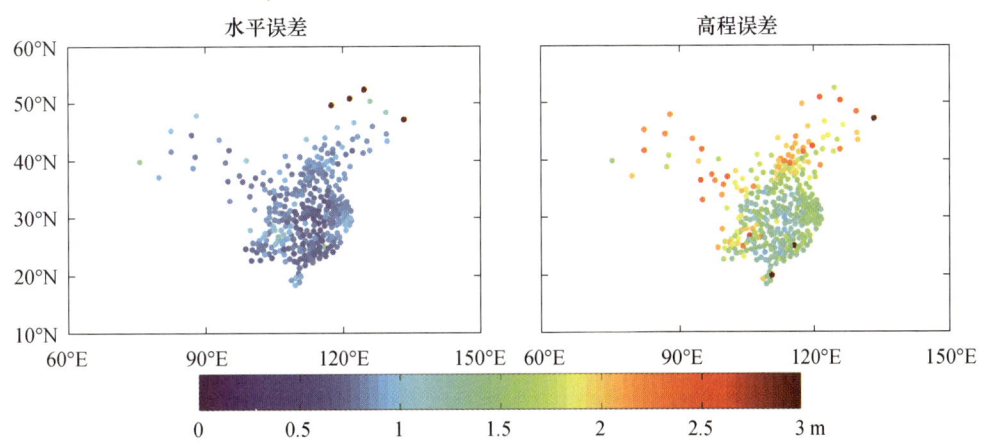

图 12-24　8 月 4 日测试结果：水平：0.9m；高程：1.7m；达标率 98%

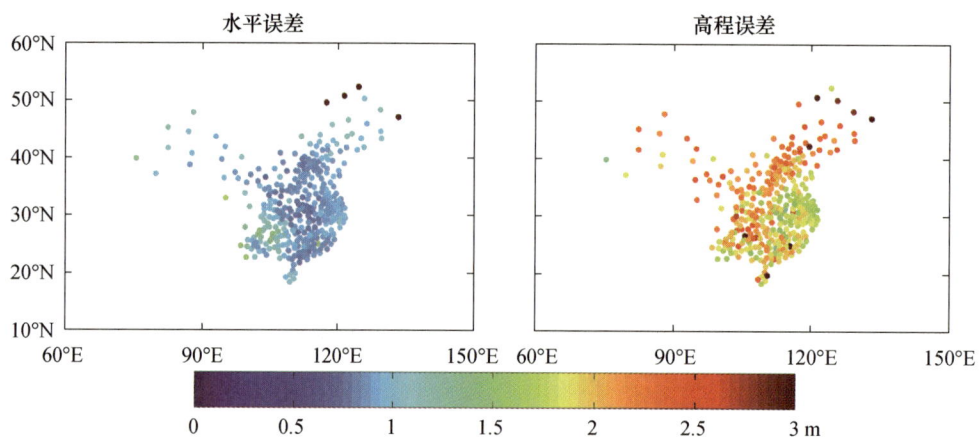

图 12-25　8月5日测试结果:水平:1.0m;高程:2.0m;达标率98%

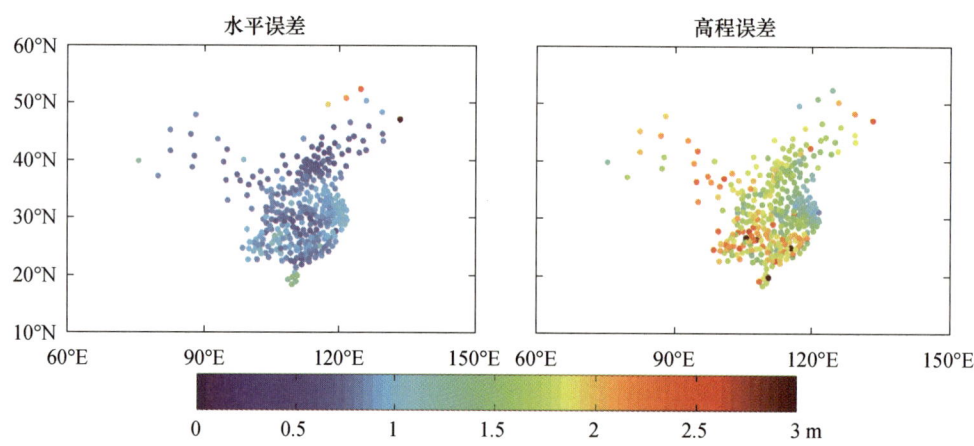

图 12-26　8月6日测试结果:水平:0.9m;高程:1.7m;达标率99%

3. BDS + GPS 精密定位性能

1) BDS + GPS 双频相位

连续3天测试结果如图 12-27 ~ 图 12-29 所示。

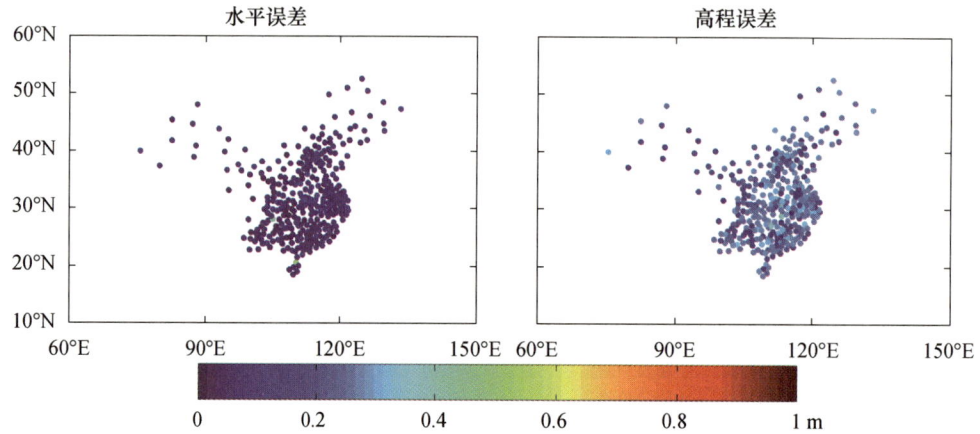

图 12-27　8月4日测试结果:水平:0.05m;高程:0.22m;达标率100%

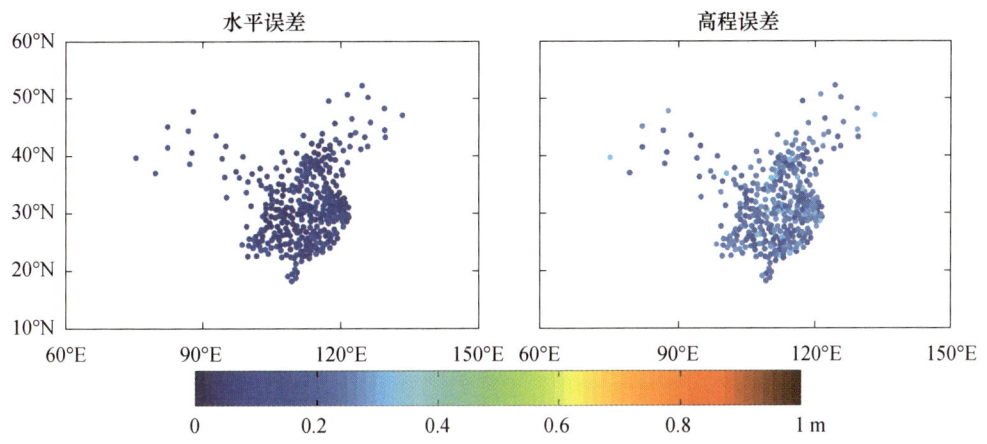

图 12-28　8 月 5 日测试结果:水平:0.07m;高程:0.22m;达标率 100%

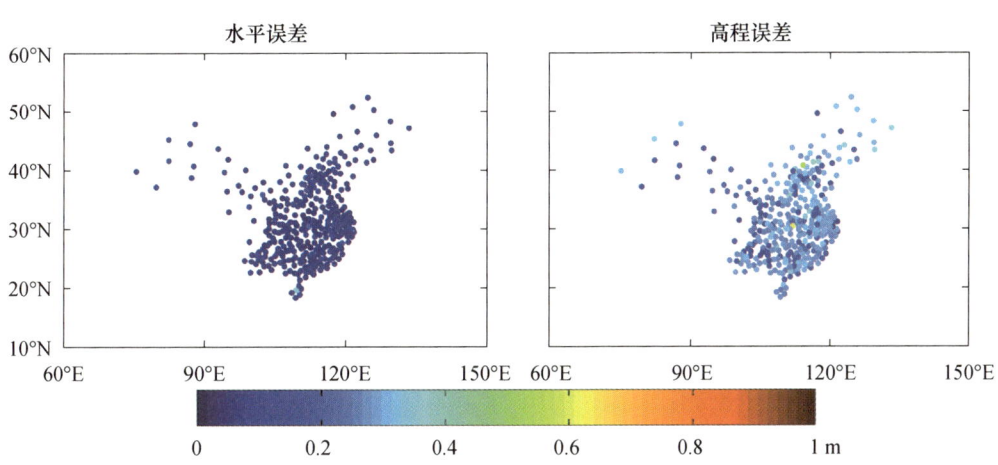

图 12-29　8 月 6 日测试结果:水平:0.06m;高程:0.23m;达标率 100%

2) BDS + GPS 单频相位

连续 3 天测试结果如图 12-30 ~ 图 12-32 所示。

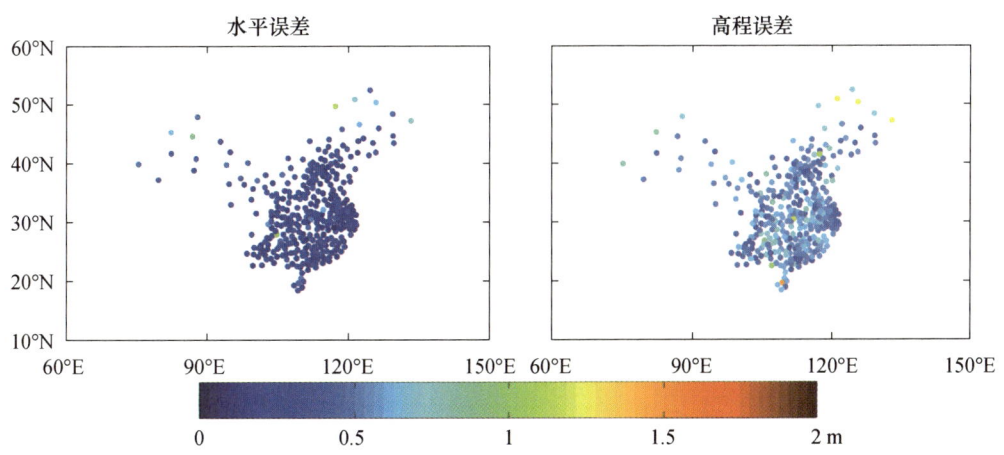

图 12-30　8 月 4 日测试结果:水平:0.2m;高程:0.5m;达标率 100%

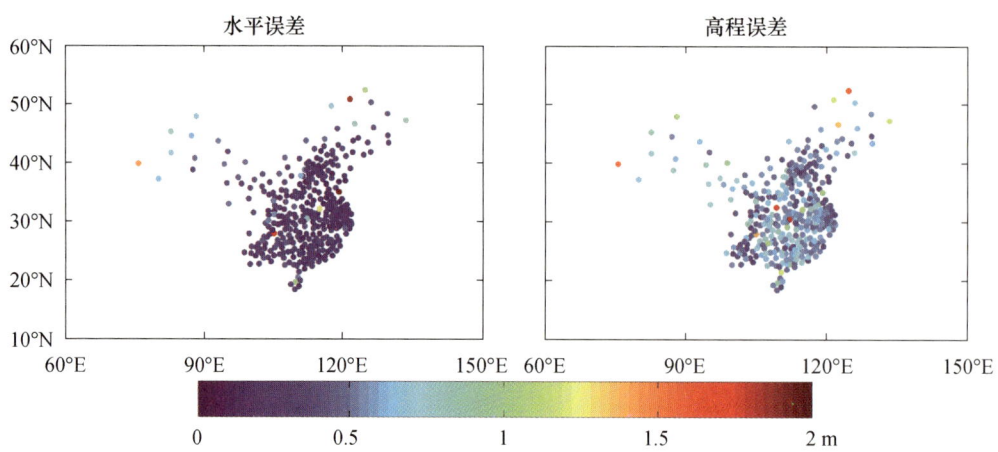

图 12-31 8月5日测试结果:水平:0.31m;高程:0.6m;达标率99%

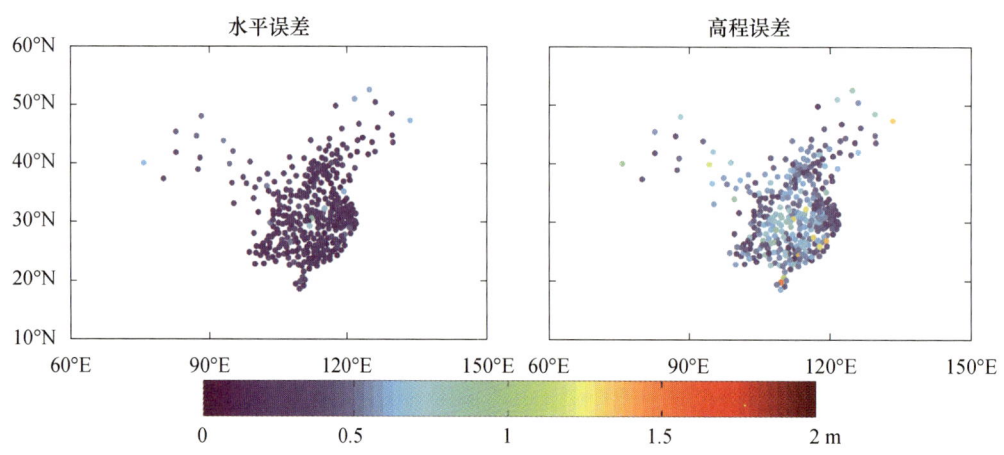

图 12-32 8月6日测试结果:水平:0.2m;高程:0.5m;达标率100%

3) BDS + GPS 单频伪距

连续 3 天测试结果如图 12-33 ~ 图 12-35 所示。

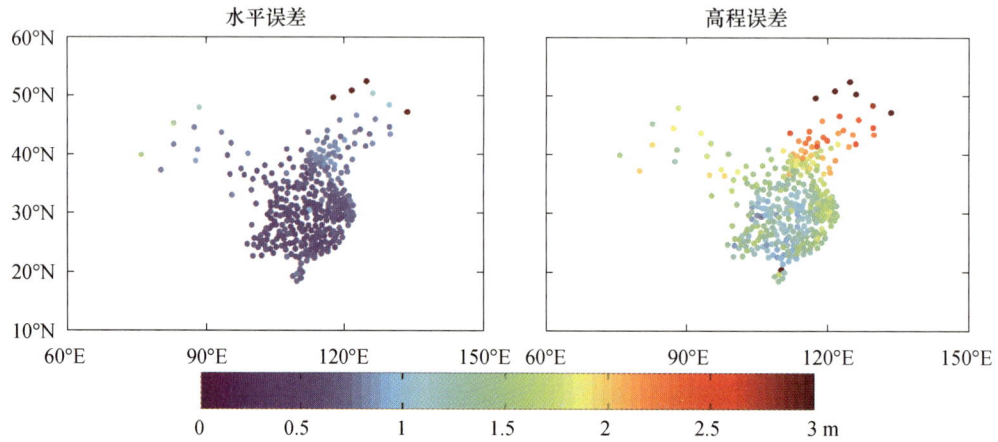

图 12-33 8月4日测试结果:水平:0.7m;高程:1.5m;达标率100%

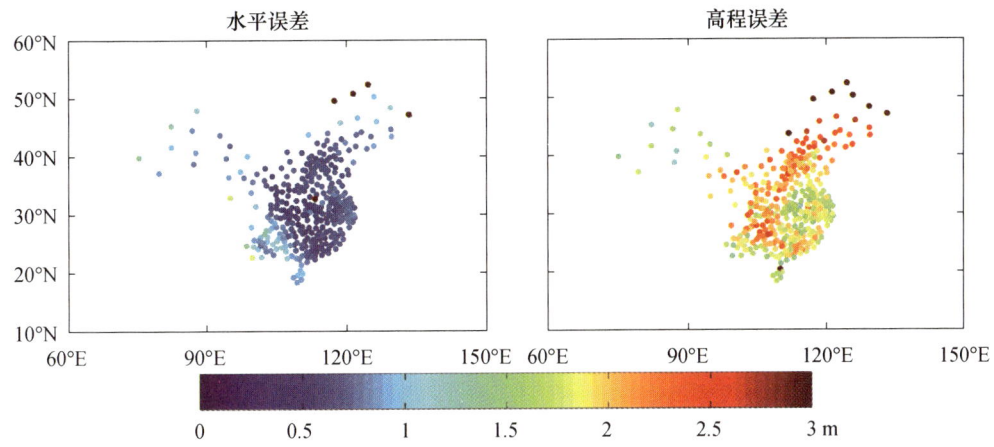

图 12-34　8月5日测试结果：水平：0.83m；高程：2.0m；达标率97%

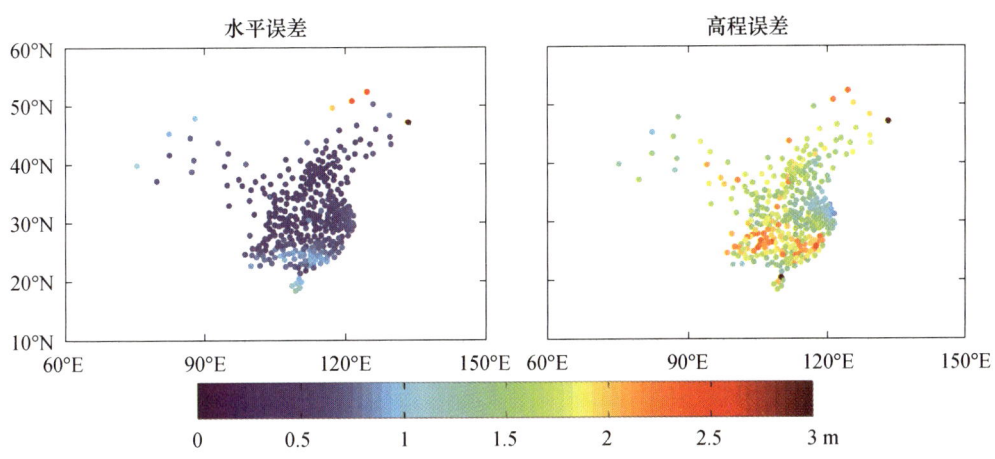

图 12-35　8月6日，水平：0.7m；高程：1.7m；达标率99%

4. BDS、GPS、BDS+GPS 精密定位性能精度估计

以下列出了2019年8月4日—8月6日利用BDS、GPS以及BDS+GPS 3种卫星星座环境下双频相位、单频相位和单频伪距的定位精度统计，精度评估分析见表12-14、表12-15、表12-16，由此可以得出BDS+GPS组合优于单独GPS，而单独GPS又优于单独BDS。故在非特殊情况下民用推荐使用GPS+BDS或BDS与GPS、GLONASS、Galileo等卫星定位星座的组合方式，这样可以提升卫星定位的可靠性、精确性和可视性，同时大大减少定位搜索时间。

表 12-14　BDS定位精度统计

时间	定位模式	水平/m	高程/m	达标率/%
8月4日	双频载波相位	0.11	0.32	97%
	单频载波相位	0.5	1.1	91%
	单频伪距	1.1	1.9	94%

续表

时间	定位模式	水平/m	高程/m	达标率/%
8月5日	双频载波相位	0.19	0.45	95%
	单频载波相位	0.5	1.0	93%
	单频伪距	1.0	2.1	93%
8月6日	双频载波相位	0.14	0.37	97%
	单频载波相位	0.5	1.0	94%
	单频伪距	1.0	2.1	95%

表 12–15　GPS 定位精度统计

时间	定位模式	水平/m	高程/m	达标率/%
8月4日	双频载波相位	0.08	0.24	100%
	单频载波相位	0.3	0.6	99%
	单频伪距	0.9	1.6	98%
8月5日	双频载波相位	0.10	0.24	99%
	单频载波相位	0.3	0.6	98%
	单频伪距	1.0	2.0	98%
8月6日	双频载波相位	0.08	0.26	100%
	单频载波相位	0.3	0.6	100%
	单频伪距	0.9	1.7	99%

表 12–16　GPS/BDS 定位精度统计

时间	定位模式	水平/m	高程/m	达标率/%
8月4日	双频载波相位	0.05	0.22	100%
	单频载波相位	0.2	0.5	100%
	单频伪距	0.7	1.5	98%
8月5日	双频载波相位	0.07	0.22	100%
	单频载波相位	0.3	0.6	99%
	单频伪距	0.8	2.0	97%
8月6日	双频载波相位	0.06	0.23	100%
	单频载波相位	0.2	0.5	100%
	单频伪距	0.7	1.7	99%

2016年5月开始,千寻位置网开始向用户提供亚米级(千寻跬步)、厘米级(千寻知寸)和毫米级(千寻见微)3种高精度定位服务,覆盖全国大部分省份。该服务基于北斗导航系统,通过RTD/RTK定位原理,利用互联网提供全天候差分播发服务。也对全国北斗地基增强系统的RTCM V3.2标准格式播发数据进行测试,在武汉、重庆两地分别测试和验证了北斗地基增强系统所播发的虚拟参考站观测数据并进行解码,验证了北斗地基增强系统的服务性能及定位精度基本满足用户使用需求。

测试时间:2019年5月8日、9日和11日(共72h)。

测试站:选出的336个测试站。

测试模式:BDS、GPS、BDS+GPS广域单频伪距、单频载波相位/双频载波相位增强。

测试方法:在上述规定的测试时间内,使用336个分布在全国的测试站传回的该站该时段的原始观测数据,并上传至国家数据综合处理系统进行数据预处理,生成相应的广域增强数据进行解算,可以获得3种广域增强模式的定位精度及其分布。

测试结果:测试结果汇总见表12-17。

表12-17 336个测试站北斗广域增强静态定位精度测试结果汇总表

系统增强模式	系统设计值(2σ)	水平测试达标率(95%)	高程测试达标率(95%)
单频伪距	水平2.0m,高程3.0m	98.81	98.21
单频载波相位	水平1.2m,高程2.0m	97.92	96.13
双频载波相位	水平0.5m,高程1.0m	99.70	100.0

测试结论:分布在全国的北斗地基增强站,3种北斗广域增强模式的静态定位精度测试值满足系统设计要求。

12.4.3 静态定位精度测试

测试时间:2019年5月16日、17日和18日(3天共72h)。

测试地点:在目前1355个北斗导航增强站中,在全国范围内大致分布均匀地选择371个北斗导航增强站(含7个广域站,主要为了解决西藏自治区、黑龙江省、内蒙古自治区增强测站数目不足的问题)作为广域静态定位精度测试站。

测试模式:分别采用BDS、GPS、BDS+GPS广域单频伪距、单频载波相位、双频载波相位增强。

测试方法:在规定的测试时间内,用371个测试站传回的原始观测数据与国家数据综合处理系统生成的广域增强数据进行解算,获得3种广域增强模式的定位精度及其分布。

测试结果:

1. BDS单频伪距精度增强测试结果

此次测试时间内对选定范围内的371个北斗导航增强站单天连续24h的BDS单频伪距精度

增强测试结果见图 12-36～图 12-38。

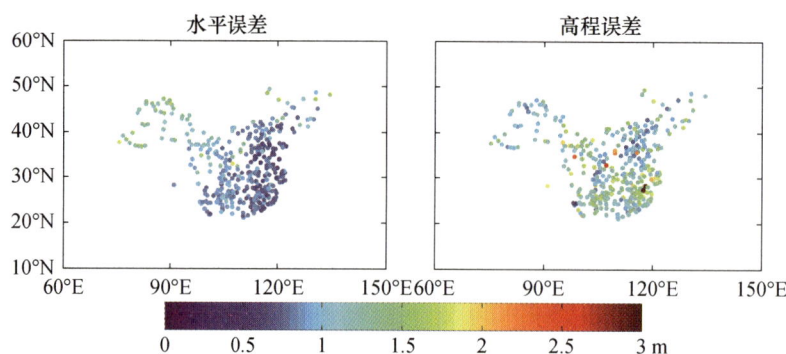

图 12-36　2019 年 5 月 16 日 24h 连续测试 BDS 单频伪距精度增强平均值：
定位精度:0.88m(水平,2σ);1.24m(高程,2σ);达标率:99%

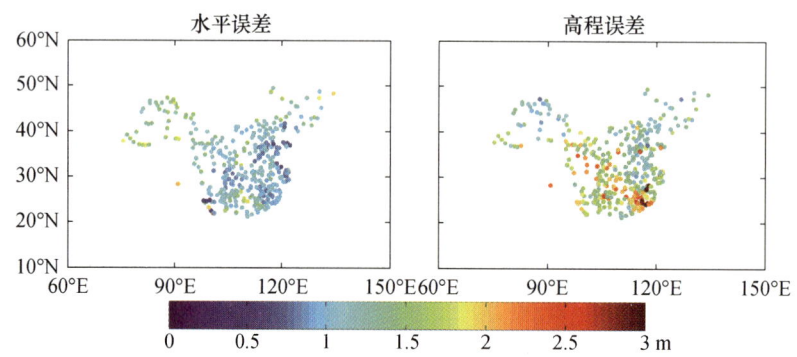

图 12-37　2019 年 5 月 17 日 24h 连续测试 BDS 单频伪距精度增强平均值：
定位精度:1.1m(水平,2σ);1.44m(高程,2σ);达标率:99%

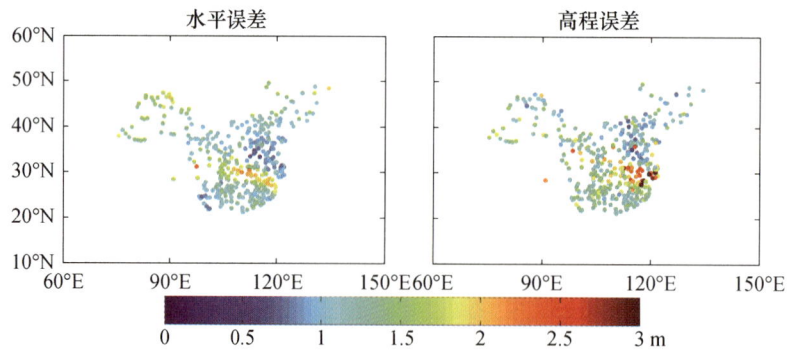

图 12-38　2019 年 5 月 18 日 24h 连续测试 BDS 单频伪距精度增强平均值：
定位精度:1.25m(水平,2σ);1.39m(高程,2σ);达标率:96%

2. BDS 单频载波相位精度增强测试结果

测试时间内对选定的 371 个北斗导航增强站,单天连续 24h 的 BDS 单频载波相位精度增强测试结果见图 12-39~图 12-41。

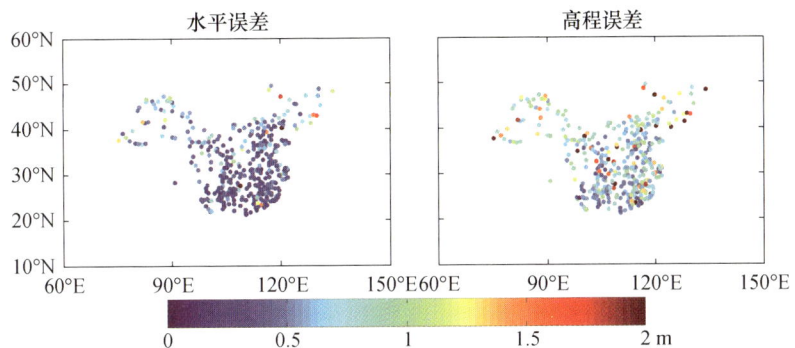

图 12-39 2019 年 5 月 16 日 24h 连续测试 BDS 单频载波相位精度增强平均值:
定位精度:0.44m(水平,2σ);0.83m(高程,2σ);达标率:96%

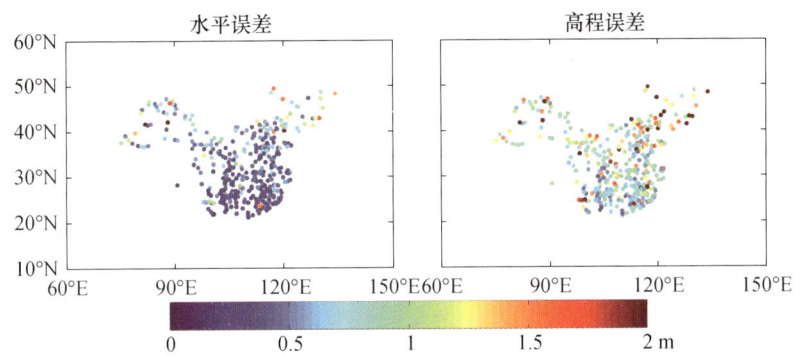

图 12-40 2019 年 5 月 17 日 24h 连续测试 BDS 单频载波相位精度增强平均值:
定位精度:0.49m(水平,2σ);0.95m(高程,2σ);达标率:97%

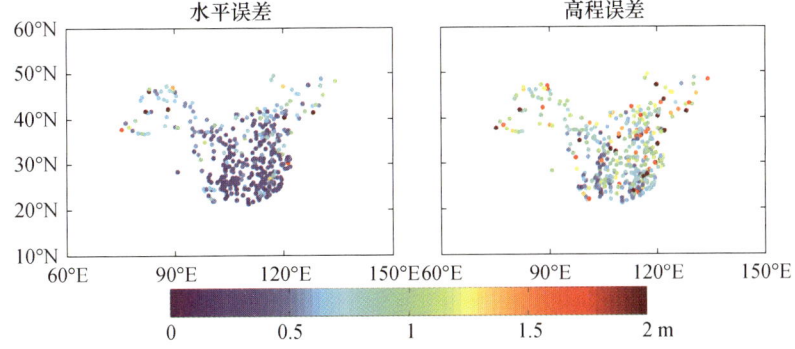

图 12-41 2019 年 5 月 18 日 24h 连续测试 BDS 单频载波相位精度增强平均值:
定位精度:0.52m(水平,2σ);0.95m(高程,2σ);达标率:94%

3. BDS 双频载波相位精度增强测试结果

对此次测试的 371 个北斗导航增强站,单天连续 24h 的 BDS 双频载波相位精度增强测试结果见图 12-42~图 12-44。

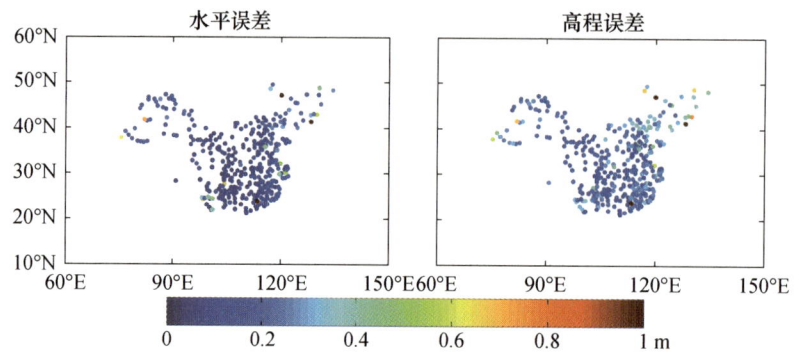

图 12-42 2019 年 5 月 16 日 24h 连续测试 BDS 双频载波相位精度增强平均值:
定位精度:0.12m(水平,2σ);0.23m(高程,2σ);达标率:97%

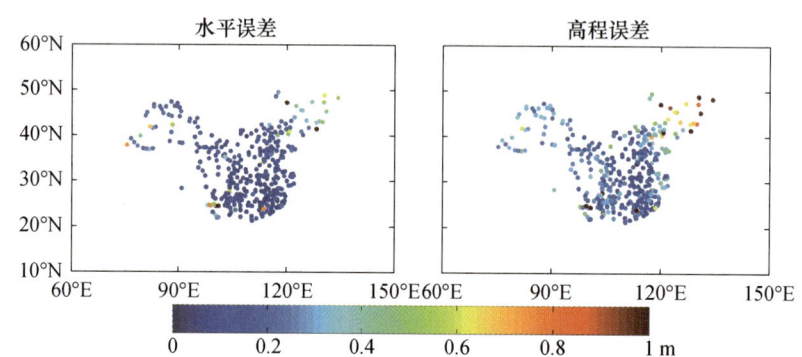

图 12-43 2019 年 5 月 17 日 24h 连续测试 BDS 双频载波相位精度增强平均值:
定位精度:0.15m(水平,2σ);0.29m(高程,2σ);达标率:95%

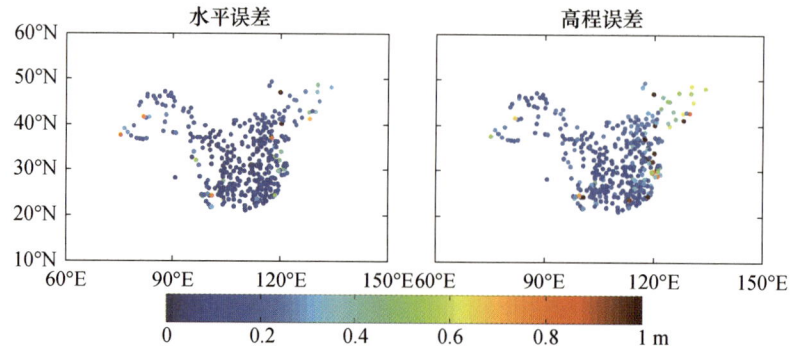

图 12-44 2019 年 5 月 18 日 24h 连续测试 BDS 双频载波相位精度增强平均值:
定位精度:0.13m(水平,2σ);0.25m(高程,2σ);达标率:96%

4. GPS 单频伪距精度增强测试结果

对 371 个北斗导航增强站,单天连续 24h 的 GPS 单频伪距精度增强测试结果见图 12-45~图 12-47。

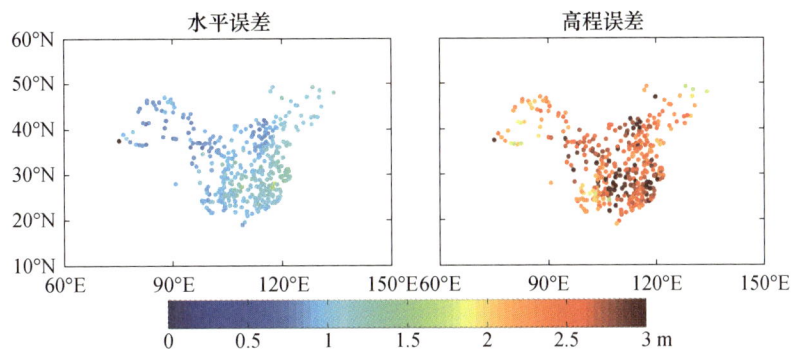

图 12-45　2019 年 5 月 16 日 24h 连续测试 GPS 单频伪距精度增强平均值:
定位精度:1.02m(水平,2σ);2.54m(高程,2σ);达标率:94%

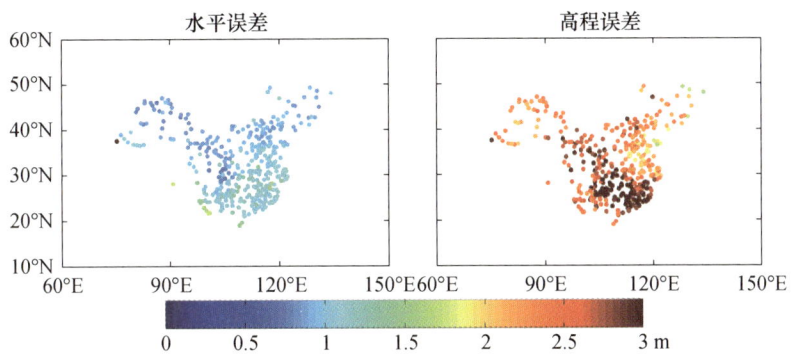

图 12-46　2019 年 5 月 17 日 24h 连续测试 GPS 单频伪距精度增强平均值:
定位精度:1.02m(水平,2σ);2.59m(高程,2σ);达标率:83%

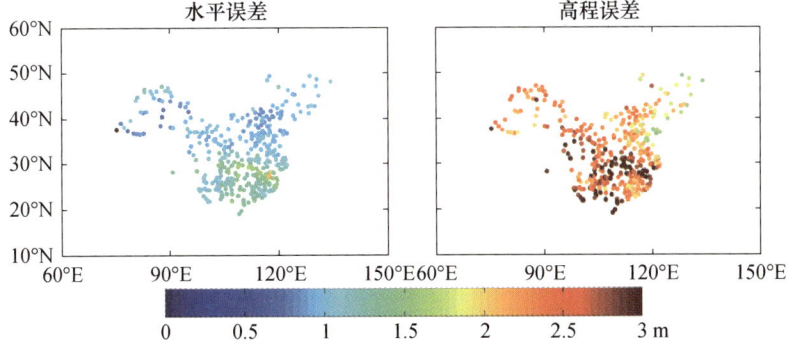

图 12-47　2019 年 5 月 18 日 24h 连续测试 GPS 单频伪距精度增强平均值:
定位精度:1.11m(水平,2σ);2.45m(高程,2σ);达标率:89%

5. GPS 单频载波相位精度增强测试结果

对 371 个北斗导航增强站,单天连续 24h 的 GPS 单频载波相位精度增强测试结果见图 12-48~图 12-50。

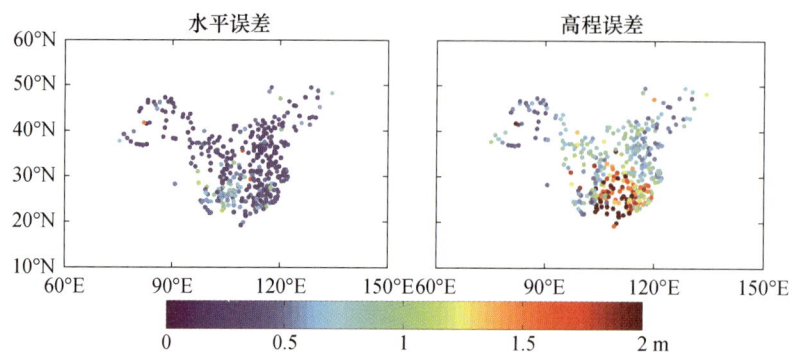

图 12-48 2019 年 5 月 16 日 24h 连续测试 GPS 单频载波相位精度增强平均值:
定位精度:0.41m(水平,2σ);1.01m(高程,2σ);达标率:93%

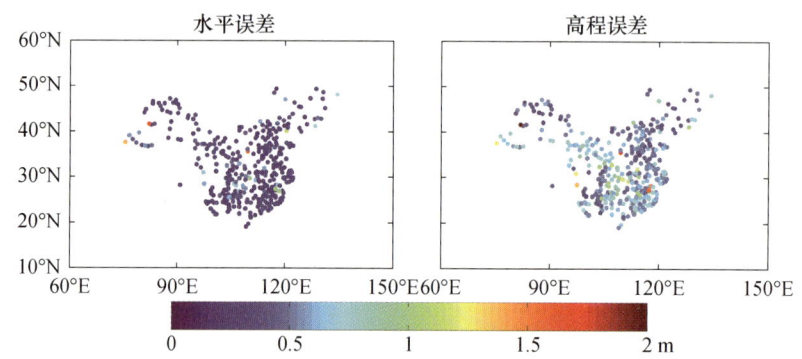

图 12-49 2019 年 5 月 17 日 24h 连续测试 GPS 单频载波相位精度增强平均值:
定位精度:0.31m(水平,2σ);0.59m(高程,2σ);达标率:99%

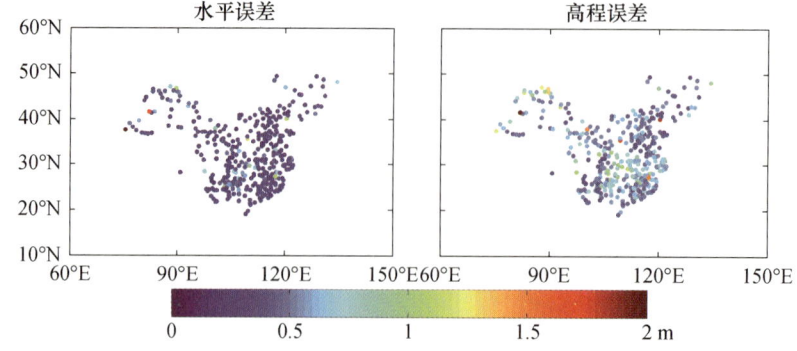

图 12-50 2019 年 5 月 18 日 24h 连续测试 GPS 单频载波相位精度增强平均值:
定位精度:0.32m(水平,2σ);0.58m(高程,2σ);达标率:99%

6. GPS 双频载波相位精度增强测试结果

对 371 个北斗导航增强站，单天连续 24h 的 GPS 双频载波相位精度增强测试结果见图 12–51 ~ 图 11–53。

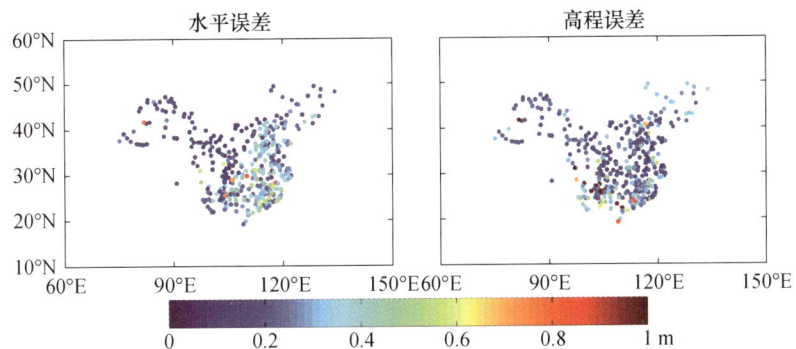

图 12–51　2019 年 5 月 16 日 24h 连续测试 GPS 双频载波相位精度增强平均值：
定位精度：0.26m（水平，2σ）；0.28m（高程，2σ）；达标率：92%

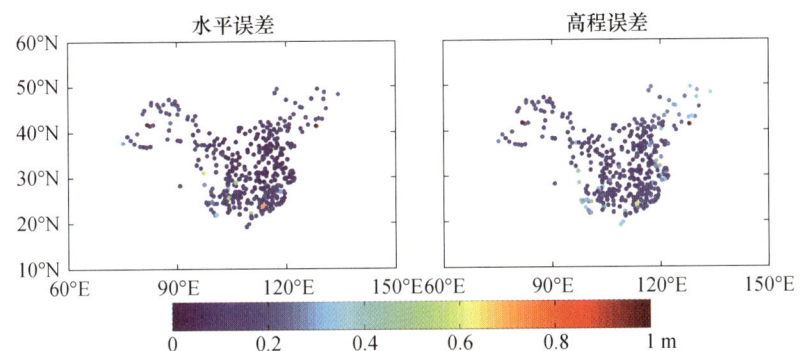

图 12–52　2019 年 5 月 17 日 24h 连续测试 GPS 双频载波相位精度增强平均值：
定位精度：0.11m（水平，2σ）；0.17m（高程，2σ）；达标率：99%

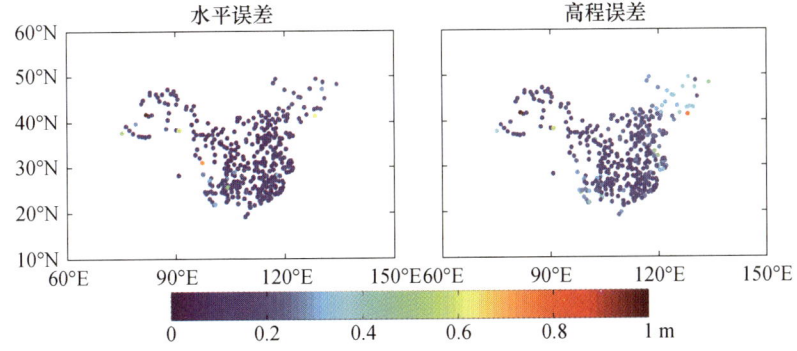

图 12–53　2019 年 5 月 18 日 24h 连续测试 GPS 双频载波相位精度增强平均值：
定位精度：0.11m（水平，2σ）；0.19m（高程，2σ）；达标率：99%

7. BDS + GPS 单频伪距精度增强测试结果

对 371 个北斗导航增强站,单天连续 24h 的 BDS + GPS 单频伪距精度增强测试结果见图 12 – 54 ~ 图 12 – 56。

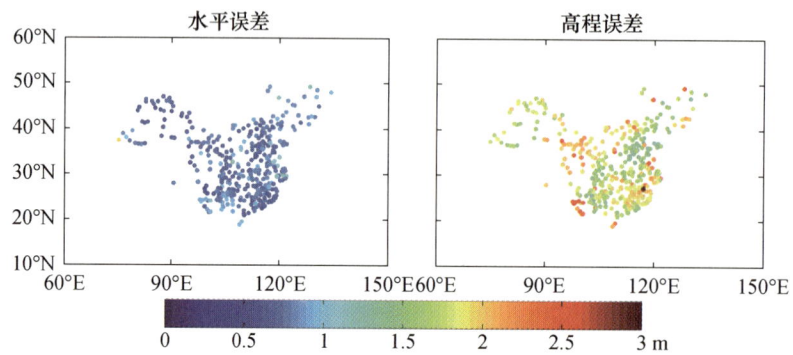

图 12 – 54　2019 年 5 月 16 日 24h 连续测试 BDS + GPS 单频伪距精度增强平均值:
定位精度:0.77m(水平,2σ);1.80m(高程,2σ);达标率:100%

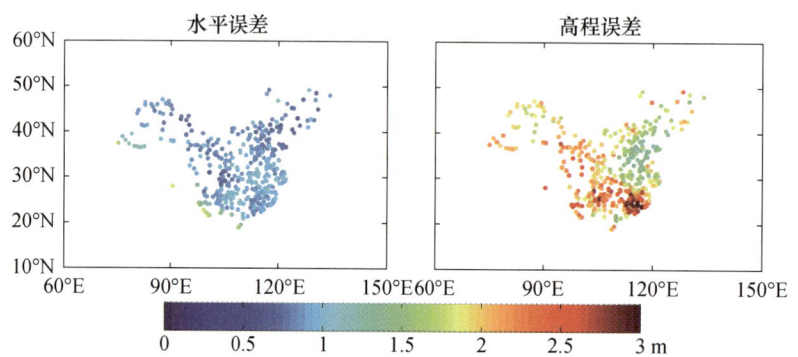

图 12 – 55　2019 年 5 月 17 日 24h 连续测试 BDS + GPS 单频伪距精度增强平均值:
定位精度:0.92m(水平,2σ);1.98m(高程,2σ);达标率:99%

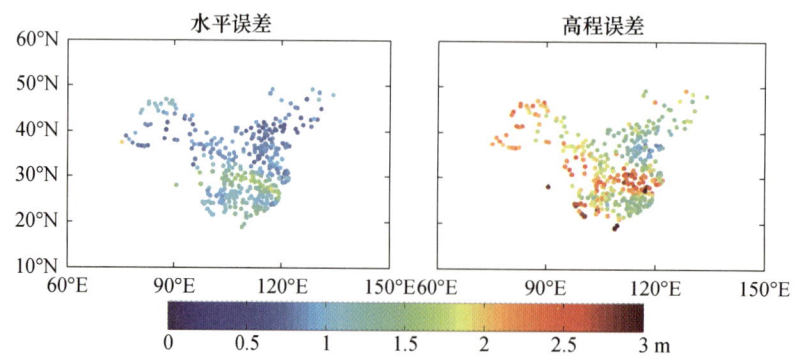

图 12 – 56　2019 年 5 月 18 日 24h 连续测试 BDS + GPS 单频伪距精度增强平均值:
定位精度:1.02m(水平,2σ);1.81m(高程,2σ);达标率:99%

8. BDS + GPS 单频载波相位精度增强测试结果

对 371 个北斗导航增强站,单天连续 24h 的 BDS + GPS 单频载波相位精度增强测试结果见图 12-57 ~ 图 12-59。

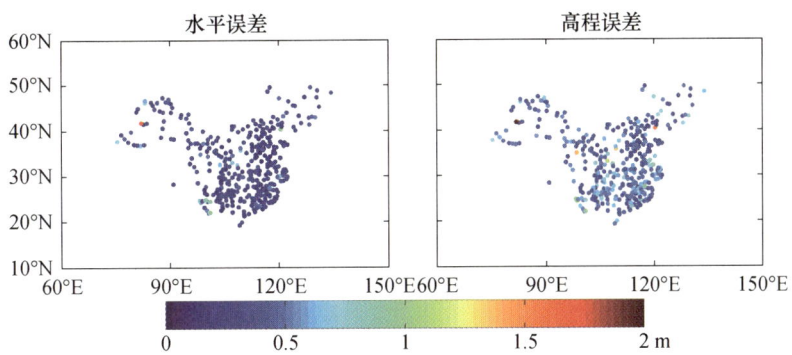

图 12-57　2019 年 5 月 16 日 24h 连续测试 BDS + GPS 单频载波相位精度增强平均值:
定位精度:0.26m(水平,2σ);0.47m(高程,2σ);达标率:100%

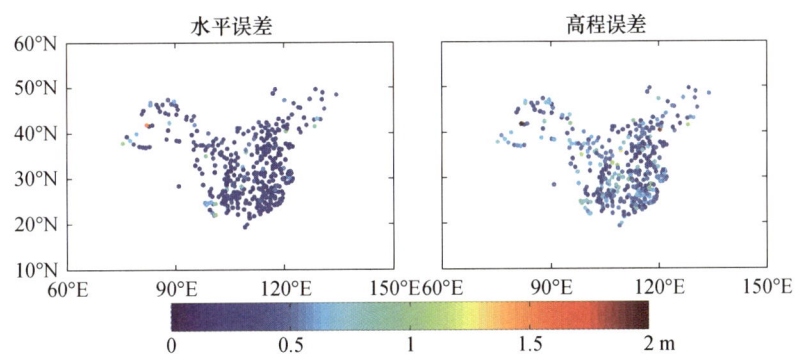

图 12-58　2019 年 5 月 17 日 24h 连续测试 BDS + GPS 单频载波相位精度增强平均值:
定位精度:0.31m(水平,2σ);0.50m(高程,2σ);达标率:100%

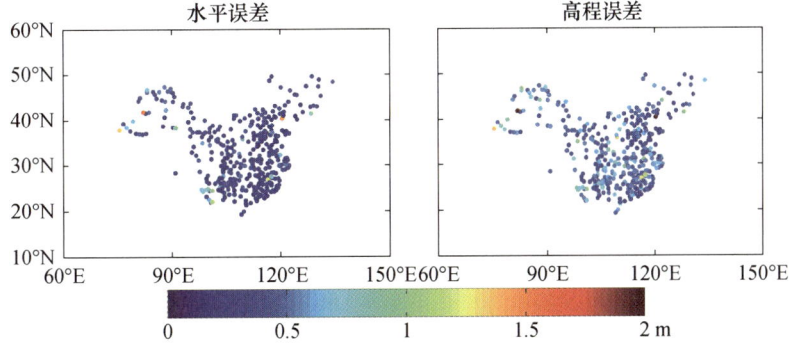

图 12-59　2019 年 5 月 18 日 24h 连续测试 BDS + GPS 单频载波相位精度增强平均值:
定位精度:0.29m(水平,2σ);0.48m(高程,2σ);达标率:99%

9. BDS + GPS 双频载波相位精度增强测试结果

对 371 个北斗导航增强站,单天连续 24h 的 BDS + GPS 双频载波相位精度增强测试结果见图 12-60～图 12-62。

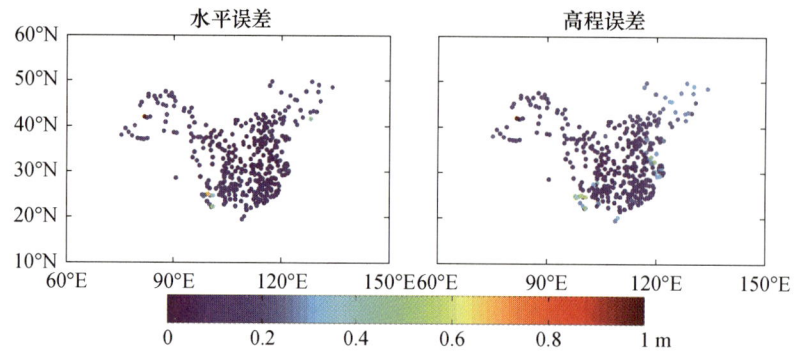

图 12-60　2019 年 5 月 16 日 24h 连续测试 BDS + GPS 双频载波相位精度增强平均值:
定位精度:0.09m(水平,2σ);0.14m(高程,2σ);达标率:99%

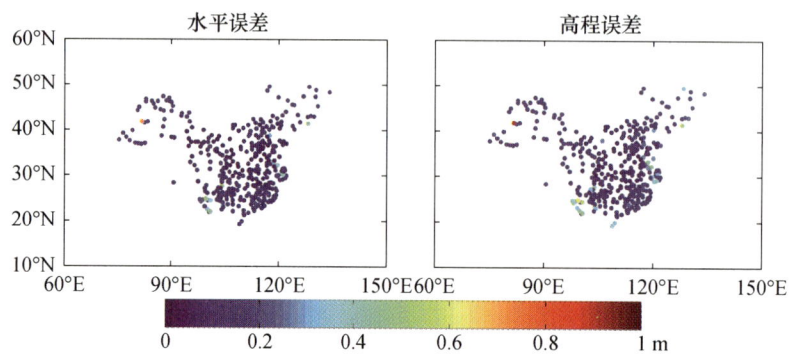

图 12-61　2019 年 5 月 17 日 24h 连续测试 BDS + GPS 双频载波相位精度增强平均值:
定位精度:0.10m(水平,2σ);0.14m(高程,2σ);达标率:99%

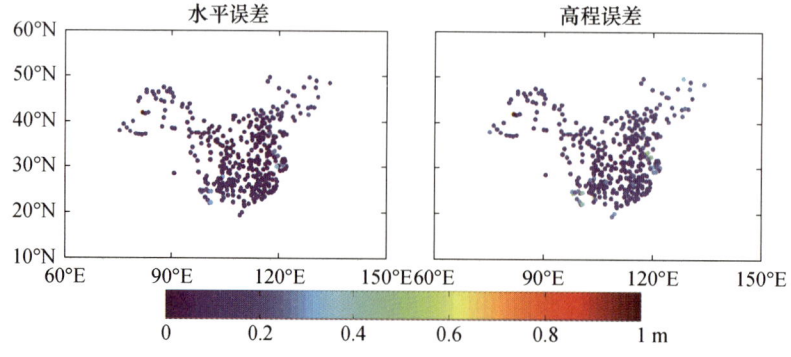

图 12-62　2019 年 5 月 18 日 24h 连续测试 BDS + GPS 双频载波相位精度增强平均值:
定位精度:0.09m(水平,2σ);0.15m(高程,2σ);达标率:100%

广域增强 3 种模式定位精度测试值及达标率列于表 12-18 和表 12-19 中。

表 12-18 2019 年 5 月广域增强 3 种模式定位精度测试值(2σ)

系统增强模式	设计值/m	BDS 测试值/m			GPS 测试值/m			BDS + GPS 测试值/m		
时间	2019 年 5 月	1 日	1 日	1 日	1 日	1 日	1 日	1 日	1 日	1 日
单频伪距	水平 2.0 高程 3.0	0.88 1.24	1.10 1.44	1.25 1.39	1.02 2.54	1.02 2.59	1.11 2.45	0.77 1.80	0.92 1.98	1.02 1.81
单频载波相位	水平 1.2 高程 2.0	0.44 0.83	0.49 0.95	0.52 0.95	0.41 1.01	0.31 0.59	0.32 0.58	0.26 0.47	0.31 0.50	0.29 0.48
双频载波相位	水平 0.5 高程 1.0	0.12 0.23	0.15 0.29	0.13 0.25	0.26 0.28	0.11 0.17	0.11 0.19	0.09 0.14	0.10 0.14	0.09 0.15

表 12-19 2019 年 5 月广域增强 3 种模式达标率

系统增强模式	系统设计值/2σ	北斗达标率/%			GPS 达标率/%			BDS + GPS 达标率/%		
时间(日)	2019 年 5 月	16	17	18	16	17	18	16	17	18
单频伪距	水平 2.0m 高程 3.0m	99	99	96	94	83	89	100	99	99
单频载波相位	水平 1.2m 高程 2.0m	96	97	94	93	99	99	100	100	99
双频载波相位	水平 0.5m 高程 1.0m	97	95	96	92	99	99	99	99	100

测试结论:由此次测试结果得到的 3 种北斗广域增强模式的静态定位精度测试值可以看出,北斗地基增强系统站基本满足系统设计要求。

12.4.4 动态定位精度测试

测试时间:2019 年 2 月、3 月、4 月。

测试地点:南京、北京、成都、西安。

测试模式:BDS、GPS、BDS + GPS 广域单频伪距定位精度。

测试方法:在测试时间内,用高精度惯性系统/北斗地基增强系统的实时厘米级(网络 RTK)定位服务作为参考,采集测试时间内的广域单频伪距定位数据,挑选 BDS、GPS 卫星数各 5 颗以上、PDOP < 4 的历元,计算和统计动态单频伪距定位精度的测试值。

测试结果:

1. 南京广域增强单频伪距模式动态定位精度测试

信控团队 2019 年测试实验,南京广域增强单频伪距模式动态定位精度测试结果见表 12-20、图 12-63 和图 12-64。

表 12-20　2019 年 2 月、3 月、4 月份南京广域增强单频伪距模式动态定位精度测试结果表

日期	测试时间	导航系统	水平精度(m,95% 置信度)	高程精度(m,95% 置信度)
2月21日	10:00-11:00	BDS	1.30	2.31
		GPS	1.45	2.22
		B+G	1.09	1.97
3月1日	10:12-11:07	BDS	1.23	2.32
		GPS	0.96	1.89
		B+G	0.92	1.85
	11:12-12:01	BDS	1.52	2.93
		GPS	0.94	4.14
		B+G	0.99	4.07
3月21日	14:50-15:50	BDS	2.12	3.97
		GPS	1.82	1.13
4月22日	12:50-13:50	BDS	1.05	2.30
		GPS	1.29	1.65
		B+G	0.89	1.80

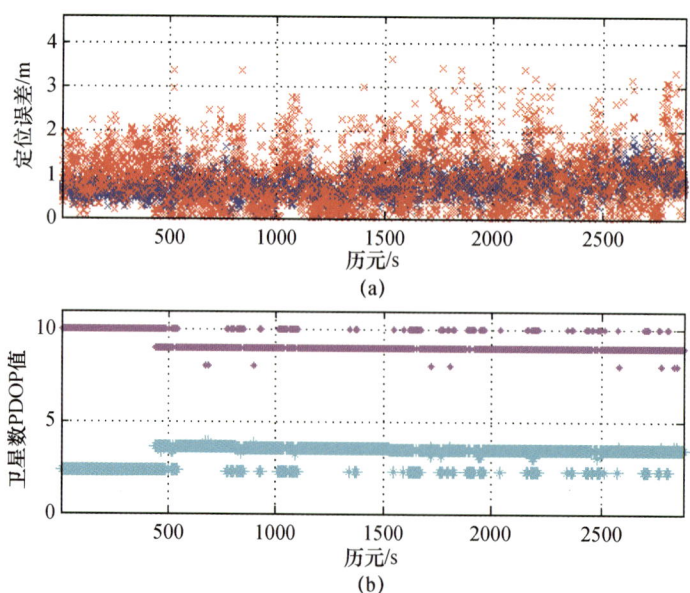

图 12-63　3 月 1 日(10:12-11:07)南京广域增强单频伪距模式动态定位精度测试结果

(a)广域单频伪距动态定位误差曲线;(b)卫星数 PDOP 值。

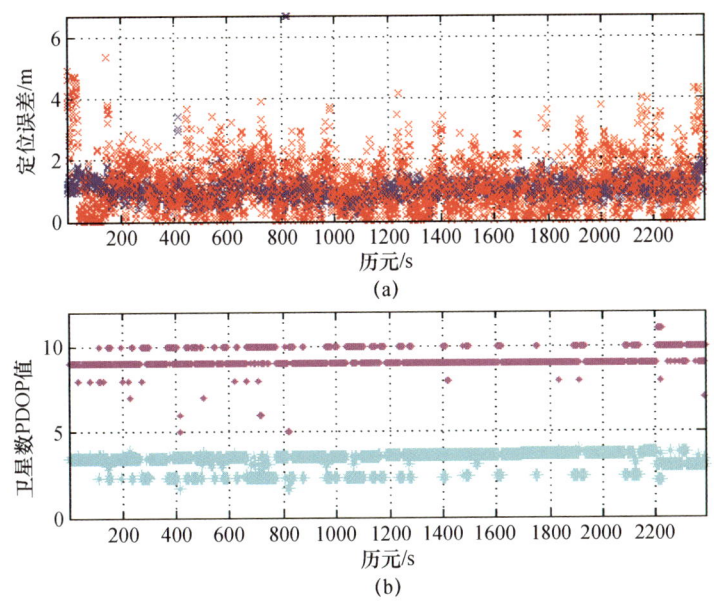

图 12-64 3月1日(11:12-12:01)南京广域增强单频伪距模式动态定位精度测试结果

(a)广域单频伪距动态定位误差曲线;(b)卫星数 PDOP 值。

2. 南京-北京广域增强单频伪距模式动态定位精度测试

南京-北京广域增强单频伪距模式动态定位精度测试线路见图 12-65,测试统计结果见表 12-21。

图 12-65 南京-北京广域增强单频伪距模式动态定位精度测试线路图

表 12-21 2019 年 3 月份南京-北京动态定位精度测试结果表

日期	测试时间	地点	系统	水平精度(m,95%)	高程精度(m,95%)
3月25日	17:49-18:33	南京-曲阜	BDS	1.26	2.24
			GPS	1.29	3.0
			B+G	1.19	1.63
3月26日	8:00-14:00	曲阜-北京	BDS	1.25	1.84
			GPS	1.27	3.0
			B+G	1.43	1.04
4月1日	11:45-16:00	北京-	BDS	1.36	2.58
			GPS	—	—
			B+G	1.21	1.04
4月2日	9:00-14:50	-南京	BDS	1.21	1.54
			GPS	—	—
			B+G	1.56	1.35

测试结论:此次信控团队选择测试的从南京-北京、北京-南京的北斗广域单频伪距增强模式动态定位精度测试值,满足系统初始设计要求。

12.4.5 厘米级增强定位精度测试

1. 北斗地基增强系统厘米级静态定位精度测试

测试时间:2019 年 1 月 1 日—4 月 5 日(125 天共 3000h)。

测试地点:在全国 1355 个北斗导航增强站中,选择主要分布在我国中东部 41 个北斗导航增强站作为厘米级静态定位精度测试站。

测试模式:网络 RTK 增强。

测试方法:在规定测试时间内,用 41 个测试站传回的原始观测数据与国家数据综合处理系统生成的差分数据进行解算,获得各测试站的定位精度统计值及其分布情况。

测试结果:此次测试的具体情况详见表 12-22。

表12-22 北斗地基增强系统厘米级静态增强定位精度测试结果表

测试项	系统测试值(RMS)	系统设计值(RMS)	测试最大值	测试最小值
水平定位精度/cm	1.54	不大于5.0	3.01	0.39
高程定位精度/cm	1.85	不大于10.0	5.51	1.90

测试结论:北斗地基增强系统厘米级静态增强定位精度,测试结果满足系统设计要求。

2. 地基增强系统厘米级静态定位初始化时间测试

该项测试条件同上述厘米级静态定位精度测试一样。

测试结果:此次测试统计结果显示,41个测试站静态定位初始化时间的平均值5.9s,最长时间10.3s,最短时间2.0s,系统设计值:不大于60s。

测试结论:北斗地基增强系统厘米级静态定位初始化时间测试结果满足系统设计要求。

3. 北斗地基增强系统厘米级动态定位精度测试

测试时间:2019年。

测试地点:在北京、上海、武汉、广州等城市,各选取一条30~50km路段进行跑车动态测试。

测试模式:实时厘米级动态定位增强。

测试方法:选用目前在市场上出售的北斗高精度接收机、天线和测试计算机,接入北斗地基增强系统实时厘米级增强定位服务,在车辆正常行驶时进行测试。对北斗高精度接收机接收的所有历元定位质量进行分析,在测试时间内统计北斗高精度接收机的固定解,北斗地基增强系统和北斗高精度接收机支持BDS、GPS、GLONASS三系统操作。

测试结果:在北京、上海、武汉和广州,跑车实时动态测试均正常进行了BDS、GPS、GLONASS三系统操作检测,且在测试过程中三系统的动态测试固定解率均超过95%,其中,武汉测试的最高(99.867%),北京略低(98.895%);系统设计值:大于95%。

测试结论:北斗地基增强系统实时厘米级动态增强定位精度测试结果满足系统设计要求。

1)北京地区

2019年3月25日,在北京进行跑车实时厘米级动态增强定位精度测试,测试线路、轨迹和差分固定解率见图12-66和图12-67。

2)上海地区

2019年3月12日,在上海进行跑车实时厘米级动态增强定位精度测试,测试线路、轨迹和差分固定解率见图12-68和图12-69。

3)武汉地区

2019年3月20日,在武汉进行跑车实时厘米级动态增强定位精度测试,测试线路、轨迹和差分固定解率见图12-70和图12-71。

4)广州地区

2019年3月22日,在广州进行跑车实时厘米级动态增强定位精度测试,测试线路、轨迹和差分固定解率见图12-72和图12-73。

图 12-66　北京跑车实时厘米级动态增强定位精度测试线路和轨迹图

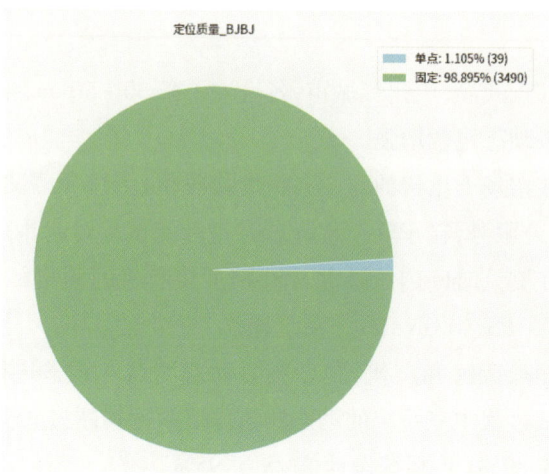

图 12-67　北京跑车实时厘米级动态增强定位精度测试差分固定解率统计图

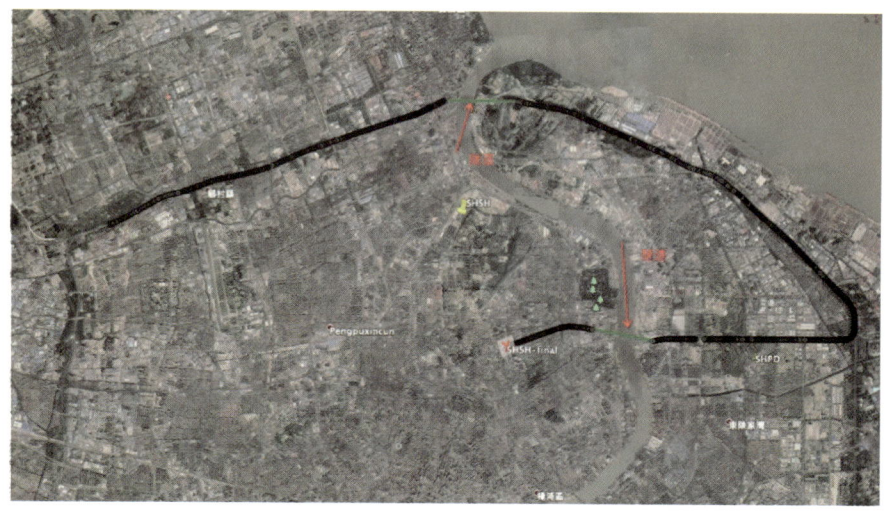

图 12-68　上海跑车实时厘米级动态增强定位精度测试线路和轨迹图

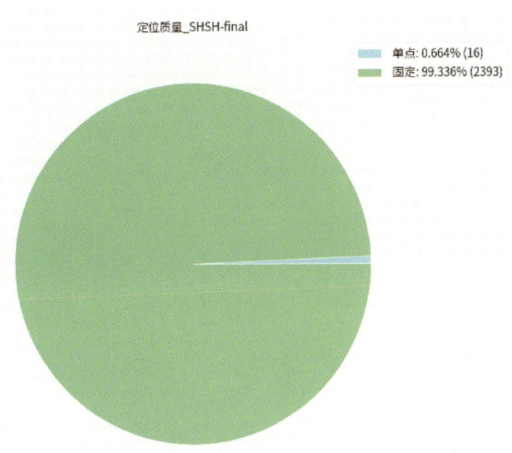

图 12-69 上海跑车实时厘米级动态增强定位精度测试差分固定解率统计图

图 12-70 武汉跑车实时厘米级动态增强定位精度测试线路和轨迹图

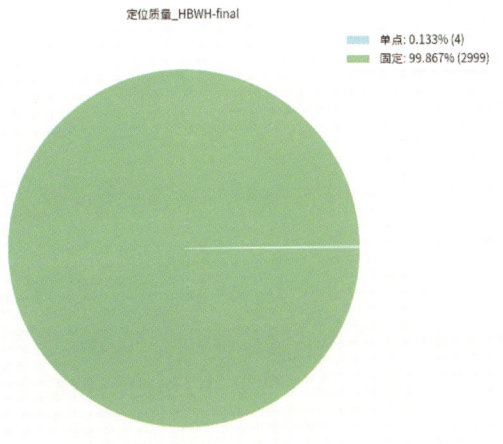

图 12-71 武汉跑车实时厘米级动态增强定位精度测试差分固定解率统计图

图 12-72 广州跑车实时厘米级动态增强定位精度测试线路和轨迹图

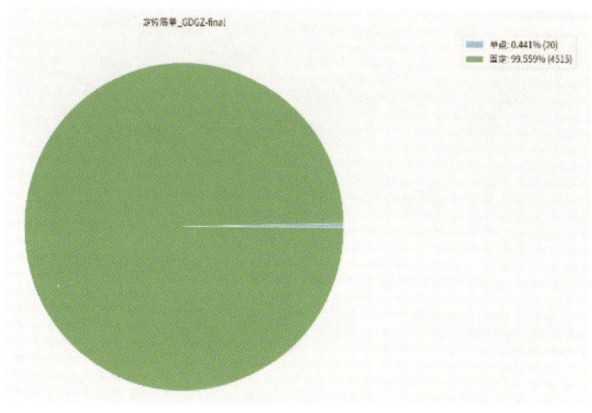

图 12-73 广州跑车实时动态厘米级增强定位精度测试差分固定解率统计图

12.4.6 后处理毫米级定位精度测试

测试基准:本项测试利用框架网基准站及区域加密站进行测试,坐标基准采用国际 ITRF2014 框架当前历元。

测站选择:按照中国东、南、西、北、中 5 个方位选取 5 个框架网基准站作为基线起始点,再从 5 个框架站与区域加密网 1200 个基准站构成的所有基线中,选取长度 200km、400km、600km、800km、1000km、2000km 的基线各 40 条,共计约 240 条基线,作为测试样本进行此项测试(图 12-74、表 12-23、表 12-24)。

测试时间:2019 年 2 月 14 日—2 月 20 日,连续 7 天。

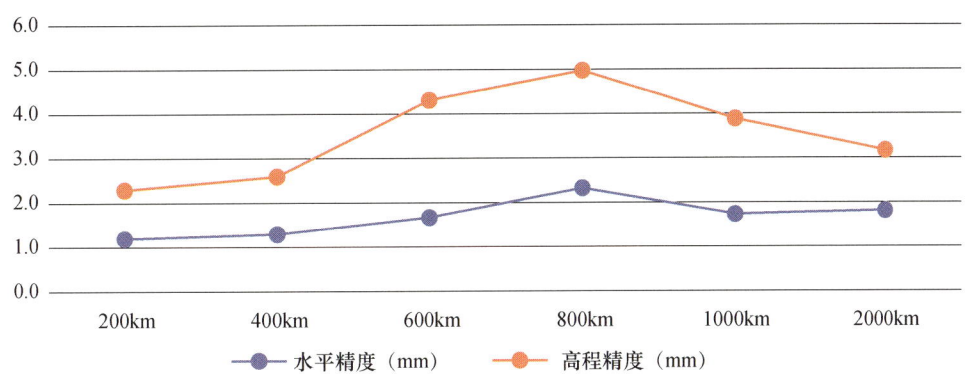

图 12-74 不同基线距离后处理毫米级解算精度图

表 12-23 5 个框架网基准站信息表

序号	省/直辖市	站点名称	站点 ID	墩标类型
1	新疆	地震阿勒泰	DZAL	基岩墩
2	黑龙江	地震鹤岗	DZHG	基岩墩
3	海南	中科三亚	ZKSY	屋顶墩
4	西藏	地震察隅	DZCY	基岩墩
5	山西	地震长治	DZCZ	基岩墩

表 12-24 基线测试样本(共 240 条)

基线起点	基线终点	基线长度/m	基线起点	基线终点	基线长度/m
DZAL	XJKS	216142.0	DZAL	XJFK	411096.9
DZAL	XJQK	200373.7	DZAL	XJLM	427772.9
DZHG	LJBQ	186297.1	DZAL	XJLW	388792.9
DZHG	LJFZ	200791.6	DZAL	XJPT	390276.2
DZHG	LJMU	229600.8	DZAL	XJSA	406706.5
DZHG	LJQA	214247.9	DZAL	XJTC	408801.1
DZHG	LJQT	185164.7	DZHG	JLSA	415113.7
DZHG	LJTI	171188.8	DZHG	LJDQ	396829.4
DZHG	LJTJ	173648.3	DZHG	LJLD	407786.1
ZKSY	ANAD	185720.8	DZHG	LJSC	374375.8
ZKSY	ANCM	174041.0	DZHG	LJTX	379640.4
ZKSY	ANDZ	219661.5	DZHG	LJYA	376401.2

续表

基线起点	基线终点	基线长度/m	基线起点	基线终点	基线长度/m
ZKSY	ANHK	209549.7	ZKSY	GDLJ	378074.9
ZKSY	ANLG	182268.5	ZKSY	GDMM	407163.8
ZKSY	ANML	219587.2	ZKSY	GDWC	385465.4
ZKSY	ANWC	210438.9	ZKSY	GXDX	383723.6
DZCZ	ENCN	175677.8	ZKSY	GXLT	414868.1
DZCZ	ENFX	213537.9	ZKSY	GXSY	403484.6
DZCZ	ENLK	214018.6	DZCY	QHNQ	404305.1
DZCZ	ENMC	206519.4	DZCY	YNEY	374659.5
DZCZ	ENPA	172751.9	DZCY	YNTC	415841.6
DZCZ	ENRZ	228960.3	DZCZ	AHHB	413619.2
DZCZ	ENXZ	208647.5	DZCZ	AHLQ	399630.7
DZCZ	ENYH	170563.8	DZCZ	AHXX	412051.6
DZCZ	ENYN	212245.6	DZCZ	ENBY	388152.3
DZCZ	ENZM	180964.3	DZCZ	ENDZ	404918.9
DZCZ	HBDM	175819.7	DZCZ	ENNX	370734.0
DZCZ	HBJJ	217193.5	DZCZ	ENYC	391921.7
DZCZ	HBJL	199020.0	DZCZ	HBBZ	427261.8
DZCZ	HBLC	183345.7	DZCZ	HBGB	417423.0
DZCZ	HBYS	207951.2	DZCZ	HBLY	372001.1
DZCZ	HBZX	220513.4	DZCZ	HBMC	402890.0
DZCZ	HXCC	211461.0	DZCZ	HBQX	414961.9
DZCZ	HXFH	198655.9	DZCZ	HBRQ	379582.3
DZCZ	HXGJ	195758.4	DZCZ	HBWX	419533.4
DZCZ	HXHM	179491.1	DZCZ	HBXS	379045.8
DZCZ	HXHT	183440.2	DZCZ	HBYX	403274.3
DZCZ	HXSY	224223.2	DZCZ	HXPL	398849.8
DZCZ	HXXN	203265.5	DZCZ	HXXF	378590.6
DZCZ	HXYC	223198.3	DZCZ	HXXH	417297.7
DZAL	XJBL	606670.9	DZAL	XJSI	800092.4
DZAL	XJBT	570853.7	DZAL	XJXH	825348.0

续表

基线起点	基线终点	基线长度/m	基线起点	基线终点	基线长度/m
DZAL	XJHJ	628033.6	DZHG	LJMH	815518.8
DZAL	XJHR	587512.6	DZHG	LNBD	812973.9
DZAL	XJHS	629080.2	DZHG	LNJH	818344.1
DZAL	XJKU	623875.6	DZHG	LNZW	821805.6
DZAL	XJQU	592215.6	DZHG	NMAE	778652.8
DZHG	JLBC	599674.0	ZKSY	GDCQ	802113.5
DZHG	JLGZ	603091.8	ZKSY	GDHY	821353.0
DZHG	JLJY	614082.6	ZKSY	QXDA	832967.0
DZHG	JLPS	589858.0	ZKSY	GDLM	789293.4
DZHG	JLSD	611092.2	ZKSY	GDRY	803840.6
DZHG	JLYT	588995.8	ZKSY	GDXF	811667.3
DZHG	NMBA	597204.3	ZKSY	GDYD	775388.5
ZKSY	GDDM	599362.0	ZKSY	GDYG	779818.3
ZKSY	GDDZ	627219.5	ZKSY	GXGY	816771.5
ZKSY	GDFK	612389.8	ZKSY	GXLL	825290.7
ZKSY	GDHS	622363.3	ZKSY	GXXA	820328.3
ZKSY	GDXH	600363.8	ZKSY	GZCJ	821956.9
ZKSY	GDXZ	618832.0	ZKSY	HNJH	795172.8
ZKSY	GDYA	596624.4	ZKSY	YNGN	773594.5
ZKSY	GXTD	628784.8	ZKSY	YNPB	781999.0
ZKSY	GXTX	585136.9	ZKSY	YNQB	827072.8
ZKSY	GXXZ	625020.5	DZCY	CQDZ	810097.2
DZCY	QHDR	601715.8	DZCY	CQRC	773126.8
DZCY	QHQM	626596.9	DZCY	CQYC	827577.2
DZCY	SCHA	588758.2	DZCY	GSLQ	810760.1
DZCY	SCIA	577658.2	DZCY	GZCH	804030.5
DZCY	SCMB	594586.6	DZCY	GZDF	818594.1
DZCY	SCMC	628731.6	DZCY	GZQL	828686.9
DZCY	YNCX	571701.6	DZCY	GZSC	778873.7
DZCY	YNFM	628719.7	DZCY	QHTD	787724.9

续表

基线起点	基线终点	基线长度/m	基线起点	基线终点	基线长度/m
DZCY	XZGG	635477.5	DZCY	QHXH	803905.0
DZCY	SCPJ	612392.7	DZCY	SCST	783860.3
DZCY	YNLD	620335.3	DZCY	SCZT	811740.0
DZCY	YNLF	600949.3	DZCY	YNJC	800759.0
DZCY	YNSB	604944.5	DZCY	YNJH	810106.1
DZCZ	AHDY	583813.3	DZCY	YNJS	773207.6
DZCZ	AHHS	609471.9	DZCY	YNLP	799707.2
DZCZ	AHLU	582036.5	DZCY	YNMH	800046.6
DZAL	GSGZ	1017742.8	DZAL	GSHI	2003206.8
DZAL	XJAH	994944.0	DZAL	GSJN	1989236.0
DZAL	GSDH	1003376.9	DZAL	GSMX	1983965.8
DZAL	XJWA	1019487.5	DZAL	GSTW	1986578.8
DZHG	LNBP	970552.4	DZAL	GSWS	2007140.1
DZHG	LNBY	1019823.7	DZAL	NMHM	2008740.7
DZHG	LNGS	986371.6	DZAL	NMII	1978330.3
DZHG	LNGZ	1011258.5	DZAL	NMSH	2021344.8
DZHG	LNJP	1029285.6	DZAL	NMWC	1984764.4
DZHG	LNST	1009026.8	DZAL	NXGY	1981707.2
DZHG	LNYK	977931.5	DZAL	SXJB	2023485.7
DZHG	NMAA	996056.6	DZHG	AHCF	1980299.4
DZHG	NMAH	989947.2	DZHG	AHFT	1977518.6
DZHG	NMBY	997091.3	DZHG	AHFY	2006877.1
DZHG	NMMZ	975531.7	DZHG	AHHN	1972697.7
ZKSY	FJWP	1025676.6	DZHG	AHJC	2007215.9
ZKSY	GDDP	1022031.1	DZHG	AHLI	2024801.8
ZKSY	GDJL	996712.6	DZHG	AHLQ	2021990.5
ZKSY	GDPY	970160.4	DZHG	AHXZ	2023124.5
ZKSY	GDRP	992701.3	DZHG	AHYH	2007577.6
ZKSY	GZKY	997085.6	DZHG	AHYS	1999523.1
ZKSY	GZQX	1024946.4	DZHG	ENDC	1971265.3

续表

基线起点	基线终点	基线长度/m	基线起点	基线终点	基线长度/m
ZKSY	GZSB	972897.0	DZHG	ENMJ	2025084.9
ZKSY	GZSC	983154.5	DZHG	ENSQ	2000022.3
ZKSY	GZSQ	1025972.7	DZHG	ENXZ	1984665.2
ZKSY	GZXW	982851.5	DZHG	ENYH	2012582.0
ZKSY	GZZJ	992961.0	DZHG	ENZK	2002000.3
ZKSY	GZZZ	1023176.3	DZHG	HXGD	2002317.9
ZKSY	HNAR	1014192.4	DZHG	HXHT	1976323.9
ZKSY	HNDK	977094.0	DZHG	HXXN	2022269.8
ZKSY	HNGO	982378.9	DZHG	JSJN	1978216.4
ZKSY	HNHH	1023551.4	DZHG	JSLH	1985567.9
ZKSY	HNHJ	999786.5	DZHG	JSLY	1991038.1
ZKSY	HNHY	1006650.6	DZHG	JSSZ	1994483.5
ZKSY	HNQL	1027105.1	DZHG	JSXA	1981911.7
ZKSY	HNSD	1020871.5	DZHG	JSYX	1978306.9
ZKSY	HNSJ	1028846.4	DZHG	NMCK	2006833.1
ZKSY	HNSY	1012028.4	DZHG	NMET	2011091.4
ZKSY	HNTH	979100.5	DZHG	SHJS	1989852.5
ZKSY	HNYL	1013526.7	DZHG	SHQP	1970675.2

评定准则:后处理毫米级定位精度测试,如果符合以下准则,则判定合格:

定位精度达到水平≤5mm+1ppm×D(RMS),垂直≤10mm+2ppm×D(RMS)($D<200$km);相对定位精度优于3×10^{-8}(RMS)($D\geqslant200$km);其中D为基线长度。

测试方法与步骤:

下载框架站与区域加密站2019年2月14日—20日连续7天观测数据文件,下载精密星历;

针对表12-23中每条基线,采用后处理毫米级定位服务解算基线单天解($\Delta N_i,\Delta E_i,\Delta U_i$),连续解算7天,其中$i$为天数;

针对每条基线,计算7天的平均基线向量($\Delta\hat{N},\Delta\hat{E},\Delta\hat{U}$),并按照如下公式计算北方向基线精度$\sigma_N$,同理可求得东方向基线精度$\sigma_E$与高程方向基线精度$\sigma_U$;

$$\sigma_N=\sqrt{\frac{\hat{V}^\mathrm{T}P\hat{V}}{n-1}}=\sqrt{\frac{\sum_{i=1}^{n}(\Delta N_i-\Delta\hat{N})}{n-1}}$$

其中:n为总天数。

按照下式求解得到基线水平精度：

$$\sigma_H = \sqrt{\sigma_N^2 + \sigma_E^2}$$

按照下式求解得到基线三维精度：

$$\sigma_B = \sqrt{\sigma_N^2 + \sigma_E^2 + \sigma_U^2}$$

根据基线三维精度 σ_B 除以基线长度可以计算出相对定位精度。

测试方法：采集在测试时间 24h 内测试北斗导航增强站和被测北斗导航增强站的原始观测数据，计算每个测试北斗导航增强站 200km、400km、600km、800km、1000km 和 2000km 基线处的被测北斗导航增强站毫米级定位精度，再计算 3 次测量统计平均值及其分布。

测试数据处理及结果：

按照上述测试方法，选择 2019 年 2 月 14 日—2 月 20 日，连续 7 天数据，计算每天每条基线的基线向量，然后按计算公式统计每条基线的水平精度、高程精度、相对精度，并检验后处理毫米级精密定位的性能是否达到设计指标要求，测试统计结果如表 12 – 25 所列。

表 12 – 25 北斗后处理毫米级定位精度测试记录表

测试项目	区域后处理毫米级定位精度测试					
测试系统名称	区域后处理毫米级精度性能			测试地点	北京	
测试设备	计算机 1 台，测试基站 1200 个，数据服务器 12 台					
测试工具	数据分析软件 1 套					
测试开始时间	2019.08.21 09：00			测试结束时间	2019.08.23 17：00	
2019 年 2 月 14 日—2 月 20 日测试结果	200km	400km	600km	800km	1000km	2000km
	合格	合格	合格	合格	合格	合格
评价准则	水平≤5mm + 1ppm × D(RMS)， 垂直≤10mm + 2ppm × D(RMS)， 相对定位精度优于 3×10^{-8}(RMS)，其中 D 为基线长度					
合格判定	合格			不合格		
	√			—		
表格中对应项填"√"做出选择、另一项填"—"						
操作	—		记录	—		
复核	—		监督	—		

每条基线的详细精度统计如表 12 – 26 ~ 表 12 – 32 所列。

表 12－26　200km 级 40 条基线的测试结果统计表

测试点	基线起算点	基线长度/m	水平精度/mm	水平精度合格判定	高程精度/mm	高程精度合格判定	相对精度	相对精度合格判定
ENYH	DZCZ	170563.8	1.4	合格	1.3	合格	1.12×10^{-8}	合格
LJTI	DZHG	171188.8	0.8	合格	1.8	合格	1.14×10^{-8}	合格
ENPA	DZCZ	172751.9	0.9	合格	1.4	合格	9.31×10^{-9}	合格
LJTJ	DZHG	173648.3	0.6	合格	1.1	合格	7.08×10^{-9}	合格
ANCM	ZKSY	174041.0	3.7	合格	3.6	合格	2.96×10^{-8}	合格
ENCN	DZCZ	175677.8	1.1	合格	1.5	合格	1.07×10^{-8}	合格
HBDM	DZCZ	175819.7	1.3	合格	1.5	合格	1.11×10^{-8}	合格
HXHM	DZCZ	179491.1	1.3	合格	1.7	合格	1.16×10^{-8}	合格
ENZM	DZCZ	180964.3	1.0	合格	1.8	合格	1.11×10^{-8}	合格
ANLG	ZKSY	182268.5	2.1	合格	4.7	合格	2.82×10^{-8}	合格
HBLC	DZCZ	183345.7	2.1	合格	2.2	合格	1.65×10^{-8}	合格
HXHT	DZCZ	183440.2	1.1	合格	1.7	合格	1.13×10^{-8}	合格
LJQT	DZHG	185164.7	1.3	合格	1.7	合格	1.16×10^{-8}	合格
ANAD	ZKSY	185720.8	2.0	合格	3.9	合格	2.36×10^{-8}	合格
LJBQ	DZHG	186297.1	0.8	合格	1.0	合格	6.96×10^{-9}	合格
HXGJ	DZCZ	195758.4	0.9	合格	1.5	合格	9.10×10^{-9}	合格
HXFH	DZCZ	198655.9	0.8	合格	2.5	合格	1.32×10^{-8}	合格
HBJL	DZCZ	199020.0	1.1	合格	1.8	合格	1.05×10^{-8}	合格
XJQK	DZAL	200373.7	0.8	合格	1.2	合格	7.19×10^{-9}	合格
LJFZ	DZHG	200791.6	0.4	合格	2.5	合格	1.27×10^{-8}	合格
HXXN	DZCZ	203265.5	0.9	合格	1.7	合格	9.28×10^{-9}	合格
ENMC	DZCZ	206519.4	1.1	合格	2.2	合格	1.20×10^{-8}	合格
HBYS	DZCZ	207951.2	1.0	合格	2.1	合格	1.12×10^{-8}	合格
ENXZ	DZCZ	208647.5	0.8	合格	3.2	合格	1.57×10^{-8}	合格
ANHK	ZKSY	209549.7	1.9	合格	4.5	合格	2.32×10^{-8}	合格
ANWC	ZKSY	210438.9	1.7	合格	3.7	合格	1.91×10^{-8}	合格
HXCC	DZCZ	211461.0	1.1	合格	0.8	合格	6.41×10^{-9}	合格
ENYN	DZCZ	212245.6	1.1	合格	2.3	合格	1.20×10^{-8}	合格
ENFX	DZCZ	213537.9	1.2	合格	1.9	合格	1.06×10^{-8}	合格

续表

测试点	基线起算点	基线长度/m	水平精度/mm	水平精度合格判定	高程精度/mm	高程精度合格判定	相对精度	相对精度合格判定
ENLK	DZCZ	214018.6	0.9	合格	1.6	合格	8.54×10^{-9}	合格
LJQA	DZHG	214247.9	0.6	合格	1.5	合格	7.68×10^{-9}	合格
XJKS	DZAL	216142.0	0.8	合格	1.2	合格	6.74×10^{-9}	合格
HBJJ	DZCZ	217193.5	1.1	合格	1.7	合格	9.36×10^{-9}	合格
ANML	ZKSY	219587.2	1.2	合格	6.1	合格	2.82×10^{-8}	合格
ANDZ	ZKSY	219661.5	1.7	合格	6.3	合格	2.95×10^{-8}	合格
HBZX	DZCZ	220513.4	0.9	合格	1.8	合格	9.23×10^{-9}	合格
HXYC	DZCZ	223198.3	1.1	合格	1.4	合格	7.87×10^{-9}	合格
HXSY	DZCZ	224223.2	0.7	合格	2.0	合格	9.59×10^{-9}	合格
ENRZ	DZCZ	228960.3	1.1	合格	2.7	合格	1.28×10^{-8}	合格
LJMU	DZHG	229600.8	0.5	合格	2.2	合格	9.89×10^{-8}	合格

表 12 - 27　400km 级 40 条基线的测试结果统计表

测试点	基线起算点	基线长度/m	水平精度/mm	水平精度合格判定	高程精度/mm	高程精度合格判定	相对精度	相对精度合格判定
ENNX	DZCZ	370734.0	1.2	合格	1.2	合格	4.56×10^{-9}	合格
HBLY	DZCZ	372001.1	1.3	合格	2.5	合格	7.62×10^{-9}	合格
LJSC	DZHG	374375.8	0.7	合格	1.9	合格	5.45×10^{-9}	合格
YNEY	DZCY	374659.5	4.7	合格	9.8	合格	2.89×10^{-8}	合格
LJYA	DZHG	376401.2	2.3	合格	1.5	合格	7.27×10^{-9}	合格
GDLJ	ZKSY	378074.9	2.0	合格	3.8	合格	1.14×10^{-8}	合格
HXXF	DZCZ	378590.6	1.0	合格	1.8	合格	5.44×10^{-9}	合格
HBXS	DZCZ	379045.8	0.9	合格	2.0	合格	5.83×10^{-9}	合格
HBRQ	DZCZ	379582.3	0.8	合格	1.9	合格	5.38×10^{-9}	合格
LJTX	DZHG	379640.4	0.7	合格	2.1	合格	5.88×10^{-9}	合格
GXDX	ZKSY	383723.6	1.8	合格	7.7	合格	2.06×10^{-8}	合格
GDWC	ZKSY	385465.4	1.3	合格	3.3	合格	9.21×10^{-9}	合格
ENBY	DZCZ	388152.3	1.2	合格	2.6	合格	7.50×10^{-9}	合格
XJLW	DZAL	388792.9	0.7	合格	1.7	合格	4.83×10^{-9}	合格

续表

测试点	基线起算点	基线长度/m	水平精度/mm	水平精度合格判定	高程精度/mm	高程精度合格判定	相对精度	相对精度合格判定
XJPT	DZAL	390276.2	0.9	合格	1.3	合格	4.05×10^{-9}	合格
ENYC	DZCZ	391921.7	1.4	合格	2.2	合格	6.59×10^{-9}	合格
LJDQ	DZHG	396829.4	0.6	合格	2.0	合格	5.21×10^{-9}	合格
HXPL	DZCZ	398849.8	0.9	合格	1.7	合格	4.70×10^{-9}	合格
AHLQ	DZCZ	399630.7	1.7	合格	3.3	合格	9.35×10^{-9}	合格
HBMC	DZCZ	402890.0	1.1	合格	0.9	合格	3.53×10^{-9}	合格
HBYX	DZCZ	403274.4	1.7	合格	2.0	合格	6.52×10^{-9}	合格
GXSY	ZKSY	403484.6	1.7	合格	3.7	合格	1.00×10^{-8}	合格
QHNQ	DZCY	404305.1	1.7	合格	3.3	合格	9.21×10^{-9}	合格
ENDZ	DZCZ	404918.9	1.2	合格	1.3	合格	4.44×10^{-9}	合格
XJSA	DZAL	406706.5	0.8	合格	1.8	合格	4.85×10^{-9}	合格
GDMM	ZKSY	407163.8	1.8	合格	6.5	合格	1.66×10^{-8}	合格
LJLD	DZHG	407786.1	0.7	合格	1.7	合格	4.54×10^{-9}	合格
XJTC	DZAL	408801.2	1.4	合格	1.3	合格	4.67×10^{-9}	合格
XJFK	DZAL	411096.9	0.8	合格	0.9	合格	2.89×10^{-9}	合格
AHXX	DZCZ	412051.6	1.4	合格	2.6	合格	7.09×10^{-9}	合格
AHHB	DZCZ	413619.2	1.5	合格	2.6	合格	7.19×10^{-9}	合格
GXLT	ZKSY	414868.1	2.7	合格	6.4	合格	1.67×10^{-8}	合格
HBQX	DZCZ	414961.9	0.8	合格	1.3	合格	3.67×10^{-9}	合格
JLSA	DZHG	415113.7	0.6	合格	2.7	合格	6.69×10^{-9}	合格
YNTC	DZCY	415841.6	2.5	合格	3.0	合格	9.39×10^{-9}	合格
HXXH	DZCZ	417297.7	1.0	合格	2.3	合格	6.00×10^{-9}	合格
HBGB	DZCZ	417423.0	0.9	合格	2.4	合格	6.00×10^{-9}	合格
HBWX	DZCZ	419533.4	0.9	合格	2.2	合格	5.58×10^{-9}	合格
HBBZ	DZCZ	427261.8	0.7	合格	1.7	合格	4.39×10^{-9}	合格
XJLM	DZAL	427772.9	1.1	合格	0.8	合格	3.03×10^{-9}	合格

表 12 – 28 600km 级 40 条基线的测试结果统计表

测试点	基线起算点	基线长度/m	水平精度/mm	水平精度合格判定	高程精度/mm	高程精度合格判定	相对精度	相对精度合格判定
XJBT	DZAL	570853.7	0.9	合格	1.0	合格	2.29×10^{-9}	合格
YNCX	DZCY	571701.7	3.0	合格	5.8	合格	1.15×10^{-8}	合格
SCIA	DZCY	577658.2	2.1	合格	3.4	合格	6.84×10^{-9}	合格
AHLU	DZCZ	582036.5	1.6	合格	2.7	合格	5.38×10^{-9}	合格
AHDY	DZCZ	583813.3	1.7	合格	3.2	合格	6.18×10^{-9}	合格
GXTX	ZKSY	585136.9	1.7	合格	7.9	合格	1.38×10^{-8}	合格
XJHR	DZAL	587512.6	0.9	合格	1.1	合格	2.44×10^{-9}	合格
SCHA	DZCY	588758.2	1.9	合格	4.3	合格	7.95×10^{-9}	合格
JLYT	DZHG	588995.8	0.9	合格	2.7	合格	4.89×10^{-9}	合格
JLPS	DZHG	589858.0	1.2	合格	2.5	合格	4.68×10^{-9}	合格
XJQU	DZAL	592215.6	1.0	合格	1.6	合格	3.09×10^{-9}	合格
SCMB	DZCY	594586.6	2.1	合格	4.3	合格	8.00×10^{-9}	合格
GDYA	ZKSY	596624.4	2.1	合格	3.1	合格	6.29×10^{-9}	合格
NMBA	DZHG	597204.3	0.8	合格	1.9	合格	3.50×10^{-9}	合格
GDDM	ZKSY	599362.0	1.9	合格	7.3	合格	1.26×10^{-8}	合格
JLBC	DZHG	599674.0	1.1	合格	2.2	合格	4.12×10^{-9}	合格
GDXH	ZKSY	600363.8	1.3	合格	5.6	合格	9.49×10^{-9}	合格
YNLF	DZCY	600949.3	2.8	合格	5.7	合格	1.05×10^{-8}	合格
QHDR	DZCY	601715.8	1.9	合格	3.7	合格	6.98×10^{-9}	合格
JLGZ	DZHG	603091.8	0.9	合格	2.8	合格	4.82×10^{-9}	合格
YNSB	DZCY	604944.5	2.9	合格	8.2	合格	1.44×10^{-8}	合格
XJBL	DZAL	606670.9	0.8	合格	1.7	合格	3.12×10^{-9}	合格
AHHS	DZCZ	609471.9	1.8	合格	2.2	合格	4.61×10^{-9}	合格
JLSD	DZHG	611092.2	1.0	合格	2.9	合格	5.03×10^{-9}	合格
GDFK	ZKSY	612389.8	1.7	合格	8.3	合格	1.38×10^{-8}	合格
SCPJ	DZCY	612392.7	1.3	合格	7.1	合格	1.18×10^{-8}	合格
JLJY	DZHG	614082.6	0.9	合格	2.8	合格	4.86×10^{-9}	合格
GDXZ	ZKSY	618832.0	2.2	合格	5.9	合格	1.02×10^{-8}	合格
YNLD	DZCY	620335.3	3.6	合格	7.8	合格	1.38×10^{-8}	合格

续表

测试点	基线起算点	基线长度/m	水平精度/mm	水平精度合格判定	高程精度/mm	高程精度合格判定	相对精度	相对精度合格判定
GDHS	ZKSY	622363.4	1.5	合格	7.4	合格	1.21×10^{-8}	合格
XJKU	DZAL	623875.6	0.9	合格	1.5	合格	2.83×10^{-9}	合格
GXXZ	ZKSY	625020.5	1.8	合格	6.9	合格	1.15×10^{-8}	合格
QHQM	DZCY	626596.9	1.9	合格	3.3	合格	6.09×10^{-9}	合格
GDDZ	ZKSY	627219.5	1.7	合格	5.0	合格	8.38×10^{-9}	合格
XJHJ	DZAL	628033.6	0.9	合格	1.9	合格	3.28×10^{-9}	合格
YNFM	DZCY	628719.7	3.3	合格	7.5	合格	1.31×10^{-8}	合格
SCMC	DZCY	628731.6	2.2	合格	3.6	合格	6.71×10^{-9}	合格
GXTD	ZKSY	628784.9	2.3	合格	8.6	合格	1.42×10^{-8}	合格
XJHS	DZAL	629080.2	0.8	合格	1.9	合格	3.26×10^{-9}	合格
XZGG	DZCY	635477.5	1.4	合格	5.3	合格	8.60×10^{-9}	合格

表 12-29　800km 级 40 条基线的测试结果统计表

测试点	基线起算点	基线长度/m	水平精度/mm	水平精度合格判定	高程精度/mm	高程精度合格判定	相对精度	相对精度合格判定
CQRC	DZCY	773126.8	2.5	合格	3.1	合格	5.15×10^{-9}	合格
YNJS	DZCY	773207.6	3.6	合格	8.3	合格	1.17×10^{-8}	合格
YNGN	ZKSY	773594.5	2.5	合格	6.7	合格	9.28×10^{-9}	合格
GDYD	ZKSY	775388.5	2.3	合格	4.1	合格	6.08×10^{-9}	合格
NMAE	DZHG	778652.8	1.0	合格	3.5	合格	4.64×10^{-9}	合格
GZSC	DZCY	778873.7	3.3	合格	7.9	合格	1.10×10^{-8}	合格
GDYG	ZKSY	779818.3	2.3	合格	2.9	合格	4.72×10^{-9}	合格
YNPB	ZKSY	781999.0	4.2	合格	8.7	合格	1.24×10^{-8}	合格
SCST	DZCY	783860.3	2.3	合格	3.9	合格	5.81×10^{-9}	合格
QHTD	DZCY	787724.9	2.4	合格	3.8	合格	5.64×10^{-9}	合格
GDLM	ZKSY	789293.4	1.9	合格	5.8	合格	7.70×10^{-9}	合格
HNJH	ZKSY	795172.8	1.5	合格	6.2	合格	8.05×10^{-9}	合格
YNLP	DZCY	799707.2	3.3	合格	8.7	合格	1.16×10^{-8}	合格
YNMH	DZCY	800046.6	3.3	合格	6.9	合格	9.54×10^{-9}	合格

续表

测试点	基线起算点	基线长度 /m	水平精度 /mm	水平精度合格判定	高程精度 /mm	高程精度合格判定	相对精度	相对精度合格判定
XJSI	DZAL	800092.4	0.9	合格	2.1	合格	2.80×10^{-9}	合格
YNJC	DZCY	800759.0	3.0	合格	6.1	合格	8.51×10^{-9}	合格
GDCQ	ZKSY	802113.5	2.0	合格	4.1	合格	5.70×10^{-9}	合格
GDRY	ZKSY	803840.6	2.8	合格	8.6	合格	1.13×10^{-8}	合格
QHXH	DZCY	803905.0	2.4	合格	3.7	合格	5.46×10^{-9}	合格
GZCH	DZCY	804030.5	2.4	合格	4.7	合格	6.59×10^{-9}	合格
CQDZ	DZCY	810097.2	2.5	合格	4.7	合格	6.54×10^{-9}	合格
YNJH	DZCY	810106.1	3.6	合格	7.6	合格	1.04×10^{-8}	合格
GSLQ	DZCY	810760.1	2.3	合格	3.6	合格	5.23×10^{-9}	合格
GDXF	ZKSY	811667.3	1.5	合格	5.6	合格	7.11×10^{-9}	合格
SCZT	DZCY	811740.0	2.5	合格	3.3	合格	5.06×10^{-9}	合格
LNBD	DZHG	812973.9	1.0	合格	2.3	合格	3.13×10^{-9}	合格
LJMH	DZHG	815518.8	1.3	合格	1.0	合格	2.01×10^{-9}	合格
GXGY	ZKSY	816771.5	2.4	合格	8.0	合格	1.02×10^{-8}	合格
LNJH	DZHG	818344.1	2.9	合格	2.7	合格	4.79×10^{-9}	合格
GZDF	DZCY	818594.1	2.6	合格	5.3	合格	7.21×10^{-9}	合格
GXXA	ZKSY	820328.3	1.4	合格	8.3	合格	1.03×10^{-8}	合格
GDHY	ZKSY	821353.0	2.0	合格	1.9	合格	3.36×10^{-9}	合格
LNZW	DZHG	821805.7	1.0	合格	2.3	合格	3.07×10^{-9}	合格
GZCJ	ZKSY	821956.9	2.4	合格	6.3	合格	8.25×10^{-9}	合格
GXLL	ZKSY	825290.7	2.3	合格	5.5	合格	7.22×10^{-9}	合格
XJXH	DZAL	825348.0	0.9	合格	1.7	合格	2.30×10^{-9}	合格
YNQB	ZKSY	827072.8	2.7	合格	5.3	合格	7.17×10^{-9}	合格
CQYC	DZCY	827577.2	2.5	合格	3.9	合格	5.58×10^{-9}	合格
GZQL	DZCY	828686.9	1.9	合格	4.0	合格	5.27×10^{-9}	合格
QXDA	ZKSY	832967.0	3.7	合格	6.1	合格	8.54×10^{-9}	合格

表 12-30 1000km 级 40 条基线的测试结果统计表

测试点	基线起算点	基线长度/m	水平精度/mm	水平精度合格判定	高程精度/mm	高程精度合格判定	相对精度	相对精度合格判定
GDPY	ZKSY	970160.4	1.7	合格	4.5	合格	4.96×10^{-9}	合格
LNBP	DZHG	970552.4	1.1	合格	2.0	合格	2.31×10^{-9}	合格
GZSB	ZKSY	972897.0	2.4	合格	5.5	合格	6.16×10^{-9}	合格
NMMZ	DZHG	975531.7	1.4	合格	2.2	合格	2.65×10^{-9}	合格
HNDK	ZKSY	977094.0	1.7	合格	6.5	合格	6.91×10^{-9}	合格
LNYK	DZHG	977931.5	1.6	合格	1.9	合格	2.56×10^{-9}	合格
HNTH	ZKSY	979100.5	2.1	合格	3.1	合格	3.80×10^{-9}	合格
HNGO	ZKSY	982378.9	2.2	合格	7.5	合格	7.93×10^{-9}	合格
GZXW	ZKSY	982851.5	3.0	合格	4.9	合格	5.84×10^{-9}	合格
GZSC	ZKSY	983154.5	1.8	合格	4.9	合格	5.27×10^{-9}	合格
LNGS	DZHG	986371.6	1.1	合格	2.2	合格	2.46×10^{-9}	合格
NMAH	DZHG	989947.2	1.0	合格	3.1	合格	3.33×10^{-9}	合格
GDRP	ZKSY	992701.3	2.2	合格	2.4	合格	3.30×10^{-9}	合格
GZZJ	ZKSY	992961.0	1.8	合格	5.9	合格	6.19×10^{-9}	合格
XJAH	DZAL	994944.0	1.1	合格	1.9	合格	2.27×10^{-9}	合格
NMAA	DZHG	996056.6	1.1	合格	2.5	合格	2.73×10^{-9}	合格
GDJL	ZKSY	996712.6	2.2	合格	2.8	合格	3.56×10^{-9}	合格
GZKY	ZKSY	997085.6	2.1	合格	6.0	合格	6.43×10^{-9}	合格
NMBY	DZHG	997091.3	1.3	合格	2.5	合格	2.79×10^{-9}	合格
HNHJ	ZKSY	999786.6	1.5	合格	4.2	合格	4.46×10^{-9}	合格
GSDH	DZAL	1003376.9	1.0	合格	0.6	合格	1.14×10^{-9}	合格
HNHY	ZKSY	1006650.6	1.7	合格	4.5	合格	4.81×10^{-9}	合格
LNST	DZHG	1009026.8	1.2	合格	2.5	合格	2.77×10^{-9}	合格
LNGZ	DZHG	1011258.5	0.8	合格	2.3	合格	2.39×10^{-9}	合格
HNSY	ZKSY	1012028.4	2.2	合格	2.8	合格	3.52×10^{-9}	合格
HNYL	ZKSY	1013526.7	2.3	合格	5.1	合格	5.53×10^{-9}	合格
HNAR	ZKSY	1014192.5	1.7	合格	5.8	合格	5.97×10^{-9}	合格
GSGZ	DZAL	1017742.8	0.9	合格	2.1	合格	2.22×10^{-9}	合格
XJWA	DZAL	1019487.5	0.9	合格	2.6	合格	2.69×10^{-9}	合格

续表

测试点	基线起算点	基线长度/m	水平精度/mm	水平精度合格判定	高程精度/mm	高程精度合格判定	相对精度	相对精度合格判定
LNBY	DZHG	1019823.7	1.5	合格	1.9	合格	2.35×10^{-9}	合格
HNSD	ZKSY	1020871.5	2.5	合格	4.1	合格	4.66×10^{-9}	合格
GDDP	ZKSY	1022031.1	1.7	合格	8.2	合格	8.23×10^{-9}	合格
GZZZ	ZKSY	1023176.3	1.8	合格	6.9	合格	7.01×10^{-9}	合格
HNHH	ZKSY	1023551.4	2.2	合格	3.3	合格	3.89×10^{-9}	合格
GZQX	ZKSY	1024946.4	1.6	合格	6.1	合格	6.19×10^{-9}	合格
FJWP	ZKSY	1025676.6	2.4	合格	3.8	合格	4.35×10^{-9}	合格
GZSQ	ZKSY	1025972.7	2.1	合格	3.8	合格	4.21×10^{-9}	合格
HNQL	ZKSY	1027105.1	1.8	合格	1.6	合格	2.36×10^{-9}	合格
HNSJ	ZKSY	1028846.4	3.7	合格	8.6	合格	9.06×10^{-9}	合格

表 12-31 2000km 级 40 条基线的测试结果统计表

测试点	基线起算点	基线长度/m	水平精度/mm	水平精度合格判定	高程精度/mm	高程精度合格判定	相对精度	相对精度合格判定
SHQP	DZHG	1970675.2	1.9	合格	3.0	合格	1.81×10^{-9}	合格
ENDC	DZHG	1971265.3	2.5	合格	3.5	合格	2.17×10^{-9}	合格
AHHN	DZHG	1972697.7	1.3	合格	3.2	合格	1.74×10^{-9}	合格
HXHT	DZHG	1976323.9	2.1	合格	2.8	合格	1.76×10^{-9}	合格
AHFT	DZHG	1977518.6	2.1	合格	2.4	合格	1.60×10^{-9}	合格
JSJN	DZHG	1978216.4	1.8	合格	2.7	合格	1.64×10^{-9}	合格
JSYX	DZHG	1978306.9	2.2	合格	2.9	合格	1.83×10^{-9}	合格
NMII	DZAL	1978330.3	1.2	合格	2.5	合格	1.40×10^{-9}	合格
AHCF	DZHG	1980299.4	1.6	合格	3.9	合格	2.14×10^{-9}	合格
NXGY	DZAL	1981707.2	1.1	合格	2.8	合格	1.50×10^{-9}	合格
JSXA	DZHG	1981911.7	1.3	合格	4.2	合格	2.24×10^{-9}	合格
GSMX	DZAL	1983965.8	1.4	合格	3.4	合格	1.88×10^{-9}	合格
ENXZ	DZHG	1984665.2	1.8	合格	3.7	合格	2.08×10^{-9}	合格
NMWC	DZAL	1984764.4	1.3	合格	1.7	合格	1.06×10^{-9}	合格

续表

测试点	基线起算点	基线长度/m	水平精度/mm	水平精度合格判定	高程精度mm	高程精度合格判定	相对精度	相对精度合格判定
JSLH	DZHG	1985567.9	2.1	合格	4.1	合格	2.33×10^{-9}	合格
GSTW	DZAL	1986578.8	2.0	合格	2.7	合格	1.69×10^{-9}	合格
GSJN	DZAL	1989236.0	1.2	合格	2.6	合格	1.42×10^{-9}	合格
SHJS	DZHG	1989852.5	1.2	合格	3.5	合格	1.88×10^{-9}	合格
JSLY	DZHG	1991038.1	1.6	合格	4.6	合格	2.43×10^{-9}	合格
JSSZ	DZHG	1994483.6	1.2	合格	3.6	合格	1.89×10^{-9}	合格
AHYS	DZHG	1999523.1	2.0	合格	3.7	合格	2.08×10^{-9}	合格
ENSQ	DZHG	2000022.3	1.8	合格	3.7	合格	2.06×10^{-9}	合格
ENZK	DZHG	2002000.3	2.0	合格	3.6	合格	2.05×10^{-9}	合格
HXGD	DZHG	2002317.9	2.0	合格	3.1	合格	1.86×10^{-9}	合格
GSHI	DZAL	2003206.8	1.6	合格	2.9	合格	1.64×10^{-9}	合格
NMCK	DZHG	2006833.1	2.6	合格	2.7	合格	1.87×10^{-9}	合格
AHFY	DZHG	2006877.2	2.2	合格	2.7	合格	1.73×10^{-9}	合格
GSWS	DZAL	2007140.1	1.4	合格	3.2	合格	1.73×10^{-9}	合格
AHJC	DZHG	2007215.9	2.5	合格	4.1	合格	2.40×10^{-9}	合格
AHYH	DZHG	2007577.6	2.6	合格	3.6	合格	2.20×10^{-9}	合格
NMHM	DZAL	2008740.7	1.5	合格	2.1	合格	1.31×10^{-9}	合格
NMET	DZHG	2011091.4	2.8	合格	2.6	合格	1.90×10^{-9}	合格
ENYH	DZHG	2012582.0	1.8	合格	2.3	合格	1.43×10^{-9}	合格
NMSH	DZAL	2021344.8	1.3	合格	1.7	合格	1.07×10^{-9}	合格
AHLQ	DZHG	2021990.5	1.8	合格	3.5	合格	1.95×10^{-9}	合格
HXXN	DZHG	2022269.8	2.1	合格	3.0	合格	1.80×10^{-9}	合格
AHXZ	DZHG	2023124.5	2.4	合格	3.2	合格	1.98×10^{-9}	合格
SXJB	DZAL	2023485.7	1.1	合格	2.5	合格	1.34×10^{-9}	合格
AHLI	DZHG	2024801.8	1.5	合格	4.4	合格	2.31×10^{-9}	合格

表 12-32 所有基线级别 240 条基线的结果汇总表

基线级别	合格基线数	水平精度合格基线数	高程精度合格基线数	相对精度合格基线数
200.0_km	40	40	40	40
400.0_km	40	40	40	40
600.0_km	40	40	40	40
800.0_km	40	40	40	40
1000.0_km	40	40	40	40
2000.0_km	40	40	40	40

测试结论：按照测试方法，测试的所有基线级别共计 240 条基线的测试结果均达到了验收要求；本项测试合格。

参考文献

[1] 中华人民共和国国务院新闻办公室. 中国北斗卫星导航系统(白皮书)[J]. 今日中国,2016,中文版(7):8-8.

[2] 中国卫星导航系统管理办公室. 北斗地基增强系统服务性能规范(1.0 版)[EB/OL]. (2017-7-25)[2019-11-21]. http://www.beidou.gov.cn/yw/gfgg/201712/t20171225_10936.html.

第 13 章

测试设备与用户应用终端

13.1 车载测试设备

在北斗地基增强系统建设初期阶段,数据处理、数据播发和数据通信等环节均处于不稳定状态,需要一种能够快速有效诊断故障的设备;同时在系统摸底测试、联调联试、验收测试等阶段需要有专业的高精度测试设备综合评估地基增强系统所提供的高精度服务的质量、稳定性及可靠性。基于以上项目需求,由北京东方联星科技有限公司(以下简称东方联星)研制了一款车载测试设备,用于导航系统的闭环测试操作。该款车载测试设备的型号被定义为 LX1000。该产品后来也被用于系统的验收测试工作。

13.1.1 研究内容

针对北斗地基增强系统联调联试及系统运营服务等阶段,需研制一款北斗地基增强系统高精度测试设备。该设备具有通过移动通信或中国移动多媒体广播(CMMB)模块接收广域增强差分产品,通过多频 GNSS 天线接收卫星导航电文,实时输出单频伪距、单频载波、双频载波 3 种定位结果的能力;并能够对系统播发的广域差分数据产品实时不间断监测,将卫星观测值、差分数据、监测接收机解算出的位置信息以及异常报告等数据回传至控制中心；也可用于系统联调联试，为基准站的运行维护提供数据支持并及时预警，检测系统可靠性、完好性等信息，实现系统自我评估。

13.1.2 研究过程

研究过程主要分为北斗地基增强系统服务能力的可测试性分析及开题论证、系统方案设计、硬件子系统方案设计、软件子系统方案设计、机型外观及结构子系统方案设计、软硬件方案设计、原型机研制、高精度测试设备研制、测试与验证等几个阶段。

北斗地基增强系统广域增强定位服务能力目前有3种精度，分别为2m、1.2m、0.5m。对应单频伪距、单频载波、双频载波3种定位模式。差分产品可以通过移动通信、CMMB 进行播发，故增强系统提供服务能力的质量与差分产品的质量有很大关系。从系统测试性的可观察性及可分解性方面考虑，即所看见的就是所测试的。通过控制测试范围，在系统服务端通过模拟最终用户进行测试，可执行更灵巧的再测试。所以高精度测试要支持移动通信、CMMB 通信，用于接收北斗地基增强系统播发的差分产品；支持单频伪距、单频载波、双频载波3种定位模式用于对系统3种定位精度的评估；支持通信链路告警、差分产品质量问题告警等；同时，也要支持本地数据存储和对外输出接口，以便于数据本地复制或上传到数据处理中心进行数据后处理。这样，一方面可以支持北斗地基增强系统的联调联试，并可为增强站的运行维护提供数据支持和及时的预警，检测系统可靠性、完好性等信息。

从技术实现层面，东方联星对 WinCE + ARM 智能软硬件平台进行裁剪与定制，集成移动通信模块、CMMB 模块、北斗地基增强高精度多模导航定位模块、多频板卡、以太网通信模块等，实现高精度测试设备的硬件设计。其中，双频板卡与通信模块分别负责卫星原始数据和差分产品的获取，解算软件集成武汉大学单频载波、双频载波定位算法库实现单频载波、双频载波的定位。所有测试数据及原始数据均利用配置选项保存在本地内存 TF 卡里或通过网络传输到后台数据处理中心。

13.1.3 设计方案

1. 系统组成

测试系统主要由中央处理器单元接收导航卫星向地面发送的卫星信号，并对卫星信号进行监测与检查，处理之后可以将数据发送至移动通信基站，向用户进行播发，同时也可以将数据存储在服务器中以提供下载服务。图 13-1 体现了该系统的组成。

2. 主机组成

高精度测试设备主机由中央处理器单元、数据存储单元、电源单元、4G 传输单元、CMMB 传输单元、L 波段卫星接收单元（预留）、单频伪距接收机单元、单/双频载波相位接收机单元、以太网传输单元、数据串口传输单元、控制口单元及调试串口单元等部分组成。

高精度测试设备以小型终端的形式固定到测试架，天线通过射频线缆引至室外或车顶。

1）中央处理器单元

中央处理器采用 Cortex - A8 的 ARM 处理器，运行 WinCE 6.0 操作系统。操作系统上运行主

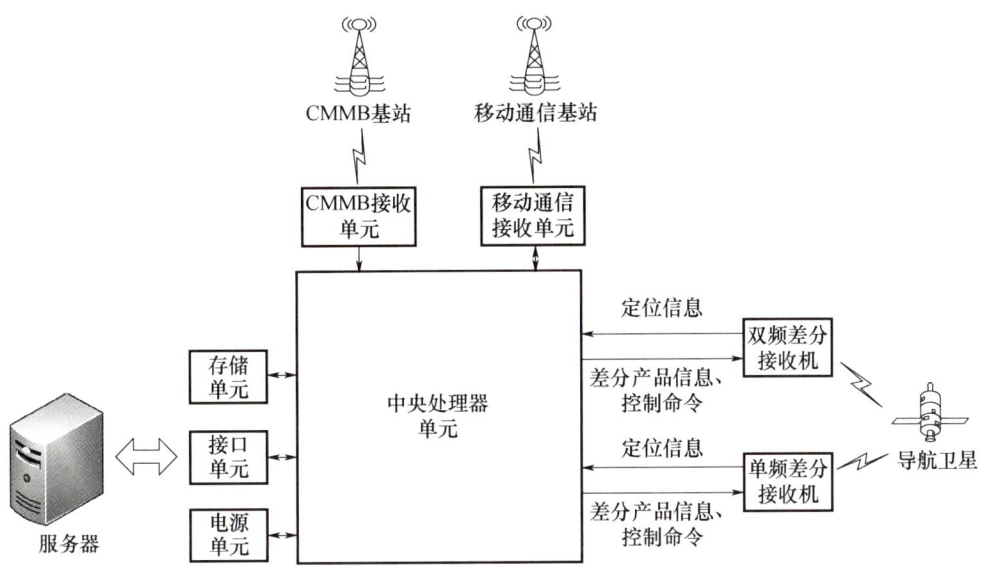

图 13-1 系统组成图

控软件、CMMB 转发软件、系统状态监测软件、定位信息存储软件、定位信息回传软件。

2）数据存储单元

存储器采用大容量的 TF 卡,可满足长时间定位数据及差分产品数据的存储需求。

3）电源单元

电源单元主要为其他各个子单元系统进行供电。

4）4G 传输单元

4G 传输单元采用标准通信模块,可验证在 4G 网络下接收差分产品信息的可靠性和稳定性。通过主控软件将差分信息传给单频伪距和单双频载波相位接收机单元。

5）CMMB 传输单元

CMMB 传输单元采用中广传播集团提供的 CMMB 模块实现,可通过运行在操作系统上的 CMMB 转发软件将差分产品信息传给单频伪距和单/双频载波相位接收机单元。

6）L 波段卫星接收单元（预留）

L 波段卫星接收单元采用中科院授时中心相关设备实现。

7）单频伪距接收机单元

单频伪距接收机单元采用支持 BDS B1 和 GPS L1 频点的接收机,可验证单频伪距差分的定位精度。

8）单/双频载波相位接收机单元

采用支持 BDS B1/B2 和 GPS L1/L2 频点的接收机,结合武汉大学单频及双频 PPP 动态库可验证单频载波相位及双频载波相位差分的定位精度。

9）以太网传输单元

采用 10/100M 网卡,用于测试数据及相关状态和告警信息的传输。

10）数据串口传输单元

采用 RS232 串口,用于测试数据及相关状态和告警信息的传输。

11）控制口单元

采用 mini USB 接口,用于参数设置,设备工作状态查询,软件升级。

12）调试串口单元

采用 RS232 串口,用于打印 Release 模式下的系统运行监测信息,Debug 模式下的软件故障诊断及调试信息。

3. 主机外观

北斗地基增强系统监测接收机主机外观结构如图 13 - 2 所示,长 216mm、宽 187mm、高 61mm。公差绝对值 1mm。

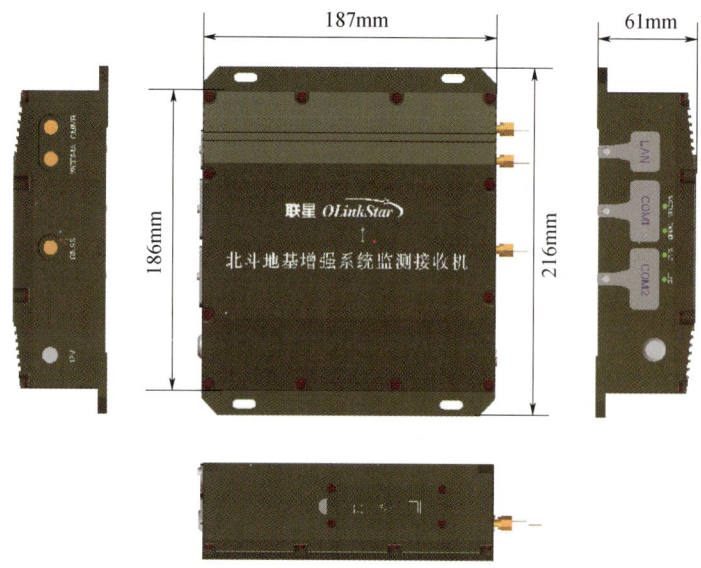

图 13 - 2　北斗地基增强系统监测接收机主机外观

北斗地基增强系统监测接收设备的主要配件如图 13 - 3 所示。

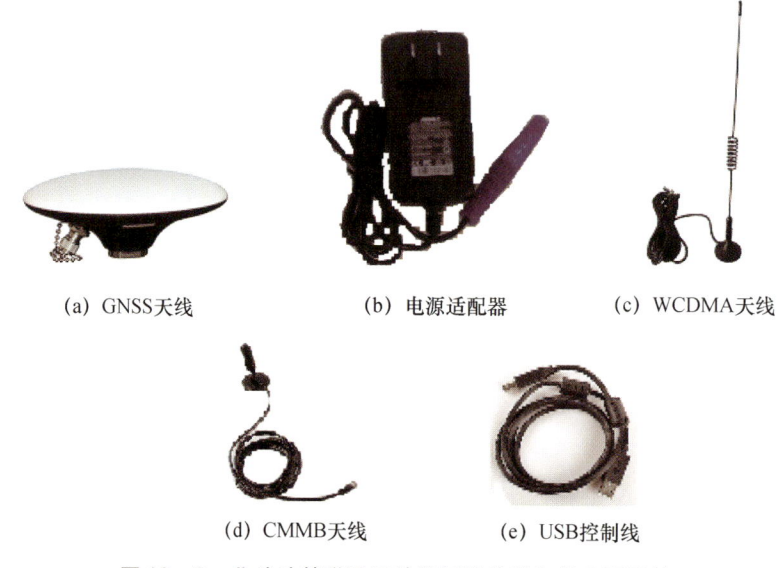

(a) GNSS天线　　(b) 电源适配器　　(c) WCDMA天线

(d) CMMB天线　　(e) USB控制线

图 13 - 3　北斗地基增强系统监测接收设备的主要配件

4. 工作原理

北斗地基增强系统的各功能子单元系统协作关系如图 13-4 所示。

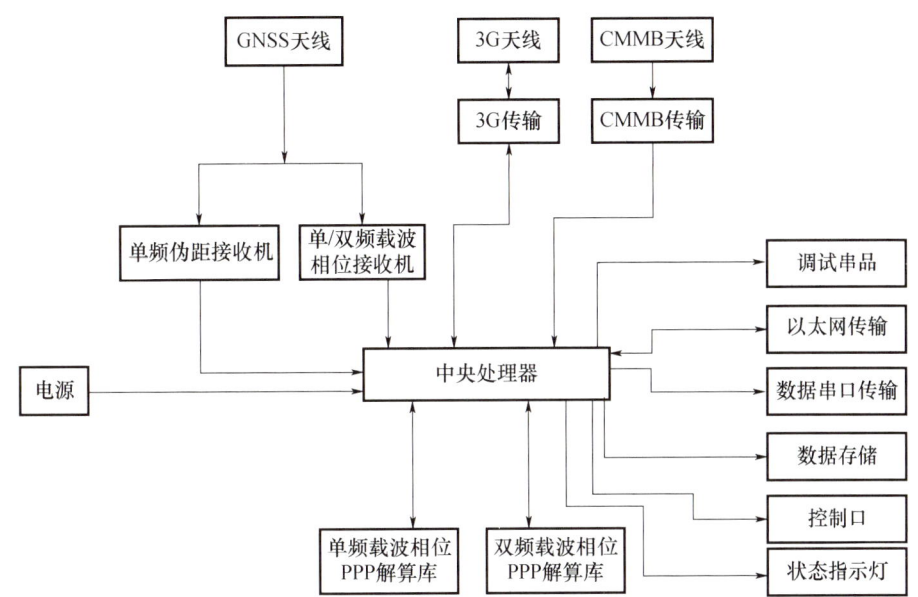

图 13-4 北斗地基增强系统工作协作图

监测系统主要的工作机制是接收移动通信或 CMMB 的差分数据,同时接收卫星导航信号,结合相应的算法解算出定位结果,预估定位精度,生成定位状态信息及告警信息,一并保存到本地 TF 卡。同时打包输出到数据串口或以太网口,以便送达给外部设备进行处理。同时通过控制口或以太网口进行本机本地管理或远程管理。根据高精度测试设备输出的数据,即可综合评估北斗地基增强系统的运行状况。各个功能模块的工作原理描述如下:

1)电源

供电控制,打开开关,系统开始运行。关闭电源开关,系统关闭。

2)中央处理器

系统上电后,运行 WinCE 操作系统,打开调试串口,进行硬件检测,读取参数配置,并根据当前参数配置设定当前系统运行模式,建立移动通信链路,建立以太网口通信链路;打开数据串口,根据数据保存参数选项建立数据文件保存目录及相关文件;打开单频伪距接收机,打开单/双频载波相位接收机,配置单双频载波相位接收机的工作模式并加载单频载波相位、双频载波相位 PPP 解算库;接收移动通信、CMMB 差分数据,并根据差分监测模式配置,将移动通信差分数据或 CMMB 广播差分数据分别送给单频伪距接收机,单频载波相位 PPP 解算库,双频载波相位 PPP 解算库;实时从单频伪距接收机,单频载波相位 PPP 解算库,双频载波相位 PPP 解算库中读取定位结果。根据定位结果生成相关状态事件及告警事件,根据数据回传接口类型,加载高精度测试设备与 LX - MNM900 测试数据管理软件的私有协议,根据数据回传参数选项,通过以太网口或数据串口利用 LX1000 与 LX - MNM900 的私有协议进行打包输出。

系统运行过程中,中央处理器负责系统异常的处理,包括移动通信链路断网重联、以太网断网重联、以太网链路维持、数据循环存储、LED状态指示灯控制。

系统运行中,中央处理器负责与本地及远程管理的交互。本地通过mini USB控制口实现参数设置、软件升级、数据导出。远程通过以太网实现参数设置、软件升级、数据回传。

3)移动通信传输单元

移动通信传输单元具有初始化,打开、关闭,链路建立,链路维持,数据收发功能,由中央处理器控制完成。主机上电后,移动通信输出单元获得相应的电源供给。从移动通信天线收取差分数据空中信号,经内部处理完成数据解调,并经USB虚拟的串口输出到中央处理器。

4)CMMB传输单元

由中央处理器设置频点后,即可正常工作。通过CMMB天线获取差分数据空中信号,经内部处理完成数据解调处理,并经串口输出到中央处理器上。

5)单频伪距接收机单元

通过GNSS天线获取卫星导航信号,经内部处理完成数据解调,同时接收中央处理器向外发送的差分数据,并利用单频伪距差分解算算法实现差分解算,并预估定位精度,计算差分数据时延、丢包率,连同定位结果、定位状态、告警信息一起经串口输出到中央处理器。

6)单/双频载波相位接收机单元

系统上电后,由中央处理器进行工作模式配置,经串口将原始数据输出到中央处理器。

7)单频载波相位PPP解算库

接收中央处理器输入的差分数据和单/双频载波相位原始数据,进行单频载波差分定位的解算,由中央处理器以查询方式获取定位结果。

8)双频载波相位PPP解算库

接收中央处理器输入的差分数据和单/双频载波相位原始数据,进行双频载波差分定位的解算,由中央处理器以查询方式获取定位结果。

9)以太网传输单元

本身实现了物理层和数据链路层的协议,利用搭载在中央处理器上的WinCE6.0系统TCP/IP协议栈,实现与LX-MNM900测试数据管理软件的链路建立、数据收发及命令交互。

10)数据串口传输单元

利用RS232协议将中央处理器送达的数据输出。

11)控制口

控制口物理上为一个mini USB。利用Microsoft ActiveSync系统同步工具与中央处理器进行通信。利用CERHOST远程登录工具实现远程登录。

12)调试串口

利用RS232协议,在Release模式下的输出系统运行监测信息,Debug模式下的输出软件故障诊断及调试信息。

13)GNSS天线

单频伪距接收机单元与单/双频载波相位接收机单元共用同一个天线,接收卫星导航信号。

14）移动通信天线

该系统的移动通信天线为标准移动通信天线,可以接收差分数据空中信号。

15）CMMB 天线

CMMB 天线可以接收差分数据的空中信号。

16）状态指示灯

根据系统运行情况,指示移动通信方式,CMMB 广播方式接收是否正常,伪距差分和载波相位差分结果是否正常。

总体上,系统 3 层架构进行分层设计完成,如图 13 – 5 所示。

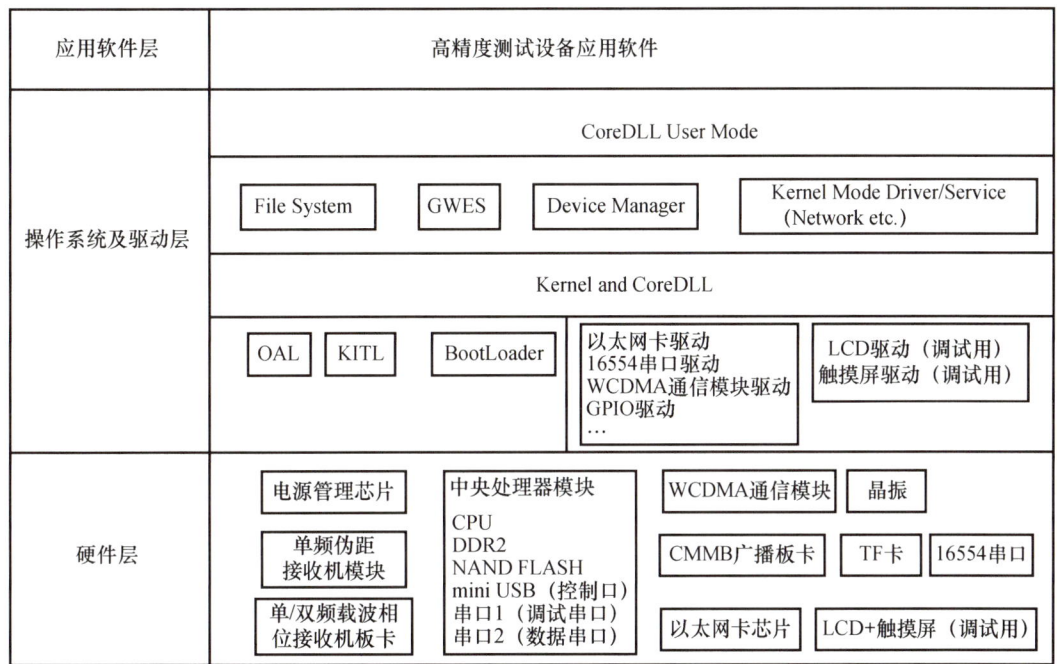

图 13 – 5 3 层架构设计图

硬件层:实现产品功能指标及性能指标的物理载体。

操作系统及驱动层:实现对硬件层的进一步抽象,作为连接应用层与硬件层的桥梁。

应用软件层:调用操作系统提供的接口访问硬件资源实现产品功能。

总体设计逻辑框架如图 13 – 6 所示。

图中各部分模块功能说明如下。

移动通信:指 4G 通信。模块采用移远 EC20。

CMMB:指 CMMB 通信。采用中广传播 FR528 型 CMMB 板卡。

定位模块:指单频伪距、单频载波、双频载波差分定位模块的总称。采用东方联星 CC50Ⅲ 做单频差分伪距,司南 K508 做单频、双频定位模块。

功能串口:指控制移动通信模块、CMMB 模块、定位模块工作及数据收发功能的串口。

总控:指高精度测试设备的控制中心,其负责与内外界各个部件的通信,实现命令交互、数据收发、内部数据处理、工作状态等所有控制。

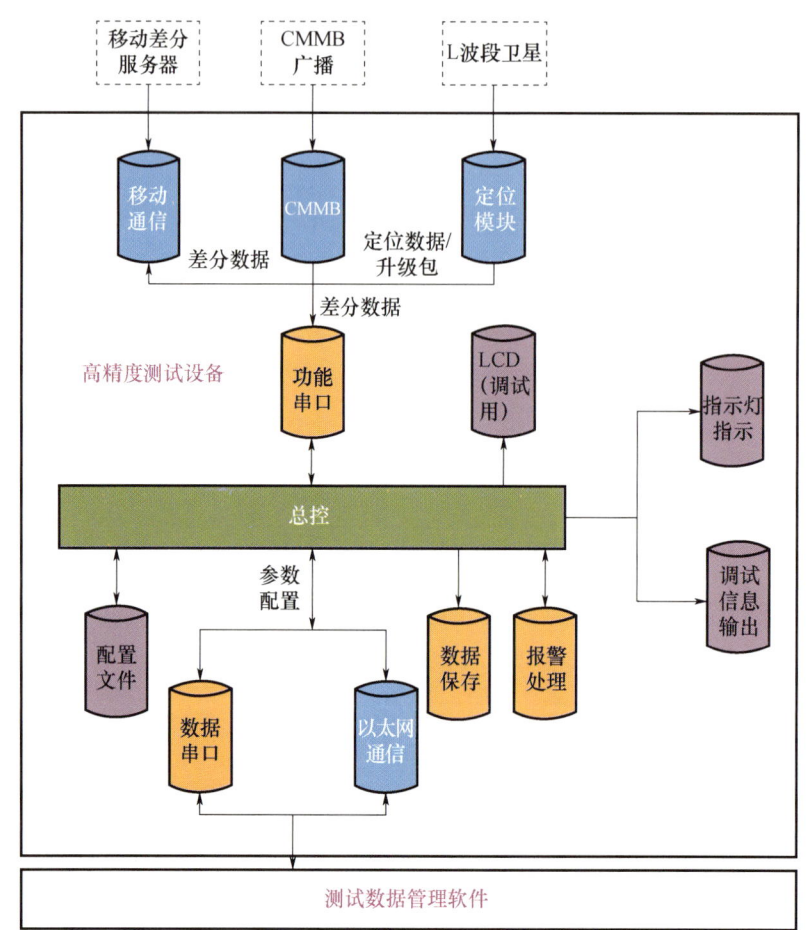

图 13-6 总体设计逻辑框架图

状态指示灯:指移动通信链路、定位状态、CMMB 链路以及电源是否工作正常的指示。

配置文件:参数配置文件。包括差分模式、数据保存选项、数据回传选项、定位模式选择及本机网络参数。

数据保存:包括通过移动通信网络、CMMB 接收到的差分数据(L 波段差分数据输出功能预留接口,暂不实现),CC50III 定位结果,定位状态及告警信息,K508 输出的原始数据。

报警处理:包括接收不到差分数据、差分数据延迟、差分产品精度报警。

具体包括:时延、丢包率、差分状态。差分状态包括 IODE 不匹配,时标超 60s;差分卫星数小于(4 颗),轨道钟差参数的模超过 25m;电离层格网未收到或时间未在 5min 以内;收到的卫星数为 0,或者没找到匹配的卫星;轨道和钟差差分成功。

以太网通信:指所有差分数据,卫星定位相关数据,报警数据通过以太网传到测试数据管理软件。

5. 硬件设计

1)硬件总体设计

设备硬件总体设计框架图如图 13-7 所示。

主要硬件由中央处理器单元、数据存储单元、移动通信传输单元、CMMB 传输单元、L 波段卫星接收单元(预留)、单频伪距接收机单元、单/双频载波相位接收机单元、以太网传输单元、数据串口单元、控制口单元、电源单元、调试串口、状态指示灯、LCD 及触摸屏(调试过程中使用,正式产品不带 LCD 及触摸屏)组成。

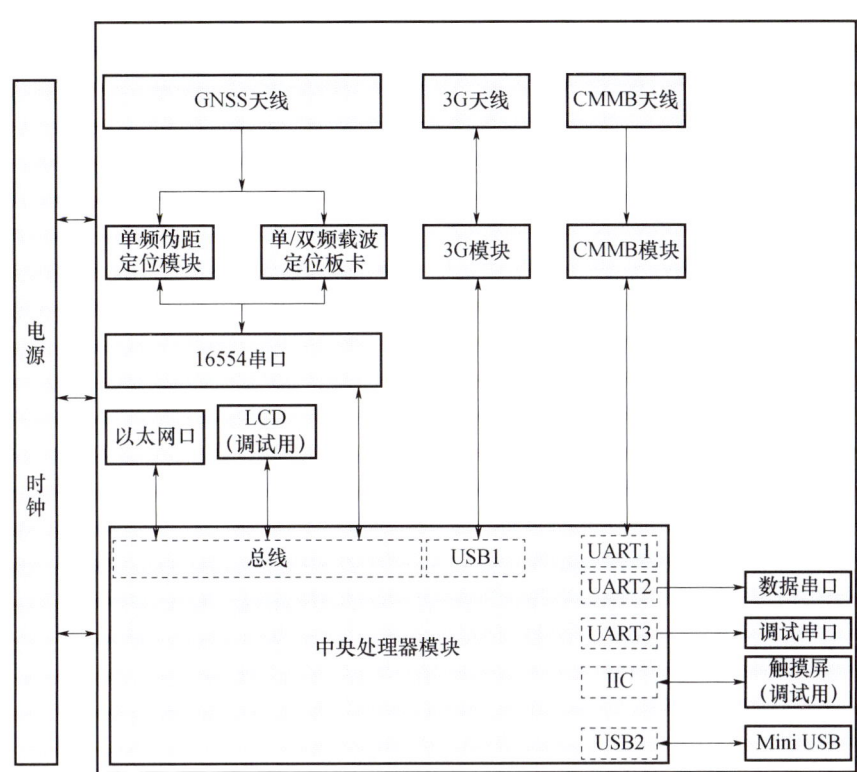

图 13-7　硬件总体设计框架图

2)电源系统设计

系统采用直流 12V 输入,通过分压给其他各个模块分支使用。系统共有 3 种主电压:3.3V、5V、1.8V。其中 1.8V 是中央处理器分压输出的,移动通信模块、以太网卡芯片、单频伪距接收机、调试用 LCD 需要 3.3V,单/双频载波相位接收机单元需要 5V。电源设计原理图如图 13-8 所示。

3)时钟系统设计

所用模块有内部时钟的采用内部时钟,没有内部时钟的采用芯片或模块的参考设计时钟系统。本产品设计 2 个自行设计的时钟系统。

16554 串口芯片:采用 7.3728MHz 的时钟,设计原理图如图 13-9 所示。

以太网传输 LAN9221 芯片:采用 25MHz 时钟,设计原理图如图 13-10 所示。

4)中央处理器设计

处理器是系统的核心部件,采用思必拓 TI AM3730 Cortex-A8 主频 1G 处理器模块。TI AM3730 接口丰富,处理能力强,工业级产品保证,广泛用于工业控制、车载电脑、手持机等产品,满足高精度测试设备对主处理器的要求。设计原理图如图 13-11 所示。

CN2 为 Mini USB 控制口,通过 Mini USB 控制口实现本地设备管理与控制。

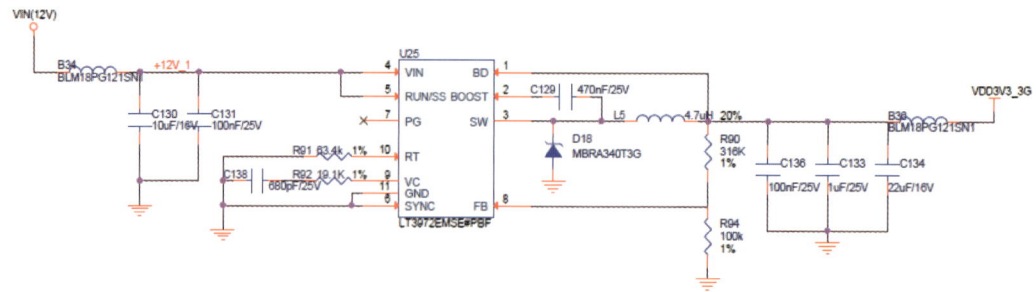

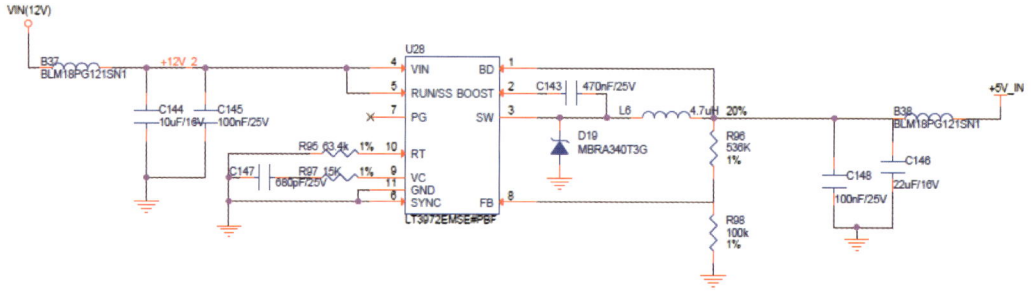

图 13-8　电源设计原理图

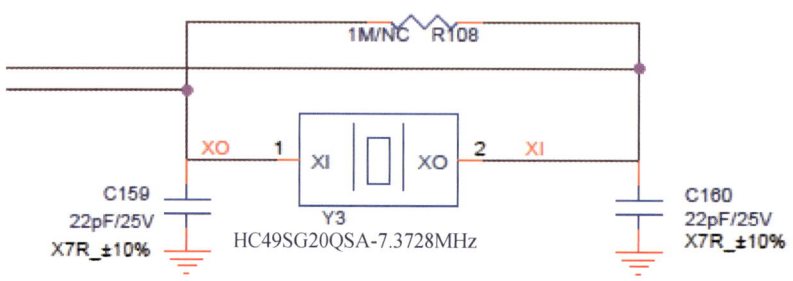

图 13-9　16554 芯片时钟设计原理图

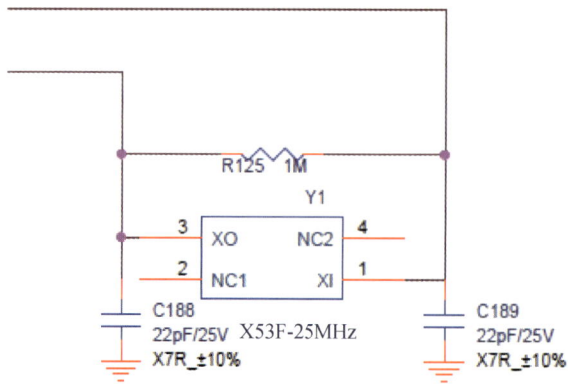

图 13-10　LAN9221 芯片时钟设计原理图

UART1_RXD、UART_TXD 与数据串口相连接,中央处理器获取到测试数据、定位状态及告警信息后,通过此数据串口输出。从中央处理器到数据串口要经过一个 TTL 电平到 RS232 的电平转换。中央处理器设计原理图第 2 部分如图 13-12 所示。

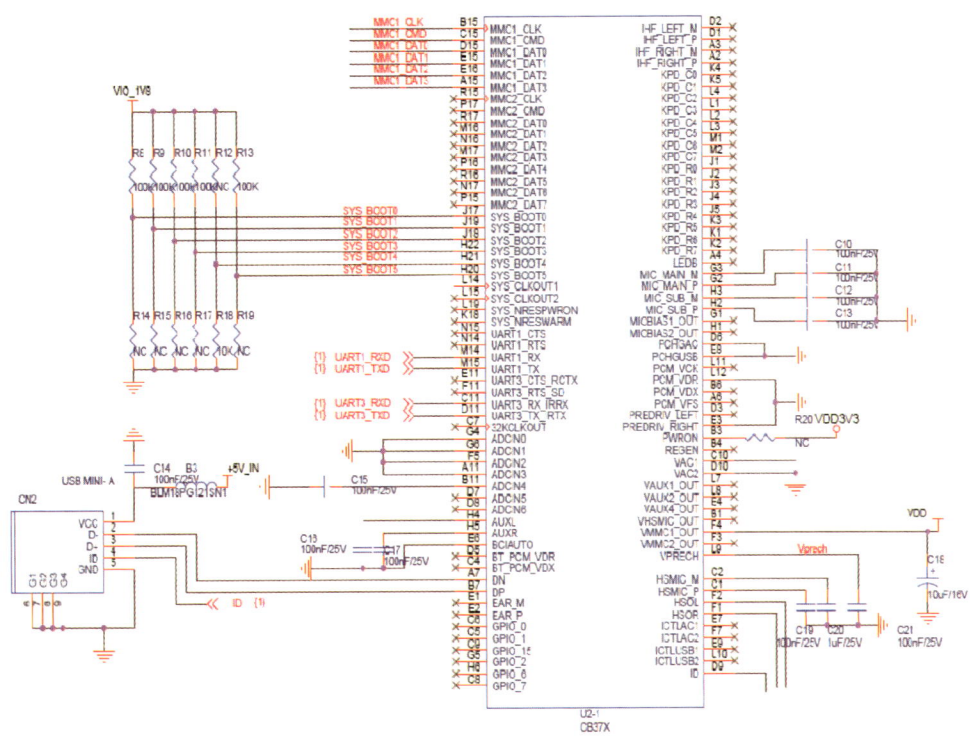

图13-11 中央处理器设计原理图第1部分

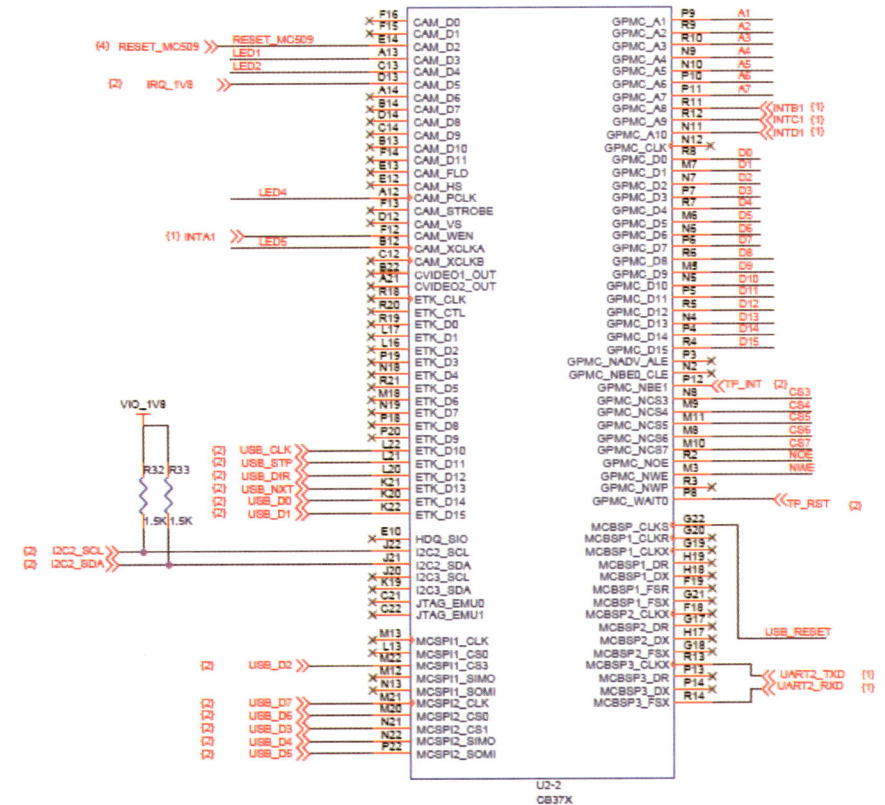

图13-12 中央处理器设计原理图第2部分

UART2_TXD、UART2_RXD 为 CMMB 板卡的串口收发信号线。

I2C2_SCL、I2C2_SDA 为 IIC 的信号线,与调试使用的触摸屏连接,用于调试时的触屏功能。TSXP、TSYP、TSXM、TSYM 为数据线,I2C2_SDA、I2C2_SCL 为控制线,TP_INT 为中断信号线,TP_RST 为复位信号线。

USB_打头的管脚为 USB 的信号线。中央处理器经过一个 USB 收发器与 4G 移动通信模块连接,实现 4G 移动通信方式接收差分数据。USB 收发器设计如图 13 – 13 所示。

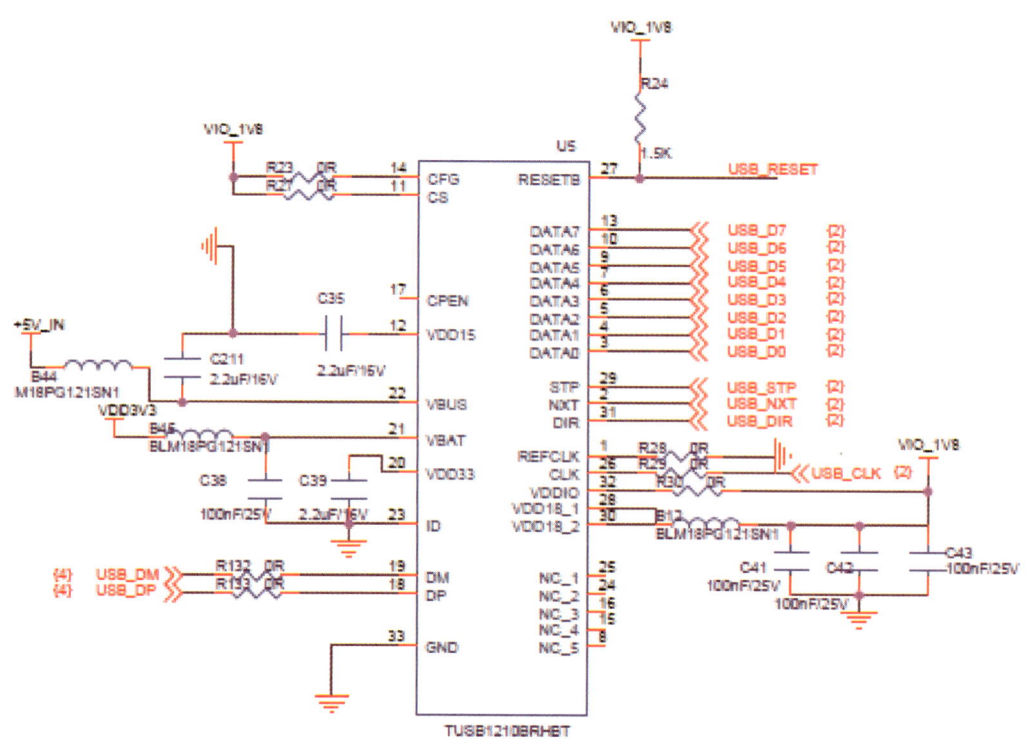

图 13 – 13　USB 收发器设计原理图

中央处理器设计原理图第 3 部分如图 13 – 14 所示。

DSS_D0 至 DSS_D23 为调试时使用 LCD 的数据总线。DSS_ACBIAS、DSS_HSYNC、DSS_PCLK、DSS_VSYNC 等 DSS_打头的管脚为 LCD 控制线。地址总线与所有挂在总线上的模块共用,由片选信号进行模块选择。其中,16554 串口挂在了中央处理器的 GPMC 总线上,用于扩展中央处理器的串口资源,其设计参见"16554 串口设计"。相机控制器管脚 CAM_D3、CAM_D4、CAM_PCLK、CAM_XCLKA 依次设计用于载波相位差分解算指示灯、CMMB 链路状态指示灯、移动通信链路状态指示灯、伪距差分解算指示灯。

5) 移动通信传输设计

移动通信传输模块采用国产移远 EC20 移动通信模块,此模块已经东方联星测试组长期测试与验证。满足高精度测试设备对移动通信传输功能及性能的要求。此模块自带 TCP/IP 协议栈,通过 AT 指令控制模块初始化、打开、关闭、链路建立、链路断开、收据收发。此模块物理上通过 USB 收发器与中央处理器连接。通过软件实现在 USB 上虚拟串口实现。

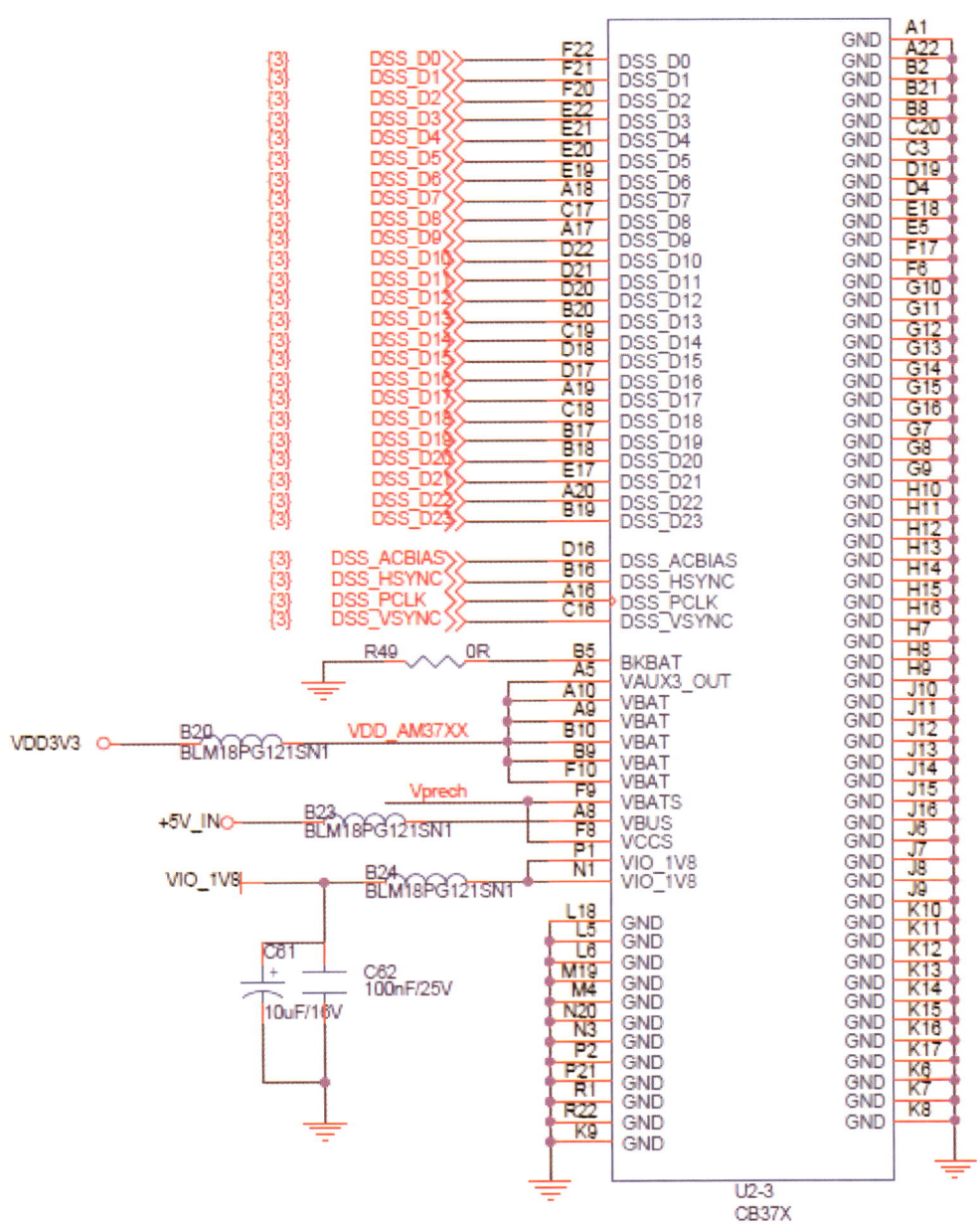

图 13-14　中央处理器设计原理图第 3 部分

6) CMMB 传输设计

CMMB 传输单元采用中广传播提供的成熟 CMMB 数据收发板卡。自行设计转接板实现设计如图 13-15 所示。

此模块自带数据解调器,通过串口与中央处理器相连接,软件设置 CMMB 模块的频点后,即可开始接收差分数据。原理图中的 UART2_3V3_RXD、UART2_3V3_TXD 为串口的收发信号线。

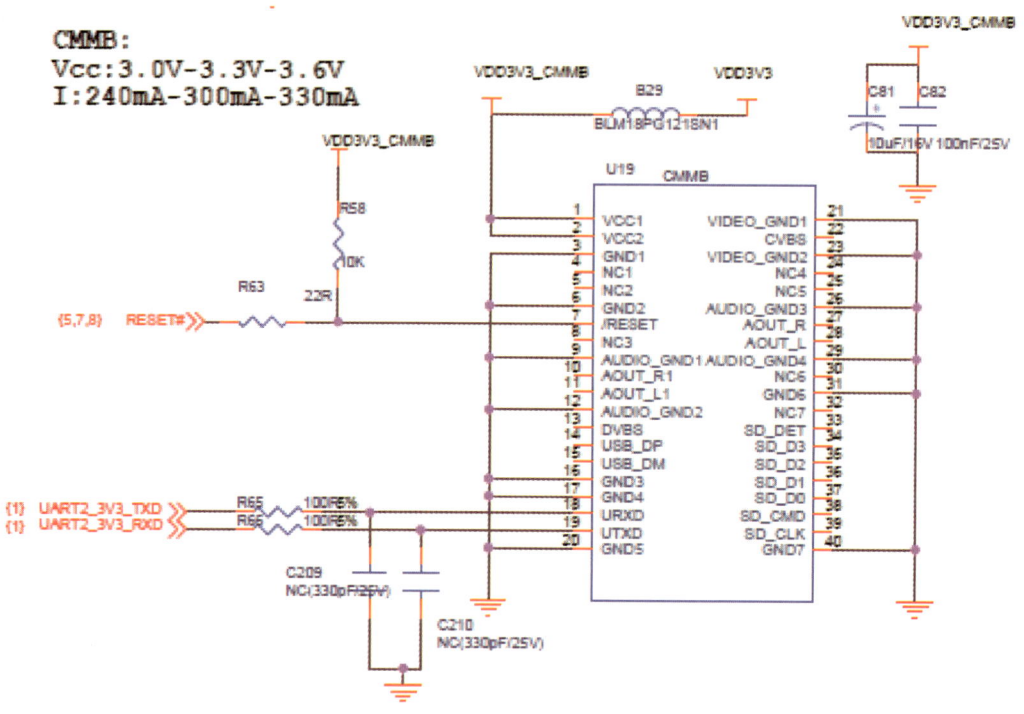

图 13-15　CMMB 传输设计原理图

7）单频伪距接收机设计

单频伪距接收机单元采用东方联星 CC50Ⅲ 卫星定位模块，设计如图 13-16 所示。

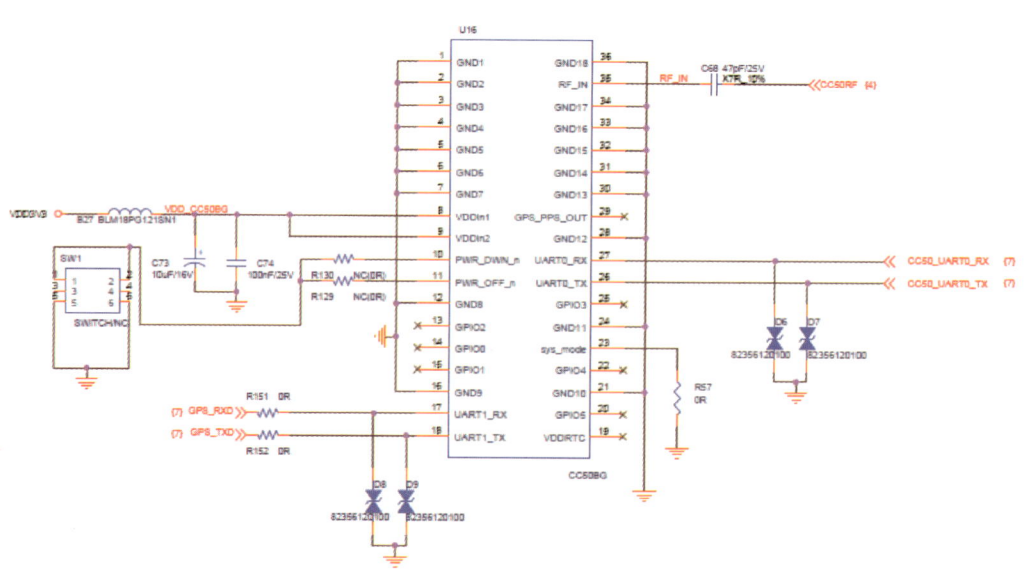

图 13-16　单频伪距定位模块设计原理图

此模块通过16554串口接收中央处理器输入的差分数据,并通过内部射频电路及外界天线接收卫星导航信号,实现了广域单频伪距的差分定位;同时具备生成定位状态信息及告警信息的功能,连同定位解算结果一起通过16554串口输出到中央处理器。

原理图中的CC50_UART0_RX、CC50_UART0_TX为接收差分数据的串口收发数据线。GPS_RXD、GPS_TXD为输出定位解算结果,定位状态信息及告警信息的串口数据线。

8)单/双频载波相位接收机设计

单/双频载波相位接收机采用司南K508三模八频板卡,满足高精度测试设备单/双频的要求。设计原理图如图13-17所示。

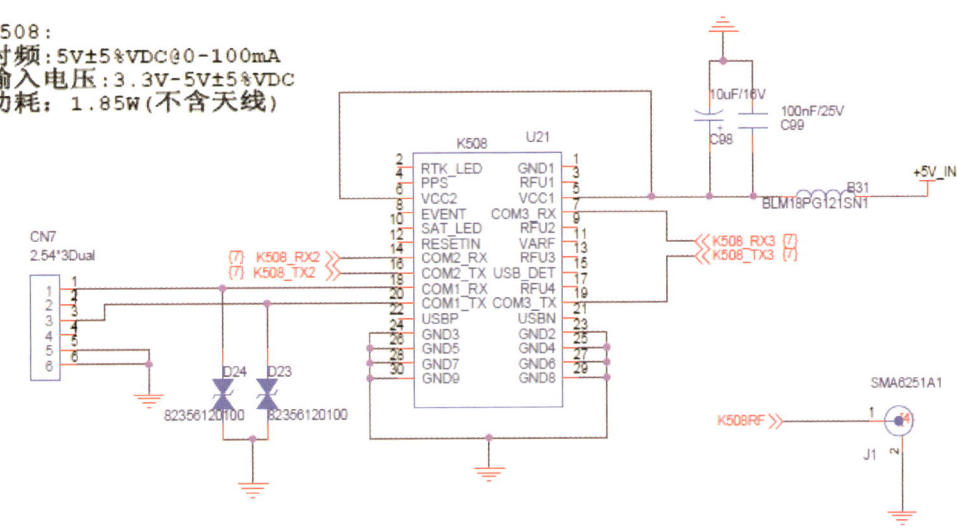

图13-17 单/双频载波相位定位单元设计原理图

此模块通过16554串口与中央处理器相连接。利用应用软件控制及单/双频载波相位PPP解算库实现单频载波相位及双频载波相位的定位解算。原理图中的K508_RX3、K508_TX3为数据收发器,K508_RX2、K508_TX2在区域差分中使用,本版本物理上电气联通,实际应用中未体现,为后续区域差分功能预留。

9)16554串口设计

中央处理器串口资源不足(CMMB板卡、数据串口、调试串口占用),采用16554串口进行扩展,采用NXP公司的SC16C554BIB64芯片。设计原理图如图13-18所示。

此模块支持4路独立串口,通过GPMC总线连接中央处理器,且分别有单独的中断控制线(INTA、INTB、INTC、INTD)。4路串口分别为挂接CC50III的接收差分数据的串口(CC50_UART0_RX、CC50_UART0_TX),输出解算结果数据的串口(GPS_RXD、GPS_TXD);挂接K508接收差分数据的串口(K508_RX2、K508_TX2),输出解算结果或原始数据的串口(K508_RX3、K508_TX3)。

10)以太网传输设计

以太网卡PHY芯片采用SMSC公司的成熟产品LAN9221型10/100Mbps以太网高速收发器。以太网传输单元包括两个部分:主芯片和RJ45插头。设计原理图如图13-19、图13-20所示。

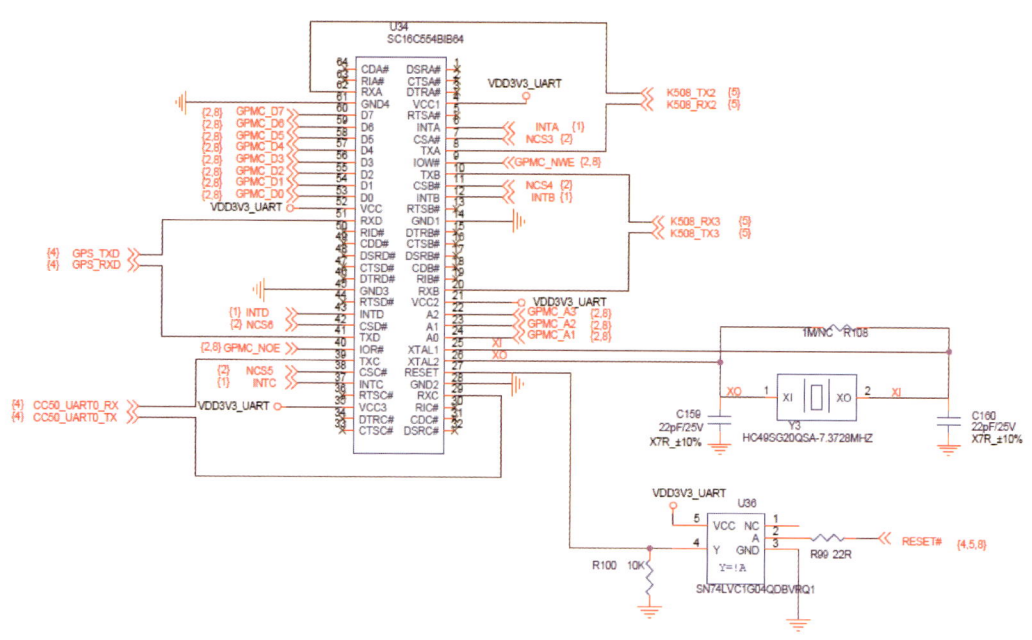

图13-18 16554串口芯片设计原理图

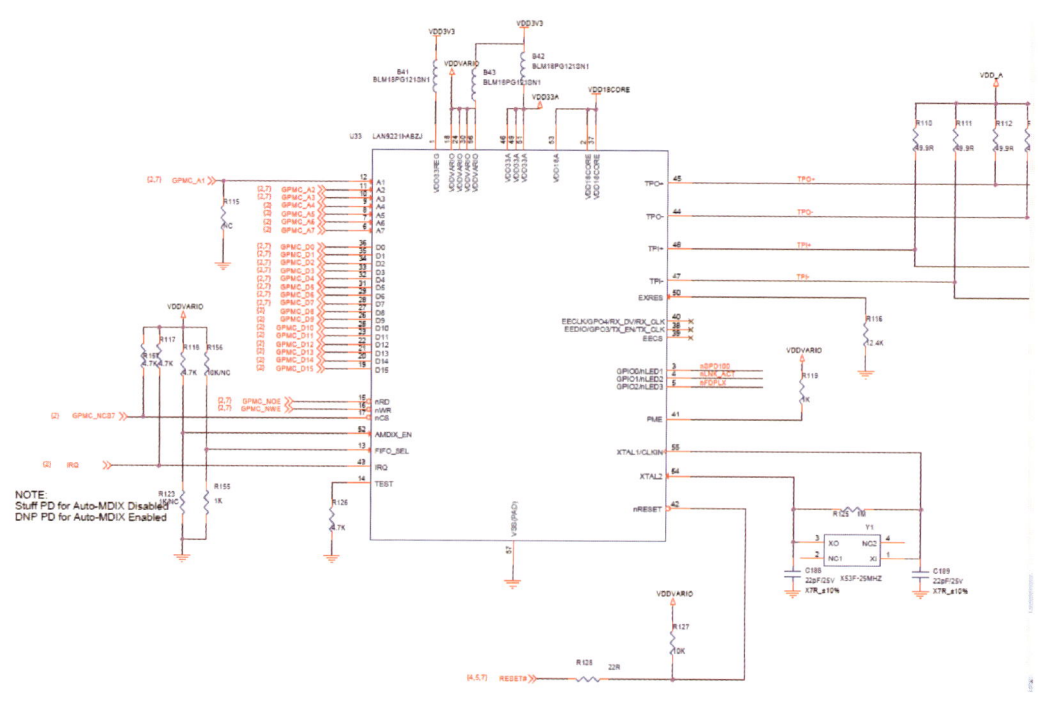

图13-19 以太网传输主芯片设计原理图

主芯片 LAN9221 实现了物理层及数据链路层。协同 WinCE6.0 自带 TCP/IP 协议栈实现网络数据的收发。与 RJ45 通过网络变压器连接，网络变压器主要有信号传输、阻抗匹配、波形修复、信

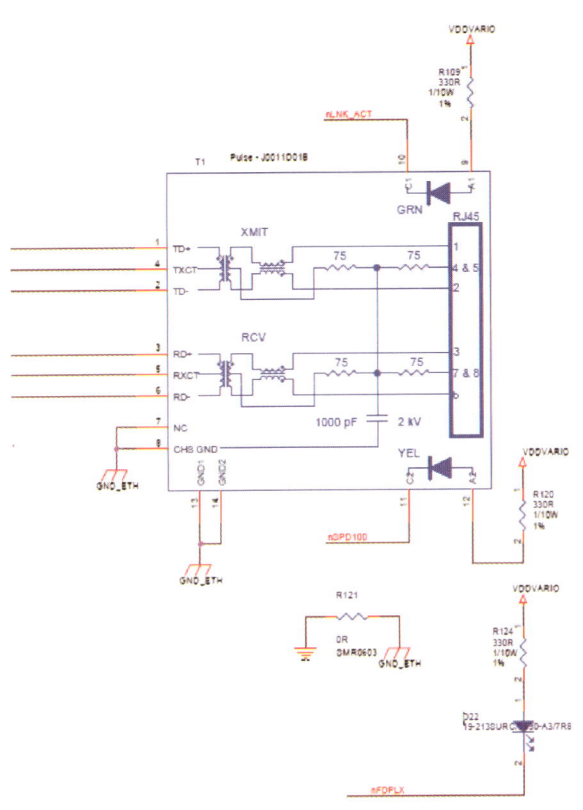

图 13-20　以太网传输 RJ45 插头设计原理图

号杂波抑制和高电压隔离等作用。另外,D22 二极管 LED 灯用于指示当前物理链路状态,点亮表示物理层链路无误;熄灭表示网线未插好。

中央处理器送达的测试数据、状态信息及告警信息以 TCP/IP 协议格式数据到达,由主芯片封装数据链路层,并进行物理编码,最终通过 RJ45 差分线输出,通过接收远程数据或命令,由主芯片去掉数据链路层,结合 WinCE6.0 操作内部 TCP/IP 协议栈实现本地设备管理。

11) 数据串口设计

采用 MAXIM 公司的 MAX3232EUE 电平转换芯片。由于一颗 MAX3232EUE 芯片可挂 2 路串口,故数据串口和调试串口共用一颗 MAX3232EUE 芯片。数据串口设计原理图如图 13-21 所示。

其中 COM1_RX、COM1_TX 为数据串口的收发数据信号线。由 UART1_3V3_RXD、UART1_3V3_TXD 经电平转换而来。

12) 控制口设计

直接使用中央处理器自带的 USB 控制器。

13) 调试串口设计

见图 13-21 数据串口设计原理图,其中 COM3_RX、COM3_TX 为调试串口的收发数据信号线。由 UART3_3V3_RXD、UART3_3V3_TXD 经电平转换而来。

14) 状态指示灯设计

状态指示灯用于指示设备运行状态,使用中央处理器的 GPIO 管脚实现。状态指示灯设计原理图如图 13-22 所示。

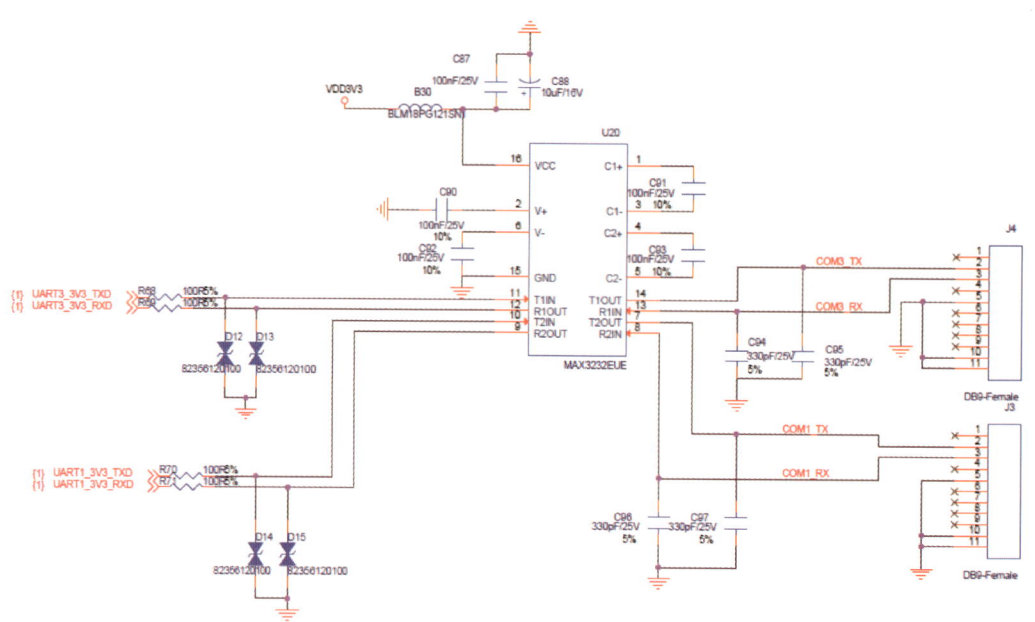

图 13-21　数据串口设计原理图

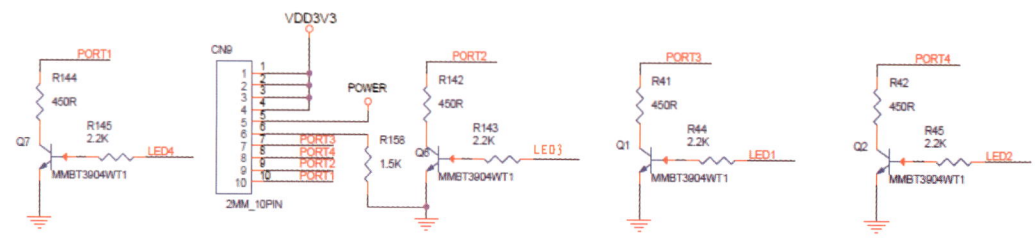

图 13-22　状态指示灯设计原理图

（1）LED1：移动通信链路状态指示灯。闪烁表示收到差分数据，常亮或熄灭表示未收到差分数据。

（2）LED2：CMMB 链路状态指示灯。闪烁表示收到差分数据，常亮或熄灭表示未收到差分数据。

（3）LED3：载波相位差分解算指示灯。闪烁表示解算出结果，常亮或熄灭表示未解算出结果。

（4）LED4：伪距差分解算指示灯。闪烁表示解算出结果，常亮或熄灭表示未解算出结果。

6. 软件设计

本产品软件设计涉及 3 个部分：操作系统的定制、裁剪方案设计，驱动设计和应用程序设计。

1）操作系统设计

本产品采用 WinCE6.0 操作系统，在 TI 公司 AM3730 平台上进行修改、定制、裁剪得出。

（1）地址映射。本产品 WinCE 平台的物理地址与逻辑地址映射关系如表 13-1 所列。

表 13 – 1　WinCE 平台物理地址于逻辑地址映射关系

DCD	0x90000000	0xA0000000	128	SDRAM
DCD	0x98100000	0x13000000	1	CS3,UARTEX1
DCD	0x98200000	0x14000000	1	CS4,UARTEX2
DCD	0x98300000	0x15000000	1	CS5,UARTEX3
DCD	0x98400000	0x16000000	1	CS6,UARTEX4
DCD	0x98500000	0x17000000	1	CS7,PSAM
DCD	0x98600000	0x48000000	16	L4 Core/Wakeup
DCD	0x99600000	0x49000000	1	L4 Peripheral
DCD	0x99700000	0x68000000	16	L3 registers
DCD	0x9A700000	0x6C000000	16	SMS registers
DCD	0x9B700000	0x6D000000	16	SDRC registers
DCD	0x9C700000	0x6E000000	16	GPMC registers
DCD	0x9D700000	0x40200000	1	64KB SRAM
DCD	0x9D800000	0x5C000000	16	IPSS interconnect
DCD	0x9E800000	0x00000000	1	ROM
DCD	0x9E900000	0x08000000	1	NAND Registers(FIFO)
DCD	0x00000000	0x00000000	0	end of table

(2)内核及驱动定制列表。根据产品需求,需要对操作系统进行裁剪与定制,保留当前产品使用的组件或后续可能升级使用的组件,去掉无用的组件和驱动。

① WinCE 内核组件。

a. ActiveSync 用于 Mini USB 控制口远程登录;

b. FileSync 用于使用 Mini 控制口登录设备复制测试数据;

c. Cab File 安装程序如华为 MU609 WCDMA 模块驱动使用;

d. Remote Desktop Protocol(RDP)用于 Mini USB 控制口远程登录;

e. cut/copy/paste 用于测试数据文件及安装升级等文件操作;

f. License Information 为授权信息;

g. Serial 用于串口通信、卫星定位模块、4G、CMMB 通信、数据串口、调试串口均会用到;

h. GUI 用户界面支持,调试使用;

i. Application Service development 用于程序员开发,生成平台 SDK;

j. Communication Service and networking 用于网络通信:支持以太网 IEEE802.3 IPV4/IPV6 TCP/IP 协议栈,支持 socket 开发库,支持 NDIS 驱动框架(用于开发 LAN9221 驱动),支持 IPconfig、 ping、traceroute，支持 PPPOE 功能；

　　k. Core OS Service 操作系统核心服务包括内存管理、线程调度、消息队列、设备管理、开发支持库，还包括电源管理、液晶显示框架、内存映射文件、USB、Shell 服务；

　　l. File System and Data Store 支持文件缓冲、FAT 文件系统、HIVE – BASED 注册表、数据存储管理器、文件压缩、文件加密，用于测试文件读写、参数文件读写、升级文件保存；

　　m. Fonts 支持 times new roman 字体及相关字库，用于开发调试、界面显示；

　　n. Graphic 支持 GDI 绘图，Direct3D Draw，以后开发界面程序可能用到 GDI 技术；

　　o. International 支持中英文，支持系统键盘，用于界面显示和参数设置界面输入；

　　p. Security 选择默认，和 TI 公司提供的平台保持一致；

　　q. Shell 选择默认，和 TI 公司提供的平台保持一致。

　　② 驱动程序。

　　a. 背光驱动（LCD 显示）；

　　b. 电池驱动（后续产品可能会加入电池）；

　　c. 显示驱动（LCD 显示）；

　　d. GPIO 驱动（最基本的驱动程序，用于配置 GPIO 工作模式）；

　　e. USB 驱动（用于 USB 通信，产品 4G，Mini USB 控制口会用到 USB 驱动）；

　　f. TF 卡驱动（驱动 TF 卡，存储数据文件）；

　　g. nand flash 驱动（驱动 flash，存储 BOOT 及操作系统镜像）；

　　h. NDIS 网卡驱动（以太网通信）；

　　i. 16554 驱动（扩展串口）；

　　j. 电源驱动（电源管理）；

　　k. UART 驱动（CPU 自带串口驱动）；

　　l. TIAM37XX 平台驱动公共库（TI AM37XX + WinCE 平台驱动代码公共库）。

　　2）驱动设计

　　驱动程序是介于操作系统和设备之间的一个代码层，它的主要作用是为操作系统提供一个接口，以操作不同的硬件，包括物理设备和虚拟设备。本产品开发涉及修改和新增驱动有：NDIS 以太网卡驱动、移动通信网卡驱动 cab 安装包、16554 串口驱动、LCD 驱动、触摸屏驱动。

　　（1）NDIS 驱动。NDIS 处在互联网分层设计模型中的数据链路层，属于数据链路控制部分。以太网通信分层设计框架图如图 13 – 23 所示。

　　NDIS 总体结构如图 13 – 24 所示。

　　最上层是一个 NDIS Protocol Driver，它向上提供一个 Transport Driver Interface（TDI），向下通过 NDIS 接口与下面的 NDIS 中间层的上边界交互，NDIS 中间层的下边界通过 NDIS 接口与下层的 NDIS Miniport Driver 交互。最后，由 NDIS Miniport Driver 利用 NDIS 接口与物理网络设备 NetCard 交互。

　　NDIS 接口参见"Windows Embedded CE6.0 developer datasheet"，网卡芯片控制寄存器、状态寄存器、数据寄存器参见"SMSC LAN9221 Product datasheet"。

　　网络层部分使用 WinCE6.0 自带协议栈实现。

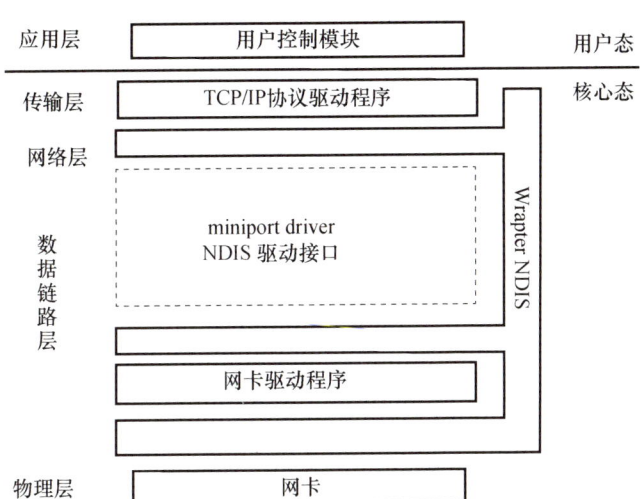

图 13-23　以太网通信分层设计框架图

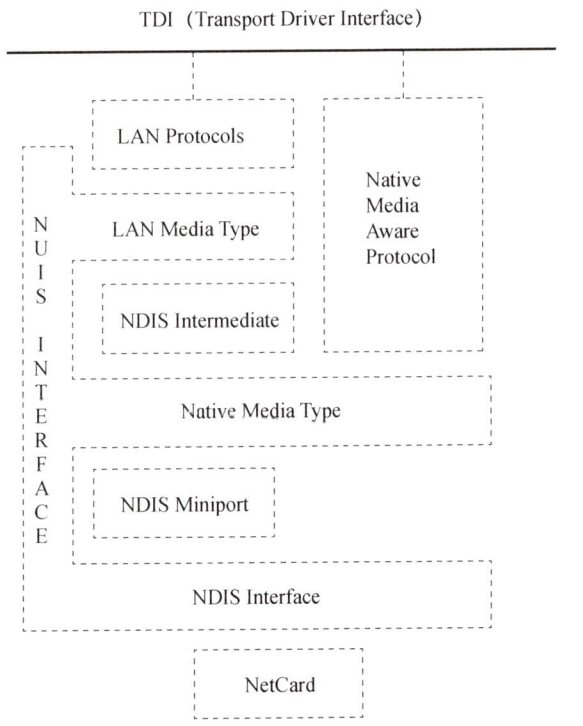

图 13-24　DNIS 驱动体系结构图

（2）流驱动。16554 串口驱动按照流驱动设计。总体结构如图 13-25 所示。

PDD 层接口参见"Windows Embedded CE6.0 developer datasheet"，16554 芯片控制寄存器、状态寄存器、数据寄存器参见"NXPSC16C554B/554DB Product datasheet"。

（3）本地设备驱动。本项目产品中的 LCD 驱动、触摸屏驱动属于本地设备驱动。LCD 及触屏驱动设计框架图如图 13-26 所示。

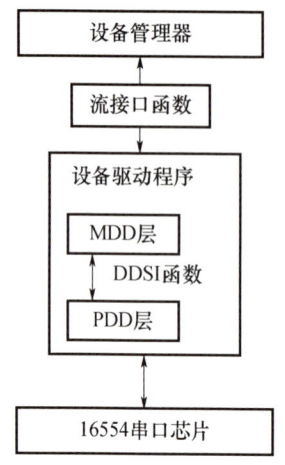

图 13-25　16554 串口驱动设计框架图

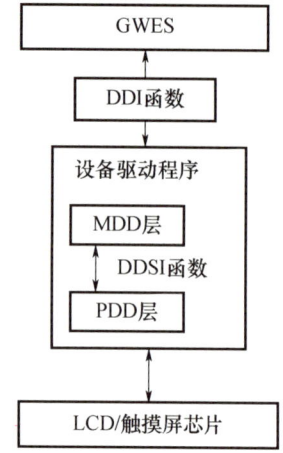

图 13-26　LCD 及触摸屏驱动设计框架图

PDD 层接口参见"Windows Embedded CE6.0 developer datasheet",LCD 芯片/触摸屏控制寄存器、状态寄存器、数据寄存器分别参见"TM050NBH01/EW521-40 LCD Product datasheet""TSC2004IRTJT Product datasheet"。

3）应用程序设计

应用程序总体设计框架如图 13-27 所示。

本项目产品应用程序软件采用面向对象分析与设计技术,通过对问题域的分析,构建了与现实世界相对应的问题模型,并保持它们的结构、关系和行为模式。

针对完成业务功能所涉问题域,进行基本元素类的设计。类与类之间的关系设计如图 13-28 所示。

下面分别说明各个类模块属性及方法详细设计。

（1）总控类设计。

类名：CManager。

基类：无。

功能：应用软件的总调度类,通过调用各个功能模块完成产品功能。

① Public 方法：

a. SetWorkParam。

功能说明：设置主机工作参数,包括本机设备 ID、数据保存及回传选项（4G 数据、CMMB 数据、单频伪距定位结果及告警信息、单频载波、双频载波、原始数据）、定位模式、差分模式。

函数原型：BOOL SetWorkParam(SMonitorParam * strMonitorParam)。

参数说明：strMonitorParam：SMonitorParam 类型结构体。

返回值：TRUE（成功）；FALSE（失败）。

b. Init。

函数名称：Init。

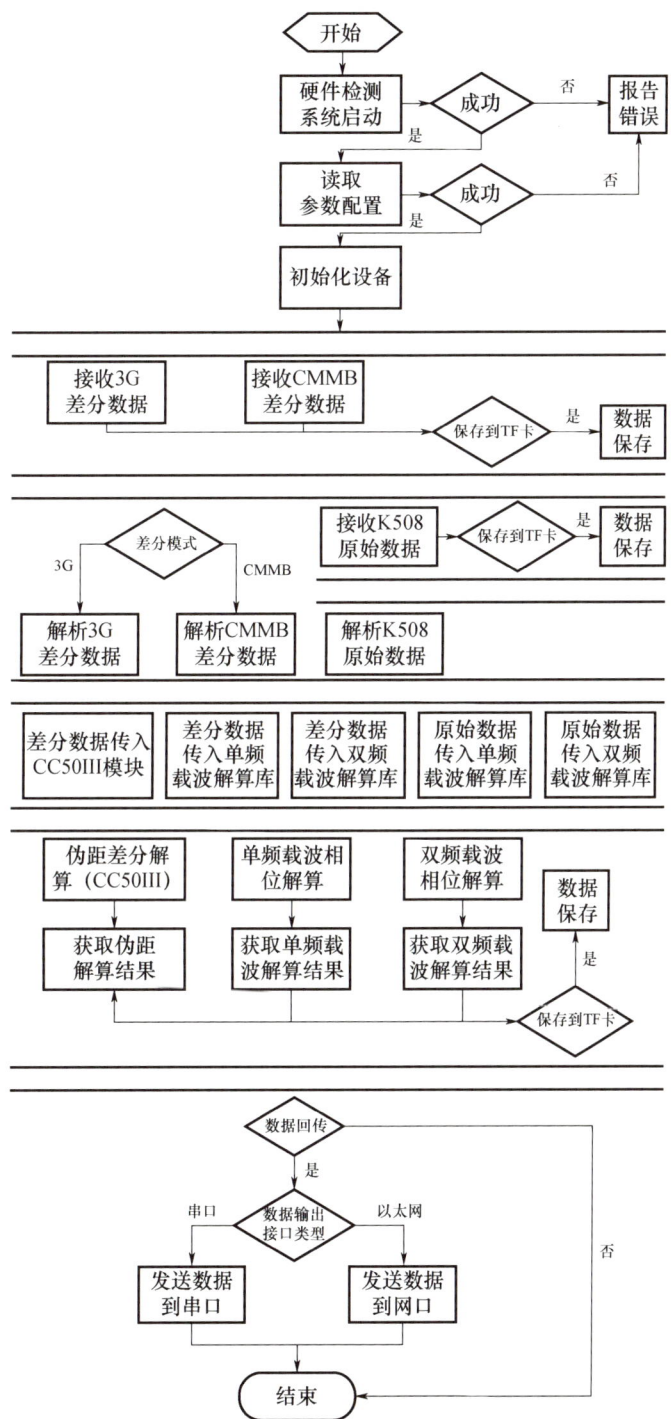

图 13-27　应用程序总体设计框架图

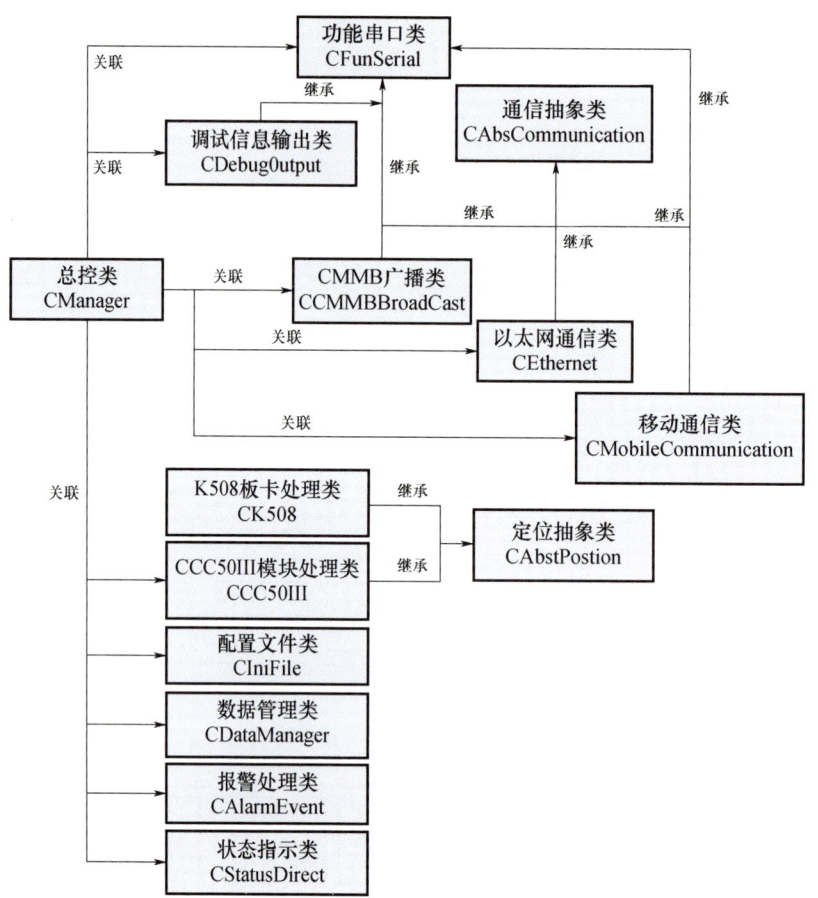

图 13-28　功能类关系设计图

功能说明:创建功能串口类、移动通信类、CMMB 类、CC50III 定位模块类、K508 定位模块类、配置文件类、数据串口类、以太网通信类、数据保存类、报警处理类、指示灯指示类及调试信息输出类对象,并加载单频载波相位 PPP 解算库、加载双频载波相位 PPP 解算库。

函数原型:BOOL Init(void)。

参数说明:void。

返回值:TRUE(成功);FALSE(失败)。

c. Run。

函数名称:Run。

功能说明:创建数据处理主线程。

函数原型:void Run(void)。

参数说明:void。

返回值:无。

d. ReadCtrlThreadFunc。

函数名称:ReadCtrlThreadFunc。

功能说明:数据处理主线程,在 Run 方法中创建。接收差分数据,解析后输入 CC50III 模块及单、双频载波相位 PPP 解算库。接收 K508 原始数据输入到单/双频载波相位 PPP 解算库。读取 CC50Ⅲ 单频伪距差分定位结果、定位状态信息及告警信息,读取 K508 原始数据,解析后,输入到单/双频载波相位 PPP 解算库,并获取单/双频载波相位解算结果。根据参数配置进行数据保存及数据回传。根据定位状态控制状态指示灯。

函数原型:void ReadCtrlThreadFunc(LPVOID lparam)。

参数说明:lparam 为 void 类型指针,可以传递数据,目前设置为 NULL。

返回值:无。

e. UpdateCC50Ⅲ。

函数名称:UpdateCC50Ⅲ。

功能说明:升级单频伪距差分定位模块 CC50Ⅲ 软件。

函数原型:BOOL UpdateCC50Ⅲ(string * pPath)。

参数说明:pPath:升级文件路径。

返回值:TRUE(升级成功);FALSE(升级失败)。

f. SetPositionMode。

函数名称:SetPositionMode。

功能说明:设置定位模式。

函数原型:BOOL SetPosition Mode(int nType,ENPOSITIONMODE nMode)。

参数说明:

nType:0——单频伪距 CC50Ⅲ 模块;1——单/双频载波相位模块。

nMode:ENPOSITIONMODE 类型结构体变量,enBDS——BDS,enGPS——GPS。enBDSGPS:BDS + GPS。

返回值:TRUE(设置成功);FALSE(设置失败)。

g. Exit。

函数名称:Exit。

功能说明:总控类对象退出运行,撤销所有运行时及初始化时分配的资源。

函数原型:void Exit(void)。

参数说明:void。

返回值:无。

② Private 方法:

a. InitDataManager。

函数名称:InitDataManager。

功能说明:初始化数据管理器。

函数原型:voidInitDataManager(void)。

参数说明:void。

返回值:无。

b. InitDataCom。

函数名称:InitDataCom。

功能说明:初始化数据串口。

函数原型:BOOL InitDataCom(void)。

参数说明:void。

返回值:TRUE(成功),FALSE(失败)。

c. InitEth。

函数名称:InitEth。

功能说明:初始化以太网通信。

函数原型:BOOL InitEth(void)。

参数说明:void。

返回值:TRUE(成功),FALSE(失败)。

d. InitMobile。

函数名称:InitMobile。

功能说明:初始化移动通信模块。

函数原型:BOOL InitMobile(void)。

参数说明:void。

返回值:TRUE(成功),FALSE(失败)。

e. InitCMMB。

函数名称:InitCMMB。

功能说明:初始化 CMMB。

函数原型:BOOL InitCMMB(void)。

参数说明:void。

返回值:TRUE(成功),FALSE(失败)。

f. InitCC50III。

函数名称:InitCC50III。

功能说明:初始化 CC50III。

函数原型:BOOL InitCC50III(void)。

参数说明:void。

返回值:TRUE(成功),FALSE(失败)。

g. InitK508。

函数名称:InitK508。

功能说明:初始化 K508 板卡。

函数原型:BOOL InitK508(void)。

参数说明:void。

返回值:TRUE(成功),FALSE(失败)。

h. LoadPPPLib。

函数名称:LoadPPPLib。

功能说明:加载单频载波相位,双频载波相位 PPP 解算库。

函数原型:BOOL LoadPPPLib(void)。

参数说明:void。

返回值:TRUE(成功),FALSE(失败)。

i. GetDataWCDMA。

函数名称:GetDataWCDMA。

功能说明:接收4G移动通信差分数据。

函数原型:BOOL GetDataWCDMA(void)。

参数说明:void。

返回值:TRUE(成功),FALSE(失败)。

j. GetDataCMMB。

函数名称:GetDataCMMB。

功能说明:接收CMMB广播差分数据。

函数原型:BOOL GetDataWCDMA(void)。

参数说明:void。

返回值:TRUE(成功),FALSE(失败)。

k. GetDataK508。

函数名称:GetDataK508。

功能说明:接收K508卫星定位原始数据。

函数原型:BOOL GetDataK508(void)。

参数说明:void。

返回值:TRUE(成功),FALSE(失败)。

l. DealRtcmData。

函数名称:DealRtcmData。

功能说明:接收处理差分数据;解析差分数据,并输出到cc50III及单双频解算库。

函数原型:BOOL DealRtcmData(WPARAM buffer,LPARAM nlen,BOOL bInsert,BOOL bClear = FALSE)。

参数说明:buffer(差分数据缓冲指针),nlen(缓冲长度),bInsert[TRUE(插入缓冲区),FALSE(读取缓冲区并解析)],bClear(清除缓冲区)。

返回值:TRUE(成功),FALSE(失败)。

m. DealK508Data。

函数名称:DealK508Data。

功能说明:接收处理原始数据;解析原始数据,并输出到单/双频解算库。

函数原型:BOOL DealK508Data(WPARAM buffer,LPARAM nlen,BOOL bInsert,BOOL bClear = FALSE)。

参数说明:buffer(原始数据缓冲指针),nlen(缓冲长度),bInsert[TRUE(插入缓冲区),FALSE(读取缓冲区并解析)],bClear(清除缓冲区)。

返回值:TRUE(成功),FALSE(失败)。

n. HandleRTCMData。

函数名称:HandleRTCMData。

功能说明:解析差分数据,输出到单频伪距 CC50Ⅲ 模块;以单双频载波相位 PPP 解算库格式组织数据输出到 PPP 库中;

函数原型:BOOL HandleRTCMData(void * pBuffer, int length, int * bytesused)。

参数说明:pBuffer(差分数据缓冲,格式以 0xD3 开头),length(缓冲长度),bytesused(使用字节数,用于差分数据缓冲区移位管理)。

返回值:TRUE(成功),FALSE(失败)。

o. HandleK508Data。

函数名称:HandleK508Data。

功能说明:解析原始数据,以单/双频载波相位 PPP 解算库格式组织数据输出到 PPP 库中;

函数原型:BOOL HandleK508Data(void * pBuffer, int length, int * bytesused)。

参数说明:pBuffer(原始数据缓冲),length(缓冲长度),bytesused(使用字节数,用于原始数据缓冲区移位管理)。

返回值:TRUE(成功),FALSE(失败)。

p. GetDataCC50。

函数名称:GetDataCC50。

功能说明:获取单频伪距定位结果、定位状态及告警信息。

函数原型:BOOL GetDataCC50(void)。

参数说明:void。

返回值:TRUE(成功),FALSE(失败)。

q. GetSPPPData。

函数名称:GetSPPPData。

功能说明:获取单频载波相位解算结果。

函数原型:BOOL GetSPPPData(void)。

参数说明:void。

返回值:TRUE(成功),FALSE(失败)。

r. GetDPPPData。

函数名称:GetDPPPData。

功能说明:获取双频载波相位解算结果。

函数原型:BOOL GetDPPPData(void)。

参数说明:void。

返回值:TRUE(成功),FALSE(失败)。

s. BackWCDMAData。

函数名称:BackWCDMAData。

功能说明:数据回传 4G 移动通信差分数据。

函数原型:BOOL BackWCDMAData(void)。

参数说明：void。

返回值：TRUE（成功），FALSE（失败）。

t. BackCMMBData。

函数名称：BackCMMBData。

功能说明：数据回传 CMMB 广播差分数据。

函数原型：BOOL BackCMMBData(void)。

参数说明：void。

返回值：TRUE（成功），FALSE（失败）。

u. BackK508Data。

函数名称：BackK508Data。

功能说明：数据回传 K508 原始数据。

函数原型：BOOL BackK508Data(void)。

参数说明：void。

返回值：TRUE（成功），FALSE（失败）。

v. BackCC50Data。

函数名称：BackCC50Data。

功能说明：数据回传单频伪距定位结果、定位状态及告警信息。

函数原型：BOOL BackCC50Data(void)。

参数说明：void。

返回值：TRUE（成功），FALSE（失败）。

w. BackSPPPData。

函数名称：BackSPPPData。

功能说明：数据回传单频载波相位解算结果。

函数原型：BOOL BackSPPPData(void)。

参数说明：void。

返回值：TRUE（成功），FALSE（失败）。

x. BackDPPPData。

函数名称：BackDPPPData。

功能说明：数据回传双频载波相位解算结果。

函数原型：BOOL BackDPPPData(void)。

参数说明：void。

返回值：TRUE（成功），FALSE（失败）。

y. SaveWCDMAData。

函数名称：SaveWCDMAData。

功能说明：数据保存移动通信差分数据。

函数原型：BOOL SaveWCDMAData(void)。

参数说明：void。

返回值:TRUE(成功),FALSE(失败)。

z. SaveCMMBData。

函数名称:SaveCMMBData。

功能说明:数据保存 CMMB 广播差分数据。

函数原型:BOOL SaveCMMBData(void)。

参数说明:void。

返回值:TRUE(成功),FALSE(失败)。

aa. SaveK508Data。

函数名称:SaveK508Data。

功能说明:数据保存 K508 原始数据。

函数原型:BOOL SaveK508Data(void)。

参数说明:void。

返回值:TRUE(成功),FALSE(失败)。

bb. SaveCC50Data。

函数名称:SaveCC50Data。

功能说明:数据保存单频伪距定位结果、定位状态及告警信息。

函数原型:BOOL SaveCC50Data(void)。

参数说明:void。

返回值:TRUE(成功),FALSE(失败)。

cc. SaveSPPPData。

函数名称:SaveSPPPData。

功能说明:数据保存单频载波相位解算结果。

函数原型:BOOL SaveSPPPData(void)。

参数说明:void。

返回值:TRUE(成功),FALSE(失败)。

dd. SaveDPPPData。

函数名称:SaveDPPPData。

功能说明:数据保存双频载波相位解算结果。

函数原型:BOOL SaveDPPPData(void)。

参数说明:void。

返回值:TRUE(成功),FALSE(失败)。

ee. MobileRecon。

函数名称:MobileRecon。

功能说明:移动网络异常,重连处理。

函数原型:voidMobileRecon(void)。

参数说明:void。

返回值:无。

ff. TFCardClear。

函数名称:TFCardClear。

功能说明:TF卡存储容量已用99%时,按照日期排序,从最早日期开始,以1MB大小为单位删除测试文件。

函数原型:void TFCardClear(void)。

参数说明:void。

返回值:无。

gg. InitLED。

函数名称:InitLED。

功能说明:初始化状态指示灯。

函数原型:BOOL InitLED(void)。

参数说明:void。

返回值:TRUE(成功),FALSE(失败)。

hh. SetBitLED。

函数名称:SetBitLED。

功能说明:点亮指示灯。

函数原型:void SetBitLED(int nGpio)。

参数说明:nGpio(GPIO管脚值),LED_CC50(97)(单频伪距状态管脚),LED_K508(96)(单/双频载波相位状态管脚),LED_Mobile(102)(WCDMA移动通信状态管脚),LED_CMMB(103)(CMMB广播状态管脚)。

返回值:TRUE(成功),FALSE(失败)。

ii. ClearBitLED。

函数名称:ClearBitLED。

功能说明:熄灭状态指示灯。

函数原型:void ClearBitLED(int nGpio)。

参数说明:同SetBitLED方法参数列表说明。

返回值:TRUE(成功),FALSE(失败)。

(2)功能串口类设计。

类名:CFunSerial。

基类:无。

功能:例化WCDMA移动通信类、CMMB广播类、CC50Ⅲ(单频伪距)类、K508(单/双频载波相位)类、数据串口类的公共类。

Public方法:

① OpenPort。

函数名称:OpenPort。

功能说明:打开串口。

函数原型:BOOL OpenPort(int portNo,int baud,int parity,int databits,int stopbits,int bVSerial)。

参数说明:portNo(串口号),baud(波特率),parity(校验位),Databits(数据位),stopbits(停止位),bVSerial(TRUE),虚拟串口,FALSE(非虚拟串口)。

返回值:TRUE(成功),FALSE(失败)。

② ClosePort。

函数名称:ClosePort。

功能说明:打开串口。

函数原型:BOOL ClosePort(void)。

参数说明:void。

返回值:TRUE(成功),FALSE(失败)。

③ SetSeriesTimeouts。

函数名称:SetSeriesTimeouts。

功能说明:设置超时时间参数。

函数原型:BOOL SetSeriesTimeouts(void)。

参数说明:void。

返回值:TRUE(成功),FALSE(失败)。

④ WritePort。

函数名称:WritePort。

功能说明:以二进制形式写串口数据。

函数原型:int WritePort(UCHAR * buf,DWORD bufLen)。

参数说明:buf:要写入串口的数据缓冲,bufLen:要写入数据长度。

返回值:实际写入成功的数据长度。

⑤ WritePort。

函数名称:WritePort。

功能说明:以字符形式写串口数据。

函数原型:int WritePortAscii(CHAR * buf,DWORD bufLen)。

参数说明:buf(要写入串口的数据缓冲),bufLen(要写入数据长度)。

返回值:实际写入成功的数据长度。

(3) 通信抽象类设计。

类名:CAbstCommunication。

基类:无。

功能:通信抽象类、移动通信类、CMMB类、以太网类的接口类。

Public 方法:

① InitLink。

函数名称:InitLink。

功能说明:初始化链路,纯虚函数。

函数原型:virtual BOOL InitLink(void) =0。

参数说明:void。

返回值:TRUE(成功),FALSE(失败)。

② Connect。

函数名称:Connect。

功能说明:建立链路,纯虚函数。

函数原型:virtual BOOL Connect(void) = 0。

参数说明:void。

返回值:TRUE(成功),FALSE(失败)。

③ DisConnect。

函数名称:DisConnect。

功能说明:断开链路,纯虚函数。

函数原型:virtual BOOL DisConnect(void) = 0。

参数说明:void。

返回值:TRUE(成功),FALSE(失败)。

④ KeepLive。

函数名称:KeepLive。

功能说明:维持链路连接,保持心跳,纯虚函数。

函数原型:virtual BOOL KeepLive(void) = 0。

参数说明:void。

返回值:TRUE(成功),FALSE(失败)。

⑤ Send。

函数名称:Send。

功能说明:发送数据,纯虚函数。

函数原型:virtual int Send(char * buffer,int nLen) = 0。

参数说明:void。

返回值:TRUE(成功),FALSE(失败)。

⑥ Rev。

函数名称:Rev。

功能说明:接收数据,纯虚函数。

函数原型:virtual int Rev(char * buffer,int nLen) = 0。

参数说明:void。

返回值:TRUE(成功),FALSE(失败)。

(4) 移动通信类设计。

类名:CMobileCommunication。

基类:CAbstCommunication,CFunSerial。

功能:实现通信抽象类 CAbstCommunication,实现移动通信链路的管理及数据收发。

Public 方法:见通信抽象类 CAbstCommunication,功能串口类 CFunSerial。

(5) CMMB 广播类设计。

类名:CMMBBroadCast。

基类:CAbstCommunication,CFunSerial。

功能:继承通信抽象类 CAbstCommunication,实现 CMMB 链路的管理及数据收发。

Public 方法:见通信抽象类 CAbstCommunication,功能串口类 CFunSerial。

(6) 以太网通信类设计。

类名:CEthernet。

基类:CAbstCommunication。

功能:继承通信抽象类 CAbstCommunication,实现以太网链路的管理及数据收发。

Public 方法:见通信抽象类 CAbstCommunication。

(7) 定位抽象类设计。

类名:CAbstPosition。

基类:无。

功能:定位抽象类、单频伪距(CC50Ⅲ)类及单/双频载波相位(K508)的接口类。

Public 方法:

① SetPositionMode。

函数名称:SetPositionMode。

功能说明:设置定位模式,纯虚函数。

函数原型:virtual int SetPositionMode(int nMode) = 0。

参数说明:nMode:enBDS(北斗),enGPS(GPS),enBDSGPS(北斗 + GPS)。

返回值:TRUE(成功),FALSE(失败)。

② GetPositionData。

函数名称:GetPositionData。

功能说明:获取定位数据,纯虚函数。

函数原型:virtual int GetPositionData(char * revbuffer, int nLen) = 0。

参数说明:revbuffer(接收缓冲),nLen(接收缓冲长度)。

返回值:实际读取定位数据的字节数。

③ SendRtcmData。

函数名称:SendRtcmData。

功能说明:发送差分数据到定位模块,纯虚函数。

函数原型:virtual int SendRtcmData(char * sendbuffer, int nLen) = 0。

参数说明:sendbuffer(发送缓冲),nLen(发送缓冲长度)。

返回值:实际发送的字节数。

(8) CC50Ⅲ模块处理类设计。

类名:CCC50Ⅲ。

基类:CAbstPosition,CFunSerial。

功能:实现单频伪距 CC50Ⅲ模块的工作模式设置,差分数据输入,定位结果、定位状态及告警信息的输出功能。

Public 方法：见定位模块抽象类 CAbstPosition，功能串口类 CFunSerial。

（9）K508 板卡处理类设计。

类名：CK508。

基类：CAbstPosition，CFunSerial。

功能：实现单频伪距 K508 模块的工作模式设置，定位结果输出功能。

Public 方法：见定位模块抽象类 CAbstPosition，功能串口类 CFunSerial。

（10）数据管理类设计。

类名：CDataManger。

基类：无。

功能：实现数据保存，文件管理功能。

Public 方法：

① SetPath。

函数名称：SetPath。

功能说明：设置文件保存路径。

函数原型：void SetPath(char * spath)。

参数说明：spath：文件保存路径字符串，不包含文件名称。

返回值：无。

② SetFileName。

函数名称：SetFileName。

功能说明：设置文件名称。

函数原型：void SetFileName(char * sFileName)。

参数说明：sFileName(文件名称)。

返回值：无。

③ InitDataManager。

函数名称：InitDataManager。

功能说明：初始化文件管理器，主要完成存储空间的查看，创建文件，打开文件，做好接收数据保存指令的准备。

函数原型：BOOL CDataManger::InitDataManager(void)。

参数说明：void。

返回值：无。

④ DeInitDataManager。

函数名称：DeInitDataManager。

功能说明：释放文件管理器，主要完成未关闭文件的关闭操作，释放数据保存中分配的系统资源。

函数原型：BOOL DeInitDataManager(void)。

参数说明：void。

返回值：无。

⑤ SaveData。

函数名称:SaveData。

功能说明:保存数据。

函数原型:BOOL SaveData(UCHAR * buffer,int nLen)。

参数说明:buffer(要保存数据的数据缓冲),nLen(要保存的数据长度)。

返回值:TRUE(成功),FALSE(失败)。

(11) 配置文件类设计。

类名:CIniFile。

基类:无。

功能:配置文件功能文件,实现了配置文件的操作接口,完成参数保存与读取功能。

Public 方法:

① SetPath。

函数名称:SetPath。

功能说明:设置配置文件路径。

函数原型:int SetPath(char * sPath)。

参数说明:sPath(配置文件路径字符串)。

返回值:无。

② Open。

函数名称:Open。

功能说明:打开配置文件。

函数原型:int Open(char * sFileName)。

参数说明:sFileName(配置文件名称)。

返回值:无。

③ Close。

函数名称:Close。

功能说明:关闭配置文件。

函数原型:void Close(void);

参数说明:无。

返回值:无。

④ ReadIntReg。

函数名称:ReadIntReg。

功能说明:读取整型数据。

函数原型:int ReadIntReg(char * sreg)。

参数说明:sreg(数据字段)。

返回值:数值。

⑤ SetRegIntValue。

函数名称:SetRegIntValue。

功能说明:保存整型数据。

函数原型:void SetRegIntValue(char * sReg,int nValue)。

参数说明:sreg(数据字段),nValue(要保存的数值)。

返回值:无。

⑥ ReadCharReg。

函数名称:ReadCharReg。

功能说明:读取字符串数据。

函数原型:int ReadCharReg(char * sreg,char * revBuffer,int nLen)。

参数说明:sreg(数据字段),revBuffer(数据接收缓冲),nLen(接收数据缓冲长度)。

返回值:实际读到的数据字节数。

⑦ SetRegStringValue。

函数名称:SetRegStringValue。

功能说明:保存字符串数据。

函数原型:void SetRegStringValue(char * sReg,char * sBuff,int nLen)。

参数说明:sreg(数据字段),sBuff(要保存的数据缓冲),nLen(要保存数据的长度)。

返回值:无。

(12)报警处理类设计。

类名:CAlarmEvent。

基类:无。

功能:定位状态及告警信息处理,实现报警功能。

Public 方法:

① SetEventOn。

函数名称:SetEventOn。

功能说明:报警功能开关控制。

函数原型:void SetEventOn(BOOL bOn)。

参数说明:bOn[TRUE(打开报警功能),FALSE(关闭报警功能)]。默认报警功能为打开状态。

返回值:无。

② GetEventStatus。

函数名称:GetEventStatus。

功能说明:获取当前报警开关状态。

函数原型:BOOL GetEventStatus(void)。

参数说明:void。

返回值:TRUE(报警功能已打开),FALSE(报警功能已关闭)。

③ GetEventInfo。

函数名称:GetEventInfo。

功能说明:获取定位状态及告警信息。

函数原型:BOOL GetEventInfo(char * inBuff,int nIlen,char * oBuff,int nOLen)。

参数说明：inBuff（需要解析的定位状态及告警信息报文数据），nIlen（需要解析定位状态及告警信息的数据长度），oBuff（实际解析出的定位状态及告警信息结果），nOLen（解析出的定位状态及告警信息长度）。

返回值：TRUE（有告警），FALSE（无告警）。

（13）状态指示类设计。

类名：CStatusDirect。

基类：无。

功能：状态指示灯点亮与熄灭控制。

Public 方法：

① InitStatusDirector。

函数名称：InitStatusDirector。

功能说明：初始化状态指示类，内部打开 GPIO 驱动。

函数原型：BOOL InitStatusDirector(void)。

参数说明：void。

返回值：TRUE（成功），FALSE（失败）。

② CtrllLED。

函数名称：CtrlLED。

功能说明：调用 GPIO 驱动 DeviceIoControl 控制指示灯点亮与熄灭。

函数原型：void CtrlLED(int nGpio, BOOL bOn)。

参数说明：nGpio（GPIO 管脚值），bOn[TRUE（点亮），FALSE（熄灭）]。

返回值：TRUE（成功），FALSE（失败）。

（14）调试信息输出类设计。

类名：CDebugOutput。

基类：无。

功能：调试串口信息输出。

Public 方法：

① SetDebugEnable。

函数名称：SetDebugEnable。

功能说明：设置 Debug 开关使能。

函数原型：void SetDebugEnable(bool bEnable)。

参数说明：bEnable[TRUE（输出调试信息），FALSE（屏蔽调试信息）]。

返回值：无。

② DebugOutPut。

函数名称：DebugOutPut。

功能说明：输出调试信息。

函数原型：void DebugOutPut(char * buffer, int nLen)。

参数说明：buffer（要输出的调试信息数据缓冲），nLen（调试信息长度）。

返回值:无。

4)数据结构设计

(1)工作参数。

```
typedef struct _MonitorParam
{
    int m_nDevceId;//本机 ID 号
    ENDIFDATASRC m_ENDIFDATASRC;//差分源枚举
    ENPOSITIONMODE m_ENPOSITIONMODE[3];//定位模式
    SBACKDATESET m_SBACKDATESET;//数据回传选项
    SSAVEFILESET m_SSAVEFILESET;//数据保存选项
}SMonitorParam;
```

(2)差分源。

```
typedef enum _ENDIFDATASRC//差分数据源类型
{
    en3GDataSrc = 0,//移动通信
    enCMMBDataSrc,//CMMB 广播
}ENDIFDATASRC;
```

(3)定位模式。

```
typedef enum{
    enPosUnKnown = -1,//未知模式
    enBDS = 0,//北斗
    enGPS,//GPS
    enBDSGPS,//北斗 + GPS
}ENPOSITIONMODE;
```

(4)数据回传选项。

```
typedef struct _SBACKDATESET
{
    BOOL bBackCC50Data;//是否回传 CC50III 定位数据
    BOOL bBack3GDifData;//是否回传移动通信差分数据
    BOOL bBackCMMBDifData;//是否回传 CMMB 广播差分数据
    BOOL bBackK508Data;//是否回传 K508 原始数据
    BOOL bBackPPPSData;//是否回传单频载波相位解算结果数据
    BOOL bBackPPPDData;//是否回传双频载波相位解算结果数据
    _SBACKDATESET()
    {
        bBackCC50Data = TRUE;
        bBack3GDifData = TRUE;
```

```
            bBackCMMBDifData = TRUE;
            bBackK508Data = TRUE;
            bBackPPPSData = TRUE;
            bBackPPPDData = TRUE;
        }
}SBACKDATESET;
```

（5）数据保存选项。

```
typedef struct _SSAVEFILESET
{
    BOOL bSaveCC50Data;//是否保存 CC50III 定位数据
    BOOL bSave3GDifData; //是否保存移动通信差分数据
    BOOL bSaveCMMBDifData; //是否保存 CMMB 广播差分数据
    BOOL bSaveK508Data; //是否保存 K508 原始数据
    BOOL bSavePPPSData; //是否保存单频载波相位解算结果
    BOOL bSavePPPDData; //是否保存双频载波相位解算结果
    _SSAVEFILESET( )
    {
        bSaveCC50Data = FALSE;
        bSave3GDifData = FALSE;
        bSaveCMMBDifData = FALSE;
        bSaveK508Data = FALSE;
        bSavePPPSData = FALSE;
        bSavePPPDData = FALSE;
    }
}SSAVEFILESET;
```

（6）串口参数结构体。

```
TYPE Struct
{
    UINT32 nComNo;//串口号
    UINT32 nBaudRate;//波特率
    UINT32 nParity;// 奇偶校验
    UINT32 nDatabits;// 数据位
    UINT32 nStopbits;// 停止位
    UINT32 bVSerial;//是否虚拟串口 TRUE:是否 FALSE:否
    CallBackDealComFun * fnCallBackFun;//串口回调函数
}SDifSrc;
```

(7) 回调函数原型。

typedef int(* CallBackDealComFun)(WPARAM wParam,LPARAM lParam);

(8) 数据回传通道结构体。

typedef struct SDataBack

{

    BOOL nDHCP; //是否 DHCP

    Int nIP; //IP 地址

    Int nMask; //子网掩码

    nPort; //端口号

}SSDataBack;

(9) 载波相位解算库。

相关数据结构见《武汉大学单频 PPP 解算动态库定义》及《武汉大学双频 PPP 解算动态库定义》。

7. 算法设计

1) 单频伪距计算数据控制算法

单频伪距计算数据控制算法设计流程如图 13-29 所示。

接收差分数据，然后进行数据解析，再将差分数据通过 CC50Ⅲ 的差分数据输入口送入。CC50Ⅲ 模块内部完成单频伪距差分定位的解算。通过 CC50Ⅲ 的数据输出口接收定位解算结果，输出到设备外部。

2) 单频载波相位差分解算数据控制算法

单频载波相位差分解算数据控制算法设计图如图 13-30 所示。

接收差分数据，然后进行数据解析，再将差分数据通过单频载波相位解算库的差分数据输入接口输入。接收 K508 原始数据并解析，将解析后的原始数据通过单频载波相位解算库的原始数据输入接口输入，单频载波相位解算库完成差分定位解算。通过调用解算库的结果，将结果数据输出接口，获取定位解算结果，输出到设备外部。

3) 双频载波相位差分解算数据控制算法

双频载波相位差分解算数据控制算法设计图如图 13-31 所示。

接收差分数据，然后进行数据解析，再将差分数据通过双频载波相位解算库的差分数据输入接口输入。接收 K508 原始数据并解析，将解析后的原始数据通过双频载波相位解算库的原始数据输入接口输入，双频载波相位解算库完成差分定位解算。通过调用解算库的结果，将结果数据输出接口，获取定位解算结果，输出到设备外部。

8. 人机交互设计

1) 硬件人机交互接口

主机接口包括留有以太网口、数据串口、SIM 卡接口、SD 卡接口、Mini USB 控制口、指示灯、GNSS 天线、CMMB 天线、电源接口及调试串口等。

图 13-32～图 13-35 为主机接口设计图及安装固定孔示意图。

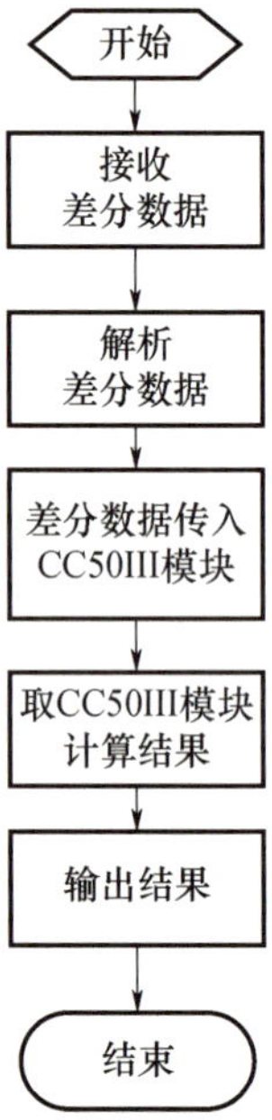

图 13-29 单频伪距计算数据控制算法设计图

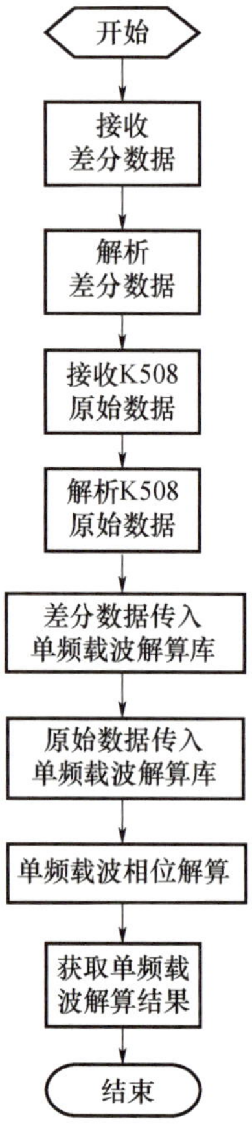

图 13-30 单频载波相位差分解算数据控制算法设计图

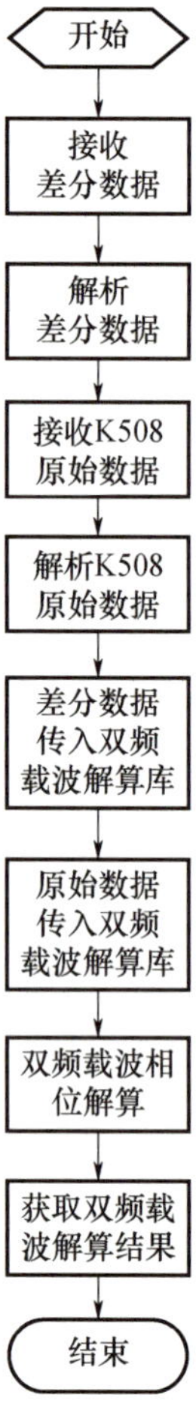

图 13-31 双频载波相位差分解算数据控制算法设计图

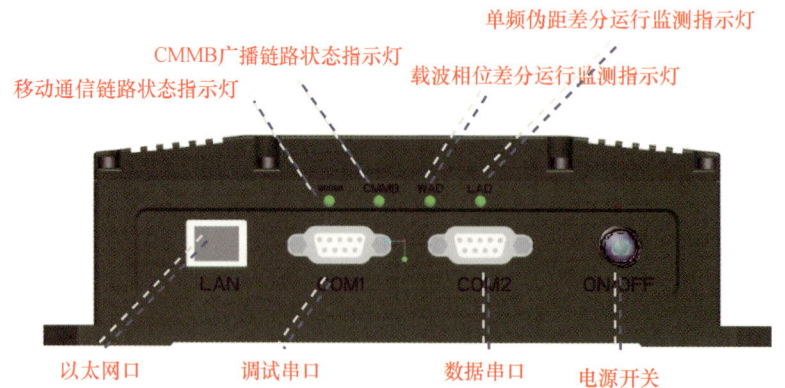

图 13-32 主机接口设计图 1

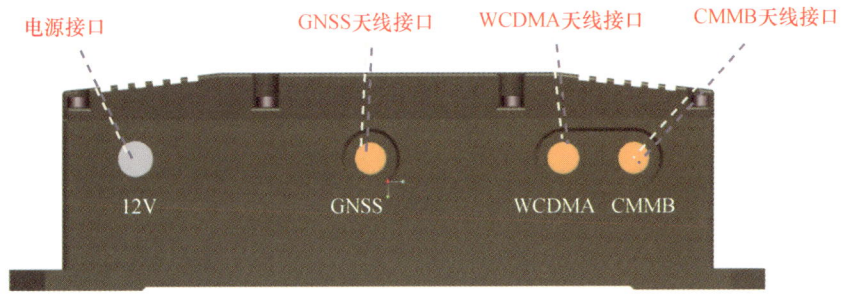

图 13-33　主机接口设计图 2

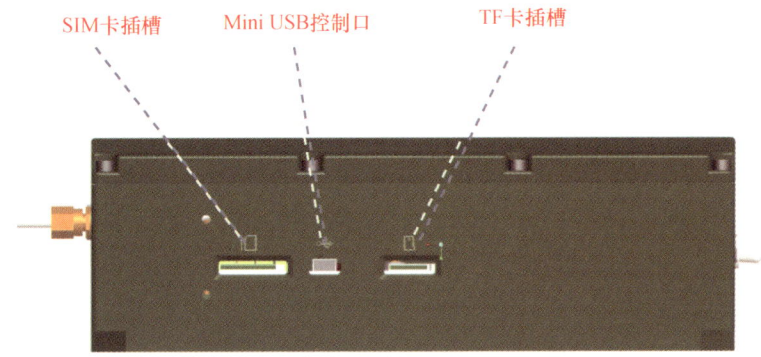

图 13-34　主机接口设计图 3

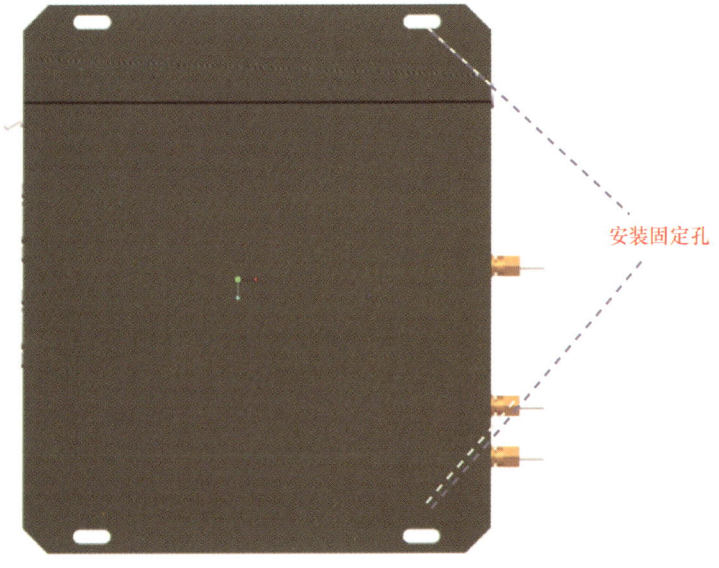

图 13-35　主机安装固定孔

2）软件人机交互接口

Mini USB 控制口用于人机界面交互,利用微软提供的 Microsoft ActiveSync 系统同步工具登录到设备界面,如图 13－36 所示。

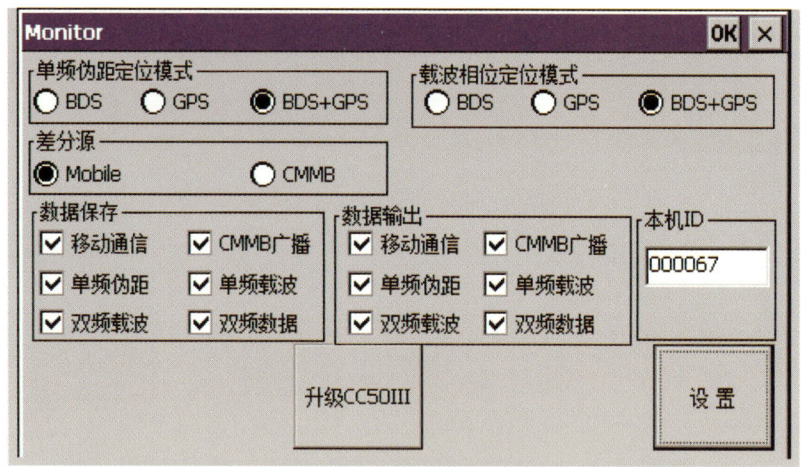

图 13－36　参数配置界面

通过上述界面可配置如下参数:

(1) 单频伪距定位模式;

(2) 载波相位定位模式;

(3) 差分源选择;

(4) 数据保存选择;

(5) 数据输出选择;

(6) 本机 ID 号;

(7) 升级单频伪距。

其他升级功能为数据交互,通过 Mini USB 接口/以太网口完成,可见软件交互界面。

9. 环境适应性和安全性设计

1）环境适应性设计

(1) 根据使用环境有限考虑选用抗盐雾、防霉菌、防腐蚀、耐潮湿等性能好的材料。设计中充分考虑其环境的特点,为可靠地实现产品规定任务前提下,产品对环境的适应能力,包括产品能承受的若干环境参数的变化范围。设计中首先对使用的元器件优先从优选目录中选取,结合型号产品的具体要求,开展元器件的降额设计,使其在设计中对环境适应性方面留有充分余量。并把环境试验贯穿于该产品的设计、研制、生产和采购的各个阶段,通过环境试验,充分暴露产品的设计、研制及元器件选用等方面的环境适应性问题,及时改进研制质量,提高产品的环境适应性能力。

(2) 为保证产品的高低温储藏、工作及冲击、振动相关指标,在选取元器件时,从优选取能够满足环境条件的元器件,首先要保证独立元器件的工作环境指标。

2）安全性设计

（1）对于产品结构设计，所有可能与人接触的部位都进行了圆滑处理，以防止尖锐边角等日后对人员造成伤害。

（2）为保证重要输出开关量的绝对安全，用锁定信号对开关输出进行安全使能控制，只有锁定信号处于释放状态时，其对应的开关量输出才有效。

（3）利用公司成熟电路保护装置方案，避免由于过保护而导致更严重危害。

（4）根据需要采用冗余系统设计，并保证当冗余线路中一条线路在保障中遭到损坏时，其余的冗余线路不会同时遭到破坏。

10. 可靠性、维修性、测试性和保障性设计

1）可靠性设计

（1）重视对失效前平均时间（MTTF）、即对首次失效前的平均值预计（主要根据所用元器件、电路结构、工艺及以往经验、类似设备参考信息进行计算和估计）。

（2）对设备各部分可能失效环节进行分析，特别重视核心区域的设计。

（3）开发各个阶段充分考虑软件产品的安全性，开展软件可靠性、安全性设计，软件开发执行工程化要求。

2）维修性设计

（1）"成熟"设计，在终端设计中大量继承已往工程中的成熟技术，运用已有的技术成果，该设计中所用的许多技术已经得到广泛应用相对成熟。

（2）简化设计，电子设备复杂性的迅速增长是设备不可靠的主要原因之一，因此，必须注意简化电路设计，减少使用元器件的种类和数量，力争以最简单的电路和最少的元器件数量达到最佳的技术指标。

（3）耐环境设计，环境条件对终端可靠性有着重要的影响。为了提高终端可靠性，必须在设计阶段就考虑终端的防护。

（4）采用有效的方法进行软件设计，减少软件设计中的错误。

（5）通过对软件的测试来尽可能早地检测软件的错误，并排除错误，促进软件可靠性的增长。

（6）针对软件工程规定的每一个阶段，都要进行评审和测试。

（7）充分利用当前软件设计编码的先进工具，保持稳定的软件设计、开发和测试队伍，建立合理的软件开发人员组织结构，确保软件开发的顺利进行。

（8）充分利用以往工程的成功经验和成熟代码，提高软件的可靠性和稳定性。

（9）人机界面的设计中力求清晰、美观、简洁、操作方便，提供多种方式和各种画面供操作员人机对话，要求菜单设计层次分明、调用方便。

3）测试性设计

（1）开发阶段预留液晶显示屏，触摸屏操作，可方便查看操作系统是否运行正常，查看硬件是否被系统正常识别，结合调试串口保证了开发阶段软硬件的可测试性。

（2）设备留有调试串口、Mini USB 控制口及相关输出数据格式文档，以此保证整体系统的可测试性。

4) 保障性设计

为确定和达到高精度设备保障性要求,针对该高精度设备开展了一系列技术和管理活动。保障性设计方面从如下方面开展工作:

(1) 所用原材料、元器件质量保证措施:设备板选用的原材料、元器件严格控制质量等级,元器件在公司合格供应商名录中选取,在优选目录涉及的元器件种类范围内超目录选用,均填写"目录外电子元器件选用申请表",并严格履行审批程序。

(2) 外协、外购件及生产工艺质量保证措施:对外协加工进行全程监控和检查,公司质检人员对外协生产厂家提供的零、组件进行复验。复验合格后的零、组件方可按工艺规程进行组装和总装配。

设备中充分考虑静电对产品的损伤问题,设计中在产品的输入输出端口增加保护器件,包装时使用铝箔防静电带包装,生产中规范生产,在包装、转运等环节有静电防护的规范。

资源保障方面,从产品研制开始就同步考虑和安排提供了适宜的保障资源的定性要求。如人力与人员、供应保障、保障设备、技术资料、保障设施、包装、装卸、贮存和运输保障、计算机资源等。

13.2 手持测试设备

13.2.1 LX370 北斗星历无线加载终端

LX370 北斗星历无线加载终端可同时接收 BDS B1/B3 和 GPS L1 导航卫星信号,可快速捕获 BDS B3 频点的授权码,可为授权用户提供授权码服务,实现更为安全和保密的多系统组合导航定位、测速、授时,同时具备星历下载及数据传输等功能,广泛应用于车辆导航和定位、设备星历加载等。无线加载终端机外观如图 13-37 所示。

1. 产品特点

(1) 可接收 BDS B1/B3 频点和 GPS L1 频点功能,具有 BDS/GPS 组合、单 BDS、单 GPS 的定位模式,用户可切换;

(2) 具备脉冲秒输出功能;

(3) 具备星历输出功能,可输出 BDS、GPS 星历数据;

(4) 具备抗窄带干扰功能;

(5) 具备飞控数据信息的输入功能,可将相关信息数据通过无线方式发送给相关载体存储芯片上;

(6) 具备数据交互接口,包括 RS422、RS232、USB 等接口;

图 13-37 LX370 北斗星历无线加载终端

（7）采用4.3英寸液晶屏,亮度高,视觉宽,强光下可视;

（8）采用21键盘结合触摸屏设计,用户可方便输入文字并进行相关操作。

2. 产品规格

LX370北斗星历无线加载终端产品规格如表13-2所列。

表13-2　LX370北斗星历无线加载终端产品规格表

系统性能			
定位精度	≤10m	重捕获时间	≤2s（卫星信号失锁5s）
速度精度	≤0.2m/s	热启动时间	≤5s
授时精度	≤50ns	冷启动时间	≤45s
接收频率	BDS B3,1268.52MHz±10.23MHz	动态性能	加速度：≥4g
	BDS B1,1561.098MHz±2.046MHz		速度：≥515m/s
	GPS L1,1575.42MHz±1.023MHz	数据更新率	1Hz
接收灵敏度	≤-133dBm	抗干扰性能	≥60dB（干信比）
无线数据传输时间	≤20s（8KB数据量）	数据存储容量	≤64KB
电气特性			
设备功耗	≤6W	设备尺寸	≤180mm×80mm×50mm
工作温度	-40~+55℃	设备重量	≤1kg
存储温度	-55~+65℃	—	—

13.2.2　BDS星历无线加载手持机

BDS星历无线加载手持机可同时接收BDS B1/B3和GPS L1导航卫星信号,并可快速捕获BDS B3频点的长码,可为授权用户提供长码测量服务,实现更为安全和保密的多系统组合导航定位、测速、授时、星历下载及无线数据传输等功能。该产品可广泛应用于车辆、个人的导航和定位,卫星制导载体星历加载和无线数据传输等。BDS星历无线加载手持机如图13-38所示。

1. 产品特点

（1）具有BDS B1/B3频点和GPS L1频点定位功能;

（2）具备B3长码直捕功能,具备PRM和IC芯片加注功能,支持PRM和IC芯片自毁;

（3）具备授时功能;

（4）具备星历输出功能,可输出BDS、GPS星历数据;

（5）具备BDS抗窄带干扰功能;

（6）具有内外置天线自动切换功能;

图 13-38　BDS 星历无线加载手持机

(7) 具备特定数据无线传输和有线数据读取功能；

(8) 采用 4.3 英寸高亮液晶屏,阳光下多角度可视；

(9) 采用功能键与数字键组合设计,方便用户操作。

2. 技术参数

BDS 星历无线加载手持机技术参数如表 13-3 所列。

表 13-3　BDS 星历无线加载手持机技术参数表

频点与通道		时间指标	
支持频点	BDS B1/B3(I/Q) 和 GPS L1	重捕获时间	≤2s
通道数	36	热启动时间	≤5s
定位更新率	1Hz	冷启动时间	≤45s
精度指标		电气特性	
水平精度	10m(1σ)	功耗	≤5W
垂直精度	15m(1σ)	质量	≤0.9kg
速度精度	0.2m/s(1σ)	数据接口	RS-232(2 个)、USB(1 个)
授时精度	≤50ns	工作温度	-40 ~ +55℃
抗窄带干扰性能	≥60dB(峰值干信比)	存储温度	-55 ~ +65℃
动态性能			
加速度	≤4g	速度	≤500m/s
无线传输指标			
无线数据传输时间	≤7s	数据存储容量	≤8KB
无线数据读取距离	≤30mm	—	—

13.2.3 北斗高精度智能手机

智能手机大都支持无线通信功能(2G/3G/4G,Wifi,蓝牙,调频广播接收),同时也支持卫星导航功能,运营商和应用程序(APP)开发者能够在此基础上开发基于位置的服务(Location Based Service,LBS)。目前较领先的国产智能手机采用4核甚至8核高性能处理器,支持2G、3G或4G移动通信、GPS/BDS/GLONASS卫星导航、Wifi、蓝牙、调频广播接收等功能。可以依托这样的国产智能手机开发平台,增加北斗及北斗增强功能,使其成为增强型北斗智能手机。在此基础上开发基于北斗增强系统的高精度定位服务,一方面能够使得北斗增强系统的用户迅速增加;另一方面也能够开创基于高精度定位服务的创新型应用。如果能够依托北斗增强系统,率先在国产智能手机上开发出全球领先的高精度定位服务应用,这将会大幅度提高国产智能手机的竞争力,而且能够迅速将北斗增强服务惠及千万用户,具有良好的经济和社会效益。

东方联星是专业从事多模卫星导航芯片、模块开发、生产和销售的公司。东方联星以知识产权 IP 核合作模式,与国内半导体公司联合研制的国产多功能导航芯片(为保护合作伙伴的商业机密,此处以型号 LX01 代替),已于 2014 年底实现量产并成功应用于多款商用机型。北斗高精度智能手机的研制工作,是基于 LX01 多功能导航芯片,在已经量产的智能手机上实现北斗亚米级精度定位功能。

1. 功能要求

北斗高精度智能手机的产品功能:

(1)移动通信功能:支持2G、3G或4G。

(2)短距通信:Wifi 通信、蓝牙通信、调频广播接收。

(3)高精度定位:具备利用 BDS B1、GPS L1 C/A 码和载波相位测量值实现 RTD、准 RTK 三维高精度定位。

(4)具备接收北斗地基增强网差分数据,即 RTCM3.0/RTCM3.2 差分协议数据,实现亚米级定位功能。

(5)扩展功能:支持第三方应用 APP 的二次开发。

2. 性能指标

北斗高精度智能手机的主要技术指标:

(1)收星能力:BDS B1/GPS L1;

(2)首次定位时间(TTFF);

(3)冷启动:≤35s;

(4)热启动:≤1s;

(5)重捕时间:≤1s(失锁时间≤5s 条件下)。

北斗高精度智能手机增强定位精度指标见表 13-4。

表 13-4 北斗高精度智能手机增强定位精度指标

测试场景	水平精度/m		高程精度/m	
	68% 置信度	95% 置信度	68% 置信度	95% 置信度
静态 (单点、RTD、准 RTK 自动适应)	1	2	1.5	3
开阔天空跑车测试 (单点、RTD、准 RTK 自动适应)	3	6	4	8

数据存储:2GB RAM,16GB FLASH,microSD 卡(最高支持 64GB);

外部接口:标准 Micro USB,支持 USB2.0,480Mbps;

摄像头:主摄像头 1300 万像素 AF Full FD,副摄像头 500 万像素 HD。

13.3 北斗高精度应用模块

北斗地基增强系统建设的最终目的是建立一套能够为广大用户(尤其是普通大众)提供高精度导航服务的平台系统。在传统概念中,高精度服务只是针对满足某些专业级行业用户的需求,同时能够获得高精度定位的设备也是专业级产品,其成本价格较高,不利于大众应用的普及和使用。为了能够让广大普通用户享受到北斗高精度定位带来的便利,需要一款具备高精度功能且价格较低的产品来作为中介媒体。

北斗导航产业经过近几年的竞争和发展,国内市场北斗导航模块正向尺寸更小、重量更轻、功耗更低、性能更强的方向发展,主流北斗导航模块的物理尺寸逐渐由 40mm×30mm 发展为 22mm×17mm、16mm×12mm,甚至更小。

从市场的产品性能角度来看,目前模块功能还是以单点定位导航为主,部分模块产品支持 RTCM2.1 或 RTCM2.3 局域 RTD 差分。由于北斗地基增强系统还未正式运营,因此市场上还没有支持北斗地基增强系统广域差分的模块。在大系统建设同步时期,研制开发支持北斗地基增强系统的模块:一方面可以用来验证大系统的可用度和稳定性;另一方面可以在低成本高精度市场推广地基系统在各行业的应用。实现通用导航模块基于北斗地基增强系统的高精度定位功能,率先实现地基增强系统的示范应用,为推广北斗高精度大众化市场应用提供基础产品。

13.3.1 研制内容

研制目标为设计并量产一款支持北斗地基增强系统单频伪距广域差分的高精度多模导航模块,实现亚米级车道定位,同时实现高精度授时功能和 INS 组合导航功能,最终实现北斗地基增强系统高精度大众应用示范。

使用东方联星自主研发的多模导航基带芯片 OTrack-128,研制开发一款北斗地基增强高精度多模导航模块,其通过接收北斗地基增强系统单频伪距广域差分数据,与模块自身接收到的 BDS B1、GPS L1 卫星信号进行相应处理,实现载体的实时亚米级高精度三维定位、三维测速和精确时。通过加入 MEMS IMU 实现组合导航功能,在卫星失锁状态下依旧可以连续定位,实现短时间定位的较高精度,同时可以输出载体的三维姿态信息。

北斗地基增强高精度多模导航模块由硬件和软件两部分组成。硬件部分包括 BDS/GPS 射频模块、基带处理模块(CPU 处理器模块)和输入输出接口模块等部分。射频模块将 BDS/GPS 卫星信号进行放大、下变频、滤波、模数转换,最后输出数字信号。经过下变频和模数转换后的信号再送给 OTrack-128 基带处理模块,经过伪码延时锁定环路与载波锁定环路,对信号进行解扩与解调,获得基带信号,CPU 处理器模块从基带信号中提取相关数据、从伪码延时锁定环路获得的伪距、从载波环路获得的与多普勒频移相应的伪距变化率、一些初始数据以及外部的差分数据进行导航解算,确定载体的 PVT(位置、速度及时间)参数,最后通过输入输出接口模块对外输出导航信息。

软件部分运行在嵌入式 CPU 处理器上,根据基带处理部分的结果进行运算,同时写入控制参数到基带处理部分。软件部分由信号处理和解算两部分组成。信号处理软件主要包括卫星信号捕获、跟踪、比特同步、比特信息提取等部分。接收直扩序列扩频信号时,需要接收信号中的直扩序列与本地产生的直扩序列的起始时间完全相同,同时接收的中频信号(即基带处理部分的输入信号)的中频载波频率与本地产生的中频载波频率要完全一致,这时,相关器的结果才不是噪声,而是有一个峰值,该峰值被称为相关峰。在开始接收时,需要进行捕获过程,该过程就是不断改变本地产生的直扩序列的起始时间和本地产生的中频载波频率,进行二维搜索,直到与接收信号一致,找到相关峰为止,软件中控制这一过程的程序就是卫星信号捕获部分。在接收机找到信号的相关峰后,由于导航卫星轨道运动和接收机本身运动的影响,直扩序列的起始时间和载波频率会有连续的变化,载波频率的连续变化进而会引起中频载波频率同样的连续变化,跟踪部分就是控制本地产生的直扩序列的起始时间与中频载波频率做同样的连续变化,以保持相关峰。导航卫星信号中调制有报文信息,报文信息包括星历和历书,星历中主要包括短时的精确信息,如卫星的轨道参数、电离层参数、卫星时钟误差等,这是位置解算过程中必备的信息,某一星历的有效时间一般是数小时。历书中主要是长时间的粗略的卫星轨道参数,由于误差较大,不能用来定位。报文信息被逐比特调制到直扩序列上,比特同步部分就是控制找到比特起始位置,比特信息提取就是在比特同步之后获得比特信息。解算部分主要包括观测值提取、报文解析、广域或局域增强数据提取、位置解算、接收机通道控制等部分。观测值提取部分是根据直扩序列的起始位置和中频载波频率等信息得到伪距、多普勒等用于位置解算的观测值。报文解析部分就是从比特信息中得到星历和历书。广域或局域增强数据提取是获得北斗地基增强网的数据或局域差分数据。位置解算部分利用提取的报文信息和观测值,代入方程计算出接收机的位置。由于导航卫星是低轨道卫星,所以在某一地点,随着时间的变化,天空上的导航卫星是有相对运动的,既会不断有卫星消失在地平线下,从而接收机无法收到该卫星的信号,也会有新的卫星从地平线下升起,从而信号可以被接收机收到。所以,接收机要不断根据时间、地点的变化与卫星轨道参数,删掉、更换、增加正在接收的卫星,接收机通道控制就是控制这一过程的软件模块。

13.3.2 硬件设计方案

使用东方联星自主设计研发的 OTrack-128 作为基带解算处理平台,上海迦美信芯公司的 CAN5125M 作为射频接收模块(图 13-39)。根据中国交通通信信息中心《道路运输车辆卫星定位系统北斗兼容卫星定位模块技规范》有两种外形可以选择:类型 1(17mm×22mm),类型 2(20mm×29mm)。其中类型 1 由于空间的局限性外部存储器只能使用 SPI-Flash,难以满足高性能差分运算的要求,且无法加入 MEMS 惯导器件实现组合导航功能。如果使用类型 2 可以使用 SPI-Flash+SDRAM 作为外部存储器,并且可以加入惯导功能。所以现采用类型 2 做方案设计。

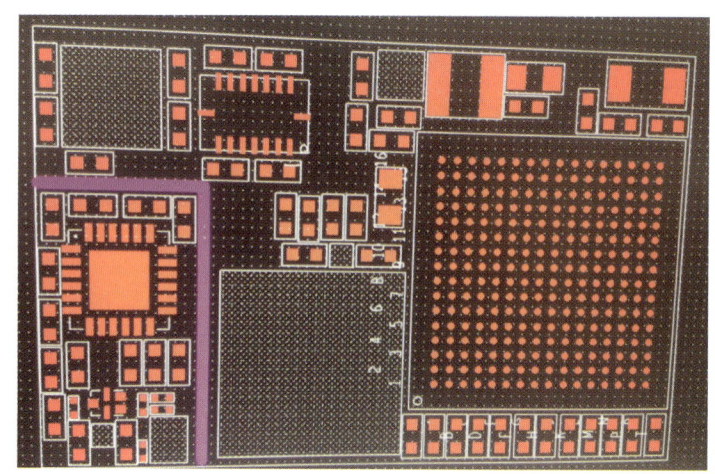

图 13-39 迦美 CAN5125 射频芯片

13.3.3 软件技术方案

1)射频规划设计

由于射频芯片采用的迦美 CAN5125 与原产品采用的润芯 RX3007 有所不同,两者 L1 中频频率一致,都为 4.092MHz,两者的采样时钟一致,都为 16.367667MHz;但 B1b3l1 中频频率不同,CAN5125 为 4.0548MHz,RX3007 为 4.092MHz。所以新的北斗地基增强高精度导航模块的频率规划无法照搬原设计,需要重新设计。

2)存储设备配置

北斗地基增强高精度导航模块采用的 SDRAM 和 SPI Flash 与原产品所选不同,需要进行重新配置,但技术难度不大。

3)软件算法移植

将 Eagle 软件上的 B1/L1 相关单点定位导航软件算法移植到北斗地基增强高精度导航模块上,进一步优化导航定位算法,提高模块各项功能、性能稳定性。

4）高精度、组合算法研发

移植原 CC50D 的差分算法及 CC50E 的 MEMS 组合导航算法,通过接收北斗地基增强系统播发的差分信息实现亚米级车道导航,最后对模块进行全方面的测试评估,同时对模块进行再次优化。

13.3.4　硬件详细设计

1）系统原理图

北斗地基增强高精度多模导航模块的硬件系统结构如图 13-40 所示,射频芯片实现对天线接收到的 GPS/BDS 信号的放大、滤波、下变频和 A/D 采样,分别输出 GPS、BDS 的 2-bit 中频数据;OTrack-128 芯片内集成了 BDS 基带、GPS 基带、CPU 等模块,其中基带模块对中频数据进行基带处理以生成观测量,CPU 上运行所有接收机软件模块,包括基带处理软件、双模导航软件和组合导航软件等。

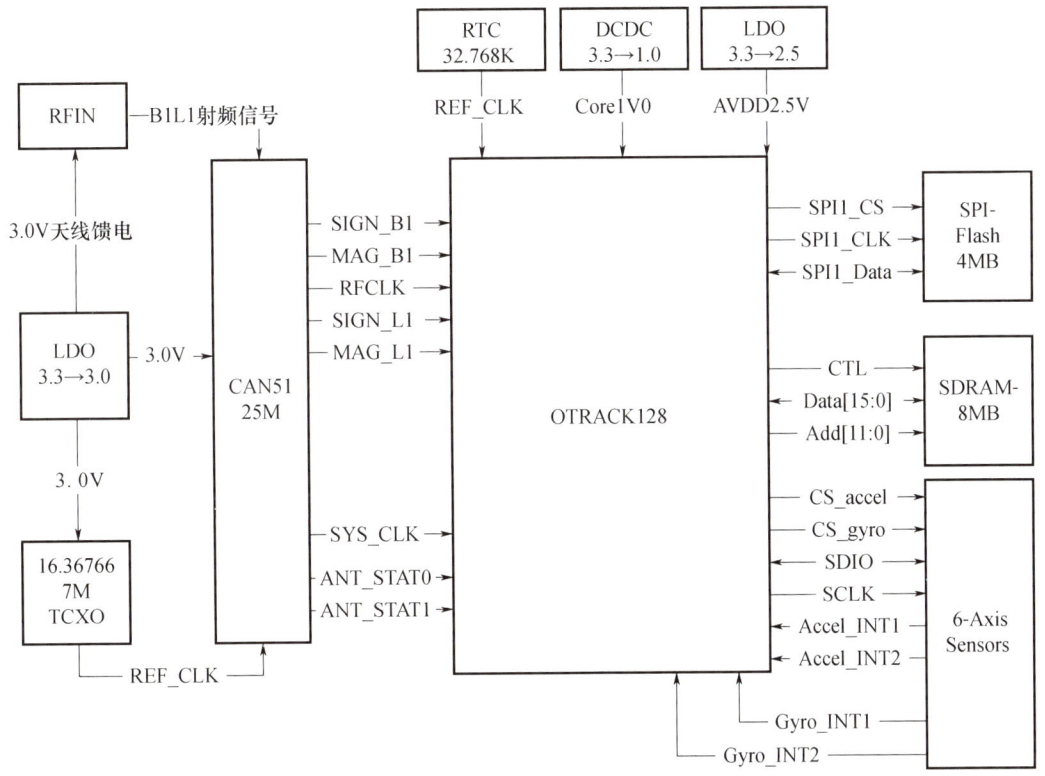

图 13-40　硬件原理框图

2）模块 PCB

北斗地基增强高精度多模导航模块的 PCB 设计如图 13-41 所示。

3）模块引脚定义

模块的顶视图如图 13-42 所示,模块引脚定义如表 13-5 所列。

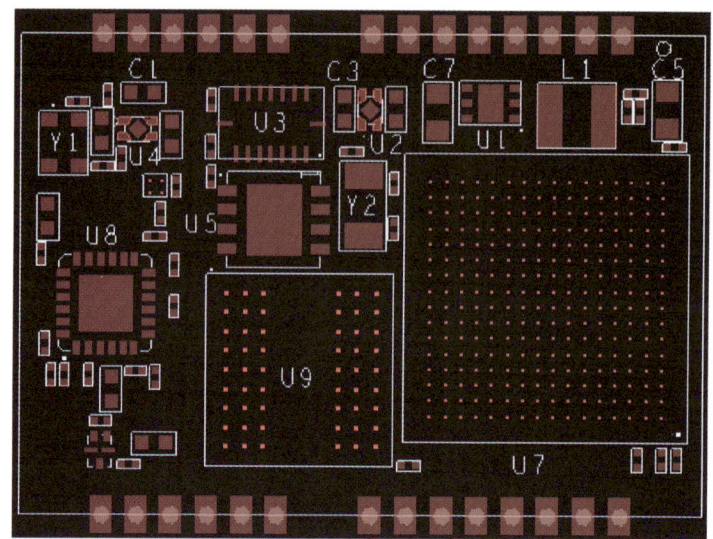

图 13-41 CC50Ⅲ 的 PCB 设计图

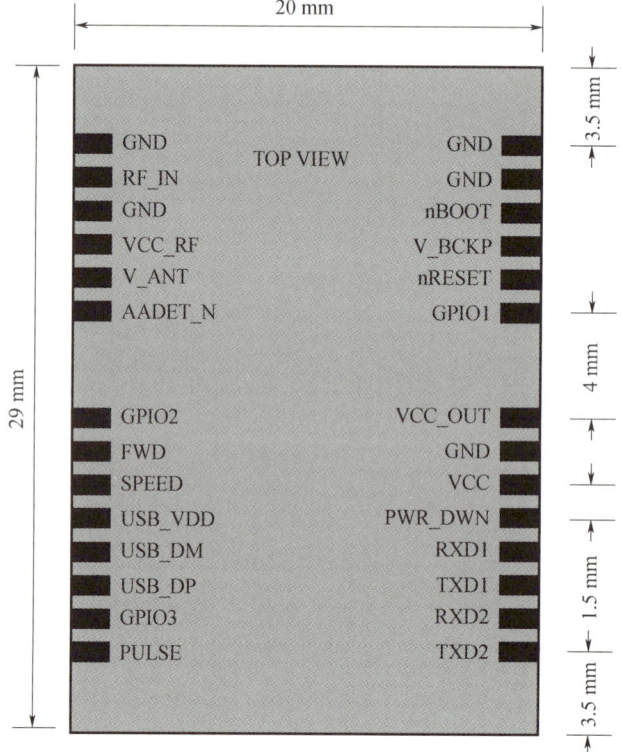

图 13-42 模块的顶视图

表 13-5　模块引脚定义

编号	名称	类型	功能描述
1	TXD2	输出	串口 2 发送
2	RXD2	输入	串口 2 接收,内部上拉
3	TXD1	输出	串口 1 发送
4	RXD1	输入	串口 1 接收,内部上拉
5	PWR_DWN	输入	模块备用休眠使能管脚,低电平为使模块进入休眠模式,高电平恢复正常工作模式
6	VCC	电源	供电电源
7	GND	地	接地
8	VCC_OUT	电源	预留
9	GPIO1	输入/输出	通用 I/O
10	nRESET	输入	外部复位,低电平复位
11	V_BCKP	输入	备用电源输入
12	nBOOT	输入	预留
13	GND	地	接地
14	GND	地	接地
15	GND	地	接地
16	RF_IN	输入	天线输入
17	GND	地	接地
18	VCC_RF	输出	3.0V 天线馈电输出(预留)
19	V_ANT	输入	天线电压输入端(预留)
20	AADET_N	输入	预留
21	GPIO2	输入/输出	通用 I/O
22	FWD	输入	车辆前后移动信号
23	SPEED	输入	车速脉冲
24	USB_VDD	输入	预留
25	USB_DM	输入/输出	USB 差分信号
26	USB_DP	输入/输出	USB 差分信号
27	GPIO3	输入/输出	通用 I/O
28	PULSE	输出	秒脉冲输出

4）模块电气特性

模块的工作条件及工作参数如表13-6、表13-7所列。

表13-6 模块绝对最大工作条件

参数名称	符号	最小值	最大值	单位
供电电压	V_{DDIN}	-0.3	3.6	V
输入电源纹波	V_{DDRIP}	—	30	mV
RTC外接电源电压	V_{DDRTC}	-0.3	3.6	V
输入引脚电压	V_{IN}	-0.3	3.6	V
天线馈电电流	I_{CCRF}	0	50	mA
射频输入功率	P_{RFin}	—	3	dB·m
存储温度	T_{STG}	-50	95	℃

表13-7 模块工作参数

参数名称	符号	条件	最小值	典型值	最大值	单位
电源						
供电电压	V_{DDIN}	—	3.2	3.3	3.6	V
输入电源纹波	V_{DDRIP}	—	—	—	30	mV
平均工作电流	I_{DDIN}	$V_{DDIN}=3.3V$	—	100	120	mA
RTC外接电压	V_{DDRTC}	—	2.7	3.0	3.6	V
RTC电流	I_{DDRTC}	$V_{DDRTC}=3.0V$	—	—	150	μA
输入输出引脚						
输入高电平	V_{IH}	—	2.3	3.3	3.6	V
输入低电平	V_{IL}	—	-0.5	0	0.8	V
输出高电平	V_{OH}	—	2.7	3.3	3.3	V
输出低电平	V_{OL}	—	-0.5	0	0.5	V
射频输入						
天线增益	G_{ANT}	—	0	25	—	dB
天线馈电电压	V_{CCRF}	$I_{CCRF}\leqslant 50mA$	—	3.0	—	V
工作环境						
工作环境温度	T_A	—	-40	25	85	℃

5）模块外围参考设计

（1）电路设计。

模块应用参考设计如图13-43所示。

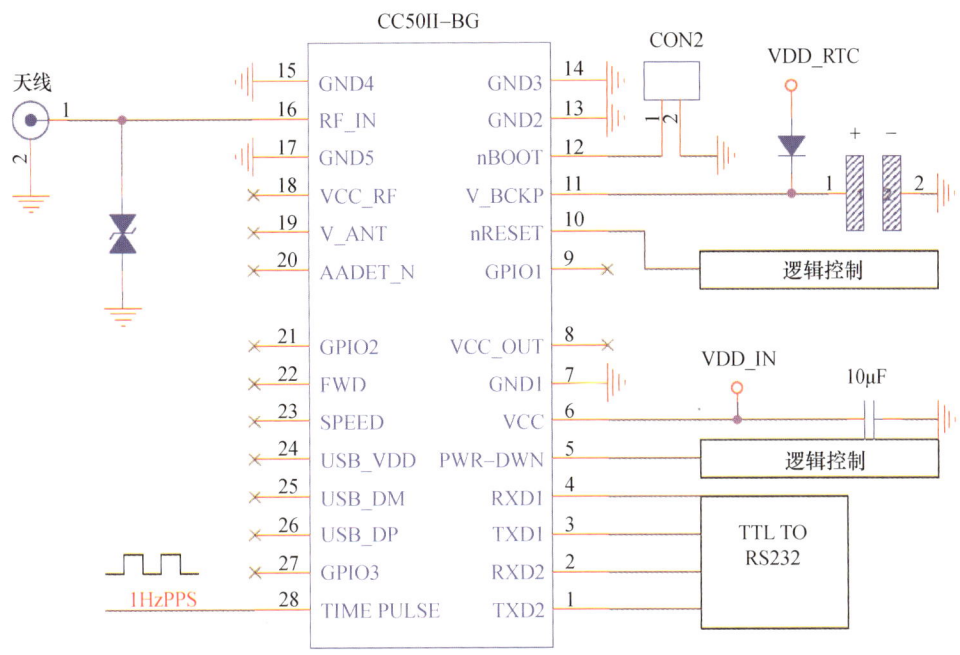

图 13-43　模块应用参考设计

使用北斗地基增强高精度多模导航模块的最小系统包括电源输入（pin6）、射频输入（pin16）、串口 1（pin3,4）以及 GND 引脚。在电路设计中需要注意以下问题：

① 电源输入（pin6）：模块供电电压为 DC 3.3V。为了达到更优的性能，输入电源纹波电压控制在 30mVpp 以内；建议在模块的电源输入端增加 10μF 以上的电容。

② 射频输入（pin16）：模块的射频输入端可以连接有源天线或无源天线。为了达到更优的性能，推荐采用特性阻抗 50Ω，增益 25～30dB 的有源天线。模块通过该引脚为天线提供 3.0V，50mA 电源，可以直接连接有源天线。设计为了加强射频端口的 ESD 防护，建议在射频输入端增加一个 TVS（瞬态电压抑制器）或同等功能的器件。

③ 串口 1（pin3,4）：串口 1 为模块主通信端口，需保证可靠连接。模块的软件通过串口 1 进行升级，设计时建议将串口 1 引出并转换为 RS-232 电平，以便连接 PC 串口。系统上电复位过程中需保证 UART1_RX（pin17）为高电平，此引脚在模块内部有上拉电阻。

④ 串口 2（pin1,2）：串口 2 为模块保留的辅助串口，若不用可悬空。

⑤ RTC 电源（pin11）：外部需要为 V_BCKP 提供 DC 3.3V 电源，不可悬空。若需要热启动，则还需连接法拉电容，见参考设计。

⑥ 其他 LVTTL 电平的输入输出引脚：GPIO1～3，PWR-DWN，nRESET，TIME PULSE 若不用可以悬空。

⑦ 请确保模块所有的 GND 脚能够良好接地。

（2）Layout 设计。

在使用北斗地基增强高精度多模导航模块进行 Layout 设计时需要注意以下几点：

① 尽量采用多层板结构，采用完整的 GND 层，电源采用宽的走线或铺铜，以减小供电系统的阻抗。

② 射频走线严格控制 50Ω 特性阻抗,且走线尽量短,避免直角或锐角转弯,避免分叉;射频器件及走线远离容易产生噪声干扰的数字电路。尽量避免在模块的正下方走线。

13.3.5 软件详细设计

1. 初始化

1) 初始化 TCSC_INIT

初始化(TCSC_INIT)负责创建并启动软件总体结构中的各个模块,主要包括挂载配置接收机串口、初始化信号量互斥量等全局变量、创建并启动基带数据处理线程、保存接收机参数线程以及挂载基带处理模块。初始化后,软件便转入程序主体运行,以基带处理模块的中断为最初驱动源,按照软件总体结构闭环运行。初始化的流程如 13-44 所示。

2) 基带驱动 TCSC_BB_DRV

基带驱动通过对基带处理单元的中断响应,对基带原始数据进行运算处理,实现对卫星信号的捕获跟踪,并将相关基带数据传送给基带数据处理模块;同时,基带驱动还接收基带数据处理模块下发的配置参数,对基带处理单元进行控制。基带驱动正常工作时的数据流图如图 13-45 所示。

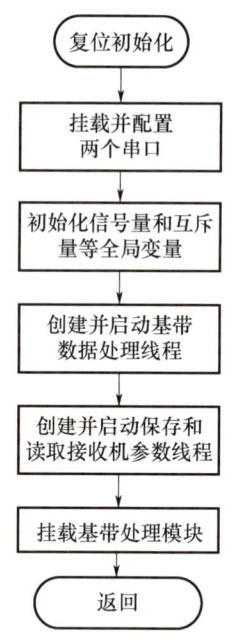

图 13-44 初始化流程

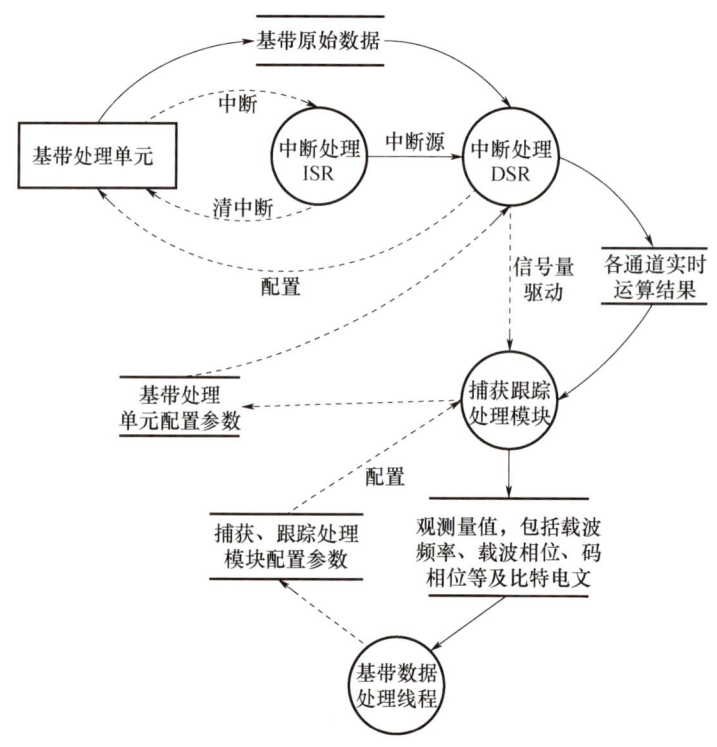

图 13-45 基带驱动数据流图

3）初始化 TCSC_BB_INI

软件启动挂载基带处理模块时，会对基带处理单元进行初始化。基带处理单元模块的驱动挂载过程如下所述：创建和初始化相关信号量和互斥量；初始化、创建并启动捕获跟踪处理线程模块；创建并使能基带中断处理。

2. 中断处理

1）基带中断处理 TCSC_BB_INT

基带中断处理完成对基带处理单元的中断响应。中断触发时首先调用基带中断处理 ISR 模块，该模块主要读取基带处理单元中的中断源，实时性高，处理时间较短；然后系统自动调用基带中断处理 DSR 模块，该模块实时性不如 ISR，主要保存处理基带处理单元的数据，然后发送信号量通知捕获跟踪处理模块进行数据处理。描述了基带中断处理过程。基带中断处理数据流图如图 13-46 所示。

2）基带中断处理 ISR TCSC_BB_ISR

如图 13-47 所示，中断处理 ISR 完成屏蔽中断、读取中断源标志、清除中断以及启动 DSR 的处理。中断处理 ISR 要求能够立即响应中断以及处理过程不能够被打断，读取的中断源标志会传递给 DSR 使用。

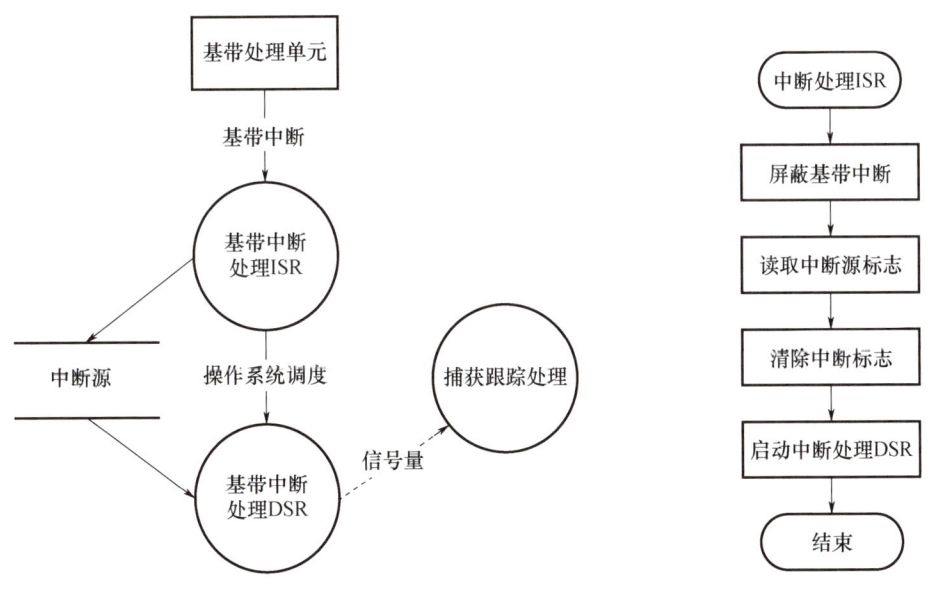

图 13-46　基带中断处理数据流图　　图 13-47　中断 ISR 处理过程

3）基带中断处理 DSR TCSC_BB_DSR

如图 13-48 所示，中断处理 DSR 主要完成软件与基带模块间的数据交互过程。其中的 hw_send_command 子模块处理基带配置参数缓冲区中的数据。基带配置参数缓冲区中按组存储着基带的配置数据。每一个配置组中配置类型存储在第一项，不同的配置类型，配置参数个数不同，顺序存放在配置类型后。

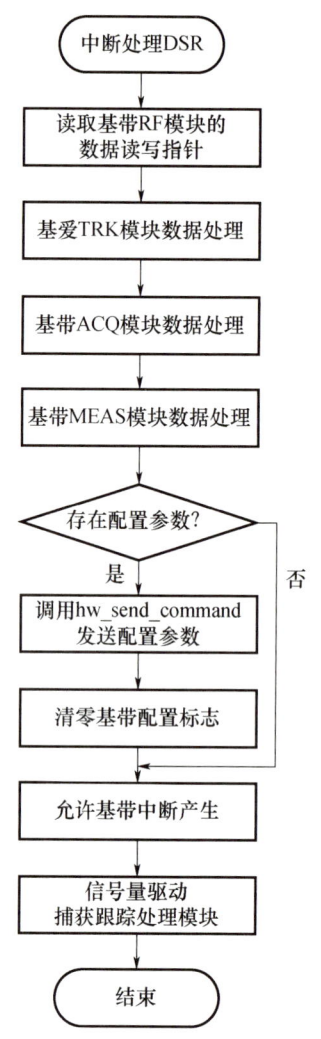

图13-48 中断处理 DSR 过程

3. 报文观测量处理

1）捕获跟踪处理 TCSC_BB_SER_TRK

捕获跟踪处理模块主要对基带原始数据进行处理,实现对卫星信号的捕获,进而保持对卫星信号的持续跟踪,并得到卫星的导航电文比特数据。

如模块结构图13-49所示,捕获跟踪处理模块的主要部分是捕获、跟踪数据处理,比特同步和电文提取,message_update 子模块,hw_comm_update 子模块,parse_baseband_cmd 子模块。

捕获跟踪数据处理包括转换通道状态、调整跟踪载波环路和码环路状态、维持正确跟踪状态、得出正确多普勒、码相位以及载波相位等信息,还会进行比特同步和提取比特电文。

在得到正确的多普勒、码相位以及载波相位后,捕获、跟踪处理模块会调用子模块 hw_comm_update 把这些新的配置参数写入配置参数缓冲区。这些配置参数会写入基带模块,闭环反馈运行。

在 MEAS 观测时刻,捕获、跟踪数据处理会把这些观测量值通过 message_update 子模块封装,通过系统接口传递给基带数据处理线程模块,该模块从观测量值中提取出伪距、载波相位、星历、历书等信息,进行 PVT 解算。同时,通过 PVT 解算结果以及星历预测等处理对捕获跟踪处理模块进行配置。捕获跟踪数据处理会调用 parse_baseband_cmd 处理这部分配置,主要包括增删通道、调整卫星多普勒频率和频率搜索范围、通道状态切换条件等。

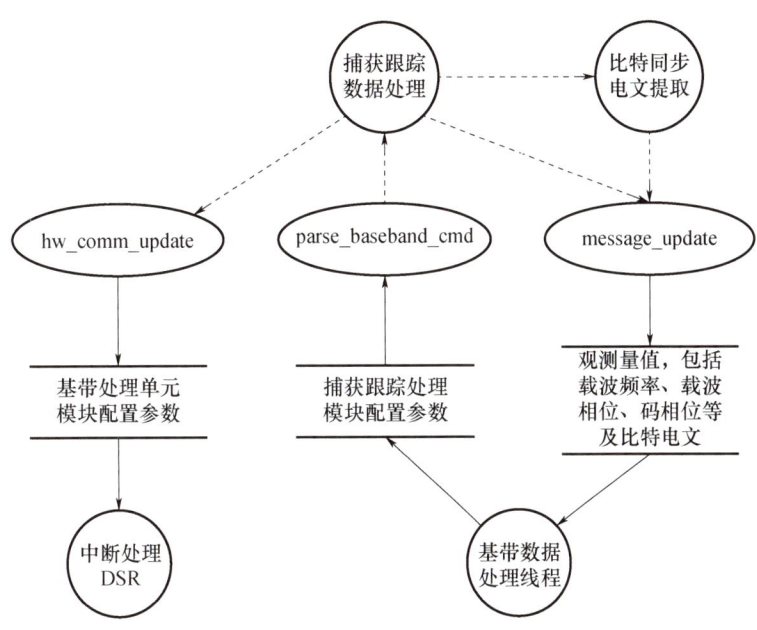

图 13-49 捕获、跟踪处理模块结构

2) 报文和观测量提取 TCSC_NAV_MSR

如图 13-50 所示,报文和观测量提取模块用于从基带处理完的数据中提取卫星导航电文和观测量。

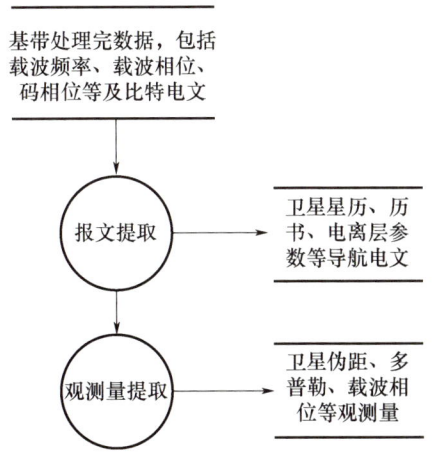

图 13-50 报文和观测量提取

3）报文提取 TCSC_NAV

报文提取模块主要根据 GPS 接口控制文件对比特流信息进行解码,获取导航电文。卫星导航电文为用户提供有关卫星的星历、卫星工作状态、时间系统、卫星历书等数据,是用户进行定位和导航所必须的基础数据。针对不同卫星定位系统导航电文的结构,需要采用不同的解码方式,以正确高效地获取导航电文。

GPS L1 波段上民码导航电文的传输速率为 50bps,以"帧"为单位向外发送。每帧的长度为 1500bit,播发完一个帧需 30s。每帧包括 5 个子帧,每个子帧均包含 300bit,播发时间为 6s。每个子帧又可分为 10 个字,每个字都由 30bit 组成。导航电文第一、二、三子帧为卫星的星历参数,每 30s 重复一次,其内容每隔 2h 更新一次。第四、五子帧为卫星的历书数据,每 30s 翻转一页,其内容包含有 25 个页面,所以发送完一套完整的导航电文需要 12.5min,然后再重复。

GPS 导航电文比特流信息中包含前导字符、子帧的 Z 计数,以及卫星的星历、历书数据等内容。对比特流进行同步搜索,直至找到前导字符"10001011b"。然后按照校验算法对信息进行校验,若未通过校验则丢弃该数据;若通过校验,则当前数据有效,可以根据导航电文格式,解析出电离层参数、UTC 参数、星历以及历书数据。

4）观测量提取 TCSC_MSR

观测量提取模块根据基带处理数据得到被跟踪卫星的伪距、多普勒、载波相位等观测量。

伪距观测量是利用卫星信号的传输时间乘以光速得到信号的传输距离。这里的传输时间指卫星信号发送时间 t_{sv} 减去接收机本地时间 t_u。本地时间 t_u 直接由接收机本地时钟提供,而卫星信号发送时间 t_{sv} 需要通过子帧或字串的计数,并由码跟踪环提供本地伪码相位以后才能准确计算得到。

多普勒观测量的提取是在得到载波 NCO 的频率值后,将其与射频前端的标称中频值 f_c 相比,其差就是多普勒频移观测量。

4. 定位解算 TCSC_PVT

定位解算模块根据观测量信息和得到的导航电文进行联合定位,并利用滤波算法使定位结果更稳定可靠,满足高动态、高加速度的需求。在进行用户位置解算之前,首先要根据广播的星历计算出卫星的位置,然后再利用卫星位置和观测量来实现用户位置的定位解算。

1）计算卫星位置 TCSC_SAT_CAL

第一步:计算卫星运动的平均角速度

首先根据广播星历中给出的参数 $\sqrt{a}$ 计算出参考时刻 t_{oe} 的平均角速度 n_0:

$$n_0 = \frac{\sqrt{GM}}{(\sqrt{a})^3} \tag{13-1}$$

式中:GM 为万有引力常数 G 与地球总质量 M 的乘积,其值为 $GM = 3.9860047 \times 10^{14} \frac{m^3}{s^2}$。根据广播星历中给定的摄动参数 Δn 计算观测时刻卫星的平均角速度:

$$n = n_0 + \Delta n \tag{13-2}$$

第二步:计算观测瞬间卫星的平近点角

由于卫星的运行周期为12h左右,采用卫星过近地点时刻t_0来计算平近点角时,外推间隔最大可达6h。而广播星历每2h更新一次,将参考时刻设在中央时刻时,外推间隔小于等于1h。所以用t_{oe}来取代卫星过近地点时刻t_0后,外推间隔将大大减小,用较简单的模型也能获得精度较高的结果。

$$M_s = M_0 + n(t - t_{oe}) \quad (13-3)$$

式中:M_0为参考时刻t_{oe}时的平近点角,由广播星历给出。

第三步:计算偏近点角

用弧度表示的开普勒方程为

$$E_s = M_s + e_s \sin E_s \quad (13-4)$$

第四步:计算真近点角

根据开普勒轨道方程,可得近点角f_s与偏近点角E_s之间的关系

$$\cos f_s = \frac{\cos E_s - e_s}{1 - e_s \cos E_s}$$

$$\sin f_s = \frac{\sqrt{1 - e_s^2} \sin E_s}{1 - e_s \cos E_s} \quad (13-5)$$

式中:e_s为卫星轨道的偏心率,由广播星历给出。由此可得真近点角计算常用公式

$$f_s = \arctan \frac{\sqrt{1 - e_s^2} \sin E_s}{\cos E_s - e_s} \quad (13-6)$$

第五步:计算升交距角

$$\tilde{\mu} = \omega + f_s \quad (13-7)$$

式中:ω为近地点角距,由广播星历给出。

第六步:计算摄动改正项

广播星历中给出了C_{uc}、C_{us}、C_{rc}、C_{rs}、C_{ic}、C_{is} 6个摄动参数,据此可求出由于地球引力场位函数的二阶带谐系数项而引起的升交距角μ的摄动改正项δ_μ、卫星矢径r的摄动改正项δ_r和卫星轨道倾角i的摄动改正项δ_i。

$$\begin{cases} \delta_\mu = C_{uc} \cos 2\tilde{\mu} + C_{us} \sin 2\tilde{\mu} \\ \delta_r = C_{rc} \cos 2\tilde{\mu} + C_{rs} \sin 2\tilde{\mu} \\ \delta_i = C_{ic} \cos 2\tilde{\mu} + C_{is} \sin 2\tilde{\mu} \end{cases} \quad (13-8)$$

第七步:对升交距角μ、卫星矢径r、轨道倾角i进行摄动改正

$$\begin{cases} \mu = \tilde{\mu} + \delta_\mu \\ r = \tilde{r} + \delta_r = a_s(1 - e_s \cos E_s) + \delta_r \\ i = i_0 + \delta_i + \frac{di}{dt}(t - t_{oe}) \end{cases} \quad (13-9)$$

式中:a_s为卫星轨道的长半径;i_0为t_{oe}时刻的轨道倾角,由广播星历中的开普勒参数给出;$\frac{di}{dt}$为i的

变化率,由广播星历中的摄动参数给出。

第八步:计算卫星在轨道面坐标系中的位置

在轨道平面直角坐标系中(坐标原点位于地心,X轴指向升交点)卫星的平面直角坐标为

$$\begin{cases} x_p = r\cos\mu \\ y_p = r\sin\mu \end{cases} \quad (13-10)$$

第九步:计算观测瞬间升交点的经度

若参考时刻 t_{oe} 时升交点的赤经为 $\Omega_{t_{oe}}$,升交点对时间的变化率为 $\Delta\Omega$,那么观测瞬间 t 的升交点赤经为

$$\Omega = \Omega_{t_{oe}} + \Delta\Omega(t - t_{oe}) \quad (13-11)$$

式中:$\Delta\Omega$ 可从广播星历的摄动参数中给出。设本周开始时刻(星期日 0 时)格林尼治恒星时为 GAST_{week},则观测瞬间的格林尼治恒星时为

$$\text{GAST} = \text{GAST}_{week} + \omega_e t \quad (13-12)$$

式中:ω_e 为地球自转角速度,其值为 $\omega_e = 7.292115 \times 10^{-5} \text{rad/s}$;$t$ 为本周内的时间(s)。这样就可求得观测瞬间升交点的经度值为

$$L = \Omega - \text{GAST} = \Omega_{t_{oe}} - \text{GAST}_{week} + \Delta\Omega(t - t_{oe}) - \omega_e t \quad (13-13)$$

令 $\Omega_0 = \Omega_{t_{oe}} - \text{GAST}_{week}$,则有

$$L = \Omega_0 + \Delta\Omega(t - t_{oe}) - \omega_e t = \Omega_0 + (\Delta\Omega - \omega_e)t - \Delta\Omega t_{oe} \quad (13-14)$$

第十步:计算卫星在瞬时地球坐标系中的位置

已知升交点的大地经度 L 以及轨道平面的倾角 i 后,就可通过两次旋转求得卫星在地固坐标系中的位置:

$$\begin{bmatrix} X \\ Y \\ Z \end{bmatrix} = R_Z(-L)R_X(-i)\begin{bmatrix} x \\ y \\ z \end{bmatrix} = \begin{bmatrix} x\cos L - y\cos i\sin L \\ x\cos L + y\cos i\sin L \\ y\sin L \end{bmatrix} \quad (13-15)$$

第十一步:计算卫星在协议地球坐标系中的位置

观测瞬间卫星在协议地球坐标系中的位置:

$$\begin{bmatrix} x \\ y \\ z \end{bmatrix}_{CTS} = R_Y(-x_p)R_X(-y_p)\begin{bmatrix} X \\ Y \\ Z \end{bmatrix} = \begin{bmatrix} 1 & 0 & x_p \\ 0 & 1 & -y \\ -x_p & y_p & 1 \end{bmatrix}\begin{bmatrix} X \\ Y \\ Z \end{bmatrix} \quad (13-16)$$

在接收机软件中为避免上述过程占用较多的内存空间和计算时间,将卫星星历用一个时间多项式来表示,在内存中仅保存该多项式的系数,供计算时调用。

2) 定位解算 TCSC_POS_CAL

定位解算模块用到卫星位置和伪距观测量,通过求解方程来计算接收机当前时刻的位置。如果已知卫星 i 的位置为 $r_i(x_i, y_i, z_i)$,该卫星的伪距为 p_i,设接收机位置为 $r_u(x_u, y_u, z_u)$,接收机钟差

为 b_u，可得到测量方程：

$$p_i = \sqrt{(x_i - x_u)^2 + (y_i - y_u)^2 + (z_i - z_u)^2} + \Delta T \qquad (13-17)$$

已知至少 4 颗卫星的位置和伪距，代入式（13-17）并做线性化，即可联合求解，求出 $r_u(x_u, y_u, z_u)$ 和接收机钟差的值。

基于上述定位基本原理，在软件程序中使用最小二乘和卡尔曼滤波方法进行接收机位置和速度的求解，然后，对定位结果进行合理性、冗余性检测。如果通过该检测，则输出此次的定位结果，定位标志置 1；否则不输出本次定位结果，定位标志置 0。

3）最小二乘定位算法 TCSC_LSQ

最小二乘法是定位解算的基本方法，它能在含有误差与噪声的各个测量值之间求得最优解，使所有测量值的偏差平方和最小。

使用最小二乘法进行定位解算时，首先需要对各卫星的观测量进行粗略的筛选，使伪距有效，星历有效，且载噪比较强的卫星参与定位解算。在满足单系统定位模式下至少 4 颗星，根据 GPS 接口控制文件提供的方法，利用星历参数计算出参与定位卫星的位置和速度。由于伪距中包含卫星钟差和电离层、对流层延迟误差，定位解算前先利用星历参数计算出卫星钟差；对于 GPS 卫星而言，可根据电离层延迟参数计算出电离层延迟；对流层延迟与卫星仰角有关，可根据相关模型进行估算，之后利用这些校正量校正伪距。将测量误差较大的伪距剔除后，使用牛顿迭代法进行求解，直至迭代结束。

4）卡尔曼滤波定位算法 TCSC_KALM

卡尔曼滤波通过递归运算对定位结果进行滤波，得到最小均方误差意义上的最优值。当满足由最小二乘转入卡尔曼滤波的条件时，运用卡尔曼滤波算法进行定位解算。

该解算过程同样需要经过选星，计算卫星位置，用卫星钟差、电离层、对流层延迟校正伪距等滤波前的准备工作。卡尔曼滤波过程包含一步预测和状态更新两个过程。其中一步预测过程指在上一时刻状态估计值基础上，利用系统状态方程来预测下一时刻的状态值，而状态更新是将预测的状态量和观测量一起作为输入对系统状态量进行估计，而得到下时刻的状态量和均方误差。在使用观测量前，先要对伪距和多普勒进行检测和挑选，避免较大的测量误差带来较大的定位误差。

5. 状态控制

1）初始状态控制 TCSC_CTRL_INIT

初始通道控制在软件启动初始化时执行，其过程如图 13-51 所示。首先读取 flash 中存储的信息和 RTC 时间，如果 flash 中的信息有效，则使用读取得星历、历书，否则使用默认的星历、历书。当存在 4 个与 RTC 时间相差在 4h 之内的读取星历时，启动模式设为热启动，否则为冷启动。然后使用星历、历书以及时间初始化解算程序，预测卫星位置和多普勒频率，并依此添加卫星通道。热启动时能够准确预测卫星信息，所以通道限制在 12 个；冷启动卫星根据默认数据预测，卫星信息仅具有参考性，所以允许添加 24 个通道。根据预测多普勒和卫星位置，优先添加全部可见卫星，然后添加不可见星，但通道数限制必须满足。

2）正常工作状态控制 TCSC_CTRL_NORMAL

软件正常工作时将进入正常工作状态控制，该模块由基带数据处理线程调用。正常工作状态控制流程图如图 13-52 所示。

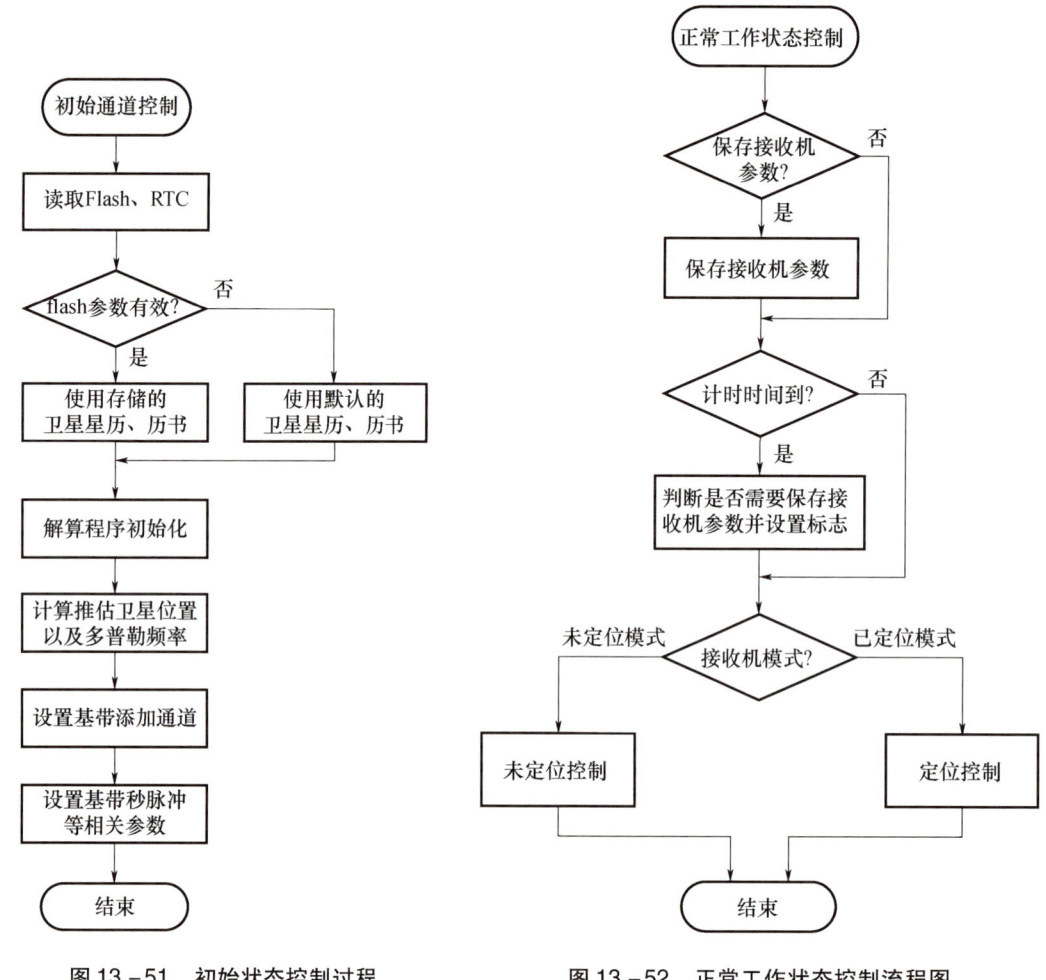

图 13-51　初始状态控制过程　　图 13-52　正常工作状态控制流程图

其中,如果接收机当前处于未定位模式,且本时刻结算结果为定位状态,则接收机转入已定位模式;如果接收机当前处于定位模式,且连续不定位时间超时,则接收机转入未定位模式。在这两种模式下,接收机根据当前卫星可见情况等对通道进行控制,以合理分配基带芯片的资源。

(1) 未定位时通道控制。

通道控制策略分热启动和冷启动两种。在热启动模式下,每隔 8s 更新一次通道状态。更新时只删除不可见星,同时如果因为卫星预测误差或者卫星可见状态变化,则删除原来认为的可见星,添加新的可见星。冷启动时,每隔 8s 更新一次通道状态。更新时所有通道进行轮换,一次加入通道内进行捕获。两种模式都不删除已经处于 TRK 模块的通道。

(2) 定位后通道控制。

定位后每间隔 1min 更新一次通道。当未拿到完整星历和历书时,如果没有解算出准确时间,则继续轮换处于 ACQ 通道的通道,否则添加可见卫星,轮换处于 ACQ 通道的通道。在拿到完整星历、历书后,则完全按照卫星预测的结果更新通道。

(3) 保存和读取接收机参数 TCSC_FLASH。

保存和读取接收机参数模块提供了接收机程序与 Flash 存储器之间的接口,实现接收机参数的保存和读取功能。

(4) 保存接收机参数 TCSC_SAVE_FLASH。

描述了保存接收机参数线程的数据流图,接收机状态控制模块判断是否需要保存接收机参数,然后发送信号量控制保存接收机参数线程保存当前接收机参数数据。描述了保存接收机参数的详细流程。

保存接收机参数如图 13 - 53 所示,保存接收机参数流程图如图 13 - 54 所示。

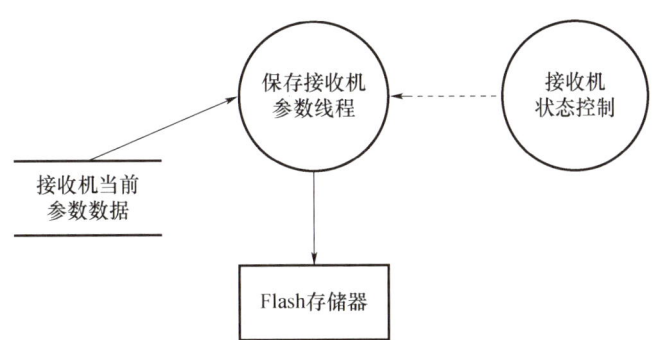

图 13 - 53 保存接收机参数

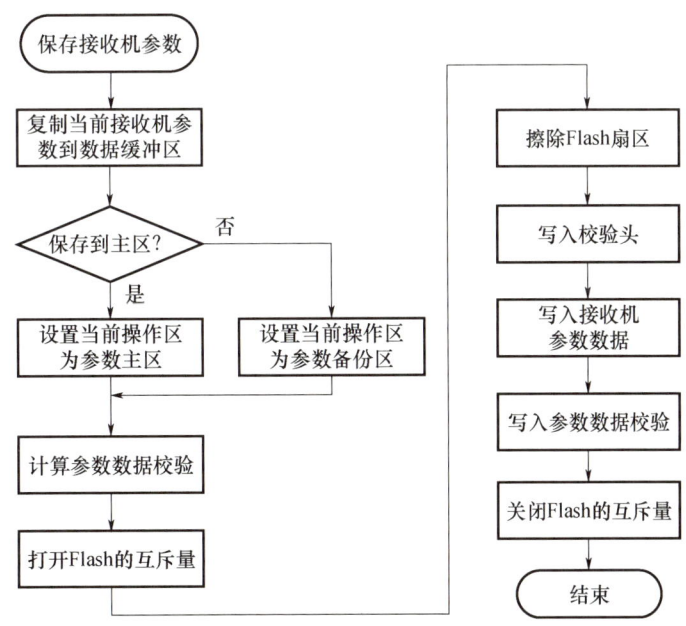

图 13 - 54 保存接收机参数流程图

(5)读取接收机参数 TCSC_READ_FLASH。

读取接收机参数模块用于从 Flash 中读取接收机参数,接收机开机初始化时这些参数可以用于接收机定位初始状态的设置以及卫星位置的初始计算。描述了读取接收机参数的详细流程,如图 13 - 55 所示。

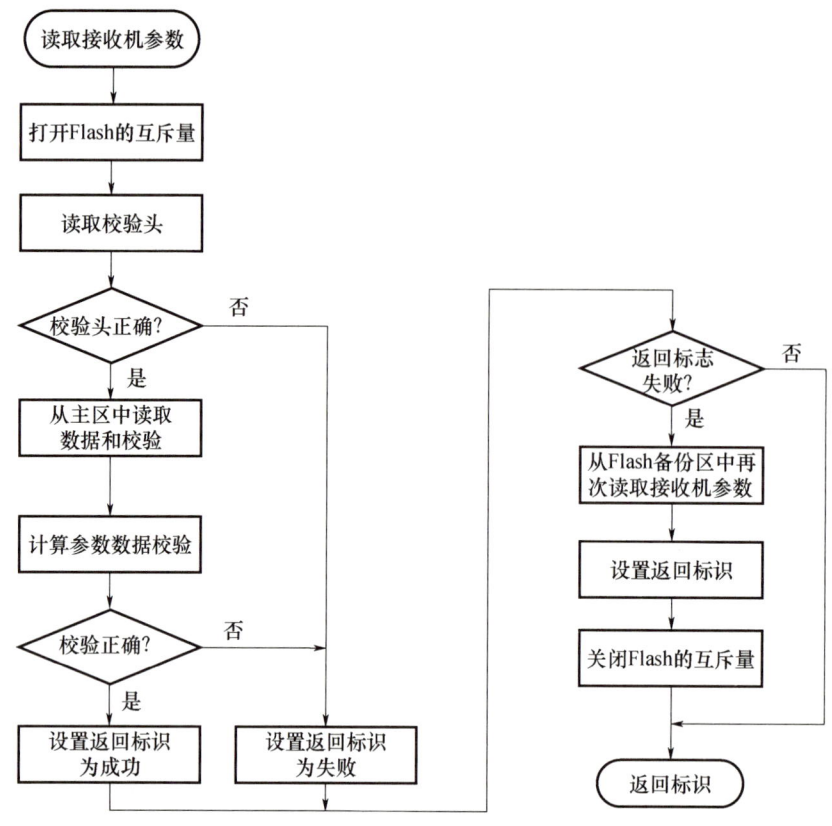

图 13-55 读取接收机参数流程图

(6)清除接收机参数 TCSC_CLR_FLASH。

清除接收机参数模块用于擦除 Flash 中的接收机参数,使接收机开机初始化没有初始信息,以实现接收机的冷启动。清除接收机参数的详细流程如图 13-56 所示。

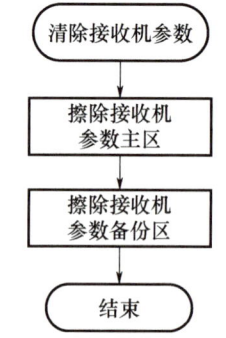

图 13-56 清除接收机参数流程图

13.3.6 模块六性设计

1. 环境适应性设计

北斗地基增强高精度多模导航模块的环境适应性设计方面紧密结合《道路运输车辆卫星定位

系统北斗兼容卫星定位模块技术规范》关于环境适应性的要求,设计中充分考虑其环境的特点,为可靠地实现模块规定任务前提下,模块对环境的适应能力,包括模块能承受的若干环境参数的变化范围。设计中首先对使用的元器件优先从优选目录中选取,结合型号产品的具体要求,开展元器件的降额设计,使其在设计中对环境适应性方面留有充分余量。并把环境试验贯穿于模块的设计、研制、生产和采购的各个阶段,通过环境试验,充分暴露产品的设计、研制及元器件选用等方面的环境适应性问题,及时改进研制质量,提高模块的环境适应性能力。

为保证模块的高低温储藏、工作及冲击、振动相关指标,在选取元器件时,从优选取能够满足环境条件的元器件,首先要保证独立元器件的工作环境指标。

根据《道路运输车辆卫星定位系统北斗兼容卫星定位模块技术规范》技术协议书要求,采用其中6.2.3规定的电磁兼容试验条件和项目确定的试验条件对验证模块的电磁兼容满足指标要求进行设计。

模块的本振和主时钟工作频率主要有1575.42MHz、1561MHz、12.0MHz、16.367MHz、67MHz、133MHz、400MHz,确认这些频率及其谐波不直接落入其他分系统的工作频带内导致干扰,如果存在落入情况,则采取措施移开其中的一些频率,不能移开频率的将采取对源处进行滤波抑制,屏蔽及采用减小其发射的布局布线等所有可能的措施。卫星导航信号是及其微弱信号,甚至比噪声弱20dB左右,工作极易受到其他系统影响,因此其他分系统的工作频率及其谐波也不能落入这几个频率范围内,以免影响模块工作。如果存在应设法协调其他分系统改变工作频率以避开,若不能更改则需要尽可能减小其发射的措施都应认真考虑。

电磁兼容性设计方面,通过电路增加滤波、匹配、阻尼元器件减小干扰发射,在电源接口进行电源滤波(希望分系统提供的电源增加输出滤波电路),数据接口和射频接口增加ESD保护器件,解决静电问题,引出的数据电缆采用双绞线办法,PCB布局布线尽量采用高速电路设计规则和适当的屏蔽以保证减小干扰发射和提高设备的抗干扰能力等,设计分体的屏蔽壳,将射频电路与基带电路部分物理分离,减小电磁干扰。

电磁兼容关于电源地和RS232地、RS422地、PPS地均采用隔离设计,其与壳体地进行分离的设计方法,差分输出的线缆采用双绞线和加屏蔽线的方法,解决电磁辐射等设计要求。

2. 安全性设计

在北斗地基增强高精度多模导航模块设计中,从设计规划、材料选取等方面充分注意考虑不同环境下人员的安全性和设备本身的安全性。

(1)对于模块结构设计,所有可能与人接触的部位都进行了圆滑处理,以防止尖锐边角等因素日后对人员造成伤害。

(2)对于选用的元器件和部件加工材料,不仅考虑到它们对贮存环境和工作环境的适应性,而且还考虑了环保等因素,应符合无毒害,无放射性要求。

(3)电源设计为安全电压范围内,接地、隔离等相关设计严格执行《道路运输车辆卫星定位系统北斗兼容卫星定位模块技术规范》中的要求。

(4)软件设计中除认真执行工程化要求外,进行认为防误操作等设计。

(5)模块具有清晰的产品标示,其中包括模块的型号、生产批次号、模块编号、第一个管脚位置标示点等。

3. 可靠性设计

按照《道路运输车辆卫星定位系统北斗兼容卫星定位模块技术规范》要求,并结合北斗地基增强高精度多模导航模块的工作特点,对模块的可靠性进行设计。

1)可靠性设计

(1)重视对失效前平均时间(MTTF)、即对首次失效前的平均值预计(主要根据所用元器件、电路结构、工艺及以往经验、类似设备参考信息进行计算和估计)。

(2)对模块各部分可能失效环节进行分析,特别重视核心区域的设计。

(3)通过相应的试验。

2)可靠性预计分析结果

该模块中任一元器件失效,都将造成模块失效或性能下降,即该产品正常工作的条件是各元器件的正常工作,因此,模块的可靠性模型是一个串联模型。

3)可靠性数学模型

组成北斗地基增强高精度多模导航模块的 4 个部分(射频部分、基带部分、电源部分、存储部分)是相互独立的,即模块的可靠性结构模型为串联系统模型,其可靠性模型如图 13-57 所示。

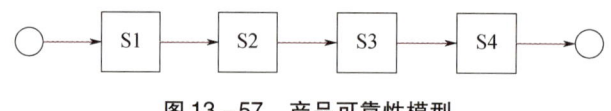

图 13-57 产品可靠性模型

4. 维修性设计

北斗地基增强高精度多模导航模块的使用力求免维护、少测试。为此设计中采取的主要措施如下:

(1)对元器件的排列和布线简洁,便于检查;

(2)设计可拆卸的屏蔽壳,便于直接查看电路板;

(3)最大可能地采用模块组件和高集成电路设计,采用成熟芯片;

(4)设计专门的线路和流程,按要求实现设备自检;

(5)设备测试检查以及在线软件更新,均可以通过串口进行。

5. 测试性设计

根据北斗地基增强高精度多模导航模块要完成的各项功能和技术指标测试,根据模块 SMT 邮票孔式设计,设计一版带有弹簧探针式的开发验证板,方便模块的拆卸。天线接头采用旋拧式射频同轴连接器,电源、两个数据串口、秒脉冲输出,电源开关等均设计在测试开发板边缘,利于该设备的生产测试、在线测试。模块的各项指标均可以通过串口发送命令打开调试信息,可通过输出的数据进行判定,测试性较好,可以通过上位机软件时时进行测试和判断模块是否满足指标要求。

6. 保障性设计

为确定和达到北斗地基增强高精度多模导航模块保障性要求,针对该模块开展了一系列技术和管理活动。

保障性设计方面从如下方面开展工作:

（1）所用原材料、元器件质量保证措施。

模块选用的原材料、元器件严格控制质量等级,元器件在规定客户提供的《元器件优选目录》中选取,在优选目录涉及的元器件种类范围内超目录选用,均填写"目录外电子元器件选用申请表",并严格履行审批程序。

所选择的元器件质量稳定,均有可靠的供货来源,质量等级符合规定,其工作温度范围满足产品要求。

元器件选择方面,不使用已知不稳定的元器件及停产的元器件。

（2）外协、外购件及生产工艺质量保证措施。

对外协加工进行全程监控和检查,质检人员对外协生产厂家提供的零、组件进行复验。复验合格后的零、组件方可按工艺规程进行组装和总装配。

标准件、外购件按设计图样要求的标准和使用性能采购,质检人员依据技术文件进行入厂检验,合格后方可装机。

生产中针对设备产品,编制了 SMT 贴装加工工艺要求、三防处理加工工艺要求、电气装配工艺卡片、电气装配随工流程卡等工艺文件,严格按随工流程卡片的程序运作,及时填写随工流程卡、生产调测记录表,通过相应的工序交检和产品总检把关,确保产品加工全过程的加工质量。

模块中充分考虑静电对产品的损伤问题,包装时使用铝箔防静电带包装,生产中规范生产,在包装、转运等环节有静电防护的规范。

资源保障方面,从模块研制开始就同步考虑和安排提供了适宜的保障资源的定性要求。如,人力与人员、供应保障、保障设备、技术资料、保障设施、包装、装卸、贮存和运输保障、计算机资源等。具体保障如下:

① 随时对模块在使用过程中的各种需求提供实物、技术等保障;

② 编写出简洁可行的使用说明,以减轻使用维修人员的工作负荷和难度;

③ 元器件供货渠道有保证,使用优选目录外的器件按规定程序报批。

模块的调试与测试需要用到示波器、信号模拟器、信号转发器、万用表、直流稳压电源、游标卡尺、电子计重器等专用测量设备,为保证测试结果的准确性,所有设备都定期送到相关厂家进行测试校准,保证测量设备测试时在校准有效期内。

13.3.7 模块介绍

1. 产品特点

1）双系统单频 RTD/RTK 功能

支持 BDS B1 和 GPS L1 双系统或单系统单频 RTD/RTK 功能。利用单站或 CORS 站播发的区域 RTCM2.X、RTCM3.X 差分协议,可实现米级伪距差分（RTD）或者厘米级载波相位差分（RTK）定位功能。初始 RTK 时间短,置信度高。

支持北斗地基增强系统广域差分高精度定位功能,利用北斗地基增强系统所播发的广域差分数据,通过对卫星轨道误差、卫星钟差和电离层误差进行补偿,修正 GNSS 伪距误差,提高导航定位的精度。

2）支持 SBAS 功能

可跟踪 SBAS 卫星信号，通过星基差分信息，修正 GNSS 伪距误差，提高导航定位的精度。

3）高灵敏度设计

优于一般高精度板卡的高灵敏度方案设计，具备优异的捕获、跟踪灵敏度，可在复杂环境下（如高架、城市峡谷）提高模块导航定位的可用性、连续性和可靠性。

4）BDS/GPS/INS 组合导航系统

内置 6 轴 MEMS IMU 与 GNSS 进行组合导航，改善城市峡谷、立交桥等卫星信号遮挡严重环境下的定位精度，并能够在隧道、地下停车场等卫星信号完全失锁场景下短时间内保持连续、可靠的导航定位。

2. 性能指标

性能指标如表 13-8 所列。

表 13-8 性能指标

参数		指标
GNSS 性能		
通道数		192
信号		BDS B1、GPS L1、SBAS、QZSS
首次定位时间（TTFF）	冷启动时间	35s
	热启动时间	≤1s
	重捕获时间	≤1s
捕获灵敏度		-147dB·m
跟踪灵敏度		-158dB·m
速度精度[①]（1σ）		0.2m/s
定位更新率		1Hz、5Hz（可选）
导航数据格式		NMEA0183
定位精度（1σ）		
RTK[②]		水平 $0.02m + 1 \times 10^{-6}m$；高程 $0.04m + 1 \times 10^{-6}m$
RTD		水平 1.5m；高程 3.0m
北斗地基增强单频广域伪距差分		水平 1.5m；高程 3.0m
SBAS		水平 2.0m；高程 4.0m
单点		水平 5.0m；高程 10.0m
RTK 性能		
RTK 初始化时间[③]		<120s
RTK 初始化置信度		>99%
接收差分数据格式		北斗地基增强系统广域差分信息、RTCM2.X/3.X[③]

续表

参数		指标		
INS 性能④（INS 开启）				
姿态精度(1σ)（卫星信号有效）	航向角	2.5°		
	俯仰角	1.5°		
	横滚角	1.5°		
参考精度(1σ)（卫星信号失效情况下）	卫星信号失效时间	10s	30s	60s
	航向角	3°	4°	5°
	俯仰角	1.8°	2°	2.5°
	横滚角	1.8°	2°	2.5°
	水平位置	10m	20m	50m
授时性能				
1PPS	精度(RMS)	30ns		
	脉宽	500ms		
	秒脉冲周期	1s		
输入输出接口				
串口	数量	2 个		
	电平	3.3V LV_TTL 电平		
	波特率	串口 1：默认 115200 串口 2：默认 230400（均可配）		
射频输入	阻抗	50Ω		
	VSWR	≤1.5		
	馈电输出	25mA@3.0V		
电源	电压	DC 3.3V		
	功耗	500mW		
物理特性				
	尺寸	20mm×29mm×3.2mm		
	重量	4g		
环境指标				
	工作温度	-40 ~ +85℃		
	存储温度	-50 ~ +95℃		
	湿度	95% RH		

① 精度取决于卫星的几何分布、基线长度、天线及多径等影响。

② 开阔天空，单站基线长度 <10km。

③ RTCM3.2 中 MSM4：1074，1124。

④ 使用 INS 功能需保证模块的三轴(X,Y,Z)与载体的右、前、上三轴重合，否则 INS 系统精度下降或无法正常工作。

3. 系统框图

模块的系统框图如图 13-58 所示。

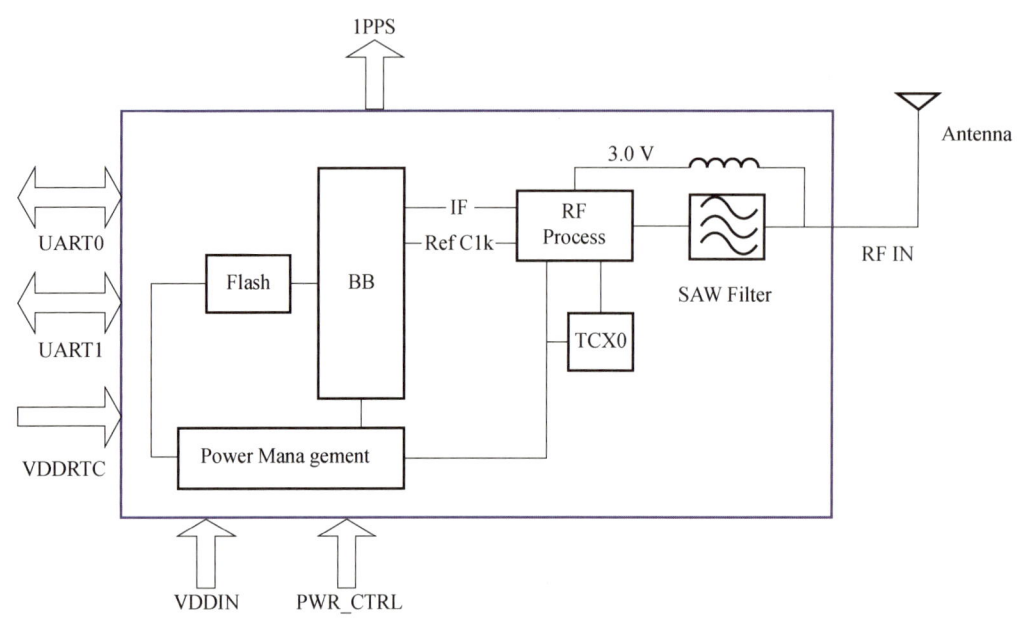

图 13-58 模块系统框图

4. 输入输出接口

(1) 串口：CC50Ⅲ-BGI-H 对外提供 2 个串口，信号电平为 3.3V LVTTL，两个串口的波特率均可在 4800～115200 之间进行配置，串口 1 默认波特率为 115200，串口 2 默认波特率为 230400。模块的串口 1 作为主要数据通信串口，输出标准 NMEA0183 V3.0 串行数据，同时作为差分数据输入接口，可输入北斗地基增强系统广域差分信息、RTCM2.X/3.X 差分数据；串口 2 作为备用调试串口。模块的软件通过串口 1 进行升级，建议用户进行设计时将串口 1 引出并转换为 RS-232 电平，以便连接 PC 串口进行软件升级。

(2) 电源输入：CC50Ⅲ-BGI-H 使用 DC 3.3V 电源作为系统输入电源。

(3) 射频输入：CC50Ⅲ-BGI-H 提供 1 个射频输入引脚，模块通过该引脚为天线提供 3.0V 供电。

(4) PPS：CC50Ⅲ-BGI-H 提供一个 3.3V LV_TTL 电平的秒脉冲信号。

(5) RTC 电源：CC50Ⅲ-BGI-H 提供一个外部 RTC 电源输入，该引脚可以通过外接的可充电电池或法拉电容供电，供电电压 3.0～3.3V。

5. 技术指标

1) 机械特性

CC50Ⅲ-BGI-H 尺寸见图 13-59 和表 13-9。

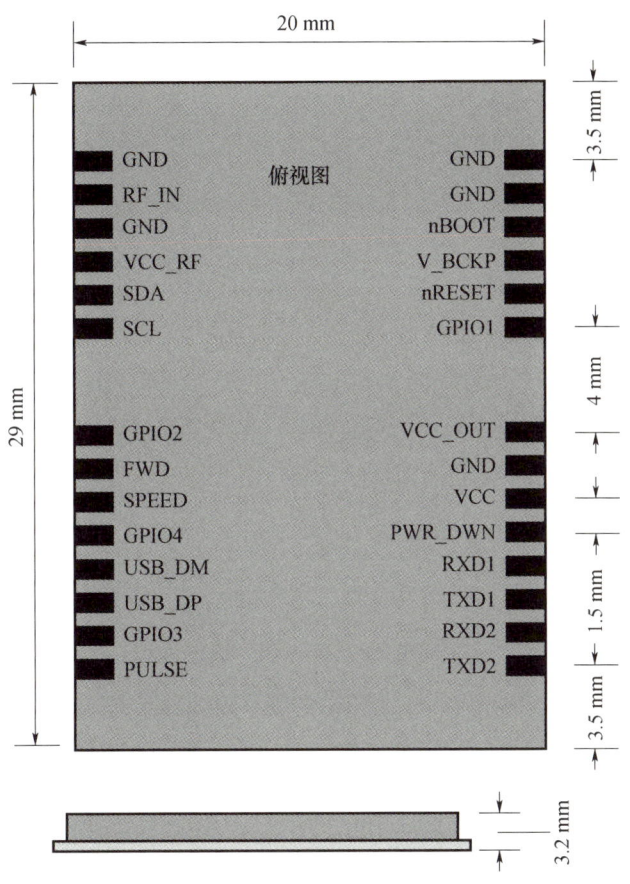

图 13-59　CC50Ⅲ-BGI-H 尺寸

表 13-9　CC50Ⅲ-BGI-H 尺寸

参数	指标
长度/mm	29 ±0.1
宽度/mm	20 ±0.1
厚度/mm	3.2 +0.1
质量/g	4

2）引脚定义

模块引脚定义见表 13-10。

表 13-10　模块引脚定义

编号	名称	类型	功能描述
1	TXD2	输出	串口 2 发送
2	RXD2	输入	串口 2 接收，内部上拉

续表

编号	名称	类型	功能描述
3	TXD1	输出	串口 1 发送
4	RXD1	输入	串口 1 接收，内部上拉
5	PWR_DWN	输入	模块备用休眠使能管脚，低电平为使模块进入休眠模式，高电平恢复正常工作模式
6	VCC	电源	供电电源
7	GND	地	接地
8	VCC_OUT	电源	预留
9	GPIO1	输入/输出	通用 I/O 或 SPI - CS
10	nRESET	输入	外部复位，低电平复位
11	V_BCKP	输入	备用电源输入
12	nBOOT	输入	预留
13	GND	地	接地
14	GND	地	接地
15	GND	地	接地
16	RF_IN	输入	天线输入
17	GND	地	接地
18	VCC_RF	输出	3.0V 天线馈电输出（预留）
19	SDA	输入/输出	I2C 数据管脚
20	SCL	输出	I2C 时钟管脚
21	GPIO2	输入/输出	通用 I/O 或 SPI - CLK
22	FWD	输入	车辆前后移动信号
23	SPEED	输入	车速脉冲
24	GPIO4	输入/输出	通用 I/O 或 SPI - MOSI
25	USB_DM	输入/输出	USB 差分信号
26	USB_DP	输入/输出	USB 差分信号
27	GPIO3	输入/输出	通用 I/O 或 SPI - MISO
28	PULSE	输出	秒脉冲输出

3) PCB 封装说明

推荐 PCB 封装如图 13-60（单位 mm，括号内单位 mil）所示。

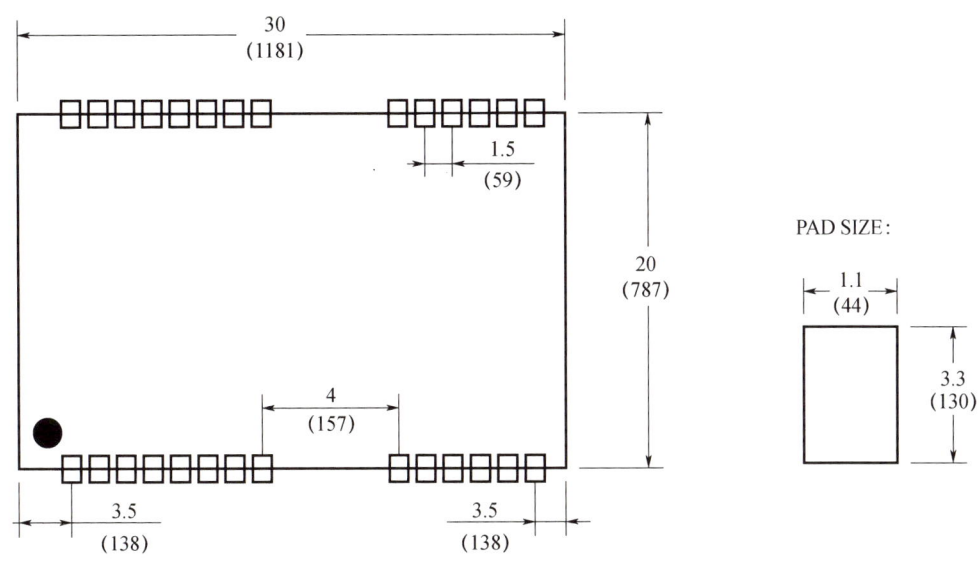

图 13-60　CC50III-BGI-H 推荐 PCB 封装

4）电气特性

CC50III-BGI-H 的工作条件及工作参数如表 13-11、表 13-12 所列。

表 13-11　CC50III-BGI-H 绝对最大工作条件

参数名称	符号	最小值	最大值	单位
供电电压	V_{DDIN}	-0.3	3.6	V
输入电源纹波	V_{DDRIP}	0	30	mVpp
RTC 外接电源电压	V_{DDRTC}	-0.3	3.6	V
输入引脚电压	V_{IN}	-0.3	3.6	V
天线馈电电流	I_{CCRF}	0	50	mA
射频输入功率	P_{RFIN}	0	3	dB·m
存储温度	T_{STG}	-50	95	℃

表 13-12　CC50III-BGI-H 工作参数

参数名称	符号	条件	最小值	典型值	最大值	单位
电源						
供电电压	V_{DDIN}	—	3.2	3.3	3.6	V
输入电源纹波	V_{DDRIP}	—	—	—	30	mVpp
平均工作电流	I_{DDIN}	$V_{DDIN}=3.3V$	—	100	120	mA
RTC 外接电压	V_{DDRTC}	—	3.0	3.3	3.6	V
RTC 电流	I_{DDRTC}	$V_{DDRTC}=3.0V$	—	—	150	μA

续表

参数名称	符号	条件	最小值	典型值	最大值	单位
输入输出引脚						
输入高电平	V_{IH}	—	2.3	3.3	3.6	V
输入低电平	V_{IL}	—	−0.5	0	0.8	V
输出高电平	V_{OH}	—	2.7	3.3	3.3	V
输出低电平	V_{OL}	—	−0.5	0	0.5	V
射频输入						
天线增益	G_{ANT}	—	0	25	—	dB
天线馈电电压	V_{CCRF}	$I_{CCRF} \leq 25\text{mA}$	—	3.0	—	V
工作环境						
工作环境温度	T_A	—	−40	25	85	℃

6. 参考设计

1) 电路设计

使用 CC50III‑BGI‑H 模块的最小系统包括电源输入(pin6)、射频输入(pin16)、串口 1(pin3,4)、电源输入(pin11)以及 GND 引脚。在电路设计中需要注意以下问题:

(1) 电源输入(pin6):模块供电电压为 DC 3.3V。为了达到更优的性能,请将输入电源纹波电压控制在 30mVpp 以内;建议在模块的电源输入端增加 10μF 以上的电容。

(2) 射频输入(pin 16):模块的射频输入端可以连接有源天线或无源天线。为了达到更优的性能,推荐采用特性阻抗 50Ω,增益 25~30dB 的有源天线。模块通过该引脚为天线提供 3.0V 馈电,50mA 电源,可以直接连接有源天线。设计为了加强射频端口的 ESD 防护,建议在射频输入端增加一个 TVS(瞬态电压抑制器)或同等功能的器件。连接有源天线的两种馈电方法:外置电源和模块馈电。参考电路分别如图 13‑61 和图 13‑62 所示。

(3) 串口 1(pin3,4):串口 1 为模块主通信端口,需保证可靠连接。模块的软件通过串口 1 进行升级,设计时建议将串口 1 引出并转换为 RS‑232 电平,以便连接 PC 串口。系统上电复位过程中需保证 UART1_RX(pin17)为高电平,此引脚在模块内部有上拉电阻。

(4) 串口 2(pin1,2):串口 2 为备用调试串口。

(5) RTC 电源(pin11):外部需要为 V_BCKP 提供 DC 3.3V 电源,不可悬空。若需要热启动,则还需连接法拉电容。

(6) 其他 LVTTL 电平的输入输出引脚:GPIO1~4,PWR‑DWN,nRESET,TIME PULSE。

2) Layout 设计

在使用 CC50III‑BGI‑H 进行 Layout 设计时需要注意以下几点:

(1) 尽量采用多层板结构,采用完整的 GND 层,电源采用宽的走线或铺铜,以减小供电系统的阻抗。

(2) 射频走线严格控制 50Ω 特性阻抗,且走线尽量短,避免直角或锐角转弯,避免分叉;射频器件及走线远离容易产生噪声干扰的数字电路及电源模块。如果板子尺寸较小且有较多高速数字电路或者电磁环境复杂应考虑给模块加屏蔽壳。

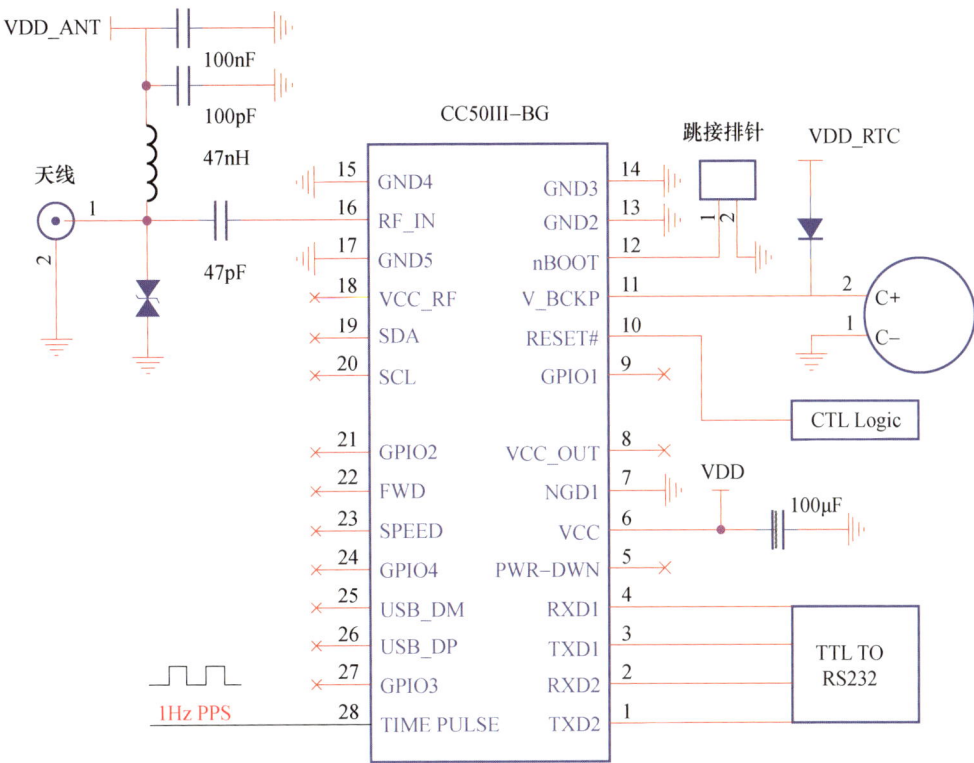

图 13-61　CC50Ⅲ-BGI-H 参考设计（天线用外部电源）

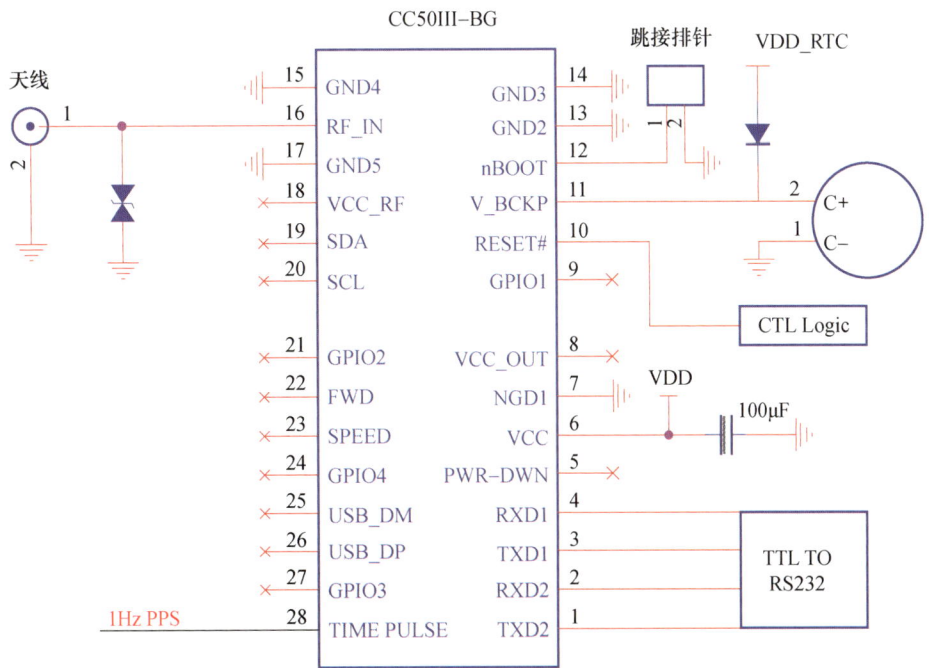

图 13-62　CC50Ⅲ-BGI-H 参考设计（天线用模块馈电）

(3) 尽量避免在模块的正下方走线。

7. 软件协议

1) 输出格式

CC50Ⅲ-BGI-H 模块通过串口进行数据通信。串口的协议及数据内容如表 13-13 所列。

表 13-13 串口输入输出

接口	输出格式
串口 1 输出	异步通信,1 位起始位,8 位数据位,1 位停止位,无校验,无流控;波特率可以在 4800~230400 之间设置,默认波特率 115200;输出基于 NMEA0183 协议; 输出速率 1Hz(默认); 传送标识符:BD(单 BDS),GP(单 GPS),GN(BDS/GPS 双模) 语句标识符:GGA,GLL,GSA,GSV,RMC 扩展标识符:BGI,EPE,RDK,PPS 注:为兼容商用 CORS 系统,GGA 语句始终使用 $GPGGA
串口 1 输入	北斗地基增强系统广域差分信息、RTCM2.X/3.X
串口 2 输入/输出	备用调试串口,默认波特率 230400

(1) GGA。GGA 语句格式如表 13-14 所列。

表 13-14 GGA 语句格式

格式	$GPGGA,hhmmss.ss,1111.11,a,yyyyy.yy,a,x,xx,x.x,x.x,M,x.x,M,x.x,xxxx*hh\<CR\>\<LF\>12345 6789 10 11 12 13 14
描述	位置数据

字段定义

1	UTC 的时分秒。如:034520.87 表示 03:45:20.87
2	纬度,格式是 ddmm.mmmmmmmm(即度分格式:d 表示度,m 代表分)
3	a 取值 N(北半球)或 S(南半球)
4	经度,格式是 dddmm.mmmm mmmm(即度分格式:d 表示度,m 代表分)
5	a 取值 E(东经)或 W(西经)
6	GPS 状态:0=未定位,1=单点定位,2=伪距差分定位,4=RTK 固定解,5=RTK 浮点解,6=惯导解算
7	参与位置解算的卫星数量
8	HDOP 水平精度因子(0.5~99.9)
9	平均海拔高度
10	单位:m
11	大地水准面差值(即:WGS-84 坐标系的椭球面高度与平均海拔高度的差,负值表示低于 WGS-84 坐标的椭球面)
12	单位:m
13	空
14	空

(2) GLL。GLL 语句格式如表 13 – 15 所列。

表 13 – 15　GLL 语句格式

格式	$ - - GLL,llll.ll,a,lllll.ll,a,hhmmss.ss,A,a*hh<CR><LF>1234567
描述	地理位置和时间
字段定义	
1	纬度,格式是 ddmm.mmmmmmmm(即度分格式:d 表示度,m 代表分)
2	a 取值 N(北半球)或 S(南半球)
3	经度,格式是 dddmm.mmmmmmmm(即度分格式:d 表示度,m 代表分)
4	a 取值 E(东经)或 W 西经)
5	UTC 的时分秒
6	数据状态位 A 表示定位数据有效,V 表示数据无效
7	系统定位模式,A 表示自动;D 表示差分;N 表示数据无效;S 表示模拟;M 表示手动

(3) GSA。GSA 语句格式如表 13 – 16 所列。

表 13 – 16　GSA 语句格式

格式	$ - - GSA,a,x,xx,xx,xx,xx,xx,xx,xx,xx,xx,xx,xx,xx,x.x,x.x,x.x*hh<CR><LF>123456
描述	导航精度和可见卫星
字段定义	
1	定位模式,M 表示手动(用于 2 维和 3 维定位系统);A 表示自动
2	定位解算模式:1 表示没有定位;2 表示 2 维定位;3 表示 3 维定位
3	参与位置解算的卫星号,GPS 卫星编号 1 ~ 32;BDS 卫星编号 101 ~ 135;SBAS 卫星编号 34 ~ 64;QZSS 卫星编号 33
4	位置精度因子(PDOP)
5	水平精度因子(HDOP)
6	垂向精度因子(VDOP)

(4) GSV。GSV 语句格式如表 13 – 17 所列。

表 13 – 17　GSV 语句格式

格式	$ - - GSV,x,x,xx,xx,xx,xxx,xx,xx,xx,xxx,xx,xx,xx,xxx,xx,xx,xx,xxx,xx*hh<CR><LF>12345678910
描述	可见导航卫星,可见卫星数少于 5 个的时候用一个 GSV,卫星数大于 4 个小于 9 个时用两个 GSV,等以此类推,每条 GSV 最多包含 4 个卫星的上述信息
字段定义	
1	总的 GSV 信息条数(1 ~ 9)

续表

格式	$--GSV,x,x,xx,xx,xx,xxx,xx,xx,xx,xxx,xx,xx,xx,xxx,xx,xx,xx,xxx,xx*hh<CR><LF>12345678910
2	GSV信息的序号(1~9)
3	目前天空可见的卫星总数
4	第一个可见卫星的编号
5	第一个可见卫星的仰角(00~90°)
6	第一个可见卫星的方向角(000~359°),以北为0°
7	第一个可见卫星的载噪比
8	第二个可见卫星上述信息
9	第三个可见卫星上述信息
10	第四个可见卫星上述信息

(5)RMC。RMC语句格式如表13-18所列。

表13-18 RMC语句格式

格式	$--RMC,hhmmss.ss,A,llll.ll,a,yyyyy.yy,a,x.x,x.x,xxxxxx,x.x,a,a*hh<CR><LF>12345678910 1112
描述	精简的导航数据
字段定义	
1	UTC的时分秒
2	数据状态位 A表示定位数据有效,V表示无效
3	纬度,格式是ddmm.mmmmmmmm(即度分格式:d表示度,m代表分)
4	a取值N(北半球)或S(南半球)
5	经度,格式是dddmm.mmmmmmmm(即度分格式:d表示度,m代表分)
6	a取值E(东经)或W(西经)
7	相对地的速度,单位是节(knots)
8	地面航向(000.0~359.9°,以真北为参考基准)
9	UTC的日月年,各占两位字节,年取后两位
10	无
11	磁偏角方向,E(东)或W(西)
12	系统定位模式,A表示自动;D表示差分;N表示数据无效;S表示模拟;M表示手动

(6)BGI。BGI语句格式如表13-19所列。

表 13 – 19　BGI 语句格式

格式	$ GNBGI,hhmmss. ss,x. xxx,x. xxx,x. xxx,x. xxx,x. xxx,x. xxx *hh < CR > < LF >1234567
描述	三维速度、姿态角输出,当组合导航不可用时,3 个姿态字段为空。
字段定义	
1	UTC 的时分秒
2	东向速度(Ve),单位:m/s
3	北向速度(Vn),单位:m/s
4	天向速度(Vu),单位:m/s
5	航向角(Heading),单位:°
6	俯仰角(Pitch),单位:°
7	横滚角(Roll),单位:°

(7)EPE。EPE 语句格式如表 13 – 20 所列。

表 13 – 20　EPE 语句格式

格式	$ GNEPE,x. xxx,x. xxx,x. xxx,x. xxx *hh < CR > < LF >1234
描述	定位、定速估计误差
字段定义	
1	估计水平定位误差,单位:m
2	估计高程定位误差,单位:m
3	估计水平定速误差,单位:m/s
4	估计天顶定速误差,单位:m/s

(8)PPS。PPS 语句格式如表 13 – 21 所列。

表 13 – 21　PPS 语句格式

格式	$ GNPPS,x *hh < CR > < LF >1
描述	当前毫秒计数
字段定义	
1	无符号 32 位整型

2)输入命令格式

CC50Ⅲ – BGI – H 模块可以通过串口命令进行配置。所有输入命令要求以回车换行结束。

(1) PCMDG。PCMDG 命令格式如表 13-22 所列。

表 13-22 PCMDG 命令格式

格式	$ PCMDG,n
描述	设置定位模式
默认配置	GPS + BDS 组合定位
设置后提示信息	根据 n 的不同取值,提示所设置的定位模式。n = 1 - 3 时分别输出 $ PDBGM,Set position mode:BDS only! $ PDBGM,Set position mode:GPS only! $ PDBGM,Set position mode:BDS and GPS!
参数定义	
n	n = 1 ~ 3: 1 表示单 BDS 定位;2 表示单 GPS 定位;3 表示 GPS + BDS 组合定位

(2) PCMDB。PCMDB 命令格式如表 13-23 所列。

表 13-23 PCMDB 命令格式

格式	$ PCMDB ,baudrate1 ,baudrate2 ,storeflag
描述	设置串口 1 和串口 2 的波特率
默认配置	串口 1 的波特率 115200,串口 2 的波特率 230400
设置后提示信息	设置成功后无提示信息,需要修改 PC 串口波特率;若设置失败,提示信息:$ PDBGM,baudrate is not supported!
参数定义	
baudrate1	串口 1 波特率,可取 4800、9600、19200、38400、57600、115200、230400
Baudrate2	串口 2 波特率,可取 4800、9600、19200、38400、57600、115200、230400
storeflag	配置保存标志,storeflag 为单字符 's' 时保存配置,否则不保存,再次上电后仍为初始波特率

(3) PCMDE。PCMDE 命令格式如表 13-24 所列。

表 13-24 PCMDE 命令格式

格式	$ PCMDE
描述	清除星历历书
设置后提示信息	$ PDBGM,ALL parameters are cleared!

(4) PCMDR。PCMDR 命令格式如表 13-25 所列。

表 13 - 25　PCMDR 命令格式

格式	$ PCMDR,N
描述	模块重新启动
设置后提示信息	1s 后模块重新启动
参数定义	
N = 1	热启动
N = 2	温启动
N = 3	冷启动
N = 4	重启动
N = 5	恢复出厂默认设置

(5) PCMDV。PCMDV 命令格式如表 13 - 26 所列。

表 13 - 26　PCMDV 命令格式

格式	$ PCMDV
描述	接收机正常工作时查询软件版本
设置后提示信息	$ GNVER,<1>,<2>,<3>,<4> <5> <1>:模块版本号 <2>:Bootloader 版本号 <3>:软件版本号 <4> <5>:编译日期和时间

(6) PCMDO。PCMDO 命令格式如表 13 - 27 所列。

表 13 - 27　PCMDO 命令格式

格式	$ PCMDO,NMEA,0xhh,storeflag
描述	设置 NMEA 输出语句
默认配置	0x1F
参数定义	
0xhh	hh 为 16 进制数,每 bit 对应不同的语句,该 bit 为 1 时对应语句打开,为 0 时对应语句关闭。 | Bit	7	6	5	4	3	2	1	0 | |---|---|---|---|---|---|---|---|---| | 语句 | BGI | ZDA | VTG | RMC | GSV | GSA | GLL | GGA | | Bit | — | — | — | — | 11 | 10 | 9 | 8 | | 语句 | — | — | — | — | 保留 | PPS | RDK | EPE | 例如,仅输出 GGA 语句,命令为: $ PCMDO,NMEA,0x01;同时输出 GGA 和 GLL,命令为: $ PCMDO,NMEA,0x03
storeflag	配置保存标志,storeflag 为单字符 's' 时保存配置,否则不保存

(7) PCMDN。PCMDN 命令格式如表 13-28 所列。

表 13-28 PCMDN 命令格式

格式	$ PCMDN,0,N
描述	模块 COM1 口,COM2 口输入输出配置
默认配置	N=0:COM1 口输出 NMEA,接收 RTCM。 COM2 默认输出功能是关闭的,开启命令:$ PCMDd,1
设置后提示信息	$ PCMDN,OK
参数定义	
N=0	COM1:输出 NMEA,接收 RTCM,接收文本命令 COM2:接收文本命令
N=2	COM1:接收文本命令 COM2:输出 NMEA,接收 RTCM,接收文本命令
N=4	COM1:输出 NMEA,接收文本命令 COM2:接收 RTCM,接收文本命令
N=5	COM1:接收 RTCM,接收文本命令 COM2:输出 NMEA,接收文本命令

(8) PCMDx。PCMDx 命令格式如表 13-29 所列。

表 13-29 PCMDx 命令格式

格式	$ PCMDx,n
描述	设置模块惯导 IMU 轴向安装
默认配置	默认 IMU 轴向见产品铭牌标识
设置后提示信息	根据 n 的不同取值,提示所设置的 n 值 $ AXIS NUMBER = n *
参数定义	

$n=1\sim24$:轴向配置方案详细说明见下表(其中前、后、左、右、上、下为载体各轴向,X、Y、Z 为模块铭牌所标方向):

n 取值	前	后	左	右	上	下
1	Y		Z		X	
2		Y		Z	X	
3	Z			Y	X	
4		Z	Y		X	
5	Y			Z		X
6		Y	Z			X
7	Z			Y		X
8		Z	Y			X

续表

格式	\$ PCMDx,n					
n 取值	前	后	左	右	上	下
9	X			Z	Y	
10		X	Z		Y	
11	Z			X	Y	
12		Z		X	Y	
13	X		Z			Y
14		X		Z		Y
15	Z			X		Y
16		Z	X			Y
17	X		Y		Z	
18		X		Y	Z	
19	Y			X	Z	
20		Y	X		Z	
21	X			Y		Z
22		X	Y			Z
23	Y			X		Z
24		Y	X			Z

（9）PCMDA。PCMDA 命令格式如表 13-30 所列。

表 13-30　PCMDA 命令格式

格式	\$ PCMDA
描述	天线检测
设置后提示信息	Antenna State：N N：0 正常；1 断路或无源天线；2 短路

13.4　北斗高精度智能手机

13.4.1　概述

如果能够依托北斗增强系统，率先在国产智能手机上开发出全球领先的高精度定位服务应用,这将会大幅度提高国产智能手机的竞争力,而且能够迅速将北斗增强服务惠及千万用户,具有良好的经济效益和社会效益。

智能手机大都支持无线通信功能(2G/3G/4G,Wifi,蓝牙,调频广播接收),同时也支持卫星导航功能,运营商和应用程序(APP)开发者能够在此基础上开发基于位置的服务(Location Based Service,LBS)。目前较领先的国产智能手机采用4核甚至8核高性能处理器,支持2G、3G或4G移动通信、GPS/BDS/GLONASS卫星导航、Wifi、蓝牙、调频广播接收等功能。如果依托这样的国产智能手机开发平台,增加北斗及北斗增强功能,使其成为增强型北斗智能手机,并且在此基础上开发基于北斗增强系统的高精度定位服务:一方面能够使得北斗增强系统的用户迅速增加;另一方面也能够开创基于高精度定位服务的创新型应用。

北斗高精度智能手机的研制工作,是基于东方联星LX01多功能导航芯片,在已经量产的智能手机上实现北斗亚米级精度定位功能。

13.4.2 技术要求

1. 功能要求

北斗高精度智能手机的产品功能:

(1)移动通信功能:支持2G、3G或4G。

(2)短距通信:Wifi通信、蓝牙通信、调频广播接收。

(3)高精度定位:具备利用BDS B1、GPS L1 C/A码和载波相位测量值实现RTD、准RTK三维高精度定位。

(4)具备接收北斗地基增强网差分数据,即RTCM3.0/RTCM3.2差分协议数据,实现亚米级定位功能。

(5)扩展功能:支持第三方应用APP的二次开发。

2. 性能指标

北斗高精度智能手机的主要技术指标:

(1)收星能力:BDS B1,GPS L1;

(2)首次定位时间(TTFF):

① 冷启动:≤35s;

② 热启动:≤1s;

③ 重捕时间:≤1s(失锁时间≤5s条件下)。

(3)增强定位精度。北斗高精度智能手机增强定位精度指标如表13-31所列。

① 数据存储:2GB RAM,16GB FLASH,microSD卡(最高支持64GB);

② 外部接口:标准Micro USB,支持USB2.0,480Mbps;

③ 摄像头:主摄像头1300万像素AF Full FD,副摄像头500万像素HD。

表 13-31　北斗高精度智能手机增强定位精度指标

测试场景	水平精度/m		高程精度/m	
	68% 置信度	95% 置信度	68% 置信度	95% 置信度
静态 （单点、RTD、准 RTK 自动适应）	1	2	1.5	3
开阔天空跑车测试 （单点、RTD、准 RTK 自动适应）	3	6	4	8

13.4.3　组成及工作原理

1. 组成

北斗高精度智能手机由硬件部分和软件部分组成：

1）主要硬件

（1）主处理器：4 核 1.6GHz，2GB RAM，16GB FLASH；

（2）移动通信芯片：支持联通、电信、移动，2G/3G/4G；

（3）短距连接（Connectivity）芯片：支持 BDS/GPS 双模定位、Wifi 通信、蓝牙通信、调频广播接收；

（4）BDS/GPS 天线：接收 BDS B1I/GPS L1 卫星信号；

（5）BDS/GPS 射频模块：卫星信号处理；

（6）BDS/GPS 基带处理模块：卫星信号的捕获、跟踪。

2）主要软件

（1）BDS/GPS 基带处理软件：捕获策略、跟踪环路控制。

（2）BDS/GPS 单点解算软件：单点定位解算、通道管理、报送高精度观测量。

（3）BDS/GPS Socket 数据通信软件：上报高精度解算所需的观测量信息、下报伪距改正数和高精度定位结果。

（4）BDS/GPS 高精度算法库：差分数据解析、差分定位解算。

（5）BDS/GPS 高精度服务 APP：Socket 通信管理、高精度算法库调用。

（6）BDS/GPS 高精度应用 APP：高精度定位结果可视化、高精度服务 APP 管理、高精度应用 API 管理。

（7）BDS/GPS 高精度应用 API：供第三方应用调用获取高精度定位结果。

2. 工作原理

北斗高精度智能手机的工作原理：

（1）BDS/GPS 天线将 BDS/GPS 卫星信号极微弱的电磁波能转化为相应的电流，然后经过天线部分的前置放大器将 BDS/GPS 信号电流予以放大。

（2）射频信号通过射频馈线传输给 BDS/GPS 射频模块。BDS/GPS 射频模块将 BDS/GPS 导航卫星信号进行放大、下变频、滤波、模数转换，最后输出中频信号。

（3）射频的模拟中频信号在经过 ADC 变化后，经过下变频和模数转换后的信号再送给基带处理模块，基带处理模块经过伪码延时锁定环路与载波锁定环路，同时对 BDS/GPS 信号进行解扩与解调,获得基带信号。

(4) 单点解算模块从基带信号中提取与高精度解算有关的数据:从伪码延时锁定环路获得伪距、从载波环路获得载波相位、从卫星播发的导航电文获得卫星信号发送时刻和星历数据,并通过解算获得三维位置、速度和时间的信息。

(5) Socket 数据通信软件将智能手机的卫星观测量和单点定位结果发送给高精度定位服务 APP。同时,高精度定位应用 APP 通过手机联网功能实时获得北斗地基增强网发送的差分数据并传送给高精度定位服务 APP。

(6) 高精度定位服务 APP 调用高精度定位算法库,利用基准站的卫星观测量与智能手机的卫星观测量进行实时差分解算,获得高精度定位结果。

(7) 高精度定位服务 APP 将获得的高精度定位结果,返回给高精度定位应用 APP。最后,高精度定位应用 APP 通过私有 API 管理高精度位置的分发。

13.4.4 设计方案

1. 总体设计

LX01 芯片的卫星导航(GNSS)模块是基于宿主(Host Based)的卫星导航方案。其中,LX01 作为跟踪器,其固件完成卫星信号的捕获、跟踪功能,而手机应用处理器(Application Processor,AP)作为宿主(Host)完成单点定位解算功能(Positioning,Velocity,Timing,PVT)。

目前,手机应用处理器运行的是安卓(Android)操作系统,单点定位解算功能(PVT)作为安卓位置管理模块(Location Manager)下的一个驱动,将定位结果通过位置管理模块的应用程序接口提供给上层的应用程序(APP),如地图导航软件等。

在手机平台上实现基于北斗增强的高精度服务,整体方案设计如图 13-63 所示。在传统的定位应用中,手机通过 LX01 芯片对 GPS/BDS 卫星信号进行捕获跟踪,将观测量通过串行接口传至

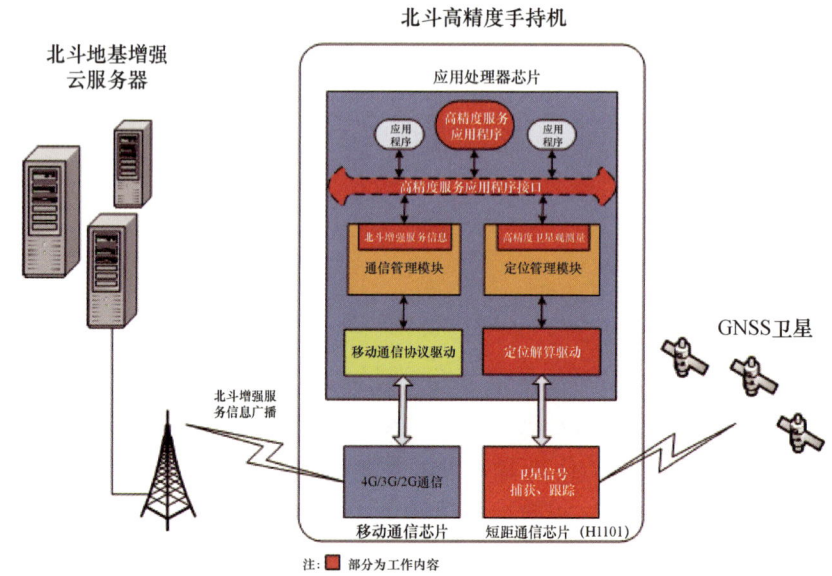

图 13-63 北斗高精度智能手机实现方案

应用处理器芯片的PVT驱动进行单点定位解算,并将定位结果直接通过安卓的定位管理模块传给应用程序(如导航软件等);在高精度定位应用中,位于应用层的高精度应用 APP 通过移动通信芯片从北斗增强云服务器获取基准站广播的增强服务信息,并传给应用层的高精度服务 APP,高精度服务 APP 再联合利用从高精度接口获取的手机卫星观测信息,通过调用高精度算法库最终实现高精度差分定位解算。

2. 硬件设计

北斗高精度手机的硬件部分即支持北斗高精度的智能手机(图 13 - 64),选用搭载 LX01 芯片的已量产机型。满足设备通信、接口、存储等相关功能要求。

3. 软件设计

1)卫星导航基带处理软件的开发

这部分工作需要将东方联星 NAVSTAR 高精度模块的卫星导航基带处理(捕获、跟踪)程序移植到 LX01 芯片上,使其能够在满足高灵敏度性能的同时获取高精度观测量,并传送给应用处理器芯片进行定位解算。

LX01 芯片除了 GNSS 卫星导航功能之外,还集成 Wifi、蓝牙、调频广播接收等功能,软件功能和软件集成环境都非常复杂。因此,本部分工作内容除了需要对基带处理算法进行优化以满足智能手机的核心性能指标外,还需要对 LX01 复杂的软件集成环境和操作系统进行适配。

图 13 - 64 北斗高精度智能手机

基带信号处理软件主要包括卫星信号捕获、跟踪、比特同步、比特信息提取等部分。接收直扩序列扩频信号时,需要接收信号中的直扩序列与本地产生的直扩序列的起始时间完全相同,同时接收的中频信号(即基带处理部分的输入信号)的中频载波频率与本地产生的中频载波频率要完全一致,这时,相关器的结果才不是噪声,而是有一个峰值,该峰值被称为相关峰。在开始接收时,需要进行捕获过程,该过程就是不断改变本地产生的直扩序列的起始时间和中频载波频率,进行二维搜索,直到与接收信号一致,找到相关峰为止,软件中控制这一过程的程序就是卫星信号捕获部分。在接收机找到信号的相关峰后,由于导航卫星轨道运动和接收机本身运动的影响,直扩序列的起始时间和载波频率会有连续的变化,载波频率的连续变化进而会引起中频载波频率同样的连续变化,跟踪部分就是控制本地产生的直扩序列的起始时间与中频载波频率做同样的连续变化,以保持相关峰。导航卫星信号中调制有报文信息,报文信息包括星历和历书,星历中主要包括短时的精确信息,如卫星的轨道参数、电离层参数、卫星时钟误差等,这是位置解算过程中必备的信息,某一星历的有效时间一般是数小时。历书中主要是长时间的粗略的卫星轨道参数,由于误差较大,不能用来定位,有效期可达数月。报文信息被逐比特调制到直扩序列上,比特同步部分就是控制找到比特起始位置,比特信息提取就是在比特同步之后获得比特信息。

(1)初始化 TCSC_INIT。

初始化(TCSC_INIT)负责创建并启动软件总体结构中的各个模块,主要包括挂载配置接收机串口、初始化信号量和互斥量等全局变量、创建并启动基带数据处理线程、保存接收机参数线程以及挂载基带处理模块。初始化后，软件便转入程序主体运行，以基带处理模块的中断为最初驱动源，按照软件总体结构闭环运行。初始化的流程图如图13-65所示。

（2）基带驱动 TCSC_BB_DRV。

基带驱动通过对基带处理单元的中断响应，对基带原始数据进行运算处理，实现对卫星信号的捕获跟踪，并将相关基带数据传送给基带数据处理模块；同时，基带驱动还接收基带数据处理模块下发的配置参数，对基带处理单元进行控制。图13-66描述了基带驱动正常工作时的数据流图。

（3）初始化 TCSC_BB_INI。

软件启动挂载基带处理模块时，会对基带处理单元进行初始化。基带处理单元模块的驱动挂载过程如下所述：创建和初始化相关信号量和互斥量；初始化、创建并启动捕获跟踪处理线程模块；创建并使能基带中断处理。

（4）基带中断处理 TCSC_BB_INT。

基带中断处理完成对基带处理单元的中断响应。中断触发时首先调用基带中断处理 ISR 模块，该模块主要读取基带处理单元中的中断源，实时性高，处理时间较短；然后系统自动调用基带中断处理 DSR 模块，该模块实时性不如 ISR，主要保存处理基带处理单元的数据，然后发送信号量通知捕获跟踪处理模块进行数据处理。图13-67描述了基带中断处理过程。

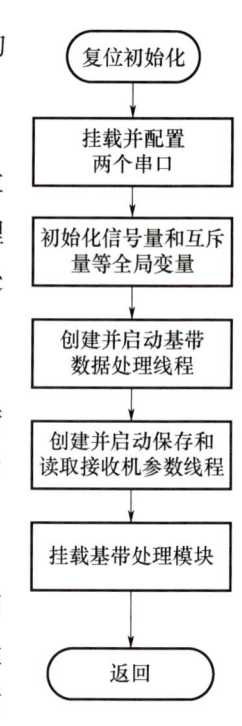

图13-65 基带初始化流程

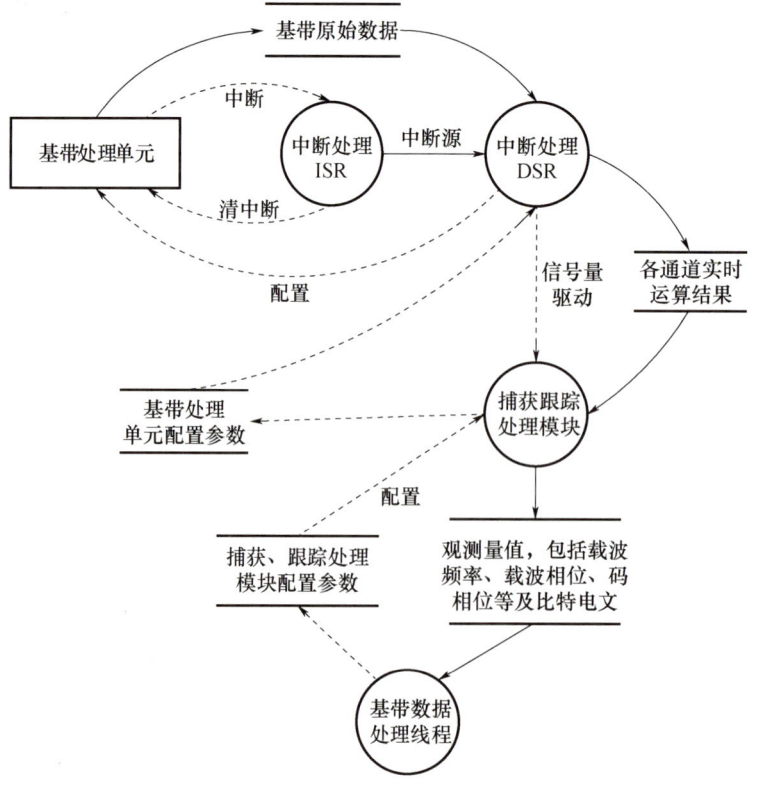

图13-66 基带驱动数据流图

（5）基带中断处理 ISR TCSC_BB_ISR。

如图 13-68 所示，中断处理 ISR 完成屏蔽中断、读取中断源标志、清除中断以及启动 DSR 的处理。中断处理 ISR 要求能够立即响应中断以及处理过程不能够被打断，读取的中断源标志会传递给 DSR 使用。

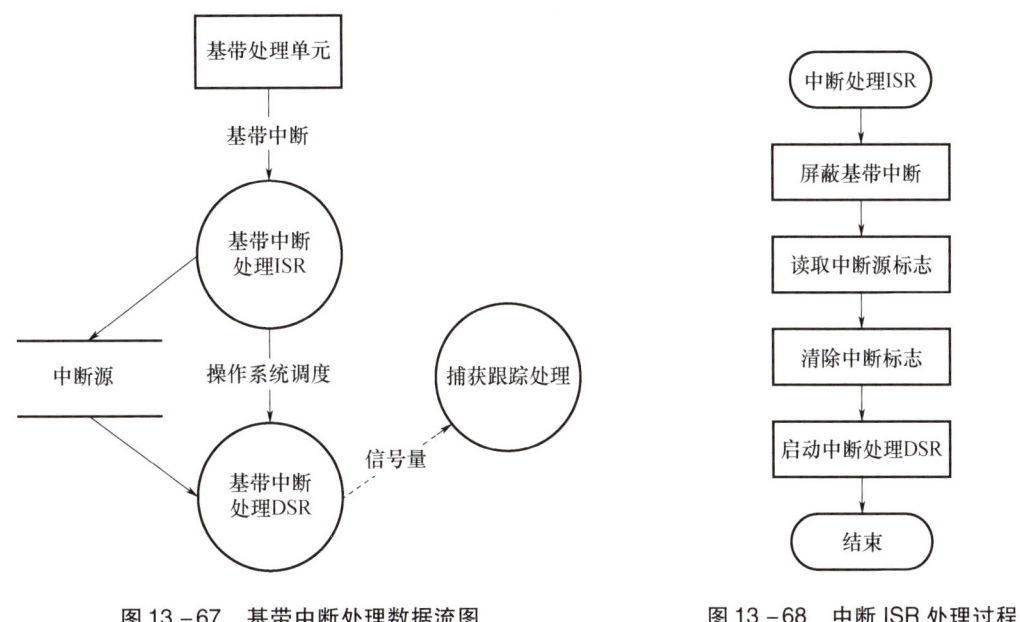

图 13-67　基带中断处理数据流图　　　　图 13-68　中断 ISR 处理过程

（6）基带中断处理 DSR TCSC_BB_DSR。

如图 13-69 所示，中断处理 DSR 主要完成软件与基带模块间的数据交互过程。

其中的 hw_send_command 子模块处理基带配置参数缓冲区中的数据。基带配置参数缓冲区中按组存储着基带的配置数据。每一个配置组中配置类型存储在第一项，不同的配置类型，配置参数个数不同，顺序存放在配置类型后。

（7）捕获跟踪处理 TCSC_BB_SER_TRK。

捕获跟踪处理模块主要对基带原始数据进行处理，实现对卫星信号的捕获，进而保持对卫星信号的持续跟踪，并得到卫星的导航电文比特数据。

如图 13-70 所示，捕获跟踪处理模块的主要部分是捕获跟踪数据处理，比特同步和电文提取，message_update 子模块，hw_comm_update 子模块，parse_baseband_cmd 子模块。

捕获跟踪数据处理包括转换通道状态、调整跟踪载波环路和码环路状态、维持正确跟踪状态、得出正确多普勒、码相位以及载波相位等信息，还会进行比特同步和提取比特电文。

在得到正确的多普勒、码相位以及载波相位后，捕获跟踪处理模块会调用子模块 hw_comm_update 把这些新的配置参数写入配置参数缓冲区。这些配置参数会写入基带模块，闭环反馈运行。

在 MEAS 观测时刻，捕获跟踪数据处理会把这些观测量值通过 message_update 子模块封装，通过系统接口传递给基带数据处理线程模块，该模块从观测量值中提取出伪距、载波相位、星历、历书等信息，进行 PVT 解算。同时，通过 PVT 解算结果以及星历预测等处理对捕获跟踪处理模块进行配置。捕获跟踪数据处理会调用 parse_baseband_cmd 处理这部分配置,主要包括增删通道、调整卫星多普勒频率和频率搜索范围、通道状态切换条件等。

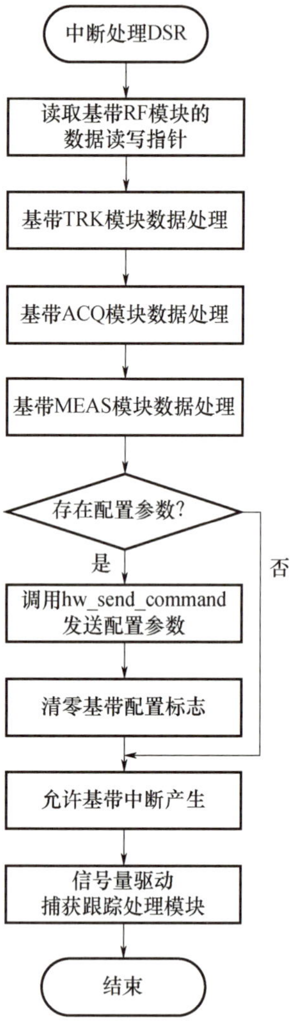

图 13-69 中断处理 DSR 过程 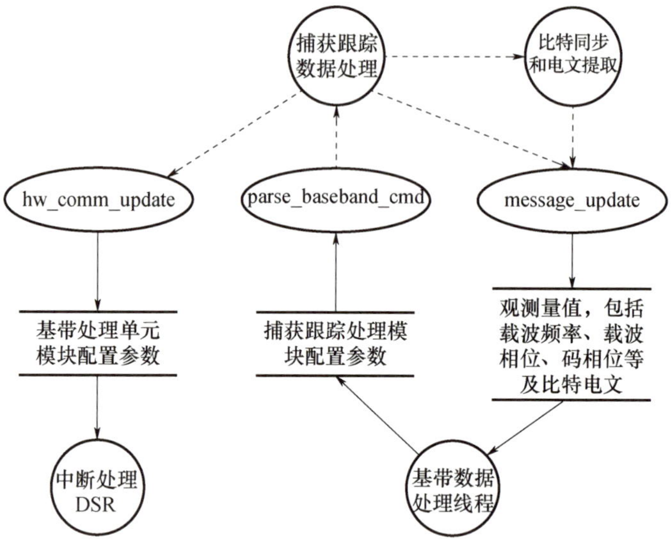　　　　图 13-70 捕获跟踪处理模块结构

2）单点定位解算软件的开发

这部分工作需要将东方联星 NAVSTAR 高精度模块的单点定位解算程序移植到手机的应用处理芯片上,使其能够满足城市峡谷等复杂信号条件下的单点定位功能。

单点定位解算软件主要包括卫星观测值提取、报文解析、位置速度解算、接收机通道控制和上报高精度观测量等部分。观测值提取部分是根据直扩序列的起始位置和中频载波频率等信息得到伪距、多普勒等用于位置、速度解算的观测值。报文解析部分就是从卫星发送的比特信息中得到信号发送时刻、星历和历书数据。位置解算部分利用提取的报文信息和观测值,计算出接收机的位置和速度。由于导航卫星是低轨道卫星,所以在某一地点,随着时间的变化,天空上的导航卫星是有相对运动的,既会不断有卫星消失在地平线下,从而接收机无法收到该卫星的信号,也会有新的卫星从地平线下升起,从而信号可以被接收机收到。所以,接收机要不断根据时间、地点的变化与卫星轨道参数,删掉、更换、增加正在接收的卫星,接收机通道控制就是控制这一过程的软件模块。单点定位解算软件只是完成普通精度的单点定位功能,还需要将智能手机的观测量通过 Socket 数据通信传输给应用层的高精度服务 APP 才能进行高精度解算。进行高精度解算所需的信息主要为伪距、载波相位、多普勒、星历、单点 PVT 结果等。

单点定位解算的基本原理是:卫星不间断地发送自身的星历参数和时间信息,用户接收到这些信息后,经过计算求出接收机的三维位置、三位速度和时间信息。

伪距观测绝对定位是利用一台接收机观测多颗卫星,并独立地计算出自身在 WGS84 大地坐标系中的三维位置。卫星的伪距观测值,是通过测量信号从卫星到接收机的传播时间,继而得到卫星与接收机之间的距离。假定卫星和接收机的时钟都是与系统的时间保持完全同步,即不存在卫星钟差与接收机钟差,并且为简单起见,也不考虑大气层折射延迟(包括电离层和对流层)等的影响,则此时卫星至地面接收机的距离 ρ,与信号传播时间 t 之间的关系为

$$\rho = ct \tag{13-18}$$

式中:c 为光速。

实际上,卫星钟与接收机钟一般无法与系统时间完全同步,再考虑到卫星信号受大气层折射的延迟影响,因此测量得到的并非真正的卫星至接收机的几何直线距离,而是伪距 P,即

$$P = \rho + c\Delta t \tag{13-19}$$

式中:$\Delta t = \mathrm{d}t^j - \mathrm{d}t_a + \mathrm{d}t_A$;$\mathrm{d}t_a$ 为接收机时钟与系统时间的同步差;$\mathrm{d}t^j$ 为卫星钟与系统时间的同步差;$\mathrm{d}t_A$ 为大气层折射延迟影响(包括电离层和对流层的折射延迟);$\rho = \|\boldsymbol{X}_S - \boldsymbol{X}_R\|$,其中 $\boldsymbol{X}_S$,$\boldsymbol{X}_R$ 分别为卫星和接收机在协议地球坐标系(WGS84)中的地心矢量。

在式(13-19)中,$\mathrm{d}t^j$ 可以由卫星广播电文给出的参数计算出,并在观测方程中作相应的改正;$\mathrm{d}t_a$ 一般是直接作为未知数,与测站坐标等其他未知数一并求解;$\mathrm{d}t_A$ 为大气层折射所致的时间延迟,其中,电离层折射部分可以通过双频观测技术予以消除,对单频接收机则可通过有关模型予以粗略改正;对流层折射部分可以通过选择适当的延迟模型予以估算,例如,Hopfield 模型或 Saastamoinen 模型等。

由于存在测站三维位置坐标和接收机时钟改正量 4 个未知数,故至少需要同时对 4 颗卫星进行观测,得到 4 个方程才能求解出 4 个未知数,如图 13-71 所示。

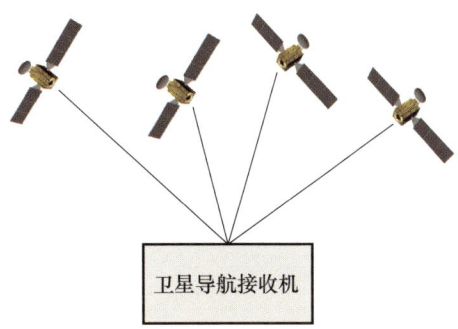

图 13-71 卫星导航接收机伪距定位原理

设伪距观测量如下，即

$$(t_a - t^j)c = \rho_a^j + (dt^j - dt_a)c + I_a^j + T_a^j + \delta\rho_a^j \tag{13-20}$$

式中：$\delta\rho_a^j$ 为卫星星历不准造成的等效距离误差；cdt^j 为卫星钟误差；I_a^j 为电离层误差；T_a^j 为对流层误差；cdt_a 为接收机钟误差；t^j 为信号发射时刻；t_a 为信号接收时刻；ρ_a^j 为卫星到接收机的几何距离真值，有

$$\rho_a^j = \sqrt{(x^j - x_a)^2 + (y^j - y_a)^2 + (z^j - z_a)^2} \tag{13-21}$$

其中：(x^j, y^j, z^j) 为卫星的位置；(x_a, y_a, z_a) 为接收机位置。

式中有 $x_a, y_a, z_a, dt^j, dt_a, I_a^j, T_a^j, \delta\rho_a^j$ 共 8 个未知数。其中，dt^j 采用多项式模型改正后可忽略不计；$\delta\rho_a^j$ 为广播星历误差，可忽略不计；I_a^j 采用双频数据改正或电离层模型改正；T_a^j 采用对流层模型改正。因此，式中只有 4 个未知数 x_a, y_a, z_a, dt_a，若用 $P_a^j = (t_a - t^j)c$ 表示伪距观测，则

$$P_a^j = \rho'^j_a + I_a^j + T_a^j \tag{13-22}$$

$\sqrt{(x^j - x_a)^2 + (y^j - y_a)^2 + (z^j - z_a)^2} + cdt_a = \rho'^j_a$ 即为经大气误差改正后的伪距。

当同步观测 4 颗以上卫星时，即可列出方程组为

$$\left.\begin{array}{l}\sqrt{(x^1 - x_a)^2 + (y^1 - y_a)^2 + (z^1 - z_a)^2} + cdt_a = \rho'^1_a \\ \vdots \\ \sqrt{(x^n - x_a)^2 + (y^n - y_a)^2 + (z^n - z_a)^2} + cdt_a = \rho'^n_a\end{array}\right\} \tag{13-23}$$

为了数据处理和求解方便的需要，将式(13-23)写成 $\rho'^j_a = \rho_a^j + cdt_a$，并对 ρ_a^j 进行微分，作线性化处理，并将接收机的概略坐标 (x_{a0}, y_{a0}, z_{a0}) 作为初始值代入，得到

$$\delta\rho_a^j = \frac{x_{a0} - x^j}{\rho_{a0}^j} \cdot \delta x_a + \frac{y_{a0} - y^j}{\rho_{a0}^j} \cdot \delta y_a + \frac{z_{a0} - z^j}{\rho_{a0}^j} \cdot \delta z_a$$

式中：

$$\rho_{a0}^j = \sqrt{(x^j - x_{a0})^2 + (y^j - y_{a0})^2 + (z^j - z_{a0})^2}$$

故，按泰勒级数展开并取一次项，得到线性化后的伪距观测方程为

$$\rho'^j_k = \rho_{a0}^j - \begin{pmatrix} l_a^j & m_a^j & n_a^j \end{pmatrix} \begin{bmatrix} \delta x_a \\ \delta y_a \\ \delta z_a \end{bmatrix} + c\delta t_a \tag{13-24}$$

式中：

$$l_a^j = \frac{x^j - x_{a0}}{\rho_{a0}^j}, m_a^j = \frac{y^j - y_{a0}}{\rho_{a0}^j}, n_a^j = \frac{z^j - z_{a0}}{\rho_{a0}^j}$$

方程(13-24)可写成

$$\begin{bmatrix} \rho_a'^1 \\ \rho_a'^2 \\ \vdots \\ \rho_a'^n \end{bmatrix} = \begin{bmatrix} \rho_{a0}^1 \\ \rho_{a0}^2 \\ \vdots \\ \rho_{a0}^n \end{bmatrix} - \begin{bmatrix} l_a^1 & m_a^1 & n_a^1 & -1 \\ l_a^2 & m_a^2 & n_a^2 & -1 \\ \vdots & \vdots & \vdots & \vdots \\ l_a^n & m_a^n & n_a^n & -1 \end{bmatrix} \begin{bmatrix} \delta x_a \\ \delta y_a \\ \delta z_a \\ \delta t_a \end{bmatrix} \quad (13-25)$$

上述方程组中,当同步观测的卫星数为 4 时,则 4 个方程可实时求解出 4 个未知数;当同步观测的卫星数多于 4 颗时,就有了多余观测,按最小二乘法可求出最小二乘解,得到测站三维位置坐标和接收机时钟改正量。

3) 北斗地基增强服务传输协议的开发

这部分工作需要基于安卓的移动通信协议层,在应用层的高精度服务 APP 里实现从网络获取北斗地基增强网播发的 RTCM 差分数据。高精度服务 APP 通过调用高精度算法库对 RTCM 差分数据进行解析,从而提取出基准站的位置信息和卫星观测值。

NTRIP(Networked Transportof RTCM via Internet Protocol)是在互联网上进行 RTK 数据传输的协议。它主要由 3 个部分组成,图 13 - 72 示意了数据怎样从 NtripServer(RTK 参考站)传到 Ntrip-Caster(处理数据流)和 NtripClient(RTK 流动站)的过程。

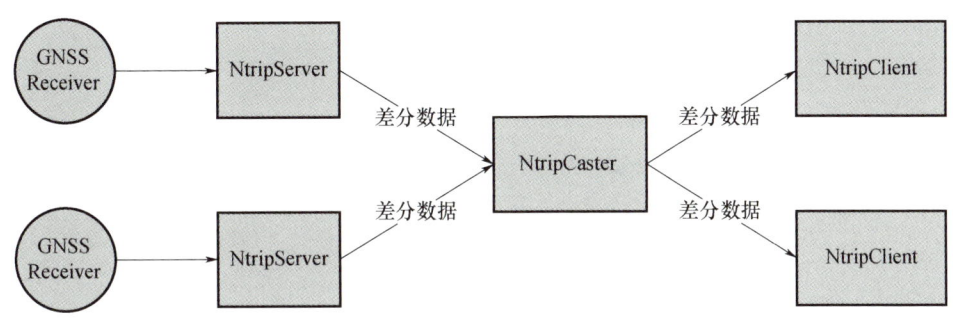

图 13 - 72　NRTIP 组成

使用 NRTIP 意味着遍布大面积区域的多个 NtripServer(RTK 参考站)都能连接到 NtripCaster。这意味着如今在一个地区的 RTK 流动站能够很容易地共享所有的参考站。通过它的 MOUNT-POINT 识别每一个 NtripServer(RTK 参考站),这个识别码是唯一的。这是一个由 4 个字符组成的识别码,在第一次连接到 NtripCaster 时由参考站的"所有者"定义。所有涉及单独的 NtripCaster 的挂载点都被 NtripCaster 存储在资源表。

NtripCaster 也能够"保护"从 NtripServer 得到的数据,比如仅仅注册用户能够接收到 RTK 数据。这意味着 NtripCaster 知道哪一个流动站已经登录和在线时长,那么 NtripCaster 将这条信息传递给 Nt-ripServer(参考站)的所有者,他就能根据流动站用户收到的数据进行收费。它能够阻止 RTK 流动站直接连接到独立的参考站。在世界范围内连接到 NtripCaster 参考站的数量将会不断增加。

NRTIP 与以往的 RTK 直接传输方式不同,它将多个参考站端的观测数据首先经互联网发送至控制中心,进一步处理后再由移动通信网,如 GPRS、CDMA 网播发出去。控制中心的差分数据由中心服务器传送到移动网络,再通过该网络发送给众多的客户。客户在接收设备中装有可以接收来自系统控制中心数据的特定客户端软件,用户利用移动网卡登录互联网可以实现对中心的访问。客户在进行 RTK 工作时,首先需要发送访问参数(用户账号和密码)到控制中心。系统对其认证通过后,可接收到 RTK 数据。同时,客户端还要将其接收数据设置点(源)的信息传给控制中心。无论是客户端,还是参考站端,它在系统中的识别码是唯一的,在第一次连接到控制中心时进行定义,所有识别码都由控制中心存储在系统的 D 表中。这保证了系统的安全性,可以预防非注册用户进入到控制中心发送或者接收 RTK 数据。控制中心可以实时知道哪一个流动站已经登录和在线时长,能根据流动站用户收到的数据进行计费管理等。

4)安卓平台上移植高精度算法库

在北斗高精度智能手机的设计中,高精度的差分定位解算功能放置在 Java 层,因此需要将高精度算法软件进行代码优化和软件封装,使其能够成为一个可供上层 Java 应用程序调用的动态库(.so)。高精度算法库运行在安卓的 Java 层,而 LX01 方案的 Host PVT 模块运行在安卓的 Native 层,两者需要通过 Socket 通信软件进行连接。设计中采用了本地 Socket 的通信方式在两个模块间直接进行通信,由东方联星负责制定传输协议并开发上层(Java 层)的 Socket 模块,由合作团队负责开发底层(Native 层)的 Socket 模块,实现 LX01 Host PVT 和高精度算法库的连接和通信。

JNI 是 Java Native Interfac 的缩写,中文翻译为"Java 本地调用"。它是一种 Java 本地编程接口,使得在 Java 虚拟机(VM)内部运行的 Java 代码能够与用其他编程语言(如 C、C++ 和汇编语言)编写的应用程序和库进行互操作。也就是说,JNI 是一种技术方式,通过这种技术可以做到:Java 程序中的函数可以调用 Native 语言写的函数,一般指的是 C/C++ 编写的函数;同样,C/C++ 程序中的函数也可以调用 Java 层的函数。

图 13-73 为 Android 系统框架图。最底层是 Linux Kernel,然后上面是封装的库及 Android Runtime,再上面是 Application Framework。最顶层的是应用层。而 APP 开发者最主要的开发工作就是专注于 APP 层。但是由于某些原因要使用到 NDK 编程,所以会涉及系统开发(中间层)的开发。系统开发的流程如图 13-74 所示。

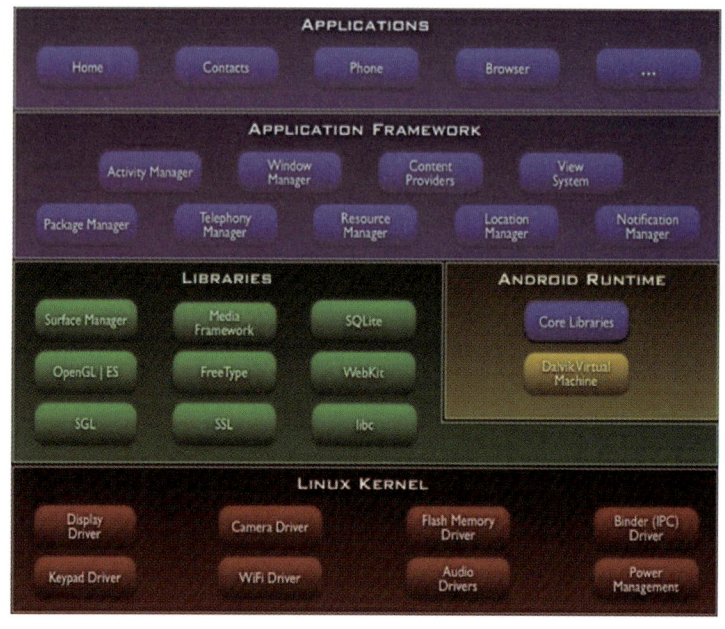

图 13-73 安卓系统框架图

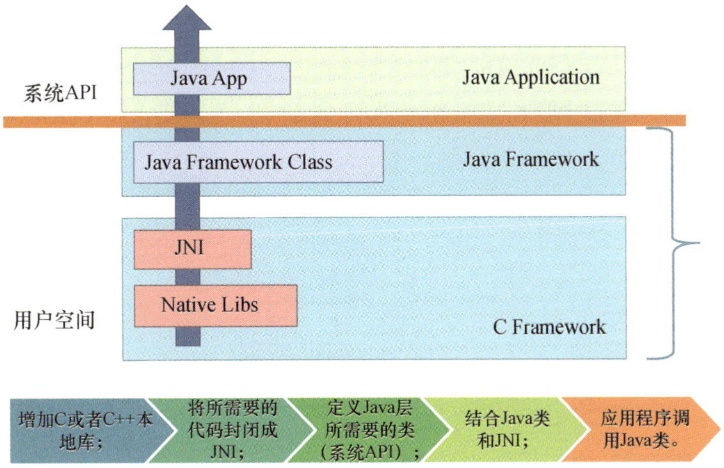

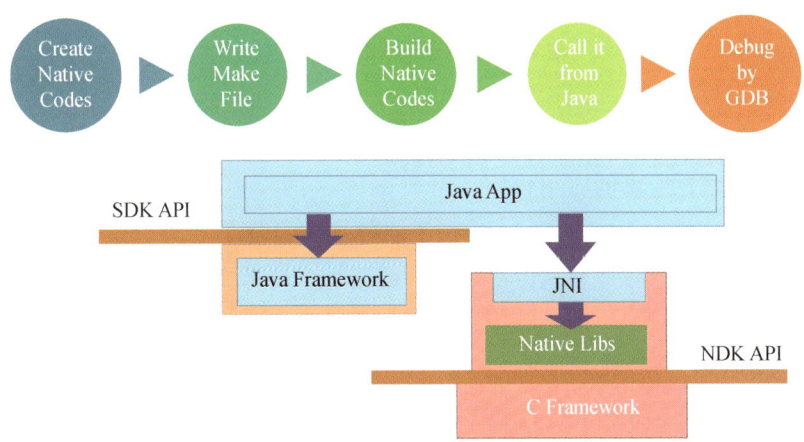

图 13-74 安卓系统开发的流程

Java App 通过 JNI(Java Native Interface)Java 本地接口机制调用开发者自己添加的 C 或者 C++本地原生库。NDK 类似于安卓的系统开发,也是需要通过 JNI 来做中间调用的。NDK 的全称是 Native Developing Kit,官方还提供了一些 NDK 本地 API 供开发者调用。图 13-75 为 NDK 应用的五大开发流程步骤。

图 13-75 NDK 应用的五大开发流程

应用程序调用流程如图 13-75 所示:Android App 通过 Java Framework 调用 Java SDK API,通过 JNI 调用本地库文件,也就是 NDK API。而具体的 NDK 调用过程如图 13-76 所示。

5)安卓平台上高精度应用 APP 接口开发

高精度定位结果的发布需要通过专有的高精度应用 API 进行数据传输。由于原生的安卓系统不具备高精度定位结果发布的应用程序接口,因此,需要专门开发高精度应用 APP 的接口(私有 API)进行高精度定位结果的分发和管理。

AIDL(Android Interface Definition Language)是一种 IDL 语言,用于生成可以在安卓设备上两个

进程之间进行进程间通信(IPC)的代码。如果在一个进程中(例如,第三方应用的 Activity)要调用另一个进程中(例如,高精度服务 APP)对象的操作,就可以使用 AIDL 生成可序列化的参数,反之同理。高精度服务 APP 一方面将高精度定位结果等信息封装成 AIDL 接口供第三方应用调用;另一方面第三方应用也可以通过 AIDL 接口来传递配置信息,用于更改高精度算法库里的配置(例如,差分服务器的配置信息)。

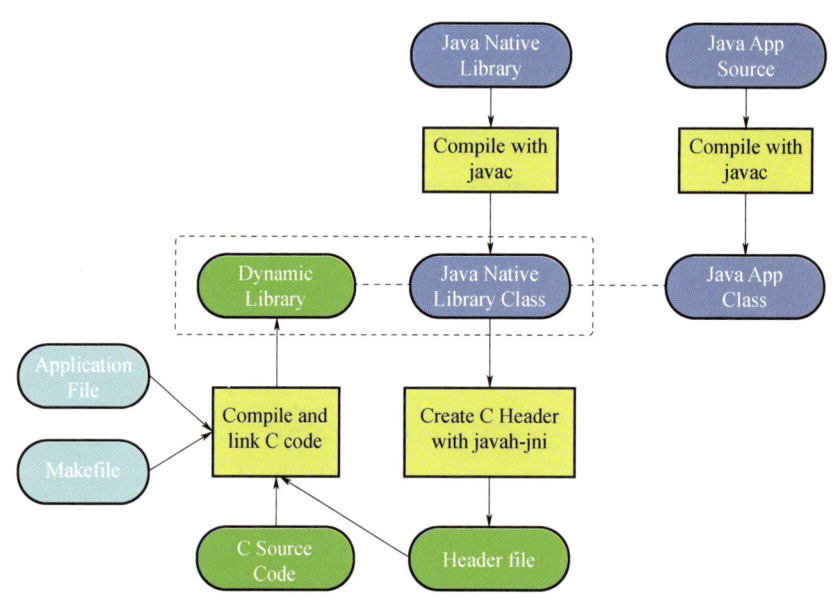

图 13-76 NDK API 调用过程

6) 安卓平台上高精度服务 APP 开发

高精度服务 APP 是在安卓的应用程序层开发的,高精度定位解算的核心算法、Socket 通信软件和差分数据接收都在这个模块里完成。高精度服务 APP 除了具备差分定位功能外,还可以将高精度地图或高精度应用 APP 集成在内以提供专有的服务。另外,也可以将高精度定位程序以软件库的形式授权给其他位置服务厂商进行高精度定位服务的合作开发。核心的高精度算法是在应用程序层完成。

高精度服务 APP 是安卓平台上没有界面的服务类 APP,整体设计如图 13-77 所示。

(1) 差分数据接收线程。

差分数据接收线程作为 Ntrip 客户端,负责建立与基准站的连接以及接收基准站播发的差分数据,然后将收到的 RTCM 数据传入高精度库。一方面,由于安卓网络 Socket 通信是在双方建立起连接后就可以直接进行数据的传输,在连接时可实现信息的主动推送,而不需要每次由客户端向服务器发送请求,所以接收差分数据采用安卓网络 Socket 通信方式,并实现自动重连机制。另一方面,差分数据接收线程通过调用高精度算法库的 JNI 接口函数将收到的差分数据传入高精度算法库。

(2) Socket 通信线程。

Local Socket 是一种进程间的通信方式,是用于同一台主机进程间通信(IPC)的一种机制。它不需要经过网络协议栈,不需要打包拆包、计算校验和、维护序号和应答等,只需将数据从一个进程复制到另一个进程,消息既不会丢失也不会顺序错乱。Local Socket 可用于两个没有亲缘关系的进程,是全双工的,适用于本机大数据实时高效传输。

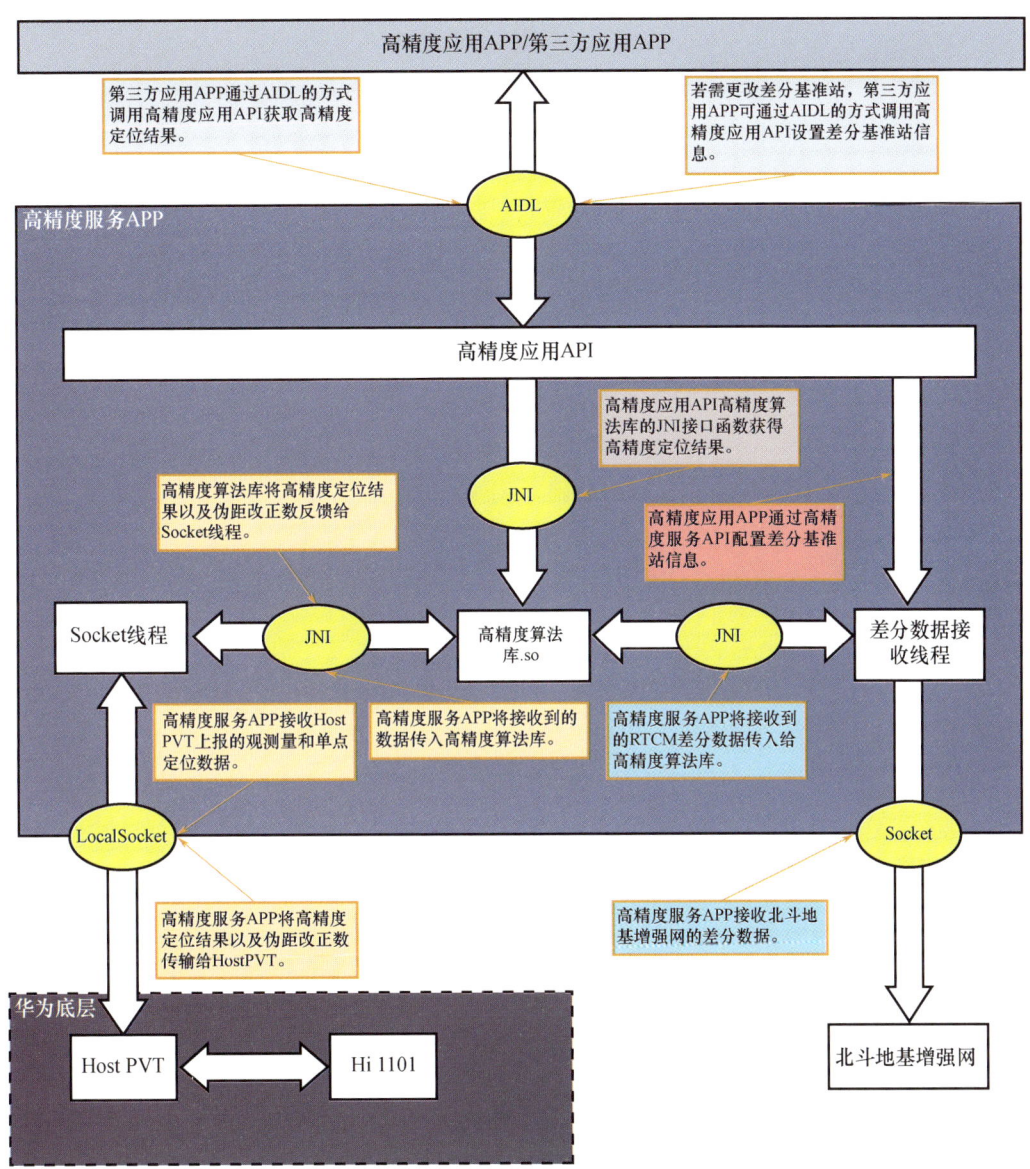

图 13-77　高精度服务 APP 整体架构

本地 Socket 通信线程作为服务端,负责接收 Host PVT 上传的观测量数据以及单点定位信息,将数据传入高精度算法库。待高精度算法库解算完毕,将高精度定位结果以及伪距改正数数据下报给 Host PVT,同时更新到高精度应用 API 相应的接口。

7）高精度差分定位算法设计

（1）算法原理。

高精度解算主要采用伪距和载波相位观测值。首先,对智能手机和基准站同一颗星的观测值进行求差,称为站间单差。站间单差消除了与卫星有关的误差,主要指星历误差和星钟差,以及与信号传播路径有关的误差,主要指电离层和对流层延迟误差(短基线 <10km,基本可全部消除)。然后,选取一颗观测条件较好(仰角较高、信号较强)的卫星做为参考星,其余卫星的单差观测值分别再与参考星的单差观测值进行求差,称为站间星间双差。通过双差,进一步消除了与接收机有关的误差,主要指接收机钟差。

经过双差处理,双差观测方程只剩下双差观测值和双差站星几何距离。假设某一时刻,智能手机与基准站有 N 颗公共卫星的观测值,则可以组成如下双差方程组:

$$\nabla\Delta\rho = \nabla\Delta D$$

$$\nabla\Delta\phi = \nabla\Delta D - \lambda \nabla\Delta N$$

其中:Δ 为站间单差;∇ 为星间双差;$\nabla\Delta\rho$ 为 $N-1$ 个双差伪距观测值;$\nabla\Delta\phi$ 为 $N-1$ 个载波相位观测值;$\nabla\Delta D$ 为 $N-1$ 个双差站星几何距离;λ 为波长;$\nabla\Delta N$ 为 $N-1$ 个双差模糊度。

总共可以联立 $2\times(N-1)$ 个双差方程,求解未知数为 $N+2$ 个:智能手机的三维坐标和 $N-1$ 个双差模糊度。因此,只需 $N\geq 4$,即可求解。

由于手机的三维位置参数包含在双差几何距离项 $\nabla\Delta D$ 中,为带根号的非线性形式,为方便求解,通常将双差方程组进行线性化,转化为较容易求解的线性方程组。按照泰勒级数展开近似至一阶项,线性化后的双差方程组表示为

$$\begin{bmatrix} G & 0 \\ G & -\lambda I \end{bmatrix} \times \begin{bmatrix} \Delta X \\ \Delta Y \\ \Delta Z \\ \Delta N \end{bmatrix} = \begin{bmatrix} \nabla\Delta\rho - \nabla\Delta D_0 \\ \nabla\Delta\phi - \nabla\Delta D_0 \end{bmatrix}$$

其中,G 为双差系数矩阵;I 为单位矩阵;$(\Delta X, \Delta Y, \Delta Z)$ 为手机单点定位坐标 (X_0, Y_0, Z_0) 的改正数;ΔN 为双差模糊度近似值 $\nabla\Delta N_0$(通过双差伪距推算)的改正数;$\nabla\Delta D_0$ 为根据 PVT 单点定位坐标计算的站星间双差几何距离的近似值。

双差方程组的求解采用卡尔曼滤波算法。应正确标定双差伪距和载波相位的观测值噪声(观测噪声阵),以获得最优的解算精度。双差模糊度参数 ΔN 在解算时,始终按常数处理。随着解算历元的增多,位置参数的滤波值将逐渐趋于稳定并且向真实位置收敛逼近。当观测历元足够多时,就可以连续实时地获得智能手机的高精度位置 $(X_0+\Delta X, Y_0+\Delta Y, Z_0+\Delta Z)$。

(2)双差方程的求解。

通过解算双差方程,就可以获得高精度的位置。但是,双差方程的未知数不仅包含了三维位置参数,还包含了一系列双差整周模糊度参数(以下简称模糊度)。因此,位置的精确性取决于模糊度解算的精确性。只有获得精确的模糊度,才能得到高精度的位置。理论上,每个模糊度参数都是一个恒定的整数常数,如果能够确定出每个模糊度的整数值,此时,位置精度可达厘米级,称为固定解(Fixed Solution)。准 RTK 采用的是浮点解(Float Solution),它从较准确的初始位置和模糊度开始,使用卡尔曼滤波器逐历元进行参数平滑和估计,随着历元的增加,模糊度参数的浮点值将逐渐逼近其真实的整数值,同时,位置精度也会逐渐提高,当滤波收敛以后,位置精度可达亚米级甚至分米级,并且能稳定维持。

卡尔曼滤波初始化时,需确定状态向量(双差未知数参数)及其协方差阵的初始值:X_0 和 P_0。首先,位置的初始值由智能手机的单点位置获得,模糊度的初始值由伪距推算 $N = \frac{P}{\lambda} - \phi$。然后,利用这些初始值来线性化双差方程,根据最小二乘法(LSQ)求解的结果获得 X_0 和 P_0。

用 X_0 和 P_0 初始化卡尔曼滤波器后,接下来就可以进行滤波。卡尔曼滤波总共包含如下 5 个过程。

(1) 状态向量一步预测:

$$\hat{X}_k^- = \boldsymbol{\Phi}_{k,k-1} \hat{X}_{k-1}$$

式中:k 为当前历元,$k-1$ 为上一个历元;$\hat{X}_k^-$ 为当前历元状态向量的预测值;$\hat{X}_{k-1}$ 为上一个历元状态向量的滤波值。状态向量的预测(递推)是通过状态转移矩阵 $\boldsymbol{\Phi}_{k,k-1}$ 来实现的。由于理论上,模糊度是常数,位置变化可以事先通过多普勒定速或者载波相位三差解求得,因此,状态转移矩阵 $\boldsymbol{\Phi}_{k,k-1}$ 为单位阵。

(2) 状态向量协方差阵一步预测:

$$\boldsymbol{P}_k^- = \boldsymbol{\Phi}_{k,k-1} P_{k-1} \boldsymbol{\Phi}_{k,k-1}^{\mathrm{T}} + \boldsymbol{Q}_k$$

式中:$\boldsymbol{P}_k^-$ 为当前历元状态向量协方差阵的预测值;$\boldsymbol{P}_{k-1}$ 为上一个历元状态向量协方差阵的更新值;$\boldsymbol{\Phi}_{k,k-1}$ 为单位阵;$\boldsymbol{Q}_k$ 为当前历元的动态噪声阵。

由于理论上,模糊度是常数,因此,模糊度部分的动态噪声为零。位置部分的动态噪声与智能手机的运动状态有关,算法实现上,根据当前的运动状态,自适应地调整位置动态噪声。

(3) 状态向量协方差阵更新:

$$\boldsymbol{P}_k = [\boldsymbol{H}_k^{\mathrm{T}} \boldsymbol{R}_k^{-1} \boldsymbol{H}_k + (\boldsymbol{P}_k^-)^{-1}]^{-1}$$

式中:$\boldsymbol{P}_k$ 为当前历元状态向量协方差阵的更新值;$\boldsymbol{H}_k$ 为当前历元的设计矩阵,即双差系数矩阵;$\boldsymbol{R}_k$ 为当前历元的观测噪声矩阵。

伪距、载波相位的观测噪声事先通过模拟器标定。观测噪声确定还要综合考虑:卫星的载噪比、仰角以及双差观测量之间的相关性等因素。正常情况下,伪距精度(米级)大约是载波相位精度(毫米级)的千分之一。

(4) 计算滤波增益矩阵:

$$\boldsymbol{K}_k = \boldsymbol{P}_k \boldsymbol{H}_k^{\mathrm{T}} \boldsymbol{R}_k^{-1}$$

式中:$\boldsymbol{K}_k$ 为滤波增益矩阵。它的作用是告诉滤波器,状态向量的预测值和当前观测值之间应当分别取多大的权重,才能得出最优解。一般而言,动态噪声越大,预测值对结果的影响越小;观测噪声越大,观测值对结果的影响越小。

(5) 状态向量更新:

$$\hat{X}_k = \hat{X}_k^- + \boldsymbol{K}_k (\boldsymbol{Z}_k - \boldsymbol{H} \hat{X}_k^-)$$

式中:$\hat{X}_k$ 为当前历元状态向量的更新值;$\boldsymbol{Z}_k$ 为当前历元的双差观测值。

8）关键技术与解决措施

由于手机体积和成本的限制,其卫星导航天线为皮法天线,性能比一般的卫星导航天线差 10dB,从而导致观测质量大幅下降,在此情况下为保证高精度的服务质量,在算法和软件上都要进行关键技术的攻关。

与传统方法不同,对手机的伪距和载波相位的定权不能简单按照高度角模型和载噪比模型。研发中,采用对手机的伪距和载波相位进行精细的标定,使观测值的先验精度尽量符合实际情况。

载波相位周跳,是影响高精度解算精度的重要因素。研发时,实现和融合了多种高效的周跳探测与修复算法。对有周跳的观测值,能够进行修复则给予整周补偿,不能修复的,则在滤波器中将其模糊度参数做为一个新的参数重新进行估计。

多路径效应,也是影响高精度解算精度的重要因素,并且通过求差也无法消除。研发时,实现和融合了多种粗差探测与检验以及粗差自适应算法。对多路径误差有显著的抑制作用。

9）智能手机测试结果

北斗高精度智能手机研制完成后,项目组对其进行了静态(图 13-78、图 13-79)和动态性能测试(图 13-80、图 13-81)。静态定位误差约 0.9m(95%),跑车测试定位误差约 1.09m(95%)。

Duration	12.01 Hours	Horizontal Position Error 68%	0.095m
UTC Begin	2017-01-07 05:54:00	Horizontal Position Error 95%	0.173m
UTC End	2017-01-07 17:54:31	Horizontal Position Error 99%	0.204m
		Horizontal Position Error Max.	0.208m
Tracking Availability	100.00%		
SPP	0.00%	Altitude Error 68%	0.047m
RTD	0.00%	Altitude Error 95%	0.090m
Fixed RTK	0.00%	Altitude Error 99%	0.163m
Float RTK	100.00%	Altitude Error Max.	0.168m
Estimated/DR	0.00%		
		3D Position Error 68%	0.116m
Signal Level	47.9dB	3D Position Error 95%	0.175m
		3D Position Error 99%	0.204m
Ave. SVs in Use - Total	14.58	3D Position Error Max.	0.209m
Ave. SVs in Use - BDS	6.99		
Ave. SVs in Use - GPS	7.59	East Position Bias	0.063m
Ave. SVs in Use - GLO	0.00	North Position Bias	0.001m
		Altitude Bias	-0.037m
HDOP Ave.	0.97	3D Position Bias	0.073m
VDOP Ave.	1.58		
PDOP Ave.	1.85		

图 13-78　静态测试统计

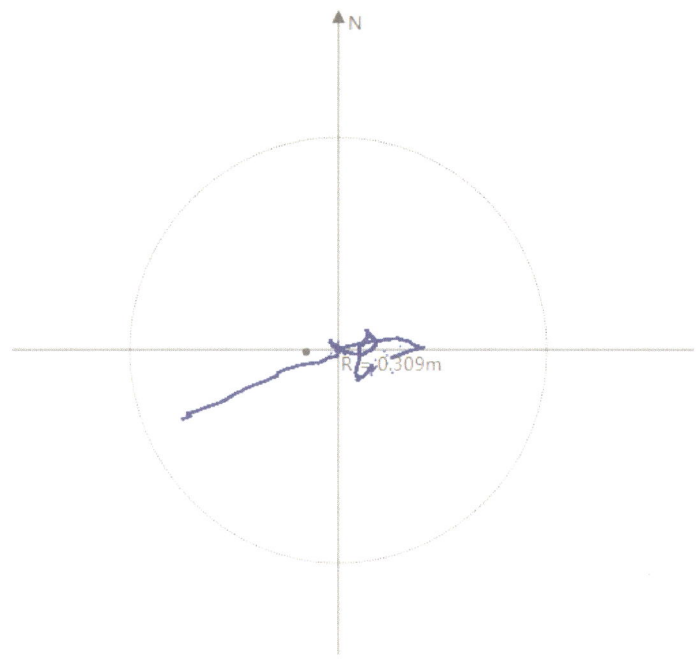

图 13-79 静态测试打点图

图 13-80 跑车测试安装示意图

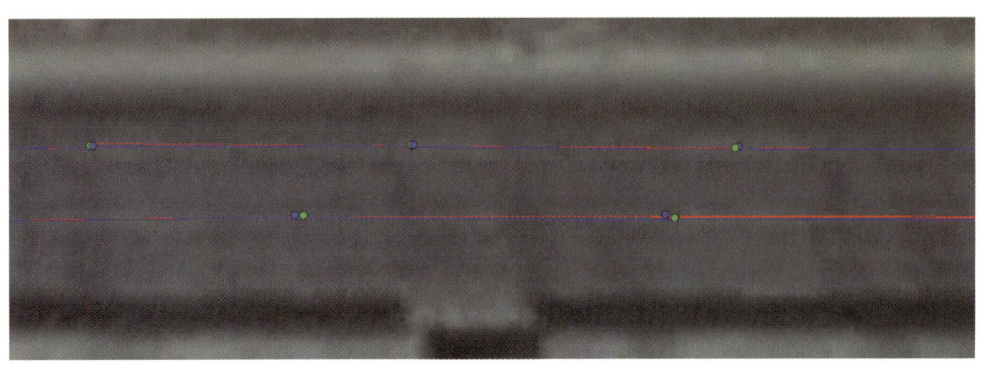

图 13-81　跑车测试轨迹(红色为基准设备,蓝色为手机)

13.5　北斗伴侣

北斗伴侣是一款支持北斗地基增强系统差分服务的高精度定位终端,同时支持 RTK、RTD、SBAS 等多种高精度卫星导航定位模式,并支持卫星导航和 MEMS IMU 的组合定位模式。

北斗伴侣内置东方联星自主研发的单频 RTK 高精度惯导组合定位模块,采用 BLE4.0 低功耗蓝牙通信技术,与智能手机、平板电脑配对连接。采用差分增强定位技术,支持区域差分,同时支持北斗地基增强系统广域差分。融合卫星导航、惯性导航,为客户提供一套高精度、高性价比的定位解决方案。

13.5.1　产品特点

(1) BDS/GPS 双系统单频 RTK,开阔场景厘米级实时高精度定位。

(2) 内置惯性组合导航,提升复杂场景定位精度和体验。

(3) 支持局域、广域、地基、星基等多种高精度差分定位模式,支持国家北斗地基增强网、千寻位置网。

(4) 蓝牙 BLE4.0 连接,兼容智能手机、平板电脑。

(5) 支持安卓模拟位置,第三方 APP 获得高精度位置。

(6) 易便携,主机尺寸 $\phi76mm \times 17mm$,质量 75g。

(7) 底座配置大容量锂电池,可连续工作 20h 以上。

北斗伴侣外观图如图 13-82 所示,北斗伴侣尺寸示意图如图 13-83 所示。

图 13-82 北斗伴侣外观图

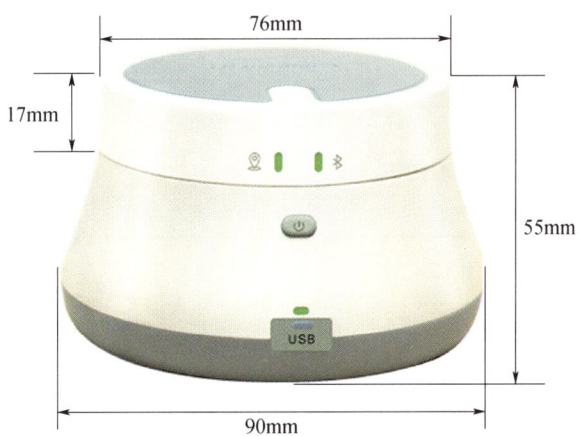

图 13-83 北斗伴侣尺寸示意图

13.5.2 工作原理

北斗伴侣工作原理示意图如图 13-84 所示。

1) 与手机建立连接

手机端 APP 北斗助手为北斗伴侣的管理软件,启动该软件,通过蓝牙搜索到北斗伴侣并建立连接。

2) 导航模块启动

一旦北斗伴侣与智能手机通过蓝牙连接成功,北斗伴侣内部的高精度导航模块开始工作。

3) 差分数据

智能手机端 APP 北斗助手从差分数据服务器获得差分数据,通过蓝牙链路传给北斗伴侣的导航模块。

4) 定位解算

北斗伴侣导航模块使用收到的差分数据以及卫星信号,进行差分解算,解算出定位结果。

5) 定位结果

(1) 手机端 APP 北斗助手,通过蓝牙链路,从北斗伴侣读取定位结果。

（2）北斗助手将高精度定位结果,采用模拟位置的方式送到安卓系统底层。

（3）手机端 APP 从安卓系统获得位置时,自动获得北斗伴侣的定位结果。

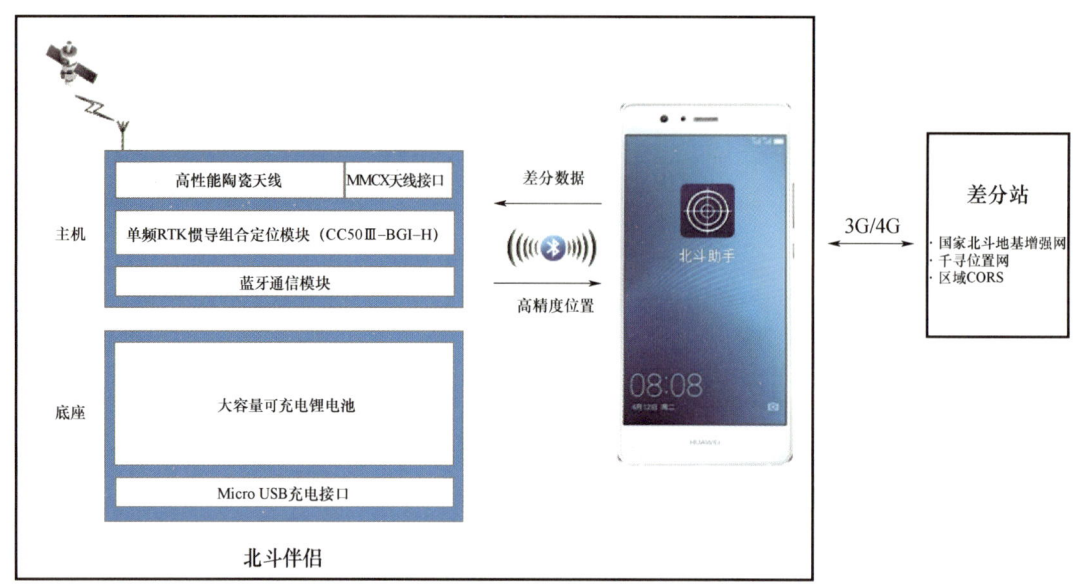

图 13-84　北斗伴侣工作原理示意图

13.5.3　规格参数

规格参数如表 13-32 所列。

表 13-32　规格参数表

参数		指标
GNSS/INS 性能		
接收信号		BDS B1、GPS L1
首次定位时间（TTFF）	冷启动时间	35s
	热启动时间	≤4s
	重捕获时间	≤1s(失锁时间≤5s 条件下)
定位精度[①]（1σ）	RTK	水平 0.02m;高程 0.04m
	RTD/SBAS	水平 1.5m；高程 3.0m
	北斗地基增强广域伪距差分	水平 1.5m;高程 3.0m
	单点	水平 5.0m；高程 10.0m
	惯导	30m(卫星失锁 30s)
速度精度(1σ)		0.2m/s

续表

参数	指标
RTK 初始化时间[②]	<120s
定位更新率	≥1Hz
定位数据格式	NMEA0183
接收差分数据格式	北斗地基增强系统广域差分信息、RTCM2.X/3.X[③]
硬件规格	
惯导	支持
输入电压	DC 5.0V
充电电池	3.7V 4000mA·h
工作时间	>20h
外置天线	MMCX 接口(母座)
串口	主机具有 TTL 接口
物理特性	
尺寸	ϕ76mm×17mm(主机)
质量	75g(主机)/160g(底座)
环境指标	
工作温度	−20~+70℃
存储温度	−30~+80℃

① 精度取决于卫星的几何分布、基线长度、天线及多径等影响。

② 开阔天空,单站基线长度<10km。

③ RTCM3.2 中 MSM4:1074,1124。

13.5.4 关于基准站的要求

差分定位结果的精度与获得的差分数据密切相关,为了确保北斗伴侣达到最优定位精度。关于基准站的要求如下:

(1) 基准站播发的 RTCM 数据应至少包含以下几条信息:

① 对于 RTCM v3.0

a. 基准站位置信息:1005 或 1006;

b. GPS RTK 观测量信息:1002 或 1004。

② 对于 RTCM v3.2

a. 基准站位置信息:1005 或 1006;

b. GPS RTK 观测量信息:1074;

c. BDS RTK 观测量信息:1124 或 1127。

（2）使用 RTCM v3.0,只能进行单 GPS 差分,与 GPS/BDS 双模差分相比,RTK 性能将会有明显下降。

（3）RTCM 数据的平均网络延迟应不超过 6s。

（4）基线长度应不超过 10km。

13.5.5 北斗助手使用指南

1. 手机用户安装"北斗助手"APP。

北斗助手为东方联星开发的北斗伴侣管理软件。可在"360 手机助手""华为应用市场""应用宝""小米应用商店"等应用市场搜索"北斗助手"下载安装。"北斗助手"APP 下载页面如图 13 – 85 所示。

图 13 – 85 "北斗助手"APP 下载页面

2. 主页

（1）北斗助手的主界面显示当前的经纬度、高度、速度、方向、精度等内容。

APP 打开使用界面如图 13 – 86 所示。

图 13-86 "北斗助手"使用界面

时间是 UTC 时间

(2) 左下角的定位模式,会随着环境等其他因素的变化会自动选择定位模式,取值 0、1、2、4、5、6。

(3) 差分站:显示差分站连接状态,有"已连接"和"未连接"两种状态。

(4) 卫星数:可见卫星总数。

3. 卫星详情

(1) 右下角显示可见的卫星总数。

(2) BDS/GPS/GLS 3 个开关,可以分别选择开启和关闭,选择相应的卫星显示与不显示,信号详情表示每颗卫星的信号强度,单击柱状图,可以显示卫星的详情信息(单击卫星详情的数据区域,可以返回到上一个界面)。界面如图 13-87、图 13-88 所示。

绿色表示:定位系统中使用的卫星。

灰色表示:卫星可见,但是信号较弱,定位系统不采用该卫星。

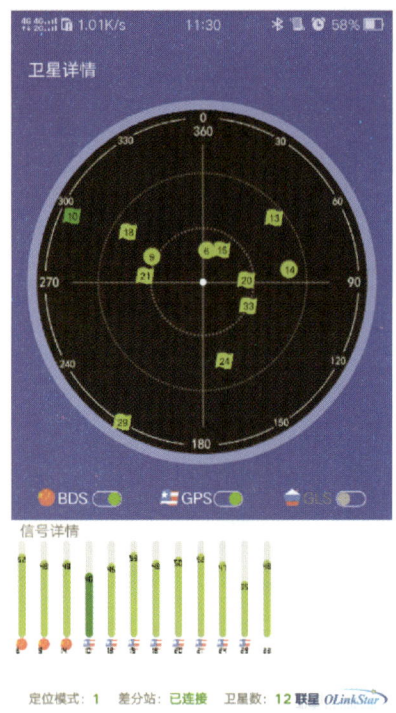

图 13-87 "北斗助手"卫星详情页面

图 13-88 "北斗助手"卫星可用性界面

4. 差分站设置

差分站是提供差分数据服务的第三方单位,用户购买差分服务以后,会获得接入的账号、密码等信息。

进入北斗助手"差分站设置",点右上角"+"添加新的差分服务器,输入相关信息(图 13-89)。

图 13-89 "北斗助手"注册界面

如果用户从千寻位置网络有限公司购买了 FindCM 或 FindM 服务,用户会获得对应的用户名和密码及服务器接入信息,将其按图 13-89 示意填入即可。

该设置界面的"千寻服务",是以 SDK 方式调用的千寻 FindCM 服务,授权码需联系东方联星购买。

5. 连接北斗伴侣

手机连接北斗伴侣,请先确认已经打开手机的蓝牙开关以及北斗伴侣的电源开关,连接伴侣时,不要进入手机设置项里的蓝牙搜索。请点开北斗助手的"北斗伴侣"菜单项(图 13-90)。

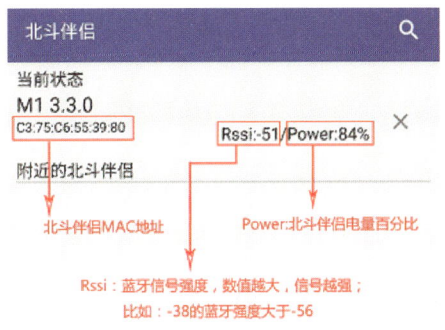

图 13-90 "北斗伴侣"链接界面

点右上角搜索图标,搜索到北斗伴侣后点设备名称进行连接。

6. 定位模式

0:未定位;

1:单点定位;

2:RTD 差分定位或星基差分定位;

5:RTK 浮点解差分;

4:RTK 固定解差分;

6:惯性导航模式。

7. 轨迹图

(1)每隔一秒打点一次,高程折线图显示实时高程定位数值。

(2)下方以一个圆,显示定位点的相对位置,更直观地分析定位精度,可以用手指放大缩小这部分区域。

(3) 中:单击"中"按钮,可以选择绘图的基准中心点,包括:以真实点为中心、以最后一次定位位置为中心、以所有定位点的中值为中心和拖拽打点图。界面如图 13-91 所示。

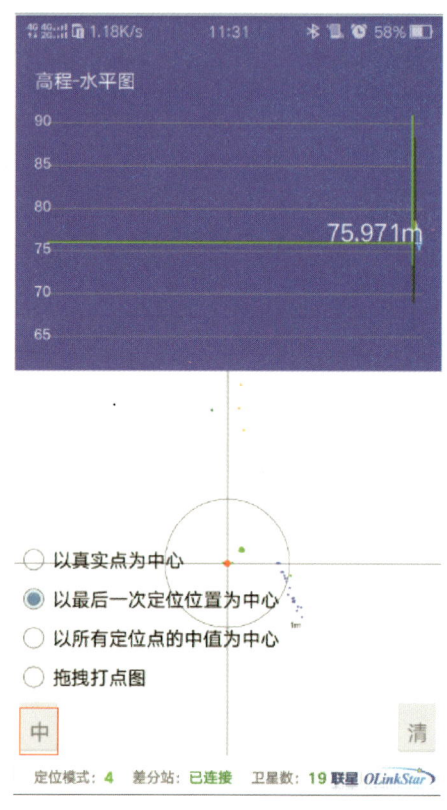

图 13-91 "北斗助手"轨迹图界面

选择某一项后,再次单击"中",可以隐藏文字,并保存选择。

(4) 真:单击"真"按钮,显示当前配置的真实点的纬度、经度和高度,可以手动修改每个参数,再次单击"真",可以隐藏文字,并保存数据。界面如图 13-92 所示。

(5) 清:单击"清"按钮,则清除本页面的打点图。

8. 版本号

连接北斗伴侣以后,进入版本号页面,显示可单击的更新按钮,请按由上至下的顺序依次单击更新按钮,分别完成对北斗伴侣各部分软件的更新。界面如图 13-93 所示。

13.5.6 数据文件及第三方应用如何使用定位

北斗伴侣工作的同时,会将定位输出结果以基于 NMEA0183 协议的格式文件保存在手机的内存储设备,如图 13-94 所示。

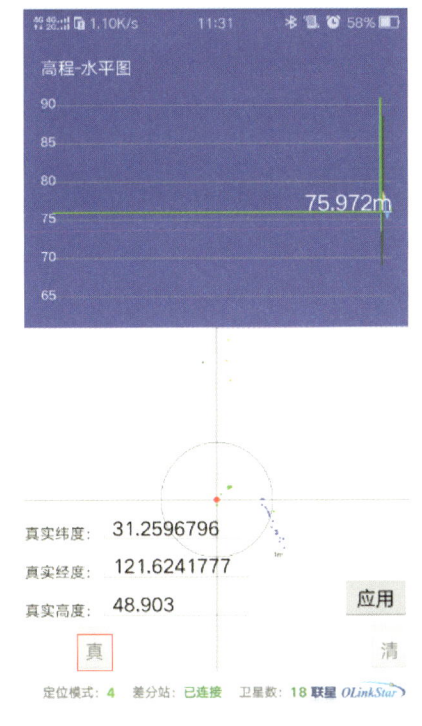

图 13-92 "北斗助手"轨迹界面"真"选向

图 13-93 "北航助手"版本号界面

图 13-94 "北斗伴侣"手机内部文件储存

第三方 APP 可通过 3 种方式获取北斗伴侣定位结果：

1. 模拟位置

打开手机设置选项中的"允许模拟位置"，北斗助手将安卓系统的位置替换为北斗伴侣位置，软件开发人员可通过系统的位置服务获取位置信息（图 13-95）。

2. 广播

北斗伴侣的位置及状态信息，通过安卓系统的广播机制，广播位置信息，软件开发人员可通过注册广播服务接收位置信息。

3. SDK

为便于客户定制自己的 APP，北京东方联星科技有限公司提供一套北斗伴侣 Android SDK，包括蓝

（不同的安卓系统，此设置界面会有差异）

图 13-95　模拟位置设置界面

牙链路管理、位置信息管理、差分数据管理等相关接口。可从东方联星官网下载 SDK 开发包及 Demo 工程源代码。下载地址：http://www.olinkstar.com，进入"服务中心"—"资料下载"页面。

13.5.7　对外串口

北斗伴侣 M1 对外支持 TTL 串口连接，默认波特率为 230400 。该串口默认输出功能是关闭的，通过给该串口按顺序分别发送以下 2 条配置命令打开，如图 13-96 所示。

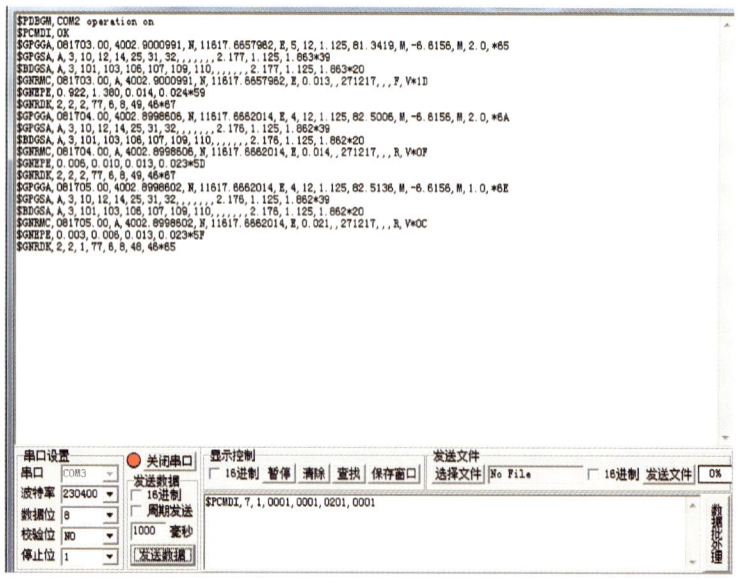

图 13-96　对外串口

(1) ＄PCMDd,1;

(2) ＄PCMDI,7,1,0001,0001,0201,0001。

此串口输出标准 NMEA0183 V3.0 串行数据,同时作为差分数据输入接口。

北斗伴侣 M1 导航模块只有当蓝牙连接时才工作。所以,使用串口时,也需要保持北斗伴侣 M1 与手机北斗助手的蓝牙连接。

串口图示及定义见图 13 – 97、表 13 – 33。

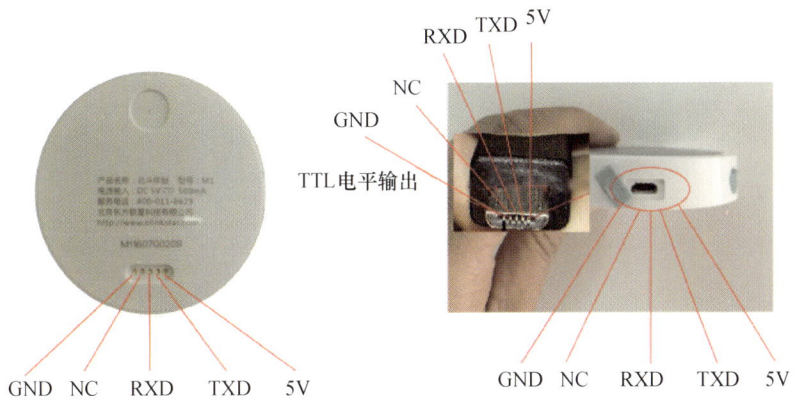

图 13 – 97　串口图示与定义

表 13 – 33　串口名称与定义

Pin	名称	描述
1	5V	电源 +5V
2	TXD	串口发送数据
3	RXD	串口接收数据
4	NC	预留
5	GND	信号地线

13.5.8　实测场景

1. 静态定位精度测试

本测试使用标定过位置的点作为基准点,将基准点天线接收到的信号通过卫星转发器引入室内,北斗伴侣置于卫星转发器下方测试。连续测试 24h 后,统计定位精度。测试结果表明,北斗伴侣静态 RTK 定位精度约为 0.02m(1σ)。

静态测试图如图 13 – 98 所示。

2. 动态定位精度测试

本测试,采用高精度 RTK 接收机作为基准;将 RTK 接收机天线与北斗伴侣同时放置于车顶,

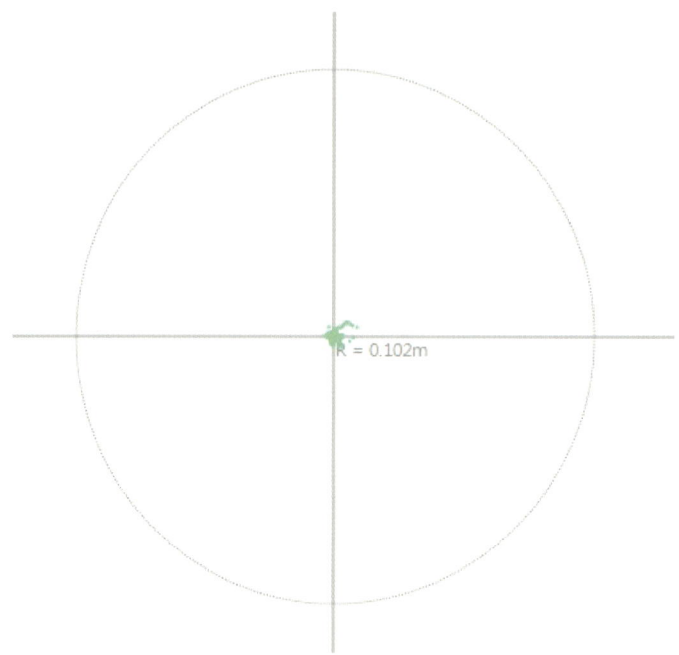

图 13-98 静态测试图(图中圆的半径为 0.102m)

两者相距 20cm。选取开阔路段行驶,经测试在动态跑车场景下,北斗伴侣的综合定位精度约 0.2m(1σ)。

测试跑车运动轨迹如图 13-99 所示,北斗伴侣与基准设备轨迹图如图 13-100 所示。

图 13-99 测试跑车运动轨迹

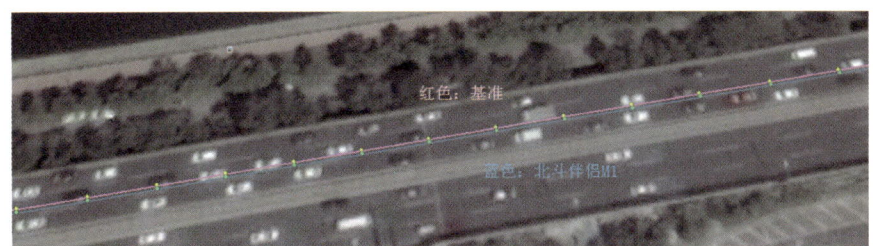

图 13-100　北斗伴侣与基准设备轨迹图

3. 惯导性能测试

本测试场景,驾驶安装有北斗伴侣的车辆进出地下隧道(图 13-101)。

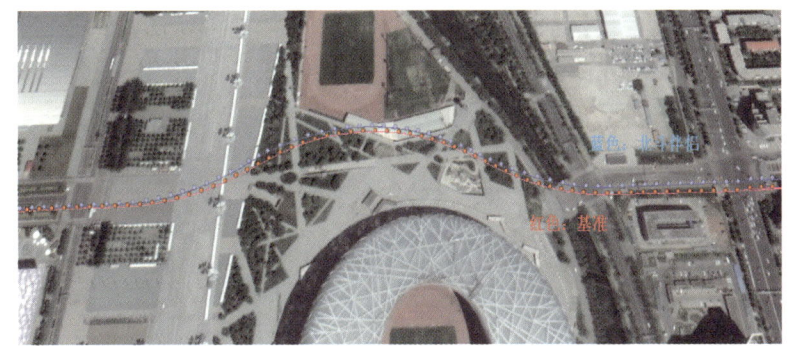

图 13-101　过隧道惯导性能测试(红色:基准;蓝色:M1)

4. 手持北斗伴侣测试

将北斗伴侣置于对中杆顶部,手持对中杆在足球场内沿草坪色块行走或沿操场跑道行走(图 13-102～图 13-104)。

图 13-102　北斗伴侣放置在对中杆顶部

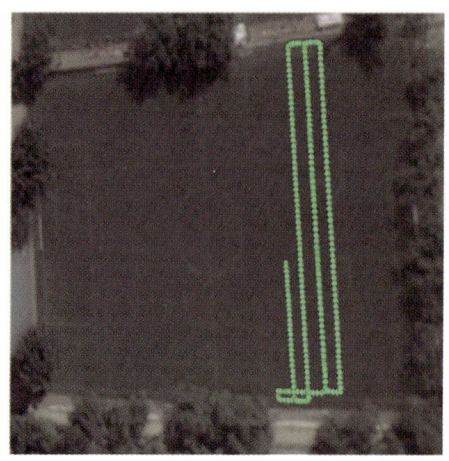

图 13-103 足球场草坪行走测试及行走轨迹在 google earth 上投影

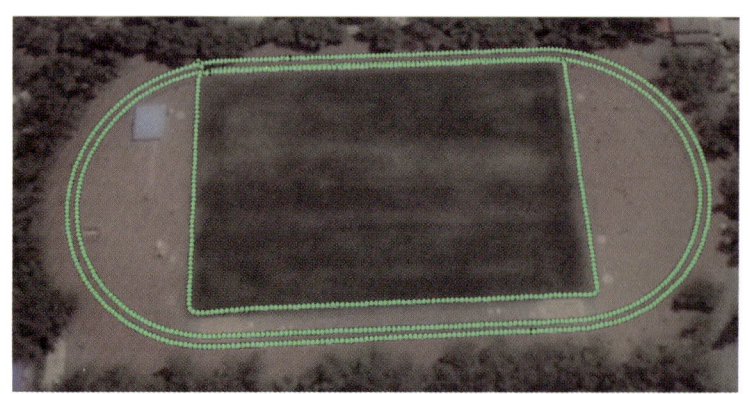

图 13-104 跑道行走测试及行走轨迹在 google earth 上投影

5. 跑车综合测试

将 3 台北斗伴侣同时置于车顶约 76cm 宽的范围内。沿环岛内外车道行驶两圈(图 13-105~图 13-108)。

图 13-105　北京市海淀区上地七街环岛

图 13-106　3 台北斗伴侣置于车顶

图 13-107　测试行驶轨迹

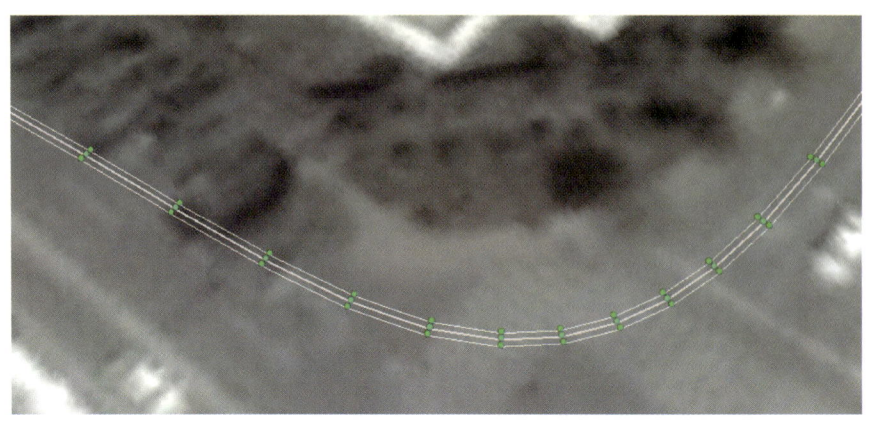

图 13-108　车辆转弯处 3 台伴侣的运动轨迹

13.5.9　应用领域

1. 高精度农业

高精度农机作业监控系统,通过在作业农机上安装北斗伴侣,实现对作业农机的米级位置监控,可方便跟踪农机作业轨迹,计算农机作业面积,方便农田管理者清晰掌握当前农田作业进度,方便农机手与农田管理者之间的作业费用结算,方便政府发放农田作业补贴(如:农田深耕补贴)。北斗系统在高精度农业中的应用如图 13-109 所示。

图 13-109　北斗系统在高精度农业中的应用

2. GIS 采集

与 GIS 采集软件无缝对接,应用于高精度兴趣点(POI)采集,林业、农业勘测,土地确权等。北斗伴侣具备体积小、待机时间长的特点,有利于野外作业人员携带。北斗系统在 GIS 采集中的应用如图 13-110 所示。

图 13-110　北斗系统在 GIS 采集中的应用

3. 巡检巡视

巡检系统广泛应用于城市安全、水利、燃气、电力、农业等行业，实现对相关线路、设施等运行情况或城市安全的管理。北斗系统在水利巡检和铁路巡检中的应用如图 13-111 所示。北斗系统应用于燃气泄漏检测如图 13-112 所示。

图 13-111　北斗系统在水利巡检和铁路巡检中的应用

图 13-112　北斗系统燃气泄漏检测

4. 无人机应用

北斗伴侣对外提供 TTL 串口连接方式,可与无人机飞控连接,作为无人机接收定位一体化天线,为无人机提供高精度位置,帮助无人机实现精准控制。在无人机植保、无人机巡检等应用中使用(图 13-113)。

图 13-113　北斗系统在无人机中的应用

5. 园区外来临时车辆监控

针对外来临时车辆进入码头、货场等作业园区后,需要实时了解车辆在园区内行驶的准确位置;引导车辆快速到达目的地;防止未授权车辆进入禁入区域。北斗系统在车辆监控中的应用如图 13-114 所示。

图 13-114　北斗系统在车辆监控中的应用

随着北斗增强系统的日益完善与发展,同时伴随着相关系统的快速发展和不断推进,必将会为导航服务范围内的用户提供更加广泛和优质的服务。

第 14 章

行业应用案例

北斗地基增强系统是北斗卫星导航系统的重要组成部分,是国家高精度位置服务的基础设施,在我国国民经济各行业有广泛的应用前景。目前,北斗地基增强系统已经开始在交通运输、国土资源管理、测绘与地理信息、地震、气象等行业得到广泛应用。

14.1 交通行业应用案例

14.1.1 概述

目前,交通行业是北斗系统最大的民用行业应用领域。我国现有近 480 万 km 的公路总里程、超过 7 万 km 的内河运输航道和 1.8 万 km 长的海岸线,交通工具数以亿计,对于点多、线长、面广、移动的交通运输领域而言,北斗/全球卫星导航系统是获取交通工具位置、速度、时间最适合的手段。而做好交通行业北斗系统应用工作,是落实国家战略、促进社会和国民经济发展的重要举措,同时也是新时期推进综合交通行业发展的迫切需要。在交通行业推广应用北斗和北斗高精度服务,能有效促进社会和国民经济健康、快速发展。

北斗地基增强系统交通行业数据处理系统是北斗地基增强系统重要的组成部分,是为交通行业提供北斗高精度应用服务的重要基础设施。北斗地基增强系统交通行业数据处理系统的研制建设,具备与国家北斗地基增强系统数据共享、提供交通行业北斗高精度服务的能力,并进行北斗高精度应用示范,包括北斗自由流公路收费应用、北斗高精度水路运输应用。

14.1.2 北斗自由流过路收费系统

1. 系统架构

随着高速公路建设快速发展,降低物流成本、撤销省界高速公路主线收费站、实施差异化过路收费等成为社会关注的热点,然而目前的收费系统不能满足这些需求,需要逐步向自由流过路收费模式转变。为推动北斗高精度在智慧公路应用示范,加快北斗在高速公路领域的深化应用,中国交通通信信息中心联合江西高速集团开展了北斗自由流过路收费系统的验证应用示范。

北斗自由流过路收费系统(以下简称"自由流收费系统")基于北斗高精度定位、云计算等新技术,实现公路自由流(即无需停车或减速)收费云模式的应用创新,显著提高过站速度,满足大众高效、便捷出行的需求。自由流收费系统主要包括北斗地基增强系统、高精度地图、北斗自由流收费管理服务平台、云计算中心软硬件环境、高速公路收费车道配套改造、北斗高精度车载智能终端等,综合上述多种技术手段,实现了自由流过路收费模式在高速公路应用示范。

江西高速集团开发的自由流收费系统(图14-1)采用"云"(云服务)+"端"(车道端、手机端、手持终端)架构方式,实现对车道收费设备控制、车辆出入口及路径信息采集、车辆信息报送和接收、北斗自由流收费管理服务平台接收车辆信息与车辆通行规则分析、通行费计算、基础参数管理、会员注册、支付绑定、信息服务等功能,从而实现高速公路车道的北斗自由流过路"收费在云、控制在端"的业务模式。

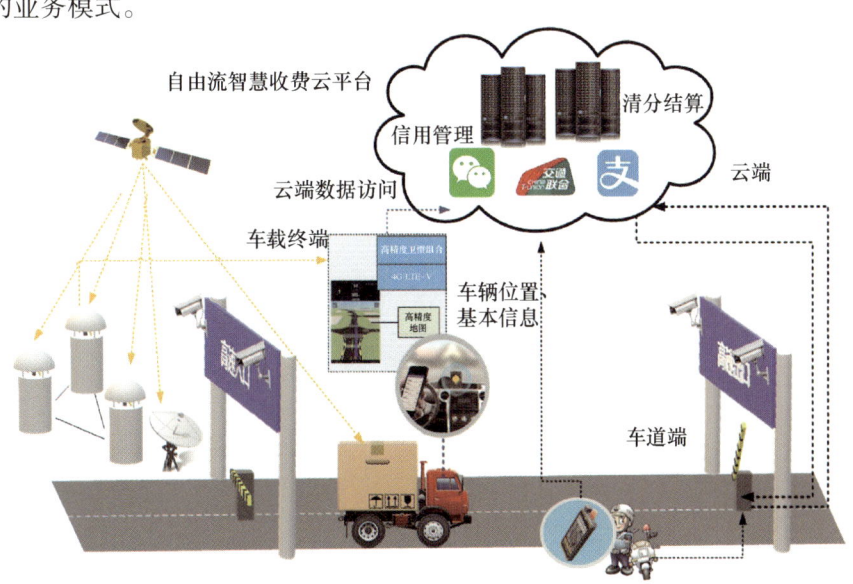

图14-1 北斗自由流过路收费系统示意

北斗自由流收费管理服务平台(图 14-2)接收车载北斗高精度终端实时定位信息,为每辆车建立行车轨迹,根据其实际行驶路线实时计算通行费;在每辆车经过收费车道时,云端直接控制车道栏杆抬起,同时扣除实际里程的通行费;车辆过路费收取、费率计算、车道控制、客服管理、收费稽查等所有收费管理功能,都在北斗自由流收费管理服务平台完成。

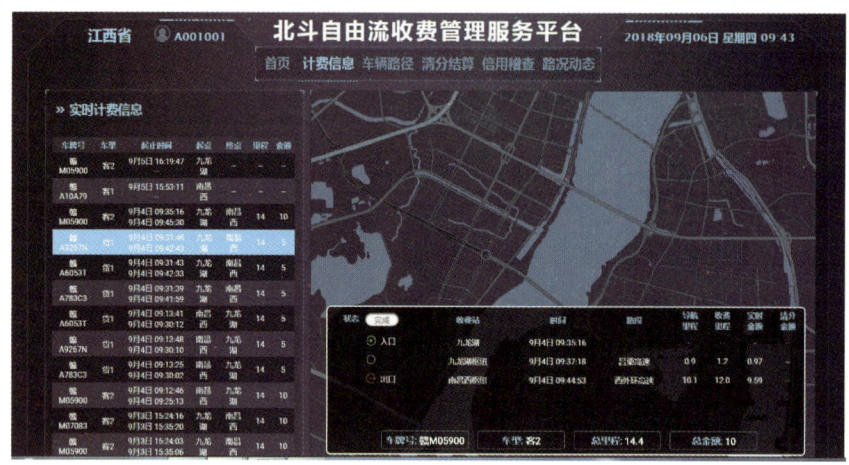

图 14-2 北斗自由流收费管理服务平台的显示界面

2. 北斗地基导航增强站

目前已分别在南昌西、杨家湖和塔城收费站建成 3 个北斗地基导航增强站(图 14-3),通过通信网络将实时接收的北斗信号送到云计算中心,用于计算北斗增强数据产品。

图 14-3 北斗地基导航增强站的分布示意图

3. 自由流收费系统数据中心

自由流收费系统数据中心主要承载北斗定位监控平台、北斗地基增强数据平台(图14-4)、地图展现平台及相应管理平台,执行北斗及其相关数据存储、分析、纠错、计算、发播等,为自由流收费系统提供连续、可靠、稳定的厘米级定位精度增强服务,满足南昌高速公路示范区域自由流车辆终端用户的应用需求。自由流数据中心租用运营商的云计算资源,提供7天×24h不间断服务。

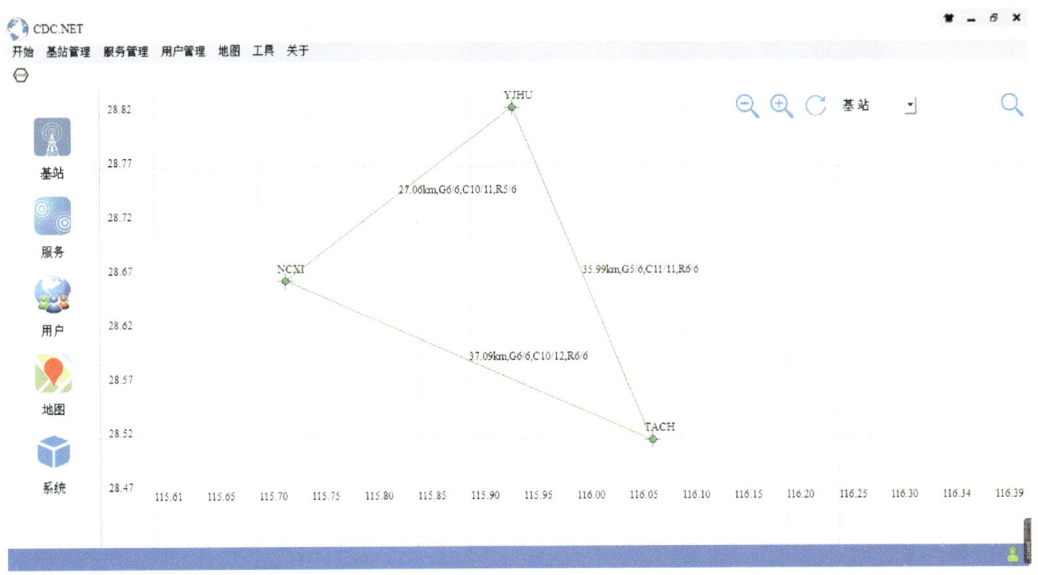

图14-4 自由流收费系统数据中心的数据处理软件显示界面

4. 自由流收费数据中心

自由流收费数据中心主要承载收费云平台各类服务组件集群、容器云集群、大数据平台,收费云平台的服务器通过万兆局域网联通。自由流收费数据中心租用运营商云计算资源,提供7天×24h不间断服务。

5. 北斗自由流收费管理服务平台

北斗自由流收费管理服务平台集成云收费管理系统、车道控制系统、客户服务及应用软件等业务系统,实现了自由流过路收费模式替代当前过路费人工收费模式。在计费方式方面,利用北斗高精度定位、ETC、车牌抓拍(特征识别)等方式,实现对车辆准确识别和行驶路线精确判断;在缴费方法方面,引入信用支付模式,提供尽可能多的支付手段,方便用户,为用户提供交通一卡通、网上缴费、手机应用软件缴费、自助终端缴费等多种方式,并支持现金、信用卡和互联网移动支付手段;在逃费稽查方面,形成技术先进、有法可依的稽查方式;可确保实行自由流收费后,收费公路收费金额不降低、缴费比例不下浮,促进收费公路收费模式从现场支付向信用支付转变,形成用户满意、运营机构认可、政府管理高效的新形态收费公路管理模式。

6. 车载北斗厘米级精度定位终端

车载北斗厘米级精度定位终端(图14-5)安装在车辆上,是自由流收费系统的重要组成设备,通过该终端实现车辆的北斗厘米级精度定位,并将位置信息发送至北斗自由流收费管理服务平台,用于计算和扣除通行费。北斗自由流的车载北斗厘米级精度定位终端设计为车辆后装,主要包括北斗厘米级精度定位组件、天线、内置高精度地图、应用软件(APP)、访问北斗自由流收费管理服务平台接口等,满足自由流所需车道级北斗厘米级精度定位能力、确定收费车道位置、经过虚拟路径识别点自动上传位置信息至北斗自由流收费管理服务平台,具有厘米级定位精度、成本较低、体积小、安装简单、使用方便、免维护等优点。

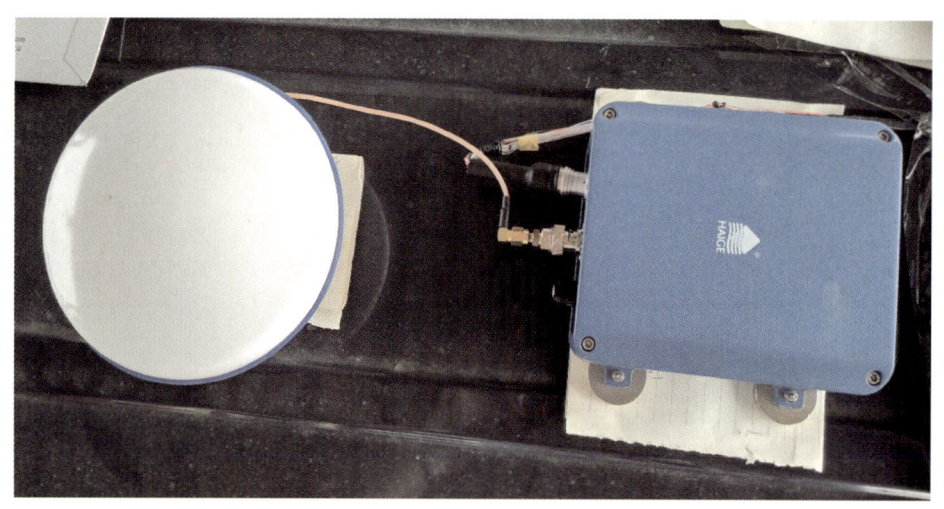

图 14-5　车载北斗厘米级精度定位终端

车载北斗厘米级精度定位终端的主要技术要求:
(1)最大过站速度为 60km/h;
(2)北斗和微型惯导组合定位终端和通信模块与显示终端松耦合,实现收费所需所有功能,显示终端用户可选,用于显示车辆位置信息、收费金额等;
(3)北斗和微型惯导组合,两种手段互相补充、互为备份,使用可靠性高;
(4)具有北斗厘米级定位,且与微型惯导融合定位的能力;
(5)大规模应用时应明显降低成本。

自由流收费系统采用"收费在云、控制在端"的模式,用户端需要安装相应的自由流应用软件,其主要包括自由流服务、出行服务和车辆服务 3 个模块。

车载北斗厘米级精度定位终端应用软件自由流服务模块实现高精度收费站数据更新、收费站通信逻辑处理、平台通信等业务。高精度收费站数据为离线采集的收费站区域精简地图数据,数据包括每个车道位置、收费站编号、车道编号、边界范围、每个车道车杆位置等。把区域精简地图数据预先存储在车载北斗厘米级精度定位终端的内存中以便读取和调用。在实时厘米级定位过程中,基于高精度收费站信息进行通行逻辑处理,并上传结果至北斗自由流收费管理服务平台。

车载北斗厘米级精度定位终端应用软件自由流服务模块主要功能包括:
(1)收费站匹配:获取北斗厘米级精度定位数据后,可实时检索和匹配收费站信息,在通过收费站时能正确判断收费站 ID 等信息。
(2)车道匹配:在成功匹配收费站信息后,可搜索当前收费站关联的车道数据,并实时匹配到车辆当前所在车道。

（3）杆前距离计算：在进入不可变道车道后，可实时计算车辆当前位置与当前车道杆的距离。

（4）上传车载北斗厘米级精度定位终端识别码：通过4G通信发送车载北斗厘米级精度定位终端识别码至北斗自由流收费管理服务平台。

（5）上传车辆位置信息：通过4G通信实时发送定位信息至北斗自由流收费管理服务平台。

（6）上传收费站和车道信息：通过收费站时通过4G通信实时发送收费站和车道信息至北斗自由流收费管理服务平台。

（7）上传抬杆信息：通过4G通信发送抬杆信息至北斗自由流收费管理服务平台，申请当前车道抬杆。

（8）查看自由流收费站详情等各类信息和同步展示高精度地图。

车载北斗厘米级精度定位终端应用软件出行服务模块主要功能包括导航、救援、报警、缴费等多种服务。

车载北斗厘米级精度定位终端应用软件车辆服务模块主要为用户提供位置服务。

7. 北斗自由流收费站高精度专题地图

北斗自由流收费系统是基于车辆高精度卫星定位的全自动收费系统，北斗自由流收费站高精度专题地图（以下简称"高精度专题图"）是不可或缺的数据，因此制作了采集示范区——九龙湖收费站高速公路的高精度专题图，支持系统根据车辆北斗厘米级精度位置信息和高精度专题图，自动识别车辆位于高速公路主路或辅路，以便只计算车辆在高速公路主路上行驶的里程；车辆通过收费站收费标志线时，自动与自由流收费数据中心结算，免除了原来在收费站需排队缴费的情况。为实现车辆顺利通过收费站，对现有收费站的部分车道进行改造，然后对改造后的车道进行精确测绘，制作了用于车载北斗厘米级精度定位终端、北斗自由流收费管理服务平台的高精度专题图（图14-6）。

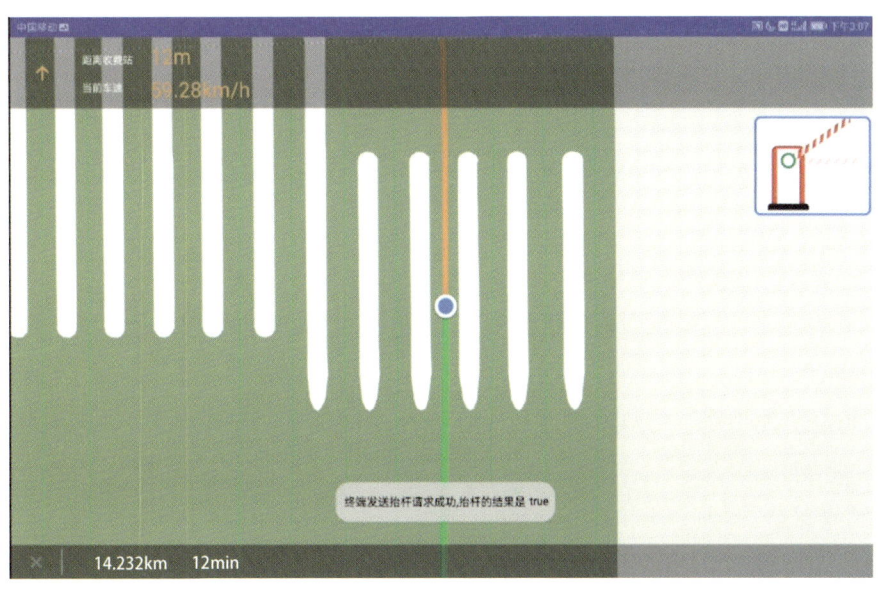

图14-6　南昌九龙湖高精度专题图

8. 高速公路收费车道配套改造

自由流收费系统允许客1车型车辆以50km/h速度通过收费站。由于车辆通过收费站需要抓拍车牌，作为通行高速公路的证据链之一，现有MTC车道车牌抓拍器无法满足快速通行的要求，如果降低车辆通过收费站的速度，会降低北斗自由流收费的用户体验，因此需改造测试区域的收费车道及传输网络，在车道增加门架及高清电视摄像机。

高速公路收费车道配套改造要求如下：

1）南昌西收费站（图14-7）

图14-7 试验车辆经北斗自由流车道通过南昌西收费站

要求：传输北斗地基增强信号到集团监控大厅。

（1）入2-高速004。

要求：车道图像通过专线接回集团监控中心。

车速：25km/h。

新增设备：高清抓拍器（含抓拍、录像功能）（在岗亭前安装立柱及基础，高度能抓拍车辆前脸及车牌）。

（2）出11-高速106（无杆自由流）。

要求：车道图像通过专线接回集团监控中心，演示期间，栏杆机断电、拆杆。

车速：50km/h。

新增设备：高清抓拍器（含抓拍、录像功能）（在岗亭前安装立柱及基础，高度能抓拍车辆前脸及车牌）。

2）九龙湖收费站（图14-8和图14-9）

要求：传输北斗地基增强信号到集团监控大厅。

图14-8 九龙湖收费站改造后的北斗自由流收费站车道

图14-9 北斗自由流收费站自动抬杆系统

(1) 入4-高速003(无杆自由流)。

要求:车道图像通过专线接回集团监控中心。

车速:50km/h。

新增设备:高清抓拍器(含抓拍、录像功能)(在收费大棚内立6m高的Π型门架及基础),岛头及门架立标志牌(内容:北斗专用车道,颜色尺寸由通信中心提供),车道控制器,工控机。

(2) 出9-高速103。

要求:车道图像通过专线接回集团监控中心。

车速:25km/h。

新增设备:高清抓拍器(含抓拍、录像功能)(在收费大棚内立6m高的Π型门架及基础),岛头及门架立标志牌(内容:北斗专用车道,颜色尺寸由通信中心提供),车道控制器,工控机,拦杆机,落杆线圈。

3)塔城收费站

要求:传输北斗地基增强信号到集团监控大厅。

(1)入3-高速002。

要求:车道图像通过专线接回集团监控中心。

车速:不限车速。

新增设备:高清抓拍器(含抓拍、录像功能)(在岗亭前安装立柱及基础,高度能抓拍车辆前脸及车牌)。

(2)出6-高速102。

要求:车道图像通过专线网接回集团监控中心。

车速:不限车速。

新增设备:高清抓拍器(含抓拍、录像功能)(在岗亭前安装立柱及基础,高度能抓拍车辆前脸及车牌)。

4)杨家湖收费站

要求:传输北斗地基增强信号到集团监控大厅。

5)集团监控大厅

要求:车道图像通过专线网接回集团监控中心,6路车道图像能上监控大屏。

新增设备:NVR带2块4TB硬盘、北斗信号汇聚服务器、1个外网IP。

9. 北斗自由流过路收费系统测试——高速公路行驶定位

通过从南昌西到九龙湖单次高速公路车辆行驶定位数据分析,验证了北斗厘米级精度定位连续、稳定,轨迹平滑,与卫星照片的实际道路位置吻合,能准确反映车辆位置(图14-10)。

10. 通过北斗自由流收费站的基本情况

测试时间:2018年11月。

测试路线:南昌西收费站到九龙湖收费站。

测试设备:智能后视镜+北斗/GNSS厘米级定位组件+外置磁吸北斗天线(图14-11和图14-12)。

1)车辆从南昌西收费站至九龙湖收费站(试验1)

在试验1中,记录了试验车辆从南昌西收费站行驶至九龙湖收费站轨迹的北斗厘米级定位数据及其分布(图14-13)、通过南昌西收费站的北斗厘米级定位数据(图14-14)、试验车辆通过九龙湖收费站的北斗厘米级定位数据(图14-15),由图可见:试验车辆在通过收费站时能够准确定位在车道上。

图 14-10 卫星照片上南昌西与九龙湖收费站间车辆往返形成的北斗厘米级精度的定位轨迹

图 14-11 智能后视镜+北斗/GNSS 厘米级定位组件

图 14-12　外置磁吸北斗天线

图 14-13　试验车辆从南昌西收费站行驶至九龙湖收费站行驶路线
北斗厘米级定位数据及其分布叠加在卫星照片上

图 14-14 试验车辆通过南昌西收费站的北斗厘米级定位数据及其分布
（由位置表示点可见，试验车辆准确行驶在车道上）

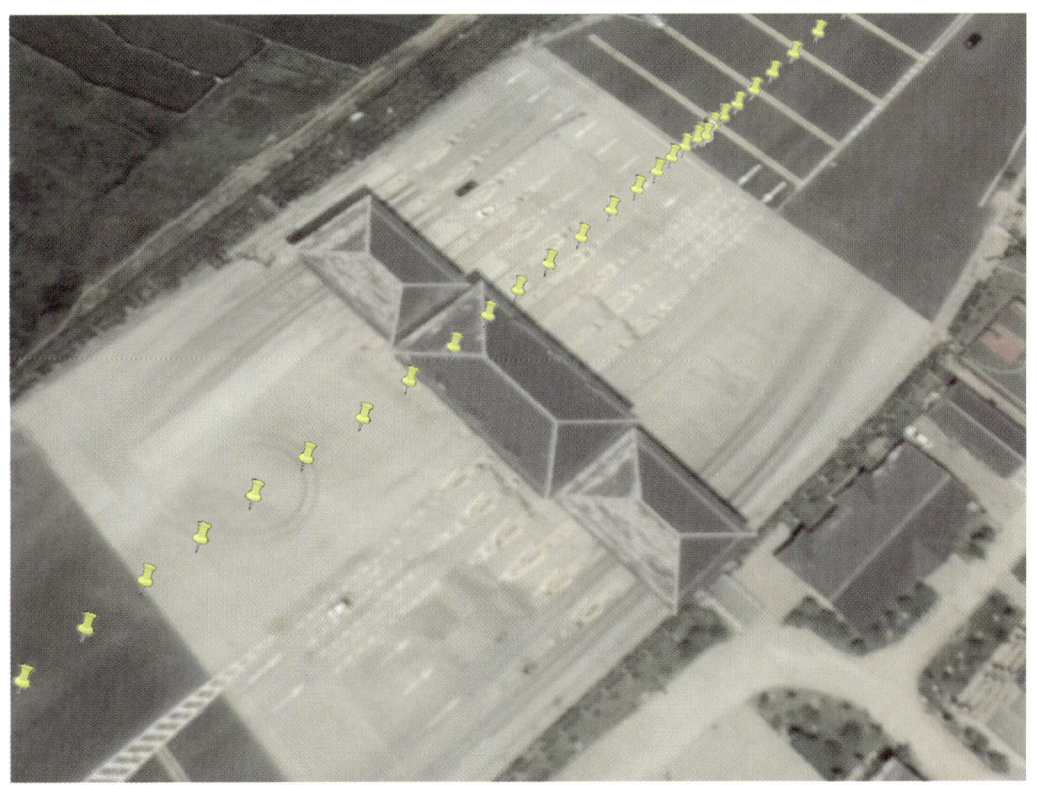

图 14-15 试验车辆通过九龙湖收费站的北斗厘米级定位数据及其分布
（由位置表示点可见，试验车辆准确行驶在车道上）

2）车辆从南昌西收费站至九龙湖收费站（试验2）

在试验2中，记录了试验车辆从南昌西收费站行驶至九龙湖收费站轨迹的北斗厘米级定位数据及其分布（图14-16）、通过南昌西收费站的北斗厘米级定位数据（图14-17）、试验车辆通过九龙湖收费站的北斗厘米级定位数据（图14-18），由图可见：试验车辆在通过收费站时能够准确定位在车道上。

图14-16　试验车辆从南昌西收费站行驶至九龙湖收费站行驶路线北斗厘米级定位数据及其分布叠加在卫星照片上

3）车辆从九龙湖收费站至南昌西收费站（试验3）

在试验3中，记录了试验车辆从九龙湖收费站行驶至南昌西收费站轨迹的北斗厘米级定位数据及其分布（图14-19）、通过南昌西收费站的北斗厘米级定位数据（图14-20）、试验车辆通过九龙湖收费站的北斗厘米级定位数据（图14-21），由图可见：试验车辆在通过收费站时能够准确定位在车道上。

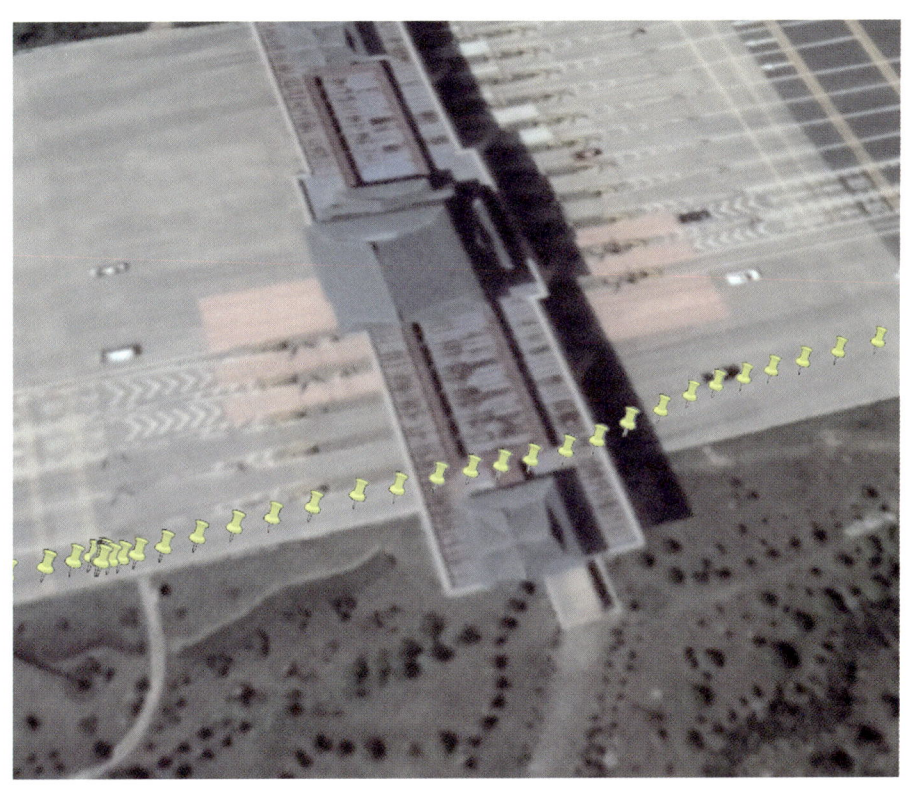

图 14-17 试验车辆通过南昌西收费站的北斗厘米级定位数据及其分布
（由位置表示点可见,试验车辆准确行驶在车道上）

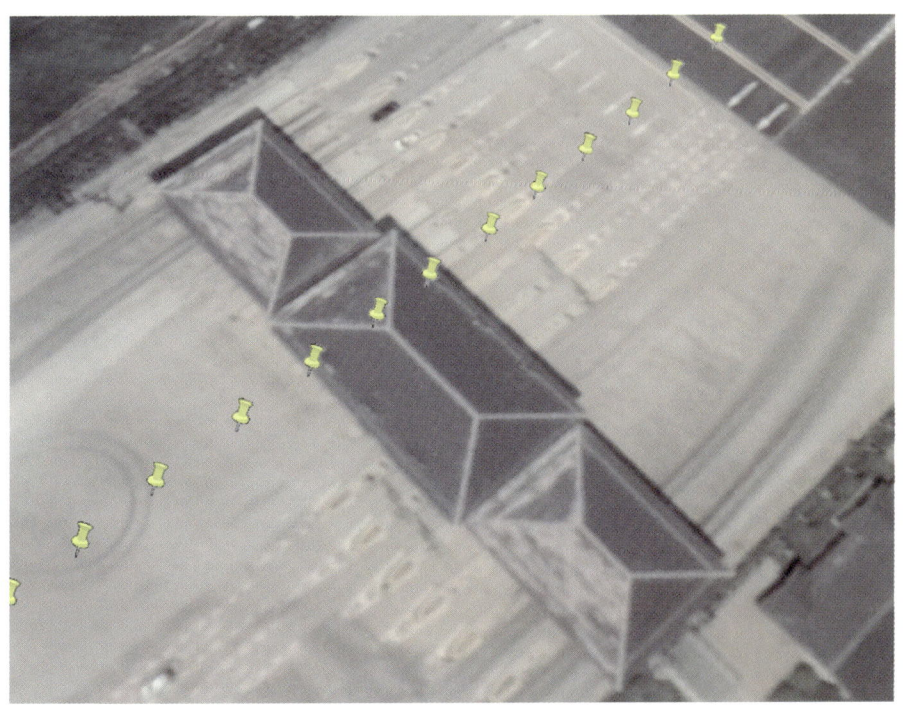

图 14-18 试验车辆通过九龙湖收费站的北斗厘米级定位数据及其分布
（由位置表示点可见,试验车辆准确行驶在车道上）

图 14-19 试验车辆从九龙湖收费站行驶至南昌西收费站轨迹的北斗厘米级定位数据及其分布

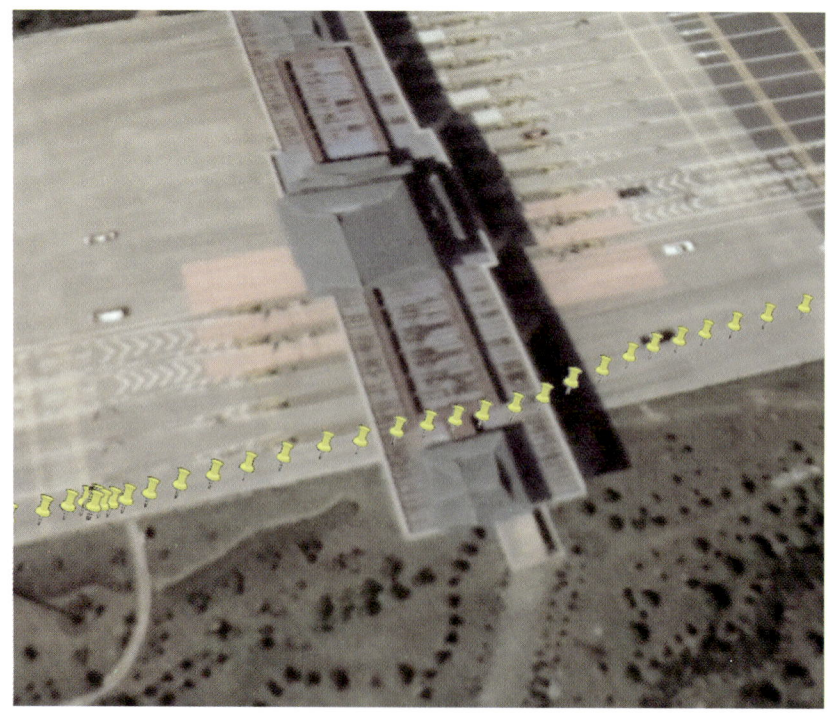

图 14-20 试验车辆通过南昌西收费站的北斗厘米级定位数据及其分布
（由位置表示点可见,试验车辆准确行驶在车道上）

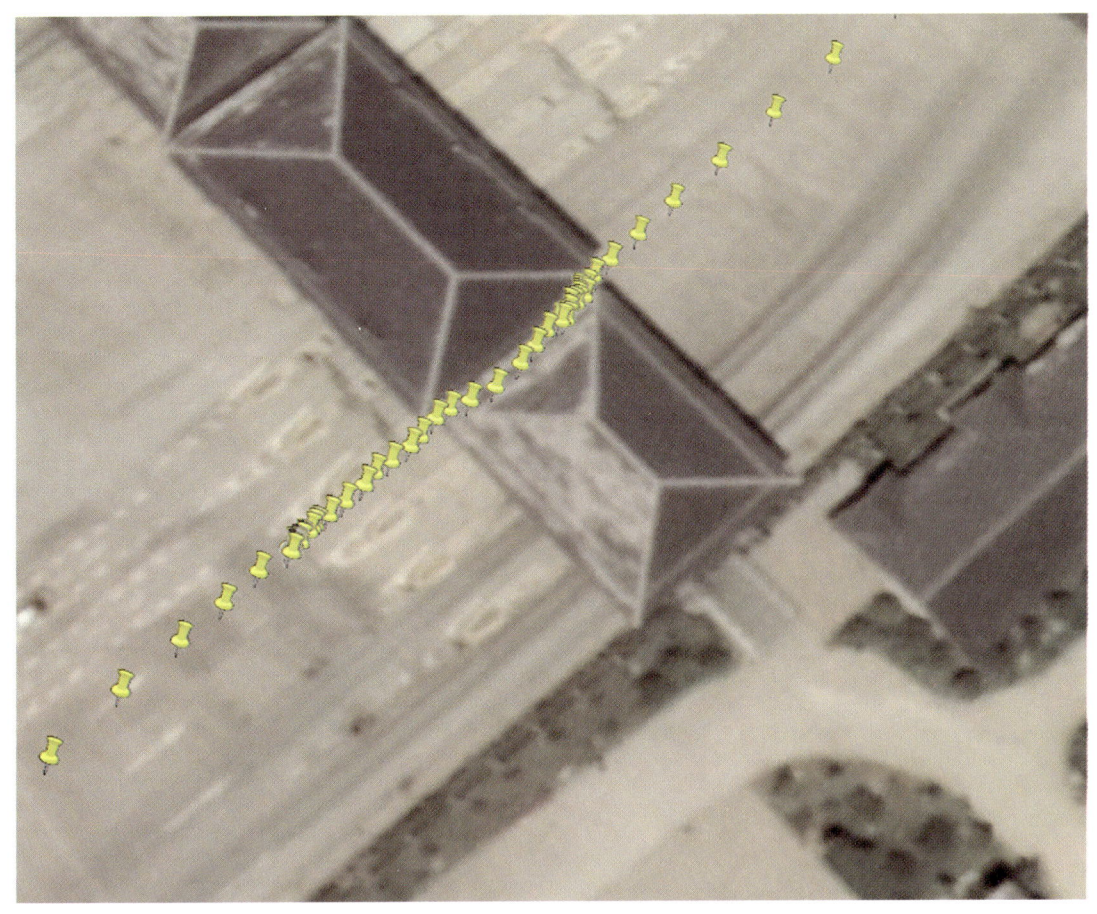

图 14-21 试验车辆通过九龙湖收费站的北斗厘米级定位数据及其分布
（由位置表示点可见，试验车辆准确行驶在车道上）

11. 试验小结

通过对试验过程和记录数据的分析，有下列结果：

（1）车辆在通过北斗自由流收费站时，车载北斗厘米级精度定位终端能准确定位车道，在通过北斗自由流通道时高精度定位数据稳定。

（2）车载北斗厘米级精度定位终端在高速公路上定位和通过北斗自由流收费站时，定位精度能达到厘米级。

（3）在试验车辆通过北斗自由流收费站的整个过程中，能满足车道识别要求，且快速识别车辆和自动抬杆，保证车辆能快速（试验中通过速度设为50km/h）通过收费站、自动计算行车里程和自动收过路费（图14-22）。

（4）将自动抬杠系统适当前移到车辆入口位置，避免收费站建筑结构遮挡北斗信号。

（5）当自动抬杠系统在车辆出去位置时，则需要在车辆出口位置（抬杆附近）增加车牌识别摄像头，车辆进入前发出进入哪个北斗自由流车道的信息。

（6）当车辆在北斗自由流车道内排队时，因不能变道，无需再上报哪辆车在哪个北斗自由流车道上的信息，识别车牌后即可对该车辆放行。

图 14-22 北斗自由流收费无感支付界面示意

（7）为了弥补北斗自由流车道识别可能的漏拍,可在车辆驶出收费站一定距离后(这时位置信息是准确的),向系统发出一条信息,协助系统结束对该辆车的服务;因进入收费站的北斗自由流车道后,车辆不能超车,车牌识别摄像头识别到队列后一辆车时,即可认为前一辆车已经出去,利用该信息协助系统结束对前一辆车的服务。

上述试验和测试表明:北斗自由流过路收费系统能实现准确的车道定位、车辆识别、快速通过收费站、无感收费和自动收费,具有大规模推广的价值。

14.1.3　长江南京段北斗高精度水路运输系统

长江南京段北斗高精度水路运输系统(以下简称"北高水运系统")水路运输应用北斗地基增强基准站接收北斗卫星信号,通过长江数据专网传送到北高水运系统数据处理中心,生成北斗增强数据产品,再通过北斗 AIS 高精度信号播发站播发,经北斗 AIS 船载终端接收和解算出定位结果,最后融合在长江南京段水路运输高精度专题图上,用户即可在长江南京段获得北斗高精度定位服务。

1. 系统架构

北高水运系统由北斗地基导航增强站、长江数据专网、北高水运系统数据处理中心、北斗 AIS 高精度信号播发站、北斗 AIS 船载终端和长江南京段水路运输高精度专题图等部分构成。

北斗地基导航增强站用于接收、存储北斗卫星信号。长江数据专网用于将北斗地基导航增强站接收的北斗卫星信号传送至北高水运系统数据处理中心,将北高水运系统数据处理中心生成的北斗增强数据产品传送至北斗 AIS 高精度信号播发站。北斗 AIS 高精度信号播发站将北斗增强数据产品调制在无线电信号中再向空中播发。北斗 AIS 船载终端从空中接收到调制在无线电信号中的北斗增强数据产品,解算出自身的高精度位置,再融合在长江南京段水路运输高精度航道专题图中。

2. 北斗地基导航增强站

北高水运系统的 3 个北斗地基导航增强站分别建设在长江南京通信管理局楼顶、仪征派出所楼顶和镇江港务局楼顶,其分布见图 14 - 23。

图 14 - 23　北斗高精度水路运输系统北斗地基导航增强站的分布

北斗地基导航增强站由国产天线、北斗高精度接收机、路由器、不间断电源、天线支撑结构、机柜等部分组成。

3. 北高水运系统数据处理中心

北高水运系统数据处理中心设在长江南京通信管理局机房内,通过长江数据专网接收 3 个北斗地基导航增强站输出的导航卫星原始观测数据,计算北斗高精度改正数据产品,通过网络推送给北斗 AIS 高精度信号播发站,系统软件服务界面如图 14 - 24 所示。

4. 北斗 AIS 高精度信号播发站

北斗 AIS 高精度信号播发站通过长江数据专网接收北高水运系统数据处理中心推送的 RTCM1 和 RTCM41bds 报文后,打包成 AIS - 17 号报文再进行播发,供在长江南京段航行船只上的北斗 AIS 船载终端接收。在新生圩和南京通信管理局各架设一台北斗 AIS 高精度信号播发站如图 14 - 25 所示。

5. 北斗 AIS 船载终端

北斗 AIS(自动识别系统)差分船台是支持北斗地基增强系统增强定位精度功能的北斗 AIS 船载终端,由 VHF 天线、北斗定位天线、定位信号处理、显示 - 控制单元等组成。北斗 AIS 船载终端具备 AIS 信号接收和发送功能、自动船舶识别及避碰功能、北斗增强定位信号可用性指示功能和水路运输高精度航道专题地图所需的各类操作功能。北斗 AIS 船载终端通过北斗定位天线接收北斗信号,通过 VHF 天线接收 AIS-17 号报文后,从中解析提取 RTCM1 和 RTCM41bds 报文,将两个信号同时送到定位信号处理模块,即可解算出北斗高精度定位信息,并显示在水路运输高精度航道专题地图上。

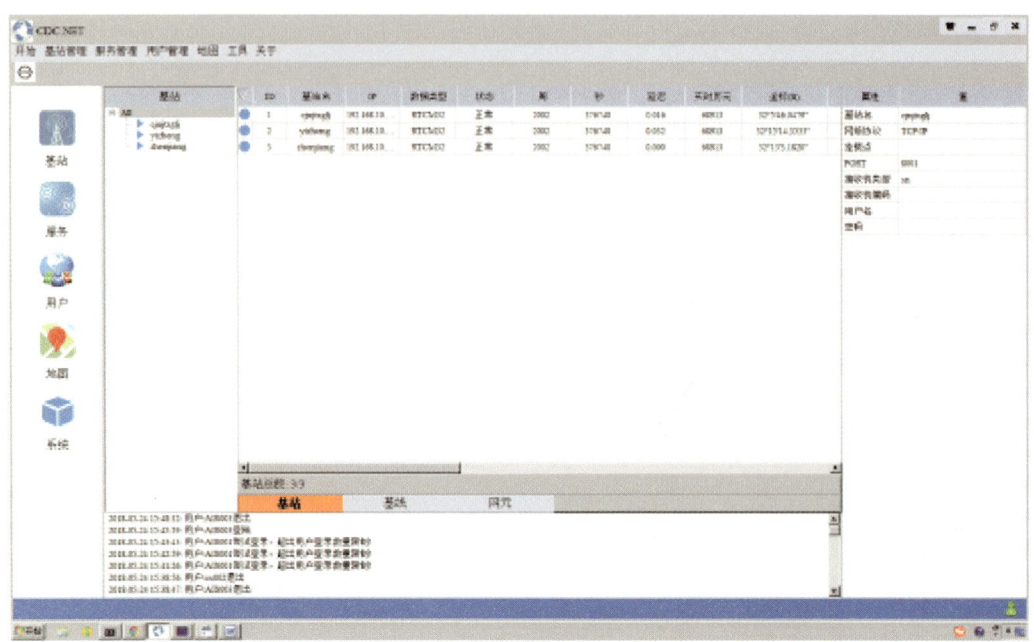

图 14-24　北高水运系统数据处理中心系统软件服务界面

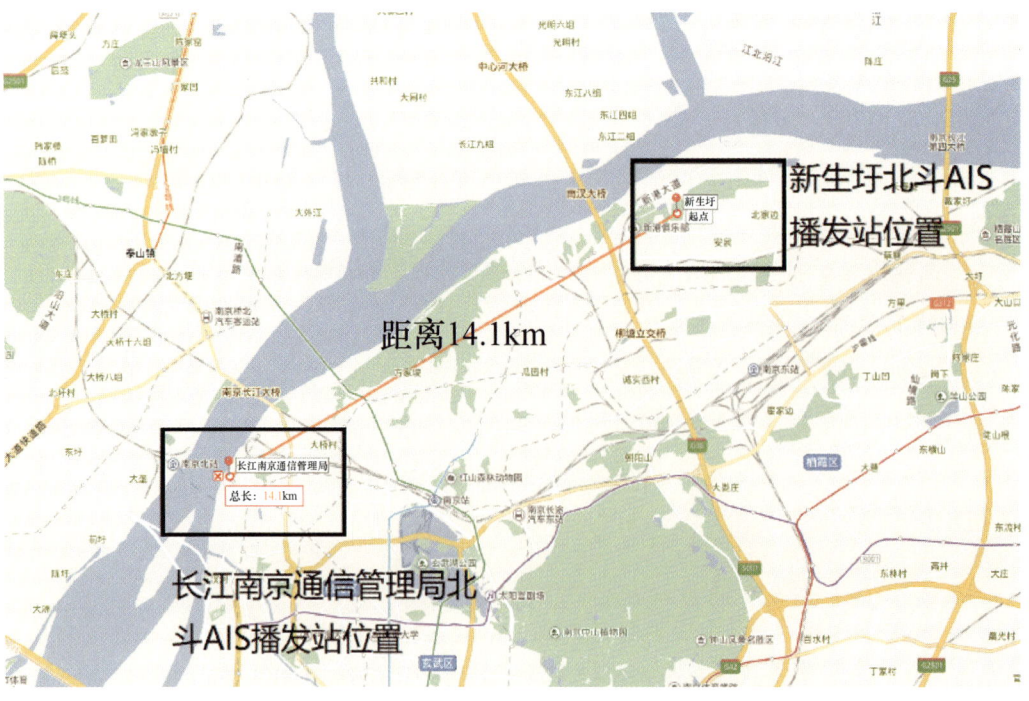

图 14-25　长江南京段 2 台北斗 AIS 高精度信号播发站位置示意

6. 水路运输高精度航道专题地图

水路运输高精度航道专题地图(以下简称"航道专题图")主要用于北斗 AIS 船舶自动识别和水上导航,是船舶位置判断的基础数据,是北斗 AIS 船舶自动识别系统的核心数据。航道专题图具备支持水路运输高精度应用验证测试的地理要素,具体包括锚泊区、侧面立标、桥梁、单体建筑、设施浮标、架空电缆、电缆区、长堤、江岸警备站、等深线、航道、渔场、灯标、障碍物、桩、管道区、引航员登船点、支架、桥墩、雷达线、急流、河流、河岸和水深等地理要素,见图 14 - 26。

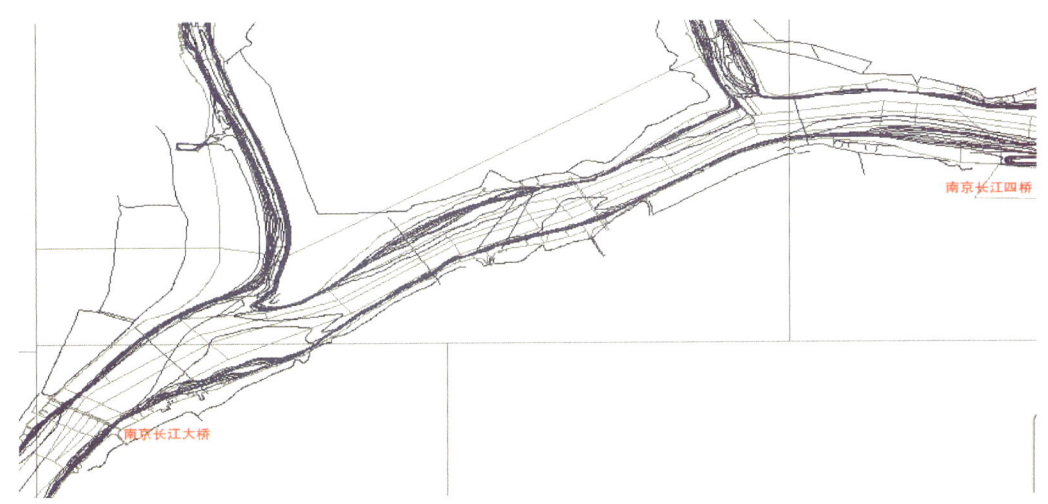

图 14 - 26　长江南京段北斗高精度应用示范区域高精度专题地图示意图

7. 水路应用测试

北高水运系统建成后,相关单位在长江干线的南京长江大桥至南京长江二桥附近江段,开展了长江南京段航线北斗高精度水路运输应用相关的船舶导航、定位和航道测量的实地应用测试和北斗定位精度评估。

北斗 AIS 船载终端和 RTK 定位终端安装在同一艘测试船上,GNSS 定位天线安装于测试船驾驶舱顶露天甲板的栏杆上(图 14 - 27),固定好两个天线后测量其中心间的距离(图 14 - 28),两台设备的主机安置在船的驾驶舱内(图 14 - 29),用定位精度为厘米级 RTK 定位终端的定位轨迹作为基准,以此确定和评估北斗 AIS 船载终端的导航定位精度。

测试船在航行中,北斗 AIS 船载终端通过连续接收北斗 AIS 基站播发的高精度改正数据进行连续定位解算,解算有北斗和北斗 + GPS 两种模式,记录北斗 AIS 船载终端的定位数据和 RTK 定位终端的定位数据,见图 14 - 30 和图 14 - 31,在 2018 年 11 月 23 日的测试中,测试船在长江南京段江面航行时,北斗增强定位精度的平均值为 1.38m,北斗 + GPS 增强定位精度的平均值为 1.06m,可见北斗增强定位精度的效果明显(表 14 - 1)。

图 14-27　GNSS 天线固定安装在测试船驾驶舱顶露天甲板边缘的栏杆上

图 14-28　安装在驾驶舱顶露天甲板边缘栏杆上的北斗 AIS 船载终端
和 RTK 定位终端的 GNSS 天线

图 14-29　北斗 AIS 船载终端和 RTK 定位终端安装在测试船的驾驶舱内

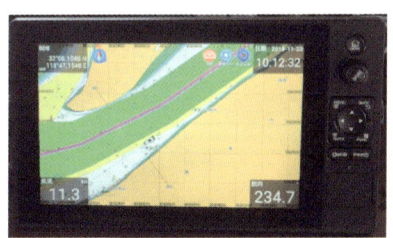

图 14-30　在航道图上显示北斗 AIS 船载终端测量的测试船航行定位轨迹(紫色)和 RTK 定位终端的定位轨迹(黄色)(可见两者重合度好,测试时航速 11.3km/h,航向 234.7°)

图 14-31　北斗 AIS 船载终端的船舶导航定位界面(测试时航速 13.9km/h,航向 66.6°)

表 14-1　北斗 AIS 船载终端动态导航定位精度表

测试内容	定位模式	
	北斗	北斗+GPS
水平定位精度(平均值)	1.38m	1.06m

除基本的航行导航定位测试,测试船还利用测试环境和北斗增强定位数据,辅助开展了长江南京段航道的巡查和测量(图 14-32),实际应用效果良好。

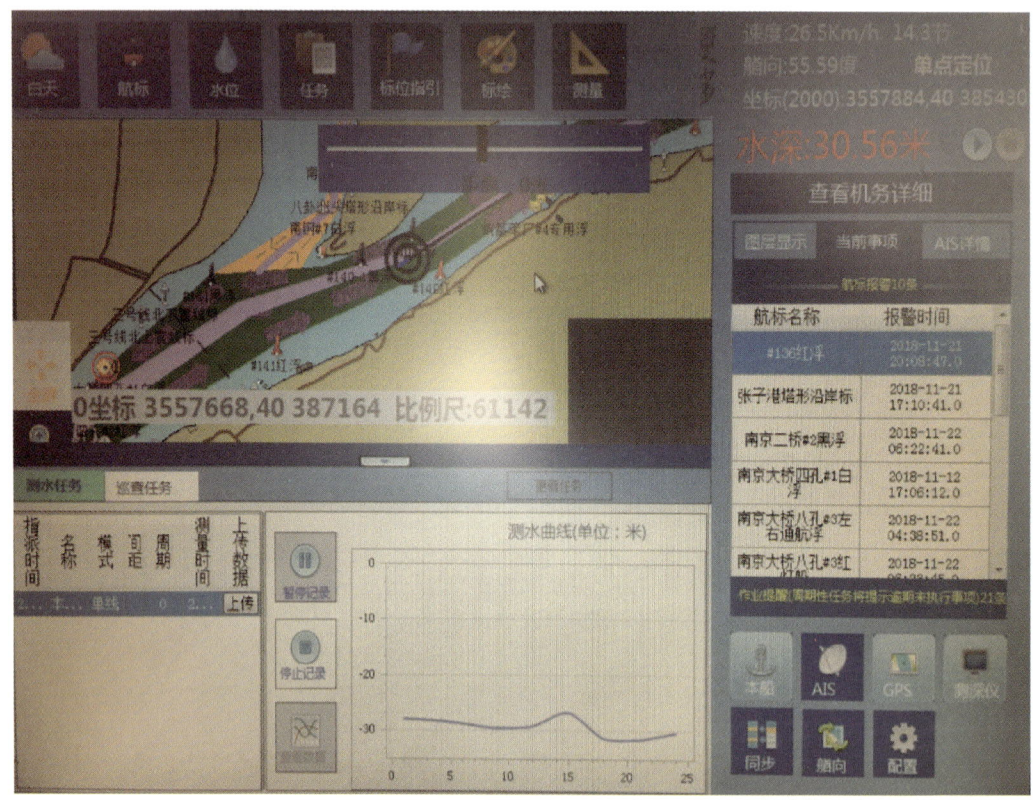

图 14-32　测试船进行长江南京段航道巡查和测量的计算机界面

8. 测试小结

根据测试船航行测试获取的北斗增强定位数据结果统计分析,北斗 AIS 船载终端实时动态导航的定位精度达到 1m,满足长江航道船舶日常行驶对导航定位精度需求,可用于辅助进行航道巡查和测量。

在长江南京段航道进行的北斗增强定位精度的测试结果表明:采用北斗 AIS 船载终端,能实现 1m 定位精度的导航定位,有利于在复杂、繁忙航道的船舶安全航行,也能用于航道日常巡查和测量等管理工作,具有推广应用前景。

14.2 国土资源行业应用案例

14.2.1 概述

国土资源(现称自然资源)是北斗地基增强系统的重要应用领域,自然资源北斗地基增强系统是北斗地基增强系统的重要组成部分。作为北斗地基增强系统与自然资源用户之间的技术和信息纽带,自然资源北斗数据处理中心担负大量自然资源领域的北斗增强数据处理任务,是自然资源卫星导航定位领域的数据、处理和服务中心。

自然资源管理的主要职责包括:

(1)保护与合理利用国家管辖的自然资源,含土地资源、矿产资源、海洋资源等;

(2)规范自然资源的管理秩序;

(3)优化配置自然资源;

(4)规范自然资源权属管理;

(5)保护全国的耕地,确保规划确定的耕地保有量和基本农田面积不减少;

(6)及时准确提供全国土地利用各种数据;

(7)拟订并实施土地开发利用标准,管理和监督城乡建设用地供应、政府土地储备、土地开发和节约集约利用;

(8)规范自然资源市场秩序;

(9)地质环境保护;

(10)地质灾害预防和治理;

(11)矿产资源开发管理,依法管理矿业权的审批登记发证和转让审批登记,负责国家规划矿区、对国民经济具有重要价值矿区的管理,承担保护性开采的特定矿种、优势矿产的开采总量控制及相关管理工作,组织编制实施矿业权设置方案;

(12)管理地质勘查行业和矿产资源储量,组织实施全国地质调查评价、矿产资源勘查,管理中央级地质勘查项目,组织实施国家重大地质勘查专项,管理地质勘查资质、地质资料、地质勘查成果,统一管理中央公益性地质调查和战略性矿产勘查工作;

(13)依法征收自然资源收益,规范、监督资金使用,拟订土地、自然资源参与经济调控的政策措施;

(14)推进自然资源的科技进步,组织制定、实施自然资源科技发展和人才培养战略、规划和计划,组织实施本领域的重大科技专项,推进自然资源信息化和信息资料的公共服务;

(15)开展对外合作与交流,拟订对外合作勘查、利用自然资源政策并组织实施,组织协调境外自然资源勘查,参与开发工作,依法审批自然资源对外合作区块,监督对外合作勘查开采行为。

在土地资源调查与监测、地质矿产资源调查与监测、地质环境调查与监测等主要业务中,需要开展大量野外踏勘、数据采集、核查数据等工作,因此对在全国、乃至国外的野外导航和定位服务都有明确、迫切和广泛的行业需求。

北斗三号的建设为自然资源持续提高业务水平、持续优化野外松散、单一工作模式提供了重要契机。在北斗的支撑下,有望逐步建立、并最终形成内、外业统筹联动的高精度、高效率的野外工作平台和规程,显著提高自然资源的调查、服务与监管能力。

目前,在自然资源的实际业务中,已经建立了野外应用北斗获取地物要素信息的基本作业流程,例如在野外利用北斗进行路线导航到达预定地点,并在北斗支持下,进行野外信息记录、采集、管理以及必要的分析工作。由于包含丰富的位置属性,野外工作成果能直接支持在室内绘制现场图及进行进一步分析研究。在北斗地基增强系统的支持下,确保快速、准确获取的高精度位置信息是保证野外工作效率和最终工作成果质量的重要基础,同时也是野外安全生产和遇险营救的前提条件。

自然资源北斗地基增强系统的研制建设,把来自国家北斗地基增强系统的数据高效转化为自然资源北斗增强数据产品,为自然资源的核心业务提供自主可控的高精度位置信息保障,大幅度提高行业的战略信息资源建设与应用能力。自然资源北斗地基增强系统广泛地服务于自然资源各部门,满足行业对北斗高精度应用需求。自然资源北斗地基增强系统的建设还将促进自然资源行业与内、外业相关工作进一步整合与技术提升,促进我国自然资源行业的发展。

14.2.2　自然资源部门北斗应用现状

1. 土地资源调查与监测业务中北斗使用现状

自北斗系统正式运行、提供服务以来,在土地利用现状调查、地籍调查、土地执法等方面发挥了重要作用,显著提高了土地资源调查与监测的效率和能力,已成为土地资源调查与监测的重要支撑条件。

我国部分地区在土地利用现状(变更)调查和地籍测量中,开始使用北斗系统进行控制网布设;在土地动态监测中,利用北斗系统进行动态测量等。

多个地方部门在土地执法检查中配备北斗终端和使用北斗地基增强精度定位服务,例如:深圳市在土地执法检查队伍中配备北斗终端,应用并维护北斗地基增强系统;潍坊市建成区域北斗厘米级增强系统,并应用于1∶500土地执法制图;黄平县土地资源执法监测系统也下发了北斗定位设备终端,为土地执法查证工作提供便利。

在土地督察巡查中,北斗系统在目标坐标导航和定位、记录红线坐标、现场执法数据查询、现场取证、图斑查询导航、图斑采集、数据回传上报等业务中得到初步应用。

2. 地质矿产资源调查与监测业务中北斗使用现状

现在,我国地质矿产调查工作的重点在西部地区,往往地处高山、峡谷、深山密林、广袤沙漠、险象丛生的沼泽,也多为移动通信和地面通信网络的盲区,野外地质调查工作进度和动态、野外工作的应急救援主要采用卫星电话,其推广应用受限于信息化程度低、成本高,很难满足野外地质调查人员的导航与跟踪。

中国地质调查局制定了基于国产遥感卫星和北斗一号卫星的野外地质调查服务与管理应用系统的技术体系,研发了服务于野外地质调查的"双星野外地质调查服务与管理系统",部署在中国地质调查局所属的发展研究中心、自然资源航空物探遥感中心、地质力学研究所及西安地质调查中心等单位,通过北斗一号卫星实现野外人员与管理中心之间实时位置监控和通信,非常适合保障我国野外地质人员野外作业安全,为进一步应用北斗二号系统,满足行业高精密需求,支撑矿产资源调查与监测业务水平的提升,奠定了必要的工作基础。

3. 地质环境调查与监测业务中北斗使用现状

中国地质环境监测院先后承担科技部项目——基于北斗一号卫星系统在滑坡灾害监测数据的实时传输系统研究、国家发改委高新技术产业化项目——基于北斗一号卫星系统的地质灾害监测示范工程,开展北斗短报文、6 类数据采集仪的研制、信息系统的开发等关键技术的研究,包括通信接口定义、通信协议规范、北斗用户机通信控制器、供电、防雷等方面进行了野外适应性改造等,数据采集仪同时兼顾北斗短报文与 ZIGBEE、GPRS、GSM 等无线通信的联合运用,满足在正常状态和应急状态传输灾害监测数据,中心应用软件和各示范区分中心应用软件支持自报式传输实时数据、查询式传输历史数据、交互式查询工作参数以及交互式设置工作参数等功能,保证数据传输稳定、安全、准确。在四川省雅安市峡口滑坡建设了通过北斗短报文传输数据的多参数实时传输监测系统,首次实现业务化、规模化应用。

14.2.3 自然资源主体业务对定位精度的需求

自然资源的土地资源调查与监测、地质矿产调查与监测和地质环境调查与监测等主体业务的外业工作对定位精度的需求如表 14 - 2 所列。

表 14 - 2 自然资源主体业务的外业工作对定位精度的需求汇总表

业务领域	业务小类	比例尺与定位精度需求
土地资源调查与监测	土地利用现状(变更)调查	1:10000,定位精度为 1m
		1:2000、1:5000,定位精度为分米级、厘米级
	地籍调查	1:500(城镇),定位精度为 5cm
		1:1000 或 1:2000(农村),定位精度为 10cm
	土地执法检查	1:10000(日常巡查),定位精度为 1m
		1:500(执法取证),定位精度为 5cm
	土地督察巡查	1:10000,定位精度为 1m

续表

业务领域	业务小类	比例尺与定位精度需求
地质矿产调查与监测	区域地质调查	1∶50000、1∶250000,定位精度为20m
	地质科研调查、物探、化探	1∶50000,定位精度为20m
	矿产勘查	1∶1~1∶50000,定位精度为5~10m
	遥感地质异常查证	1∶10000,定位精度为5~10m
	矿山执法监测	1∶50000~1∶10000,定位精度为1m
		1∶1000~1∶5000,定位精度为厘米级
	矿产执法检查	1∶500,定位精度为厘米级
地质环境调查与监测	地下水环境调查与监测	监测点,定位精度为米级
		监测点水位,测量精度为毫米级
	矿山地质环境调查与监测	1∶10000~1∶50000,定位精度为米级
	基于北斗卫星的位移监测	定位精度应小于10mm
	地质灾害调查与监测	1∶10000~1∶50000(灾害调查),定位精度为米级
		群测群防定位精度应小于10m

1. 土地资源调查与监测

1)土地利用现状(变更)调查

土地利用现状(变更)调查是国土资源管理的一项基础性业务工作,通过清查各种利用方式的土地的数量、质量、分布状况及其有关面积,及时准确掌握土地利用变化情况,保证土地利用图件和数据的现势性,为新一轮土地利用总体规划修编以及国民经济发展规划的编制、土地的科学合理利用提供现势性强的基础资料。土地利用现状(变更)调查是实施规划管地、土地用途管制制度的基础和前提,是进一步建立和完善土地调查统计制度的需要,也是农村集体土地所有权登记发证、建设用地审批、土地开发复垦整理项目管理以及土地执法检查等各项国土资源管理工作的基础和依据,是建立"以图管地"的土地管理的新机制、全面推动土地管理科学化决策水平的重要举措。

2)地籍调查

地籍调查是指依照国家规定的法律程序,通过权属调查和地籍测量,查清宗地的权属、确认宗地界址线、面积、用途、位置和等级等情况,形成数据、图件、表册等调查资料,为土地注册登记、核发土地权属证书提供依据的一项技术性工作,是明析产权、保护土地所有者和土地使用者合法权益、解决土地产权纠纷的重要凭据。通过地籍调查全面掌握一个地区的土地类型、数量、分布和利用状况,以及该地区土地在国民经济各部门之间、在各种经济成分之间的分配情况,为建立科学的土地管理体系、合理利用和保护土地、制定土地利用规划及有关政策、实现耕地总量动态平衡、调控土地供需、规范土地市场等提供信息保障。

3）土地执法检查

土地执法检查是土地资源管理日常工作之一,目的是检查审批和使用土地是否符合土地利用总体规划和土地利用年度计划,批准使用的地块是否存在非法批地、骗取批准、未批先用、少批多占和擅自改变用途,是否违反国家宏观调控政策、产业政策和土地供应政策批准供地,在土地执法动态巡查中是否发现土地违法行为,土地违法案件是否已经依法依规及时处理,处理是否已经到位,是否依照《违反土地管理规定行为处分办法》对土地违法违规严重的乡(镇)人民政府的主要负责人进行问责。

自然资源管理部门通过现场踏勘和卫星遥感图像照片(以下简称为"卫片")等手段执法。现场踏勘采用传统野外监测作业方法——简易补测法或平板仪补测法进行土地执法检查,存在日常巡查工作效率低,且不能及时获取违法土地的精确面积。目前,土地执法检查采用"卫片"为主、现场踏勘和实地巡查为辅的方法,监督、检查某辖区内土地利用行为。卫片执法检查是利用遥感卫星拍摄的地面光谱图像,通过对两个时间点拍摄图像的对比,获取该时段内某个区域土地利用变化的数据,实现对新增建设用地的动态监测,同时对新增建设用地的合法性进行核查,快速发现违法用地。卫片形象直观、覆盖范围大、真实性强,能够清楚和综合反映出某个区域土地利用状况,可及时发现违法行为,为土地管理后续相关决策提供数据和证据支持。

4）土地督察巡查

土地督察巡查是指国家土地督察部门依据法律法规和政策,针对某一地区一定时段内土地利用和管理情况进行监督检查,是国家土地督察局集中利用一段时间,对督察区域内一个地区某时间段内的土地审批和供应情况进行全面审查和评估,从而及时发现土地利用年度计划执行情况、中央土地调控政策和国家产业政策执行情况、建设用地审批的合法性和真实性、供地政策执行情况和节约集约用地等存在的主要问题。

土地督察巡查主要以"严守红线"为目标、开展耕地保护目标责任履行情况进行督察。①以农用地转用和土地征收审批事项为重点,开展审核督察,认真核实土地违法违规问题,特别是乱占滥用耕地问题。②以粮食主产区为重点,开展例行督察,对耕地占补平衡不实、耕地保有量虚增等突出问题严格督促整改;以促进经济发展方式转变为目标,开展节约集约用地专项督察,针对一些地方土地粗放浪费现象严重,对大量存在的批而未供和闲置土地等突出问题,在全国范围内组织开展节约集约用地专项督察;以"稳增长、调结构"为目标,开展产能严重过剩行业用地督察;以维护群众合法权益为目标,切实维护被征地农民合法权益,严肃查处土地违法违规行为,坚决打击群众反映强烈的土地违法违规行为;针对地方政府违法征占耕地、违规出让土地、违规建设等问题进行重点跟踪督察,实地核查或跟踪督办案件。

2. 地质矿产调查与监测

1）区域地质调查

区域地质调查工作有1:25万和1:5万两种比例尺。为国土资源规划、管理、保护和合理利用,为地球科学研究和教学等提供基础地质资料,并为社会公众提供公益性的地质信息。

1:25万比例尺图幅的区域地质调查是基础性、公益性、战略性的国土资源调查中的一项基础地质工作,任务是以详实的地质观察研究为基础,通过填制1:25万比例尺的地质图,查明区内地层、岩石(沉积岩、岩浆岩、变质岩、混杂岩)、古生物、构造、矿产以及其他各种地质体的特征,并研究其属性、形成时代、形成环境和发展历史等基础地质问题,为矿产资源、土地资源和海洋资源评价,为环境地质、水文地质、工程地质、环境地质、灾害地质、农业地质、城市地质和旅游地质等专项调查提供地学基础资料,为自然资源规划、管理、保护和合理利用提供科学依据,为地球科学研究和教学等提供基础地质资料,为社会公众提供公益性的基础地质信息。

1∶5万比例尺图幅的区域地质调查是全面、系统和综合性的地质调查研究工作,需运用当代地质理论和各种技术方法手段进行科研调查、物探和化探,通过区域地质填图和科学研究相结合,对区域内的地层、岩石、岩体、构造、矿化等各种地质体和地质现象进行系统的观察研究,阐明区域内各地质体的基本特征及其相互关系和地质发展史;同时对区域内岩石分布以及地球化学场、地球物理场进行调查,对矿点(矿化点)和各类主要异常进行检查,圈出成矿远景区和找矿有利地段,编制相应图件。

2)矿产地质勘查

矿产地质勘查是基础地质调查的重要组成,是矿产远景调查的一项最基础的工作。通过对成矿有利地段以及典型矿床、矿(化)点的系统勘查和研究,大致查明区内成矿有关地质体的地质构造特征,分析区域成矿地质背景、成矿地质条件和矿产资源特征,揭示区域成矿规律,发现新的矿化线索和矿(化)点,为物探和化探异常推断解释、成矿规律研究和找矿靶区圈定提供基础地质资料,评价区域资源潜力和经济技术条件,提高矿产地质调查程度和研究水平,提升矿产地质工作服务资源安全、服务经济社会发展、服务生态文明建设的能力。

目前,国家主要部署的是1∶5万比例尺图幅的矿产地质调查工作。

3)矿山执法监测

矿山执法监测是自然资源管理日常工作之一。自然资源管理部门通过掌握的矿业权数据进行现场踏勘、矿山开发现状调查、地质灾害发现治理、违法开采查处等手段,为国土管理后续相关决策提供重要支持。

根据现有全国矿产资源规划、采矿权和探矿权分布情况,通过矿山开采状况、矿山地质环境问题和矿山环境恢复治理状况等的遥感监测工作,获取客观基础数据,形成综合分析与评价报告,为国家制定矿产资源规划,保持矿产资源的可持续开发与利用,治理矿产地质灾害,综合整治矿区环境及维护矿业秩序等提供基础信息和技术支撑。

矿山执法监测是为检查开发是否符合规划、是否符合采矿权和探矿权的设置,是否存在违法勘查、违法开采、违法转让、违法审批,是否达到国家全面整顿和规范矿产资源开发秩序的要求,对保护性开采的特定矿种是否完成专项整治,是否准确落实国家去产能的综合部署,矿产违法行为是否在矿产资源动态巡查中已经发现,矿产违法案件是否已经依法依规及时处理,处理是否已经到位,对矿产违法违规严重、需进行问责的乡(镇)人民政府主要负责人是否开展约谈、问责。

矿山执法监测使用1∶5万~1∶1万、1∶1000~1∶5000比例尺的地图。

3. 地质环境调查与监测

地质环境调查与监测的对象包括水环境调查与监测、地质灾害调查与监测、矿山地质环境调查与监测、地质遗迹调查与监测、地表形变的调查与监测和土壤环境的调查与监测等,下面主要介绍地下水环境调查与监测、矿山地质环境调查与监测、地质灾害调查与监测。

工作使用地图图幅比例尺有1∶1万、1∶5万、1∶10万、1∶20万、1∶25万。

1) 地下水环境调查与监测

广义水环境调查与监测包括地表水环境与地下水环境两部分。目前开展的主要是地下水环境的调查与监测,重点是针对地下水的资源量和质量监测,主要监测项为地下水水位、水温、水量和水质等。

在地下水环境调查与监测过程中,根据工作需要开展不同精度和不同比例尺的调查与监测,调查与监测工程中需要开展大量的野外导航、野外定点、数据采集、测绘成图等工作,成果的表达形式主要是报告和图件。

地下水环境调查与监测要求的定位精度为:监测点定位精度米级,监测点水位测量精度为毫米级。

2) 矿山地质环境调查与监测

矿山地质环境调查与监测是在矿山基础建设、开采阶段,以及闭坑后,针对存在的矿山地质环境问题(例如地质灾害和地下水污染等)进行调查与监测,及时、准确地掌握矿山地质环境现状,为减缓矿山地质环境恶化、减少矿山地质灾害发生和开展矿山地质环境恢复治理提供基础资料和依据,为提高矿山地质环境监督管理水平、实现矿山地质环境监测信息共享、促进矿产资源开发与矿山地质环境保护协调发展提供技术支撑。

矿山地质环境调查与监测任务是准确确定调查与监测对象及要素,划分调查与监测级别,确定调查与监测精度和比例尺,开展在建、生产、闭坑矿山地质环境动态调查与监测,掌握崩塌、滑坡、地裂缝、地面塌陷、含水层破坏、土壤污染、地形地貌景观破坏等矿山地质灾害和矿山地质环境问题在时间和空间的变化情况,分析评价矿山地质环境状况,预测矿山地质环境发展趋势,建立和完善矿山地质环境监测数据库,及时更新矿山地质环境监测信息,编制矿山地质环境监测年报,向社会提供矿山地质环境动态信息。

矿山地质环境调查与监测的工作流程:首先,收集调查与监测矿区的基础资料,掌握矿区地质环境背景条件和矿山基本信息等资料,在分析、汇总相关资料的基础上,开展矿山地质环境详细调查,根据工作需要确定调查精度,根据掌握资料和调查结果,确定矿山地质环境监测对象及监测要素,划分监测级别,规定监测精度;其次,编写监测工作设计,明确监测网(点)类型、密度、位置、监测手段、监测频率、实物工作量等;最后,按照审查批复的监测工作设计,布设采空塌陷、滑坡崩塌、地裂缝、不稳定边坡、含水层破坏、地下水污染、土壤污染、地形地貌景观破坏监测网。

矿山环境调查与监测需要的地图比例尺为1∶1万~1∶5万,定位精度为米级。

3) 地质灾害调查与监测

地质灾害包括突发性地质灾害和缓变型地质灾害,突发性地质灾害主要包括滑坡、崩塌、泥石流等,缓变型地质灾害主要包括地面沉降和地裂缝等。

滑坡、崩塌、泥石流调查与监测的目的是监视滑坡、崩塌、泥石流的运动,进而分析其发展趋势,预报其失稳所造成的灾害;调查与监测工作的四项任务:

(1) 调查与监测滑坡、崩塌与泥石流的形变或活动特征及降雨量、温度、地下水等和地质灾害

相关的环境要素;

(2)研究滑坡、崩塌与泥石流的地质环境、类型、特征,分析其形成机制、活动方式和诱发其变形破坏或活动的主要因素与影响因素,评价其稳定性,为地区经济开发规划和建设计划提供资料,促进经济建设顺利进行;

(3)研究和掌握滑坡、崩塌变形破坏与泥石流活动的规律及其发展趋势,通过地质环境监测年报等,向政府和社会提供突发性地质灾害信息,为灾害防治提供资料,并指导防治工程设计、施工,检验防治工程效果,保证防治工程质量和效益;

(4)研究、制订滑坡、崩塌变形破坏判据和泥石流活动判据,及时按程序进行预报。

滑坡、崩塌、泥石流调查与监测业务所需定位精度根据需要的地图比例尺确定,一般地图比例尺有1:5万、1:10万、1:25万。

14.2.4 自然资源主体业务对北斗导航定位精度的需求

北斗地基增强系统提供的北斗米级、分米级、厘米级和后处理毫米级的增强精度服务,可提供静态定位和实时动态定位服务,能覆盖和满足自然资源调查与监测的外业工作对导航定位精度的需求,在自然资源行业有广泛和深入的应用前景。

1. 土地外业工作基础性需求

土地外业工作对北斗的需求如下:

1)对导航精度需求

在土地资源调查与监测、土地利用现状(变更)调查的具体业务中,需要在野外作业、在小比例尺地图上进行实地核查,在土地执法检查的日常巡查、卫片执法检查中都需要野外定位与导航。根据GB/T 19392—2003《汽车GPS导航系统规范》,GPS定位水平精度应小于50m(RMS);目前北斗单点定位精度约10m,可满足野外导航的要求。

北斗地基增强系统提供的北斗单频伪距广域实时定位水平精度为2m(2σ)、高程为3m(2σ),能够更好地帮助野外作业人员进行野外实地调查。

在土地督察巡查的外业工作中,也需要用北斗单频伪距广域实时定位水平精度为2m(2σ)、高程为3m(2σ)的服务进行导航到达现场,并能对土地利用的情况进行初步判断。

2)像控点精度需求

在土地利用现状(变更)调查小比例尺地图作业、土地执法检查、土地督察检查业务中,高分辨率卫片和正射影像制作中,均需要对遥感影像进行几何校正设置像控点。根据CJJ/T 8—2011《城市测量规范》,像控点水平位置相对于附近各等级控制点的平面位置中误差不超过图上0.1mm,高程中误差不小于1/10基本等高距。土地利用现状(变更)调查中所用成图比例尺为1:5000或1:10000,换算成像控点水平定位精度误差要求分别为0.5m和1m,在土地执法检查中用到的高分辨率卫片影像一般分辨率在亚米级别,因此,像控点精度应在厘米级或毫米级。

在上述业务中,北斗地基增强系统提供广域实时分米级、区域实时厘米级、后处理毫米级定位服务,能满足像控点的精度需求。

3）服务频率需求

自然资源行业野外作业有静态和动态定位。

在静态定位时，用户 GNSS 接收机可将动态定位值取平均作为该时段的静态定位值，也可接收北斗地基增强系统后处理的静态定位平均值。

在动态定位时，根据 CJJ/T 73—2010《卫星定位城市测量技术规范》对 GNSS 接收机的规定：GNSS 接收机接收的原始观测数据的采样间隔可在 1~60s 内设置，并且能存储 1s 采样间隔、24h 的连续观测数据，其他对地基增强服务频率的要求都低于 1s，因此，要求北斗地基增强系统的服务频率要满足 1s。北斗地基增强系统播发增强数据产品的服务频率为 1s。

2. 土地利用现状（变更）调查需求

土地利用现状（变更）调查采用不同比例尺的地图，因此利用北斗导航定位的精度也不同，对北斗的需求如下：

1）利用大比例尺（1∶1000、1∶2000）地图进行调查对定位精度的需求

在通视良好情况下，利用大比例尺（1∶1000、1∶2000）地图进行调查时，所需北斗定位精度为厘米级；在平地、丘陵情况下，利用大比例尺（1∶1000、1∶2000）地图进行调查时，所需平地图上平面点精度应小于 0.5mm，山地图上平面点精度应小于 0.75mm，即需北斗增强定位精度分别为 0.5m、1m。在实际测量中，定位精度应达到厘米级，即可忽略测量误差的影响。因此，需要北斗地基增强系统提供的平面定位精度达到厘米级。

在实际工作中通常还会在对卫星信号有遮挡的地区，需要在工作区内布设控制网，用解析法测量地物点的坐标，需要北斗地基增强系统提供后处理毫米级的定位精度服务。

2）利用小比例尺（1∶5000、1∶10000）地图进行调查对定位精度的需求

基于小比例尺（1∶5000、1∶10000）地图进行调查时，定位精度小于 5m 即可。因此，需要北斗地基增强系统提供广 1∶5 域增强实时米级、分米级定位服务或区域增强厘米级精度的服务。

综上所述，土地利用现状（变更）调查需要北斗地基增强系统提供北斗广域米级、分米级、区域厘米级和后处理毫米级的定位精度服务。

3）北斗短报文通信服务需求

在土地利用现状（变更）调查业务中，对北斗短报文通信服务也有相应需求，包括短报文、语音通信和文件传输。

在土地利用现状（变更）调查中，最常用北斗导航功能。如何能准确、快速导航至目的地，尤其是在交通不发达、数字地图不覆盖、没有明显地物指引的偏远地区，如果野外工作人员将自身的位置信息通过北斗短报文传回自然资源业务管理中心，并通过语音通信功能与管理中心人员及时沟通，即可及时对导航路线进行确认或纠正，从而解决准确、快速到达目的地的问题。

在土地利用现状（变更）调查中，通常需要实地测量。目前 GPS 作业大部分是通过储存卡或数据线等方式导出数据，这对要完成工期紧、任务重的测量任务有些滞后，内业人员也需要尽快得到外业测量数据，以便及时进行数据处理和分析。通过北斗短报文通信服务将测量数据文件快速传给内业人员，如果内业人员发现测量错误需要进行补测，还可及时告知外业工作人员。

3. 地籍调查业务对北斗的需求

地籍调查工作对北斗的需求如下：

1）地籍测量中控制网布设的精度需求

控制网布设分为静态定位布设与动态定位布设，需要北斗地基增强系统提供区域实时厘米级定位服务、后处理毫米级定位服务。

2）地籍碎部测量的精度需求

在城镇和农村碎部测量时，均需要北斗地基增强系统提供区域实时厘米级定位服务。

3）北斗短报文通信服务需求

地籍测量一般是测量后成图，对北斗短报文（含语音通信、文件传输）通信的要求不高，但是如果具备这些功能，在今后地籍测量中，对工作方法的改进与提高将有很大帮助。

4. 土地执法检查业务对北斗的需求

在土地执法检查工作中，地物点位置测量精度对北斗定位精度的需求如下：

1）日常巡查

日常巡查所用地图的比例尺为 1∶10000，执法取证的比例尺为 1∶500，所以参照土地利用现状（变更）调查，平面定位精度应分别小于 5m 和 0.25m。根据地籍调查中碎部测量所需精度，执法取证的定位精度应小于 5cm，所以在实际工作中，需要北斗地基增强系统提供广域实时分米级定位服务、区域实时厘米级定位服务。

2）北斗短报文通信服务需求

由于土地执法检查的特殊性，在导航时可利用语音功能和短报文功能进行导航和及时对导航路线纠错；在到达像控点时，需要通过北斗短报文和文件传输，尽快将像控点坐标传回自然资源业务管理中心，内业人员利用语音功能可指挥外业人员进行补测或修改测量点错误；在实时测量时，测量数据通过短报文文件传回自然资源业务管理中心，及时对违法使用土地进行定性和定量，并作为后续查处证据。

因此，在土地执法检查业务中，需要北斗短报文（含语音通信、文件传输）通信服务。

5. 土地督察巡查业务对北斗的需求

1）土地督察巡查

土地督察巡查业务为外业核查时进行实地测量，所用地图比例尺为 1∶10000，需要北斗区域实时厘米级定位服务、广域实时分米级定位服务。

2）北斗短报文通信服务需求

在土地督察巡查中，外业人员通过北斗短报文（含语音通信、文件传输）可快速传输违法土地坐标信息到自然资源业务管理中心，可以通过语音使内业人员与外业人员及时沟通，文件传输可以快速传输测量数据文件，及时使内业执法人员对土地违法使用情况进行定性和定量，使外业执法人员及时确定督察土地的违法情况。

6. 地质矿产资源调查与监测业务对北斗的需求

地质矿产资源调查与监测业务的工作方式和内容相同，对北斗导航定位精度的需求如下：

1)地质矿产资源调查

1∶25万和1∶5万比例尺的区域地质矿产资源调查重点是与成矿有关的地质信息调查,相同调查比例尺调查其控制精度基本相同,对北斗导航定位精度的需求类似。

(1)1∶25万区域地质矿产资源调查业务。

在1∶25万区域地质矿产资源调查业务中,需要北斗支持导航定位、像控点获取、实地测量。

在导航定位中,北斗实时广域米级定位精度可以更好地引导外业工作人员到达调查目的地。

在像控点获取时,根据区域地质调查像控点水平位置相对于附近各等级控制点的平面位置中误差不超过图上0.1mm、高程精度不小于1/10基本等高距的要求,在比例尺1∶25万地形图上,像控点平面定位精度要求应小于25m,北斗实时广域米级定位精度即可满足要求。

在实地测量时,测量精度小于10m,北斗实时广域米级定位精度和区域实时米级精度都可以满足要求。

因此,区域地质矿产资源调查业务需要北斗实时广域米级定位精度服务。

(2)1∶5万区域地质矿产资源调查业务。

1∶5万区域地质矿产资源调查业务中,需要北斗支持航定位、像控点获取、实地测量。

在导航定位中,北斗实时广域米级定位精度可以更好地引导外业工作人员到达目的地。

在像控点获取时,根据区域地质调查像控点水平位置相对于附近各等级控制点的平面位置中误差不超过图上0.1mm、高程精度不小于1/10基本等高距的要求,在比例尺1∶5万地形图上,像控点平面精度要求应小于5m,北斗实时广域米级定位精度即可满足要求。

在实地进行矿点检查和异常查证时,一般选用大比例尺(一般为1∶2000~1∶5000)填图,大比例尺化探(土壤或岩石测量)、物探(高精度磁测、激发极化法、高精度重力等)综合剖面测量;有重大找矿前景的矿点、或有重要找矿意义的异常,需要施工钻探获取深部信息。在剖面实地测制时,调查比例尺一般为1∶2000~1∶5000;第四系厚度较小的细碎屑沉积,比例尺一般大于1∶100~1∶1000,此时,需北斗实时分米级定位精度才可满足要求。

因此,区域地质矿产资源调查需要北斗实时广域米级、分米级定位精度服务。

2)对北斗服务频率需求

根据区域地质矿产资源调查工作需要的北斗实时广域米级、分米级定位服务,在实际工作中均用到动态定位。参照CJJ/T 73—2010《卫星定位城市测量技术规范》,动态定位采样间隔为1s,因此,要求北斗地基增强系统的服务频率为1s。

3)对北斗短报文通信服务需求

区域地质矿产资源调查业务中,最常用北斗导航功能。如何能准确、快速导航至目的地,尤其是在艰险地区进行野外工作的外业人员,面临地理环境复杂、人烟稀少、手机信号覆盖差、交通不发达、数字地图不覆盖、没有明显地物指引的偏远地区,如果野外工作人员将自身的位置信息通过北斗短报文传回自然资源业务管理中心,并通过语音通信功能与管理中心人员及时沟通,即可及时对导航路线进行确认或纠正,从而解决准确、快速到达调查目的地的问题。

区域地质矿产资源调查中通常需要进行实地测量。目前,GPS作业中大部分通过储存卡或数据线等方式导出数据,而内业工作人员需要尽快得到测量数据,以便于及时进行数据处理和分析。通过北斗短报文文件传输功能,可将测量数据及时发回自然资源业务管理中心,及时发现测量错误并告知外业工作人员进行补测。

7. 矿山执法监测业务对北斗的需求

1）矿山执法监测业务的需求

在矿山执法监测业务中,需要北斗支持导航定位、像控点获取、实地测量。

在导航定位中,北斗实时广域米级定位精度可以更好地引导执法工作人员到达目的地。

在像控点获取和实地测量时,根据区域地质调查像控点水平位置相对于附近各等级控制点的平面位置中误差不超过图上 0.1mm、高程精度不小于 1/10 基本等高距精度的要求,在日常巡查和实地测量中,要求在 1∶1 万比例尺地形图上误差不超过 1m;在卫片执法中,要求在 1∶1 万或 1∶5 万比例尺地形图上的误差不超过 1m 或 5m;在执法取证中,要求在 1∶1000 比例尺地形图上的误差不超过 10cm。因此,需要北斗实时广域分米级或区域实时厘米级定位服务。

综上所述,矿山执法监测业务需要北斗实时广域米级、分米级、区域实时厘米级定位服务。

2）北斗服务频率需求

根据矿山执法监测工作需要北斗实时广域米级、分米级、区域实时厘米级定位服务,在实际工作中用到动态定位。动态定位时,需要在很短的时间内就得到解算结果。参照 CJJ/T 73—2010《卫星定位城市测量技术规范》动态测量中对 RTK 数据的采样间隔为 1s,因此,北斗地基增强系统的服务频率应小于 1s。

3）对北斗短报文通信服务需求

由于矿山执法监测的特殊性,获取客观基础数据是形成综合分析与评价报告、填制相关表格并入库的关键。外业执法人员通过北斗短报文(含语音通信、文件传输)可快速传输像控点坐标到自然资源业务管理中心,内业执法人员利用语音功能可指挥外业执法人员及时对违法矿山定性和定量,及时确定督察土地的违法情况。

8. 地质环境调查与监测业务对北斗的需求

地质环境调查与监测等主要业务需要开展大量野外踏勘、数据采集、核查等工作,对定位导航服务有明确的业务需求。北斗为地质环境调查与监测业务不断提高水平、优化现有野外松散、单一工作模式提供重要契机,有望逐步建立并最终形成内业、外业统筹联动的高精度、高效率的野外工作平台和工作规程,为地质环境调查与监测提供新的技术支撑。

现在实际业务中,已建立了野外应用卫星导航获取地物要素信息的基本作业流程,例如在野外开展矿化蚀变点、岩性界限点、构造特征点、采样点、矿山开采边界、违法开采位置等信息提取时,首先收集工作区内的地形图、地质图、地理资料、科学研究资料等材料。在野外利用卫星导航进行路线规划,以期到达预定地点;在卫星定位的支持下,进行野外信息记录、采集、管理以及必要的分析工作。由于野外工作的成果包含丰富的位置属性,可直接支持在室内绘制实际材料图及分析研究。此外,位置信息也是野外安全生产、进行突发状况营救的重要前提条件。

在北斗应用方面,中国地质调查局研发了国产遥感卫星和北斗一号野外地质调查服务与管理应用系统,服务于野外地质调查的系统,部署在中国地质调查局所属的发展研究中心、自然资源航空物探遥感中心、地质力学研究所及西安地质调查中心等,通过北斗实现了野外人员与自然资源业务之间的快速位置报告和通信应用示范。该系统为应用北斗二号、满足行业对高精度的需求、提升地质环境调查与监测业务水平奠定了必要的基础。

1) 地质环境调查与监测业务需求

地质环境调查与监测业务主要包括地下水环境调查与监测、矿山地质环境调查与监测、地质灾害调查与监测。我国水文地质调查图幅比例尺集中在1∶1万、1∶5万、1∶20万,矿山调查监测业务图幅比例尺为1∶1万~1∶5万,地质灾害调查/排查图幅比例尺集中在1∶5万、1∶10万、1∶25万。

综上所述,水文地质调查与监测、矿山地质环境调查与监测、地质灾害调查与监测业务涉及北斗实时导航、定位,要求野外调查定位精度小于10m,缓变地质灾害(如地面沉降等)以及灾害的位移监测要求毫米级精度。

2) 对北斗服务频率需求

水文地质调查与监测、地质灾害调查与监测、遥感调查野外验证、地质灾害群测调查、远离河道及水源地区的地下水监测、稳定矿山边坡的系统要求服务频率1次/天,北斗/GNSS位移监测系统服务频率按2次/天,对崩塌、滑坡、泥石流、在开采矿山边坡的系统服务频率按4次/天,在变形量加大时随时可加密频率服务需求。

3) 对北斗短报文通信服务需求

在一般情况下,对水环境调查与监测、地质灾害调查与监测、遥感调查野外验证、地质灾害群测调查、矿山地质环境调查与监测,基于北斗/GNSS位移监测系统,采用北斗短报文进行文件传输即可,在北斗指挥机或北斗短报文运营中心支持下,实现内外业务一体、业务终端分级、分业务、分区域的多维统筹管理与互联互通,通过北斗短报文推送北斗/GNSS高精度测量数据等,实现外业任务的统一管理、层次划分、协作部署、分布作业、交互采集、集中处理与统一共享的工作模式,在内业管理平台即可获取野外终端高精度位置信息;在特殊灾害区以及网络阻断或无网络覆盖区的灾害区,或对工作人员生命有危险时,需要北斗短报文的语音通信服务。

14.2.5 土地资源调查与监测业务应用示范

1. 示范内容

选择浙江杭州余杭农保站西溪湿地遥感综合试验场为北斗地基增强系统应用示范区(图14-33)。该试验场位于杭州市余杭区老余杭镇杭州西溪湿地国家公园内,面积50km²,分布有水库、山体、树林、茶园、农村群落等多种地物类型和地貌类型,承担余杭区农业植物资源调查、监测、保护、开发和利用等试验工作,土地资源调查与监测的大部分业务都可在余杭农保站试验场进行应用验证和示范。

土地资源调查与监测主要包括土地利用现状(变更)调查、土地执法检查和土地督察巡查等业务。土地利用现状(变更)调查主比例尺为1∶1万,在执法检查中日常巡查比例尺为1∶1万,督察巡查中比例尺为1∶1万,要求定位精度见表14-3。

图 14-33　余杭农保站试验场遥感卫星影像

表 14-3　示范区土地调查与监测业务对北斗地基增强产品和服务的需求

业务领域	业务小类	业务所需比例尺和定位精度
土地调查与监测	土地利用现状(变更)调查	1∶1万,亚米级
	土地执法检查(日常)	1∶1万,1m
	土地督察巡查(日常)	1∶1万,1m

在示范区内,开展土地调查与监测业务使用北斗地基增强系统实时广域增强定位精度、刷新频率、稳定性服务的验证和示范。

2. 验证场景与测量

利用北斗测试终端对在西溪湿地遥感综合试验场布设的点位进行野外测量,对北斗地基增强系统提供的增强定位精度、系统服务或刷新频率以及稳定性等指标进行测量验证。选择农保站周边的 12 个村庄导航点、农保站内部的 6 个控制点以及农保站试验田 4 个碎部点,作为此次北斗地基增强系统服务示范验证的测量点(图 14-34)。

利用北斗地基增强系统提供的北斗实时广域增强米级定位精度产品对选择点位进行测量,同步采用北斗地基增强系统提供的北斗实时广域增强米级定位精度产品进行比对测量,在观测数据记录的同时记下对刷新频率、终端功能等测试数据。

在测量点上进行北斗实时广域增强米级定位精度测量,获得北斗和 GPS 实时广域增强米级的测量点坐标数据,比较之前基于本地连续运行参考站(CORS)和各 GPS 测量点定位精度(表 14-4),采用厘米级定位值作参考,在米级定位测量时引入的误差可以忽略。

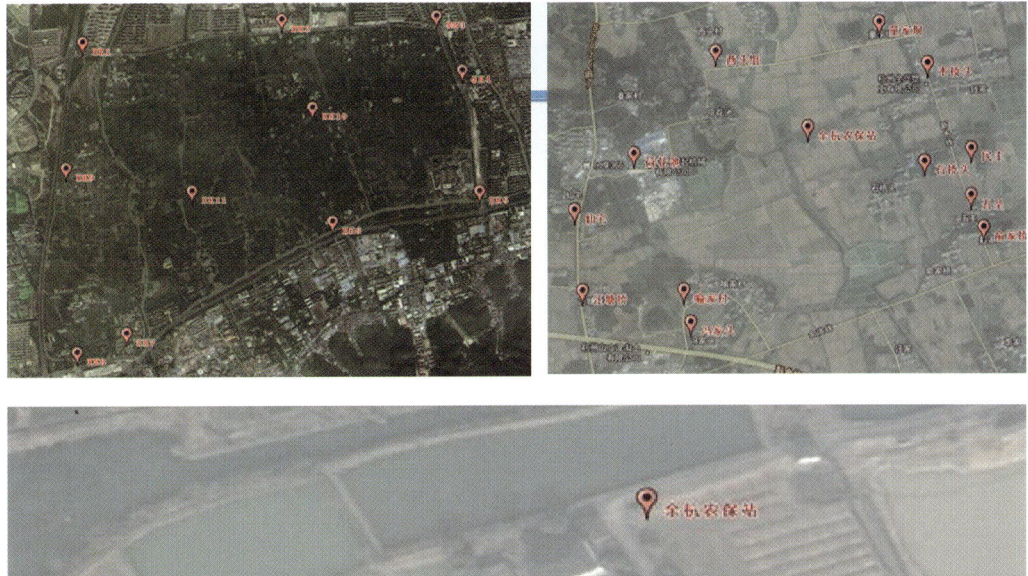

图 14-34　在农保站周边的 12 个村庄导航点、农保站内部的 6 个控制点
以及农保站试验田 4 个碎部点

表 14-4　北斗测试终端测量点坐标与 GPS 测量坐标对比表（部分数据）

点名	GPS 实测纵坐标	GPS 实测横坐标	GPS 实测高程/m	北斗实测纵坐标	北斗实测横坐标	北斗实测高程/m
K1	3354971.776	490782.8308	10.88	3354971	490783.0225	11.83
K2	3354948.726	490713.5995	10.96	3354947.972	490713.695	9.75
K3	3354880.719	490738.0776	11.06	3354880.209	490738.3657	12.43
K4	3354910.88	490811.4414	11.03	3354910.071	490811.8255	12.22
K5	3354946.563	490797.4868	10.98	3354945.864	490797.6304	11.97
K6	3354976.528	490866.0985	10.94	3354975.585	490866.2997	9.80
T1	3354965.584	490784.3356	10.66	3354965.151	490784.5661	9.58
T2	3354960.258	490771.0774	10.65	3354959.77	490771.2405	9.20

续表

点名	GPS 实测纵坐标	GPS 实测横坐标	GPS 实测高程/m	北斗实测纵坐标	北斗实测横坐标	北斗实测高程/m
T6	3354914.384	490789.5535	10.72	3354913.774	490789.3703	12.10
T7	3354919.719	490802.8695	10.74	3354920.485	490802.6297	11.80
木桥头	3355553.817	491446.3188	12.17	3355554.969	491447.4257	14.02
石桥头	3354766.487	491487.4836	11.38	3354765.156	491488.6656	13.14
民丰	3354826.916	491756.0518	11.20	3354825.363	491757.4357	13.77
俞家桥	3353899.111	491843.6732	11.97	3353897.57	491844.8263	9.30
五圣	3354653.79	491715.3797	11.72	3354655.288	491714.1305	8.85
童家坝	3355605.736	490988.0558	11.39	3355607.3	490986.9607	8.75
西头组	3355484.31	490219.3722	12.63	3355485.829	490218.4215	10.65
荷花池	3355138.548	490074.8704	12.33	3355137.116	490076.1579	13.79
仙宅	3354456.996	489439.2445	13.150	3354455.523	489437.8869	16.024
汪塘桥	3353772.023	489493.671	12.901	3353773.344	489492.3929	15.599
冯家桥	3353656.341	490084.5083	17.139	3353655.009	490085.9019	14.187
喻家村	3353900.589	490060.2881	19.547	3353899.058	490061.5564	17.813

北斗测试终端通过4G网络接收北斗地基增强系统播发的北斗/GNSS卫星增强数据产品,在北斗测试终端上调出收到的北斗/GNSS卫星增强数据产品,通过实际测量系统播发数据的服务频率为1Hz,满足测量要求。在4G网络接通后,北斗测试终端可长时间(例如24h)持续测量,增强信号比较稳定。

3. 小结

根据在西溪湿地遥感综合试验场进行的示范应用表明:北斗地基增强系统提供的北斗实时广域增强米级定位精度、每秒1次刷新频率、系统服务的稳定性,可满足土地利用现状(变更)调查和土地督察巡查的业务需求。

14.2.6 地质灾害调查业务应用示范

1. 示范内容

选择四川省乐山市和雅安市为地质灾害调查业务北斗地基增强系统应用示范区。

乐山市主要隶属于四川省乐山市马边彝族自治县、凉山彝族自治州雷波县,烟峰幅、永红公社幅西缘跨凉山彝族自治州美姑县,南部上田坝幅东缘跨云南省昭通市永善县。包括烟峰幅(H48E020006)、永红公社幅(H48E021006)、大谷堆幅(H48E022006)、丁家坪幅(H48E023006)、上田坝幅(H48E024006)等5幅1:5万图幅,工作面积为2262km²,区内有省道307和县道与之相通,外部交通和通信条件较好,区内公路稀疏,乡镇间有简易公路,一般居民点只有小路,地形起伏较大,示范区范围见图 14-35。

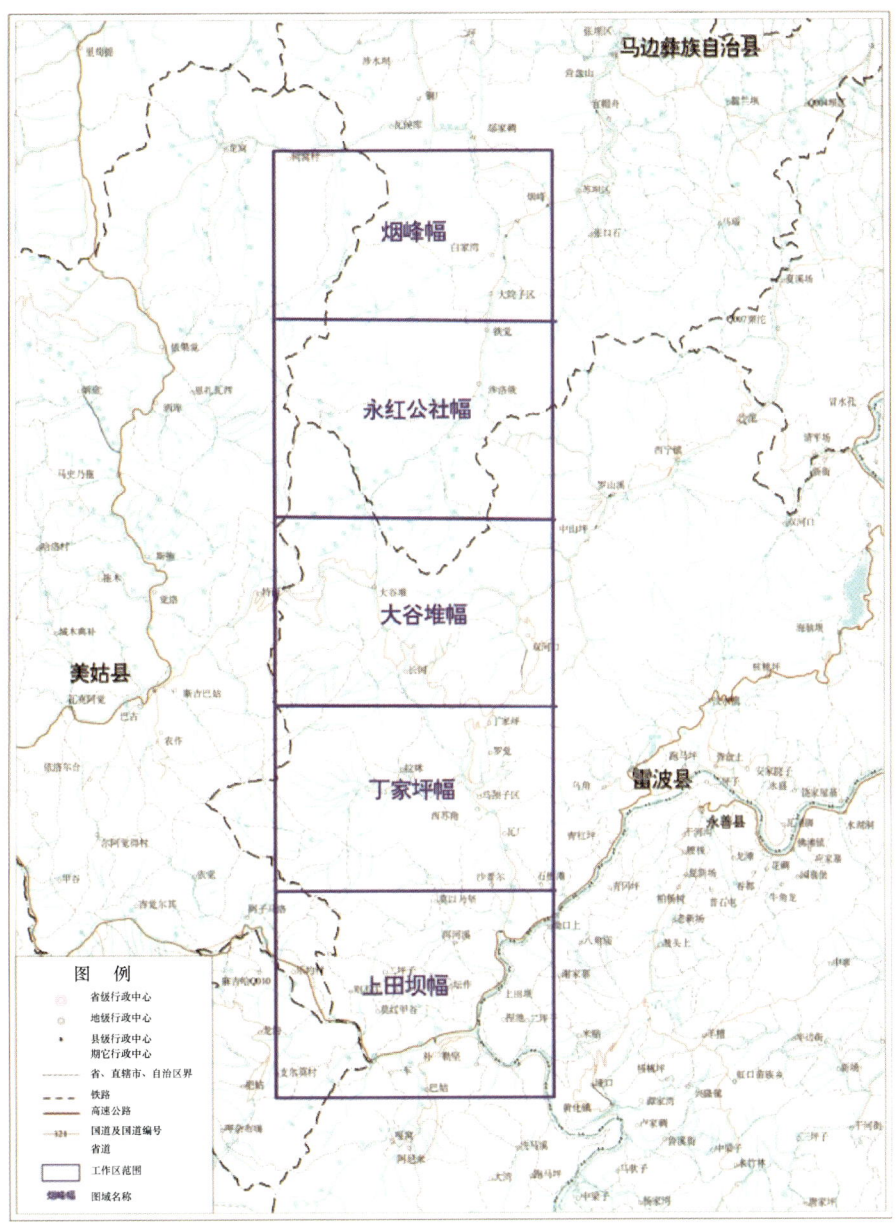

图 14-35　四川省乐山市地质灾害调查业务的北斗地基增强系统应用示范区

雅安市地质灾害监测预警示范区是四川省乃至中国内陆地区的降雨中心,地质构造活动强烈,地震频发,水电、交通等工程建设活动强度大,多重因素造成该地区地质灾害频发。据统计,目前雅安市有各类地质灾害 2000 余处,每年还有新发灾害数十起,是原国土资源科普基地——"雅安地质灾害预警示范区"和自然资源部野外科学观测研究基地——"地质灾害-四川雅安野外基地",在这里开展北斗地基增强定位精度应用具有非常重要的示范意义。

雅安示范区主要利用已有监测数据验证即监测点测试北斗地基增强定位精度的情况。区内峡口滑坡位于雅安市雨城区北郊乡峡口村陇西河（青衣江支流）峡口拐弯处，距城区约10km，雅（安）-碧（峰峡）公路从坡体前缘穿过。滑坡所在区域属低山丘陵地貌，陇西河右岸为陡崖，滑坡所在的左岸平均坡度约25°，地形相对宽缓，但由于河水长期冲刷淘蚀，形成高约15m的陡坎，为斜坡失稳提供临空条件，示范区范围见图14-36。

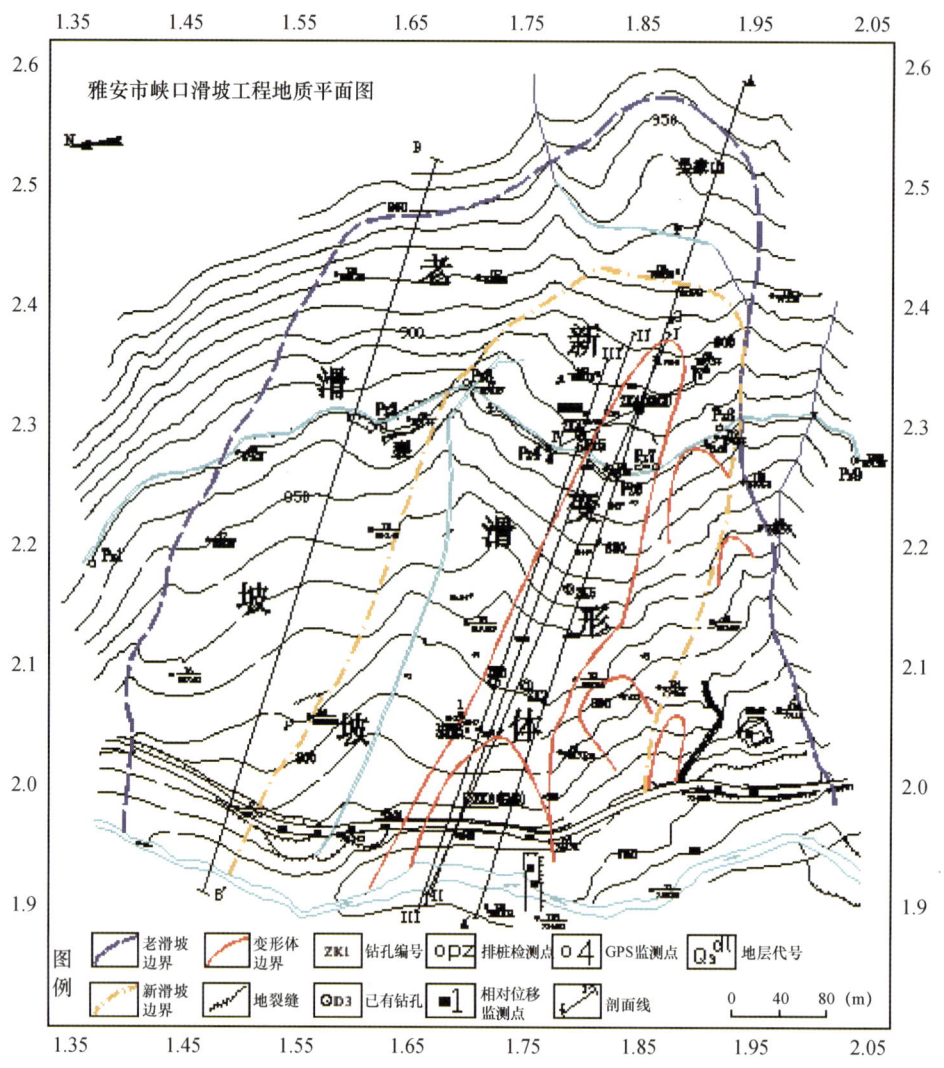

图14-36 四川雅安市峡口滑坡工程地质平面图

多营滑坡位于雨城区多营镇陆王村3组，滑坡所在位置位于青衣江左岸，紧邻318国道，地貌上属于河谷低山地带（图14-37）。多营滑坡形成于1998年，滑坡剖面见图14-38，近几年虽无剧烈变形迹象，但监测数据显示滑坡一直处于蠕动变形状态。

2. 验证场景与测试

利用北斗测试终端在两个典型滑坡已有监测点周边区域的峡口、多营陆王滑坡监测点及其周边学校和民屋等5个测量点上，测量北斗地基增强系统提供的实时广域增强定位精度、刷新频率以及稳定性等服务指标，同时使用卷尺测量进行对比。

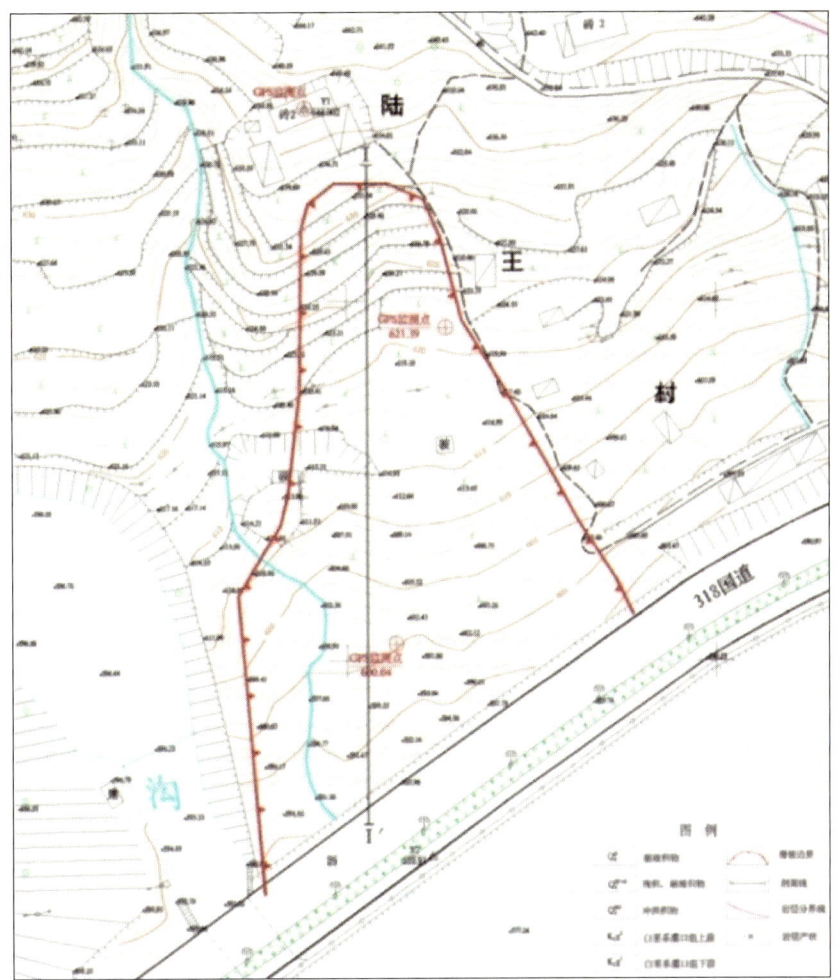

图 14-37 多营滑坡平面图

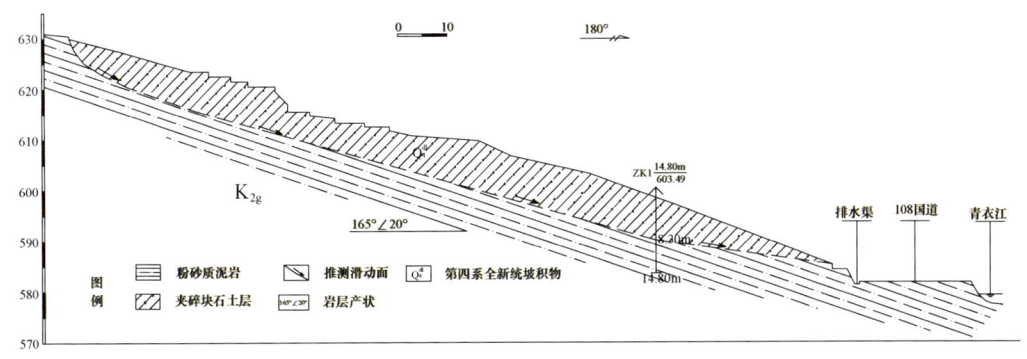

图 14-38 多营滑坡剖面图

在现场需要准确测定地质剖面和线路,选取示范区内填图单元相对较发育出露较齐全的两个地段进行剖面测量,应用北斗测量终端准确测定地质体勘探的布置和点位的设定,现场测量获得测量点的北斗实时广域增强定位数据,并用卷尺测量了测量点之间的距离进行对比,部分测量数据及其对比见表 14-5。

表 14-5 地质剖面测量点的北斗实时广域增强定位与卷尺测量数据对比表

测量点位名称		经度/(°)	纬度/(°)	高程/m	卷尺距离/m	北斗测量距离/m	距离偏差/m
剖面 1	点位 1	103.49722748657	28.72710155278	738.30	10.90	10.30	+0.6m
	点位 2	103.49717663837	28.72718231432	735.96			
剖面 2	点位 1	103.48423760409	28.72966129637	789.48	17.00	17.80	-0.8m
	点位 2	103.48414178424	28.72979729775	784.77			

北斗测量终端通过 4G 网络接收北斗地基增强系统播发的北斗增强数据产品，实测量显示数据产品的刷新频率为 1Hz，北斗测量终端初始化时间不超过 30s，在 4G 网络接通后，北斗测量终端可以长时间持续测量，信号比较稳定。

3. 小结

根据在峡口、多营陆王滑坡区监测点进行的验证与示范应用表明：北斗实时广域增强米级定位在实际剖面测量点可以亚米级精度测量出两点间的距离，收敛时间、每秒 1 次刷新频率、系统服务稳定性较好，野外工作效率高，减轻了地质、测绘人员的工作强度，可满足地质灾害调查业务需求。

14.2.7 矿山执法监测业务应用示范

1. 示范内容

矿山环境调查与监测野外工作中需要在野外高精度采集各类型矿山占损土地、恢复治理、地质灾害图斑范围和面积，精确判定新增土地占损和恢复治理图斑，确定占用/治理土地类型、主体等，实时录入执法监测业务系统，并及时上报矿山开采对土地资源的占用/治理等变化信息。矿产开发状况执法监测野外工作需要在野外高精度采集各类型矿产资源开采图斑范围、位置、开采状态，叠加矿业权数据、实时录入执法监测业务系统，进而判定是否存在违法/违规行为。上述业务对地图比例尺和北斗定位精度的需求见表 14-6。

表 14-6 矿山执法监测业务对地图比例尺和北斗定位精度的需求表

业务领域	业务小类	业务内容	比例要求	定位精度需求	北斗地基增强系统服务类型
矿山环境调查与监测	矿山环境调查	矿山占地、矿山地质、害矿山环境污染	1:1万~1:5万	5~10m	实时广域米级定位、实时广域分米级定位
	新增恢复治理、土地损毁专题调查	矿山环境恢复治理、矿山土地损毁	1:1万	3~5m	实时广域米级定位

续表

业务领域	业务小类	业务内容	比例要求	定位精度需求	北斗地基增强系统服务类型
矿产开发状况	矿山开发状况监测	开采点、开采面	1:1万~1:5万 1:1000~1:5000	5~10m、 亚米级~分米级	实时广域米级定位、 实时广域分米级定位
	矿产执法检查	疑似违法图斑	1:500	分米级、 厘米级	实时广域分米级定位、 实时区域厘米计定位

矿山执法监测业务对北斗地基增强系统的需求还包括：

(1) 数据导入和导出功能：矿山执法监测业务的数据类型主要是栅格影像和矢量两种，在野外工作过程中，北斗地基增强系统的数据产品应将上述两类数据简单、快速导入北斗测试终端中，以便野外工作快速开展，在野外工作中增加、减少或修改的矢量数据均能快速导出，导出格式主要为Shapefile(.shp)文件。

(2) 导航、定位功能：矿山执法监测业务的野外调查区多在山区、人烟稀少地区，加上部分矿山道路错综复杂、外业人员对调查区道路状况不熟等因素，使外业调查人员很难快速达到调查区域。利用北斗地基增强产品应具备路线规划、导航和定位功能，便于野外调查人员能快速、准确到达指定调查区域。

(3) 坐标转换功能：以往矿产资源开发(含矿山执法监测)、矿山地质环境等调查数据所用坐标系为Xian-80或WGS-84，目前最新数据要求用CGCS2000，为保证坐标系统一，北斗测试终端应具有坐标转换功能。

(4) 多期影像切换功能：在矿产资源开发(含矿山执法监测)、矿山地质环境调查等业务中，需要获取矿山变化信息，包括变化前、后的类型和变化，方便野外工作人员检查和提取矿山图斑的信息。

(5) 数据采集功能：在矿产资源开发(含矿山执法监测)、矿山地质环境等业务的核心功能主要包括野外点、线、面等矢量数据采集、对已有矢量范围、位置、属性等的修改。采集数据主要包括矿山开发占地矢量、矿山地质灾害矢量、矿山环境污染矢量、矿山环境恢复治理矢量、矿山复绿行动进展状况矢量、野外调查验证矢量6大类。在野外工作前，应将最新《矿山遥感调查与监测入库技术要求代码表》录入北斗测试终端，便于野外工作人员现场快速采集、修改矿山信息等，提高工作效率和调查数据的准确性；此外北斗测试终端应具有测距离和面积等功能。

(6) 服务频率：根据矿产资源开发(含矿山执法监测)、矿山地质环境等业务野外工作量大，监测和验证点多且分布范围广，北斗测试终端应在短时间内解算出结果，提高野外工作效率，要求北斗地基增强系统的数据刷新频率为1s。

(7) 实时传输功能：矿产资源开发(含矿山执法监测)、矿山地质环境等业务中，需要进行野外测量、数据编辑等。目前GPS作业中大部分是通过储存卡或数据线等方式导出数据，内业人员不能及时处理数据和修改数据，因此应将野外调查数据文件实时传输到执法监测业务系统。

矿山执法监测业务的示范内容：

（1）在矿山执法监测业务中野外导航、位置信息采集等工作中，使用北斗地基增强系统的服务和北斗测试终端；

（2）在野外对北斗地基增强系统国土行业数据中心提供的北斗增强数据产品，在北斗测试终端上进行定位精度、刷新频率、稳定性等指标进行小规模应用验证，工作流程见图14-39；

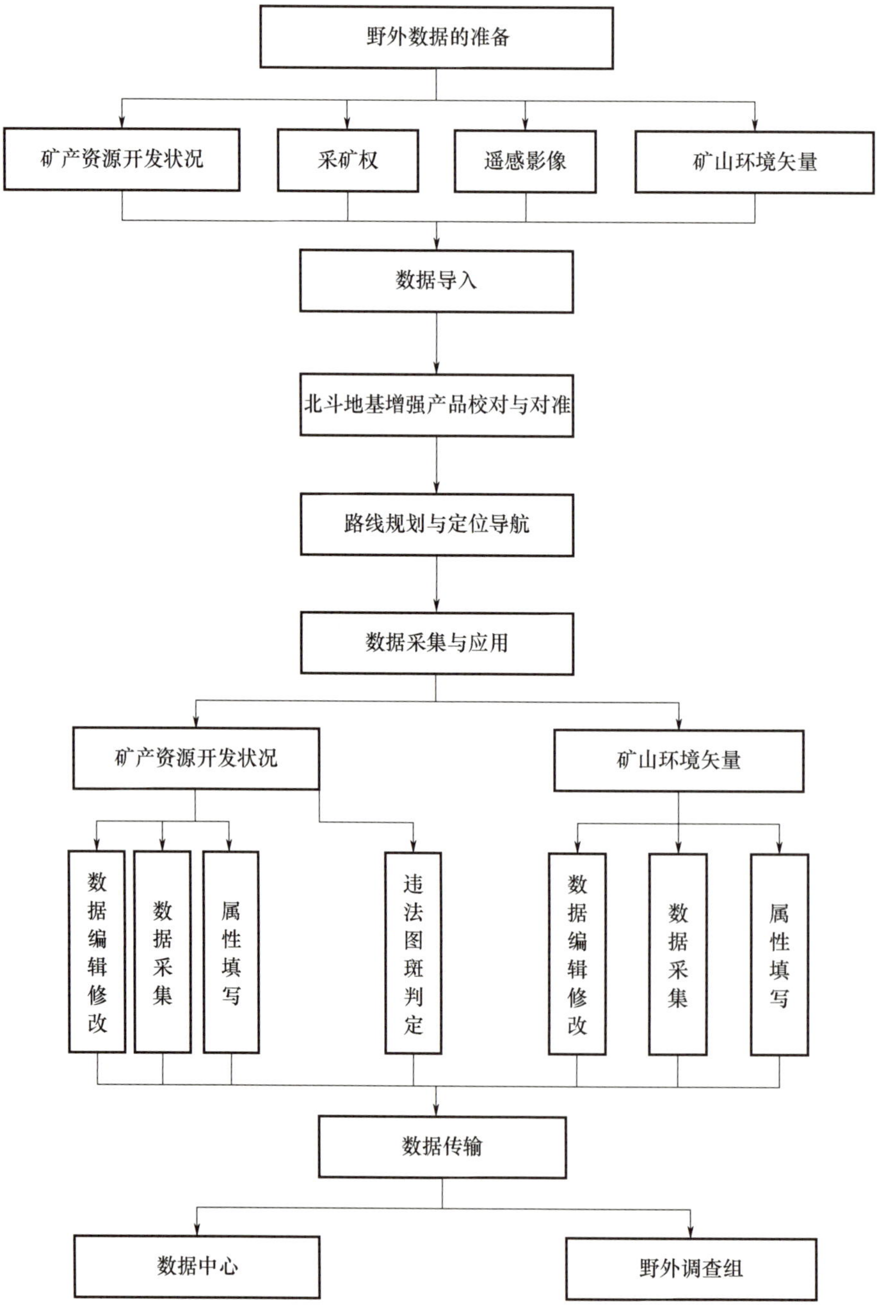

图14-39 矿山执法监测业务使用北斗地基增强系统流程

(3) 根据野外采集的数据,对国土行业数据中心的北斗增强数据产品、北斗测试终端的功能和性能进行评价。

2. 执法验证场景与测试

执法示范区为红格钒钛磁铁矿最集中的攀西地区(图 14-40),是全国最大钒钛磁铁矿区和国家重点规划矿区,位于川西高原东南部和西南横断山脉东北部,面积为 350km²;境内山脉以北南走向为主,地形轮廓南北狭长,地势南低北高,地貌为高山、丘陵、河谷平坝,其中高山约占执法示范区总面积 42%、丘陵占 51%、河谷平坝占 7%;行政区划隶属攀枝花市盐边县、米易县和凉山州会理县。

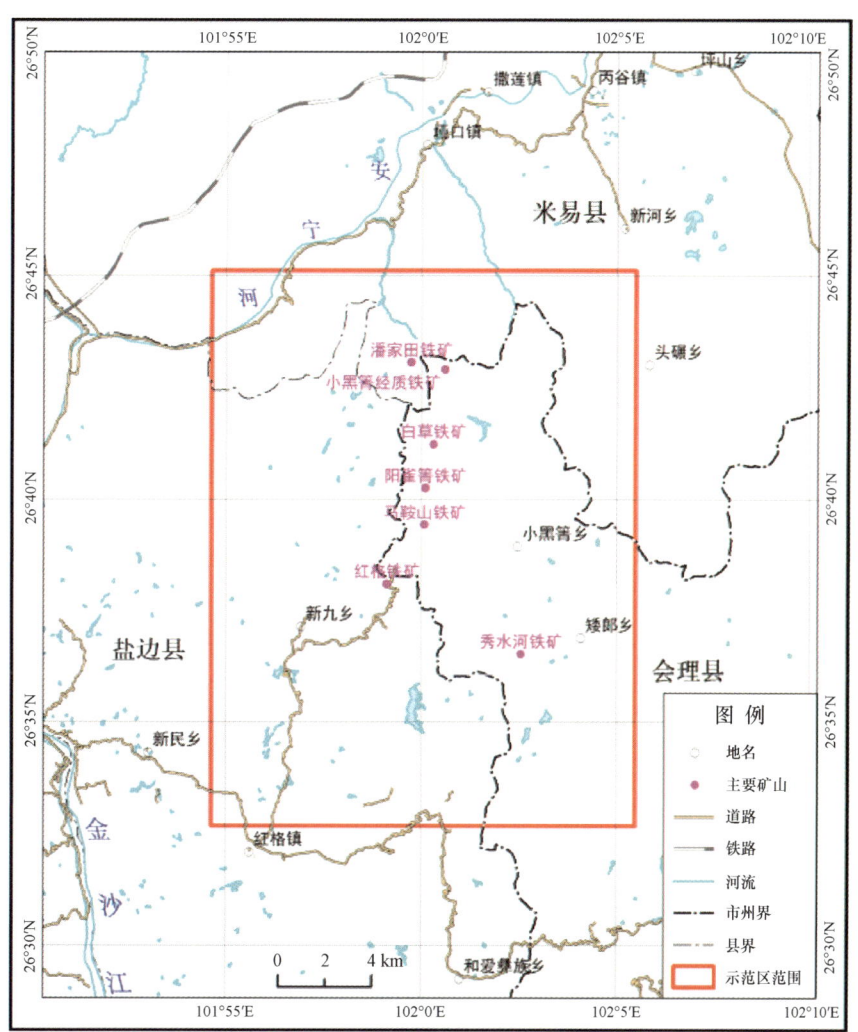

图 14-40　红线框内为红格钒钛磁铁矿最集中的攀西地区的执法示范区

执法示范区内有自然资源部 163 个重点整顿矿区中的红格钒钛磁铁矿、白马红格钒钛磁铁矿(省级重点)开采规划区,涉及采矿权 31 宗,其中 8 宗采矿权属大中型规模开采钒钛磁铁矿,其余 23 宗采矿权属砖瓦用页岩、石灰岩等小型非金属矿山。

执法示范区内采矿存在一些不规范现象,违法采矿时有发生,采矿也造成较为严重的土地损毁、地质灾害、环境污染等。目前,国家已设有盐边县新九乡平山铁矿、盐边县新九乡吸石包铁矿、米易县安宁铁钛矿3个矿山环境恢复治理规划工程。

使用北斗地基增强系统国土行业数据处理中心提供的北斗增强数据产品、北斗测试终端系统(包括北斗测试终端、平板计算机和定制的应用软件),开展执法示范区内矿山监测外业核查业务,北斗测试终端及其界面、平板计算机应用系统界面如图14-41(a)和(b)所示。

(a)

(b)

图14-41　北斗测试终端及其界面和平板计算机应用系统基于ArcScene三维影像人机交互解译界面

1)准备工作

(1)数据准备。

收集执法示范区的遥感影像、地形地貌、矿产地质、水文、气候、矿业权、矿产资源规划、矿山环

境整治及已有矿山遥感监测成果数据等基础资料,具体数据如下:

① 影像数据:收集示范区最新时相 GF-2 号的遥感影像,空间分辨率优于 1m。

② 矢量数据:收集执法示范区矿产资源开发利用和矿山环境现状数据,包括在建/生产矿山开采图斑、矿产疑似违法图斑、关闭或废弃图斑、矿山损毁土地现状、矿山地质灾害现状、矿山环境污染现状、绿色矿山现状、矿山环境恢复治理现状、新增矿山环境恢复治理及土地损毁、复绿状况等。

③ 其他数据资料:收集执法示范区水文、气候、交通等资料,最新矿产资源规划数据,与矿产资源开发(含矿山执法监测)、矿山地质环境相关的图件、报告、论文、数据表格等。

(2)硬件、软件准备。

执法示范区内矿山监测外业核查业务硬件、软件准备说明见表 14-7。

表 14-7 执法示范区内矿山监测外业核查业务硬件、软件准备说明表

序号	硬件名称	软件名称	定位模式
1	行业应用测试终端 1 号	北斗地基增强系统国土行业矿山执法应用	差分增强定位
2	行业应用测试终端 2 号	北斗地基增强系统国土行业矿山执法应用	单点定位

准备 2 台北斗地基增强国土行业应用测试终端,均预先装有北斗地基增强系统国土行业矿山执法应用终端软件 1 套,其中 1 台连接北斗地基增强系统进行高精度定位,1 台直接接收北斗信号进行标准单点定位。

2)校准及示范点选择

选取执法示范区内或周边的已知位置坐标的参考点对北斗测试终端的定位精度进行校准。工作人员预先在执法示范区内选好工作点,应尽可能涵盖待采集的各类型矢量数据,规划示范工作路线并进行实地踩点。

3)数据导入以及导航定位。

将室内提取的矿产资源开发状况、矿山环境矢量以及多期遥感影像导入北斗测试终端系统(图 14-42~图 14-43),进行坐标转换,使室内数据和北斗测试终端系统的数据重合,便于进行导航定位以及路径保存。

北斗测试终端系统导入影像数据和矢量数据后,可显示执法示范区卫星影像图界面和矢量图层管理界面、位置坐标、定位精度等(图 14-45)。导航测试包括野外定位、路线导航等,路线为攀枝花市区—京昆高速—新九乡红格铁矿,野外路线记录测试路段为县道新九乡—红格镇路段,道路宽度为 8m,测试长度 6km,测试内容包括路线记录方式、路线记录精度等。

利用行业应用终端设备进行定位、属性数据采集、视频图片采集等工作。同时,开启行业应用终端设备的屏幕录像功能,记录示范人员对终端设备的操作情况等。

北斗地基增强系统支持的北斗测试终端系统可用于矿山环境、矿产资源开发现状调查(包括矿山执法)等业务:

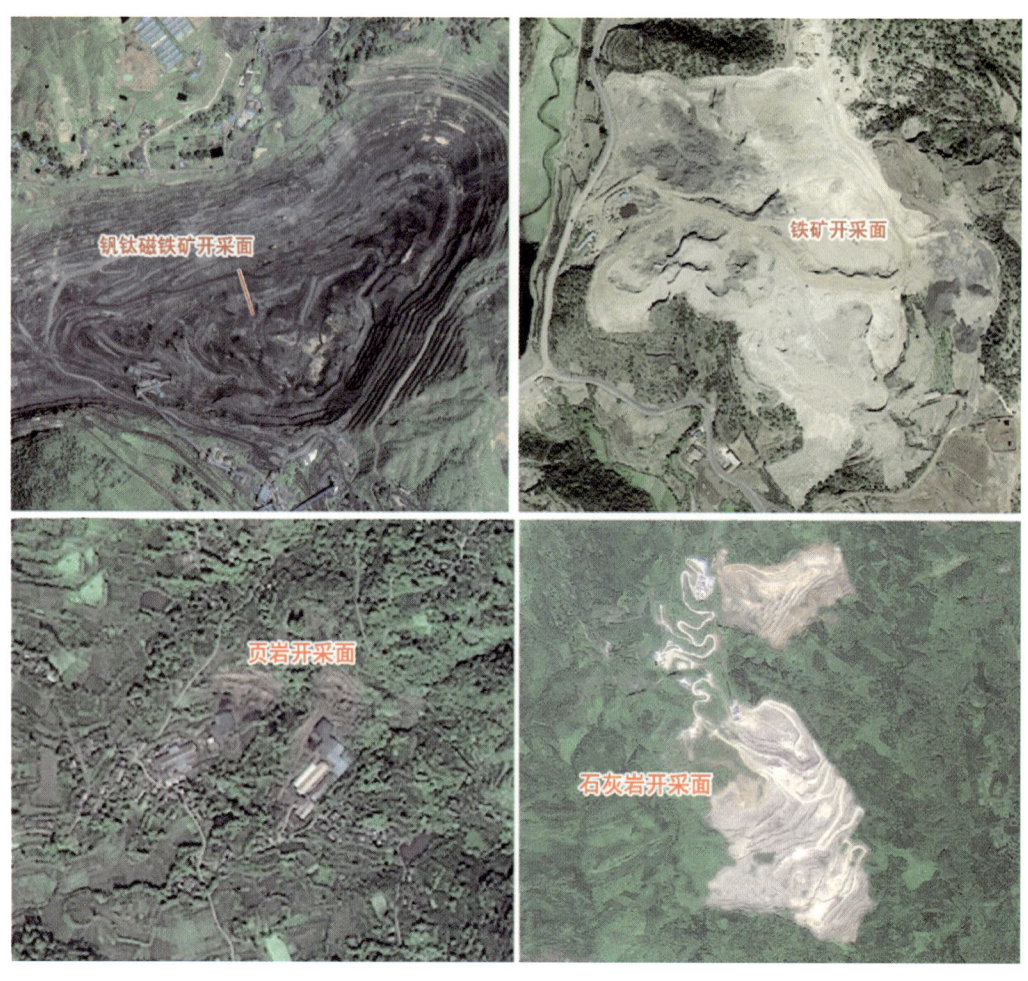

图 14-42 在北斗测试终端系统显示执法示范区的露天开采矿山

图 14-43 在北斗测试终端系统显示执法示范区采煤硐口及其周围的典型卫星遥感影像

图 14-44 在北斗测试终端系统显示执法示范区的矿山环境恢复
治理的卫星遥感影像

矿山环境调查包括矿山开发占地矢量、矿山地质灾害矢量、矿山环境污染矢量、矿山环境恢复治理矢量、矿山复绿行动进展状况矢量、野外调查验证矢量等 6 大类,采集内容包括矿山开发环境图斑位置、范围、状态、管理状况、变化情况等信息(图 14-46(a)),采集方式包括语音输入、拍照、摄像、选择录入等。

矿产资源开发现状调查采集数据包括开采点和开采面 2 类,采集内容包括矿山开发图斑位置、范围、状态、管理状况、是否疑似违法等信息,采集方式包括语音输入、拍照、视频录制、选择录入等,采集界面见图 14-46(b)和(c)。

北斗地基增强产品数据采集方式主要包括点采集、线采集和面采集;采集流程主要为选择矢量类型(点、线、面)→选择采集内容→进行数据采集。采集现场星空图,属性采集界面,多媒体数据采集界面和监测点及轨迹记录见图 14-47。

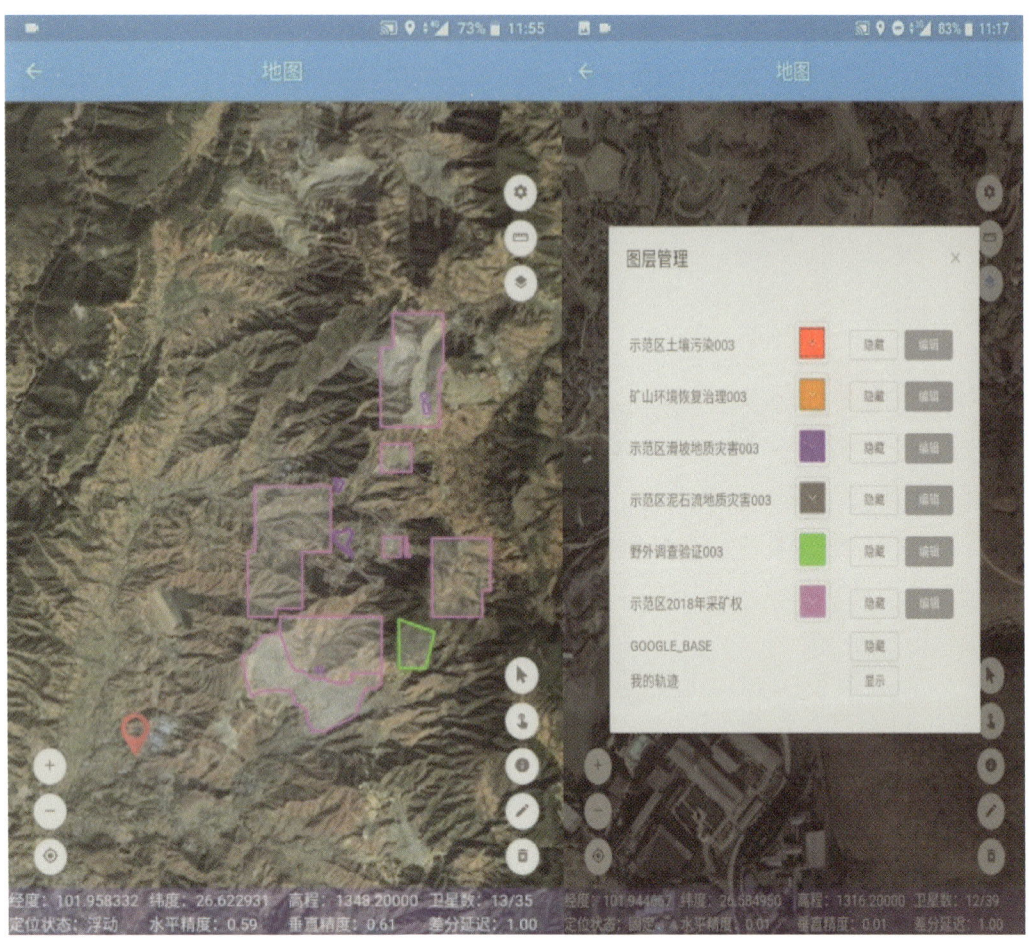

图 14-45　北斗测试终端系统显示执法示范区卫星影像图界面(左)和矢量图层管理界面(右)
(在界面最下栏显示北斗增强精度定位的结果,这两个界面不是同一应用场景)

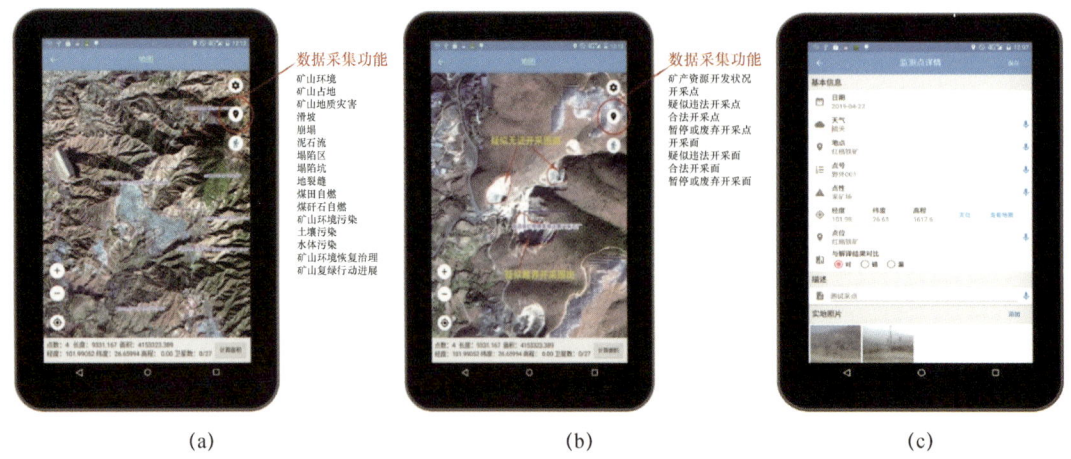

(a)　　　　　　　　　　　(b)　　　　　　　　　　　(c)

图 14-46　北斗测试终端矿山环境数据野外采集界面和矿产资源开发现状野外采集界面

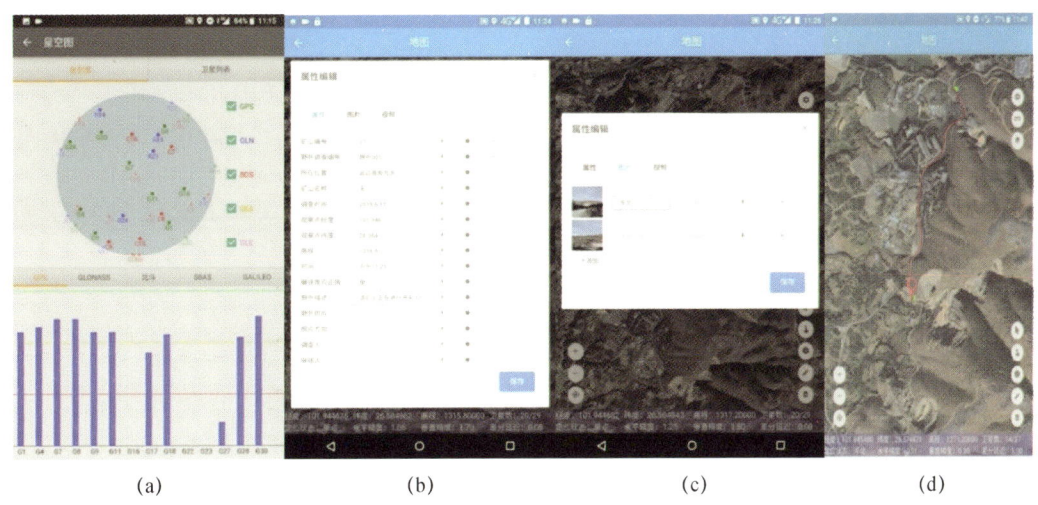

图 14-47 北斗测试终端的星空图界面、属性采集界面、多媒体数据采集界面和采集的监测点与轨迹记录界面

(a)星空图界面;(b)属性采集界面;(c)多媒体数据采集界面;(d)采集的监测点与轨道记录界面。

基于北斗增强产品的矿山执法应用主要是在北斗增强产品中把室内提取的疑似违法图斑、遥感影像以及采矿权等导入该产品系统中,并将疑似违法图斑、遥感影像以及采矿权等进行叠加显示,通过疑似违法图斑的范围和矿权范围的位置关系以及现场开采位置和矿权的位置关系,判断矿山是否属于违法开采。

4)数据传输

通过数据的实地采集可以及时修改室内解译工作中存在错误的图斑和遗漏图斑,保障矿山开发状况、矿山地质环境等监测信息的准确性。数据传输主要包括两部分:一部分是野外调查组之间的传输和数据共享;另一部分在野外现场将采集到的关键数据通过北斗增强产品中的卫星广播、数字广播、移动通信等功能传输至数据综合整理工作组,并及时完成矿山开发环境监测数据的更新与完善,以最终形成矿山开发环境动态监测入库数据、监测图件、专题简报等应用资料。室内监测平台界面见图 14-48。

图 14-48 室内监测评价界面

3. 示范区矿产资源开发状况

2019年度示范区内共查明各类矿山开采点26个,其中在建/生产矿山开采图斑13个,占开采图斑总数50.00%;疑似违法矿山开采图斑3个,占开采图斑总数11.54%;关闭或废弃矿山图斑10个,占开采图斑总数38.46%。矿产资源开发状况见图14-49。

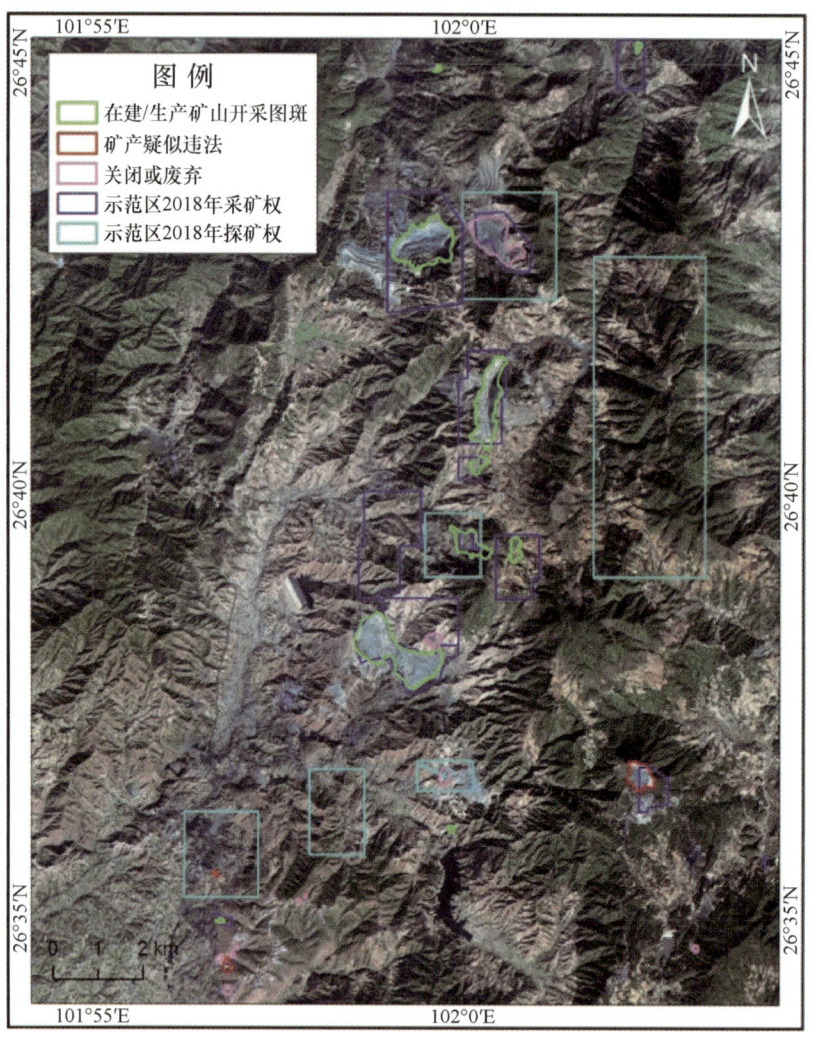

图14-49 示范区矿产资源开发分布图

示范区内查明开采矿种8种,分别为铁矿、熔剂用石灰岩、冶金用石英岩、长石、建筑用白云岩、建筑用砂岩、砖瓦用页岩以及建筑用闪长岩等。

从每个矿种开采状态来看,铁矿开采图斑12个,占示范区矿山图斑总数46.15%,其中在建/生产矿山开采图斑7个,占铁矿图斑总数58.33%;疑似违法矿山开采图斑1个,占铁矿图斑总数8.33%;关闭或废弃矿山图斑3个,占铁矿图斑总数25.00%。主要的矿山名称有攀枝花龙蟒矿产品有限公司红格铁矿、会理县小黑箐乡马鞍山铁矿、会理县财通铁钛有限责任公司白草铁矿(图14-50)、四川安宁铁钛股份有限公司米易县潘家田铁矿等。

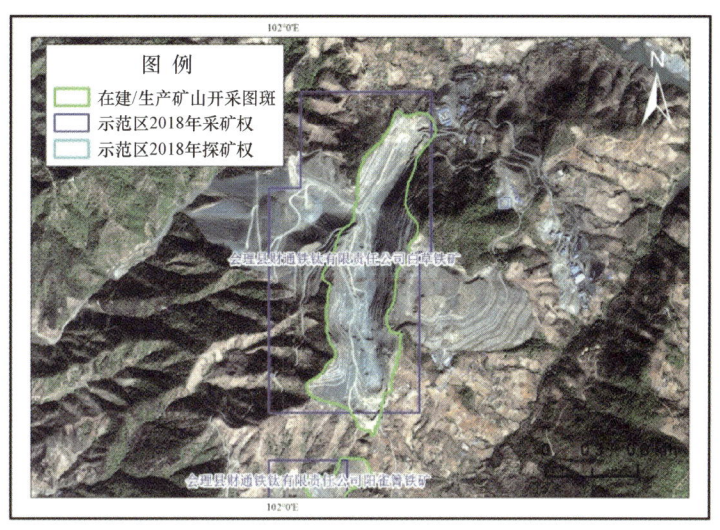

图 14-50　典型铁矿开采图斑

熔剂用石灰岩开采图斑 1 个(图 14-51),占示范区矿山图斑总数 3.85%,属于在建/生产矿山,开采规模较小,矿山名称为米易东立矿业有限公司米易县沙坝田石灰石矿。

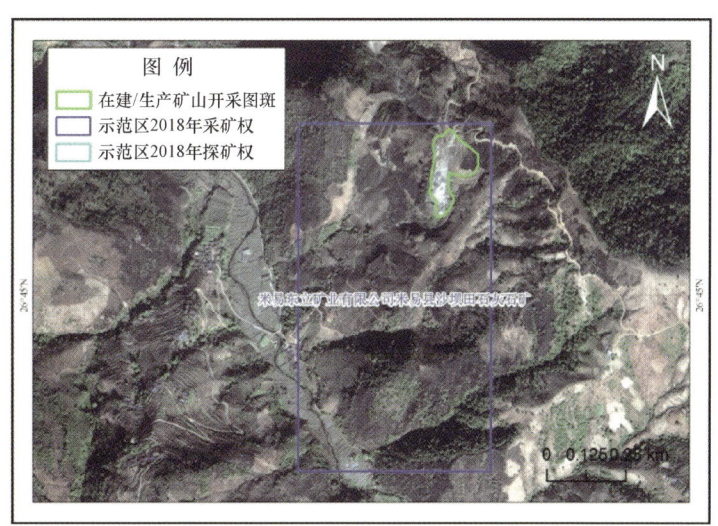

图 14-51　熔剂用石灰岩开采图斑

冶金用石英岩开采图斑 2 个,占示范区矿山图斑总数 7.69%,均属于关闭或废弃矿山(图 14-52),开采规模较小,矿山名称分别为盐边县嘉泰矿产有限责任公司红格镇滚猪凼石英矿、攀枝花市人利矿业有限责任公司盐边县新九乡平谷村滚猪凼石英矿。

长石矿开采图斑 1 个,占示范区图斑总数 3.85%,属于在建/生产矿山,开采规模较小,名称为米易县仁道矿业有限责任公司垭口镇朱家湾长石矿。

建筑用白云岩开采图斑 4 个,占示范区矿山图斑总数 15.38%,其中在建/生产矿山开采图斑 2 个(图 14-53),疑似违法矿山开采图斑 1 个,关闭或废弃矿山图斑 1 个。主要的矿山名称有盐边县红格镇大皮坡采石场、盐边县红格镇昔格达箐门采石厂、盐边县红格镇昔格达箐门采石厂、盐边县红格镇大皮坡采石场等。

图 14-52 典型冶金用石英岩开采图斑

图 14-53 典型建筑用白云岩开采图斑

建筑用砂岩开采图斑 2 个,占示范区矿山图斑总数 7.69%,其中在建/生产矿山开采图斑 1 个,关闭或废弃矿山图斑 1 个(图 14-54)。矿山名称为盐边县新九大沙田砂厂。

砖瓦用页岩开采图斑 2 个,占示范区矿山图斑总数 7.69%,其中在建/生产矿山开采图斑 1 个(图 14-55),疑似违法矿山图斑 1 个。矿山名称为米易县渝锋矸砖厂垭口白沙沟页岩矿、盐边县红格镇昔格达村四社上干沟页岩矿。

建筑用闪长岩开采图斑 3 个,占示范区矿山图斑总数 11.54%,该矿种开采图斑均为关闭或废弃矿山。矿山名称为盐边县砾鑫砂石料有限责任公司(昔格达采石场)、盐边县鼎盛矿业有限责任公司采石场(图 14-56)。

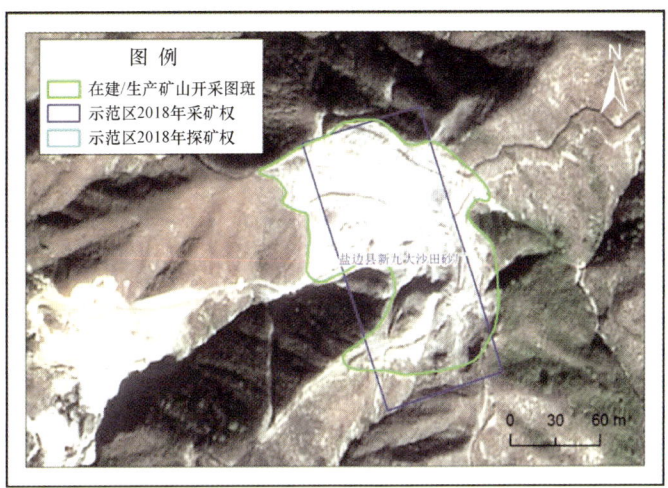

图 14-54　典型建筑用砂岩开采图斑

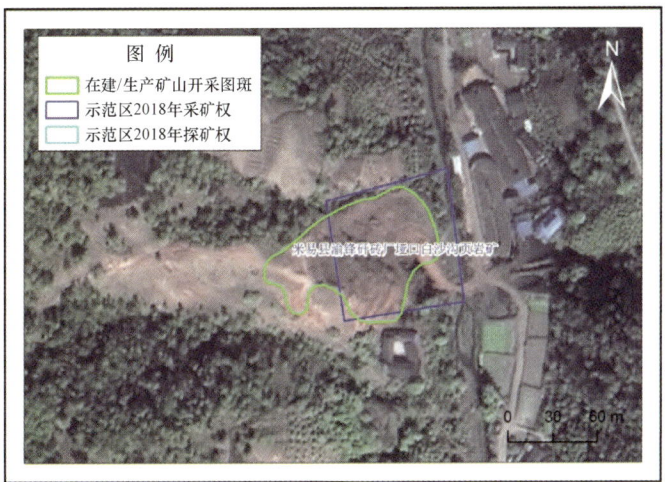

图 14-55　典型砖瓦用页岩开采图斑

图 14-56　典型建筑用闪长岩开采图斑

示范区内查明疑似违法矿山图斑3个,开采矿种分别为铁矿、建筑用白云岩和砖瓦用页岩。

铁矿疑似违法图斑,位于凉山彝族自治州会理县老营盘村。违法类型为疑似越界开采,矿山名称为会理县秀水河矿业有限公司秀水河铁矿(图14-57)。利用北斗地基增强产品实地调查,该矿山目前正在进行矿山开采活动,开采规模较大,但实际开采范围超出了矿权界线,疑似越界开采。

图14-57 铁矿疑似违法图斑

建筑用白云岩疑似违法图斑,位于攀枝花市盐边县红格镇普格达村。违法类型为疑似越界开采,矿山名称为盐边县红格镇昔格达箐门采石厂(图14-58)。利用北斗地基增强产品实地调查,该矿山目前正在进行矿山开采活动,开采规模中等,但实际开采范围超出了矿权界线,疑似越界开采。

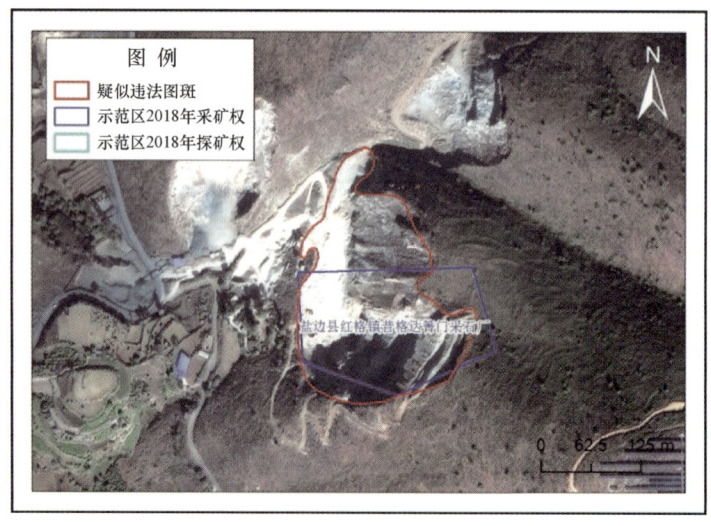

图14-58 建筑用白云岩疑似违法图斑

砖瓦用页岩疑似违法图斑,攀枝花市盐边县红格镇普格达村。违法类型为疑似无证开采,矿山名称为盐边县红格镇昔格达村四社上干沟页岩矿(图14-59)。利用北斗地基增强产品实地调查,该矿山目前正在进行矿山开采活动,开采规模较小,但该采区范围内无采矿权设置,故为疑似无证开采。

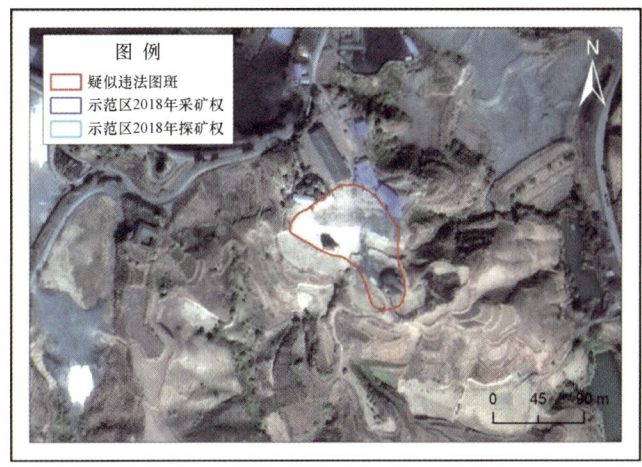

图14-59 砖瓦用页岩疑似违法图斑开采图斑

4. 示范区矿山环境现状

1)总体情况概述

2019年度示范区内矿业活动占地面积1900.98ha(1ha=10000m^2),其中正在利用矿山1631.21ha,占示范区矿山占地总面积的85.81%;关闭或废弃矿山占地面积269.77ha,占示范区矿山占地总面积的14.19%;矿山环境恢复治理面积153.95ha。全区矿山地质灾害11处,泥石流6处,滑坡5处。矿山环境污染2处,水体污染和土壤污染各1处。

2)矿山占地情况

2019年度示范区内矿业活动占地面积1900.98ha,其中采场面积526.52ha,占示范区矿山占地总面积的27.70%;矿山中转场地面积439.93ha,占示范区矿山占地总面积的23.14%;固体废弃物面积903.09ha,占示范区矿山占地总面积的47.51%;矿山建筑面积31.44ha,占示范区矿山占地总面积的1.65%。矿山占地类型统计见图14-60,示范区不同占地类型利用状态见图14-61。

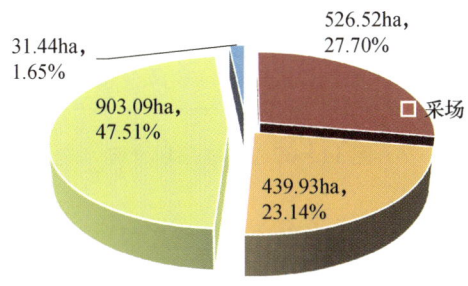

图14-60 示范区矿山占地类型统计

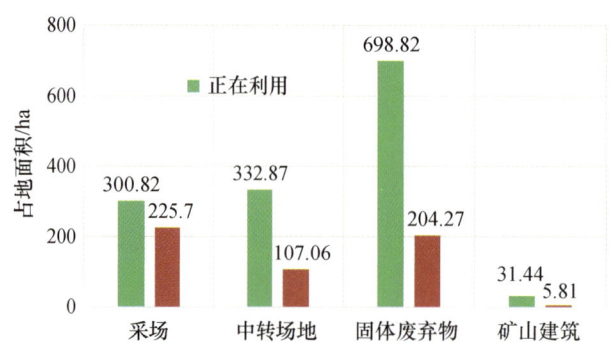

图 14-61　示范区不同占地类型利用状态

5. 矿山地质灾害

2019 年度示范区内共查明矿山地质灾害 11 处,其中泥石流 6 处,滑坡 5 处。示范区内共查明由矿山开采引起的滑坡及其隐患 5 处,且均是由铁矿开采引发的,滑坡规模均属于小型。从滑坡分布来看,示范区内滑坡主要分布在会理县财通铁钛有限责任公司白草铁矿、会理县小黑箐乡马鞍山铁矿以及攀枝花龙蟒矿产品有限公司红格铁矿等矿区。从滑坡成因来看,有 3 处滑坡是由于矿山开采造成的,有 2 处滑坡是由固体废弃物堆放造成的。

攀枝花龙蟒矿产品有限公司红格铁矿采场滑坡,位于攀枝花龙蟒矿产品有限公司红格铁矿采场(图 14-62)。利用北斗地基增强行业终端进行野外调查,发现该滑坡位于红格采场内部面积为 2.59ha,高程为 1861m,属于小型滑坡。且该滑坡位于红格采场开采阶梯中部,有进一步扩大趋势,严重威胁下方矿山开采区的安全,建议加强该滑坡的监测与治理。

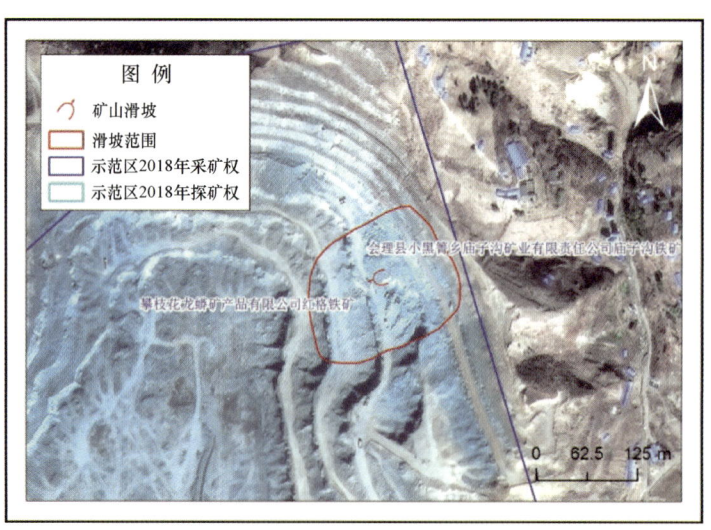

图 14-62　红格采场滑坡

攀枝花龙蟒矿产品有限公司红格铁矿固体废弃物堆场滑坡,位于攀枝花龙蟒矿产品有限公司红格铁矿东南方向的固体废弃物堆场(图 14-63)。利用北斗地基增强产品进行野外调查,发现该滑坡面积为1.03ha,高程为1685m,属于小型滑坡。该滑坡主要是由固体废弃物的松散堆积造成的,且可能会造成进一步扩大的趋势,严重影响下方矿山道路安全,建议加强该滑坡的监测与治理。

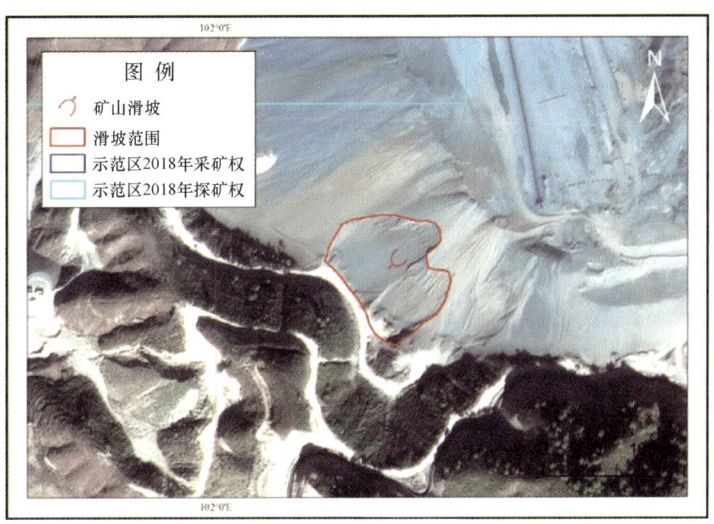

图14-63 红格固体废弃物堆场滑坡

示范区内共查明由矿山开采引起的滑坡及其隐患6处,且均是由铁矿开采引发的,泥石流规模均属于中小型。从泥石流分布来看,示范区内滑坡主要分布在会理县财通铁钛有限责任公司白草铁矿、会理县小黑箐乡马鞍山铁矿等矿区。从滑坡成因来看,6处泥石流均是由于矿山固体废弃物沿山谷堆积,在暴雨的条件下诱发的,典型泥石流如图14-64所示。

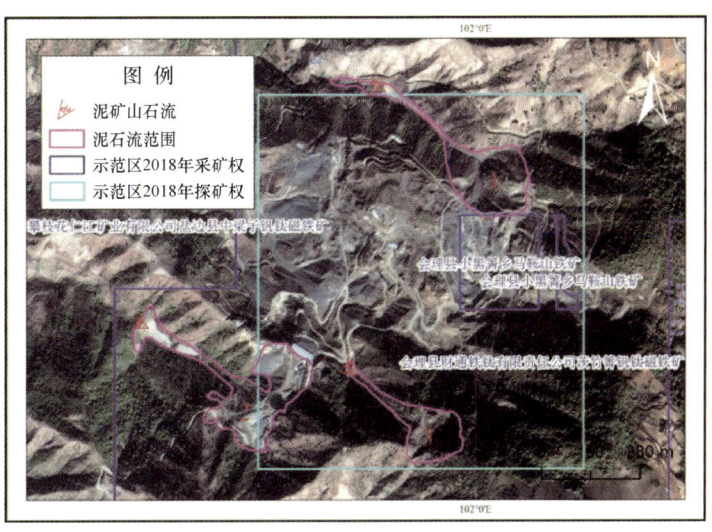

图14-64 会理县小黑箐乡马鞍山铁矿泥石流

泥石流1中心点最高点高程为2151m,最低点高程为1866m,高程达285m,长度为916m,面积为8.09ha;泥石流2中心点最高点高程为1987m,最低点高程为1812m,高程达175m,长度为

622m,面积为 10.02ha;泥石流 3 中心点最高点高程为 2351m,最低点高程为 2040m,高程达 311m,长度为 525m,面积为 4.70ha;上述三处泥石流均是由于将大量固体废弃物堆积于山谷或山沟,加之该地区地形陡峭坡度高差较大,在暴雨条件下引发的。目前,泥石流下方均修建有挡墙和栏土坝防治泥石流的进一步扩展,影响下方道路、河流以及耕地。

6. 矿山环境污染

示范区内共查明由矿山开采造成的环境污染 2 处,土壤污染和水体污染各 1 处。土壤污染为主红格矿区,地理位置攀枝花市盐边县新九乡炉库村,污染面积为 754.26ha,主要是由于矿山开采、矿物运输等造成的(图 14-65)。该地区位于山谷和山腰上风力加大,大面积的矿山开采和固体废弃物堆积,在风力作用下大量粉尘极易扩散至周边,造成周边环境的污染。

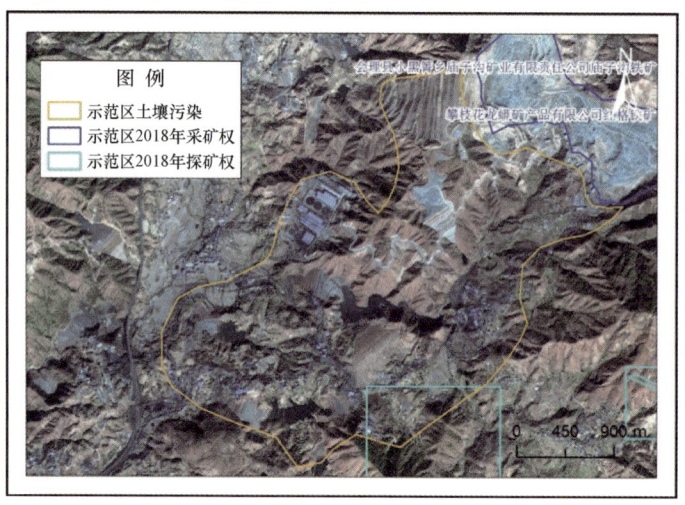

图 14-65　示范区土壤污染遥感影像

水体污染为主红格矿区,地理位置攀枝花市盐边县新九乡炉库村,污染面积为 2.06ha,污染河流长度为 1501m,主要是由于矿山选矿、污水排放,加之雨水冲洗的污水流入河中造成的(图 14-66)。

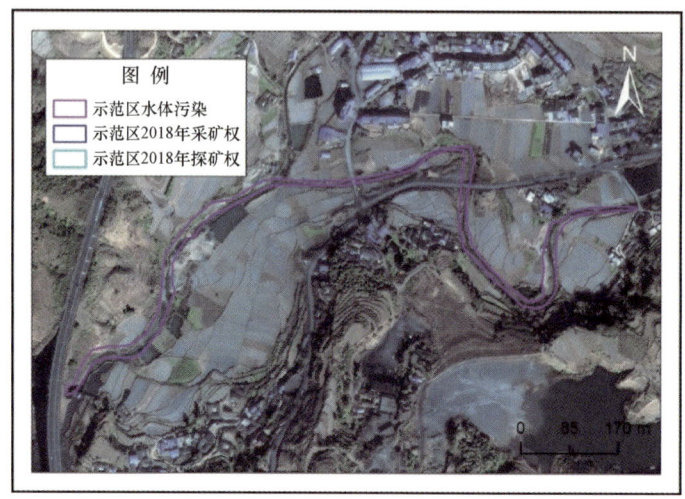

图 14-66　示范区水体污染遥感影像

7. 矿山环境恢复治理

示范区内共查明矿山环境恢复治理 19 处,治理面积 153.95ha,主要分布在四川安宁铁钛股份有限公司米易县潘家田铁矿和攀枝花龙蟒矿产品有限公司红格铁矿。

从治理类型看来,示范区内矿山环境治理的类型主要为固体废弃物和采场,其中固体废弃物治理 16 处,治理面积为 138.73ha,占治理总面积的 90.11%。采场治理 3 处,治理面积为 15.22ha,占治理面积的 9.89%。

图 14 - 67 为红格铁矿排土场恢复治理区是示范区规模最大的恢复治理区,治理前为红格铁矿排土场。该排土场自 2006 年开始使用,沿陡峭山坡排放钒钛磁铁矿露天剥土、选矿废渣等固体废弃物,对山坡下方 300m 处矿山道路、耕地、尾矿库形成地质灾害隐患威胁,另外该排土场处于 310 省道(约 1km)和成昆高速(约 2km)可视范围内,破坏了地表景观。2011 年遥感监测显示该排土场占地面积为 35.54ha,尚未开展恢复治理工作;2012 年遥感监测显示该排土场仍在继续排土,占地面积增至 40.26ha;2013 年遥感监测显示排土场已停止使用,并初步完成了削坡、覆土、复绿、新建排水沟等恢复治理措施;2018 年遥感监测该排土场已经完成了恢复治理措施,减轻了地质灾害威胁程度,美化了矿区环境,恢复治理面积达 51.49ha。

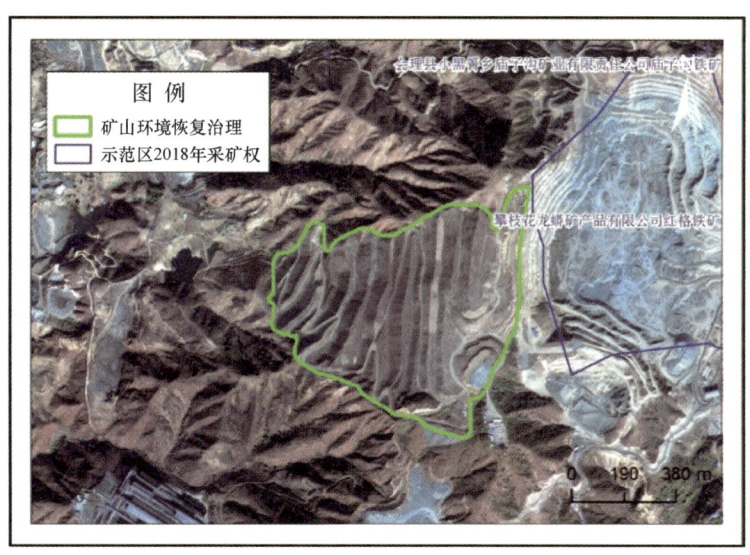

图 14 - 67　红格矿区矿山环境恢复治理区

8. 对导航定位精度的评价

利用行业终端进行野外导航测试,包括野外定位、导航、路线记录等,路线主要是从攀枝花市区—京昆高速—新九乡红格铁矿,见图 14 - 68。

北斗地基增强系统的导航定位结果表明,可以准确定位到红格铁矿,且定位精度较高,由于野外导航定位是一个动态的过程,不同地区所接收的卫星数量、信号存在差异,因此水平精度达 1~5m,垂直精度达 2~10m,基本满足矿山执法、环境监测等野外调查工作导航定位的精度需求。

 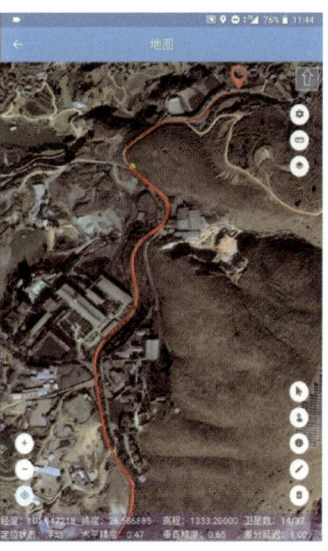

图 14-68 野外导航定位测试

北斗地基增强国土资源行业终端路线记录方式主要是通过点线记录,在记录过程中记录的最小距离为 10m,记录的最小时间间隔为 30s,满足矿山执法、环境监测等野外调查工作。路线记录精度较高,水平精度 0.5~5m,垂直精度 2~10m,主要是由于路线记录是一个动态的过程,不同地区所接收的卫星数量、信号存在差异,但其记录的路线轨迹和影像底图套合程度较高,能分别记录县道(宽度 8m)的左右车道信息。选取了 8 个位置进行统计,见表 14-8。

表 14-8 路线记录测试点统计

测试点	经度/(°)	纬度/(°)	高程/m	卫星数	定位状态	水平精度/m	垂直精度/m	差分延迟
测试路线点 1	101.945502	26.583685	1308.3	13/37	单点	1.58	2.20	0.00
测试路线点 2	101.944852	26.582610	1304.6	12/37	单点	1.58	2.40	0.00
测试路线点 3	101.944734	26.581378	1300.7	12/37	单点	1.75	2.50	0.00
测试路线点 4	101.944422	26.578683	1288.4	12/36	单点	1.97	2.80	0.00
测试路线点 5	101.944908	26.577874	1285.8	12/36	单点	2.25	3.30	0.00
测试路线点 6	101.944258	26.580761	1298.4	12/37	单点	3.83	5.00	1.00
测试路线点 7	101.945042	26.583200	1301.7	13/37	伪分差	1.40	2.50	1.00
测试路线点 8	101.949244	26.589030	1335.0	11/37	浮动	0.62	1.10	1.00
平均	—					1.87	2.73	—

根据统计结果,路线在记录过程中定位状态以单点定位为主,分布地区存在伪差分和浮动定位,差分延迟均在 1s 以内;水平定位精度受地形影响不同地区存在加大的差异,平均水平定位精度为 1.87m;垂直精度平均误差为 2.73m。其路线轨迹记录能满足矿山执法、环境监测等野外调查工作。

9. 对数据采集精度的评价

对于采集的矿产资源开发利用和矿山环境现状数据,需要对数据位置准确性、范围、利用状态等进行误差分析与评价,对数据精度、准确性、完整性进行分析,提出解决措施与建议。

对所提取矿山开采点、开采面、矿山占地、矿山地质灾害、矿山恢复治理、矿山环境污染信息进行检查。对图斑解译定性是否准确和图斑边界圈定是否与影像套合两方面进行了检查。

国土资源行业应用系统数据采集方式主要包括点采集、线采集和面采集。

1)点采集

点采集主要包括野外调查点和矿山开采点的采集;采集主要以定点方式,采集内容包括矿山编号、野外调查编号、所在位置、矿山名称、调查时间、经度、纬度、高程、调查时间、解译是否正确、野外点描述、野外照片、照片方向(照片、视频)、调查人以及审核人等。数据录入方式主要有手写录入、语音录入和选择录入。

选取了8个野外点进行示范调查,调查内容包括开采面(合法)、疑似违法开采面、固体废弃物、采场、矿山地质灾害(滑坡)、矿山环境恢复治理、中转场地以及尾矿库等。利用北斗地基增强产品、其他GNSS产品以及北斗/其他GNSS的野外实测数据进行对比分析,野外实测点见图14-69。

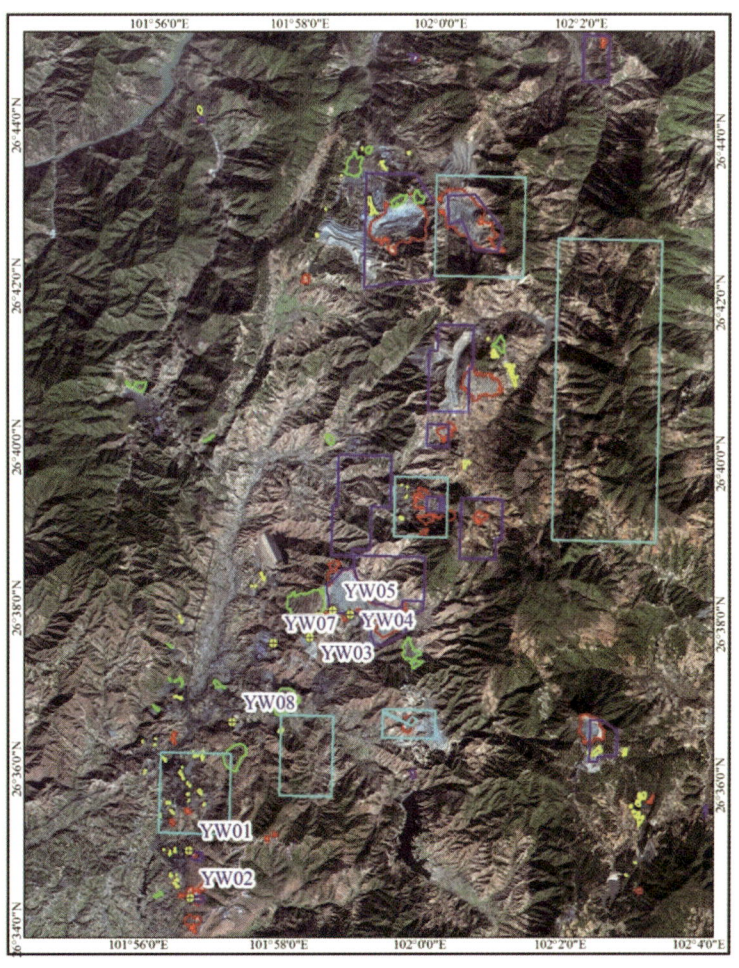

图14-69 野外实测点

在采集的 8 个点中,其水平精度和垂直精度均为 0.01m,定位状态均为固定,卫星数在 11 颗以上(表 14-9)。结合室内遥感影像,将野外测试点投影到遥感影像上,并对比测量实际测试位置与投影到遥感影像上点的距离。通过测量,野外测试点位坐标与 GPS 测量差除 YW05 号测试点以外,其他测试点的距离差均在米级,符合《矿产资源开发遥感监测技术要求》和《矿产资源开发遥感监测技术规范》。YW05 号测试点与遥感影像上的水平距离差约 10m,主要是由于 YW05 号测试点位于红格铁矿采矿边缘,该地区地形起伏较大,且地形变化较大,故遥感影像在正射校正时所用的 DEM 具有滞后性,正射校正后的影像在该处可能产生位移和畸变。

表 14-9 野外测试点相关信息

测试点	经度/(°)	纬度/(°)	高程/m	卫星数	定位状态	水平精度/m	垂直精度/m	差分延迟
YW01	101.944669	26.584952	1314.2	13/37	固定	0.01	0.01	1.00
YW02	101.945529	26.574567	1271.7	14/37	固定	0.01	0.01	1.00
YW03	101.973746	26.628638	1651.6	11/36	固定	0.01	0.01	1.00
YW04	101.983219	26.633582	1655.8	13/36	固定	0.01	0.01	1.00
YW05	101.978275	26.634390	1711.3	12/36	固定	0.01	0.01	1.00
YW06	101.975472	26.632796	1773.3	14/37	固定	0.01	0.01	1.00
YW07	101.964785	26.627594	1500.4	13/37	固定	0.01	0.01	1.00
YW08	101.955654	26.611340	1413.6	12/37	固定	0.01	0.01	1.00

2)线采集

线采集主要包括道路轨迹的保存和地裂缝的采集;由于工作区内未发现地裂缝,因此本次示范应用线采集主要以道路轨迹保存为主。

道路轨迹保存路段为县道新九乡——红格镇路段,道路宽度为 8m,测试长度 6km。此外,北斗地基增强产品路线记录方式主要是通过点线记录,在记录过程中记录的最小距离为 10m,记录的最小时间间隔为 30s。通过测试结果显示,北斗地基增强产品的野外测试路线距离为 5.95km,与车辆里程数的 6km 相差 50m,道路轨迹长度和影像测量长度基本一致。满足矿山执法、环境监测等野外调查工作。

3)面采集

面采集是矿山执法、环境监测等野外调查工作的主要采集类型,采集要素包括矿山占地(采场、中转场地、固体废弃物、矿山建筑)、矿山恢复治理、矿山地质灾害等类型。

野外面采集,选取攀枝花龙蟒矿产品有限公司红格铁矿固体废弃物堆放区、矿山地质灾害和矿山恢复治理区作为测试对象。根据北斗地基增强产品采集结果(表 14-10、图 14-70),从采集面积来看,采集的固体废弃物面积为 10.83km²,比室内遥感解译少 0.5 km²,误差为 4.38%;矿山地质灾害测试面积为 3.22 km²,比室内遥感解译多 0.15 km²,误差为 4.89%;矿山恢复治理区测试面积为 49.62 km²,比室内遥感解译少 1.99 km²,误差为 3.86%。从图斑周长来看,采集的固体废弃物周长为 1.58km,比室内遥感解译少 0.07km,误差为 4.24%;矿山地质灾害测试周长为 0.73km,比室内遥感解译多 0.05km,误差为 7.35%;矿山恢复治理区测试周长为 3.37 km²,比室内遥感解译少 0.23 km²,误差为 6.82%。

表 14-10 不同地物测试结果与室内解译结果对比

类型	面积/km²		周长/km		对比相差	
	北斗测试	遥感解译	北斗测试	遥感解译	北斗测试面积	遥感解译周长
固体废弃物	10.83	11.33	1.58	1.65	-0.50	-0.07
地质灾害	3.22	3.07	0.73	0.68	0.15	0.05
恢复治理区	49.62	51.61	3.14	3.37	-1.99	-0.23

(a)　　　　　　　　　　　　(b)

图 14-70 野外采集和室内遥感解译对比

(a)野外采集;(b)遥感解译。

通过野外测试和室内遥感解译结果对比,野外采集面的面积和室内遥感解译面的面积相差在 5% 左右;野外采集面的周长和室内遥感解译面的周长相差在 6% 左右。其采集结果基本满足矿山执法、环境监测等野外调查工作。

综上,利用北斗地基增强系统国土资源行业终端进行野外数据采集,其精度主要受采集人对矿山地物的认识程度、对产品操作的熟练程度以及野外时间等因素影响。不同的界外调查人员其调查精度存在一定的差异。

10. 对国土资源行业应用系统功能的评价

根据野外调查结果对北斗地基增强国土资源行业应用系统功能实用性进行了评价,对系统的稳定性、易用性和耐用性进行了评价,开展了北斗地基增强产品终端采集系统在矿山监测野外数据采集工作中的可操作性、适用性分析。

分析结果表明,该系统的数据采集功能与矿山监测工作内容基本吻合,数据精度基本满足矿山执法、环境监测等野外调查工作需求,行业终端功能可以完成外业全流程服务,包括导航定位、点位信息采集、矢量修改、数据上传以及保证外业人员作业安全等。

11. 小结

通过矿山执法野外工作实际应用,示范应用结果表明,国土资源行业北斗地基增强系统满足矿山执法的外业要求,北斗地基增强产品精度满足矿山执法要求,系统功能满足矿山执法外业要求,该系统的研发可以进一步促进北斗地基增强系统在矿山监测中的应用。

14.3 地下水环境调查与监测业务应用示范

14.3.1 需求

1. 精度需求

地下水环境调查与监测业务的精度需求见表 14-11。

表 14-11 地下水环境调查与监测业务的精度需求

业务领域	产品质量需求
地下水环境遥感调查与监测	监测点位定位精度米级
	监测点水位测量精度毫米级

2. 功能需求

地下水环境在野外调查和监测中,对北斗地基增强系统的功能需求主要包括:

(1)导航定位、数据采集功能:地下水环境调查监测需要有专门的监测井、水井或是天然泉水露头,所以野外工作过程中要求北斗地基增强系统的导航定位功能指引工作人员到达监测现场,并需要在现场采集数据和影像,包括坐标、水位、水温、周边图像等,完善表 14-12、表 14-13,便于现场修改地下水监测信息,保证地下水环境数据的完整性和准确性。

表 14-12 地下水监测井基本情况表

监测井统一编号			二维码	
原编号				
地理位置	省(区/市)　　市　　县(区)　　乡(镇)　　村　　方向　　m			
地理坐标				
所属单位		委托管理单位		联系人	
所属流域		水文地质单元		电话	
监测井级别		监测井类别		地下水类型	
地面高程/m		井口高程/m		孔深/m	
孔口直径/mm		孔底直径/mm		孔管类型	
含水层埋藏深度/m		水位埋深/m		监测手段	
含水层地层代号		含水介质类型		监测内容	
矿化度/(g/L)		水化学类型		监测频次	
钻探施工单位		钻探竣工日期	年　月　日	监测仪器安装日期	年　月　日
传感器类型		传感器编号		传感器量程	
线长		探头埋深		发射仪类型	
安装SIM卡号		发射中心站		发射仪编号	
监测记录					
监测日期	监测内容	监测人员	备注	审核人
备注	地理坐标按照度分秒填写(N:　°　′　″　E:　°　′　″)			

表 14-13 泉监测点基本情况表

泉统一编号			原编号	
地理位置	省(区/市)　　市　　县(区)　　乡(镇)　　村方向　　m			
地理坐标				
泉点名称		泉口高程/m		泉点类型	
所属单位		委托管理单位		联系人	
所属流域		补给来源		电话	

续表

泉统一编号			原编号		
含水层	时代		地层岩性	时代	岩性	产状
	岩性		顶板			
	厚度		底板			
泉口地质环境				泉口沉积物		
泉域面积		监测内容		监测频率		
物理化学性质	水温		气味		pH	
	色度		透明度		水化学类型	
	矿化度/(g/L)					
泉流量测定方法		泉流量/(m³/h)		泉水用途		
监测设施				监测设备		
监测记录						
监测日期	监测内容		监测人员	备注		审核人
地理坐标按照度分秒填写(N： ° ′ ″ E： ° ′ ″)。						

（2）服务频率：地下水环境调查监测野外工作量大，尤其是全国地下水统测工作测量点多且分布范围广。动态定位时，需要北斗地基增强系统在很短时间内就得到解算结果，以提高野外工作效率。参照 CJJT 73—2010《卫星定位城市测量技术规范》动态测量中对 RTK 数据的采样间隔为 1s，因此，北斗地基增强系统的服务频率应优于 1s。

（3）实时传输功能：地下水环境调查监测野外工作中通常需要进行实地测量、数据编辑等。目前的 GPS 作业中大部分是通过储存卡或数据线等方式导出数据，这种方式内业人员需要在测量后一段时间得到测量数据，不利于内业人员及时利用数据、分析数据和修改数据。通过文件实时传输功能可以将野外调查数据实时发回数据中心，及时修改测量信息提取错误。

（4）报文功能和语音功能：地下水监测环境监测点分布于全国，部分区域存在地理环境复杂、人烟稀少、手机信号覆盖差等情况，加上交通不发达、数字地图覆盖不到、无法通过明显地物指引导航，通过卫星定位系统的报文功能可以将位置信息发回后方数据中心，并且可以通过语音功能，使工作人员与后方数据中心处理人员及时沟通，及时对导航路线纠错，更利于对路线的导航指引。并随时掌握野外工作人员的安全，分散作业时，及时掌握分组队员的相对位置与安全状况。

14.3.2 业务流程

地下水环境调查与监测工作流程见图 14-71。

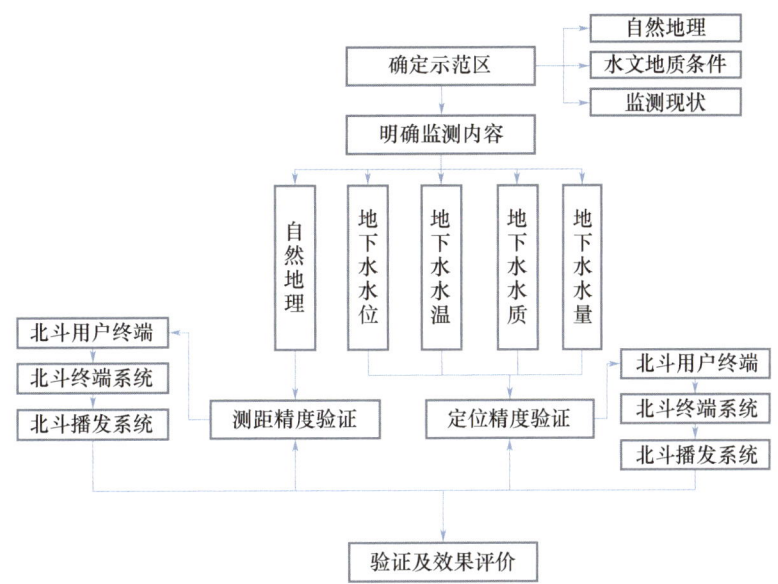

图 14-71 地下水环境调查与监测工作流程

14.3.3 示范区

1. 概述

大理市位于大理白族自治州中部的洱海之滨,辖 11 个乡镇和大理经济开发区、大理旅游渡假区,监测区以大理古城、下关、凤仪三镇为中心,适当控制外围地区。

大理市接近北回归线,年温差小,呈现冬无严寒,夏无酷暑四季如春的气候特点。年平均气温 15.1℃~14.7℃,极端最高气温 32.0℃,最热在 6 月份;最冷为 1 月份,极端最低气温 -2.5℃,全年日照总时数为 2508.3h,无霜期长达 300 天左右。监测区多年平均降雨量大理古城区为 1069mm,下关片区为 1064mm,其中 5—10 月份降雨量占全年降雨量的 85% 以上。下关常刮西南风,年平均风速 4.1m/s,瞬时最大风速达 279m/s;大理古城年平均风速 2~3m/s。

监测区内水系较发育(图 14-72),大多呈南北、北东及东西向展布,严格受地形地貌及地质构造控制。一般河(溪)流长 5~8km,最长为凤仪的波罗江,长大于 10km。河溪常年流水,注入洱海,经西洱河最终汇入澜沧江。

洱海为云南省第二大淡水湖泊,位于大理盆地东侧,南北长约 42km,东西宽 3~9km,多年平均水位标高 1964.30m,水域面积 250km^2,平均水深 10.8m,最深处达 21.5m,库容量 23.69 亿 m^3。洱海水有机污染为中度污染,有上升趋势,毒物污染为轻度清洁,基本保持相对稳定,是工农业生产和生活用水之水源地,且水产资源十分丰富,近年来水上旅游业发展迅速,旅游船只有增无减。

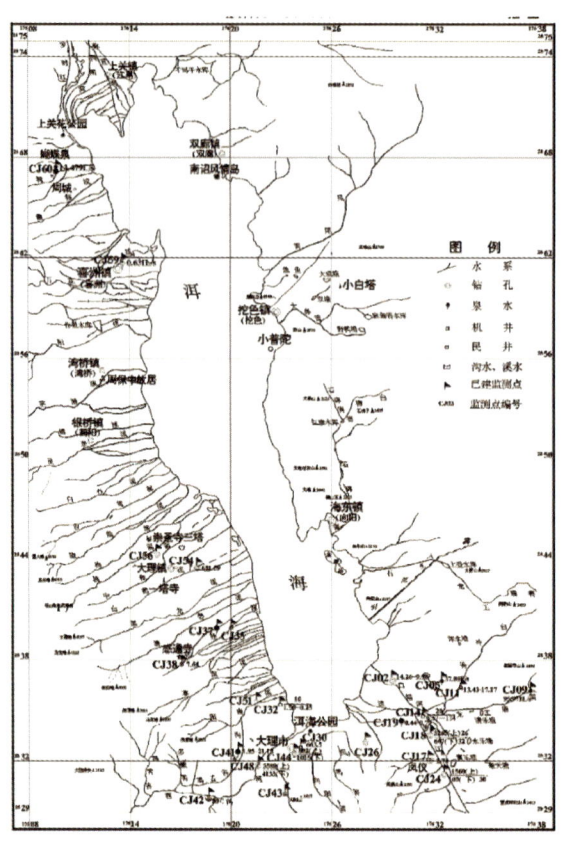

图 14-72 大理地区水系图

2. 地下水监测现状

大理监测区水位监测点有 8 个(图 14-73),主要位于大理市政府驻地下关镇和其东侧相邻的凤仪镇内,个别监测点位于下关镇北侧相邻的喜洲镇内。2016 年新增 1 个高仓村 219 号民井监测点,代替石壁头村的 19 号大井。根据 2017 年度地下水水位动态监测资料,孔隙水水位监测点有 8 个,主要位于下关镇和其东侧的凤仪镇内。孔隙水水位与上年对比变化不大,动态稳定。金星村的 30 号民井,与上年相比年平均水位、年最高水位和年最低水位分别上升 0.55m、0.10m 和 0.85m,年变幅为 1.09m。其他监测点的变化很小,水位动态变化具体情况见表 14-14。

表 14-14 2017 年大理地区地下水水位动态变化特征表

统一编号	位置	年平均水位		年最高水位		年最低水位		年变幅/m
		标高/m	与上年相比/m	标高/m	与上年相比/m	标高/m	与上年相比/m	
5329010011	普和村	1979.56	+0.25	1980.22	+0.20	1979.21	+0.74	1.01
5329010014	千户营村	1988.48	+0.03	1988.79	+0.03	1988.18	+0.13	0.61
5329010030	金星村	1973.34	+0.55	1973.56	+0.10	1972.47	+0.85	1.09

续表

统一编号	位置	年平均水位		年最高水位		年最低水位		年变幅/m
		标高/m	与上年相比/m	标高/m	与上年相比/m	标高/m	与上年相比/m	
5329010032	小关邑村	1968.73	0	1968.95	0	1968.00	-0.50	0.95
5329010035	阳和庄	1973.77	-0.03	1974.14	-0.15	1973.42	-0.08	0.72
5329010044	地质宾馆	1972.57	-0.05	1972.64	-0.04	1972.51	-0.05	0.13
5329010059	田庄宾馆	1970.82	0	1970.81	0	1970.81	0	0
5329010219	高仓村	1.12	+0.01	1.51	+0.26	0.63	+0.04	0.88

注:1."+"为上升,"-"为下降。2. 位于石壁头村内的19号大井,2015年3月中旬被填埋,停测。该大井在2017年开始由高仓村内的219号民井代替监测,表内高仓村监测点的数据为水位埋深。

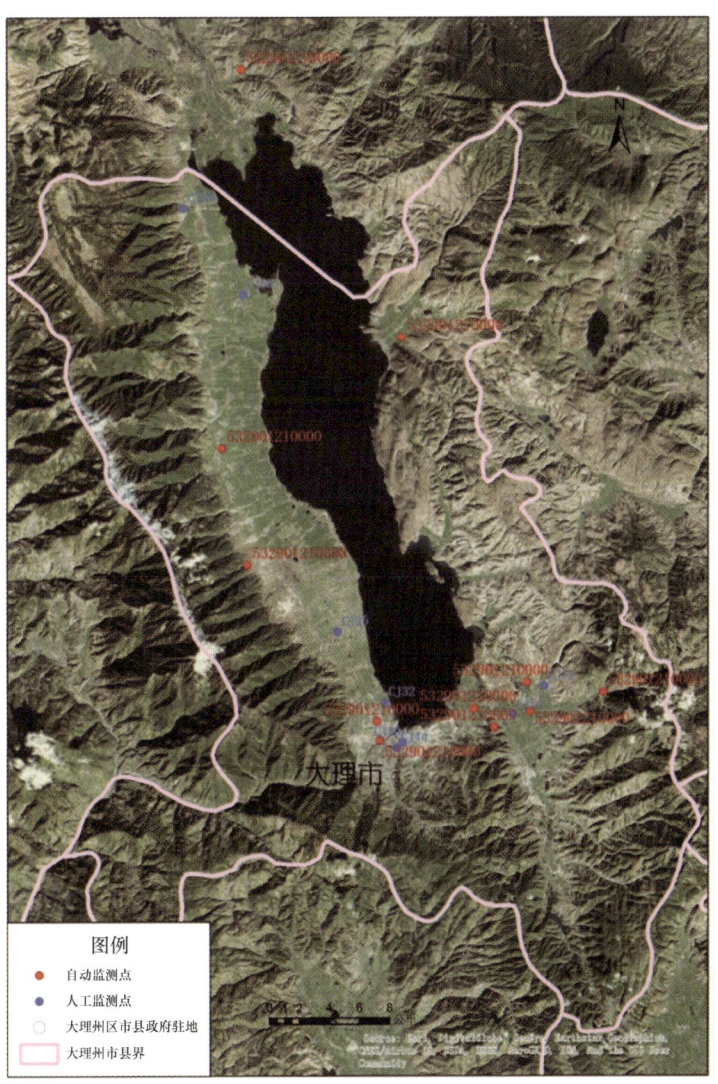

图 14-73 大理市水位监测点分布

14.3.4 应用情况

1. 示范内容

广义的水环境调查与监测包括地表水环境与地下水环境两部分。本项目主要是开展地下水环境的调查与监测,重点是针对地下水的资源量和质量监测,主要监测内容包括地下水水位、水温、水量和水质等。

在地下水环境调查与监测过程中,根据工作需要开展不同精度和不同比例尺的调查与监测,调查与监测工程中需要开展大量的野外导航、野外定点、数据采集、测绘成图等方面的工作。地下水环境在野外调查和监测中,对北斗地基增强系统的功能需求主要包括导航定位、数据采集、服务频率、实时传输、报文和语音等功能。

针对地下水调查与监测业务的增强产品验证与应用示范,主要围绕地下水调查与监测等业务,开展北斗地基增强产品的精度与服务模式需求总结,同时针对不同定位精度的增强产品与地基增强系统服务类型、在示范区开展小规模的示范验证。

具体包括以下几个方面:

(1)围绕地下水环境调查与监测业务中野外导航、位置信息采集等工作的特点,对北斗导航系统服务精度、服务模式以及终端功能进行分析;

(2)基于国土资源行业数据中心提供的增强产品,针对定位精度、刷新频率、稳定性等指标开展小规模示范验证;

(3)基于国土资源行业用户终端及后台服务软件,对国土资源行业北斗地基增强系统的功能和性能进行评价。

2. 示范过程

1)概述

利用北斗地基增强系统,通过地下水环境调查与监测示范,获取监测区状况、地下水位、水温、水质和水量等信息,形成高效、安全、便捷的地下水环境调查信息采集、接收与处理系统,实现对地下水环境监测数据的共享和及时发布,为水资源科学管理提供支撑,为国土空间规划、用途管制和生态保护修复提供基础依据。

2)准备工作

准备工作包括数据准备和硬件准备:

(1)数据准备。收集示范区影像数据及示范区内设立的国家地下水监测工程监测井信息、大理市原监测点信息和统测点地下水监测历史数据等(表14-15)。

表14-15 大理市国家地下水监测工程监测井信息明细表

编号	市	县(区)	具体位置	经度/(°)	纬度/(°)
532901210001	大理州	大理市	大理市上关镇下碧花园村泉水	100.133	25.990
532901210002	大理州	大理市	大理玉水金都饭店后面	100.219	25.609

续表

编号	市	县(区)	具体位置	经度/(°)	纬度/(°)
532901210006	大理州	大理市	大理市凤仪镇云浪村龙王庙泉水点	100.369	25.625
532901210007	大理州	大理市	大理市满江开发区汉邑村龙王庙泉水点	100.318	25.631
532901210009	大理州	大理市	大理市挖色镇圣母庙泉水点	100.238	25.833
532901210011	大理州	大理市	大理市湾桥镇小庆洞村泉水点	100.118	25.769
532901210003	大理州	大理市	大理市大理古城区三文笔村水厂旁	100.134	25.701
532901210004	大理州	大理市	大理市满江开发区波罗江右岸	100.283	25.616
532901210005	大理州	大理市	大理市民族中学校内后大门口绿化带	100.221	25.598
532901210008	大理州	大理市	大理市凤仪镇石龙村委会石壁村曙光希望完小背后山脚	100.296	25.605
532901210010	大理州	大理市	大理凤仪镇高仓村路边绿化带	100.320	25.614

(2)硬件准备。准备2台北斗地基增强国土资源行业应用终端设备。两台设备均预先安装有北斗地基增强系统国土资源行业地下水环境监测应用终端软件1套。其中1台连接北斗地基增强差分改正数据源,进行高精度差分增强定位;1台不连接任何差分改正数据源,进行单点定位(表14-16)。

表14-16 行业应用终端设备信息

序号	名称	软件	定位模式
1	行业应用示范终端1号机	北斗地基增强系统国土资源行业地下水环境监测应用	差分增强定位
2	行业应用示范终端2号机	北斗地基增强系统国土资源行业地下水环境监测应用	单点定位

3)产品校准及点位选择

选取示范区内或示范区周边的基准点,对北斗地基增强产品进行校准,校准内容主要为定位精度。从示范区中选择3个国家地下水监测工程监测井和2个民用监测井(图14-74)。

图14-74 监测点位置分布图

4）数据导入以及导航定位

将多期遥感影像及地下水实时监测数据导入行业终端,并进行坐标转换,使室内数据和北斗地基增强产品内的数据重合,便于进行导航定位以及路径的保存。

针对大理地区已有的地下水专门监测井,利用北斗地基增强用户终端进行定位,并进行实时播发,利用专门地下水监测点位置,与行业终端提供的影像图进行叠加,从叠加效果验证北斗地基增强用户终端的定位精度。

5）数据采集

利用行业应用终端设备进行定位、属性数据采集、视频图片采集等工作。同时,开启行业应用终端设备的屏幕录像功能,记录示范人员对终端设备的操作。

广义的水环境调查与监测包括地表水环境与地下水环境两部分。目前主要是开展地下水环境的调查与监测,重点是针对地下水的资源量和质量监测,主要监测内容包括地下水水位、水温、水量和水质等。北斗地基增强终端系统主要有地理位置、信息通信、信息输入、摄像、导航、多方式定位测量、数据采集及传输等功能。在开展地下水环境调查监测野外工作中,可使用终端系统采集地下水水位、水温、水量,地表水体范围、面积、状态等信息,实现野外数据采集、录入、传输等功能。

数据采集包括:

(1)专门地下水监测点定位验证:主要针对大理地区已有的地下水专门监测井,利用北斗地基增强用户终端进行定位,并进行实时播发,利用国土终端提供的影像图与该点进行叠加,从叠加效果验证北斗地基增强用户终端的定位精度。

(2)统测点地下水监测数据获取:

① 地下水水位。地下水水位监测主要测量含水层水位的埋藏深度,也就是从地面到含水层水面的垂直深度。对于潜水含水层即测量地面到潜水面的垂直深度;对于承压含水层则是测量地面到钻孔揭露承压含水层时井孔中水面的垂直深度。

② 地下水水温。地下水水温监测是测定地下水的温度。

③ 地下水水量。地下水水量监测主要是测量监测孔（井）与泉流的水量。水层厚度（深度）(mm)为土层厚度(mm)与土壤含水量(容积%)的乘积。

(3)地表水体的分布:测量上关镇洱海北部边界与南部边界距离,对地表水体分布特征进行控制。验证前对北斗地基增强用户终端和天线等设备进行全面检验,确保设备状况、网络状况及精度指标均符合规范要求。

6）数据传输

数据传输主要包括两部分:一部分是野外调查组之间的传输和数据共享;另一部分在野外现场将采集到的关键数据通过北斗增强产品中的卫星广播、数字广播、移动通信等功能传输至数据综合整理工作组,并及时完成地下水监测数据的更新与完善,以最终形成地下水环境动态监测入库数据、监测图件、专题简报等应用资料。

3. 应用成果及展望

利用北斗地基增强系统行业应用系统,在大理地区开展了地下水环境调查与监测示范应用。

选取较为典型的几个国家井和省级井,通过终端,获取了示范应用时间段的监测区状况、地下水位、水温、水量等信息,与该区内其他监测井自动上传的长序列信息,形成了该区域相对完整的地下水环境整体状况,形成了高效、安全、便捷的地下水环境调查信息采集、接收与处理系统。

目前全国有地下水专门监测站点 10168 个,但由于受经费等条件所限,现有的地下水监测点无法获取高密度的地下水监测数据,不能掌握全国地下水动态,绘制等水位线图,因此需要开展地下水统测,获取全国主要地下水分布区的地下水位动态。统测点要覆盖流域内主要的平原盆地等重点区域,并控制主要含水层,丘陵山区可选择具有重要水文地质意义的泉点进行观测,2019 年已经部署了以流域为单元的统测工作(表 14 – 17),完成全国地下水统测,掌握地下水位状况。

表 14 – 17 2019 年按流域部署的统测区工作量一览表

一级流域名称	国土部门点数量	水利部门点数量	一般统测区增加点数	重点统测区增加点数	增加统测点总数	统测工作量/(点次/年)
长江流域	1540	938	11300	6668	17968	20446
黄河流域	1372	1186	3999	1251	5250	7808
海河流域	1474	2184	154	2345	2499	6157
辽河流域	549	700	768	2041	2809	4058
松花江流域	763	943	2622	5523	8145	9851
珠江流域	725	337	7683	5569	13252	14314
西北诸河流域	714	752	5890	2031	7920	9386
淮河流域	1162	1569	369	7747	8116	10847
西南诸河流域	63	77	2814	510	3324	3464
东南诸河流域	385	48	2269	407	2676	3109
合计	8747	8734	37866	34093	71959	89440

统测点不是专门监测点,需要寻找机民井或泉水出流点,所以需要对监测点快速定位、获取高程,采集地下水水位、水温数据,并保存监测点影像。统测点需要的点多,分布面广,北斗地基增强系统行业终端正好可以满足统测需求。

根据统测工作安排,统测时若采用统一的北斗地基增强手持终端进行采集数据,采集到的数据按照地下水监测动态数据库的格式进行存储。按照统测工作进展,可以实时地建立全国地下水年度统测数据库,为水资源科学管理提供支撑,为国土空间规划、用途管制和生态保护修复提供基础依据。

4. 应用评价

1)对导航定位精度的评价

利用行业终端进行野外导航测试,包括野外定位、导航、路线记录等,路线主要是从大理市区—各监测井。

北斗地基增强系统的导航定位结果表明,可以准确定位到各个监测井,且定位精度较高,由于野外导航定位是一个动态的过程,不同地区所接收的卫星数量、信号存在差异,因此水平精度达1~5m,垂直精度达2~10m,基本满足地下水环境调查与监测野外工作导航定位的精度需求。

2)对数据采集的评价

(1)概述。对于采集的地下水环境现状数据,对数据位置准确性、变化状态等进行了误差分析与评价,对数据精度、准确性、完整性进行分析,提出解决措施与建议。

(2)专门地下水监测点定位精度。利用北斗地基增强手持终端对大理地区已有的3眼地下水专门自动监测井和人工监测井进行了定位(表14-18),获取了监测点高程,并对现场人工测试获取的地下水水位、水温数据进行了录入,采集了监测站点图像和视频。

表14-18 大理地区地下水监测点定位表

统一编号	坐标			监测日期
	经度/(°)	纬度/(°)	高程/m	
532901210006	100.369526	25.6259098	2025.6	2019/6/25
532901210007	100.318759	25.6312772	1948	2019/6/25
532901210010	100.320226	25.6146845	1947.6	2019/6/25
5329010012	100.318673	25.63116167	1948.5	2019/6/25
5329010219	100.320408	25.61408617	1944.6	2019/6/25

利用影像图与该点应有位置进行叠加,通过与地下水专门自动监测井的标准定位、人工井GPS定位对比(表14-19),行业终端点位采集的精度能达到米级,能够满足区域地下水调查和监测的需求。

表14-19 大理地区地下水监测点定位对比图

统一编号	北斗终端定位		国家井标准定位/人工井GPS定位		影像图
	经度/(°)	纬度/(°)	经度/(°)	纬度/(°)	
532901210006	100.369526	25.6259098	100.369	25.625	
532901210007	100.318759	25.6312772	100.318	25.631	

续表

统一编号	北斗终端定位		国家井标准定位/人工井 GPS 定位		影像图
	经度/(°)	纬度/(°)	经度/(°)	纬度/(°)	
5329012100010	100.320226	25.6146845	100.320	25.614	
5329010012	100.318673	25.63116167	100.318	25.631	
5329010219	100.320408	25.61408617	100.320	25.614	

（3）水域宽度。在洱海西环海西路洱滨村北确定了测量水域宽度的起点，进行了定点，在洱海动环海东路维笙山海湾酒店西北作为终点（表 14-20），利用终端自带功能测定了水域宽度 6.49km（图 14-75）。叠加 GF-1 影像，利用 ArcGIS，测定水域宽度为 6.491km（图 14-76）。经对比，终端对水体宽度的计算精度为米级，满足地下水调查和监测的需求。

表 14-20　洱海水域宽度测量表

起点		终点		距离/km
经度/(°)	纬度/(°)	经度/(°)	纬度/(°)	
100.217651	25.638767	100.276529	25.663149	6.49

图 14-75　洱海水域宽度测量图

图 14-76　专业软件水体宽度测量结果

（4）监测点信息采集。通过终端采集的数据会自动形成数据表（表 14-21）。行业终端可以直接采集水位、水温等信息，可通过采集的水域宽度、截面水流量、收集的水深数据，结合该区水文地质条件，计算出水体水量，基本满足地下水环境监测工程所需信息。

表 14-21　大理地区地下水监测点信息采集表

统一编号	坐标			监测日期	水位高程/流量	水温/℃
	经度/(°)	纬度/(°)	高程/m			
532901210006	100.369526	25.6259098	2025.6	2019/6/25	2055.065	12
532901210007	100.318759	25.6312772	1948	2019/6/25	1980.214	17
532901210010	100.320226	25.6146845	1947.6	2019/6/25	1975.436	13
5329010012	100.318673	25.63116167	1948.5	2019/6/25	0.03	17
5329010219	100.320408	25.61408617	1944.6	2019/6/25	2.62	17

根据采集的地下水水位,结合监测井实时上传的数据,可形成地下水水位动态曲线,如图14-77~图14-81所示。

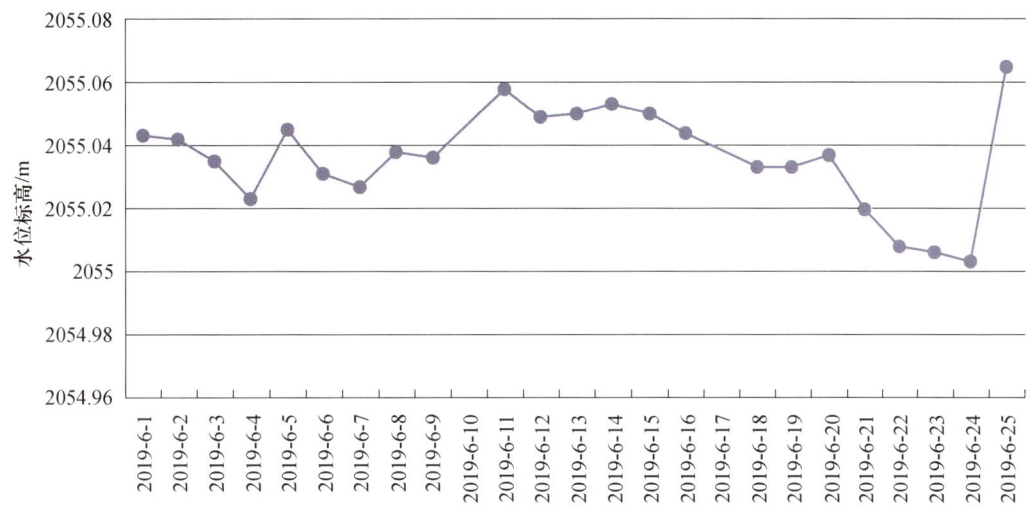

图14-77　大理地区地下水专门监测点532901210006水位动态曲线(日平均)

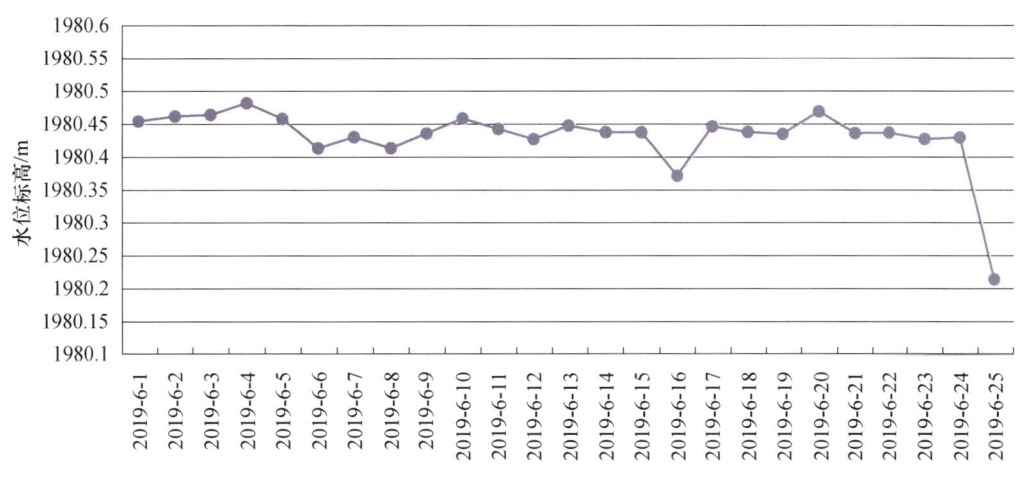

图14-78　大理地区地下水专门监测点532901210007水位动态曲线(日平均)

大理地区地下水专门监测点信息为每日实时上传,人工监测点为每月随机几日上传,因此国家井可形成日平均水位动态曲线,人工井只可形成月平均水位动态曲线。由于应用示范采集时间较短,未能形成长序列数据,不能形成有效分析结论。

对于采集的地下水环境现状数据,对数据位置准确性、变化状态等进行了简单分析,结果表明,数据精度、准确性、完整性满足业务工作需求。

(5)北斗地基增强产品功能评价。根据野外调查结果对北斗地基增强国土行业应用系统功能实用性进行了评价,对系统的稳定性、易用性和耐用性进行了评价,开展了北斗地基增强产品终端采集系统在地下水调查野外数据采集工作中的可操作性、适用性分析。

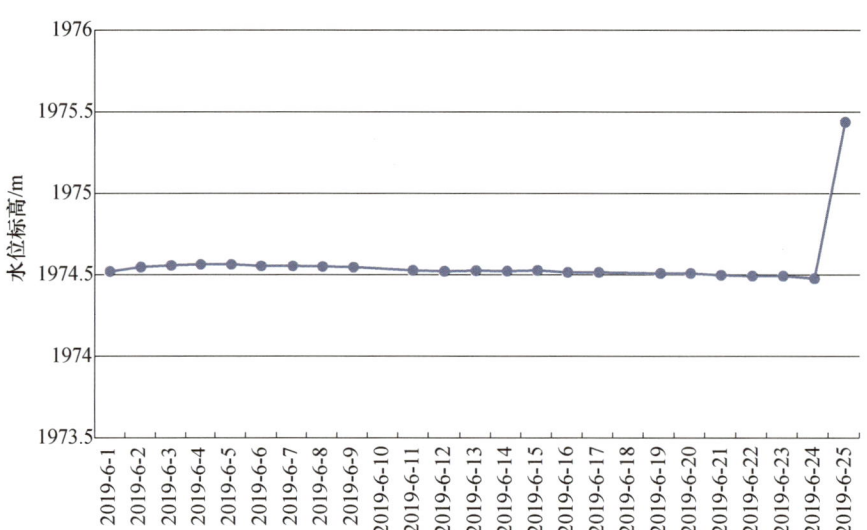

图14-79　大理地区地下水专门监测点532901210010水位动态曲线(日平均)

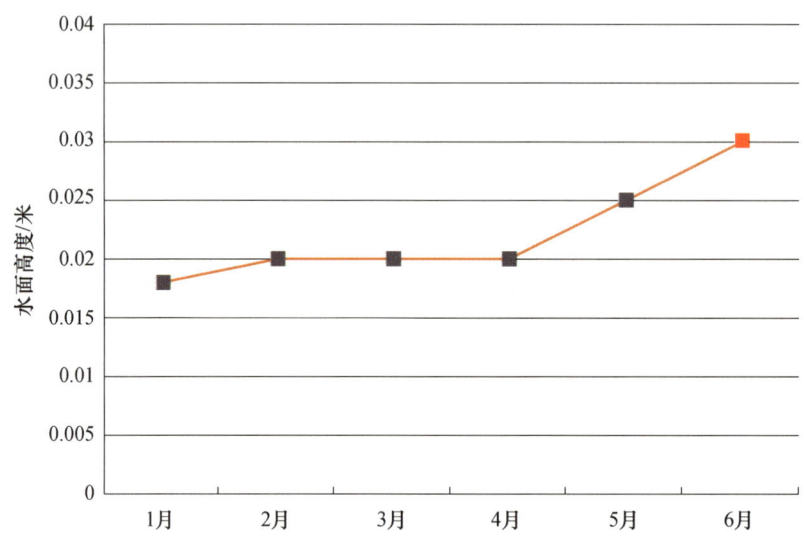

图14-80　大理地区地下水人工监测点5329010012水位动态曲线(月平均)

图14-81　大理地区地下水人工监测点5329010219水位动态曲线(月平均)

分析结果表明,该系统的数据采集功能和地下水调查与监测工作内容基本吻合,数据精度基本满足地下水调查与监测野外工作需求,行业终端功能可以完成外业全流程服务,包括导航定位、点位信息采集、矢量修改、地下水调查监测数据采集、数据上传、数据存储分析以及保证外业人员作业安全等。

(6)小结。在地下水环境调查与监测野外工作实际应用中,系统定位精度能够达到米级,且不受天气影响(工作期间一直在降雨,手持终端在定位和获取高程数据过程中并未受到影响),能够快速获取数据;北斗地基增强行业终端野外数据采集、录入、传输、集成等功能应用和展示效果良好;手持终端操作便捷,定位及时准确,适用于野外调查和监测。

示范应用结果表明,该系统满足外业要求,北斗地基增强产品精度和系统功能均满足外业需求,该系统的研发可以进一步促进北斗地基增强系统在地下水环境调查与监测中的应用。

14.3.5 应用模式总结

根据行业应用需求和示范应用效果,总结地下水环境调查与监测业务的应用模式。

应用目标:在土地资源调查与监测业务中,运用不同定位精度的增强产品,主要围绕土地利用现状调查、地籍调查、执法检查、督查巡查等主要业务类型。

系统能力:自然资源部国家地下水监测工程对区域地下水进行水位、水温与水质(水量)的动态监测,兼顾了大中型地下水水源地监测,为百姓饮用水安全提供安全保障。

系统组成:由中国地质调查局组织实施,31个省级自然资源主管部门和地质环境监测机构配合,自然资源部门国家地下水监测工程建设完成,建成国家级地下水专业监测站点10168个,实现了全国主要平原盆地和人类活动经济区的地下水水位、水温监测数据自动采集、实时传输和数据接收,可与水利部门地下水监测数据实时共享。

系统指标:针对定位精度、刷新频率、稳定性等指标。

应用效果:信息应用服务系统每年产生近9000万条地下水水位、水温、水质数据,将为水资源科学管理、地质环境问题防治、生态文明建设提供重要支撑。在10168个监测工程站点中,使用北斗卫星通信技术的站点有50余处,主要分布于新疆、内蒙古、青海、西藏等省份的边远地区,解决了无移动信号网络覆盖或信号较弱地区监测数据传输问题。

监测工程自2015年开工建设,历时4年,完成了监测站点建设、信息应用服务系统建设、监测中心大楼购置与装修改造等内容。工程试运行建立了较为完善运维保障机制,自动化监测系统运行情况良好,自动设备日上线率保持在95%以上;经过数据整编与分析研究,形成了能够有效利用的动态监测数据和研究成果,已经为自然资源部、生态环境部提供了支撑服务,为水文地质调查和科学研究工作提供了基础数据,为社会公众提供了信息服务,监测工程的社会效益逐渐显现,效果显著。

14.4 测绘行业应用案例

14.4.1 概述

1. 任务来源

根据原国家测绘地理信息局与中国兵器工业集团签署的战略合作框架协议总体安排,按照《行业数据处理中心相关技术要求(征求意见稿)》,国家基础地理信息中心作为测绘行业参研单位负责了北斗地基增强系统测绘行业第一阶段和第二阶段研制建设任务。2016年年底,国家基础地理信息中心依据《北斗地基增强系统研制建设合同(第一阶段)——测绘行业》约定建设内容,承担并完成了北斗地基增强系统测绘行业第一阶段研制建设任务,主要建设内容包括36座北斗地基增强系统测绘行业框架网基准站北斗改造和测绘行业数据处理系统建设。2018—2019年,国家基础地理信息中心依据《北斗地基增强系统研制建设合同(第二阶段)——测绘行业》约定建设内容,承担并完成了北斗地基增强系统测绘行业第二阶段研制建设任务,主要进行了测绘行业数据处理系统能力升级,具体建设内容包括专用数据传输网络升级、北斗测绘基准一体化服务平台研制和数据中心硬件平台升级改造等。

2. 研制建设任务

具体建设内容如下:

1)36座框架网基准站改造

完成36座北斗地基增强系统框架网基准站的北斗改造和运行维护工作,主要工作内容包括36座屋顶钢标观测墩建设和基准站日常运行维护。

2)测绘行业数据处理系统建设

建成1个测绘行业数据处理中心,具备北斗测绘基准数据汇集、管理能力,具备北斗测绘基准数据处理与坐标框架分析能力,具备北斗测绘基准行业服务能力。具体建设内容如下:

(1)硬件平台建设:购置包括高性能处理器、磁盘阵列、机柜、交换机、防火墙、安全审计以及网络防入侵系统等硬件设备,搭建支撑测绘行业数据处理系统的硬件环境。

(2)专业软件研发:完成北斗高精度网大数据处理软件、北斗坐标框架分析软件和北斗测绘基准一体化服务平台研发,提升北斗测绘基准服务能力和水平。

3)专用数据传输链路建设

搭建与运维2条测绘行业数据处理系统到国家数据综合处理系统间的通信线路,其中主线带宽20Mbps、备线带宽10Mbps。

14.4.2 测绘行业应用情况

1. 应用时间

北斗地基增强系统测绘行业数据处理系统自2016年底建成并投入运行以来,持续接收和汇集国家综合处理系统转发的框架网基准站原始观测数据、事后观测文件以及北斗地基增强产品,截至2019年9月30日已累计汇集观测数据文件总量达12.5TB。

2. 应用领域

测绘行业数据处理系统对汇集到的框架网基准站事后观测文件进行了高精度数据处理,获取了站点高精度空间三维坐标,并应用于国家大地坐标系统维持与更新业务中,在我国内蒙古及西部地区有效加密了国家级坐标框架点的分布,优化了国家大地控制网结构,提升了国家大地坐标框架点覆盖范围和服务能力。同时,测绘行业数据处理系统将汇集到的120余座框架网基准站观测数据纳入了全国卫星导航定位基准服务系统,在河北、山西等省份为燃气等行业提供了区域厘米级定位服务。

3. 维持国家大地坐标框架

2000国家大地坐标系(CGCS2000)是国家法定的坐标系和我国新一代的大地基准,而卫星导航定位基准站是CGCS2000坐标框架维持与动态更新的骨干基础设施,是建立和维护全球地球参考框架,研究地球质心的位置变化与地球自转,确定地球引力场长波分量及其时变性,是实现国家与地方大地基准统一以及我国大地坐标系统与全球地球参考系统保持动态联系最主要的技术手段。

通过本项目建设完成的150余座框架站网联合测绘行业已建设360座国家GNSS连续运行基准站,构建了500余座规模卫星导航定位基准站网,有效解决了我国内蒙古、新疆、青海和青藏高原等西部困难地区站点分布相对不均、站点数量相对匮乏等突出问题,对我国大地控制网形成了有益补充和加密。同时项目获取了覆盖全国范围的基准站高精度、海量、可靠北斗观测数据,为准确描述中国坐标框架动态性,统一全国坐标框架,提供了重要的数据支撑。

4. 全国卫星导航定位基准服务

针对我国社会大众对北斗高精度实时应用服务的迫切需求,全国卫星导航定位基准服务系统于2017年5月底正式启用。该系统由2700座站点规模的卫星导航定位基准站网、1个国家数据中心和30个省级数据中心共同组成,可兼容BDS、GPS、GLONASS、Galileo等卫星导航系统信号,具备覆盖全国的亚米级实时导航定位服务能力。全国卫星导航定位服务系统提供了3种不同精度的服务,即3种类型的服务产品。具体来说,一是面向社会公众的实时亚米级服务;二是面向专业用户的实时厘米级服务;三是面向特殊用户的事后毫米级服务。

项目建设150余座框架网基准站北斗/GNSS实时观测数据流作为重要基础源数据已汇入全国卫星导航定位基准服务系统,有效丰富了系统基础数据和提升了系统覆盖范围。目前,河北、山西两省内的北斗地基增强框架网基准站实时观测数据已纳入全国卫星导航定位基准服务系统区域厘米级位置服务中,为燃气行业在上述两省开展作业提供了可靠定位服务保障。图14-82为山西、河北区域厘米级定位服务运行图。

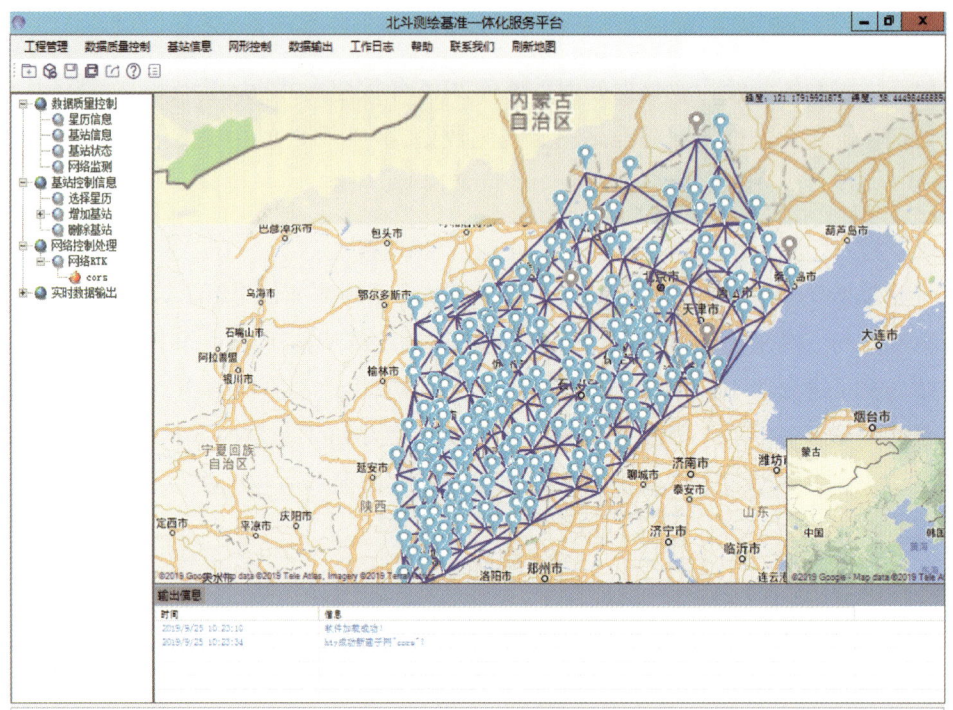

图14-82　山西、河北区域厘米级定位服务运行图

14.4.3　应用结果

项目应用北斗卫星导航系统建立高精度参考框架的理论方法,研制的北斗高精度大网数据处理软件,对2017—2019年汇集到的框架站观测数据连同国家GNSS连续运行基准站和周边IGS站同步观测数据(单天处理>300站)进行了非差网解,获取到了ITRF2008框架下的高精度瞬时历元空间三维坐标。

1)单日解精度统计

单日解算质量可以通过归一化的均方根值来评价,即NRMS。通常认为NRMS约为0.25周时,表明解算结果较合理。NRMS过小,表明解算时给予的约束过松;NRMS大于0.5,表明解算时可能有整周模糊度固定错误或存在其他模型参数解算错误等问题。因此,通过分析NRMS可以有效地检测解算结果的准确性。

根据预处理的分析和质量检查,统计实际参与此次计算的有效卫星导航定位基准站数约为380余站。经统计,所有的单日解NRMS均小于0.25,单日解合格率100%,单日解NRMS精度统计见图14-83。

单日所有的单日解精度都满足限差要求,均可进入下一步整体平差中。

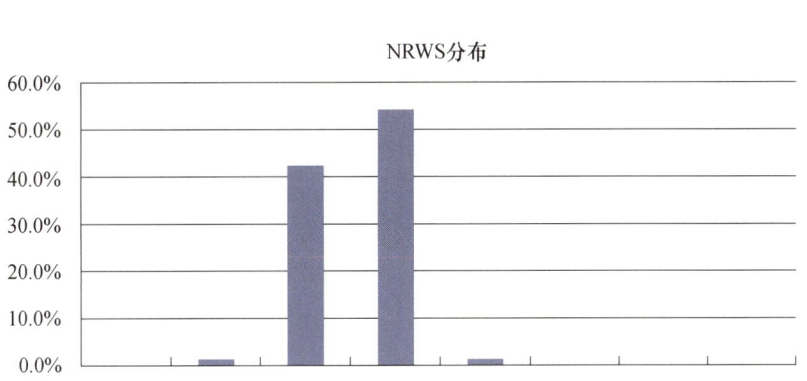

图 14-83 基准站单日解 NRMS 精度统计分布图

2）整体平差计算精度

整体单日松弛解中保持了整网内部测站之间相对位置的准确性,类似无基准的自由网解。再通过参考框架的实现,即可得到全球 ITRF2008 框架下站点坐标时间序列。

按照设计选择相似变换方法实现参考框架,即通过全球框架站,求取整体单日松弛解到 ITRF2008 框架下的 7 参数,单日松弛解经过 7 参数变换,实现整体平移、旋转、缩放至 ITRF2008 框架基准下。CGCS2000 框架成果是通过与 ITRF2008 进行不同框架、不同历元的坐标转换实现的。

在整体平差前,需对各分区单天解进行 x^2 检验,x^2 值一般应小于 10,检验通过后即可纳入整网平差。所有单天解统计结果如图 14-84 所示,均满足要求。

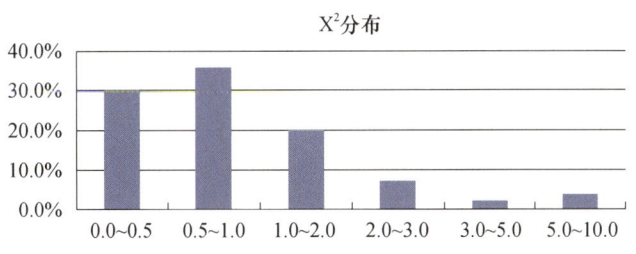

图 14-84 基准站单日解基线 x^2 检验统计图

结果显示,单天解成果水平分量平均精度优于 2.0mm,单天解垂直分量平均精度优于 5.00mm,满足我国高精度坐标参考框架维持需求。目前,框架站数据处理成果已纳入国家坐标参考框架维持与更新业务中使用。

14.4.4 应用效益分析

北斗地基增强系统是北斗系统的重要组成部分,可解决北斗规模应用推广与产业化中行业与大众对高精度导航定位、卫星导航监测、数据共享等服务需求,彻底打破 GPS 垄断我国高精度服务市场局面,尤其在建立与维持自主、可控的国家大地坐标系统及广域/区域高精度位置服务方面社会和经济效益显著。

综合各行业与大众应用需求,北斗地基增强系统主要在普通用户米级导航、分米级高精度导航以及专业用户厘米级实时精密定位和后处理毫米级高精度定位服务需求方面发挥巨大作用。建立北斗地基增强系统对于提升北斗系统服务能力,加速北斗产业发展,提升北斗在国际市场竞争力等方面均具有重要意义。

14.4.5 问题及建议

1. 加大北斗地基增强系统推广力度

北斗地基增强系统作为北斗卫星导航的重要组成部分,可以解决我国关键行业及领域高精度位置安全问题,可以加快北斗应用推广与产业化。随着全球信息化建设的发展,基于卫星导航定位的精准化社会管理、精准化商业服务、以及精准化大众位置服务将进入实用阶段和爆发期,基于北斗地基增强系统的高精度市场将快速形成,分别在行业和大众应用领域产生巨大的经济效益。随着北斗地基增强系统的全面建成,加大北斗地基增强系统推广力度,有利于快速抢占国内高精度应用市场。

2. 加强基准站设施运行与维护管理

北斗地基增强系统基准站可靠、稳定运行是北斗地基增强系统正常服务的核心先决条件,项目所建设基准站涉及地域广,自然环境复杂,应考虑各地自然环境影响,建议加强基准站的运行维护,确保数据资源安全。加强基准站设施运行与维护管理主要从 3 个方面着手:①对项目研制建设中取得的大量经验进行总结,形成基准站建设、运行、维护管理、数据管理等方面的制度性材料;②加强对基准站的运行并出台专项考核和管理要求,对涉及基准站的维护、管理、数据管理和服务等方面进行规范;③加强对应的设施维护措施及经费保障。

14.4.6 结论

北斗地基增强系统在产出北斗地基增强基础产品的同时,测绘行业根据自身行业特点和行业需求产出适合本行业特色产品如坐标框架基准产品,并融合北斗地基增强系统产出的观测数据开展了全国卫星导航定位基准广域分米级和区域厘米级公众服务。北斗地基增强系统框架网基准站在拓展国家卫星导航定位基准站网覆盖范围和服务区域方面发挥了重要作用,同时测绘行业数据处理中心基于北斗地基增强系统产品和数据,所产出的坐标框架产品的精度满足我国坐标框架维持与更新的要求。

14.5　气象行业应用案例

14.5.1　概述

1. 任务来源

北斗地基增强系统项目(第一阶段)建设完成了 175 个框架网基准站和 300 个区域加密站、国家数据处理中心和各行业数据处理中心(第一阶段)。北斗地基增强系统(第二阶段)将在第一阶段的基础上,进一步建设加密站网,加强数据处理中心建设,推动北斗地基增强系统在社会和各行业的应用。

北斗地基增强系统中国气象局行业数据处理中心(第二阶段)将在第一阶段数据互联的基础上,增加加密站观测资料的收集整理,加强数据处理中心建设,加强资料共享,提高业务化运行能力,利用北斗地基增强网的框架站和加密站的观测数据,辅助以地面气象观测数据和精密轨道钟差产品,处理获取北斗/GNSS 大气水汽总含量、电离层电子总含量和分层水汽产品,服务于天气预报、气候变化和空间天气预警的业务服务。

2. 研制建设任务

通过本项目建设,完善气象行业数据处理中心数据硬件软件系统,加强 GNSS 资料的共享,增加对加密站的行业处理能力,提高水汽和电离层产品处理的速度和时效,开发水汽电离层新产品,提高产品的精度,完善行业应用系统,实现行业北斗数据处理应用业务化运行,进一步提高北斗水汽和电离层产品对气象预报和空间天气预警的服务支持。

按照项目实施计划,2018 年 9 月完成项目初步方案设计,形成了系统需求分析,软件概要设计等相关文档;2018 年 11 月完成项目详细设计,明确了系统功能设计及组织实施方案,于 2019 年 1 月通过设计内部评审。

2019 年 4 月,项目严格按照研制计划的时间安排执行,完成了北斗和 GNSS 导航卫星对流层准实时水汽反演层析系统的研制与开发工作,形成了稳定可靠的软件可执行程序、脚本以及相关使用说明文档。2019 年 11 月,依托系统关键技术指标,按照详细测试细节对系统整体性能测试。

14.5.2　气象行业应用情况

1. 应用时间及地点

2018—2019 年,气象行业数据处理系统在中国气象局数值预报中心、广东省气象局、湖北省气象局、中国气象局国家空间天气预警中心、中国气象局气象探测中心等进行了应用。

2. 应用结果

（1）全国水汽的监测以及汛期天气分析和预报会商的应用。水汽监测网可以连续监测到几百千米范围内的水汽变化,对分析和预报降水过程以及台风与暴雨等强对流天气有着极其重要的指示意义。可以根据 PWV 在灾害天气来临前不同的发展趋势研究总结其变化规律以及对应的天气现象。汛期降水的 GNSS 水汽分析见图 14-85。

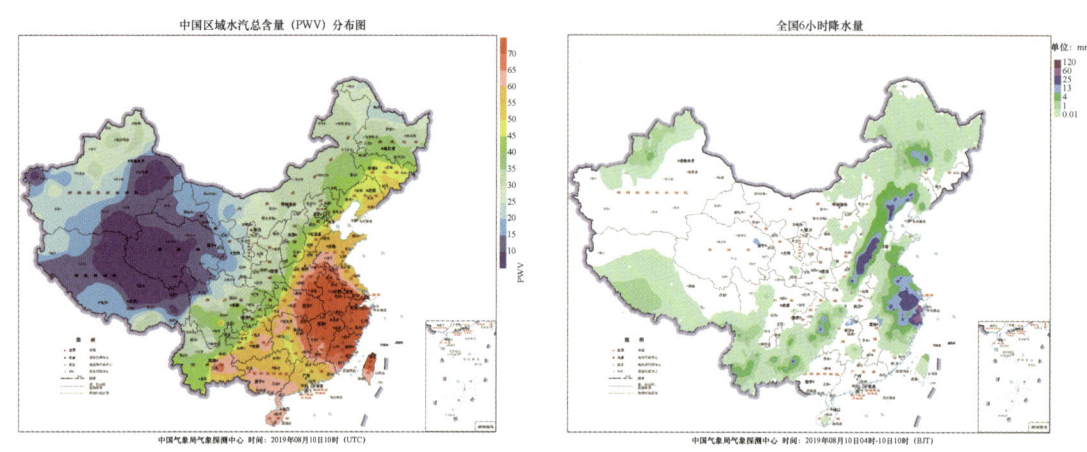

图 14-85 汛期降水的 GNSS 水汽分析

（2）对其他遥感水汽产品的真实性检验。水汽产品对微波辐射计的检验见表 14-22,微波辐谢计/探空/GNSS 水汽/欧洲再分析产品的对比见图 14-86。

表 14-22 水汽产品对微波辐射计的检验

对比	相关系数	均方根误差
微波辐射计/探空	0.88	6.3
微波辐射计/欧洲中心再分析	0.87	5.5
GNSS 水汽/欧洲中心再分析	0.97	2.9
GNSS 水汽/探空	0.97	2.4

对青藏高原地基 GNSS/MET 观测、探空、风云三号、MODIS 和 NCEP 的水汽总量进行了对比分析,发现 GNSS/MET 结果和探空相近,模式再分析和卫星产品偏干,其中 FY3 偏干严重。那曲、改则和申扎 5 种水汽结果的对比如图 14-87 所示。

（3）在台风数值预报中的应用。台风山竹于 2018 年 9 月 7 日 20 时在西北太平洋洋面上生成,9 月 16 日 17 时在中国广东省台山市以强台风等级登陆,受其影响,9 月 14—18 日,广东珠三角地区普遍出现 11~14 级的大风,出现 300~650mm 的强降水,部分地区降水超过 1000mm,造成重大经济损失。

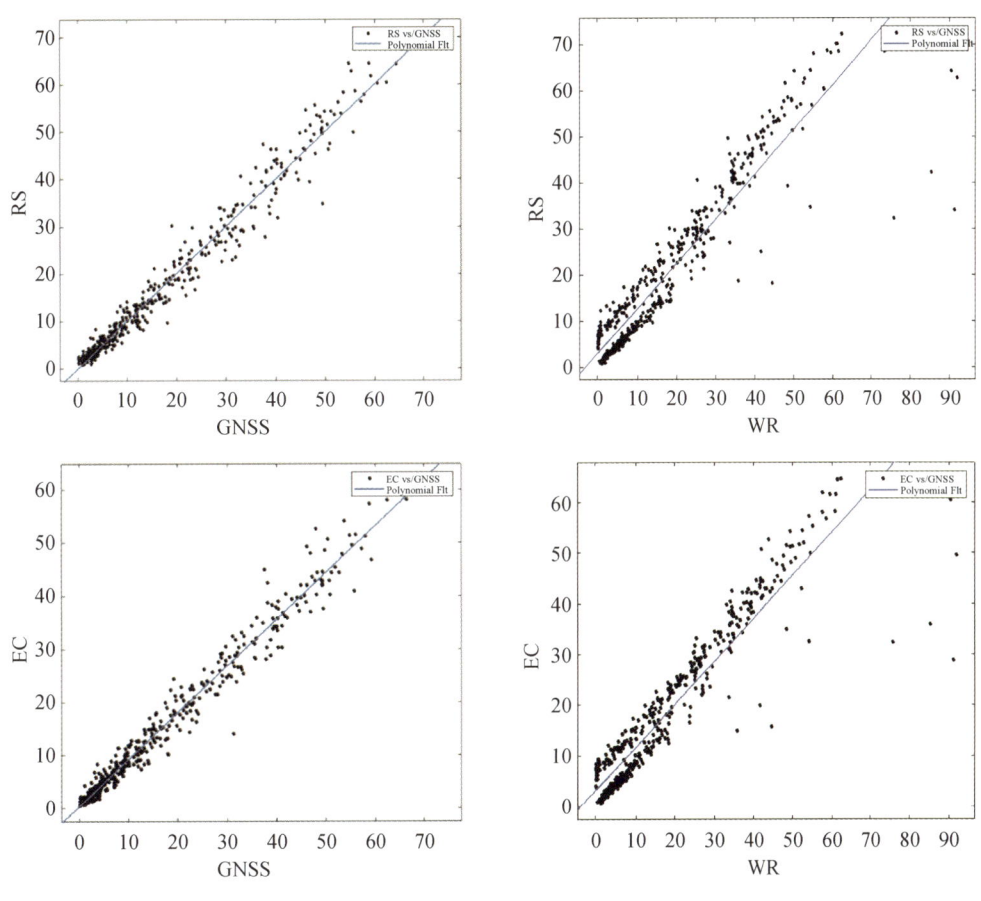

图 14-86　微波辐射计/探空/GNSS 水汽/欧洲中心再分析产品的对比

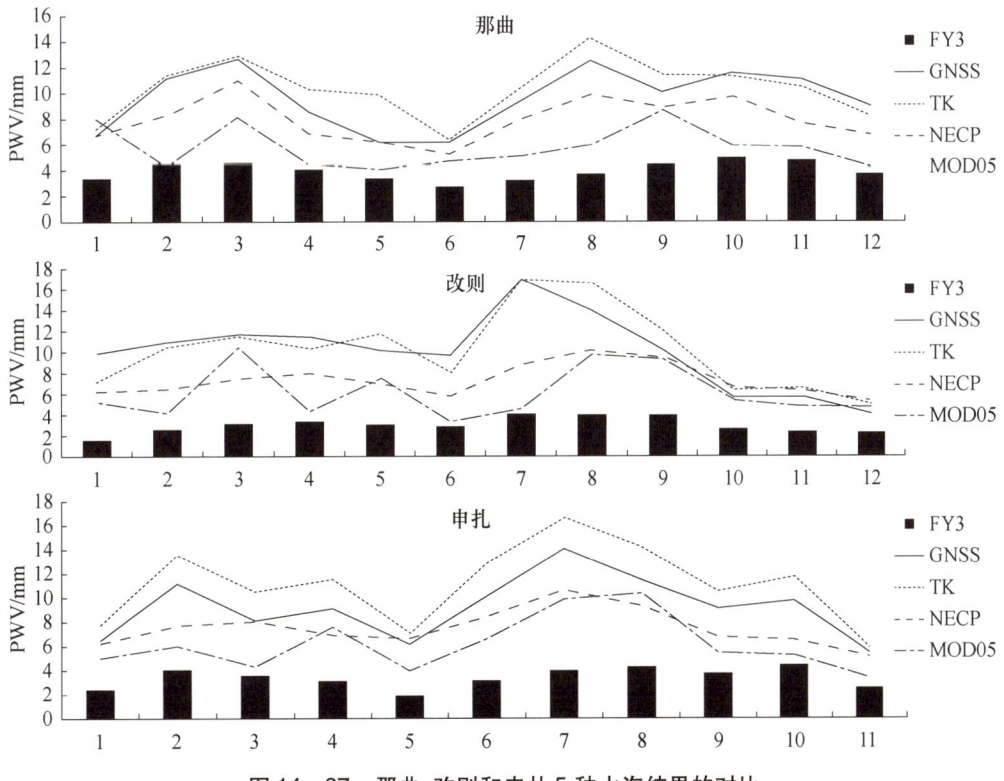

图 14-87　那曲、改则和申扎 5 种水汽结果的对比

采用中国南部地区北斗/GNSS基准站的每小时大气可降水量观测数据,将北斗/GNSS大气可降水量数据同化到RTFDDA系统中,通过试验发现:同化北斗/GNSS水汽资料能够对台风路径的模拟和预报有改进,台风路径误差有明显的减小,尤其是对台风登陆后路径的改进效果更好,最多减小近25%的误差。在台风强度方面,模式对台风强度的模拟和预报的强度偏低。同化北斗/GNSS水汽资料后,模式对台风中心气压的强度在台风登陆前调低,登陆后提高,均与实际观测更接近,很好地改进了模式的模拟和预报效果。在台风降水强度上,同化北斗/GNSS水汽资料后,模式在大部分地区均能有比较好的调整,对台风环形雨带的位置和降水强度的模拟有比较明显的改进(图14-88~图14-91)。

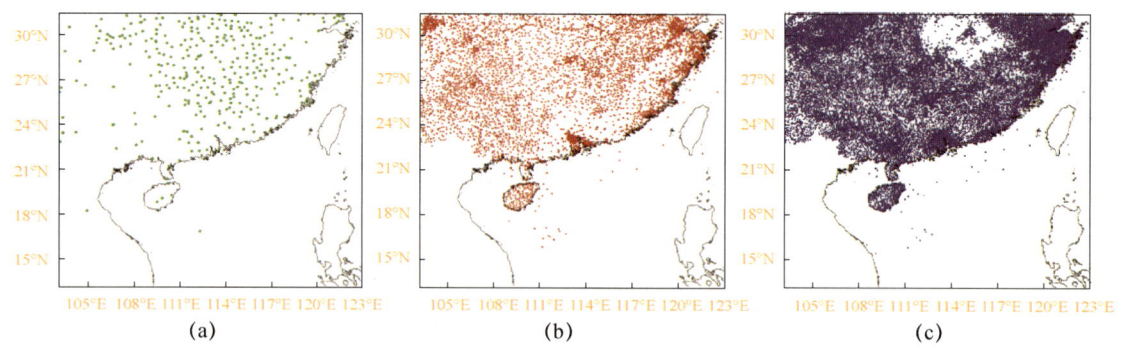

图14-88 观测站分布图

(a)北斗站;(b)自动气象站;(c)雨量站。

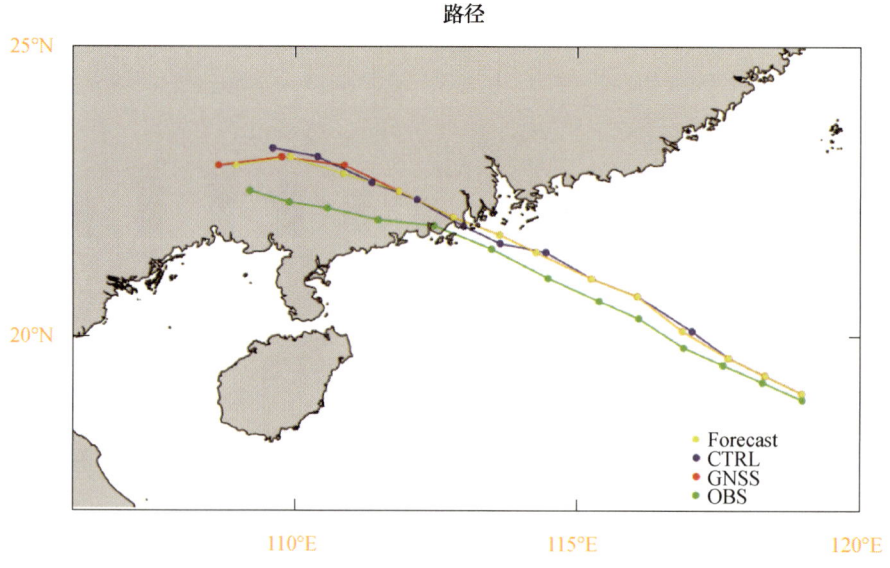

图14-89 同化北斗水汽资料对台风路径预报的改善

(4)气候监测和分析。大气天顶延迟ZTD的变化主要受大气水汽含量的影响,ZTD长期变化可反映大气水汽的变化特征。地基GNSS/MET遥感测量ZTD技术具有高时间分辨率、高精度、稳定性和连续性好、运维成本低和自校准等优点,可以很好地提取全球气候变化的信号。2019年中国气象局气候变化专项支持了北斗/GNSS对流层天顶总延迟数据集研制项目,期望这一数据集对中国区域的气候变化做出贡献。

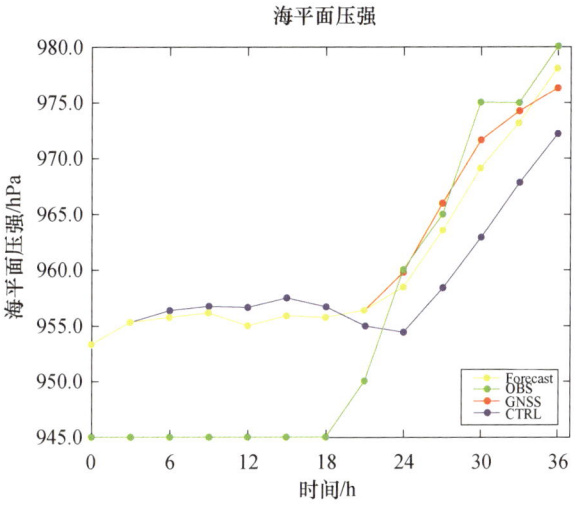

图 14-90　同化北斗水汽资料对台风中心强度预报的改善

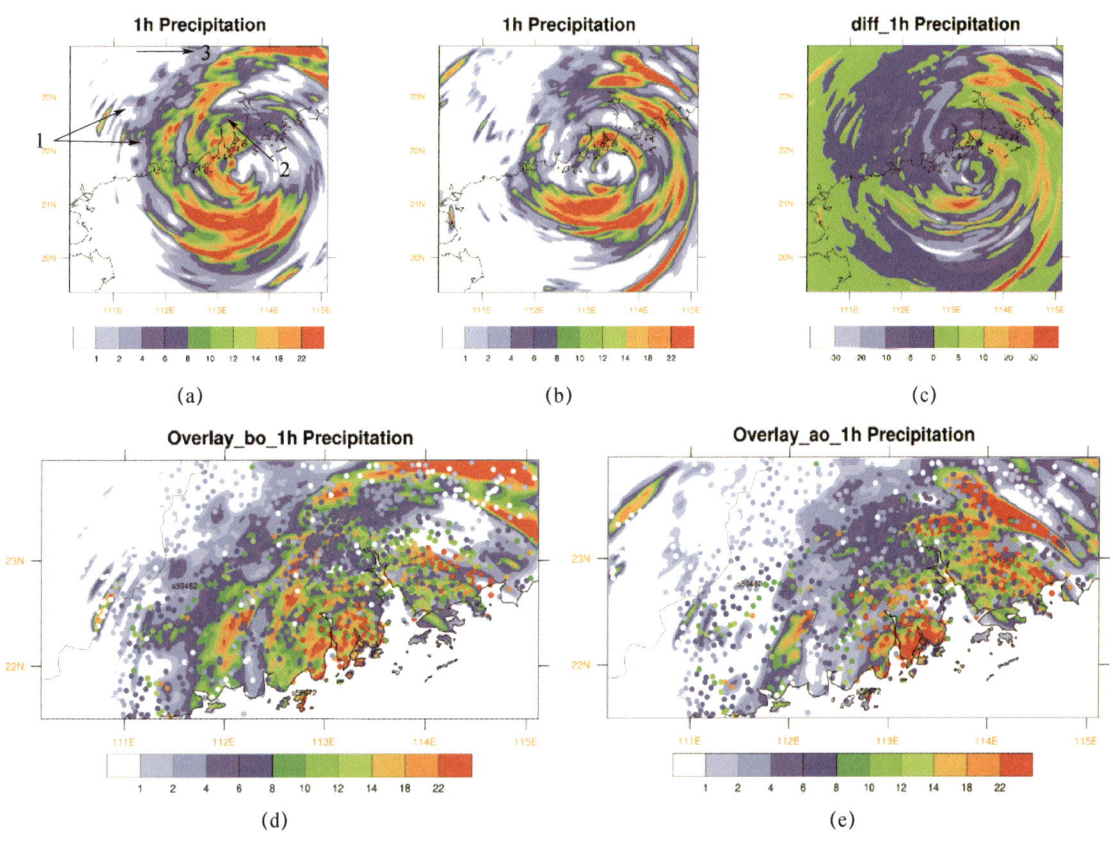

图 14-91　对降水预报的改善

(a)CTRL;(b)GNSS;(c)CTRL 和 GNSS 的对比;(d)OBS 和 CTRL 的覆盖;(e)OBS 和 GNSS 的覆盖。

(5)实时电离层可用于监测中国区域电离层变化和异常活动(图14-92)。

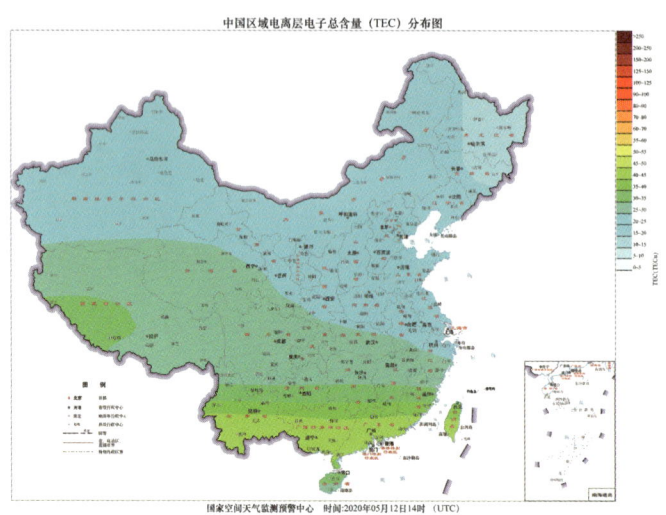

图14-92 中国区域电离层电子浓度分布

(6)准实时电离层产品可用于实时导航定位中,有效提升导航定位精度,满足用户的导航定位需求。

14.5.3 应用效益分析

1. 天气分析和预报中的应用研究

利用区域性密集的北斗/GNSS水汽监测网可以连续监测到几百千米范围内的水汽变化,对分析和预报降水过程和台风以及暴雨等强对流天气有着极其重要的指示意义。可以根据北斗/GNSS/PWV在灾害天气来临前不同的发展趋势研究总结其变化规律以及对应的天气现象。

2. 为人工影响天气作业提供依据

人工影响天气是在一定的大气状况、天气背景下,通过向云中播洒催化剂等技术手段,促进或抑制云中水滴或冰晶的增长,从而达到增雨或消雹的目的。大气中的水汽分布状况、水汽输送路径、水汽的源汇区是实施人工影响天气的重要一环,利用北斗/GNSS技术可以及时而准确地了解作业点四周大气中水汽的分布及输送,可有效提高人工影响天气效率。

3. 在数值预报中的应用

暴雨和强对流天气发生前,常规探空资料12h间隔,初始场往往捕捉不到实时的水汽变化信息,导致了对暴雨等强天气的数值预报准确率不高。而北斗/GNSS水汽观测具有全天候、高精度和高时间分辨率的特点,可用于提高模式湿度场的精确性,从而有效地提高台风等强天气数值预报的水平。

4. 气候监测和分析

地-气系统能量和水分循环的分析研究、水资源的研究分析和利用、水分收支计算以及气候区划等工作都需要大气水汽总量的资料。利用地基北斗/GNSS水汽总量探测技术,能很好地满足这方面的需求,通过长时间的资料分析,可用以监测水汽的长期变化趋势,从而可以用以监测气候的变化趋势。

5. 在其他学科领域的应用

基于北斗遥感大气水汽含量具有常规探空无法比拟的优点:精度高、时间分辨率高、仪器性能可靠、维护简单等特点,可以对微波辐射计、卫星遥感等产品进行真实性检验和校正,可用于遥感、导航和定位等多个学科和领域中,用于改善精度和可靠性,提高服务性能。

6. 准实时电离层产品应用

对电离层活动的短期监测、预报也具有一定的意义以及应用价值,尤其在无线电通信方面。

14.6 地震行业应用案例

14.6.1 地震行业应用情况

1. 应用时间及地点

地震行业数据处理系统自2019年6月建成以来,在云南省、湖北省等地区率先做了各种行业应用,之后将整个系统拓展到全国范围内开展。

2. 应用领域

自北斗地基增强系统基准站建设运行以来,一直在努力提高北斗观测数据的解算精度,目前已纳入地壳运动监测数据处理,日常产出数据产品,并通过建设数据共享子系统,尽可能将观测数据及时提供给各省局及相关单位应用。2017年8月8日九寨沟7.0级地震发生后,利用北斗地基增强系统基准站,完整地记录到了此次地震震动的过程,并为震后地震趋势判断提供了有效的资料支撑。目前正开展大震预警和地震应急救援等实验性应用工作。

3. 应用结果

地震行业对卫星导航定位系统的需求主要体现在高精度定位、精确授时、地震应急与救援等方面。

中国大陆是内陆地震最为活跃的地区之一,地震与地壳运动有密切的关系,而总体上中国大陆地壳运动与变形量级较小,年变量仅几毫米水平,需要很高精度的大地测量方法才能实现有效监测。GNSS的发展为大范围、高精度大地测量带来革命性变化,已经成为监测地壳运动与变形最基本的技术手段。北斗地基增强系统的建设有效增加了地壳运动观测基准站的密度,目前已成功实现应用GAMIT/GLOBK和Bernese处理北斗地基增强系统数据并产出日数据产品,应用于地震预测预报会商。

1）基准站时间序列

2017年起，北斗地基增强系统基准站观测数据已纳入日常数据处理工作，产出基准站时间序列和地壳运动图像。图14-93为部分北斗地基增强系统基准站坐标时间序列。

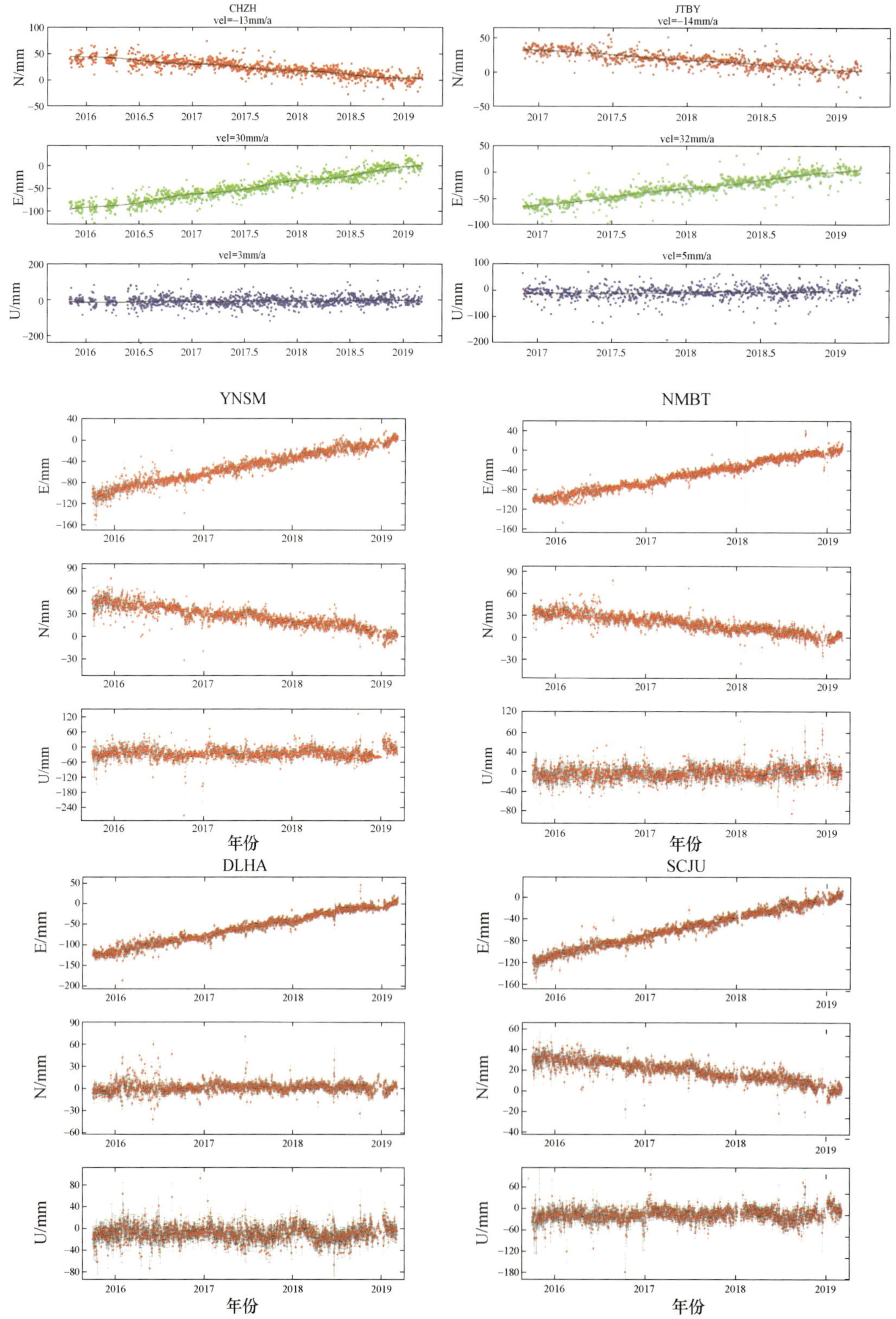

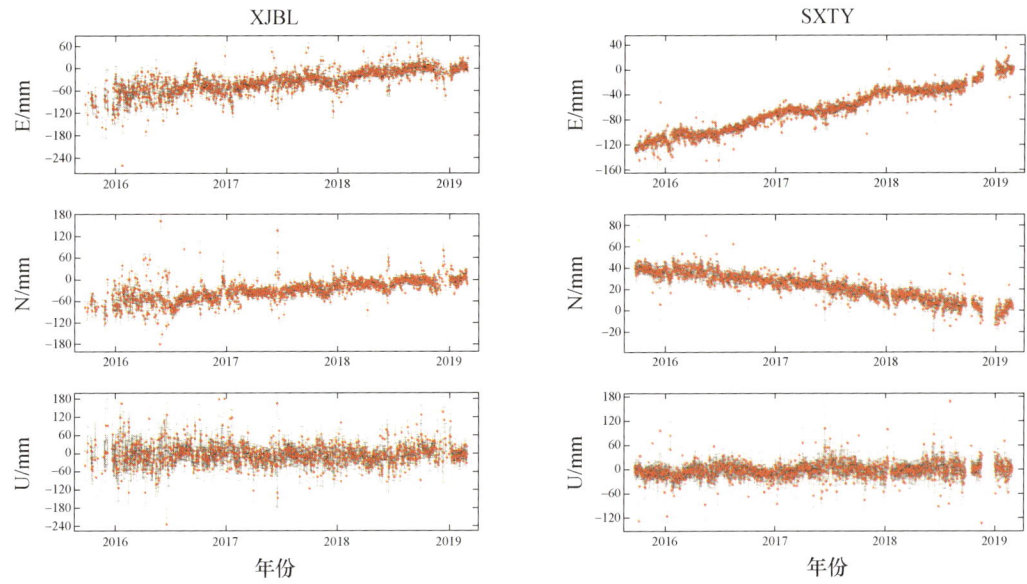

图 14-93 部分北斗地基增强系统基准站坐标时间序列

2）地壳运动图像

图 14-94 为北斗地基增强系统信号获取的中国大陆速度场，表 14-24 为北斗地基增强系统基准站速率。图 14-95 为中国大陆应变率场，图 14-96 为中国大陆最大剪切应变图。

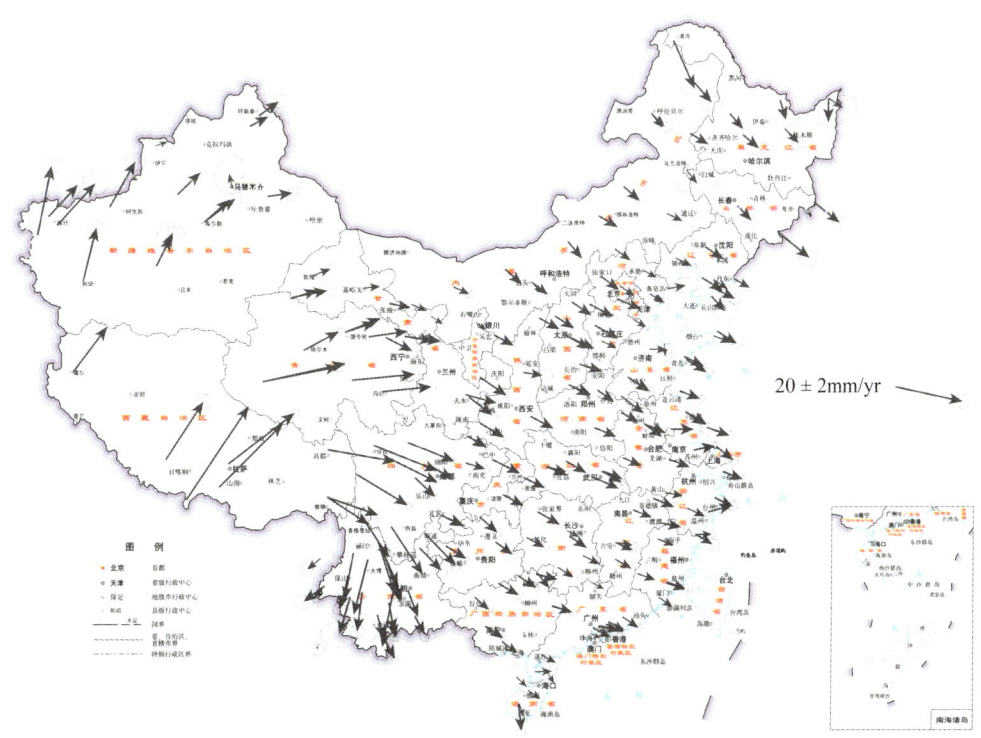

图 14-94 北斗地基增强系统信号获取的中国大陆速率场

表 14-23 北斗地基增强系统基准站速率

台站	经度/(°)	纬度/(°)	BDS 结果				GPS 结果			
			EW	NS	Erms	Nrms	EW	NS	Erms	Nrms
CHAB	114.957	44.031	5.248	-3.542	0.7	0.6	2.048	-1.842	0.2	0.2
CHAL	104.508	40.263	4804	-1.885	0.6	0.5	2.804	-0.785	0.2	0.2
CHAZ	115.776	33.594	5.217	-3.162	0.3	0.4	4.517	-2.462	0.1	0.2
CHBT	99.117	30.014	15.671	-7.431	0.6	0.4	14.871	-6.731	0.3	0.2
CHCY	120.423	41.475	4.404	-2.774	0.7	0.5	2.504	-1.574	0.2	0.2
CHCZ	107.322	22.392	5.389	-3.303	0.5	0.4	4.889	-2.703	0.1	0.2
CHFH	87.661	47.206	4.55	3.98	1.1	0.9	1.65	5.68	0.2	0.2
CHHC	131.105	43.223	6.13	-7.258	1.1	0.8	4.63	-4.158	0.2	0.2
CHHJ	109.727	27.117	5.247	-2.834	0.6	0.5	4.347	-3.434	0.3	0.2
CHHL	126.876	47.445	3.986	-4.61	1.5	0.9	1.286	-1.61	0.2	0.2
CHHN	113.777	30.244	7.73	-3.605	0.6	0.9	7.13	-3.405	0.3	0.3
CHHP	107.828	26.868	5.242	-3.582	0.5	0.6	5.342	-2.982	0.1	0.3
CHJY	130.427	48.879	0.299	-6.074	1.8	0.9	0.299	-1.274	0.3	0.3
CHJZ	115.738	31.2	5.707	-2.77	0.3	0.8	5.607	-2.37	0.2	0.2
CHKF	114.31	34.826	4.763	-3.686	0.4	0.7	4.163	-3.386	0.1	0.2
CHKH	118.376	29.186	5.16	-1.301	0.4	0.6	5.36	-2.001	0.1	0.2
CHLC	109.441	35.828	5.733	-0.801	1.5	0.8	5.033	-2.501	0.3	0.4
CHLH	119.01	32.511	6.741	-0.568	1.1	1	4.141	-1.768	0.3	0.2
CHLZ	90.781	28.387	15.33	20.806	0.7	0.9	13.43	23.406	0.2	0.4
CHME	102.163	31.913	13.924	-4.564	0.3	0.3	13.824	-3.764	0.1	0.1
CHML	101.481	21.561	3.809	-5.935	0.5	0.4	3.009	-5.135	0.3	0.4
CHPS	108.222	29.36	6.245	-3.089	0.4	0.5	5.545	-3.189	0.1	0.2
CHQY	112.33	27.149	5.007	-3.432	0.5	0.4	5.107	-3.332	0.2	0.2
CHRS	109.243	25.094	5.364	-3.447	0.4	0.3	5.264	-3.547	0.1	0.3
CHSG	119.03	37.039	-0.032	-3.563	1	0.8	-3.532	-2.063	0.5	0.4
CHSM	110.504	38.707	6.029	-3.352	0.4	0.4	4.329	-2.452	0.2	0.2
CHSP	109.931	33.519	6.851	-3.486	0.3	0.3	5.751	-3.186	0.2	0.2
CHSY	112.784	39.541	5.704	-4.029	0.6	0.6	4.604	-3.029	0.1	0.1
CHTJ	98.985	37.277	11.051	2.635	0.4	0.7	8.551	4.535	0.2	0.2

续表

台站	经度/(°)	纬度/(°)	BDS 结果				GPS 结果			
			EW	NS	Erms	Nrms	EW	NS	Erms	Nrms
CHTS	105.681	34.599	9.106	-2.099	0.4	0.4	7.206	-0.499	0.1	0.3
CHTZ	106.835	28.185	5.368	-4.52	0.5	0.6	5.568	-2.92	0.1	0.2
CHUN	125.444	43.79	3.452	-4.879	0.8	0.6	3.152	-2.679	0.1	0.1
CHXM	122.615	41.901	4.817	-4.23	0.7	0.5	2.917	-1.83	0.3	0.2
CHYH	119.69	28.266	4.845	-2.725	0.5	0.8	5.345	-2.725	0.2	0.2
CHZH	122.906	40.115	3.817	-3.172	0.5	0.5	2.217	-2.072	0.2	0.2
CHZL	122.714	47.955	4.907	-3.91	1.4	0.7	1.107	-2.01	0.3	0.2
DZAL	88.135	47.856	4.651	5.306	1.1	1	1.051	5.606	0.2	0.3
DZAR	87.184	29.269	7.54	18.353	1.3	1.1	7.64	20.153	0.3	0.5
DZBC	106.671	23.917	4.379	-3.56	0.5	0.6	3.679	-3.16	0.2	0.3
DZBF	117.296	32.905	5.111	-4.132	0.5	0.6	4.311	-2.532	0.2	0.1
DZBT	110.021	40.604	2.766	-3.065	0.6	0.4	2.666	-2.265	0.2	0.1
DZCB	128.06	42.058	7.526	-8.793	1.5	1.1	3.626	-5.893	0.3	0.2
DZCD	117.918	41.016	4.072	-2.499	0.5	0.4	2.172	-1.799	0.2	0.1
DZCU	97.174	31.135	19.889	-1.228	0.6	0.8	19.489	-0.628	0.3	0.6
DZCX	114.931	38.465	3.993	-2.61	0.5	0.4	2.993	-1.51	0.2	0.1
DZCY	97.466	28.661	15.323	-3.553	0.6	0.5	12.723	-3.553	0.2	0.2
DZCZ	113.18	36.225	6.56	-2.339	0.8	0.5	4.96	-2.239	0.3	0.7
DZDL	97.378	37.381	8.378	3.825	0.6	0.4	7.278	5.425	0.1	0.3
DZES	109.495	30.276	6.432	-2.988	0.3	0.4	5.832	-3.188	0.1	0.2
DZGE	94.772	36.145	9.406	6.752	0.4	0.5	8.106	8.252	0.1	0.1
DZHG	130.236	47.353	2.96	-5.007	1.3	0.7	1.16	-3.107	0.2	0.2
DZHL	119.741	49.27	2.964	-4.515	1.2	0.8	1.064	-2.215	0.2	0.2
DZJG	98.215	39.808	4.882	1.039	0.6	0.5	2.882	2.539	0.1	0.2
DZJL	104.516	28.179	6.743	-2.883	0.3	0.3	6.043	-2.883	0.1	0.2
DZJM	112.169	31.118	5.933	-3.569	0.3	0.6	4.633	-3.569	0.2	0.2
DZJX	114.35	35.427	6.482	-4.536	0.5	0.9	4.882	-3.436	0.2	0.2
DZJY	112.448	35.163	6.529	-3.105	0.4	0.4	4.929	-2.905	0.2	0.2
DZKE	86.19	41.792	7.024	8.488	0.9	1	3.624	10.388	0.2	0.4

续表

台站	经度/(°)	纬度/(°)	BDS 结果				GPS 结果			
			EW	NS	Erms	Nrms	EW	NS	Erms	Nrms
DZKR	80.107	32.52	6.058	15.061	1.2	1.3	1.658	17.961	0.3	0.3
DZLY	114.707	37.399	4.385	-2.297	0.6	0.4	2.885	-1.397	0.2	0.2
DZMD	98.208	34.92	17.904	3.537	0.6	0.5	14.004	4.637	0.2	0.3
DZML	90.296	43.809	6.917	2.278	0.7	1.2	3.117	2.678	0.2	1.3
DZMY	101.401	37.472	10.694	-0.655	0.4	0.4	9.094	0.445	0.2	0.2
DZQZ	109.845	19.03	3.736	-2.606	0.6	0.5	3.636	-2.306	0.1	0.2
DZSC	117.715	26.796	4.778	-2.242	0.4	0.6	5.378	-2.842	0.1	0.2
DZSH	114.384	25.037	5.297	-2.129	0.8	0.6	5.197	-3.229	0.2	0.3
DZSS	114.224	40.25	4.008	-3.164	0.5	0.5	3.108	-2.464	0.2	0.3
DZTQ	102.765	30.074	6.341	-5.115	0.4	0.3	6.141	-4.615	0.1	0.2
DZTS	118.295	39.736	3.264	-2.318	0.5	0.4	2.364	-0.518	0.1	0.2
DZWI	75.238	39.74	4.762	11.358	1.2	1.2	1.062	14.058	0.5	0.2
DZWJ	108.073	41.299	5.075	-4.324	0.6	0.4	2.675	-3.124	0.1	0.2
DZWL	122.027	46.041	2.579	-4.147	3	1.5	1.779	-1.447	0.3	0.3
DZWQ	80.999	44.96	2.891	2	1.3	0.9	0.491	4.3	0.1	0.3
DZWS	79.21	41.202	2.83	14.62	1.6	1.3	2.33	14.62	0.3	0.4
DZYA	120.019	33.376	5.484	-4.357	0.6	0.6	4.284	-3.357	0.2	0.3
DZYC	107.437	37.778	5.813	-2.876	0.3	0.4	4.413	-2.176	0.2	0.1
DZYS	100.754	26.683	6.904	-12.617	0.6	0.4	6.404	-11.817	0.2	0.2
JTBH	110.933	20.002	2.11	-3.353	0.9	0.7	3.91	-2.453	0.3	0.5
JTBY	122.111	40.291	5.547	-4.33	0.7	0.7	2.347	-2.13	0.3	0.2
JTCB	120.401	36.099	5.623	-4.278	0.9	0.7	2.623	-1.578	0.2	0.2
JTCH	122.59	39.273	3.58	-4.835	1.8	1.5	2.08	-3.035	0.2	0.4
JTCJ	121.793	31.377	4.735	-4.394	0.7	0.8	4.535	-3.894	0.4	0.2
JTCS	122.681	37.397	5.484	-4.317	0.8	0.8	3.084	-2.417	0.3	0.3
JTDH	122.075	30.012	5.698	-2.838	0.4	0.6	4.998	-2.438	0.2	0.1
JTFC	108.321	21.591	4.684	-3.265	0.8	0.6	4.584	-2.365	0.3	0.5
JTGL	117.589	23.722	4.002	-3.169	0.7	0.6	4.702	-2.569	0.2	0.3
JTHJ	121.318	32.431	6.548	-3.091	0.6	0.7	5.048	-2.091	0.1	0.2

续表

台站	经度/(°)	纬度/(°)	BDS 结果				GPS 结果			
			EW	NS	Erms	Nrms	EW	NS	Erms	Nrms
JTLK	120.9	27.978	7.437	1.124	0.8	0.7	7.637	2.124	0.3	0.2
JTLZ	110.607	20.901	4.334	-2.429	1.2	0.8	4.634	-1.729	0.3	0.4
JTQH	119.616	39.911	5.424	0.459	2.1	1.1	2.424	-1.741	0.3	0.1
JTSY	109.362	18.292	1.279	-3.619	0.9	0.8	3.679	-3.319	0.4	0.4
JTSZ	113.403	22.009	3.015	-1.689	0.8	0.5	4.715	-2.489	0.3	0.4
JTTZ	121.401	28.685	5.295	-3.074	0.7	0.6	5.295	-2.074	0.2	0.2
JTYP	109.18	19.721	3.153	-2.862	1.1	0.8	3.453	-0.762	0.4	0.5
JTYW	119.781	34.48	5.835	-2.807	0.6	0.6	4.635	-1.407	0.5	0.4
JTZH	122.96	39.616	5.363	-3.461	0.9	0.8	2.263	-1.161	0.2	0.3
QXAL	101.679	39.209	4.731	-1.685	0.6	0.4	3.131	-0.385	0.1	0.2
QXDA	111.596	25.534	4.586	-3	0.6	0.5	5.486	-3.1	0.2	0.2
QXDD	124.327	40.032	4.474	-3.293	0.7	0.5	2.674	-1.693	0.2	0.2
QXDH	94.684	40.144	4.543	2.529	0.6	0.5	2.743	4.029	0.1	0.2
QXDW	114.963	45.513	4.484	-4.504	0.8	0.5	1.784	-2.304	0.4	0.1
QXDX	117.569	28.948	6.191	-2.973	0.5	0.7	4.891	-2.673	0.2	0.2
QXDY	101.327	25.724	5.162	-12.073	0.5	0.6	5.062	-11.673	0.2	0.3
QXDZ	107.507	31.207	8.319	-3.859	0.6	0.5	7.519	-2.759	0.6	0.4
QXEL	123.727	50.576	3.959	-6.31	1.6	0.9	0.859	-3.11	0.4	0.8
QXGY	105.9	32.425	5.945	-3.146	0.3	0.4	4.745	-3.046	0.2	0.2
QXGZ	115.014	25.871	4.995	-2.929	0.4	0.7	4.995	-2.929	0.1	0.3
QXHC	108.039	24.694	6.114	-3.432	0.5	0.6	5.514	-2.632	0.1	0.3
QXHK	110.247	19.994	4.98	0.088	0.7	0.5	4.98	0.088	0.2	0.4
QXJP	103.232	22.786	3.19	-5.199	0.7	1	3.39	-3.999	0.4	0.6
QXJX	114.285	28.401	5.484	-2.45	0.3	0.5	5.184	-2.85	0.1	0.2
QXLD	103.557	27.194	9.515	-8.619	0.7	0.9	9.915	-7.519	0.3	0.5
QXMH	122.513	52.975	3.9	-14.45	1.8	1	1.3	-10.95	0.6	0.4
QXMJ	101.675	23.416	2.091	-8.286	0.5	0.7	2.391	-9.686	0.2	0.3
QXNC	105.882	30.979	5.717	-1.55	0.7	0.6	5.717	-3.05	0.1	0.2
QXQS	114.027	32.845	6.335	-2.849	0.3	0.5	5.635	-1.549	0.2	0.2

续表

台站	经度/(°)	纬度/(°)	BDS 结果				GPS 结果			
			EW	NS	Erms	Nrms	EW	NS	Erms	Nrms
QXRL	97.846	24.001	-2.779	-3.655	1.4	0.7	-4.379	-2.655	0.2	0.3
QXSC	104.863	26.586	6.193	-3.498	0.4	0.3	5.693	-2.998	0.1	0.2
QXSF	112.174	27.449	3.495	-1.868	0.5	0.9	4.295	-1.668	0.2	0.3
QXSG	113.608	24.67	3.428	-1.943	1.5	1	5.328	-3.543	0.3	0.3
QXSW	115.361	22.792	4.792	-3.353	0.6	0.6	4.892	-3.653	0.2	0.3
QXSZ	120.349	31.311	6.401	0.611	0.5	0.5	6.901	-0.089	0.3	0.2
QXTH	102.751	24.118	3.395	-7.418	0.5	0.4	2.895	-6.518	0.2	0.4
QXTT	92.437	34.217	21.061	7.542	0.8	0.7	19.861	9.742	0.2	0.2
QXTZ	83.659	38.969	2.082	10.412	0.9	0.8	-0.018	12.012	0.1	0.2
QXWY	117.985	27.617	5.903	-1.584	0.4	0.5	4.803	-2.684	0.2	0.2
QXXC	118.758	30.933	5.846	-2.821	0.5	0.7	5.146	-2.621	0.2	0.4
QXXP	120.019	26.877	4.851	-0.457	0.4	0.6	5.151	-2.157	0.1	0.2
QXYL	110.404	28.464	6.479	-3.676	0.4	0.5	5.779	-3.376	0.1	0.2
QXYX	113.115	26.119	4.769	-2.654	0.5	0.4	4.869	-2.954	0.1	0.2
QXZY	100.161	39.145	6.337	-0.667	0.6	0.4	3.637	0.833	0.3	0.2
ZKCD	103.877	30.659	5.801	-2.94	0.3	0.3	5.501	-2.24	0.1	0.2
ZKEL	112.642	42.741	4.046	-5.061	0.6	0.4	1.546	-3.361	0.2	0.2
ZKFY	134.277	48.367	-2.002	-6.635	1.4	1	-1.402	-3.335	0.3	0.4
ZKGL	110.333	25.287	3.819	-4.592	0.6	0.6	5.719	-2.892	0.2	0.1
ZKJA	115.058	26.748	5.391	-1.12	0.7	0.5	5.291	-3.22	0.2	0.2
ZKKS	76.028	39.458	6.331	14.869	1.9	1.6	2.431	17.169	0.6	0.6
ZKQD	120.274	36.271	5.525	-3.404	0.4	0.4	3.925	-2.604	0.1	0.1
ZKSQ	115.837	34.457	6.672	-5.448	0.2	0.4	6.472	-5.148	0.9	0.6
ZKSY	109.311	18.314	0.975	-7.931	0.7	0.6	1.575	-8.331	0.3	0.7
ZKXM	118.177	24.493	5.026	-2.144	0.5	0.6	5.126	-3.044	0.2	0.3
ZKYC	106.172	38.435	3.07	-2.08	0.5	0.4	2.97	-0.88	0.2	0.1
ZKYS	114.499	22.581	4.75	-2.844	0.4	0.5	4.95	-3.544	0.2	0.2
CHAN	125.444	43.791	—	—	—	—	—	—	—	—
CHAT	183.434	-43.956	—	—	—	—	—	—	—	—

续表

台站	经度/(°)	纬度/(°)	BDS 结果				GPS 结果			
			EW	NS	Erms	Nrms	EW	NS	Erms	Nrms
CHHZ	109.931	33.519	—	—	—	—	—	—	—	—
CHPI	315.015	-22.687	—	—	—	—	—	—	—	—
CHTI	183.383	-43.735	—	—	—	—	—	—	—	—
CHUM	74.751	42.999	—	—	—	—	—	—	—	—
CHUR	265.911	58.759	—	—	—	—	—	—	—	—
CHWK	237.992	49.157	—	—	—	—	—	—	—	—
JTBT	99.117	30.014	—	—	—	—	—	—	—	—

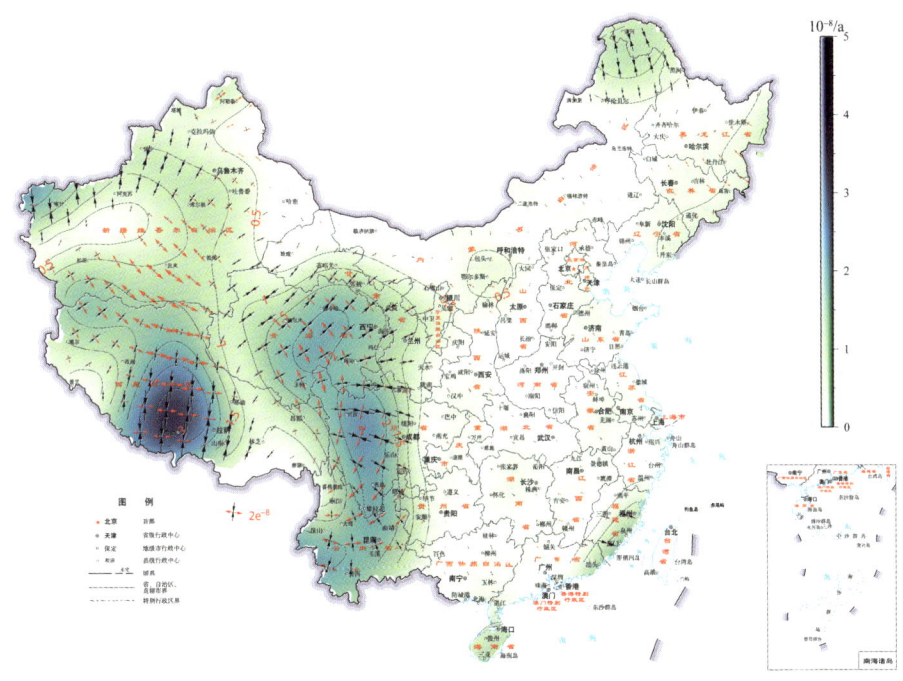

图 14-95 中国大陆应变率场

3)地震同震形变观测应用

2017 年 8 月 8 日九寨沟 7.0 级地震发生后,震中 150km 范围内陆态网络 3 个基准站:武都(GSWD)、玛多(QHMD)和松潘(SCSP)和北斗地基增强系统 5 个基准站:九寨沟站(SCJZ)、平武(SCPW)、舟曲(GSZQ)、文县(GSWX)和武都(BDWD)完整地记录到了此次地震震动的过程。

距离震中 43km 的 SCJZ 在东西向位移为 -9.8mm±1.5mm,南北向位移为 3.3mm±0.7mm;距离震中 65km 的 SCSP 在东西向的位移为 -1.8mm±0.7mm,在南北向的位移为 -7.7mm±0.6mm;距离震中 77km 的 GSZQ 在东西向的位移为 0.4mm±1.2mm,在南北向的位移为 3.6mm±0.8mm。此次地震为走滑型地震,从 SCJZ、SCSP、GSZQ 这 3 个站的同震位移特征可以进一步推断此次地震为左旋走滑地震，与印度板块推挤欧亚板块造成青藏高原东向逃逸在该地区形成的构造应力背景一致。图14-97为北斗/GNSS获取的同震位移。

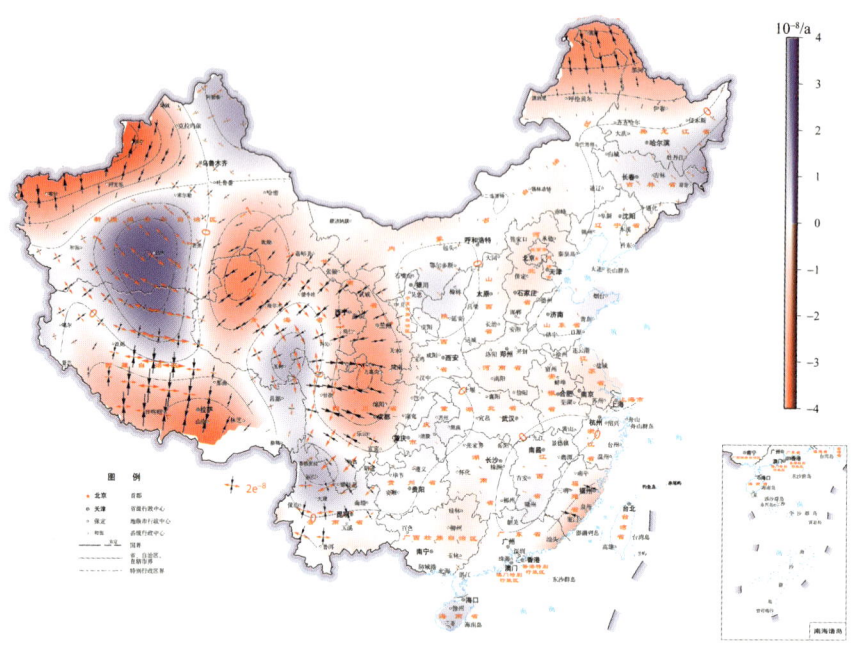

图14-96 中国大陆最大剪切应变图

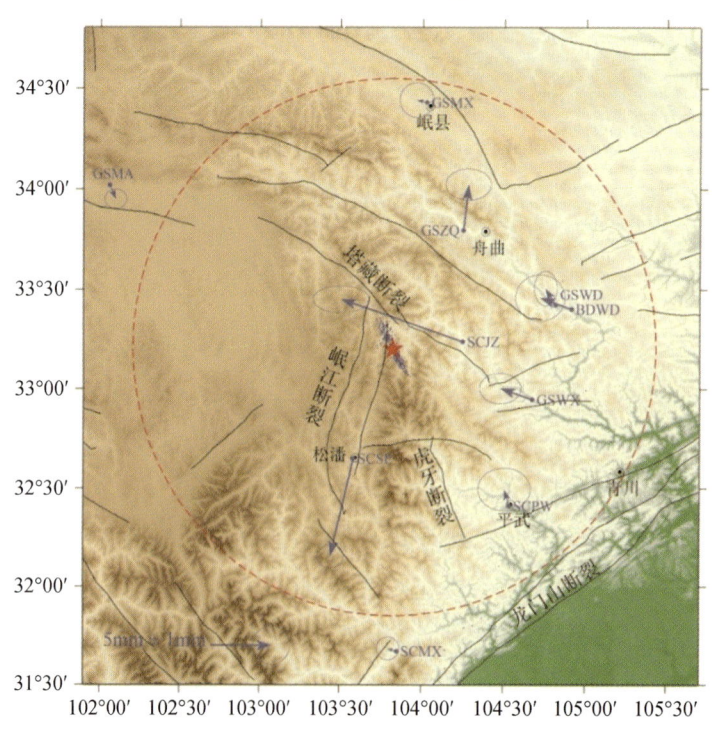

图14-97 北斗/GNSS获取的同震位移

图 14-98(a)可以清楚看到,九寨沟地震能够引起的同震位移最大范围为 150km,其在震中附近的模拟值达到了 70mm;在塔藏断裂和岷江断裂附近的同震位移为 10mm;在虎牙断裂带上的同震位移在 1mm 以内;在龙门山断裂带的绵阳至青川段的数值迅速衰减到 1mm 以内。图 14-98(b)给出了震中区域范围内的主应变值,有明显走滑地震四象分布限特征,红色虚线圈范围外的主应变值迅速衰减到 10^{-8} 以内。

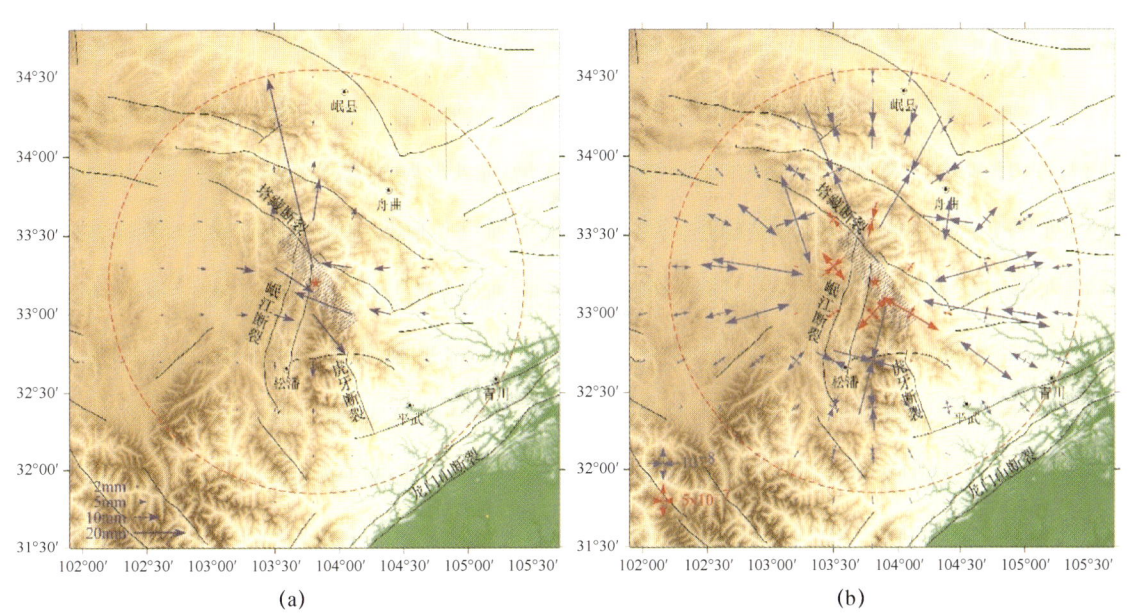

图 14-98　九寨沟地震引起的同震形变场和主应变场
(a)模型计算的同震水平位移场;(b)模型计算的同震主应变场。

4)地震预警应用示范

开展北斗/GNSS 地震预警应用的大规模 BDS 高频观测数据的快速处理、地震触发后计算同震位移和地震瞬时波形,进行地震定位、震源机制解和地震破裂过程反演等关键技术研究。实现对高频北斗/GNSS 位移时间序列的实时数据流进行预处理,自动判别地震是否到来,在地震波经过后自动提取永久同震位移;实现无需先验信息和人工干预的条件下自动反演震源参数并估算地震级;要实现北斗/GNSS 地震预警需要保证算法的稳健和高效,全部计算应在 5min 内完成,为北斗/GNSS 地震预警实用化打下坚实基础(图 114-99、图 14-100)。

5)北斗通信大震应急管理与服务应用

通信大震应急管理与服务平台利用北斗卫星的通信功能,实现了将野外人员位置坐标和灾情信息及时上报到指挥端。应急指挥平台给前方救援人员发送指令和调度信息,在无地面通信条件时也能够有效实现指挥调度,依托北斗地基增强系统提供的高精度差分导航定位信号,还能够及时开展地震现场调查与灾害评估工作,已开展应用示范(图 14-101、图 14-102)。

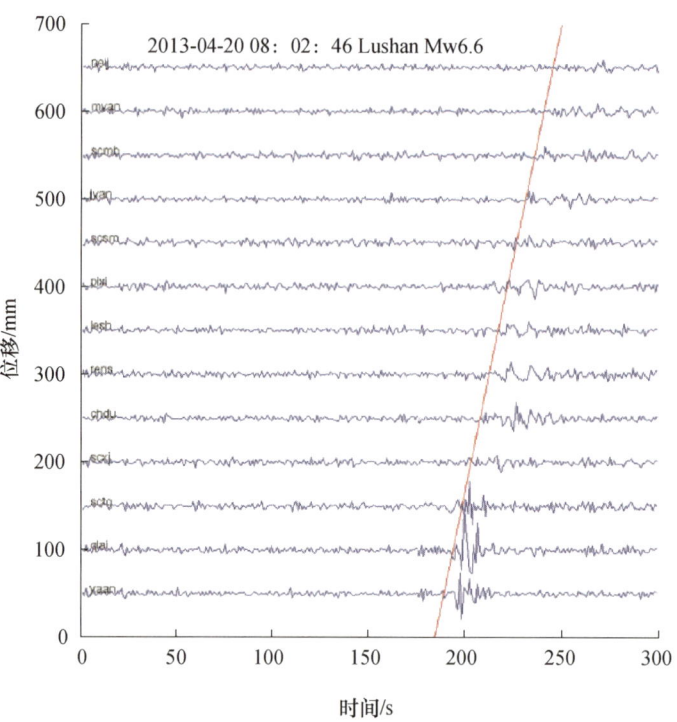

图 14-99 2013 年芦山地震 GNSS 时序中的地震波初至

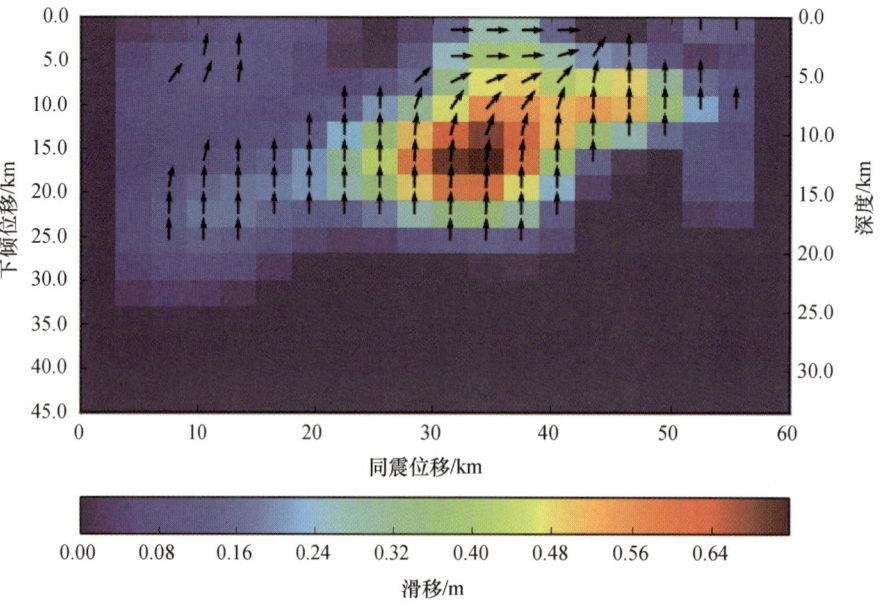

图 14-100 2013 年芦山地震破裂分布自动反演结果

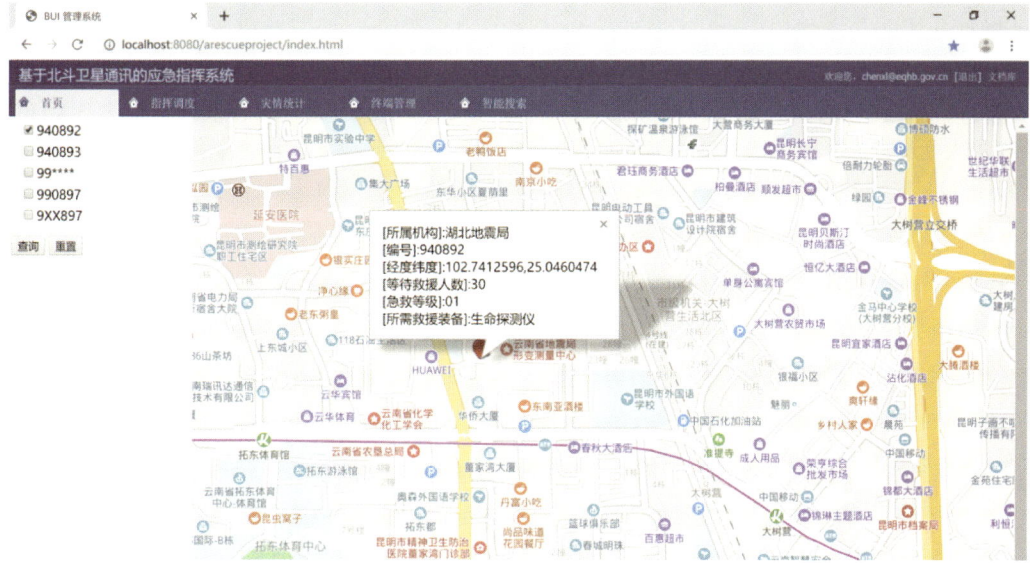

图 14-101　北斗通信大震应急管理与服务

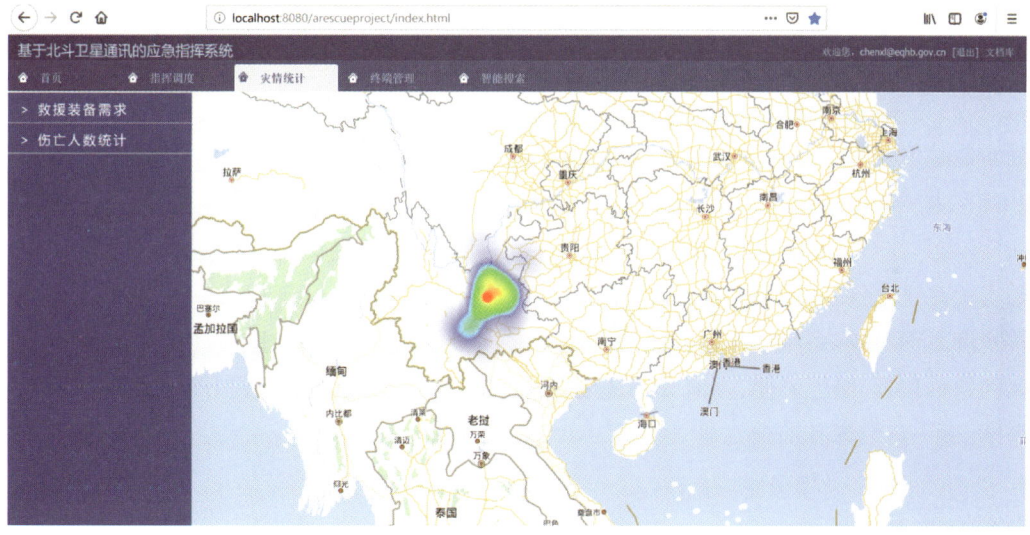

图 14-102　灾害信息(模拟)

14.6.2　应用效益分析

北斗地基增强系统的研制建设对 GNSS 基准站的加密建设,为有效提高我国地壳运动与变形监测的能力,框架网基准站与陆态网络基准站并址建设,既是陆态网络极好的补充,也是陆态网络作为国家重大科技基础设施的应用拓展,两个网络的联合,将极大地提高我国导航定位和地球环境监测的能力,同时将大力促进我国导航定位产业化发展。

地震系统对卫星导航定位系统的需求主要体现在高精度定位、精确授时、地震应急与救援等方面,北斗地基增强系统的建设运行实现了北斗/GNSS 兼容,从而确保防震减灾相关工作的长久持续。随着北斗三号全球组网,北斗系统在北斗地基增强系统的辅助支持下,结合 5G 技术的快速发展,为地壳运动监测、地震预测预报和国家防震减灾带来了新的发展机遇,北斗地基增强系统对于深入推进北斗系统的应用,促进相关产业发展具有重要意义,北斗系统将有更为广阔的应用前景。

14.6.3 展望

我国是全球地震灾害最为严重的国家之一,地震频度高、强度大、范围广的基本国情短时期不会改变。我国当前防震减灾的工作重点是增强以地震监测预报、震灾预防、紧急救援和地震科技创新为主的综合防震减灾能力,提高地震监测预报能力、地震应急能力和大城市震灾防御能力,为保护人民生命安全、维护社会稳定、保障可持续发展服务。

北斗地基增强系统的实施,已在地震行业得到有效应用,并取得初步效益,但应用的深度与广度都还远不够,有待进一步开展关键技术研究,并进一步推进相关领域全面应用。

当前我国正加快推进北斗三号应用,希望能够得到相关部门的大力支持,在北斗地基增强系统现有研究的基础上,进一步深化相关研究工作,尽快推进国家防震减灾工作中使用我国完全自主卫星导航定位系统。

1. 全面推进北斗系统地壳运动观测应用

北斗地基增强系统项目的实施,已经实现了采用国际通用的高精度 GNSS 数据处理软件加工生产 BDS 数据产品,但产品质量还有待提高,如 BDS 卫星轨道数据、接收机和卫星天线相位中心改进,BDS 与其他 GNSS 观测数据联合解算等,北斗三号全球组网即将完成,数据处理软件的适应性需要实验改进,全面提高 BDS 数据处理精度与效率还有许多研究工作要做。此外,在提高 BDS 基准站密度方面,地震系统根据地壳运动观测需求,在西部地区主要构造活动区需要持续增加,很多地区因地处偏远,交通不便,当前 BDS 基准站稀少,应适当增加以有效提升北斗地基增强系统基准站密度,进一步发挥其综合效益。

2. 北斗/GNSS 地震预警应用示范

北斗高频数据处理与地震预警应用实验研究取得较好进展,用以往的震时 GNSS 数据模拟计算已基本实现 BDS 高频数据处理、地震定位以及地震破裂过程反演等功能。但由于不可能有实时精密星历,一般应用超快速精密星历,实时解算整周模糊度有可能出现误差,如何在尽可能快速计算中保持观测精度,还有待改进。此外,即便是对于 7 级以上的大震,很多地方目前基准站的密度仍然不够,同震位移数据太少且信噪比太低,很难准确估计震源参数和实现自动反演同震滑动。将继续深入开展川滇地区北斗/GNSS 地震预警应用工作,适当加密基准站,特别是滇川藏交界区域,并通过融合测震、强震等观测数据改进算法,逐步推进北斗/GNSS 地震预警示范到使用。

3. 完善 BDS 大震应急管理与服务系统并推广应用

重特大地震灾害发生时,地面通信链路严重损坏的情况下,BDS 大震应急管理与服务系统能够利用北斗导航定位和北斗短报文通信等功能,实现救援人员与后方指挥部信息互通、协同联动,支撑应急救援工作高效有序开展。现已利用北斗短报文初步建立了应急救援指挥调度平台。由于目前北斗野外终端用户较少，尚无法真实模拟重大地震灾害发生时，大规模的应急救援人员与指挥中心的通信情况，测试时只能对系统承载能力、通信延迟等问题进行估算。下一步的工作将针对 BDS 大震应急管理与服务系统已有框架所预留的扩展接口，增加更多实用的应用服务种类，如：北斗短报文查询、语音通信功能、终端权限授权与管理；加入北斗地基增强系统提供的广域、局域差分信号，开展现场调查、勘测与灾害评估等，使平台能够更加完善；并积极推进其他应急管理领域演示与应用。

第 15 章

其他应用案例

随着北斗导航卫星空间星座架设完成,北斗地基增强系统作为我国自主研发的高精度卫星导航系统的重要组成部分之一,得到了越来越多的应用。前面各章详细地介绍了在高精度测绘、导航等对高精度定位导航有着迫切需求的领域之外,北斗/GNSS 高精度定位服务在国民经济各领域中同样拥有广泛的应用,按其提供的定位精度可进行包括但不限于的分类见表 15-1,部分应用场景见图 15-1。

表 15-1 北斗/GNSS 高精度定位服务按定位精度(包括但不限于)分类表

应用	十米级	米级	分米级	厘米级	毫米级
交通运输	—	交通运输基础设施规划、踏勘、设计、建设、监测、维护等			
交通标识	—	—	交通标识规划、踏勘、设计、设置、运维等		—
交通管理	交通指挥		交通执法		—
导航	航空 航海 车辆目的地导航 个人目的地导航	航空 航海 车辆车道级导航 个人门牌级导航	无人机飞行控制 无人艇航行控制 车辆/无人车自动驾驶 不停车无感收通行费		—

续表

应用	十米级	米级	分米级	厘米级	毫米级
泊车	—	泊车引导 泊车无感计费和收费		车位规划、踏勘、设计、设置、维护等	—
驾考	—	—	—	驾驶培训考试	—
车辆保险	—	车险服务,车辆保险等级评估,责任界定			—
现代物流	运输车辆定位与轨迹跟踪				
	集装箱/货物定位与运输轨迹跟踪			集装箱装卸	
	无人车/机送货目的地导航		无人车/机送货指定地导航		
	—	货物位置、状态监测	—	—	—
	—	货物交付位置密码锁	—	—	—
市政工程	—	城市交通基础设施规划、踏勘、设计建设、运维等			
	—	给、排水及管线网巡查与监测			
测绘与地理信息		不同比例尺的测绘与地理信息采集			
	—	—	—	—	大地坐标基准点维持
精准农业	—	—	—	农机精确控制耕作、播种、施肥、喷洒农药、收获等	—
	—	农作物估产	—	—	—
土木工程	—	—	土木工程建筑规划、踏勘、设计、建设、维护等		土木工程建筑物形变测量
水利工程	—	—	水利工程设施规划、踏勘、设计、建设、运维等		坝、堤、河道边坡等形变测量
海洋工程	—	—	海洋工程设施规划、踏勘、设计、建设、运维等		海洋工程设施形变测量
	—	—	—	海上施工	
电力	—	—	电力设施规划、踏勘、设计、建设、运维等		电力设施形变测量
物联网	—	位置/时间 + 传感器数据、融合、控制等			—
科学研究	野生动物定位与跟踪		冰川研究		地壳运动
备注	毫米级定位精度需要获得24h的观测数据后再处理才能获得				

图 15-1 北斗/GNSS 高精度定位服务的应用场景(包含交通、物流、海洋工程、精准农业、机械控制、无人机飞行控制、地理信息采集与测绘、建筑形变监测等)

随着当前北斗地基增强地基站的架设和"全国一张网"的建设完成,北斗高精度导航系统在我们日常生活中势必会扮演越来越重要的角色,在生活的方方面面产生影响。

15.1 城市车道级导航

当今,随着城镇建设的不断推进,人们的活动范围越来越广,城市的道路交通情况也随之变得越来越复杂,特别是在北京、上海等特大城市中,车辆交通形式情况复杂,在为人们出行带来便利的同时也对卫星导航服务提出了新的要求。在人们日常生活中 100km 距离的范围内,更多的人选择驾车出行,那么使用手机或车载导航仪导航就势必成为人们首选的方式。进入城市后,汽车行驶过程中,在左转、右转或掉头之前需要提前变道,但驾车驶进分叉路口(图 15-2)、高架桥(图 15-3)等复杂路况后,驾车人经常要到路口才知道所在的实际车道,开错路口是大概率事件,走错车道到了路口进行变道,既违反交通规则,又往往造成交通拥堵(图 15-4)。

北斗地基增强系统的顺利建设为城市道路交通规划和调度带来巨大的机遇,特别是可以提供米级、分米级的定位服务。目前车道级导航对定位精度的最低要求是小于车道宽度的一半。按国家标准规定,城市机动道路每车道宽度为 3.5m,干线公路(包括高速公路)每车道宽度 3.75m,三级以上多车道公路每条机动车道宽度约为 3.5~3.75m。因此,要求用于车道级导航北斗/GNSS 定位精度的基本要求是小于 3.5m 的一半,即 1.75m。采用北斗地基增强系统提供的北斗广域单频伪距定位服务,水平定位精度不大于直径 $2m(2\sigma)$,其一半为 1m,小于车道宽度的一半(1.75m),因此可以较好满足车道级导航的基本定位精度要求。

图 15-2　驾车接近分叉路口时,需要在秒级时间内完成选择路口的决策,特别是前面有车辆时看不到前方的街景,或到了面前才看到指示牌时,路口决策很可能出错((a)来自 www.da-quan.net)

图 15-3　重庆黄角湾立交桥有五层、20 条匝道,连接广阳岛、江北机场、南岸、大佛寺大桥、朝天门大桥、弹子石、四公里、茶园 8 个方向,路况复杂(图片来自 www.Chinanews.com)

图 15-4　驾车人驾车走错车道,到了路口再临时变道,既违反交通规则,又往往造成交通拥堵(图片来自 www.yiqishuo.yiche.com)

北斗高精度(车道级)导航系统由北斗系统、北斗地基增强系统、移动通信网、北斗高精度手机和智能手机+北斗伴侣等部分组成(图15-5)。

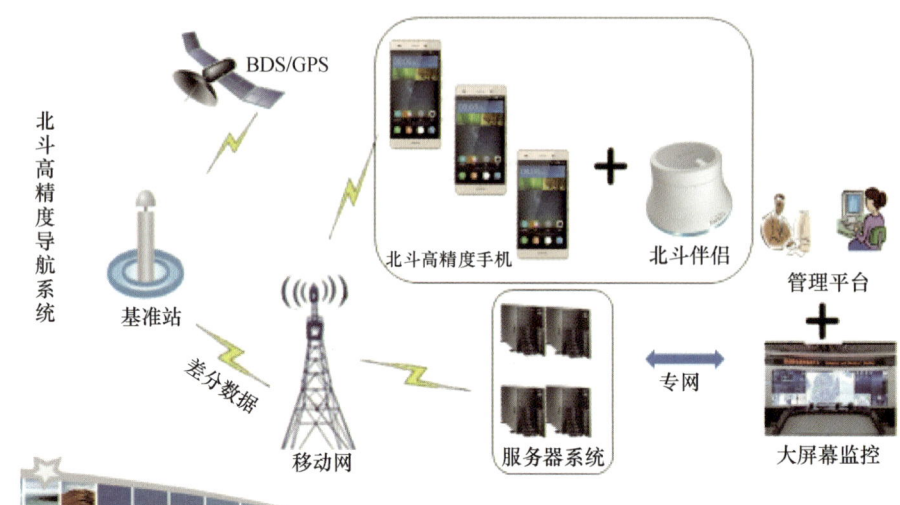

图15-5　北斗高精度(车道级)导航系统组成示意图

(1)北斗地基增强系统由北斗基准站、通信网和差分数据生成系统构成,提供北斗广域单频伪距定位服务。

(2)北斗高精度(车道级)导航的管理平台由服务器系统、大屏幕监控等部分构成,提供用户注册、推送北斗广域单频伪距定位服务的差分数据、提供增值服务等。

采用北斗/GNSS米级定位和高精度地图服务的车道导航,首先解决行驶在正确车道上的问题,其次可提供车道级电子围栏和公告服务。例如车道级事故告警,即当本车因事故停留在车道上时,采用车道级导航北斗/GNSS定位技术,及时在电子地图上其所在车道后方150m处设置事故警示标志,让后面车辆提前知晓前方有事故的车道,提前变道避免发生二次交通事故(图15-6)。

(3)用户端由北斗高精度手机和智能手机+北斗伴侣等组成。

采用40nm CMOS工艺,研发了支持北斗地基增强系统服务的IP核导航通信多功能芯片,在其中集成了GNSS卫星导航射频基带(BDS、BDS/GPS、BDS/GPS/GLONASS可选)、蓝牙、无线局域网(WiFi)、FM近场通信等功能,芯片尺寸4.8mm×4.8mm,并将其集成在智能手机中(图15-7、图15-8),定位精度为水平1m、高程2m(68%置信度)或水平2m、高程4m(95%置信度)。

北斗伴侣的主要技术特点与性能(图15-9~图15-11):

——BDS/GPS双系统单频RTK,可实时厘米级精度定位;

——内置惯性组合导航,提升复杂场景定位精度和体验;

——支持北斗地基增强系统的广域、局域等多种高精度差分定位模式;

——蓝牙BLE4.0连接,兼容智能手机、平板计算机;

——支持安卓模拟位置,第三方APP自动获取高精度位置;

——尺寸$\phi 76mm \times 17mm$(高),重量75g;

——底座配置大容量锂电池,可连续工作20h以上。

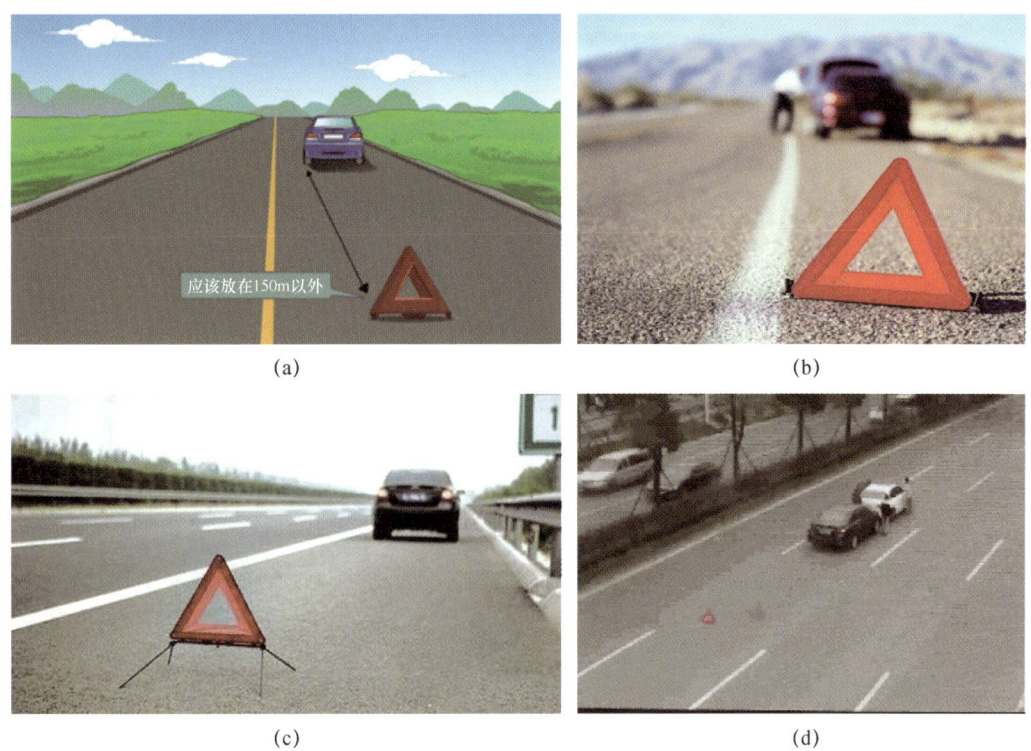

图 15-6　车在路上行驶中出现故障时,按交通规则应在其后方 150m 处设置警示标志
(现实中车辆故障时设置的告警标志一般都未按规定的距离设置,由此造成二次交通事故发生)
((a)、(b)来自 www.weibo.com;(c)来自 www.spro.so.com;(d)来自 www.cqcb.com)

图 15-7　采用 40nm CMOS 工艺研发了支持北斗地基增强系统服务的 IP 核导航通信多功能芯片,
芯片尺寸 4.8mm×4.8mm(a),并将其集成在智能手机中(b)

图 15-8　北斗高精度手机用于车道级导航的演示与普通智能手机提供的导航，演示车辆自带的车载导航仪（图片来自 www.m.auto.com.cn）

图 15-9　采用 40nm CMOS 工艺研发了支持北斗地基增强系统服务的 IP 核导航通信多功能芯片，研制了北斗伴侣，通过蓝牙、WiFi，支持普通智能手机使用北斗地基增强系统的服务

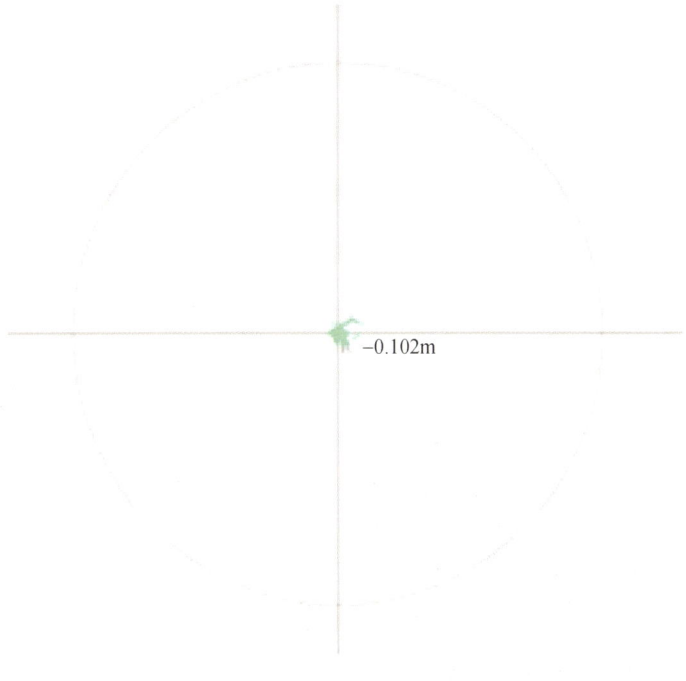

图 15-10 北斗伴侣 24h 静态测试统计水平定位精度为 2cm(68% 置信度),其应用场景包括车道级导航、
地理信息采集、土地确权、港口/园区车辆定位、驾培驾考、农机作业统计、
线路巡检(电力、水利、铁路、燃气)等应用

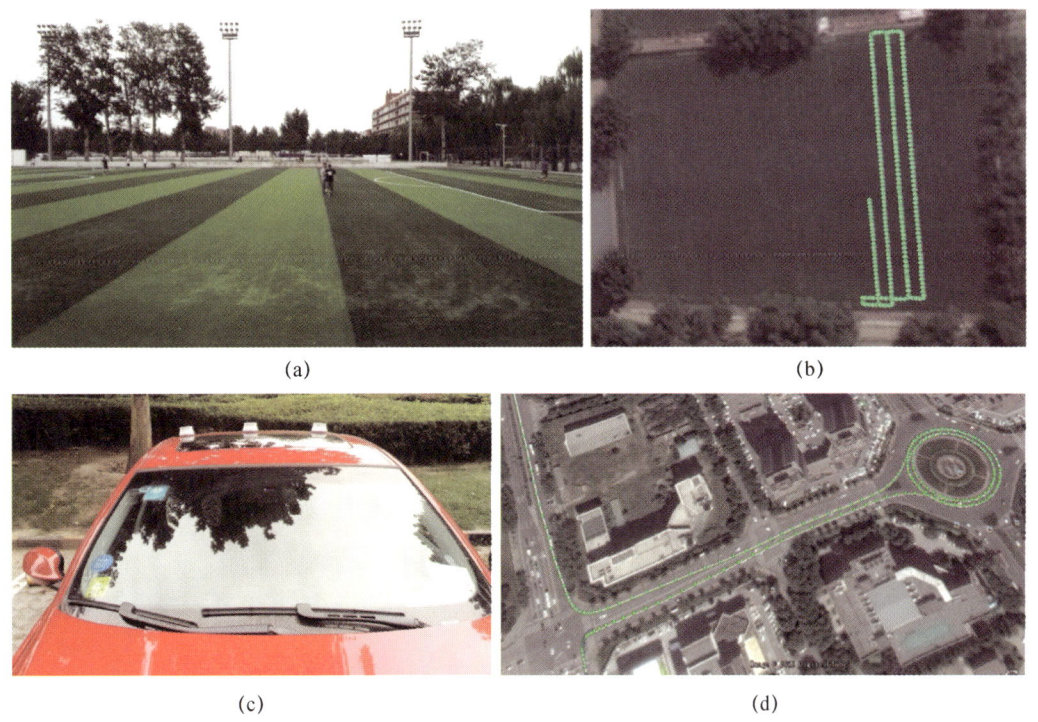

图 15-11 测试人员手持北斗伴侣沿操场边缘行走(a),将其定位结果叠加在卫星影像图上(b),
两者有好的符合性;测试人员将北斗伴侣放置在车顶上(c),在行车过程中记录其位置,
将其定位结果叠加在卫星影像图上(d),可以分辨出车辆行驶的车道

随着北斗地基增强系统的广泛使用,其在车道级中的应用已经投入实验验证阶段。2016年7月6日,上海汽车集团股份有限公司和阿里巴巴集团联合发布了首款量产的"互联网汽车"——荣威RX5多功能运动车(图15-12),使用千寻公司提供的北斗/GNSS高精度定位/惯性导航模块和高精度地图,实现了车道级导航的行车驾驶,且在北斗/GNSS信号被短时间遮挡时,惯性导航模块可持续提供连续定位数据,在复杂的城市道路上,提供较好的驾驶体验。

图15-12 荣威RX5多功能运动车及其驾驶中控台的大屏幕显示器,北斗/GNSS高精度定位/惯性导航模块定位的行驶轨迹叠加在高精度电子地图的车道上,并在大屏幕显示器显示出来

(图片由千寻公司提供)

15.2 车辆自动驾驶

汽车已经成为人们日常生活中重要的交通工具,但同时伴随而来的是交通事故频发对生命财产安全带来了巨大的挑战,根据交通事故统计数据,全世界每年有约130万人丧生于车祸,其中94%来源于人为失误。在全世界人类十大死亡原因排名中,1990年道路交通伤害位列第十,2005年上升至第九位,在2015年上升至第八位;无独有偶,2017年在中国人十大死亡原因排名中,道路交通伤害位列第六(图15-13)。

车辆自动驾驶技术集成了多传感器及其信息融合、计算机、视觉计算、模式识别、人工智能、自动/智能控制、动力传动、体系结构等众多科技,是科学、系统工程、信息技术高度发展的结晶,除提高大众道路交通的安全性以外,还将在国防和国民经济领域具有广阔的应用前景。

自动驾驶车是通过自身的传感系统感知道路和车辆环境、根据感知所获得的道路、车辆位置、行人、动物、道路标识、障碍物等信息,自动规划行车路线并控制车辆的方向和速度,安全、可靠地到达预定目标的智能车。

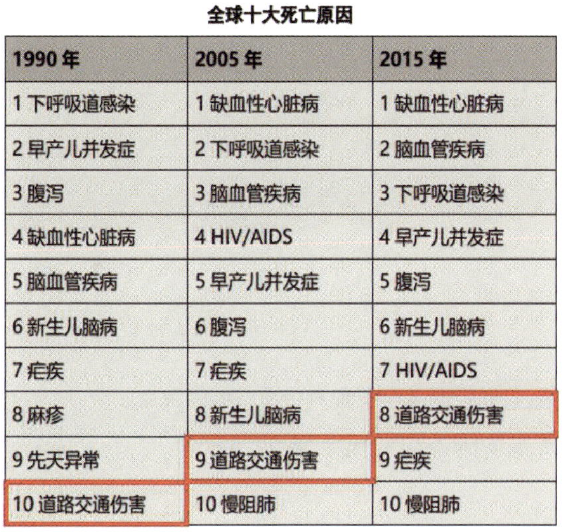

全球十大死亡原因

1990 年	2005 年	2015 年
1 下呼吸道感染	1 缺血性心脏病	1 缺血性心脏病
2 早产儿并发症	2 下呼吸道感染	2 脑血管疾病
3 腹泻	3 脑血管疾病	3 下呼吸道感染
4 缺血性心脏病	4 HIV/AIDS	4 早产儿并发症
5 脑血管疾病	5 早产儿并发症	5 腹泻
6 新生儿脑病	6 腹泻	6 新生儿脑病
7 疟疾	7 疟疾	7 HIV/AIDS
8 麻疹	8 新生儿脑病	8 道路交通伤害
9 先天异常	9 道路交通伤害	9 疟疾
10 道路交通伤害	10 慢阻肺	10 慢阻肺

(a)

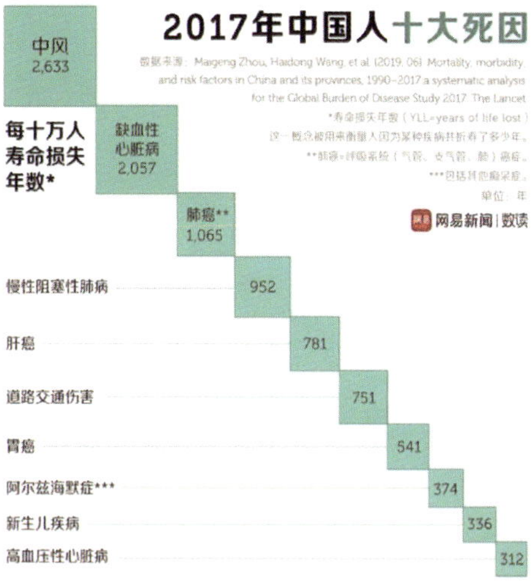

(b)

图 15-13 (a)全世界人类十大死亡原因统计表，红色框内分别是 1990 年、2005 年和 2015 年道路交通伤害排名的上升情况，(b)2017 年中国人十大死因的统计与排名情况，道路交通伤害位居第六(图片来自 www.sohu.com)

自动驾驶技术要解决行车中的三大问题，即“我在哪？我周围有什么？”(定位感知)、“我要做什么？”(实时决策)、“车要完成什么？”(实时控制)。

(1)定位感知：采用惯性导航系统/单元、北斗/全球卫星导航系统(GNSS)、识别地面标志/标识物进行自身的定位；搜索、探测、识别、分辨路况和本车周围物体的种类(例如路况、道路交通标志、交通灯、周围其他车辆、行人、自行车、障碍物等)、运动状态，测量本车的行驶方向、运动状态、行动情况。

(2)实时决策：根据感知信息、本车的行驶方向、运动状态、行动情况，实时决定本车的行驶路径、方向、速度等的行为。

(3)实时控制：根据行为实时决策、实时控制车辆的方向盘、油门、制动器、灯光、喇叭等行动机构；定位感知获取车辆执行情况的信息，供实时决策判断下一个实时控制的行为，持续迭代循环。

根据定位感知、实时决策、实时控制 3 个要素对行车贡献的程度，将自动驾驶分为无自动驾驶、驾驶辅助、部分自动驾驶、有条件自动驾驶、高度/完全自动驾驶 5 个等级(图 15-14、图 15-15)。

2018 年，美国特斯拉公司宣布其自动驾驶车进入 L4 级；国内长安、长城、吉利、上汽等车厂的部分自主品牌车实现了 L2 级自动驾驶车的量产。

2019 年，国内 L4 级低速自动驾驶配送车进入量产。L4 级自动驾驶车需要配置多种高精度、高可靠性的传感器、卫星导航定位/惯性导航系统，包括多种雷达、多个电视摄像机、超声波雷达等(图 15-16～图 15-19)。

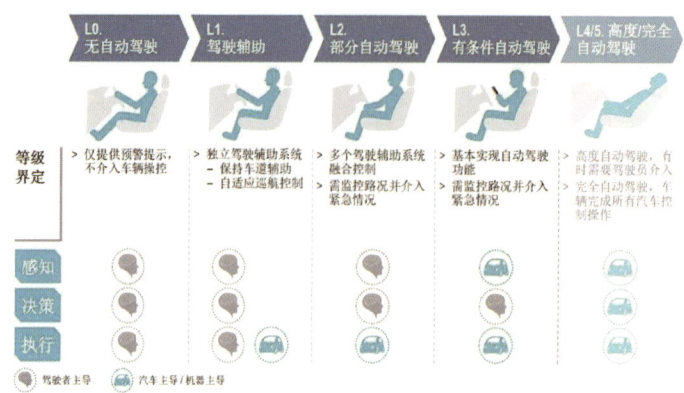

图 15-14 根据定位感知、实时决策、实时控制三个要素对行车贡献的程度,将自动驾驶分为 5 个等级(图片来自 https://image.baidu.com)

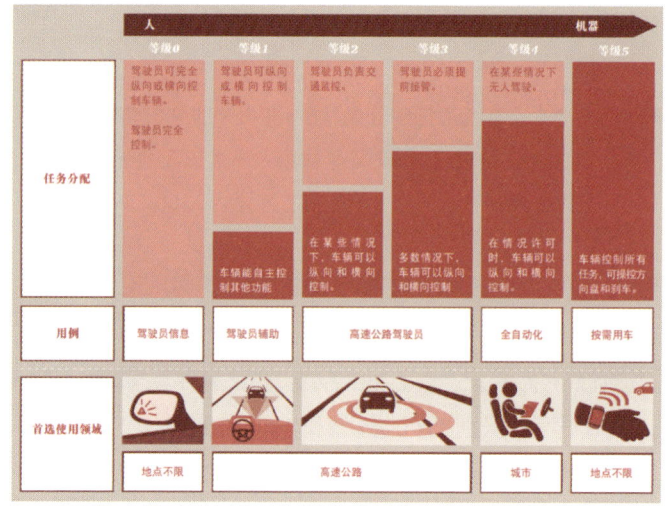

图 15-15 5 个等级自动驾驶的任务分配、用例和首选使用领域

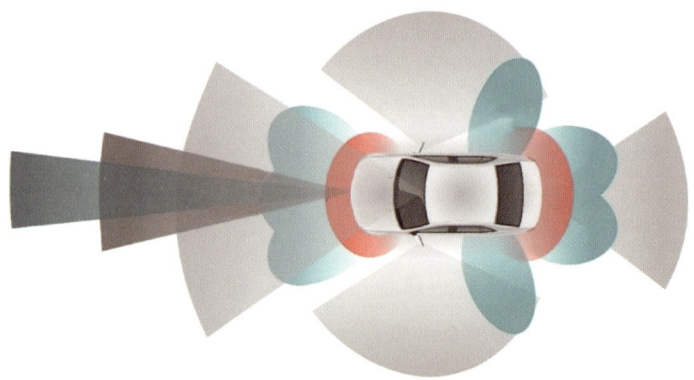

图 15-16 自动驾驶车需要配置的传感器及其作用(蓝色区域是用于巡航控制远程雷达的探测区,深灰色区域是用于紧急制动激光雷达的探测区,浅灰色区域是用于交通信号识别、道路告警、周围情况、倒车辅助的电视摄像机探测区,浅蓝色区域是用于横穿道路告警、盲区探测、防追尾探测的中-近程雷达探测区,红色区域是用于停车告警的超声波雷达探测区)

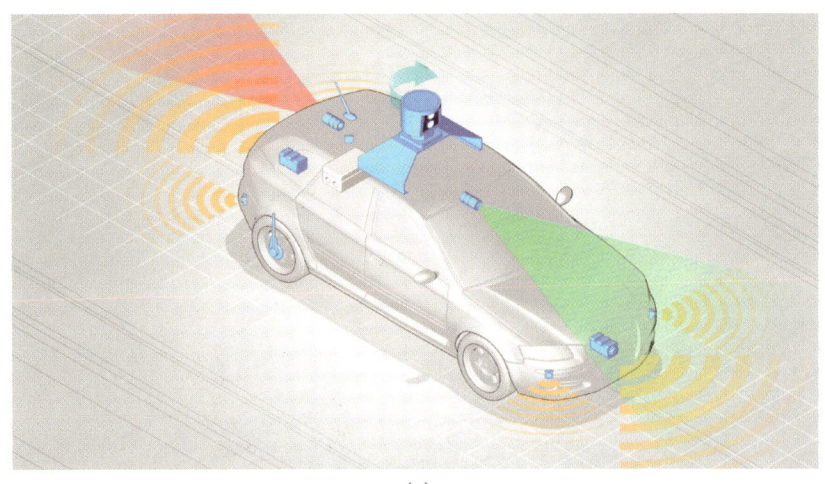

(a)

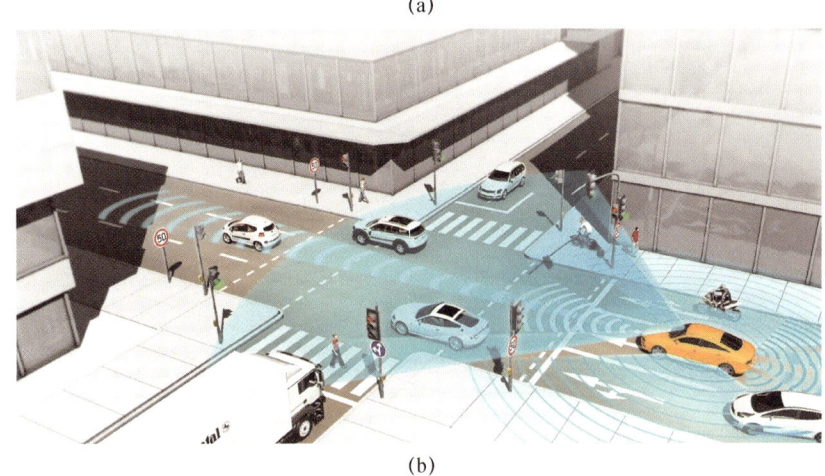

(b)

图 15-17 （a）雷达、激光雷达、电视摄像机、超声波雷达在自动驾驶车上的布置
（图来自 www.self-driving-car-techmaiak.com），（b）相应传感器的作用及其探测范围
（图来自 www.geekcar.net）

图 15-18 优步（UBER）自动驾驶车及其车上激光雷达、彩色电视摄像机、电视摄像机、
GPS 天线等传感器的布置示意图，在车顶上设有激光雷达，以尽可能减少其探测盲区

图 15-19　谷歌自动驾驶车及其上 360°周视扫描激光雷达、彩色电视摄像机、电视摄像机、轮毂传感器等布置示意图,在车顶上设有激光雷达,以尽可能减少其探测盲区

采用北斗/全球卫星导航定位及其定位增强技术,使车辆获得自身的高精度位置信息(图 15-20),再通过移动通信网络实现本车与周围车之间的位置、运动状态的信息互通(图 15-21),因本车与周围车之间成为合作对象而获得自动驾驶决策所需的关键信息,大幅度提高感知信息的可靠性。采用北斗/全球卫星导航定位及其定位增强/惯性导航融合技术,克服了北斗/全球卫星导航定位及其增强信号的脆弱性。与高精度地图结合,通过车路协同,提高对道路的感知能力,可自动、精确地实现车辆起步、行驶、停车、泊车入位和出位、自动避障和避让车辆、行人等;通过减少车上传感器的数量,显著降低自动驾驶车的成本,因而成为较好的自动驾驶车的技术解决方案。

图 15-20　采用卫星导航定位技术和卫星导航定位增强技术,可使车辆获得自身的高精度位置信息(图片来自 www.veer.com)

图 15-21　通过移动通信网络实现本车与周围车之间的位置、运动状态的信息互通，即减少车上传感器的数量，提高可靠性，降低车上传感器的成本（图片来自 www. m. huanqiu.com）

千寻位置与杭州锣卜科技、北京智行者科技公司合作，研制出采用北斗厘米级定位服务与惯性导航单元信息融合的综合高精度惯导算法的自动驾驶试验车——"南瓜车"。通过智能手机实现约车（图 15-22）、设置目的地，"南瓜车"自动行驶到乘客面前停下，乘客上车后点击智能手机屏幕上的"出发"键，"南瓜车"即自动开车并长距离行驶到达目的地，可在行驶途中自动避让障碍物，到达目的地，乘客下车后或自动离开、或在附近车位泊车，等待下一次约车。2016年 10 月，"南瓜车"在云栖大会发布之后，在浙江省德清县地理信息产业园及云栖小镇投入试运行。

图 15-22　北斗厘米级定位/惯性导航技术支持的"南瓜车"，乘客通过智能手机即可约车、选择和确定目的地，并乘车安全到达（图片由千寻公司提供）

15.3 城市共享单车管理

共享单车因为其方便快捷、使用安全为人们在交通状况日益复杂的城市交通带来短距离出行方便,即使在地铁、公交车等公共交通网络覆盖日趋完善的一线城市,依旧存在着到目的地"最后一千米"的难题。共享单车由于充分利用了城市公共道路,方便人们从站台到目的地,提高现有公共交通系统的可达性,缓解了城市交通拥堵。根据交通运输部公布的数据,截至2019年8月底,我国互联网租赁自行车1950万辆,覆盖全国360个城市,注册用户数超过3亿人次,日均订单数4700万单。使用者通过具有卫星定位功能应用软件(APP)的智能终端找到共享单车,骑行到达目的地后通过支付宝或微信支付使用费。由于具有随时取用、使用便捷、绿色环保、经济实惠、自由度高的特点,为使用者带来了极高的用户体验,成为当前时尚的出行方式(图15-23),是在汽车、公交、地铁后的第四种大众交通工具,具有较高的交通、环境效益。

图15-23 骑共享单车成为当前时尚的出行方式,还被青年人用于结婚仪式

(图片来自 www.picture.youth.cn)

与共享单车相关的法律法规、管理条例、使用者和竞争者行为均有所欠缺。在共享单车普及的同时,城市共享单车停放区域建设不到位,没有固定停车点,没有专人保管、检查和保养,存在"共享单车私有化"、丢弃单车、同行恶意拆卸等现象,部分使用者为自身便捷,忽视公共利益导致共享单车乱停放,既严重影响了市容,又对市民正常出行造成一定影响(图15-24)。

图 15-24 使用者无视交通告示,随意将使用后的共享单车停放在武汉的街头
(图片来自 http://k.sina.com.cn)

2017 年 4 月 6 日,在《京津冀协同推进北斗导航与位置服务产业发展行动方案》为主题的新闻发布会上,ofo 推出利用北斗高精度定位的电子围栏、大数据技术等划定虚拟的电子围栏停放区,规范用户停放行为,实现共享单车的精细化管理。之前,业内一般采用 GPS 单频伪距定位技术,定位精度约为 4m。现采用北斗地基增强系统提供的增强定位精度技术,定位精度约为 1m。图 15-25 为北京通州区试点共享单车北斗电子围栏。

图 15-25 北京通州区试点共享单车电子围栏,地面的白实线将虚拟的电子围栏可视化,
便于用户寻找和停放共享单车(图片来自 www.sohu.com)

在共享单车上,安装了包括北斗高精度接收模块的密码锁,可将共享单车的高精度位置信息上报监管与服务平台。使用者用智能手机下载共享单车手机软件,扫码、开锁、骑行,共享单车将其运动轨迹实时上报监管与服务平台。使用者到达目的地后,可从手机上实时看到自己的位置和附近共享单车的北斗电子围栏停放区(图15-26),每个绿色的框就是电子围栏停放区。

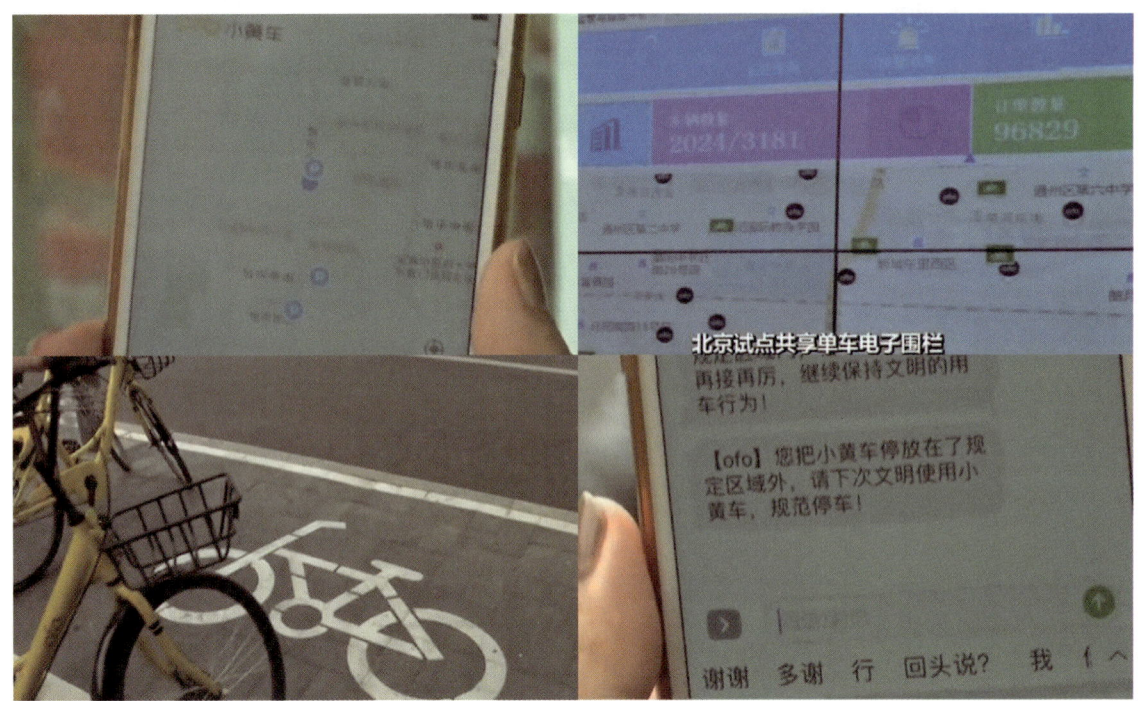

图15-26 使用者可从手机上实时看到自己的位置和附近共享单车的北斗电子围栏停放区;当使用者将共享单车停在北斗电子围栏之外时,监管与服务平台会显示一个小黑点,监管与服务者会立即发送短信给共享单车的使用者,提醒其应将共享单车停放在北斗电子围栏停车区之内(图片来自CCTV13)

利用北斗地基增强系统提供的米级定位服务,可对共享单车进行米级精度定位,解决了使用者找车难的痛点(图15-27),大幅提升了用户使用体验。

北斗地基增强系统提供的米级定位服务,使运营商有了规范使用者停车行为难的技术手段,显著提高对共享单车的规范化管理;还使运营商可根据共享单车数量、使用情况、区域人口、社会经济活动等大数据分析(图15-28、图15-29),实现何地何时何种情况需要投放多少辆共享单车、对共享单车进行快速调配,识别出某辆共享单车出现故障需要维修和回收,统计出共享单车的使用频度与寿命、骑行距离和时间、使用人群等诸多精细化运营方案和策略,既解决部分路段高峰期共享单车供不应求的问题,又解决部分路段共享单车闲置的问题,提高运营和使用共享单车的社会效益和经济效益。

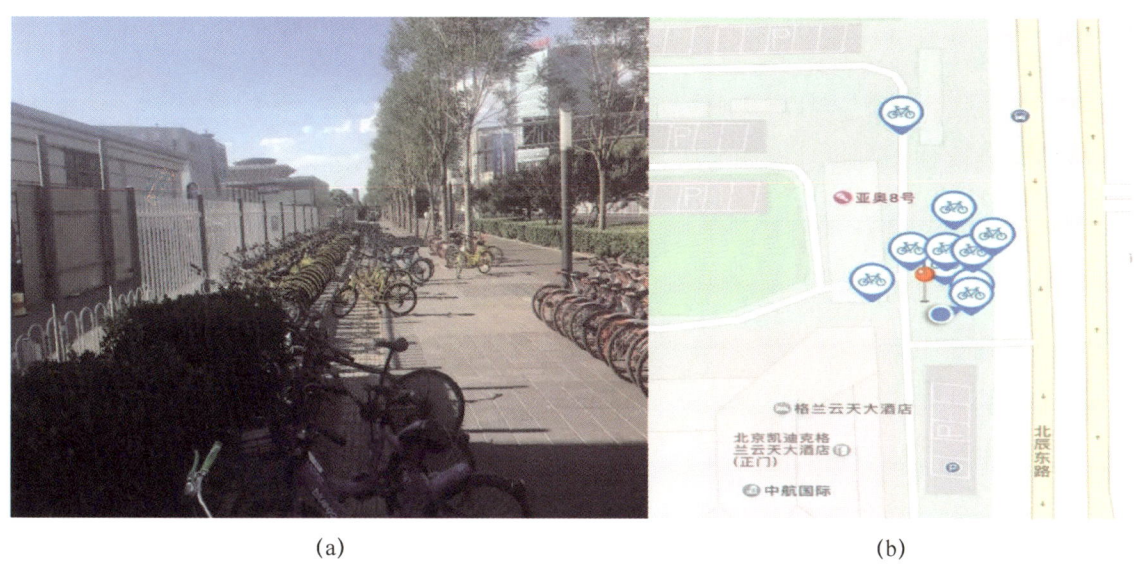

图 15-27 （a）在诸多共享单车停放区中,有 10 辆采用了北斗地基增强系统提供的米级定位服务；
（b）在智能手机上显示的这 10 辆共享单车的具体位置；（c）两辆紧靠在一起的共享单车；
（d）在智能手机上显示的这两辆共享单车的具体位置（图片来自千寻位置）

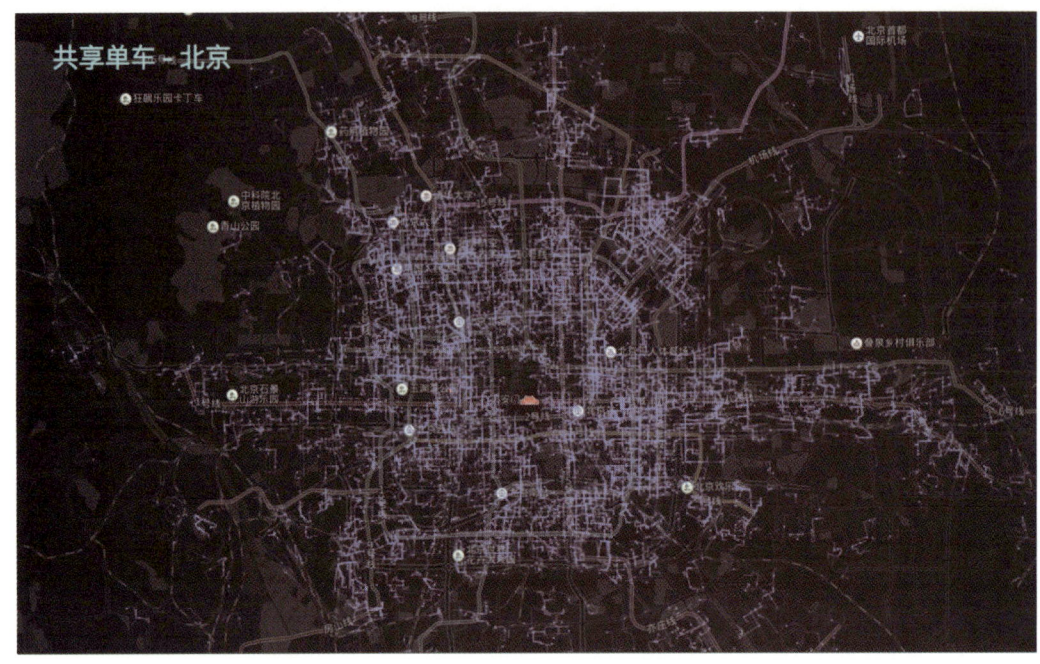

图 15-28 北京市共享单车使用的分布情况,早高峰,共享单车从地铁站、公交站、居民小区向商业区、工作园区、产业园区等汇聚,晚高峰,共享单车从商业区、工作园区、产业园区地铁站、公交站等向居民小区汇聚,短时间使用强度高,共享单车的停放密度高(图片来自千寻位置)

图 15-29 深圳市共享单车使用的分布情况,早高峰,共享单车从地铁站、公交站、居民小区向商业区、工作园区、产业园区等汇聚,晚高峰,共享单车从商业区、工作园区、产业园区地铁站、公交站等向居民小区汇聚,短时间使用强度很高,共享单车的停放密度很高(图片来自千寻位置)

15.4　智能农业

本质上,当今的精准农业(Precision Agriculture)是利用全球卫星导航定位系统(GNSS)、地理信息系统(GIS)、连续数据采集传感器(CDS)、遥感(RS)等高科技,将"现代化农业"的概念具体化,其特点是以位置为基础,将农业八字宪法——"土、肥、水、种、密、保、管、工"的主要内容精准化,对每一项内容的精准化就构成精准农业的一个子系统,用最低的投入获得农作物最大收益。其中,使用北斗/GNSS地基增强系统的信号支持无人机喷洒农药,是现代化农业——"保"(保护植物、防治病虫害)的内容之一。

1. 植保无人机喷洒农药优点

一方面,我国的农业生产要满足14亿国人的生活需要,必须维持大规模的农业生产;另一方面,农村外出务工人员增多,导致农业从业人员短缺,而农业人工成本不断增加,并因人工喷洒农药受时间、地形等条件限制,作业效率低。而采用植保无人机喷洒农药除可以克服上述缺点外,还有下列优点:

1) 安全性好

采用无人机喷洒农药,施药人员远离喷洒操作和喷药环境,不容易受到农药侵害。

2) 精度高

无人机可采用北斗/GNSS导航定位接收机与微惯性导航模块耦合,输出具有实时厘米级定位、自动规划航线、自动飞行、精确控制飞行高度和喷洒农药的航线等功能,可精确飞在农作物顶上喷洒;当农药喷洒完后,无人机会自动飞回起飞位置,工作人员添加农药后再起飞回到之前的喷洒地区继续喷洒,不漏喷、重喷。

3) 效率高

无人机喷洒农药速度快,可在凌晨和夜间作业(图15-30),单机一天作业面积即达300~500亩,还可集群编队作业,作业效率是人工喷洒不能相比的。

4) 效果好

无人机喷洒农药时,其旋翼的下洗气流将农药雾化吹向下方,喷洒均匀并从上至下穿透农作物,农药飘移少,高效环保。

5) 成本低

无人机通过租赁使用,按喷洒农作物的面积付费;因采用喷雾喷洒方式,可节约50%的农药使用量,两个因素都对降低成本有贡献。

2. 植保无人机喷洒农药的特点

(1) 无人机在开阔、无遮挡的农田进行作业(图15-31),非常适合使用千寻基于北斗地基增强系统"全国一张网"提供的北斗/GNSS厘米级定位服务,成本最低;用户也可以自己建北斗增强站提供厘米级定位精度的服务。

图 15-30　无人机喷洒农药速度快,可在凌晨和夜间作业,可编队作业,
因而作业效率高(图片来自千寻位置)

(2)使用北斗/GNSS厘米级定位服务后,无人机变成在位置网上"自动驾驶"无人机,作业人员只需设定所喷洒农药的航线或农田坐标点即可,无需无人机操控培训,作业人员学习成本低。

(3)在移动通信覆盖区,优先使用移动通信播发北斗/GNSS厘米级定位服务信号;在移动通信未覆盖区,则需要设置电台播发北斗/GNSS厘米级定位服务信号,无人机上应有相应的电台信号接收机。

使用北斗/GNSS地基增强系统的信号支持大中型农业机械田间作业是精准农业中的内容之一。本质上,大中型农业机械+北斗/GNSS是将现代化农业——"农业八字宪法"的部分要素与实施集成在"工"上,解决精准农业中的深耕土地、播种、施肥、防治病虫害、收割等田间作业的机械化、自动化、精准化、高效化的问题。

图 15 – 31　一次使用 20 架植保无人机进行喷洒农药作业

(图片来自 https://news.hbtv.com.cn)

3. 大中型农业机械 + 北斗/GNSS 主要组成

1) 北斗/GNSS 高精度接收机/惯性导航模块

该部分安装在大中型农业机械上,接收北斗/GNSS 导航卫星信号和北斗/GNSS 地基增强信号,获得厘米级定位,用于农机的行走和农业作业及其控制系统。

2) 农机的自动驾驶和农机作业控制系统

该部分安装在大中型农业机械上,将北斗/GNSS 高精度接收机/惯性导航模块输出信号作为其控制信号。

3) 北斗/GNSS 增强站

架设在田边,接收北斗/GNSS 导航卫星信号,进行北斗/GNSS 增强定位精度的信号解算,形成北斗/GNSS 增强数据产品,再发送到北斗/GNSS 增强数据播发系统(图 15 – 32);如果直接使用北斗/GNSS 地基增强系统的厘米级定位服务,则该部分可以没有。

4) 北斗/GNSS 增强数据播发系统

架设在田边,可能是一部电台,发射北斗/GNSS 地基增强系统的增强信号,供北斗/GNSS 高精度接收机/惯性导航模块接收;如果使用移动通信 3G/4G/5G 播发北斗/GNSS 地基增强系统的厘米级定位服务,则该部分可以没有。

大中型农业机械 + 北斗/GNSS 的应用——棉花自动播种的"超级播种机"。

图 15-32 大中型农业机械+北斗/GNSS 的主要组成部分,架设在田边北斗/GNSS 增强站和北斗/GNSS 增强数据播发电台,北斗/GNSS 高精度接收机/惯性导航模块安装在大中型农业机械上,接收北斗/GNSS 信号及其增强数据产品后,输出厘米级定位信号控制农机的自动驾驶和农机作业控制系统(图片来自 www.bj.people.com.cn)

新疆石河子春种时节,在大面积的棉花地里,一台无人驾驶拖拉机在自动作业。首先在棉田的头和尾选择两个点,将其连成一条直线,然后将"超级播种机"从地头开到地尾,北斗/GNSS 高精度接收机/惯性导航模块就记录下这组数据,系统以此为基线自动生成若干条平行的轨迹直线,在后续操作中,"超级播种机"自动调整方向、速度,一边行驶出非常直且平行的轨迹(图 15-33、图 15-34),一边自动进行棉花播种,棉花的行距和株距控制在 66cm 和 10cm,误差在 2cm 以内,土地利用率提高 3%～5%;一台"超级播种机"一天能播种 130 亩棉田,作业能力提高 30%～50%,并节省了人力。

图 15-33 "超级播种机"正在棉田自动进行棉花播种作业,其行进的轨迹是非常直的平行线且精确控制垄间距和播种间距(图片来自 https://newrss.guancha.cn)

图 15-34 "超级播种机"自动进行棉花播种作业后,棉花种植户在测量垄距,
北斗/GNSS 导航定位将棉花的行距和株距控制在 66cm 和 10cm,误差在 2cm 之内,
体现了精准农业的特点(图片来自 https://newrss.guancha.cn)

15.5 车辆驾驶培训与考试

机动车已经成为现代社会和大众生活不可分割的有机组成部分。随着我国机动车保有量持续快速增长,机动车驾驶人数量迅猛增长。至 2019 年 6 月底,全国机动车保有量 3.4 亿辆,其中汽车 2.5 亿辆,私家车 1.98 亿辆,机动车驾驶人 4.2 亿,其中汽车驾驶人 3.8 亿。

交通安全关系公共安全、人民生命财产安全,必然要求机动车驾驶人严格遵守交通法规、熟练掌握驾驶技能。我国每年参加机动车驾驶培训与考试的学员达 3000 万人。由于学员在车辆驾驶培训与考试过程中,会不同程度地遇上排队练车难、熟悉路况难、与教练交流难、上路驾车紧张、正确应用交通规则难等问题,因此需要采用精准定位、安全制动、始终耐心指导学员的智能驾驶培训与考试(简称驾培驾考)系统,降低学员学车的难点,提高驾培质量。2015 年,《国务院办公厅转发公安部交通运输部关于推进机动车驾驶人培训考试制度改革意见的通知》,在第 18 条中明确"推广使用全国统一的考试评判和监管系统,完善考试音视频、指纹认证、人像识别、卫星定位系统等监管手段"。自北斗二号卫星提供服务后,北斗/GNSS 机动车智能驾培驾考系统得到了广泛应用。至 2017 年 6 月底,我国大陆有驾校 16743 所,教练车 75 万辆,有相当大比例的驾校和教练车采用了北斗/GNSS 机动车智能驾培驾考系统。

1. 北斗/GNSS 机动车智能驾培驾考系统组成

1)北斗/GNSS 高精度定位单元

用于接收北斗/GNSS 导航卫星信号(图 15-35)、北斗地基增强系统增强的北斗/GNSS 导航定位系统的位置信号、北斗/GNSS 高精度的位置信号,连续输出稳定、可靠北斗/GNSS 高精度位置服务信息等。单元内还包含惯性导航器件,在北斗/GNSS 卫星信号不好或没信号时仍能短时间进行定位和测量方向。

图 15-35 北斗/GNSS 高精度定位单元的双接收天线用于获取厘米级定位服务
(由于车顶的长度限制,双接收天线构成的测量教练车状态的基线较短,采用厘米级定位,
可提高角度的测量精度;另车顶还设有车载通信天线)(图片来自 www.zbnews.net)

北斗/GNSS 高精度定位单元的主要和典型技术参数如下:

——北斗/GNSS 部分

(1)教练车定位精度:约 1cm(水平),约 2cm(高程);

(2)教练车测速精度:约 3cm/s;

(3)教练车方向测量精度:约 0.1°(接收天线的基线长度≥2m);

(4)教练车俯仰和横滚角测量精度:约 0.2°(接收天线的基线长度≥2m)。

——惯性陀螺器件

(1)量程:约 ±500(°)/s;

(2)角速度分辨率:约 0.07(°)/s;

(3)零偏稳定性:±0.2(°)/s[±250(°)/s];

(4)非线性度:约 ±0.5%(全量程)。

——加速度计

(1) 量程：±2g；

(2) 灵敏度：1.0mg；

(3) 灵敏度校准误差：±1%；

(4) 非线性：约±1%（全量程）；

(5) 数据输出数率：1~20Hz。

2) 通信单元

用于教练车与北斗车辆驾驶培训与考试控制中心进行通信。

3) 数据处理单元

用于道路、车辆、道路标志、教学场地与路段等匹配识别、安全制动系统、图像-信息显示与控制系统、拾音器-扬声器控制系统、行车路径和泊车的记录等。

4) 高精度地图

用于叠加和显示车的位置信息等，练车场的地图精度应与北斗高精度定位单元一致，练车道路的地图精度应达到分米级。

5) 图像-信息显示与操控单元

用于显示高精度地图、行车态势和信息、进行相关操作等。

6) 拾音器-扬声器单元

用于与学员进行语言交流。

7) 驾培驾考监控系统与数据中心

用于学员学籍管理、驾照申请与发放、收费、教学、预约练车、驾驶行为、行车轨迹、教练管理、教学工作量记录、教学管理与评估、学员考试评分、生成教学方案等，同时支持的教练车、教练和学员人数可根据需要进行建设和设置，一般教练车和教练数量的典型值为百量级，学员人数为千量级。

8) 通信网络

用于教练车与驾培驾考监控系统与数据中心之间的通信，可利用3G/4G/5G移动通信或经授权使用的定制通信系统。

9) 北斗地基增强系统

用于为教练车提供动态、厘米级精度的北斗/GNSS定位信号，可通过移动通信或定制的通信系统播发。1个北斗地基增强站的覆盖范围约半径50km，北斗地基增强系统已基本覆盖中国大陆。

针对复杂考试环境与满足不同年龄使用用户需求，北斗/GNSS机动车智能驾培驾考系统用户端（图15-36）主要由北斗/GNSS导航增强站、智能驾培驾考系统控制中心、通信系统、教练车（图15-37）等部分组成：

(1) 北斗/GNSS导航增强站。利用北斗/GNSS实时动态（RTK）定位技术，为教练车的北斗/GNSS高精度定位单元提供厘米级定位的增强信号；北斗/GNSS机动车智能驾培驾考系统可以独立建设北斗/GNSS导航增强站，为系统提供服务，也可以接入北斗地基增强系统"全国一张网"获得厘米级定位服务。

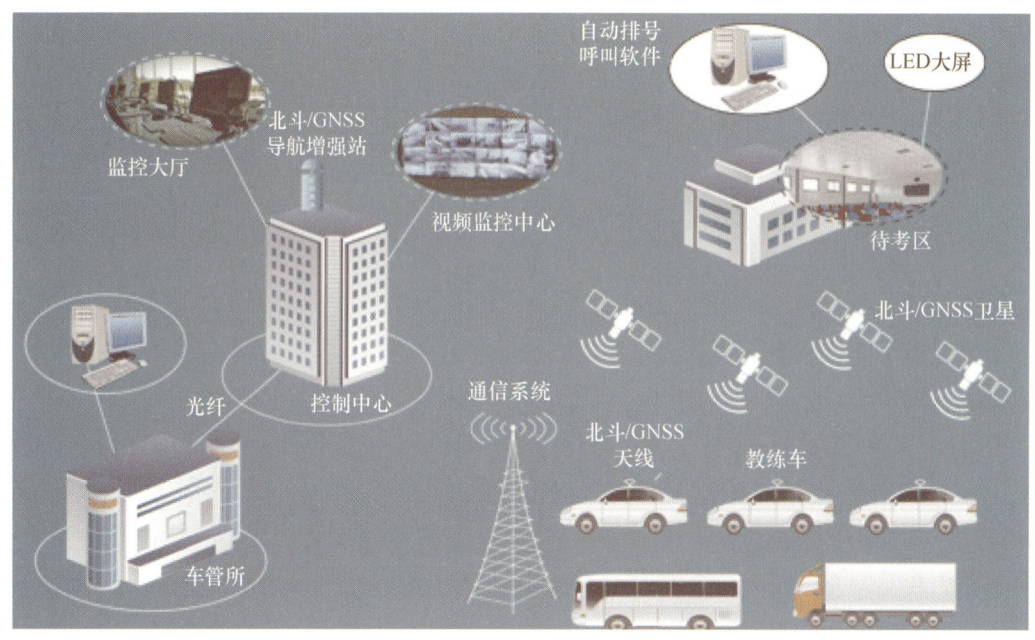

图15-36　北斗厘米级定位服务支持的智能驾培驾考系统组成示意图(图片来自 www.huacesc.com)

图15-37　安装了北斗智能驾培驾考系统的模拟考试专用车,车顶上安置了北斗卫星高精度定位天线和通信天线,图像-信息显示与操控单元等控制终端、拾音器-音箱单元安装在车内,车载主机单元安放在后备箱中(图片来自 www.jiakaobaodian.com)

(2)驾培驾考系统控制中心。用于为学员、教练和教练车提供相关服务,包括:

——学员、教练和教练车的学籍、资质、教学过程、车况管理、驾照申请等管理与服务;

——安排学员、教练和教练车的驾培驾考的计划、日程、场地和路段;

——在学员、教练和教练车进行驾培驾考期间,进行观察、指导、服务、应急救援等;

——记录学员、教练和教练车驾培、驾考、状态的相关数据;

——与交警部门、车管所、设备供应商等互联互通,提供相关数据,办理相关业务。

(3)通信系统。用于与交警部门、车管所、设备供应商、学员、教练之间的通信。

(4)教练车。

——用于学员学车、练车;

——用于教练教学、驾驶培训；

——用于学员驾驶考试。

2. 典型北斗智能驾培驾考系统的主要功能

1）高精度场景感知与教练车状态测量

为确保学员练车安全和智能教学，教练车上安装北斗智能驾培驾考系统的车载系统，可测量和感知教练车的位置、速度、方向、俯仰角、横滚角、周围场景，作为北斗智能驾培驾考系统的数据来源，支持其他智能分析功能。

2）智能语音提示

学员在练车时，北斗智能驾培驾考系统会根据天气、路况、行车意图、车辆位置、车道、速度等情况，提示学员进行正确的驾车操作事项（表15-2），或解答学员练车过程中提出的问题，帮助学员巩固掌握交通规则，培养良好驾驶习惯。

表15-2　北斗智能驾培驾考系统根据路况、车辆行驶情况提醒学员驾车操作的部分事项

天气情况	路况	行车意图	语音提示学员操作
白天	前方有从辅路进入主路的入口	从辅路进入主路	让主路车先行
白天	十字路口	右转弯	让直行车先行
白天	直行车道有斑马线人行横道	直行通过人行横道	让行人先行
白天	高速公路	跟车	控制车速，与前车保持车距；感知前车刹车灯亮，立即减速，保持车距
夜间	直行路	与对头车汇车	减速，使用近光灯
夜间	高速公路	沿公路行驶	使用远光灯

3）视频教学

学员在练车期间，教练可通过北斗智能驾培驾考系统的视频教学，为学员进行车辆操作讲解和演示等（图15-38、图15-39）。

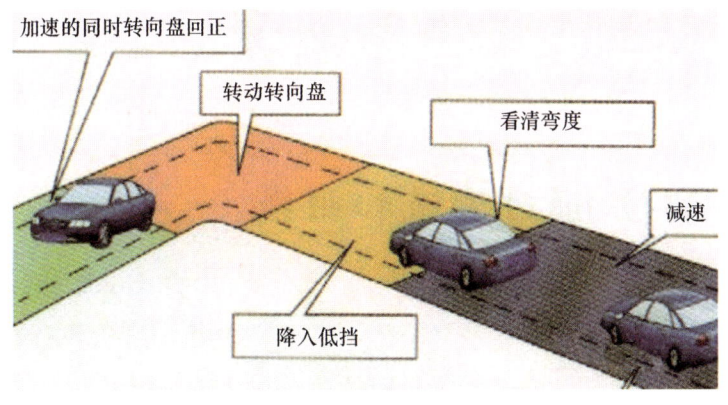

图15-38　教学中进行转直角弯的操作流程示意图（图片来自 www.baidu.com）

图15-39 教学中可将教练车倒车入库的状态显示在地图上,使学员及时掌握驾车状态,
更快掌握驾车要领,培养良好的驾驶习惯(图片来自 www.zbnews.net)

4)行车轨迹回放

学员在练车期间,北斗智能驾培驾考系统将记录行车情况,在事后回放时便于教练点评,帮助学员纠正错误,培养良好驾驶习惯(图15-40)。

图15-40 北斗智能驾培驾考系统支持不同使用场景的驾培驾考,
学员可实时在高精度地图上看到自己驾车的轨迹

5)智能判断纠错

学员在练车时,北斗智能驾培驾考系统对学员驾车行为进行判断,如果出错就及时发出纠错信号,培养良好驾驶习惯。

6)大数据分析

北斗智能驾培驾考系统通过记录学员的学习和驾车行为的数据,既可以分析每个学员的学习质量和驾车习惯,提供有针对性的教学和练习,又可以分析和总结某类学员学习特点和驾车习惯,对这类学员提供有针对性的教学和练习。

7)安全保障

为确保学员练车安全,安装北斗智能驾培驾考系统的教练车具有油门误踩、车辆后溜、车速限制、电子围栏、障碍预警、自动刹车等防护功能。

15.6 智能机器人

智能机器人物流配送、智能"飞的"、智能无人机集群在空中的联合飞行表演等活动,所依赖的核心技术有:

(1)北斗/GNSS 卫星导航系统及其增强系统提供的实时动态(Real-Time Kinematic,RTK)定位和完好性增强服务。

RTK 增强定位技术采用导航卫星信号载波相位实时动态差分方法,在空中实现厘米级定位;目前水平不仅依靠单个北斗导航增强站难以满足用户对 RTK 位置服务和完好性增强服务的需求,利用 RTK 定位增强可以在单个北斗导航增强站的支持下完成,以便接入北斗地基增强系统、直接利用其网络 RTK 定位增强服务提升其服务性能,而且还可以获得北斗/GNSS 完好性增强服务。

RTK 增强定位技术的实现依赖先进的数据处理方法和数据传输技术。在 RTK 增强定位模式下,单个北斗导航增强站通过数据链将其采集的北斗/GNSS 导航信号的原始观测值(导航信号的伪距和相位观测值等)和位置坐标信息发送给智能机器人的卫星导航接收模块,与其采集的北斗/GNSS 导航信号的原始观测值进行实时差分解算处理,即可在秒级时间内获得智能机器人厘米级的定位结果。智能机器人可在其出发点先进行运行控制系统的初始化,之后再进入飞行或行驶;也可在飞行或行驶条件下直接运行,在完成北斗/GNSS 导航信号整周模糊度求解后,即进行北斗/GNSS 导航信号每个历元的实时处理,实时输出厘米级的定位结果。

RTK 增强定位模式需要在北斗导航增强站或系统与智能机器人之间传输较大的数据量,可用电台、无线局域网、移动通信等进行数据传输。

根据《中华人民共和国无线电频率划分规定》及我国频谱使用情况,用于无人驾驶航空器的无线电频段为 840.5~845MHz、1430~1444MHz 和 2408~2440MHz,通信距离一般为 15~30km,广泛应用于中、短程的军用、警用无人机和植保、航测等各类专业无人机。

无线局域网频段一般为 2.4GHz,通信距离一般不超过 800m,用于近程无人机。

现在,更多使用通用无线分组业务(General Packet Radio Service,GPRS)和全球移动通信系统(Global System for Mobile Communication,GSM)。GPRS 传输速度 56K bps,满足 RTK 增强定位技术所需的数据传输需求。移动运营商运营的 GSM 3G/4G/5G 网络,较之前的最大不同是信令和语音信道采用数字式,GSM 900MHz 频段双工间隔为 45MHz,有效带宽为 25MHz,124 个载频,每个载频

8个信道,显著提高了数据传输的效率和范围;但一般在高于地面300m处即没有信号,可用于地面机器人;无人机正常作业飞行高度为300~1000m,因此可用于飞行高度低于300m的无人机,飞行的距离取决于移动通信网络的覆盖范围。

(2)智能机器人的卫星导航接收模块与微惯性导航模块的信号进行组合,提高输出定位定向信息的稳定性与健壮性。

(3)智能机器人的运行控制系统、卫星导航接收/微惯性导航模块的算法和软件,保证系统运行最可靠、行走/飞行路径最优。物流无人机能否安全可靠地常态化运行,关键点并非在于飞行平台的能力,而更多地取决于飞行器的智能。

(4)数量万级的集群智能机器人协同或联合正常运行,同时提供不同类型的服务。

1)智能机器人——智能无人机物流配送

中国的无人机产业赶上了消费级"风头"得以快速发展,无人机克服了地理条件的限制,可提供包括物流运输、救灾、搜救、航空摄影和测绘、航空物探、农林牧渔业等服务,具有巨大的社会和经济效益。

2014年,亿航智能公司成立。2018年5月18日,我国第一批无人机物流配送运营航线正式获批,亿航智能在获批航线中开始配送试飞。6月8日,亿航智能与永辉云创公司合作,使用智能无人机为"超级物种"(广州漫广场店)周边4个社区、约4000户居配送外卖,经营航线长度1700m,飞行时间3~4min。客户通过手机客户端下单,工作人员将客户购买的物品放入位于起降台的智能无人机载货舱中,起飞后智能无人机按照预定航线飞到用户小区的起降点并降落(图15-41、图15-42),与此同时,客户小区的配送人员会收到相关信息,到达起降点取出智能无人机运载的物品,完成最后100m内的配送,整个服务时间仅用15min。

图15-41 智能无人机为"超级物种"周边4个社区、约4000户居提供外卖物流配送服务的场景,在起飞、飞行和着陆中都必须使用GNSS精确定位服务(图片来自www.spro.so.com)

2)智能无人机群空中艺术造型表演

2017年12月7日晚,为庆贺广州全球财富论坛开幕,主办方筹划了以夜空为幕、智能无人机群的空中艺术造型表演,基于GNSS厘米级定位技术进行时空的艺术编排,1180架智能无人机同时飞行,在空中完美演绎了精确时空高度协同组成"财富"两个汉字造型的无人机编队(图15-43)。

图 15-42 智能无人机的飞行指挥调度监控系统,集调度、控制、监测、预警和集群管理功能为一体,可根据客户的需求和位置,及时调度、安排智能无人机提供安全、精确的飞行服务

(图片来自 www.finance.sina.com.cn)

图 15-43 1180 架智能无人机同时飞行,在空中完美演绎了精确时空高度协同组成"财富"两个汉字造型的无人机编队(图片来自 www.xinhuanet.com)

3) 智能"飞的"

城市交通的拥堵让"城市空中交通"(Urban Air Mobility,UAM)成为全球关注的热点,而具有商业化前景的智能"飞的"是空中载人交通解决方案的关键。

2016 年 1 月 6 日,在美国拉斯维加斯举行的 2016 CES 国际消费类电子产品展览会上,亿航智能发布了全球首款自动驾驶飞行器(Autonomous Aerial Vehicle,AAV)——亿能 184 智能无人机(图 15-44),实现了全自动驾驶飞行,乘客只需指定目的地,下达"起飞"指令即可。2018 年 2 月,亿航 184 智能无人机实现常态化载人飞行。

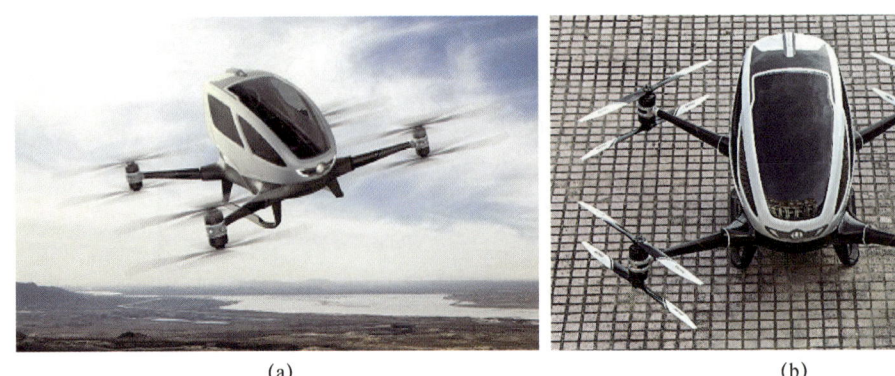

图15-44 亿能184智能无人机,载1名乘客,用上、下各4副电力驱动两片旋翼,4个支撑臂,机身长度/宽度5.61m,机身高度1.77m,最大起飞重量600kg,最大载荷220kg,巡航速度130km/h,续航时间23min,航程约40km,可满足乘客短途、快捷"点对点"的交通需求

[(a)来自www.spro.so.com;(b)来自www.tech.qianiong.com]

亿能184智能无人机可载人,具有无人操作、自动起降、自动驾驶和避开障碍,按目的地自动规划航线、联网飞行、可远程异地控制等功能(图15-45),上述功能需要GNSS及其增强系统提供的定位精度和完好性增强服务的支持。

图15-45 亿能184智能无人机联网飞行、可远程异地控制(图片来自http://news.sina.com.cn)

阿联酋迪拜推出"世界最智慧城市计划":到2030年,25%的道路运输实现智能无人驾驶,其中包括使用智能"飞的"进行载客运营(图15-46)。2017年,亿航184智能无人机在迪拜进行飞行演示(图15-47),飞越了著名的帆船饭店。迪拜交通运输管理局(Dubai Roads and Transportation Authority)认为亿航184智能无人机是目前世界上最接近商业化的自动驾驶载人飞行器。

阿联酋的"世界最智慧城市计划"为北斗/GNSS地基增强系统"走出去"提出了需求和机遇,这个北斗/GNSS地基增强系统需要增强北斗/GNSS的定位精度,同时还要增强北斗/GNSS的完好性。除此之外,还对干扰北斗/GNSS导航信号的电磁辐射进行监测,确保北斗/GNSS导航信号和地基增强系统的增强信号可用。

4) 智能机器人——智能车物流配送

2017年6月18日,在中国人民大学校园里,京东配送智能机器人顺利完成全球首单配送任务,将物品送到客户手中。互联网塑造了全新的购物模式——线上下单订货、线下配送上门,因此配送上门的时间对用户线上购物体验至关重要。2019年12月16日,国家邮政局邮政业安全监管信息系统实时监测数据显示,2019年我国快递业配送包裹量高达600亿件,相当于全国每个人均使用快递包裹数量超过42件,超过300万人的快递小哥创造了这个世界记录。虽然快递小哥已经很辛苦,但是仍然满足不了每年30%~50%快递数量增长率,由于智能机器人具备全天时、高负荷、智能化、精确配送等优点,为物流业突破"最后一千米"的能力提供了新的解决方案。

图15-46 迪拜当局推出"世界最智慧城市计划",其交通计划中包括使用智能"飞的"进行载客运营(图片来自 www.toutiao.manqian.cn)

图15-47 亿航184智能无人机在迪拜周边的沙漠进行飞行演示(图片来自 https://finance.sina.cn)

2018年11月22日,京东物流在长沙举行了智能机器人配送站启用仪式(图15-48),全球首个由智能机器人完成配送任务的系统正式投入使用。位于长沙市科技新城的京东智能机器人配送站占地面积600米^2,设自动分拣区、机器人停靠区、充电区、装载区等,当快递包裹从物流仓储中心运输至配送站后,在物流分拣线上按照配送地址对包裹进行自动分发,人工按照地址将包裹装入智能机器人,再由智能机器人配送至客户。配送站同时支持20个智能机器人运行,日配送包裹2000个。

图15-48 位于长沙市科技新城的京东智能机器人配送站内部(图片来自 www.chinaforklift.com)

按运营计划,长沙京东配送站首批覆盖长沙科技新城周边区域,站内全部采用京东3.5代智能机器人,具有自主导航行驶、智能避障避堵、红绿灯识别、人脸识别取货能力、一次可配送30个包裹的能力,同时与片区内传统物流配送方式相配合,为周边5km距离内的居民提供物流配送服务,整个区域人、机配送比达到1∶1(图15-49)。

图15-49 京东智能机器人正式上路,提供全场景、常态化配送服务(图片来自 www.sohu.com)

智能机器人全场景常态化配送运营,为北斗/GNSS 地基增强系统提出了高的要求和发展机遇,要求在增强北斗/GNSS 的定位精度的同时,要增强北斗/GNSS 的完好性;要克服北斗/GNSS 卫星导航信号和地基增强导航信号的"城市峡谷"问题;还要对城市中干扰北斗/GNSS 导航信号的电磁辐射进行监测;确保北斗/GNSS 导航信号和地基增强系统的增强信号可用,使智能机器人平稳行驶,不走错、不迷路。

15.7 电力巡线

我国已在超临界火电机组、高压输电技术、大坝建设、煤矿整体技术装备等领域位居世界前列或达到世界领先水平。

电力在我国能源消费中占有越来越重要的位置,遍布城乡的电网是保障电力传输的基础设施。我国自主研发的特高压输电技术具有世界领先水平,是体现中国科技实力的"国家名片"。目前,我国电网建设规模居世界首位,输电线路总长度超过 159 万 km,可绕地球 40 圈,电力巡线工作量与市场巨大;已累计建成"九交十三直"特高压工程,在运/建特高压工程线路总长达 4.5 万 km。在我国复杂的地形条件和多变的气候下,保障这个超大规模输电网络 7 天×24h 连续正常运行是一个极大的挑战。

我国电力行业长期依赖人工进行线路巡检作业,对 100km 输电线路巡检(含铁塔/电线杆、高压线、刀闸、绝缘子、变压器等)需要 160 个工时。在一个工作日内完成 100km 输电线路巡检,需要至少 20 名巡检人员,并且需要携带记录本和大量资料爬上几十米高的铁塔作业(图 15 - 50)。此外,巡检人员还要克服恶劣天候和崎岖的地形地貌,面临生命安全的风险。目前,国家电网员工超过 100 万,巡检人员就达到 50 万,可见电力巡检在整个行业中所占的工作量。

图 15 - 50　巡检人员爬上铁塔进行电力巡检作业的场景

(图片来自 www.elecfans.com)

2009年,南方电网普洱供电局输电所提出"无人机巡线"设想。2009年,国家电网正式立项研制无人机巡检系统。2012年,国家电网"高海拔地区无人机巡检适应性研究"团队完成了国内最高海拔的飞行测试。2013年3月,国家电网确立直升机、无人机和人工协同的巡检模式,并在包括山东、山西、四川、重庆、浙江、福建等地进行试点。

2014年,南方电网首家输电线路直升机巡视作业中心成立,各个子公司迅速开展无人机作业的尝试。经几年的探索,无人机已经在电力巡检、故障处置以及电网建设放线等领域发挥了越来越重要的作用。2016年,配备大疆专业级 A3 Pro 飞行控制系统、3 套 IMU/GNSS 模块和软件,实现6路冗余导航系统的经纬 M600 Pro 大疆无人机在电力巡线得到较多应用;该机可选配高精度 GNSS D-RTK 模块提供厘米级定位,并可有效抗电磁干扰,大幅度提升了无人机的飞行可靠性。

至2017年年底,国家电网配备各型无人机1800余架,累计巡检杆/塔超过21万基,累计发现缺陷超过5万余处,已成为电力巡检不可或缺的手段。

2018年,南方电网无人机巡线基本上全面推开,一个以"机巡为主,人巡为辅"的电力巡检模式正在全面形成(图15-51);广东电网公司无人机年巡视里程从3年前的2000km提高到8万km,电力线路巡视由传统人巡的4km/人日提升至14.5km/人日,效率提升2.6倍,每天产生2T的数据,通过数据处理分析、多维度评估预测电力设备风险,节省人工成本,实现了全天时巡视、提高了安全性,成为国内电力巡线发展最快也是目前电力巡线最突出的公司。7月31日,南方电网公司一架多旋翼无人机穿梭在佛山110kV三洲变电站到110kV兴良变电站之间,完成5km空中自动驾驶,进行"站到站"自动高精度绕塔巡视,标志着北斗高精度定位和电网数字化通道大数据积累形成的无人机自动驾驶技术达到一个新高度。

图15-51 使用无人机进行铁塔巡检作业,将拍摄的电视或热图像记录下来,或传送至巡检人员的手持计算机上,全面形成了一个以"机巡为主,人巡为辅"的电力巡检模式(图片来自 www.fashion.eastdat.com.cn)

与传统电力巡检方式相比,无人机可在作业难度较大的崇山峻岭、深山老林和江河湖泊之间轻松作业,实现与专业摄像机相当的拍摄效果,产生可见光、红外成像与测温、高精度位置信息等数据,特别是使用热成像测温仪检查人眼不可见的缺陷,以往人工很难发现的线路受损部分,也可清楚检查出来(图15-52)。用无人机进行电力巡线的效率大大提高。现在,无人机对100km 输电线路巡检,1 个人用80min 即可完成。

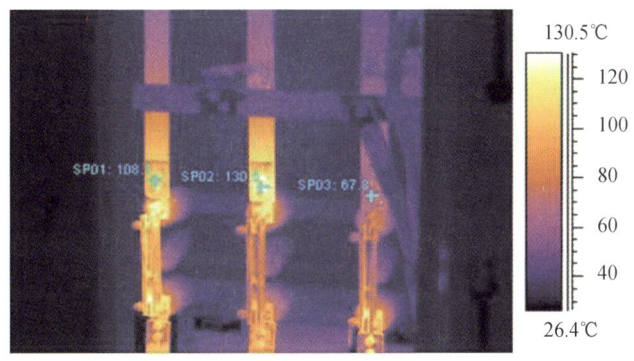

点温测量

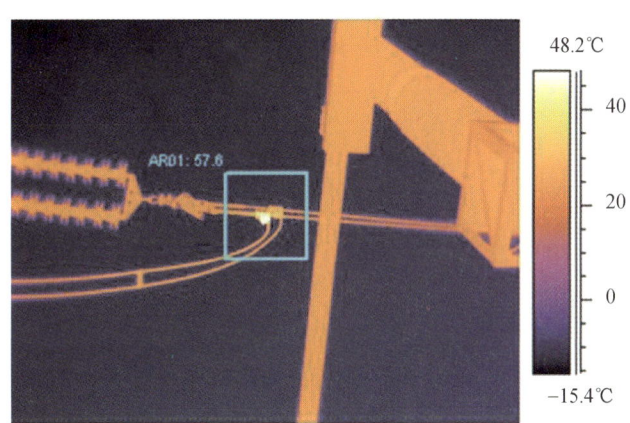

区域温测量

图 15-52　红外成像与测温可以检查人眼不可见的缺陷,以往人工很难发现的线路受损部分
也可清楚检查出来(图片来自 www.news.cps.com.cn)

电力巡检的特点:

(1)电力线路分布广泛,大量杆/塔从位于国土边远的发电厂布设到用电城市,很适合使用北斗地基增强系统"全国一张网"提供北斗厘米级定位服务支持无人机巡检,无需自行建设和维护一个北斗地基增强系统,无人机使用成本最低。

(2)使用千寻位置提供的北斗厘米级定位服务后,巡检无人机变成在位置网上"自动驾驶"的无人机,巡检人员只需设定所巡检电力线航线或坐标点即可,无需进行无人机操控培训,工作人员学习成本低。

(3)要考虑北斗厘米级定位服务信号播发给巡检无人机的通信通道问题,在移动通信覆盖区,可优先使用移动通信播发北斗厘米级定位服务信号;在移动通信未覆盖区,则需要设置电台播发北斗厘米级定位服务信号,无人机上应有相应的电台信号接收机。

15.8 老房危房与山体滑坡等形变监测

按我国建筑物设计标准,一般民用建筑的设计寿命为 50 年,钢筋混凝土结构大型或者比较重要的建筑为 80 年或以上。在现实中,建筑物的使用寿命肯定会大于设计寿命。

建筑物的自然寿命与混凝土材料特性、结构设计、自然条件的影响等因素密切相关。建筑物的材料会随时间老化、会被自然侵蚀风化,在使用中会产生缺陷,导致损坏加速,从而降低自然寿命。因此,建筑物需要定期检查,发现缺陷和隐患,及时进行维护维修,弥补使用中产生的缺陷,则建筑物的使用寿命会大幅度提高。

住宅使用年限是住宅在有形磨损下能维持正常使用的年限,由住宅的结构、质量决定的自然寿命。住宅折旧年限是住宅价值转移的年限,由使用过程中社会经济条件决定的社会必要平均使用寿命,也称为经济寿命。住宅使用年限一般大于折旧年限。国家标准规定的折旧年限是:钢筋混凝土结构 60 年,砖混结构 50 年。

新中国成立至今已有 70 年,自 1949 年后建设的砖混结构建筑物,现均已处于超使用年限的状态,钢筋混凝土结构的则进入使用年限的后期;自改革开放 40 年以来,所建设的砖混结构建筑物进入使用年限的后期,上述建筑物出安全事故的风险加大。

面对日益增加的老楼危楼安全隐患,2014 年 4 月 11 日,中华人民共和国住房和城乡建设部下发通知,要求在全国范围内开展老楼危楼安全排查工作;2016 年 7 月 9 日,中华人民共和国住房和城乡建设部发布 JGJ 125—2016《危险房屋鉴定标准》,自 2016 年 12 月 1 日起实施。

目前,对老楼危楼的监测仍采用人工方式,但社区和街道工作人员因欠缺专业技能或必要设备而监测不到位,由专业检测机构定期巡检则监测成本高,时效性不强。基于北斗地基增强系统"全国一张网"提供的后处理毫米级高精度定位服务,为老楼危楼监测提供了一个新的解决方案,即在老楼危楼上安装适当数量的北斗高精度接收机,通过"北斗高精度形变 + 传感器信息"模式,对老楼危楼受到的震动、风沙、雨雪等环境因素进行长期数据采集与监测,辅以移动巡检、大数据分析等,一旦老楼危楼倾斜、形变、老化及受损程度超过安全阈值时,系统即发出预警,提示相关部门和人员采取措施,从而减少人民生命财产的损失。除此之外,北斗形变监测系统还可用于超高限建筑、大跨/超限建筑、市政桥梁、特殊区域建筑物、大型机械等形变监测(图 15 – 53、图 15 – 54);实际上,形变监测也适用于山体滑坡等地质灾害监测。

以山体滑坡为例,北斗高精度形变监测系统由北斗系统、北斗基准站(参考站)、山体监测站、通信网络、监控中心等部分组成(图 15 – 55),各部分的作用为:

(1)北斗系统。北斗系统为北斗基准站(参考站)和北斗监测站提供连续、稳定、高精度的无线电定位信号,由国家完成建设与营运。

图 15-53　一个北斗形变监测系统总体架构示意图（图片来自 www.mt.sohu.com）

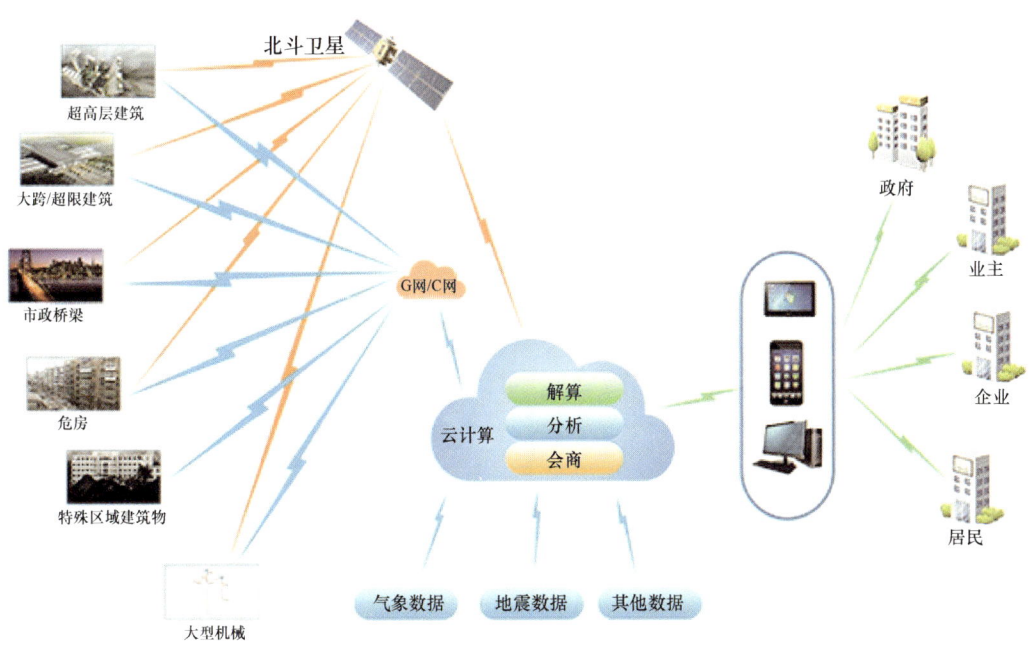

图 15-54　利用北斗地基增强系统后处理毫米级高精度定位服务进行形变监测系统应用场景示意图，其中 G 网/C 网含北斗地基增强系统的高精度数据（图片来 www.mt.sohu.com）

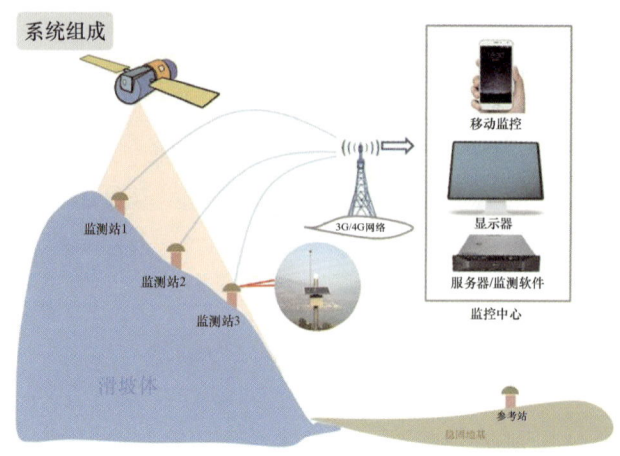

图 15-55　北斗高精度形变监测系统的组成(图片来自 www.dy.163.com)

(2)北斗基准站(参考站)。北斗基准站(参考站)建设在地质稳定的岩层或土层上,为北斗监测站提供稳定的位置参考坐标(图 15-56);北斗基准站(参考站)可以独立建设,也可以直接使用北斗地基增强系统"全国一张网"的数据。

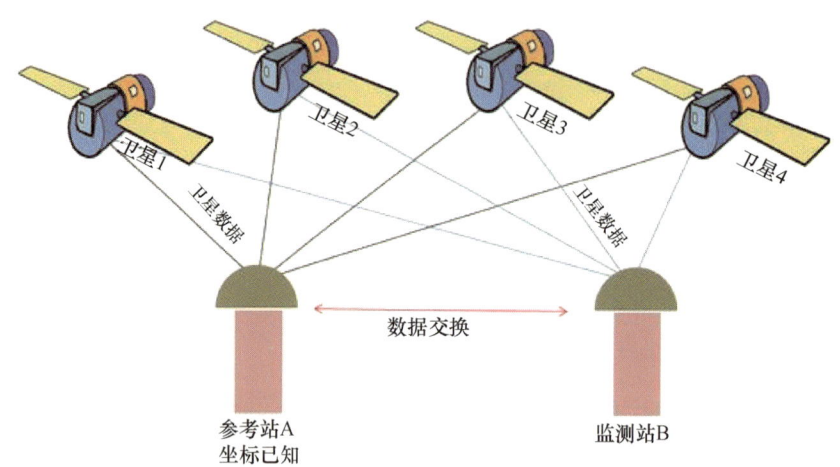

图 15-56　北斗高精度形变监测系统的工作原理示意[参考站 A 与监测站 B 在同一时间内观察和接收同一组北斗/GNSS 卫星的导航信号,由于参考站 A 建在稳定的岩层上且已知其精确的位置坐标,通过通信网络将基于参考站 A 生成差分改正数传给监测站 B,经过长时间(例如 24h)的迭代计算即可获得其相对于参考站 A 毫米级精度定位,例如监测站 B 相对于参考站 A 向东水平位移了 5mm]

(图片来自 www.dy.163.com)

(3)北斗监测站。北斗监测站需要独立建设,但实际上是"北斗高精度接收机 + 传感器"的监测站(图 15-57、图 15-58),将传感器的测量其他数据与监测点的高精度位置关联,即可以为准确预测、告警滑坡等地质灾害提供更多的信息。

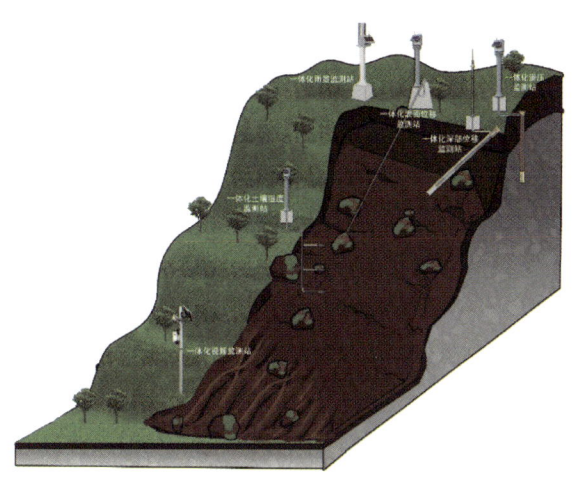

图15-57 北斗监测站实际上是"北斗高精度接收机+传感器"的监测站,其他传感器包括渗压、雨量、土壤湿度、表面位移、深部位移、视频等,多种传感器采集的各种数据与位置关联后,可以为准确预测、告警滑坡等地质灾害提供更多的信息(图片来自www.bjbczr.com)

图15-58 云南省彝良县角奎镇红石岩滑坡综合监测系统(图中有1个监测站,由北斗/GNSS信号接收天线、高精度接收机、通信网络、太阳能电池/蓄电池、传感器、立杆、基座等组成)(图片来自www.cgs.gov.cn)

北斗监测站的北斗高精度接收机与天线(图15-59)的典型技术参数如下:

① 北斗高精度接收天线。

——频率:BDS B1/B2/B3,GPS L1/L2,GLONASS L1/L2;

——极化:右旋圆极化;

——天线增益:≥5.0dBi(卫星仰角90°),≥0dBi(仰角20°),≥-3.0dBi(仰角20°);

——轴比:≤3dB(卫星仰角90°),≤5dB(卫星仰角15°);

——前后比:≥15dB(卫星仰角60°);

——电气相位中心误差:≤2mm;

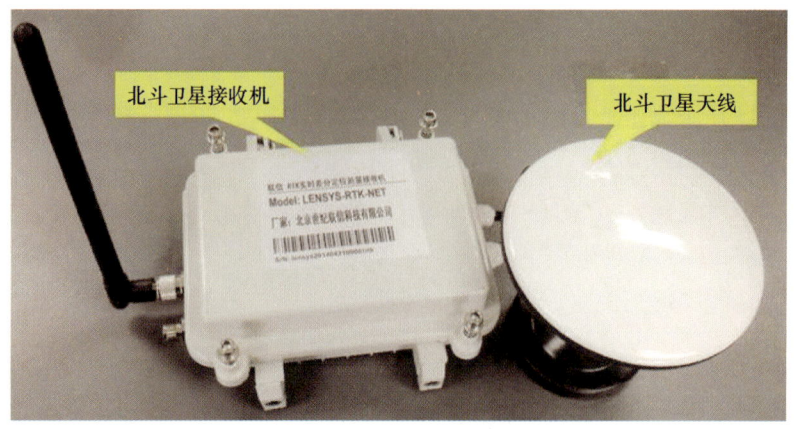

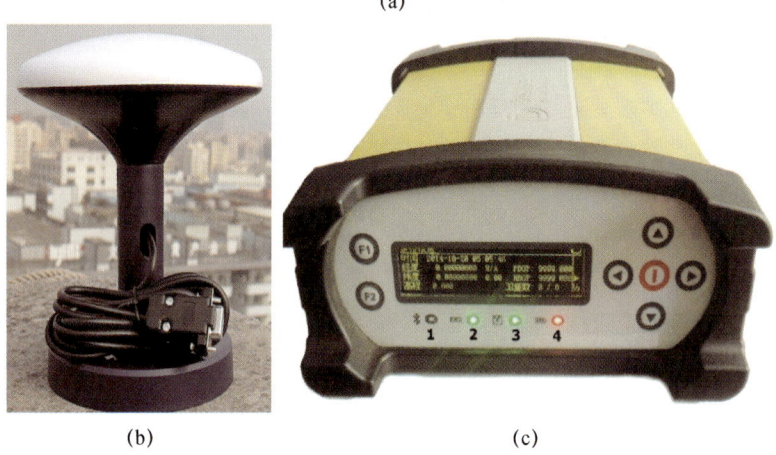

图 15-59 典型的用于北斗监测站的北斗高精度接收机与天线

(a)带无线数据传输通道的北斗高精度接收机与天线[(a)来自 www.spro.so.com];
(b)、(c)用有线传输的北斗高精度接收机与天线[(b)来自 www.dy.163.com,(c)来自武汉攀达时空科技有限公司]。

——LNA 增益:40 ±3(dB);

——驻波比:≤2.0∶1(dB);

——噪声系数:≤2.0;

——工作电压:3.3 ~18(DCV);

——工作电流:≤45mA;

——电连接器:TNC – K;

——天线尺寸:152mm(直径)×61mm(高度);

——重量:≤460g;

——相对湿度:90%;

——工作温度: -40 ~70℃;

——贮存温度: -55 ~85℃;

——防护等级:IP67;

——使用环境:内陆户外。

② 北斗高精度接收机。

——频率:BDS B1/B2/B3,GPS L1/L2/L5,GLONASS L1/L2;

——静态定位精度:约 $2.5 + 1 \times 10^{-6} \times D(km)$(水平),约 $5.0 + 1 \times 10^{-6} \times D(km)$(高程);

——标准单点定位精度:约 1.5m(水平 CEP);

——Linux 操作系统,支持二次开发;

——512M(RAM)+512M(ROM);

——内存 32G;

——支持静态实时、动态 RTK 解算,同时支持单北斗解算;

——定位输出频率:1~20Hz(取整数值,可设定);

——初始化时间:≤10s;

——差分格式:CMR,CMR+,RTCM2.1,RTCM2.2,RTCM2.3,RTCM3.1,RTCM3.2;

——输出格式:NMEA 0183,二进制码;

——差分通信协议:TCP/IP,NTRIP,串口;

——RTK 模式支持:CBI,VRS,FKP,MAC;

——无线网络:3G,支持 WCDMA、TDCDM、GPRS;

——有线网络:RJ45 有线网络接口;

——蓝牙:Bluetooth II,标准 1.1;

——WiFi:内置 802.1 lb/g WiFi 模块;

——工作电压:12(DCV);

——工作电流:1A;

——内置电池:7.4V,双电池组 10000mA·h,可持续工作 24h;

——电连接器:TNC-K;

——机壳外形典型尺寸:220mm(长)×164mm(宽)×80mm(高);

——重量:约 2000g(含内置电池);

——相对湿度:90%;

——工作温度:-40~60℃;

——贮存温度:-55~85℃;

——防护等级:IP67;

——可靠性:99.99%;

——抗跌落:2m 水泥地自然跌落;

——使用环境:内陆户内。

(4)通信网络。通信网络用于连接北斗参考站、北斗监测站、其他信息源和监控中心,进行导航卫星原始观测数据和传感器数据的互联互通,直至生成毫米级定位精度及其与传感器数据关联关系、预警信息和告警信息;通信网络还用于连接监控中心和管理部门、救援部门、第三方等,告知预警信息和告警信息,开展相关救援工作,并经管理部门批准后,再向直接用户发送预警信息和告警信息。

北斗高精度形变监测系统有 3 种通信网络:一种是无线通信网络,例如 3G/4G/5G 移动通信、或专用通信电台;一种是有线通信网络;一种是无线+有线通信网络。

(5)监控中心。监控中心用于处理北斗参考站、北斗监测站+传感器的数据,进行大数据分析,生成预警信息和告警信息,接收其他信息源的信息、系统运行监控、用户管理(含管理部门、救援部门、第三方、直接用户)等。

基于北斗高精度的全天候、多方位7天×24h的连续形变监测系统,可以获得更多的数据,结合大数据分析,提高早期预警和及时告警的概率,为政府、保险机构、行业管理等部门提供可靠性高的决策依据;特别是利用北斗地基增强系统"全国一张网"的毫米级定位服务,支持全国范围内的形变监测,还可将自建北斗参考站的传统卫星导航系统形变监测解决方案的成本降低10%~20%。

北斗高精度形变监测系统可用于超高限建筑、大跨/超限建筑、市政桥梁、特殊区域建筑物、大型机械、老楼危楼、水坝堤坝、电力塔/杆、公路/铁路边坡、机场跑道沉降(图15-60)等公共基础设施、山体滑坡的形变监测,以预防人民生命财产的重大损失。

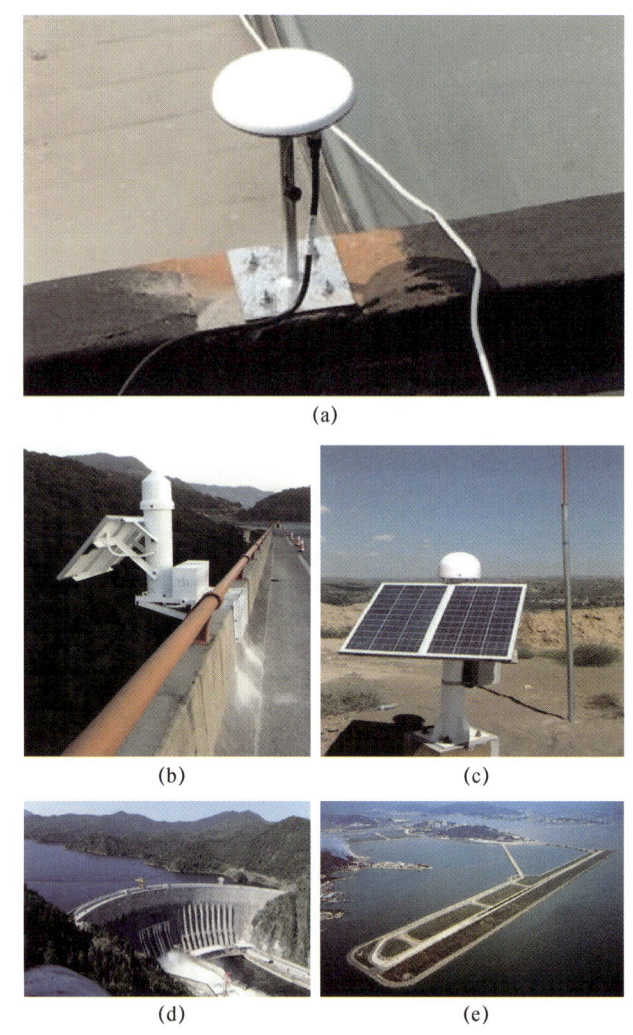

图15-60 北斗高精度形变监测系统已用于(a)老楼危楼形变监测(来自 www.m.sohu.com);
(b)桥梁形变监测(来自 www.youngchina.com);(c)矿坑边的形变监测(来自 www.m.sohu.com);
(d)水库大坝的形变监测(来自 www.spro.so.com);(e)澳门国际机场的跑道形变监测
(来自 http://a3.att.hudong.com)

2019年3月26日5时01分06秒,甘肃省永靖县盐锅峡镇党川村黑方台党川6号和7号滑坡体附近新发生了一起黄土滑坡,滑坡体积约20000m³(图15-61)。长安大学和成都理工大学的团队利用北斗高精度形变监测系统对该滑坡区进行了长期联合监测(图15-62),提前2天对滑坡发出黄色预警,提前1天发出橙色预警,提前40min发出红色预警,并以短信、微信和紧急电话方式提醒当地盐锅峡镇地质灾害应急中心和村级干部,做好了相应的防范工作。滑坡发生后掩埋主渠50m、耕地十余亩,当地政府及时采取防范措施,避免了人员伤亡,安装在滑坡体上的远程视频监测装置记录了滑坡灾害发生的全过程。

图15-61 (a)甘肃党川6号滑坡体全貌滑坡区域(用淡红色线条标示)略图;(b)甘肃党川6号滑坡体(黄色曲线区域)及其下方村庄(红色曲线区域),在黄色区域内设有多个北斗/GNSS监测点),用于监测滑坡区的形变(图片来自www.m.guancha.com)

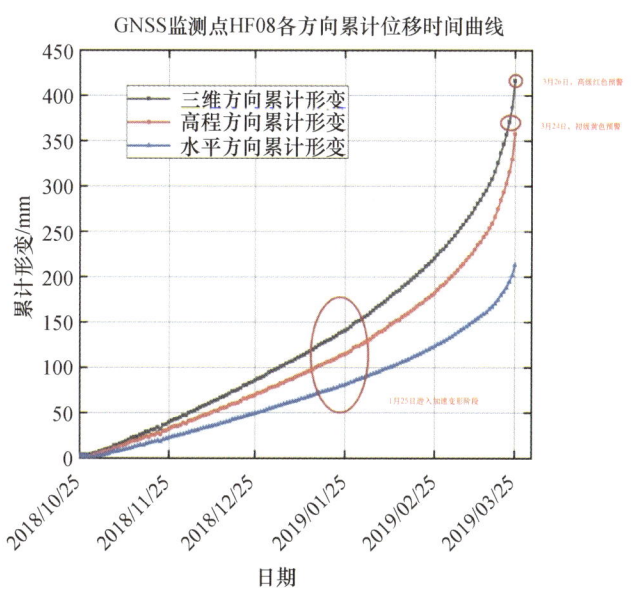

图15-62 甘肃党川6号滑坡体全貌滑坡区的时间与累计形变量的变化关系,可见在3月25日累计形变量高达200~400mm(图片来自www.3g-k.sohu.com)

甘肃党川 6 号滑坡体的成功预报和告警,证明了利用北斗高精度形变监测系统监测、预警、告警老房危房与山体滑坡在实践上是可行的,为推广使用北斗高精度形变监测系统提供了成功的案例。

随着北斗卫星导航系统的建设和发展,与其配套的设施建设势必会为我国经济建设和发展注入新的活力,加快我国建设智能城市、智能农业的步伐,为人们出行和生活带来巨大便利,希望北斗导航系统可以更加贴合人民经济发展的需要,为国民经济建设带来新的动力。

第 16 章

标准体系

北斗地基增强系统是北斗卫星导航系统的重要组成部分,按照"数据共享、服务优先、统一方案、共建共管、分步实施、持续发展"的思路进行建设,"规划设计一张网,建设使用一张网",满足国家、行业、大众市场当前和今后北斗卫星导航系统高精度导航定位的需求。

北斗地基增强系统建设涉及多个行业,参与建设的单位多,需要统一设计、建设和应用的标准。北斗地基增强系统标准化工作立足"统一、通用、共享"的建设要求,制定并发布标准规范,统一北斗地基增强系统设计、建设、运行、维护、数据格式、信号接口、信息安全等,确保系统投入使用后能稳定、可靠地为用户服务。通过标准化工作,建立一批北斗地基增强系统技术的标准知识产权,促进北斗应用与产业化。

16.1 标准体系总体

北斗地基增强系统建设首先设计了北斗地基增强系统标准体系框架,通过标准体系框架对标准分类进行顶层设计和分类规划,按照标准体系框架的分类关系建立标准体系表,并纳入经过分析适用的现行标准和需制定需求标准。通过贯彻国家标准化政策、国家标准、国家军用标准等现行标准,制定有北斗地基增强系统特色的国家标准、国家军用标准、北斗专业标准、工程标准等,规范北斗地基增强系统的设计、建设、运行、维护、服务和应用等工作。

16.1.1 标准化的主要任务

北斗地基增强系统标准化工作的主要任务:

(1) 贯彻落实国家卫星导航政策和卫星导航技术及产业化发展的总体战略,建立涵盖北斗地基增强系统设计、建设、运行、维护、服务、应用的标准体系,规范相关工作,补充和完善北斗卫星导航标准体系。

(2) 根据北斗地基增强系统的建设特点,开展工程管理、工程技术的标准化工作,编制国家标准、北斗专项标准、工程标准,指导和规范工程文件的编制。

(3) 配合北斗地基增强系统的工程建设,开展相关标准的宣贯,对工程建设中标准的贯彻实施进行监督检查。

16.1.2 标准体系建立依据

北斗地基增强系统工程标准体系的编制依据包括:
(1)《国家中长期科学和技术发展规划纲要(2006—2020)》;
(2)《国家卫星导航产业中长期发展规划》;
(3)《北斗卫星导航系统标准体系表(1.0)》;
(4)《中华人民共和国标准化法》;
(5) GB/T 13016—2018《标准体系表编制原则和要求》。

16.1.3 标准体系建立原则

1. 体系科学、架构合理

运用系统工程的原理和方法,将北斗地基增强系统领域相互关联、依存、制约的若干标准,按照一定的规则组成具有特定标准化功能的有机整体,并以体系表的形式展现出来,作为系统建设一定时期、一定范围内开展标准化工作的依据。以此为前提,把标准按技术关系及工程建设实际科学分类,搭建的架构要合理体现出标准对设计、建设、运行、维护、服务、应用各方面的覆盖,标准之间有互相衔接、互相补充的关系。

2. 技术先进、划分明确

标准体系充分体现我国卫星导航地基增强技术及应用的先进水平,从当前科研生产实际出发,也应充分考虑卫星导航及地基增强技术的发展,使标准体系表的技术内容具有先进性,以指导标准化工作和科研生产技术活动。体系力求内容相对完整、划分明确,标准项目间不交叉、不重复,达到标准体系整体最优。

3. 开放兼容、国际接轨

标准体系应充分利用国内外现有的标准资源,尽可能采用现有的、适用的、符合卫星导航地基增强系统工程研制建设、长期运行管理、应用推广与产业化的各级各类标准,充分考虑军民结合、部门间融合、行业融合,覆盖相关国家标准、军用标准、行业标准。以北斗卫星导航系统为基础,兼容 GPS、GLONASS、Galileo 系统等,建成开放兼容的标准体系。充分吸收与借鉴国外构建标准体系的成果与经验,积极采用国外先进标准,实现与国际接轨。

4. 完整协调、层次得当

在充分体现北斗地基增强系统特色的前提下,完整的覆盖包括地基增强系统基础、工程、运行维护以及应用的相关标准;各标准之间要做到互相衔接、协调一致。另外,根据标准适用范围不同,将其安排在恰当的层次上,在扩大标准的适用范围的同时,使标准体系表结构简化、层次恰当。

5. 相对稳定、持续完善

标准体系在一定时期内相对稳定,并随着新技术的不断进步和落后技术的淘汰,标准体系可在一定范围内修改和完善,标准体系的发展与技术的发展保持同步。

16.1.4 标准体系建设及实施

北斗地基增强系统工程标准体系是国家卫星导航标准体系的重要组成部分,是支撑北斗地基增强系统设计、建设,推进北斗应用产业化,提高北斗地基增强系统建设质量、运维和服务水平,满足未来北斗地基增强系统标准化工作需求的重要基础和保障。北斗地基增强系统标准体系是地基增强技术走向实用化和社会化的保证,对于构建自主可控、安全高效、稳定可靠的北斗地基增强系统具有巨大的推动作用和保障作用。

通过编制"北斗地基增强系统工程标准体系",有利于北斗地基增强系统建设标准化工作开展的科学性、计划性和有序性,有利于实现北斗地基增强系统标准制定的统一规划、统一组织、统一部署,为北斗地基增强系统各类标准的制定、修订计划的编制提供参考依据,同时也能补充完善国家卫星导航标准体系。

现行北斗地基增强系统相关标准包括国家标准,国家军用标准,交通、测绘、航天、航空等行业的行业标准等,这些标准将用于指导、规范北斗地基增强系统的建设。北斗地基增强系统还应制定的国家标准、北斗专项标准和工程标准应与现行国际标准、国家标准相协调,与国家通信体制相协调,为北斗地基增强系统国内全面深入应用及国际化推广奠定基础。

北斗地基增强系统技术文件及资料应符合国家标准、行业标准的要求,应建立北斗技术文件标准化管理制度,系统设计、施工各阶段的技术文件及资料应符合标准化要求,所有文件应规范、统一。

在长期的系统建设过程中,标准文件的贯彻实施是个重要问题,需要有专业标准化人员进行指导、监督、检查。

16.2 标准体系框架[1]

"北斗地基增强系统工程标准体系"是"国家卫星导航标准体系"的组成部分,北斗地基增强系统标准体系框架与国家卫星导航标准体系框架相协调,紧密结合北斗地基增强系统设计、工程建设、数据交换、产品质量保证、测试可靠、安全运行等方面的实际特点及标准化需求,并充分考虑北斗地基增强系统应用产业化发展需要,统筹规划北斗地基增强系统标准体系的分类和层次。

北斗地基增强系统工程标准体系框架设计主要包括北斗地基增强系统总体标准、工程建设标准、运维服务标准、数据接口标准、用户终端标准、测试标准和安全保密标准,见图16-1。

北斗地基增强系统工程标准体系框架各部分包括的标准类别为:

(1)系统总体标准:主要包括基础标准、系统总体规范、文档编制、档案管理等相关标准类别。

(2)工程建设标准:主要包括增强站建设、数据综合处理中心建设、通信网络建设、增强站设备选型、增强站建设监理等相关标准类别。

(3)运维服务标准:主要包括数据处理中心运维管理和服务标准类别。

(4)数据接口标准:主要包括增强站数据接口、数据处理中心接口、卫星播发数据接口、中国数字调频(CDR)广播播发数据接口、数字多媒体广播(CMMB)播发数据接口、移动通信播发数据接口等相关标准类别。

(5)用户终端标准:主要包括高精度手持用户终端、高精度车载用户终端、多系统多频点测量终端、高精度定位终端通用等相关标准类别。

(6)测试标准:主要包括联调联试标准、检查验收标准、测试规程、入网测试等相关标准类别。

(7)安全保密标准:主要包括地基增强系统、增强站、综合处理系统等的安全保密管理标准类别。

16.3 标准体系表[1]

北斗地基增强系统工程标准体系表是反映北斗地基增强系统工程标准项目的专用表格,标准体系表中的标准项目包括需新制定的标准项目和收录的适用现行有效标准,其分类关系根据北斗地基增强系统工程标准体系框架进行分类。标准体系表的标准项目按照"精干、统一、适用、协调、优化"的标准化原则进行选取。本着避免标准重复制定的原则,标准体系表尽量纳入现行适用的标准。现行适用标准的纳入通过对相关现行标准进行广泛搜集,然后对每项标准的具体内容进行适用性分析,确定标准内容的适用性,将适用的现行标准项目纳入标准体系表中。

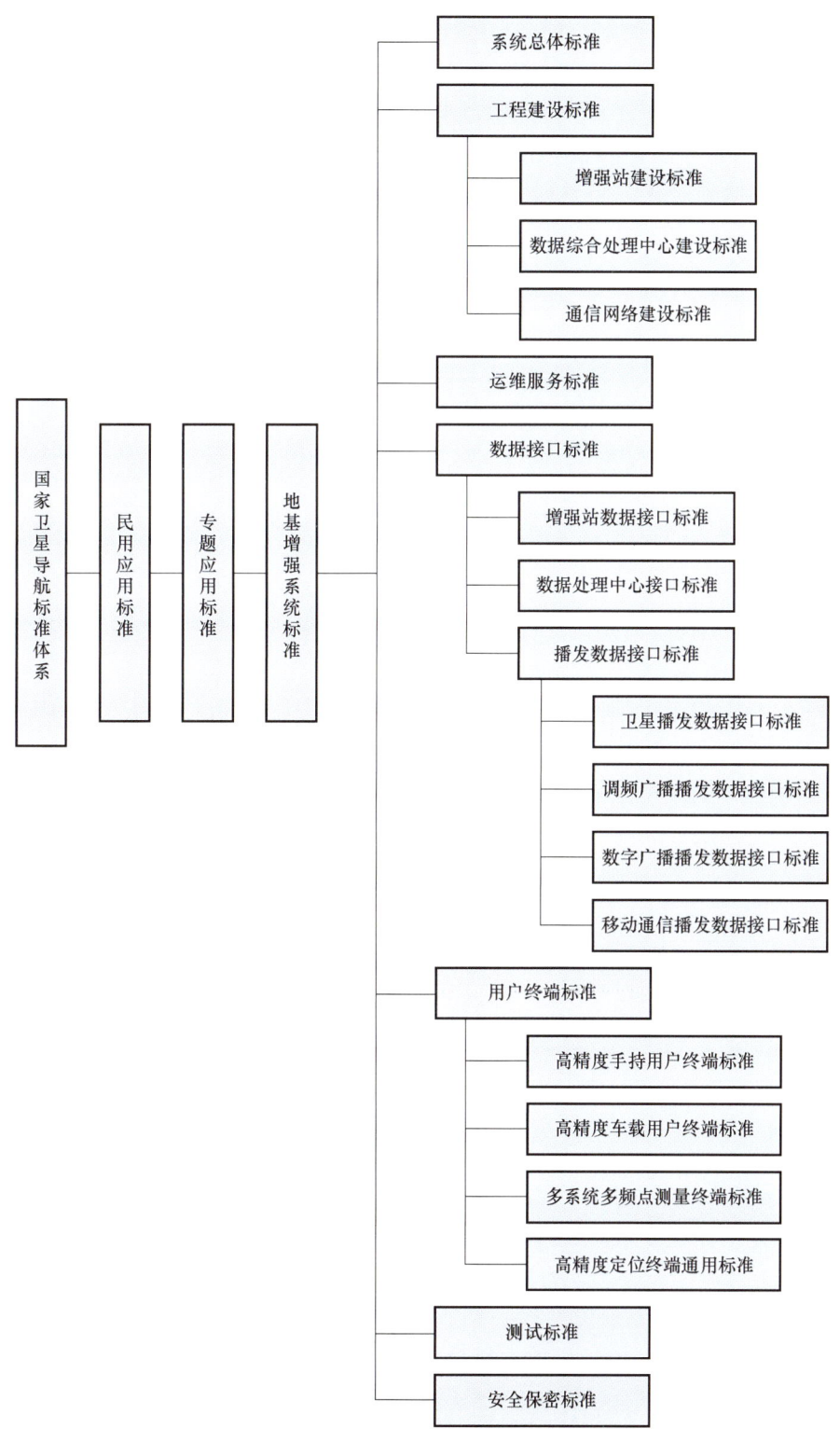

图 16-1 北斗地基增强系统工程标准体系框图

标准体系表是反映标准项目主要信息的专用表格,需要对标准体系表的表头进行信息项设计。标准体系表的表头信息项设计的标准项目主要信息有序号、标准名称、标准级别、主要内容、用途、获取渠道等内容。获取渠道用于标明标准对象获得的方式,主要有收录或制定两个渠道,收录是对现行适用标准项目的,制定是对需求标准项目的。

该标准体系表共规划标准82项,其中,需新制定标准59项,现行可使用或参考使用标准23项,具体见表16-1。表16-1中所列的标准制定项目是标准体系表规划需制定标准项目时的列项,到目前为止,有些需制定标准项目已完成了标准制定,已给予了标准编号,并正式发布实施,但标准的状态还按标准体系表规划时的状态,以保持标准体系表规划的原貌。

表16-1 北斗地基增强系统工程标准体系表

序号	标准名称	标准级别	主要内容	用途	完成状态
一、系统总体标准					
1. 北斗地基增强系统总体标准					
1	北斗地基增强工程标准制定的程序及要求	DZB	北斗地基增强系统工程标准的提出、编制、审查、批准、修订等程序及要求;工程标准的封面、编号、格式、出版和归档等要求	用于指导全地基增强系统工程标准的研制	制定
2	北斗地基增强术语	DZB	北斗地基增强系统工程建设、运行维护以及应用服务相关术语及其定义	用于规范全地基增强系统的技术交流和文档编制	制定
3	北斗地基增强系统总体规范	GB	北斗地基增强系统的组成、功能、性能,包括增强站网络、数据处理系统、数据播发系统、用户终端、信息安全防护要求、接口要求、集成与测试、运营服务等内容	用于研制的总体指导和对外合作	制定
4	北斗地基增强系统性能监测评估规范	GB	规定北斗地基增强系统精度、完好性、可用性、数据时延、可靠性等系统性能的监测与评估方法,包括监测内容、监测条件、监测环境、监测设备、数据处理、评估方法等	用于地基增强系统性能的测评验收和常规测评	制定
5	全球导航卫星系统连续运行参考站网技术规范	GB/T	规定全球导航卫星系统(GNSS)连续运行参考站、数据中心及数据通信网络等建设、运行及服务的基本要求	用于国家和地区增强站网建设、运行及服务。专业应用网站的建设、运行及服务可参考执行	收录

续表

序号	标准名称	标准级别	主要内容	用途	完成状态
6	北斗地基增强系统增强站入网管理规定	GB	本标准规定了北斗地基增强系统增强站入网条件、入网流程、职责界面、退出机制等内容	用于北斗地基增强系统增强站入网过程	制定
7	北斗地基增强系统增强站入网测试与评定要求	GB	规定了北斗地基增强系统增强站入网要求、测试和评定内容和方法,用于规范北斗地基增强系统增强站入网测试工作。包括站址稳定性、环境要求、数据质量、观测数据采集与存储、运行状态监测、参数设置、时间自主同步、数据传输、网络接口、远程管理等功能、性能的入网要求,测试和评定内容与方法	用于北斗地基增强系统增强站入网技术性能质量控制	制定
8	北斗地基增强系统行业/区域数据中心入网技术要求	GB	规定行业/区域数据中心并入北斗地基增强系统的基本性能、数据存储、数据处理、信息安全等技术要求	用于北斗地基增强系统行业/区域数据中心入网技术性能质量控制	制定
9	北斗/GNSS测量型接收机观测数据质量评估方法	GB	规定北斗/GNSS测量型接收机观测数据质量评估和建模方法,包括功能要求、性能要求、接口要求等	适用于GNSS测量型接收机数据质量评估	制定

2. 北斗地基增强系统文档标准

序号	标准名称	标准级别	主要内容	用途	完成状态
10	北斗地基增强系统文档编制要求第1部分:总则	DZB	规定北斗地基增强系统文档编制的总体要求。包括封面、目次、引言、范围、首页、续页、页边距、页脚、术语和定义、要求、方法、参考文献、附录、签署页、编写要求、编写规则、剪裁等方面的内容	用于北斗地基增强系统文档的编制	制定
11	北斗地基增强系统文档编制要求第2部分:技术设计文档编制要求	DZB	规定北斗地基增强系统技术设计文档,包括设计文档、施工图、报告文档等编制的内容及要求	用于北斗地基增强系统技术设计文档的编制	制定
12	北斗地基增强系统文档编制要求第3部分:土建工程文档编制要求	DZB	规定北斗地基增强系统土建工程文档,包括竣工图文档和报告文档等编制的内容及要求	用于北斗地基增强系统土建工程文档的编制	制定

续表

序号	标准名称	标准级别	主要内容	用途	完成状态
13	北斗地基增强系统文档编制要求第4部分:安装调试文档编制要求	DZB	规定北斗地基增强系统安装调试文档,包括安装调试登记表和设备安装调试技术文件等编制的内容及要求	适用于北斗地基增强系统安装调试文档的编制	制定
14	北斗地基增强系统文档编制要求第5部分:质量检查与监理文档编制要求	DZB	规定北斗地基增强系统质量检查与监理文档,包括测试文档、监理文档和验收报告等编制的内容及要求	用于北斗地基增强系统质量检查与监理文档的编制	制定
15	北斗地基增强系统文档编制要求第6部分:软件文档编制要求	DZB	规定北斗地基增强系统软件文档编制的内容及要求	用于北斗地基增强系统软件文档的编制	制定
16	北斗地基增强系统文档编制要求第7部分:项目管理文档编制要求	DZB	规定北斗地基增强系统项目管理文档,包括项目计划、管理文件、工作文件等编制的内容及要求	用于北斗地基增强系统项目管理文档的编制	制定
17	北斗地基增强系统文档编制要求第8部分:多媒体文档编制要求	DZB	规定北斗地基增强系统多媒体文档,包括图片、音频、视频等多媒体资料编制的内容及要求	用于北斗地基增强系统多媒体文档的编制	制定
18	北斗地基增强系统文档编制要求第9部分:技术文件完整性要求	DZB	规定北斗地基增强系统技术设计各阶段及各阶段的各类评审时应具备的相应技术文件	用于对北斗地基增强系统技术文件完整性的要求和管理	制定
19	北斗地基增强系统文档编制要求第10部分:文档编号要求	DZB	规定北斗地基增强系统文档编号的结构、编制原则和编制方法	用于北斗地基增强系统文档编号的编制	制定
20	北斗地基增强系统文档编制要求第11部分:文件签署要求	DZB	规定北斗地基增强系统文件签署的要求	用于北斗地基增强系统的文件签署	制定
21	北斗地基增强系统文档编制要求第12部分:文件更改要求	DZB	规定北斗地基增强系统文件更改的要求	用于北斗地基增强系统的文件更改	制定
22	北斗地基增强系统档案资料管理要求	DZB	规定北斗地基增强系统档案资料的归档范围及质量要求,档案整理的要求和方法,以及档案的验收要求	用于北斗地基增强系统档案资料的管理	制定

续表

二、工程建设标准

1. 北斗地基增强系统增强站建设标准

序号	标准名称	标准级别	主要内容	用途	完成状态
23	北斗地基增强系统增强站建设技术规范	GB	规定北斗地基增强系统增强站的组成、功能、性能要求、技术要求(站址设计、站址勘选、电磁环境、施工设计等)、土建要求(观测墩、观测室、防雷工程、辅助工程等)、设备要求(设备技术指标、设备测试、设备安装调试)、数据通信要求(数据通信模式及协议、增强站接入端技术要求、数据通信接口等)、测试要求(数据采集与数据完好性测试、数据通信测试、实时定位能力测试)、质量检查与监理要求(土建监理、承担单位质量检查、法人单位质量检查)、验收要求等	用于指导增强站建设	制定
24	北斗地基增强系统通信网络系统技术要求	DZB	规定北斗地基增强系统增强站与数据处理中心、数据处理中心与行业/区域数据中心、数据处理中心与播发分系统之间的通信网络技术要求、性能指标等	用于指导通信网络系统的建设和利用	制定
25	北斗地基增强系统增强站建设监理要求	DZB	规定增强站建设质量检查与监理要求,包括委托监理、监理对象等	用于指导增强站建设监理检查	制定
26	北斗地基增强系统增强站建设质量管理要求	DZB	规定北斗地基增强系统工程建设过程中的质量设计、质量监督、质量评估、问题归零、风险管控、工程监理等要求	用于指导增强站建设质量检查	制定
27	电子设备雷击试验方法	GB/T	规定工作电压 AC1000V 或 DC1500V 以下电子设备模拟雷击试验的试验条件、试验电路和试验程序	用于电子设备防雷击设计	收录
28	国家一、二等水准测量规范	GB/T	规定在全国一、二等水准网的布设原则、施工方法和精度指标	用于国家一、二等水准网的布测	收录
29	电子信息系统机房施工及验收规范	GB	规定电子信息系统机房供配电系统、防雷与接地系统、空气调节系统、给水排水系统、综合布线、监控与安全防范、消防系统、室内装饰装修、电磁屏蔽、综合测试、工程竣工验收与交接等	用于电子信息系统机房的设计、施工、验收等	收录

续表

序号	标准名称	标准级别	主要内容	用途	完成状态
30	综合布线系统工程设计规范	GB	规定建筑与建筑群的语音、数据、图像及多媒体业务综合网络建设	用于新建、扩建、改建建筑与建筑群综合布线系统工程设计	收录
2. 国家数据综合处理系统建设标准					
31	北斗地基增强系统数据处理中心数据接口规范	GB	包括:北斗地基增强系统数据处理中心向各行业/区域数据中心提供的原始数据、各类数据产品的数据内容、数据格式、播发要求、使用方法等;北斗地基增强系统数据处理中心向各类播发系统提供的各类数据产品的数据内容、数据格式、播发要求、使用方法等;各行业/区域数据处理中心向数据处理中心提供的原始数据的数据内容、数据格式、播发要求、使用方法等	用于规范北斗地基增强系统差分数据交换,确保北斗地基增强系统数据产品播发的正确性	制定
32	电子信息系统机房设计规范	GB	规定建筑中新建、改建和扩建的电子信息系统机房的设计	用于电子信息系统机房设计	收录
33	计算机场地通用规范	GB/T	规定计算机场地的术语、分类、要求、测试方法与验收规则	用于新建、改建和扩建的各类计算机场地	收录
三、运维服务标准					
34	北斗地基增强系统增强站运行维护规程	GB	规定了北斗地基增强系统增强站运维要求,包括增强站运维内容、流程、设备护理保养、备品备件要求、环境保障、应急故障处理、日常运维记录、责任划分等。具体内容包括运维的对象、物理资源、虚拟资源、运维的内容(包括调研评估、例行操作、响应支持、优化改善等)、运维的策略(包括总则、可用性、安全性、及时性、规范性等)、运维的内容、运维的人员要求、运维的工具要求等	用于规范北斗地基增强系统增强站日常运行维护工作	制定
35	全球导航卫星系统连续运行参考站网运行维护技术规范	CH/T	规定了全球导航卫星系统连续运行参考站网运维的对象、物理资源、虚拟资源、内容、策略、人员要求、工具要求等	用于规范全球导航卫星系统连续运行参考站网运维服务对象的内容,指导全球导航卫星系统连续运行参考站网的运维	收录

续表

序号	标准名称	标准级别	主要内容	用途	完成状态
36	北斗地基增强系统服务性能规范	GB	规定了北斗地基增强系统数据产品的分类、内容、对用户的要求以及系统服务性能指标,包括服务内容(增强服务、原始数据服务)、服务方式(卫星播发、广播播发、移动通信播发、网络提供)、质量指标(实时米级高精度服务、实时分米级高精度服务、实时厘米级高精密服务、后处理毫米级服务、原始数据共享服务)、服务保证等要求	用于规范北斗地基增强系统应用服务质量,确保北斗地基增强系统应用服务应当达到的基本要求	制定
37	北斗地基增强系统数据处理中心运行维护规程	DZB	规定了北斗地基增强系统数据处理中心运维的内容、流程、设备护理保养、备品备件要求、环境保障、应急故障处理、日常运维记录、责任划分等。具体包括数据综合处理系统运维的对象(包括中心机房基础设施综合布线、机房电力、空调新风等)、物理资源(网络及网络设备、服务器设备、存储设备)、虚拟资源(网络资源池、计算资源池等)、平台资源(操作系统、数据库等)、应用软件(数据处理软件、运行状态监测软件、系统性能评估软件等)、数据(业务数据、数据产品等、安全保密产品等)、运维的内容(包括调研评估、例行操作、响应支持、优化改善等)、运维的策略(包括总则、可用性、安全性、及时性、规范性等)、运维的人员要求、运维的工具要求等	用于规范北斗地基增强系统数据处理中心日常运维工作	制定
38	北斗地基增强系统运行监控规程	DZB	规定了北斗地基增强系统运行监控的对象、监控的内容、监控的方法、监控的要求、应急处理等内容	用于规范北斗地基增强系统日常监控操作	制定
39	信息技术服务 运行维护 第1部分:通用要求	GB/T	规定信息技术运维的通用要求	用于指导各类信息技术的运行维护	收录
40	信息技术服务 运行维护 第2部分:交付规范	GB/T	规定信息技术运维中的服务内容交付要求	用于指导各类信息技术的运行维护	收录
41	信息技术服务 运行维护第3部分:应急响应规范	GB/T	规定信息技术运维中对应急响应的要求	用于指导各类信息技术的运维	收录

续表

序号	标准名称	标准级别	主要内容	用途	完成状态
42	信息安全技术 灾难恢复中心建设与运维管理规范	GB/T	规定信息安全技术灾难恢复中心建设与运维管理	用于指导信息灾难恢复中心的运维	收录
四、数据接口标准					
43	北斗地基增强系统增强站数据存储与输出要求	GB	规定北斗地基增强系统增强站数据存储、输出的数据内容、数据格式(实时数据流格式、存储文件数据格式等)、传输频度等接口要求	用于规范数据斗地基增强系统增强站输出、存储的数据内容、数据分类、数据格式	制定
44	北斗地基增强系统卫星(L波段)播发数据接口规范	GB	规定北斗地基增强系统(L波段)卫星播发射频信号特性、编码格式、校验方法、播发数据格式、数据内容、用户算法等与用户的接口规范	用于接收卫星(L波段)播发信号接收机的设计	制定
45	北斗地基增强系统中国数字调频(CDR)广播播发数据接口规范	GB	规定北斗地基增强系统CDR播发射频信号特性、编码格式、校验方法、播发数据格式、数据内容、用户算法等与用户的接口规范	用于接收CDR广播播发信号终端机的设计	制定
46	北斗地基增强系统数字多媒体广播(CMMB)播发数据接口规范	GB	规定北斗地基增强系统调频广播播发的射频信号特性、编码格式、校验方法、播发数据格式、数据内容、用户算法等与用户的接口规范	用于接收CMMB播发信号终端机的设计	制定
47	北斗地基增强系统移动通信网数据播发接口规范	GB	北斗地基增强系统移动通信播发的射频信号特性、编码格式、校验方法、播发数据格式、数据内容、用户算法等与用户的接口规范	用于接收移动通信网数据播发信号终端机的设计	制定
48	北斗地基增强系统高精度车载用户终端规范	GB	规定高精度车载定位监控终端的功能与性能要求、测试方法、检验规则、标志、包装等。主要功能与性能指标:定位模式为北斗广域差分定位/GPS/AGPS;通信方式为移动通信、CMMB广播;单点定位精度(1σ,非差状态)为水平≤10m,垂直≤15m,差分定位精度(95%);单频伪距差分为水平≤2m,垂直≤3m;双频载波相位为水平≤3.0cm,垂直≤5.0cm	用于北斗地基增强系统高精度车载定位监控终端的设计、制造和验收(用于各种移动平台)	制定

续表

序号	标准名称	标准级别	主要内容	用途	完成状态
五、用户终端标准					
49	北斗地基增强系统卫星（C波段）播发数据接口规范	GB	规定北斗地基增强系统（C波段）卫星播发射频信号特性、编码格式、校验方法、播发数据格式、数据内容、用户算法等与用户的接口规范	用于接收卫星（C波段）播发信号接收机的设计	制定
50	北斗地基增强系统高精度定位终端技术要求及测试方法	GB	北斗地基增强系统高精度定位导航应用终端的一般技术要求、结构与外观、功能要求、性能要求、环境适应性要求、安全性要求、可靠性要求、维修性要求、电磁兼容性要求、试验方法、质量检验规则、标志、包装及运输贮存要求、使用说明书要求等。用于规范北斗地基增强系统高精度定位导航应用终端的设计、制造、测试与验收，确保北斗地基增强系统高精度定位导航应用终端的质量	用于规范北斗地基增强系统高精度定位导航应用终端	制定
51	北斗地基增强系统多系统多频点测量终端规范	GB	规定北斗地基增强系统多系统多频点测量终端的功能与性能要求、测试方法、检验规则、标志、包装及运输贮存。主要功能与性能指标为：区域厘米级实时差分定位精度水平≤5.0cm，垂直≤10cm；后处理毫米级精密定位精度水平≤5.0mm±1ppm×d，垂直≤10mm±1ppm×d	用于北斗地基增强系统多系统多频点测量终端的设计、制造和验收	制定
52	北斗地基增强系统高精度手持用户终端规范	GB	规定北斗地基增强系统米级精度智能手持定位终端的功能与性能要求、测试方法、检验规则、标志、包装及运输贮存。主要功能与性能指标：定位模式为北斗广域差分定位/GPS/AGPS，通信方式为移动通信，定位精度为米级	用于北斗地基增强系统米级精度智能手持定位终端的设计、制造和验收	制定
六、测试标准					
53	北斗地基增强系统增强站测试规范	DZB	规定北斗地基增强系统增强站的功能和性能测试方法，功能包括导航卫星观测数据采集、运行状态监测、时间自主同步、数据整理与存储、数据传输、远程管理、位置服务精度监测、基础保障。性能包括设备兼容性、导航电文正确性、多路径、钟差数据正确性、气象数据正确性、数据传输格式及压缩格式正确性等	用于北斗地基增强系统增强站建设完成后对其整体功能和性能进行测试	制定

续表

序号	标准名称	标准级别	主要内容	用途	完成状态
54	北斗地基增强系统国家数据综合处理系统数据处理子系统测试规范	DZB	规定北斗地基增强系统数据处理子系统的功能及性能测试方法,功能包括数据流获取接收与站点管理功能、数据管理功能、数据处理功能等,性能包括星历产品性能、卫星钟差产品性能、电离层参数产品性能、电离层格网产品性能、对流层产品性能、区域误差综合改正产品性能、稳定性与安全性等	用于北斗地基增强系统数据处理子系统的功能及性能测试	制定
55	北斗地基增强系统增强站接收机测试规范	DZB	规定北斗地基增强系统增强站所用接收机的功能和性能测试方法,包括信号接收性能、捕获灵敏度、跟踪灵敏度、定位时间、内部噪声水平、测量精度、环境适应性、电磁兼容性、安全性、可靠性等	用于判断北斗地基增强系统增强站所用接收机是否符合要求	制定
56	北斗地基增强系统增强站天线测试规范	DZB	规定北斗地基增强系统增强站所用天线的功能和性能测试方法,包括工作温度、工作湿度、抗干扰能力、天线相位中心一致性、波束宽度、极化方式、圆极化轴比、电压驻波比、天线增益等	用于判断北斗地基增强系统增强站所用天线是否符合要求	制定
57	北斗地基增强系统国家数据综合处理系统数据分发子系统测试规范	DZB	规定北斗地基增强系统数据分发子系统的功能及性能测试方法。功能包括差分增强数据产品及增强站原始数据接收功能、数据分发功能等;性能包括数据分发频度、数据完整性、误码率等	用于北斗地基增强系统数据分发子系统的功能及性能测试	制定
58	北斗地基增强系统国家数据综合处理系统运行监控子系统测试规范	DZB	规定北斗地基增强系统运行监控子系统的功能及性能测试方法。功能包括增强站网远程监控功能、数据综合处理状态监控功能、数据播发状态监控功能、数据分发(交换)状态监控功能、通信网络状态监控功能、应用服务状态监控功能、系统服务性能评估及告警功能等,性能包括各种监测告警正确性等	用于北斗地基增强系统运行监控子系统的功能及性能测试	制定

续表

序号	标准名称	标准级别	主要内容	用途	完成状态
59	北斗地基增强系统完好性测试规范	GB	规定北斗地基增强系统完好性的测试方法,包括卫星信号完好性、增强站信号完好性、差分增强数据完好性、播发信号完好性、终端完好性	用于北斗地基增强系统完好性的测试	制定
60	北斗地基增强系统数据播发系统移动通信播发测试规范	DZB	规定北斗地基增强系统移动通信播发的功能及性能测试方法。功能包括从国家数据综合处理系统实时接收差分增强数据产品功能、对差分增强数据产品开展数据质量预评估功能、差分增强数据产品的数据封装功能、将封装后的差分增强数据信息调制到移动通信链路功能等,性能包括2G/3G网络覆盖范围、接收误码率、数据延迟时间等	用于北斗地基增强系统移动通信播发质量的测试与评价	制定
61	北斗地基增强系统通信链路测试规范	DZB	规定北斗地基增强系统所有通信链路的测试方法,包括数据传输带宽、通信链路可用性、数据传输完整性、丢包率、误码率、可靠性、站点最小/最大/平均时延、通信协议正确性等	用于北斗地基增强系统所有通信链路的测试	制定
62	北斗地基增强系统数据播发系统卫星播发测试规范	GB	规定北斗地基增强系统卫星播发的功能及性能测试方法。功能包括从国家数据综合处理系统实时接收差分增强数据产品功能、对差分增强数据产品开展数据质量预评估功能、差分增强数据产品的数据封装功能、将封装后的差分增强数据信息调制到卫星通信链路功能等,性能包括载波频率、信号工作带宽、调制方式、用户接收信号电平等	用于北斗地基增强系统卫星播发质量的测试与评价	制定
63	北斗地基增强系统数据播发系统数字广播播发测试规范	DZB	规定北斗地基增强系统数字广播播发的功能及性能测试方法。功能包括从国家数据综合处理系统实时接收差分增强数据产品功能、对差分增强数据产品开展数据质量预评估功能、差分增强数据产品的数据封装功能、将封装后的差分增强数据信息调制到数字广播链路功能等,性能包括通信带宽、有效覆盖半径、接收误码率、信息时延等	用于北斗地基增强系统数字广播播发质量的测试与评价	制定

续表

序号	标准名称	标准级别	主要内容	用途	完成状态
64	北斗地基增强系统稳定性测试规范	DZB	规定北斗地基增强系统稳定性的测试方法,包括系统监测稳定性、系统可靠性、增强数据产品可靠性及稳定性、系统计算成果稳定性等	用于北斗地基增强系统稳定性的测试	制定
65	北斗地基增强系统功能性能集成联试规范	DZB	规定北斗地基增强系统功能与性能的测试方法。功能包括提供标准格式气象数据/原始观测数据功能、提供各类增强数据产品功能、连续自动运行功能、系统报警功能、提供全国范围内米级/分米级和后处理毫米级服务功能、站网扩充与应用扩展功能等。性能包括系统负载、系统容量、数据产品性能、系统产品时间可用性、系统产品空间可用性、系统用户可用性、系统指标	用于北斗地基增强系统所有功能和性能的测试	制定
66	北斗地基增强系统增强站入网调试要求	DZB	本标准规定了北斗地基增强系统增强站设备入网阶段接口集成联试、通信链路测试、系统功能集成联试、系统性能集成联试、系统稳定性测试、系统安全性测试等阶段的调试要求	用于北斗地基增强系统增强站入网设备调试过程	制定
67	全球导航卫星系统(GNSS)导航设备测试方法	GB/T	规定卫星导航设备的性能要求、物理特性、供电特性、输出连接方式、工作频率、环境适应性、测试方法、测试场地、测试环境、标准信号等	用于卫星导航系统导航设备的基本测试	收录
七、安全保密标准					
68	北斗地基增强系统安全保密管理规定 第1部分:总则	DZB	规定北斗地基增强安全保密管理规定,包括管理制度、组织结构、人员、技术要求等	用于指导北斗地基增强安全保密管理	制定
69	北斗地基增强系统安全保密管理规定 第2部分:增强站	DZB	规定增强站安全保密要求,包括物理安全、网络安全、主机安全、应用安全和数据安全五个层面及安全管理制度等	用于指导增强站安全保密管理	制定
70	北斗地基增强系统安全保密管理规定 第3部分:数据综合处理系统	DZB	规定数据综合处理系统安全保密要求,包括物理安全、网络安全、主机安全、应用安全和数据安全5个层面进行防护设计等的要求	用于指导数据综合处理系统安全保密管理	制定
71	北斗地基增强系统安全保密管理规定 第4部分:播发系统	DZB	规定播发系统安全保密要求,包括物理安全、网络安全、主机安全、应用安全和数据安全5个层面进行防护设计等的要求	用于指导播发系统安全保密管理	制定

续表

序号	标准名称	标准级别	主要内容	用途	完成状态
72	北斗地基增强系统备份中心安全保密要求	DZB	规定备份中心安全保密要求,包括物理安全、网络安全、主机安全、应用安全和数据安全5个层面进行防护设计等的要求	用于指导备份中心安全保密管理	制定
73	处理涉密信息的电磁屏蔽室的技术要求和测试方法	BMB	规定处理涉密信息的电磁屏蔽室的技术要求和测试方法	用于电磁屏蔽室的设计和测试	收录
74	涉密信息设备使用现场的电磁泄漏发射防护要求	BMB	规定涉密信息设备使用现场的电磁泄漏发射防护要求	用于涉密信息设备使用现场的电磁泄漏发射防护设计	收录
75	涉及国家秘密的信息系统分级保护技术要求	BMB	规定涉及国家秘密的信息系统分级保护技术要求	用于涉密信息系统的分级保护设计	收录
76	涉及国家秘密的信息系统分级保护管理规范	BMB	规定涉及国家秘密的信息系统分级保护管理要求	用于涉密信息系统的分级保护管理设计	收录
77	涉及国家秘密的信息系统分级保护测评指南	BMB	规定涉及国家秘密的信息系统分级保护测评要求	用于涉密信息系统分级保护的测评	收录
78	涉及国家秘密的信息系统分级保护方案设计指南	BMB	规定涉及国家秘密的信息系统分级保护方案设计要求	用于涉密信息系统的分级保护方案设计	收录
79	计算机信息系统安全保护等级划分准则	GB	规定计算机系统安全保护能力的5个等级:第1级用户自主保护级;第2级系统审计保护级;第3级安全标记保护级;第4级结构化保护级;第5级访问验证保护级	用于计算机信息系统安全保护等级划分	收录
80	信息安全技术信息系统安全等级保护基本要求	GB/T	规定不同安全保护等级信息系统的基本保护要求,包括基本技术要求和基本管理要求,适用于指导分等级信息系统的安全建设和监督管理	用于信息安全技术信息系统安全等级保护设计	收录
81	信息安全技术信息系统安全管理要求	GB/T	规定信息系统安全所需要的各个安全等级的管理要求。本标准适用于按等级化要求进行的信息系统安全管理	用于信息安全技术信息系统安全管理	收录

续表

序号	标准名称	标准级别	主要内容	用途	完成状态
82	信息安全技术信息系统安全工程管理要求	GB/T	规定信息系统安全工程的管理要求,是对信息系统安全工程中所涉及的需求方、实施方与第三方工程实施的指导,各方可以此为依据建立安全工程管理体系。本标准适用于信息系统的需求方和实施方的安全工程管理	用于信息安全技术信息系统安全工程管理	收录

注:"DZB"指的是专为北斗地基增强系统而制定的工程标准。

16.4 制定发布的标准及注意内容

16.4.1 制定发布标准的概述

围绕北斗地基增强系统建设的急需,根据北斗地基增强系统工程标准体系的规划,采取了标准制定与建设同步进行和紧密结合的方式,开展了北斗地基增强系统标准制定工作。技术设计方案为标准提供基础内容,标准研制细化和完善技术内容,标准与技术相互支持和迭代,不断提升标准的技术水平,制定出了实用性强的高质量标准。北斗地基增强系统建设工程共制定"北斗地基增强系统工程标准"18项,在工程标准的基础上提升制定为"中国第二代卫星导航系统重大专项标准"7项,在重大专项标准的基础上提升制定为中国"国家标准"4项,所制定的标准已发布并实施,具体的标准项目如下所列。

1. 制定发布的北斗地基增强系统工程标准

(1) DZB 10—2016 北斗地基增强系统总体规范

(2) DZB 11A—2019 北斗地基增强系统增强站建设规范

(3) DZB 12—2016 北斗地基增强系统增强站数据格式规范

(4) DZB 13—2016 北斗地基增强系统差分数据产品分发与交换接口规范

(5) DZB 14—2016 北斗地基增强系统移动通信播发接口规范

(6) DZB 15—2016 北斗地基增强系统增强站系统验收规范

(7) DZB 16—2016 北斗地基增强系统数据综合处理系统建设规范

(8) DZB 17A—2019 北斗地基增强系统运行维护规范

(9) DZB 18—2016 北斗地基增强系统高精度定位导航应用终端通用规范

(10) DZB 19—2016 北斗地基增强系统文档编制要求

(11) DZB 20—2016 北斗地基增强系统安全保密管理规定

(12) DZB 21—2016　北斗地基增强系统增强站入网管理规定

(13) DZB 22—2016　北斗地基增强系统基于中国多媒体广播(CMMB)播发接口规范

(14) DZB 23—2016　北斗地基增强系统工程标准编制程序及要求

(15) DZB 24A—2019　北斗地基增强系统工程术语

(16) DZB 25—2019　北斗地基增强系统档案管理要求

(17) DZB 26—2019　北斗地基增强系统软件研制的通用要求

(18) DZB 27—2019　北斗地基增强系统软件开发的标识要求

2. 制定发布的中国第二代卫星导航系统重大专项标准

(1) BD 440013—2017　北斗地基增强系统增强站建设技术规范

(2) BD 440014—2017　北斗地基增强系统增强站运行维护规程

(3) BD 440015—2017　北斗地基增强系统国家数据综合处理系统数据接口规范

(4) BD 440016—2017　北斗地基增强系统增强站入网资格评定要求

(5) BD 440017—2017　北斗地基增强系统增强站数据存储和输出要求

(6) BD 440018—2017　北斗地基增强系统基于中国移动通信网数据播发接口规范

(7) BD 440019—2017　北斗地基增强系统基于中国移动多媒体广播(CMMB)播发接口规范

3. 制定发布的国家标准

(1) GB/T 37018—2018　卫星导航地基增强系统数据处理中心数据接口规范

(2) GB/T 37019.1—2018　卫星导航地基增强系统播发接口规范　第1部分:移动通信网

(3) GB/T 37019.2—2018　卫星导航地基增强系统播发接口规范　第2部分:中国移动多媒体广播

(4) GB/T 37019.3—2018　卫星导航地基增强系统播发接口规范　第3部分:调频频段数字音频广播

16.4.2　国家标准 GB/T 37018—2018 的主要内容[2]

GB/T 37018—2018 的标准名称为"卫星导航地基增强系统数据处理中心数据接口规范",标准主要规定了以下内容。

1. 标准的主题内容和适用范围

本标准规定了卫星导航地基增强系统数据处理中心(以下简称数据处理中心)与增强站、监测站、数据产品播发系统之间,数据处理中心与其他数据处理中心之间的数据接口关系、传输内容及要求、接口协议,数据产品的类别、电文内容及格式等。

本标准适用于数据处理中心与增强站、监测站、数据产品播发系统之间,数据处理中心与其他数据处理中心之间的数据交互。

2. 数据接口

1) 概述

数据处理中心主要由数据接收子系统、数据存储子系统、数据处理子系统、数据分发子系统等组成,通过从增强站实时接收卫星原始观测数据、误差改正信息,生成高精度定位差分数据产品,并将这些差分数据产品提供给数据产品播发系统,采用卫星、移动通信网、数字广播等方式播发给用户(用户与数据产品播发系统的接口关系见相关标准)。数据处理中心也可以通过移动通信网直接为用户提供定位导航结果服务。

2) 接口关系

数据处理中心的接口包括与增强站、监测站、数据产品播发系统的接口,数据处理中心与其他数据处理中心之间的接口,数据处理中心与直接用户的接口,接口关系见图 16-2。

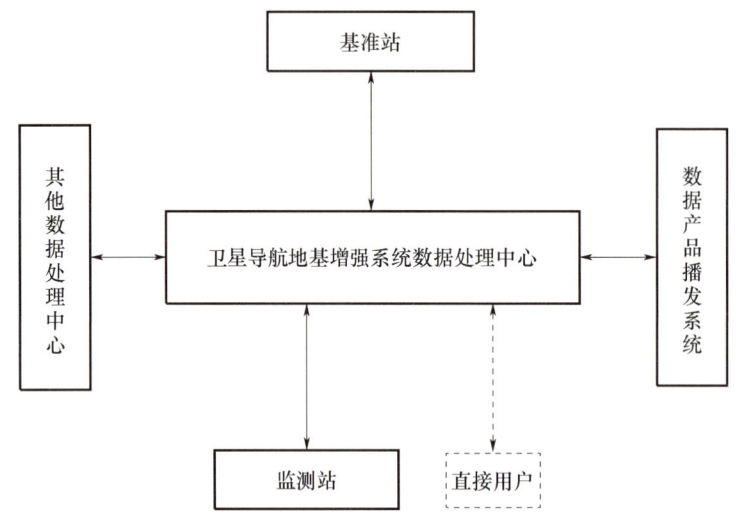

图 16-2 数据处理中心的接口关系

注1:其他数据处理中心指行业、区域数据处理中心等。

注2:虚线部分为可以选择采用的方案;直接用户为不通过播发系统,直接与数据处理中心连接,数据处理中心为其提供定位导航解算处理服务的用户。

3) 传输内容

数据处理中心接口的发送方、接收方及传输的信息内容见表 16-2。

表 16-2 数据处理中心接口传输内容表

序号	发送方	接收方	信息内容	格式
1	增强站	数据处理中心	原始观测数据、站点信息、气象数据、[增强站工作状态]等	RTCM、RINEX、BINEX、自定义
2	监测站		原始观测数据、站点信息、监测数据、[监测站工作状态]、气象数据等	RTCM、RINEX、BINEX、自定义
3	其他数据处理中心		原始观测数据、站点信息、气象数据等	RTCM、RINEX、BINEX
4	数据产品播发系统		[播发系统的运行状态等]	自定义
5	直接用户		原始观测数据、位置信息等	RTCM、RINEX、BINEX

续表

序号	发送方	接收方	信息内容	格式
6	数据处理中心	增强站	[设备控制信息等]	自定义
7		监测站	广域差分数据产品、辅助信息(卫星星历数据)等	RTCM
8		其他数据处理中心	原始观测数据、气象数据、广域差分数据产品、区域差分数据产品等	RTCM、RINEX、BINEX
9		数据产品播发系统	广域差分数据产品(状态空间表示参数、电离层改正数、完好性参数)、区域差分数据产品(观测值、增强站坐标、接收机与天线说明、网络 RTK 改正数、区域 RTD 改正数)、辅助信息(卫星星历数据)等	RTCM、RINEX、BINEX、自定义
10		直接用户	定位和导航信息等	RTCM、RINEX、BINEX

注:1. [ ]中的内容为自定义信息,( )中的内容为电文分类;

2. 监测站根据需要进行配置;

3. 数据产品格式主要采用 RTCM 格式,RINEX、BINEX 等其他格式为选择项。

16.4.3 国家标准 GB/T 37019.1—2018 的主要内容[3]

GB/T 37019.1—2018 的标准名称为"卫星导航地基增强系统播发接口规范 第 1 部分:移动通信网",标准主要规定了以下内容。

1. 标准的主题内容和适用范围

GB/T 37019—2019 对本部分规定了卫星导航地基增强系统采用移动通信网播发 BDS/GLONASS/GPS 广域差分、BDS/GLONASS/GPS/Galileo 区域差分和 BDS/GLONASS/GPS/Galileo 星历辅助定位数据产品时的播发类型、播发流程、接口协议、接口要求、播发服务,数据产品的类别、电文内容及格式等。

本部分适用于卫星导航地基增强系统数据产品播发及用户终端研制。

2. 播发接口

1)概述

卫星导航地基增强系统数据产品由卫星导航地基增强系统数据产品播发系统的数据产品播发平台发出,经移动通信网播发至用户接收,播发关系见图 16 – 3。播发的内容包括 BDS/GPS/GLONASS/Galileo 广域差分、BDS/GPS/GLONASS/Galileo 区域差分和 BDS/GLONASS/GPS/Galileo 星历辅助定位数据产品等。

2)播发类型

卫星导航地基增强系统数据产品采用移动通信网播发分为以下三类:

(1)广域差分数据产品播发;

(2)区域差分数据产品播发;

(3) 星历辅助定位数据产品播发。

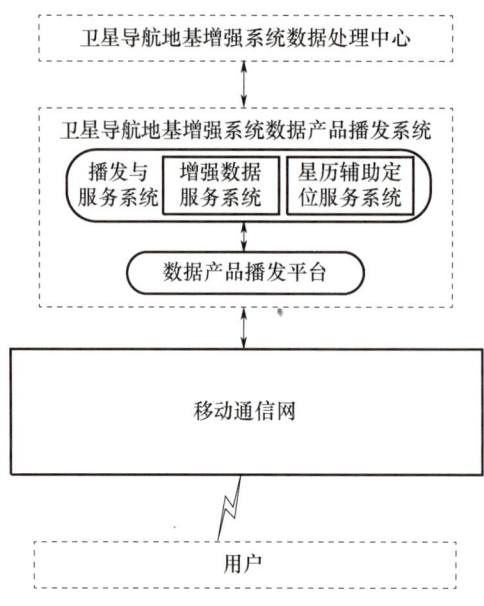

图 16-3 移动通信网播发关系

3) 播发流程

(1) 广域差分数据产品播发。

广域差分数据产品播发基本流程为:用户注册→用户认证→用户申请服务→平台播发数据产品,见图 16-4。一般有以下几种状态:

① 新用户首次申请:用户注册→用户认证→用户申请服务→平台播发数据产品;

② 数据产品短时(不大于 3s)中断:用户申请服务→平台播发数据产品;

③ 数据产品长时(大于 3s)中断:用户认证→用户申请服务→平台播发数据产品。

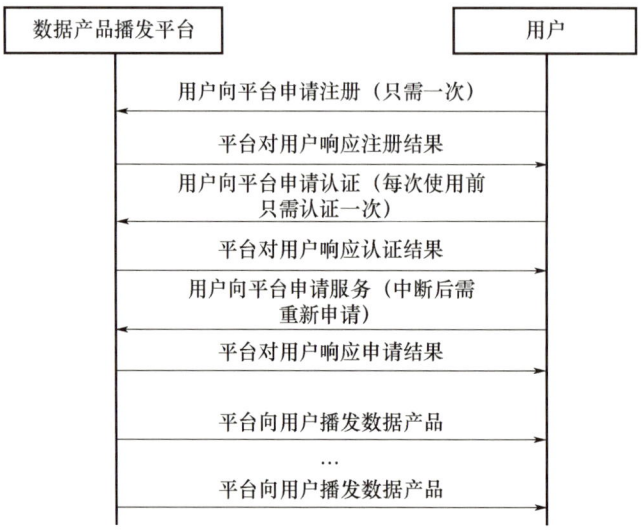

图 16-4 广域差分数据产品播发流程

（2）区域差分数据产品播发。

区域差分数据产品播发基本流程为：用户注册→用户认证→用户申请服务（含用户概略位置消息）→平台播发数据产品，见图16-5。一般有以下几种状态：

① 新用户首次申请：用户注册→用户认证→用户申请服务（含用户概略位置消息）→平台播发数据产品；

② 用户位置改变时：用户申请服务（含用户概略位置消息）→平台播发数据产品；

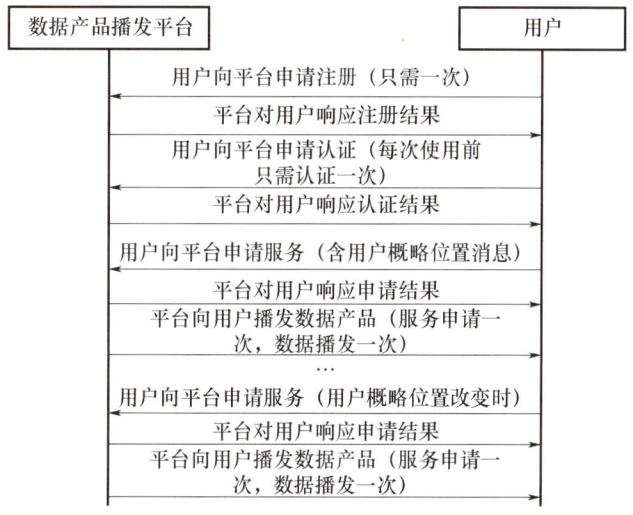

图16-5 区域差分数据产品播发流程

③ 数据产品短时（不大于3s）中断：用户申请服务（含用户概略位置消息）→平台播发数据产品；

④ 数据产品长时（大于3s）中断：用户认证→用户申请服务（含用户概略位置消息）→平台播发数据产品。

（3）星历辅助定位数据产品播发。

星历辅助定位数据产品播发基本流程为：用户注册→用户认证→用户申请服务（含用户概略位置消息）→平台播发数据产品（只播发一次，一次播够所需星历），见图16-6。

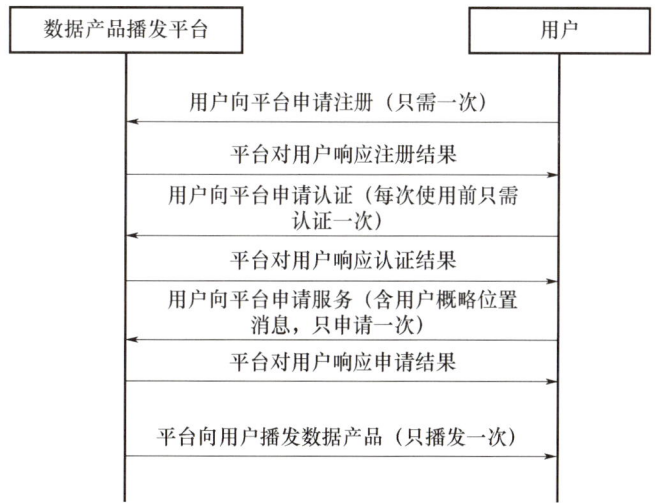

图16-6 星历辅助定位数据产品播发流程

4）接口协议

（1）接入过程。

① 用户注册。用户申请注册的消息主要包含用户 ID、密码等，若注册成功，则用户 ID 和密码作为用户申请认证的输入信息。消息传输关系见图 16-7。

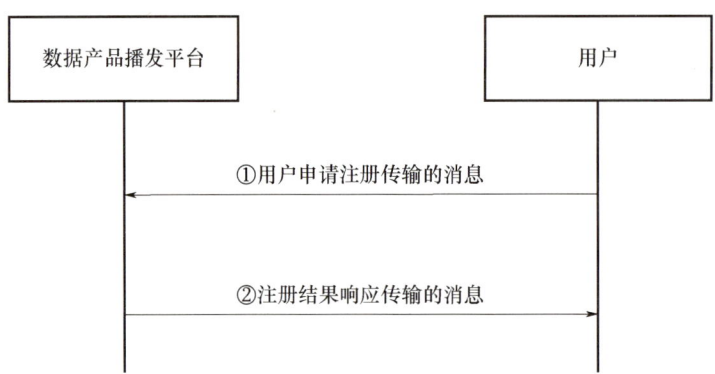

图 16-7　用户注册消息传输关系

②用户认证。用户申请认证的消息主要包含用户 ID、密码等，若认证成功，则认证结果响应的消息中包括授权码。消息传输关系见图 16-8。

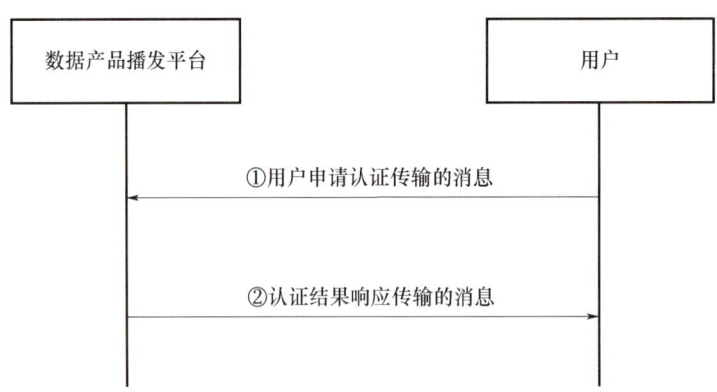

图 16-8　用户认证消息传输关系

③用户申请服务。

a. 广域差分数据产品播发。广域差分数据产品播发申请服务的消息主要包含用户 ID、授权码等。数据产品播发平台收到申请后对授权码进行认证，若认证成功，则向用户持续提供广域差分数据产品播发服务；若为 UDP 连接，用户还应周期性地向数据产品播发平台发送心跳检测消息。消息传输关系见图 16-9。

用户向数据产品播发平台发送申请服务终止的消息后，数据产品播发平台应终止提供广域差分数据产品播发服务。

b. 区域差分数据产品播发。区域差分数据产品播发申请服务的消息主要包含用户 ID、授权码、用户概略位置消息等。数据产品播发平台收到申请后对授权码进行认证,若认证成功,则向用户提供区域差分数据产品播发服务。消息传输关系见图16-10。

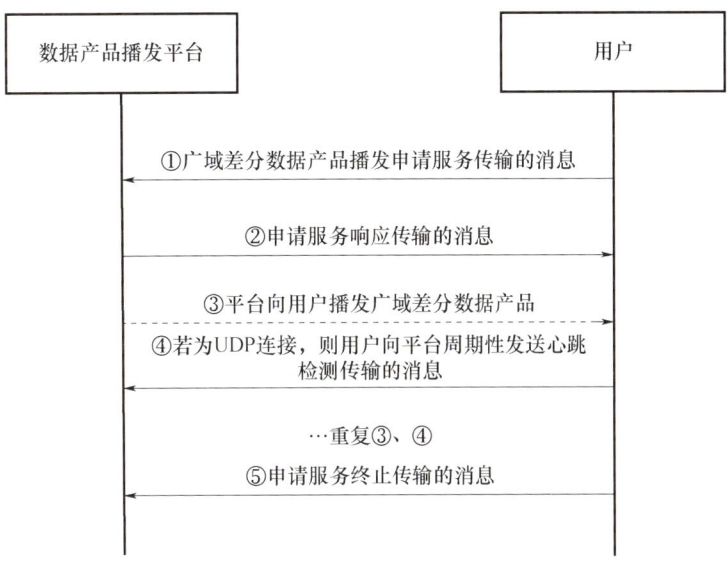

图16-9 广域差分数据产品播发申请服务消息传输关系

注:箭头实线为协议部分,箭头虚线为流程中非协议部分。

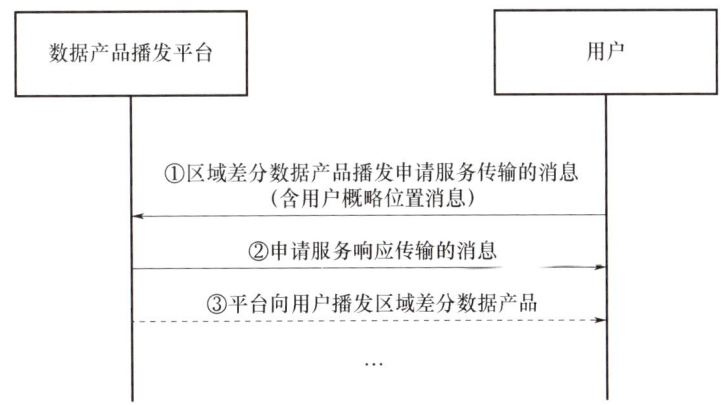

图16-10 区域差分数据产品播发申请服务消息传输关系

注:箭头实线为协议部分,箭头虚线为流程中非协议部分。

c. 星历辅助定位数据产品播发。星历辅助定位数据产品播发申请服务的消息主要包含用户ID、授权码、用户概略位置消息等。数据产品播发平台收到申请后对授权码进行认证,若认证成功,则向用户提供星历辅助定位数据产品播发服务。消息传输关系见图16-11。

(2)消息格式。

① 消息结构。用户与服务器的交互消息由消息头和消息体组成,见图16-12。其中消息头包含消息标识符、消息类型、消息长度等数据字段,见表16-3;消息头的消息类型对照表见表16-4。消息体由若干字段组成。

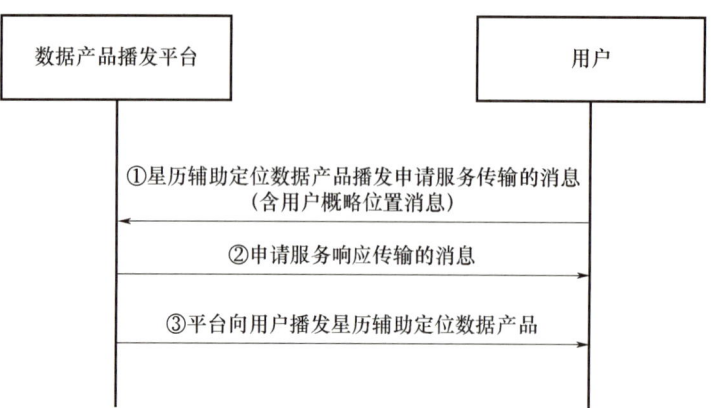

图 16-11 星历辅助定位数据产品播发申请服务消息传输关系

注:箭头实线为协议部分,箭头虚线为流程中非协议部分。

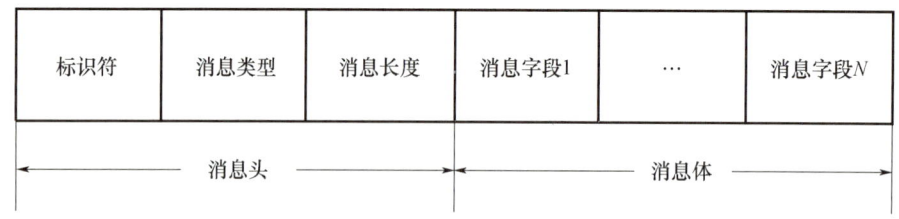

图 16-12 交互消息结构

表 16-3 消息头的数据字段

名称	类型	比特数	备注
标识符	char8(8)	64	填充报头"BDS-CHN",包含结束符(0x00)
消息类型	bit(16)	16	标识不同的消息
消息长度	uint16	16	该字段表示消息体的长度(不包括前面的消息头)

表 16-4 消息头的消息类型对照表

消息类型	消息类型参数	备注
用户申请注册消息	0x0001	—
注册结果响应消息	0x0002	—
用户申请认证消息	0x0011	—
认证结果响应消息	0x0012	—
广域差分数据产品播发申请服务消息	0x0021	—
区域差分数据产品播发申请服务消息	0x0022	—
星历辅助定位数据产品播发申请服务消息	0x0023	—

续表

消息类型	消息类型参数	备注
申请服务响应消息	0x0024	—
心跳检测消息	0x0025	—
申请服务终止消息	0x0026	—

②用户申请注册消息。用户申请注册消息格式及字段说明见表16-5。

表16-5 用户申请注册消息格式及字段说明

数据字段	数据类型	比特数	备注
用户 ID	char8(20)	160	合法字符包括26个大小写英文字母,数字0-9,符号@ 和_
密码	char8(20)	160	经过 Hash 散列之后的结果,非明文
用户类型	bit(8)	8	分为大众用户、专业用户(不同的用户可获取不同的播发服务)该数据字段的低1比特位分别表示大众用户、专业用户,对应比特置0表示大众用户,置1表示专业用户。高7位比特预留
保留位	char8(20)	160	—
合计	—	488	—

注:用户申请注册消息可能还包括手机号、邮箱等其他附加信息,待定。

③ 注册结果响应消息。注册结果响应消息格式及字段说明见表16-6。

表16-6 注册结果响应消息格式及字段说明

数据字段	数据类型	比特数	备注
注册结果标识	bit(8)	8	0x00 表示注册成功,0x01 表示用户 ID 已存在,其他预留
合计	—	8	—

④用户申请认证消息。用户申请认证消息格式及字段说明见表16-7。

表16-7 用户申请认证消息格式及字段说明

数据字段	数据类型	比特数	备注
用户 ID	char8(20)	160	合法字符包括26个大小写英文字母,数字0~9,符号@ 和_
密码	char8(20)	160	经过散列处理之后的结果,非明文
用户类型	bit(8)	8	分为大众用户、专业用户(不同的用户可获取不同的播发服务)。该数据字段的低1比特位分别表示大众用户、专业用户,对应比特置0表示大众用户,置1表示专业用户。高7位比特预留
保留	char8(6)	48	预留字段,用于标识设备等
合计	—	376	—

⑤认证结果响应消息。认证结果响应消息包括认证成功结果响应消息和认证失败结果响应消息,认证成功结果响应消息格式及字段说明见表16-8,认证失败结果响应消息格式及字段说明见表16-9。

表16-8 认证成功结果响应消息格式及字段说明

数据字段	数据类型	比特数	备注
授权码	char8(N)	8×N	授权码为变长,长度由消息头中相应字段确定,授权码长度不小于20字节
合计	—	—	—

表16-9 认证失败结果响应消息格式及字段说明

数据字段	数据类型	比特数	备注
认证结果	uint8	8	0~255,对应不同的认证失败原因,此时消息头中相应字段的值为1
合计	—	8	—

⑥广域差分数据产品播发申请服务消息。广域差分数据产品播发申请服务消息格式及字段说明见表16-10。

表16-10 广域差分数据产品播发申请服务消息格式及字段说明

数据字段	数据类型	比特数	备注
用户ID	char8(20)	160	合法字符包括26个大小写英文字母,数字0~9,符号@和_
用户类型	bit(8)	8	分为大众用户、专业用户(不同的用户可获取不同的播发服务)该数据字段的低1比特位分别表示大众用户、专业用户,对应比特置0表示大众用户,置1表示专业用户。高7位比特预留
服务选项	bit(16)	16	用户可根据自身需要选择相应的系统电文。该数据字段的低4比特由高到低分别表示BDS、GPS、GLONASS、Galileo系统,对应比特置1表示请求该系统的数据产品,置0表示不需要该系统的数据产品。高12位比特预留
授权码长度	uint8	8	表示授权码长度,与认证结果消息表中的认证结果相同
授权码	char8(N)	8×N	对应于认证结果消息中的授权码,授权码为变长,长度可从授权码长度指的获取
保留	char8(6)	48	预留字段,用于标识设备等
合计	—	—	—

⑦区域差分数据产品播发申请服务消息。区域差分数据产品播发申请服务消息格式及字段

说明见表 16-11，其中位置消息应按 NMEA 0183 GPGGA 协议，格式及字段说明见表16-12。

表 16-11 区域差分数据产品播发申请服务消息格式及字段说明

数据字段	数据类型	比特数	备注
用户 ID	char8(20)	160	合法字符包括 26 个大小写英文字母，数字 0~9，符号@ 和_
用户类型	bit(8)	8	分为大众用户、专业用户（不同的用户可获取不同的播发服务）该数据字段的低 1 比特位分别表示大众用户、专业用户，对应比特 0 表示大众用户，置 1 表示专业用户。高 7 位比特预留
服务选项	bit(16)	16	用户可根据自身需要选择相应的系统电文。该数据字段的低 4 比特由高到低分别表示 BDS、GPS、GLONASS、Galileo 系统，对应比特置 1 表示请求该系统的数据产品，置 0 表示不需要该系统的数据产品。高 12 位比特预留
授权码长度	uint8	8	表示授权码长度，与认证结果消息表中的认证结果相同
授权码	char8(N)	8×N	对应于认证结果消息中的授权码，授权码为变长，长度可从授权码长度指的获取
保留	char8(6)	48	预留字段，用于标识设备等
用户概略位置消息	—	—	GPGGA 协议位置消息
合计	—	—	

表 16-12 GPGGA 协议位置消息部分格式及字段说明

数据字段	数据类型	比特数	备注
UTC 时间	char8(10)	80	协调世界时，格式 hhmmss.sss
纬度	char8(9)	72	格式 ddmm.mmmm，前导不足补 0
纬度半球	int8	8	N 或 S（南纬或北纬）
经度	char8(10)	80	格式 dddmm.mmmm，前导不足补 0
经度半球	int8	8	E 或 W（东经或西经）
定位质量指示	int8	8	0 表示定位无效，1 表示定位有效
参与位置解算的卫星数量	char8(2)	16	范围 00~12，前导不足补 0（放大范围）
水平精确度	char8(4)	32	范围 00.5 到 99.9，前导不足补 0
字段分隔符	int8	8	逗号 ','
天线离海平面高度	char8(N)	8×N	范围 -9999.9~99999.9
字段分隔符	int8	8	逗号 ','
地球椭球面相对大地水准面的高度	char8(M)	8×M	范围 -9999.9~99999.9

续表

数据字段	数据类型	比特数	备注
字段分隔符	int8	8	逗号','
差分时间	char8(I)	8×I	从最近一次接收到差分信号开始的秒数,如果不是差分定位将为空
字段分隔符	int8	8	逗号','
差分站ID号	char8(4)	32	范围0000~1023,前导不足补0
合计	—	—	—

⑧星历辅助定位数据产品播发申请服务消息。星历辅助定位数据产品播发申请服务消息格式及字段说明见表16-13。

表16-13 星历辅助定位数据产品播发申请服务消息格式及字段说明

数据字段	数据类型	比特数	备注
用户ID	char8(20)	160	合法字符包括26个大小写英文字母,数字0~9,符号@和_
服务选项	bit(16)	16	用户可根据自身需要选择相应的系统电文。该数据字段的低4比特由高到低分别表示BDS、GPS、GLONASS、Galileo系统,对应比特置1表示请求该系统的数据产品,置0表示不需要该系统的数据产品。高12位比特预留
授权码长度	uint8	8	表示授权码长度,与认证结果消息表中的认证结果相同
授权码	char8(N)	8×N	对应于认证结果消息中的授权码,授权码为变长,长度可从授权码长度指的获取
用户概略位置消息	—	—	GPGGA协议位置消息
合计	—	—	—

⑨申请服务响应消息。申请服务响应消息格式及字段说明见表16-14。

表16-14 申请服务响应消息格式及字段说明

数据字段	数据类型	比特数	备注
申请服务响应结果	uint8	8	0x00表示申请服务成功;其他表示授权码校验失败,其中0xFF表示校验码过期
合计	—	8	—

⑩心跳检测消息。心跳检测消息格式及字段说明见表16-15。

表 16-15　心跳检测消息格式及字段说明

数据字段	数据类型	比特数	备注
用户 ID	char8(20)	160	合法字符包括 26 个大小写英文字母,数字 0~9,符号@ 和_
用户类型	bit(8)	8	分为大众用户、专业用户(不同的用户可获取不同的播发服务)该数据字段的低 1 比特位分别表示大众用户、专业用户,对应比特置 0 表示大众用户,置 1 表示专业用户。高 7 位比特预留
授权码长度	uint8	8	表示授权码长度,与认证结果消息表中的认证结果相同
授权码	char8(*)	—	授权码,对应于认证结果消息中的授权码
更新间隔	int8	8	预留,支持每次生存时间的刷新量设置
合计	—	—	—

5)接口要求

(1)数据通信模式。卫星导航地基增强系统采用数据产品播发平台双向通信、单向播发数据产品模式,即"请求-响应"的交互方式,用户向数据产品播发平台发起差分数据产品请求,数据产品播发平台向用户发送差分数据产品,此时移动通信网作为数据传输通道。

(2)数据播发制式。卫星导航地基增强系统采用移动通信网播发的制式应能支持全球移动通信系统 2G、3G 及 4G 等信号,各类信号的特性见表 16-16。

表 16-16　移动通信信号的特性

信号类别	通信制式	依据标准
2G	GSM	YD/T 1214
3G	WCDMA	YD/T 1547
3G	TD-SCDMA	YD/T 1367
3G	CDMA2000	YD/T 1558
4G	LTE/LTE-Advanced	YD/T 2575、YD/T 2577

(3)播发时延。播发时延应不大于 1s。

6)播发服务

卫星导航地基增强系统采用移动通信网的播发服务典型应用见表 16-17。

表 16-17 播发服务典型应用

服务类型	子服务类型	终端类型	应用场景	播发数据	带宽要求
广域差分数据产品播发服务	米级服务	单频伪距终端 单频载波相位终端	用于大众用户的日常定位	组合轨道钟差改正电文 电离层电文	≥25Kbps
	分米级服务	双频伪距终端 双频载波相位终端	用于配备了双频终端的大众/专业用户使用	组合轨道钟差改正电文	≥21Kbps
	增强型米级服务	单频伪距终端 单频载波相位终端	在米级服务基础上提升了服务的可用性及可靠性,适用于专业用户	轨道改正电文 高频钟差改正电文 URA 电文 码偏差电文 电离层电文	≥41Kbps
	增强型分米级服务	双频伪距终端 双频载波相位终端	在分米级服务基础上提升了服务的可用性及可靠性,适用于专业用户	轨道改正电文 高频钟差改正电文 URA 电文 码偏差电文	≥37Kbps
区域差分数据产品播发服务	厘米级服务	双频载波相位终端	用于测绘等行业进行高精度定位	BDS 区域差分电文组 GPS 区域差分电文组 GLONASS 区域差分电文组 区域 RTK 增强站及天线电文组	≥15Kbps
	米级服务	单频伪距终端	用于大众用户定位,但定位精度受区域站分布情况影响	区域 RTD 电文组	≥6Kbps
星历辅助定位数据产品播发服务	—	单频终端	—	符合全球移动通信系统 2G(YD/T 1214)、3G(YD/T 1547、YD/T 1367、YD/T 1558)、4G(YD/T 2575、YD/T 2577)对应标准的要求	—

注:1. 播发数据中组合轨道钟差改正电文、轨道改正电文、高频钟差改正电文、URA 电文、码偏差电文中包括 BDS、GLONASS、GPS 三系统的电文;

2. 带宽按照 BDS 卫星 35 颗、GLONASS 卫星 32 颗、GPS 卫星 32 颗计算得出,该带宽为峰值带宽,实际服务时由于播发策略的不同,实际带宽小于该带宽;

3. 电离层电文指电离层球谐模型电文或电离层格网模型电文;

4. 星历辅助定位数据产品播发服务提供缩短首次定位时间的功能,对定位精度无改善。

3. 数据产品

1）分类

采用移动通信网播发的卫星导航地基增强系统数据产品包括：

（1）广域差分数据产品：主要用于提供广域差分定位服务，定位精度为米级和分米级；

（2）区域差分数据产品：主要用于提供区域差分定位服务，定位精度为米级和厘米级；

（3）星历辅助定位数据产品：主要用于提供 GNSS 星历辅助定位服务，减少用户首次定位时间。

数据产品的类别、电文类型及电文内容长度等见表 16-18，电文播发周期见表 16-19，电文内容及格式见 GB/T 37018—2018《卫星导航地基增强系统数据处理中心数据接口规范》。

表 16-18　数据产品

序号	数据产品类别		电文类型	电文名称	电文内容长度（字节数）
1	广域差分数据产品	BDS 广域差分电文组	1300	BDS 轨道改正电文	$8.5 + 16.875 \times N_s$
2			1301	BDS 钟差改正电文	$8.375 + 9.5 \times N_s$
3			1302	BDS 码偏差电文	$8.375 + 1.375 \times N_s + 2.375 \Sigma N_{CB}$
4			1303	BDS 组合轨道钟差改正电文	$8.5 + 25.625 \times N_s$
5			1304	BDS URA 电文	$8.375 + 1.5 \times N_s$
6			1305	BDS 高频钟差改正电文	$8.375 + 3.5 \times N_s$
7		GPS 广域差分电文组	1057	GPS 轨道改正电文	$8.5 + 16.875 \times N_s$
8			1058	GPS 钟差改正电文	$8.375 + 9.5 \times N_s$
9			1059	GPS 码偏差电文	$8.375 + 1.375 \times N_s + 2.375 \Sigma N_{CB}$
10			1060	GPS 组合轨道钟差改正电文	$8.5 + 25.625 \times N_s$
11			1061	GPS URA 电文	$8.375 + 1.5 \times N_s$
12			1062	GPS 高频钟差改正电文	$8.375 + 3.5 \times N_s$
13		GLONASS 广域差分电文组	1063	GLONASS 轨道改正电文	$8.125 + 16.75 \times N_s$
14			1064	GLONASS 钟差改正电文	$8 + 9.375 \times N_s$
15			1065	GLONASS 码偏差电文	$8 + 1.250 \times N_s + 2.375 \Sigma N_{CB}$
16			1066	GLONASS 组合轨道钟差改正电文	$8.125 + 25.5 \times N_s$
17			1067	GLONASS URA 电文	$8 + 1.375 \times N_s$
18			1068	GLONASS 高频钟差改正	$8 + 3.375 \times N_s$
19		电离层改正电文组	1330	电离层球谐模型电文	$9.5 + 4.5 \times N_i$
20			1331	电离层格网模型电文	$41.75 + 1.625 \times N_t$

续表

序号	数据产品类别		电文类型	电文名称	电文内容长度(字节数)
21	区域差分数据产品	BDS 区域差分电文组	1350	BDS 电离层改正电文	$9.5 + 3.5 \times N_s$
22			1351	BDS 几何改正电文	$9.5 + 4.5 \times N_s$
23			1352	BDS 几何与电离层改正电文	$9.5 + 6.625 \times N_s$
24			1353	BDS 网络 RTK 残差电文	$7 + 6.125 \times N_s$
25			1354	BDS 网络面积校正参数(FKP)梯度电文	$6.125 + 8.25 \times N_s$
26		GPS 区域差分电文组	1001	GPS L1 RTK 观测值电文	$8.00 + 7.25 \times N_s$
27			1002	扩展的 GPS L1 RTK 观测值电文	$8.00 + 9.25 \times N_s$
28			1003	GPS L1&L2 RTK 观测值电文	$8.00 + 12.625 \times N_s$
29			1004	扩展的 RTK L1&L2 GPS 观测值电文	$8.00 + 15.625 \times N_s$
30			1015	GPS 电离层改正电文	$9.5 + 3.5 \times N_s$
31			1016	GPS 几何改正电文	$9.5 + 4.5 \times N_s$
32			1017	GPS 几何与电离层改正电文	$9.5 + 6.625 \times N_s$
33			1030	GPS 网络 RTK 残差电文	$7 + 6.125 \times N_s$
34			1034	GPS 网络 FKP 梯度电文	$6.125 + 8.25 \times N_s$
35	区域差分数据产品	GLONASS 区域差分电文组	1009	GLONASS L1 RTK 观测值电文	$7.625 + 8 \times N_s$
36			1010	扩展的 GLONASS L1 RTK 观测值电文	$7.625 + 9.875 \times N_s$
37			1011	GLONASS L1&L2 RTK 观测值电文	$7.625 + 13.375 \times N_s$
38			1012	扩展的 GLONASS L1&L2 RTK 观测值电文	$7.625 + 16.25 \times N_s$
39			1031	GLONASS 网络 RTK 残差电文	$6.625 + 6.125 \times N_s$
40			1035	GLONASS 网络 FKP 梯度电文	$5.75 + 8.25 \times N_s$
41			1037	GLONASS 电离层改正电文	$9.125 + 3.5 \times N_s$
42			1038	GLONASS 几何改正电文	$9.125 + 4.5 \times N_s$
43			1039	GLONASS 几何与电离层改正电文	$9.125 + 6.625 \times N_s$

续表

序号	数据产品类别	电文类型	电文名称	电文内容长度(字节数)
44	区域RTK增强站及天线电文组	1005	RTK增强站ARP	19
45		1006	固定增强站ARP及天线高度	21
46		1355	带北斗的固定增强站ARP及天线高度	21.125
47		1007	天线描述	5~36
48		1008	天线描述和序列号	6~68
49		1032	物理增强站位置电文	19.5
50		1033	天线与接收机说明	$9+M+N+I+J+K$
51	区域RTD电文组	1340	单频伪距差分改正电文	$6.5+5.625 \times N_s$
52		1341	单频伪距差分改正变化量电文	$6.5+5.625 \times N_s$
53	区域差分数据产品	1121	BDS MSM1	$21.125+N_s \times (1.25+2 \times N_{sig})$
54		1122	BDS MSM2	$21.125+N_s \times (1.25+3.5 \times N_{sig})$
55		1123	BDS MSM3	$21.125+N_s \times (1.25+5.375 \times N_{sig})$
56		1124	BDS MSM4	$21.125+N_s \times (2.25+6.125 \times N_{sig})$
57		1125	BDS MSM5	$21.125+N_s \times (4.5+8 \times N_{sig})$
58		1126	BDS MSM6	$21.125+N_s \times (2.25+8.25 \times N_{sig})$
59	多信号电文组(MSMs)	1127	BDS MSM7	$21.125+N_s \times (4.5+10.125 \times N_{sig})$
60		1071	GPS MSM1	$21.125+N_s \times (1.25+2 \times N_{sig})$
61		1072	GPS MSM2	$21.125+N_s \times (1.25+3.5 \times N_{sig})$
62		1073	GPS MSM3	$21.125+N_s \times (1.25+5.375 \times N_{sig})$
63		1074	GPS MSM4	$21.125+N_s \times (2.25+6.125 \times N_{sig})$
64		1075	GPS MSM5	$21.125+N_s \times (4.5+8 \times N_{sig})$
65		1076	GPS MSM6	$21.125+N_s \times (2.25+8.25 \times N_{sig})$
66		1077	GPS MSM7	$21.125+N_s \times (4.5+10.125 \times N_{sig})$
67	区域差分数据产品	1081	GLONASS MSM1	$21.125+N_s \times (1.25+2 \times N_{sig})$
68		1082	GLONASS MSM2	$21.125+N_s \times (1.25+3.5 \times N_{sig})$
69		1083	GLONASS MSM3	$21.125+N_s \times (1.25+5.375 \times N_{sig})$
70	多信号电文组(MSMs)	1084	GLONASS MSM4	$21.125+N_s \times (2.25+6.125 \times N_{sig})$
71		1085	GLONASS MSM5	$21.125+N_s \times (4.5+8 \times N_{sig})$
72		1086	GLONASS MSM6	$21.125+N_s \times (2.25+8.25 \times N_{sig})$

续表

序号	数据产品类别		电文类型	电文名称	电文内容长度(字节数)
73	区域差分数据产品	多信号电文组（MSMs）	1087	GLONASS MSM7	$21.125 + N_s \times (4.5 + 10.125 \times N_{sig})$
74			1091	Galileo MSM1	$21.125 + N_s \times (1.25 + 2 \times N_{sig})$
75			1092	Galileo MSM2	$21.125 + N_s \times (1.25 + 3.5 \times N_{sig})$
76			1093	Galileo MSM3	$21.125 + N_s \times (1.25 + 5.375 \times N_{sig})$
77			1094	Galileo MSM4	$21.125 + N_s \times (2.25 + 6.125 \times N_{sig})$
78			1095	Galileo MSM5	$21.125 + N_s \times (4.5 + 8 \times N_{sig})$
79			1096	Galileo MSM6	$21.125 + N_s \times (2.25 + 8.25 \times N_{sig})$
80			1097	Galileo MSM7	$21.125 + N_s \times (4.5 + 10.125 \times N_{sig})$
81	星历辅助定位数据产品		1042	BDS 星历电文	64
82			1019	GPS 星历电文	61
83			1020	GLONASS 星历电文	45
84			1045	Galileo F/NAV 星历电文	62
85			1046	Galileo I/NAV 星历电文	63

注：电文内容长度，指电文封装过程中，电文内容所占的字节数，1B = 8bit，比如 8.5B = 8.5 × 8 = 68bit；

N_s 为 GNSS 的卫星数量；

N_{CB} 为码偏序号，ΣN_{CB} 表示 GNSS 各卫星的码偏差数量之和；

N_i 为球谐阶数与球谐次的乘积，最大不超过 128；

N_t 为电离层格网点的个数；

L1/L2 分别指 GPS/GLONASS 卫星的 L1/L2 频段；

N 为天线标识符字符数，M 为天线序列号字符数，I 为接收机描述的字节数，J 为固件描述的字节数，K 为接收机序列号的字节数；

N_{sig} 为传输的信号类型数；

星历辅助定位数据产品中的电文长度只包含一颗卫星的星历数据。

表 16－19　电文播发周期

序号	数据产品类别	电文类型	电文名称	典型播发周期/s	最大播发周期/s	备注
1	广域差分数据产品	1300	BDS 轨道改正电文	5	10	—
2		1301	BDS 钟差改正电文	1	2	—
3		1302	BDS 码偏差电文	30	60	2G 网络选播
4		1303	BDS 组合轨道钟差改正电文	1	2	2G 网络选播
5		1304	BDS URA 电文	1	2	2G 网络选播
6		1305	BDS 高频钟差改正电文	1	1	—
7		1057	GPS 轨道改正电文	5	10	—

续表

序号	数据产品类别	电文类型	电文名称	典型播发周期/s	最大播发周期/s	备注
8	广域差分数据产品	1058	GPS 钟差改正电文	1	2	—
9		1059	GPS 码偏差电文	30	60	2G 网络选播
10		1060	GPS 组合轨道钟差改正电文	1	2	2G 网络选播
11		1061	GPS URA 电文	1	2	2G 网络选播
12		1062	GPS 高频钟差改正电文	1	1	—
13		1063	GLONASS 轨道改正电文	5	10	—
14		1064	GLONASS 钟差改正电文	1	2	—
15		1065	GLONASS 码偏差电文	30	60	—
16		1066	GLONASS 组合轨道钟差改正电文	1	2	—
17		1067	GLONASS URA 电文	1	2	—
18		1068	GLONASS 高频钟差改正	1	1	—
19		1330	电离层球谐模型电文	30	60	—
20		1331	电离层格网模型电文	30	60	—
21	区域差分数据产品	1350	BDS 电离层改正电文	1	5	—
22		1351	BDS 几何改正电文	1	5	—
23		1352	BDS 几何与电离层改正电文	1	5	—
24		1353	BDS 网络 RTK 残差电文	1	5	—
25		1354	BDS 网络 FKP 梯度电文	1	5	—
26		1001	GPS L1 RTK 观测值电文	1	2	—
27		1002	扩展的 GPS L1 RTK 观测值电文	1	2	—
28		1003	GPS L1&L2 RTK 观测值电文	1	2	—
29		1004	扩展的 GPS L1&L2 RTK 观测值电文	1	2	—
30		1015	GPS 电离层改正电文	1	5	—
31		1016	GPS 几何改正电文	1	5	—
32		1017	GPS 几何与电离层改正电文	1	5	—
33		1030	GPS 网络 RTK 残差电文	1	5	—
34		1034	GPS 网络 FKP 梯度电文	1	5	—

续表

序号	数据产品类别	电文类型	电文名称	典型播发周期/s	最大播发周期/s	备注
35		1009	GLONASS L1 RTK 观测值电文	1	2	—
36		1010	扩展的 GLONASS L1 RTK 观测值电文	1	2	—
37		1011	GLONASS L1&L2 RTK 观测值电文	1	2	—
38		1012	扩展的 GLONASS L1&L2 RTK 观测值电文	1	2	—
39		1031	GLONASS 网络 RTK 残差电文	1	5	—
40		1035	GLONASS 网络 FKP 梯度电文	1	5	—
41		1037	GLONASS 电离层改正电文	1	5	—
42		1038	GLONASS 几何改正电文	1	5	—
43		1039	GLONASS 几何与电离层改正电文	1	5	—
44		1005	RTK 增强站 ARP	15	30	—
45	区域差分数据产品	1006	固定增强站 ARP 及天线高度	15	30	—
46		1355	带北斗的固定增强站 ARP 及天线高度	15	30	2G 网络选播
47		1007	天线描述	15	30	—
48		1008	天线描述和序列号	15	30	—
49		1032	物理增强站位置电文	15	30	—
50		1033	天线与接收机说明	15	30	—
51		1340	单频伪距差分改正电文	1	5	—
52		1341	单频伪距差分改正变化量电文	1	5	—
53		1121	BDS MSM1	—	—	—
54		1122	BDS MSM2	—	—	—
55		1123	BDS MSM3	—	—	—
56		1124	BDS MSM4	—	—	2G 网络选播
57		1125	BDS MSM5	—	—	—
58		1126	BDS MSM6	—	—	—
59		1127	BDS MSM7	—	—	—

续表

序号	数据产品类别	电文类型	电文名称	典型播发周期/s	最大播发周期/s	备注
60	区域差分数据产品	1071	GPS MSM1	—	—	—
61		1072	GPS MSM2	—	—	—
62		1073	GPS MSM3	—	—	—
63		1074	GPS MSM4	—	—	2G 网络选播
64		1075	GPS MSM5	—	—	—
65		1076	GPS MSM6	—	—	—
66		1077	GPS MSM7	—	—	—
67	区域差分数据产品	1081	GLONASS MSM1	—	—	—
68		1082	GLONASS MSM2	—	—	—
69		1083	GLONASS MSM3	—	—	—
70		1084	GLONASS MSM4	—	—	2G 网络选播
71		1085	GLONASS MSM5	—	—	—
72		1086	GLONASS MSM6	—	—	—
73		1087	GLONASS MSM7	—	—	—
74		1091	Galileo MSM1	—	—	—
75		1092	Galileo MSM2	—	—	—
76		1093	Galileo MSM3	—	—	—
77		1094	Galileo MSM4	—	—	2G 网络选播
78		1095	Galileo MSM5	—	—	—
79		1096	Galileo MSM6	—	—	—
80		1097	Galileo MSM7	—	—	—
81	星历辅助定位数据产品	1042	BDS 星历电文	30	120	—
82		1019	GPS 星历电文	30	120	—
83		1020	GLONASS 星历电文	30	120	—
84		1045	Galileo F/NAV 星历电文	30	120	—
85		1046	Galileo I/NAV 星历电文	30	120	—

2）封装

电文封装格式及 CRC 校验算法见 GB/T 37018—2018《卫星导航地基增强系统数据处理中心数据接口规范》。

16.4.4 重大专项标准 BD 440013—2017 的主要内容[6]

BD 440013—2017 的标准名称为"北斗地基增强系统增强站建设技术规范",标准主要规定了以下内容。

1. 标准的主题内容和适用范围

本标准规定了北斗地基增强系统增强站的组成、功能、性能、选点、土建、设备与安装、集成与调试、质量检查与监理、验收等要求。

本标准适用于北斗地基增强系统增强站(以下简称增强站)的建设与验收。

2. 增强站组成

1) 设备组成

增强站按功能分为框架增强站和区域站。框架增强站根据工作模式不同可分为观测站和监测站。增强站一般由观测、数据传输、供电、防雷、视频状态监控等设备组成。增强站组成设备见表 16-20(如有特殊需要,可以加配其他设备)。

表 16-20 增强站设备组成

序号	设备名称	数量	框架增强站		区域站
			观测站	监测站	
1	观测墩	1	●	●	●
2	增强站接收机天线	1	●	●	●
3	监测接收机天线	1	—	●	—
4	增强站接收机	1	●	●	●
5	监测接收机	1	—	●	—
6	原子钟	1	○	—	—
7	气象仪	1	●	●	○
8	集成机柜	1	●	●	●
9	路由器	1	●	●	●
10	防浪涌插座	1	●	●	●
11	不间断电源	1	●	●	●
12	避雷针	1	●	●	●
13	网络防雷器	1	●	●	●
14	B+C 级电源防雷器	1	●	●	●
15	馈线防雷器	1	●	●	●
16	计算机	1	○	○	○
17	机柜状态监控设备	1	●	●	●

注:1. "●"为必配项,"○"选配项,"—"为不配项;

2. 同时具有观测和监测功能的框架增强站应配备两个观测墩、2 个馈线防雷器。

2）线路组成

增强站线路由通信线路、电力线路、电连接器等组成。

3）土建设施组成

增强站土建设施由观测墩（可分为土层观测墩、基岩观测墩、屋顶水泥观测墩、屋顶钢标观测墩）、观测室、电接入、辅助工程等组成。

4）增强站设备组成关系

增强站设备组成及连接关系见图 16 – 13，虚线框中设备根据增强站功能和工作模式按照表 16 – 20 配置。增强站不选配计算机时，增强站接收机、监测接收机等设备直接连接至路由器。

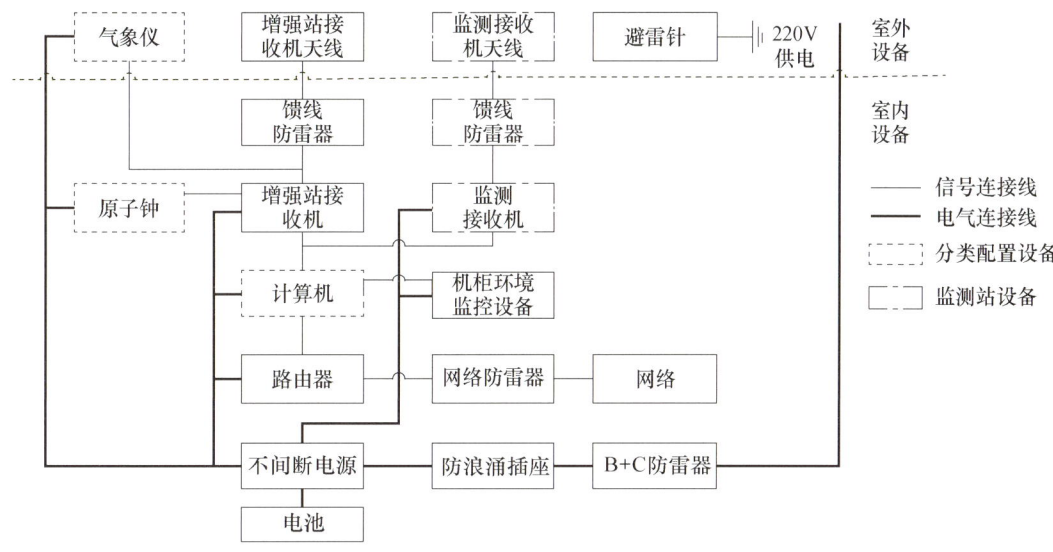

图 16 – 13　增强站设备组成及连接关系示意图

5）数据流程

增强站数据流程见图 16 – 14。

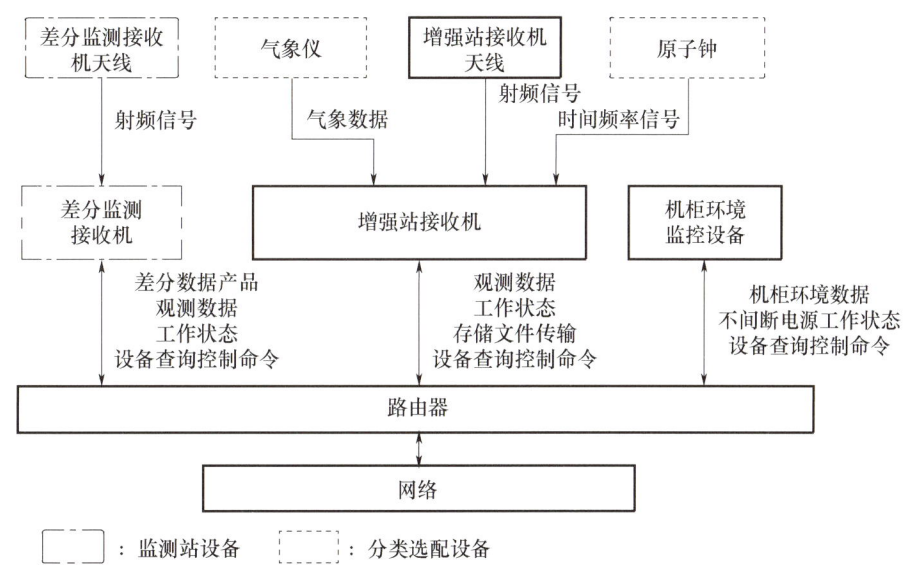

图 16 – 14　增强站数据流程图

6) 增强站数据类型

增强站数据类型见表 16－21。

表 16－21 增强站数据类型

类别	项目	内容	说明	协议及格式	频度
实时采集数据	观测数据	卫星数据	BDS(B1/B2/B3)、GPS(L1/L2/L5)、GLONASS(L1/L2)码伪距、载波相位值、多普勒频移、载噪比、导航电文等	符合BD××××××—201×的要求	1Hz
		定位结果	经度、纬度、高度、PDOP、HDOP、VDOP、卫星数等		1Hz
		气象数据	温度、湿度、气压(框架增强站)等		
	监测数据	差分数据产品	广域增强数据产品(如卫星轨道差、钟差、电离层改正数等);区域差分数据产品(如 RTD 改正值、RTK 改正值等)等		0.2Hz
		观测数据	码伪距、载波相位值、多普勒频移、载噪比、导航电文等		
		定位结果	经度、纬度、高度、PDOP、HDOP、VDOP、卫星数等		
	机柜状态监控与告警数据	环境数据值	温度、湿度、烟感、水浸等		触发
	设备运行状态与告警数据	接收机工作状态	接收机内存情况、天线状况等		触发
		不间断电源工作状态	输入电压、输出电压、电池剩余容量等		
		通信链路状态	通信速率、调制解调器工作状态等		
接收的数据	控制指令	参数设置	采样间隔、文件的提取与删除、其他参数设定等		触发
	查询命令	参数查询	增强站各设备状态的查询等		

3. 增强站功能

1) 概述

增强站应具备的功能见表 16－22。

表 16-22 增强站功能

序号	功能	框架增强站		区域站
		观测站	监测站	
1	基本功能	●	●	●
2	导航卫星观测数据采集功能	●	●	●
3	数据传输功能	●	●	●
4	数据存储功能	●	—	●
5	运行状态远程被监控功能	●	●	●
6	差分数据产品质量监测功能	—	●	—
7	维护保障功能	●	●	●
8	安全防护功能	●	●	●
9	气象数据采集功能	●	●	○

注:"●"为必须功能,"○"为可选功能,"—"为不需要的功能。

2)基本功能

增强站应具备导航卫星观测数据采集、数据传输、数据存储、运行状态远程被监控、维护保障及安全防护等基本功能。

3)导航卫星观测数据采集功能

增强站应能够全天候 24h 连续实时采集 BDS(B1/B2/B3)、GPS(L1/L2/L5)、GLONASS(L1/L2)三系统 8 个频点信号的码伪距、信噪比、载波相位值、多普勒频移、导航电文等数据。根据需要,可以进行扩展。

4)数据传输功能

增强站应能够按标准规定的数据格式与传输协议传输。传输内容包括观测数据、监测数据、机柜状态监控与告警数据、设备运行状态与告警数据、气象数据等。

5)数据存储功能

增强站应具备观测数据本地存储功能。接收机内存中应至少可存储 30 天的 1s 采样间隔观测数据。

6)运行状态远程被监控功能

应能够自动监测增强站接收机、不间断电源、网络等设备的运行状态,监测增强站运行的环境,控制接收机重启、不间断电源切换、数据采集、数据存储及传输等。应具备支持国家数据综合处理系统以远程方式对增强站进行设定、控制的功能。

7)差分数据产品质量监测功能

监测站应具备接收移动通信、广播、卫星等方式播发的差分数据产品的功能,并将原始观测数据、差分数据产品、解算出的单点位置信息以及异常报告等传回国家数据综合处理系统,用于评估差分数据产品质量。

8）维护保障功能

增强站应能自主运行,可实现长期无人值守;配备交流不间断后备电源,在市电中断的情况下,应可依靠后备电源连续工作8h以上。增强站应具备基本防尘、防水和防雷能力的观测保障条件。全年运行间断时间应不大于120h。

9）安全防护功能

（1）物理安全。增强站应具备防盗、防火、防尘、防水、防鼠和防雷等保障条件。

（2）数据安全。增强站应采用有线/光纤冗余线路双备份传输,并设置防火墙阻止外部入侵。

10）气象数据采集功能

框架增强站应能够采集温度、相对湿度、气压等气象数据。

4. 增强站性能

1）工作频点

增强站应能接收处理 BDS（B1/B2/B3）、GPS（L1/L2/L5）、GLONASS（L1/L2）三系统8个频点信号。

2）数据采样间隔

卫星观测数据采样时间间隔:1s;气象数据采样时间间隔:≤10s。

3）数据传输时延

数据传输时延:≤20ms（数据从接收机发出时间至从增强站路由器发出时间）。

4）多路径影响

应符合以下规定:

（1）BDS B1、GPS L1、GLONASS L1 的平均伪距多路径影响≤0.5m;

（2）BDS B2、GPS L2、GLONASS L2 的平均伪距多路径影响≤0.65m;

（3）BDS B3、GPS L5 的平均伪距多路径影响≤0.65m。

5）观测数据可用率

增强站日观测数据可用率:≥95%（在高度截止角为10°时）。

注:观测数据可用率为"完整观测值数目"与"可能观测值数目"的比值。完整观测值是指在某个历元时刻对某颗卫星进行观测并获取的观测值,且观测值中伪距观测值和载波相位观测值均没有缺失;完整观测值数目是指在某个观测时段内,完整观测值的数量。可能观测值是指在某个历元时刻,理论上能够对某颗卫星进行观测并获取的观测值;可能观测值数目是指在某个观测时段内,可能观测值的数量。

6）观测数据传输间隔

应符合以下规定:

（1）气象数据发送时间间隔:10s;

（2）卫星观测数据发送时间间隔:1s;

（3）星历数据传输时间间隔:15s。

7）观测数据存储能力

应符合以下规定:

（1）观测数据存储能力:≥30天（1.0s采样间隔）;

（2）告警及故障状态数据存储能力:≥30天。

8）同步精度

接收机时钟与北斗时（BDT）的同步精度：≤50ns。

9）数据传输模式

数据传输模式分为数据流模式和文件传输模式两种，分别应满足以下要求：

① 数据流模式：观测接收机的观测数据、气象数据、告警及故障信息按要求实时传输，运行状态数据根据需要进行传输；差分监测接收机的数据按要求实时传输；

② 文件传输模式：数据文件本地实时存储，按约定时间间隔或指令要求进行传输。

10）UPS 供电时间

UPS 供电时间：≥8h。

11）工作环境要求

内陆地区增强站设备环境条件要求见表 16-23。海边、海岛增强站设备环境条件见表 16-24。

表 16-23　内陆地区增强站设备环境条件要求

项目	南方地区		北方地区	
	室外	室内	室外	室内
防腐蚀	—			
工作温度/℃	-20 ~ +70	-10 ~ +55	-45 ~ +55	-30 ~ +45
储存温度/℃	-20 ~ +85	-10 ~ +65	-45 ~ +65	-40 ~ +55
防潮	≤95%			
抗振动	满足公路、铁路运输振动要求			
防雷	应满足 GB 50057—2010、GB 50343—2015 的要求			

注：海边地区指大陆海岸线 10nmil 以内区域；海岛地区指海域范围内岛礁；内陆地区指国土范围除海边、海岛范围外的区域；南方地区指国土范围内淮河、秦岭以南地区；北方地区指国土范围内淮河、秦岭以北地区。

表 16-24　海边、沿海增强站设备环境条件要求

项目	南方地区		北方地区	
	室外	室内	室外	室内
防腐蚀	具有防盐雾腐蚀能力			
工作温度/℃	-20 ~ +70	-10 ~ +55	-45 ~ +55	-30 ~ +45
储存温度/℃	-20 ~ +85	-10 ~ +65	-45 ~ +65	-40 ~ +55
防潮	≤95%			
抗振动	满足公路、铁路运输振动要求			
防雷	应满足 GB 50057—2010、GB 50343—2015 的要求			

5. 选点

1）增强站网布局

（1）框架增强站网应大致均匀覆盖全国。平均每 10 万 km² 范围内应布设一个站，增强站每

两个站点之间相隔约 300～1000km,且增强站网形系数(一个增强站与其最邻近的两个增强站组成的三角形的最短边与最长边之比)应不小于 0.7,以满足北斗地基增强系统提供广域实时米级、分米级精度服务所需的组网要求。

(2) 区域站网以省、自治区、直辖市为区域单位布局,根据各自的面积、地理环境、人口分布、社会经济发展情况进行覆盖。每两个站点之间的相隔一般不超过 60km,且增强站网形系数应不小于 0.7,以满足北斗地基增强系统提供区域实时厘米级、后处理毫米级精度服务所需的组网要求。

2) 选址

选址应符合以下要求:

(1) 框架增强站应建立在稳定的地质构造条件的板块上,避开地质构造不稳定地区(如断裂带、易发生滑坡与沉陷等局部变形地区)和易受水淹或地下水位变化较大的地区。

(2) 区域站按框架增强站要求或依据需求建立在稳定地质构造条件的板块上或结构稳定的屋顶上。

(3) 增强站应建立在便于接入通信网络、具有稳定的供电条件及交通便利地区,同时具有良好的安全保障环境,便于站点长期连续运行。

3) 点位

观测点位应按 GB/T 28588—2012《全球导航卫星系统连续运行基准站网技术规范》中 7.2.1 的规定,要求如下:

(1) 距易产生多路径效应的地物(如高大建筑、树木、水体、海滩和易积水地带等)的距离应大于 200m;

(2) 应有 10°以上地平高度角的卫星通视条件;困难环境条件下,高度角可放宽至 25°,遮挡物水平投影范围应低于 60°;

(3) 距微波站和微波通道、无线电发射台、高压线穿越地带等电磁干扰区距离应大于 200m;

(4) 避开采矿区、铁路、公路等易产生振动的地带;

(5) 应顾及未来的规划和建设,选择周围环境变化较小的区域进行建设;

(6) 为保证信号接收质量,观测点位距离观测室距离不宜超过 100m。

4) 选点作业

(1) 踏勘。站点实地踏勘应按 GB/T 28588—2012 中 7.2.4 的规定,要求如下:

① 勘选人员应是专业测量人员;

② 勘选人员应根据设计进行踏勘;

③ 在实地踏勘前,应向当地发拟定站点情况调查表,落实土地使用以及供电、通信、供水、站址安全防护等基础设施支撑条件,制定勘选工作计划,准备好仪器设备和资料;

④ 在实地按本标准中 7.3 的要求选定点位,并在实地加以标定;当利用已有点位时,应检查站点现有的勘选报告,符合要求方可利用;

⑤ 确定增强站观测墩建设类型(基岩、土层或屋顶),明确环视条件,确定供电、通信线路架设,以及室外工程(围墙、道路、绿化等)建设要求;

⑥ 勘选时,应同时按要求勘选(1～2)个备选站址,条件最优者,作为最终站址,备选站址情况资料一并提交。

(2)测试。站址实地测试应符合以下要求:

① 在选点地址上架设大地型扼流圈天线,天线架设的高度应与拟建观测墩的高度一致;

② 测量点位周围障碍物高度角,绘制站址环视图并详细注明障碍物位置,填入点之记中;

③ 接收机信号状况稳定后,确定站址概略坐标,将概略坐标填入点之记中;

④ 实地进行观测,设置卫星高度截至角为10°,以 1s 采样间隔记录卫星信号观测数据,连续测试时间应不小于24h;

⑤ 下载观测数据并转换为标准文件,采用数据质量分析软件对观测数据进行处理分析,测试结果中观测数据可用率应不小于95%,平均多路径影响 MP1 应小于 0.5m,MP2 和 MP3 应小于 0.65m,测试结果填入"站址实地测试结果表"。

(3)标记。站址勘选标记应符合以下要求:

① 站址命名原则:原则上以当地县级地名+框架(区域)+序号(一位),少数民族地区应使用标准的汉译地名,如琼中框架1号站。

② 增强站站点代码:选用八字符表示,其中第一位表示属性,"K"为框架增强站,"Q"为区域站;第二、三位为增强站所在省份(直辖市)区域码;第四、五、六、七位为增强站所在县区域码;最后一位数字为同一区域建站顺序号,如海南琼中框架1号站代码为 K4690301。

③ 增强站站址选定后,应设立一个注有站名、标石类型(基岩、土层或屋顶)的点位标识牌,置于所选增强站位置。勘选中需拍摄6张照片,其中面对东、南、西、北方向拍摄4张远景照片(照相机应尽可能与测试天线高度一致,水平拍摄),反映所选增强站的环视条件;拍摄站址近景照片1张,反映所选站信息(点位标识牌)以及场地条件;拍摄站址远景照片1张,综合反映站址建设环境条件。

④ 按要求的格式,填绘增强站点之记,撰写"增强站勘选技术报告"。

(4)提交资料。站址勘选提交的资料应按 GB/T 28588—2012 中 7.2.5 的规定,包括以下资料:

① 勘选任务文件;

② 勘选点之记;

③ 勘选站址照片;

④ 站址实地测试结果(观测数据一并提交);

⑤ 勘选技术报告;

⑥ 勘选中收集的其他资料(含地质、交通、水电、通信网络等)。

16.5 数据产品及格式

16.5.1 分类

数据产品分为以下几类:

（1）广域差分数据产品。主要用于提供广域差分定位服务，定位精度为米级和分米级。

（2）区域差分数据产品。主要用于提供区域差分定位服务，定位精度为米级和厘米级。

（3）星历辅助定位数据产品。主要用于提供 GNSS 星历辅助定位服务，减少用户首次定位时间。

（4）气象数据产品。主要用于向其他数据处理中心提供温度、湿度、气压等气象信息。

（5）辅助信息数据产品。主要用于向用户提供系统参数、坐标投影信息及卫星健康信息等（可选项）。

数据产品的类别、电文内容及格式见表 16 – 25。表中的电文及格式部分按 RTCM 10403.3 及 RTCM 10402.4 的规定，部分北斗电文及格式自定义建立。

表 16 – 25　数据产品格式表

序号	产品类别	电文分组	电文类型	电文名称	电文内容长度（字节数）	备注
1	广域差分数据产品	BDS 广域差分电文组	1300	BDS 轨道改正电文	$8.5 + 16.875 \times N_s$	N_s 为 GNSS 的卫星数量
2			1301	BDS 钟差改正电文	$8.375 + 9.5 \times N_s$	—
3			1302	BDS 码间偏差电文	$8.375 + 1.375 \times N_s + 2.375 \Sigma N_{CB}$	N_{CB} 为各卫星码偏序号，ΣN_{CB} 表示 GNSS 各卫星的码间偏差数量之和
4			1303	BDS 组合轨道钟差改正电文	$8.5 + 25.625 \times N_s$	—
5			1304	BDS URA 电文	$8.375 + 1.5 \times N_s$	—
6			1305	BDS 高频钟差改正电文	$8.375 + 3.5 \times N_s$	—
7		GLONASS 广域差分电文组	1063	GLONASS 轨道改正电文	$8.125 + 16.75 \times N_s$	—
8			1064	GLONASS 钟差改正电文	$8 + 9.375 \times N_s$	—
9			1065	GLONASS 码间偏差电文	$8 + 1.250 \times N_s + 2.375 \Sigma N_{CB}$	—
10			1066	GLONASS 组合轨道钟差改正电文	$8.125 + 25.5 \times N_s$	—
11			1067	GLONASS URA 电文	$8 + 1.375 \times N_s$	—
12			1068	GLONASS 高频钟差改正电文	$8 + 3.375 \times N_s$	—
13		GPS 广域差分电文组	1057	GPS 轨道改正电文	$8.5 + 16.875 \times N_s$	—
14			1058	GPS 钟差改正电文	$8.375 + 9.5 \times N_s$	—
15			1059	GPS 码间偏差电文	$8.375 + 1.375 \times N_s + 2.375 \Sigma N_{CB}$	—
16			1060	GPS 组合轨道钟差改正电文	$8.5 + 25.625 \times N_s$	—

续表

序号	产品类别	电文分组	电文类型	电文名称	电文内容长度(字节数)	备注
17	广域差分数据产品	GPS 广域差分电文组	1061	GPS URA 电文	$8.375 + 1.5 \times N_s$	—
18			1062	GPS 高频钟差改正电文	$8.375 + 3.5 \times N_s$	—
19		电离层改正电文组	1330	电离层球谐模型电文	$9.5 + 4.5 \times N_i$	N_i 为球谐阶数与球谐次数的乘积,最大不超过128
20			1331	电离层格网模型电文	$41.75 + 1.625 \times N_i$	N_i 为电离层格网点个数
21		GNSS UDRA 电文	1335	GNSS UDRA 电文	$8.375 + 1.25 \times N_s$	—
22	区域差分数据产品	BDS 区域差分电文组	1350	BDS 电离层改正电文	$9.5 + 3.5 \times N_s$	—
23			1351	BDS 几何改正电文	$9.5 + 4.5 \times N_s$	—
24			1352	BDS 几何与电离层改正电文	$9.5 + 6.625 \times N_s$	—
25			1353	BDS 网络 RTK 残差电文	$7 + 6.125 \times N_s$	—
26			1354	BDS 网络 FKP 梯度电文	$6.125 + 8.25 \times N_s$	—
27	区域差分数据产品	GLONASS 区域差分电文组	1009	GLONASS L1 RTK 观测值电文	$7.625 + 8 \times N_s$	—
28			1010	扩展的 GLONASS L1 RTK 观测值电文	$7.625 + 9.875 \times N_s$	—
29			1011	GLONASS L1&L2 RTK 观测值电文	$7.625 + 13.375 \times N_s$	—
30			1012	扩展的 GLONASS L1&L2 RTK 观测值电文	$7.625 + 16.25 \times N_s$	—
31			1014	网络辅助站信息电文	18.625	—
32			1031	GLONASS 网络 RTK 残差电文	$6.625 + 6.125 \times N_s$	—
33			1035	GLONASS 网络 FKP 梯度电文	$5.75 + 8.25 \times N_s$	—
34			1037	GLONASS 电离层改正值偏差电文	$9.125 + 3.5 \times N_s$	—

续表

序号	产品类别	电文分组	电文类型	电文名称	电文内容长度(字节数)	备注
35		GLONASS 区域差分电文组	1038	GLONASS 几何改正值偏差电文	$9.125 + 4.5 \times N_s$	—
36			1039	GLONASS 几何与电离层改正值偏差电文	$9.125 + 6.625 \times N_s$	—
37		GPS 区域差分电文组	1001	GPS L1 RTK 观测值电文	$8.00 + 7.25 \times N_s$	—
38			1002	扩展的 GPS L1 RTK 观测值电文	$8.00 + 9.25 \times N_s$	—
39			1003	GPS L1&L2 RTK 观测值电文	$8.00 + 12.625 \times N_s$	—
40			1004	扩展的 GPS L1&L2 RTK 观测值电文	$8.00 + 15.625 \times N_s$	—
41			1014	网络辅助站信息电文	18.625	—
42			1015	GPS 电离层改正值偏差电文	$9.5 + 3.5 \times N_s$	—
43			1016	GPS 几何改正值偏差电文	$9.5 + 4.5 \times N_s$	—
44			1017	GPS 几何与电离层改正值偏差电文	$9.5 + 6.625 \times N_s$	—
45			1030	GPS 网络 RTK 残差电文	$7 + 6.125 \times N_s$	—
46			1034	GPS 网络 FKP 梯度电文	$6.125 + 8.25 \times N_s$	—
47		区域 RTK 增强站及天线电文组	1005	RTK 增强站 ARP 电文	19	—
48			1006	固定增强站 ARP 及天线高度电文	21	—
49			1355	带北斗的固定增强站 ARP 及天线高度电文	21.125	—
50			1007	天线描述电文	5~36	—
51			1008	天线描述和序列号电文	6~68	—
52			1032	物理增强站位置电文	19.5	—
53			1033	天线与接收机说明电文	$9 + M + N + I + J + K$	M 为天线序列号字符数,N 为天线描述符字符数,I 为接收机描述符字符数,J 为固件描述字符数,K 为接收机序列号字符数

续表

序号	产品类别	电文分组	电文类型	电文名称	电文内容长度(字节数)	备注
54		区域 RTD 差分电文组	41	RTD 伪距差分电文（全部）	—	按 RTCM 10402.4
55			42	RTD 伪距差分电文（部分）	—	按 RTCM 10402.4
56	区域差分数据产品	多信号电文组	1121	BDS MSM1	$21.125 + N_s \times (1.25 + 2 \times N_{sig})$	—
57		BDS 多信号电文组	1122	BDS MSM2	$21.125 + N_s \times (1.25 + 3.5 \times N_{sig})$	—
58			1123	BDS MSM3	$21.125 + N_s \times (1.25 + 5.375 \times N_{sig})$	—
59			1124	BDS MSM4	$21.125 + N_s \times (2.25 + 6.125 \times N_{sig})$	—
60			1125	BDS MSM5	$21.125 + N_s \times (4.5 + 8 \times N_{sig})$	—
61			1126	BDS MSM6	$21.125 + N_s \times (2.25 + 8.25 \times N_{sig})$	—
62			1127	BDS MSM7	$21.125 + N_s \times (4.5 + 10.125 \times N_{sig})$	—
63		GLONASS 多信号电文组	1081	GLONASS MSM1	$21.125 + N_s \times (1.25 + 2 \times N_{sig})$	—
64			1082	GLONASS MSM2	$21.125 + N_s \times (1.25 + 3.5 \times N_{sig})$	—
65			1083	GLONASS MSM3	$21.125 + N_s \times (1.25 + 5.375 \times N_{sig})$	—
66			1084	GLONASS MSM4	$21.125 + N_s \times (2.25 + 6.125 \times N_{sig})$	—
67			1085	GLONASS MSM5	$21.125 + N_s \times (4.5 + 8 \times N_{sig})$	—
68			1086	GLONASS MSM6	$21.125 + N_s \times (2.25 + 8.25 \times N_{sig})$	—
69			1087	GLONASS MSM7	$21.125 + N_s \times (4.5 + 10.125 \times N_{sig})$	—
70		GPS 多信号电文组	1071	GPS MSM1	$21.125 + N_s \times (1.25 + 2 \times N_{sig})$	—
71			1072	GPS MSM2	$21.125 + N_s \times (1.25 + 3.5 \times N_{sig})$	—
72			1073	GPS MSM3	$21.125 + N_s \times (1.25 + 5.375 \times N_{sig})$	—
73			1074	GPS MSM4	$21.125 + N_s \times (2.25 + 6.125 \times N_{sig})$	—
74			1075	GPS MSM5	$21.125 + N_s \times (4.5 + 8 \times N_{sig})$	—
75			1076	GPS MSM6	$21.125 + N_s \times (2.25 + 8.25 \times N_{sig})$	—
76			1077	GPS MSM7	$21.125 + N_s \times (4.5 + 10.125 \times N_{sig})$	—
77		Galileo 系统多信号电文组	1091	Galileo MSM1	$21.125 + N_s \times (1.25 + 2 \times N_{sig})$	—
78			1092	Galileo MSM2	$21.125 + N_s \times (1.25 + 3.5 \times N_{sig})$	—
79			1093	Galileo MSM3	$21.125 + N_s \times (1.25 + 5.375 \times N_{sig})$	—
80			1094	Galileo MSM4	$21.125 + N_s \times (2.25 + 6.125 \times N_{sig})$	—
81			1095	Galileo MSM5	$21.125 + N_s \times (4.5 + 8 \times N_{sig})$	—
82			1096	Galileo MSM6	$21.125 + N_s \times (2.25 + 8.25 \times N_{sig})$	—
83			1097	Galileo MSM7	$21.125 + N_s \times (4.5 + 10.125 \times N_{sig})$	—

续表

序号	产品类别	电文分组	电文类型	电文名称	电文内容长度(字节数)	备注
84	星历辅助定位数据产品		1042	BDS 星历电文	64	每个卫星对应一个电文
85			1020	GLONASS 星历电文	45	
86			1019	GPS 星历电文	61	
87			1045	Galileo F/NAV 星历电文	62	—
88			1046	Galileo I/NAV 星历电文	63	—
89	气象数据产品		1380	气象数据电文	99	
90	辅助信息数据产品	操作信息电文组	1013	系统参数电文	$8.75 + 3.625 \times N_m$	N_m 为播发电文类型数量
91			1029	Unicode 文本字符串电文	$9 + N$	$N = UTP-8$ 为编码单元数
92			1230	GLONASS L1 与 L2 码相位偏差电文	$32 + 16 \times N$	N 为码相位偏差数,最大为 4
93		坐标投影参数信息电文组	1021	赫尔默特(Helmert)/莫洛金斯基(Molodenski)电文	$51.5 + N + M$	N 为源名称字符数 M 为目标名称字符数
94			1022	莫洛金斯基-巴德卡斯(Molodenski-Badekas)电文	$64.625 + N + M$	N 为源名称字符数 M 为目标名称字符数
95			1023	椭球格网投影残差电文	72.25	—
96			1024	平面格网投影残差电文	73.75	—
97			1025	投影参数,除兰伯特等角圆锥(2SP)和斜轴墨卡托意外的投影类型电文(含高斯-克吕格投影等其他电文)	24.5	—
98			1026	投影参数,LCC2SP 投影类型(兰伯特等角圆锥投影)电文	29.25	—

续表

序号	产品类别	电文分组	电文类型	电文名称	电文内容长度(字节数)	备注
99	辅助信息数据产品		1027	投影参数,OM 投影类型(斜轴墨卡托投影)电文	32.25	—
100		健康信息	43	卫星健康标识电文	—	按 RTCM 10402.4

注:1. 电文内容长度,指电文封装过程中,电文内容所占的字节数,1B = 8bit,比如8.5B 为 8.5 × 8 = 68bit;

2. L1/L2 分别指 GPS 和 GLONASS 卫星的频点和频段;

3. 除电文类型 41、42、43 按 RTCM 10402.4 的格式外,其他电文都按 RTCM 10403.3 格式。

16.5.2 封装

输出数据产品按 RTCM10403.3 的规定进行封装。每条电文应分别进行封装,封装内容包括前导码、保留位、电文内容长度、电文内容及校验位。电文封装格式见图 16 – 15,电文封装格式说明见表 16 – 26。

前导码 (8bit)	保留位 (6bit)	电文内容长度 (10bit)	电文内容 (≤1024B)	校验位 (24bit)

图 16 – 15　电文封装格式

表 16 – 26　电文封装格式说明

名称	长度	备注
前导码	8bit	固定比特"11010011"
保留位	6bit	保留字段"000000"
电文内容长度	10bit	值由电文内容长度确定
电文内容①	1024B	包含电文头和数据区的数据内容,长度可变,范围 0 ~ 1023 字节
循环冗余校验位	24bit	采用 CRC – 24Q 校验算法

① 电文内容按比特位进行拼接,拼接时,若电文内容的有效比特数不为 8 的整数倍(即电文内容长度非整字节),为保证差分电文内容最后一个字节的完整性,在最后的字节处补"0"至整字节;电文内容长度应按不小于实际电文内容字节数的最小整数计算,如 55.125B 按照 56B 计算。

16.5.3 电文内容

电文内容一般由电文头和数据区组成,如 BDS 卫星轨道改正电文(电文类型 1300),既有电文头,也有数据区;但部分电文只有数据区,如 RTK 增强站 ARP 电文(电文类型 1005)。

数据区一般包括一条或多条数据内容,如 BDS 轨道改正电文(电文类型 1300)的数据区只包括一条数据内容,BDS 码偏差电文(电文类型 1302)的数据区则包含一条卫星数据内容和多条码数据内容。

电文头和数据区的数据内容分别由若干数据字段组成,每个数据字段根据定义的先后顺序依次拼接,拼接过程按比特位对齐。

电文头拼接在前,数据区在后,若一条电文内容包含电文头和多条数据内容,则该条电文由电文头和多条数据内容依次拼接,数据内容的条数由电文头中相应数据字段给出,见图 16 – 16。BDS 码偏差电文(电文类型 1302)内容的拼接示意图见图 16 – 17。

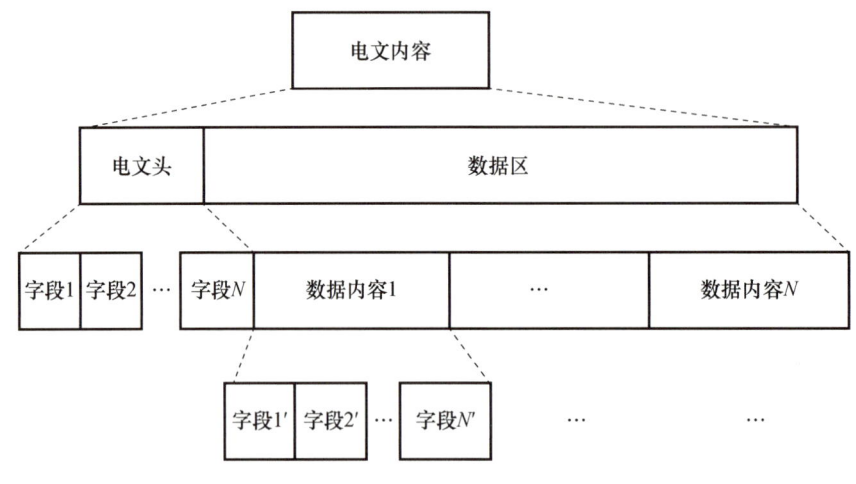

图 16 – 16　电文内容拼接示意图

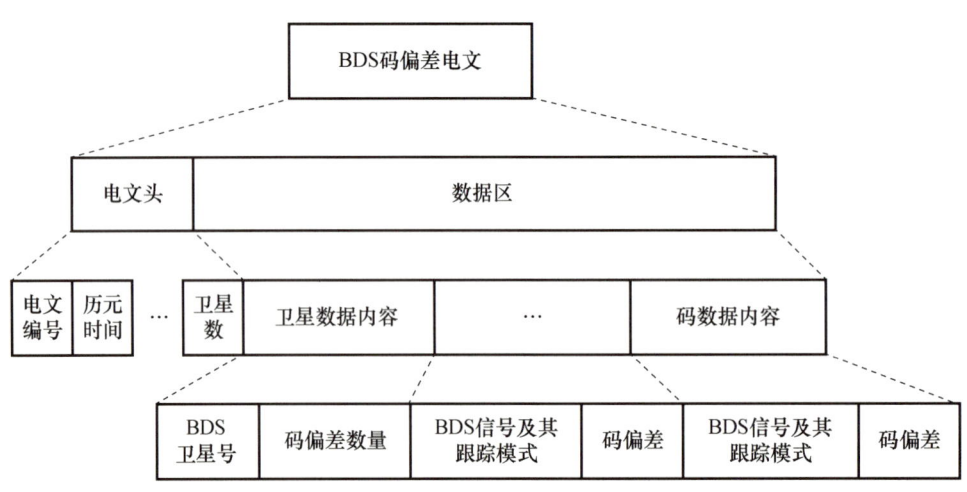

图 16 – 17　BDS 码偏差电文内容拼接示意图

1. CRC – 24Q 校验算法

本标准使用 CRC 校验算法进行校验,见 RTCM 10403.3。

2. 格式

1) BDS 广域差分数据电文

(1) 电文类型。BDS 广域差分数据电文类型见表 16 – 27。

表 16-27 BDS 广域差分数据电文类型

电文类型	电文名称	电文内容长度(字节数)	备注
1300	BDS 轨道改正电文	$8.5 + 16.875 \times N_s$	—
1301	BDS 钟差改正电文	$8.375 + 9.5 \times N_s$	—
1302	BDS 码偏差电文	$8.375 + 1.375 \times N_s + 2.375 \Sigma N_{CB}$	N_{CB} = 各卫星码偏序号
1303	BDS 组合轨道钟差改正电文	$8.5 + 25.625 \times N_s$	—
1304	BDS URA 电文	$8.375 + 1.5 \times N_s$	—
1305	BDS 高频钟差改正电文	$8.375 + 3.5 \times N_s$	—

（2）BDS 轨道改正电文。BDS 轨道改正电文包含了 BDS 卫星的径向、切向和垂直轨迹方向（法向）改正量,可用于计算卫星的位置改正,对广播星历计算得到的卫星位置进行改正后,得到精确卫星轨道。BDS 轨道改正电文包含电文头和数据区两部分,电文头见表 16-28,数据区的数据内容见表 16-29。

表 16-28 BDS 轨道改正电文(1300)的电文头

数据字段	数据字段号	数据类型	比特数	备注
电文编号	DF002	uint12	12	1300
BDS 历元时间 1s	DF649	uint20	20	—
SSR 更新间隔	DF391	bit(4)	4	—
多电文标识	DF388	bit(1)	1	—
卫星参考基准	DF375	bit(1)	1	—
IOD SSR	DF413	uint4	4	—
SSR 提供者 ID	DF414	uint16	16	—
SSR 解算 ID	DF415	uint4	4	—
卫星数量	DF387	uint6	6	—
合计			68	—

表 16-29 BDS 轨道改正电文(1300)的数据内容

数据字段	数据字段号	数据类型	比特数	备注
BDS 卫星号	DF488	uint6	6	—
BDS IODE	DF641	bit(8)	8	—
轨道面径向改正值	DF365	int22	22	—
轨道面切向改正值	DF366	int20	20	—
轨道面法向改正值	DF367	int20	20	—

续表

数据字段	数据字段号	数据类型	比特数	备注
轨道面径向改正值变化率	DF368	int21	21	—
轨道面切向改正值变化率	DF369	int19	19	—
轨道面法向改正值变化率	DF370	int19	19	—
合计			135	—

（3）BDS 钟差改正电文。BDS 钟差改正电文主要用于对 BDS 卫星导航电文中的卫星钟差进行改正。BDS 钟差改正电文包含电文头和数据区两部分，电文头见表 16 – 30，数据区的数据内容见表 16 – 31。

表 16 – 30　BDS 钟差改正电文（1301）的电文头

数据字段	数据字段号	数据类型	比特数	备注
电文编号	DF002	uint12	12	1301
BDS 历元时间 1s	DF649	uint20	20	—
SSR 更新间隔	DF391	bit(4)	4	—
多电文标识	DF388	bit(1)	1	—
IOD SSR	DF413	uint4	4	—
SSR 提供者 ID	DF414	uint16	16	—
SSR 解算 ID	DF415	uint4	4	—
卫星数量	DF387	uint6	6	—
合计			67	—

表 16 – 31　BDS 钟差改正电文（1301）的数据内容

数据字段	数据字段号	数据类型	比特数	备注
BDS 卫星号	DF488	uint6	6	—
钟差改正系数 $C0$	DF376	int22	22	—
钟差改正系数 $C1$	DF377	int21	21	—
钟差改正系数 $C2$	DF378	int27	27	—
合计			76	—

（4）BDS 码偏差电文。BDS 码偏差电文使用信号和跟踪模式标志来描述实际信号的特性。BDS 码偏差电文包含电文头和数据区两部分，每颗卫星的 BDS 码偏差电文的数据区包含一条卫星数据和多条码数据，卫星数据和多条码数据依次拼接成卫星的码偏差电文的数据区。BDS 码偏差电文的电文头见表 16 – 32，卫星数据内容见表 16 – 33，码数据内容见表 16 – 34。

表 16-32　BDS 码偏差电文(1302)的电文头

数据字段	数据字段号	数据类型	比特数	备注
电文编号	DF002	uint12	12	1302
BDS 历元时间 1s	DF649	uint20	20	—
SSR 更新间隔	DF391	bit(4)	4	—
多电文标识	DF388	bit(1)	1	—
IOD SSR	DF413	uint4	4	—
SSR 提供者 ID	DF414	uint16	16	—
SSR 解算 ID	DF415	uint4	4	—
卫星数量	DF387	uint6	6	—
合计			67	—

表 16-33　BDS 码偏差电文(1302)的卫星数据内容

数据字段	数据字段号	数据类型	比特数	备注
BDS 卫星号	DF488	uint6	6	—
码偏差数量	DF379	uint5	5	—
合计			11	—

表 16-34　BDS 码偏差电文(1302)的码数据内容

数据字段	数据字段号	数据类型	比特数	备注
BDS 信号及跟踪模式指示	DF648	uint5	5	—
码偏差	DF383	uint14	14	—
合计			19	—

（5）BDS 组合轨道钟差改正电文。卫星轨道和钟差改正数据一起发送可减少播发数据量,并维持轨道和钟差改正数据一致性,组合轨道钟差改正电文要求轨道和钟差改正数据的更新应间隔一致。BDS 组合轨道钟差改正电文包含电文头和数据区两部分,电文头见表 16-35,数据区的数据内容见表 16-36。

表 16-35　BDS 组合轨道钟差改正电文(1303)的电文头

数据字段	数据字段号	数据类型	比特数	备注
电文编号	DF002	uint12	12	1303
BDS 历元时间 1s	DF649	uint20	20	—
SSR 更新间隔	DF391	bit(4)	4	—
多电文标识	DF388	bit(1)	1	—

续表

数据字段	数据字段号	数据类型	比特数	备注
卫星参考基准	DF375	bit(1)	1	—
IOD SSR	DF413	uint4	4	—
SSR 提供者 ID	DF414	uint16	16	—
SSR 解算 ID	DF415	uint4	4	—
卫星数量	DF387	uint6	6	—
合计			68	—

表 16-36 BDS 组合轨道钟差改正电文(1303)的数据内容

数据字段	数据字段号	数据类型	比特数	备注
BDS 卫星号	DF488	uint6	6	—
BDS IODE	DF641	bit(8)	8	—
轨道面径向改正值	DF365	int22	22	—
轨道面切向改正值	DF366	int20	20	—
轨道面法向改正值	DF367	int20	20	—
轨道面径向改正值变化率	DF368	int21	21	—
轨道面切向改正值变化率	DF369	int19	19	—
轨道面法向改正值变化率	DF370	int19	19	—
钟差改正系数 $C0$	DF376	int22	22	—
钟差改正系数 $C1$	DF377	int21	21	—
钟差改正系数 $C2$	DF378	int27	27	—
合计			205	—

(6) BDS URA 电文。BDS URA 电文可满足数据高分辨率小数值以及低分辨率大数值的使用要求。BDS URA 电文包含电文头和数据区两部分,电文头见表 16-37,数据区的数据内容见表 16-38。

表 16-37 BDS URA 电文(1304)的电文头

数据字段	数据字段号	数据类型	比特数	备注
电文编号	DF002	uint12	12	1304
BDS 历元时间 1s	DF649	uint20	20	—
SSR 更新间隔	DF391	bit(4)	4	—
多电文标识	DF388	bit(1)	1	—

续表

数据字段	数据字段号	数据类型	比特数	备注
IOD SSR	DF413	uint4	4	—
SSR 提供者 ID	DF414	uint16	16	—
SSR 解算 ID	DF415	uint4	4	—
卫星数量	DF387	uint6	6	—
合计			67	—

表 16-38 BDS URA 电文(1304)的数据内容

数据字段	数据字段号	数据类型	比特数	备注
BDS 卫星号	DF488	uint6	6	—
URA	DF389	bit(6)	6	—
合计			12	—

（7）BDS 高频钟差改正电文。高频钟差改正电文可获得高数据更新率的卫星钟差信息,钟差改正电文与高频钟差改正电文一起共同对卫星时钟进行改正,高频钟差改正电文要加入到相应的钟差改正电文中。高频钟差改正电文包含电文头和数据区两部分,电文头见表 16-39,数据区的数据内容见表 16-40。

表 16-39 BDS 高频钟差改正电文(1305)的电文头

数据字段	数据字段号	数据类型	比特数	备注
电文编号	DF002	uint12	12	1305
BDS 历元时间 1s	DF649	uint20	20	—
SSR 更新间隔	DF391	bit(4)	4	—
多电文标识	DF388	bit(1)	1	—
IOD SSR	DF413	uint4	4	—
SSR 提供者 ID	DF414	uint16	16	—
SSR 解算 ID	DF415	uint4	4	—
卫星数量	DF387	uint6	6	—
合计			67	—

表 16-40 BDS 高频钟差改正电文(1305)的数据内容

数据字段	数据字段号	数据类型	比特数	备注
BDS 卫星号	DF488	uint6	6	—
高频钟差改正	DF390	int22	22	—
合计			28	—

2) BDS 区域差分数据电文

(1) 电文类型。BDS 区域差分数据电文类型见表 16-41。

表 16-41　BDS 区域差分数据电文类型

电文类型	电文名称	字节数	备注
1350	BDS 电离层改正电文	$9.5 + 3.5 \times N_s$	—
1351	BDS 几何改正电文	$9.5 + 4.5 \times N_s$	—
1352	BDS 几何与电离层改正电文	$9.5 + 6.625 \times N_s$	—
1353	BDS 网络 RTK 残差电文	$7 + 6.125 \times N_s$	—
1354	BDS 网络 FKP 梯度电文	$6.125 + 8.25 \times N_s$	—

(2) BDS 电离层改正电文。BDS 电离层改正电文包含电文头和数据区两部分,电文头见表 16-42,数据区的数据内容见表 16-43。

表 16-42　BDS 电离层改正电文(1350)的电文头

数据字段	数据字段号	数据类型	比特数	备注
电文编号	DF002	uint12	12	1350
网络 ID	DF059	uint8	8	—
子网 ID	DF072	uint4	4	—
BDS 历元时刻(TOW)	DF633	uint23	23	—
BDS 多历元标志	DF634	bit(1)	1	—
主增强站 ID	DF060	uint12	12	—
辅助增强站 ID	DF061	uint12	12	—
BDS 主辅站电文卫星数量	DF635	uint4	4	—
合计			76	—

表 16-43　BDS 电离层改正电文(1350)的数据内容

数据字段	数据字段号	数据类型	比特数	备注
BDS 卫星号	DF488	uint6	6	—
BDS 模糊度标志	DF642	bit(2)	2	—
BDS 非同步计数	DF643	uint3	3	—
BDS 载波相位电离层差分改正(ICPCDR)	DF639	int17	17	—
合计			28	—

(3) BDS 几何改正电文。BDS 几何改正电文包含电文头和数据区两部分,电文头见

表16-44,数据区的数据内容见表16-45。

表16-44 BDS几何改正电文(1351)的电文头

数据字段	数据字段号	数据类型	比特数	备注
电文编号	DF002	uint12	12	1351
网络ID	DF059	uint8	8	—
子网ID	DF072	uint4	4	—
BDS历元时刻(TOW)	DF633	uint23	23	—
数据字段	数据字段号	数据类型	比特数	备注
BDS多历元标志	DF634	bit(1)	1	—
主增强站ID	DF060	uint12	12	—
辅助增强站ID	DF061	uint12	12	—
BDS主辅站电文卫星数量	DF635	uint4	4	—
合计			76	—

表16-45 BDS几何改正电文(1351)的数据内容

数据字段	数据字段号	数据类型	比特数	备注
BDS卫星号	DF488	uint6	6	—
BDS模糊度标志	DF642	bit(2)	2	—
BDS非同步计数	DF643	uint3	3	—
BDS载波相位几何差分改正(GCPCDR)	DF640	int17	17	—
BDS IODE	DF641	bit(8)	8	—
合计			36	—

(4) BDS几何与电离层改正电文。BDS几何与电离层改正电文包含电文头和数据区两部分,电文头见表16-46,数据区的数据内容见表16-47。

表16-46 BDS几何与电离层改正电文(1352)的电文头

数据字段	数据字段号	数据类型	比特数	备注
电文编号	DF002	uint12	12	1352
网络ID	DF059	uint8	8	—
子网ID	DF072	uint4	4	—
BDS历元时刻(TOW)	DF633	uint23	23	—
BDS多历元标志	DF634	bit(1)	1	—

续表

数据字段	数据字段号	数据类型	比特数	备注
主增强站 ID	DF060	uint12	12	—
辅助增强站 ID	DF061	uint12	12	—
BDS 主辅站电文卫星数量	DF635	uint4	4	—
合计			76	—

表 16-47　BDS 几何与电离层改正电文(1352)的数据内容

数据字段	数据字段号	数据类型	比特数	备注
BDS 卫星号	DF488	uint6	6	—
BDS 模糊度标志	DF642	bit(2)	2	—
BDS 非同步计数	DF643	uint3	3	—
BDS 载波相位几何差分改正（GCPCDR）	DF640	int17	17	—
BDS IODE	bit(8)	uint8	8	—
BDS 载波相位电离层差分改正（ICPCDR）	DF639	int17	17	—
合计			53	—

（5）BDS 网络 RTK 残差电文。BDS 网络 RTK 残差电文可提供插值残差的估值，该数值可用于流动站 RTK 结果的优化，可以作为流动站的先验估计，流动站还可以利用该电文计算出几何残差和电离层误差等。BDS 网络 RTK 残差电文包含电文头和数据区两部分，电文头见表 16-48，数据区的数据内容见表 16-49。

表 16-48　BDS 网络 RTK 残差电文(1353)的电文头

数据字段	数据字段号	数据类型	比特数	备注
电文编号	DF002	uint12	12	1353
增强站 ID	DF003	uint12	12	—
BDS 残差历元时刻(TOW)	DF646	uint20	20	—
增强站数量	DF223	uint7	7	—
BDS 卫星数量	DF629	uint5	5	—
合计			56	—

表 16-49　BDS 网络 RTK 残差电文(1353)的数据内容

数据字段	数据字段号	数据类型	比特数	备注
BDS 卫星号	DF488	uint6	6	—
S_{oc}	DF218	uint8	8	—
S_{od}	DF219	uint9	9	—
S_{oh}	DF220	uint6	6	—
S_{Ic}	DF221	uint10	10	—
S_{Id}	DF222	uint10	10	—
合计			49	—

(6) BDS 网络 FKP 梯度电文。BDS 网络 FKP 梯度电文与相关增强站的原始或改正的数据一起传输给流动站,流动站可以利用该梯度值为自身定位计算空间相互独立的误差带来的影响,包含电文头和数据区两部分,电文头见表 16-50,数据区的数据内容见表 16-51。BDS 网络 FKP 梯度电文的数据内容仅表示一颗卫星的 FKP 信息,若需要表示多颗卫星的 RTK 残差,则需根据电文头中的 BDS 卫星数参数,将多颗卫星的 FKP 数据内容依次拼接。

表 16-50　BDS 网络 FKP 梯度电文(1354)的电文头

数据字段	数据字段号	数据类型	比特数	备注
电文编号	DF002	uint12	12	1354
增强站 ID	DF003	uint12	12	—
BDS FKP 历元时刻(TOW)	DF647	uint20	20	—
BDS 卫星数量	DF629	uint5	5	—
合计			49	—

表 16-51　BDS 网络 FKP 梯度电文(1354)的数据内容

数据字段	数据字段号	数据类型	比特数	备注
BDS 卫星号	DF488	uint6	6	—
BDS IODE	DF641	bit(8)	8	—
N0:几何梯度的北分量	DF242	int12	12	—
E0:几何梯度的东分量	DF243	int12	12	—
NI:电离层梯度的北分量	DF244	int14	14	—
EI:电离层梯度的东分量	DF245	int14	14	—
合计			66	—

参考文献

[1] 麦绿波,徐晓飞,梁昫,等.北斗地基增强系统标准体系的构建[J].中国标准化,2016(14):118—124.

[2] 中央军委装备发展部.卫星导航地基增强系统数据处理中心数据接口规范:GB/T 37018—2018[S].北京:中国标准出版社,2018.

[3] 中央军委装备发展部.卫星导航地基增强系统播发接口规范 第1部分:移动通信网:GB/T 37019.1—2018[S].北京:中国标准出版社,2018.

[4] 中央军委装备发展部.卫星导航地基增强系统播发接口规范 第2部分:中国移动多媒体广播:GB/T 37019.2—2018[S].北京:中国标准出版社,2018.

[5] 中央军委装备发展部.卫星导航地基增强系统播发接口规范 第3部分:调频频段数字音频广播:GB/T 37019.3—2018[S].北京:中国标准出版社,2018.

[6] 中国卫星导航系统管理办公室.北斗地基增强系统基准站建设技术规范:BD 440013—2017[S].全国北斗卫星导航标准化技术委员会,2017.